AF292183

DER GRUNDBAU

HANDBUCH FÜR STUDIUM UND PRAXIS

VON

DIPL.-ING. DR. TECHN. DR.-ING. H. C.

ARMIN SCHOKLITSCH

PROFESSOR DER UNIVERSIDAD NACIONAL
DE SAN MIGUEL DE TUCUMÁN, ARGENTINIEN

ZWEITE, NEUBEARBEITETE UND VERMEHRTE AUFLAGE

MIT 782 ABBILDUNGEN UND 43 ZAHLENTAFELN

WIEN

SPRINGER-VERLAG

1952

ISBN-13: 978-3-7091-8000-6   e-ISBN-13: 978-3-7091-7999-4
DOI: 10.1007/978-3-7091-7999-4

MEINEN TOTEN

Vorwort zur ersten Auflage.

Die außerordentlichen Fortschritte in der Erkenntnis des Verhaltens der Böden unter Lasten, die Entwicklung der im Grundbau angewendeten Bauverfahren und Baumaschinen sowie die fortschreitende Verbesserung und die Neueinführung von Baustoffen in den letzten Jahren haben es mir gerechtfertigt erscheinen lassen, einen Grundbau zu schreiben, trotzdem vor wenigen Jahren den Grundbau betreffende Werke erschienen sind.

Der vorliegende „Grundbau" ist sowohl als Studienbehelf als auch als Nachschlagewerk für den in der Praxis stehenden Ingenieur gedacht; ich habe daher reichlich Erfahrungswerte und auch Einzelheiten von Grundwerken aufgenommen und großen Wert auf die Belebung des gebotenen Stoffes durch Photographien gelegt.

Auf Grund der neuen Arbeiten auf dem Gebiete der Erdbaumechanik, von denen ich besonders jene von KÖGLER und SCHEIDIG, KREY, PRESS und TERZAGHI nennen möchte, habe ich versucht, ein dem augenblicklichen Stand der Forschung entsprechendes, abgerundetes Bild vom Verhalten der Böden unter Lasten zu geben; hiebei habe ich den Einfluß des in den Poren des Bodens enthaltenen Wassers besonders Rechnung getragen.

Sehr ausführlich sind die Abschnitte über die Anlage der Baugruben, ihre Aussteifung und Trockenlegung behandelt. Zu wiederholten Malen konnte auf die oft engen Beziehungen zwischen dem Grundbau und dem Wasserbau bzw. der Hydraulik hingewiesen werden.

Der Beschreibung der üblichen Gründungsverfahren sind kurze Abschnitte über die Bemessung von Grundwerken für schwingende Lasten, über die Gründung im Bergbaugebiet, in Erdbebengebieten, über die Verstärkung von Grundwerken und über die Abdichtung der Bauwerke angeschlossen, die einen Überblick über diese besonderen Gebiete des Grundbaues geben.

Am Ende jedes Abschnittes ist die benützte Literatur angeführt, und es sind überdies noch weitere Literaturangaben aufgenommen, auch solche in denen andere Anschauungen vertreten sind, um eine Vertiefung im Studium zu erleichtern. Ein ausführliches Sachverzeichnis am Ende des Buches soll ein rasches Nachschlagen erleichtern.

Ich war bestrebt, das Buch mit Abbildungen reichlich auszustatten. Den zahlreichen Fachgenossen, Bauunternehmungen und Firmen, die mich durch Überlassung von Plänen und Bildern weitgehend unterstützt haben, sage ich meinen besten Dank.

Schließlich danke ich auch der Verlagsbuchhandlung Julius Springer für das entgegenkommende Eingehen auf alle meine Wünsche hinsichtlich der Ausstattung des Buches.

Bei der Abfassung des Buches haben mich die Assistenten meiner Lehrkanzel Ing. M. HERZOG und Ing. O. JEKEL in dankbarster Weise unterstützt.

Brünn, im April 1932.

A. Schoklitsch

Vorwort zur zweiten Auflage.

Die freundliche Aufnahme, die die erste Auflage meines „Grundbaues" gefunden hat, hat mich bestimmt, in der vorliegenden zweiten Auflage den Aufbau beizubehalten. Den Inhalt habe ich den Fortschritten entsprechend ergänzt und ausgebaut.

Besonderer Dank gebührt Herrn OTTO LANGE, Springer-Verlag, der sich auch von den Schwierigkeiten, die sich aus dem Postverkehr ergaben, nicht beirren ließ.

Bei der Abfassung des Buches und dem Lesen der Korrekturen haben mich meine beiden Töchter Dipl. Ing. EMMY SCHOKLITSCH und Dipl. Ing. HERMA PIETSCHMANN eifrigst unterstützt.

San Miguel de Tucumán, Argentinien, im September 1952.

A. Schoklitsch

Inhaltsverzeichnis.

Erster Teil.

Der Baugrund.

Zweiter Teil.
Die wichtigsten Baustoffe im Grundbau und ihr Verhalten im Wasser und im Boden.

Dritter Teil.

Spundwände.

Vierter Teil.

Die Baugrube.

Fünfter Teil.

Die Vorbereitung des Bodens für die Gründung.

Sechster Teil.

Die Gründungen.

Siebenter Teil.
Besondere Gründungen.

Achter Teil.
Die Abdichtung der Bauwerke gegen Bodenfeuchte und Grundwasser.

Der Baugrund.

Die Kenntnis des Verhaltens der verschiedenen Bodenarten bei baulichen Eingriffen, unter Lasten und ihrer Einwirkung auf Bauwerke ist eine Voraussetzung für die Herstellung eines zweckentsprechenden Entwurfes für ein Grundwerk. In jedem Einzelfalle können nicht umfangreiche Untersuchungen angestellt werden; man muß sich daher vielfach die Erfahrungen, die an anderen Baustellen gemacht worden sind, zunutze machen. Die richtige Verwertung dieser Erfahrungen setzt aber eine zutreffende, genaue Beschreibung der in Betracht kommenden Bodenart und die Kenntnis des Verhaltens der betreffenden Bodenart unter Lasten voraus. Die Beschreibung der angetroffenen Bodenart ist bisher bei Berichten über ausgeführte Gründungen nur außerordentlich mangelhaft durchgeführt worden; Bezeichnungen, wie Lehm, Ton, lehmiger Sand, Schotter, Kies, sagen, wenn es sich um eine Gründung handelt, fast gar nichts; es müssen vielmehr die charakteristischen Eigenschaften der Bodenart angegeben werden, damit die Erfahrungen richtig verwertet werden können.

A. Die Eigenschaften des Untergrundes.

Der Untergrund kann aus Fels oder aus Boden (Lockergestein) bestehen; Fels ist, wenn er wenigstens einige Meter dick ist, so tragfähig, daß die Bauwerke in der Regel ohne besondere Vorkehrungen errichtet werden können. Die Böden sind mehr oder minder lose Haufwerke von kleinen Teilchen der verschiedensten Größe, Form und mineralogischen Beschaffenheit, zwischen denen sich Poren befinden, die von Luft oder Wasser erfüllt sind. Die Böden werden durch Lasten verdichtet, um so mehr, je größer der ursprüngliche Porenraum war und je leichter verformbar die Bodenteilchen sind.

I. Die Struktur der Böden.

Die Teilchen der Böden lagern sich, je nach ihrer Form und Größe, in verschiedenen Anordnungen aneinander, die als Bodenstrukturen bezeichnet werden. K. Terzaghi hat die vorkommenden Strukturen in mehrere Hauptgruppen geschieden. Das einfachste Schema für die Struktur eines Bodens ergibt die Schüttung aus gleichgroßen Kugeln, die in gesetzmäßiger Anordnung zueinander stehen. Böden, die aus aneinanderliegenden, wenn auch verschieden großen, derben Körnern bestehen, die ohne weiteren Zusammenhang stehen, besitzen *Einzelkornstruktur* (Abb. 1a und b); sie werden auch kurz als körnige Böden bezeichnet. Ihre wichtigsten Vertreter sind Kies und Sand. Neben dieser Struktur gibt es noch die *Waben-struktur* (Abb. 1c), die bei locker gelagertem Schluff und Schlamm vorkommt, ferner die *Flocken-struktur* (Abb. 1d) der Sedimente und die *Krümelstruktur* der obersten Schichten.

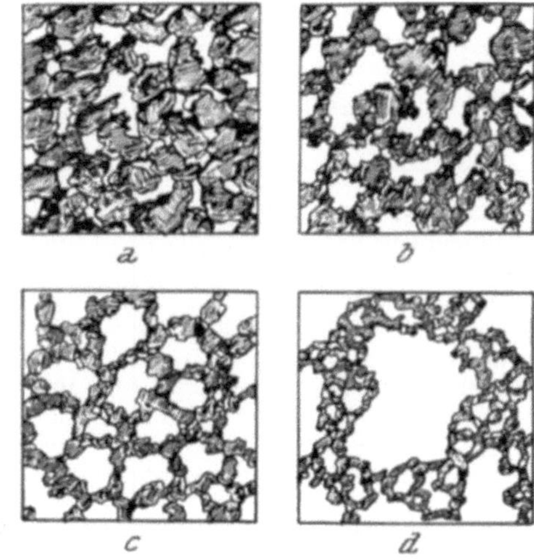

Abb. 1. Bodenstrukturen. (Nach K. Terzaghi.)
a, b Einzelkornstruktur, *c* Wabenstruktur,
d Flockenstruktur.

Bei der Flocken- und bei der Krümelstruktur sind die Bodenteilchen zu porösen Klumpen vereinigt. Böden mit Wabenstruktur enthalten Hohlräume, die größer als die größten Teilchen sein können. Die Bodenteilchen bestehen bei solchen Böden vorwiegend aus biegsamen, kleinsten Mineralschuppen, die nach erfolgter Berührung aneinanderhaften; solche Böden werden kurz als bindige bezeichnet. Ihre wichtigsten Vertreter sind die Tonböden.

In der Bodenoberfläche entsteht die Krümelstruktur; an ihrer Bildung sind die Humus-, Ton- und Eisenhydroxylkolloide, kohlensaurer Kalk in feinster Verteilung und Salze beteiligt, so weit sie Bodenkolloide zusammenballen. Frost vermag bei hohem Wassergehalt die Krümelbildung zu fördern. Soda zerlegt die Bodenkolloide.

Schrifttum.

BLANCK, E.: Handb. der Bodenlehre. Bd. 6. Berlin 1930. Springer-Verlag. — TERZAGHI, K.: Erdbaumechanik. Berlin u. Wien 1925. Fr. Deuticke. — DERSELBE: Festigkeitseigenschaften der Schüttungen, Sedimente und Gele. Handb. d. physikalischen und techn. Physik. Bd. IV, 2. Hälfte. Leipzig 1931. J. A. Barth. — *Referat*: Verfahren zur Beurteilung des Bodens mit Hilfe von Dünnschliffen. Baut. 1940. S. 286.

II. Die Kornform und die Kornmischung.

Jeder Boden ist ein Haufwerk kleiner Gesteinsteilchen der verschiedensten Form und Größe. Hinsichtlich der Form können die Bodenteilchen in gedrungene Körner und in biegsame Mineralschuppen geschieden werden; stengelige und nadelförmige Teilchen sind den gedrungenen zuzurechnen. Diese Scheidung der Körner hinsichtlich ihrer Form ist nötig, weil schon ein kleiner Gehalt des Bodens an schuppenförmigen Teilchen das Verhalten des Bodens unter Lasten stark beeinflußt. Die schuppenförmigen Teilchen des Bodens berühren sich in viel mehr Punkten als gedrungene Teilchen. Zwischen den schuppenförmigen Teilchen wirkt die Kohäsion; diese Teilchen haften aneinander und schon eine geringe Änderung des Gehaltes an schuppenförmigen Teilchen vermag daher, wie K. TERZAGHI festgestellt hat, das elastische Verhalten des Bodens weitgehend zu verändern.

Die Kornmischung wird bei groben Korngemischen durch eine Siebanalyse, bei feinen Korngemischen durch eine Schlämmanalyse ermittelt. Beide Verfahren sind aber ungenau und liefern nur ein ungefähres Bild von der Kornmischung.

Zur *Siebanalyse* werden Siebsätze verwendet, durch die die sorgfältig getrocknete Probe durchgerüttelt wird; sie wird zuerst auf das gröbste Sieb aufgeschüttet und der Siebrückstand ermittelt; der Siebdurchlaß gelangt auf das nächstfeinere Sieb, wo wieder der Rückstand ermittelt wird und so fort. Auf diese Weise können aus der Probe die Teilchen bis etwa 0,05 [mm] herab ausgesiebt werden; kleinere können durch Sieben nicht mehr weiter getrennt werden und kommen in ein Schlämmgerät, wo sie weiter durch strömendes Wasser hinsichtlich ihrer Korngröße sortiert werden.

Die Körnung der siebbaren Bestandteile des Bodens wird nach der Vorschrift DIN 1179 mit Sieben der folgenden Maschenweiten ermittelt:

Maschensiebgewebe nach DIN 1177 mit den Maschenweiten 0,06; 0,09; 0,2 [mm].

Rundlochsiebe nach DIN 1171 mit den Lochweiten 1; 3; 7; 10; 15; 30; 40; 50; 60; 70 [mm].

Zahlentafel 1. Bezeichnung der Korngruppen nach DIN 1179.

Bezeichnung	Durchgang durch die Siebweite [mm]	Rückstand auf der Siebweite [mm]
Mehlsand < 0,06	0,06	0
Mehlsand 0,06/0,09	0,09	0,06
Feinsand 0,09/0,2	0,2	0,09
Mittelsand 0,2/1	1	0,2
Grobsand 1/3	3	1
Feinkies 3/7	7	3
Mittelkies 7/10	10	7
Mittelkies 10/15	15	10
Mittelkies 15/30	30	15
Grobkies 30/40	40	30
Grobkies 40/50	50	40
Grobkies 50/60	60	50
Grobkies 60/70	70	60

Korngruppen, die durch ein Sieb durchfallen und am nächstfeineren liegenbleiben, haben besondere Bezeichnungen erhalten, die in der Zahlentafel 1 zusammengestellt sind.

Für wissenschaftliche Zwecke kann eine weitgehende Unterteilung der Korngruppen erforderlich werden. Bezeichnungen, wie Mehl oder Schotter, sind, um Verwechslungen zu vermeiden, nur für künstlich zerkleinerte Gesteine zu verwenden.

Korngemische, die Körner enthalten, die zum Teil größer, zum Teil kleiner als 3 [mm] sind, werden als Kiessand bezeichnet.

Als *Schlämmgerät* wird häufig jenes von J. Kopetzky, das in der Abb. 2 dargestellt ist, benützt. Es besteht aus mehreren lotrecht stehenden Glaszylindern, die unten konisch verjüngt sind und die vom Spülwasser von unten nach oben durchflossen werden. Sie sind so aneinandergeschlossen, daß in der Fließrichtung die Strömungsgeschwindigkeit kleiner wird. Durch das Wasser werden von der Bodenprobe die Teilchen unter einer gewissen Korngröße in den nächsten Zylinder gespült und so fort. Bei dem in der Abb. 2 dargestellten Schlämmapparat haben die Zylinder größte Weiten von 30, 56 und 178 [mm] und sie werden vom Durchfluß 0,005 [l/sec] mit Geschwindigkeiten von 0,7, 0,2 und 0,02 [cm/sec] durchströmt; hiebei bleiben im ersten Zylinder Körner mit Durchmessern über 0,1 [mm], im zweiten solche mit Durchmessern zwischen 0,1 und 0,05 [mm], im dritten solche mit Durchmessern zwischen 0,05 und 0,01 [mm] liegen, während die feineren ausgespült werden.

Beim Schlämmen werden die Zylinder zuerst vorsichtig mit Wasser aufgefüllt und erst dann der Spülstrom voll in Tätigkeit gesetzt. Bei einer gegebenen Höhenlage des Spülwasserbehälters, in dem die Wasserspiegellage durch einen Überlauf konstant gehalten wird, gibt eine Marke an einem Wasserstandsglas P im letzten Gefäß des Schlämmgerätes jenen Druck dortselbst an, bei dem der erforderliche Durchfluß von 0,005 [l/sec] eben durchläuft. Das Schlämmen dauert mehrere Stunden und wird so lange fortgesetzt, bis das ablaufende Wasser klar ist. Danach läßt man die Rückstände in jedem Zylinder absetzen, füllt sie in Abdampfschalen und trocknet sie im Sandbad. Nach dem Auskühlen werden sie gewogen und ihr Anteil an der Probe in Prozenten des Gesamtprobengewichtes ausgedrückt.

Um die Temperatur des Spülwassers im Gerät konstant halten zu können, empfiehlt es sich, das ganze Gerät in ein Wasserbad zu stellen.

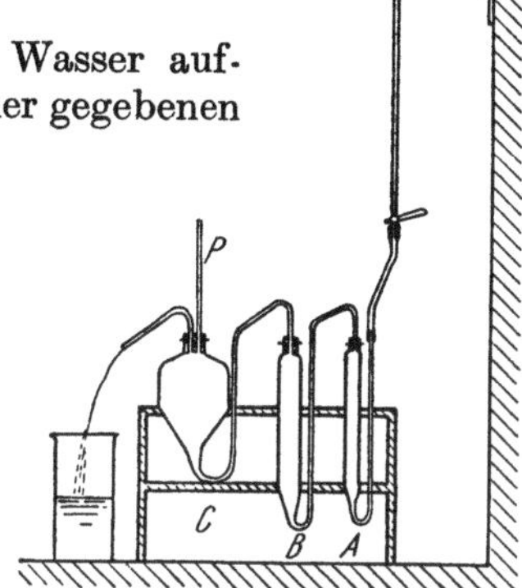

Abb. 2. Schlämmgerät von J. Kopetzky.

Bevor eine Probe bindigen Bodens in ein Schlämmgerät gegeben wird, muß sie besonders vorbehandelt werden, um die im Boden enthaltenen Teilchen, die wegen der im Boden enthaltenen Kolloide zu Klümpchen und Flocken vereinigt sind, zum Auseinanderfallen zu bringen. Das wird entweder durch das Koch- und Reibverfahren, durch das Rüttelverfahren oder durch den Zusatz eines Elektrolyten erreicht.

Beim *Koch- und Reibverfahren* werden etwa 50 bis 100 [g] der zu untersuchenden Bodenprobe zuerst zwölf Stunden lang in destilliertem Wasser aufgeweicht und hierauf nach Bedarf zwei bis vierundzwanzig Stunden lang unter fortwährendem Nachgießen des verdampften Wassers gekocht. Nach dem Erkalten wird die Probe vorsichtig mit den Fingern unter Verwendung von Gummifingerlingen so lange durchgerieben, bis sich das mehrmals gewechselte Wasser nicht mehr trübt und keine Klümpchen mehr in der Probe enthalten sind. Das während des Reibens abgegossene trübe Wasser wird bei Verwendung des Kopetzkyschen Schlämmgerätes in den Zylinder B (Durchmesser 56 [mm]), die Probe

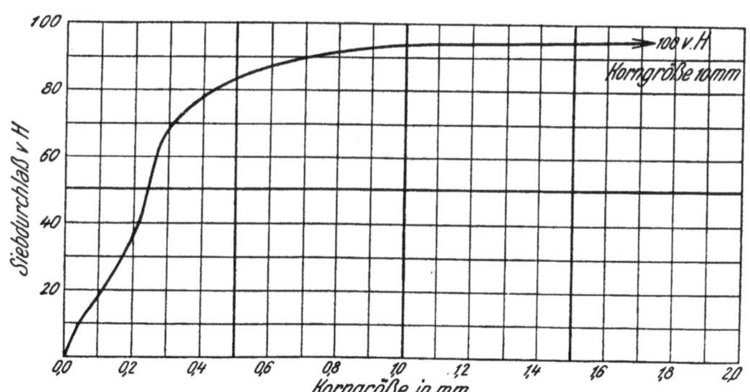

Abb. 3. Mischungslinie von lehmigem Sand.

in den Zylinder A (Durchmesser 30 [mm]) gegossen. Dem Verfahren haftet der Mangel an, daß durch das Kochen die Bodenbeschaffenheit etwas verändert wird.

Beim *Schüttelverfahren* wird die Bodenprobe ebenfalls zwölf Stunden hindurch in destilliertem Wasser aufgeweicht, hierauf in einer Literflasche mit Glasstopfen, die bis zur Hälfte mit destilliertem Wasser aufgefüllt ist, in der Schüttelmaschine sechs Stunden hindurch geschüttelt. Danach läßt man absetzen, gießt das trübe Wasser wieder wie früher in den Zylinder B, das übrige in den Zylinder A des Kopetzkyschen Schlämmgerätes.

Durch den Zusatz von Salzsäure oder Ammoniak können schließlich ebenfalls die Flocken zum Auseinanderfallen gebracht werden.

Sowohl die Ergebnisse der Siebanalysen als auch jene der Schlämmanalysen werden am besten zeichnerisch dargestellt; für die Ergebnisse von Analysen, die nur ein geringes Kornintervall ergeben, eignet sich die Auftragung, wie sie die Abb. 3 andeutet. Andernfalls kann die Auftragung der Korngrößen mit einem logarithmischen Maßstab vorteilhafter sein (Abb. 4).

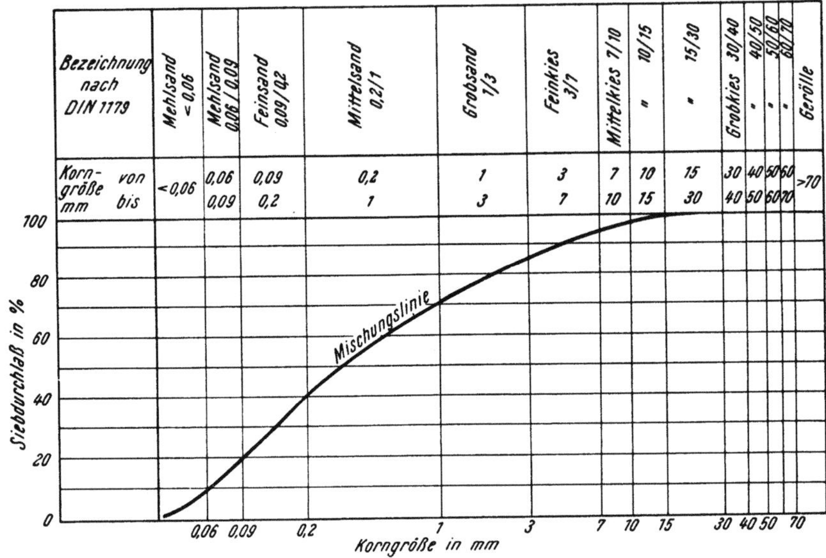

Abb. 4. Bezeichnung der Korngrößen und Darstellung der Mischungslinie bei großem Gehalt des Bodens an Feinteilchen.

Bei der Beschreibung der Körnung einer Bodenprobe werden gewisse Korngrößen in Gruppen zusammengefaßt und mit besonderen Namen belegt. Diese Bezeichnungen waren bisher nicht einheitlich und sie ermöglichen daher in der Regel keine sicheren Vergleiche. Für Korngrößen über 0,06 [mm] sind durch die Norm DIN 1179 (vgl. S. 2) die Bezeichnungen verschiedener Korngruppen festgelegt. Für die feinsten Teilchen hat A. ATTERBERG die folgenden Benennungen eingeführt:

		Korngröße in [mm]
Ultraton	unter	0,0002
Mikroton, fein	von	0,0002 bis 0,0006
Mikroton, grob	„	0,0006 „ 0,002
Schluff, fein	„	0,002 „ 0,006
Schluff, grob	„	0,006 „ 0,02
Mo, fein	„	0,02 „ 0,05
Mo, grob	„	0,05 „ 0,1
Sand	über	0,1

Der mittlere Korndurchmesser d_m einer Korngruppe, die durch ein Sieb mit der Maschenweite d_2 durchfällt und auf einem Sieb mit der Maschenweite d_1 liegenbleibt, wird nach J. KOŽENY aus der Beziehung

$$\frac{1}{d_m} = \frac{1}{3}\left(\frac{1}{d_1} + \frac{2}{d_1 + d_2} + \frac{1}{d_2}\right) \tag{1}$$

berechnet.

Böden, bei denen die Analyse mehr als 20% Sandkörner ergibt, werden als sandig bezeichnet, die übrigen als bindig.

Schrifttum.

ALTEN, F. und KNIPPENBERG, E.: Ein Beitrag zur Vorbehandlung der Böden für die Schlämmanalyse und die Pipettenmethode. Zschft. f. Pflanzenforschung. 1933. — BOUJOUCOS, G. J.: The hydrometer method for makimg a verry detailed mechanical analysis of soils. Soil science. 1928. — GESSNER, H.: Der Wiegnersche

Schlämmapparat und seine praktische Anwendung. Kolloid-Zschft. Bd. 38. 1926. — KOPETZKY, J.: Die Bodenuntersuchungen zum Zwecke der Dränagearbeiten. Prag 1901. — DERSELBE: Die Klassifikation der Bodenarten auf Grund des Gehaltes an bodenbildenden Bestandteilen. Prag 1913. — RAMANN, E: Bodenkunde. Berlin 1911. — WAHNSCHAFFE: Anleitung zur wissenschaftlichen Bodenuntersuchung. — WIEGNER, G.: Über eine neue Methode der Schlämmanalyse. Zentralbl. f. d. ges. Landwirtschaft, Bd. I (1920), H. 1. — WIEGNER, E.: Boden und Bodenbildung in kolloidchemischer Betrachtung. 2. Aufl. Dresden 1926. — TERZAGHI, K.: Erdbaumechanik. Berlin u. Wien 1925. Fr. Deuticke.

III. Der Porenraum.

Böden bestehen aus Gesteinsteilchen, zwischen denen Hohlräume, die sogenannten *Poren* liegen, die lufterfüllt oder teilweise bzw. vollständig mit Wasser gefüllt sein können.

Wenn bei einer betrachteten Bodenprobe der Rauminhalt der Poren durch den Rauminhalt der Bodenprobe dividiert wird, so erhält man das *Porenverhältnis p*. Hat z. B. die betrachtete Bodenprobe den Querschnitt 1 und die Länge 1, beträgt ferner der Rauminhalt der Poren α und der Rauminhalt der Bodenteilchen β, so gilt für das Porenverhältnis

$$p = \frac{\alpha}{1} = \frac{\alpha}{\alpha + \beta} \cdot \qquad (2)$$

Bezeichnet γ_r das Raumgewicht der vollkommen trockenen Bodenprobe in [kg/rm] und γ_s die Wichte der Bodenteilchen in [kg/m³] so gilt

$$\gamma_r = (1 - p)\, \gamma_s \qquad (3)$$

und das Porenverhältnis daher

$$p = 1 - \frac{\gamma_r}{\gamma_s} \cdot \qquad (4)$$

Der Bruch

$$\varepsilon = \frac{\alpha}{\beta} = \frac{\alpha}{1 - \alpha} = \frac{p}{1 - p} \qquad (5)$$

wird *Porenziffer* genannt.

Das Porenverhältnis p von Sanden hängt von deren Körnung und von der Entstehungsgeschichte des Sandlagers ab. Sande, die von plötzlich abflauenden Hochwässern abgesetzt werden, haben ein Porenverhältnis von $p \gtrless 0{,}5$ bzw. eine Porenziffer $\varepsilon \gtrless 1$, während ganz langsam abgesetzten Sanden etwa $p = 0{,}27$ und $\varepsilon = 0{,}37$ entspricht. Einige andere Werte des Porenverhältnisses p und der Porenziffer ε von Sanden gibt die Zahlentafel 2.

Zahlentafel 2. Porenverhältnis p und Porenziffer ε von körnigen Böden.

Bodenart	Porenverhältnis			Porenziffer			Verdichtungsfähigkeit F
	lose eingefüllt	eingerüttelt	naß eingerüttelt	lose eingefüllt	eingerüttelt	naß eingerüttelt	
Feiner Sand, 0,06 bis 0,3 [mm]..	0,496	0,409	0,388	0,984	0,692	0,634	0,55
Dünensand	0,458	0,339	0,339	0,845	0,513	0,513	0,66
Lehmiger Flußsand, 0,1 bis 2,7 [mm]	0,416	0,339	0,293	0,712	0,513	0,414	0,71
Gleichgroße Kugeln	0,476	0,258	—	0,909	0,348	—	—

Das Porenverhältnis p und die Porenziffer ε bindiger Böden hängt, wegen der Biegsamkeit der Mineralschuppen, aus denen diese Böden bestehen, von der Art der Bildung der Ablagerung nur wenig ab; sie werden vorwiegend durch die Festigkeit der Bodenteilchen und durch den Druck bedingt, unter dem der Boden stand. Schon durch geringe Pressungen kann das Porenverhältnis p und die Porenziffer ε bindiger Böden stark verändert werden. Das Porenverhältnis bindiger Böden ist stets größer als jenes körniger Böden. Die Zahlentafel 3 gibt einen Überblick über die Eigenschaften einiger bindiger Böden.

Zahlentafel 3. Eigenschaften bindiger Böden. (Nach J. KOPETZKY.)

Bodenart	Fetter, undurchlässiger Ton	Tonig-lehmiger Boden	Toniger, diluvialer Lehm	Festgelagerter diluvialer Lehm	Mittelfester, sehr feinsandiger Lehm	Lockerer, diluvialer Lehm	Lockerer, feinsandiger Lehm	Lehmig-tonige Böden		
Ultraton, Mikroton und Schluff, $\varnothing$ unter 0,01 [mm] ....%	86,68	67,24	53,36	46,68	48,44	42,64	36,64	54,16	53,38	52,28
Mo, fein, $\varnothing$ 0,01 bis 0,05 [mm] %	11,04	25,76	43,08	43,04	17,76	48,12	37,08	28,48	28,02	30,56
Mo, grob, $\varnothing$ 0,05 bis 0,1 [mm] . %	1,56	2,44	2,88	7,08	14,68	6,40	4,76	7,64	12,00	5,76
Sand, $\varnothing$ über 0,1 [mm] ......%	0,88	4,56	0,68	3,40	19,12	2,84	18,52	9,72	6,60	11,40
Raumgewicht ....[t/rm]	1,34	1,34	1,54	1,52	1,29	1,26	1,34	1,26	1,18	1,25
Wichte der Bodenteilchen [t/m³]	2,58	2,49	2,60	2,60	2,55	2,51	2,65	2,58	2,56	2,51
Porenverhältnis .... p	0,480	0,461	0,407	0,414	0,493	0,493	0,495	0,510	0,539	0,502
Porenziffer .... ε	0,923	0,855	0,687	0,707	0,973	0,973	0,981	1,040	1,168	1,010
Wasserkapazität in % d. Volumens	47,6	41,1	33,9	34,9	39,3	37,1	34,6	40,2	46,0	46,8
Wasserkapazität in % d. Gewichtes	37,0	29,4	21,6	22,1	29,4	28,8	25,0	32,2	39,9	36,2
Luftkapazität in %	0,4	5,0	6,8	6,5	10,0	12,4	14,7	10,8	7,9	3,4

Einige weitere Porenverhältnisse p bzw. Porenziffern ε verschiedener Böden gibt die Zusammenstellung in der Zahlentafel 4.

Zahlentafel 4. Porenverhältnis p bzw. Porenziffer ε einiger Bodenarten.

Bodenart	Porenverhältnis p	Porenziffer ε	Quelle
Lehmboden im Wald .... von	0,47	0,89	
bis	0,70	2,33	
Oberflächenschichten von Sand und Tonböden mit Krümelstruktur .... von	0,50	1,00	Nach E. RAMANN
bis	0,70	2,33	
Sand unter Moor	0,30	0,43	
Moorböden	0,85	5,67	
Diluvialsande unter Gewässern .... von	0,20	0,25	Nach VEITMEYER
bis	0,26	0,35	
Niederungsmoorweide, stark sandhaltig	0,69	2,22	
Niederungsmoorweide, schwach sandhaltig	0,80	4,00	Nach A. DENSCH
Hochmoor, unkultiviert	0,94	15,67	

Je nach der Beschaffenheit der Körner können trotz gleichen Porenverhältnisses Sande verschieden weitgehend verdichtet werden. Um den Grad der Stabilität der Sandstruktur zu beschreiben, wird die Verdichtungsfähigkeit V angegeben.

Bezeichnet p_{max} das Porenverhältnis bzw. ε_{max} die Porenziffer bei lockerster Lagerung, p_{min} das Porenverhältnis bzw. ε_{min} die Porenziffer in naß eingestampftem Zustand, so beträgt die Verdichtungsfähigkeit

$$V = \frac{\varepsilon_{max} - \varepsilon_{min}}{\varepsilon_{min}} = \frac{p_{max}}{p_{min}} \cdot \frac{1 - p_{min}}{1 - p_{max}} - 1. \tag{6}$$

Je nach der Beschaffenheit der Körner und dem Gleichförmigkeitsgrad schwankt für Sande mit gedrungenen Körnern die Verdichtungsfähigkeit nach K. TERZAGHI zwischen $V = 0,35$ und 0,70.

Schrifttum.

DENSCH, A.: Bodenluftuntersuchungen auf Hochmooren. Mitt. d. Ver. Förd. Moorkultur. 1915. S. 407, 423. — RAMANN, E.: Bodenkunde. Berlin 1911. Springer-Verlag. S. 309. — TERZAGHI, K.: Erdbaumechanik. Berlin u. Wien 1925. Fr. Deuticke. — TERZAGHI, K. und FRÖHLICH, O. K.: Erdbaumechanik und Baupraxis. Leipzig u. Wien 1937. Fr. Deuticke. — VEITHMEYER: Vorarbeiten zur Wasserversorgung der Stadt Berlin. 1871.

IV. Die Feuchte und die Konsistenz der Böden.

Alle Böden besitzen mehr oder minder große Poren, die von Luft oder Wasser erfüllt sein können. Wenn die Poren vollständig wassererfüllt sind, so nennt man den Boden wassergesättigt. Auch wenn die Poren von Luft erfüllt sind, ist stets etwas Wasser im Boden enthalten, weil die Bodenteilchen hygroskopisch sind. Nur unter dichtem Verschluß gehaltener, künstlich getrockneter Boden enthält kein Wasser. Das an die Bodenteilchen *hygroskopisch gebundene Wasser* umhüllt alle Teilchen in sehr dünner Schicht. Wenn wassergesättigter Boden vom Wasser abgehoben wird, so läuft ein Teil des in den Poren enthaltenen Wassers ab; in den Winkeln zwischen den Bodenteilchen bleibt aber ein über das hygroskopisch gebundene Wasser hinausgehender Rest zurück, der, so wie das Porenverhältnis als Anteil des Rauminhaltes der Bodenprobe angegeben und *Wasserkapazität* genannt wird. Die Differenz zwischen dem Porenverhältnis und der Wasserkapazität wird als *Luftkapazität* bezeichnet. Die Luftkapazität der körnigen Böden (Sande, Kiese) erreicht nahezu die Größe des Porenverhältnisses; bei bindigen Böden (Tonen) macht sie nur einen kleinen Bruchteil des Porenverhältnisses aus (vgl. Zahlentafel 3).

In den feinen Poren der Böden steigt das Wasser wie in Haarröhrchen zu großen Höhen über den Grundwasserspiegel an, und zwar um so höher, je feiner die Poren sind. In bindigen Böden kann das Wasser außerordentlich große kapillare Steighöhen erreichen. K. KOŽENY gibt für die größte Steighöhe H in [mm] des Wassers die Beziehung

$$H = 0{,}446 \frac{1-p}{p} \cdot \frac{1}{d_w} \ [\text{mm}] \tag{7}$$

in der p das Porenverhältnis und d_w den wirksamen Korndurchmesser in [mm] (vgl. S. 10) bedeuten.

Nach BENDEL beträgt die kapillare Steighöhe bei

feinem Sand	0,1 bis 0,5 [m]	
Schluff	0,5 „ 2,0 „	
Löß	2,0 „ 5,0 „	
Lehm	5,0 „ 15,0 „	
Ton, mager	20 „ 50 „	
Ton, fett	über 50 „	

Um die Feuchte des Bodens zu bestimmen, wird eine Bodenprobe genau gewogen, hierauf im Trockenschrank bis zum konstanten Gewicht getrocknet und dann wieder gewogen. Bezeichnet G_f das Gewicht der feuchten Probe, G_t jenes der trockenen, so beträgt die Feuchte als Bruchteil des Trockengewichtes

$$f = \frac{G_f - G_t}{G_t} \tag{8}$$

oder als Bruchteil des Porenverhältnisses p

$$p_w = \frac{f}{p} \cdot \tag{9}$$

Während bei den körnigen Böden (Sanden) die Feuchte für die mechanischen Eigenschaften ziemlich belanglos ist, ändern die an schuppigen Feinteilen reichen bindigen Böden, also besonders Ton und Lehm, mit ihren sandigen Variationen ihre mechanischen Eigenschaften sehr bedeutend mit dem Wassergehalt und nehmen verschiedene *Konsistenzformen* an, deren wichtigsten nach A. ATTERBERG die *feste*, die *plastische* und die *flüssige* ist. Bei sehr magerem Lehm fällt die plastische Form aus und die feste Form geht bei Wasserzufuhr unmittelbar in die flüssige über. Zwischen diesen Hauptkonsistenzformen gibt es eine Reihe von Übergangsformen. In der *härtesten* Form schwinden die Bodenstücke beim weiteren Austrocknen nicht mehr. In der *losen festen Form* haften einzelne Stücke, wenn sie mit schwachem Druck aneinandergepreßt werden. Zwischen beiden liegt die Schrumpfgrenze. In der *zähplastischen Form* klebt der Boden nicht am Werkzeug und er kann noch in 4 [mm] starke Drähte ausgerollt werden, ohne zu zerbröckeln. In der *klebend-plastischen Form* klebt der Boden am Werkzeug und läßt sich ohne Mühe formen. In der *zähflüssigen Form* fließt der Boden in Schichten von nicht weniger als 15 [mm] Dicke. In der *dickflüssigen Form* hat der Boden die Konsistenz eines dünnen Breies; beim Zerteilen fließen die Teile in Schichten von über 15 [mm] Dicke bei leichter Erschütterung wieder aneinander, bleiben aber durch eine Furche getrennt. In der *dünnflüssigen Form* ist der Boden fast so dünnflüssig wie Wasser.

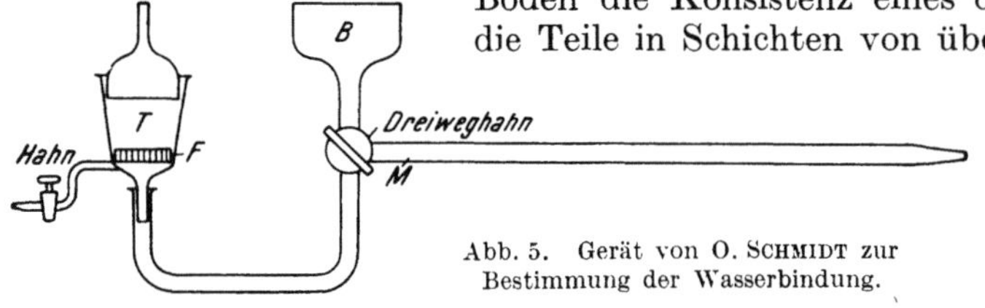

Abb. 5. Gerät von O. Schmidt zur Bestimmung der Wasserbindung.

Die Differenz der Feuchte f in Prozenten des Trockengewichtes an der oberen und unteren Grenze des plastischen Bereiches wird nach A. Atterberg als *Plastizitätszahl* bezeichnet; je größer diese Zahl ist, desto plastischer ist der Boden.

Für die Beurteilung bindiger Böden ist auch die sogenannte *Wasserbindung* von Bedeutung. Zur Ermittlung der Wasserbindung dient das gläserne Gerät von O. Schmidt, dessen Aufbau die Abb. 5 zeigt. Das Gerät besteht aus dem 50 [mm] weiten Behälter T, in dem eine Filterplatte F liegt. In gleicher Höhe mit der Filterplatte liegt genau waagrecht die Meßpipette M. Aus dem Behälter B wird das Gerät bis zur Filterplatte F mit Wasser gefüllt und am Meniskus in der Meßpipette M die Ablesung gemacht. Hierauf wird auf die Filterplatte 1 [g] des pulverförmigen, lufttrockenen Bodens gleichmäßig aufgetragen und in der Pipette die Menge des angesaugten Wassers abgelesen. Die Wasserbindung w wird in Prozenten

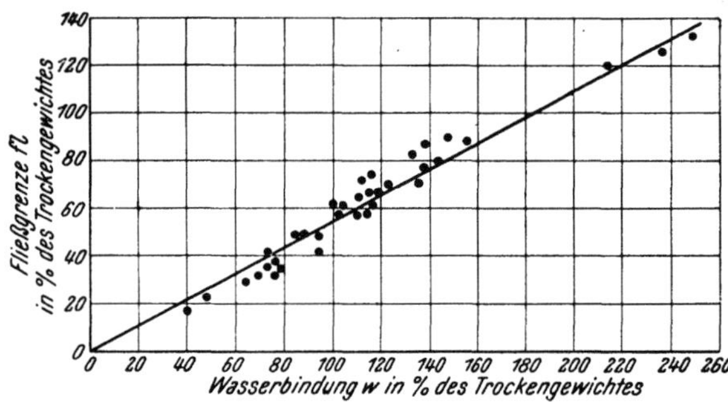

Abb. 6. Beziehung zwischen der Fließgrenze *fl* und der Wasserbindung *w*. (Preuß. Versuchsanstalt für Wasserbau und Schiffbau. Berlin.)

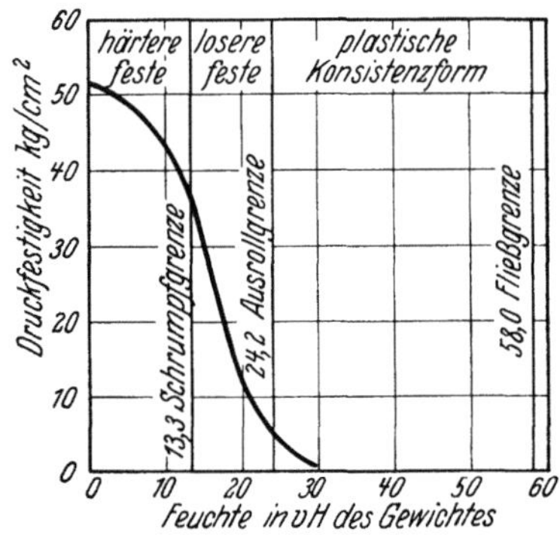

Abb. 7. Beziehung zwischen Feuchte und Druckfestigkeit bzw. Konsistenz bei einem Tonwürfel mit 47% Sand und Mo, 19,3% Grobschluff und 28,3% Mikroton. Porenziffer des trockenen Tones 0.48 bis 0.53. Raumgewicht 2930 [kg/m³]. (Nach Messungen von K. Terzaghi.)

des Trockengewichtes der Probe angegeben. Mit dem Gerät wird rasch und hinreichend genau gearbeitet. Zwischen der Fließgrenze *fl* und der Wasserbindung *w* bindiger Böden besteht, wie Versuche in der Preußischen Versuchsanstalt erwiesen haben, eine lineare Beziehung. Die Abb. 6 zeigt die Auftragung von Versuchsergebnissen der Preußischen Versuchsanstalt, denen die Beziehung

$$fl = 0{,}54\,w \quad [\%] \tag{10}$$

entspricht. Die Fließgrenze *fl* wird in Prozenten des Trockengewichtes angegeben.

Wenn in bindigen Böden der Wassergehalt abnimmt, so bilden sich im Porenwasser infolge der Kapillarkräfte Zugspannungen, die eine Annäherung der Bodenteilchen und damit eine Zunahme der Reibung zwischen den Bodenteilchen bewirken. Mit der Abnahme des Wassergehaltes verschwinden die durch das Wasser bedingten Eigenschaften des Bodens immer mehr. Bindige Böden verändern daher ihre Festigkeit sehr bedeutend mit ihrer Feuchte und sind schon in der zähplastischen Konsistenzform nicht mehr ohne weiteres durch Bauwerke belastbar. In der Abb. 7 ist die Beziehung zwischen Feuchte und Druckfestigkeit für eine von K. Terzaghi untersuchte Tonprobe dargestellt, die deutlich den großen Einfluß der Feuchte auf die Druckfestigkeit erkennen läßt.

Bindige Böden ändern bei Veränderungen des Wassergehaltes aber nicht nur ihre Konsistenzform und ihre Festigkeit, sondern auch ihren Rauminhalt. Wenn nasser bindiger Boden austrocknet, so schrumpft er zusammen, er schwindet, so lange, bis der Wassergehalt die sogenannte Schrumpfgrenze unterschreitet. Die Schrumpfgrenze liegt bei etwa 8 bis 14% Wassergehalt.

Wenn bindiger Boden in größerer Flächenausdehnung austrocknet, so führt das Schrumpfen zur Bildung zahlreicher Schwindrisse (Abb. 8), die bei sehr gleichmäßiger Bodenbeschaffenheit vielfach regelmäßige Sechsecke bilden; die in einem Punkt zusammentreffenden Schwindrisse bilden dann miteinander Winkel von 120 Graden.

Abb. 8. Schwindrisse in den Schlammablagerungen eines Stauweihers.

K. Terzaghi hat für das Schwinden der bindigen Böden beim Austrocknen eine Erklärung gegeben. Das Schwinden kann nur auftreten, wenn sich der Porenraum verringert. Die gleiche Verringerung des Porenraumes kann aber statt durch Austrocknung des Bodens auch durch eine entsprechend hohe Belastung des Bodens mit p_s [kg/cm²] erreicht werden. Er führt das Schwinden der bindigen Böden auf die Oberflächenspannung des Wassers zurück, das sich beim Austrocknen des Bodens in den Kapillaren zurückzieht. Das Schwinden hört tatsächlich sofort auf, wenn der Boden überflutet, die Oberflächenspannung des Wassers in den Poren also ausgeschaltet ist. Im Sinne dieser Auffassung muß das Höchstmaß des Schwindens bei der Lufttrocknung bindigen Bodens unter sonst gleichen Umständen von der Oberflächenspannung der Flüssigkeit abhängen, mit der der bindige Boden angefeuchtet ist. Tatsächlich beobachtete Terzaghi auch, daß ein mit Wasser (Oberflächenspannung 75 [Dyn/cm]) angemachter Ton durch Lufttrocknung je nach dem Anfangswassergehalt auf eine Porenziffer $\varepsilon = 0{,}482$ bis $0{,}526$, ein mit 90proz. Alkohol (Oberflächenspannung 23 [Dyn/cm]) angemachter Ton dagegen bloß auf eine Porenziffer $\varepsilon = 0{,}798$ verdichtet werden konnte. Terzaghi schätzt den Druck, der eine der Oberflächenspannung des Wassers gleichwertige Verdichtung des Bodens bewirken kann, auf 30 bis 100 [kg/cm²].

Wenn ein bindiger Boden überflutet wird, so wird die Oberflächenspannung ausgeschaltet und er nimmt Wasser so lange auf, bis sich sein Porenraum auf jenes Maß vergrößert hat, das der auf dem Boden ruhenden Last entspricht. Hierbei schwillt der Boden an und während der Austrocknung allenfalls entstandene Schwindrisse schließen sich wieder.

Schrifttum.

ATTERBERG, A.: Die Konsistenz und Bindigkeit der Böden. Internat. Mitt. f. Bodenkunde. 1911. H. 1. — ENSLIN, O.: Über einen Apparat zur Messung der Flüssigkeitsaufnahme von quellbaren und porösen Stoffen und zur Charakterisierung der Benetzbarkeit. D. Chem. Fabrik. 1933. S. 147. — SEIFERT, R., EHRENBERG, J., TIEDEMANN, B., ENDELL, K., HOFFMANN, U. und WILM, D.: Bestehen Zusammenhänge zwischen Rutschneigung und Chemie von Tonböden? Mitt. d. Preuß. Versuchsanst. f. Wasserbau u. Schiffbau, Berlin 1935. H. 20. — KOŽENY, J.: Über kapillare Leitung des Wassers im Boden. Sitzungsber. d. Akad. d. Wissenschaften, Wien, Mathem.-naturw. Kl. Abt. IIa. Bd. 136. S. 271. — TERZAGHI, K.: Erdbaumechanik. Leipzig 1925. Fr. Deuticke. — TIEDEMANN, B.: Die Schubfestigkeit in Beziehung zur Fließgrenze. — VOGELER, P.: Der Kationen- und Wasserhaushalt im Mineralboden. Berlin 1932. — *Referat*: Messung des Wassergehaltes im Betonsand durch elektrischen Widerstand. Bauing. 1936. S. 29.

V. Die Wasserdurchlässigkeit der Böden.

Die Poren in den Böden bilden feine haarröhrchenartige Kanäle und die Böden sind daher wasserdurchlässig, und zwar um so mehr, je weiter die Poren sind. Zur Betrachtung der Wasserdurchlässigkeit werden die Böden zweckmäßig in körnige und in bindige Böden geschieden.

a) Die Wasserdurchlässigkeit körniger Böden.

In den Poren körniger Böden geht die Wasserbewegung in der Regel sehr langsam und daher laminar vor sich; dann folgt sie dem Filtergesetz von H. DARCY, nach dem die Filtergeschwindigkeit u beim Spiegelgefälle J

$$u = kJ \tag{11}$$

beträgt. Die Filtergeschwindigkeit ist der Quotient aus Durchfluß durch den Querschnitt des durchsickerten Bodens und k bedeutet die Durchlässigkeit des Bodens.

In sehr grobkörnigem Boden kann in einzelnen Poren die kritische Geschwindigkeit überschritten werden; die Bewegung erfolgt dann in diesen Poren turbulent. Dann ergeben sich für die Filtergeschwindigkeit Gleichungen von der Form

$$J = \alpha\, u + \beta\, u^2. \tag{12}$$

So hat z. B. PH. FORCHHEIMER gefunden

im Marchfeld $\qquad\qquad\qquad J = 1{,}53\, u + 237\, u^2$ für $0{,}00031 < u < 0{,}011$ [cm/sec]

im Lechfeld bei Gersthofen $\qquad J = 0{,}71\, u + 8\, u^2$ für $0{,}12 < u < 1{,}2$ [cm/sec]

im Murtal ober Graz $\qquad\qquad J = 0{,}033\, u + 0{,}79\, u^2$

Die Durchlässigkeit hängt von der Beschaffenheit der Poren und von der Temperatur des Wassers ab. Im Untergrund ändert sich die Wassertemperatur innerhalb eines Jahres, von den obersten Bodenschichten abgesehen nur unbedeutend, so, daß die Durchlässigkeit hinreichend genau als Beiwert des Bodens von der betreffenden Lagerungsdichte aufgefaßt werden kann.

Die Durchlässigkeit k kann berechnet oder sicherer an Ort und Stelle durch Versuche ermittelt werden.

Bezeichnet p das Porenverhältnis, γ die Wichte des Wassers in [g/cm^3], η_t die Zähigkeit des Wassers bei der Temperatur t in [g.sec/cm^2] und d_w den wirksamen Korndurchmesser des Korngemisches in [cm], so gilt nach J. KOŽENY für die Durchlässigkeit

$$k = \frac{\gamma}{\eta_t}\, c\, \frac{d^2_w}{36}\, \frac{p^3}{(1-p)^2}\ \text{[cm/sec]} \tag{13}$$

c bedeutet einen Formbeiwert, der die Beschaffenheit der Poren charakterisiert und für den nach Versuchen von J. DONAT zu setzen ist

bei Flintsand (Quarz), eckig, splitterig .... $c = 0{,}036$
bei Marchfeldsand, Quarz und Kalk, eckig und knollig ..... $c = 0{,}086$
bei Odersand .... $c = 0{,}134$
bei Glaskugeln .... $c = 0{,}192$

Die Zähigkeit des Wassers bei der Temperatur t beträgt nach J. D. POISEUILLE

$$\eta_t = \frac{0{,}000\,0\,184}{1 + 0{,}0337\,t + 0{,}00022\,t^2}\ \left[\frac{\text{g} \cdot \text{sec}}{\text{cm}^2}\right]. \tag{41}$$

Den wirksamen Korndurchmesser d_w des Korngemisches ermittelt J. KOŽENY aus der Kornmischungslinie, indem er die Mischung in eine Anzahl von Korngruppen unterteilt. Beträgt der Gewichtsanteil einer Korngruppe am Gesamtgewicht Δ und bezeichnet $d_{1,2}$ den mittleren Durchmesser einer Gruppe mit den Grenzkorndurchmessern d_1 und d_2, so wird der mittlere Durchmesser $d_{1,2}$ der Korngruppe aus der Beziehung

$$\frac{1}{d_{1,2}} = \frac{1}{3}\left(\frac{1}{d_1} + \frac{2}{d_1 + d_2} + \frac{1}{d_2}\right) \tag{15}$$

berechnet und der wirksame Korndurchmesser des ganzen Korngemisches beträgt nach J. KOŽENY

$$\frac{1}{d_w} = \sum \frac{\Delta}{d_{1,2}}. \tag{16}$$

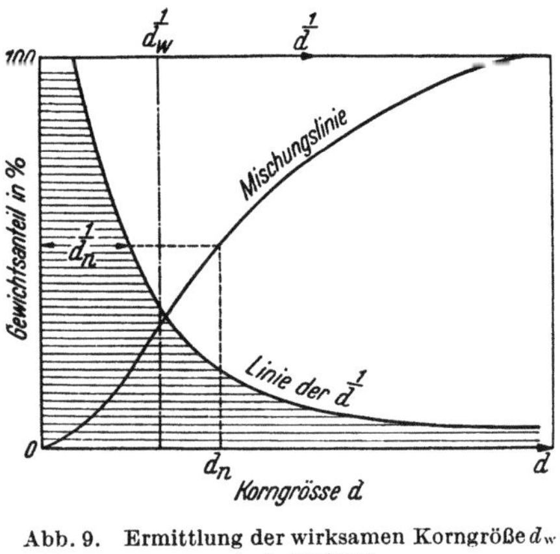

Abb. 9. Ermittlung der wirksamen Korngröße d_w nach J. KOŽENY.

Der wirksame Korndurchmesser d_w wird am besten aus der Mischungslinie des Bodens zeichnerisch ermittelt. Hiezu zeichnet man die Mischungslinie und dazu in der in der Abb. 9 angedeuteten Weise die Linie der $\frac{1}{d}$; die mittlere Breite der schraffierten Fläche gibt $\frac{1}{d_w}$ und weiter den wirksamen Korndurchmesser d_w an.

Mit dem Gehalt des Gemisches an feinen Körnern nimmt die Durchlässigkeit k sehr rasch ab (vgl. Zahlentafel 5).

F. ZUNKER ist der Anschauung, daß der von hygroskopisch gebundenem Wasser erfüllte Teil der Poren für die Grundwasserbewegung unwirksam sei. Er unterscheidet daher zwischen dem Porenraum und dem wirksamen Porenraum. Bei Kies und Sand spielt der durch hygroskopisch gebundenes Wasser erfüllte Anteil der Poren keine Rolle. Bei den feinen Poren bindiger Böden kann dieser Anteil den wirksamen Porenraum und damit die Durchlässigkeit aber nennenswert herabsetzen.

Die Messung der Durchlässigkeit k kann bei grobkörnigen Böden verläßlich nur an Ort und Stelle erfolgen, weil es unmöglich ist, solche Bodenproben ohne Störung der Lagerung zu entnehmen und in die Versuchsanstalt zu befördern.

Um die Durchlässigkeit unmittelbar an der Baustelle zu ermitteln, wird neben der Baugrube durch Bohrung ein etwa 200 bis 250 [mm] weiter Röhrenbrunnen hergestellt und aus diesem so lange Wasser gleichmäßig gepumpt, bis sich ein stationärer Zustand, also ein feststehender Wasserspiegel im Brunnen eingestellt hat. Vorerst sei der einfachste Fall angenommen, daß nämlich der Brunnen durch die wasserführenden Schichten bis zur undurchlässigen Schicht abgeteuft ist; das Wasser fließt einem solchen sogenannten vollkommenen Brunnen radial zu und durch konzentrische Zylinderflächen fließt stets der gleiche Durchfluß, nämlich jener, der abgepumpt wird. Früher ist schon erwähnt worden, daß nach dem DARCYSCHEN Gesetz die Filtergeschwindigkeit

$$u = kJ = k \frac{dz}{dx} \tag{17}$$

ist, wobei J das Grundwasserspiegelgefälle und k die Durchlässigkeit bedeuten. Durch eine um den Brunnen gedachte konzentrische Zylinderfläche F fließt dann der Grundwasserdurchfluß

$$Q = uF = kJF = k \frac{dz}{dx} F \tag{18}$$

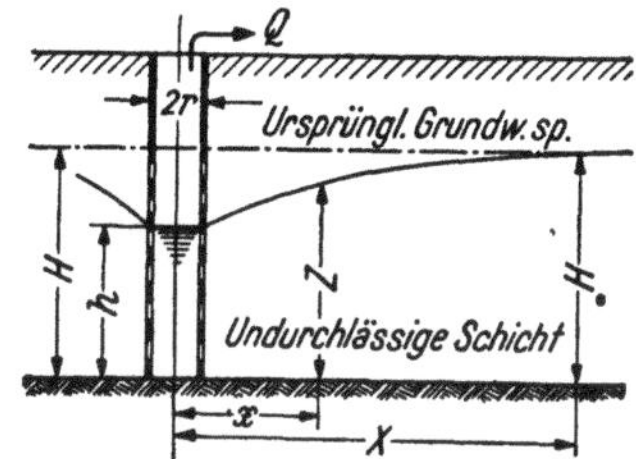

Abb. 10. Grundwasserspiegel um einen vollkommenen Brunnen bei waagrecht liegender undurchlässiger Schicht.

und mit den Bezeichnungen der Abb. 10 gilt dann

$$Q = k \frac{dz}{dx} 2 \pi x z \tag{19}$$

oder

$$z \, dz = \frac{Q}{2 \pi k} \frac{dx}{x} \tag{20}$$

und weiter

$$z^2 = \frac{Q}{\pi k} \ln x + C. \tag{21}$$

Am Brunnenmantel ist $z = h$ und $x = r$, dort gilt also

$$h^2 = \frac{Q}{\pi k} \ln r + C \tag{22}$$

und die Subtraktion der Gleichungen (21) und (22) liefert

$$z^2 - h^2 = \frac{Q}{\pi k} \ln \frac{x}{r} \cdot \tag{23}$$

Bezeichnet H die ursprüngliche Grundwassertiefe und R die Reichweite des Brunnens, das ist die Entfernung vom Brunnen, in der keine Senkung des Grundwasserspiegels mehr feststellbar ist, so ist für $z = H$ und für $x = R$ zu setzen und man erhält schließlich

$$H^2 - h^2 = \frac{Q}{\pi k} \ln \frac{R}{r} \tag{24}$$

und für die Durchlässigkeit

$$k = \frac{Q}{\pi} \cdot \frac{1}{H^2 - h^2} \ln \frac{R}{r} \cdot \tag{25}$$

Nur um die Größenordnung anzudeuten, sei erwähnt, daß P. KRESNIK für die Reichweite gefunden hat:

bei grobem Kies und Geröll $R =$ 500 [m], $\ln R = 6{,}21$
bei grobem Kies $R =$ 100 bis 150 ,, , $\ln R = 4{,}6$ bis 5,01
bei mittlerem Kies $R =$ 50 ,, , $\ln R = 3{,}91$
bei feinem Sand, Dünensand $R =$ 5 bis 10 ,, , $\ln R = 2{,}50$ bis 1,61 .

W. Sichardt gibt für die Reichweite R in Metern die empirische Formel

$$R = 3000 \cdot s \cdot \sqrt{k} \ [\text{m}] \tag{26}$$

an, in der

$$s = H - h \ [\text{m}] \tag{27}$$

die Absenkung des Spiegels im Brunnen und k die Durchlässigkeit in [m/sec] bedeutet.

Durch einen Pumpversuch an dem früher erwähnten Röhrenbrunnen kann die Reichweite R genau ermittelt werden. Wenn im Abstand x vom Brunnen ein etwa 40 [mm] weites Beobachtungsrohr gerammt wird, so kann dort leicht während des Pumpversuches die Spiegelsenkung m gemessen werden. Die Grundwassertiefe am Beobachtungsrohr beträgt dann während des Pumpversuches

$$z = H - m. \tag{28}$$

Es gilt dann am Brunnen

$$H^2 - h^2 = \frac{Q}{\pi k} \ln \frac{R}{r} \cdot \tag{29}$$

und am Beobachtungsrohr

$$H^2 - z^2 = \frac{Q}{\pi k} \ln \frac{R}{x} \cdot \tag{30}$$

Aus den beiden Gleichungen (29) und (30) folgt

$$k = \frac{Q}{\pi} \frac{1}{H^2 - h^2} \ln \frac{R}{r} = \frac{Q}{\pi} \frac{1}{H^2 - z^2} \ln \frac{R}{x} \tag{31}$$

und weiter für die Reichweite

$$\ln R = \frac{H^2 - z^2}{h^2 - z^2} \ln r - \frac{H^2 - h^2}{h^2 - z^2} \ln x. \tag{32}$$

Beim Pumpversuch darf die Absenkung des Wasserspiegels im Brunnen nicht übertrieben werden, weil der Grundwasserspiegel außen am Brunnenmantel von einer gewissen Absenkungslage an dem Wasserspiegel im Brunnen nicht mehr weiter folgt. J. Koženy gibt für die äußerstens zulässige Absenkung im Brunnen

$$s = \frac{H}{2} \tag{33}$$

an.

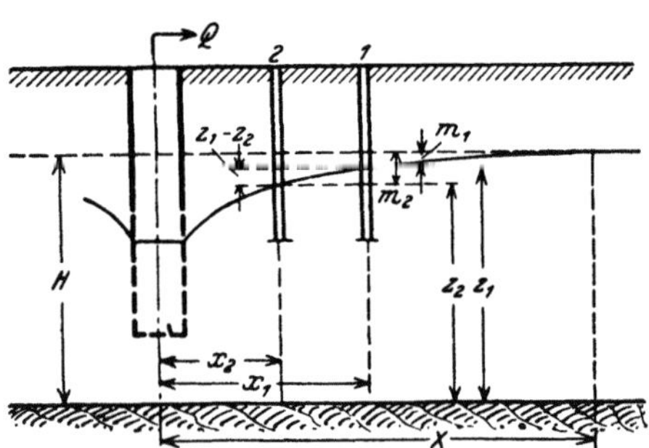

Abb. 11. Ermittlung der Durchlässigkeit k an einem unvollkommenen Brunnen durch einen Pumpversuch.

Wenn der Brunnen nicht bis zur undurchlässigen Schicht hinabreicht und auch deren Tiefenlage nicht bekannt ist, kann die Durchlässigkeit ebenfalls durch einen Pumpversuch ermittelt werden. P. Forchheimer hat durch Versuche nachgewiesen, daß der Wasserspiegel um den Brunnen zwar im nächsten Bereich um den Brunnen steiler abfällt als bei einem vollkommenen Brunnen, der bis zur undurchlässigen Schicht hinabreicht, in größerer Entfernung vom Brunnen aber die gleiche Lage einnimmt, wie bei einem vollkommenen. Beim Pumpversuch sind nun, wie es die Abb. 11 andeutet, zwei Beobachtungsrohre in größerer Entfernung vom Brunnen erforderlich; die an diesen Rohren beobachteten Werte seien durch die Indizes 1 und 2 gekennzeichnet. An den beiden Beobachtungsrohren gilt dann bei der Entnahme Q aus dem Brunnen

$$H^2 - z_1{}^2 = \frac{Q}{\pi k} \ln \frac{R}{x_1} \tag{34}$$

und

$$H^2 - z_2{}^2 = \frac{Q}{\pi k} \ln \frac{R}{x_2} \cdot \tag{35}$$

In den Beobachtungsrohren können die Spiegelsenkungen m_1 und m_2 leicht beobachtet werden. Es ist dann

$$H - z_1 = m_1 \tag{36}$$

und

$$H - z_2 = m_2 \tag{37}$$

und die Gleichungen (34) und (35) können dann auch in der Form

$$H + z_1 = \frac{Q}{m_1\,\pi\,k}\ln\frac{R}{x_1} \tag{38}$$

und

$$H + z_2 = \frac{Q}{m_2\,\pi\,k}\ln\frac{R}{x_2} \tag{39}$$

angeschrieben werden. Durch Subtraktion erhält man

$$z_1 - z_2 = \frac{Q}{\pi\,k}\left(\frac{1}{m_1}\ln\frac{R}{x_1} - \frac{1}{m_2}\ln\frac{R}{x_2}\right); \tag{40}$$

da nun auch die Differenz $z_1 - z_2$ in den Beobachtungsrohren leicht zu messen ist, kann die Durchlässigkeit k berechnet werden; es gilt

$$k = \frac{Q}{\pi\,(z_1 - z_2)}\left(\frac{1}{m_1}\ln\frac{R}{x_1} - \frac{1}{m_2}\ln\frac{R}{x_2}\right). \tag{41}$$

Die Zahlentafel 5 gibt einen Überblick über die Größenordnung gemessener Durchlässigkeiten. In verschiedenen Richtungen können sich in ein und demselben Boden sehr verschiedene Durchlässigkeiten ergeben. So fand z. B. G. Thiem bei Versuchen mit mittelfeinem Sand, der in Schichten naß mit einem Porenverhältnis $p = 0{,}3$ eingestampft worden war, die Durchlässigkeit parallel den Schichten dreimal so groß als senkrecht zu ihnen.

Zahlentafel 5. Gemessene Durchlässigkeiten. (Nach K. Terzaghi, Kyrieleis-Sichardt, A. Scheidig.)

Bodenart	Körnung [mm] (Porenziffer ε)	Wirksamer Korndurchmesser (Hazen) d_w [mm]	Durchlässigkeit k [cm/sec]
Kies am Oberlauf der Flüsse	—	—	$0{,}05\ldots5$
Kies, mittelfein	$4\ldots7$	—	$3{,}51$
Kies, fein	$2\ldots4$	—	$3{,}00$
Flußsand	$0{,}1\ldots0{,}8$	—	$0{,}88$
Flußsand	$0{,}1\ldots0{,}3$	—	$0{,}25$
Sand, mit Spuren von Lehm	—	—	$0{,}08$
Sand, fein, tonhaltig, in Bremerhaven	—	—	$0{,}03$
Dünensand in Holland	—	—	$0{,}02$
Sand, fein, tonhaltig, in Emden	—	—	$0{,}02$
Sand, fein, tonhaltig, in Wemeldingen (Holland)	—	—	$0{,}009$
Feinsand, schluffig	—	$0{,}2\ldots0{,}02$	$10^{-3}\ldots10^{-4}$
Lehmböden	—	—	$10^{-4}\ldots10^{-5}$
Schluff	—	$0{,}02\ldots0{,}002$	$17\cdot10^{-7}\ldots17\cdot10^{-9}$
Tone	—	$0{,}002$	$2\cdot10^{-8}\ldots2\cdot10^{-11}$
Löß, echter, ungestört, in Richtung der Wurzelröhren	($\varepsilon = 1{,}30$)	—	10^{-3}
Löß, echter, ungestört, quer zu den Wurzelröhren	($\varepsilon = 1{,}25$)	—	$5\cdot10^{-4}$
Löß, echter, gestörte Probe	($\varepsilon = 0{,}57$)	—	$7\cdot10^{-8}$

b) Die Wasserdurchlässigkeit sehr feinkörniger und bindiger Böden.

In bindigen Böden sind die Poren außerordentlich fein. Nun sind, wie F. Zunker hervorgehoben hat, alle Bodenteilchen von Wasserhäutchen umgeben und auch in den Winkeln zwischen den Teilchen befindet sich Wasser, das an den Teilchen haftet und an der Grundwasserbewegung nicht teilnimmt. Dieses unter der Bezeichnung *Haftwasser* zusammengefaßte Wasser erfüllt einen Teil der Poren und engt sie ein. Diese Erscheinung hat bei den grobkörnigen Böden keine Rolle gespielt, muß aber bei den bindigen Böden beachtet werden. Überdies können feine Luftbläschen die Poren weiter einengen. Bezeichnet p das Porenverhältnis, p_1 das Porenverhältnis, das auf das Haftwasser und Luftbläschen entfällt, so ist, wie J. KOŽENY gezeigt hat, die Durchlässigkeit k proportional dem Bruch

$$\frac{(p-p_1)^3}{(1-p)^2}.$$

Die Durchlässigkeit von Ton ist wesentlich kleiner als jene von Sand gleicher Korngröße. Wenn das Grundwasser gelöste Stoffe enthält, so ändert sich die Durchlässigkeit. So hat z. B. J. L. BEESON gefunden, daß ein Gehalt von 0,1% Chilesalpeter die Durchlässigkeit auf $^1/_{20}$ herabsetzte. Ein Kochsalzgehalt setzt die Durchlässigkeit von Tonen ebenfalls stark herab, während Kalkgehalt im Boden die Durchlässigkeit erhöht.

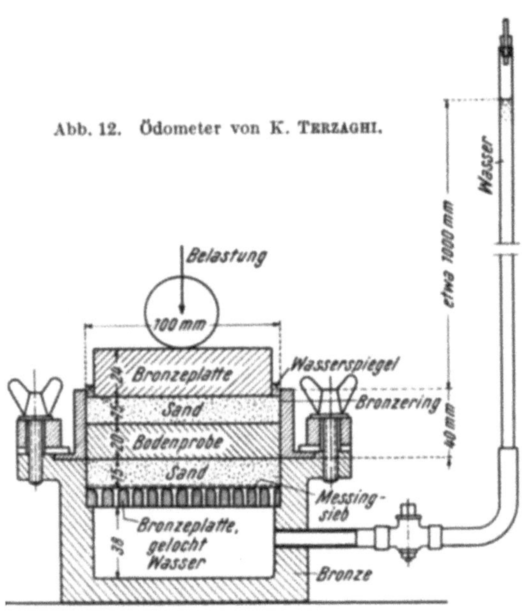

Abb. 12. Ödometer von K. TERZAGHI.

Die Durchlässigkeit bindiger Böden wird am besten durch einen Versuch ermittelt. Als Gerät eignet sich das in der Abb. 12 dargestellte oder der ähnlich gebaute, sogenannte *Ödometer* von K. TERZAGHI, in den die Bodenprobe zwischen zwei Filtersteinen derart eingespannt wird, daß dessen Kornlagerung nicht gestört wird. Die Bodenprobe wird der der Untersuchung zu Grunde zu legenden Last ausgesetzt und wenn sich die Porenziffer der Last angepaßt hat, wenn also die Probe ihr Volumen nicht mehr ändert, dem Durchlässigkeitsversuch unterzogen. Hiezu wird das Standrohr, so wie es die Abb. 12 andeutet, mit Wasser aufgefüllt. Aus der Geschwindigkeit v [cm/sec] des Absinkens des Meniskus im Standrohr und aus dem Querschnitt des Standrohres f [cm²] bzw. F [cm²] der Bodenprobe kann die Filtergeschwindigkeit u [cm/sec] berechnet werden, denn es ist

$$f\,v = F\,u \tag{42}$$

und daher die Filtergeschwindigkeit

$$u = v\,\frac{f}{F}\ [\text{cm/sec}]. \tag{43}$$

Das durchsickernde Wasser läuft über den Rand des Bronzeringes ab. Wenn mehr verdunstet als zusickert, so muß der Wasserspiegel in der Höhe des Randes des Bronzeringes durch Wasserzusatz erhalten werden. Die Höhe h des Meniskus im Standrohr über dem Bronzering dividiert durch die Länge des Sickerweges, also die Höhe z der Bodenprobe, gibt das Grundwassergefälle J; es gilt also

$$J = \frac{h}{z} \tag{44}$$

und die Durchlässigkeit beträgt

$$k = \frac{u}{J} = \frac{u\,z}{h}\ [\text{cm/sec}]. \tag{45}$$

Bei den Versuchen wird ein Gefälle von etwa 50 : 1 angewendet. K. TERZAGHI hat mit diesem Gerät Durchlässigkeiten bis zu $k = 2{,}75\cdot10^{-9}$ [cm/sec] $= 0{,}0866$ [cm/Jahr] herab gemessen.

Schrifttum.

BEESON, J. L.: The physical effects of various soils and fertilizer ingredients upon a soil. Journ. Amer. Chem. Soc. 1897. S. 620. — FORCHHEIMER, PH.: Hydraulik. 3. Aufl. Leipzig u. Berlin 1930. B. G. Teubner. — KOŽENY, K.: Die Durchlässigkeit des Bodens. Der Kulturtechniker. 1932. H. 6. — TERZAGHI, K.: Erdbaumechanik. Leipzig u. Wien 1925. Fr. Deuticke. — ZUNKER, F.: Das Verhalten des Bodens zu Wasser. Im Hdb. d. Bodenlehre. Bd. 6. Berlin 1930. Springer-Verlag.

VI. Die mineralogische bzw. chemische Beschaffenheit der Böden.

Die mineralogische bzw. chemische Beschaffenheit ist bei den körnigen Böden in der Regel ohne Belang, bei den bindigen Böden muß sie aber, wenn es sich um genaue Vorarbeiten handelt, untersucht werden, weil von ihr das Verhalten des Bodens zu Wasser abhängt, das wieder die technisch wichtigen Eigenschaften eines solchen Bodens bestimmt.

Der vom Standpunkt der Bodenmechanik wichtigste Bestandteil der bindigen Böden ist das sogenannte Tonmineral, das in feinster Verteilung zwischen Mineralstaub, wie Quarz, Glimmer, Kalziumkarbonat, Feldspat usw., eingebettet ist. Bisher sind vier Tonminerale bekannt, nämlich Kaolinit $(2\,H_2O \cdot Al_2O_3 \cdot 2\,SiO_2)$, Montmorillonit $(H_2O \cdot Al_2O_3 \cdot 4\,SiO_2 + n\,H_2O)$, Halloysit $(4\,H_2O \cdot Al_2O_3 \cdot SiO_2)$ und ein viertes, dessen Zusammensetzung noch nicht feststeht. Die petrographische Zusammensetzung der Tonböden wird durch röntgenographische Untersuchungen festgestellt, die kristalline Bestandteile, die in Mengen von über 5 bis 10% in der Probe vorkommen, mit Sicherheit zu erkennen erlauben. Eine mikroskopische Untersuchung führt nicht zum Ziel, weil die für die Eigenschaften des Bodens wichtigen Bestandteile nur mit kolloiden Abmessungen vorkommen und im Mikroskop nicht mehr zu erkennen sind.

Böden, mit einem Kalkgehalt unter 2% werden als kalkarm, solche mit 2 bis 10% als mergelig, mit 10 bis 50% Kalk als Mergel und bei mehr als 50% Kalk als Kalkböden bezeichnet. Der Gehalt an Kalk $(CaCO_3)$ im Boden ist auf die Wasserbindung und Rutschneigung des Tonanteiles im Boden nur von untergeordneter Bedeutung; er wirkt nur ähnlich wie feiner Quarz im Boden mechanisch.

Schrifttum.

ENDELL, K.: Beitrag zur chemischen Erforschung und Behandlung von Tonböden. Baut. 1935. S. 226. — SEIFERT, R., EHRENBERG, J., TIEDEMANN, B., ENDELL, K., HOFFMANN, U. und WILM, D.: Bestehen Zusammenhänge zwischen Rutschneigung und Chemie von Tonböden? Mitt. d. Preuß. Versuchsanst. f. Wasserbau u. Schiffbau. Berlin 1935. H. 20. — WIEGNER, E.: Boden und Bodenbildung in kolloidchemischer Betrachtung. 2. Aufl. Dresden 1926.

VII. Das Gewicht der Böden.

Das Raumgewicht der Böden hängt von der mineralogischen Beschaffenheit der Bodenteilchen, von der Dichte der Lagerung, also vom Porenverhältnis p und vom Wassergehalt ab. Die Wichte der Gesteine, aus denen die Böden bestehen, kann der Zahlentafel 6 entnommen werden. Wenn nichts Näheres bekannt ist, wird gewöhnlich mit der Wichte $\gamma' = 2650\ [\mathrm{kg/m^3}]$ gerechnet, die sehr häufig zutrifft. Wenn der Boden aus verschiedenen Gesteinen mit den Anteilen a, b, c... und den zugehörigen Wichten γ_a', γ_b', γ_c'... besteht, so beträgt das Raumgewicht trockenen Bodens

$$\gamma_r = (a\,\gamma_a' + b\,\gamma_b' + c\,\gamma_c' + \ldots)\,(1-p). \qquad (46)$$

Zahlentafel 6. Wichten verschiedener Gesteine.

Gestein	Wichte [kg/m³]	Gestein	Wichte [kg/m³]
Roteisenstein	5100...5200	Gips	2200...2400
Brauneisenstein	3400...4000	Serpentin	2500...2700
Eisenoxydhydrat	3730	Kreide	1800...2600
Augit	3200...3500	Kaolin	1800...2600
Hornblende	2900...3400	Humus	1370
Basalt	2700...3200	Torf	1260...1460
Feldspat	2500...2800	Gneis	2400...2700
Orthoklas	2500...2600	Granit	2510...3050
Oligoklas	2630...2690	Kalkstein	2460...2840
Labrador	2640...2800	Porphyr	2400...2800
Glimmer	2800...3200	Sandstein	2200...2500
Quarz	2500...2800	Steinkohle	1200...1400
Kalkspat	2600...2800	Syenit	2600...2800
Dolomit	2800...3000	Tonschiefer	2760...2880
Chlorit	2700...3000	Tuffstein	1300...2000
Talk	2600...2700	Andesit	2750...2800

Je nach der Bodenart können die Poren verschieden viel Wasser enthalten. Bei gesättigt nassem Boden sind alle Poren mit Wasser gefüllt. Wenn γ das Eigengewicht des Wassers und p das Porenverhältnis bezeichnet, so beträgt das Raumgewicht wassergesättigten Bodens

$$\gamma_{rg} = (1 - p)\,\gamma' + p\gamma. \tag{47}$$

Bei feuchten, körnigen Böden läuft, wenn sie außer Zusammenhang mit Wasser gebracht werden, der größte Teil des Porenwassers aus und das Raumgewicht ist nur wenig größer als jenes des trockenen Bodens, während das Raumgewicht feuchter, bindiger Böden zwischen jenem des gesättigt-nassen und jenem trockenen Bodens, je nach der Feuchte, liegt, weil die Poren das in ihnen enthaltene Wasser nur im Verlaufe der Austrocknung abgeben.

Auf eine unter Wasser liegende Fläche drückt der Boden nur mit seinem Unterwassergewicht. Das Unterwassergewicht beträgt, weil nur die Körner und nicht auch die Poren Auftrieb erleiden,

$$\gamma_r' = (1 - p)\,(\gamma' - \gamma). \tag{48}$$

Eine Angabe von beobachteten Raumgewichten von Böden ist nicht erforderlich, weil das Raumgewicht aus den angegebenen Formeln unter Berücksichtigung der Feuchte und des Porenverhältnisses p richtiger berechnet werden kann.

VIII. Die innere Reibung und die Haftfestigkeit (Kohäsion) der Böden.

Der Bewegung zweier Bodenschichten übereinander wirkt die innere Reibung und die Haftfestigkeit (Kohäsion) entgegen. Die innere Reibung in Böden besteht aus der echten Flächenreibung zwischen den aneinander vorbeigleitenden Bodenteilchen und aus dem sogenannten Strukturwiderstand; der Strukturwiderstand ist darauf zurückzuführen, daß beim Gleiten Bodenteilchen, die über die jeweilige Gleitfläche hervorragen, verschoben, manche sogar zertrümmert werden. Der Strukturwiderstand hängt von der Kornform und von der Korngröße ab. Große und scharfkantige Körner verursachen einen höheren Strukturwiderstand als kleine, abgerundete Körner. Den kleinsten Strukturwiderstand verursachen Mineralschuppen.

Die Haftfestigkeit (Kohäsion) ist auf die Adhäsion in den Berührungspunkten und Berührungsflächen der Bodenteilchen und auf die Kapillarkräfte zurückzuführen, die das im Boden vorhandene Wasser ausübt. Die Adhäsion hängt von der Kornform, Korngröße und von der Dichte der Lagerung ab. Sie tritt sowohl bei derben Körnern als auch bei Schuppen auf; bei letzteren sind die Berührungsflächen der Teilchen viel größer als bei gleich großen derben Körnern und daher ist auch die Adhäsion größer. Je kleiner das Porenverhältnis, je dichter also die Teilchen aneinanderliegen, desto größer ist auch die Adhäsion. Wenn der Boden Wasser aufnimmt, so füllen sich nicht nur die Poren, sondern es schiebt sich auch Wasser zwischen die Teilchen und verringert die Adhäsion. Wenn das Wasser in den Poren Menisken bildet, die unter der Bodenoberfläche liegen, so bewirkt die Oberflächenspannung des Wassers eine hohe Aneinanderpressung der Teilchen; auf diese Weise wird die Kohäsion scheinbar vergrößert.

Bezeichnet N [kg] den Normaldruck in einer Fläche von der Größe F [cm²] und T den Gleitwiderstand in [kg], so gilt die Beziehung

$$T = \mu N + K F \quad [\text{kg}] \tag{49}$$

μ bedeutet den Beiwert der inneren Reibung und K die der Haftspannung entsprechende Schubspannung. Diese Zweiteilung des Gleitwiderstandes ist von besonderer Wichtigkeit, weil die Vernachlässigung der der Haftspannung entsprechenden Schubspannung bei bindigen Böden eine viel zu große innere Reibung vortäuschen würde. Nur für einen ganz bestimmten Fall kann zur Vereinfachung der Rechnung ein Ersatzreibungsbeiwert

$$\mu_e = \frac{T}{N} = \frac{\mu N + K F}{N} = \mu + K\,\frac{F}{N} \tag{50}$$

berechnet werden, der aber nur für den betreffenden Normaldruck N gilt.

Bezeichnet

$$\frac{N}{F} = \sigma \quad [\text{kg/cm}^2] \tag{51}$$

die Normalspannung in der Gleitfläche und wird, wie es in der Preußischen Versuchsanstalt für Wasserbau und Schiffbau geschieht,

$$K = \alpha\,\sigma \qquad (52)$$

gesetzt, so erhält man

$$\mu_e = \mu + a.$$

μ ist der Reibungsbeiwert und α der Haftfestigkeitsbeiwert. Einige Reibungsbeiwerte μ und Haftfestigkeitsbeiwerte α, die bei Versuchen an wassergesättigten Proben ermittelt worden sind, gibt die Zahlentafel 7.

Zahlentafel 7. Eigenschaften bindiger Böden.

Bodenart	Herkunft	Sand 0,2…2,0 [mm]	Mehlsand 0,02…0,2 [mm]	Schluff 0,002…0,02 [mm]	Rohton $\vee$ 0,002 [mm]	Fließgrenze	Ausrollgrenze	Wasserbindung	Reibungsbeiwert μ	Haftfestigkeitsbeiwert α
				Körnung (%)		in % des Trockengewichtes				
Ton	Ottmachau	—	10	50	40	58	24	110	0,17	0,10
	Braunschweig	—	8	49	43	87	45	139	0,12	0,12
	Beltton	—	—	20	80	130	41	247	0,11	0,18
	Alzey	—	4	12	84	61	23	100	0,17	0,08
	Sehnde	—	5	40	55	65	28	113	0,17	0,12
	Stettin-Altdamon	—	—	40	60	73	30	116	0,15	0,13
	A. Hitler-Kanal	2	16	40	42	62	21	115	0,18	0,09
	,,	—	11	42	47	70	24	122	0,13	0,14
	,,	—	2	31	67	90	28	149	0,14	0,12
	,,	8	23	24	45	82	23	133	0,14	0,12
	Plön	—	16	27	57	89	33	155	0,12	0,14
	Eupen	—	19	30	51	40	19	73	0,21	0,07
	Georgenfelde	5	4	11	80	47	27	139	0,13	0,13
	Pfalz	—	—	3	97	60	28	104	0,18	0,09
	Dänemark	—	14	20	66	119	32	215	0,11	0,18
Tonmergel	Braunschweig	—	4	56	40	41	25	94	0,19	0,11
	Alzey	—	4	32	64	69	24	117	0,16	0,09
	Sehnde	—	6	40	54	57	23	102	0,16	0,13
	Rosengarten	—	—	35	65	80	24	143	0,13	0,12
	Schwiechelt	—	7	35	58	58	22	112	0,16	0,10
	Stettin	—	8	39	53	70	25	135	0,14	0,13
Lehm	Petershausen	31	26	20	20	35	16	75	0,23	0,08
	,,	26	31	20	23	34	16	74	0,23	0,08
	,,	30	28	20	22	36	15	75	0,23	0,08
	,,	25	41	18	16	28	17	64	0,25	0,07
	,,	22	41	20	17	31	17	68	0,24	0,07
Schluffböden	Havelton	5	21	45	29	49	24	86	0,26	0,09
	Wiener Tegel	—	23	57	20	47	23	92	0,27	0,08
	Hasenfeld	—	39	43	18	49	25	87	0,36	0,07
	,,	2	38	41	19	69	39	119	0,31	0,09
	Mittl. Bor	1	37	42	20	72	28	115	0,28	0,11
Versuchsstoffe	Glaukonit	—	43	21	36	38	26	.	0,35	0,08
	Glimmer	—	60	35	5	—	—	.	0,12	0,14
	Bex-Kaolin	30	—	45	25	34	22	78	0,30	0,07

Übersättigte Böden, also solche, deren Wassergehalt größer ist, als er der Normalspannung σ entspricht, ergeben geringere Haftfestigkeitsbeiwerte α als solche, deren Wassergehalt sich der

Normalspannung schon angepaßt hat. Übersättigung kann vorübergehend auftreten, wenn die Last rascher gesteigert wird, als sich der Wassergehalt der Last anzupassen vermag.

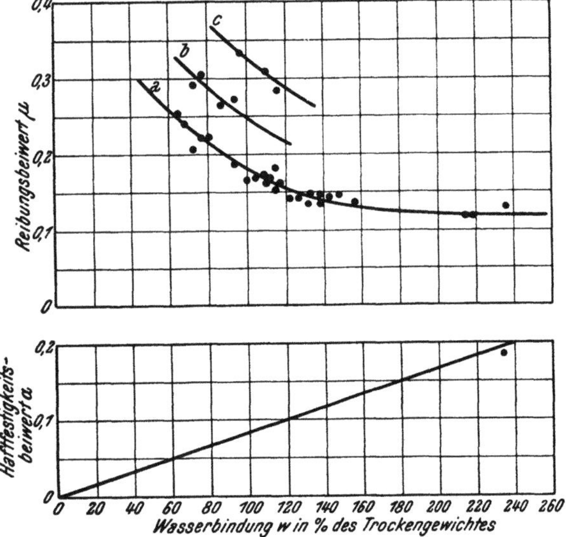

Abb. 13. Beziehung zwischen der Wasserbindung w und dem Haftfestigkeitsbeiwert α bzw. dem Reibungsbeiwert μ. (Nach Versuchen der preußischen Versuchsanstalt für Wasserbau und Schiffbau, Berlin.) a Tonboden mit wenig Quarz, b Schluff bzw. Kaolinit mit 30 bis 50% Quarz, c mit mehr als 50% Quarz.

Untersättigte Böden weisen hohe Haftfestigkeitsbeiwerte auf, mit denen aber nur gerechnet werden darf, wenn gewährleistet ist, daß die Untersättigung erhalten bleibt.

Zwischen der Wasserbindung w (vgl. S. 8) und dem Haftfestigkeitsbeiwert α bestehen nach Versuchen, die in der Preußischen Versuchsanstalt angestellt worden sind, Beziehungen (Abb. 13). Nachdem die Fließgrenze eine Funktion der Wasserbindung w ist (vgl. S. 8), bestehen auch zwischen der Fließgrenze und dem Reibungsbeiwert μ Beziehungen (Abb. 13). In dem Bereich der Fließgrenze fl zwischen 20 und 90% des Gewichtes der Trockensubstanz gilt für den Schubwiderstandsbeiwert die Beziehung

$$\mu_e = \mu + \alpha = \frac{3,4 - fl}{10}, \qquad (53)$$

die B. Tiedemann aufgestellt hat.

In Böden mit derben Körnern spielt die Haftfestigkeit keine Rolle. Das Wasser in den Poren ist ohne nennenswerten Einfluß auf die innere Reibung, obzwar, wie ein Blick in die Zahlentafel 8 lehrt, Wasser die Reibungsbeiwerte sehr weitgehend ändern kann. Einige Beiwerte $\mu = \mathrm{tg}\varphi$ der inneren Reibung können der Zahlentafel 8 entnommen werden.

Zahlentafel 8. Reibungsbeiwerte μ und Winkel φ der inneren Reibung. (Nach K. Terzaghi.)

Bodenart	Winkel der inneren Reibung φ	Reibungsbeiwert $\mu = \mathrm{tg}\,\varphi$
Lehm, schon flüssig	0	0
„ sehr weich	2	0,035
„ weich	4	0,070
„ weichplastisch	6	0,105
„ plastisch	8	0,140
„ steifplastisch	12	0,213
Schlamm, naß	10	0,176
Sand, trocken	34	0,675
„ mit etwas Lehm	30	0,577
„ und Kies, verkittet	34	0,675

Der Gleitwiderstand wird in der Versuchsanstalt an ungestörten und an durchkneteten Proben ermittelt. Bei diesen Versuchen wird die Probe in zwei übereinanderliegende Rahmen eingeführt und bei Wasserzutritt so lange belastet, bis die Probe das der Normalspannung entsprechende Porenwasser aufgenommen hat, ihr Volumen also nicht mehr ändert. Die Probe ist dann mit Wasser eben gesättigt. Hierauf wird der untere Rahmen gegen den oberen verschoben und hiebei sowohl der Gleitwiderstand T als auch die Verschiebung gemessen. Um auch große Verschiebungen beim Versuch erhalten zu können, sind auch für die Aufnahme der Probe ringförmige Rahmen verwendet worden, die gegeneinander verdreht werden.

Bei den Versuchen steigt, wie ein Blick in die Abb. 14 lehrt, der Gleitwiderstand bzw. die Schubspannung steil an und sinkt dann plötzlich ab. Das ist auf eine Durchknetung der Probe in der Gleitzone zurückzuführen. Durchknetete Tonproben weisen nämlich wesentlich geringere Festigkeitseigenschaften auf als ungestörte Proben. Sobald infolge einer Beanspruchung einer

Tonprobe die Bewegungen ein gewisses Maß überschreiten, machen sich in der Gleitzone Erscheinungen bemerkbar, die auf eine Art von Durchknetung, hervorgerufen durch die Bewegung, zurückzuführen sind. K. Terzaghi schreibt die Herabsetzung der Festigkeit infolge Durchknetung der Störung der Kornstruktur zu. Nun hat aber J. Hvorslev beobachtet, daß eine durchknetete Tonprobe, die längere Zeit in Ruhe sich selbst überlassen bleibt, nahezu die Festigkeit wieder erreichen kann, die der ungestörten Probe eigen war.

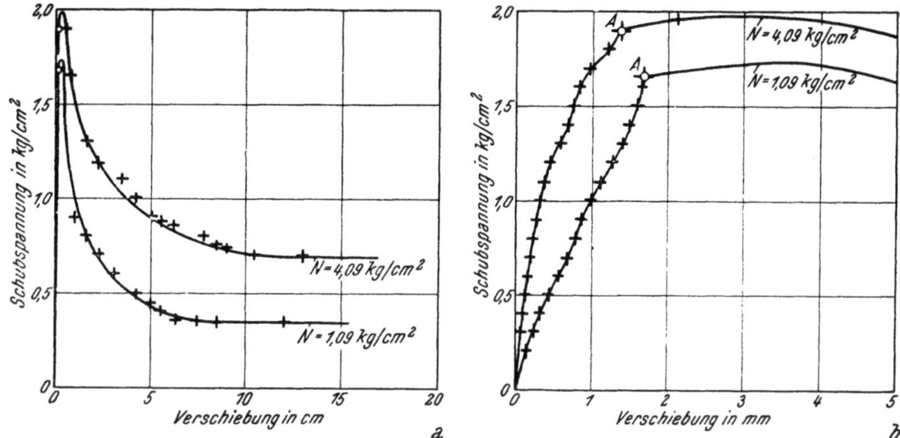

Abb. 14. Ergebnisse von Scherversuchen an Tonproben von B. Tiedemann.

Hvorslev schreibt das Verhalten durchkneteter Tonproben thixotropischer Änderungen im Ton infolge der Durchknetung zu. Schon ein geringer Gehalt an kolloidalen Bestandteilen im Ton verleiht nämlich dem Boden Eigenschaften, die Kolloiden eigen sind.

Die Kolloide sind Teilchen in der Größenordnung 10^{-7} bis 10^{-5} [cm], die in einem Dispersionsmittel verteilt sind; dieses System wird eine kolloide Lösung oder auch Sole genannt. Sie bildet den Übergang von den Molekularlösungen zu den Suspensionen. Wenn die Teilchen nicht frei beweglich sind, wie in den Solen, sondern sich berühren oder sogar ein Netzwerk bilden, so spricht man von einem Gel; zwischen den Teilchen befindet sich das Lösungsmittel. Durch mechanische Einwirkung (Schütteln, plastische Verschiebungen) kann nun ein zu Gel erstarrtes Sol verflüssigt werden. Eine isotherme Sol-Gel-Umwandlung wird als thixotropische Änderung bezeichnet. Wenn ein durch eine Störung in ein Sol verflüssigtes Gel längere Zeit in Ruhe gelassen wird, so erstarrt es wieder zu einem Gel.

Bei der Störung (Durchknetung) eines Tones werden nun Gele im Ton teilweise verflüssigt, dadurch verliert der Ton einen Teil seiner Festigkeit, die er aber während einer längeren Ruhezeit nach der Störung langsam, mehr oder minder vollkommen, wiedergewinnt in dem Maße als die Sole wieder zum Gel erstarrt. Die Zeit, die die Gele zum Erstarren benötigen, hängt nach H. Freundlich und K. Terzaghi vom Wassergehalt und von den im Wasser gelösten Salzen ab.

Die Reibung zwischen Böden und Bauwerksteilen hängt von der Beschaffenheit des Bodens und von jener der Bauwerksoberfläche ab; sie kann nicht größer werden als in einer Gleitfläche im Innern des betreffenden Bodens. Einige gemessene Reibungsbeiwerte sind in den Zahlentafeln 9 und 10 zusammengestellt.

Zahlentafel 9. Reibungsbeiwerte. (Nach W. B. Hardy.)

Nr.	Stoffe	Normal-spannung σ [kg/cm²]	Reibungsbeiwerte	
			Flächen, trocken	Flächen unter Wasser
1	Stahl auf glattem Glas	1,0	0,22	0,32 ..0,47
2	„ „ rauhem „	1,0	0,16...0,17	0,17
3	Blei auf glattem Glas	10,0	0,14...0,18	0,40...0,48
4	„ „ rauhem „	10,0	0,39...0,67	0,41...0,64
5	Quarzkristall auf Stahl..................	5,0	0,22...0,25	0,26...0,28
6	„ „ Quarzkristall...........	2,0	0,17...0,20	0,36...0,41
7	Kolloidschlamm auf Stahl................	1,0	0,42...0,48	0,10...0,13
8	„ „ glattem Glas	1,0	0,54...0,58	0,18...0,23

Zahlentafel 10. Gemessene Reibungsbeiwerte tang δ. (Nach BRENNECKE-LOHMEYER, SCHMOLL und ENGELS.)

Reibungsbeiwerte zwischen	Granit, rauh bearbeitet	Eisenblech mit Nieten	Tannenholz, geschnitten	Gußeisen, unbearbeitet	Eisenblech ohne Nieten	Mauerwerk, glatt	Mauerwerk, rauh	Sandstein, glatt	Sandstein, rauh	Beton
Schotter und Sand, trocken	0,54	0,49	0,51	0,47	0,46	—	—	—	—	—
„ „ „ naß	0,48	0,55	0,50	0,50	0,44	—	—	—	—	—
Sand, fein (Wellsand), trocken	0,70	0,84	0,73	0,61	0,63	—	—	—	—	—
„ „ „ naß	0,53	0,50	0,48	0,38	0,32	—	—	—	—	—
Schlamm, flüssig (Schlick)	—	—	—	—	—	0,05	0,1	—	—	—
„ fest	—	—	—	—	—	0,1	0,2	—	—	—
Ton- und Lehmboden, trocken	—	—	—	—	—	0,2	0,3	—	—	—
Sand, trocken	—	—	—	—	—	0,6	0,7	—	—	—
„ naß	—	—	—	—	—	0,3	0,5	—	—	—
Kies, trocken	—	—	—	—	—	0,4	0,5	0,57	0,61	—
„ naß	—	—	—	—	—	0,4	0,5	0,60	0,62	0,52

Schrifttum.

SEIFERT, R., EHRENBERG, J., TIEDEMANN, B., ENDELL, K., HOFFMANN, U. und WILM, D.: Bestehen Zusammenhänge zwischen Rutschneigung und Chemie von Tonböden? Mitt. d. Preuß. Versuchsanst. f. Wasserbau u. Schiffbau Berlin 1935. H. 20. — TERZAGHI, K.: Die Coulombsche Gleichung für den Scherwiderstand bindiger Böden. Baut. 1938. S. 343. — DERSELBE: Gleitwiderstand von Ankerblöcken für Hängebrücken. Baut. 1938. S. 413, 427. — TIEDEMANN, B.: Die Schubfestigkeit in Beziehung zur Fließgrenze. Mitt. d. Preuß. Versuchsanst. f. Wasserbau u. Schiffbau. Berlin 1937. — DERSELBE: Über die Schubfestigkeit bindiger Böden. Baut. 1937. S. 400, 423.

B. Die Erkundung der Bodenbeschaffenheit.

Je nach dem Zweck, für den die Kenntnis der Bodenbeschaffenheit erforderlich ist, wird die Erkundung auf verschiedene Tiefen erstreckt und auf verschiedene Weisen ausgeführt; die wichtigsten sind das Sondieren, das Schürfen, das Bohren, die Bodenerkundung mittels des Bohrpfahles und die Untersuchung mittels physikalischer Messungen.

Während die ersten vier Ermittlungsverfahren unmittelbar Aufschluß über die Art und die Schichtung des Untergrundes sowie über die Grundwasserverhältnisse geben, kann die letztere Erkundung vorwiegend nur Anhaltspunkte darüber vermitteln, ob der Boden innerhalb des untersuchten Feldes gleiche Beschaffenheit besitzt.

I. Das Sondieren.

Das Sondieren erfolgt gewöhnlich mit Hilfe des sogenannten Sondier- oder Visitiereisens, einer 2 bis 4 [m] langen Stahlstange, die durch Stoßen und Drehen in den Untergrund getrieben wird. Aus dem beim Eintreiben wahrgenommenen Widerstand, dem Geräusch (bei Schotterboden Knirschen) und aus Bodenteilchen, die beim Herausziehen haften bleiben, wird auf den Untergrund und seine Eigenschaften geschlossen. Die mit dem Sondiereisen erzielten Aufschlüsse sind sehr unsicher und reichen nur für oberflächliche Erkundungen hin. Um beim Heraufholen des Sondiereisens Bodenproben mitzuheben, ist es zweckmäßig, alle etwa 30 [cm] eine sogenannte „Tasche" in das Sondiereisen einzufeilen.

Um in weichem Boden durch Sondieren einerseits auf größere Tiefen hinab und anderseits sicherere Aufschlüsse zu erhalten, verwendet die *geotechnische Kommission* der *schwedischen Staatsbahnen* einen besonderen Sondbohrer (Abb. 15), der aus einem spitzen Spiralbohrer besteht, der durch je einen Meter lange Bohrgestänge nach Bedarf verlängert wird. Der Bohrer wird anfänglich durch Belastung, später überdies durch Drehen in den Boden getrieben. Um den Boden mit dem Sondbohrer zu erforschen, wird der Mutterboden und eine allenfalls darunterliegende dünne Schicht mittels eines Erdbohrers ausgehoben, hierauf der Sondbohrer aufgestellt und bei weichem Boden vorerst sein Einsinken ohne Auflast beobachtet, bis er in 10 Sekunden um nicht mehr als einen Zentimeter einsinkt. Dann wird am Gestänge eine

5 [kg] schwere Klemme aufgeschraubt, auf diese werden nach und nach weitere 5-[kg]-Gewichte aufgelegt und so die Auflast unter Beobachtung der Einsenkung bis auf 100 [kg] gesteigert, wobei nach Bedarf das Gestänge durch Aufschrauben weiterer Stangen verlängert wird. Wenn unter der Auflast von 100 [kg] keine weitere Senkung auftritt, wird am Gestänge der Drehhebel aufgeschraubt, das Gestänge gedreht und hiebei beobachtet, wie tief der Sondbohrer nach 25, 50 usw. halben Drehungen einsinkt. Wenn nach 100 halben Umdrehungen die Senkung 1 bis 2 [cm] nicht überschreitet, so ist die Sondierung beendet und der Sondbohrer wird gezogen. Auf diese Weise kann in kurzer Zeit das Gelände abgetastet werden und man erhält einen Überblick darüber, ob die Bodenbeschaffenheit im untersuchten Gelände überall die gleiche ist oder ob es besonders bedenkliche Stellen gibt, die näher zu untersuchen sind.

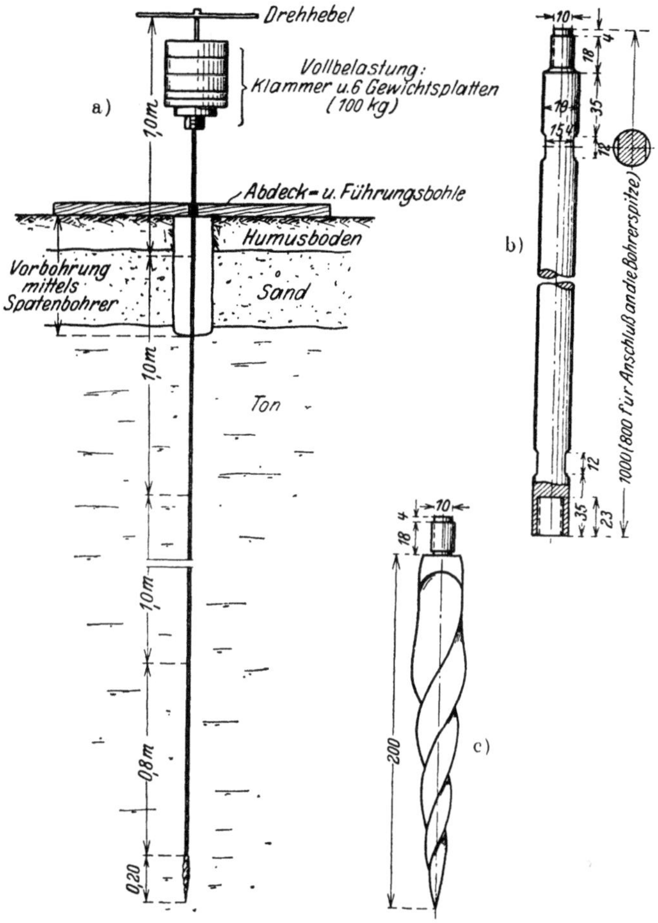

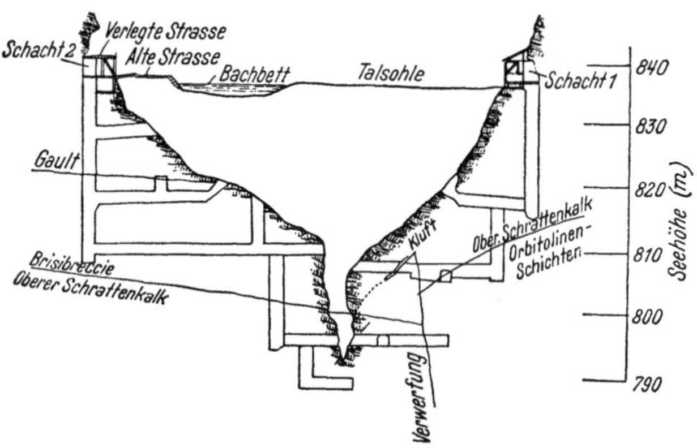

Abb. 15. Sondbohrer. a) der geotechnischen Kommission der schwedischen Staatsbahnen, b) Verlängerungsstange, c) Spitze. (Nach HOFFMANN.)

Schrifttum.

HOFFMANN, R.: Die geotechnischen Arbeitsmethoden der schwedischen Staatsbahnen. Bauing. 1930. S. 701.

II. Das Schürfen.

Beim Schürfen wird je nach der Örtlichkeit und der Tiefe, bis zu der die Untergrundverhältnisse zu klären sind, entweder nur ein einfacher, rohrgrabenähnlicher Schlitz, ein Stollen oder ein Schacht hergestellt, in dem die Schichtung und die Art der Bodenbestandteile durch Augenschein leicht festzustellen ist. Die Ergebnisse werden in einem Schürfprotokoll schriftlich niedergelegt und es werden vielfach auch von den verschiedenen Bodenschichten Proben entnommen und mit genauer Bezeichnung der Entnahmestelle in eigenen Kisten mit Fächern aufbewahrt. Für Schürfschlitze wird zweckmäßig eine Breite von 0,6 bis 0,8 [m] gewählt; Schürfstollen erhalten einen Querschnitt von etwa 2 × 2 [m] und Schürfschächte einen solchen von etwa 1,5 bis 2 [m²].

Zu den umfangreichsten, bisher ausgeführten Schürfungen gehören jene, die dem Baue der Talsperre „Im Schräh" des Kraftwerkes Wäggital vorausgegangen sind und die der Erkundung der Felsoberfläche an der Sperrenbaustelle galten; sie bestanden, wie der Abb. 16 zu entnehmen ist, aus einem System von Schächten und Stollen, die bis auf nahezu 50 [m] unter die Talsohle hinabreichen.

Schrifttum.

Referat: Die Erosionsrinne der Staumauer „Im Schräh" des Kraftwerkes Wäggital. Schweiz. Bauzg. Bd. 84. 1924. S. 8.

Abb. 16. Schurfschächte und Schurfstollen beim Bau der Talsperre „Im Schräh" des Wäggitalwerkes.

III. Das Bohren.

Bis auf größere Tiefen hinab erfolgt die Bodenerkundung fast ausnahmslos durch Bohren; wenn im Boden Grundwasser auftritt, ist es meist überhaupt das einzige Mittel, Aufschluß über die Bodenbeschaffenheit zu erhalten. Die Anordnung der Bohrlöcher wird dem Bauwerksgrundriß angepaßt. Weil Bohrlöcher den Wasserandrang in die Baugrube erleichtern, soll es vermieden werden, innerhalb des Bauwerksgrundrisses zu bohren. Wenn bei ausgedehnten Bauwerken auch innerhalb des Bauwerksgrundrisses Bohrlöcher angeordnet werden müssen, so ist es zweckmäßig, sie nach erfolgter Bodenerkundung wasserdicht zu schließen. Wo im Boden

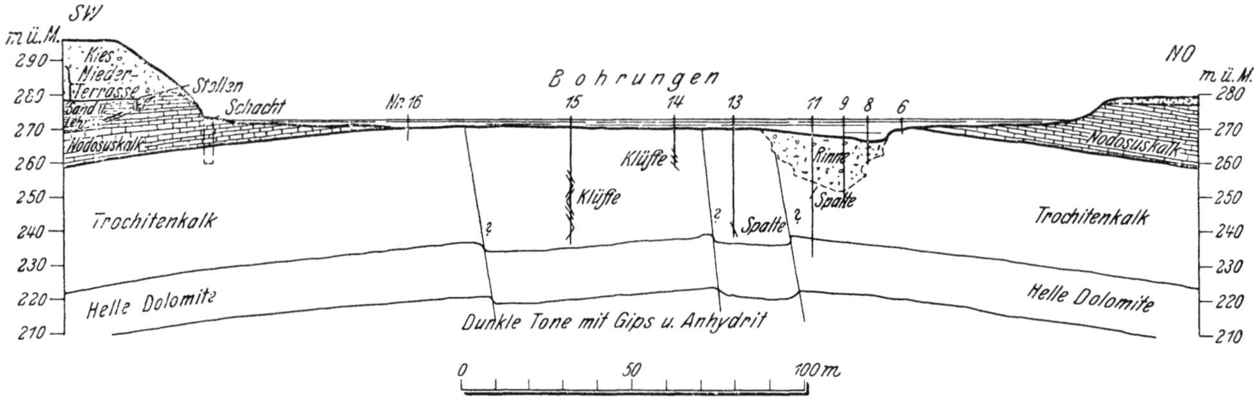

Abb. 17. Anordnung der Bohrlöcher zur Bodenerkundung und geologischer Querschnitt durch das Rheintal beim Bau des Stauwerkes Ryburg-Schwörstadt.

Störungen der Lagerung erwartet oder durch eine Bohrung festgestellt sind, werden die weiteren Bohrlöcher näher aneinandergelegt. Ein Beispiel für die Anordnung von Bohrlöchern ist in der Abb. 17 gegeben.

Beim Bohren wird der Boden aus dem Bohrloch heraufgeholt, untersucht und es wird in einem Bohrprotokoll genau die Schichtenfolge und das Auftreten von Wasser aufgezeichnet. Proben der angetroffenen Bodenarten werden in Kästen aufbewahrt.

Die Bohrlöcher werden bei Bodenerkundungen für Bauzwecke in der Regel zwischen 10 und 20 [cm] weit ausgeführt. Die anzuwendenden Bohrer werden in Erdbohrer, Sand- oder Ventilbohrer, Meißelbohrer und Kronenbohrer geschieden.

a) Erdbohrer.

Bei allen Bodenarten mit gutem Zusammenhang, wie Mutterboden, Moor, Lehm, Ton, festem Kies und Sand, können zur Herstellung eines Bohrloches Bohrer verwendet werden, die durch Drehen in den Boden sozusagen hineingeschraubt werden. Bei geringeren Tiefen findet der *Tellerbohrer* Anwendung, der an einem Konus (Abb. 18) unten ein kleines, steiles Gewinde für die Fortbewegung trägt. Darüber liegt ein flachgängiges Gewinde, dessen Durchmesser (bis zu 0,30 [m]) jenem des Bohrloches entspricht und das für die Verdrängung und für das Herausheben des gelockerten Bodens dient. Der Bohrer wird mittels einer Stange, die durch ein Auge im oberen Ende gesteckt wird, gedreht. Bei bindigen Böden werden vielfach *Schneckenbohrer* (Abb. 19a, b) verwendet.

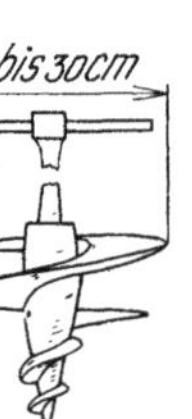

Abb. 18.
Tellerbohrer.

Bei größeren Tiefen werden *Zylinder-* und *Löffelbohrer* in ihren verschiedenen Ausführungen angewendet. In weichen Erdarten, wie Humus, Moor und Ton, eignet sich besonders der Zylinderbohrer (Abb. 19d, e) mit durchgehender, unten gespitzter Achse und geschlitztem, schraubenförmig gebogenem Boden und geschlitztem Mantel; die Schlitzweite im Mantel richtet sich nach der Zähigkeit des Bodens und er wird bei ganz geringer Zähigkeit auch weggelassen. In sehr festgelagertem Boden läßt sich der Zylinderbohrer schwer drehen; man greift dann zu den Löffelbohrern (Abb. 19f bis k), das sind Geräte, die ähnlich den Zylinderbohrern gebaut sind, nur läuft die Achse nicht durch den eigentlichen Bohrer durch; der Schlitz erreicht je nach der Klebrigkeit des Bodens

Breiten bis zum halben Umfang und man spricht dann von offenen, halboffenen oder geschlossenen Löffelbohrern oder *Schappen*. Zum Auflockern sehr festgelagerten Bodens wird auch der *Spiralbohrer* (Abb. 19 l und 20 c) verwendet.

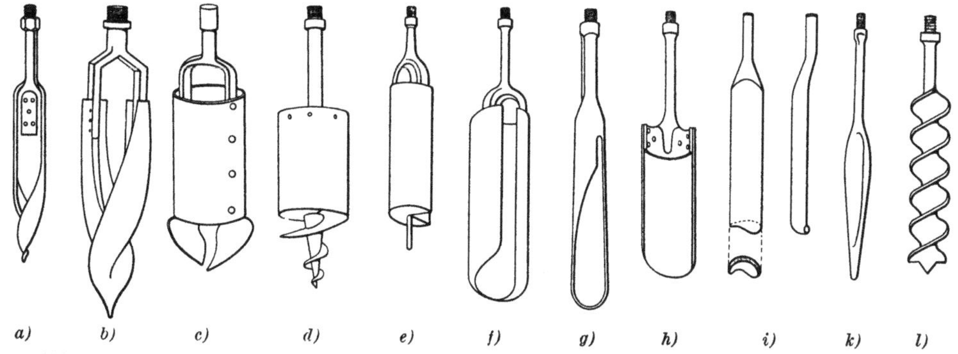

Abb. 19.   Erdbohrer. *a)* Einfacher Schneckenbohrer, *b)* Gespaltener Schneckenbohrer, *c)* Kiesbohrer,
d) und *e)* Zylinderbohrer, *f)* bis *k)* Löffelbohrer, *l)* Spiralbohrer.

Die Bohrer werden mit dem Gestänge (Abb. 21) fest verschraubt, das quadratischen Querschnitt von 3 bis 7 [cm] Seitenlänge hat. Quadratischen Querschnitt erhält das Gestänge, damit der Drehhebel an jeder beliebigen Stelle entsprechend dem Bohrfortschritte befestigt werden

Abb. 20.   1200 [mm] weite Tiefbohrung (H. NILEVSKY—W. NOÇON, Charlottenburg). *a* Krätzer, *b* Steingreifer, *c* Spiralbohrer, *d* Hydraulische Pressen zum Eintreiben der Futterrohre.

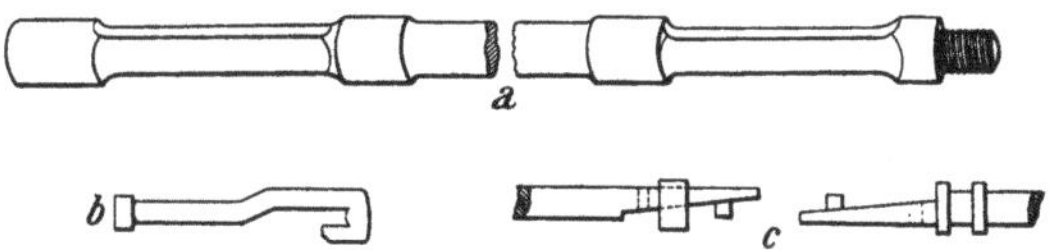

Abb. 21.   Bohrgestänge. *a* mit Schraubenschloß, *b* Gestängeschlüssel zu *a*, *c* Zapfenschloß.

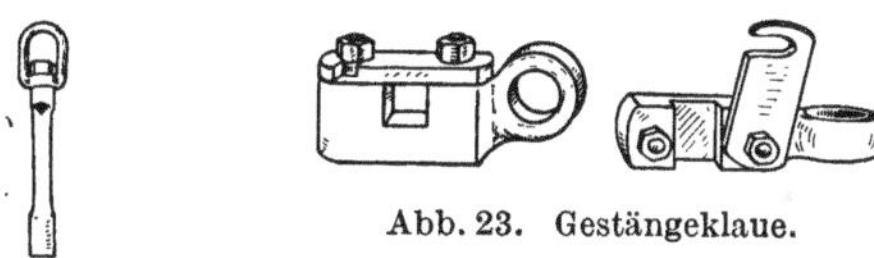

Abb. 23.   Gestängeklaue.

Abb. 22.
Bohrwirbel.

kann. Zur Verlängerung werden Bohrstangen verwendet, die nur an den Enden quadratischen Querschnitt haben. Die oberste Bohrstange wird mittels eines Bohrwirbels (Abb. 22) aufgehängt, der ein Aufdrehen des Drahtseiles verhindert.

Über dem Bohrgerät wird bei geringeren Bohrtiefen ein *Dreibein* (Abb. 20 und 24), bei größeren Bohrtiefen ein Bohrturm aufgestellt, in dessen Spitze ein Flaschenzug oder die Seilrolle für ein Seil befestigt ist, das zu einer Winde läuft. Das Seil dient zum Hochziehen des Bohrgerätes, wenn der Bohrer mit Boden gefüllt ist. Am Ende des Seiles wird über dem Haken zweckmäßig ein *Schwerstück* angebracht, um zuverlässig

Abb. 24.   Erkundung der Bodenbeschaffenheit durch Bohrung von Schiffen aus für das Isarwehr in Oberföhring. (Mitt. Isar A.-G.)

beim Nachlassen des Seiles ein Sinken des Hakens zu erreichen. Beim Hochziehen des Gestänges kommt an den Haken die *Gestängeklaue* (Abb. 23), die an jeder beliebigen Stelle des vierkantigen Gestänges eingehängt werden kann.

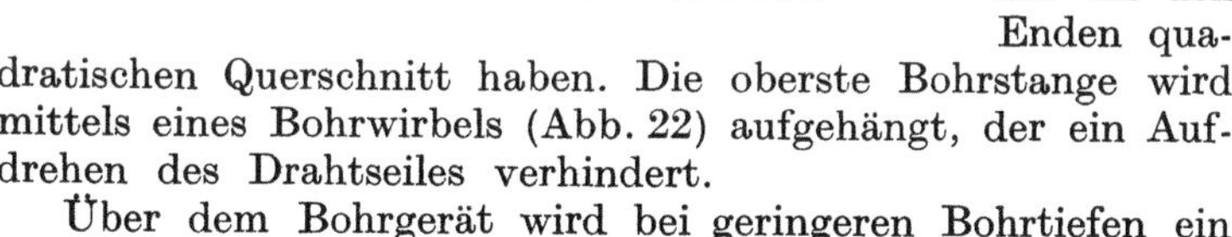

Die Erdbohrer fördern den Boden nicht in seiner ursprünglichen Lagerung zutage; wenn im Boden Grundwasser steht, so werden während des Bohrens aus Sand und Kies viel bindige Bestandteile durch das Wasser herausgespült und der zutage gehobene Sand und Kies erscheint wesentlich freier von Tonbeimengungen als er tatsächlich ist.

Um weichen Lehm oder Tonboden in seiner ursprünglichen Lagerung, also unaufgerührt zutage zu bringen, wird der *Kolbenbohrer* (Abb. 25) verwendet, der mittels des Bohrgestänges hinabgedrückt wird. In der in Aussicht genommenen Entnahmetiefe werden Kolben und Zylinder von oben entriegelt, so daß beim weiteren Einpressen der Boden in den Zylinder eindringen und den Kolben hochschieben kann. Wenn der Bohrer angehoben wird, reißt der Boden am unteren Zylinderende ab und die Probe kann herausgeschafft werden. Die Bodenproben werden in Gläsern verwahrt, die verschlossen und mit Paraffin vergossen werden, damit die Bodenfeuchte erhalten bleibt. Solche Proben eignen sich dann zur Ermittlung der physikalischen Eigenschaften des Bodens.

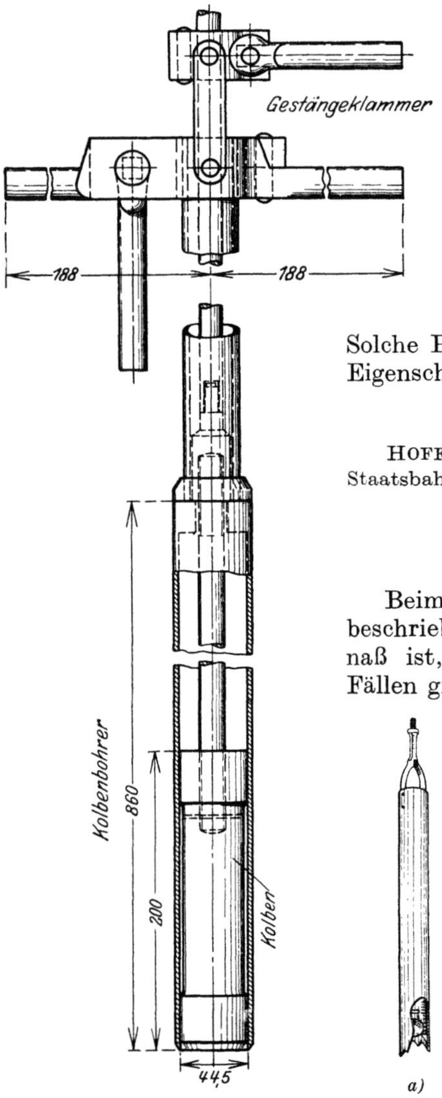

Schrifttum.

HOFFMANN, R.: Die geotechnischen Arbeitsmethoden der schwedischen Staatsbahnen. Bauing. 1930. S. 702.

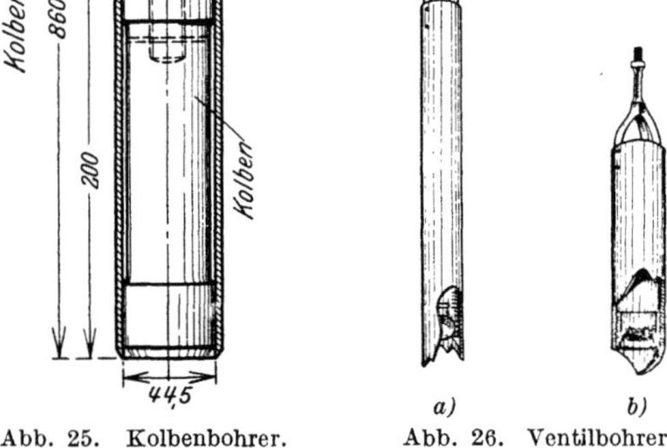

Abb. 25. Kolbenbohrer.

Abb. 26. Ventilbohrer.

b) Sand- oder Ventilbohrer.

Beim Bohren in Schichten feinen Sandes versagen die früher beschriebenen Bohrer, weil, gleichgültig, ob der Sand trocken oder naß ist, der Bohrer beim Anheben wieder leer läuft. In solchen Fällen greift man zu den sogenannten *Ventilbohrern*, die im wesentlichen aus einem Blechzylinder bestehen, der unten mit einer Kugel oder einer Klappe verschlossen ist (Abb. 26).

Die Bohrer sind meist derart eingerichtet, daß sie gegen den Boden des Bohrloches gestoßen werden, wobei die Schneide in den Sand eindringt und der Sand ähnlich wie eine Flüssigkeit das Ventil hebt und in den Zylinder steigt. Andere Bohrer sind ähnlich wie die Kastenbohrer unten mit einer Schraubenfläche mit vortretender Schneide und einer Klappe eingerichtet, die eine unbeabsichtigte Entleerung verhindert. Diese letzteren Bohrer sind zum Eindrehen eingerichtet. Alle Ventilbohrer arbeiten zufriedenstellend nur in sehr nassem Sand; wird trockener Sand angetroffen, so muß von oben Wasser zugeführt werden.

c) Meißelbohrer.

Sobald beim Bohren größere Steine oder Fels angetroffen werden, wird zum Steinbohrer oder Meißel gegriffen, der die Steine zertrümmert. Die Meißel erhalten je nach der Härte des Gesteins verschiedene Formen und Schneidewinkel. Wenn es sich nur um das Zertrümmern weicheren Gesteins oder um das Lockern von sehr festgelagertem Ton oder Sandsteinen handelt, so wird der *Flachmeißel* (Abb. 27 d) und der *Spitzmeißel* verwendet. Scharfe Schneiden halten nicht lange an; der Schärfungswinkel wird daher bei weichem Gestein mit 90°, bei sehr hartem mit 120° hergestellt.

Die normalen Meißel erhalten stets ein hohes, steifes Blatt, um ein öfteres Schärfen zu ermöglichen. An den Rändern nützen sich gewöhnliche Flachmeißel stark ab und die Bohrlöcher werden dann enger; um dem abzuhelfen, werden die Meißel an den Rändern verstärkt. Solche Meißel werden *Schultermeißel* (Abb. 27f) genannt. Meißel mit auswechselbaren Schneiden haben sich nicht überall bewährt, ebenso Meißel mit kreuzförmiger Schneide (Abb. 27g).

Die Befestigung des Meißels erfolgt bei leichteren Bohrungen durch Verschraubung, bei schwereren durch Keil und Splint (vgl. Abb. 21c). Unmittelbar über dem Meißel folgt, mit diesem fest verbunden, das Schwerstück B und darauf das Abfall- oder Freifallstück F (Abb. 27a). Das Schwerstück ist nur dazu da, das Gewicht des Meißels zu vermehren. Im Freifallstück ist der untere Teil des Bohrgestänges lotrecht beweglich. Wird nun das Gestänge gesenkt, so sitzt der Meißel am Boden des Bohrloches auf und die Stange des Freifallstückes mit dem vierkantigen Dorn G schiebt sich in die Hülse hinein, wobei der Dorn am oberen Ende des Schlitzes seitlich umgelenkt wird, so daß er sich dann auf die Nase N aufhängt.

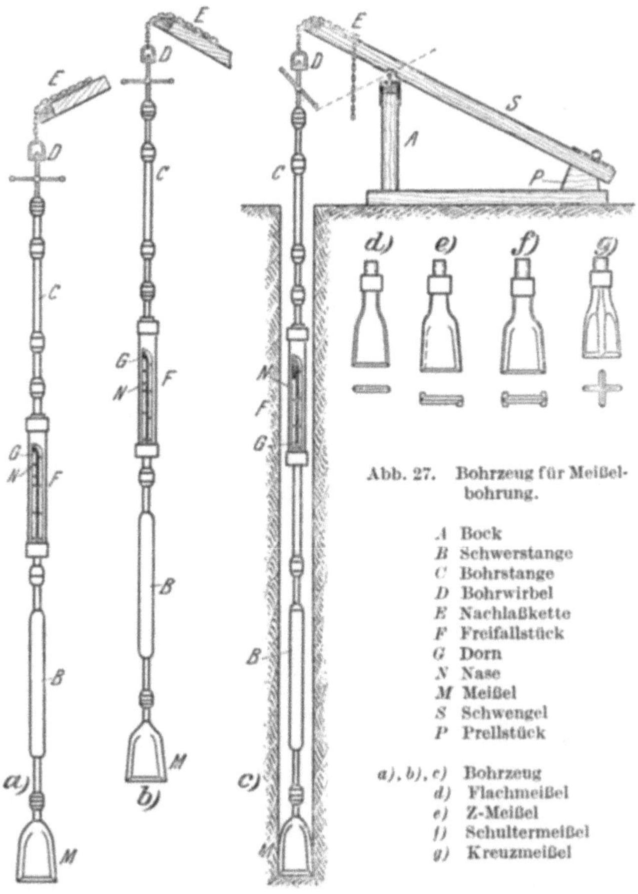

Das ganze Gestänge hängt am Schwengel S, der von der Mannschaft oder von einer Maschine auf und ab bewegt wird. Wenn der Schwengel S gehoben wird, so hängt sich der Dorn G des Freifallstückes auf die Nase N im Schlitz auf (Abb. 27a); beim darauffolgenden Senken wird das Gestänge samt dem Meißel M gehoben (Abb. 27b) und im Augenblicke des Auftreffens des Schwengels S am Prellstück P wird nun das Gestänge mit der Hülse F des Freifallstückes durch einen Ruck am Griff unter dem Bohrwirbel etwas verdreht, so daß der Dorn G im Freifallstück von der Nase N abgleitet und der Meißel M mit dem Schwerstück S frei herabfallen kann (Abb. 27c).

Wenn auf diese Weise einige Zeit gebohrt worden ist, so sammelt sich das zertrümmerte Gestein im Bohrloch an und macht den Schlag des Meißels wie ein Kissen unwirksam. Das Bohrgestänge wird dann hochgezogen und an Stelle des Meißels, Schwer- und Freifallstückes ein Zylinderbohrer befestigt; dann wird das Gestänge wieder gesenkt und wenn es am Boden des Bohrloches aufsteht, gedreht, so, daß die am Boden des Bohrers vortretende Schneide das Bohrmehl aufschabt. Das Gestänge wird dann wieder gehoben, der Zylinderbohrer entleert und wieder durch den Meißel ersetzt.

In dem Maße, als der Meißel in die Tiefe vordringt, wird das Gestänge mit einer Nachlaßschraube oder einer Nachlaßkette verlängert, bis endlich eine neue Bohrstange zur Verlängerung eingeführt werden kann. Die Bohrstangen sind, wie schon erwähnt worden ist, wenigstens an den Enden vierkantig, so daß sie mit dem Gestängeschlüssel und der Abfangschere sicher gefaßt werden können. Beim Hochheben hängt das Gestänge an der Gestängeklaue (Abb. 23), die an den quadratischen Stellen des Gestänges eingehängt wird.

Abb. 27. Bohrzeug für Meißelbohrung.

A Bock
B Schwerstange
C Bohrstange
D Bohrwirbel
E Nachlaßkette
F Freifallstück
G Dorn
N Nase
M Meißel
S Schwengel
P Prellstück

a), b), c) Bohrzeug
d) Flachmeißel
e) Z-Meißel
f) Schultermeißel
g) Kreuzmeißel

d) Kronenbohrer.

Bei Bohrungen zur Erkundung der Bodenbeschaffenheit ist es der Untersuchung wenig förderlich, daß Gesteine vom Meißelbohrer zu Mehl zertrümmert werden. Um auch über das Gefüge des Gesteins und über die Schichtenneigung Aufschluß zu erhalten, muß zu einem anderen Bohrgerät, zum *Kronenbohrer*, gegriffen werden. Dieser Bohrer ist hohl und wird gedreht, wobei er eine Ringnut um einen stehenbleibenden Kern ausfräst. Von Zeit zu Zeit wird der Steinkern abgebrochen und ohne Verdrehung hochgehoben, so daß man Aufschluß über die Schichtenneigung erhält. Solche Steinkerne können manchmal mit Längen bis zu 2 [m] unversehrt aus dem Bohrloch gebracht werden.

Je nach der Härte des Gesteins werden Bohrkronen verwendet, die mit Diamanten oder Karborund besetzt sind, gezahnte Stahlkronen oder weiche Kronen, denen Stahlschrott zugespült wird; das Bohren mit den letzteren wird als Schrottbohren bezeichnet. Der Bohrschlamm wird mit Druckwasser, das durch das hohle Bohrgestänge zugeführt wird, aus dem Bohrloch gespült.

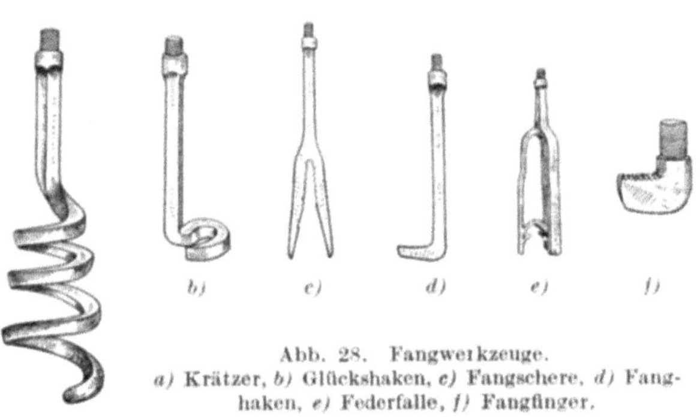

Abb. 28. Fangwerkzeuge.
a) Krätzer, b) Glückshaken, c) Fangschere, d) Fanghaken, e) Federfalle, f) Fangfinger.

e) Fangwerkzeuge.

Der rauhe Betrieb beim Bohren hat Zufälligkeiten zur Folge, die das Bohrgerät oft in unberechenbarer Weise beanspruchen und nicht selten Brüche verursachen. Abgebrochene Teile des Bohrgestänges und manchmal auch herabgefallene Teile müssen wieder gefaßt und hochgezogen werden; für diese Arbeiten, die äußerst schwierig sind und viel Beharrlichkeit und Glück erfordern, wurden eine ganze Reihe von Geräten ersonnen. Ein gut verwendbares Fanggerät ist der Glückshaken (Abb. 28 b), der ebenso wie die Fangschere und die Federfalle für das Fangen von Gestängeteilen gedacht ist. Ebenfalls für Gestängeteile, aber auch für gerissene Seile eignet sich der Krätzer (Abb. 20 a und 28 a); andere Geräte sind der Fanghaken, die Federfalle u. a. m.

f) Futterrohre.

Bohrlöcher im lockeren Boden und auch solche im festen Boden, die länger bestehen sollen, müssen zur Verhütung von Einstürzen und des Zusammensitzens mit Rohren ausgefüttert werden. Die Bohrrohre werden in Längen von 2 bis 5 [m] hergestellt und miteinander mit schwach konischen, feinen Gewinden derart verschraubt, daß sie sowohl außen als auch innen an den Verbindungsstellen glatt sind. Am ersten Rohr wird unten eine glatte oder gezahnte Schneide aufgeschraubt, am letzten oben ein Kopfstück, um das Gewinde zu schützen. Bei geringen Tiefen werden die Rohre in den Boden gedreht; zum Drehen sowohl beim Absenken als auch beim Verschrauben dienen Rohrklemmen mit Hebeln. Bei größeren Tiefen muß das Rohr gerammt oder mittels eines hydraulischen Preßzylinders eingepreßt werden (Abb. 20 d); um das Rohr vor Beschädigungen durch den Rammbären zu schützen, wird auf den Rohrkopf eine Schlaghaube aus Hartholz gelegt.

Ein Rohr kann selten bis auf 100 [m] vorgetrieben werden, meist sitzt es schon wesentlich früher fest; man setzt dann zur Fortsetzung der Bohrung teleskopartig in den ersten Rohrschuß einen engeren zweiten ein.

Übliche Bohrrohrabmessungen:
bis zu Außendurchmessern von 17,8 [cm] (7″) mit Abstufungen von je 0,64 [cm] ($^1/_4$″);
von 17,8 bis 33 [cm] (13″) Außendurchmesser mit Abstufungen von je 1,27 [cm] ($^1/_2$″) und
darüber mit 35,56 [cm] (14″), 37,2 [cm] (15″) und 43,18 [cm] (17″) Außendurchmesser.

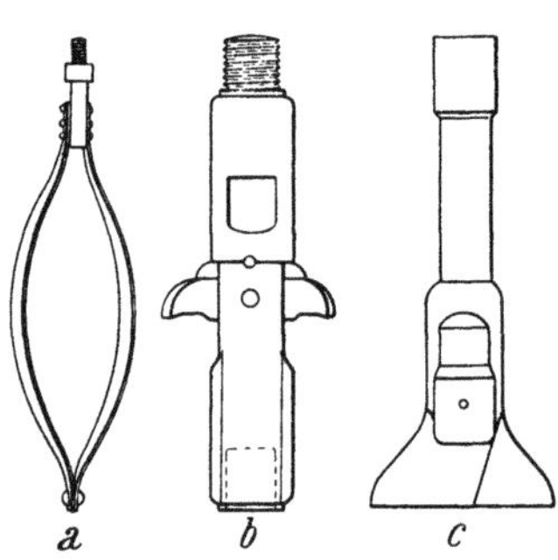

Abb. 29. Erweiterungsbohrer.
a Nachschneidebohrer, b Nachnahmebohrer, c Erweiterungsbohrer.

Die Bohrer werden stets um etwa 4 [cm] enger genommen als der Innendurchmesser des Futterrohres. Um in Böden das Eintreiben der Futterrohre zu erleichtern und durch große Steine oder Felsschichten überhaupt zu ermöglichen, muß das Bohrloch unter der Schneide des Futterrohres mit eigenen *Erweiterungsbohrern* (Abb. 29) auf den Außendurchmesser des Futterrohres erweitert werden. Die Bohrer erhalten federnde Schneiden, die sich ausbreiten, wenn der Bohrer unter der Schneide des Futterrohres in das zu erweiternde Bohrloch gelangt; beim Hochziehen werden die Schneiden dann wieder auf den Innendurchmesser des Futterrohres zusammengedrückt.

Wenn die Bodenuntersuchung vollendet ist, werden die Rohre wieder gezogen; hiezu dienen bei kleinen Rohrdurchmessern bzw. geringeren Bohrtiefen Schraubenwinden oder hydraulische Hebezylinder, bei größeren Tiefen hydraulische Pressen, die sich gegen Klemmen an den Rohren stützen.

Manchmal setzt sich ein Rohr so fest, daß es nicht gezogen werden kann oder daß die Befürchtung begründet ist, es abzureißen; dann kann es an geeigneter Stelle mit einem eigenen Gerät abgeschnitten werden, um wenigstens den über der Schnittstelle liegenden Teil zu retten.

IV. Die Bodenerkundung mittels des Bohrpfahles.

Bis zu Erkundungstiefen von etwa zehn Metern kann die Bodenerkundung auch mittels des *Bohrpfahles* von E. BURKHARDT ausgeführt werden, der in den Boden wie ein gewöhnlicher Rammpfahl gerammt und mittels des Pfahlziehers (Demag-Union-Pfahlzieher) wieder gezogen wird. Der Bohrpfahl besteht, wie ein Blick in die Abb. 30 lehrt, aus einem dickwandigen Außenrohr, in dem über der Bohrung in der Pfahlspitze ein dünnwandiges Innenrohr zentrisch sitzt, das herausgezogen und längs einer Mantellinie aufgeklappt werden kann. Beim Rammen dringt Boden durch die gebohrte Spitze in das Innenrohr ein und wird durch Klappen am unteren Ende am Herausfallen während des Hochziehens gehindert. Der Boden wird zwar im Innenraum des Rohres verdichtet, es läßt sich aber doch aus dem Verhältnis der Höhe des Bodenkernes zur Rammtiefe mit hinreichender Genauigkeit auf die Mächtigkeit der Schichten schließen. Der Bohrpfahl dringt auch in Sandstein ein.

Der besondere Vorteil, den dieses Verfahren bietet, liegt neben der Billigkeit darin, daß die Bodenproben in nahezu ungestörter Schichtung und mit allen Feinteilchen heraufgeholt werden, so daß eine viel sichere Beurteilung möglich ist als bei Bohrungen.

Schrifttum.

BURKHARDT, E.: Die Aufschließung des Untergrundes. Baut. 1931. S. 247.

V. Die geoelektrische Bodenerkundung.

Von den elektrischen Verfahren zur Bodenerkundung eignet sich am besten das von F. WENNER entwickelte Widerstandsverfahren, das die großen Unterschiede im elektrischen Widerstand der Böden und Gesteine ausnutzt. WENNER benutzt den sogenannten spezifischen Widerstand S, der auf einen Raummeter des untersuchten Untergrundes entfällt. Da nach dem Ohmschen Gesetz der elektrische Widerstand der Weglänge direkt und dem durchflossenen Querschnitt verkehrt proportional ist, hat der spezifische Widerstand die Dimension $\left[\Omega\,\dfrac{\mathrm{m}^2}{\mathrm{m}}\right] = [\Omega\,\mathrm{m}]$. Nach H. REICH beträgt der spezifische Widerstand

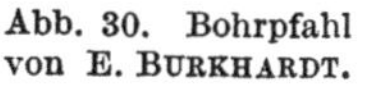

Abb. 30. Bohrpfahl von E. BURKHARDT.

von naturfeuchten Böden:			
Mutterboden	40 bis 180	$[\Omega\,\mathrm{m}]$
Glazialablagerungen	8 „ 4000	„
Tonige Böden	100 „ 400	„
Sandige Böden	1100 „ 1800	„
Trockener Sand	$2{,}5 \cdot 10^3$ „ $4 \cdot 10^4$	„
Feuchter Sand	$1 \cdot 10^3$ „ $1 \cdot 10^4$	„
Ton, reich an Magnesium-salzen	1 „ 3	„
Lehm, feucht	5 „ 50	„
Schotter	750 „ 5000	„

von naturfeuchten Gesteinen:			
Granit	> 5000	$[\Omega\,\mathrm{m}]$
Grünstein	850 bis 3140	„
Granitporphyr	$\sim 10\,000$	„
Quarzporphyr	400	„
Sandstein	35 bis 414	„
Tonschiefer	123 „ 181	„
Kalkstein	120	„
Jurakalk, dicht	2500 bis 3500	„
„ mergelig	1400	„
Eisensandstein	4000	„
Kohlensandstein	250 bis 510	„
Schieferton	770	„
Steinsalz	30 bis 10^5	„

Über den spezifischen Widerstand von porösen Gesteinen hat H. HAUSCHEK Untersuchungen angestellt. Bezeichnet ϱ den spezifischen Widerstand des feuchten Gesteins, ϱ_f jenen der Flüssigkeit in den Poren, so ist nach seinen Untersuchungen bei einem Porenverhältnis

$$p = 0{,}02 \qquad 0{,}05 \qquad 0{,}10 \qquad 0{,}20 \qquad 0{,}26 \qquad 0{,}40 \qquad 0{,}476$$
$$\varrho = 1{,}50 \qquad 0{,}60 \qquad 0{,}30 \qquad 0{,}15 \qquad 0{,}06 \qquad 0{,}04 \qquad 0{,}026 \; \varrho_f.$$

Der spezifische Widerstand von Wasser beträgt:

bei destilliertem Wasser .... $\varrho_f = 260 \; [\Omega \, \mathrm{m}]$

„ gewöhnlichem Wasser .... $\varrho_f = 0{,}03$ bis $0{,}15 \; [\Omega \, \mathrm{m}]$

„ salzhaltigem Wasser .... $\varrho_f = 0{,}00005$ bis $0{,}001 \; [\Omega \, \mathrm{m}]$

Zur Messung des Widerstandes wird ein stationäres, zweipoliges Gleichstromfeld verwendet (Abb. 31). Die Stromzuleitung erfolgt mittels der beiden Elektroden E_1 und E_2.

Im Idealfalle des ungestörten, isotropen Halbraumes kann das Stromfeld als Differenz zweier Potentialfunktionen dargestellt werden. Bezeichnet J die ausgesandte Stromstärke in Ampere, so gilt dann mit den Bezeichnungen der Abb. 31

$$\varphi = \frac{J\varrho}{2\,r\,\pi} - \frac{J\varrho}{2\,r'\,\pi}. \tag{54}$$

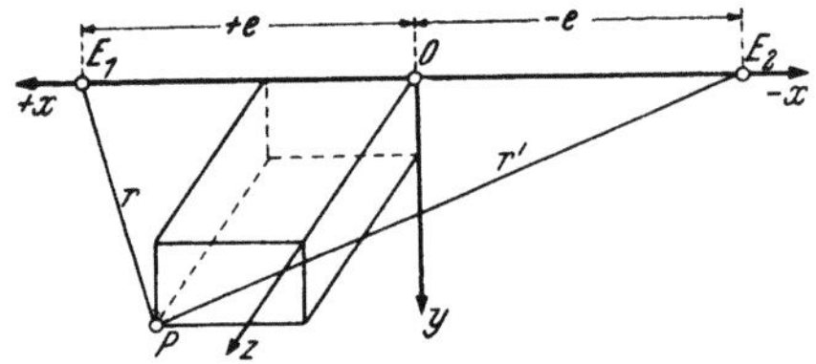

Abb. 31.

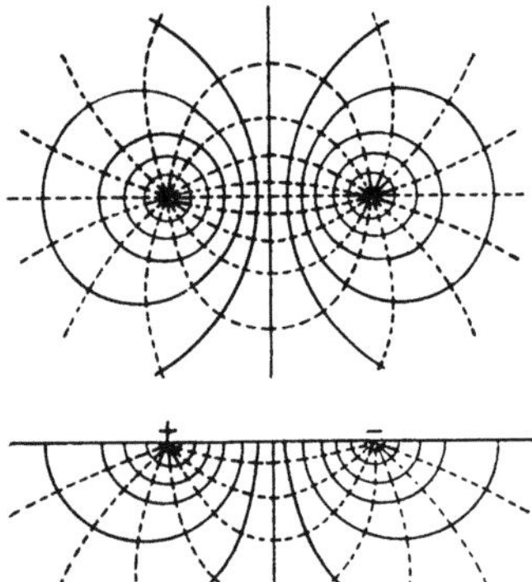

Abb. 32. Äquipotentialflächen.

Mit $\varphi = \mathrm{const}$ ergeben sich aus der Gl. (54) die Äquipotentialflächen, deren Schnitt mit der Oberfläche des Halbraumes und mit der lotrechten Ebene durch die beiden Elektroden E_1 und E_2 die Abb. 32 zeigt. Der Strom fließt stets senkrecht zu den Äquipotentialflächen. Wenn der Untergrund nicht homogen ist, wird das tatsächlich bestehende Stromfeld von jenem, das im idealen, homogenen Halbraum auftritt, entsprechend den vorhandenen Schichten und Störungen im Untergrund abweichen. Durch die geoelektrische Untersuchung werden diese Abweichungen an der Bodenoberfläche festgestellt und aus ihnen Schlüsse auf die Beschaffenheit des Untergrundes gezogen.

Wenn in der Gleichung

$$\varphi = \frac{J\varrho}{2\,\pi}\left(\frac{1}{r} - \frac{1}{r'}\right) \tag{54a}$$

für den Klammerausdruck (vgl. Abb. 34)

$$c = \left(\frac{1}{r_1} - \frac{1}{2e - r_1}\right) \tag{55}$$

gesetzt wird, so erhält man den Verlauf des Potentials längs der Verbindungslinie zwischen den beiden Elektroden E_1 und E_2. Die Abb. 33 gibt den Verlauf der Größe c; man erkennt leicht, daß in der Nähe der Mitte zwischen den beiden Elektroden dieser Verlauf annähernd linear ist.

Wenn die Potentialdifferenz V zwischen zwei Punkten P_1 und P_2 gemessen wird, so gilt

$$V = \varphi_1 - \varphi_2 = \frac{J\varrho}{2\,\pi}\left(\frac{1}{r_1} - \frac{1}{r_1'} - \frac{1}{r_2} + \frac{1}{r_2'}\right). \tag{56}$$

Wenn nun weiter die beiden Punkte P_1 und P_2 auf der Verbindungslinie der beiden Elektroden liegt, so ist, wie ein Blick in die Abb. 34 lehrt, zu setzen für

$$r_1 = e(1 - \alpha_1) \tag{57}$$

$$r_2 = e(1 + \alpha_2) \tag{57a}$$

$$r_1{}' = e(1 + \alpha_1) \tag{58}$$

$$r_2{}' = e(1 - \alpha_2). \tag{58a}$$

Die Gleichung lautet dann weiter

$$V = \frac{J\varrho}{2\pi}\left[\frac{1}{e(1-\alpha_1)} - \frac{1}{e(1+\alpha_1)} - \frac{1}{e(1+\alpha_2)} + \frac{1}{e(1-\alpha_2)}\right] = \frac{J\varrho}{e\pi}\frac{(\alpha_1+\alpha_2)(1-\alpha_1\alpha_2)}{(1-\alpha_1{}^2)(1-\alpha_2{}^2)} \tag{59}$$

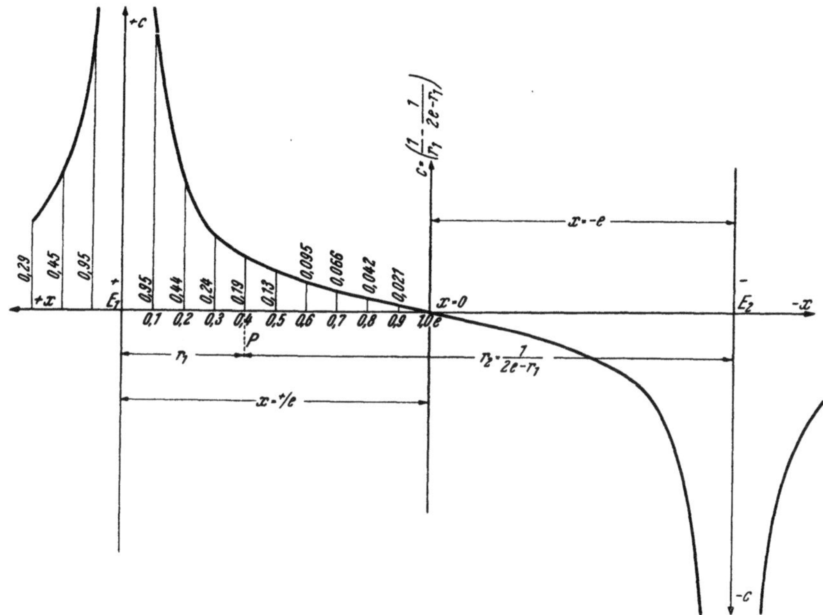

Abb. 33. Verlauf der Funktion c zwischen den Elektroden E_1 und E_2.

Wenn nun weiter die Abstände der Punkte P_1 und P_2 vom Mittelpunkt zwischen den Elektroden klein gewählt werden, dann ist α_1 und α_2 klein und die Gl. (59) vereinfacht sich zu

$$V = \frac{J\varrho}{e\pi}(\alpha_1 + \alpha_2) \tag{60}$$

Wenn schließlich die Punkte P_1 und P_2 so gewählt werden, daß $\alpha_1 = \alpha_2 = \alpha$ ist, so erhält man

$$V = \frac{2J\varrho\alpha}{e\pi} \tag{61}$$

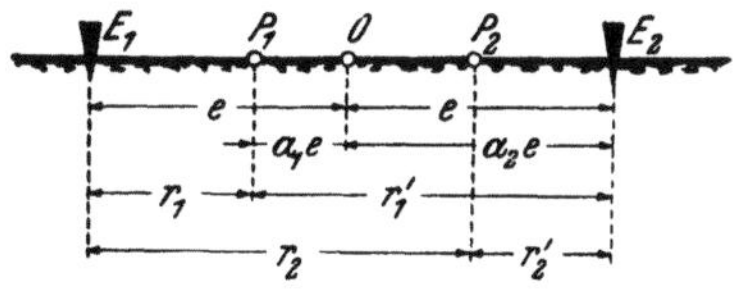

Wird nun im Gelände zwischen zwei nahe dem Mittelpunkt O symmetrisch angeordneten Punkten P_1 und P_2 die Potentialdifferenz V_g gemessen und dieser Wert durch den nach Gl. (59) für den homogenen Halbraum berechneten dividiert, so erhält man

Abb. 34.

$$\frac{V_g}{V} = V_g\frac{e\pi}{J\varrho}\cdot\frac{(1-\alpha^2)(1-\alpha_2{}^2)}{(1-\alpha_1\alpha_2)(\alpha_1+\alpha_2)} = V_g\frac{e\pi}{2J\varrho\alpha}. \tag{62}$$

Bei gleicher zugeleiteter Stromstärke J im Gelände und im homogenen Halbraum ist auch

$$\frac{V_g}{V} = \frac{\varrho_g}{\varrho}, \tag{63}$$

diesen Bruch nennt F. WENNER den *„bezogenen scheinbaren Widerstand“* des Untergrundes, weil das Ohmsche Gesetz nicht ohne weiteres auf geschichteten Boden anwendbar ist. Der Bruch liefert nur einen Durchschnittswert des bezogenen Widerstandes für den durch die

Messung erfaßten Bereich des Bodens; es fehlt ihm daher eine physikalische Bedeutung, er eignet sich aber sehr gut für die Beurteilung des Untergrundes. Als Bezugswiderstand ϱ wird z. B. bei waagrecht geschichtetem Boden der Widerstand der Oberflächenschicht gewählt.

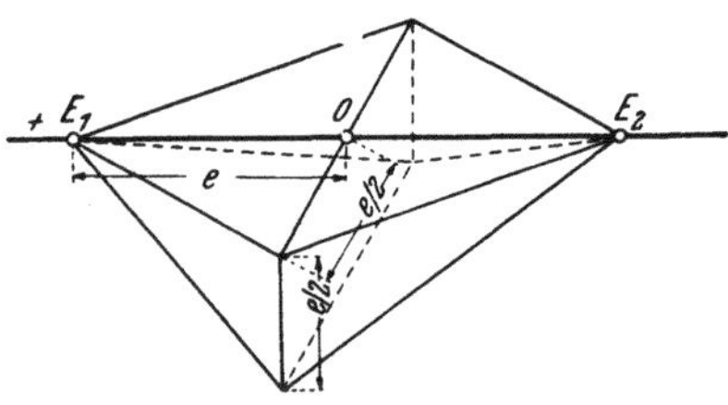

Abb. 35. Wirkungspyramide.

Bei der Anwendung des geschilderten Verfahrens wird theoretisch der ganze Halbraum erfaßt. Tatsächlich ist aber nur ein engbegrenzter Bereich des Untergrundes meßbar wirksam. Dieser Bereich kann etwa durch eine halbe Doppelpyramide begrenzt werden, so, wie es die Abb. 35 andeutet. Je weiter die Elektroden E_1 und E_2 auseinander gesetzt werden, desto tiefer reicht der erfaßte Bereich.

Die Untersuchung erfolgt nun so, daß für verschiedene Elektrodenabstände $2e$ der bezogene scheinbare Widerstand ermittelt wird, wobei immer neue Schichten des Untergrundes in den Meßbereich geraten. Die Ergebnisse werden gewöhnlich auf logarithmisch geteiltem Papier aufgetragen. Die Deutung der Auftragung erfordert eine Kontrollbohrung und den Besitz von theoretischen Kurventafeln, über die geophysikalische Aufschlußgesellschaften verfügen.

Durch geophysikalische Untersuchungen kann auch die Tiefenlage der Trennungsflächen verschiedener Schichten festgestellt werden. Hinsichtlich des Zwei- und Dreischichtenproblems sei auf das einschlägige Schrifttum, besonders auf die Arbeiten von F. Tölke hingewiesen.

Schrifttum.

AMBRONN, R.: Die Untersuchung des Untergrundes mittels physikalischer Messungen. Bauing. 1920. S. 206. — DERSELBE: Methoden der angewandten Geophysik. Dresden 1926. — CRESBY, J. B. und KELLY, S. F.: Electrical subsoil exploration and the civil engineering. Eng. News Rec. Bd. 102. 1929. S. 270. — EDGE, A. B. und LABY, T. H.: The principles and practice of geophysical prospecting. Cambridge. 1931. — HAALEK, H. und EBERT, A.: Eine elektromagnetische Messungsmethode mit Elektrodenverlegung zur Aufsuchung von Leitfähigkeitsunterschieden im Untergrund. Zschft. f. Geophysik. 1932. S. 409. — HEILAND, C. A.: Geophysical methods of prospecting. Quarterly of the Colorado School of Mines. Bd. 24. 1929. Nr. 1. — HEINE, W.: Praktische Anwendung der elektrischen Methoden. Hdb. d. Experimentalphysik. Bd. 25. 3. Teil. S. 463. Leipzig 1930. Akad. Verlagsgesellsch. — DERSELBE: Elektrische Bodenforschung, ihre theoretischen Grundlagen und ihre praktische Anwendung. Berlin 1928. — HAALEK, H.: Angewandte Geophysik. Berlin 1934. Gebr. Bornträger. — HLAUSCHEK, H.: Geologische Grundlagen der geoelektrischen Erdölsuche. Zschft. f. prakt. Geologie. 1927. H. 2. — HOTCHIKISS, W. O., ROONEY, W. J. und FISHER, J.: Earth-resistivity measurements in the Lake Superior Copper Country. Techn. Publ. 82. — HUMMEL, J. N.: Der scheinbare spezifische Widerstand. Zschft. f. Geophysik. 1929. S. 89. — DERSELBE: Der scheinbare spezifische Widerstand bei vier planparallelen Schichten. Zschft. f. Geophysik. 1929. S. 228. — DERSELBE: Theorie der elektrischen Methoden der angewandten Geophysik. Hdb. d. Experimentalphysik. Bd. 25. 3. Teil. — HUNKEL, H.: Über turbulente Eigenströme der obersten Erdschichten und ihre Beziehungen zu den Gesteinsgrenzen. Zschft. f. Geologie. 1928. KOENIGSBERGER, J.: Field observations of electrical resistivity and their practical application. Techn. Publ. 129. — LUGEON, M. und SCHLUMBERGER, C.: Applications des méthodes de prospection électrique à l'étude des fondations des hautes barrages. Gene. Civile. Bd. 101. 1932. — MAILLET, M. R.: Prospection geophysique des sols. Ann. de l'inst. techn. Bd. I. 1936. S. 66. — MARSCH: Seismische und elektrische Aufschlußverfahren als Hilfsmittel der Bodenforschung. Baut. 1939. S. 438. — MEYER, O.: Elektrische Schürfmethoden und ihre Anwendung in Schweden. Zschft. d. Öst. Ing. Arch. Ver. 1925. S. 267. — OSSWALD, K.: Wünschelrute, geophysikalische Meßgeräte und Grundwasser. Wasserkr. u. Wasserwirtsch. 1934. S. 85. — PARSONS, A. T.: Geophysical foundation study by explosionwave method. Eng. News. Rec. Bd. 102. 1929. S. 273. — REICH, H.: Geologische Unterlagen der angewandten Geophysik. Hdb. d. Experimentalphysik. Bd. 25. 3. Teil. — DERSELBE: Angewandte Geophysik für Bergleute und Geologen. — DERSELBE: Bemerkungen zur Fortentwicklung der angewandten Geophysik. Metall u. Erz. 1928. H. 13. — DERSELBE: Über die elektrische Leitfähigkeit von Gesteinen und nutzbaren Mineralien. Jahrb. 1925 d. Preuß. Geol. Landesanstalt. Berlin 1926. — SUNDBERG, K., LUNDBERG, H. und EKLUND, J.: Prospecting in Sweden. Sver. Geol. Unders. Arsboek. 17. Nr. 8. Ser. C. Nr. 327. Stockholm. 1925. — SUNDBERG, K.: Prospecting for oil by the Swedish geo-electric methodes. Bull. of the Inst. of Mining and Metallurgy. London 1929. Nr. 29. — SCHLUMBERGER, C.: Etude sur la prospection electrique du sous-sol. Paris 1920. — SCHLUMBERGER, C. und LEONARDON, E. G.: Application de la prospection électrique a l'étude des projets de tunnels et de barrages. Ann. des ponts et chaussées. Bd. 102. 1932. S. 271. — TÖLKE, F.: Die geophysikalische Baugrunduntersuchung unter besonderer Berücksichtigung der geoelektrischen Aufschlußverfahren. Bauing. 1937. S. 271. — STERN, W.: Beiträge zur Meßtechnik und Anwendung der Methode des scheinbaren Widerstandes. Zschft. f. Geophysik. 1932. S. 181. — WENNER, F.: A methode of measuring earth resistivity. U. S. Bur. of Standards. Bull. 12. 1916. Nr. 4.

VI. Die dynamische Bodenuntersuchung.

Die Erkenntnis, daß eine statische Bodenbelastung gelegentlich eines Belastungsversuches nur einen sehr kleinen Bodenbereich sicher erfaßt und daß besonders die Tiefenwirkung statischer Belastungsversuche mit verhältnismäßig kleinen Lastflächen nur über einen kleinen Tiefenbereich Aufschluß bringt, hat dazu geführt, den Versuch zu machen, die Bodenerkundung dynamisch zu bewerkstelligen.

Bei der dynamischen Bodenuntersuchung wird der Boden durch einen sogenannten Schwinger in erzwungene periodische Schwingungen versetzt und es werden gemessen: die durch die gedämpften Schwingungen verbrauchte Energie, die Amplituden des Schwingers und jene des schwingenden Bodens an verschiedenen Stellen der Oberfläche und in der Tiefe, die Phasenverschiebung zwischen der erzeugenden Kraft und den Schwingungen und die Einsenkung des Bodens. Aus diesen Werten werden dann Schlüsse auf die Beschaffenheit des Bodens gezogen.

Wegen Einzelheiten dieses Verfahrens sei auf die Arbeit verwiesen: HERTWIG, A., FRÜH, G. und LORENTZ, H.: Die Ermittlung der für das Bauwesen wichtigsten Eigenschaften des Bodens durch erzwungene Schwingungen. Veröffentlichungen des Institutes der Deutschen Forschungsgesellschaft für Bodenmechanik (Degebo) an der Technischen Hochschule Berlin. Heft 1. 1933. Springer-Verlag. 1933.

VII. Die Entnahme von Bodenproben und die Bezeichnung der Schichten.

Schürfungen und Bohrungen werden ausgeführt, um über die Schichtenfolge und deren Beschaffenheit Aufschluß zu erhalten. Wenn an den Proben aus den verschiedenen Schichten Untersuchungen in der Versuchsanstalt ausgeführt werden sollen, so müssen bei der Entnahme, Verpackung und Versand besondere Vorsichtsmaßregeln beobachtet werden (DIN 4021).

Die Bodenproben müssen so entnommen werden, daß die Struktur des Bodens nicht gestört wird; man verwendet dazu Stahlzylinder, die in den Boden eingepreßt oder eingeschlagen werden. Bei bindigen Böden werden die Proben in Form von Würfeln mit 15 bis 20 [cm] Seitenlängen herausgeschnitten. Die obere und die untere Fläche werden bezeichnet. Damit sich die Feuchte der Probe nach der Entnahme nicht ändert, wird sie sofort mit heißem Paraffin überzogen, mit Holzwolle umhüllt und in verschraubten Kisten zum Versand gebracht. In besonderen Fällen können kleinere Proben auch in luftdicht verschließbaren Gläsern versendet werden.

Die Bezeichnung der Bodenarten in den Protokollen und in den Probenkästen regelt DIN 4022. Zur Bezeichnung körniger Böden sind die Bezeichnungen zu verwenden:

Stein	> 70 [mm]		Mittelsand	0,2	bis 1	[mm]
Grobkies	30 bis 70	,,	Feinsand	0,1	,, 0,2	,,
Mittelkies	5 ,, 30	,,	Mehlsand	0,02	,, 0,1	,,
Feinkies	2 ,, 5	,,	Schluff	0,002	,, 0,02	,,
Grobsand	1 ,, 2	,,				

Für andere Böden werden Bezeichnungen verwendet, wie Löß, Lößlehm, Lehm, Mergel, Ton, Schlick, Moorerde, Faulschlamm, Torf. Für Gesteine sind die in der Petrographie üblichen Bezeichnungen anzuwenden. Bei jeder Bodenart wird die Farbe angegeben. Wenn der Boden Beimengungen enthält, so werden diese durch Zusätze bezeichnet, wie z. B.: rein, humos, moorig, sandig, lehmig, tonig, feinsandig, grobkiesig, schluffig. Bei bindigen Böden wird die Konsistenzform bezeichnet. So weit als möglich wird auch die geologische Formation angegeben, der die Probe angehört; Versteinerungen und Reste von Pflanzen und Tieren sind aufzubewahren. Stets muß das Vorhandensein von Grundwasser und sein Verhalten vermerkt werden.

Schrifttum.

GALLWITZ, H.: Ein Vorschlag zur einheitlichen Einteilung und Benennung von Lockergesteinen. Baut. 1939. S. 517. — MÖHLMANN: Die Entnahme ungestörter Bodenproben. Baut. 1939. S. 585. — SCHEIDIG, A. und LEUSSINK, H.: Die Bodeneinteilung in den technischen Vorschriften für Erdarbeiten. Baut. 1939. S. 445. — Referat: Ein neues Gerät zur Entnahme ungestörter Tonproben aus Bohrlöchern. Baut. 1932. S. 645.

C. Die Einwirkung des Bodens auf das Bauwerk.

I. Erddruck und Erdwiderstand.

In natürlichem unberührtem Boden, dessen Oberfläche waagrecht liegt und der in waagrechten Schichten abgesetzt worden ist, ist wie H. Krey ausführt, mit größter Wahrscheinlichkeit anzunehmen, daß bei einem Raumgewicht γ_e des Bodens in der Tiefe h unter der Bodenfläche, ähnlich wie in einer Flüssigkeit, die Erdspannung auf eine beliebig orientierte Fläche gleich $\gamma_e h$ sei. Auf die Längeneinheit einer lotrechten, bis zur Bodenoberfläche reichenden Wand von der Höhe h würde dann der Boden den Druck

$$E_n = \gamma_e \frac{h^2}{2} \tag{64}$$

ausüben. Dieser Druck wird als „natürlicher Erddruck" bezeichnet.

Wenn der Boden nun auf einer Seite der Wand abgegraben wird, so wird im allgemeinen die Wand unter dem Einfluß der Kraft E_n eine kleine Ausweichbewegung vollführen. Der Boden hinter der Wand erfährt dann eine Entspannung und wenn diese ein gewisses Maß überschreitet, so wird das Gleichgewicht im Boden gestört. Im Boden hinter der Wand bildet sich eine Gleitfläche, längs der ein Bodenkörper abgleitet, der auf die Wand einen Druck

$$E_a = \lambda_a \gamma_e \frac{h^2}{2} \tag{65}$$

ausübt, der kurz als „Erddruck" (früher aktiver Erddruck) bezeichnet wird. λ_a ist ein Beiwert, der von der Beschaffenheit des Bodens abhängt. Der Erddruck ist kleiner, als der natürliche Erddruck. Sein Auftreten setzt eine bedeutend stärkere Bewegung der Mauer voraus, als die Entspannung des Bodens vom natürlichen Zustand. Er tritt also erst im Augenblick des Auftretens der Einsturzkatastrophe auf. Der Bestand der Mauer ist gesichert, wenn sie den Erddruck sicher aufzunehmen vermag.

Wenn die Mauer gegen den Boden hinter ihr bewegt wird, so steigt die Pressung zwischen dem Boden und der Mauer über die natürliche so lange an, bis sich im Boden eine Gleitfläche bildet, längs der ein Bodenkörper verschoben wird. Der Druck zwischen der Mauer und dem Boden im Augenblick der Bildung der Gleitfläche hat dann die Größe

$$E_p = \lambda_p \gamma_e \frac{h^2}{2} \tag{66}$$

und wird kurz als „Erdwiderstand" (früher passiver Erddruck) bezeichnet. Auch der Erdwiderstand tritt erst im Augenblick der Katastrophe auf. Die Abb. 36 zeigt die Gleitflächenbildung beim Auftreten des Erdwiderstandes, das Bauwerk ist bei diesen Versuchen von rechts nach links gegen den Boden verschoben worden.

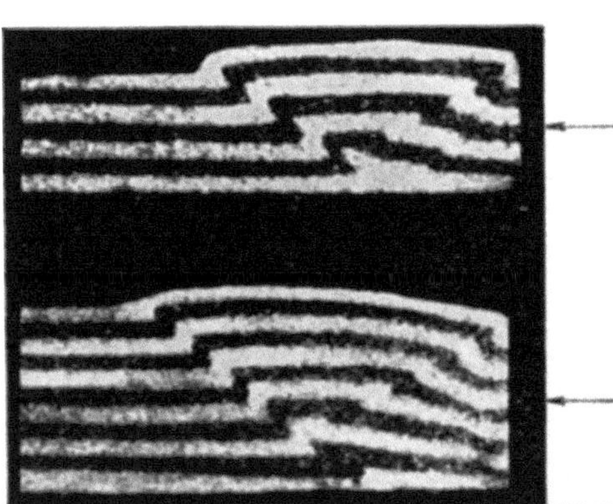

Abb. 36. Gleitflächenbildung beim Auftreten des Erdwiderstandes.

Wenn eine Mauer einseitig hinterfüllt wird, so hängt der Druck, den die Auffüllung auf die Mauer ausübt, von deren Beschaffenheit und vom Grad der Verdichtung ab. Durch hohe Verdichtung kann dieser Druck bis zur Größe des Erdwiderstandes gesteigert werden.

Die beiden Grenzwerte „Erddruck" und „Erdwiderstand" werden der Beurteilung der Standsicherheit der Bauwerke zugrunde gelegt; sie treten aber, wie nochmals betont sei, tatsächlich nur auf, wenn das Bauwerk schon im Zusammenbrechen ist.

Der Druck zwischen Boden und Bauwerk wird gewöhnlich nach der Theorie von Coulomb ermittelt. Die Theorie gilt nur angenähert; wie H. Krey mit Recht betont, hat es aber gar keinen Sinn, nach verfeinerten Theorien zu suchen, solange die physikalischen Eigenschaften der Böden nicht genauer als bisher erforscht sind.

Um den Erddruck und den Erdwiderstand ermitteln zu können, wird angenommen, daß sich im Boden eine Gleitfläche bildet, daß im Augenblick des Bruches in allen Teilen dieser

Gleitfläche gleichzeitig Bewegung eintritt, daß längs der ganzen Gleitfläche der Gleitwiderstand je Flächeneinheit der gleiche bleibt und daß der in Bewegung geratene Bodenkörper seine geometrische Form und seinen Rauminhalt nicht nennenswert ändert. Schließlich wird noch angenommen, daß auch zwischen dem Boden und dem Bauwerk Reibung wirksam ist.

Die Gleitfläche kann sich nur bilden, wenn sich das Bauwerk bewegt. Je nach der Art der Bewegung bilden sich nun verschiedene Gleitflächen und verschiedene Druckverteilungen in der Berührungsfläche zwischen Boden und Wand aus. Eine Stützwand kann sich z. B. um ihren Fußpunkt drehen (Abb. 37a), sie kann sich parallel verschieben (Abb. 37b) oder sie kann sich um die Krone drehen (Abb. 37c), wenn diese z. B. verankert ist. Die Pressung zwischen Boden und Wand soll dann nach K. TERZAGHI die in der Abb. 37 angedeuteten Verteilungen aufweisen. Gewöhnlich wird der Einfachheit halber mit ebenen Gleitflächen gerechnet; tatsächlich sind die Gleitflächen aber stets mehr oder minder gekrümmt.

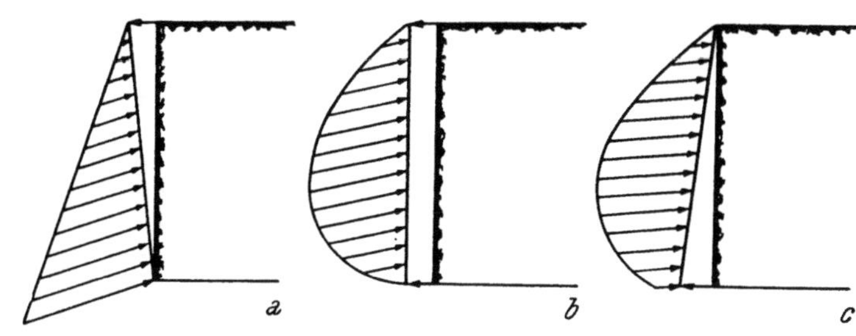

Abb. 37. Arten des Ausweichens einer Stützwand und die Verteilung des Erddruckes nach K. TERZAGHI.

Auch die Annahme gleichen Gleitwiderstandes je Flächeneinheit längs der ganzen Gleitfläche trifft nicht zu. Nach dem COULOMBschen Gesetz ist der Gleitwiderstand

$$\mu = \tau \sigma + K \tag{67}$$

μ bezeichnet den Beiwert der inneren Reibung des Bodens, σ die Pressung in der Gleitfuge an der betrachteten Stelle und K den durch die Haftfestigkeit bewirkten Teil des Gleitwiderstandes. H. KREY hat darauf hingewiesen, daß an verschiedenen Stellen einer Gleitfuge die Pressungen σ, je nach der Tiefenlage unter der Bodenoberfläche und daher die Gleitwiderstände sehr verschieden sind.

Für zwei Stellen 1 und 2 einer Gleitfuge sei der Gleitwiderstand an Bodenproben ermittelt worden; die Ergebnisse werden durch die beiden Linien τ_1 und τ_2 in der Abb. 38b dargestellt. Die für die Gleitfläche anzusetzende Beziehung zwischen dem Gleitwiderstand τ und der Pressung σ stellt dann die strichpunktiert gezeichnete Linie dar.

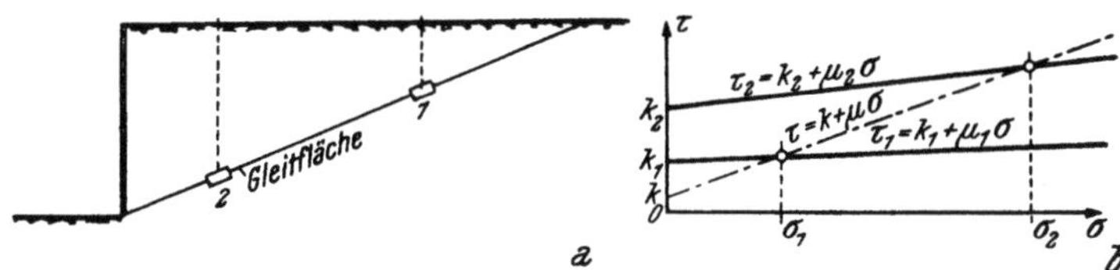

Abb. 38. Gleitwiderstand an verschiedenen Stellen einer Gleitfläche.

Der Gleitwiderstand τ an irgend einer Stelle einer Gleitfläche bleibt, wenn einmal Bewegung eingetreten ist, nicht konstant, sondern nimmt wegen der mit der Bewegung verbundenen Gefügestörung ab (vgl. S. 19), und zwar um so mehr, je bindiger der Boden ist.

Die Annahme, daß längs der ganzen Gleitfläche die Bewegung gleichzeitig einsetze, trifft im allgemeinen auch nicht zu, und zwar um so weniger, je loser gelagert der Boden ist. K. TERZAGHI hat darauf hingewiesen, daß die Gleitfläche sich fortschreitend bildet und er spricht von einem *fortschreitenden Bruch*.

Die der Erddrucktheorie zugrunde gelegten Annahmen treffen nur mit mehr oder minder großer Annäherung zu und die Ermittlung der Pressung zwischen Bauwerk und Boden ist daher nur eine sehr rohe. Besonders sei auch darauf hingewiesen, daß die sich bildenden Gleitflächen nicht immer so einfach verlaufen, wie es angenommen wird (vgl. Abb. 36).

II. Die Ermittlung des Erddruckes und des Erdwiderstandes bei Boden mit Reibung, aber ohne Haftfestigkeit.

Wie schon oben erwähnt worden ist, ist der Erddruck längs einer starren Wand, die sich um ihren Fuß dreht, nach einem Dreieck verteilt. Die Voraussetzungen der alten Erddrucktheorie sind in diesem Falle hinreichend genau erfüllt. Stützmauern können daher nach der alten Erddrucktheorie bemessen werden. Vorausgesetzt sei vorerst ein Boden, in dem nur Reibung, aber keine Kohäsion auftritt.

Der Erddruck und der Erdwiderstand können dann nach zeichnerischen Verfahren oder unter Verwendung von „Erddrucktabellen" ermittelt werden.

a) Das zeichnerische Verfahren.

Beim zeichnerischen Verfahren wird am besten die Theorie von COULOMB unter Benützung der sogenannten CULMANNschen E-Linie angewendet.

Wenn in der in der Abb. 39a angedeuteten Weise eine Gleitfläche angenommen wird, so wird das über ihr liegende Bodenprisma ABO durch den in der Berührungsfläche OA mit der Wand wirkenden Druck E_a und durch den Widerstand Q in der Gleitfläche OB im Gleichgewicht

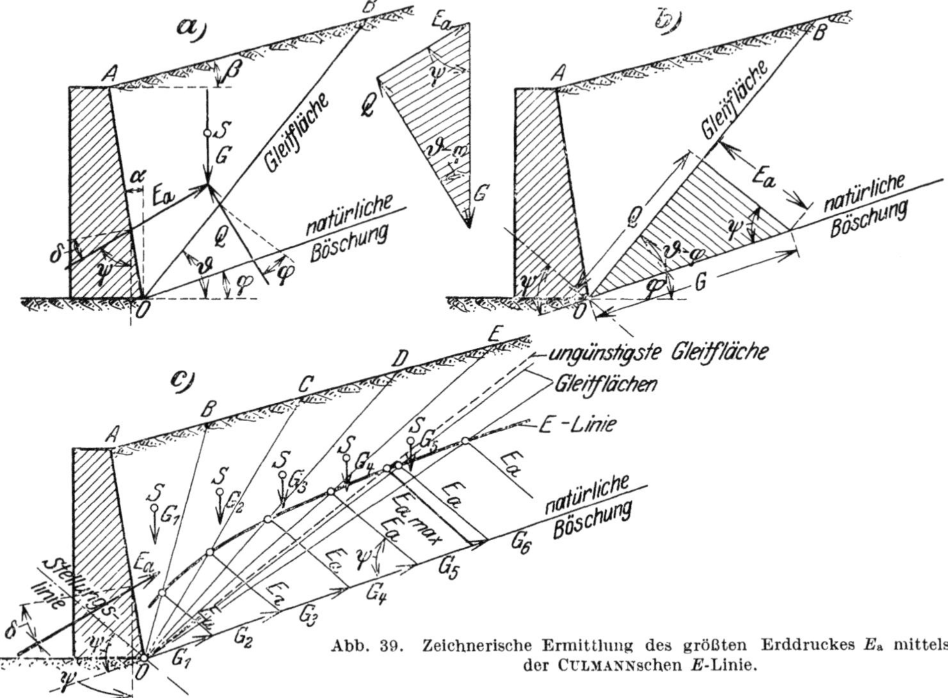

Abb. 39. Zeichnerische Ermittlung des größten Erddruckes E_a mittels der CULMANNschen E-Linie.

gehalten. Sowohl der Druck E_a als auch der Widerstand Q sind aus dem Lot auf die betreffende Fläche um den dort wirksamen Reibungswinkel gegen die Richtung, in der sich das Bodenprisma beim Nachgeben der Mauer bewegt, herausgeschwenkt. Das Gewicht G greift lotrecht im Schwerpunkt des Bodenprismas ABO, E_a im unteren Drittel der Wandhöhe an und Q sollte auch durch den unteren Drittelpunkt der Gleitfläche gehen. Würden die Kräfte E_a und Q durch diese Punkte um den Reibungswinkel δ bzw. φ gegen die Flächenlote verschwenkt gezeichnet, so würden sich diese Kräfte nicht in einem Punkte schneiden und es könnte kein Gleichgewicht bestehen. An der Annahme ebener Gleitflächen stimmt demnach etwas nicht, man kümmert sich aber um diese Unstimmigkeit nicht weiter und bringt einfach G und E_a in ihren richtigen Lagen zum Schnitt und fügt in diesem Schnitt Q hinsichtlich Größe und Neigung richtig hinzu. Der Kräfteplan (Abb. 39a) ergibt dann ohne weiteres die Größe von E_a und Q. Diesen gleichen Kräfteplan kann man etwas verdreht in der in der Abb. 39b angedeuteten Weise auch unmittelbar über der Böschungsfläche zeichnen. Wenn man diese Konstruktion für verschiedene Neigungen angenommenen Prüfflächen (Gleitflächen) wiederholt und die Endpunkte der Kräfte E_a verbindet, erhält man die sogenannte CULMANNsche E-Linie und die Tangente an die E-Linie, parallel zur natürlichen Böschung ergibt den größten Erddruck $E_{a\,max}$ und die ungünstigste Gleitfläche.

Zur Vereinfachung der zeichnerischen Arbeit bei der geschilderten Ermittlung der ungünstigsten Gleitfläche ist es zweckmäßig, die Prüfflächen so anzunehmen (Abb. 39c), daß die Abschnitte an der Bodenoberfläche $AB = BC = CD$ usw. werden, so, daß die Dreiecke $OAB = OCB = OCD$ usw. werden. Jedes dieser Dreiecke hat dann das gleiche Gewicht und es entspricht der Gleitfläche OB das Gewicht G, jener OC das Gewicht $2\,G$ usw.; es ist dann nur notwendig, das Gewicht G zu ermitteln und auf der natürlichen Böschungslinie wiederholt aufzutragen, wie es in der Abb. 39c geschehen ist. Eine weitere Erleichterung bietet das Zeichnen der sogenannten Stellungslinie, die in O unter dem Winkel ψ gegen die Böschungslinie geneigt ist und zu der die E_a beim Zeichnen der CULMANNschen E-Linie parallel liegen.

Für den Winkel, um den Q aus dem Lot auf die Gleitfläche herausgeschwenkt ist, ist der Winkel φ der inneren Reibung zu setzen. Einige Vorsicht erfordert, wie schon auf der Seite 19 erwähnt worden ist, die Wahl des Reibungswinkels δ, um den der Erddruck E_a aus dem Lot auf die Fläche AO verschwenkt ist.

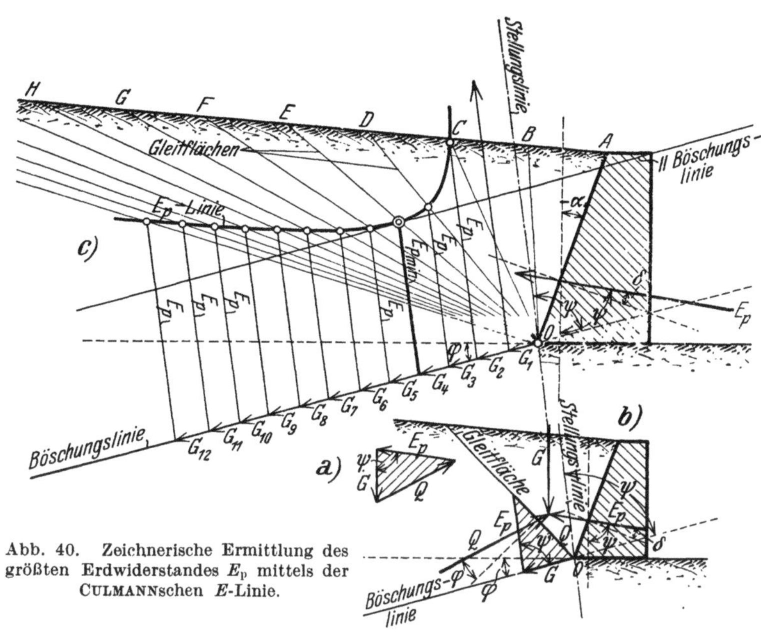

Abb. 40. Zeichnerische Ermittlung des größten Erdwiderstandes E_p mittels der CULMANNschen E-Linie.

In ähnlicher Weise (Abb. 40) kann auch die ungünstigste Gleitlinie ermittelt werden, die den kleinsten Erdwiderstand E_p ergibt.

Bei der Ermittlung des Erddruckes sind bisher der Einfachheit halber ebene Gleitflächen angenommen worden; die Erfahrung hat aber gelehrt, daß die Gleitflächen fast stets gekrümmt sind. Die einfachste gekrümmte Fläche, die man annehmen kann, ist die Kreiszylinderfläche.

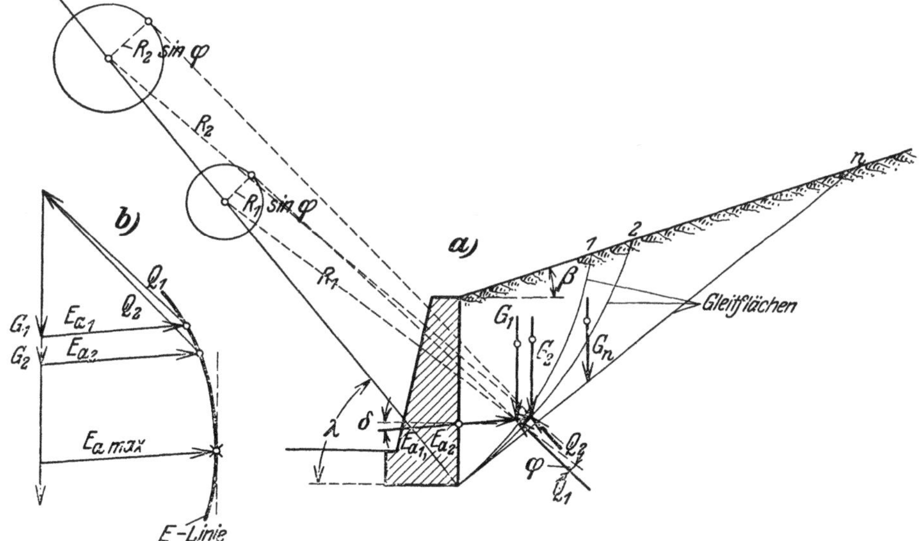

Abb. 41. Ermittlung des Erddruckes mittels gekrümmter Gleitflächen nach H. KREY.

In der Abb. 41 ist als Beispiel die Ermittlung des größten Erddruckes auf einen Stützkörper unter Verwendung gekrümmter Gleitflächen vorgeführt. Man zeichnet mehrere kreiszylindrische Gleitflächen ein, die einerseits alle durch die hintere Kante der Sohlfuge gehen und deren Mittelpunkte alle auf derselben, durch diesen Punkt gehenden Geraden liegen. Es wird weiter angenommen, daß der Erddruck am Stützkörper im unteren Drittel angreift und daß der Widerstand in der Gleitfläche durch den Schnittpunkt vom Erddruck und Schwerlinie des abgleitenden Erdprismas geht. Der Widerstand Q in der Gleitfuge ist bei jedem Flächenelement unter dem Winkel φ gegen die Flächennormale geneigt. Es wird nun der Einfachheit halber die Richtung des Gesamtwiderstandes in der Gleitfuge derart angenommen, daß die Wirkungslinie im Abstande $R \sin \varphi$ vom Mittelpunkt der Gleitfläche vorbeiläuft, trotzdem dieser Abstand tatsächlich etwas größer ist; man erhält auf diese Weise einen Erddruck, der etwas größer als der tatsächlich auftretende ist.

Das Gewicht G des abgleitenden Bodenkörpers, der Erddruck E_a und der Widerstand Q in der Gleitfuge werden nun in einem Kräfteplan zusammengesetzt und es wird hiebei die Größe des Erddruckes E_a ermittelt. Für eine Anzahl von Gleitflächen werden die Kräftepläne übereinander gezeichnet und die Endpunkte der Erddrucke durch einen Linienzug verbunden. Wenn schließlich die Tangente an diese E-Linie parallel zur Angriffslinie der Gewichte gezogen wird, so ergibt sich im Berührungspunkte der größtmögliche Erddruck, der bei dieser Lage der Mittelpunktslinie der zylindrischen Gleitflächen auftreten kann. Wenn dieselbe Untersuchung für verschiedene andere Neigungswinkel der Mittelpunktslinien durchgeführt wird, so kann endlich der größtmögliche Erddruck überhaupt aufgefunden werden.

Die Ergebnisse einer derartigen Untersuchung an einem Stützkörper führten H. Krey zur Anschauung, daß die mühevolle Arbeit sich nicht lohnt, weil die Unterschiede gegenüber den Ergebnissen, die man mit ebenen Gleitflächen erhält, nur geringfügig sind. Das geschilderte Verfahren mit gekrümmten Gleitflächen leistet aber in anderen Fällen wertvolle Dienste.

In ähnlicher Weise kann auch der Erdwiderstand mit gekrümmten Gleitflächen untersucht werden.

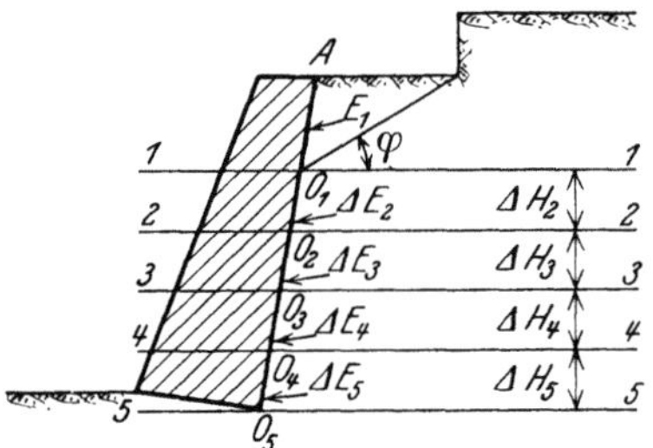

Abb. 42. Ermittlung der Erddruckverteilung längs der Mauerrückfläche bei gebrochener Bodenoberfläche.

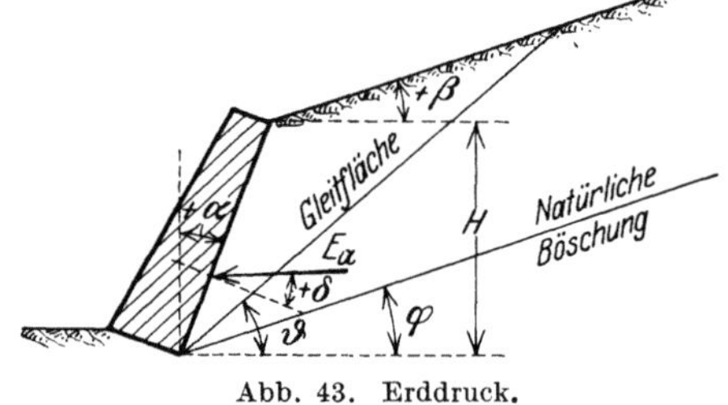

Abb. 43. Erddruck.

Wenn auf der Bodenoberfläche Lasten ruhen, so kann der Erddruck ebenfalls nach dem Verfahren von Coulomb leicht ermittelt werden. So wie beim einfachen, in der Abb. 39 gezeigten Falle, werden eine Anzahl von Gleitlinien angenommen und durch Auftragung der E-Linie die ungünstigste Gleitfläche und der dazugehörige ungünstigste Erddruck ermittelt. Zum Gewicht des abgleitenden Bodenkeiles wird hiebei immer die auf diesem Erdkeil ruhende Last hinzugerechnet.

Um die Verteilung des Erddruckes annähernd zu ermitteln, denkt man sich die Wand (Abb. 42) und den Boden durch eine Anzahl im Abstande ΔH liegender waagrechten Ebenen geschnitten und ermittelt nun nacheinander die größten Erddrücke E_1, E_2, E_3 usw. auf die Wandabschnitte AO_1, AO_2, AO_3 usw., wobei jedesmal die ungünstigste Neigung der Gleitflächen aufzusuchen ist. Die Differenzen $E_2 - E_1 = \Delta E_2$, $E_3 - E_2 = \Delta E_3$ usw. geben dann die Erddrücke auf die den Schnittebenen entsprechenden Wandabschnitte.

Bei dem eben geschilderten Verfahren wird der Erddruck auf den Wandabschnitt AO_1 durch die Auflast nicht beeinflußt. Diesen Punkt O_1 erhält man, wenn man vom vorderen Rande der Auflast die natürliche Böschung unter dem Winkel φ gegen die Waagrechte bis zum Schnitte mit der Wand zeichnet. In die Höhenlage von O_1 wird bei der Ermittlung der Erddruckverteilung die oberste waagrechte Schnittebene gelegt.

b) Die Ermittlung des Erddruckes unter Verwendung von „Erddruckformeln und Tafeln".

Wenn einfache Verhältnisse vorliegen, besonders dann, wenn die Bodenoberfläche eben ist und wenn auf ihr keine Auflasten ruhen, kann der Erddruck und der Erdwiderstand auch nach Formeln berechnet oder Tabellen entnommen werden.

Mit den Bezeichnungen der Abb. 43 gilt für den Erddruck auf einen Stützkörper

$$E_a = \frac{\cos(\beta + \alpha)\cos(\vartheta + \alpha)\sin(\vartheta - \varphi)}{\cos^2\alpha \sin(\vartheta - \beta)\cos(\vartheta + \alpha + \delta - \varphi)} \cdot \gamma_e \frac{H^2}{2} = \lambda_a \gamma_e \frac{H^2}{2}. \qquad (68)$$

Vielfach liegt bei Grundbauten die Rückseite der Stützwand lotrecht und die Bodenoberfläche waagrecht; dann ist $\alpha = O$ und $\beta = O$ und für die Neigung der ungünstigsten Gleitfläche ist dann $\vartheta = 45^0 - \frac{\varphi}{2}$ zu setzen und man erhält für den Erddruck in diesem einfachen Falle

$$E_a = \frac{\sin^2\left(45^0 - \frac{\varphi}{2}\right)}{\cos\left(45^0 - \frac{\varphi}{2}\right)\cos\left(45^0 - \frac{\varphi}{2} + \delta\right)} \gamma_e \frac{H^2}{2} = \lambda_a \gamma_e \frac{H^2}{2} \qquad (69)$$

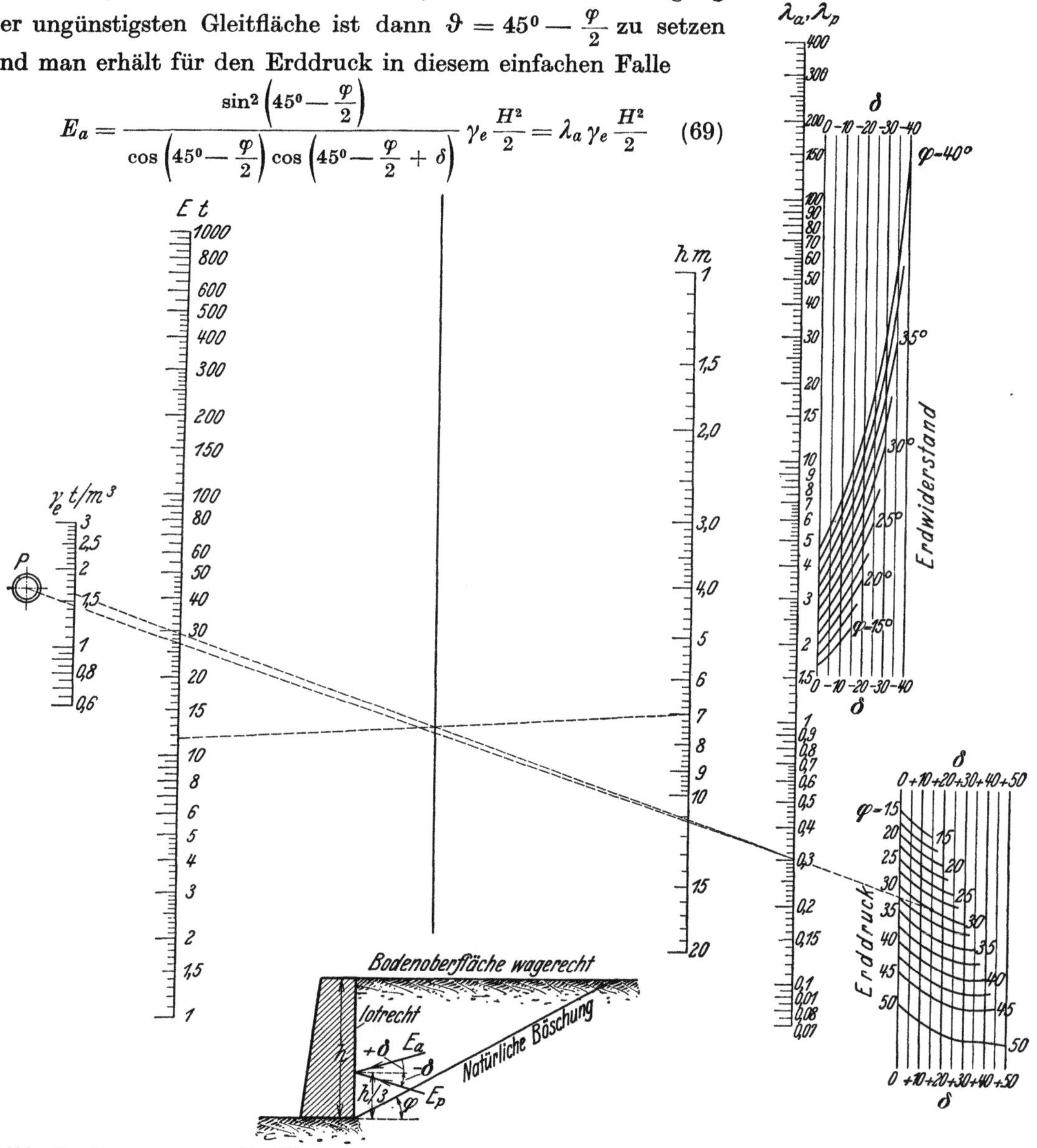

Abb. 44. Nomogramm zur Ermittlung des Erddruckes und des Erdwiderstandes bei lotrechter Rückseite der Wand und waagrechter Bodenoberfläche ohne Auflasten.
Schlüssel: Raumgewicht des Bodens $\gamma_e = 1,6$ [t/m²], Mauerhöhe $h = 7$ [m], Winkel der inneren Reibung $\varphi = 30^0$, Reibungswinkel zwischen Boden und Wand $\delta = 15^0$. Der gesuchte Erddruck beträgt $E_a = 11,8$ [t/m].

und wenn überdies die Rückseite der Wand sehr glatt oder der Boden gänzlich durchnäßt ist, so daß der Reibungswinkel $\delta = O$ ist, so gilt für diesen Sonderfall

$$E_a = \gamma_e \frac{H^2}{2} \operatorname{tg}^2\left(45 - \frac{\varphi}{2}\right) = \lambda_a \gamma_e \frac{H^2}{2}. \qquad (70)$$

Mit den beiden letzteren Formeln wird im Grundbau in der Regel das Auslangen gefunden. Zur Erleichterung der Erddruckermittlung sind diese beiden Formeln in der Abb. 44 nomographisch dargestellt. Für geeignete Bodenoberfläche hat unter anderen H. Krey[1] Tabellen berechnet, auf die hier besonders verwiesen sei.

Ähnlich wie für den Erddruck erhält man bei waagrechter Bodenoberfläche, wenn die mit dem Boden in Berührung stehende Wand lotrecht steht und wenn überdies der Reibungswinkel δ zwischen Boden und Wand gleich Null gesetzt wird, für den Erdwiderstand, weil der Neigungswinkel der ungünstigsten Gleitfläche jetzt $\vartheta = 45^0 + \dfrac{\varphi}{2}$ beträgt

$$E_p = \gamma_e \frac{H^2}{2}\, \mathrm{tg}^2\left(45^0 + \frac{\varphi}{2}\right) = \gamma_p \lambda_e \frac{H^2}{2}. \tag{71}$$

Auch die Erdwiderstände können sowohl für eine glatte als auch für eine rauhe lotrechte Berührungsfläche zwischen Boden und Wand bei waagrechter Bodenoberfläche dem Nomogramm in der Abb. 44 entnommen werden.

Bei ganz überschlägigen Rechnungen für kleine Bauwerke kann man, wie K. Krey gefunden hat, die Bauwerksrückseite ohne Rücksicht auf die tatsächliche Ausführung durch eine lotrechte Fläche begrenzt annehmen, und dann bei waagrechter Bodenoberfläche bei einem Winkel φ der inneren Reibung von

$\varphi = 19^1/_3{}^0$	25^0	30^0	37^0	$41^2/_3{}^0$
$E_a = 0{,}25$	$0{,}20$	$0{,}167$	$0{,}125$	$0{,}10 \cdot \gamma_e H^2$

setzen. Wenn zwischen dem Bauwerke und dem Boden Reibung auftritt, so sind die tatsächlich auftretenden Erddrücke etwas kleiner als oben angegeben. Für die gleichen Winkel der inneren Reibung kann man für den Erdwiderstand setzen

$E_p = 1{,}0$	$1{,}25$	$1{,}5$	$2{,}0$	$2{,}5 \cdot \gamma_e H^2.$

Bei gleichmäßiger Bodenbeschaffenheit hinter einem Bauwerk und Drehung um einen Punkt in der Sohlfuge ist der Erddruck nach einem Dreieck verteilt, dessen eine Seite die mit dem Boden in Berührung stehende Bauwerksbegrenzung und dessen andere Seite die Größe

$$e_a = \gamma_e\, \lambda_a\, H \tag{72}$$

hat. Beide schließen miteinander den Winkel $90 - \delta$ ein, wenn δ den Reibungswinkel zwischen dem Boden und der Wand bedeutet.

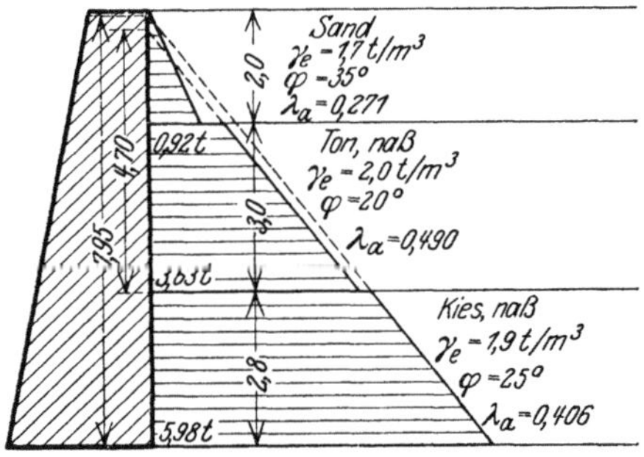

Wenn der Boden aus Schichten verschiedenen Raumgewichtes besteht, so wird bei der Berechnung des Erddruckes jede Schicht gesondert betrachtet und jedesmal die Schichtdicke der überlagernden Schichten entsprechend dem Raumgewicht des Bodens der betrachteten Schicht reduziert; man erhält dann eine Erddruckverteilung wie sie etwa die Abb. 45 als Beispiel erkennen läßt. Die Verteilung des Erddruckes ändert sich bei dieser Ermittlungsweise an den Sichtgrenzen sprunghaft; tatsächlich werden solche sprunghafte Änderungen nicht auftreten, das Verfahren liefert aber doch hinreichend genau den Erddruck.

Abb. 45. Ermittlung des Erddruckes bei geschichtetem Boden.

Eine allfällige gleichmäßig verteilte Auflast wird durch eine gleichschwere Bodenschicht ersetzt, deren Dicke dem Raumgewicht der jeweils bei der Erddruckermittlung betrachteten Bodenschicht angepaßt wird.

Wenn hinter dem Bauwerke Grundwasser steht, so erleidet der im Grundwasser liegende Boden Auftrieb; bei der Erddruckermittlung wird dann das Unterwasserraumgewicht γ_a' eingesetzt, das, wie schon erwähnt worden ist, bei einem Eigengewicht γ' der Bodenteilchen und einem Porenverhältnis p die Größe

$$\gamma_e' = (1-p)\,(\gamma'-\gamma) = \gamma_e - (1-p)\,\gamma \tag{73}$$

hat. Zum Erddruck kommt dann noch der Wasserdruck hinzu. Während bei körnigen Böden der Wasserdruck immer wirksam wird, wenn die Poren mit Wasser erfüllt sind, muß bei bin-

<hr>

[1] Krey, H.: Erddruck, Erdwiderstand. 5. Aufl. Berlin 1936. W. Ernst & Sohn.

digen Böden untersucht werden, wo der Grundwasserspiegel liegt, weil bei diesen Böden die Poren auch über dem Grundwasserspiegel infolge der in den engen Poren wirkenden Kapillarkräfte von Wasser erfüllt sein können, ohne daß dieses in den Kapillaren stehende Wasser das Bauwerk unmittelbar belasten könnte. Nur unter dem Grundwasserspiegel kann Wasserdruck gegen das Bauwerk auftreten. Bei körnigem Boden ist die kapillare Saughöhe in der Regel vernachlässigbar klein.

Schrifttum.

AUERBACH: Über das Gleichgewicht pulverförmiger Massen. Ann. Physik. 1901. S. 140. — BERNATZIK, W.: Grenzneigungen von Sandböschungen bei gleichzeitiger Grundwasserströmung. Baut. 1940. S. 634. — BELL, A.: The lateral pressure and resistence of clay and the supporting power of clay foundations. Min. Proc. Inst. Civ. Engs. Bd. 195. S. 233. — BUCHWALD: Auflasten bei Erddruckermittlungen. Zentralbl. Bauverw. 1916. S. 563. — DERSELBE: Bestimmung der Gleitflächen bei Erddruckermittlungen. Baut. 1924. S. 546. ENGELS, H.: Untersuchungen über den Seitendruck der Erde auf Fundamentkörper. Z. Bauw. 1906. — ENGESSER: Geometrische Erddrucktheorie. Z. Bauw. 1881. S. 189. — DERSELBE: Neuere Versuche über die Richtung und Größe des Erddruckes gegen Stützwände. Dt. Bauzg. 1893. S. 325. — DERSELBE: Untersuchungen über den Erddruck auf Stützmauern mit gerader und gekrümmter Rückwand und die Erddrucktheorie. Z. Arch. Ing.-Wes. 1908. S. 77. — DERSELBE: Versuche über den Erddruck gegen Stützwände. Z. Arch. Ing.-Wes. 1919, S. 173. — FÄRBER: Neue Lösung des Erddruckproblemes. Dt. Bauzg. 1917. Mitt. über Eisenbau. S. 10, 75. — FRANZIUS, O.: Vereinfachung der Erddruckberechnung. Z. Arch. Ing.-Wes. 1918. S. 185. — DERSELBE: Versuche mit passivem Erddruck. Bauing. 1924, S. 314. — FREUND: Neue Ergebnisse in der Erddrucktheorie. Zentralbl. Bauverw. 1920. S. 625. — DERSELBE: Neue Untersuchungen über Erddrucktheorie. Z. Bauw. 1921. S. 48. — DERSELBE: Untersuchungen der Erddrucktheorie von Coulomb. Baut. 1924. S. 101. — HOMBERG, H.: Beitrag zur Berechnung der Erddruckverteilung, Baut. 1939. S. 474. — HOFMANN: Erddrucktheorie. Z. Arch. Ing.-Wes. 1911. S. 457. — JAEGER, E.: Erdwiderstand unter dem Einfluß von Seitenwänden. Mitt. a. d. Gebiete d. Wasserbaues u. d. Baugrundforschung. H. 5. Berlin 1931. W. Ernst & Sohn. — JACOBY: Zur Erddrucklehre. Zentralbl. Bauverw. 1918. S. 81. — KREY, H.: Praktische Beispiele zur Bewertung von Erddruck, Erdwiderstand und Tragfähigkeit des Baugrundes in größerer Tiefe. Z. Bauw. 1912. S. 96. — DERSELBE: Betrachtung über Größe und Richtung des Erddruckes. Baut. 1923. S. 219, 279. — DERSELBE: Die Widerstandsfestigkeit des Untergrundes und der Einfluß der Kohäsion beim Erddruck und Erdwiderstand. Baut. 1924. S. 462. — DERSELBE: Gebrochene und gekrümmte Gleitflächen bei Aufgaben des Erddruckes. Baut. 1926. S. 279. — DERSELBE: Erddruck, Erdwiderstand und Tragfähigkeit des Baugrundes. 3. Aufl. Berlin. 1926. W. Ernst & Sohn. — KREY-FREUND: Neuere Ergebnisse der Erddrucktheorie. Zentralbl. Bauverw. 1921. S. 269. — KUSEVIC, R.: Ein Verfahren zur zeichnerischen Ermittlung des Erddruckes und des Erdwiderstandes. Baut. 1937. S. 85, 343. —MANN, L.: Erddruck auf Stützmauern bei belastetem Gelände. Baut. 1938. S. 373. — MECKE, W.: Der Erdangriff an einer im unteren Teil nachgiebigen Wand. Dtsch. Wasserwirtsch. 1940. S. 80. — MOHR, O.: Theorie des Erddruckes auf Stützmauern. Schweiz. Bauz. 1910. S. 53. — MÖLLER, M.: Erddrucktabellen. Leipzig 1992. S. Hirzel. — DERSELBE: Über die Größe des passiven Erddruckes. Bauing. 1924. S. 550. — MONOBE, NAGAHO und MATSUO HARUO: Experimental investigation of lateral earth pressure during earthquakes. Bull. of the Earthquake Research Institute. 1932. Bd. X, Teil 4. Earthquake Research. Institute, Tokyo, Kais. Universität. — MÜLLER, P.: Der Einfluß der mechanischen Verdichtung der Hinterfüllung von Stützkörpern auf ihre Standsicherheit. Baut. 1938. S. 115. — DERSELBE: Erddruckmessungen bei mechanisch verdichteter Hinterfüllung von Stützkörpern. Baut. 1939. S. 195. — DERSELBE: Erddruck und Stützkörper in gegenseitiger Abhängigkeit. Baut. 1940, S. 134. — MUND, O.: Beitrag zur geometrischen Erddrucktheorie von Engesser. Baut. 1936. S. 441. — DERSELBE: Erddruck aus Auflasten nach Coulomb. Baut. 1938. S. 47. — DERSELBE: Der Trugschluß des „erweiterten" Rebbahnschen Satzes. Baut. 1939. S. 333. — OHDE, J.: Zur Theorie des Erddruckes unter besonderer Berücksichtigung der Erddruckverteilung. Baut. 1938. S. 150, 176, 212, 241, 331, 368, 480, 570, 715, 753. — PETERMANN: Neuere amerikanische Erddruckversuche. Zentralbl. Bauverw. 1924. S. 45. — PETERSEN: Grenzzustände des Erddruckes auf Stützmauern. Bauing. 1925. S. 486. — RAMISCH: Neue Versuche zur Bestimmung des Erddrucks. Z. öst. Ing.-V. 1911. S. 233, 423. — RENDULIČ, L.: Gleitflächen, Prüfflächen und Erddruck. Baut. 1940. S. 146, 624. — REISSNER: Theorie des Erddruckes. Enzykl. d. math. Wiss. Bd. 4. S. 387. Leipzig 1909. B. G. Teubner. — RITTER: Theorie des Erddruckes auf Stützmauern. Schweiz. Bauzg. 1910. S. 53, 197, 315. — SAFIR: Erddrucktrajektorien. Z. Arch. Ing.-Wes. 1906. S. 533. — SENFT-FREUND: Neue Ergebnisse der Erddrucktheorie. Zentralbl. Bauverw. 1921. S. 270. — SCHNIDTMANN: Neuere Wege in der Anwendung der alten Erddrucklehre. Bauing. 1924. S. 468. — SCHROETER, A.: Über Erddruck aus waagrechten Seitenkräften. Baut. 1940. S. 264. — DERSELBE: Der Coulombsche Erddruck aus Hinterfüllung und bei Auflasten, insbesondere Kurzstreckenlasten. Baut. 1940. S. 505. — SCHULTZE: Erddruck auf Winkelstützmauern. Zentralbl. Bauverw. 1916. S. 198. — SCHÜTTE, H. G.: Wirkungen von Formänderungen verankerter Bohlwände und des stützenden Bodens auf die Verteilung der äußeren und inneren Kräfte. Jahrb. d. Hafenbaut. Ges. 1939/40. S. 55. — STRECK: Beitrag zur Frage des passiven Erddruckes. Bauing. 1926. S. 32. — STREIT, J.: Zur Frage des Erddruckes aus Kurzstreckenlasten. Baut. 1943. S. 86. — TAASWELL: Retainingwalls, their design and construction. New York 1920.

III. Erddruck und Erdwiderstand bei Böden mit Reibung und Haftfestigkeit.

Die Haftfestigkeit (Kohäsion), die mehr oder minder groß in allen Böden auftritt, wird in der Regel bei der Ermittlung des Erddruckes und des Erdwiderstandes vernachlässigt; sie bewirkt eine Verringerung des Erddruckes und eine Vergrößerung des Erdwiderstandes gegenüber jenen Werten, die sich bei ihrer Vernachlässigung ergeben. Die Haftfestigkeit hat zur Folge, daß im Boden auch Zugspannungen auftreten und daß z. B. Böden mit lotrechten Wänden frei stehen können. Die Vernachlässigung der Haftfestigkeit bei der Ermittlung der Grenzdrücke des Bodens führt zu einer im Hinblicke auf die Standsicherheit des Bauwerkes sicheren Ermittlung der Grenzdrücke des Bodens; sie ist in den meisten Fällen schon im Hinblicke darauf gerechtfertigt, daß die Haftfestigkeit bei einer Durchfeuchtung des Bodens stark herabgesetzt wird.

Anhaltspunkte für die Berücksichtigung der Haftfestigkeit bei der Ermittlung der Grenzdrücke des Bodens gibt H. KREY in seinem Buche „Erddruck und Erdwiderstand".

Schrifttum.

KNOKE: Über Zahlenwerte der Kohäsion beim Erddruck. Baut. 1925. S. 120. — KREY, H.: Erddruck und Erdwiderstand. 3. Aufl. Berlin 1926. W. Ernst & Sohn. TERZAGHI, K.: Erdbaumechanik. Leipzig 1925. F. Deuticke. DERSELBE: Festigkeitseigenschaften der Schüttungen, Sedimente und Gele. Hdb. phys. Mechanik, Bd. 4, 2. Hälfte. Leipzig 1931. J. A. Barth.

IV. Die Verteilung des Erddruckes auf lotrechte Baugrubenaussteifungen.

Untersuchungen von K. TERZAGHI, B. SPILKER, H. PRESS und J. OHDE über die Erddruckverteilung an Baugrubenwänden haben klar erwiesen, daß die bisher übliche Annahme einer dreieckförmigen Druckverteilung unzutreffend ist. Messungen von H. PRESS haben gezeigt, daß die Steifendrücke im oberen Teil der Baugrube wesentlich größer sind, jene im unteren Teil kleiner, als die Rechnung bei Annahme einer dreieckförmigen Erddruckverteilung ergibt.

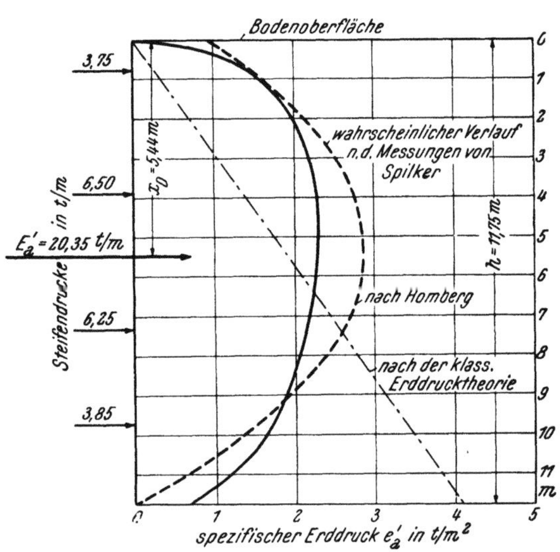

Abb. 46. Verteilung des Erddruckes über eine Baugrubenwand.

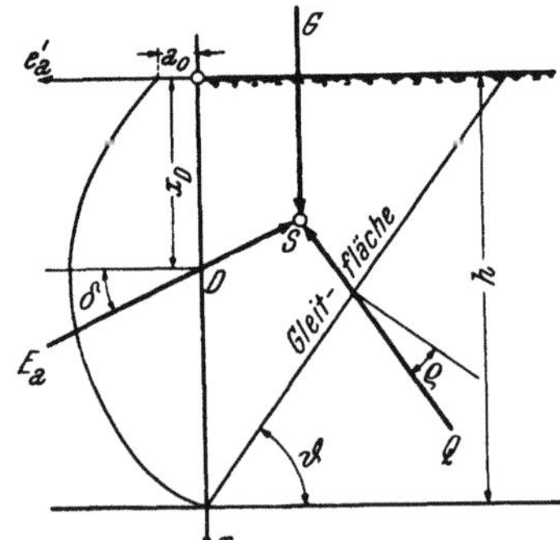

Abb. 47. Erddruck auf eine Baugrubenwand.

A. SPILKER hat in einer 11,75 [m] tiefen Baugrube die Steifendrücke gemessen und die in der Abb. 46 eingetragenen Kräfte erhalten; er schließt auf Grund seiner Beobachtungen, daß der Erddruck nach der eingezeichneten Linie verteilt sei, im Gegensatz zur dreieckförmigen Verteilung, nach der man bisher gerechnet hat und die strichpunktiert eingetragen ist.

H. HOMBERG hat nun ein Verfahren angegeben, das eine Erddruckverteilung ergibt, die der von SPILKER gemessenen ähnelt. Er setzt voraus, daß der Erddruck jene Größe habe, die die klassische Erddrucktheorie ergibt. Während sich nach der klassischen Erddrucktheorie der Erddruck E_a und der Widerstand Q in der Gleitfuge nur in der Angriffslinie des Gewichtes G

des abgleitenden Bodenteiles zu schneiden brauchen, fordert HOMBERG im Einklange mit den Ergebnissen der Messungen SPILKERS, daß dieser Schnitt im Schwerpunkt des abgleitenden Bodenkeiles erfolgen müsse. Schließlich fordert HOMBERG, daß der spezifische Erddruck e_a an der Sohle der Baugrube gleich Null sein müsse.

Bezeichnet x die Tiefe unter der Bodenoberfläche, so setzt HOMBERG für den spezifischen Erddruck

$$e_a = a_0 + a_1 x + a_2 x^2. \tag{74}$$

Mit den Bezeichnungen der Abb. 47 müssen die drei folgenden Bedingungsgleichungen erfüllt sein:

$$E_a = \int_0^h e_a \, d x \tag{75}$$

$$E_a x_D = \int_0^h e_a x \, d x \tag{76}$$

und für $x = h$ muß $e_a = o$ sein; es muß also in der Gleichung (74)

$$a_0 = -(a_1 h + a_2 h^2) \tag{77}$$

sein.

Die Gleichung für den spezifischen Erddruck lautet dann

$$e_a = -(a_1 h + a_2 h^2) + a_1 x + a_2 x^2. \tag{78}$$

Der Erddruck beträgt

$$E_a = \int_0^h e_a \, d x = \int_0^h [-a_1 h - a_2 h^2 + a_1 x + a_2 x^2] \, d x = -\frac{a_1 h^2}{2} - \frac{2 a_2 h^3}{3}. \tag{79}$$

Weiter ist

$$E_a x_D = \int_0^h e_a x \, d x = \int_0^h [-a_1 h - a_2 h^2 + a_1 x + a_2 x^2] x \, d x = -a_1 \frac{h^3}{6} - a_2 \frac{h^4}{4}. \tag{80}$$

Aus den Gleichungen (77), (80) bzw. (79)
erhält man mit $x_D = c \, h$

$$a_1 = \frac{6 E_a (8 c - 3)}{h^2} \tag{81}$$

$$a_2 = \frac{12 E_a (1 - 3 c)}{h^3} \tag{82}$$

$$a_0 = \frac{6 E_a (1 - 2 c)}{h} \tag{83}$$

und es folgt für den spezifischen Erddruck

$$e_a = \frac{6 E_a (1 - 2 c)}{h} + \frac{6 E_a (8 c - 3)}{h^2} x + \frac{12 E_a (1 - 3 c)}{h^3} x^2. \tag{84}$$

Das Maß x_D wird am besten zeichnerisch bestimmt, so wie es die Abb. 47 andeutet, und der Erddruck E_a wird am besten mittels der Culmannschen E-Linie ermittelt (vgl. S. 34).

Wegen der Reibung zwischen dem Boden und der Baugrubenwand ist der Erddruck E_a unter dem Winkel δ gegen das Lot auf die Wand geneigt. Die Summe der Steifendrücke je Meter Wand beträgt daher

$$E_a' = E_a \cos \delta. \tag{85}$$

Ebenso sind die zur Wand senkrechten Komponenten des spezifischen Erddruckes

$$e_a' = e_a \cos \delta. \tag{86}$$

Wie ein Blick in die Abb. 46 erkennen läßt, werden unter Annahme einer Verteilung des spezifischen Erddruckes nach einem Dreieck, wie es bisher üblich war, die Steifen ganz falsch bemessen.

Schrifttum.

DÖRR, H.: Erddruck auf die Wände ausgesteifter Baugruben. Baut. 1943. S. 54. — HOMBERG, H.: Beitrag zur Berechnung der Erddruckverteilung. Baut. 1939. S. 474. — KERGER, R.: Zur Frage der Berechnung der Baugrubenaussteifungen. Baut. 1940. S. 562. — LEHMANN, H.: Der Einfluß von Auflasten auf die Verteilung des Erdangriffes an Baugrubenwänden. Baut. 1943. S. 21. — NIEBUHR: Über die Messung der Kräfte in einer Baugrubenaussteifung. Baut. 1938. S. 11. — OHDE, J.: Zur Theorie des Erddruckes unter besonderer Berücksichtigung der Erddruckverteilung. Baut. 1938. S. 150. — PRESS, H.: Druckverteilung hinter ausgesteiften Bohlwänden und Steifendrücke. Bauing. 1937. S. 745. — DERSELBE: Steifendrücke und ihre Veränderungen mit dem Baufortschritt. Baut. 1938. S. 383. — SPILKER, A.: Mitteilung über die Messung der Kräfte in einer Baugrubenaussteifung. Baut. 1937. S. 16, 150, 151.

V. Der Erddruck von begrenzten Bodenkörpern.

Über den Erddruck von begrenzten Bodenkörpern ist nichts Zuverlässiges bekannt, es stehen aber Näherungsverfahren in Anwendung, die in den meisten Fällen hinreichend sicher die Ermittlung des Erddruckes erlauben.

a) Der Erddruck bei hinterer Begrenzung des abgleitenden Bodenkeiles.

Der Erddruck auf eine Wand bei hinterer Begrenzung des abgleitenden Bodenkeiles kann am einfachsten durch Anwendung des diesem Falle angepaßten Culmannschen Verfahrens ermittelt werden, indem für eine Anzahl angenommener Probegleitflächen die Erddrücke E_a

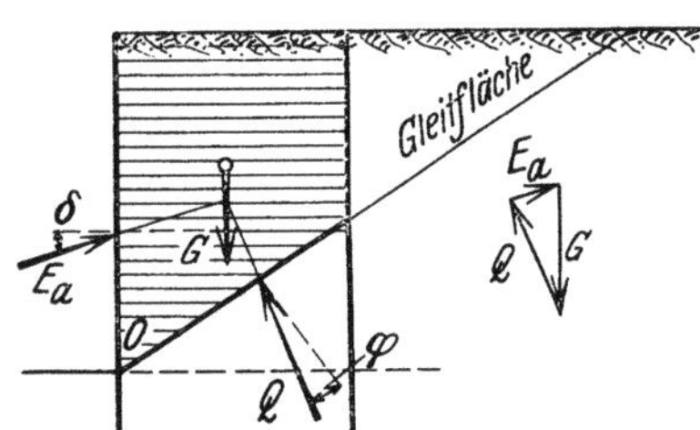

Abb. 48. Erddruck bei hinterer Begrenzung des abgleitenden Bodenkörpers.

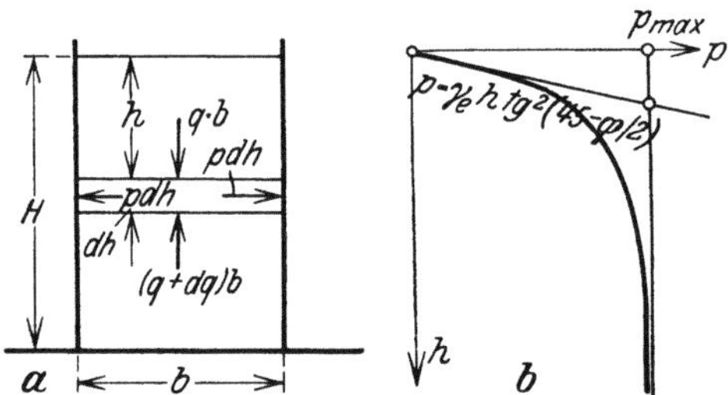

Abb. 49. *a* Ermittlung des Erddruckes auf nahe beisammenstehende parallele Wände; *b* Verteilung des Erddruckes.

ermittelt (Abb. 48) und zeichnerisch der größte aufgesucht wird; die Auftragung der zu den angenommenen Probegleitflächen gehörigen Erddrücke E_a geschieht hiebei am besten vom Punkt 0 aus auf den betreffenden Probeflächen. Die Reibung zwischen den abgleitenden Bodenkörpern und der hinteren Begrenzungswand wird der Sicherheit halber vernachlässigt.

Wenn die hintere Begrenzung des abgleitenden Bodenkörpers durch eine Wand erfolgt, die nahe der betrachteten verläuft, so kann auch ein Verfahren angewendet werden, das zur Ermittlung des Seitendruckes auf die Wände eines Silos Anwendung findet.

Bezeichnet γ_e das Raumgewicht des Bodens und wird ein Streifen der Mauer von der Breite 1 betrachtet, so lastet auf einer in der Tiefe h liegenden waagrechten Scheibe (Abb. 49a) von der Dicke dh oben der Druck $qb \cdot 1$, während von unten auf sie $(q + dq) \cdot b \cdot 1$ wirkt. Das Gewicht der Scheibe beträgt $b \cdot 1 \cdot dh \cdot \gamma_e$. Die Scheibe wird durch den Druck auf ihre Unterfläche und durch die Reibung an den Wänden im Gleichgewicht erhalten. Beträgt der Reibungswinkel zwischen Boden und Wand δ, so gilt dann

$$\gamma_e\, b\, d h + q b = (q + d q)\, b + p\, d h\, \mathrm{tg}\, \delta. \tag{87}$$

Bei einer lotrechten Pressung q beträgt in Boden ohne Haftfestigkeit der Seitendruck etwa

$$p = q\, \mathrm{tg}^2\left(45 - \frac{\varphi}{2}\right), \tag{88}$$

wobei φ den Winkel der inneren Reibung bezeichnet. Man hat dann weiter

$$\gamma_e\, b\, d h + q b = q b + d q \cdot b + q\, \mathrm{tg}^2\left(45 - \frac{\varphi}{2}\right) d h\, \mathrm{tg}\, \delta \tag{89}$$

und

$$d h = d q : \left| \gamma_e - \frac{2}{b}\, q\, \mathrm{tg}^2\left(45 - \frac{\varphi}{2}\right) \mathrm{tg}\, \delta \right. \tag{90}$$

oder, wenn

$$2 \operatorname{tg}^2 \left(45 - \frac{\varphi}{2}\right) \operatorname{tg} \delta = \alpha \qquad (91)$$

gesetzt wird,

$$d h = \frac{d q}{\gamma_e - \frac{\alpha}{b} q} \cdot \qquad (92)$$

Die Integration liefert

$$h = -\frac{b}{\alpha} \ln \left(\gamma_e - \frac{\alpha}{b} q\right) \qquad (93)$$

oder

$$q = \frac{b}{\alpha} \left(\gamma_e - e^{-\frac{\alpha}{b} h}\right). \qquad (94)$$

Die Seitenpressung gegen die Wand beträgt schließlich

$$p = \frac{b}{\alpha} \left(\gamma_e - e^{-\frac{\alpha}{b} h}\right) \operatorname{tg}^2 \left(45 - \frac{\varphi}{2}\right). \qquad (95)$$

Die Seitenpressung nimmt mit der Tiefe zuerst stark, in größerer Tiefe nur mehr wenig zu, bis die Reibung zwischen Boden und Wand allein dem Gewichte einer gedachten Scheibe von der Dicke dh das Gleichgewicht hält, bis also

$$\gamma_e b \, d h = 2 \, p_{\max} \, d h \operatorname{tg} \delta \qquad (96)$$

ist; der Grenzwert, dem sich die Seitenpressung nähert, beträgt demnach

$$p_{\max} = \frac{\gamma_e b}{2 \operatorname{tg} \delta}, \qquad (97)$$

dieser Grenzdruck wird erst in unendlicher Tiefe erreicht.

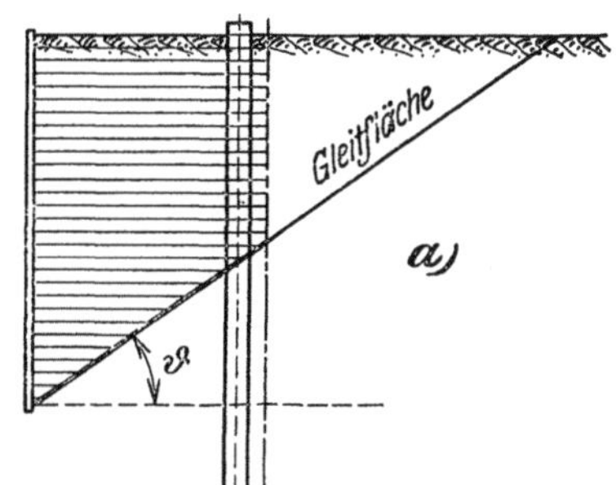
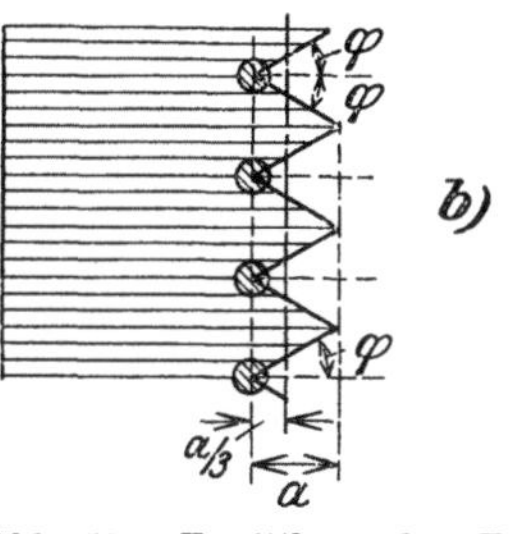
Abb. 50. Ermittlung des Erddruckes bei hinterer Begrenzung des abgleitenden Bodenkeiles durch eine Pfahlreihe.

In der Abb. 49b ist die Druckverteilung längs einer Wand dargestellt und es ist auch gezeigt, wie die Druckverteilung hinreichend genau durch zwei Gerade ersetzt werden kann.

Wenn die hintere Begrenzung des abgleitenden Bodenkeiles nicht aus einer vollen Wand, sondern aus einer Pfahlreihe besteht, so wird ein Teil des Erddruckes schon von den Pfählen aufgenommen, während der zwischen der Pfahlreihe und der Wand liegende Teil des Bodenkeiles die Wand belastet. Die hintere Begrenzung des Bodenkeiles kann in der in der Abb. 50 angedeuteten Weise angenommen werden; φ bedeutet hiebei den Winkel der inneren Reibung des betreffenden Bodens.

Schrifttum.

BRENNECKE-LOHMEYER: Der Grundbau. Berlin 1927—1930. Ernst & Sohn. — BUCHWALD: Erddruck bei rückwärtig begrenzter Hinterfüllung. Beton u. Eisen. 1919. S. 21, 90. — JAEGER, E.: Erdwiderstand unter dem Einfluß von Seitenwänden. Mitt. a. d. Gebiete d. Wasserbaues u. d. Baugrundforschung. H. 5. Berlin 1931. W. Ernst & Sohn. — KEPPLER: Erddruck auf Parallelflügel. Baut. 1925. S. 404.

b) Der Erddruck bei seitlicher Begrenzung des abgleitenden Bodenkeiles.

Bei seitlicher Begrenzung des abgleitenden Bodenkeiles durch parallele Wände wird die Reibung an den Wänden berücksichtigt, die vom Seitendruck des abgleitenden Bodenkeiles auf die Wände herrührt.

Der Erddruck gegen einen lotrechten Streifen $h \cdot dx$ der Seitenwand beträgt mit den Bezeichnungen der Abb. 51

$$d E_a = \gamma_e \lambda_a \, d x \frac{h^2}{2}, \qquad (98)$$

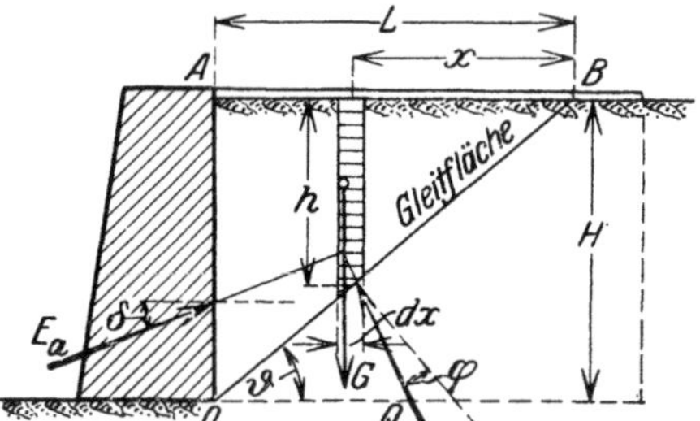
Abb. 51. Ermittlung des Erddruckes zwischen Parallelflügeln.

wobei λ_a für den Reibungswinkel δ zwischen Wand und Boden zu ermitteln ist.

Wenn

$$h = \frac{H}{L} x \qquad (99)$$

gesetzt wird, so hat man weiter

$$d\,E_a = \gamma_e\,\lambda_a\,d\,x\,\frac{H^2}{2\,L^2}\,x^2 \qquad (100)$$

und es beträgt der Erddruck des ganzen abgleitenden Bodenkeiles gegen eine Seitenwand

$$E_a = \gamma_e\,\lambda_a\,\frac{H^2}{2\,L^2}\int_0^L x^2\,d\,x = \frac{1}{6}\,\gamma_e\,\lambda_a\,H^2\,L. \qquad (101)$$

Bei einem Reibungswinkel δ zwischen Boden und Wand beträgt die Reibung an einer Seitenwand, die dem Vorbeigleiten des Bodenkeiles entgegenwirkt,

$$R = \frac{1}{6}\gamma_e\,\lambda_a\,H^2\,L\,\mathrm{tg}\,\delta. \qquad (102)$$

Dem Abgleiten des Bodenkeiles OAB wirkt nun neben dem Widerstand Q in der Gleitfläche und dem Widerstand der Stirnmauer noch die Reibung $2\,R$ an den beiden parallelen Wänden entgegen, die den Bodenkeil seitlich begrenzen.

Schrifttum.

JAEGER, E.: Erdwiderstand unter dem Einfluß von Seitenwänden. Mitt. a. d. Gebiete des Wasserbaues und der Baugrundforschung. H. 5. Berlin 1931. W. Ernst & Sohn. — KEPPLER: Erddruck auf Parallelflügel. Baut. 1925. S. 404.

c) Der Erddruck eines oben begrenzten Bodenkörpers.

Wenn der Bodenkörper oben begrenzt ist, wie es z. B. bei Ufermauern auf hochliegendem Pfahlrost vorkommt, so wird der unmittelbar gegen die Wand wirkende Erddruck herabgesetzt. Zwischen A und B (Abb. 52) wirkt gegen die Wand ein Erddruck, der ebenso groß ist wie wenn die Bodenoberfläche in AO liegen würde. Unterhalb von C tritt ein Erddruck auf, der der Tiefenlage unter der Bodenoberfläche entspricht; der spezifische Erddruck beträgt dort also

$$e_a = \gamma_e\,\lambda_a\,(h_1 + h_2 + h_3). \qquad (103)$$

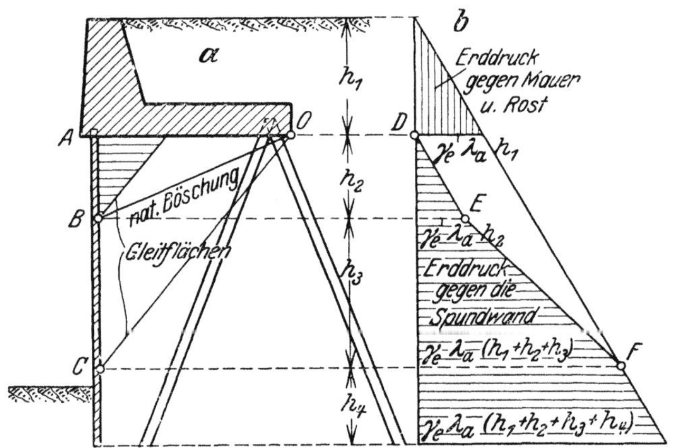

Abb. 52. Ermittlung des Erddruckes eines oben begrenzten Bodenkörpers.

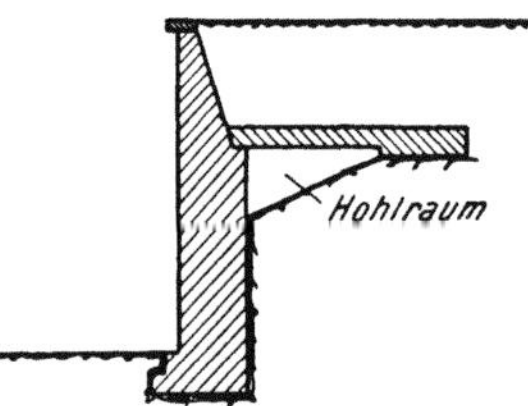

Abb. 53. Gitterwandstützmauer von A. SCHROETER.

Wie groß der Erddruck zwischen B und C ist, weiß man nicht sicher, es ist aber anzunehmen, daß seine Verteilung von jener, die durch E—F in der Abb. 52 dargestellten ist, nicht sehr verschieden sein wird.

Das Bauwerk als Ganzes hat natürlich den vollen Erddruck aufzunehmen, der der Bauwerkhöhe entspricht.

Wenn Pfähle nahe hinter der Wand stehen, so erfolgt eine weitere Herabsetzung des Erddruckes gegen die Wand, weil die Pfähle, wie schon früher erläutert wurde, einen Teil des Erddruckes aufnehmen.

Als Raumgewicht des Bodens wird unterhalb des Grundwasserspiegels das um den Auftrieb verringerte benützt. Der Wasserdruck wirkt voll auf die Wand.

Schrifttum.

BRENNECKE-LOHMEYER: Der Grundbau. Bd. 2. S. 254. Berlin 1930. W. Ernst & Sohn.

Die Herabsetzung des Erddruckes durch eine obere Begrenzung des Bodenkörpers nützt A. SCHROETER bei seiner „Gitterwand" aus. Die Abb. 53 zeigt als Beispiel eine Gitterwand-Ufermauer. Statt einer Verankerung legt SCHROETER die Gitterwand einerseits auf einen Mauervorsprung, anderseits auf Boden hinter der Gleitfläche durch den Fuß der Mauer.

Schrifttum.

SCHROETER, A.: Die Standsicherheit von Gitterwand-Stützmauern. Zentralbl. d. Bauverw. 1934. H. 30. — DERSELBE: Das Gitterwandprinzip und seine Anwendungsarten. Beton u. Eisen. 1935. H. 14. — DERSELBE: Nachträgliche Standsicherung von Ufermauern. Zentralbl. d. Bauverw. 1936. H. 29. — DERSELBE: Der fehlende Übergang zwischen Brücke und Boden. Bauing. 1936. H. 37/38. — DERSELBE: Die Gitterwand-Stützmauer am Reichsarchiv in Potsdam. Zement. 1938. H. 17. — DERSELBE: Stützmauerverstärkung in Berlin-Dahlem. Dt. Bauzg. 1938. H.19. — DERSELBE: Praktische Ausführungen von mehrstufigen Gitterwänden. Beton u. Eisen. 1942. H. 7/8. — DERSELBE: Praktische Ausführungen von Gitterwand-Brückenwiderlagern. Bauing. 1942. H. 37/38.

D. Das Verhalten des Bodens unter Lasten.

Die Bauwerkslasten werden auf den Boden durch das Grundwerk übertragen, das den Boden entweder mit einer Fläche unmittelbar belastet oder auf Pfählen ruht, die die Übertragung der Last auf den Boden in größerer Tiefe bewirken. Man spricht im ersten Fall von Flächenlasten, im zweiten Fall von Pfahllasten.

I. Das Verhalten des Bodens unter Flächenlasten.

Die Bodenteilchen werden in ihrer gegenseitigen Lage durch die Reibung und durch die Haftfestigkeit (Kohäsion) erhalten. Unter dem Einfluß einer Last wird der Boden deformiert, wobei die Bodenteilchen elastische Verformungen erleiden und sowohl ihre Lage als auch ihre gegenseitige Entfernung ändern. Überdies kann unter der Einwirkung der Last auch Boden aus dem Bereich unter der Lastfläche seitlich ausweichen. Eine Folge der elastischen Verformung der Bodenteilchen, ihrer Lagen- und Abstandsänderungen und eines allfälligen seitlichen Ausweichens des Bodens ist die Senkung der Lastfläche.

Die Poren des Bodens können von Wasser erfüllt sein. Wenn der Boden nun durch die Last verdichtet wird, so verringert sich der Porenraum; die Verdichtung kann aber nur in dem Maße vor sich gehen, als Wasser aus den Poren in den Bereich um die Lastfläche abfließt. In grobkörnigen Böden sind die Poren so weit, daß das zu verdrängende Wasser aus den Poren etwa in der gleichen Zeit abfließt, in der die Last aufgebaut wird; bei solchen Böden ist die Wasserfüllung der Poren für den Ablauf des Lastsenkungsvorganges belanglos. Bei sehr feinkörnigen und bindigen Böden sind die Poren außerordentlich fein; der Abfluß des zu verdrängenden Porenwassers erfolgt daher nur sehr langsam. Während der Aufbringung der Last gerät das Porenwasser vorerst unter Spannung, die ganz langsam nachläßt, in dem Maße, als das Wasser in den Bereich um die Lastfläche abläuft und die Lastsenkung geht daher nur langsam vor sich. Bei der Betrachtung der Lastsenkung muß daher zwischen grobkörnigen Böden einerseits und feinkörnigen und bindigen anderseits unterschieden werden.

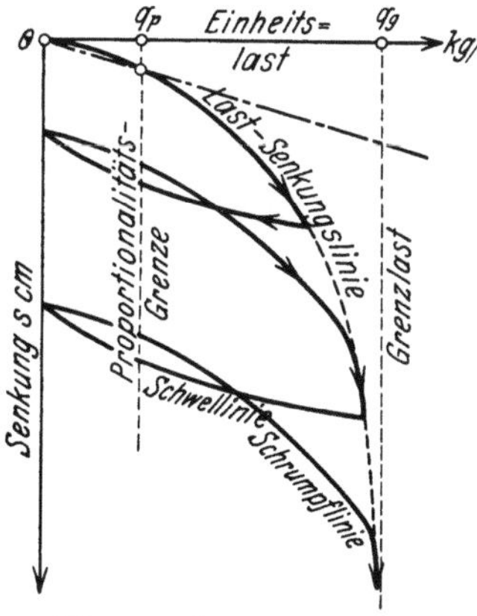

a) Das Verhalten des Bodens unter Flächenlasten bei behinderter Seitenausdehnung.

Abb. 54. Lastsenkungslinie in körnigen Böden bei unbehinderter Seitenausdehnung.

Wenn ein Boden bei behinderter Seitenausdehnung belastet wird, wie es z. B. der Fall ist, wenn das Grundwerk von einer Spundwand umgeben ist, so senkt sich die Last nur infolge der elastischen Verformung der Bodenteilchen und infolge der Lagen- und Abstandsänderungen derselben. Die zu verschiedenen Einheitslasten q [kg/cm²] gehörigen Senkungen s [cm] der Lastfläche können anschaulich durch die Lastsenkungslinie dargestellt werden (Abb. 54). Wenn eine gewisse Einheitslast, die Grenzlast q_g, überschritten wird, so scheint die Last im Boden zu versinken, sie stanzt gleichsam ein Loch in den Boden. Diese Grenzlast entspricht der Fließgrenze elastischer Stoffe. Im Bereiche der geringen Einheitslasten kann der Hauptast der Lastsenkungslinie hinreichend genau durch eine Gerade ersetzt werden. Wo die Lastsenkungslinie von dieser Geraden stark abzuweichen beginnt, liegt die Proportionalitätsgrenze q_p.

Der Quotient

$$\beta = \frac{q}{s} \ [\text{kg/cm}^3] \tag{104}$$

wird als Bettungsziffer bezeichnet; sie ist die Kotangente des Winkels zwischen der Abszissenaxe und der Geraden, die den Anfang der Lastsenkungslinie bis zur Proportionalitätsgrenze hinreichend genau ersetzt. Die Bettungsziffer ist keine Konstante des Bodens, sondern hängt auch von der Größe und von der Form der Lastfläche ab.

Bei Entlastung des Bodens hebt sich die Bodenoberfläche wieder, der Boden schwillt gleichsam an. Die Linien, die während der Entlastung den Zusammenhang zwischen Last und Senkung darstellen, werden *Schwellinien* genannt. Die Bodenoberfläche hebt sich aber auch bei vollständiger Entlastung nicht wieder bis zu ihrer ursprünglichen Lage. Der bleibende Teil der Senkung ist auf die durch die Last bewirkte Verringerung des Porenraumes zurückzuführen, der zurückgehende Teil auf die elastische Verformung der Bodenteilchen. Wenn neuerlich belastet wird, so senkt sich die Bodenoberfläche vorerst nach der *Schrumpflinie*, bis annähernd die ursprünglich aufgebrachte Last erreicht ist und von da weiter wieder nach dem *Hauptast der Lastsenkungslinie*. Wenn im Laufe eines Belastungsversuches mehrere Belastungszyklen mit jedesmaliger vollständiger Entlastung ausgeführt werden, so liegen die Schwellinien, wie K. Terzaghi gefunden hat, zueinander parallel.

Bis zur Proportionalitätsgrenze q_p gehorchen die Böden, wenigstens mit grober Annäherung, dem Hookeschen Gesetz, darüber hinaus weicht aber das Verhalten des Bodens davon weit ab, weil eben bleibende Form- und Strukturänderungen auftreten.

Die Abb. 54 zeigt den Verlauf der Lastsenkung auf grobkörnigem Boden.

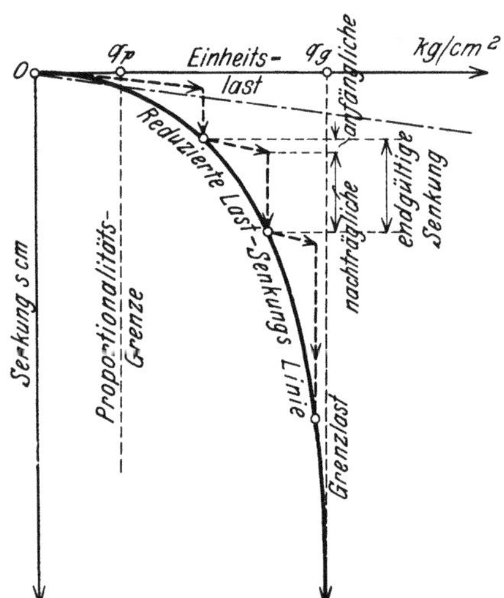

Abb. 55. Lastsenkungslinie in bindigem und in sehr feinkörnigem Boden bei rascher Laststeigerung und behinderter Seitenausdehnung.

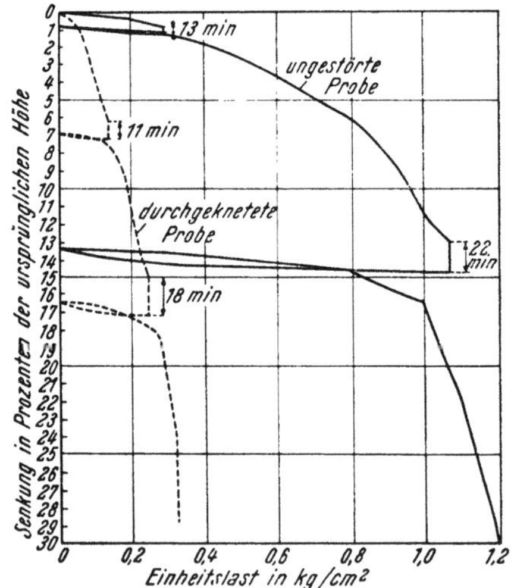

Abb. 56. Lastsenkungslinie bei bindigem Boden im ursprünglichen und bei durchknetetem Zustand.

Bei bindigen Böden, die aus Mineralschuppen bestehen, und bei sehr feinkörnigen Böden, deren Poren mit Wasser erfüllt sind, hat die Lastsenkungslinie nur dann ein Aussehen wie jenes in der Abb. 55, wenn die Laststeigerung außerordentlich langsam vorgenommen wird. Die Verringerung des Porenraumes im Boden unter der Last kann hier nur in dem Maße vor sich gehen, als das in den Poren enthaltene Wasser herausgepreßt wird. Nachdem die Poren in solchen Böden außerordentlich fein sind, gerät unmittelbar nach der Belastung das Wasser in den Poren unter hohe Spannung und läuft erst im Laufe der Zeit ab. Wenn eine solche rasch aufgebrachte Last längere Zeit am Boden ruht, so senkt sie sich langsam und erreicht ihre endgültige Lage nach sehr langer Zeit, wenn eben alles überschüssige Wasser aus den Poren abgelaufen ist. Die Lastsenkungslinie enthält bei plötzlichen Laststeigerungen Stufen (Abb. 55). Wenn jede Last hinreichend lange wirken kann, so daß die zu jeder Last gehörige endgültige Senkung ermittelt werden kann, und wenn hierauf in der zeichnerischen Lastsenkungsdarstellung die durch Ringe bezeichneten Punkte durch eine stetige Linie verbunden werden, so erhält man die *reduzierte Lastsenkungslinie*, die sich einstellen würde, wenn die Laststeigerung außerordentlich langsam vor sich gegangen wäre. Beim Entlasten schwillt der Boden nur sehr langsam an, weil hierbei die Verbiegung der Schuppen etwas zurückgeht und der Porenraum sich wieder etwas vergrößert, das zur Füllung der Poren erforderliche Wasser aber auch nur sehr langsam aus dem umliegenden Boden angesaugt wird.

Bei bindigen Böden spielt für den Verlauf der Lastsenkungslinie auch noch die Bodenstruktur eine bedeutende Rolle. Wenn die Struktur gestört wird, z. B. durch eine Durchknetung des Bodens, so sind die Senkungen, wie ein Blick in die Abb. 56 deutlich vor Augen führt, wesentlich größer als im ungestörten Boden.

b) Das Verhalten des Bodens unter Flächenlasten bei unbehinderter Seitenausdehnung.

Wenn die Seitenausdehnung des Bodens am Umfang der Lastfläche nicht behindert wird, so besteht die Möglichkeit des seitlichen Ausweichens des Bodens aus dem Bereich unter der Lastfläche; die Senkungen sind daher in diesem Falle größer als bei unbehinderter Seitenausdehnung.

Das Zustandekommen des seitlichen Ausweichens des Bodens kann man in folgender Weise erklären. Die Last bewirkt nicht nur

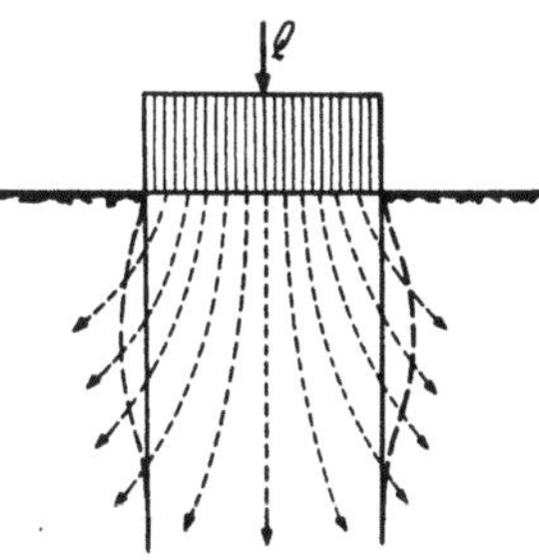

Abb. 57. Verformung der Bodensäule unter der Last bei unbehinderter Seitenausdehnung.

Abb. 58. Photographische Aufnahme der Bodenbewegung unter einer einsinkenden Flächenlast in lose gelagertem körnigen Boden. (Nach KÖGLER und SCHEIDIG).

lotrechte Spannungen im Boden, sondern auch waagrechte, die den Bereich rings um den Umriß des Grundwerkes in Spannung versetzen; eine unter der Lastfläche liegende Bodensäule wird, so wie es die Abb. 57 andeutet, verformt, gleichsam gestaucht und dieses seitliche Ausweichen des Bodens bewirkt eine zusätzliche Senkung der Last.

Je nachdem es sich um grobkörnige oder bindige Böden handelt, erfolgt aber das seitliche Ausweichen des Bodens unter ganz verschiedenen Umständen.

1. Grobkörnige Böden.

Wenn auf grobkörnigen Boden eine Last aufgetragen wird, so bewirkt sie elastische Verformung der Körner, eine Verringerung des Porenraumes und ein seitliches Ausweichen des Bodens. Die Abb. 58 läßt deutlich die Bewegung der Körner aus dem Bereich unter der Lastfläche heraus erkennen. Bei locker gelagertem grobkörnigem Boden geht die Lastsenkung bei Laststeigerung stetig vor sich.

Wenn der grobkörnige Boden festgelagert ist, so erfolgt bei geringen Einheitslasten die Lastsenkung ebenso, wie es oben geschildert worden ist. Sobald aber eine gewisse Einheitslast überschritten wird, so erfolgt eine ruckartige Lastsenkung infolge der Bildung von Gleitflächen im Boden; diese Gleitflächen können sich unter der Lastfläche symmetrisch oder nur einseitig bilden, wie man deutlich in den beiden Abb. 59 und 60 erkennen kann.

In locker gelagertem Sand wird wegen dessen großer Verdichtbarkeit die Grenzbelastung erreicht, noch bevor es zur Bildung der früher erwähnten Gleitflächen kommt; wenn in locker gelagertem Sand die Grenzbelastung überschritten wird, so versinkt die Last ohne ruckartige Bewegung.

Abb. 59. Beiderseitiges Ausweichen des Sandes unter dem Grundwerk beim Grundbruch. Modellversuch. (Nach H. KREY.)

Mit zunehmender Gründungstiefe tritt die Gefahr der ruckartigen Senkung der Last, des sogenannten Grundbruches immer mehr zurück. Jene Gründungstiefe, bei der bei einer gegebenen Einheitslast der Grundbruch eben nicht mehr auftritt, wird die kritische Gründungstiefe genannt; ihre Ermittlung wird auf S. 89 näher erörtert.

Die Lastsenkung tritt bei grobkörnigen Böden sofort nach dem Aufbringen der Last auf und erfährt nachträglich keine nennenswerten Änderungen mehr.

Auch bei unbehinderter Seitenausdehnung läßt sich die Beziehung zwischen den Einheitslasten und den zugehörigen Senkungen anschaulich durch die Lastsenkungslinie darstellen.

Die Grenzlast, unter der das Grundwerk versinkt, nimmt mit der Gründungstiefe rasch zu; bezeichnet q_{go} die Grenzlast an der Bodenoberfläche, so beträgt nach K. TERZAGHI die Grenzlast in der Tiefe t bei kreisrunden Lastflächen vom Halbmesser r

$$q_{gt} = q_{go}\left[1 + \frac{t}{r} + c\left(\frac{t}{r}\right)^2 \right] \qquad (105)$$

und bei streifenförmigen Lastflächen von der Breite $2b$

$$q_{gt} = q_{go}\left[1 + \frac{t}{b} + c\left(\frac{t}{b}\right)^2 \right]. \qquad (106)$$

Abb. 60. Einseitiges Ausweichen des Sandes unter dem Grundwerk beim Grundbruch. Modellversuch. (Nach H. KREY.)

Die Tiefe t und b bzw. r sind mit der gleichen Maßeinheit in die beiden Gleichungen (105) und (106) einzusetzen. Der Beiwert c hängt von der Beschaffenheit des Bodens und von der Dichte der Lagerung ab; er liegt nach K. TERZAGHI zwischen den Grenzen 0,07 und 0,25.

2. Feinkörnige und bindige Böden.

Bei bindigen Böden spielt wieder das in den Poren enthaltene Wasser eine große Rolle; K. TERZAGHI hat gefunden, daß bei unbehinderter Seitenausdehnung aber auch der Spannungszustand des Porenwassers beachtet werden muß. Nachdem bei bindigem Boden mit wassergefüllten Poren eine Verdichtung des Bodens durch die Last nur erfolgen kann, wenn Porenwasser abläuft und nachdem dieses Ablaufen durch die engen Poren nur sehr langsam vor sich geht, so ist überdies die Geschwindigkeit der Laststeigerung von besonderer Bedeutung für den Verlauf der Lastsenkung.

Wenn eine große Last auf einen bindigen Boden mit wassererfüllten Poren sehr rasch aufgebraucht wird, so verformen sich wohl die Mineralschuppen des Bodens sofort und das Porenwasser gelangt augenblicklich unter Spannung, es kann aber nur langsam abfließen; ein solcher

Boden wird sich anfänglich ähnlich wie eine unzusammendrückbare, zähe Flüssigkeit verhalten und wenn die Grenzbelastung q_g überschritten ist, so wird die Last einsinken und hiebei den Boden seitlich in die Höhe pressen. Wenn die Last hingegen sehr langsam gesteigert wird, so hat das Porenwasser Zeit abzufließen und die Senkung erfolgt nur infolge Verdichtung des Bodens. Im ersteren Falle liegt die kritische Gründungstiefe in unendlicher Tiefe, im letzteren Falle ist die kritische Gründungstiefe klein.

Hinsichtlich der Spannungen im Boden vor der Auftragung der Last scheidet K. Terzaghi die bindigen Böden in drei Gruppen, nämlich in

a) *Böden mit ungespanntem Porenwasser*, das sind Ton- oder Schlammlager, die entweder niemals trocken waren oder nach vorübergehender Trockenlegung wieder dauernd überflutet worden sind, so daß der auf den Boden wirkende Kapillardruck gleich Null und die hydrodynamischen Spannungen sich im Laufe der Zeit ausgeglichen haben.

b) *Böden, in deren Porenwasser ein hydrostatischer Unterdruck von gegebener, konstanter Größe herrscht*, das sind die kontinentalen Tonlager, die nach ihrer Entstehung entweder infolge einer wenn auch nur vorübergehenden Belastung, z. B. durch Sand oder Schottermassen, die später auch wieder durch Erosion abgetragen sein können, oder durch Verdunstung des Porenwassers eine starke Verdichtung erfahren haben und seither nicht mehr überflutet worden sind. Die unter der Krümelschicht wirksame Oberflächenspannung des Porenwassers verhindert eine Rückbildung der Verdichtung, wobei im Porenwasser hydrostatischer Unterdruck auftritt. Wenn dieser Unterdruck überall die gleiche Größe hat, so ist der im Tonlager herrschende Spannungszustand gleichmäßig. In diesem Zustande befinden sich die tieferen Schichten der meisten kontinentalen Tonlager. In den obersten Schichten wechseln die Druckverhältnisse je nach der Jahreszeit und den Witterungsverhältnissen.

c) *Böden, in denen die hydrodynamischen Spannungen noch im Ausgleiche begriffen sind*, das sind unter Wasser abgesetzte Tonschichten, die durch Hebung des Landes oder durch Senkung des Wasserspiegels trockengelegt worden sind. Bei solchen Lagern bildet sich eine feste Kruste, die die unterhalb liegenden Schichten vor rascher Austrocknung schützt, die daher ihre weiche Konsistenzform beibehalten. Solche Tonböden bestehen in aufgefüllten, trockengelegten Seebecken und in den Mündungsgebieten schwebführender Flüsse. In der Kruste herrscht hydrostatischer Unterdruck, darunter Überdruck oder der Druck Null und die Spannungen sind im Ausgleich begriffen.

In den Böden der Gruppe a) (unter Wasser liegende Ton- oder Schlammschichten), also solchen, mit ungespanntem Porenwasser, beträgt die Grenzbelastung q_g nach K. Terzaghi bei kreisförmiger Lastfläche vom Radius r und rasche Belastungssteigerung, Belastung in der Tiefe t unter der Bodenoberfläche und einem Raumgeviert γ_e des Bodens

$$q_{gt} = 0,5\, r \left(1 + 4\, \frac{t}{r}\right) + \gamma_e\, t \ \ [\text{g/cm}^2], \tag{107}$$

während sie für langsame Belastung, die allerdings im Grundbau nicht vorkommt,

$$q'_{gt} = 0,9\, r \left(1 + 4,44\, \frac{t}{r}\right) \ \ [\text{g/cm}^2] \tag{108}$$

beträgt.

Beispiel:

$$r = 100 \ [\text{cm}], \qquad\qquad t = 50 \ [\text{cm}], \ \gamma_e = 0,9 \ [\text{g/m}^3],$$
$$q_{go} = 50 \ [\text{g/cm}^2], \qquad\qquad q_{gt} = 195,0 \ [\text{g/cm}^2],$$
$$q'_{go} = 90 \ [\text{g/cm}^2], \qquad\qquad q'_{gt} = 289,9 \ [\text{g/cm}^2].$$

Für die Grenzbelastung q_{gt} unter einer streifenförmigen Last von der Breite $2b$ gilt bei rascher Belastung in der Tiefe t

$$q_{gt} = 0,4\, b \left(1 + 4\, \frac{t}{b}\right) + \gamma_e\, t \ \ [\text{g/cm}^2] \tag{109}$$

und bei langsamer Belastung

$$q'_{gt} = 0,68\, b \left(1 + 4,57\, \frac{t}{b}\right) \ \ [\text{g/cm}^2]. \tag{110}$$

In *Böden der Gruppe b)*, also in Tonböden mit hydrodynamischem Unterdruck, beträgt die Grenzbelastung unter einer kreisförmigen Lastfläche bei rascher Belastung, wie sie im Grundbau ausschließlich vorkommt, etwa

$$q_{gt} = q_{go} = 2,70\, p_k, \tag{111}$$

p_k bedeutet das Druckäquivalent der Konsistenzform des Tones, das bei weichplastischen Tonen zwischen 0,5 und 1,5 [kg/cm²], bei steifplastischen Tonen zwischen 1,5 und 6,0 [kg/cm²] liegt.

Unter einer streifenförmigen Last beträgt die Einheitsgrenzlast bei *rascher* Belastung

$$q_{go} = q_{gt} = 1,70\, p_k \ [\text{g/cm}^2] \tag{112}$$

und bei *langsamer* Belastung

$$q'_{go} = q'_{gt} = 3,0\, p_k \ [\text{g/cm}^2]. \tag{113}$$

Die Gründungstiefe t hat auf die Einheitsgrenzlast bei diesen Böden keinen Einfluß.

Bei *Böden der Gruppe c)* (das sind solche unter Wasser abgesetzte Tonschichten, die über den Wasserspiegel geraten sind, so daß sich oberflächlich eine Austrocknungskruste bilden konnte, unter der weicher Ton liegt) hängt die Grenzbelastung nicht nur von der Konsistenzform und den Eigenschaften des Bodens, sondern auch vom Verhältnis der Abmessungen der Lastfläche zur Dicke der Austrocknungskruste ab. Die Grenzbelastung und die Bettungsziffer können daher höchstens eingeschätzt werden, wenn durch Bohrungen Klarheit über die Beschaffenheit des Untergrundes geschaffen wird.

Von Interesse sind Beobachtungen an Bauwerken, die auf Schlamm oder auf Tonböden gegründet worden sind, über die K. Terzaghi berichtet. Danach erfolgt die Setzung dieser Bauwerke nicht das ganze Jahr hindurch gleichmäßig, sondern in Abhängigkeit von der Witterung.

Eine Dampfkraftanlage, die am Goldenen Horn auf einer durchlaufenden Stahlbetonplatte auf steif- bis weichplastischem Schlamm gegründet worden ist, senkte sich durchschnittlich um 3 bis 5 [cm] im Jahr. Die Senkungen waren in der trockenen Jahreszeit, in der die Wasserstände der benachbarten Gewässer am niedrigsten waren, am größten und sie hörten während der Regenzeit gänzlich auf.

In Britisch-Guayana wurde beobachtet, daß Wechsel von Hitze und Feuchte die Hebung und Senkung von Bauwerken bewirkt hat.

KONRAD hat schließlich beobachtet, daß ein Silo mit 90% Füllung, der auf locker gelagertem Sand mit Schlammeinlagen gegründet ist, sich um 10 [cm] hob, als die einige hundert Meter entfernte Drau Hochwasser führte. Normal lag der Grundwasserspiegel an der Baustelle 1,5 [m] unter dem Geländen.

c) Die Spannungsverteilung im Boden unter Flächenlasten.

1. Die Verteilung der Sohlspannungen.

Bei der Annahme der Verteilung der Sohlspannungen unter Grundwerken ist man bisher gewöhnlich so vorgegangen, daß man sich unter der Sohlfuge aus dem Boden einen Körper herausgeschnitten dachte, dessen Umriß jenem des Grundwerkes glich, also gleichsam eine Verlängerung des Grundwerkes bildete. In der Sohlfuge ist dann die Spannungsverteilung so ermittelt worden, wie in einem Stab, dessen Baustoff dem Hookeschen Gesetz gehorcht. Bei zentrischer Belastung der Sohlfuge erhielt man auf diese Weise gleichmäßig über die Sohlfuge verteilte Sohlspannungen. Bei exzentrischer Belastung ergaben sich die größten Sohlspannungen („Randspannungen") an der der Lastresultierenden benachbarten Kante der Sohlfläche. Bei rechteckigen Sohlflächen ergeben sich auf diese Weise trapez- bzw. dreieckförmige Spannungsflächen.

Die Ermittlung der Sohlspannungsverteilung auf diese Weise ist zwar recht einfach, die Ergebnisse stimmen aber mit den tatsächlich auftretenden Sohlspannungsverteilungen vielfach auch nicht annähernd überein. Wenn trotzdem an dem geschilderten, einfachen Verfahren noch immer festgehalten wird, so ist das dem Umstand zuzuschreiben, daß eben ein verläßliches Verfahren zur Ermittlung der Sohlspannungsverteilung noch fehlt.

Die Verteilung der Sohlspannungen über die Sohle des Grundwerkes hängt tatsächlich von der Beschaffenheit des Bodens, von der Gründungstiefe, von der Größe des Grundwerkes und von der Steifigkeit des Grundwerkes ab.

Wenn körnige (kohäsionslose) Böden an der Oberfläche durch kleine Grundwerke belastet werden, so stellt sich, wie Versuche von F. Kögler und A. Scheidig erwiesen haben, eine parabelähnliche Verteilung der Sohlspannungen ein. Die maximale Sohlspannung liegt bei kreisrunden Lastflächen in der Lastachse und ist, wie ein Blick in die Abb. 61 lehrt, um so größer, je kleiner die Lastfläche ist. Diese Sohldruckverteilung ist auf das Ausweichen des Bodens am Umfang der Lastfläche aus dem Bereich unter der Lastfläche zu erklären. Je größer die

Lastfläche ist, desto mehr tritt der Einfluß dieses Ausweichens auf die Sohlspannungsverteilung zurück und desto gleichmäßiger sind die Sohlspannungen verteilt.

Bei allen Versuchen, die F. KÖGLER und A. SCHEIDIG mit Lastflächen angestellt haben, die auf die Bodenoberfläche aufgesetzt waren, ergab sich am Umfang der Lastfläche eine „Rand-

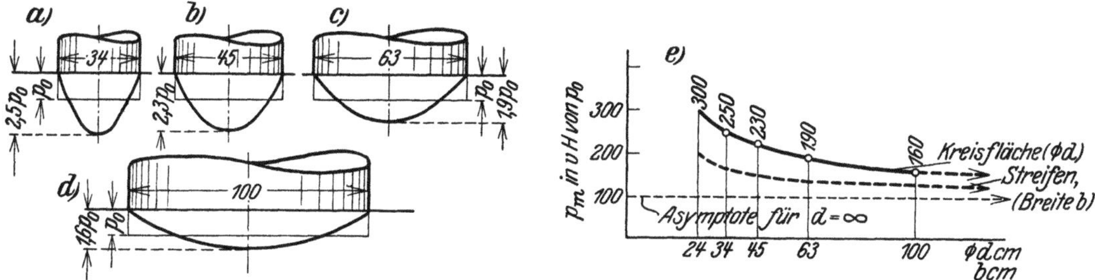

Abb. 61. Verteilung der Sohlspannungen in körnigen Böden unter verschieden großen, kreisrunden, starren Lastflächen bei Einheitslasten $p_0 = 0,25$ bis $1,0$ [kg/cm²] und die Abhängigkeit der größten Sohlspannung p_m von der Abmessung und von der Form der Lastfläche. (Nach KÖGLER und SCHEIDIG).

spannung" Null. Ähnliche Spannungsverteilungen ergaben sich unter streifenförmigen Lastflächen.

Wenn die Last unter der Bodenoberfläche übertragen wird, wie es ja im Grundbau üblich ist, so hindert die Überlagerung am Umfang der Lastfläche das seitliche Ausweichen des Bodens. Der Boden im Bereiche des Umfanges der Lastfläche wird dadurch befähigt, einen höheren Anteil der Last aufzunehmen und die Sohlenspannungen werden gleichmäßiger verteilt. Unter großen Lastflächen, die unter der Bodenoberfläche liegen, dürfte daher die Sohlspannungsverteilung der rechteckigen sehr nahe kommen.

Bei bindigen Böden dürften die größten Sohlspannungen unter starren Grundwerken in der Nähe des Lastflächenumfanges auftreten. Bei großen Lastflächen, die unter der Bodenober-

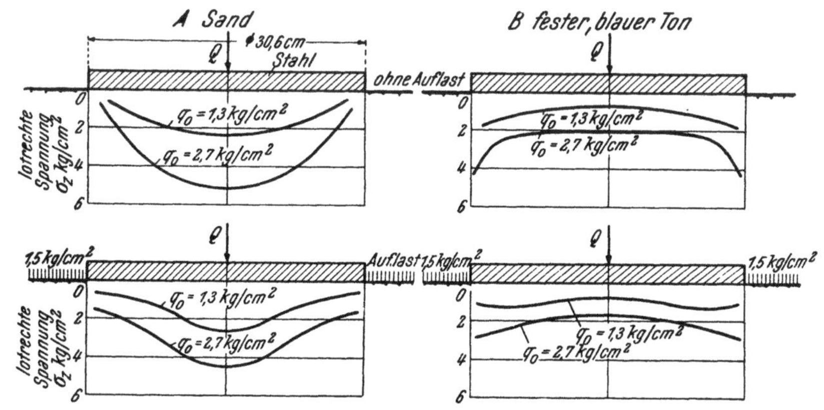

Abb. 62. Verteilung der Sohlspannungen unter starren Lastflächen nach FABER. A in Sand, B in Ton. $q_0 = \dfrac{Q}{F} =$ mittlere Sohlspannung in [kg/cm²].

fläche liegen, wird die Sohlspannungsverteilung dann auch von der rechteckigen nicht sehr abweichen, wie aus Messungen (Abb. 62) von FABER geschlossen werden kann.

Bei exzentrischem Lastangriff bleibt vorläufig nichts übrig, als an der bisher üblichen Ermittlung der Sohlspannungsverteilung festzuhalten. Demnach wird, wie schon erwähnt

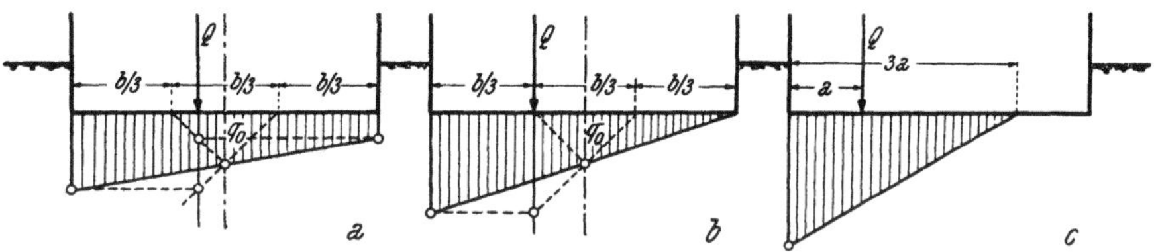

Abb. 63. Übliche Ermittlung der Sohlspannungen.

worden ist, der Boden unter der Lastfläche als Fortsetzung des Grundwerkes angesehen und die Spannungsverteilung in der üblichen, in der Abb. 63 angedeuteten Weise ermittelt. Nachdem Zugspannungen in der Sohlfuge nicht übertragen werden können, wird bei Lastangriff außerhalb des Kernes der über die Breite $3a$ (vgl. 63 c) hinausgehende Teil der Sohlfläche unberücksichtigt gelassen. Das Verfahren ist einfach, aber bedenklich.

Für die Verteilung der Sohlspannungen unter elastischen Grundwerken liegen nur wenige Versuchsergebnisse vor, die aber doch erkennen lassen, daß die Sohlspannungen am Rande der Lastflächen, die auf der Oberfläche körnigen Böden liegen, gleich Null sind (Abb. 64) und daß die größten Sohlspannunger im Bereiche unter der Last liegen. F. Kögler und A. Scheidig haben festgestellt, daß die Verteilung der Sohlspannungen, z. B. bei elastischen Kreisplatten, ganz anders aussieht, als sie die Theorie der elastisch gelagerten Platten unter Benutzung einer „Bettungsziffer" ergibt.

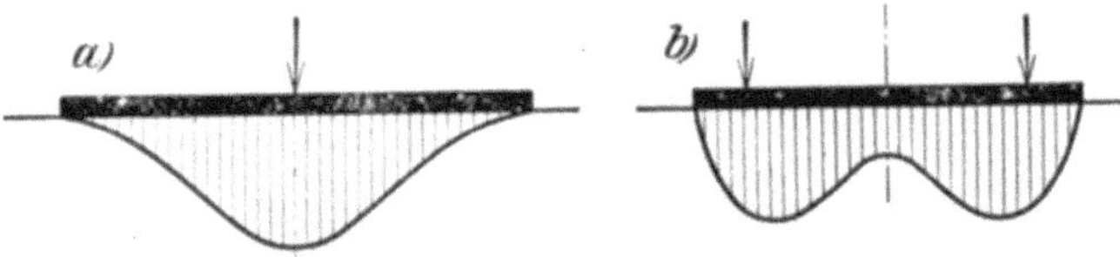

Abb. 64. Verteilung der Sohlspannungen unter elastischen Grundwerken. (Nach Kögler und Scheidig).

Last und Senkung sind an verschiedenen Stellen eines Grundwerkes nicht proportional oder mit anderen Worten, die Bettungsziffer (das ist der Bruch: Sohlspannung durch Senkung) hat in der Sohlfuge ganz verschiedene Werte, je nachdem der Boden an der betrachteten Stelle mehr oder weniger seitlich ausweichen kann.

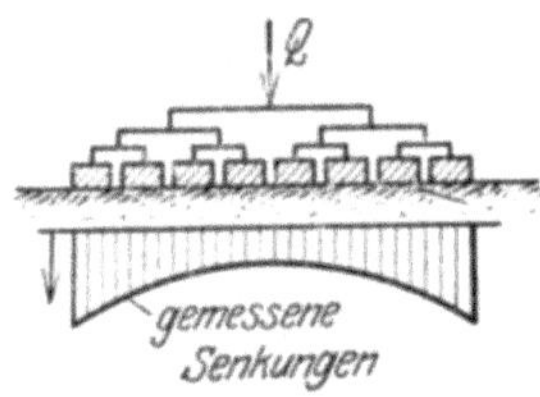

Abb. 65. Senkung der Teile eines aufgelösten Grundwerkes. (Nach Kögler und Scheidig).

F. Kögler und A. Scheidig haben durch den in der Abb. 65 dargestellten Versuch mit einem Lastbündel nachgewiesen, daß trotz gleichmäßig verteilter Sohlspannungen die Senkungen am Rande des Grundwerkes größer sind als im mittleren Bereich. Bei starren Grundwerken wieder senkt sich der Rand der Lastfläche, an dem die Sohlspannungen Null oder nahe Null sind ebenso stark wie der mittlere Bereich der Lastfläche. Die Bettungsziffer ist in der Sohlfläche nicht konstant, sie hat keine physikalische Bedeutung und ist nur ein wenig taugliches Hilfsmittel, das zur Schätzung von Senkungen beliebt ist.

Schrifttum.

FABER: The structural Engineer. London 1933. S. 116. — KÖGLER F. und SCHEIDIG A.: Baugrund und Bauwerk. 4. Aufl. Berlin 1944. W. Ernst & Sohn. — DIESELBEN: Druckverteilung im Baugrund. Bautechn. 1929. S. 828. — PETERMANN, H.: Bodenmechanik. In: Taschenbuch für Bauingenieure, herausgegeben von F. Schleicher. Berlin 1943. Springer-Verlag. S. 770.

2. Die Verteilung der Spannungen im Boden unter Lastflächen.

Bei der Betrachtung der Spannungsverteilung im Boden ist es zweckmäßig, die Böden nach ihrem Verhalten in zwei Gruppen zu scheiden, nämlich in solche, bei denen die einzelnen Teilchen miteinander Zusammenhang haben, und solche, die nur aus einem losen Haufwerk von Teilchen bestehen. Den Zusammenhang der Bodenteilchen bei der ersten Gruppe von Böden bewirkt die Haftspannung und wenn diese hinreichend groß ist, so daß im Boden auch Zugspannungen übertragen werden können, so verhält sich ein solcher Boden unter Lasten ähnlich wie ein elastischer Körper. Die Spannungsverteilung in waagrechten Schnittebenen im Boden reicht dann allseits bis ins Unendliche. In körnigen Böden, bei denen die einzelnen Körner ohne Zusammenhang miteinander stehen, bildet sich erfahrungsgemäß unter der

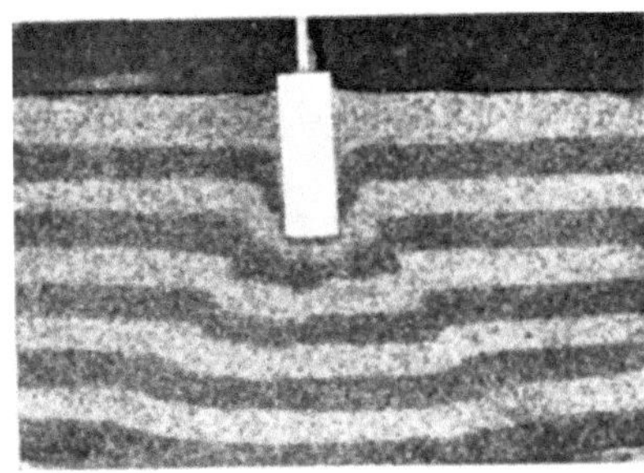

Abb. 66. Tragkörper unter einer Lastfläche. (Verfasser).

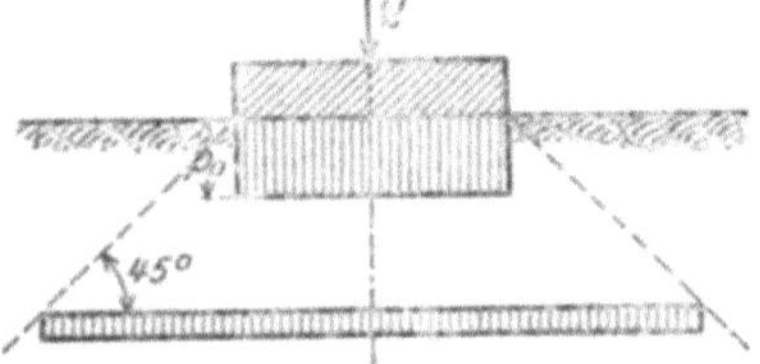

Abb. 67. Einfache Annahme bezüglich der Spannungsverteilung im Boden.

Last ein Tragkörper aus (Abb. 66) und erst in einiger Tiefe unter der Lastfläche verhalten sich auch diese Böden ähnlich wie elastische Körper.

Bei der Verfolgung der Spannungsverteilung im Boden unter Lasten hat man sich bisher mit einer einfachen Annahme, die in der Abb. 67 dargestellt ist, beholfen, ohne sich weiter um die Bodenart zu kümmern. Man nahm einfach an, daß die Sohlspannungen gleichmäßig

„rechteckig", verteilt und gleich der mittleren Sohlspannung q_0 seien, daß die Spannungsausbreitung unter 45^0 erfolge und daß die Spannungsverteilung auch in waagrechten Ebenen unter der Sohle des Bauwerkes gleichmäßig, „rechteckig" erfolge. Diese Annahme ermöglicht zwar eine sehr einfache Behandlung aller vorkommenden Fragen, sie steht aber mit der tatsächlich auftretenden Druckverteilung im Widerspruch, wie die Versuche von Köck und Steiner, O. Strohschneider, F. Kögler und A. Scheidig und anderer klar erwiesen haben und es ist in manchen Fällen unzulässig, die bisherige Annahme auch nur für rohe Schätzungen heranzuziehen.

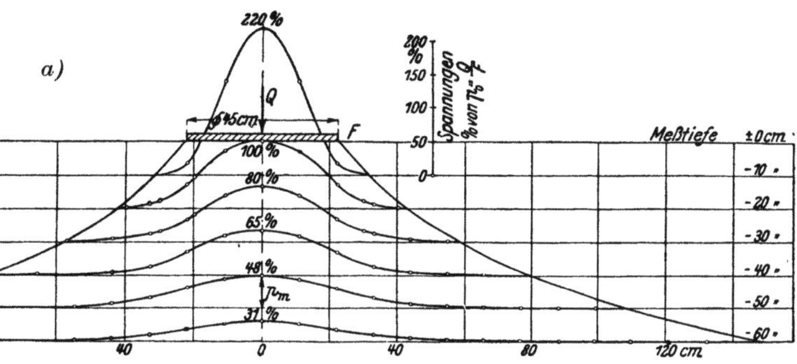

Besonders eingehend haben sich F. Kögler und A. Scheidig experimentell mit der Spannungsverteilung in körnigen Böden beschäftigt; sie haben ihre Versuche in größerem Maßstabe als die früheren ausgeführt und ihre Untersuchungen auf kreisrunde, rechteckige und streifenförmige Lastflächen ausgedehnt und sie haben sowohl starre als auch nachgiebige Lastplatten verwendet. In den Abb. 68a und b ist als Beispiel in zwei verschiedenen Darstellungsweisen das Ergebnis eines solchen Versuches dargestellt. Man erkennt leicht, daß unter der Lastflächenmitte in geringer Tiefe unter ihr bei kleinen Lastflächen die mittlere Sohlspannung noch weit übertroffen wird. Das Maß der Überschreitung

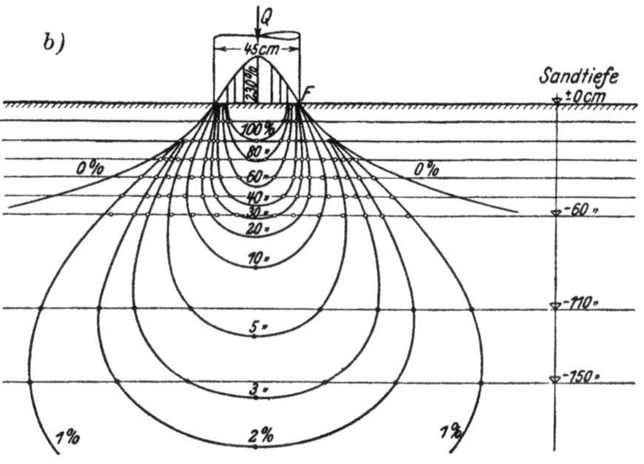

Abb. 68. Spannungsverteilung im Boden in % der Einheitslast $p_0 = 0{,}35$ [km/cm²] unter einer kreisrunden Lastfläche von 45 [cm] Durchmesser. Nach Versuchen von F. Kögler und A. Scheidig.
a) Verlauf der lotrechten Spannungen in verschiedenen Tiefen;
b) Darstellung dieser Spannungsverteilung durch Druckgleichen.

der mittleren Sohlspannung unter der Lastmitte in den obersten Bodenschichten unter der Sohlfläche, ebenso wie die Spannungsverteilung überhaupt, hängt bei ähnlichen Grundwerksumrissen und gleichen mittleren Sohlspannungen q_0 sehr bedeutend von der Größe der Lastfläche und überdies von der Gründungstiefe ab.

Die Spannungsverteilung im Boden unter einer Last wird durch besondere Linien übersichtlich dargestellt. Solche Linien sind z. B. die *Isobaren*, die konstanten lotrechten Spannungen, also $\sigma_z =$ konst entsprechen (Abb. 68b). Die Isobarenschar ähnelt dem Schnitt durch eine Zwiebel, das Isobarenbild wird daher auch „Druckzwiebel" genannt. Linien konstanter polarer Normalspannungen ($\sigma_r =$ konst) werden „Isochromen" genannt. Schließlich wird dargestellt der Verlauf der σ_z für $z =$ konst (Abb. 68a) und der Verlauf der σ_z für $x =$ konst.

Die durch die Versuche ermittelte Verteilung der lotrechten Spannungen unter einer Last wird durch die Ausbreitung der Spannungen im Boden bewirkt und sie wird überdies durch die Verteilung des Sohldruckes beeinflußt. Das Zustandekommen dieser Spannungsverteilung kann nach F. Kögler in elementarer Weise anschaulich gezeigt werden,

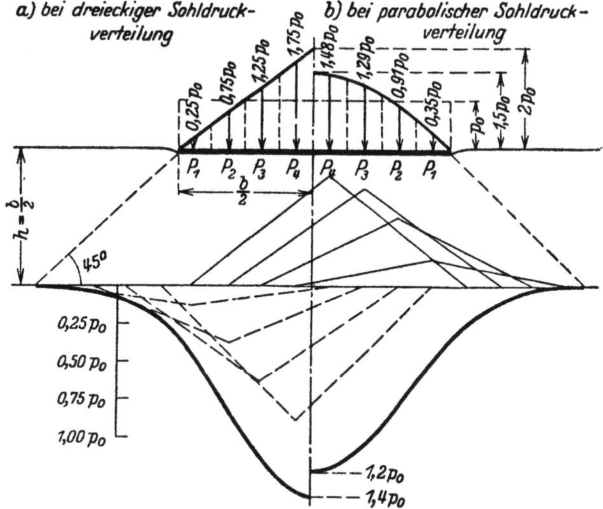

Abb. 69. Zustandekommen der Spannungsverteilung unter einer Streifenlast; nach F. Kögler ermittelt durch Überlagerung der den einzelnen Teillasten entsprechenden Druckdreiecke.

indem, wie es in der Abb. 69 dargestellt ist, die Sohlspannungen durch ein gleichwertiges System von Einzellasten ersetzt werden. Der Einfachheit halber wird weiter vorausgesetzt, daß die Spannungsausbreitung unter jeder Einzellast unter 45° erfolge und daß in waagrechten Ebenen im Boden lotrechte Spannungen auftreten, die nach einem Dreieck mit der Spitze unter der betreffenden Einzellast verteilt seien. Die Flächen dieser Dreiecke entsprechen, wie kaum besonders betont werden muß, den Größen der betreffenden Einzellasten. Wenn die diesen Dreieckflächen entsprechenden lotrechten Spannungen schließlich summiert werden, so ergibt sich als Linie der Verteilung der lotrechten Spannungen unter dem Grundwerk eine solche, die in jeder Hinsicht den durch Messungen ermittelten ähnelt.

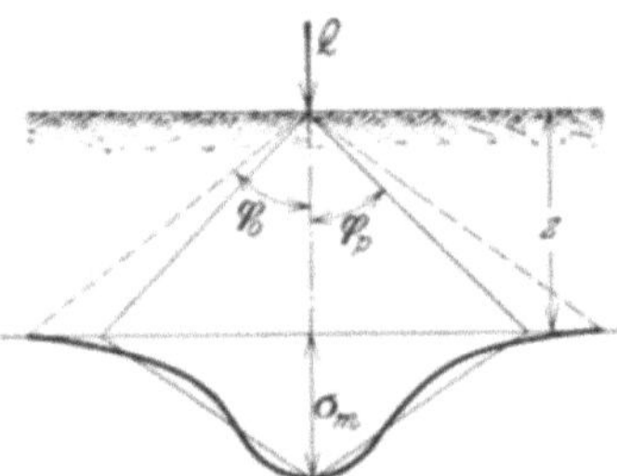

Abb. 70. Spannungsverteilung im Boden und das Ersatzdreieck nach Kögler und Scheidig.

Wie ein Blick in die Abb. 69 und 70 lehrt, sind die lotrechten Spannungen stets nach einer glockenartigen Linie verteilt. Nach einem Vorschlag von F. Kögler und A. Scheidig kann nun die glockenförmige Spannungsverteilungsfläche hinreichend genau durch ein flächengleiches Dreieck ersetzt werden (Abb. 70), das überdies die gleiche Höhe σ_m wie die Glocke hat. Bei Punkt- bzw. kreisähnlichen Flächenlasten wird also der tatsächliche Spannungskörper durch einen inhaltsgleichen Spannungskegel, bei Linien- bzw. Streifenlasten durch ein inhaltsgleiches dreieckiges Prisma ersetzt. Die Aufnahme der Lasten in waagrechten Ebenen erfolgt beim Ersatzspannungskörper auf kleineren Flächen und die Fahrstrahlen vom Lastrand zum Rande der Spannungsfläche sind unter einem Winkel φ_p gegen das Lot geneigt, der etwas kleiner ist als jener φ_o zur wirklichen Spannungsgrenze.

Versuche von F. Kögler und A. Scheidig haben gezeigt, daß es in körnigen Böden im nächsten Bereich um die Lastfläche einen Bereich im Boden gibt (Abb. 71), der spannungslos bleibt (wobei von den Spannungen infolge des Gewichtes der Überlagerung abgesehen wird). In dem unter Spannung versetzten Boden unter der Lastfläche besteht ein Bereich, in dem die gegenseitige Lage der Bodenteilchen infolge der noch hohen Spannungen gestört wird, und ein weiterer Bereich, in dem die Bodenteilchen nur noch elastisch verformt werden. Die Senkung der Last rührt, wenn von einer Überlastung des Bodens abgesehen wird, bei der auch Boden rings um die Lastfläche aufquillt, von der elastischen Verformung der Bodenteilchen und von der Verringerung des Porenraumes infolge Verlagerung der Teilchen im Störungsbereich und von der elastischen Verformung allein im weiteren Bereiche her. Der Störungsbereich unter der Last hat, wie man an der Abb. 71 deutlich erkennen kann, eine kreisähnliche Begrenzung.

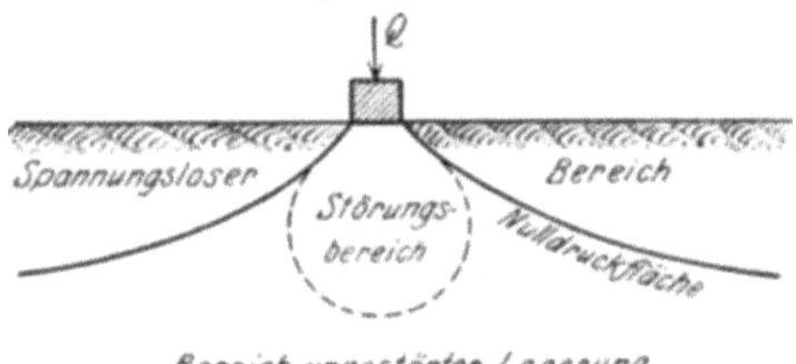

Abb. 71. Schema der Spannungsverteilung im Boden unter einer Last.

Im Boden bildet sich, wie es in der Abb. 71 angedeutet ist, unter der Last ein Tragkörper aus, der von der Nulldruckfläche begrenzt wird. Die Tangente an eine Meridianlinie dieses Tragkörpers ist am Rande der Lastfläche unter einem Winkel von etwa 35° gegen das Lot geneigt; mit zunehmender Tiefe unter der Lastfläche wird der Neigungswinkel der Meridiantangente rasch größer und die Meridianlinie nähert sich asymptotisch der Waagrechten. Die Form der Meridianlinie ist nach Versuchen von F. Kögler und A. Scheidig von der mittleren Sohlspannung q_o und von der Größe der Lastfläche unabhängig, hängt aber von der Gründungstiefe und von der Dichte der Lagerung ab. In einer Sandschüttung haben Kögler und Scheidig unter einer kreisrunden Lastfläche, die auf die Oberfläche aufgesetzt war, in verschiedenen Tiefenlagen die folgenden Neigungswinkel der Meridiantangenten gegen die Lotrechte gemessen.

Tiefenlage $z =$	0	10	20	30	40	50	60	70	80	90	100	110 [cm]
$\varphi_o =$	35°	40°	45°	50°	55°	60°	65°	70°	75°	80°	82°	85°

Versuche, die an der Universität Pennsylvania angestellt worden sind, haben weiter ergeben, daß sich in bindigen Böden, wie Lehm und Tonmischungen, ganz ähnliche Spannungsverteilungen einstellen wie in körnigen Böden. Die größte Spannung im Boden unter der Lastflächenmitte ist bei diesen Böden bei den Versuchen bis in 60 [cm] Tiefe etwas geringer gewesen als bei körnigen; in größeren Tiefen verhielten sich die Böden annähernd gleich.

O. Strohschneider hat durch seine Untersuchungen unter anderem festgestellt, daß Sandboden von einer Tiefe von etwa einem Meter an als homogen angesehen werden kann und daß er sich von dieser Tiefe ab so verhält wie ein elastischer Körper.

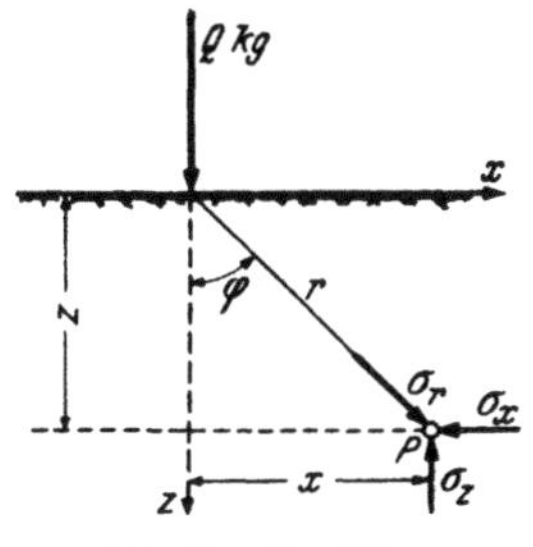

Die Spannungsverteilung unter Punktlasten. Als Punktlasten können alle punktförmig angreifenden Einzellasten und Flächenlasten angesehen werden, wenn die Lastfläche vieleck- oder kreisförmig ist und die Spannungen erst in Tiefen im Boden größer als der dreifache Lastflächendurchmesser betrachtet werden. Für die Spannungsverteilung unter einer Punktlast Q [kg] gibt O. Fröhlich mit den Bezeichnungen der Abb. 72 die allgemeine Beziehung

$$\sigma_r = \frac{\nu\,Q}{2\,\pi\,r^2} \cos^{\nu-2}\varphi \qquad (114)$$

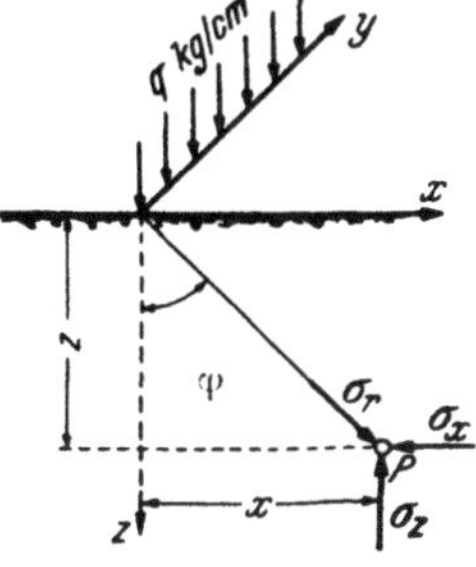
Abb. 72. Punktlast.

in der ν die „Ordnungszahl der Spannungsverteilung" oder der „Konzentrationsfaktor" genannt wird. Je höher der Konzentrationsfaktor gewählt wird, desto höher ergeben sich die Spannungen in der Angriffslinie der Last und in deren unmittelbarer Umgebung. Der Konzentrationsfaktor hängt von der Beschaffenheit des Bodens und von der Größe der Lastfläche ab. Es entspricht

$\nu = 3$ dem elastisch isotropen Halbraum, für den also das Hookesche Gesetz gilt;

$\nu = 4$ einem Boden mit einem Elastizitätsmodul, der mit der Tiefe linear zunimmt;

ν bis etwa 6 kleinen Lastflächen und großen Einheitslasten, die ein plastisches Ausweichen des Bodens im Bereiche des Lastflächenumfanges bewirken.

Bei den im Grundbau vorkommenden Lastflächengrößen und Einheitslasten ist mit einem Konzentrationsfaktor $\nu = 3$ bis 4 zu rechnen. $\nu = 6$ kommt in Frage bei Belastungsversuchen mit kleinen Lastflächen, also Verhältnissen, die vermieden werden sollen.

Die polare Normalspannung σ_r kann zerlegt werden in die Spannungen

$$\sigma_z = \sigma_r \cos^2\varphi = \frac{\nu\,Q}{2\,\pi\,r^2}\cos^{\nu}\varphi = \frac{\nu\,Q}{2\,\pi\,z^2}\cos^{\nu+2}\varphi \qquad (115)$$

$$\sigma_x = \sigma_r \sin^2\varphi = \frac{\nu\,Q}{2\,\pi\,r^2}\cos^{\nu-2}\varphi\,\sin^2\varphi \qquad (116)$$

$$= \frac{\nu\,Q}{2\,\pi\,z^2}\cos^{\nu}\varphi\,\sin^2\varphi$$

$$\tau = \sigma_r \sin\varphi \cos\varphi = \frac{\nu\,Q}{2\,\pi\,r^2}\cos^{\nu-1}\varphi\,\sin\varphi = \frac{\nu\,Q}{2\,\pi\,z^2}\cos^{\nu+1}\varphi\,\sin\varphi. \qquad (117)$$

Diese Formeln gelten nur, solange das Gefüge des Bodens unter der Last nicht gestört wird; sie gelten innerhalb des Störungsbereiches also nicht. Außerhalb des Störungsbereiches stimmen aber die nach den Formeln errechneten Spannungen mit gemessenen hinreichend überein, trotzdem der Störungsbereich dazwischenliegt.

Für den Störungsbereich unter einer *Punktlast* hat O. Strohschneider die durch seine Versuche bestätigte Formel für die lotrechten Spannungen

$$\sigma_z = \frac{3}{2\,\pi}\,\frac{Q}{z^2}\,\frac{(\cos\varphi - \cotg\varphi_0\,\sin\varphi)}{1 - \cos\varphi_0}\cos^4\varphi, \qquad (118)$$

aufgestellt, in der φ_0 den Neigungswinkel der Tangente an die Meridianlinie des Tragkörpers in der Tiefenlage z bedeutet (vgl. S. 53); die Bedeutung der übrigen Zeichen kann der Abb. 72 entnommen werden.

Die Spannungsverteilung unter Linienlasten. Als Linienlasten werden Lasten angesehen, die nur in einer Ebene übertragen werden, und Flächenlasten, die mittels eines langen Streifens die Last übertragen, wenn die Spannungsverteilung im Boden in Tiefen größer als der dreifachen Streifenbreite betrachtet wird.

Abb. 73. Linienlast.

Wenn der Halbraum durch eine lotrechte Linienlast q [kg/cm] belastet wird (Abb. 73), so gilt mit den Bezeichnungen der Abb. 73 nach O. Fröhlich für die polare Normalspannung

$$\sigma_r = \alpha \frac{q}{r} \cos^{\nu-2} \varphi \tag{119}$$

in der zu setzen ist bei einem Konzentrationsfaktor

$$\nu = \quad 3 \quad 4 \quad 5 \quad 6$$

$$\alpha = \quad \frac{2}{\pi} \quad \frac{3}{4} \quad \frac{8}{3\pi} \quad \frac{15}{16} \; .$$

Weiter gilt

$$\sigma_z = \alpha \frac{q}{r} \cos^{\nu} \varphi \tag{120}$$

$$\sigma_x = \alpha \frac{q}{r} \cos^{\nu-2} \varphi \sin^2 \varphi \tag{121}$$

und

$$\tau = \alpha \frac{q}{r} \cos^{\nu-1} \varphi \sin \varphi \tag{122}$$

F. Kögler und A. Scheidig ermittelten für den Störungsbereich unter einer Linienlast die lotrechten Spannungen

$$\sigma_z = \frac{q}{z\,\varphi_0} \left(\cos \varphi - \operatorname{cotg} \varphi_0 \sin \varphi\right) \cos^3 \varphi \tag{123}$$

mit der gleichen Bedeutung der Zeichen wie bei Gl. (118).

Punkt- und Linienlasten gibt es bei Böden genau genommen nicht, die Lasten werden vielmehr stets durch Flächen auf den Boden übertragen und es tritt nun die Frage auf, wann eine Last als Punkt- oder Linienlast, wann als Flächenlast anzusehen ist. Kögler und Scheidig haben sich auch mit dieser Frage befaßt und gefunden, daß die Spannungsverteilung nur im engeren Bereich unter der Lastfläche von der Größe der Lastfläche beeinflußt wird, und daß sich die Spannungsverteilungen unterhalb einer Tiefenlage gleich etwa dem dreifachen Durchmesser bzw. Breite der Lastfläche im Boden sowohl bei Punkt- bzw. Linienlasten als auch bei Flächenlasten sehr nahekommen.

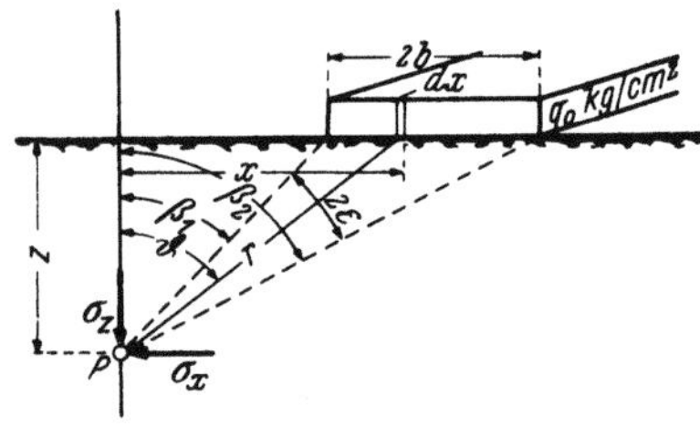
Abb. 74

Die Spannungsverteilung unter Streifenlasten hängt von der Verteilung der Sohlspannungen ab. Für gleichmäßige Verteilung der Sohlspannungen unter einem unendlich langen Laststreifen berechnet O. Fröhlich für die Spannungen in Punkt P (Abb. 74)

$$\sigma_z = \alpha\, q_0 \int_{\beta_1}^{\beta_2} \cos^{\nu-1} \vartheta \, d\vartheta \qquad \text{(so wie in Gleichung 133)} \tag{124}$$

$$\sigma_x = \alpha\, q_0 \int_{\beta_1}^{\beta_2} \cos^{\nu-3} \vartheta \sin^2 \vartheta \, d\vartheta \tag{125}$$

$$\tau = \alpha\, q_0 \int_{\beta_1}^{\beta_2} \cos^{\nu-2} \vartheta \sin \vartheta \, d\vartheta \; . \tag{126}$$

q bedeutet die über den Laststreifen gleichmäßig verteilte Sohlspannung in [kg/cm²], ν den Konzentrationsfaktor (vgl. S. 55) und α einen Beiwert, der vom Konzentrationsfaktor ν abhängt und dessen Größe S. 55 entnommen werden kann.

Die Integration liefert für den Konzentrationsfaktor $\nu = 3$:

$$\sigma_z = \frac{q_0}{\pi} \left[\sin \vartheta \cos \vartheta + \vartheta\right]_{\beta_1}^{\beta_2} \tag{127}$$

$$\sigma_x = \frac{q_0}{\pi} \left[-\sin \vartheta \cos \vartheta + \vartheta\right]_{\beta_1}^{\beta_2} \tag{128}$$

$$\tau = \frac{q}{\pi} \left[\sin^2 \vartheta\right]_{\beta_1}^{\beta_2} \tag{129}$$

und für $\nu = 4$:

$$\sigma_z = \frac{3}{4}\, q_0 \left[\sin\vartheta - \frac{1}{3}\,\sin^3\vartheta\right]_{\beta_1}^{\beta_2} \tag{130}$$

$$\sigma_x = \frac{1}{4}\, q_0 \left[\sin^3\vartheta\right]_{\beta_1}^{\beta_2} \tag{131}$$

$$\tau = \frac{1}{4}\, q_0 \left[\cos^3\vartheta\right]_{\beta_1}^{\beta_2}. \tag{132}$$

Für den Konzentrationsfaktor $\nu = 3$ ergeben sich die Hauptspannungen

$$\sigma_1 = \frac{q_0}{\pi}\,(2\,\varepsilon + \sin 2\,\varepsilon) \tag{133}$$

$$\sigma_2 = \frac{q_0}{\pi}\,(2\,\varepsilon + \sin 2\,\varepsilon) \tag{134}$$

und der Winkel Φ, den die Hauptspannung σ mit der Lotrechten durch den Punkt P einschließt, folgt aus der Beziehung

$$\operatorname{tg} 2\,\Phi = \frac{2\,\tau}{\sigma_z - \sigma_x} = \frac{\sin 2\,\psi}{\cos 2\,\psi} \tag{135}$$

wobei

$$\psi = \frac{1}{2}\,(\beta_2 + \beta_1) \tag{136}$$

ist.

Wegen der Spannungsverteilung unter langen Laststreifen bei parapolischer oder glockenförmiger Verteilung der Sohlspannungen vgl.: O. FRÖHLICH, Druckverteilung im Baugrund.

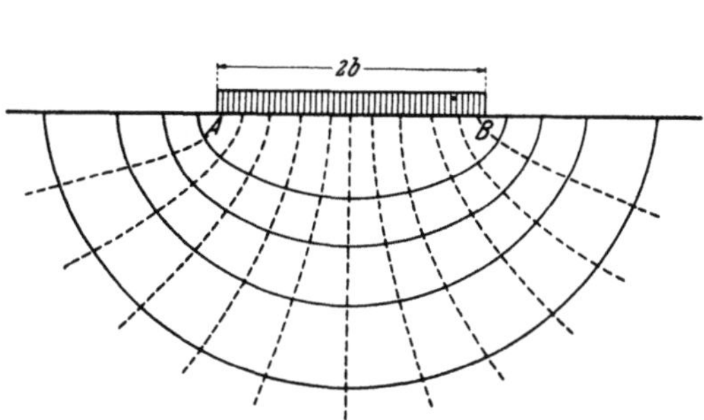

Abb. 75. Hauptspannungstrajektorien des Spannungsfeldes unter einer gleichmäßigen Streifenlast.

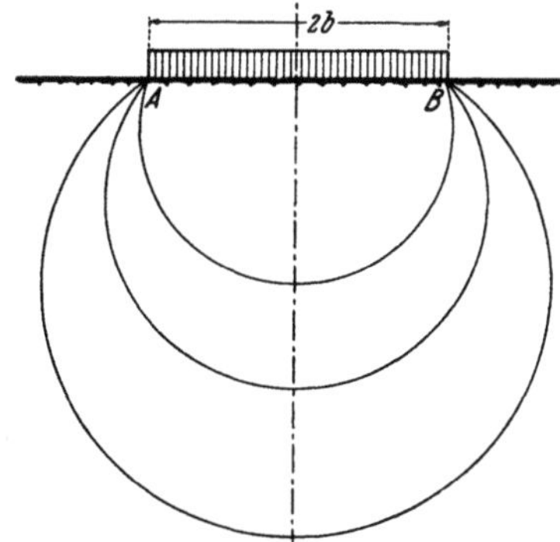

Abb. 76. Isochromen des Spannungsfeldes unter einer gleichmäßigen Streifenlast.

Die *Hauptspannungstrajektorien* des Kraftfeldes bestehen aus einer Schar Hyperbeln (σ_1) und einer konfokalen Schar Ellipsen (σ_2), deren gemeinsame Brennpunkte in den Randpunkten des Laststreifens liegen (Abb. 75).

Die *Isochromen* des Spannungsfeldes sind Kreise, die durch die Randpunkte des Laststreifens gehen (Abb. 76).

Die Spannungsverteilung unter kreisförmigen Lastflächen. Bei gleichmäßig verteilter Sohlspannung gibt O. FRÖHLICH für die lotrechte Normalspannung in der Lastachse, also für $x = 0$, die Beziehung

$$\sigma_z = q_0\,(1 - \cos^\nu\beta) \tag{137}$$

und für die waagrechte Normalspannung

$$\sigma_x = \frac{q_0}{2}\left[\frac{2}{\nu - 2} - \frac{\nu}{\nu - 2}\,\cos^{\nu-2}\beta + \cos^\nu\beta\right]. \tag{138}$$

Wegen der Berechnung der Spannungsverteilung bei parabolischer oder glockenförmiger Verteilung der Sohlspannungen wird auf O. FRÖHLICH, „Druckverteilung im Baugrund" verwiesen.

Schrifttum.

BELL, A.: The lateral pressure and resistance of clay and the supporting power of clay foundations. Min. Proc. Inst. Civ. Engs. Bd. 195. S. 233. — BERNHARDT, K.: Baugrundbelastung. Zentralbl. d. Bauverw. 1899. S. 268; 1907. S. 78, 241. — BOUSSINESQ, J. V.: Sur les modes d'équilibre limite les plus simples que peut présenter un massiv sans cohésion fortement comprimé. Comptes Rendus. Bd. 80. S. 546. — DERSELBE: Essai théorique sur l'équilibre de l'élasticité des masses pulverulentes et sur la poussée des terres sans cohésion. Mém. couronn. Bruxelles. Bd. 40, Nr. 4. — DERSELBE: Application des potentiels. Paris 1885. — EMPERGER: Die zulässige Belastung des Baugrundes. Bautechn. 1926. S. 226. — ENGELS, H.: Zur Theorie der Schleusenkörper. Zentralbl. d. Bauverw. 1897. S. 427. — ENGESSER: Zur Theorie des Baugrundes. Zentralbl. d. Bauverw. 1893. S. 306. — FÖPPL, A.: Vorlesungen über technische Mechanik. Bd. 5. Leipzig 1907. B. G. Teubner. — FRANZIUS, O.: Messungen von Bewegungen des Trockendocks V und VI der Kaiserlichen Werft Kiel. Kiel. Z. Bauw. 1908. S. 83. — DERSELBE: Über die Berechnung von Trockendocks. Z. Bauw. 1908. S. 475. — FREUND, A.: Theorie der gleichmäßig elastisch gestützten Körper. Beton u. Eisen. 1917. S. 144. — DERSELBE: Der Spannungszustand in loser Erde. Zentralbl. d. Bauverw. 1921. S. 589. — FRÖHLICH, O.: Druckverteilung im Baugrund. Wien 1934. Springer-Verlag. — DERSELBE: Berechnung von Fundamenten unter Berücksichtigung der Elastizität des Baugrundes. Beton u. Eisen. 1913. S. 318. — HEIMBACH: Flachgründungen auf Schlamm- und Moorboden usw. Beton u. Eisen. 1913. S. 370. — HOVERMANN: Über die statische Berechnung von Eisenbetonfundamentplatten. Beton u. Eisen. 1913. S. 275. — KAYSER: Belastungsversuche für die Tragfähigkeit von Pfeilerbauten im Sandboden. Baut. 1924. S. 670. — KÖGLER, F.: Über die Verteilung des Bodendruckes unter Gründungskörpern. Bauing. 1926. S. 101. — KÖGLER, F. und A. SCHEIDIG: Druckverteilung im Baugrunde. Bautechn. 1927. S. 418, 445; 1928 S. 205, 229; 1929 S. 268, 828. — DIESELBEN: Baugrund und Bauwerk. Berlin 1939. W. Ernst & Sohn. — KURDJÜMOFF: Zur Frage des Widerstandes der Gründungen auf natürlichem Boden. Zivilingenieur. 1892. S. 293. — MELAN, E.: Druckverteilung in elastischen Schichten. Beton u. Eisen. 1919. S. 83. — NITZSCHE: Baugrunduntersuchung mit der Baugrundprüfmaschine. Dt. Bauzg. 1916. S. 166. — RITTER: Der biegungsfeste Rahmen mit Flächenlagerung. Schweiz. Bauzg. 1913. S. 265. — ROLOFF: Vorrichtung zur Untersuchung der Festigkeit des Baugrundes. Zentralbl. d. Bauverw. 1897. S. 427. — SCHAPER, G.: Zweigleisige Eisenbahnbrücke über den Rhein unterhalb Duisburg-Ruhrort im Zuge der Linie Oberhausen-West—Hohenbudberg. Z. Bauw. 1911. S. 562. — SCHWEDLER: Zur Theorie des Baugrundes. Zentralbl. d. Bauverw. 1891. S. 90. — SKIBINSKI: Das Gleichgewicht des rolligen Materials. Öst. Wochenschr. Baudienst. 1916 S. 701; 1917 S. 296. — STROHSCHNEIDER, O.: Elastische Druckverteilung und Drucküberschreitung in Schüttungen. Sitzgsber. Akad. Wiss. Wien, Math.-naturwiss. Kl. Bd. 121, Abt. IIa. — TERZAGHI, K.: Die Erddruckerscheinungen in örtlichen beanspruchten Schüttungen und die Entstehung von Tragkörpern. Öst. Wochenschr. Baudienst. 1919. S. 194, 206, 218. — DERSELBE: Erdbaumechanik auf bodenphysikalischer Grundlage. Leipzig 1925. F. Deuticke.

II. Das Verhalten des Bodens unter Pfahllasten.

In ganz besonderer Art wird die Last durch Pfähle in den Boden übertragen. Je nachdem, ob die Pfähle durch wenig belastete Schichten bis auf fest gelagerte herabreichen, auf denen sie stehen oder nur in einer Bodenschichte stecken, gleichsam schweben, unterscheidet man feste Pfähle und schwebende Pfähle.

a) Die Lastübertragung durch Einzelpfähle.

1. Feste Pfähle.

Die Lastübertragung durch feste Pfähle geschieht ähnlich wie durch Säulen oder Pfeiler, die bis auf den festen Boden hinabreichen; sie rufen dort einen Spannungszustand hervor, der jenem unter Einzellasten ähnelt. Zwischen den Pfählen muß Boden liegen, der zwar an der Lastaufnahme nicht mitwirkt, der aber doch eine solche Konsistenz hat, daß er die Pfähle einspannt und am Ausknicken hindert. Mit der Mantelreibung zwischen den Pfählen und der nicht tragfähigen Schichte wird bei festen Pfählen nicht gerechnet.

2. Schwebende.

Die Lastübertragung auf den Boden geschieht bei schwebenden Einzelpfählen teils durch Reibung am Pfahlmantel, teils durch den sogenannten Spitzenwiderstand. Die Mantelreibung bewirkt, wie O. LESKE gezeigt hat, die Bildung eines birnenförmigen Tragkörpers (Abb. 77) um den Pfahl, der den der Mantelreibung entsprechenden Anteil der Pfahllast in breiter Fläche in der Höhenlage der Pfahlspitze auf den tieferliegenden Boden überträgt. Die Abmessungen des Tragkörpers hängen von den Abmessungen des Pfahles, von der Beschaffenheit seiner Oberfläche und von der Beschaffenheit des Bodens ab. Der Spitzenwiderstand ist jener Widerstand,

den der Boden seiner weiteren Verdrängung durch die eindringende Pfahlspitze entgegensetzt;
er ist bei sehr dicht gelagerten Böden sehr groß, bei sehr lose gelagerten Böden so klein, daß
er vollständig vernachlässigt werden kann.

Die Verteilung der Spannungen unter einem Pfahl in einem Boden, der keinen nennenswerten Spitzenwiderstand leistet, kann nach einem Verfahren von A. BIERBAUMER annähernd
ermittelt werden. Er nimmt an, daß
die Last Q zur Gänze durch die Mantelreibung aufgenommen wird und
daß sich diese gleichmäßig über den
Pfahl verteile. Den Pfahl denkt er
sich in eine große Zahl von Abschnitten zerlegt. Jeder Abschnitt

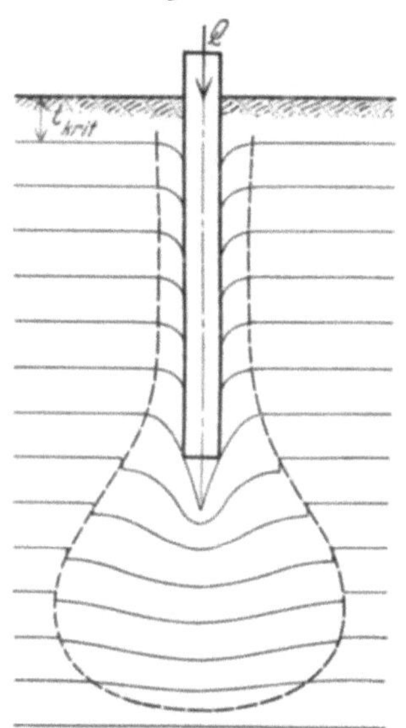

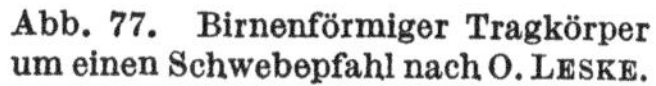

Abb. 77. Birnenförmiger Tragkörper
um einen Schwebepfahl nach O. LESKE.

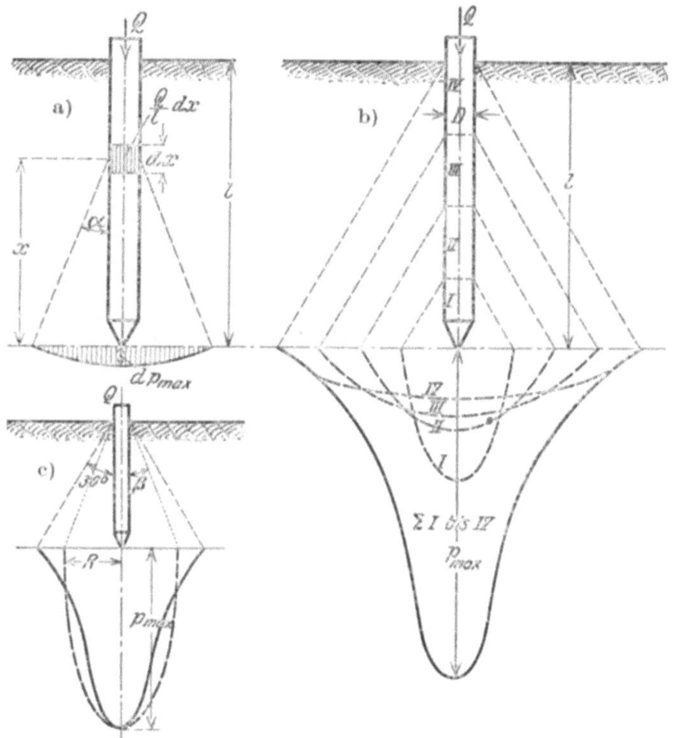

Abb. 78. Spannungsverteilung unter einem Schwebepfahl in der waagrechten Ebene durch die Pfahlspitze.

(Abb. 78a) ist eine belastete Scheibe, die am Rande den ihrer Höhe entsprechenden Last-
anteil $\frac{Q}{l}\,dx$ auf eine Kreisfläche vom Durchmesser $D + 2\,x\,\mathrm{tg}\,\alpha$ in der Höhe der Pfahlspitze
überträgt. Die Spannungsverteilung in der Ebene durch die Pfahlspitze erfolgt nach BIERBAUMERS
Annahme nach einem Rotationsparaboloid, dessen Inhalt

$$\frac{1}{2}\left(\frac{D}{2} + x\,\mathrm{tg}\,\alpha\right)^2 \pi\,dp_{\max} = \frac{Q}{l}\,dx \tag{139}$$

ist. Es folgt aus dieser Beziehung

$$dp_{\max} = \frac{2Q}{l\,\pi} \cdot \frac{d\,x}{\left(\dfrac{D}{2} + x\,\mathrm{tg}\,\alpha\right)^2}. \tag{140}$$

Den Gesamtdruck in der Ebene durch die Pfahlspitze, der durch die ganze Pfahllast Q hervorgerufen wird, kann man sich durch die Summierung der Spannungsparaboloide entstanden
denken, die von den einzelnen Pfahlabschnitten von der Länge $d\,x$ hervorgerufen werden und
man erhält auf diese Weise den in der Abb. 78b dargestellten Rotationskörper für die Verteilung des Druckes in der Ebene durch die Pfahlspitze. Die Scheitelordinate dieses Rotations-
körpers, also der größte Druck p_{max} unter der Pfahlspitze kann nun aus der früher für $d\,p_{max}$
aufgestellten Beziehung berechnet werden; es ist dann

$$p_{\max} = \frac{2\,Q}{\pi\,l}\int\limits_0^l \frac{d\,x}{\left(\dfrac{D}{2} + x\,\mathrm{tg}\,\alpha\right)^2} = \frac{2\,Q}{\pi\,l\,\mathrm{tg}\,\alpha}\int\limits_0^l \frac{\mathrm{tg}\,\alpha\,d\,x}{\left(\dfrac{D}{2} + x\,\mathrm{tg}\,\alpha\right)^2} = \frac{2\,Q}{\pi\,l\,\mathrm{tg}\,\alpha}\left[\frac{-1}{\dfrac{D}{2} + x\,\mathrm{tg}\,\alpha}\right]_0^l \tag{141}$$

oder

$$p_{max} = \frac{4\,Q}{\pi\,D\left(\dfrac{D}{2} + 2\,\mathrm{tg}\,\alpha\right)} = \sim \frac{4\,Q}{\pi\,D\,l\,\mathrm{tg}\,\alpha} \,. \tag{142}$$

BIERBAUMER setzt für den Winkel $\alpha = 30^0$.

Der Rotationskörper, der die Druckverteilung unter der Gesamtlast in der Ebene der Pfahlspitze darstellt, kann nun hinreichend genau durch ein inhaltsgleiches Rotationsparaboloid mit gleicher Scheitelordinate ersetzt werden. Es ist dann mit den Bezeichnungen der Abb. 78 c

$$\frac{1}{2}\,R^2\,\pi\,p_{max} = \frac{1}{2}\,R^2\,\pi\,\frac{4\,Q}{\pi\,D\,l\,\mathrm{tg}\,30} = Q \tag{143}$$

oder

$$\frac{2\,R^2}{D\,l\,\mathrm{tg}\,30} = 1 \tag{144}$$

und

$$R = \sqrt{\frac{l\,D\,\mathrm{tg}\,30}{2}} = 0,54\,\sqrt{l\,D}\,. \tag{145}$$

Für den Winkel β in der obigen Abb. 78 c ergibt sich

$$\mathrm{tg}\,\beta = \frac{R - \dfrac{D}{2}}{l} = \sim \frac{R}{l} = 0,54\,\sqrt{\frac{D}{l}} \tag{146}$$

und die Last Q wird im wesentlichen in der Fläche

$$R^2\,\pi = \frac{1}{2}\,l\,\pi\,D\,\mathrm{tg}\,30 \tag{147}$$

in der waagrechten Ebene durch die Pfahlspitze übertragen; die mittlere Belastung in dieser Fläche beträgt

$$\overline{p} = \frac{2\,Q}{2\,\pi\,D\,\mathrm{tg}\,30} \,. \tag{148}$$

Wenn ein schwebender Pfahl belastet wird, so setzt er sich und es können die zu verschiedenen Lasten gehörigen Setzungen anschaulich durch die Lastsenkungslinie dargestellt werden. In grobkörnigem Boden tritt die Senkung sofort nach der Belastung auf, während in sehr feinkörnigen und bindigen Böden die Senkungen längere Zeit hindurch andauern; die Lastsenkungslinie weist dann Stufen auf, ähnlich wie es schon auf S. 46 geschildert worden ist. Wenn die Last eine gewisse Grenze, die Grenzlast Q_g überschreitet, so versinkt der Pfahl. Der Anfang der Lastsenkungslinie kann, ähnlich wie bei Flächenlasten, durch eine Gerade ersetzt werden; wo die Lastsenkungslinie von dieser Ersatzgeraden stark abzuweichen beginnt, liegt die Proportionalitätsgrenze Q_p.

Bei Pfahllasten unter der Proportionalitätsgrenze ist das Verhältnis der Last Q zur zugehörigen Senkung s konstant. Das Verhältnis der spezifischen Pfahllast q [kg/cm²] zur Senkung s [cm] wird Pfahlsenkungsziffer δ [kg/cm³] genannt.

Die Lastsenkungslinie und die Pfahlsenkungsziffer kann verläßlich nur durch einen Belastungsversuch unter fortwährender Beobachtung der Senkung des Pfahles ermittelt werden. Solche Belastungsversuche sind früher so ausgeführt worden, daß man am Pfahlkopf eine Bühne angebracht und auf diese die Last gelegt hat. Die Bewegung des Pfahles ist an Maßstäben an den Ecken der Bühne mittels Nivellierinstrumenten aus sicherer Entfernung beobachtet worden. Verschieden starke Senkungen an den Ecken wiesen auf eine außermittige Lage der Last hin. Das Herbeischaffen und das Auflegen so großer Lasten, als es die Belastung von Stahlbetonpfählen erforderte, verursachte erhebliche Kosten und führte dazu, daß solche Versuche nur selten ausgeführt worden sind.

Von der *Siemens-Bau-Union* wird die Pfahlbelastung mittels einer hydraulischen Presse ausgeführt. Die ganze Einrichtung kann leicht der Abb. 79 entnommen werden. Die hydraulische Presse ist auf den Pfahl aufgesetzt und stützt sich gegen ein System von Trägern, die mit Rundstahl und Schellen an Nachbarpfählen verankert sind. Diese Einrichtung verursacht wesentlich weniger Kosten und ermöglicht den Belastungsversuch an jedem beliebigen Pfahl einer Pfahlgruppe.

Abb. 79. Belastungsversuch an einem Schleuderbetonpfahl mittels einer hydraulischen Presse *a. b* Pumpe.
(Siemens-Bau-Union.)

In den Abb. 80 und 81 sind einige Ergebnisse von Pfahlbelastungsversuchen zusammengestellt.

Durch die Einbringung des Pfahles in den Boden wird die Beschaffenheit des Bodens im engeren Bereich um den Pfahl mehr oder minder stark, je nach der Art der Einbringung und der Art der Pfähle verändert. Die Pfähle werden entweder gerammt, wobei zylindrische oder konische Pfähle, verwendet werden und manchmal wird das Rammen durch Spülung mit Preßwasser unterstützt, oder die Pfähle werden an Ort und Stelle betoniert, nachdem durch Rammen eines Kernes oder durch Bohrung ein entsprechender Hohlraum im Boden geschaffen worden ist; hiebei kann ein Futterrohr im Boden verbleiben oder es tritt der Beton mit dem Boden in unmittelbare Berührung und preßt sich je nach der Verdichtung des Betons mehr oder minder stark seitlich in den Boden ein, wobei außerordentlich rauhe Pfähle entstehen können.

In grobkörnigen, locker gelagerten Böden werden Rammpfähle bevorzugt, die den Boden durch Verdrängung und infolge der Erschütterungen verdichten; ganz besonders eignen sich konische Pfähle, die bei jedem Rammschlag den Boden längs des ganzen Pfahlmantels erschüttern. Im festgelagerten grobkörnigen Boden ist die Pfahlform gleichgültig. Die Unterstützung des Rammens durch Spülung ist bei schwebenden Pfählen nicht zulässig, weil das Spülwasser den Boden um den Pfahl aufwühlt, wodurch die Mantelreibung, auf die es bei Schwebepfählen besonders ankommt, herabgesetzt wird.

In sehr feinkörnigen und bindigen Böden sind Bohrpfähle vorzuziehen. Wenn in solchen Böden Pfähle gerammt werden, so tritt während des Rammens ein außerordentlich hoher Spitzenwiderstand auf, weil eine Verringerung des Porenraumes im Boden im Bereiche der Pfahlspitze das Austreiben eines Teiles des Porenwassers erfordert. Wegen der Feinheit der Poren erfolgt das Abfließen des Porenwassers aber außerordentlich langsam und es gerät vorerst nur das Porenwasser unter hohe Spannung. Der ganze Boden verhält sich an der Pfahlspitze wie eine zusammendrückbare Flüssigkeit, muß also vorerst ohne nennenswerte Verringerung des Porenraumes ausweichen. Ein Rammpfahl hat daher während des Rammens außerordentlich hohe Spitzenwiderstände zu überwinden, während die Mantelreibung wegen der Benetzung des Pfahles durch ausgetriebenes Porenwasser sehr gering ist. Im Laufe der Zeit fließt aus dem Bereiche der Pfahlspitze das überschüssige Porenwasser ab, der Spitzenwiderstand nimmt rasch ab, während infolge Aufsaugung des Wassers längs des Pfahlmantels die Mantelreibung zunimmt. Die für das Rammen aufgewendete Arbeit geht zum größten Teil auf die Austreibung des überschüssigen Porenwassers auf, während die Arbeit beim Bohren vollständig der Pfahlherstellung zugute kommt.

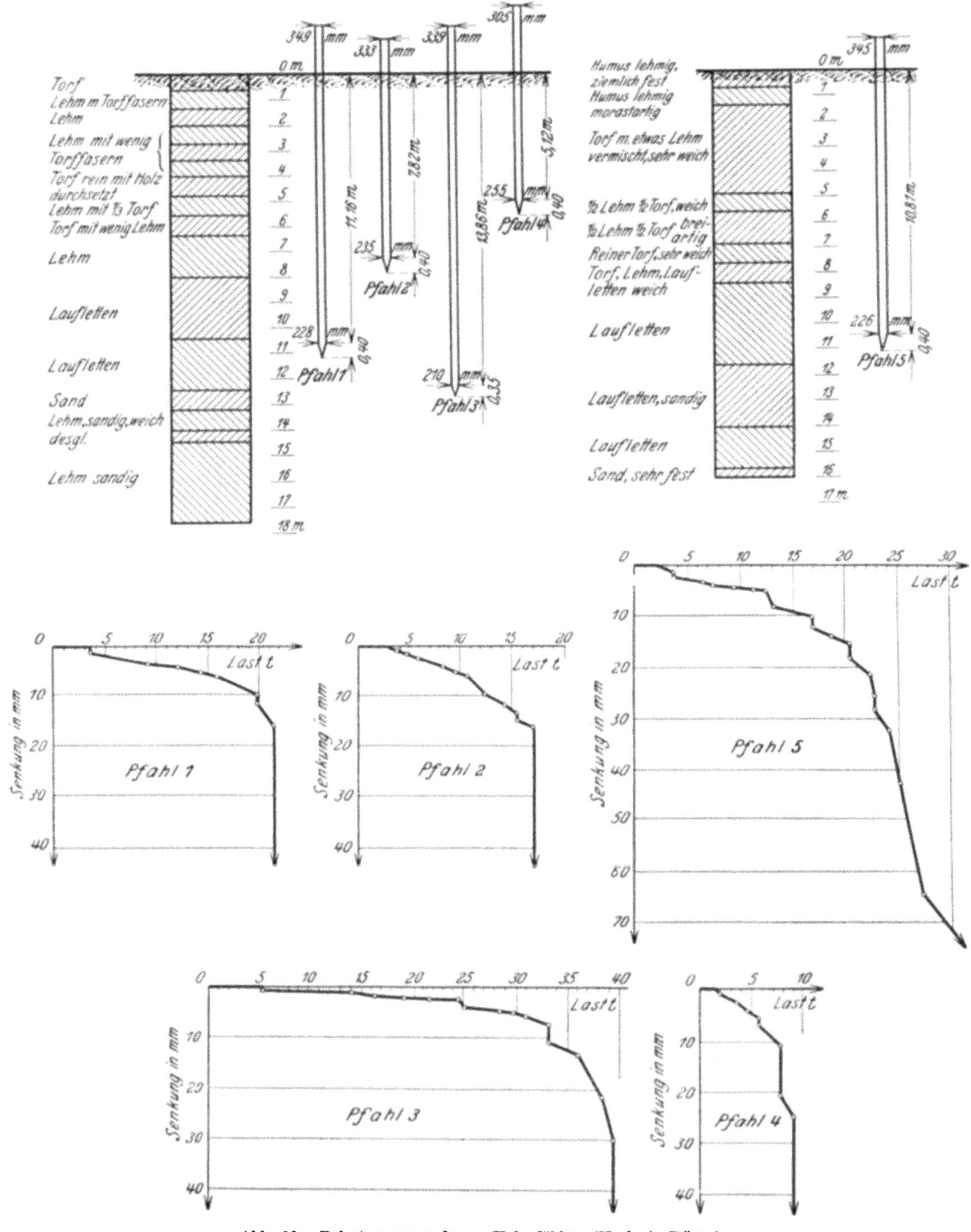

Abb. 80. Belastungsversuche an Holzpfählen. (Nach A. Dörr.)

Wenn in bindigem Boden Pfähle nahe nebeneinander gerammt werden, so erfolgt infolge der Bodenverdrängung durch die eindringenden Pfähle eine Durchknetung des Bodens zwischen den Pfählen, die die Tragfähigkeit vorübergehend herabsetzt (vgl. S. 19).

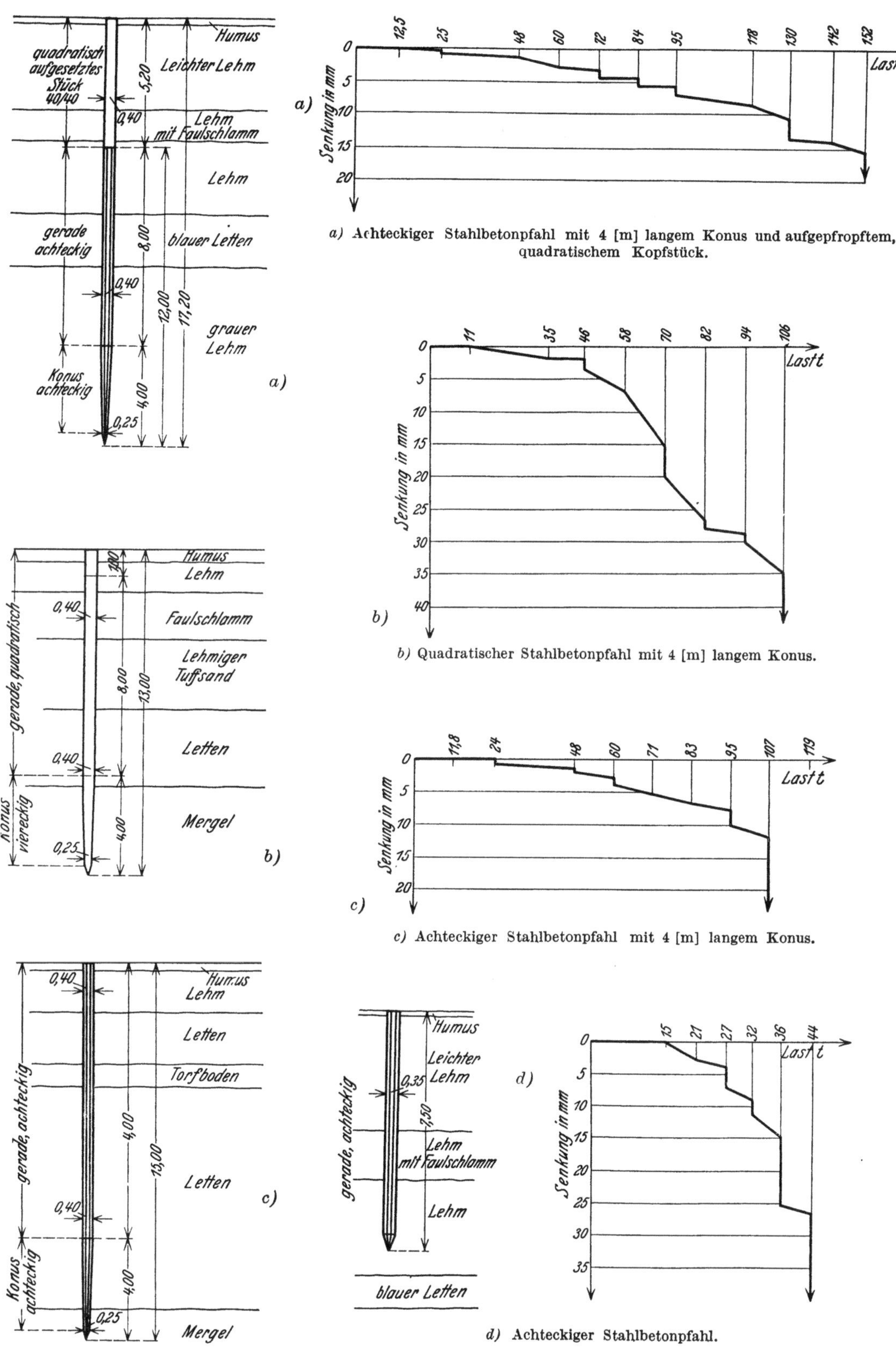

a) Achteckiger Stahlbetonpfahl mit 4 [m] langem Konus und aufgepfropftem, quadratischem Kopfstück.

b) Quadratischer Stahlbetonpfahl mit 4 [m] langem Konus.

c) Achteckiger Stahlbetonpfahl mit 4 [m] langem Konus.

d) Achteckiger Stahlbetonpfahl.

Abb. 81. Belastungsversuche an Stahlbetonpfählen. (Nach H. Dörr.)

Pfähle, die in vorgerammten oder in vorgebohrten Löchern ohne verbleibenden Blechmantel betoniert werden, erhalten eine rauhe Oberfläche, die vielfach Ausbauchungen in nachgiebigere Bodenschichten aufweist und dadurch hohe Tragfähigkeit gewährleistet.

Belastungsversuche an Pfählen sind, auf welche Art immer sie vorgenommen werden, umständlich und kostspielig. Ingenieure haben daher getrachtet, Verfahren ausfindig zu machen, die eine Vorausberechnung der zulässigen Pfahlbelastung ermöglichen sollen, aber es ist bisher nicht gelungen, ein derartiges Verfahren zu finden, das wirklich verläßliche Ergebnisse liefert. Man hat auch versucht, aus dem Eindringen von Pfählen unter den Schlägen des Rammbären auf die zulässige Pfahllast zu schließen. Nur bei grobkörnigen, gut durchlässigen Böden, bei denen das durch das Rammen an der Pfahlspitze verdrängte Grundwasser leicht ablaufen kann, ohne unter hohe Spannung zu geraten und dadurch das Eindringen des Pfahles zu erschweren, ist es manchmal möglich, auf die erwähnte Weise die zulässige Pfahllast zu schätzen. In solchen Böden steht der sogenannte dynamische Widerstand, den der Pfahl beim Eindringen in den Boden unter den Rammschlägen erfährt, in einer Beziehung zum statischen Eindringungswiderstand unter einer ruhenden Last.

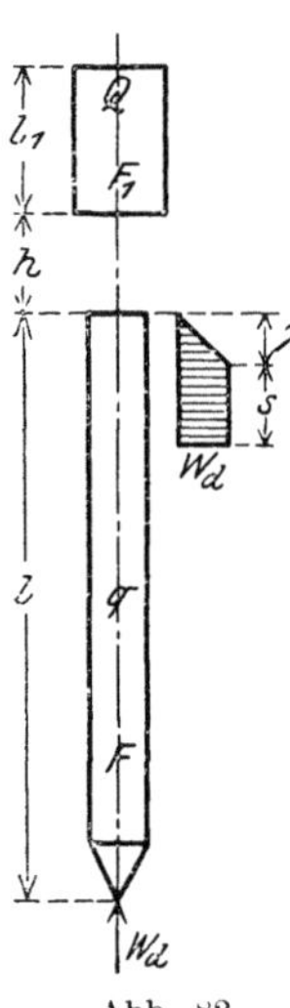

Abb. 82

Für die Ermittlung des dynamischen Eindringungswiderstandes W_d aus der Senkung s des Pfahles unter einem Rammschlag sind zahlreiche Formeln abgeleitet worden. Als Beispiel sei gezeigt, wie REDTENBACHER seine Formel, die viel benützt worden ist, hergeleitet hat. Er nimmt an, daß beim Auftreffen des Bären auf den Pfahlkopf ein unelastischer Stoß erfolgt. Sobald im Pfahlkopf nach dem Auftreffen des Rammbären vom Gewicht Q die Pressung am Pfahlkopf gleich dem dynamischen Eindringungswiderstand W_d geworden ist, beginnt sich der Pfahl vom Gewicht q mit der Geschwindigkeit v zu senken. Mit den Bezeichungen der Abb. 82 ist dann

$$Q \sqrt{2\,g\,h} = (Q + q)\,v \tag{149}$$

oder

$$v = \sqrt{2\,g\,h}\ \frac{Q}{Q + q}. \tag{150}$$

Während der Senkung des Pfahles liegt der Rammbär am Pfahlkopf; die lebendige Kraft des Rammbären ist während der Senkung des Pfahles

$$L_r = M\,\frac{v^2}{2} = \frac{Q}{g}\,\frac{Q^2}{(Q + q)^2}\,\frac{2\,g\,h}{2} = \frac{Q^3}{(Q + q)^2}\,h, \tag{151}$$

und jene des Pfahles beträgt

$$L_p = \frac{q}{g}\,\frac{Q^2}{(Q + q)^2}\,\frac{2\,g\,h}{2} = \frac{q\,Q^2}{(Q + q)^2}\cdot h. \tag{152}$$

Um den Pfahl um die Senkung s in den Boden zu treiben, muß der Pfahl und der Bär zusammen um λ verformt und die Arbeit des Eintreibens geleistet werden; die Gesamtarbeit beträgt

$$A = W_d\,\frac{\lambda}{2} + W_d\,s, \tag{153}$$

wobei

$$\lambda = \frac{W_d\,l_1}{F_1\,E_1} + \frac{W_d\,l}{F\,E}, \tag{154}$$

ferner F_1 der Querschnitt des Rammbären, F jener des Pfahles, E_1 der Elastizitätsmodul des Bären und E jener des Pfahles ist. Diese Arbeit A ist gleich der Summe der lebendigen Kräfte von Pfahl und Rammbär, es ist also

$$\frac{Q^3}{(Q + q)^2}\,h + \frac{q\,Q^2}{(Q + q)^2}\,h = W_d\left(\frac{\lambda}{2} + s\right) = W_d^2\left(\frac{l_1}{2\,F_1\,E_1} + \frac{l}{2\,F\,E}\right) + s\,W_d \tag{155}$$

und es folgt weiter

$$W_d^2\left(\frac{l_1}{2\,F_1\,E_1} + \frac{l}{2\,F\,E}\right) + s\,W_d = \frac{h\,Q^2}{(Q + q)} \tag{156}$$

und daraus

$$W_d = \frac{-s + \sqrt{s^2 + \dfrac{2\,Q^2 h}{Q+q}\left(\dfrac{l_1}{F_1 E_1} + \dfrac{l}{F E}\right)}}{\dfrac{l_1}{F_1 E_1} + \dfrac{l}{F E}} \; . \tag{157}$$

Wenn die geringfügige Deformation des Rammbären vernachlässigt wird, so vereinfacht sich die Formel zu

$$W_d = \frac{F E}{l}\left(-s + \sqrt{s^2 + \frac{2\,h\,l\,Q^2}{(Q+q)\,F E}}\right) \tag{158}$$

in welcher Form sie benützt wird.

Andere Formeln sind unter der Annahme vollkommen elastischen oder halbelastischen Stoßes abgeleitet worden.

Der dynamische Eindringungswiderstand W_d ist, wie K. Terzaghi festgestellt hat, manchesmal, aber nicht immer, ein bestimmtes Vielfaches des statischen Eindringungswiderstandes W_s, so daß man in diesen Fällen

$$W_d = \zeta\, W_s \tag{159}$$

schreiben kann.

F. Krapf hat aus seinen Versuchen für den Beiwert ζ Werte gefunden, die zwischen 1,12 und 2,28 liegen, aber Terzaghi behauptet, daß sie innerhalb viel weiterer Grenzen veränderlich sind.

Wenn aus dem Eindringen eines Pfahles unter den Schlägen des Rammbären auch nicht verläßlich auf die Tragfähigkeit des Pfahles geschlossen werden kann, so sollen doch stets Aufzeichnungen über den Fortschritt des Eindringens angestellt werden, weil man aus dem Eindringen gleicher Pfähle nach gleichen Anzahlen von Rammschlägen auf die Beschaffenheit des Bodens schließen kann. Ungleiches Eindringen macht jedenfalls auf eine ungleichmäßige Bodenbeschaffenheit aufmerksam, die sonst leicht übersehen werden kann und die später verschiedene Senkungen der Pfähle unter der Nutzlast erwarten läßt.

b) Die Lastübertragung durch Pfahlgruppen.

Bisher war immer von einem Einzelpfahl die Rede. Bei den üblichen Pfahlgründungen bilden Einzelpfähle wohl Ausnahmefälle, meistens werden die Lasten durch Pfahlgruppen in den Boden übertragen.

1. Feste Pfahlgruppen.

Wenn alle Pfähle einer Pfahlgruppe auf einer festgelagerten Schichte aufstehen, also sogenannte Festpfähle sind, so haben sie den Charakter von Säulen, die Einzellasten auf diese Schichte übertragen. Die Tragfähigkeit eines Pfahles einer solchen Pfahlgruppe ist dann, wenn die Pfähle nicht sehr nahe nebeneinander stehen, fast ebenso groß, wie wenn der Pfahl allein stünde.

Wenn Festpfähle nahe nebeneinander stehen, dann überschneiden sich die Tragkörper, die sich unter den Pfahlspitzen bilden und die Tragfähigkeit der Pfähle wird dadurch herabgesetzt.

2. Schwebende Pfahlgruppen.

Die Lastübertragung durch schwebende Pfähle ist, wie früher erwähnt worden ist, auf die Bildung von birnenförmigen Tragkörpern um die Pfähle zurückzuführen, die in der Ebene durch die Pfahlspitze die Pfahllast auf den darunterliegenden Boden übertragen, wobei nach A. Bierbaumer die Spannungen annähernd nach einem Rotationsparaboloid verteilt sind. Von der Ebene durch die Pfahlspitzen abwärts erfolgt eine Spannungsausbreitung ähnlich jener unter Flächenlasten. Wenn nun die Pfähle so nahe nebeneinander stehen, daß sich die Tragkörper unter der Ebene durch die Pfahlspitzen noch in jenem Bereiche überschneiden, in dem nennenswerte Verformungen unter der Last auftreten, so muß sich ein Pfahl einer solchen Pfahlgruppe stärker senken, als ein gleicher Einzelpfahl unter gleicher Last.

Sehr lehrreiche Vergleichsversuche zur Feststellung der Tragfähigkeit von Pfahlgruppen sind von der geotechnischen Kommission der schwedischen Staatsbahnen in Göteborg ausgeführt worden, über die R. Hoffmann berichtete. Auf sehr nachgiebigem Untergrunde rammte man einen Einzelpfahl und überdies zwei Pfahlgruppen, deren Pfähle in den Ecken und im Mittelpunkte eines Sechseckes im gegenseitigen Abstande von 0,7 [m] bzw. 1,2 [m] standen. Belastet wurde bis zur Proportionalitätsgrenze und es trugen hierbei der Einzelpfahl 19,2 [t], ein Pfahl der Gruppe mit 1,2 [m] Abstand 18,5 [t] und ein Pfahl der Gruppe mit 0,7 [m] Abstand nur 12,0 [t]. Deutlich ergeben diese Versuche, daß das übertrieben nahe Aneinanderstellen von Pfählen zu einer schlechten Ausnützung der Pfähle führt.

Durch eine Pfahlgruppe wird die Last im wesentlichen in der Ebene durch die Pfahlspitzen übertragen. Die Setzungen des Bauwerkes können dadurch gegenüber einer Gründung auf einer Platte ohne Pfähle herabgesetzt werden; K. Terzaghi weist aber nachdrücklich darauf hin, daß dies nicht unter allen Umständen erfolgen muß. Bei der Erörterung der Lastübertragung durch schwebende Pfahlgruppen ist es zweckmäßig, mit Terzaghi diese Gründungen nach den Bodenverhältnissen in mehrere Gruppen zu scheiden.

Bei tiefgründigen weichen Schlamm- oder Tonablagerungen kann die Gründung auf einer durchlaufenden Stahlbetonplatte oder auf einem Plattenrost auf schwebenden Pfählen durchgeführt werden. Die Setzungen werden bei Anwendung von Pfählen geringer sein als ohne sie, aber der Unterschied kann manchmal verschwindend klein sein. So hat sich z. B., wie Terzaghi berichtet, ein Maschinenhaus, das auf einer Rostplatte von 20 auf 25 [m] mit 500 Stahlbetonpfählen von 7,50 [m] Länge auf schwarzem, weichem Schlamm gegründet war, im Laufe der ersten Jahre nach der Baubeendigung ungefähr ebenso gesenkt wie das Nachbargebäude, das auf seiner durchlaufenden Platte ohne Pfähle steht. Die Probebelastung eines Einzelpfahles ergab bei einer Belastung von 4 [t] keine meßbare Senkung; die Pfähle sind unter dem Maschinenhaus nur mit 2 [t] belastet.

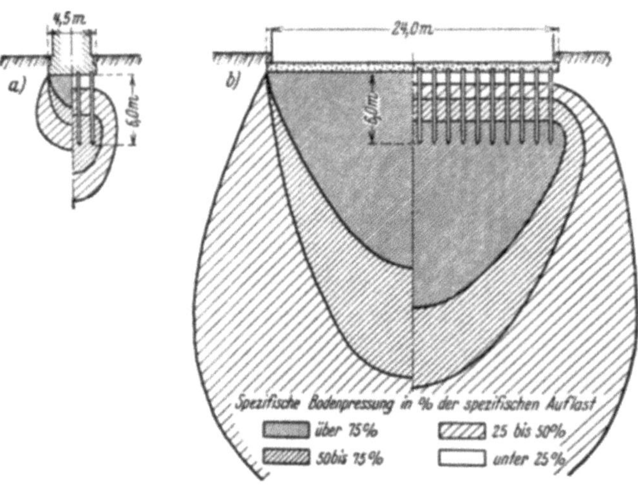

Abb. 83. Spannungsverteilung im Boden unter Pfahlgruppen nach K. Terzaghi. a) unter einem schmalen Pfahlrost, b) unter einem breiten Pfahlrost.

Durch die Pfähle wird der auf die Zusammenpressung (Konsolidierung) der obersten Schichten entfallende Setzungsanteil ausgeschaltet. Dieser auf die oberste Bodenschicht entfallende Setzungsanteil ist aber nun, wie Terzaghi erläutert, in manchen Fällen gering; die Setzungen sind bei sehr undurchlässigem, weichem Boden hauptsächlich auf ein Ausweichen des weichen Bodens zurückzuführen, das vorwiegend etwa in einer Tiefe gleich der ein- bis anderthalbfachen Gebäudebreite vor sich geht, also in einer Tiefe, in die bei breiteren Gebäuden die Pfähle nicht mehr hinabreichen. Je größer das Verhältnis von Bauwerksbreite zur Pfahllänge ist, desto geringer ist der Nutzen der Pfähle. Besonders anschaulich erläutern dies die beiden Abb. 83a und b, in denen die Spannungsverteilung mit und ohne Pfähle unter einem schmalen und einem breiten Bauwerk dargestellt ist und denen ohne weiteres zu entnehmen ist, daß im Falle b die Anordnung von Pfählen nicht gerechtfertigt ist.

Die Setzungen eines Bauwerkes mit schwebenden Pfählen auf tiefgründigem, locker gelagertem Sand- oder Schluffboden sind im wesentlichen auf die große Zusammenrückbarkeit der obersten Bodenschichten zurückzuführen. Beim Rammen von Pfählen wird einerseits durch die Bodenverdrängung, anderseits durch die Bodenerschütterungen eine festere Lagerung in den obersten Schichten bewirkt, wodurch die Setzungen herabgemindert werden.

Bei schwebenden Pfahlgründungen auf weichen Bodenschichten, die über festgelagerten liegen, kann die nachgiebige Deckschichte entweder aus Boden bestehen, der durch Pfahlrammung verdichtbar ist, wie z. B. Sand oder Bauschutt oder er kann aus bindigem Boden bestehen, der durch Rammen nicht verdichtbar ist, wie z. B. Schlamm oder weicher Schluffboden. In beiden Fällen reichen für die Gründung schwebende Pfähle aus, die also nicht bis in die festgelagerte Schicht hinabreichen, weil im ersteren Falle der Boden hinreichend verdichtet wird und im zweiten Falle durch Ausschaltung der auf die durchrammte Schicht entfallenden Setzungen und infolge der Tragkörperbildung um die Pfähle die Setzungen des Gebäudes herabgesetzt werden.

Bei schwebenden Pfahlgründungen auf durchlässigem Boden, der in großer Tiefe weiche Schlamm- oder Toneinlagerungen enthält, wird durch die Bauwerkslast eine Anpassung des

Porenraumes der Einlagerung an den neuen Druck bewirkt, wobei das überschüssige Porenwasser durch den umliegenden, durchlässigen Boden abzieht und eine Verformung der ganzen Einlagerung auftritt. TERZAGHI hält solche Einlagerungen nur für bedenklich, wenn sie bei gedrängtem Grundwerksumriß in einer Tiefe kleiner als die Breite, bei langgestreckten Grundwerken kleiner als die anderthalbfache Breite des Grundwerkes liegen.

Wenn jene Schicht, die infolge der Bauwerkslast stärkere Veränderungen ihres Porenraumes und Verformung erfährt, in geringer Tiefe auf einer geneigten Unterlage ruht, so ist weder durch eine durchlaufende Platte noch durch eine schwebende Pfahlgründung eine gleichmäßige Senkung gewährleistet. Das Bauwerk setzt sich dort, wo die Schicht die größte Mächtigkeit hat, am stärksten. Recht anschaulich erläutert dies die in der Abb. 84 dargestellte Gründung eines kreisrunden Bauwerkes auf 9 [m]

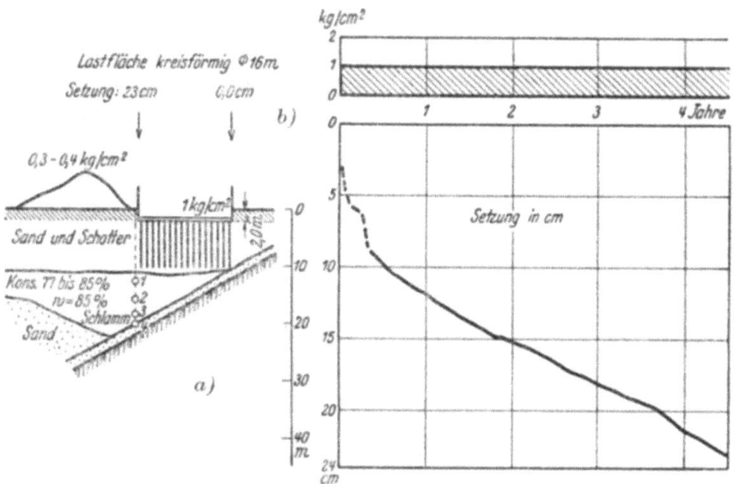

Abb. 84. Pfahlgründung über einer dem Grundwerk auslaufenden Schlammschicht. (Nach K. TERZAGHI.)

langen Pfählen, das mit einem Rand in unveränderter Höhe blieb, während der gegenüberliegende Rand sich nach der in der Abb. 84b dargestellten Zeitsetzungslinie senkte und nach 4 bis 5 Jahren schon um 23 [cm] tiefer lag.

Schrifttum.

AXENS und RÖHMISCH: Belastungsproben an Stahlpfählen und deren Anwendung bei der Erweiterung des Dortmund-Ems-Kanales. Bautechn. 1937. S. 586, 643. — CASAGRANDE, L.: Großversuche zur Erhöhung der Tragfähigkeit von schwebenden Pfahlgründungen durch elektrochemische Behandlung. Bautechn. 1937. S. 14. — DERSELBE: Die Neubearbeitung der DIN 1054 „Richtlinien für die zulässige Belastung des Baugrundes und der Pfahlgründungen" zum Geleit. Bautechn. 1940. S. 561. — BUBENDEY: Die Tragfähigkeit gerammter Pfähle. Zentralbl. d. Bauverw. 1896. S. 533. — BUCHWALD: Die Berechnung der Pfahlrostgründungen. Deutsche Bauzg. Eisenbetonteil. 1913. S. 188. — DERSELBE: Die Berechnung der Pfahlrostgründungen Deutsche Bauzg. Eisenbetonteil. 1915. S. 77. — BUTZER: Druck- und Zugversuche an Eisenbetonpfählen für Hafenkaibauten. Bauing. 1924. S. 401. — COLBERG, O.: Über die Berechnung der Einzelpfahllasten bei einseitig beanspruchten Pfahlgründungen. Grund- u. Gerüstbau. 1924. S. 99. — DERSELBE: Bestimmung der Einzelpfahllasten bei einseitiger Belastung von Gründungsplatten. Bauing. 1925. S. 25. — DÖRR, H.: Tragfähigkeit von Pfählen. De Ingeniör. 1924. S. 98. — DERSELBE: Die Tragfähigkeit der Pfähle. Berlin 1922. W. Ernst & Sohn. — DERSELBE: Die Tragfähigkeit der Pfähle. Bautechn. 1932. S. 447. — EIDMANN: Die Tragfähigkeit hölzerner Pfähle. Grund- u. Gerüstbau. 1925. S. 213. — EMPERGER, E.: Tragfähigkeit von Beton-Eisenpfählen. Zschft. d. Österr. Ing. Arch. Ver. 1902. S. 746. — ERLENBACH, L.: Anwendung der elektrochemischen Verfestigung auf schwimmende Pfahlgründungen. Bautechn. 1936. S. 257. — FÜLSCHER: Vergleich von Probebelastungen von Pfählen mit nach theoretischen Formeln berechneten Tragfähigkeiten. Zschft. f. Bauwes. 1897. S. 526. — GEISS: Tragfähigkeit von Pfählen in nachgiebigem Baugrund. Zentralbl. d. Bauverw. 1904. S. 162. — DERSELBE: Ein Beitrag zum Problem des Rammpfahles. Beton u. Eisen. 1911. S. 246. — GRIFFIT: The ultimate load on pile foundations. Proc. Am. Soc. Civ. Engs. 1910. S. 884. — HOFFMANN, R.: Die geotechnischen Arbeitsmethoden der schwedischen Staatsbahnen. Bauing. 1930. S. 705. — KAFKA: Über die günstigste Form der Betonpfähle. Öst. Wochenschft. f. d. öff. Baudienst. 1908. S. 900. — DERSELBE: Praktische Anwendung der Methoden zur Bestimmung der zulässigen Pfahlbelastung. Beton u. Eisen. 1909. S. 161, 196, 212. — DERSELBE: Die Berechnung der Tragfähigkeit gerammter Pfähle. Arm. Beton. 1910. S. 415. — DERSELBE: Die Theorie der Pfahlgründungen. Berlin 1912. J. Springer. — KIEHNE, S.: Der Schraubenrammpfahl. Baut. 1942. S. 195. — KRAPF: Formeln und Versuche über die Tragfähigkeit eingerammter Pfähle. Fortschr. Ing. Wiss. 1906. Gruppe 2. H. 12. — KREUTER, F.: Zur Bestimmung der Tragkraft von Pfählen. Zentralbl. d. Bauverw. 1896. S. 145, 190. — DERSELBE: Die Tragfähigkeit gerammter Pfähle. Zentralbl. d. Bauverw. 1897. S. 46. — KREUTER-KRAPF: Formeln und Versuche über die Tragfähigkeit eingerammter Pfähle. Leipzig 1906. W. Engelmann. — LEVY: Formeln und praktische Ergebnisse bei Pfählungen. Zschft. d. Österr. Ing. Arch. Ver. 1908. S. 619. — OSSANT: Formeln über die Wirkung der Rammen und Tragfähigkeit der Pfähle. Schweiz. Bauzg. 1889. S. 110. — PRESS, H.: Belastungsversuche an Rammpfählen verschiedener Größe und Form. Baut. 1934. H. 23. — RAUSCH, E.: Zur Frage der Tragfähigkeit von Rammpfählen. Bauing. 1930. S. 514. — SCHENK, W.: Zur Frage der Tragfähigkeit von Rammpfählen. Bautechn. 1938. S. 731. — STERN, O.: Das Problem der Pfahlbelastung. Berlin 1908. W. Ernst & Sohn. — TERZAGHI, K.: Die Tragfähigkeit von Pfahlgründungen. Baut. 1930. S. 475. — DERSELBE: Erdbaumechanik. Wien 1925. F. Deuticke. — WESE: Tragfähigkeit eingerammter Pfähle. Zschft. f. Bauw. 1880. S. 267. — WILL: Rammformeln und Tragfähigkeit der Pfähle. Beton u. Eisen. 1907. S. 25. — WILLMANN: Beitrag zur Beurteilung der Wirkung ruhender Lasten auf Rostpfählen. Beton u. Eisen. 1909. S. 311. — ZIMMERMANN: Die Rammwirkung im Erdreich. Berlin 1915. W. Ernst & Sohn. — DERSELBE: Die Rammwirkung im Erdreich. Beton u. Eisen. 1915. S. 188. — DERSELBE: Proberammung in den königlichen Anlagen in Stuttgart. Beton u. Eisen 1917. S. 177. — *Referate:* Englische Rammformeln. Bauing. 1922. S. 285. — Mantelreibung und Spitzenwiderstand von Pfählen. Baut. 1940. S. 530.

E. Der Nachweis der Standsicherheit der Bauwerke.

Bei jedem Bauwerk muß die Standsicherheit besonders untersucht werden. Es ist im allgemeinen stets nachzuweisen, daß die Setzungen des Bauwerkes unschädlich sein werden, daß das Bauwerk nicht gleiten kann, daß es nicht kippen kann und daß die Gefahr des Grundbruches unter dem Bauwerk nicht besteht.

I. Der Nachweis der Unschädlichkeit der Setzungen.

Setzungen lassen sich bei Bauwerken, die auf Böden gegründet sind, nicht vermeiden und sie sind gewöhnlich belanglos, wenn sie ein gewisses Maß nicht überschreiten und wenn sich überdies das ganze Bauwerk gleichmäßig setzt. Der Nachweis der Unschädlichkeit der Setzungen kann in der Regel nicht unmittelbar erbracht werden; man nützt vielfach Erfahrungen an anderen Bauwerken aus, man führt Belastungsversuche aus oder man versucht bei geschichteten oder bei bindigen Böden die Senkungen auf Grund von Versuchen in der Versuchsanstalt zu berechnen.

a) Auf Grund von Erfahrungen an anderen Bauwerken.

Bei Hochbauten werden in der Regel die Erfahrungen ausgenützt, die bei anderen Hochbauten gemacht worden sind. Diese Erfahrungen sind in Zahlentafeln zusammengestellt worden; sie geben für verschiedene Bodenarten jene Sohlspannungen bzw. Pfahllasten an, bei denen keine schädlichen Setzungen beobachtet worden sind.

Die folgenden „Richtlinien (DIN 1054)" geben einige Anhaltspunkte für die Auswahl der höchstzulässigen Sohlspannungen bzw. Pfahllasten.

Richtlinien für die zulässige Belastung des Baugrundes und der Pfahlgründungen (DIN 1054).

§ 1. Zweck der Richtlinien.

Die Richtlinien geben an, wie weit der Baugrund belastet werden darf, damit keine schädlichen Setzungen und Verschiebungen des Bauwerkes unter Einwirkung der auftretenden Lasten oder bei Erschütterungen eintreten.

§ 2. Bauwerk und Baugrund.

1. Die Pressung auf den Baugrund verteilt sich mit zunehmender Tiefe auf größere Flächen, die Pressung auf die Flächeneinheit nimmt also mit zunehmender Tiefe ab (vgl. Abb. 94). Der Grad der Ausbreitung hängt von den Eigenschaften der einzelnen Bodenschichten ab. Die Pressung ist über die Gründungsfläche ungleichmäßig verteilt. Die Wirkung benachbarter Gründungen kann sich in tiefer gelegenen Schichten überlagern (vgl. Abb. 97).

2. Die zulässige Bodenbelastung hängt von der Empfindlichkeit des Bauwerkes gegen Setzungen ab, wobei zu beachten ist, daß gleichmäßige Setzungen die Standsicherheit des Bauwerkes im allgemeinen nicht gefährden können, wohl aber ungleichmäßige Setzungen. Sind ungleichmäßige nachteilige Setzungen zu erwarten, besonders bei ungleichmäßiger Beschaffenheit des Baugrundes, sowie bei verschiedener Gründungstiefe und Gründungsart, so sind entsprechende Vorkehrungen zu treffen, z. B. Trennungsfugen oder Gelenke anzuordnen.

3. Bei Flachgründungen hängen die Setzungen ab von
    a) der Nachgiebigkeit der Bodenschichten unterhalb der Gründungssohle,
    b) der Größe der Pressungen, die in den einzelnen Bodenschichten durch die Bauwerkslast erzeugt werden (hierbei ist auch die Beanspruchung zu berücksichtigen, die durch benachbarte Bauwerke oder Gründungen entsteht (vgl. Abb. 97),
    c) der Größe und Form der Gründungsfläche, auch der benachbarten Gründungskörper.

4. Bei Pfahlgründungen hängen die Setzungen ab von der Pfahlbelastung, von der Nachgiebigkeit der Bodenschichten unter den Pfählen und von der Mantelreibung.

§ 3. Die Feststellung der Bodenschichten.

1. Möglichst vor endgültiger Wahl der Baustelle, jedenfalls aber rechtzeitig vor Festlegng der Gründungstiefe, der Gründungsart und der zulässigen Bodenpressung, muß die Tragfähigkeit des Bodens unterhalb der Gründungssohle, bei Pfahlgründungen unterhalb der Pfahlenden, ausreichend bekannt sein. Es ist zweckmäßig, die notwendigen Ermittlungen zu Beginn der Entwurfsbearbeitung und vor der Vergebung der Bauarbeiten vorzunehmen.

2. Geben die örtlichen Erfahrungen keinen ausreichenden Aufschluß, so sind Art, Beschaffenheit, Lagerung und Mächtigkeit der Bodenschichten durch Schürf- oder Bohrlöcher (vgl. DIN 4021 — Grundsätze für die Entnahme von Bodenproben — und DIN 4022 — Einheitliches Benennen der Bodenarten und Aufstellen der Schichtenverzeichnisse) festzustellen. Ihre Zahl und Verteilung richtet sich nach der Größe des Bauwerkes und der Regelmäßigkeit der Bodenschichtung. Sie sind so tief zu führen, daß die Schichten des Baugrundes erfaßt werden, die die Setzungen des Bauwerkes beeinflussen. Im allgemeinen genügt dafür eine Tiefe, die, von der Gründungssohle ab gemessen, bei Einzelgründungskörpern das Dreifache der Sohlenbreite, mindestens aber 6 [m], bei Bauwerken mit mehreren Gründungskörpern, deren Einfluß sich in tieferen Schichten überlagert (vgl. § 2), und bei Plattengründungen das Eineinhalbfache der Bauwerksbreite beträgt. Für die Bemessung der Bohrtiefen bei Pfahlgründungen ist von der Pfahlspitze an zu rechnen. Da diese Gründungsfläche (§ 5, A 1) verhältnismäßig tief liegt, darf die für Flachgründungen vorgeschriebene Bohrtiefe um etwa ein Drittel ermäßigt werden. Die Bohrungen oder Schürfungen sind tiefer zu führen, wenn die geologischen Verhältnisse es bedingen, besonders, wenn damit gerechnet werden muß, daß im tieferen Untergrunde sich weiche Schichten (Moor, Faulschlamm) oder andere Fehlstellen (Hohlräume, auswaschbares Gestein) finden.

3. Bei regelmäßigen Schichtenverlauf genügt es, von den notwendigen Bohrungen oder Schürfungen nur einige bis zur angegebenen Tiefe zu führen, während die übrigen weniger tief ausgeführt werden können.

4. Bei Ergänzung der Bohrungen durch Bodenuntersuchungen mit schwingender Last (s. § 4, B 8a, β) genügt eine geringere Anzahl von Bohrlöchern, da dieses Verfahren Aufschlüsse über den Schichtenverlauf und die Dichte des Bodens zwischen den Bohrstellen liefert.

5. Die Schürfungen und Bohrungen können durch geophysikalische und geologische Untersuchungen ergänzt werden.

6. Die Lage der Schürf- und Bohrlöcher ist im Grundriß und in den Quer- und Längsschnittzeichnungen der Gründung einzutragen. In den Quer- und Längsschnitten ist auch die Schichtenfolge anzuschreiben. Der mutmaßliche Verlauf der Schichten ist jedoch nur in ganz klaren Fällen darzustellen.

§ 4. Zulässige Belastung von Flachgründungen.

A. In zweifelsfreien Fällen.

1. Können die Eigenschaften des Baugrundes auf Grund örtlicher Erfahrungen oder auf Grund der Ergebnisse von Schürfungen oder Bohrungen einwandfrei beurteilt werden, so können im allgemeinen bei Annahme geradliniger Begrenzung der Spannungsfläche unter der Sohle die in der Zahlentafel 11 angegebenen Werte als zulässig zugrunde gelegt werden. Dabei kann der Auftrieb vom Gewicht des Bauwerkes abgesetzt werden, soweit er tatsächlich wirkt und dauernd vorhanden ist. Voraussetzung ist hierbei
    a) Die Gründungssohle muß frostfrei liegen (mindestens aber 80 [cm] unter Gelände),
    b) unter der Gründungssohle müssen überall tragfähige, gleichmäßige Bodenschichten liegen,
    c) die zu erwartenden Setzungen dürfen das für das Bauwerk zulässige Maß nicht überschreiten, was im Zweifelsfalle durch eine Setzungsberechnung nachzuweisen ist,
    d) der Baugrund darf keine nennenswerten Erschütterungen erfahren.

2. Bei ausmittiger Belastung der Gründungskörper muß die Mittelkraft mindestens um ein Sechstel der Grundkörperabmessung in Richtung der Ausmittigkeit von der gedrückten Kante entfernt bleiben.

3. Wenn bei der Berechnung der Kantenpressung alle Belastungseinflüsse berücksichtigt worden sind dürfen bei gewachsenem Boden die Werte der Zahlentafel 11, Abschnitt B, um 30% erhöht werden. Die Druck, spannung im Schwerpunkt der gedrückten Fläche darf aber die Werte der Zahlentafel 11 nicht überschreiten.

4. Liegt die Bauwerkssohle tiefer als 2 [m] unter der Oberfläche des gewachsenen Bodens, so darf die zulässige Beanspruchung um die Pressung erhöht werden, die der Baugrund — bei Berücksichtigung des Auftriebes — durch die dauernd oberhalb der Bauwerkssohle liegenden Bodenmassen erfährt, soweit diese die einzelnen Gründungskörper von allen Seiten in etwa gleicher Höhe umgeben.

Zahlentafel 11. *Zulässige Bodenpressungen unter der Gründungssohle in zweifelsfreien Fällen.*

A. Angeschütteter, nicht künstlich verdichteter Boden.

Je nach der Beschaffenheit und Dicke der Gründungsschicht sowie der Dichte und Gleichmäßigkeit ihrer Lagerung .... 0 bis 1 [kg/cm²]

B. Gewachsener (offensichtlich unberührter) Boden.

1. Schlamm, Torf, Moorerde im allgemeinen 0   „
2. Nichtbindige, festgelagerte Böden[1] (s. auch § 4, 6 und Zahlentafel 15):
   a) Fein- und Mittelsand bis zu 1 [mm] Korngröße 2   „
   b) Grobsand, Körnung 1 bis 3 [mm] 3   „
   c) Kiessand mit mindestens einem Drittel Raumteilen Kies und Kies bis 70 [mm] Korngröße 4   „
3. Bindige Böden (Lehm, Ton und Mergel[2]):
   a) breiig 0   „
   b) weich (leicht knetbar) 0,4   „
   c) steif (schwer knetbar) 0,8   „
   d) halbfest 1,5   „
   e) hart 3   „
   Bei bindigen Böden ist § 4, A 1 c besonders zu beachten.
4. Fels mit geringer Klüftung in gesundem unverwittertem Zustande und in günstiger Lagerung. Bei stärkerer Zerklüftung oder ungünstiger Lagerung sind die nachstehenden Werte um mehr als die Hälfte zu ermäßigen:
   a) in geschlossener Schichtenfolge (Grauwacke, Sandstein, Marmor, Mergelstein, Dolomit, kristalliner Schiefer, Schieferton);
   α) von geringerer Festigkeit.. 10   „
   β) in fester Beschaffenheit (über 50 [kg/cm²] Druckfestigkeit) 15   „
   b) in massiger oder säuliger Ausbildung (Granit, Syenit, Diorit, Porphyr, Diabas, Basalt, Andesit, Gneis) 30   „

---

[1] Die Körnungen sind in DIN 1179 — Körnungen für Sand, Kies und zerkleinerte Stoffe — angegeben. Enthalten Sand oder Kies so viel tonige Bestandteile, daß sie die Zustandsformen bindigen Bodens (Fußnote [2]) annehmen, so gelten für sie die Werte unter B 3. Enthalten sie humose Beimengungen, so ist die zulässige Bodenpressung je nach dem Grade der Beimengung zu ermäßigen.

[2] Die Zustandsform eines bindigen Bodens ist durch die Lage seines natürlichen Wassergehaltes zu dem Wassergehalt der Schrumpf-, Ausroll- und Fließgrenze gekennzeichnet, wobei der natürliche Wassergehalt an ungestörten und vor dem Verdunsten geschützten Bodenproben bestimmt wird.

Als Behelfsregel gilt:

Breiig ist ein Boden, der in der geballten Faust gepreßt zwischen den Fingern hindurchquillt,

weich ist ein Boden, der nur schwer knetbar ist, sich aber in der Hand zu 3 [mm] dicken Walzen ausrollen läßt, ohne zu reißen oder zu bröckeln,

halbfest ist ein Boden, der beim Versuch, ihn zu 3 [mm] dicken Walzen auszurollen, zwar bröckelt und reißt, der aber doch noch feucht ist und deshalb dunkel aussieht,

hart ist ein Boden, der ausgetrocknet ist und deshalb hell aussieht und dessen Schollen in Scherben zerbrechen.

5. Gleiche Setzungen verschieden großer Einzelgrundwerke eines Bauwerkes werden nur erreicht, wenn die größeren Grundflächen eine geringere Einheitsbelastung erhalten als die kleineren. Hierauf ist besonders bei setzungsempfindlichen Bauwerken auf bindigen Böden oder stark wechselnden Bodenschichten zu achten.

B. Ermittlung der zulässigen Belastung von Flachgründungen bei Überschreitung der Werte der Zahlentafel 11 und in schwierigeren Fällen.

6. Sondervorschriften für nichtbindige Böden.

Wenn durch besonders sorgfältige und dicht liegende Bohrungen oder Schürfungen festgestellt ist, daß sich unmittelbar unter der Gründungssohle des ganzen Bauwerkes eine gleichmäßige Schicht nichtbindigen Bodens in einer Dicke von mindestens dem Zweifachen der Breite des Gründungskörpers befindet und wenn im übrigen die Voraussetzungen des § 4, 1 a, c und d erfüllt sind, dürfen mit Rücksicht auf die Bruchsicherheit des Baugrundes die in der Zahlentafel 11 angegebenen Bodenpressungen zugelassen werden. Liegen unter dieser Schicht bindige Bodenarten, so sind diese für die Wahl der zulässigen Bodenpressung maßgebend, wenn dies ungünstiger ist. Wegen gleicher Setzungen verschieden großer Einzelgrundkörper vgl. § 4, 5.

Für Breiten zwischen 2 und 10 [m] dürfen Zwischenwerte geradlinig eingeschaltet werden. Bei Breiten über 10 [m] können höhere zulässige Spannungen nur bei Erfüllung der unter 7 angegebenen Voraussetzungen angewendet werden.

Der in § 4, 2 festgelegte Mindestabstand der Mittelkraft von der Kante des Gründungskörpers gilt auch bei Anwendung der in Zahlentafel 12, Spalte 2, angegebenen Werte. Bei Anwendung der Werte aus Spalte 3 ist er auf ein Drittel der Grundkörperbreite zu vergrößern. Zwischenwerte dürfen geradlinig eingeschaltet werden. Bei Stützmauern empfiehlt es sich im allgemeinen nicht, mit der Kantenpressung wesentlich über die Werte der Spalte 2 einschließlich der im § 4, 3 und 4 angegebenen Zuschläge hinauszugehen.

Zahlentafel 12.

Bodenart	Zulässige Bodenpressung in [kg/cm²] bei einer Breite der Gründungsfläche von	
	2 [m]	10 [m]
1	2	3
a) Fein- und Mittelsand bis zu 1 [mm] Korngröße ..	2	5
b) Grobsand, Korngröße 1 bis 3 [mm]	3	8
c) Kiessand mit mindestens einem Drittel Raumteilen Kies und Kies bis 70 [mm] Korngröße.....	4	10

Bei ausmittiger Beanspruchung ist außerdem zu beachten, daß bei der Wahl höherer Kantenpressungen mit einer stärkeren Drehung des Gründungskörpers gerechnet werden muß, so daß z. B. mit der bei niedrigen Kantenpressungen berechtigten Annahme voller Einspannung von Bauteilen in den Gründungskörpern nicht mehr mit Sicherheit gerechnet werden darf.

Die Festsetzungen des § 4, 3 und 4 gelten auch bei Anwendung der Zahlentafel 12.

7. Bestehen auf Grund der Schürf- oder Bohrergebnisse oder der Eigenart des Baues oder seiner Benutzung Zweifel über die Größe der zu erwartenden Setzungen oder sollen die Werte der Zahlentafeln 11 und 12 überschritten werden, so sind eingehendere Untersuchungen über die zu erwartenden Setzungen und gegebenenfalls über die Gefahr der Gleitflächenbildung bei versinkender Last durchzuführen. Erfahrungen an benachbarten Bauwerken können bei ungleichen Untergrundverhältnissen verwertet werden.

8. Zur Ermittlung der voraussichtlichen Setzungen ist eine anerkannte Versuchsanstalt oder ein anerkannter Fachmann zuzuziehen. Als Unterlagen für die Setzungsberechnung kommen in Betracht:

α) Bei nichtbindigen Böden:

a) Bestimmung der Kornverteilung, Lagerungsdichte und der Verdichtbarkeit,

β) Bodenuntersuchungen mit schwingungserzeugender Last (bei Bodenuntersuchungen mit schwingungserzeugender Last kann auf die zu erwartenden Setzungsunterschiede an verschiedenen Stellen des Baugrundes und auf die zulässige Bodenpressung im Baugrunde geschlossen werden),

γ) Probebelastungen mit ruhender Last.

1. Probebelastungen dürfen nur in Zusammenhang mit Bodenuntersuchungen nach § 3 vorgenommen werden. Ihr Ergebnis ist um so unsicherer, je ungleichmäßiger der Boden ist; nur bei gleichmäßigen Bodenverhältnissen ist ein Schluß auf Verhalten des Bauwerkes möglich.

2. Probebelastungen bieten in der Regel nur einen Vergleich zwischen der Zusammendrückbarkeit der oberen Teile einer Schicht an verschiedenen Stellen, lassen aber nicht ohne weiteres auf die voraussichtlichen Setzungen des Bauwerkes schließen, weil ihre Tiefenwirkung geringer ist als die des Bauwerkes und damit auch die unter ihnen entstehenden Senkungen bei gleicher Einheitsbelastung kleiner sind. Bei kleinen Lastflächen ist das seitliche Ausweichen des Bodens zu berücksichtigen.

3. Werden Probebelastungen durchgeführt, so sind Größe und zeitlicher Verlauf der Setzungen bei Belastung und Entlastung festzustellen.

b) Bei bindigen Böden:

Untersuchung ungestörter Bodenproben; Probebelastungen nur in den seltenen Fällen, in denen der Endzustand der langdauernden Setzungen abgewartet werden kann.

C. Bei Auftreten waagrechter Kräfte.

9. Wenn in der Gründungssohle des Bauwerkes auch waagrechte Kräfte auftreten, die ein seitliches Verschieben verursachen können, so ist der Nachweis zu erbringen, daß der Gleitwiderstand[1]) des Baugrundes an der Gründungssohle mindestens das Eineinhalbfache der waagrechten Seitenkraft beträgt. Günstig wirkende Verkehrslasten dürfen dabei nicht berücksichtigt werden. Der Erdwiderstand (passiver Erddruck) darf nicht in Rechnung gestellt werden, wenn die in Betracht kommenden Bauteile unter der Voraussetzung berechnet sind, daß seitliches Ausweichen nicht eintritt, oder wenn mit der Möglichkeit zu rechnen ist, daß der Boden dauernd oder vorübergehend entfernt wird.

---

[1]) S. auch DIN 1055 — Lastannahme für Bauten —, Blatt 1, II, Bemessungsregeln Abs. 4.

§ 5. Zulässige Belastung von Pfahlgründungen.

A. Anwendung von Pfahlgründungen.

1. Pfahlgründungen sind im allgemeinen nur dann standsicher, wenn sie die Last des Bauwerkes auf tragfähigen Baugrund übertragen, wenn die Pfähle also ausreichend tief[1]) im tragfähigen Baugrunde stehen. Die Tragfähigkeit des Baugrundes ist nach den Vorschriften unter § 3 und § 4, B zu ermitteln. Die von den Pfählen durch Spitzendruck und Mantelreibung übertragenen Kräfte dürfen den Baugrund im Mittel nicht höher beanspruchen, als für Flachgründungen zulässig wäre (vgl. § 4, A). Dabei ist die Gründungsfläche in Höhe der Pfahlspitzen anzunehmen und durch eine Linie zu umgrenzen, die im halben Pfahlabstand außerhalb der Randpfähle verläuft.

2. Schwimmende (schwebende) Pfahlgründungen übertragen die Bauwerkslast nicht unmittelbar auf den tiefliegenden tragfähigen Baugrund, sondern zunächst auf weniger tragfähige Schichten. Sie sind auf die Fälle zu beschränken, in denen Flachgründungen unzulässig hohe Setzungen ergeben und die Gründung auf einer tiefer liegenden, tragfähigeren Schicht zu unwirtschaftlich sein würde. Vor Baubeginn sind die Tragfähigkeit und die voraussichtlichen Setzungen der Pfähle durch eine anerkannte Versuchsanstalt oder einen anerkannten Fachmann als unschädlich nachzuweisen.

3. Pfahlgründungen sind so zu bemessen, daß die Pfähle allein die Last des Bauwerkes auf den Baugrund übertragen. Wesentliche waagrechte Kräfte sind durch Schrägpfähle aufzunehmen; bei Uferwerken können Ankerplatten und Ankerwände verwendet werden.

B. Zulässige Belastung von Pfählen und Pfahlgruppen.

4. Die zulässige Belastung der Pfähle wird durch ihre Form und Herstellungsweise beeinflußt; sie hängt beispielsweise davon ab, ob der Pfahl gerammt oder gebohrt wird, welche Länge und welchen Querschnitt er hat, ob er glatt oder rauh ist, welche Rammarbeit aufgewendet wird, ob und in welcher Weise eine Fußverbreiterung hergestellt wird.

5. Die Pfähle sollen möglichst in Richtung ihrer Achse belastet werden.

6. Stehen die Pfahlenden in nicht sehr festen bindigen Böden, so ist die Tragfähigkeit einer Pfahlgruppe kleiner als die Summe der Tragfähigkeiten der Einzelpfähle.

7. Ist mit Setzen des Bodens nach dem Einbringen der Pfähle zu rechnen, so ist die Pfahlbelastung zu ermäßigen.

8. Bei einwandfrei festgestellten Bodenverhältnissen können folgende Erfahrungswerte für die zulässige Belastung eines Rammpfahles von 5 [m] Mindestlänge zugrunde gelegt werden, wenn der Pfahl genügend tief in eine tragfähige Bodenschicht reicht und keine nennenswerten Erschütterungen auftreten:

Für runde Holzpfähle

von 30 [cm] mittlerem Durchmesser .... 30 [t],
von 35 [cm] mittlerem Durchmesser .... 35 [t],
von 40 [cm] mittlerem Durchmesser .... 40 [t],

für quadratische Stahlbetonpfähle

von 30 [cm] voller Seitenlänge .... 35 [t],
von 35 [cm] voller Seitenlänge .... 43 [t],
von 40 [cm] voller Seitenlänge .... 50 [t].

9. Für die Tragfähigkeit ist vorausgesetzt

   a) bei Holzpfählen, daß das Gewicht des Rammbären ungefähr gleich dem zweifachen Gewichte des Rammpfahles ist und daß der Pfahl unter der Schlagarbeit von 1,5 [t/m] für jeden Schlag einer langsam schlagenden Ramme nicht mehr als 40 [mm] in der letzten Hitze von 10 Schlägen zieht,

   b) bei Stahlbetonpfählen, daß das Gewicht des Rammbären ungefähr gleich dem Gewichte des Rammpfahles ist und daß der Pfahl unter der Schlagarbeit von 2 [t/m] für jeden Schlag einer langsam schlagenden Ramme nicht mehr als 30 [mm] in der letzten Hitze von 10 Schlägen zieht.

   Das Erreichen der angegebenen Maße beweist allein nicht, daß die Pfahlspitzen den tragfähigen Baugrund erreicht haben und daß sich unter ihnen nachgiebige Schichten nicht mehr befinden. Ziehen die Pfähle weniger als 40 bzw. 30 [mm], so darf ihre Belastung nicht etwa entsprechend erhöht werden.

10. Bei jeder Pfahlgründung ist für die letzten drei Hitzen das Ziehen der Pfähle zu messen und die Schlagarbeit festzustellen.

11. Die zulässige Belastung von Rammpfählen darf aus Rammformeln nur in nichtbindigen Böden und nur dann ermittelt werden, wenn die Rammformeln auf Grund örtlicher Erfahrungen und auf Grund von Probebelastungen als zuverlässig nachgewiesen werden.

---

[1]) Z. B. im festen Sande 1,5 bis 2 [m] tief.

12. Wird die zulässige Belastung eines Pfahles, der durch Schichten verschiedener Tragfähigkeit hindurchgeht, ausnahmsweise rechnerisch aus Spitzendruck und Mantelreibung ermittelt, so darf die Mantelreibung nur im Bereiche der tragfähigsten Schicht in Rechnung gestellt werden.

13. Bei Bohrpfählen, deren Mantelrohr im Boden verbleibt, darf mit Mantelreibung nicht gerechnet werden.

14. Da in manchen Fällen die in Ziff. 8 angegebenen Pfahlbelastungen oder das zulässige Ziehen ohne Gefährdung des Bauwerkes überschritten werden können, empfiehlt sich bei größeren Bauten die zulässige Pfahlbelastung durch Probebelastung nach Abschnitt C zu ermitteln. In Zweifelsfällen kann die Baupolizei ebenfalls Probebelastungen verlangen. Wenn das Bauwerk die zu erwartenden Setzungen ohne Schaden ertragen kann, gilt als zulässige Pfahlbelastung zwei Fünftel der bei den Probebelastungen gefundenen Bruchlast oder der höchsten hierbei erreichten Last. Die Bruchlast ist die Last, bei der das Versinken des Pfahles beginnt.

Werden durch mehrere Probebelastungen und durch genaue Bodenuntersuchungen die Tragfähigkeit und die voraussichtlichen Setzungen der Pfähle des Bauwerkes zuverlässig ermittelt, und werden bei Feststellung der größten Pfahllasten die ungünstigsten Fälle berücksichtigt, so können höhere Pfahlbelastungen zugelassen werden, wenn die voraussichtlichen Setzungen für das Bauwerk unschädlich sind. Stark wechselnde Pfahlbelastungen oder wesentliche Erschütterungen können zu größeren Senkungen führen.

15. Freistehende Pfähle sind auf Knicksicherheit zu untersuchen, ebenfalls Pfähle, die durch breiige Bodenschichten (Schlamm und Moor) gerammt sind, die das Ausknicken nicht verhindern.

C. Probebelastung von Pfählen.

16. Anwendung.

Durch die Probebelastung soll die zulässige Belastung der unter gleichen Bedingungen stehenden Tragpfähle des Bauwerkes ermittelt werden. Deshalb müssen dabei die Bodenverhältnisse, die Rammtiefe und die Ausbildung der Probepfähle den tatsächlichen Verhältnissen beim Bau entsprechen.

Stehen die Pfahlspitzen ausnahmsweise in nicht sehr festen bindigen Böden (vgl. § 5, A 2), so stellen sich die Setzungen sehr langsam ein, so daß ihr Endzustand bei der Probebelastung im allgemeinen nicht abgewartet werden kann.

Durch die folgenden Richtlinien soll erreicht werden, daß die Ergebnisse von Probebelastungen untereinander und mit den später zu beobachtenden Senkungen der Bauwerke leicht verglichen werden können.

17. Zahl der Probepfähle.

Die Zahl der Probepfähle richtet sich nach der Gestalt des Bauwerkes und der Beschaffenheit des Baugrundes. Bei wichtigen Bauten sollen, auch bei gleichmäßigem Baugrunde, zwei Probepfähle belastet werden.

18. Vorbereitung der Probebelastung.

Vor der Probebelastung ist die Beschaffenheit des Baugrundes nach § 3 und § 4, B festzustellen. Während der gesamten Rammdauer des Probepfahles sind seine Senkungen bei jeder Hitze von 10 oder 20 Schlägen zu messen; dabei sollen mindestens die letzten drei Hitzen aus je 10 Schlägen bestehen. Mit der Probebelastung darf erst 24 Stunden, in bindigen Böden erst 5 Tage nach dem Einrammen des Pfahles begonnen werden.

Der Probebelastung sind Erschütterungen aller Art, auch die durch den Verkehr, laufende Maschinen oder Rammarbeiten fernzuhalten, auch die gegenseitige Beeinflussung zweier Probebelastungen ist zu vermeiden.

19. Belastungsvorrichtung.

Die Belastung ist so aufzubringen, daß sie möglichst genau in der Längsachse des Pfahles wirkt, während des Versuches nicht schwankt und gegen Kippen gesichert ist. Beim Auf- und Abbauen der Last sind Stöße und Erschütterungen unbedingt zu vermeiden. Werden Wasserdruckpressen, Öldruckpressen, Schraubenspindeln oder Belastungshebel verwendet, so ist darauf zu achten, daß ihre Gegengewichte und Verankerungen so anzuordnen sind, daß der Probepfahl durch die Veränderung ihrer Beanspruchungen nicht beeinflußt werden kann. Die Pumpen der Druckpressen müssen so leistungsfähig sein, daß sie den Druck möglichst ohne Schwankungen halten können, weil andernfalls das Senkungsbild verändert wird. Vor und nach dem Versuch ist zu prüfen, ob die Druckmesser richtig anzeigen.

20. Verlauf der Probebelastung.

Die Probebelastung ist möglichst bis zum Bruch durchzuführen.

Die Last ist stufenweise zu steigern. Die Laststufen sind so zu wählen, daß die Lastsenkungslinie sich deutlich zeichnen läßt. Jede Laststufe soll so lange unverändert gehalten werden, bis der Pfahl nicht mehr meßbar nachgibt.

Nach Entlastung ist die bleibende Einsenkung zu messen, was von besonderer Bedeutung bei stark wechselnden Pfahlbelastungen ist.

21. Messungen.

Beim Messen der Senkungen des Pfahles dürfen weder die Meßgeräte noch die zum Vergleich benutzten Festpunkte durch die Bewegung der Last, des Probepfahles oder der Gegengewichte oder der Verankerung der Last beeinflußt werden. Empfohlen wird, die Senkungen gleichzeitig in verschiedener Weise zu messen, z. B. durch Meßuhren und durch Nivellieren.

22. Zugversuch.

Für auf Zug beanspruchte Pfähle können Zugversuche vorgenommen werden, die sinngemäß vorzunehmen und auszuwerten sind.

23. Aufzeichnungen.

Die Aufzeichnungen über die Probebelastung sollen folgende Angaben enthalten:

a) Eine Lageplanskizze des Bauwerkes und der Probepfähle,
b) Boden- und Grundwasserverhältnisse, Ergebnisse benachbarter Bohrungen und etwa ausgeführter bodenkundlicher Untersuchungen,
c) Herkunft, Baustoff und Abmessungen der Probepfähle, bei Stahlbetonpfählen Art und Zeit der Herstellung, Betonmischung, Zementart und Bewehrung,
d) Gestalt und Abmessungen der Pfahlenden,
e) Rammergebnisse der Probepfähle, Ziehen bei jeder Hitze, Gewicht und Fallhöhe des Rammbären, Schlagzahl in der Minute, Gewicht, Baustoffe und Abmessungen der Rammhauben, Höhenlage vom Kopf und Ende der eingerammten Pfähle,
f) bei Bohrpfählen Aufzeichnungen über den Fortgang der Bohrung und die erbohrten Bodenschichten,
g) Tag und Stunde des Beginnes und des Endes der Probebelastung, Witterung und Temperatur während der Belastung,
h) Beschreibung der Belastungs- und Meßvorrichtungen unter Beigabe von Zeichnungen, Beschreibung des Auf- und Abbringens der Last, Nachweis der amtlichen Prüfung der Druck- und Dehnungsmesser,
i) die Lastsenkungslinie mit sämtlichen gemessenen Zahlenwerten,
k) die Zeitsenkungslinie mit sämtlichen gemessenen Zahlenwerten,
l) besondere Ereignisse während der Belastung, Störungen an den Belastungs- und Meßvorrichtungen, Veränderungen der Bodenoberfläche neben dem Probepfahl, Lageänderungen der Gegengewichte und Verankerungen,
m) Angaben über das Ausziehen der Probepfähle, Zugkraft, Versuchsdauer und -verlauf, Ziehgerät.

§ 6. Einfluß von Erschütterungen.

Durch Erschütterungen, dauernde Stoßwirkungen oder starke Schwingungen infolge von Verkehr, Maschinenbetrieb oder anderen Ursachen können bei Sandboden erhebliche Setzungen entstehen. Wenn derartige Einwirkungen zu befürchten sind, sind besondere Untersuchungen durch eine anerkannte Versuchsanstalt oder einen anerkannten Fachmann anzustellen (vgl. DIN 4150 — Erschütterungsschutz im Bauwesen).

Die zulässigen Sohlspannungen, die bisher in verschiedenen Gegenden üblich oder sogar vorgeschrieben waren, weichen nicht unerheblich von jenen der „Richtlinien" ab; so sind z. B. in Wien die in der Zahlentafel 13 zusammengestellten Höchstwerte der Sohlspannungen üblich,

Zahlentafel 13.   Übliche „zulässige Einheitsbaulasten" in Wien. (Nach R. TILLMANN.)

Bodenart	Zulässige Sohldrücke [kg/cm²]
Alluvialer Wellsand, sehr feinkörnig, wenig feucht, je nach Lagerung	1,0 bis 1,5
Lehm (Ton und feiner Sand), eisenschüssig, trocken	2,0
Sand, stark lehmig, trocken	2,0
Sand (Korn bis 5 [mm]), rein, sehr feucht	2,0
Sand (Korn bis 5 [mm]), rein, trocken, fest gelagert	4,0
Lehm, weiche Konsistenzform	1,0
Löß, trocken oder erdfeucht	3,0
Alluvialer oder diluvialer Schotter, rein, gemischtes Korn, je nach Lagerung	4,0 bis 8,0
Diluvialer, stark toniger Schotter	2,0 „ 4,0
Blauer Tegel der Kongerienstufe, trocken oder erdfeucht	4,0
Grauer Tegel der sarmatischen Stufe, teilweise verfärbt, trocken oder naturfeucht	4,0
Sande, marine	5,0
Tegel, rot, grau oder grünlich (Verwitterungsprodukt des Flyschsandes), trocken oder erdfeucht	2,0 bis 3,0
Bunte Flyschmergel, naturfeucht	5,0

Bei Gründungstiefen von mehr als 1 [m] sind bei diesen Einheitslasten keine Setzungen von Wohnhausbauten über 3 [cm] zu erwarten.

wobei eine Mindestmächtigkeit der Bodenschicht von 3 [m], waagrechte Lagerung und Verhinderung einer weitgehenden Durchnässung vorausgesetzt wird. Wenn unter der Bodenschicht eine minder tragfähige liegt, so muß untersucht werden, ob die Tragfähigkeit dieser minder tragfähigen Schicht unter Bedachtnahme auf die Abnahme der Pressungen mit der Tiefe nicht überschritten werden.

Weitere „zulässige Sohlspannungen", die vielfach angewendet worden sind, geben die Zahlentafeln 14 bis 17.

Zahlentafel 14.　Übliche „zulässige Belastungen" des Bodens in frostfreier Tiefe.
(Nach H. ENGELS und A. MÜLLER.)

Bodenart	Übliche Belastung [kg/cm²]
Harter, fester Fels	20 bis 100
Sandstein, Tuffstein, Trachyt, Kalk, Kreide	7 „ 15
Mutterboden, aufgeschütteter Boden	0,5 „ 1
Schlamm, Moor	0
Mergel	3 „ 4
Sandiger Lehm	2 „ 3
Kies, festgelagert	5 „ 8
Sand	3 „ 6
Sand, fein, festgelagert	2 „ 3
Schwimmsand	0 „ 2
Lehm, Ton, trocken	3 „ 4

Zahlentafel 15.　Übliche „zulässige Einheitslasten" bei Ton. (Nach K. TERZAGHI.)

Konsistenz	Zulässige Sohldrücke [kg/cm²]
Weich	1 bis 2,5
Mittelsteif	1,75 „ 3,0
Steif	4,0 „ 6,0

Zahlentafel 16.　Zulässige größte Sohlspannungen σ nach dem New York City Building Code. (Nach PRENTIS und WHITE.)

Bodenart	σ [kg/cm²]
Weicher Lehm	1,1
Fester Lehm	2,2
Feuchter Sand	2,2
Sand und Lehm	2,2
Feiner, trockener Sand	3,3
Harter, trockener Lehm	4,4
Grober Sand	4,4
Kies	6,5
Weicher Fels	8,7 bis 10,9
Mittlerer Fels	16,4
Harter Fels	44

Zahlentafel 17.　Zulässige Lasten in Tonnen bei stählernen Festpfählen, die auf Fels stehen, nach dem New York City Building Code. (Nach PRENTIS und WHITE.)

Innenweite [mm]	Wandstärke des Stahlrohres in [mm]			
	8	9,5	11,1	12,6
250	50	58	67	74
300	65	75	85	94
350	75	85	95	104
375	85	95	105	115
400	95	105	115	125
450	115	125	135	148

Bemerkungen: Größte Pfahllänge = 40 mal Innendurchmesser; höchstens eine Pfropfstelle; Betonfüllung. Bei Unterfangungspfählen werden nun 70% obiger Lasten zugelassen.

Bei wichtigen Ingenieurbauten ist es zweckmäßig, die zulässigen Sohlspannungen auf Grund besonderer Untersuchungen festzusetzen. Das gilt besonders für Bauwerke, die sehr tief gegründet werden. So hat z. B. ein Belastungsversuch an einem Brunnen von 1,22 [m] Außendurchmesser in Chicago, der 18 [m] tief bis in eine feste Schicht von Kies und Ton abgesenkt war, ergeben, daß die Senkung unter einer Last von 854 [t] (nach Abzug der Mantelreibung), also von 73 [kg/cm²] nur 5,64 [cm] betragen hat.

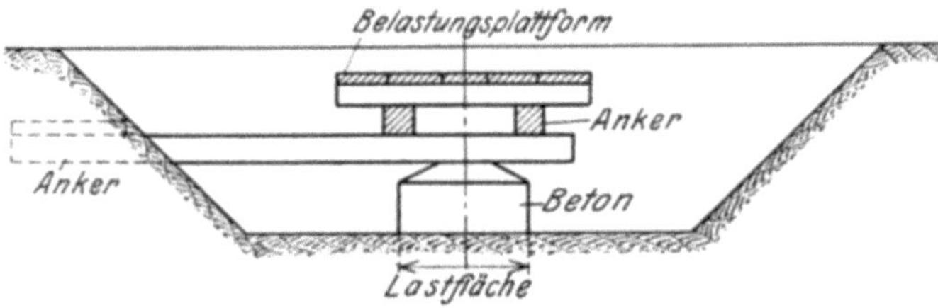

Abb. 85.   Einfache Vorrichtung zur Durchführung von Belastungsversuchen.

Schwimmsand, der bei Gründungen sehr gefürchtet ist, kann ähnlich wie andere Sande belastet werden, wenn durch Spundwände oder Versteinung vorgesorgt wird, daß er aus dem Bereiche unter dem Grundwerke nicht ausfließen kann.

b) Auf Grund von Belastungsproben.

Um die Setzungen, denen ein Bauwerk unterworfen sein wird, voraussagen zu können, sind bei wichtigen Bauwerken vielfach Belastungsversuche an Ort und Stelle vorgenommen worden.

Für die Belastungsversuche an Ort und Stelle sind verschiedene Vorrichtungen bzw. Geräte ersonnen worden. Eine ganz einfache Vorrichtung zeigt die Abb. 85. Auf den Boden wird zuerst zum Ausgleichen der Unebenheiten eine Schichte Zementmörtel aufgetragen und auf diesen die Lastfläche von etwa 900 [cm²] aus Beton gelegt,

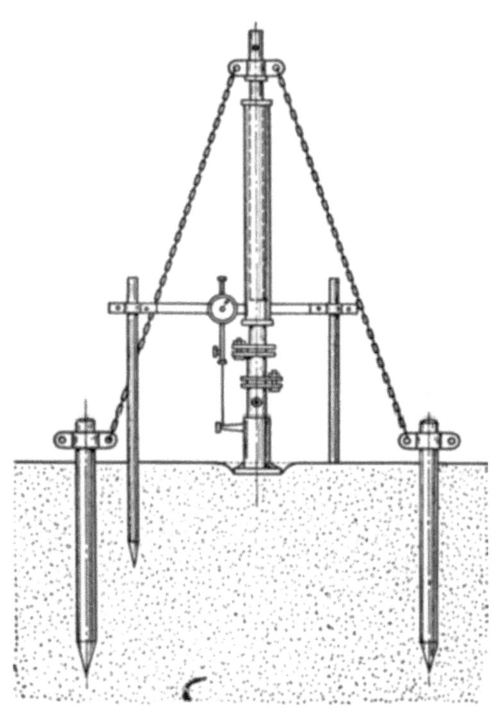

Abb. 86.   Bodenprüfer von K. Fischer.

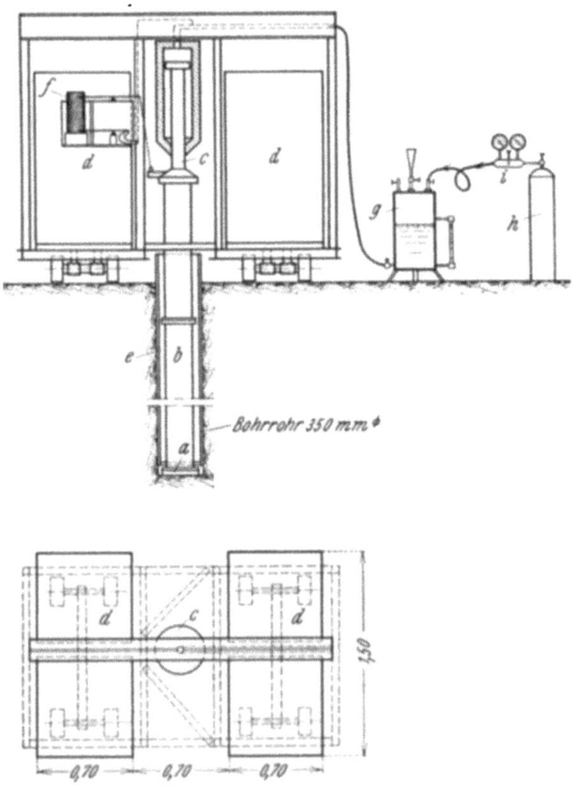

Abb. 87.   Bodenprüfer von A. Wolfsholz. *a* Prüfplatte, *b* Hohlgestänge, *c* Kolben des hydraulischen Preßzylinders, *d* Gegengewichte, *e* Futterrohr, *f* Lastsenkungsschreiber, *g* Druckwasserkessel, *i* Druckminderventil, 120/20 [at], Druckluftflasche, 120 [at].

auf die die Belastungsbühne kommt. Um ein Kippen der Last zu verhüten, werden zwei, sich unter 90° kreuzende Anker angeordnet, wie es die Abb. 85 andeutet. Die Lastsenkung wird am besten aus einiger Entfernung mittels eines Nivellierinstrumentes beobachtet.

Das Auflegen so bedeutender Lasten, wie sie die Belastungsversuche mit der zuvor beschriebenen Einrichtung erfordern, ist zeitraubend und kostspielig. Es sind daher verschiedene Versuche unternommen worden, die Belastung mittels hydraulischer Pressen durchzuführen. Als Beispiel zeigt die Abb. 86 den Bodenprüfer von K. Fischer, der die Verwendung von Last-flächen bis 1000 [cm²] und mittlere Sohlspannungen bis 20 [kg/cm²] erlaubt.

Belastungsversuche in verschiedenen Tiefen eines 350 [mm] weiten Bohrloches ermöglicht der in der Abb. 87 dargestellte Bodenprüfer von A. Wolfsholz. Er besteht aus einer Prüfplatte a, die auf die zu prüfende Fläche im Bohrloch mittels eines Hohlgestänges b und einer hydraulischen Presse c herabgedrückt wird. Die Presse c stützt sich gegen einen Träger, der beiderseits mittels Wasserkästen d oder Sandsäcken (Abb. 88) belastet ist. Die Lasten und die Senkungen werden von einem Gerät f auf einem Papierstreifen aufgezeichnet. Das zur Betätigung der hydraulischen Presse erforderliche Wasser wird einem Kessel g entnommen, in dem es mittels Preßluft unter Druck versetzt wird, die über das Druckminderventil i aus der Flasche h entnommen wird. Das Gerät ist auf einem Wagen k fahrbar aufgebaut.

Um nur eine bestimmte Schicht des Untergrundes belasten zu können, hat Fr. Kögler den sogenannten Seitendruck-apparat geschaffen. Er wird zu Belastungs-versuchen im waagrechten Sinn vom Bohrloch aus verwendet und besteht aus einer Gummiblase, die von einer Preßluft-flasche über ein Druckminderventil, einen Gasmesser und einem Druckmesser aufge-blasen werden kann. Eich-kurven ermöglichen aus dem eingeblasenen Luftvolumen und der abgelesenen Luft-spannung die Aufweitung des Bohrloches, also die Last-Senkung zu ermitteln. Vergleiche zwischen den Er-gebnissen von gewöhnlichen Belastungsproben, Seiten-druckversuchen und Bela-stungsversuchen an unge-störten Proben haben für den untersuchten Boden Elastizitätsmoduli von der-selben Größenordnung er-geben.

Als Ergebnis von Bela-stungsversuchen erhält man die Last-Senkungslinie, die aber nur für die verwendete Lastflächengröße unmittel-bar gilt. Bei bindigen Böden mit wassererfüllten Poren

Abb. 88. Bodenprüfer von A. Wolfsholz (Siemens-Bau-Union). c Druckzylinder, d Belastung durch Sandsäcke, f g Druckwasserkessel, h Preßluftflasche, i Druckminderventil, k Belastungswagen.

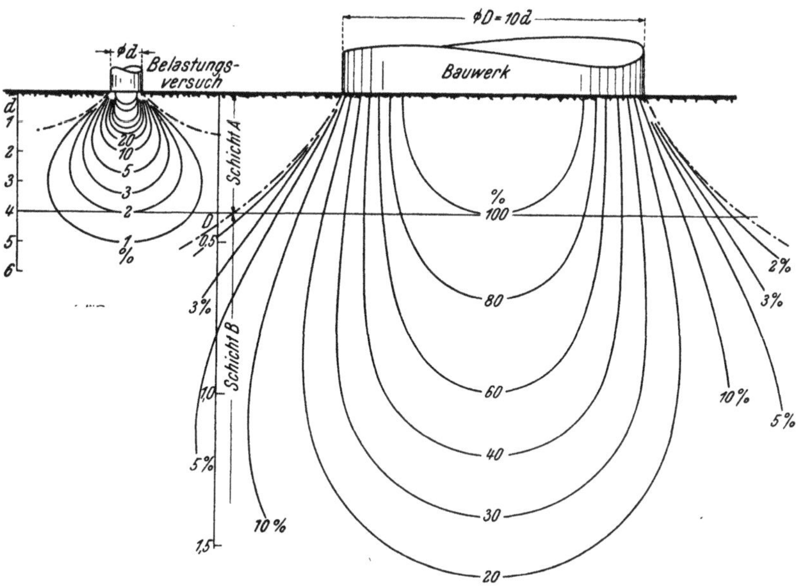

Abb. 89. Spannungsverteilung unter der Prüffläche und unter dem Bauwerk, in % der in beiden Fällen gleichen mittleren Sohlspannung.

können Belastungsversuche an Ort und Stelle kaum angeführt werden, weil das Abfließen des Porenwassers aus dem Bodenbereich unter der Lastfläche Zeiträume erfordert, die bei solchen Versuchen nicht zur Verfügung stehen.

Gegen solche Belastungsversuche sind mit Berechtigung Bedenken geltend gemacht worden. Wie ein Blick in die Darstellung der Spannungsverteilung im Boden unter der Prüffläche und unter der Lastfläche durch Linien gleicher lotrechter Normalspannungen (Isobaren) lehrt (Abb.89), betragen die lotrechten Normalspannungen in einer Tiefe unter der Lastfläche gleich dem doppelten Durchmesser einer kreisrunden Lastfläche nur etwa 10% der mittleren Spannung. Durch eine Probebelastung wird daher nur ein viel kleinerer Bereich des Bodens unter nennenswerte Spannung versetzt, als unter dem Bauwerk. Nur wenn der Boden unter dem Bauwerk bis auf eine Tiefe gleich dem 2- bis 3fachen Lastflächendurchmesser bzw. der 2- bis 3fachen Laststreifenbreite vollkommen gleichmäßige Beschaffenheit hat, stehen die beim Belastungsversuch ermittelten Senkungen in gesetzmäßigen Beziehungen zu den am Bauwerk zu erwartenden.

Über bei Versuchen beobachtete Senkungen berichten eine große Zahl von Forschern, die bald fanden, daß bei gleicher mittlerer Sohlspannung die Senkung mit der Größe der Lastfläche zunehme, bald daß sie abnehme, bald auch, daß die Größe der Lastfläche belanglos sei.

Einige Klarheit bringen Versuchsreihen, die H. PRESS auf gleichmäßigem, gewachsenem Boden in der Natur ausgeführt hat. Er beobachtete die Senkung verschieden großer Lastflächen in locker gelagertem, trockenem, feinem Sand mit einem Porenverhältnis $p = 0,42$ und einem Raumgewicht $\gamma = 1,52$ [t/m³] und in erdfeuchtem Lehmboden mit 46% feinem Sand und einem Raumgewicht $\gamma = 2,3$ [t/m³] und verwendete quadratische und rechteckige Lastflächen. Ergebnisse seiner Messungen sind in den Abb. 90 bis 93 zusammengestellt; sie klären vor allem auf, wieso verschiedene Forscher zu so widersprechenden Folgerungen aus ihren Versuchen gelangen konnten. PRESS' Versuche ergaben nämlich die überraschende Tatsache, daß

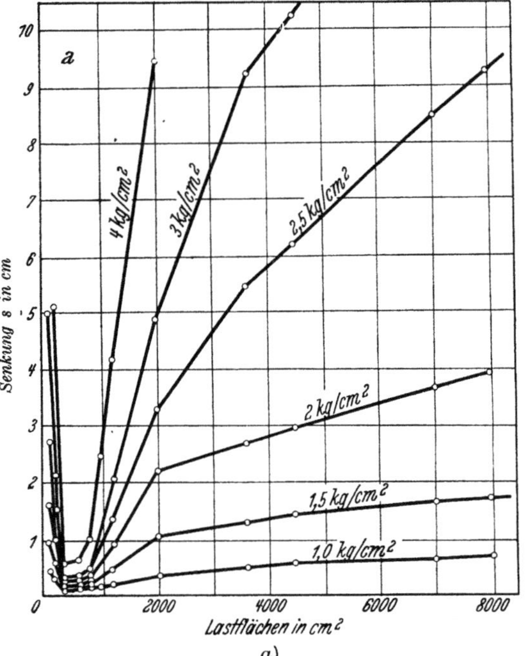

Abb. 90. Senkung verschieden großer quadratischer Lastflächen unter verschiedenen Einheitslasten in locker gelagertem, feinem, trockenem Sand mit einem Porenverhältnis von $p = 0,42$ und einem Raumgewicht $\gamma e = 1,52$ [t/m³]. *a)* Ganzer Lastflächenbereich, *b)* Bereich der kleinen Lastflächen. (Nach H. PRESS.)

bei ganz kleinen Lastflächen die Senkung mit zunehmender Lastfläche abnimmt. Es folgen dann Lastflächengrößen, bei denen die Größe für die Senkung nahezu belanglos ist und erst bei größeren Lastflächen nimmt die Senkung mit der Fläche zu. Bei Probebelastungen müssen daher die Lastflächen Größen von mindestens etwa 600 [cm²] haben.

In der Abb. 92 sind die im früher erwähnten Sand ermittelten Lastsenkungslinien für

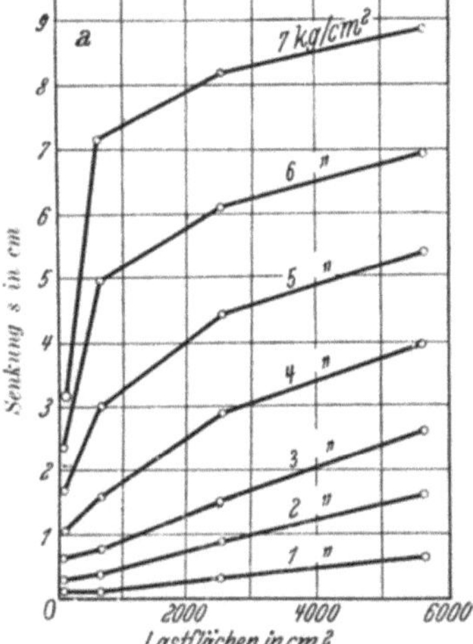

a)

25 [cm] breite, verschieden lange Lastflächen eingetragen und die Abb. 93 läßt erkennen, daß unter rechteckigen Lastflächen die Senkungen größer sind als unter gleichgroßen quadratischen.

Die Berechnung der am Bauwerk zu erwartenden Setzungen aus den gelegentlich eines Belastungsversuches ermittelten kann nur angenähert erfolgen, wenn der Boden auf hinreichend große Tiefe einheitliche Beschaffenheit aufweist. Die Abb. 94 zeigt einen lotrechten Schnitt durch den Boden unter der Lastfläche mit dem vereinfacht angenommenen Tragkörper, dessen Begrenzung unter $1 : n$ geneigt ist; gewöhnlich wird $n = 1$ gesetzt. Die Spannungsverteilung längs einer waagrechten Ebene im Boden sei, wieder vereinfacht, ,,rechteckig''.

Man betrachtet nun eine Bodenschicht von der Dicke d in der Tiefe z unter der Bodenoberfläche. Unter dem Einfluß der Druckspannung σ_z ändert die Schicht von der Dicke d ihre Höhe um ds und es gilt, wenn E den Elastizitätsmodul bezeichnet

$$\frac{d\,s}{d\,z} = \frac{\sigma}{E}. \tag{160}$$

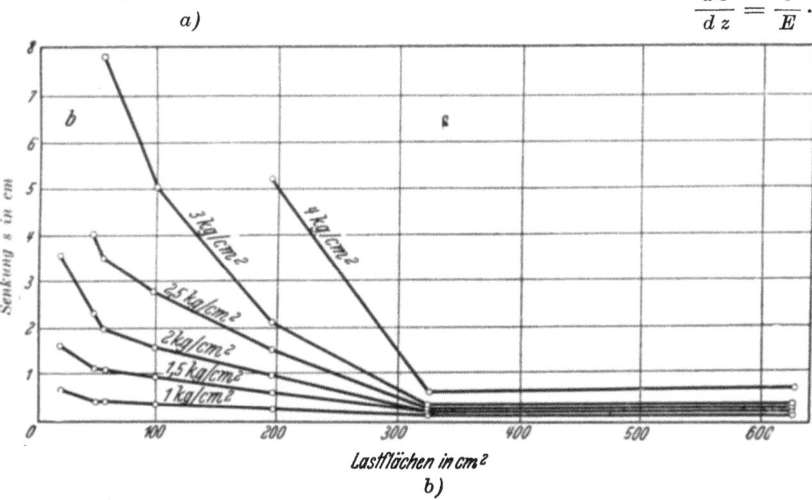

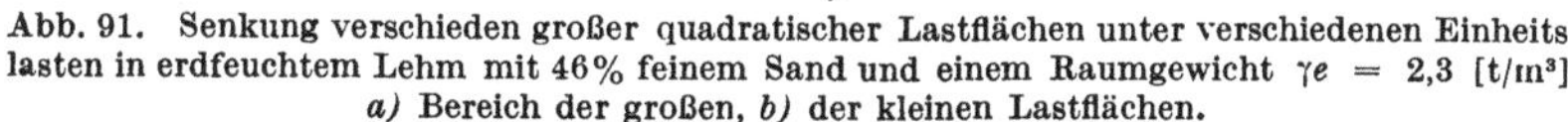

b)

Abb. 91. Senkung verschieden großer quadratischer Lastflächen unter verschiedenen Einheitslasten in erdfeuchtem Lehm mit 46% feinem Sand und einem Raumgewicht $\gamma e = 2,3$ [t/m³]. a) Bereich der großen, b) der kleinen Lastflächen.

Abb. 93. Lastsenkungslinien im Sand unter quadratischen (— —) und rechteckigen (—) 25 [cm] breiten Lastflächen. (Nach H. Press.)

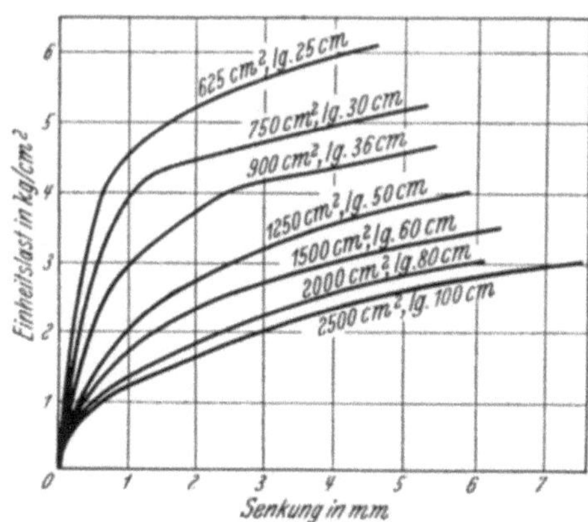

Abb. 92. Lastsenkungslinien ermittelt im Sand unter 25 [cm] breiten, verschieden langen Lastflächen. (Nach H. Press.)

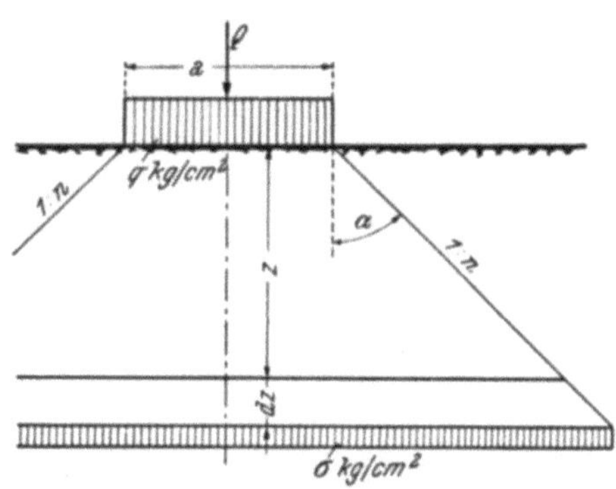

Abb. 94. Vereinfachter Tragkörper.

Bei einer quadratischen Lastfläche von der Seitenlänge a, die mit der mittleren Last q [kg/cm²] belastet wird, beträgt die Spannung in der Tiefe z unter der Lastfläche

und es ist

$$\sigma = \frac{a^2\,q}{(a + 2\,n\,z)^2} \tag{161}$$

$$d\,s = \frac{d\,z}{E} \cdot \frac{a^2\,q}{(a + 2\,n\,z)^2}\,,\qquad(162)$$

die Gesamtsenkung hat die Größe

$$s = \int\limits_0^z d\,s = \frac{a^2\,q}{E} \int\limits_0^z \frac{d\,z}{(a + 2\,n\,z)^2} = \frac{q}{E} \cdot \frac{a\,z}{a + 2\,n\,z}\,.\qquad(163)$$

Ähnlich ergibt sich für eine kreisrunde Lastfläche vom Halbmesser r

$$s = \frac{q}{E} \cdot \frac{r\,z}{r + n\,z}\,,\qquad(164)$$

für eine lange Streifenlast von der Breite b

$$s = \frac{q\,b}{E \cdot 2\,n}\,\ln\frac{b + 2\,n\,z}{b}\qquad(165)$$

und für eine rechteckige Lastfläche mit den Seitenabmessungen a und b

$$s = \frac{q}{E}\,\frac{a\,b}{2\,n\,(a - b)}\,\ln\frac{a^2\,(1 - b) - a\,(b + 4\,n\,z)}{b^2\,(1 - a) - b\,(a + 4\,n\,z)}\,.\qquad(166)$$

Der in die Gleichungen für die Senkung s einzuführende Elastizitätsmodul des Bodens wird aus den Ergebnissen eines Belastungsversuches ermittelt. Bezeichnet t die Dicke der belasteten Schicht, q die gleichmäßig verteilt angenommene Sohlspannung, E den Elastizitätsmodul des Bodens, so gilt in jenem Bereiche der Lastsenkungslinie, in der Last σ und Senkung s annähernd proportional sind

$$\frac{s}{t} = \frac{q}{E}\,.\qquad(167)$$

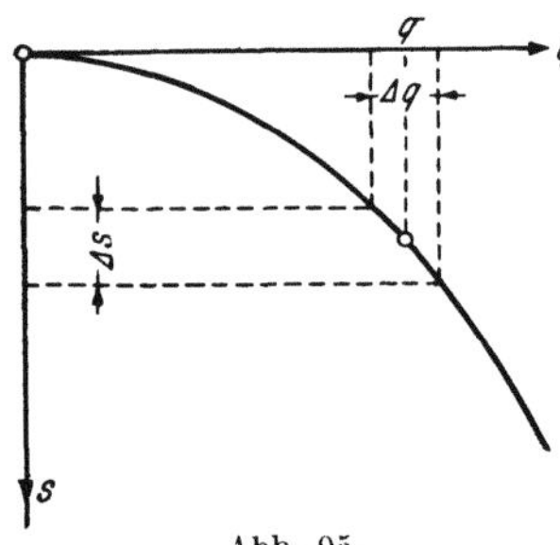

Abb. 95.

Diese Gleichung gilt streng nur für Stoffe, die dem HOOKEschen Gesetz gehorchen. Bei Böden ändert sich schon in dem in Betracht kommenden Lastbereich der Elastizitätsmodul mit der Einheitslast. Dann wird der Elastizitätsmodul E, der der Lastsenkungsberechnung zugrunde zu legen ist, aus der Beziehung (vgl. Abb. 95)

$$E = t\,\frac{\Delta q}{\Delta s}\qquad(168)$$

berechnet, in der t, wie früher die ursprüngliche Dicke der belasteten Schicht bedeutet. Wie es die Abb. 95 andeutet, werden Δq und Δs aus der durch einen Versuch ermittelten Lastsenkungslinie in jenem Bereiche entnommen, der um die Einheitslast q des zu gründenden Bauwerkes liegt.

Um die Größenordnung der Elastizitätsmoduli zu zeigen, die bei Böden vorkommen, seien nach KÖGLER und SCHEIDIG einige Zahlenwerte angeführt:

Kiessand, dicht $\dots\dots\dots\dots\dots\dots\dots\dots$ $E = 1000$ bis 2000 [kg/cm²]
Sand, dicht $\dots\dots\dots\dots\dots\dots\dots\dots\dots$ $E = 500$,, 800,,
Sand, locker $\dots\dots\dots\dots\dots\dots\dots\dots$ $E = 100$,, 200,,
Ton, halbfest $\dots\dots\dots\dots\dots\dots\dots$ $E = 80$,, 150,,
Ton, steifplastisch $\dots\dots\dots\dots\dots\dots$ $E = 40$,, 80,,
Ton, weichplastisch $\dots\dots\dots\dots\dots$ $E = 15$,, 40,,
Klei, Schlick $\dots\dots\dots\dots\dots\dots\dots$ $E = 5$,, 30,,
Torf $\dots\dots\dots\dots\dots\dots\dots\dots\dots\dots$ $E = 1$,, 5,,

Die Umrechnung der bei einem Belastungsversuche ermittelten Senkung auf die am Bauwerk zu erwartende kann nun annähernd in der folgenden Weise erfolgen. Bezeichnet der Index 1 Größen beim Belastungsversuch und der Index 2 solche am Bauwerk, so gilt z. B. bei quadratischen Lastflächen von der Seitenlänge a

$$\frac{s_1}{s_2} = \frac{\dfrac{q_2}{E_2}\,\dfrac{a_2\,y_2}{a_2 + 2\,n\,y_2}}{\dfrac{q_1}{E_1}\cdot\dfrac{a_1\,y_1}{a_1 + 2\,n\,y_1}} = \frac{q_2\,a_2\,y_2\,E_1\,(a_1 + 2\,n\,y_1)}{q_1\,a_1\,y_1\,E_2\,(a_2 + 2\,n\,y_2)}\,.\qquad(169)$$

Wenn nun $q_2 = q_1$, $E_2 = E_1$, $y_2 = y_1 = t$ und $n = 1$ gesetzt werden darf und $a_2 = \alpha\, a_1$ ist, so gilt für die Senkung des Bauwerkes

$$s_2 = s_1 \cdot \alpha \cdot \frac{a_1 + 2\,t}{\alpha\, a_1 + 2\,t} \cdot \tag{170}$$

Der Bruch hat eine Größe etwas kleiner als eins; das Ergebnis steht also durchaus im Einklang mit der Erfahrung.

Wenn Bauwerke nahe nebeneinander errichtet werden, so muß auch bei gleichmäßiger Bodenbeschaffenheit nicht nur mit lotrechten Senkungen, sondern auch mit Neigungen der Bauwerke gegeneinander gerechnet werden. Anschaulich erläutert dies ein Blick in die Abb. 96, in der zwei nahe beisammenstehende Bauwerke und die unter diesen liegenden Tragkörper vereinfacht dargestellt sind. Wenn angenommen wird, daß in irgend einer Tiefenlage in einer waagrechten Ebene A—B die Spannungen in jedem Tragkörper nach einem Dreieck (Abb. 96a) bzw. nach einem Rechteck (Abb. 96b) verteilt seien, so ergibt sich wegen der Überschneidung der Tragkörper die aufgetragene resultierende Spannungsverteilung unter der Bauwerksgruppe, die ungleichmäßige Senkungen unter den Bauwerken bewirken muß. Dort, wo die Bauwerke am nächsten aneinanderreichen, treten die größten Senkungen auf und die beiden Bauwerke neigen sich daher gegeneinander. Wie immer auch die Spannungsverteilung unter den Einzelbauwerken angenommen wird, stets ergeben sich die größten resultierenden Spannungen im selben Bereiche unter den Bauwerken.

Wenn an ein bestehendes Bauwerk ein anderes angebaut wird, so treten infolge der Errichtung des Neubaues auch unter dem bestehenden Bauwerk im Boden zusätzliche Spannungen auf (Abb. 97), die ungleichmäßige Setzungen und daher eine Neigung des bestehenden Bauwerkes gegen den Neubau bewirken.

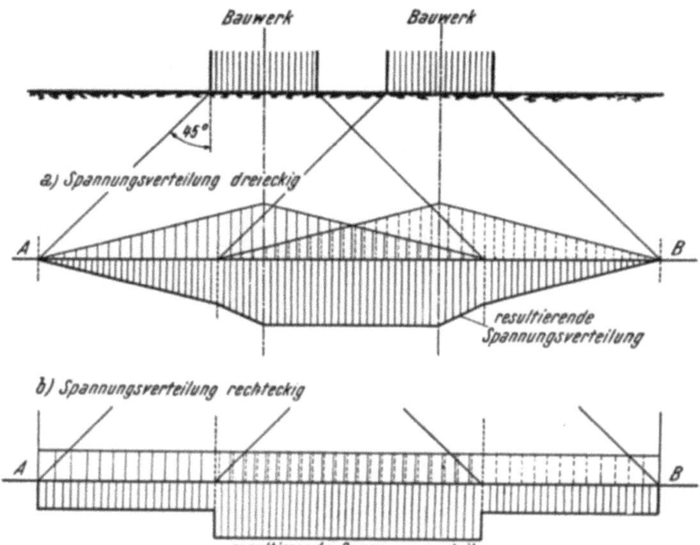

Abb. 96. Resultierende Spannungsverteilung im Boden unter benachbarten Bauwerken.

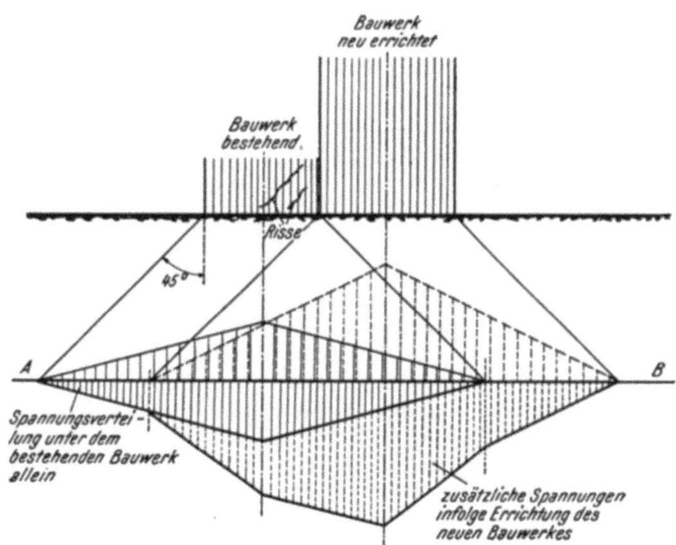

Abb. 97. Änderung der Spannungsverteilung im Boden infolge eines Neubaues.

Überdies nimmt der Neubau infolge der Reibung in der Fuge das alte Bauwerk mit und bewirkt dadurch Schrägrisse im bestehenden Bauwerk.

Wenn in einer Bauwerksgruppe einzelne Bauwerke als Speicher dienen (Silos od. dgl.), so bewirkt die wechselnde Nutzlast nicht nur Bewegungen des Speichers, sondern bei geringem Abstand vom Nachbarbauwerk auch Bewegungen des letzteren, die, besonders wenn zwischen den Bauwerken Transporteinrichtungen einzubauen sind, zu beachten sind.

c) Setzungsbeobachtungen an Bauwerken.

An entstehenden und an bestehenden Bauwerken sollen laufend Setzungsbeobachtungen durchgeführt werden, um einerseits jederzeit über die Sicherheit des Bauwerkes unterrichtet zu sein und um anderseits der erdbaumechanischen Forschung wertvolle Beobachtungsergebnisse zu liefern. Die Durchführung der Setzungsbeobachtungen regeln die „Richtlinien für die Beobachtung der Bewegung entstehender und fertiger Bauwerke, DIN 4107", die besagen:

§ 1. Zweck der Beobachtungen. Messungen eintretender Bewegungen sind in möglichst vielen Fällen an entstehenden und an fertigen Bauwerken aller Art in verschiedenen Belastungszuständen auf gutem und schlechtem Baugrund durchzuführen. Zweck der Messung ist die Feststellung des Verhaltens der verschiedenen Baugrundarten unter Belastung, im besonderen die Gewinnung von Vergleichswerten zwischen den Ergebnissen statischer Probebelastungen oder dynamischer Baugrunduntersuchungen und den wirklichen Bewegungen von Bauwerken oder Bauwerksteilen, ferner die Nachprüfung der Voraussagen von Bauwerkssetzungen nach bodenphysikalisch-erdbaumechanischen Verfahren. Die Feststellung von Änderungen ist

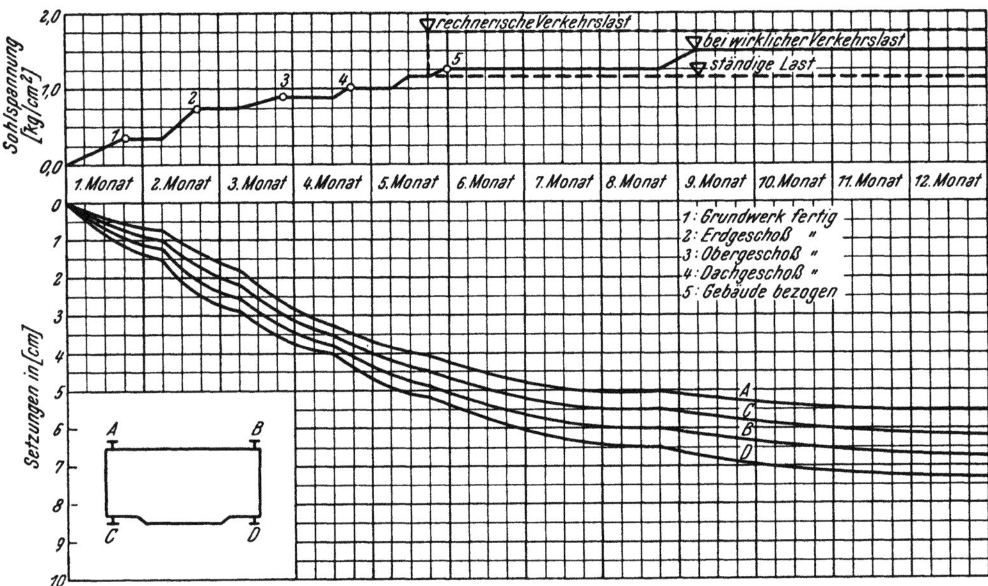

Abb. 98. Darstellung der Setzungsbeobachtungen an einem Bauwerk nach DIN 4107.

auch an bereits zur Ruhe gekommenen Bauwerken von Wichtigkeit, wenn diese von neuem unter dem Einflusse später in der Nähe aufgeführter Bauten, Grundwasserabsenkungen, Bergbau usw. in Bewegung geraten, ebenso an benachbarten Bauwerken, wenn ein Einfluß des neuerrichteten Bauwerkes auf die Nachbarschaft vermutet werden kann, ferner auch bei der Denkmalpflege zur Beurteilung, ob Risse zeigende alte Bauwerke noch in Bewegung sind und welche Ursachen gegebenenfalls dafür vorliegen. Alle derartigen Messungen sind nicht nur eine Forderung der wissenschaftlichen Forschung, sondern dienen ebensosehr den wirtschaftlichen Belangen aller am Bauen Beteiligter.

§ 2. Lage und Zahl der Meßpunkte und Meßverfahren. Bei der Durchführung der Messungen sind nicht nur die Höhen des zu beobachtenden Bauwerkes einzumessen, sondern gleichzeitig die Grundwasserstände und die Wasserstände etwa vorhandener benachbarter Wasserläufe zu beobachten. Außerdem ist festzustellen, ob das Bauwerk ein Verkanten oder seitliche Verschiebungen erleidet.

Vorzusehen sind so viele Meßpunkte, daß die Bewegungen des Bauwerkes in allen seinen wesentlichen Teilen zuverlässig beobachtet werden können, mindestens aber an drei möglichst weit voneinander entfernten Stellen. Jede Meßstelle ist genau zu bezeichnen. Die Bezeichnung ist deutlich und dauernd sichtbar neben der Meßstelle (Bolzen usw.) anzubringen.

Bei jeder Messung sind die Größe der Bodenbelastung und ihre Verteilung auf die Bauwerkssohle festzustellen (Vordruck H 3, Abb. 98).

a) *Lotrechte Bewegungen* (Setzungsmessungen).

α) Die lotrechten Bewegungen werden bei Bauwerken im allgemeinen mit Nivellements festgestellt. Da für den Vergleich der auf den Ergebnissen von Verdichtungsversuchen beruhenden Setzungsvoraussagen mit den wirklichen Bauwerkssetzungen die Kenntnis des gesamten Setzungsvorganges notwendig ist und, · besonders bei tonhaltigen, noch nicht vorbelasteten oder längere Zeit entlasteten Böden, die Anfangssetzungen bei verhältnismäßig kleinen Anfangsbelastungen einen wesentlichen Anteil der Gesamtsetzung eines Bauwerkes ausmachen, so kommt es auf die Anfangssetzungen besonders an. Die Meßpunkte sind daher möglichst nahe der Bauwerkssohle anzubringen. In der Regel sind für die Messung an den Meßpunkten eiserne Bolzen so haltbar einzumauern oder einzubetonieren, daß sie nicht nur während des Baues, sondern auch nachher jederzeit leicht zugänglich bleiben und vor Beschädigungen während der Bauarbeiten wirksam geschützt werden können. Auf diese Bolzen darf nur verzichtet werden, wenn andere Marken vorhanden sind, wie z. B. Sockel, Füße stählerner Säulen, Anschlagkanten oder ähnliches, deren Dauer und Unwandelbarkeit gesichert ist und die das Messen stets genau in ein und demselben Punkte gestatten.

β) Setzungen und Setzungsunterschiede von Bauteilen, namentlich im Inneren von Gebäuden, können auch mit einer beweglichen oder fest eingebauten Schlauchwaage bestimmt werden. Dieses Verfahren ist auch bei Messungen an längeren Brücken anwendbar.

γ) Um einen Anhalt für die Zusammendrückung der einzelnen Bodenschichten unter der Sohle eines Bauwerkes zu erhalten, kann es sich in besonderen Fällen empfehlen, Grundmeßpunkte einzubauen. Die Setzungen werden unmittelbar an einem Maßstab abgelesen.

Soll die Gesamtsetzung eines Bauwerkes festgestellt werden, so muß ein Markpunkt dadurch geschaffen werden, daß der tiefste Grundmeßpunkt in einem praktisch nicht nachgebenden Teil des Untergrundes angeordnet wird, z. B. gesunder Felsen von genügender Mächtigkeit oder tiefliegende Bodenschichten, auf die die Bauwerkslast keine merkliche Verdichtung mehr ausübt (Tiefenfestpunkt).

Sollen nur die Setzungsanteile einzelner Schichten festgestellt werden, so sind in den entsprechenden Tiefen Grundmeßpunkte anzulegen, deren Lage sich gegeneinander und gegen den Markpunkt ändern kann.

δ) Frosthebungen auf Straßen sind entweder durch Nivellement oder durch Messen der Abstände der Straßenoberfläche von einem gespannten Draht festzustellen.

Bei Bolzen ist, sobald die Einmauerung oder Einbetonierung genügend erhärtet ist, die Höhe und Lage in bezug auf einen geeigneten Höhenfestpunkt, besser auf zwei, festzustellen. Der Festpunkt soll frostsicher eingebaut und von dem Bauwerk leicht zu erreichen sein, muß aber so weit entfernt sein, daß eine Änderung seiner Höhe durch Errichtung des Bauwerkes oder andere Einwirkungen, z. B. Errichtung weiterer Bauwerke, mit Sicherheit ausgeschlossen ist. Ist ein solcher Festpunkt in erreichbarer Nähe nicht vorhanden, so ist er an einer geeigneten Stelle neu zu schaffen und in seiner Lage auch gegen Frosteinflüsse unbedingt zu sichern. In der Regel ist er an das Höhennetz der Landesaufnahme anzuschließen, damit etwaige Änderungen seiner Höhenlage, z. B. durch benachbarte bauliche Eingriffe, jederzeit festgestellt werden können. In Bergbaugebieten werden solche Festpunkte in erreichbarer Nähe meist nicht vorhanden sein und kaum neu geschaffen und gesichert werden können. Dort sind besondere Verfahren anzuwenden, um die Setzungen eines Bauwerkes festzustellen.

b) *Waagrechte Bewegungen* (seitliche Verschiebungen).

Die waagrechten Bewegungen werden am besten durch wiederholte Längenmessungen an Festpunkten, die möglichst nicht über eine Bandmaßlänge hinaus voneinander entfernt sind, oder durch Einschneiden mit dem Theodoliten bestimmt.

c) *Neigungen* (Verkanten).

Neigungen der Bauwerke sind mit Theodolit oder Wasserwaage zu bestimmen. Im Inneren von Bauwerken wie auch an vollständig windgeschützten Stellen kann dazu auch ein festeingebautes Lot angewendet werden.

§ 3. Zeitabstände, Einstellen und Wiederaufnahme der Messungen. a) Die *Zeitabstände* richten sich: nach der Bodenart (bindige oder nichtbindige Böden), nach dem Baufortschritt des Bauwerkes (Teilbelastung), nach dem Fortschreiten der Bodenzusammendrückung durch das fertige und in Betrieb genommene Bauwerk (Vollbelastung) nach äußeren Einflüssen an der Baustelle und in der Umgebung, z. B. Betriebsaufnahme, wie Füllung und Entleerung von Tanks und Speichern, Inbetriebnahme von Maschinen u. a., Grundwasserabsenkungen in der Nachbarschaft, Rutschungen, Bergschäden, Abbaufortschritt im Bergbau, Ausführung von größeren Bodenbewegungen, Schachtbauten, Rammungen, Verkehrserschütterungen, Erdstöße, Erdfälle, Frostzeiten, Überschwemmungen der Baustelle, Grundwasserhebungen und -senkungen, etwa infolge Hochwassers oder außergewöhnlich niedrige Wasserstände benachbarter Wasserläufe.

Allgemein sollen bei einem Bauwerk während der Ausführung und nach der Fertigstellung und Inbetriebnahme die Messungen möglichst so häufig vorgenommen werden, daß in allen Fällen eine vollständige Darstellung des Belastungs- und Senkungsverlaufes aufgezeichnet werden kann.

Während der Ausführungszeit des belastenden Bauwerkes ist mindestens zu den Zeitpunkten zu messen, wo $\frac{1}{4}$, $\frac{2}{4}$, $\frac{3}{4}$ und $\frac{4}{4}$ der ständigen Last erreicht sind, wenn nicht das Eintreten besonders starker Setzungen geringere Zeitabstände notwendig erscheinen läßt. Wird die Bauausführung längere Zeit unterbrochen, so ist mindestens am Anfang und am Ende der Unterbrechung je eine Messung auszuführen. Ist die Möglichkeit gegeben, daß sich während der Unterbrechung der Untergrund bei der vorhandenen gleichbleibenden Belastung noch weiter zusammendrückt, so sind auch während der Unterbrechung Messungen auszuführen.

b) *Einstellen der Messungen.* Nach der Fertigstellung des Bauwerkes und bei Aufnahme oder Unterbrechung des Betriebes sind die Messungen so lange fortzusetzen, bis sich längere Zeit hindurch an den Meßpunkten keine meßbaren Bewegungen mehr gezeigt haben. Als Mindestzeitraum ist eine Zeit von einem Jahr nach die Fertigstellung anzunehmen, bei tonigem Untergrund sind 5 bis 10 Jahre erstrebenswert.

c) *Wiederaufnahme der Messungen*. Neue Messungen müssen durchgeführt werden, wenn durch die Aufführung anderer Bauwerke in der Nähe des beobachteten Bauwerkes durch Grundwasserabsenkungen oder ähnliche Einflüsse eine neue Bewegung des Bauwerkes sich bemerkbar gemacht hat oder zu erwarten ist.

§ 4. Aufzeichnung der Meßergebnisse und der sonstigen für die Beurteilung erforderlichen Angaben. Die Messungen sind fortlaufend in einer Tafel nach Vordruck H 1 (Zahlentafel 18) aufzuzeichnen und in ein Schaubild (Abb. 98) einzutragen. Diese Angaben sowie die Beantwortung des Fragebogens die möglichst durch Skizzen zu ergänzen ist, sollen Aufschluß geben über:

Art, Standort und Lage des Bauwerkes; Grundriß des Gründungskörpers, Quer- und Längsschnitt des Bauwerkes; Art der Gründung; Belastung des Baugrundes in der Gründungssohle;

Ort und Ergebnisse von auf der Baustelle ausgeführten Bohrungen oder Schürfungen sowie von statischen Probebelastungen oder dynamischen Bodenuntersuchungen;

Befund etwa im Laboratorium vorgenommener erdstoffphysikalischer Untersuchungen;

etwaige starke Erschütterungen vor, während oder nach Ausführung des Bauwerkes, die Veranlassung zum Zusammenrütteln des Baugrundes geben konnten;

sonstige während der Beobachtungszeit an der Baustelle oder in ihrer näheren Umgebung eingetretenen besonderen Erscheinungen, die von Einfluß auf die Ablesungen oder von Bedeutung für ihre Beurteilung sein können u. a. m.

Für jedes Bauwerk sind ein besonderer Fragebogen und die entsprechenden Vordrucke auszufüllen. Wiederkehrende Beantwortungen brauchen nur auf einem Fragebogen gegeben werden, auf den zu verweisen ist.

Fragebogen.

Vorbemerkung.

In der Lageplanskizze (3) ist die Umgebung der Baustelle genau anzugeben. Namentlich sind dabei auch Besonderheiten des Geländes, wie Wasserläufe, offene Wässer, bergbauliche Anlagen, Hänge, Sumpfbildungen usw., also alles, was einen Einfluß auf die Setzung der zu beobachtenden Bauwerke haben kann, zu vermerken. Vor allem sind Ungleichförmigkeiten des bebauten Bodens selbst zu erwähnen (13). Im Lageplan (3) soll auch die Lage der Bohrlöcher und Schürfe (14) eingetragen werden. Die Geländeform (4) ist kurz zu kennzeichnen, wie z. B. flach, hügelig, am Hang, im Bruch usw. Zur genauen Angabe der Abmessungen (7) ist zweckmäßig eine Zeichnung beizufügen, die Grundriß und Lage der Gründungskörper und Quer- und Längsschnitte des Bauwerkes enthält, aus denen im besonderen die Form und Größe der Grundplatte zu erkennen ist. In der Zeichnung sollen alle wichtigen Angaben enthalten sein, z. B. auch die Gründungssohle, bei Pfahlgründungen die Ordinate der Pfahlspitze, Länge, Durchmesser und Querschnittsform der Pfähle, Pfahlart usw.

1. Art des Bauwerkes?
2. Ortsbezeichnung?
3. Lageplanskizze (Anlage)?
4. Geländeform (eben, hügelig usw.)?
5. Beginn der Bauarbeiten?
6. Beendigung der Bauarbeiten?
7. Abmessungen des Bauwerkes (Hinweis auf Zeichnungen)?
8. Art der Gründung: a) Flachgründung? b) zwischen Spundwänden? c) Pfahlgründung? d) Senkkastengründung od. dgl.? e) Künstliche Bodenverfestigung?
9. Bei Gründungen mit Rammpfählen: a) Art der Ramme? b) Gewicht des Rammbären? c) Fallhöhe des Rammbären? d) Anzahl der Schläge in der Minute? e) Maß der Einsenkung während der letzten Hitze 1. bei den Probepfählen, 2. bei den endgültigen Pfählen? f) Wasserdruck beim Einspülen? g) Anzahl und Durchmesser der Spülrohre?
10. Grundwasserstand: a) vor Beginn der Ausschachtungsarbeiten? b) nach Fertigstellung des Bauwerkes?
11. Chemische Beschaffenheit des Grundwassers: a) Ist der Boden oder das Wasser sulfathaltig? b) Enthält das Wasser aggressive Kohlensäure ($H_2[CO_2]$)? c) Ist das Wasser stehend oder fließend? d) Welche Schutzmaßnahmen und Isolierungen sind vorgenommen worden?
12. Wasserhaltung während der Bauausführung: a) Art? b) Beginn? c) Ende?
13. Bei Grundwasserabsenkung während der Bauzeit: a) Höhe des ursprünglichen Grundwasserspiegels? c) Reichweite der Absenkung?
14. a) Bodenart in der Höhe der Gründungssohle? b) Art der Lösung des Bodens in den verschiedenen Schichten?
15. Bodenarten in den Bohrlöchern oder Schürfen in der Nähe des Bauwerkes (Schichtenverzeichnisse in der Anlage)?
16. a) Belastung des Baugrundes in der Gründungssohle in [kg/cm²] durch das Bauwerk? Ist dabei Vorbelastung getrennt nach den einzelnen Bodenschichten und Auftrieb berücksichtigt? b) Belastung der Pfähle bei Pfahlgründungen?
17. a) Ergebnis statischer Probebelastungen 1. an der Oberfläche? Größe der Lastfläche? 2. Im Bohrloch? Größe der Lastfläche? 3. durch Probepfähle? Pfahldurchmesser? b) Ergebnis dynamischer Bodenuntersuchungen. 1. Kennziffer für die Tragfähigkeit? 2. Größe der gemessenen Setzungen? 3. Versuchsanstalt?

Zahlentafel 18. Messung der Höhen und seitlichen Verschiebungen.
(Vordruck H 1 nach DIN 4107)

An der Baustelle des ____   (Hier Skizze über die Lage der Bezugsgeraden)

zu ________________________________   — = Senkung, + = Hebung.

1	2	3		4	5	6		7	8	9	10	11		12
Bezeichnung des Meßpunktes	a) Ursprungsmessungen (U) b) Neumessungen (N)	Zeit		Lufttemperatur	Höhe über N.N.	Rechtwinkeliger Abstand von zwei Bezugsgeraden		Unterschied zwischen den gemessenen Höhen, Spalte 5	Unterschied zwischen den gemessenen Abständen, Spalte 6	Grundwasserstand über N.N.	Wasserstand benachbarter Wasserläufe über N.N.	Richtigkeitsbescheinigung der		Bemerkungen
		Tag	Stde.	Grade	[m]	[m]		[mm]	[cm]	[m]	[m]	Messung Name	Ausfüllung im Büro Name, Tag	
A	a) U b) N	1. 9. 34 8. 10. 34	11 10	+ 14 + 18	+ 27,500 + 27,493	102,20 102,20	75,10 75,10	— 7	0	0	+ 16,50 + 16,80	+ 16,15 + 16,20	X X	
B	a) U b) N													
C	a) U b) N													
D	a) U b) N													

In der Spalte „Bemerkungen" ist einzutragen, ob besondere Erscheinungen, wie Überschwemmungen, Hochwasser und besonders niedrige Wasserstände benachbarter Wasserläufe, oder besondere Bauvorgänge, wie Ausführung von größeren Erdarbeiten, Rammarbeiten und Schachtbauten, oder starke Erschütterungen durch Verkehr und Maschinen oder Vorkommen von Rutschungen und Bergschäden in der Nähe der Baustelle und bemerkenswerte Witterungseinflüsse, wie Frost oder anderes, die Setzungen beeinflußt haben.

18. a) Sind bodenphysikalische Untersuchungen durchgeführt worden? b) Laboratorium? c) Entnahmestelle der Bodenproben (Lageskizze und Schichtenverzeichnisse beifügen).

19. a) Liegt eine Setzungsvorausberechnung vor? b) Von welcher Stelle? c) Mit welchen Werten?

20. a) Sind in der näheren Umgebung der Baustelle bereits für andere Zwecke bodenphysikalische Untersuchungen und Probebelastungen vorgenommen worden? b) Wo sind die Ergebnisse dieser Untersuchungen einzusehen?

Als Höhenmarken für die Setzungsbeobachtungen bewähren sich die von K. Terzaghi vorgeschlagenen Bolzen, die in der Abb. 99 dargestellt sind. Ein Beispiel für einen Tiefen-

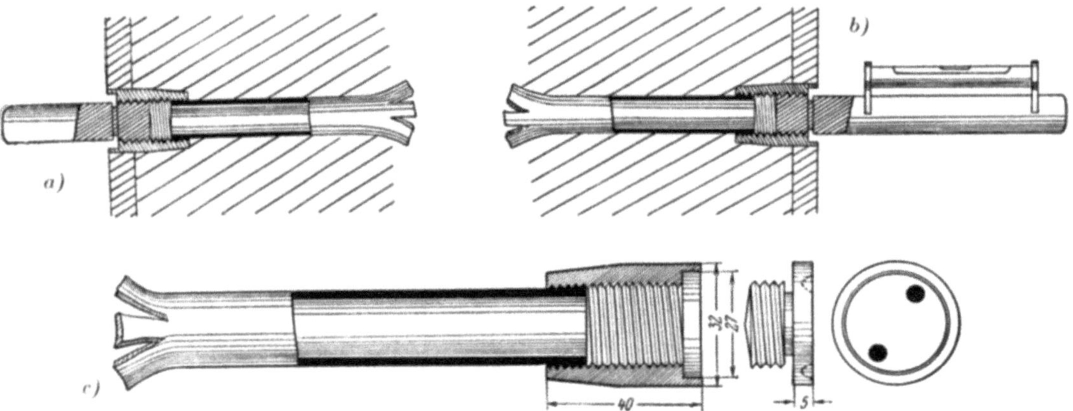

Abb. 99. Festpunkte nach K. Terzaghi.

festpunkt gibt die Abb. 100. Der Fuß des Pegelrohres wird in eine festgelagerte Schicht einbetoniert, die keine nennenswerten Setzungen mehr erfährt, und ein Schutzrohr schaltet die Reibung zwischen dem Boden und dem Pegelrohr aus. Setzungsunterschiede in einem Bauwerk können endlich mittels festeingebauter Schlauchwaagen beobachtet werden.

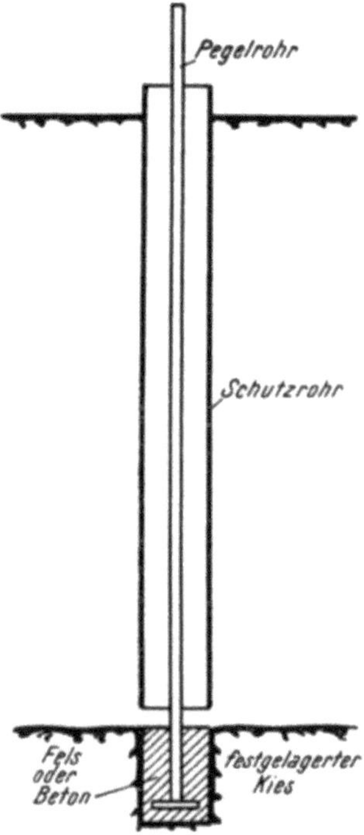

Abb. 100. Tiefenfestpunkt.

Schrifttum.

DETIG: Bodendruckversuche mit einer pneumatischen Meßdose beim Bau des Schiffshebewerkes Niederfinow. Baut. 1932. S. 443. — DIN E 4107: Richtlinien für die Durchführung von Beobachtungen der Bewegungen von entstehenden und fertigen Bauwerken. — EICHE, K.: Beobachtungen bei den Höhenmessungen an der Nordschleuse und Columbusmauer in Bremerhaven. Baut. 1932. S. 460. — ERLENBACH, L.: Erfahrungen bei Flachgründungen zwischen Spundwänden auf Treibsand, Schwimmsand u. ä. Schichten. Baut. 1939. S. 566. — FRANZIUS, O.: Der Grundbau. Handbibl. f. Bauing. Bd. I, Teil 3. Berlin 1927. Julius Springer. — HEIM, R.: Belastungsversuche auf kohäsionslosem Boden mit großen Grundkörpern. Beton u. Eisen 1929. S. 123. — KAHL, H., MANZ, I. u. F. NEUMANN: Ein seltener Fall von Setzungserscheinungen. Baut. 1940. S. 599. — KASBAUM: Untersuchungen mit verschiedenen Bodenarten. Bauing. 1926. S. 518. — KÖGLER, F.: Die Belastung des Baugrundes. Bauing. 1927. S. 817. — DERSELBE: Baugrundprüfung im Bohrloch. Bauing. 1933. H. 19, S. 20. — DERSELBE: Die Belastung des Baugrundes. Bauing. 1927. S. 817. — KÖGLER-SCHEIDIG: Baugrund und Bauwerk. 4. Aufl. Berlin 1944. W. Ernst & Sohn. — LOOS, W.: Senkkastengründungen und Beurteilung der tragenden Schicht. Bauing. 1936. S. 418. — NIEBUHR: Beitrag zur Auswertung von Baugrunddruckprüfungen in körnigen Böden. Baut. 1939. S. 292. — PLARRE u. DETTIG: Der Ostpfeiler der Kanalbrücke des Schiffshebewerkes Niederfinow usw. Baut. 1930. S. 686. — DERSELBE: Bodendruckversuche. Baut. 1930. S. 686. — PRANTL, L.: Über die Eindringungsfestigkeit (Härte) plastischer Baustoffe und die Festigkeit von Schneiden. Z. ang. Mech. Bd. 1 (1921). S. 15. — PRESS, H.: Setzungsbeobachtungen. Baut. 1938. S. 26. — DERSELBE: Setzungsbeobachtungen an einigen neuerrichteten Bauten. Baut. 1938. S. 592. — DERSELBE: Baugrundbelastungsversuche mit Flächen verschiedener Größe. Baut. 1930. S. 641. — DERSELBE: Baugrundprobebelastungen, ihre Auswertung und die an den Bauwerken gemessenen Setzungen. Baut. 1932. S. 391. — DERSELBE: Einfluß faulschlammhaltiger Schluff- und Tonteile auf die Tragfähigkeit von Sandböden. Baut. 1927. S. 466. — SCHAECHTERLE, K.: Probebelastung in Friedrichshafen zur Erkundung der Tragfähigkeit des Baugrundes. Baut. 1930. S. 539. — SCHEIDIG, A.: Belastungsversuche auf kohäsionslosem Boden mit großen Grundkörpern. Beton u. Eisen. 1930. S. 246. — SCHEIDIG — LEUSSINK: Geräte für Setzungsmessungen an Bauwerken und Dämmen. Bauing. 1938. H. 29. — SCHLEICHER, F.: Belastungsproben zur Klärung des Einflusses der Elastizität des Bodens usw. Baut. 1925. S. 411. — DERSELBE: Zur Theorie des Baugrundes. Bauing. 1926. S. 931. — DERSELBE: Zur Theorie des Fundamentes. Beton u. Eisen. 1927. S. 433. — DERSELBE: Über die Berechnung der Senkungen von steifen Fundamenten. Beton u. Eisen. 1927. S. 433. — DERSELBE: Belastungsproben zur Klärung des Einflusses der Elastizität des Bodens usw. Baut. 1925. S. 411. — SIEMENS-BAU-UNION: Neue Hilfsmittel im Grundbau. Siemens-Bau-Union Zeitschr. 1929. Nr. 1. — TERZAGHI, K.: Erdbaumechanik. Leipzig 1925. Fr. Deuticke. — DERSELBE: Verbessertes Verfahren zur Setzungsbeobachtung. Baut. 1933. S. 579.

II. Der Nachweis der Gleitsicherheit.

Eine Mauer wird nicht gleiten, wenn der Winkel φ (Abb. 101), den die Lastresultierende mit dem Lot auf die Grundwerkssohle bildet, kleiner ist als der Reibungswinkel zwischen dem Grundwerk und dem Boden.

Das Gleiten kann schon auftreten, lange bevor der Stützkörper infolge Überschreitung der zulässigen Bodenpressung an der Vorderkante die Neigung zum Kippen zeigt. Um das Gleiten zu verhindern, wird entweder die Sohlfuge hinreichend aus der waagrechten Lage herausgedreht, bis sie von der Resultierenden annähernd senkrecht getroffen wird, oder es werden Haftpfähle gerammt, deren Köpfe im Stützkörper einbetoniert werden.

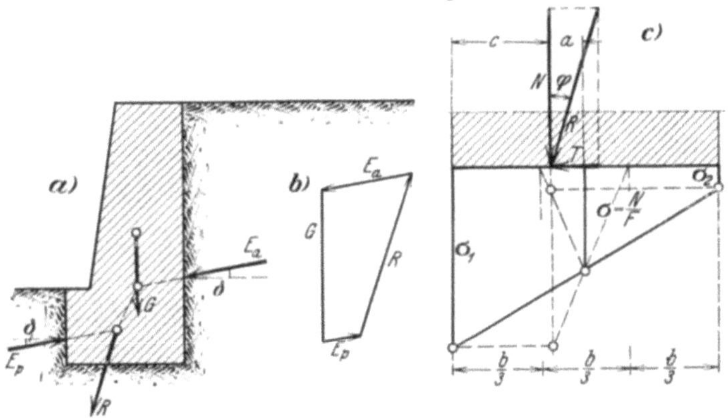

Abb. 101. Die „übliche" Ermittlung der Sohlspannungen unter einer Stützmauer.

III. Der Nachweis der Kippsicherheit.

Die Untersuchung der Kippsicherheit von Mauern, die von Schräglasten beansprucht werden, geschieht bei Gründung auf Felsboden durch einen Vergleich des Kippmomentes um die ungünstiger gelegene Grundwerkskante mit dem Moment des Mauergewichtes um dieselbe Kante. Das Verhältnis der beiden Momente wird in der Regel kurz als „Kippsicherheit" bezeichnet; es muß größer als eins sein, damit die Mauer überhaupt stehen kann. Aus Sicherheitsgründen wird in der Regel eine 2- bis 4fache Kippsicherheit verlangt.

Wenn die Mauer auf Boden gegründet ist, so führt die oben geschilderte Untersuchung nicht ans Ziel, weil es keinen Sinn hätte, ein Kippen der Mauer um eine Kante anzunehmen; eine solche Linienauflagerung der Mauer kann bei Böden wegen deren Nachgiebigkeit nicht zustande kommen. Bei Böden kann sich aber um das Grundwerk der Mauer eine kreiszylindrische Gleitfläche ausbilden, die das Grundwerk gleichsam einhüllt, und wenn die Mauer kippt, so dreht sich dann das Grundwerk samt Teilen des Bodens gleichsam wie in einem Gelenk, etwa so, wie es die Abb. 102 andeutet.

Das zum Nachweis der Kippsicherheit einzuschlagende Untersuchungsverfahren sei an dem Stützkörper in der Abb. 102 als Beispiel erläutert.

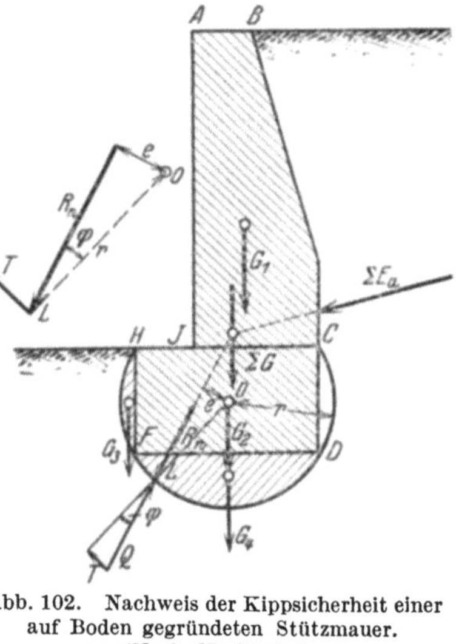

Die Resultierende E_a aus den Erddrücken auf die Rückwand des Stützkörpers und aus den Gewichten G_1 und G_2

Abb. 102. Nachweis der Kippsicherheit einer auf Boden gegründeten Stützmauer. (Nach H. KREY.)

desselben ergibt die Resultierende R_1, die mit den Gewichten G_3 und G_4 der schraffierten Erdkörper weiter die Resultierende R_n ergibt, mit der der Stützkörper und der innerhalb der Gleitfläche liegende Boden den Boden außerhalb der Gleitfläche beansprucht. Diese Resultierende R_n wirkt mit dem Momente

$$R_n\, e = R_n\, r \sin \varphi \qquad\qquad (173)$$

auf das Kippen des Stützkörpers hin. Der Bewegung in der Gleitfläche wirkt die Reibung und die Haftfestigkeit (Kohäsion) entgegen.

Wenn Reibung und Haftfestigkeit wirksam ist, so ist der größtmögliche Gleitwiderstand in der Fuge HFD

$$T_{\max} = \int g\, d\mathfrak{f} \cos \varphi \cdot \mu + \int K\, d\mathfrak{f}, \qquad\qquad (174)$$

wobei μ den reinen Reibungsbeiwert, K die der Haftspannung entsprechende Schubspannung und q den auf die Flächeneinheit bezogenen Widerstand in der Gleitfuge bezeichnet. Damit Gleichgewicht bestehen kann, muß

$$Q = \int q\, d\mathfrak{f} = R_n \qquad\qquad (175)$$

sein und man hat dann weiter

$$T_{\max} = R_n \cos \varphi \cdot \mu + K \operatorname{arc} \mathrm{H\,F\,D}. \qquad\qquad (176)$$

Wenn bei Boden ohne Haftfestigkeit gerade Gleichgewicht bestehen soll, so muß nun eben

$$R_n \cdot e = T_{\max} \cdot r \qquad\qquad (177)$$

sein oder, weil $\mu = tg\varphi$ ist,

$$R_n \cdot e = R_n \cos \varphi \operatorname{tg} \varphi \cdot r = R_n \cdot r \sin \varphi \qquad\qquad (178)$$

und weiter

$$e = r \cdot \sin \varphi \qquad\qquad (179)$$

sein. Im allgemeinen wird aber

$$e \mp r \sin \varphi \qquad\qquad (180)$$

sein. Wenn bei einem Boden ohne Haftfestigkeit

$$e > r \sin \varphi \qquad\qquad (181)$$

ist, so kippt der Stützkörper;

$$\eta = \frac{r \cdot \sin \varphi}{e} \qquad\qquad (182)$$

stellt die Kippsicherheit dar.

Die Kippsicherheit muß stets größer als eins sein; aus Sicherheitsgründen wird zumeist gefordert, daß sie zwischen zwei und vier liegt.

Schrifttum.

CRÄMER: Wider den sogenannten Kippsicherheitsgrad von Stützmauern. Bautechn. 1925. S. 627. — KREY, H.: Erddruck, Erdwiderstand. 3. Aufl. Berlin 1926. W. Ernst & Sohn.

IV. Der Nachweis der Sicherheit gegen Grundbruch.

Nicht minder wichtig als die schon besprochenen Untersuchungen ist schließlich jene, ob nicht der Boden seitlich unter der Bauwerkslast ausweichen und emporquellen oder ob nicht die Mauer samt dem unter ihr liegenden Boden in Bewegung geraten kann. Diese Art der Gleichgewichtsstörungen sei unter dem Sammelnamen „Grundbruch" zusammengefaßt.

a) Der Nachweis der Sicherheit gegen Grundbruch bei lotrecht belasteten Mauern und Bauwerken.

Die in den Zahlentafeln 12 bis 17 angeführten Grenzwerte der zulässigen Bodenbelastung sind auch bei Ingenieurbauten der Bemessung des Grundwerkes vielfach zugrunde gelegt worden; ob das aber ohne weiteres zulässig ist, muß wohl in jedem Falle besonders untersucht werden. In den von den gewöhnlichen Hochbauten stark abweichenden Belastungsfällen, die sich bei den Ingenieurbauten ergeben, kann die Widerstandsfähigkeit des Baugrundes gegen lotrechte Flächenlasten nach einem von H. KREY angegebenen Verfahren untersucht werden. Dieses Verfahren gibt zwar keine Anhaltspunkte für die Voraussage der zu erwartenden Setzungen, es ermöglicht aber, zu untersuchen, ob bei der vorgesehenen Sohlspannung das Bauwerk auf dem Boden überhaupt sicher gegründet ist, ob nicht die Gefahr des Grundbruches besteht, bei dem infolge des seitlichen Aufquellens des Bodens das Bauwerk versinkt.

Dem Versinken eines Bauwerkes wirken die Reibung und die Haftfestigkeit entgegen, die in Gleitflächen wirken, die unter und um das Bauwerk entstehen, wenn der Boden überlastet wird. Diese Gleitflächen können eben oder richtiger gekrümmt angenommen werden. Unter Verwendung gekrümmter Gleitflächen sei nun das Gleichgewicht des Bodens unter einer Flächenlast untersucht. Der Untersuchung möge ein langgestrecktes Bauwerk zugrunde gelegt werden, so daß die Aufgabe als zweidimensionale aufgefaßt werden kann. Wie die Abb. 59 und 60 auf S. 48 gelegentlich von Modellversuchen lehren, kann der Gleichgewichtszustand durch beiderseitiges oder einseitiges Ausweichen des Bodens aus dem Bereiche unter dem Grundwerke und seitliches Hochquellen des verdrängten Bodens gestört werden.

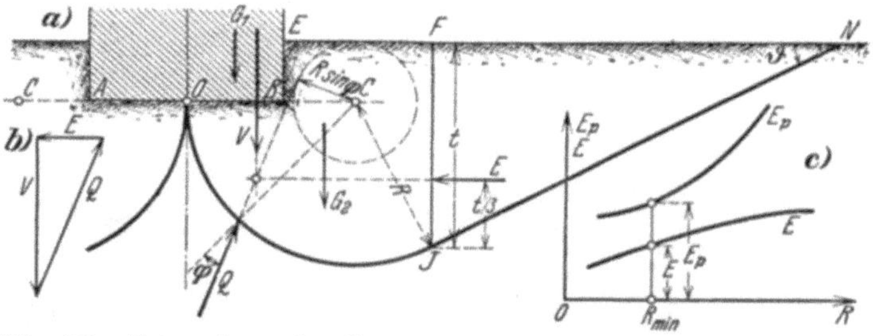

Wenn der kohäsionslos vorausgesetzte Boden beiderseits ausweicht und hochquillt, so können Gleitflächen angenommen werden, die aus einem Kreisbogen und einer Geraden zusammengesetzt sind, etwa so, wie es in der Abb. 103 angedeutet ist. Der Erdkörper *EBOJF* dreht sich bei einer Störung des Gleichgewichtes um den Kreismittelpunkt *C* und schiebt, indem er den Erdwiderstand in *FJ* überwindet, den Erdkeil *FJN* längs der Gleitfläche *JN* empor.

Abb. 103. Untersuchung der Sicherheit gegen Grundbruch bei lotrecht belastendem Grundwerk nach H. KREY, unter Zugrundelegung von zwei symmetrischen Gleitflächen.

Die Abb. 104, eine Aufnahme gelegentlich eines Versuches, zeigt, daß der Vorgang sich tatsächlich in der geschilderten Weise abspielt. Wenn Gleichgewicht bestehen soll, darf der in *JF* übertragene Druck *E* höchstens gleich dem Erdwiderstand E_p sein. Tatsächlich wird man sich mit dieser Gleichgewichtslage nicht begnügen, sondern fordern, daß

$$E < \frac{E_p}{\eta} \qquad (183)$$

ist, wobei η ein Sicherheitsbeiwert ist, der etwa gleich 2 bis 4 gesetzt wird.

Es handelt sich nun darum, den Druck *E* zu ermitteln, der in *FJ* übertragen wird. Es genügt hierbei, bei symmetrischem Grundbruch eine Hälfte des Bauwerkes zu betrachten. Das Gewicht dieser Bauwerkshälfte sei G_1, jenes des Bodenkörpers *EBOJF* sei G_2 und die Resultierende beider sei *V*. Dieser Resultierenden *V* hält der Gleitwiderstand *Q* in der kreisförmigen Fuge *OJ* und der Druck *E* in *JF* das Gleichgewicht. Der Druck in *E* greift im unteren

Abb. 104. Gleitflächenbildung bei einseitigem Grundbruch. (Verfasser.)

Drittel von *FJ* an und sei senkrecht zu *FJ* also waagrecht angenommen, weil in dieser Fläche keine gegenseitigen Verschiebungen von Bodenkörpern vorkommen; er ist also der Lage und Richtung nach bekannt. Der Gleitwiderstand *Q* ist die Resultierende der Gleitwiderstände aller kleinen Flächenelemente von *O* bis *J*, die alle um den Reibungswinkel φ gegen die Flächennormalen geneigt sind.

Der resultierende Gleitwiderstand *Q* muß durch den Schnittpunkt von *V* und *E* gehen und seine Richtung wird hinreichend genau derart festgelegt (vgl. oben), daß auch er mit dem Gleitflächenlot den Winkel φ einschließt, daher den mit dem Halbmesser $R \sin \varphi$ um den Drehpunkt *C* geschlagenen Kreis berührt. Nachdem nun auch die Lage und die Richtung des Widerstandes *Q* in der kreisförmigen Gleitfläche bekannt ist, können *V*, *E* und *Q* im Kräfteplan (Abb. 103 b) zusammengesetzt werden, dem man schließlich den Druck *E* auch der Größe nach entnimmt. Wenn nun E größer ist als der Erdwiderstand E_p im FJ, so gibt der Erdkeil FJN nach und es tritt Bewegung ein.

Die Größe des Druckes E, die sich bei einer derartigen Untersuchung ergibt, hängt von der Lage des Krümmungsmittelpunktes C der Gleitflächen ab. Es kommt nun darauf an, die ungünstigste Gleitfläche zu ermitteln. Man nimmt hierzu in der Ebene der Sohlfläche mehrerer Punkte C an, ermittelt zu jedem den Druck E und den Erdwiderstand E_p in FJ und trägt beide in der in der Abb. 103 c angedeuteten Weise auf. Wenn die Linie der Drücke E die Erdwiderstandslinie E_p schneidet, so besteht keine Standsicherheit. Der geringste Abstand zwischen der E- und der E_p-Linie ergibt den ungünstigsten Radius R der Gleitflächen und damit die ungünstigste Gleitfläche. Wenn

Abb. 105. Getreidesilo in Transkona, infolge einseitigen Grundbruches schief gestellt. (Aus Handbuch des Eisenbetonbaues.)

η-fache Sicherheit erfordert wird, so darf die E-Linie die $\dfrac{1}{\eta}$ E_p-Linie nirgends schneiden.

Die Untersuchung der Standsicherheit einer Mauer kann auch unter der Annahme nur einseitigen Hochquellens des Bodens ähnlich, wie es früher geschildert worden ist, durchgeführt werden. Ein Beispiel für die Senkung eines Gebäudes infolge einseitigen Hochquellens des Bodens bieten die Abb. 105 und 106.

Wenn im Boden Reibung und Kohäsion wirksam sind, so bietet die Untersuchung, sobald die Kohäsion K bekannt ist, keine besonderen Schwierigkeiten und geht ähnlich der früher gezeigten vor sich.

b) Der Nachweis der Sicherheit gegen Grundbruch bei Stützkörpern.

Ähnlich wie unter einer lotrecht belasteten Mauer kann auch unter einem Stützkörper der Boden in Bewegung geraten und der Stützkörper kann infolge Grundbruches zerstört werden.

Wenn der in der Abb. 107 dargestellte Stützkörper auch kippsicher gestaltet ist und wenn die zulässigen Bodenpressungen nirgends überschritten sind, kann sich die Mauer bewegen, wenn in der Ebene HL der Erdwiderstand des Bodens überschritten wird. Es gleitet dann der Stützkörper samt den Bodenprismen BDK und FDL auf der eingezeichneten Gleitfläche ab und schiebt das Bodenprisma HLM vor sich her.

Abb. 106. Mühle in Tunis, infolge einseitigen Grundbruches schief gestellt. (Aus Handbuch des Eisenbetonbaues.)

Solange der Stützkörper in Ruhe ist, halten sich die Gewichte $G_{a_1} + G_{b_1} + G_{c_1} = \Sigma G_1$, ferner der Widerstand Q in der angenommenen Gleitfläche und der Erdwiderstand E in HL das Gleichgewicht. In diesem Zustand sind der Erddruck E auf die Fläche HL und der Widerstand des Bodens in HL gleich und entgegengesetzt gerichtet. Der Widerstand in HL kann aber eine gewisse, von der Bodenbeschaffenheit abhängige Größe E_p nicht überschreiten; diese Grenze wird bekanntlich Erdwiderstand E_p genannt. Der Stützkörper ist daher nur solange standsicher, solange der Erddruck E in HL kleiner als der Erdwiderstand E_p ist.

Die Untersuchung der Standsicherheit wird übersichtlich zeichnerisch durchgeführt. Die Gewichte $G_{a_1} + G_{b_1} + G_{c_1} = \Sigma G_1$ werden mit dem nur der Richtung nach bekannten Widerstand Q in der Gleitfläche und dem Widerstand E zusammengesetzt (Abb. 107b) und dadurch die beiden letzteren auch ihrer Größe nach bestimmt. Der Erdwiderstand E_p wird ebenfalls am Strahl von E aufgetragen. Ergibt sich, daß $E < E_p$ ist, so ist der Stützkörper bei der angenommenen Gleitfläche standsicher.

Die Untersuchung wird nun mit einer Anzahl anders geneigter, jedoch immer durch den Punkt D gehenden Gleitflächen wiederholt. Wenn alle Kraftpläne, so wie es in der Abb. 107b

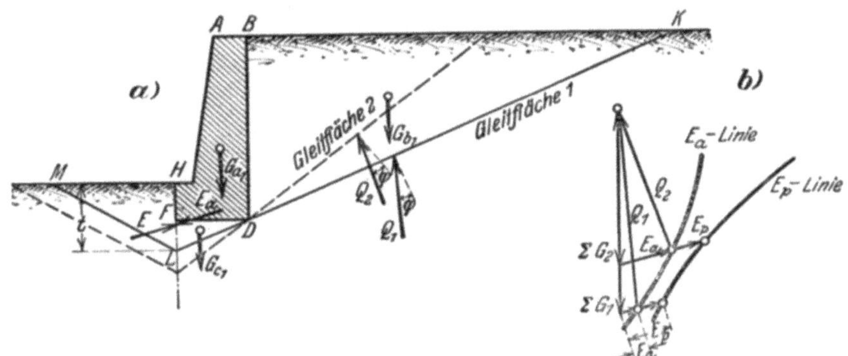

Abb. 107. Untersuchung der Sicherheit gegen Grundbruch bei einer Stützmauer. (Nach H. Krey.)

angedeutet ist, übereinander gezeichnet werden, so kann schließlich durch die Endpunkte der E und jener der E_p je eine Linie gelegt werden. Wenn sich nun diese nirgends schneiden, so ist bei allen möglichen ebenen Gleitflächen der Stützkörper standsicher und das kleinste Verhältnis $E_p : E = \eta$ ist ein Maß für den Grad der Standsicherheit.

Wenn sich die früher erwähnten E- und E_p-Linien schneiden, so besteht keine Standsicherheit. Es muß dann vor dem Stützkörper eine Spundwand gerammt oder die Gründungstiefe vergrößert werden, um die Standfähigkeit zu sichern. Der Erdwiderstand E_p in der Spund-

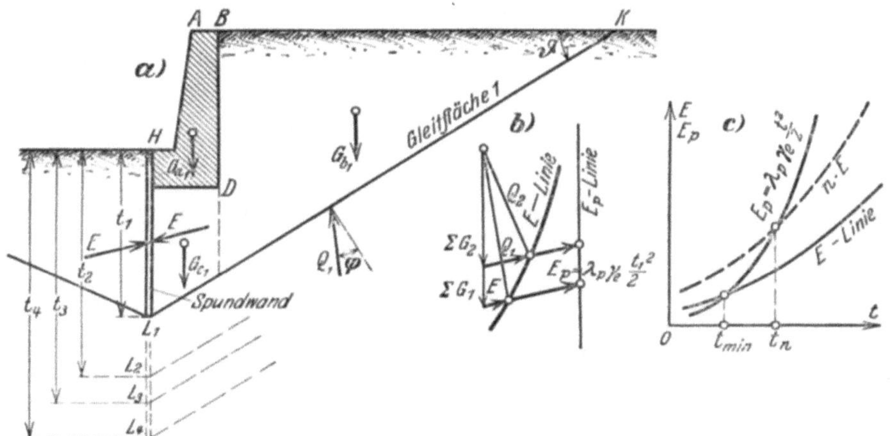

Abb. 108. Ermittlung der zur Verhütung des Grundbruches erforderlichen Rammtiefe t einer Spundwand. (Nach H. Krey.)

wandebene ist dann für eine gewisse Rammtiefe konstant, die E_p-Linie also im Kräfteplan parallel zur Wirkungslinie der Gewichte, und die Untersuchung wird ähnlich wie früher mit verschieden geneigten Gleitflächen durchgeführt, die aber nun alle durch den Fuß der Spundwand gehen, so wie es in der Abb. 108 angedeutet ist.

Die Standsicherheit ist nun durch die Spundwand gewährleistet, wenn sich die E- und die E_p-Linie nirgends schneiden.

Wenn sich die E- und die E_p-Linien aber schneiden, so muß die Spundwand tiefergerammt werden und es ist daher die Aufgabe zu lösen, die Mindestrammtiefe t_{min} zu ermitteln. Hierbei wird zuerst in der zuvor beschriebenen Weise die Standsicherheit ohne Spundwand untersucht und die ungünstigste Neigung der Gleitfläche aufgesucht; schneiden sich die E- und die E_p-Linien, so ist die Mauer nicht standsicher und es muß eine Spundwand gerammt werden. Man nimmt nun mehrere Spundwandtiefen an, ermittelt für jede E und E_p, wobei die Gleitflächen parallel der früher ermittelten ungünstigsten genommen werden, und trägt zu jeder angenommenen Rammtiefe t die zugehörigen Werte von E und E_p in einem Schaubild (Abb. 108c) auf. Die Mauer ist bei jener Rammtiefe t_{min} eben standsicher, bei der sich die E- und die E_p-Linien schneiden. Wird n-fache Sicherheit gegen Gleiten gefordert, so zeichnet man die $n \cdot E$-Linie und ihr Schnittpunkt mit der E_p-Linie gibt die Rammtiefe t_n der Spundwand für n-fache Sicherheit gegen Grundbruch.

Der bisher durchgeführten Betrachtung des Grundbruches sind ebene Gleitflächen zugrunde gelegt worden. Beobachtungen an eingestürzten Stützkörpern haben aber, wie H. KREY festgestellt hat, ergeben, daß man auch mit dem Auftreten von gekrümmten Gleitflächen rechnen

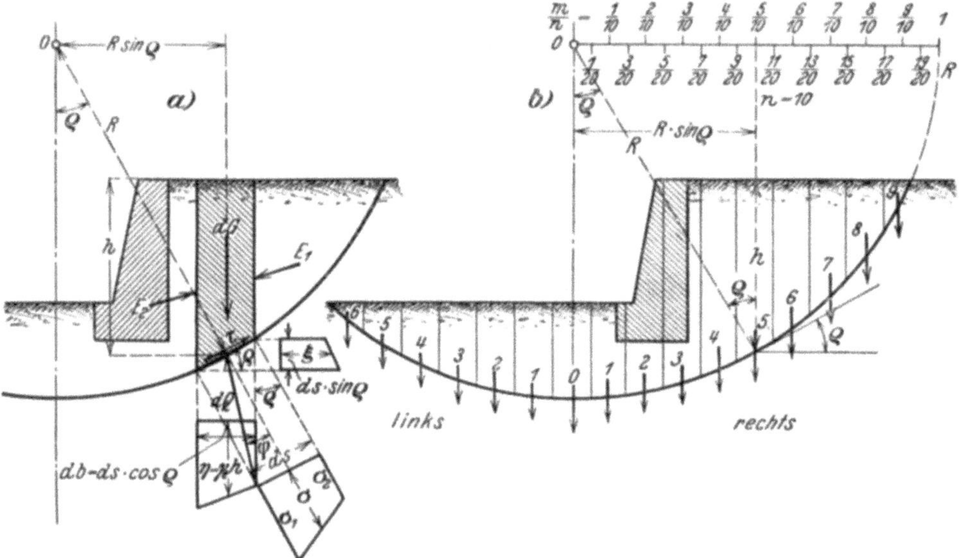

Abb. 109. Untersuchung der Sicherheit gegen Grundbruch bei einer Stützmauer unter Zugrundelegung einer kreiszylindrischen Gleitfläche. (Nach H. KREY).

muß, für die, wie ein Blick in die Abb. 109 lehrt, Kreiszylinderflächen angenommen werden können. Der durch die Kreiszylinderfläche herausgeschnittene Bodenteil mit dem auf ihm ruhenden Stützkörper wird nur durch den Gleitwiderstand in der zylindrischen Gleitfuge in seiner Lage gehalten. Dieser Gleitwiderstand rührt von der Reibung und von der Kohäsion her und es ist nun noch nachzuweisen, daß der für die Aufrechterhaltung des Gleichgewichtes erforderliche Gleitwiderstand von dem betreffenden Boden tatsächlich ausgeübt werden kann; ist das nicht der Fall, so tritt Bewegung ein, der Bodenkörper stellt sich in eine neue Gleichgewichtslage ein, in der eben der tatsächlich auftretende Gleitwiderstand zur Aufrechterhaltung des Gleichgewichtes hinreicht.

An dem in der Abb. 109 durch Schraffen hervorgehobenen Bodenkörper von der Länge 1 greift das Gewicht

$$d G = \gamma_e \, d b \cdot 1 \cdot h \qquad (184)$$

an, ferner an den Seitenflächen die nach Größe und Richtung unbekannten Bodendrücke E_1 und E_2 und unten der Widerstand in der Gleitfläche

$$d Q = q \, d s \cdot 1, \qquad (185)$$

wobei mit q der auf die Flächeneinheit bezogene Widerstand bezeichnet ist. Den Widerstand dQ kann man in die Normalkraft $\sigma \, ds$ und in den Gleitwiderstand $\tau \, ds$ und auch in die waagrechte Kraft $\xi \, ds \, sin \, \varrho$ und in die lotrechte Kraft $\eta \, ds \, cos \, \varrho = \eta \, db = \gamma_e \, hdb$ zerlegen, wobei mit h die Tiefenlage des Flächenelementes $ds \cdot 1$ unter der Belastungsoberfläche bezeichnet wird. Es ist dann weiter

$$\eta \, d\,b = \gamma_e \, h \, d\,s \cos \varrho = \sigma \, d\,s \cos \varrho + \tau \, d\,s \sin \varrho \qquad (186)$$

Im Falle des Gleitens wird bei einem Reibungswinkel φ der Reibungsbeiwert gleich $\operatorname{tg} \varphi$ gesetzt und es gilt dann bei Boden ohne Haftfestigkeit

$$\tau = \sigma \operatorname{tg} \varphi \qquad (187)$$

oder

$$\sigma = \tau \operatorname{cotg} \varphi. \qquad (188)$$

Aus der früheren Gleichung (186) folgt

$$\gamma_e \, h = \sigma + \tau \operatorname{tg} \varrho \qquad (189)$$

und es ist weiter mit (188)

$$\gamma_e \, h = \tau \,(\operatorname{cotg} \varphi + \operatorname{tg} \varrho) \qquad (190)$$

und daraus

$$\tau = \frac{\gamma_e \, h}{\operatorname{cotg} \varphi + \operatorname{tg} \varrho}. \qquad (191)$$

In der Gleitfläche wirkt auf den Bodenkörper von der Breite $d\,b$ ein Gleitwiderstand

$$\tau \, d\,s = \tau \, \frac{d\,b}{\cos \varrho} = \frac{\gamma_e \, h \, d\,b}{\cos \varrho \, (\operatorname{cotg} \varphi + \operatorname{tg} \varrho)} = \gamma_e \, \zeta \, d\,b \qquad (192)$$

und auf der Breiteneinheit des Bodenkörpers wirkt die Gleitspannung

$$\gamma_e \, \zeta = \frac{\gamma_e \, h}{\cos \varrho \, (\operatorname{cotg} \varphi + \operatorname{tg} \varrho)}. \qquad (193)$$

Wenn nun ein Bodenprisma von der Breite b auf der Gleitfläche abrutscht, so dreht sich dessen Schwerpunkt um den Mittelpunkt der Gleitfläche und das Moment eines Streifengewichtes, bezogen auf den Drehpunkt O ist

$$M = \gamma_e \, b \, h \, R \sin \varrho \qquad (194)$$

und das resultierende Moment des Gewichtes aller Streifen ist (Abb. 109 b)

$$M_g = \gamma_e \, R \, [\underset{\text{rechts}}{\Sigma \, b \, h} \sin \varrho - \underset{\text{links}}{\Sigma \, b \, h} \sin \varrho]. \qquad (195)$$

Diesem Moment M_g wirkt das Moment M_r der Gleitwiderstände in der Gleitfläche entgegen. Der Gleitwiderstand, der in der Grundfläche eines Streifens von der Breite b wirkt, ist

$$T = \gamma_e \, b \, \zeta \qquad (196)$$

und sein Moment um O beträgt

$$M = T \, R = \gamma_e \, b \, \zeta \, R \qquad (197)$$

und das resultierende Moment der Gleitwiderstände aller Streifen hat die Größe

$$M_r = \gamma_e \, R \, \Sigma \, b \, \zeta. \qquad (198)$$

Damit Gleichgewicht besteht, muß

$$M_g = M_R$$

oder

$$\underset{\text{rechts}}{\Sigma \, b \, h} \sin \varrho - \underset{\text{links}}{\Sigma \, b \, h} \sin \varrho = \Sigma \, b \, \zeta \qquad (199)$$

sein.

Wenn die Streifen (Abb. 109) so angeordnet werden, daß jeder die Breite $\dfrac{R}{n}$ hat und daß die Teilungslotrechten in den Entfernungen $\dfrac{R}{2n}$, $\dfrac{3R}{2n}$, $\dfrac{5R}{2n}$ usw. von O liegen, so liegen die Mittellinien der Streifen in den Entfernungen $\dfrac{R}{n}$, $\dfrac{2R}{n}$, $\dfrac{3R}{n}$ $\ldots\ldots$ $\dfrac{mR}{n}$ von O; der Hebelarm, an dem die Streifengewichte um O drehen, ist ebenso groß, es ist also

$$R \sin \varrho = \frac{mR}{n} \qquad (200)$$

oder

$$\sin \varrho = \frac{m}{n} \qquad (201)$$

und man kann für die früher aufgestellte Gleichgewichtsgleichung nun schreiben

$$\sum_{\text{rechts}} h\,\frac{m}{n} - \sum_{\text{links}} h\,\frac{m}{n} = \sum \frac{h}{\cos\varrho\,(\cot g\,\varphi + \mathrm{tg}\,\varrho)} \qquad (202)$$

und es kommt nun darauf an, ein derartiges φ zu wählen, daß diese Gleichung tatsächlich erfüllt ist. Wenn jenes φ, das die Gleichung erfüllt, größer ist als jenes, das dem betreffenden Boden entspricht, so ist das Bauwerk nicht standsicher.

Bei dieser Untersuchung ist der Mittelpunkt der Gleitfläche willkürlich angenommen worden. Bei Veränderung der Lage dieses Mittelpunktes ändert sich auch der Winkel φ, der die Gleichung (202) erfüllt, und es muß nun noch der ungünstigste, größte Wert von φ aufgesucht werden. Sven Hultin hat gezeigt, daß bei einer Stützmauer dieser ungünstigste Mittelpunkt vor der Mauerflucht liegt und daß man mit einigen Wiederholungen des Verfahrens hinreichend genau den größten erforderlichen Winkel φ finden kann.

Wenn die Gleitflächenmittelpunkte, die gleiche Winkel φ ergeben, durch Linien verbunden werden, so erhält man ein Schaubild, das erkennen läßt, daß in einem ziemlich weiten Bereich der größte erforderliche Reibungswinkel dieselbe Größe hat.

Schrifttum.

Agatz, A.: Der Kampf des Ingenieurs gegen Erde und Wasser im Grundbau. Berlin 1936. Springer-Verlag. — Berrer: Standsicherheitsuntersuchungen von Kaimauern in weichem Lehmboden. Baut. 1925. S. 728. — Crämer: Wider den sogenannten Kippsicherheitsgrad von Stützmauern. Baut. 1925. S. 627. — Fellenius, W.: Kaimauer Göteborg. Ber. 100 zum XII. intern. Schiffahrtskongreß. 1912. S. 28. — Krey, H.: Erddruck, Erdwiderstand. 3. Aufl. Berlin 1926. W. Ernst & Sohn. — Marx: Zur Beschränkung der Rutschgefahr bei Herstellung von Einschnitten durch Abflachen der Böschungen. Baut. 1929. S. 343. — Möller, M.: Die neuen Kaibauten Gotenburgs. Deutsche Bauzg. Eisenbetonteil. 1917. S. 106. — Petterson: Die Kaimauerrutschung in Gotenburg. Tekn. Tidskrift. 1916. S. 289.

F. Die Einwirkung des Wassers auf das Bauwerk und auf den Baugrund.

I. Die Einwirkung des Grundwassers auf das Bauwerk und auf den Baugrund.

Wenn das Grundwerk eines Bauwerkes bis ins Grundwasser hinabreicht oder wenn das Bauwerk Wasser anstaut und dadurch eine Grundwasserströmung hervorruft oder eine schon bestehende verstärkt, so muß bei der Formung und bei der Bemessung des Grundwerkes der Einwirkung des Grundwassers auf das Bauwerk, besonders auf die Grundwerksohle und auf den Boden unter dem Bauwerk Rechnung getragen werden, weil sonst das Grundwasser unter Umständen den Bestand des Bauwerkes gefährden kann.

a) Die Einwirkung ruhenden Grundwassers.

Bauwerke, die in Grundwasser hinabreichen, ohne dieses nennenswert anzustauen, erleiden einen Auftrieb, ebenso groß wie in Tagwasser bei gleicher Tauchtiefe. Dieser Auftrieb tritt in jedem durchlässigen Boden auf, gleichgültig ob er körnig oder bindig ist. In bindigem Boden dauert es nur, zum Unterschied gegen körnige Böden, lange, bis sich dieser Auftrieb voll einstellt, weil die Zusickerung des Grundwassers eben nur außerordentlich langsam vor sich geht.

Bei unsymmetrischen Grundwerken kann es vorkommen, daß die Resultierende des Auftriebes nicht in die Angriffslinie der Lastresultierenden fällt; es entsteht dann ein Drehmoment, das eine Änderung in der Verteilung der Sohldruckverteilung bewirkt.

Bei wechselnden Grundwasserständen ändert sich auch der Auftrieb und infolgedessen auch die Verteilung der Sohldrücke, die die Bodenteilchen in der Sohlfuge aufzunehmen haben. Wechselnde Grundwasserstände können daher Bewegungen der Bauwerke hervorrufen, ähnlich, wie z. B. die veränderlichen Lasten in Lagerhäusern, Silos u. dgl.

b) Die Einwirkung strömenden Grundwassers.

Wenn ein auf durchlässigem Boden gegründetes Bauwerk Grund- oder Tagwasser anstaut, so wird, wenn keine besonderen Vorkehrungen getroffen werden, unter dem Bauwerk eine Grundwasserströmung hervorgerufen oder eine schon bestehende verstärkt. Die Sohlfuge des Grundwerkes erleidet dann einen Sohlwasserdruck, der auch bei waagrechter Sohlfuge nicht mehr gleichmäßig verteilt ist und das strömende Grundwasser kann, wenn das Grundwassergefälle ein kritisches Maß überschreitet, den sogenannten hydraulischen Grundbruch herbeiführen, der zum Zusammenbruch des Bauwerkes führt.

1. Die Ermittlung der Sohlwasserdruckverteilung.

Um die Verteilung des Sohlwasserdruckes ermitteln zu können, wird von der Tatsache Gebrauch gemacht, daß die Grundwasserströmung den Gesetzen der Potentialbewegung folgt. Man betrachtet im Untergrund den Verlauf der Grundwasserstromlinien und der senkrecht zu diesen verlaufenden Potentiallinien (Linien gleichen Standrohrspiegels in einer lotrechten Ebene). Die Stromlinien verlaufen stets von Stellen höheren gegen solche niedrigeren Druckes. Denkt man sich zwei lotrechte Schnittebenen im Abstand eins, so fließt in einem Kanal, der durch die beiden lotrechten Ebenen und zwei Stromflächen gebildet wird, stets der gleiche Durchfluß dq. Die Schnittlinien dieser Stromflächen mit den lotrechten Ebenen sind die früher erwähnten Stromlinien. Bezeichnet ds den Abstand zweier Stromflächen, so beträgt also der durchströmte Querschnitt eines Stromkanals (Abb. 110)

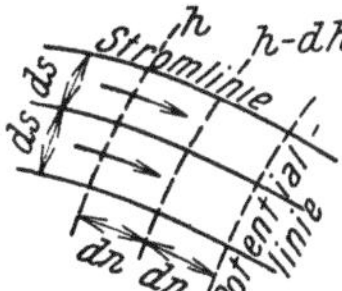

Abb. 110. Strom- und Potentiallinien.

$$d f = 1 \cdot d s \, . \tag{203}$$

Wenn die Potentialflächen den Abstand dn haben und der Druckunterschied aufeinanderfolgender Potentialflächen dh beträgt, so hat zwischen zwei Potentialflächen das Grundwassergefälle die Größe

$$J = \frac{d h}{d n} \cdot \tag{204}$$

Bezeichnet k die Durchlässigkeit, so ist nach dem Darcyschen Gesetz die Filtergeschwindigkeit

$$u = k J = k \frac{d h}{d n} \tag{205}$$

und der Durchfluß durch einen Stromkanal beträgt

$$d q = u d f = k \frac{d h}{d n} \cdot d s \, . \tag{206}$$

Die Scharen der Stromflächen und Potentialflächen bzw. der Stromlinien und Potentiallinien stehen stets senkrecht aufeinander; beide Linienscharen bilden daher ein Rechtecknetz (Abb. 110). Man kann nun, wie es Ph. Forchheimer getan hat, die Stromflächen so wählen, daß zwischen je zwei Stromflächen der gleiche Durchfluß dq läuft, und die Potentialflächen so, daß zwischen je zweien derselben der Druckunterschied dh der gleiche ist. Es ist dann

$$d q = \text{const} = \text{const} \cdot \frac{d s}{d n}, \tag{207}$$

das heißt, daß dann das Seitenverhältnis der Rechtecke, die die Scharen der Stromlinie und der Potentiallinien in einer lotrechten Schnittfläche bilden, das gleiche Seitenverhältnis haben. Durch die Wahl entsprechender Werte für dq und dh kann man nun erreichen, daß das Seitenverhältnis im Rechtecknetz

$$\frac{d s}{d n} = 1 \tag{208}$$

wird, daß also das Rechtecknetz in ein Quadratnetz übergeht.

In eine lotrechte Schnittebene durch den Boden unter dem Bauwerk kann in der Regel ein solches Quadratnetz leicht eingezeichnet werden. Die Abb. 111 zeigt als Beispiel ein solches Quadratnetz unter einem Stauwerk, das durch zwei Spundwände gesichert ist.

Wenn zwischen zwei Stromlinien n Quadrate liegen und die Fallhöhe zwischen dem Oberwasser und dem Unterwasser h [m] beträgt, so beträgt der Druckunterschied längs einer Quadratseite

$$d h = \frac{h}{n} \ [\text{m}]. \quad (209)$$

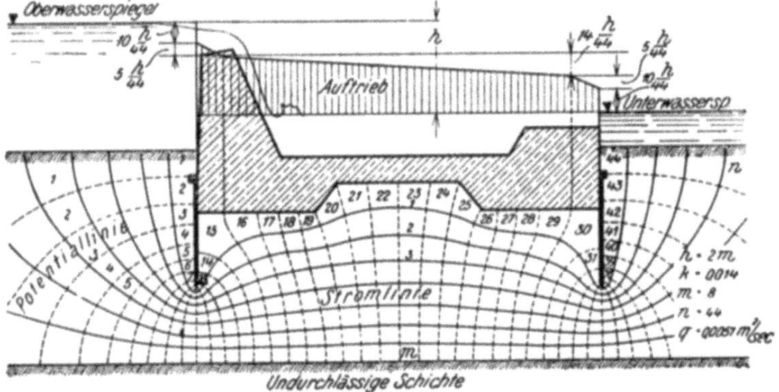

Abb. 111. Stromlinien und Potentiallinien der Grundwasserströmung unter einem Wehr.

Bei einer Seitenlänge ds [m] der Quadrate beträgt das Spiegelgefälle des Grundwasserstromes

$$J = \frac{d h}{d s} = \frac{h}{n\,d s}. \quad (210)$$

Der Durchfluß durch einen Stromkanal hat die Größe

$$d q = u\,d f = k\,J\,d f =$$
$$= k\,\frac{h}{n\,d s} \cdot d s = k\,\frac{h}{n} \quad (211)$$

und wenn m Stromkanäle übereinanderliegen, so läuft unter dem Stauwerk zwischen zwei lotrechten Ebenen im Abstand von einem Meter

$$q = m\,d q = k\,h\,\frac{m}{n}. \quad 212)$$

Im Beispiel der Abb. 111 liegen zwischen zwei Stromlinien $n = 44$ Quadrate und der Druckunterschied längs einer Quadratseite beträgt daher $h : 44$. In der in der Abb. 111 ersichtlichen

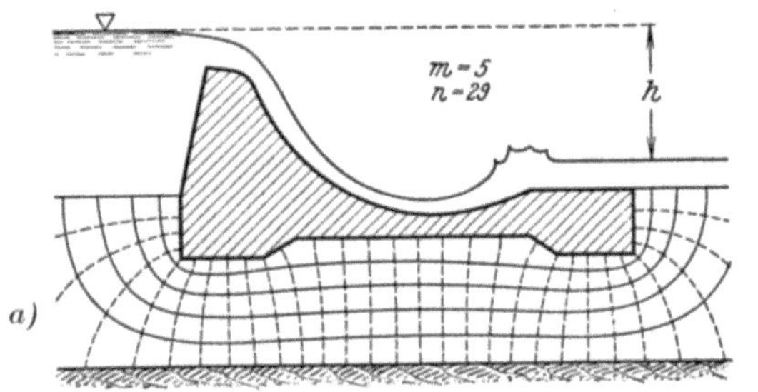
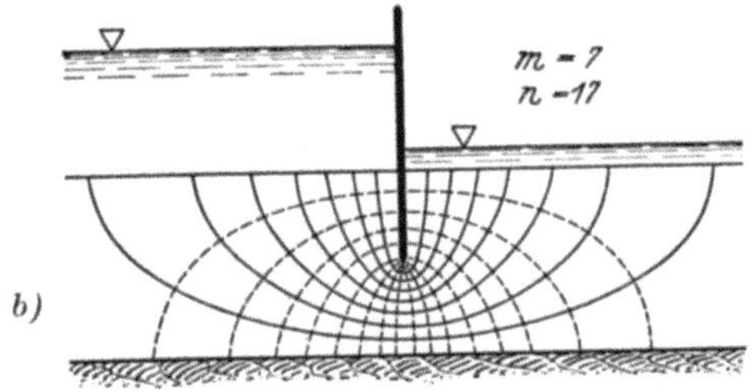

Abb. 112. Stromlinien und Potentiallinien der Grundwasserströmung $a)$ unter einem Wehr ohne Spundwände, $b)$ unter einer Spundwand.

Weise kann nun leicht die Sohlwasserdruckverteilung, die fälschlich auch Auftrieb genannt wird, leicht ermittelt werden. Das Stauwerk muß nun vor allem so schwer sein, daß sein Unterwassergewicht dem Sohlwasserdruck sicher das Gleichgewicht hält. Damit keine Biegungsbeanspruchungen im Bauwerk infolge des Sohlwasserdruckes auftreten, muß auch in allen Teilabschnitten des Bauwerkes dieses Gleichgewicht bestehen.

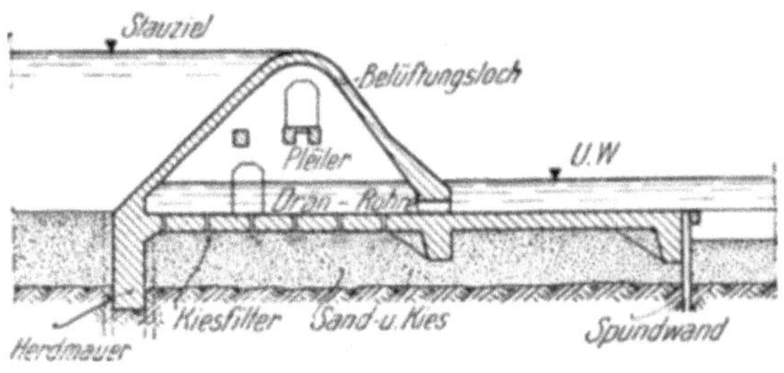

Abb. 113. Geschlossenes Ambursen-Wehr mit Dränung der Sohlfläche.

Die beiden Abb. 112a und b zeigen zwei weitere Beispiele für Quadratnetze, die von Stromlinien und von Potentiallinien gebildet werden.

Nachdem der Sohlwasserdruck mit Ausnahme weniger Fälle das Grundwerk verteuert, ist das Bestreben der Ingenieure darauf gerichtet, den Sohlwasserdruck herabzusetzen. Das kann geschehen durch Erleichterung des Ablaufes des Grundwassers aus dem Bereiche unter dem Grundwerke durch Dränung, durch Verlängerung des Sickerweges und durch Behinderung des Grundwasserzutrittes oder durch Abschneiden des Grundwasserstromes noch vor dem Grundwerke.

Als Beispiel für die Herabsetzung des Auftriebes durch Dränung des Bodens unter dem Bauwerk sei in der Abb. 113 ein geschlossenes Ambursen-Wehr und in der Abb. 114 das Dach-

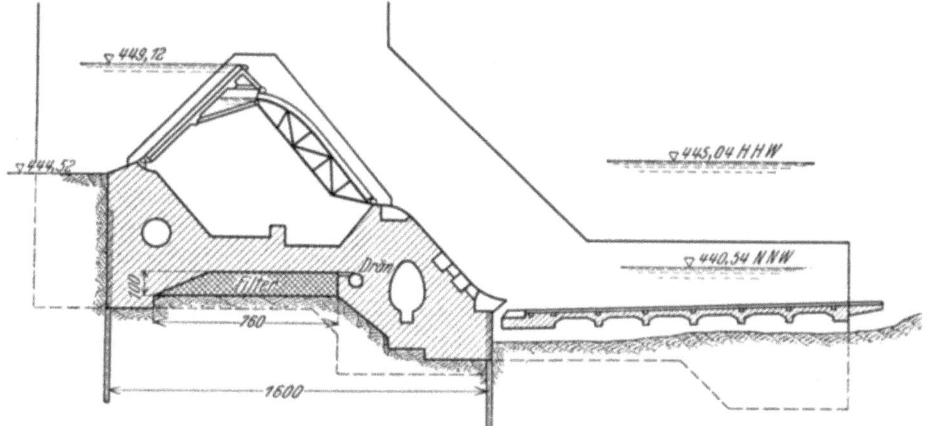

Abb. 114. Dränung der Sohlfläche des Dachwehres in Hallein mittels eines Ambursen-Filters (J. PFLETSCHINGER).

wehr in Hallein angeführt. Bei einer solchen Dränung, die schon seit etwa 40 Jahren bekannt ist, muß dafür gesorgt werden, daß nicht Bodenteilchen vom ablaufenden Sickerwasser durch die Dräne ausgespült werden. Man kann dies durch die Anordnung eines Ambursen-Filters erreichen, der, wie ein Blick in die Abb. 115 lehrt, so geschüttet wird, daß das gröbste Korn an der Dränleitung, das feinste am Boden liegt, so daß es die feinen Bodenteilchen stützen und zurückhalten kann.

Bei der Anwendung der Dränung zur Herabsetzung des Wasserdruckes ist besondere Vorsicht geboten, weil eine Verstopfung des Filters oder der Dränleitung das Auftreten des vollen Wasserdruckes zur Folge hätte. O. FRANZIUS erwähnt z. B., daß an der Kammerschleuse in Hemelingen die Dräne durch ausgefällte Eisensalze, die im Grundwasser gelöst waren, verstopft worden sind. Eine Verstopfung des Filters durch Bodenteilchen, die im Laufe der Zeit in die feinkörnigen Filterschichten eingeschleppt werden, ist auch immerhin möglich.

Eine Verlängerung des Sickerweges unter dem Bauwerke geschieht meist durch Schürzen, die durch Spundwände oder Betonsporne gebildet werden. Diese Mittel werden bei Stauwerken angewendet; vielfach versucht man sogar den Sickerweg vollständig abzuschneiden, indem man die Spundwand bzw. den Sporn bis auf die undurchlässige Sohle herabführt. Bei Stauwerken wird an der Unterstromseite überdies stets zur Verhinderung der Unterkolkung eine Spundwand oder ein Sporn angeordnet.

Abb. 115. Dränung der Sohlfläche des Dachwehres in Hallein mittels eines Ambursen-Filters (H. RELLA, Wien).

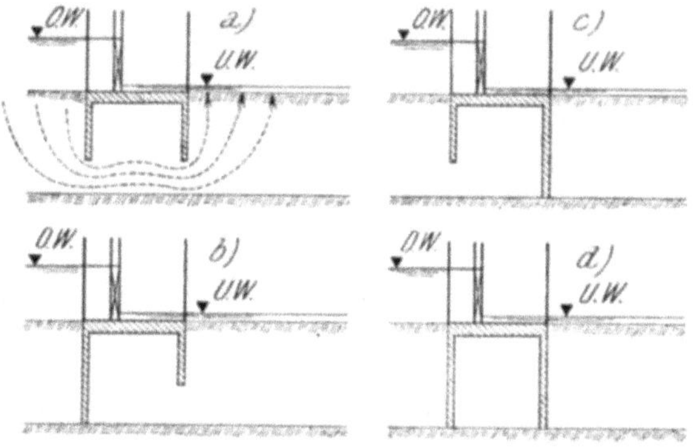

Abb. 116. Verschiedene Arten der Grundwerkssicherung und Abdichtung des Bodens unter einem Wehr.

Je nach der Tiefenlage, bis zu der die Spundwände bzw. die Sporne herabgeführt werden, ergeben sich nun sehr verschiedene Sohlwasserdrücke auf das Stauwerk. In der Abb. 116 sind die vier bei Wehren möglichen Anordnungen der Spundwände bzw. Sporne dargestellt. Bei der Anordnung a tritt ein Sohlenwasserdruck auf, der leicht nach dem auf S. 96 angegebenen Verfahren ermittelt werden kann. Bei der Anordnung b ist der Sickerweg durch die oberstromseitige Schürze abgeschnitten und das Grundwerk erhält einen gleichmäßig verteilten Sohlwasserdruck, der der Höhenlage des Unterwasserspiegels entspricht; unter dem Grundwerke tritt keine Strömung auf. Bei der Anordnung c wird der Sickerweg durch die unterstromseitige Schürze abgeschnitten und das Grundwerk erhält einen Sohlwasserdruck, der der Höhe des Oberwasserspiegels entspricht; diese Anordnung ist hinsichtlich des Sohlwasserdruckes die ungünstigste. Bei der Anordnung d schließlich reichen beide Schürzen bis zur undurchlässigen Schicht hinab und der Sickerweg ins Unterwasser ist auch abgeschnitten. Hier muß aber mit dem ungünstigen Falle gerechnet werden, daß die oberstromseitige Schürze nicht vollkommen dicht ausgefallen ist, daß also durch sie eine Verbindung zwischen dem Oberwasser und dem Boden unter dem Grundwerk besteht, während die unterstromseitige Schürze vollkommen dicht ist. Dann erhält das Grundwerk einen Sohlwasserdruck wie bei der Anordnung c, der der Oberwasserspiegellage entspricht. Der Sohlwasserdruck kann herabgemindert werden, wenn in der unterstromseitigen Schürze für das eingedrungene Grundwasser Ablauföffnungen vorgesehen werden, wenn also der Bereich unter dem Stauwerk gedränt wird. Der Erfolg der Dränung läßt sich aber nicht sicher voraussagen, weil er von den Wassermengen abhängt, die durch Leckstellen der Oberstromschürze laufen; diese Anordnung ist daher nur zu empfehlen, wenn für

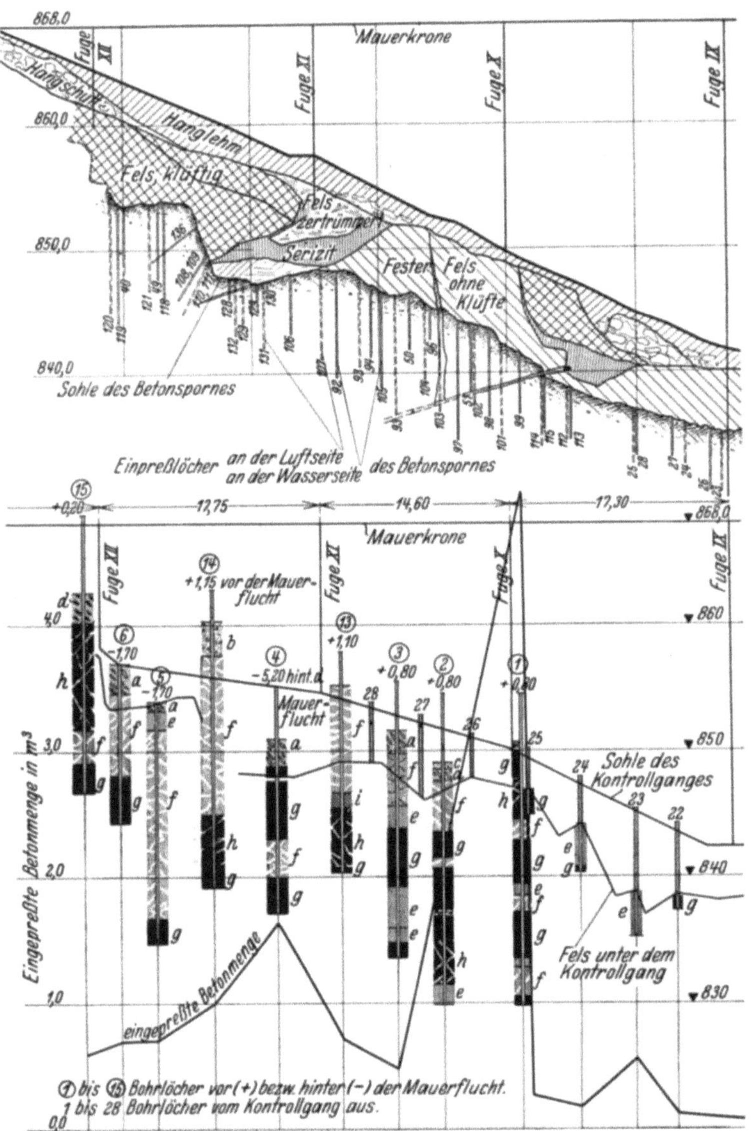

Abb. 117. Betoneinpressungen vor und unter der Pack-Staumauer zur Abdichtung des klüftigen Felsens und der Sohlfuge (H. GRENGG). *a* Beton, *b* Lehm und Bergschutt, *c* Humus und Lehm, *d* Bauschutt mit Betonblöcken, *e* weicher, dichter Gneis, *f* weicher, lassiger Gneis, *g* harter, dichter Gneis, *h* harter, lassiger Gneis, *i* Amphibolit.

eine sehr ausgiebige Dränung gesorgt wird. Durch Filter muß auch bei dieser Dränung die Ausspülung feiner Bodenteilchen verhindert werden.

Der Wasserdruck in der Sohlfuge von Bauwerken, die Tagwasser aufstauen, kann schließlich auch herabgesetzt werden, wenn der Boden unter dem Bauwerke an der Oberwasserseite gedichtet wird, ein Vorgang, von dem reichlich beim Bau von Staumauern Gebrauch gemacht wird, um natürliche und von Sprengungen herrührende Klüfte im Fels zu schließen. Bei diesen Verfahren werden Bohrlöcher abgebohrt, in die mit hohem Druck Zementmilch oder Betonbrei eingepreßt wird. In die Bohrlöcher werden hiezu Stahlrohre einbetoniert, hierauf eine 1 bis 2 [m] starke Schicht Sohlenbeton aufgetragen, nach dessen Erhärten mit dem Einspritzen von Beton begonnen werden kann. Bei schon bestehenden Bauwerken erfolgt die Betoneinpressung durch Bohrrohre knapp vor dem Bauwerk.

Bohrlöcher für Betoneinpressungen sind bis zu Tiefen von über 40 [m] ausgeführt und der Beton ist mit Drücken bis zu etwa 100 [kg/cm²] eingepreßt worden. Als Beispiel ist in den Abb. 117 und 118 eine Übersicht über die Einpreßlöcher und eine Ansicht derselben wiedergegeben, die an der Packsperre der Teigitschwerke während des Baues am Betonsporn und nach Bauvollendung an der Wasserseite der Mauer ausgeführt werden mußten.

Für das Einpressen des Betons mit geringen Drücken eignen sich die Einrichtungen der *Torkretgesellschaft* und jene von WOLFSHOLZ, wie sie in den Abb. 119a, b und c schematisch dargestellt sind. Eine Entmischung des Betons während des Einpressens wird beim Gerät der Torkretgesellschaft durch Durchleiten von Preßluft (kochen), beim Gerät von WOLFSHOLZ durch ein Rührwerk verhindert. Das Einpressen geschieht durch Einleitung von Preßluft entsprechender Span-

Abb. 118. Einpreßrohre *a* in der Sohlfuge des Betonspornes an der Pack-Staumauer der Teigitschwerke.

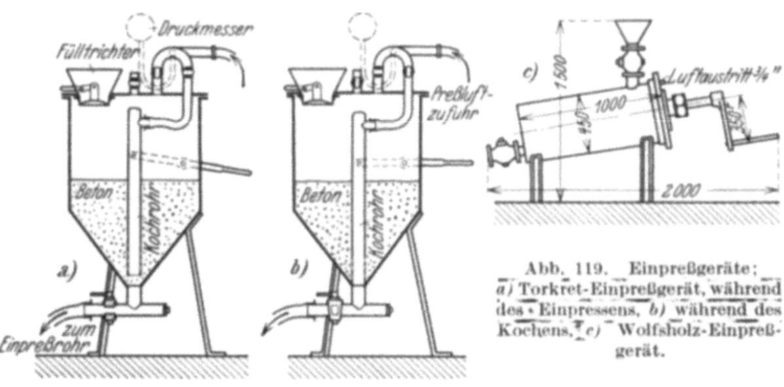

Abb. 119. Einpreßgeräte; *a)* Torkret-Einpreßgerät, während des Einpressens, *b)* während des Kochens, *c)* Wolfsholz-Einpreßgerät.

nung in die Geräte. Für hohe Einpreßdrücke eignet sich das Gerät der Svenska Diamantbergbornings Aktiebolaget (Stockholm) sowie jene der Maschinenfabrik H. Häny & Co. in Meilen (Schweiz), mit

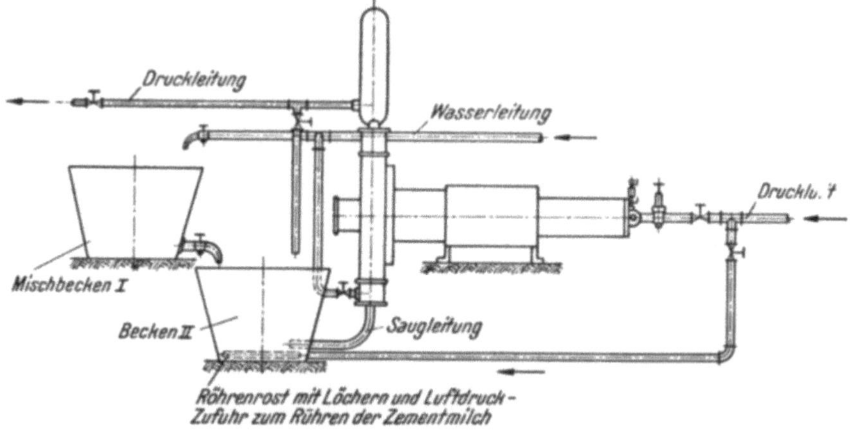

Abb. 120. Aufstellung der Zementmilchpumpe von H. Häny in Meilen (Schweiz).

denen Drücke bis 100 [kg/cm²] zu erreichen sind (Abb. 120 und 121). Der Antrieb dieser Pumpe erfolgt mit Preßluft. Die eigentliche Pumpe ist vom Beton durch eine Gummimembrane getrennt.

Schrifttum.

BEYERHAUS: Der Unterdruck bei Staumauern nach hydraulischen Erwägungen. Zschft. d. Arch. Ing.-Wes. 1913. S. 367. — BUSEMANN: Versuche zur Ermittlung des Auftriebes unter Bauwerken im Grundwasser. Zentralbl. d. Bauverw. 1911. S. 4´9. — ENGESSER: Über den Einfluß des Wasserauftriebes auf die Standsicherheit der Bauwerke. Zentralbl. d. Bauverw. 1919. S. 429. — ENGELS, H.: Über die Größe des Wasserdruckes im Boden. Zentralbl. d. Bauverw. 1911. S. 496. — FILLUNGER: Der Auftrieb in Talsperren. Öst. Wochenschft. f. d. öff. Baudienst. 1913. S. 523. — FRANZIUS, O.: Über die Größe des Auftriebes unter Pfeilern und Ufermauern. Zentralbl. d. Bauverw. 1912. S. 583. — FRANZIUS, O. und ZIMMERMANN: Über die Wirkung des Auftriebes unter Pfeilern. Zentralbl. d. Bauverw. 1931. S. 96. — GAEDE: Über die Größe des Auftriebes unter der Sohle von Bauwerken. Zentralbl. d. Bauverw. 1917. S. 501. — KREY, H.: Auftrieb. Z. V. I. 1913. S. 67. — LINK: Die Zerstörung der Austin-Talsperre in Pennsylvanien. Zentralbl. d. Bauverw. 1912. S. 36. — DERSELBE: Über Sohlenwasserdrücke bei Staumauern mit entwässerter Gründungsfläche. Zschft. f. Bauw. 1919. S. 518. — SCHÄFER: Unterdruck bei Staumauern. Zentralbl. d. Bauverw. 1913. S. 101. — SCHAPER, G.: Muß bei der Berechnung der Standsicherheit von Pfeilern der Auftrieb des Wassers berücksichtigt werden? Zentralbl. d. Bauverw. 1912. S. 522. — DERSELBE: Auftrieb unter der Grundsohle von Bauwerken, die im Wasser gegründet sind. Zentralbl. d. Bauverw. 1916. S. 514. — SOLDAN: Die Berücksichtigung des Unterdruckes bei Talsperren. Zentralbl. d. Bauverw. 1912. S. 134. — ZIEGLER, P.: Die tatsächlichen Gefahren des Unterdruckes. Zentralbl. d. Bauverw. 1916. S. 407. — ZIMMERMANN, O.: Über die Wirkung des Auftriebes unter Pfeilern. Zentralbl. d. Bauverw. 1912. S. 617.

Abb. 121. Zementmilchpumpe von H. Häny in Meilen (Schweiz).

2. Der hydraulische Grundbruch.

Wenn an einem Bauwerk, z. B. an einem Stauwerk oder einer Spundwand, Grundwasser lotrecht oder nahezu lotrecht aufsteigt, so tritt bei Überschreitung eines kritischen Zustandes der hydraulische Grundbruch auf. Mit dem einfachsten Falle, nämlich der lotrecht aufwärtsgerichteten Grundwasserströmung in einer Stromröhre von überall gleichem Querschnitt F [m²] hat sich K. TERZAGHI befaßt. Die Abb. 122 stellt eine solche Stromröhre dar; sie sei mit Sand aufgefüllt, in dem das Porenverhältnis p betrage. Wenn γ_s die Wichte des den Sand bildenden Gesteins und γ jene des Wassers bezeichnet, so beträgt das Unterwassergewicht der durch die Flächen $A\,B$ und $C\,D$ begrenzten Sandschicht

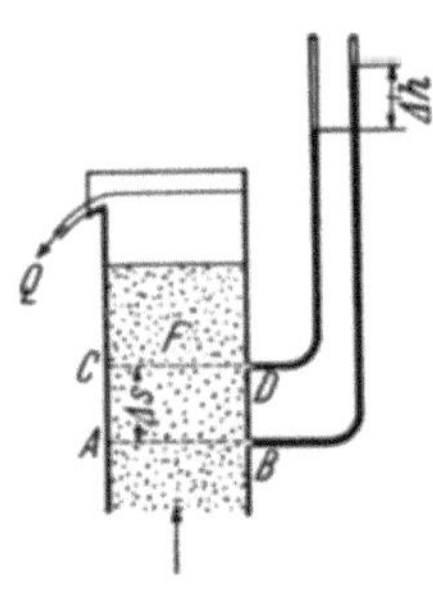

Abb. 122. Modell einer lotrechten Stromröhre.

$$\Delta G = (1 - p)\,(\gamma_s - \gamma)\,F \cdot \Delta s. \tag{213}$$

Beim lotrechten Durchströmen der Stromröhre erleidet das Grundwasser einen Druckverlust, der auf der Weglänge Δs die Größe Δh hat. In der Fläche $A\,B$ herrscht also ein höherer Grundwasserdruck als in der Fläche $C\,D$ und die zwischen den beiden Flächen liegende Sandschicht erleidet einen dynamischen Auftrieb von der Größe

$$\Delta A = \gamma\,\Delta h\,F. \tag{214}$$

Wenn zwischen dem Unterwassergewicht ΔG und dem dynamischen Auftrieb ΔA Gleichgewicht besteht, dann gilt für diesen kritischen Zustand

$$\Delta A = \Delta G \tag{215}$$

oder

$$\gamma\,\Delta h\,F = (1 - p)\,(\gamma_s - \gamma)\,F \cdot \Delta s \tag{216}$$

und das kritische Grundwassergefälle hat die Größe

$$J_{krit} = \frac{\Delta h}{\Delta s} = (1-p)\frac{\gamma_s - \gamma}{\gamma}. \tag{217}$$

Für häufig vorkommende „mittlere" Verhältnisse kann

$$\gamma_s = 2650 \ [\text{kg/m}^3] \quad \text{und} \quad \gamma = 1000 \ [\text{kg/m}^3] \tag{218}$$

gesetzt werden; mit diesen Werten ergibt sich für das kritische Gefälle beim Porenverhältnis

$p = 0,5, J_{krit} = 0,825,$

$p = 0,4, J_{krit} = 0,990,$

$p = 0,3, J_{krit} = 1,150.$

Wenn das kritische Gefälle J_{krit} überschritten wird, so tritt eine Auflockerung des Bodens und weiter sehr rasch der hydraulische Grundbruch auf.

M. Herzog hat gelegentlich von Versuchen die von K. Terzaghi aufgestellte Beziehung (217) bestätigt. Er führte seine Versuche in einem weiten Glasrohr durch. Wenn das Gefälle J ganz allmählich gesteigert

Abb. 123.　Hydraulischer Grundbruch. In Bewegung befindliche Körner erscheinen verwischt. (M. Herzog.)

wurde, so begannen sich beim Gefälle J_{krit} Körner umzulagern und der Boden wurde aufgelockert und durchlässiger (Abb. 123). Wenn hingegen das Gefälle J sehr rasch gesteigert wurde, so riß beim Gefälle J_{krit} die Bodensäule plötzlich ab (Abb. 124) und wurde hochgehoben, ohne daß vorher eine Körnerumlagerung aufgetreten wäre.

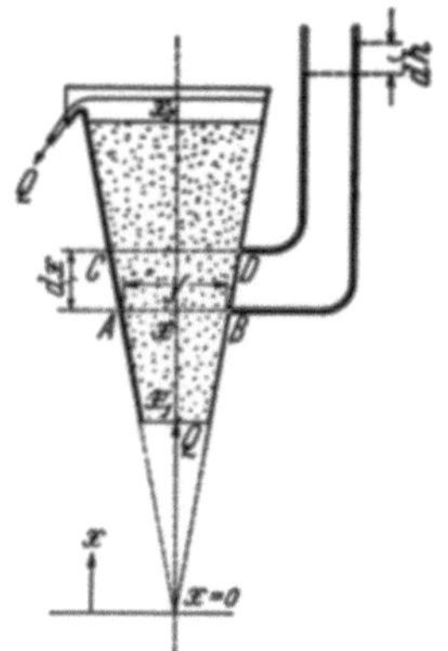

Abb. 124.　Hydraulischer Grundbruch. Abgerissene Bodensäule bei rascher Steigerung des Gefälles. (M. Herzog.)

Abb. 125.　Konische Stromröhre.

Der von Terzaghi behandelte einfache Fall einer überall gleichweiten Stromröhre kommt in der Praxis kaum vor; man hat es vielmehr fast ausnahmslos mit Stromröhren zu tun, die sich nach oben erweitern. Als derartiger einfachster Fall sei vorerst eine Stromröhre betrachtet, die durch zwei parallele lotrechte Flächen im Abstand „eins" und durch zwei geneigte ebene Flächen begrenzt wird (Abb. 125). In dieser Stromröhre sei eine Bodenschicht von der Dicke dx und der mittleren Querschnittsfläche $F = y \cdot 1$ betrachtet.

Nun kann im vorliegenden Falle

$$y = a\,x \tag{219}$$

gesetzt werden und man kann für den Querschnitt auch schreiben

$$F = \alpha\, x. \tag{220}$$

Die Durchsickerung Q beträgt, wenn u die Filtergeschwindigkeit bezeichnet,

$$Q = u\,F = u\,\alpha\,x = \alpha\,k\,x\,\frac{d\,h}{d\,x}, \tag{221}$$

wobei k die Durchlässigkeit und $d\,h$ den Druckverlust am Weg $d\,x$ bedeutet. Der Druckverlust in der Schicht von der Dicke $d\,x$ hat die Größe

$$d\,h = \frac{Q\,d\,x}{\alpha\,k\,x}. \tag{222}$$

An der Unterseite A—B der Schicht ist daher der Grundwasserdruck um $d\,h$ größer als an der Oberseite C—D. Die Schicht erleidet infolgedessen einen dynamischen Auftrieb

$$d\,A = \gamma\,F\,d\,h = \gamma\,\alpha\,x \cdot \frac{Q}{\alpha\,k}\,\frac{d\,x}{x} = \gamma\,\frac{Q}{k}\,d\,x. \tag{223}$$

Durch die Grundwasserströmung erleidet der ganze Boden von der Tiefe x_1 bis zur Oberfläche bei x_2 den dynamischen Auftrieb

$$A = \int_{x_1}^{x_2} d\,A = \gamma\,\frac{Q}{k}\,(x_2 - x_1). \tag{224}$$

Lotrecht abwärts greift am betrachteten Boden das Unterwassergewicht an. Bezeichnet p das Porenverhältnis, γ_s die Wichte des Gesteins der Körner und γ die Wichte des Wassers, so beträgt das Unterwassergewicht der betrachteten Bodenschicht von der Dicke $d\,x$

$$d\,G = (1 - p)\,(\gamma_s - \gamma)\,F\,d\,x = (1 - p)\,(\gamma_s - \gamma)\,\alpha\,x\,d\,x \tag{225}$$

und das Unterwassergewicht des Bodens zwischen x_1 und x_2 hat die Größe

$$G = \int_{x_1}^{x_2} d\,G = \frac{\alpha}{2}\,(1 - p)\,(\gamma_s - \gamma)\,(x_2{}^2 - x_1{}^2). \tag{226}$$

Der hydraulische Grundbruch tritt auf, wenn der dynamische Auftrieb auf dem betrachteten Bodenkörper gleich oder größer ist als sein Unterwassergewicht; im kritischen Zustand ist also

$$A = G \tag{227}$$

oder

$$\frac{\gamma}{g}\,Q\,(x_2 - x_1) = \frac{\alpha}{2}\,(1 - p)\,(\gamma_s - \gamma)\,(x_2{}^2 - x_1{}^2). \tag{228}$$

Es folgt weiter für den kritischen Zustand

$$\frac{Q}{k} = \frac{\alpha}{2}\,(1 - p)\,\frac{\gamma_s - \gamma}{\gamma}\,(x_2 - x_1). \tag{229}$$

Aus der Gleichung (221) folgt auch

$$\frac{Q}{k} = \alpha\,x\,\frac{d\,h}{d\,x} \tag{230}$$

und die Gleichsetzung der Gleichungen (230) und (229) liefert

$$\alpha\,x\,\frac{d\,h}{d\,x} = \frac{\alpha}{2}\,(1 - p)\,\frac{\gamma_s - \gamma}{\gamma}\,(x_2 - x_1) \tag{231}$$

und es folgt schließlich für das kritische Gefälle J_{krit} an der Stelle x zwischen x_1 und x_2

$$J_{krit} = \frac{d\,h}{d\,x} = (1 - p)\,\frac{\gamma_s - \gamma}{\gamma}\,\frac{x_2 + x_1}{2\,x}. \tag{232}$$

Für die Gesteine, aus denen die Sand- und Kieskörner gewöhnlich bestehen, kann meist wie früher $\gamma_s = 2650$ [kg/m³] gesetzt werden. Es gilt dann für das kritische Gefälle an der Stelle x bei einem Porenverhältnis

$$p = 0,5, \quad J_{krit} = 0,4125 \cdot \frac{x_2 + x_1}{x},$$

$$p = 0,4, \quad J_{krit} = 0,495 \cdot \frac{x_2 + x_1}{x},$$

$$p = 0,5, \quad J_{krit} = 0,578 \cdot \frac{x_2 + x_1}{x}.$$

Bei der Untersuchung eines Stauwerkes oder einer Spundwand liegen nicht mehr so einfache Verhältnisse vor wie zuvor. Die Stromröhren in dem der Grundbruchgefahr unterliegenden Bereich verlaufen zwar auch noch lotrecht oder zumindest nahezu lotrecht, aber die Begrenzung der Stromröhre ist nicht mehr allseits eben. Um die Begrenzung der Stromröhre zu erhalten, wird am besten im Boden unter dem Wehr ein Netz von Stromlinien und Potentiallinien gezeichnet, das ein Quadratnetz bildet (Abb. 111). Wenn zwischen zwei Stromlinien n Quadrate liegen und die Fallhöhe zwischen Oberwasser- und Unterwasserspiegel H beträgt, so erleidet das Grundwasser beim Durchsickern eines Quadrates den Druckverlust

$$\Delta h = \frac{H}{n}, \tag{233}$$

und das Grundwassergefälle am Wege durch ein Quadrat von der Seitenlänge Δs hat den Wert

$$J = \frac{\Delta h}{\Delta s}. \tag{234}$$

Ein Bodenkörper, der von den beiden im Abstand von 1 [m] liegenden parallelen Ebenen, ferner von zwei Stromflächen und von zwei Potentialflächen begrenzt wird, der also den Querschnitt $(\Delta s)^2$ und die Länge 1 hat, habe das Unterwassergewicht

$$G = (1 - p)\,(\gamma_s - \gamma)\,(\Delta s)^2 \cdot \tag{235}$$

Auf diesen Bodenkörper übt das aufwärtsströmende Grundwasser einen dynamischen Auftrieb

$$\Delta A = \Delta h\,\gamma \cdot \Delta s \cdot 1 \tag{236}$$

aus; Δh bedeutet den Druckverlust des Grundwassers am Weg Δs. Es gilt dann für den dynamischen Auftrieb, den der betrachtete Bodenkörper erleidet,

$$\Delta A = \gamma \frac{H}{n} \Delta s. \tag{237}$$

Der resultierende Auftrieb, der am betrachteten Bodenkörper angreift, beträgt

$$\Delta A - \Delta G = \gamma \frac{H}{n} \Delta s - \Delta G; \tag{238}$$

er wirkt auf das über ihm liegende Bodenprisma. Der resultierende Auftrieb, den der ganze Bodenkörper vom Fuß der Spundwand bis zur Oberfläche erleidet, beträgt

$$\Sigma \Delta A - \Sigma \Delta G = \gamma \frac{H}{n} \Sigma \Delta s - \Sigma \Delta G. \tag{239}$$

Im kritischen Zustand, in dem der Grundbruch eben noch nicht auftritt, ist

$$\gamma \frac{H}{n} \Sigma \Delta s = \Sigma \Delta G. \tag{240}$$

Wenn

$$\frac{H}{n} > \frac{\Sigma \Delta G}{\gamma \Sigma \Delta s} \tag{241}$$

ist, tritt Grundbruch auf.

Um die Grundbruchgefahr zu untersuchen, wird in bekannter Weise unter den Staukörper das durch Stromlinien und Potentiallinien gebildete Quadratnetz gezeichnet. Vom Fuß der Spundwand ausgehend, können dann leicht, wie es die Abb. 126 andeutet, die Summenlinien $\Sigma \Delta G$ und $\gamma \Sigma s$ gezeichnet werden.

Im vorgeführten Beispiel gilt an der Bodenoberfläche

$$\Sigma \Delta G = 203 \ [\text{kg}] \ \text{und} \ \gamma \, \Sigma \Delta s = 1085 \ [\text{kg/m}]. \tag{242}$$

Die Gefahr des Grundbruches besteht, wenn

$$\frac{H}{n} \gtrless \frac{\Sigma \Delta G}{\gamma \, \Sigma \Delta s} = \frac{203}{1085} = 0,1875 \ [\text{m}]$$

ist. Wenn z. B. zwischen zwei Stromlinien $n = 40$ Quadrate liegen, so tritt die Gefahr des Grundbruches eben bei einer Fallhöhe $H = 7,50$ [m] auf.

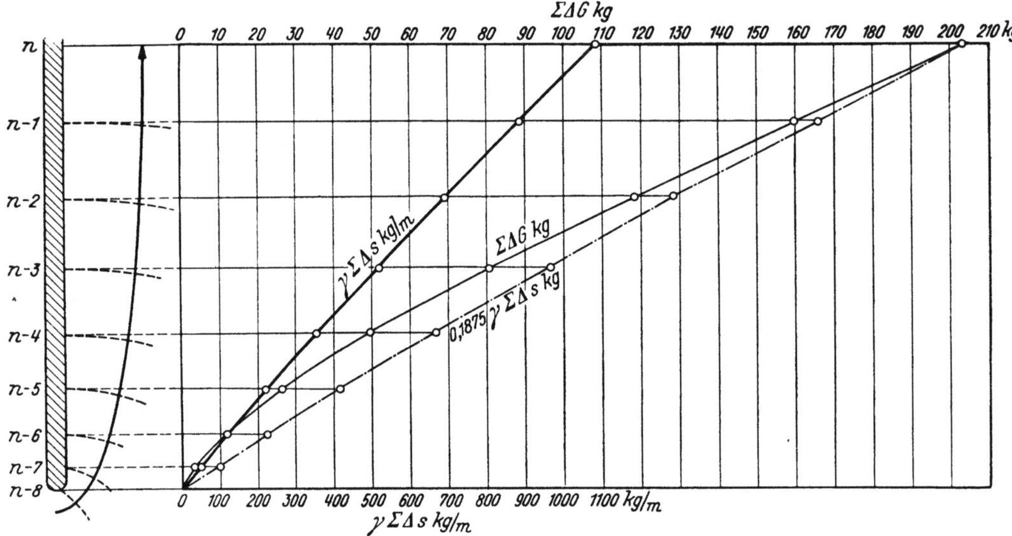

Abb. 126. Zeichnerische Untersuchung der hydraulischen Grundbruchgefahr.

Würde z. B. durch Kolkbildung die Sohle so weit abgetragen, daß eben drei Bodenprismen verschwinden, so wäre

$$n_1 = 37, \ \Sigma \Delta G = 81 \ [\text{kg}] \ \text{und} \ \lambda \, \Sigma \Delta s = 520 \ [\text{kg/m}]$$

und die Grundbruchgefahr würde schon auftreten, wenn

$$\frac{H}{37} \gtrless \frac{81}{520} = 0,1558 \ [\text{m}] \tag{243}$$

wäre. Nun ist aber mit $H = 7,50$ [m] $\frac{H}{37} = 0,2028$ [m], daher tritt Grundbruch auf.

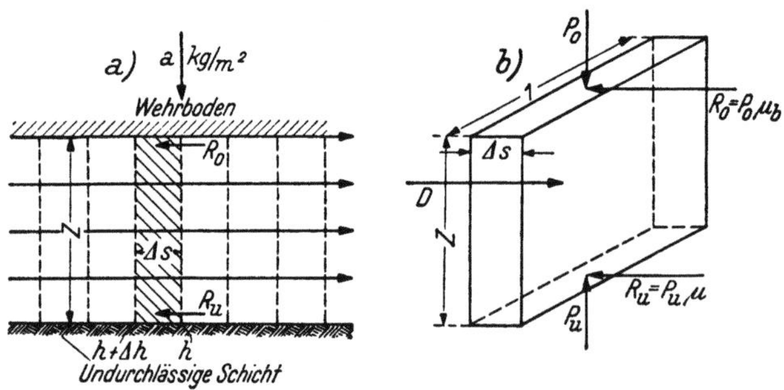

Abb. 127. Waagrechter hydraulischer Grundbruch.

Wenn der hydraulische Grundbruch an einem Stauwerk auftritt, so gerät nicht nur der Boden unmittelbar flußab der Spundwand in Bewegung, sondern es wird auch der Kies unter dem Bauwerk ausgeräumt. Es sei nun noch untersucht, unter welchen Umständen der Kies unter dem Stauwerk waagrecht herausgedrückt wird.

Betrachtet sei ein Bodenkörper zwischen zwei Lotrechten in der Strömungsrichtung im Abstande 1 liegenden Ebenen, der von zwei Potentialflächen, vom Wehrboden und von der undurchlässigen Schicht begrenzt wird (Abb. 127). Der Wehrboden belaste den Untergrund mit der Sohlenspannung a [kg/m²]. Die Last auf die obere Begrenzungsfläche des betrachteten Bodenprismas beträgt daher

$$P_0 = a \, \Delta s \cdot 1 \ [\text{kg}]. \tag{244}$$

Einer allfälligen Bewegung des Bodenprismas wirkt oben die Reibung

$$R_0 = a \cdot \Delta s\, \mu_b \qquad (245)$$

entgegen; μ_b bezeichnet den Reibungswert zwischen dem Boden und dem Wehrboden.

An der unteren Begrenzungsfläche überträgt das Bodenprisma auf die undurchlässige Schicht den Druck

$$P_u = \beta\, a\, \Delta s + z\, \Delta s\, (1 - p)\, (\gamma_s - \gamma), \qquad (246)$$

z bedeutet die Höhe des Prismas, p das Porenverhältnis, γ_s die Wichte des Gesteins, aus dem der Kies besteht, γ die Wichte des Wassers und β einen Beiwert, der kleiner als eins ist, und zwar um so kleiner, je größer die Tiefe z ist.

Einer allfälligen Bewegung wirkt an der Unterfläche des Prismas die Reibung

$$R_u = [\beta\, a\, \Delta s + z\, \Delta s\, (1 - p)\, (\gamma_s - \gamma)]\, \mu \qquad (247)$$

entgegen; μ bezeichnet den Reibungsbeiwert zwischen dem Kies und der undurchlässigen Schicht. Einer Bewegung des Bodenprismas wirkt also eine Gesamtreibung

$$\begin{aligned}\Sigma R = R_0 + R_u &= \Delta s \cdot a\, (\mu_b + \mu\,\beta) + \\ &+ \Delta s\, z\, (1 - p)\, (\gamma_s - p)\, \mu \end{aligned} \qquad (248)$$

entgegen.

In der Strömungsrichtung wirkt auf das betrachtete Bodenprisma der Grundwasserüberdruck

$$D = 1 \cdot z \cdot \gamma \cdot \Delta h \ \text{[kg]}. \qquad (249)$$

Wenn das Bodenprisma eben im Gleichgewicht steht, ist

$$D = \Sigma R \qquad (250)$$

oder

$$\begin{aligned} z\,\gamma\,\Delta h &= \Delta s\, a\, (\mu_b + \beta\,\mu) + \\ &+ \Delta s\, z\, (1 - p)\, (\gamma_s - \gamma)\, \mu \end{aligned} \qquad (251)$$

und das kritische Grundwassergefälle beträgt

$$J_{krit} = \frac{\Delta h}{\Delta s} = \frac{a\, (\mu_b + \beta\mu)}{\gamma\, z} + (1 - p)\, \frac{\gamma_s + \gamma}{\gamma}\, \mu. \qquad (252)$$

Setzt man für „mittlere" Verhältnisse $\gamma_s = 2650\ \text{[kg/m}^3\text{]}$, so gilt bei den Porenverhältnissen

$$p = 0{,}5, \quad J_{krit} = a\, \frac{\mu_b + \beta\mu}{\gamma z} + 0{,}825\, \mu \qquad (253)$$

$$p = 0{,}4, \quad J_{krit} = a\, \frac{\mu_b + \beta\mu}{\gamma z} + 0{,}990\, \mu \qquad (254)$$

$$p = 0{,}3, \quad J_{krit} = a\, \frac{\mu_b + \mu\beta}{\gamma z} + 1{,}155\, \mu \qquad (255)$$

Abb. 128. Einsturz eines Krafthauses und des anschließenden Wehrfeldes in der Elbe bei Königgrätz infolge hydraulischen Grundbruches.

Wenn nun z. B. nach Aufwirbelung des Kieses unmittelbar flußab der Spundwand unter der Einwirkung des Erddruckes die Spundwand etwas nachgibt, so sackt der Kies unter dem Wehrboden nach und löst sich vom Wehrboden. In diesem Falle ist $a = 0$ zu setzen; dann genügt schon, je nach den Porenverhältnissen, ein Grundwassergefälle von $J > (0{,}825$ bis $1{,}155)\,\mu$, um den Kies fließsandartig in Bewegung zu setzen. Nachdem für den Reibungswert μ etwa der Wert 0,6 zu setzen ist, genügt für das waagrechte Herausdrücken des Bodens ein viel kleineres kritisches Gefälle als für das lotrechte Aufwirbeln des Kieses. In der Folge wird der Weg, den das Wasser unter dem Stauwerk zurückzulegen hat, immer kürzer, und das Ausfließen des Kieses schreitet dann rasch flußauf vor, bis der Durchbruch zum Stauraum erfolgt.

Einige Bilder mögen noch die Zerstörungen zeigen, die gelegentlich eines Grundbruches auftreten. Die Abb. 128 bis 130 zeigen die Schäden anläßlich des Grundbruches an einem Wehr in der Elbe bei Königgrätz. Der Grundbruch ist am Wehrpfeiler unmittelbar neben dem Krafthaus aufgetreten und hat sich unter das Krafthaus hinein erweitert. Die beiden Abb. 128a und 128b zeigen den Einsturz des Krafthauses, den ein zufällig anwesender Amateurphotograph aufge

Abb. 129. Infolge Grundbruches zerstörtes Wehr in der Elbe bei Königgrätz.

nommen hat. In Abb. 128a ist deutlich der Staub zu erkennen, der vom einstürzenden Mauerwerk herstammt. Die Abb. 128b ist etwas später aufgenommen worden, als aber die Bewegungen des Bauwerkes noch anhielten. Die Abb. 129 zeigt die Zerstörungen, nachdem die Bewegungen zum Stillstand gekommen waren. Der Wehrpfeiler ist annähernd lotrecht über 2 [m] tief eingebrochen. Im Stauraum deckte unmittelbar flußauf des Wehres ein betonierter Wehrboden die Flußsohle. Dieser Vorboden wies Risse auf, durch die Wasser in größeren Mengen durchtreten konnte. Nachdem die Bodenausspülung bis zum Stauraum flußauf fortgeschritten war, brach der Vorboden durch und es entstand der in Abb. 130 sichtbare Trichter in der Flußsohle.

Die Zerstörungen, die ein Grundbruch hervorruft, sind, wie die vorgeführten Fälle erweisen, so schwerwiegend, daß es unverantwortlich wäre, ein auf Kies oder Sand gegründetes Wehr zu erbauen, ohne vorher den Nachweis der Sicherheit gegen Grundbruch erbracht zu haben.

Abb. 130. Der an der Oberstromseite des Wehres in der Elbe bei Königgrätz entstandene Trichter.

Schrifttum.

FORCHHEIMER, PH.: Hydraulik. 3. Aufl. Leipzig 1930. B. G. Teubner. — FRANZIUS, O.: Verkehrswasserbau. Berlin 1927. Springer-Verlag. — HERZOG, M.: Versuche und Untersuchungen zum hydraulischen Grundbruch. Wasserkr. u. Wasserwirtsch. 1938. S. 52. — KYRIELEIS-SICHARDT: Grundwasserabsenkung bei Fundierungsarbeiten. 2. Aufl. Berlin 1930. Springer-Verlag. — SCHOKLITSCH, A.: Graphische Hydraulik. Sammlung math.-phys. Lehrbücher. Bd. 21. Leipzig 1923. B. G. Teubner. — TERZAGHI, K.: Erdbaumechanik. Leipzig 1925. Fr. Deuticke. — DERSELBE: Der Grundbruch an Stauwerken und seine Verhütung. Wasserkr. u. Wasserwirtsch. 1922. S. 445. — Referat: Die Stützmauer am nördlichen Ufer des Monongabela Flusses in Pittsburg, Pa. Beton u. Eisen. 1929. S. 127.

c) Die Folgen einer Grundwassersenkung für benachbarte Bauwerke.

Das Wasser, das die Poren des Untergrundes erfüllt, belastet die tieferliegende undurchlässige Schichte und übt auf die benetzten Bodenkörner einen Auftrieb aus. Wenn die Spiegellage des Grundwassers geändert wird, z. B. durch eine Grundwassersenkungsanlage oder durch eine Flußregulierung, so ändert sich die Pressung in den tieferliegenden Schichten um so mehr, je tiefer der Spiegel sinkt.

Um die Belastungsänderung zu ermitteln, sei vorerst ein grobkörniger Boden vorausgesetzt, in dessen Poren nach der Absenkung des Grundwasserspiegels keine nennenswerten Wassermengen als Haftwasser zurückbleiben. Aus diesem Boden sei ein lotrechtes Prisma (Abb. 131 a) vom Querschnitte 1 herausgeschnitten. Eine in der Tiefe h unter der Bodenoberfläche liegende, waagrechte Schnittfläche $A\!-\!B$ wird durch den oberhalb liegenden Boden und durch das Porenwasser belastet; gleich groß, aber entgegengesetzt gerichtet ist die Bodenreaktion p_1 unter der Schnittfläche und der dort wirksame Wasserdruck; es gilt demnach, wenn γ_e das Raumgewicht des Bodens, γ die Wichte des Wassers und n das Porenverhältnis bedeuten

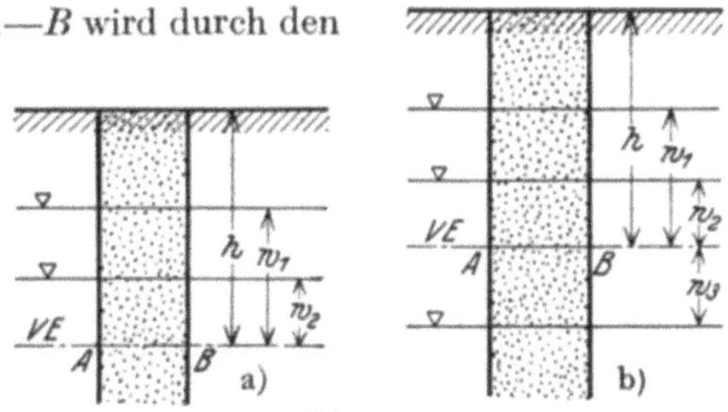

$$\gamma_e h + \gamma w_1 - \gamma w_1 (1-n) = p_1 + \gamma w_1 \qquad (256)$$

oder

$$p_1 = \gamma_e h - (1-n)\, \gamma w_1. \qquad (257)$$

Abb. 131.

Die Änderung der Pressung Δp in $A\!-\!B$ infolge der Grundwasserabsenkung um $w_1\!-\!w_2$ beträgt

$$\Delta p = p_2 - p_1 = \gamma (1-n)(w_1 - w_2). \qquad (258)$$

Die Verhältnisse ändern sich, wenn die betrachtete Ebene $A\!-\!B$ die Oberfläche der undurchlässigen Schichte bildet. Dann ist die auf der Fläche $A\!-\!B$ ruhende Last ebenso groß wie früher; die Last wird in $A\!-\!B$ aber nur von der Bodenreaktion getragen, weil auf der Unterfläche von $A\!-\!B$ kein Wasserdruck wirkt.

In diesem Falle gilt daher

$$\gamma_e h + \gamma w_1 - \gamma w_1 (1-n) = p_1 \qquad (259)$$

oder

$$p_1 = \gamma_e h + u\,\gamma w_1. \qquad (260)$$

Die Änderung Δp der Pressung in der Fläche $A\!-\!B$ beträgt in diesem Falle, wenn der Grundwasserspiegel um $w_1\!-\!w_2$ sinkt

$$\Delta p = p_2 - p_1 = -n\,\gamma (w_1 - \dot{w_2}). \qquad (261)$$

Die Oberfläche der undurchlässigen Schicht wird demnach um so mehr entlastet, je tiefer der Grundwasserspiegel abgesenkt wird, je kleiner also w ist.

In feinkörnigem Boden bleibt infolge der Kapillarität nach einer Senkung des Grundwasserspiegels um so mehr Wasser in den Poren haften, je feiner das Korn ist. Nun sei ein Boden vorausgesetzt, der so feinkörnig ist, daß auch nach der Senkung des Grundwasserspiegels die Poren vollständig mit Wasser erfüllt bleiben. Beim Grundwasserstand w_1 (Abb. 131 b) gilt dann

$$\gamma_e h + \gamma w_1 - \gamma w_1 (1-n) = p_1 + \gamma w_1 \qquad (262)$$

oder

$$p_1 = \gamma_e h - (1-n)\, \gamma w_1. \qquad (263)$$

Die Zunahme der Pressung Δp in $A\!-\!B$ infolge der Senkung des Grundwasserstandes von w_1 auf w_2 beträgt dann

$$\Delta p = p_2 - p_1 = \gamma (w_1 - w_2), \qquad (264)$$

also für jeden Meter Spiegelsenkung 1 [t/m²].

Während sich bei grobkörnigem Boden, wie er zuerst vorausgesetzt worden ist, die Pressung im betrachteten Abschnitte $A\!-\!B$ nicht weiter verändert hat, wenn der Grundwasserspiegel unter $A\!-\!B$ gesunken war, ist bei feinkörnigem Boden die Pressung in $A\!-\!B$ auch dann noch vom Grundwasserstand abhängig, wenn er unter $A\!-\!B$ abgesunken ist. Für den Grundwasserstand w_3, bezogen auf $A\!-\!B$, gilt, ähnlich wie früher

$$\gamma_e h + n\,\gamma w_1 = p_3 - \gamma w_3 \qquad (265)$$

oder

$$p_3 = \gamma_e h + \gamma (u\,w_1 + w_3), \qquad (266)$$

weil nunmehr das Porenwasser mit der Säulenhöhe w_3 infolge der Kapillarität an der Fläche A—B hängt. Die Zunahme Δp der Pressung infolge der Grundwasserspiegelsenkung um $w_1 + w_3$ beträgt nun

$$\Delta p = p_3 - p_1 = \gamma\,(w_1 + w_3);\qquad(267)$$

sie beträgt also ebenfalls für jeden Meter Spiegelsenkung 1 [t/m²].

Die Zunahme der Pressung in der wasserführenden Schichte infolge der Senkung des Grundwasserspiegels führt zu einer dichteren Lagerung der Körner, die mit Rauminhaltsverringerung und daher Senkung der Oberfläche des Bodens verbunden ist. Auch die Belastung der Bodenteilchen durch ein Bauwerk wird größer, wenn der Sohlwasserdruck an diesem wegfällt. B. Körner erwähnt z. B., daß beim Bau einer Seeschleuse infolge der Grundwasserabsenkung während des Baues an den benachbarten Schleusen Senkungen von mehreren Dezimetern aufgetreten sind.

Solange die Senkungen unter einem Bauwerke überall gleichmäßig auftreten, das Bauwerk also nur niedersinkt, verursachen sie vielfach keine nennenswerten Schäden. Wenn die Sen-

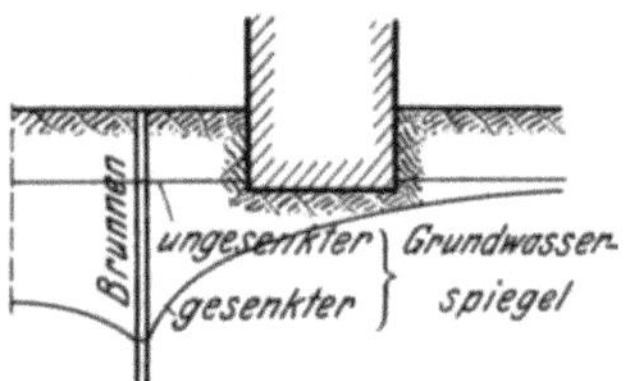

Abb. 132. Bauwerk im Gebiete des Senkungstrichters einer Brunnenreihe.

kungen aber ungleichmäßig auftreten, so führen sie zu Schäden an den Bauwerken oder sogar zur Zerstörung. Solche ungleiche Setzungen sind zu erwarten, wenn der Boden unter dem Bauwerke ungleiche Beschaffenheit hat oder wenn das Bauwerk in der Nähe der Grundwassersenkungsanlage, also im Bereiche der starken Spiegelsenkung liegt. Dort ist die Änderung der Pressung unter dem Bauwerke, wie ein Blick in die Abb. 132 lehrt, wegen des Senkungstrichters um die Brunnen, nicht gleichmäßig verteilt; das Bauwerk wird sich infolgedessen ungleichmäßig senken, und zwar gegen die Brunnen hin neigen.

Wenn Schichten abgesetzten Schwebs, die am seitlichen Ausweichen verhindert sind, auf einer Sandschichte lagern, die wieder auf einer undurchlässigen Schichte ruht, so erfolgt infolge des Gewichtes der Schwebschichten in den unteren Schichtlagen eine Verdichtung und sowohl das Wasser der Schwebschichte als auch jenes im Sand gerät unter Druck. In einer waagrechten Schnittebene wird das Gewicht der oberhalb lagernden Schwebschichten dann zum Teil durch den Druck von Bodenteilchen zu Bodenteilchen, zum Teil durch das unter Druck stehende Porenwasser aufgenommen. Der Überdruck im Porenwasser hat ein sehr langsames Aufwärtsfließen gegen die Bodenoberfläche zur Folge und in dem Maße, als infolge des Abfließens des Wassers der Druck nachläßt, wird der von Bodenteilchen übertragene Druck immer größer, bis endlich das ganze Gewicht der oberhalb liegenden Schwebschichte durch die Bodenteilchen allein übertragen wird. Dieser Zustand ist erreicht, wenn alles überschüssige Wasser aus den Poren des Schwebs abgeflossen ist und der Wasserüberdruck in den Poren verschwunden ist. Das Porenverhältnis der ganzen Schwebschichte nimmt in dem Maße ab, als Wasser abfließt und die Oberfläche der Schicht senkt sich dementsprechend. Wegen der Feinheit der Poren spielt sich dieser Vorgang nur außerordentlich langsam ab.

Wenn nun die Sandschichte durch Brunnen, eine Baugrube od. dgl. entwässert wird, so verschwindet der Überdurck des Porenwassers in der Sandschichte und die der Sandschichte benachbarten Teile der Schwebschicht können leichter durch den Sand entwässern. Es bildete sich im Schweb eine Wasserscheide aus, oberhalb der das Wasser weiter aufsteigt, unterhalb der aber das Wasser zum Sand fließt. Dadurch wird aber der Abfluß des überschüssigen Porenwassers aus dem Schweb beschleunigt und damit auch die Setzung der Schweboberfläche. Diese Setzung geht anfänglich rasch vor sich. Wenn die Dicke der Sandschichte gering ist, so daß also das Grundwasserspiegelgefälle des durch den Sand laufenden Wassers größer ist, dann erfolgen die Setzungen der Oberfläche des Schwebs in der Nähe der Anzapfungsstelle der Sandschichten stärker als in größerer Entfernung.

K. Terzaghi hatte Gelegenheit, eine solche rasch vor sich gehende Verdichtung von Schweb zu verfolgen. Er beobachtete, als in der Nachbarschaft eines Maschinenhauses ein Brunnen durch zähen Schweb bis in eine tonfreie Sandschicht abgesenkt worden ist, daß sich drei Monate nach Fertigstellung des Brunnens das Maschinenhaus um 10 bis 15 [cm] und nach Ablauf von 9 Jahren bis um 40 [cm] gesenkt hatte.

Grundwassersenkungen können aber auch noch in anderer Hinsicht bestehenden Gebäuden Gefahr bringen. Ältere Gebäude sind bei wenig tragfähigem Boden vielfach auf hölzernen Rosten gegründet worden, die hinreichende Bestanddauer haben, wenn sie ständig unter dem Grundwasserspiegel liegen. Durch eine Grundwassersenkung können nun solche Roste aus dem Wasser auftauchen und in ihrer Beschaffenheit infolge der Grundwassersenkung leiden. Diese Gefahr besteht in besonderem Maße dann, wenn der Grundwasserspiegel dauernd abgesenkt wird, wie es manchmal bei neueren, tief in den Untergrund herabreichenden Bauwerken geschieht, um die Kellerräume trockenzuhalten. Auch Flußregulierungen können, wenn der Lauf gekürzt wird, eine dauernde Absenkung des Grundwasserspiegels bewirken.

Schrifttum.

KÖGLER F. u. H. SEUSSING: Setzungen durch Grundwasserabsenkungen. Baut 1938. S. 904. — KÖRNER, B.: Bodensetzungserscheinungen bei Grundwasserabsenkungen. Baut. 1927. S. 614. — MEYER-PETER: Über die Ursachen von Bodensetzungen bei Grundwassersenkungen und von Uferbrüchen bei der Absenkung von Seespiegeln. Schweiz. Bauzg. 1923. S. 147. — TERZAGHI, K.: Die Tragfähigkeit von Pfahlgründungen. Baut. 1930. S. 275.

II. Die Einwirkung von Leckwasser aus dem Bauwerk auf den Baugrund.

Bei Bauwerken, die Wasser enthalten, wie z. B. Wasserbehälter, Kammerschleusen, Werksgräben u. dgl., muß, wenn diese Bauwerke nicht im Grundwasser stehen, besonders dafür

Abb. 133. Rückansicht einer Betonufermauer im oberen Vorhafen des Schiffshebewerkes Niederfinow vor dem Hinterfüllen (Neubauamt Eberswalde). *a* Kontrollschächte an den Fugen; *b* Dränleitung für die Ableitung von Leckwasser.

gesorgt werden, daß nicht Wasser, das an undichten Stellen ausläuft, in den Boden unter dem Grundwerke gerät und dort die Bodenbeschaffenheit verändert. Solche undichte Stellen können durch Risse im Bauwerk entstehen oder es können Dehnungsfugen, die in längeren Bauwerken

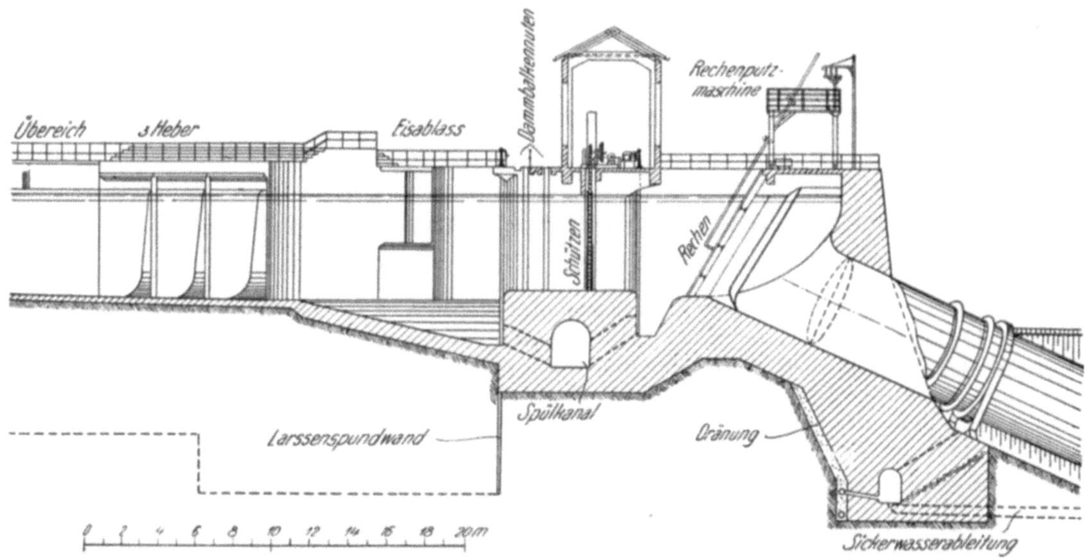

Abb. 134. Dränung des Rechenhauses im Vorhofe des Kraftwerkes Aufkirchen der Mittleren Isar-Werke.

stets eingebaut werden, undicht werden. Das Leckwasser, das an undichten Stellen ausläuft, kann besonders bei bindigem Boden Schaden anrichten, weil es die Konsistenzform verändern und an Hängen auch zu Rutschungen Anlaß geben kann.

Das Leckwasser wird in Dränen abgefangen und auf kürzestem Wege aus dem Bereiche des Grundwerkes abgeleitet. Als Beispiel für eine vorbildlich ausgeführte derartige Dränung ist in der Abb. 133 jene an der Außenseite der Betonufermauern im oberen Vorhafen des Schiffshebewerkes in Niederfinow dargestellt. Die Dehnungsfugen sind dort außen durch eigene Revisionsschächte a überdeckt, durch die Leckwasser herablaufen kann und durch die jederzeit Überprüfungen des Zustandes der Fuge möglich sind. Die Schächte entwässern in eine flachliegende Dränleitung b, die auch noch sonstiges Leckwasser aufzunehmen vermag.

Als weiteres Beispiel sei die Dränung unter dem Rechenhaus eines Kraftwerkes erwähnt, die in der Abb. 134 dargestellt ist. Das Rechenhaus ist am Hang gelegen und es werden dort,

Abb. 135.   Der Werksgraben der Alzwerke am Übergang vom Freispiegelstollen zum offenen Graben.
a) Nach der Fertigstellung, *b)* nach der Zerstörung.

um Rutschungen zu vermeiden, allfällige Leckwässer in einer Kiesschichte abgefangen und in einem Kanal abgeleitet.

Welche Folgen auslaufendes Leckwasser verursachen kann, wenn es in tonhaltige Schichten auf einen Hang gerät, veranschaulichen schließlich die beiden Abb. 135a, b vom Werksgraben der Alzwerke.

III. Die Einwirkung des fließenden Wassers auf den Baugrund in der Nähe von Bauwerken.

Wenn Bauwerke in fließendem Wasser errichtet werden, so muß der Einwirkung des Wassers auf den Boden in der Umgebung des Bauwerkes infolge der Errichtung desselben besonderes Augenmerk gewidmet werden. Solche Bauwerke hemmen oder stören den Abfluß des Wassers und rufen längs des vom Wasser bespülten Bauwerksumrisses Spiegelhöhenunterschiede hervor, die die Verteilung der Geschwindigkeit besonders an der Sohle weitgehend umgestalten und an gewissen Stellen in der Folge tiefe Auskolkungen bewirken, die die Standsicherheit der Bauwerke gefährden. Solche Spiegelhöhenunterschiede treten um so größer und auf um so kürzeren Strecken auf, je schroffer die durch das errichtete Bauwerk verursachte Umlenkung des vorbeilaufenden Wassers erfolgt. An jenem Teil des Umrisses, der die Umlenkung des zufließenden Wassers bewirkt, steigt der Wasserspiegel etwa um die Geschwindigkeitshöhe und die in den Bereich des gehobenen Spiegels gelangenden Wasserteilchen werden entsprechend dem Spiegelhöhenunterschied in der Richtung der Gefällslinien des aufgewölbten Wasserspiegels beschleunigt; diese Beschleunigung der Wasserteilchen erfolgt unabhängig von ihrer Tiefenlage.

Die geringen Geschwindigkeiten (Abb. 136), die an der Sohle eines Flusses herrschen, können auf diese Weise im Bereiche der Wasserspiegelhebung bis auf die mittlere Geschwindigkeit U

in der Lotrechten beschleunigt werden. Bei Durchflüssen, bei denen vor Errichtung des Bauwerkes das Geschiebe an der Flußsohle noch in Ruhe blieb, kann nach Errichtung des Bauwerkes infolge der Umbildung der Geschwindigkeitsverteilung in einem allerdings engbegrenzten Gebiet, Geschiebe in Bewegung versetzt werden und bei größeren Durchflüssen wird in diesem Bereiche Geschiebe in höherem Maße bewegt als früher. Diese Umbildung der Geschwindigkeitsverteilung führt in jenem Bereiche, in dem sie anhält, zu den früher erwähnten Sohlenausspülungen.

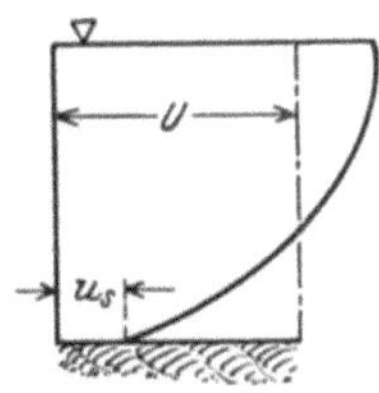
Abb. 136. Umbildung der Geschwindigkeitsverteilung infolge eines örtlichen Staues.

Bei der Gründung von Bauwerken in fließendem Wasser ist es nun erforderlich, den Bereich zu beachten, in dem solche Auskolkungen auftreten können, um einerseits dort das Grundwerk hinreichend tief hinabzuführen oder anderweitig zu schützen und anderseits aber diese Vorsichtsmaßnahmen nur auf jenen Bereich zu beschränken, wo er wirklich erforderlich ist.

Als erstes Beispiel sei die Kolkbildung an einem Strompfeiler betrachtet. Am Kopfe des Pfeilers entsteht die sogenannte Kopfwelle A (Abb. 137 und 138), die ja, besonders bei höheren Wasserständen, deutlich beobachtet werden kann. Diese Welle bewirkt nun am Pfeilerkopf flußaufgerichtete Sohlenströmungen, während sie zu beiden Seiten die Sohlenströmungen in der früher erwähnten Weise beschleunigt. Beide

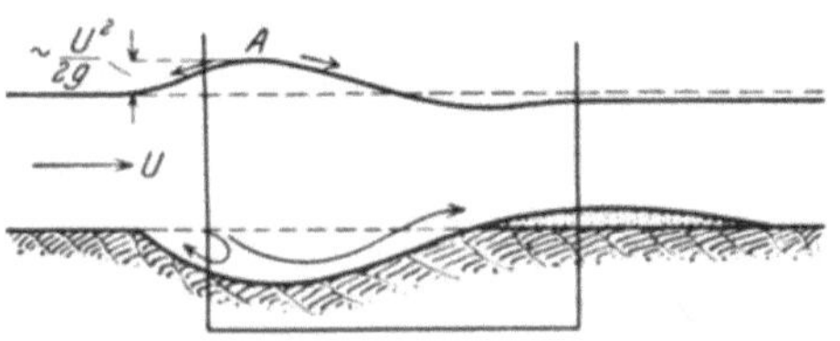

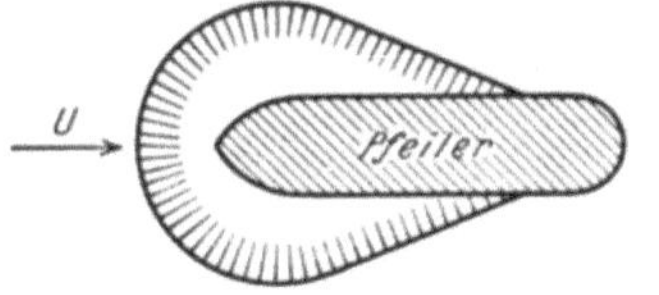

Sohlenströmungen spülen die Sohle, wie man am Schema der Abb. 137 und an der Abb. 136 deutlich erkennen kann, oft bis zu bedeutenden Tiefen aus. Schon nach kurzer Strecke wird aber die Geschwindigkeit an der Sohle infolge der Sohlenrauhigkeit stark verzögert und es stellt

Abb. 137. Strömung und Kolkbildung an einem Strompfeiler.

Abb. 138. Kopfwelle an einem Brückenpfeiler (S. Shulits).

sich wieder eine Geschwindigkeitsverteilung ein, die jener in größerer Entfernung vom Pfeiler ähnelt. Hinter dem Pfeiler, im sogenannten Totwasserraum, bilden sich sogar Anlandungen, die bei niederen Wasserständen manchmal über den Wasserspiegel emporragen können.

Solche Kolke am Pfeiler bewirken, wenn sie bis unter die Grundwerkssohle hinabreichen, einseitige Senkungen und schließlich Einstürze, wobei der Pfeiler fast immer flußauf, gegen die Strömung, in den Kolk kippt, weil ja die Sohlenausspülung vorwiegend am oberstromseitigen Teil des Pfeilers erfolgt und am Kopf am tiefsten ist. Die Kolke können aber auch dann schon gefährliche einseitige Senkungen des Pfeilers hervorrufen, wenn sie nur bis in die Nähe der Pfeilersohle herabreichen, weil in ihrem Bereich ein seitliches Ausweichen des Bodens unter der Last des Pfeilers leichter auftreten kann.

Abb. 139. Kolke an den Köpfen von Brückenpfeilern, aufgenommen nach Ablauf des Hochwassers.

Ähnlich wie an Pfeilern tritt auch an allen anderen Bauwerken, die das Wasser umlenken bzw. die Durchflußweite einschränken, ein Kolk auf. Als weiteres Beispiel sei die Sohlenausbildung erörtert, die sich zwischen zwei durch Spundwände umgebenen Baugruben in einem Flusse einstellt. Hier wird die Durchflußweite eingeengt und es erfolgt am flußaufwärtigen Baugrubenrand überdies eine Wasserumlenkung. Die Betteinengung hat eine Sohleneintiefung zwischen den Baugrubenwänden und noch auf eine Strecke flußab zur Folge, während die Wasserumlenkung durch die flußaufwärtigen Baugrubenwände tiefreichende örtliche Kolke bewirkt. Die Kolktiefe an einer solchen Wand ist um so tiefer, je schroffer sie das Wasser umlenkt. In der Abb. 140 sind die Ergebnisse zweier Modellversuche wiedergegeben; das eine Mal waren beide Baugruben rechteckig begrenzt (Abb. 140a und b), das andere Mal stand die obere Begrenzung der einen Baugrube unter einem

Abb. 140. Sohlenumbildung infolge der Errichtung von Fangdämmen. a und c flußab, b und d flußauf gesehen, Modellversuche.

Winkel von 45° gegen die Stromrichtung (Abb. 140c und d). Die ursprüngliche Lage der Flußsohle ist durch die weißen Striche an den Baugrubenwänden kenntlich gemacht. Man erkennt leicht, daß durch die Schrägstellung der oberen Wand der Baugrube die örtliche Auskolkung geringer wird, weil die Umlenkung eben weniger schroff ist, daß aber infolge der schon weiter flußauf beginnenden Umlenkung der Kolk bei der gegenüberliegenden Baugrube ungünstiger geworden ist als beim ersten Versuch. Wenn auch bei der linken Baugrube die obere Wand schräg gegen die Strömung gestellt wird, bleibt auch dort die Kolktiefe gering. Die Sohleneintiefung beginnt beim ersten Versuch (Abb. 140a) plötzlich mit einem scharfen Bruch in der Sohle, knapp vor den Baugruben; beim zweiten Versuch (Abb. 140b) beginnt sie schon weiter flußauf, weil eben durch die schräge Baugrubenwand die Beschleunigung des Wassers schon weiter oben bewirkt wird. Die Sohleneintiefung setzt sich über den Bereich der Baugruben hinaus fort und wird seitlich durch kleine Auflandungen begrenzt, die vom Wasserabfluß gegen das Totwasser hinter den Baugruben herrühren. Dieser Sohlenausbildung muß bei der Herstellung der Baugrubenumfassung selbstverständlich Rechnung getragen werden.

Abb. 141. Einsturz eines ohne Spundwände gegründeten Brückenwiderlagers infolge Unterkolkung gelegentlich eines Hochwassers.

Als Beispiel für die Folgen der Kolkbildung an Bauwerken bei ungenügender Vorsorge sei in der Abb. 141 eine Aufnahme eines zerstörten Widerlagers einer Brücke wiedergegeben, das ohne Spundwände erbaut worden war und schließlich, gelegentlich eines Hochwassers flußauf in den Kolk gekippt war.

Besonders gefährliche Kolke können sich flußauf und flußab von Stauwerken ausbilden, wenn das Stauwerk ungünstig geformt wird. Ein unmittelbares Auftreffen abstürzenden Wassers auf die Flußsohle muß stets vermieden werden, weil der hierbei auftretende Tauchstrahl außerodentlich tiefe Kolke hervorruft. Bei Stauwerken wird stets ein Wehrboden angeordnet, der das ablaufende Freiwasser in die waagrechte oder flußab schwach ansteigende Richtung umlenkt. Um möglichst geringe Kolke zu erzielen, darf das unterstromseitige Ende des Wehrbodens nicht höher liegen als die Flußsohle flußab des Stauwerkes außerhalb des Kolkbereiches. Besonders ausgebildete Schwellen am Ende des Wehrbodens können die Kolkbildung weiter herabsetzen. Die Kolkbildung wird durch ungleichmäßig verteilte Ableitung des Freiwassers, durch eine Bettbreite größer als die Wehrbreite und durch unsymmetrische Anschlüsse der Ufer an das Stauwerk stark gefördert. Mit der Kolkausbildung und der Kolkabwehr befaßt sich der Wasserbau und es wird daher auf das einschlägige Schrifttum verwiesen.

Um das Tiefergeifen von Kolken an bestehenden Bauwerken einzudämmen, werden in dem gefährdeten Bereiche um das Grundwerk manchmal Steinwürfe angeordnet, die bei kleineren Abmessungen des Kolkes am besten denselben vollkommen auffüllen. Wenn aus Steinwurf nur eine Schutzschichte über die gefährdete Flußsohle gebildet werden soll, so muß die Dicke dieser Schicht mindestens gleich der drei- bis vierfachen Steinstärke sein. Bei geringerer Dicke erfolgt die Wasserströmung zwischen den Steinen noch so lebhaft, daß der Boden unter den Steinen ausgespült wird und diese gleichsam in den Boden versinken und fast unwirksam sind.

Abb. 142. Nachträgliche Sicherung der Pfeiler der Seinebrücke bei Bezons gegen Unterkolkung durch eine Larssen-Spundwand (Ver. Stahlwerke A.-G., Dortmunder Union).

Die Steine verzögern dann nur die endgültige Ausbildung des Kolkes, verhindern sie aber nicht. Der Steinwurf muß unter allen Umständen aus Steinen gebildet werden, die so groß bzw. schwer sind, daß sie vom Wasser, selbst bei Hochwasser, nicht mehr fortgeschleppt werden können. Wenn kein Naturstein zu entsprechenden Preisen zu erhalten ist, so können auch Betonbruchsteine verwendet werden. Solche Betonsteine werden in würfelförmigen Formen von etwa 1 [m] Seitenlänge hergestellt und die Bruchsteine werden in beliebiger Größe durch Einlegen von Pappe während des Betonierens erhalten; längs der Pappeinlagen bricht der Betonblock nach dem Abbinden leicht auseinander. Als Mischungsverhältnis wird 1 : 10 gewählt. Um das Steingewicht zu erhöhen, kann dem Beton Eisenschrott zugesetzt werden. Auch eingeworfene Betonwalzen sind mit Erfolg angewendet worden.

Durch eine Spundwand kann ein Bauwerk nachträglich gegen Unterkolkung gesichert werden. Die Spundwand muß dann nur so weit, als es das Rammen erfordert, vom bestehenden Grundwerk weggerückt werden. Der Zwischenraum zwischen der Spundwand und dem Bauwerk wird am besten oben ausbetoniert. Als Beispiel zeigt die Abb. 142 eine solche nachträgliche Pfeilersicherung mit Larssen-Spundbohlen an der Seinebrücke bei Bezons; im Hintergrund ist ein Steinwurf an zwei Pfeilern zu erkennen. Alte Steinwürfe können das Rammen der Spundbohlen erschweren oder vereiteln.

Schrifttum.

SCHOKLITSCH, A.: Der Wasserbau. Bd. 2. 2. Aufl. Wien 1951. Springer-Verlag. — DERSELBE: Kolkabwehr und Energievernichtung. Wien 1935. Springer-Verlag. — DURAND-CLAYE: Ann. Ponts Chauss. 1873. S. 467. — ENGELS, H.: Schutz von Strompfeilerfundamenten gegen Unterspülung. Zschft. f. Bauw. 1894. S. 407; Z. öst. Ing.-V. 1907. S. 366. — HOFBAUER, R.: Ein Mittel zur Bekämpfung der Wirbelbewegung und Kolkbildung unterhalb der Stauwerke. Z. öst. Ing.-V. 1915. S. 108. — REHBOCK, TH.: Bekämpfung der Sohlenauskolkung bei Wehren durch Zahnschwellen. Z. V. d. I. 1925. S. 1328. — TIMONOFF, V. E.: The hydraulik laboratory at Leningrad (St. Petersburg) in: Hydraulic Laboratory Practic. J. R. Freeman. New York 1929. S. 359.

Zweiter Teil.

Die wichtigsten Baustoffe im Grundbau und ihr Verhalten im Wasser und im Boden.

Bei der Beurteilung eines Baustoffes für Grundbauten muß neben seinen Festigkeitseigenschaften und neben seinem Preise in verarbeitetem Zustande ganz besonders sein Verhalten im Wasser und im Untergrunde beachtet werden. Grundbauten sind Bauwerke, die für langen Bestand gedacht sind und bei denen Auswechslungen bzw. Wiederherstellungen schadhaft gewordener Teile entweder gar nicht oder nur mit außerordentlich hohen Kosten ausgeführt werden können. Viele Teile der Bauwerke sind ohne besondere, kostspielige Vorkehrungen, manche überhaupt unzugänglich, so daß Beobachtungen und regelmäßige Erhaltungsarbeiten unmöglich sind. Alle derartigen Teile von Grundbauten müssen aus Baustoffen hergestellt werden, deren Bestanddauer ohne besondere Erhaltungsarbeiten ebenso groß ist, als die in Aussicht genommene Benützungsdauer des Bauwerkes selbst. Diese liegt in der Regel zwischen 50 und 100 Jahren, weil anzunehmen ist, daß der technische Fortschritt nach Ablauf dieser Frist auf jeden Fall, ohne Rücksicht auf den Bauzustand, gründlichen Umbau oder Neubau erfordert. Ausnahmen bilden besondere Bauwerke, wie z. B. Talsperren, deren Benützungsdauer unbegrenzt ist oder Anlagen, die leicht umgebaut oder neu gebaut werden können, bei denen die Benützungsdauer aus wirtschaftlichen Gründen manchmal auch wesentlich kürzer angesetzt wird. Während nun die Festigkeitseigenschaften der Baustoffe im wesentlichen als bekannt vorausgesetzt werden, soll im folgenden kurz die Eignung der wichtigsten Baustoffe zu Grundbauten hinsichtlich ihres Verhaltens im Wasser und im Untergrund erläutert werden.

Als Baustoffe für Grundwerke kommen hauptsächlich Holz, Stahl und Beton in Frage, die teils von den Bestandteilen des Bodens und von den im Wasser gelösten Stoffen, teils von Lebewesen im Wasser und im Boden angegriffen werden. Um nun die Eignung eines Baustoffes beurteilen zu können, ist vor allem erforderlich, festzustellen, ob solche Lebewesen an der betreffenden Baustelle vorkommen und ob das Wasser oder der Boden Bestandteile enthält, die die in Aussicht genommenen Baustoffe angreifen können.

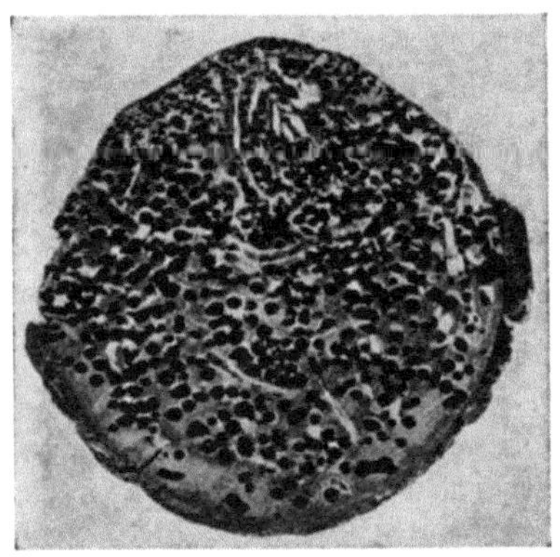

Abb. 143.   Durch Bohrwurm zerstörter Pfahl
(K. E. HILGARD).

A. Holz.

Im Grundbau findet hauptsächlich das Holz der Kiefer, der Lärche und der Eiche Verwendung; die beiden letzteren sind zwar besonders dauerhaft, werden aber wegen ihres hohen Preises seltener benützt und man greift meist zum billigeren und auch sehr dauerhaften, harzreichen Kiefernholz.

Holz wird durch Fäulnis und durch die Tätigkeit von Lebewesen zerstört. Wenn Holz nicht ständig trocken oder ständig naß ist, so geht das in den Zellen des Holzes enthaltene Eiweiß und die Stärke in Fäulnis über. Bei Hölzern, die zu Grundwerken verwendet werden, ist selbst ein nur selten vorkommendes und nur kurz andauerndes Austrocknen der Oberfläche nicht zulässig. An Meeresküsten, mit einem Mindestsalzgehalt von $1^0/_{00}$, wird auch unter dem Spiegel offenen Wassers stehendes Holz von Bohrwürmern und von der Bohrassel befallen, die, wie ein Blick auf die Abb. 143 anschaulich lehrt, das Holz vollkommen zerstören. Bohrasseln leben, wie die Beobachtungen gelehrt haben, auch in verschmutztem Seewasser, während der Bohrwurm nur in reinem Wasser fortkommt.

Gegen die Zerstörung durch Lebewesen, wie Bohrwürmer oder Asseln, wird das Holz entweder durch Einbettung, durch Ummantelung oder durch Tränkung geschützt. Die Einbettung erfolgt in Sand, der durch eine Spundwand vor Abspülung bewahrt wird. Bei einzelnen Pfählen wird der Sand durch einen weiten Mantel aus Stahl, Steinzeug oder Beton, der um den Pfahl gelegt wird, geschützt. Von den Ummantelungen hat sich besonders jene mit Stahlbeton (Abb. 144) bewährt, die vor dem Rammen ausgeführt wird und das Benageln des Pfahlmantels mit breitköpfigen Nägeln vor dem Rammen.

Die Festigkeitseigenschaften der Bauhölzer werden beeinflußt durch das Klima des Standortes des Baumes, die Bodenbeschaffenheit des Standortes, die Dichte des Waldbestandes, durch Holzkrankheiten, Wuchsfehler, Astbildungen, Alter bei der Fällung und bei der Benutzung, die Feuchte des Holzes und durch die Richtung der Holzfasern gegenüber der angreifenden Kraft. Hinsichtlich der Tragfähigkeit werden die Bauhölzer nach DIN 4074 in drei Güteklassen eingeteilt.

Abb. 144. Ummantelter Pfahl.

Güteklasse   I: Ausgesuchtes Bauholz mit besonders hoher Tragfähigkeit;
Güteklasse II: Bauholz mit gewöhnlicher Tragfähigkeit;
Güteklasse III: Bauholz mit geringer Tragfähigkeit.

Normal wird die Güteklasse II verwendet; die Güteklasse I kommt nur für einzelne Konstruktionsteile in Frage, für die die Güteklasse II nicht ausreicht.

Die zulässigen Spannungen für Hölzer der drei Güteklassen regelt DIN 1052 bzw. 1074.

Je größer das Raumgewicht des Holzes ist, desto höher ist auch seine Festigkeit. Die Feuchte des Holzes wird in Prozenten des Trockengewichtes ausgedrückt. Die Druckfestigkeit von Nadelholz ändert sich nach Versuchen von LANG, BAUSCHINGER, JANKA und STOY mit der Feuchte wie folgt:

Feuchte....................	0	10	17	20	30 bis 90%
Relative Druckfestigkeit	2,00	1,40	1,00	0,80	0,60

Bei gleicher Feuchte nimmt die Druckfestigkeit des Nadelholzes mit dem Alter nach dem Einschnitt zu. Die relative Druckfestigkeit beträgt nach Beobachtungen von W. STOY und BAUSCHINGER bei einem Alter nach dem Einschnitt von

	0	3	6	60 Monaten
Relative Druckfestigkeit	1,00	1,15	1,29	1,34 bis 1,53

Nach DIN 4070 und 4071 sind bei Bauholz die folgenden Querschnittsabmessungen zu verwenden:

Bretter: Dicken   10, 12, 15, 18, 20, 22, 24, 26, 28, 30, 35, 40 [mm].
Bohlen: Dicken   45, 50, 55, 60, 65, 70, 80, 90, 100 [mm].
Latten: Querschnitt.............. 24/48, 30/50, 40/60, 50/80 [mm/mm].
Kantholz: Querschnitt 6/10, 6/12, 6/14,
    8/8, 8/10, 8/12, 8/14, 8/16, 8/18,
    10/10, 10/12, 10/14, 10/16, 10/18,
    12/12, 12/14, 12/16,
    14/14, 14/16, 14/18, 16/16, 18/18 [cm/cm].
Balken: Querschnitt 8/20, 10/20, 10/22, 12/20, 12/24,
    12/26, 14/20, 16/20, 16/22, 16/24,
    18/22, 18/24, 20/20, 20/24, 20/26 [cm/cm].

Schrifttum.

BAUMANN-LANG: Das Holz als Baustoff. 2. Aufl. München 1927. — BUB-BODMAR und TILGER: Die Konservierung des Holzes. Berlin 1922. P. Parey. — BÖHM: Handbuch der Holzkonstruktion des Zimmermannes. Berlin 1911. — EGNER: Bauholzeinsparung. Holzmasseeinsparung durch Holzauslese und Verwendung schwacher sowie kurzer Hölzer. Berlin 1940. — FONROBERT: Grundzüge des Holzbaues im Hochbau. 5. Aufl. Berlin 1944. — GIESE: Einige Bemerkungen über den Hafen von San Franzisko (Bohrwurm). Zentralbl. d. Bauverw. 1907. S. 226. — HILGARD, K. E.: Über neuere Fundierungsmethoden mit Betonpfählen. Schweiz. Bauzg. B. 47, 1906. Nr. 3 bis 11. — KOLLMANN: Technologie des Holzes. Berlin 1936. —

Zahlentafel 19. Eigen-

Holzart	Wichte [kg/m³] frisch geschlagen	lufttrocken	künstlich getrocknet	Mittelwert, üblich bei Rechnungen	Elastizitätsmodul (Mittelwerte) [kg/cm²] Zug, ∥ Faser	Druck, ∥ Faser	Biegung	Proportionalitätsgrenze (Mittelwerte)[kg/cm²] Zug, ∥ Faser	Druck, ∥ Faser	∥ Biegung	Festigkeit [kg/cm²] lufttrocken Zug, ∥ Faser	Druck ∥ Faser	Druck ⊥ Faser	Biegung	Schub ∥ Faser	Schub ⊥ Faser	vollkommen durchnäßt
Fichte ..	900	400 bis 600	430	600	92 000 bis 129 000	99 000 bis 111 000	86 000 bis 110 000	209	150 bis 180	130 bis 230	370 bis 750	245 bis 297	—	420	40 bis 50	250 bis 260	⅔ bis ½ derjenigen von lufttrockenem Holz
Tanne ..	900	600	500	600	113 000	100 000	86 000	235	190	143	713	312	—	—	41 bis 51	273	
Kiefer ..	900	650	480	650 bis 700	90 000 bis 120 000	96 000 bis 119 000	86 000 bis 108 000	170	155 bis 260	197 bis 200	430 bis 790	280 bis 302	50 bis 220	470	45 bis 60	210	
Lärche..	800	620	440	650 bis 700	131 000	114 000	105 000	172	240	157	588	320	—	—	57 bis 60	246	
Rot-buche..	850 bis 1100	600 bis 900	560	800	180 000	169 000	128 000	245 bis 580	100 bis 249	198 bis 240	364 bis 1340	320 bis 386	350	675	65 bis 80	350 bis 391	
Eiche ..	900 bis 1300	700 bis 1000	640	900	108 000	103 000	99 000 bis 100 000	350 bis 475	150 bis 222	215 bis 271	625 bis 965	345 bis 364	144 bis 350	600	91 bis 98	349 bis 390	

[1] Nach der „Hütte"; M. Förster: Taschenbuch für Bauingenieure; Melan-Bleich: Taschenbuch und
[2] Bei nur vorübergehend benutzten Bauwerken können die zulässigen Spannungen um 25% erhöht werden.

SEITZ: Grundlagen des Ingenieurholzbaues. Berlin 1925. — STAUDACHER: Der Baustoff Holz. Zürich und Leipzig 1936. — STOILOFF: Gestaltung der Knotenpunktverbindungen hölzerner Fachwerke. Stuttgart 1935. — STOY, W.: Der Holzbau. Berlin 1942. Springer-Verlag. — TROSCHEL: Handbuch der Holzkonservierung. Berlin 1916. Julius Springer. — DERSELBE: Holzzerstörer unter Wasser. Zentralbl. d. Bauverw. 1912. S. 394. — DERSELBE: Ein neuer Feind unserer Wasserbauhölzer. Zentralbl. d. Bauverw. 1913. S. 273. — VOGELER: Erweiterung der Kaiserlichen Werft in Kiel. Zentralbl. d. Bauverw. 1909. S. 144. — *Referat*: Hölzerne Pfähle mit Betonumhüllung. Bauing. 1923. S. 93. — Mitteilungen des *Fachausschusses für Holzfragen* beim Ver. Deutscher Ing. u. Deutscher Forstverein. Berlin. Heft 10: GRAF und EGNER: Versuche über die Eigenschaften der Hölzer nach der Trocknung. Heft 22: GRAF: Dauerhaftigkeit von Holzverbindungen. Heft 20: GRAF: Tragfähigkeit der Bauhölzer und der Holzverbindungen. 1928. Heft 6: SEITZ: Neuzeitliche Holzverbindungen. 1933. Heft 11: STOY: Tragfähigkeit von Nagelverbindungen im Holzbau. 1935. Heft 21, 23: Holzbau, Holzschutz, Holzverarbeitung.

B. Beton.

Je nach der erforderlichen Festigkeit und der erforderlichen Dichte werden bei der Herstellung des Betons verschiedene Mischungsverhältnisse zwischen Zement und Zuschlagstoffen angewendet und allenfalls auch besondere Zementarten verwendet; wenn nichts Besonderes erwähnt wird, so ist stets handelsüblicher Portlandzement gemeint, der den Normen entspricht. Das Mischungsverhältnis wurde früher allgemein durch Angabe der Raumteile der zu mischenden Stoffe bezeichnet. In neuerer Zeit wird immer mehr und mehr dazu übergegangen, anzugeben, wieviel Kilogramm Zement auf einen Kubikmeter fertigen Beton (*fe*-Beton) aufzuwenden sind, weil dadurch sowohl die Vorausbestimmung der erforderlichen Zementmengen als auch die Kontrolle bedeutend leichter und sicherer wird.

In gutem Beton müssen so viele Bindemittel enthalten sein, daß alle Körner der Zuschlagstoffe gut miteinander verkittet werden; die Körnung der Zuschlagstoffe wird so gewählt, daß

schaften der Bauhölzer.[1]

Zug, // Faser	Druck // Faser	Druck ⊥ Faser	Biegung	Schub // Faser	Schub ⊥ Faser	Wassergehalt % frisch geschlagen	Wassergehalt % lufttrocken	Gewichtszunahme infolge Durchnässung in %	Schwinden // Faser	Schwinden ⊥ Faser	Quellen // Faser	Quellen ⊥ Faser	Quelldruck [kg/cm²]	Wärmeausdehnung	Verjüngung des Stammes gegen den Wipfel [cm/m]	Lebensdauer Jahre unter Wasser bis	Lebensdauer Jahre im Freien bis
90	85	—	90	8	40	45		70 bis 170	0,0008	0,062	0,0008	0,062			1 bis 1,5	60	45 bis 50
80	85	—	80	8	40	37		80 bis 120	0,0012	0,067	0,0010	0,081			1 bis 1,5	70	50
100	85 60	12	100	10	50	40	10 bis 15	75	0,0012	0,057	0,0012	0,057	10 bis 14	0,0000035	1 bis 1,5	500	60 bis 80
—	90	—	—	—	—	26		60	0,00075	0,0632	0,0008	0,063			1 bis 1,5	600	60 bis 90
100	100	—	90	10	50	32		60 bis 100	0,0020	0,0806	0,0020	0,081			1,5 bis 2,5	10	10 bis 35
100	100	36	100	10	50	30		60 bis 90	0,0040	0,0755	0,0040	0,076			1,5 bis 2,5	700	100 bis 120

Vorschr. d. preuß. Min. f. öff. Arbeiten.

der Porenraum möglichst klein wird. Zum Ausfüllen der Poren hat das Bindemittel nicht zu dienen, wenn der Beton nicht wasserdicht zu sein braucht. Wenn in Raumteilen gemessen 1 Zement $+ m$ Sand $+ n$ Kies gemengt und zu Beton verstampft werden, so erhält man V Raumteile fertigen Beton.

$$k = \frac{V}{1 + m + n}; \qquad (268)$$

heißt die Ausbeute; ihre Größe hängt vom Korngemisch der Zuschlagstoffe, von deren Porenverhältnis und von der Anmachwassermenge ab. Als guten, vielfach zutreffenden Mittelwert kann man $k = 0,75$ ansehen, doch kann die Ausbeute bis unter 0,6 herabgehen. Wenn es sich um größere Bauwerke handelt, so ist stets die Ermittlung der Ausbeute durch Probebetonierung anzustreben.

Für die Ermittlung des Bedarfes an Zement und Zuschlagstoffen in Kubikmetern für 1 [m³] fertigen Beton bei gegebenem Mischungsverhältnis und bekannter Ausbeute gibt B. SAFIR die folgenden Formeln an:

$$Zement: \; Z = \frac{1}{k\,(1 + m + n)} \qquad (269)$$

$$Sand: \; S = \frac{m}{k\,(1 + m + n)} \qquad (270)$$

$$Kies: \; K = \frac{n}{k\,(1 + m + n)} \qquad (271)$$

SAFIR fand auch, daß in der besten Kornmischung der Zuschlagstoffe bei Verwendung von Sand und Kies $n = 2$, bei Verwendung von Sand und Schotter $n = 1,5$ sein soll.

Für die vorteilhafteste Kornmischung der Zuschlagstoffe sind eine Anzahl von Regeln angegeben worden; viel benützt wurde die Mischung nach der sogenannten Fullerkurve (Abb. 145), doch hat diese vielfach nicht befriedigt. Systematische Versuche von K. Kasparek beim Bau der Langmannsperre haben z. B. die folgenden Ergebnisse gehabt:

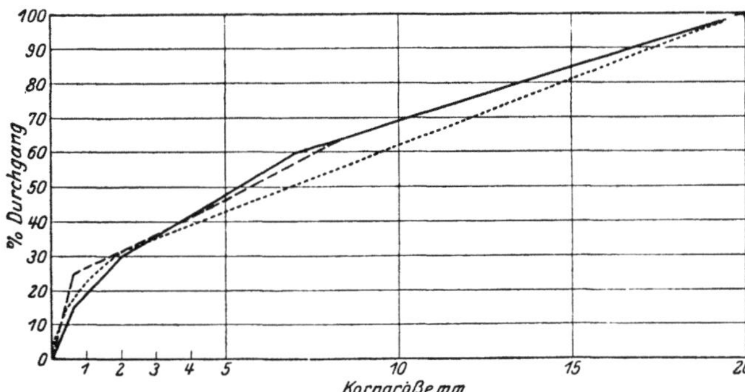

Abb. 145. Empfehlenswerte Mischungslinien der Anschlagstoffe nach GRAF (- - -), nach FULLER (. . . . .) und nach HERMANN (———).

Sand aller Größen von 0 bis 7 [mm], nach FULLER gemischt. Würfelfestigkeit ..... 233 [kg/cm²]

Derselbe Sand ohne Durchfall durch das

4900 Maschensieb	... 292	,,
2500 ,,	... 337	,,
900 ,,	... 389	,,
500 ,,	... 392	,,
½ [mm] Lochsieb	... 450	,,
1 ,, ,,	... 417	,,
3 ,, ,,	... 383	,,

Bei allen Versuchen war der Beton 1 : 3 nach Gewicht gemischt.

Es kann demnach mit Rücksicht auf den großen Zementaufwand bei vielen Grundbauten nur empfohlen werden, Versuche zur Ermittlung der zweckmäßigsten Körnung mit den in Aussicht genommenen Zuschlagstoffen anzustellen.

Ganz besonders sei betont, daß Beton hoher Festigkeit nicht gleichzeitig geringe Wasserdurchlässigkeit haben muß. Hohe Festigkeit und hohe Wasserdichte bedingen verschiedene Kornmischungen der Zuschlagstoffe.

Von besonderer Bedeutung für hohe Festigkeit ist neben der richtigen Körnung der Zuschlagstoffe noch der Wasserzusatz, der je nach der wegen der Verarbeitungsweise geforderten Konsistenz, verschieden gewählt wird. Der Wasserzusatz wird am besten durch den *Wasserzementfaktor* angegeben, das ist der Quotient aus zugesetztem Wasser in Kilogramm durch den auf einen Kubikmeter fertigen Betons aufgewendeten Zement in Kilogramm. Dieser Wasserzementfaktor liegt zwischen etwa 0,25 und 1,4. Bei der Bemessung des Wasserzusatzes muß die Feuchte der Zuschlagstoffe berücksichtigt werden.

Der Beton wird in den Konsistenzformen erdfeucht (Wasserzusatz 6 bis 7% des Gewichtes), plastisch (Wasserzusatz 8 bis 10% des Gewichtes) und gießfähig (Wasserzusatz 10 bis 15% des Gewichtes) verwendet. Der erdfeuchte Beton läßt sich mit der Hand eben noch zusammenballen und enthält annähernd ebensoviel Wasser, als der Zement für das Abbinden erfordert. Plastischer und gießfähiger Beton enthält Wasser in Überschuß, das die Festigkeit herabsetzt.

Abb. 146. Einrichtung zum Betonieren mit plastischem Beton beim Krafthaus Mixnitz an der Mur. *a* Brücke für die Zufuhr des Betons, *b* Verteilrohre für den Beton.

An der Baustelle wird der Beton als Stampfbeton, als plastischer Beton, als Gußbeton, als Spritzbeton (Torkretbeton), als Preßbeton und als Unterwasserbeton verwendet.

Stampfbeton wird im Grundbau nur bei der Herstellung von Pfählen und bei kleinen Bauwerksteilen mit geringer Bewehrung verwendet. Bei größeren Bauwerksteilen wird der Baufortschritt durch das Stampfen vielfach zu sehr behindert.

Plastischer Beton ermöglicht eine bedeutende Erhöhung des Baufortschrittes gegenüber dem Stampfbeton. Die Zufuhr von der Mischanlage kann mit Muldenkippern, mit Bandförderern, mittels Kübeln am Kabelkran oder durch Pumpen erfolgen.

In der Abb. 146 ist übersichtlich eine Einrichtung zur Zufuhr plastischen Betons mit Muldenkippern und zur weiteren Verteilung durch steilabfallende Rohre zu erkennen. In diesen Rohren

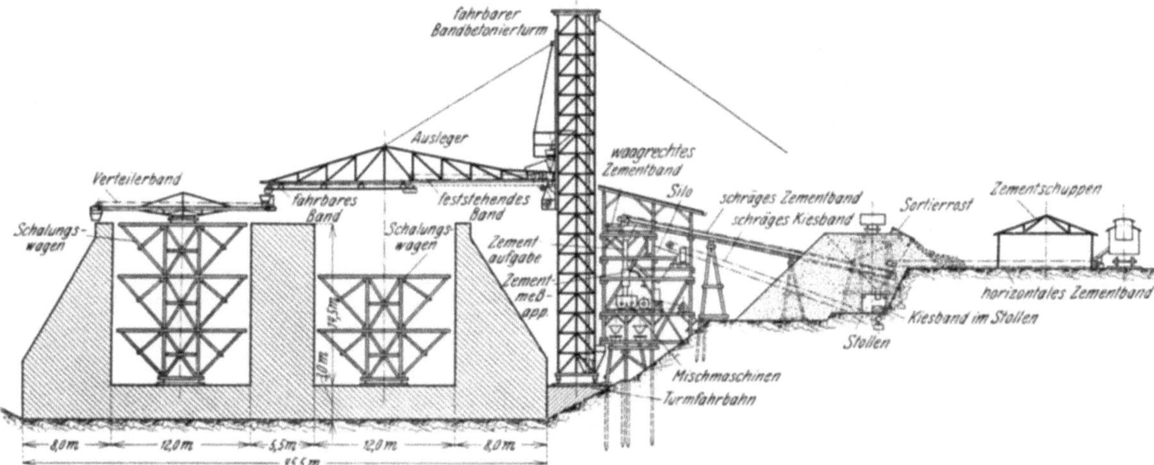

Abb. 147. Beton-Bandförderanlage beim Bau der Neckarschleuse Ladenburg.

tritt vielfach eine Entmischung des Betons ein, die ein neuerliches Mischen am Rohrauslauf erforderlich macht. In den Abb. 147 und 148 ist die Betonbandförderanlage vom Bau der Neckar-

Abb. 148. Beton-Bandförderanlage beim Bau der Neckarschleuse Ladenburg (Dyckerhoff & Widmann); a Förderturm, b Ausleger, c Förderband, d Verteilerband.

schleuse Ladenburg dargestellt; zwischen je zwei Bandförderern sind beliebige Richtungs-
änderungen möglich.

Die Betonförderung mittels Kübeln am Kabelkran zeigen die Abb. 149 und 150. Während sowohl die Betonförderung mit Kabelkran als auch jene mit Bandförderern umfangreiche Anlagen erfordert, benötigt das Pumpen des Betons (*Pumpkretbeton*) nur die Betonpumpe

Abb. 149. Kabelkran für die Beförderung von Beton in Kübeln *(b)* beim Bau des Shannon-Kraftwerkes in Irland. Im Fuße des Turmes ist die Mischanlage *(a)* eingebaut (A. Bleichert & Co.).

Abb. 150. Entleerung eines Betonkübels beim Bau der Schwarzenbach-Staumauer (Siemens-Bauunion).

und eine Rohrleitung von 100 [mm] Weite aus dünnwandigen Stahlrohren, durch die der Beton bis zu 40 [m] Höhe und 100 [m] Entfernung gepreßt wird. Die Betonpumpe (Abb. 151) wird durch einen Motor von 15 bis 20 [PS] angetrieben. Der zu fördernde Beton gelangt in das kleine

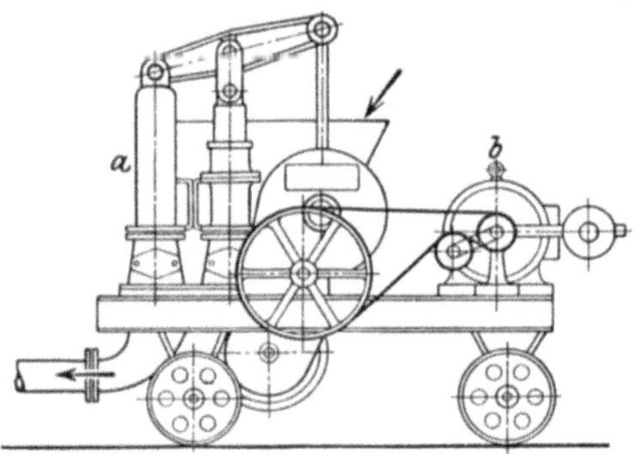

Abb. 151. Betonpumpe System Giese-Hell (Torkret-Gesellschaft).

Silo der Pumpe, von wo er durch ein Rührwerk in die Pumpenkammern geschleudert und von Kolben in ununterbrochenem Strom durch das Rohr gedrückt wird. Die Pumpe leistet 8 bis 10 [m³] stündlich. Die Zuschlagstoffe dürfen Körner bis 40 [mm] enthalten. In der Abb. 152 ist das Auslaufen des Betons aus dem Förderrohr zu sehen.

Um an Beton bei Bauwerken größerer Abmessungen zu sparen, können in plastischen Beton bis zu 30% Bruchsteine eingebettet werden. In der Abb. 153 wird eben ein am Kabelkran zugeführter eiserner Korb von Bruchsteinen entladen, die dann mit Hilfe von Stahlstangen im Beton gebettet werden.

Gußbeton ist angewendet worden, um den Baufortschritt zu beschleunigen. Er erfordert aber sehr kostspielige Anlagen und die Festigkeitseigenschaften des Gußbetons sind nicht günstig; um den Beton so geschmeidig zu machen, daß er fließt, muß wesentlich mehr Wasser zugesetzt werden, als der Zement für das Abbinden erfordert. Bei den ursprünglichen Gieß-anlagen sind hohe Türme verwendet worden (Abb. 154 und 155), die die Gießrinnen entweder mittels Auslegerarmen oder mittels Seilen trugen. Der Beton wurde im Innern der Türme in

Kübeln hochgezogen. Um an Kosten zu sparen, haben A. BLEICHERT und die SIEMENS-BAUUNION den Turm und die langen Zulaufrinnen durch einen Kabelkran ersetzt, auf dem ein Fülltrichter

Abb. 152. Mit der Betonpumpe geförderter Beton fließt aus dem Rohr (Torkret-Gesellschaft).

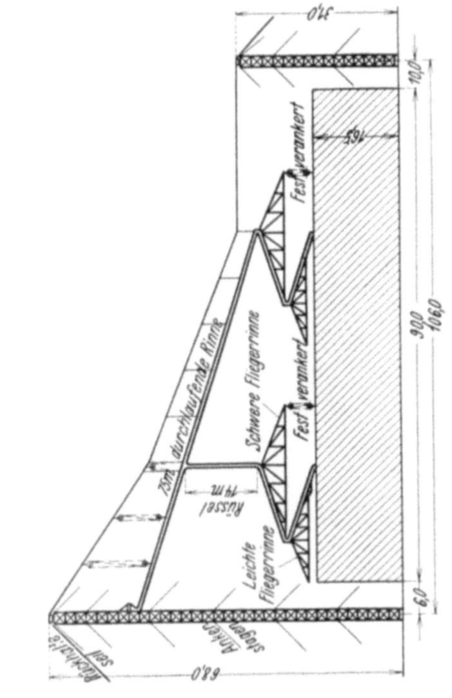

Abb. 154. Beton-Gießanlage. (Nach H. GAYE.)

Abb. 153. Einbetten von Steineinlagen in den plastischen Beton in der Schwarzenbach-Staumauer (Siemens-Bauunion).

(Abb. 156) mit anschließender kurzer Rinne hängt, dem der Beton mit einem Kübel vom Kabelkran aus zugeführt wird. Den Endteil bildet bei allen Betongießanlagen eine leicht bewegliche Fliegerrinne, die durch ein Gegengewicht ausgeglichen ist.

Abb. 155. Gußbetonanlage beim Bau des Shannon-Kraftwerkes in Irland (Siemens-Bauunion). *a* Förderturm, *b* Gußrinne.

Abb. 156. Einrichtung für das Gießen von Beton vom Kabelkran aus. System Bleichert-Siemens-Bauunion. *a* Gießtrichter, *b* Fliegerrinne, *c* Gegengewicht, *d* Gießrinne von einer Turmgießanlage.

Spritzbeton. Zur Auftragung von gut haftendem und besonders dichtem Putz, sowie zur Herstellung dünner Wände wird das *Torkretgerät* (Abb. 157) verwendet, aus dem das trockene Betonmischgut durch einen Schlauch mittels Preßluft abgeleitet wird; das Anfeuchten des Betons erfolgt erst in der Düse am Ende des Schlauches, aus der der Beton mit großer Geschwindigkeit herausspritzt. Der trocken gemischte Beton wird in die Zementkanone (Abb. 157) nach Senken des Deckels e durch den Trichter b in den Raum c gefüllt. Hierauf wird der obere Deckel e geschlossen und der untere gesenkt, wobei der Beton in den Raum d fällt und auch die Taschen des Taschenrades g füllt. Durch die Pfeife t wird Preßluft zugeleitet, die auch den Raum d erfüllt. Ein kleiner Preßluftmotor dreht das Taschenrad g und so oft eine Tasche an der Pfeife t vorüberkommt, wird sie durch den Luftstrom entleert, der den Inhalt durch den Stutzen l in den Schlauch und weiter bis zur Düse bläst.

Der Beton darf Kies bis zu etwa 5 [mm] Korngröße enthalten. Der Wasserzusatz wird an der Düse (Abb. 157 b) so geregelt, daß der Beton an der zu bespritzenden Fläche haftet. Anfänglich prallen größere Körner zurück, sobald aber die haftende Zementschlammschicht hinreichend dick ist, werden auch die größeren Körner eingebettet.

Preßbeton. Vielfach kommt es bei Grundbauten auch vor, daß Beton in den Boden zur Dichtung von Poren im Sand oder von Rissen und Spalten im Fels gepreßt werden muß; überdies wird er zur Herstellung von Ortbetonpfählen verwendet. Für Einpressungen mit geringeren Drücken, bis etwa 10 [kg/cm²], eignen sich die Geräte von WOLFSHOLZ und jene der *Torkretgesellschaft.* (Siehe S. 99.)

Beide Geräte bestehen aus einem Kessel, in den der Beton eingefüllt wird und aus dem

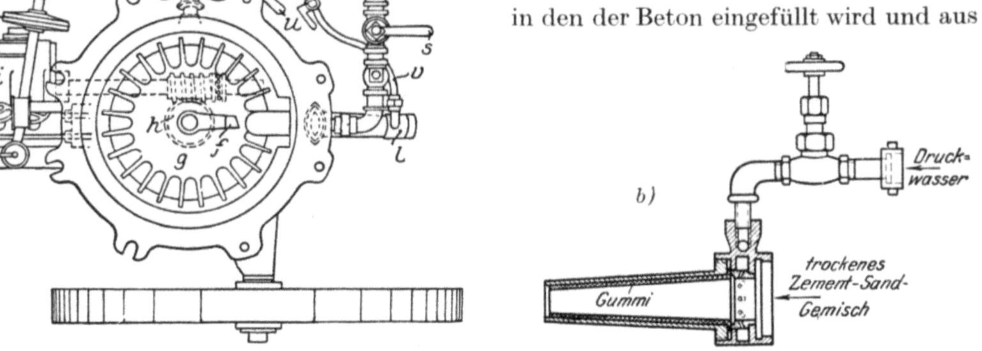

Abb. 157. *a)* Das Torkretgerät. *b)* Düse des Torkretgerätes. *a* Fülltrichter, *c* Vorkammer, *e* Kammerdeckel, *g* Taschenrad, *t* Pfeife, *l* Schlauchanschluß, *o* Preßluftanschluß.

er dann durch eingeleitete Preßluft in einen Schlauch und weiter in den Boden gepreßt wird. Das Entmischen des Betons im Kessel wird beim Gerät von WOLFSHOLZ (Abb. 119c, S. 99) durch ein Rührwerk, bei jenem der Torkretgesellschaft (Abb. 119a, b, S. 99) durch Einblasen von Luft in den Beton durch ein sogenanntes Kochrohr verhindert.

Unterwasserbeton. Im Grundbau kommt es in manchen Fällen vor, daß unter Wasser betoniert werden muß; solche Unterwasserbetonierungen sollen tunlichst vermieden werden, weil man vollkommen einwandfreien Beton bei diesem Verfahren nur schwer sicher erhält, sie lassen sich aber nicht immer umgehen. Bei der Unterwasserbetonierung kommt es besonders darauf an, eine Entmischung des Betons und besonders ein Ausspülen des Zements zu verhindern. Unterwasserbetonierungen sind daher nur in ruhigem Wasser möglich.

Unterwasserbetonierungen sind früher ausgeführt worden, indem man Kiesschüttungen vom Rauminhalt des gewünschten Betons ausführte, in die Zementmilch eingepreßt wurde,

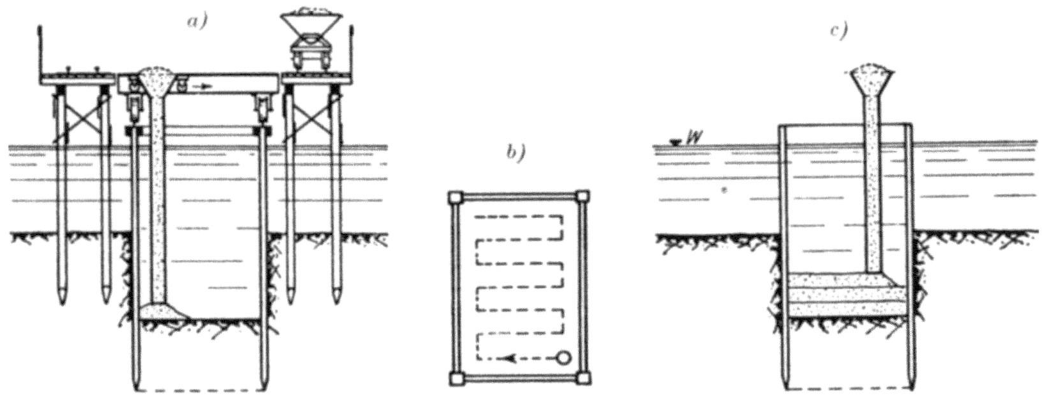

Abb. 158. Herstellung von Unterwasserschüttbeton mittels einer Schütttrichters. *a)* Einrichtung zur Schüttung, *b)* Weg des Schütttrichters, *c)* Schüttung in mehreren Lagen. (Nach NAKONZ.)

indem man halb abgebundenen Beton ins Wasser warf oder indem man den Beton in Säcken versenkte. Der auf diese Weise hergestellte Beton ist sehr minderwertig. Besseren Beton erhält man, wenn der Beton in Kästen oder Säcken versenkt wird, die erst an der Sohle geöffnet und entleert werden. Ein sicherer Zusammenhang des auf diese Weise aufgebauten Betonkörpers besteht aber nicht, weil sich an der Oberfläche jeder Schüttung Zementschlamm absetzt, der schließlich lose Fugen im Betonkörper verursacht. Wesentlich bessere Beschaffenheit hat Unterwasserbeton, der durch einen eigenen Trichter geschüttet wird, wie er in der Abb. 158 zu erkennen ist. Der Trichter ist oft unten, entsprechend der Stärke der zu schüttenden Betonplatte (0,3 bis 0,7 [m]), schräg abgeschnitten; er wird während der Schüttung langsam verschoben. Wenn mehrere solche Trichter nebeneinander verwendet werden oder wenn die Betonplatte in mehreren übereinanderliegenden

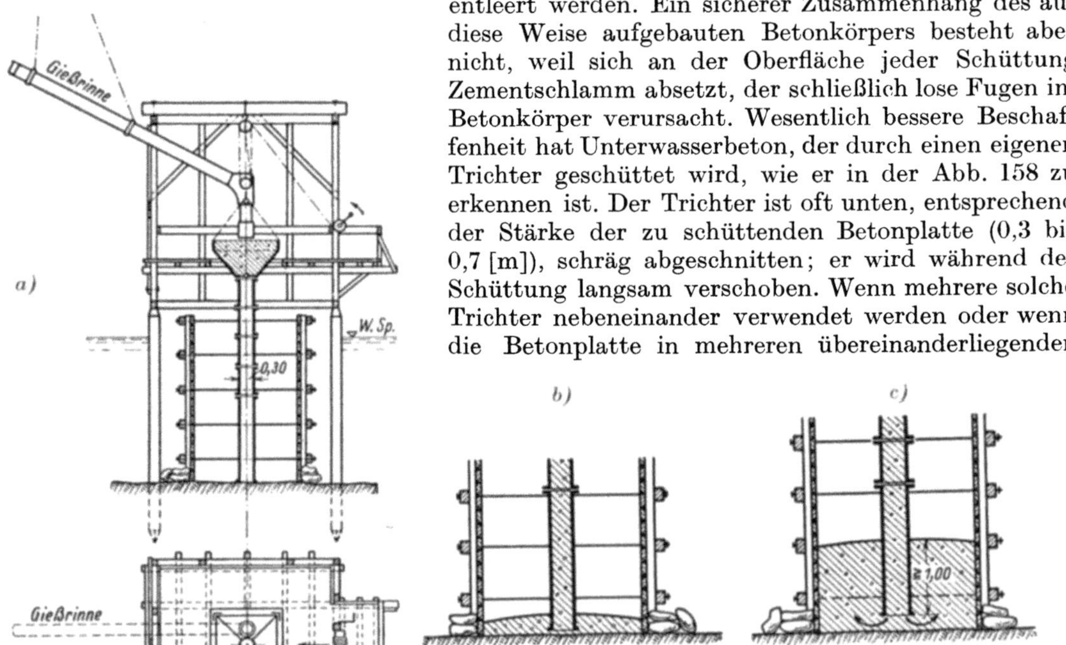

Abb. 159. Herstellung von Unterwassergußbeton. *a)* Einrichtung der Gußanlage, nach dem Contractor-Verfahren, *b)* der Beginn des Gußes, *c)* Zustand während des Gußes.

Schichten geschüttet wird, so sind aber wieder schlammdurchsetzte Stellen nicht zu vermeiden.

Den einwandfreiesten Unterwasserbeton erhält man mittels des schwedischen Unterwassergußbetonverfahrens (Contractor-Verfahren, Abb. 159), bei dem der Beton derart unter Wasser in einem Zuge gegossen wird, daß das Gußrohrende stets mindestens 1,0 [m] (Abb. 159) unter der Betonoberfläche liegt. Der Gußbeton breitet sich bis auf etwa 3,5 [m] im Umkreis aus;

um eine gut zusammenhängende Platte zu erhalten, ist daher alle 7 [m] ein Gußrohr erforderlich. Die auf diese Weise herstellbare Plattenstärke ist beliebig und es können auch, wie die Erfahrung beim Bau des Trockendocks auf der Insel Beckholmen in Stockholm gelehrt hat, Pfeiler u. dgl. hergestellt werden.

Abbinden des Betons. Beton beginnt nach einer bestimmten Zeit abzubinden; bei gewöhnlichem Portlandzement beginnt das Abbinden nach zwei bis drei Stunden und ist nach weiteren 3 bis 5 Stunden beendet. Beim Entwurfe einer Mischanlage für eine weitausgebreitete Baustelle muß auf die Abbindezeit Rücksicht genommen werden, nötigenfalls wird der Beton in einer zentralen Anlage trocken gemischt, an entferntere Verwendungsstellen auch trocken gefördert und erst dort in einer Mischmaschine angefeuchtet.

Der Vorgang des Abbindens kann durch Zusätze zum Beton während der Mischung beeinflußt werden. Alkalien, Ätzkali, Alaun und Kochsalz beschleunigen das Abbinden, während Traß und Sulfate, wie Gips, das Abbinden verzögern. Solche Zusätze dürfen aber in Beton für tragende Bauwerksteile nur mit Vorsicht verwendet werden, weil sie die Festigkeit herabsetzen können.

Schwinden und Quellen. Beton erleidet während des Erhärtens Raumänderungen, die von der Art der Lagerung während des Erhärtens sehr weitgehend abhängen; erhärtet der Beton in der Luft, so zieht er sich zusammen, man sagt, er schwindet; wird er hingegen unter Wasser gelagert, so nimmt sein Rauminhalt zu und man spricht vom Quellen des Betons. Wenn an der Luft erhärteter Beton ins Wasser gebracht wird, so quillt er, und zwar um so mehr, je früher er ins Wasser gebracht wird und je länger er darin bleibt; er erreicht aber nicht jenes Maß der Quellung, das eintreten würde, wenn er sofort nach dem Abbinden ins Wasser gekommen wäre. Die Quellung beginnt schon am ersten Tage der Wasserlagerung. Wird hingegen Beton, der anfänglich im Wasser lagerte, weiter in der Luft gehalten, so beginnt das Schwinden erst nach einigen Tagen und die Schwindung bleibt kleiner als bei Beton, der nie naß gehalten worden ist. Einige in der Zahlentafel 20 zusammengestellte Versuchsergebnisse mögen andeuten, innerhalb welcher Größenordnung Schwindung und Quellung zu erwarten sind. Lagerung unter feuchtem Sand wirkt ähnlich wie Lagerung unter Wasser.

Zahlentafel 20. Schwinden und Quellen verschiedener Zementmörtel.

Mischung	Wasserzusatz %	Lagerung	Längenänderung in $^0/_{00}$ nach				Versuche, ausgeführt von
			7	28	84 bis 90	365	
			Tagen				
Körper aus reinem Portlandzement	30	Luft	—0,574	—3,020	—3,320	—4,540	Schule
„ „ „ „	30	Wasser	+ 0,240	+ 0,533	+ 0,715	+ 1,110	
Mörtel, 1 Z + 3 Normalsand	12	Luft	—0,406	—1,280	—1,355	—1,690	
„ 1 Z + 3 „	12	Wasser	+ 0,120	+ 0,093	+ 0,140	+ 0,113	
„ 1 Z + 3 Züricher Bausand	9	Luft	—0,097	—0,504	—0,668	—	
„ 1 Z + 5 „ „	9	„	—0,030	—0,440	—0,650	—	
Mörtel, 1 Z + 3 Normalsand, erdfeucht gestampft	—	Luft	—0,290	—0,580	—0,670	—0,760	Gary
Mörtel, 1 Z + 3 Normalsand, erdfeucht gestampft...........................	—	Wasser	+ 0,110	+ 0,120	+ 0,240	+ 0,450	
Mörtel, 1 Z + 3 Isarsand, erdfeucht gestampft	—	Luft	—0,480	—0,640	—0,840	—0,840	
„ 1 Z + 5 „ „ „	—	„	—0,360	—0,460	—0,540	—0,550	

Versuche von C. Bach und O. Graf haben erwiesen, daß die Längenänderung des Betons wohl in den ersten Wochen am stärksten sind, daß sie aber noch viele Jahre weitergehen; so betrugen bei einem Versuch mit Beton (1 Zement und 4 Sand und Kies) die Längenänderungen in $^0/_{00}$ der ursprünglichen Länge:

nach 1   Jahr,   bei Lagerung in der Luft — 0,410, in Wasser + 0,080
„   4   Jahren, „   „   „ „   „   — 0,485, „   „   + 0,132
„   6   „   „   „   „ „   „   — 0,512, „   „   + 0,177
„ 12,5   „   „   „   „ „   „   — 0,520, „   „   + 0,205

Auch der Wasserzusatz hat Einfluß auf die Längenänderung von Beton; so ergab sich z. B., daß bei einem Beton (1 Zement und 2 Sand und 3 Kies) die Längenänderung

	nach 7	28	90 Tagen
bei Stampfbeton	—0,04	—0,14	—0,21⁰/₀₀
bei Gußbeton	—0,01	—0,11	—0,20⁰/₀₀

ausmachen.

Zahlentafel 21. Angaben über

Zementart	Gewöhnlicher Portlandzement (normgemäß)	Portlandzement, hochwertig
Chemische Zusammensetzung	Kalk .... 58,0 bis 66,0% Kieselsäure .... 20,0 ,, 26,0% Eisenoxyd .... 2,2 ,, 4,6% Tonerde .... 4,0 ,, 9,5% Magnesia .... 0,0 ,, 3,0% Alkalien .... 0,2 ,, 2,8% Schwefelsäure .... 0,2 ,, 2,2% Glühverlust .... 0,2 ,, 2,7% Rückstände, unaufgeschlossen .... 0,1 ,, 1,4%	Nicht wesentlich anders als gewöhnlicher Portlandzement, nur sorgfältiger hergestellt
Beginn des Abbindens	Langsambinder .... 3 bis 12 Stunden Normalbinder .... 1 ,, 3 ,, Schnellbinder .... ¼ ,, ¹/₅ Stunde Gießzement .... ,, 5 Minuten	Nach 2 bis 4 Stunden, selten bis 8 Stunden
Erhärtung Festigkeit der Normwürfel (1 Z + 3 Normensand)	Langsambinder: Nach 1 Tag Luft- + 6 Tage Wasserlagerung [180 kg/cm²]. Nach 1 Tag Luft- + 6 Tage Wasser- + 21 Tage Luftlagerung 350 [kg/cm²]. Portlandzement für Wasserbauten: Nach 1 Tag Luft- + 27 Tage Wasserlagerung 270 [kg/cm²]. Schnellbinder haben geringere Festigkeiten	Nach 1 Tag Luft- + 1 Tag Wasserlagerung 250 bis 300 [kg/cm²]. Nach 28 Tagen Luft- und Wasserlagerung 550 bis 600 [kg/cm²]
Schwinden und Quellen	Erst nach Jahren beendet	Nach 28 Tagen im wesentlichen beendet
Gewicht von 1 Liter	lose eingelaufen 1,4 [kg/l] eingerüttelt 1,95 ,,	
Temperaturerhöhung beim Abbinden	~ 10⁰	40⁰ bis 50⁰
Anwendungsgebiet	Für alle Bauwerke, die in nicht angreifenden Boden oder Wasser zu stehen kommen. Durch Zuschlag von kieselsäurehaltigen Stoffen kann die Zerstörung des Kalkes im Beton verhindert werden	Für alle Bauwerke, bei denen es auf hohe Festigkeit, kurze Dauer der Schalung und rasch beendetes Schwinden ankommt

Sonderzemente:

Siccofix-Zement enthält feingemahlene bituminöse Stoffe, die den Beton wasserabweisend und wasserdicht machen.

Antiaqua-Zement ergibt wasserdichten Beton und wird wie Portlandzement verarbeitet.

Liebold-Zement enthält stearinartige Zusätze, die im Beton Wasser abweisen.

Prodorit ergibt einen vollständig säurefesten Beton. Festigkeit nach drei Tagen 440 [kg/cm²].

Die Ergebnisse der bisher angestellten Versuche zusammenfassend, kann gesagt werden, daß trocken gelagerter Beton um so mehr schwindet, je fetter und je trockener die Mischung war. Einen gesetzmäßigen Zusammenhang zwischen Längenänderung und Mischung bzw. Lagerung aufzustellen, ist bisher nicht gelungen. Fest steht überdies, daß das Schwinden bei Luftlagerung größer ist als das Quellen bei Wasserlagerung und daß das Schwinden besonders wirksam eingeschränkt wird, wenn der Beton in den ersten Tagen möglichst naß gehalten wird.

Wärmeausdehnung. Beton dehnt sich bei Erwärmung um so mehr aus, je fetter die Mischung

verschiedene Zementarten.

Eisen-portlandzement	Hochofenzement	Erzzement	Schmelzzement (Tonerdezement)
Portlandzement 70% Hochofenschlacke, gekörnt (Kalk-Tonerdesilikat) 30%	Kalk .... 44,1% Kieselsäure ... 27,7% Eisenoxyd .... 1,3% Tonerde ...... 14,6% Magnesia ..... 7,8% Alkalien ...... 0,8% Schwefelsäure . 3,1% Rückstände ... 0,6%	Portlandzement, in dem die Tonerde fast vollständig durch Eisen- oder Metalloxyd ersetzt ist, Tonerdegehalt $\leqq 1,5\%$	Kalk .... 35 bis 45% Kieselsäure .... 5 ,, 15% Tonerde .... 35 ,, 55% Eisenoxyde .... 5 ,, 15%
—	—	—	Wie normaler Portlandzement
Festigkeit nach 7 Tagen Wasserlagerung 260 [kg/cm²], nach 28 Tagen Wasserlagerung 360 [kg/cm²], nach 28 Tagen gemischter Lagerung 420 [kg/cm²]	Festigkeit höher als bei normalem Portlandzement, Erhärtung wie bei Portlandzement. Nicht lange lagerfähig	—	Die Festigkeit ist im wesentlichen binnen 24 Stunden erreicht: Nach 24 Stunden ... 430 bis 550 [kg/cm²] ,, 7 Tagen .... 599 ,, ,, 28 ,, ... 617 ,, ,, 90 ,, ... 784 ,,
—	—	—	Hohe Schwindspannungen
eingelaufen 1,4 [kg/l] eingerüttelt 2,1 [kg/l]	—	—	Annähernd wie bei Portlandzement
—	—	—	Bis 100°
In Meereswasser und in angreifendem Wasser	In moorigen Grundwässern, im Seewasser, bei Einwirkung von Rauchgasen und überall dort, wo dem Kalk im Zement Zerstörung droht	Im Seewasser und in sauren Wässern, im Bergbau	In sulfathaltigen Wassern, überall wo der Kalk im Portlandzement zerstört würde und dort, wo auf rasche Erhärtung und hohe Festigkeiten Wert gelegt wird, z. B. für Rammpfähle

Hydraulische Zuschläge:

Puzzolanerde macht den Beton gegen Seewasser widerstandsfähig.

Santorinerde. Verwendung wie Puzzolanerde.

Traß verzögert das Abbinden, macht Beton wasserdichter und gegen Seewasser widerstandsfähig.

Thurament. Verwendung wie bei Traß.

Linkkalk. Verwendung ähnlich jener des Trasses. Macht Beton widerstandsfähig gegen Seewasser und angreifende Wässer.

ist. Versuche von KELLER haben für den Temperaturbereich zwischen —16 und $+72^0$ die folgenden Ausdehnungszahlen α_t ergeben:

Reiner Zementmörtel .... $\alpha_t = 0{,}0000126$
Beton, 1 Z + 1 Sand und Kies .... $\alpha_t = 0{,}0000110$
,,   1 Z + 2 ,,   ,,   ,, ... $\alpha_t = 0{,}0000101$
,,   1 Z + 4 ,,   ,,   ,, ... $\alpha_\iota = 0{,}0000104$
,,   1 Z + 6 ,,   ,,   ,, ... $\alpha_t = 0{,}0000092$
,,   1 Z + 8 ,,   ,,   ,, ... $\alpha_t = 0{,}0000095$

als guter Mittelwert kann für Beton etwa $\alpha_t = 0{,}00001$ angesehen werden.

Der Temperaturbereich, der bei der Ermittlung der Wärmedehnungen zu berücksichtigen ist, hängt von den Abmessungen des Bauwerkes und von der Lage bezüglich der Sonnenstrahlen ab. Bauwerksteile, die von der unmittelbaren Bestrahlung durch die Sonne bewahrt, aber sonst nicht weiter geschützt sind, werden in der Regel für den Temperaturbereich $+15^0$ C berechnet. Sind die Bauwerksteile der Sonnenbestrahlung ausgesetzt, so muß mindestens mit einem Temperaturbereich gleich den Grenzwerten der mittleren Tagestemperatur gerechnet werden und wenn die Dicke der Bauwerksteile gering ist, wird man darüber hinaus mit einem Temperaturbereich zu rechnen haben, der sich den Grenzwerten am wärmsten bzw. kältesten Tage nähert.

Wenn ein Bauwerksteil mindestens 1 [m] hoch überschüttet ist, so kommt als tiefste Temperatur äußerstenfalls 0^0 C in Frage. Bei Bauwerksteilen, die ständig von Flußwasser bespült werden, ist ein Temperaturbereich von 0 bis etwa 14^0 C, und bei Bauwerksteilen, die von stehendem Wasser bespült sind, ein solcher von etwa 0 bis etwa 28^0 C zu berücksichtigen.

Zementsorten. Beton wird von Säuren und Alkalien im Wasser oder im Boden angegriffen und es müssen gegebenenfalls besondere Zementarten, die gegen derartige Angriffe unempfindlicher sind, verwendet werden; einen Überblick über die am häufigsten angewendeten Sonderzemente und ihre Anwendungsbereiche gibt die Zahlentafel 21 auf S. 126, 127.

Wasserdichte. Beton ist im allgemeinen nicht wasserdicht, weil jeder Beton Poren enthält. Je nach dem Porenraum und dem mehr oder minder weiten Zusammenhang der Poren untereinander ist der Beton auch mehr oder minder wasserdurchlässig. Festigkeit und Wasserdichte stehen, wie schon erwähnt worden ist, in keinem gesetzmäßigen Zusammenhang. Um einen möglichst dichten Beton zu erhalten, müssen vor allem die Zuschlagstoffe derart gewählt werden, daß schon sie allein ein möglichst geringes Porenverhältnis haben; Zement soll nur so viel gegeben werden, als für das sichere Verkitten aller Zuschlagstoffe erforderlich ist. Eine über dieses Maß hinausgehende Zementgabe wird zwar vorhandene Poren verstopfen, sie gibt aber leicht zu neuen Undichtigkeiten Anlaß, da es ja erwiesen ist, daß fettere Betonmischungen mehr zur Bildung von Schwindrissen neigen als magere. Um die Poren möglichst klein zu machen, sie womöglich ganz zu schließen, wird der Beton sorgfältig verdichtet und es werden dem Beton als Zuschlagstoff vielfach Steinmehl, gemahlener Ton oder Traß beigemengt. Steinmehl und Ton sind lediglich Mittel zur Füllung der Poren und sie erhöhen wesentlich den erforderlichen Zementzusatz, da die einzelnen Teilchen miteinander verkittet werden müssen; die zur Verkittung nötige Zementmenge hängt aber von der Oberfläche der zu verkittenden Körner ab.

Traß wirkt auch porenausfüllend, geht aber mit dem Portlandzement eine chemische Bindung ein, die gerade bei der Beurteilung der Wasserdichte besonders in die Waagschale fällt. Traß zu Hochofenzement oder Schmelzzement zuzusetzen hat keinen Sinn. Im abgebundenen Beton aus Portlandzement sind bekanntlich erhebliche Mengen Kalziumhydroxyd enthalten, das in Wasser löslich ist und von Sickerwässern ausgespült wird. Dieser Vorgang ist sowohl in Versuchskörpern, die in Apparaten zur Messung der Durchlässigkeit eingespannt sind, als auch an ausgeführten Bauwerken leicht nachzuweisen; dort wo die Sickerwässer austreten und mit der Kohlensäure der Luft in Berührung kommen, bildet sich nach der Formel

$$Ca\,(OH)_2 + CO_2 = CaCO_3 + H_2O$$

unlöslicher Kalk, der in weißen Schichten den Beton überzieht. Diese Auswaschungen müssen, wenn sie entsprechend lang andauern, die Bildung einzelner, besonders weiter Sickerwege begünstigen und zu einer Schädigung der Festigkeit führen. Durch den Zusatz von Traß kann die Bildung von Kalziumhydroxyd beim Abbinden verringert oder auch ganz verhindert werden, weil sich das Kalziumhydroxyd mit dem Traß zu wasserunlöslichem Kalziumsilikat umsetzt.

Der Traßzusatz soll ¼ bis ½ der Zementzugabe nicht überschreiten, hierbei dürfen aber nur 10 bis 15% der Traßgabe als Ersatz für Zement gelten.

Die Wasserdurchlässigkeit von Beton kann leicht durch Laboratoriumsversuche geprüft werden. Es werden hierzu scheibenförmige Probekörper von mindestens 7 [cm] Dicke derart in ein Gerät eingespannt, daß sie vom Wasser nur parallel durchsickert werden können. Das auf die eine Fläche der Probe aufgeleitete Druckwasser muß während der Dauer des Versuches konstante Temperatur und konstanten Druck haben. Die Untersuchung einer Probe kann bis zu mehreren Monaten dauern. Die Beobachtungen haben nämlich gelehrt, daß die Proben vielfach Wasser anfänglich durchlassen, daß aber im Laufe der Zeit eine Selbstdichtung eintritt, wie sie deutlich in den Auftragungen der Abb. 160 zu erkennen ist. Die Sickerung folgt dem Darcyschen Filtergesetz (Abb. 161), nach dem die Sickerung Q [m³/sec] durch eine Fläche von F [m²]

$$Q = k \frac{h}{l} F \qquad (272)$$

beträgt; l bedeutet die Länge des Sickerweges, das ist hier die Dicke der Probe, und h den Druckabfall, in Metern Wassersäule gemessen, hier also die in Meter Wassersäule gemessene Pressung des zugeleiteten Wassers. k wird die Durchlässigkeit genannt und ist eine Konstante der betreffenden Betonmischung; sie ist stets eine sehr kleine Zahl. Mit der aus Versuchen ermittelten Durchlässigkeit kann unter Verwendung der Formel (272) die Sickerung durch Bauwerke beliebiger Abmessungen leicht berechnet werden.

Neben der auf natürlichem Wege angestrebten Dichtung des Betons durch eine entsprechende Auswahl in der Körnung bzw. Kornmischung der Zuschlagstoffe sowie der Verdichtung des Betons, wird die Dichtung vielfach auch durch künstliche Mittel versucht, die zum Teil erst auf die Oberfläche des abgebundenen Betons als Putz, Anstrich oder Verkleidung aufgetragen werden.

Die zahlreichen Dichtungsmittel, die dem Beton beigemengt werden, können in wasserabweisende und andere geschieden werden; die wasserabweisenden enthalten meist ölige Substanzen, Harze od.

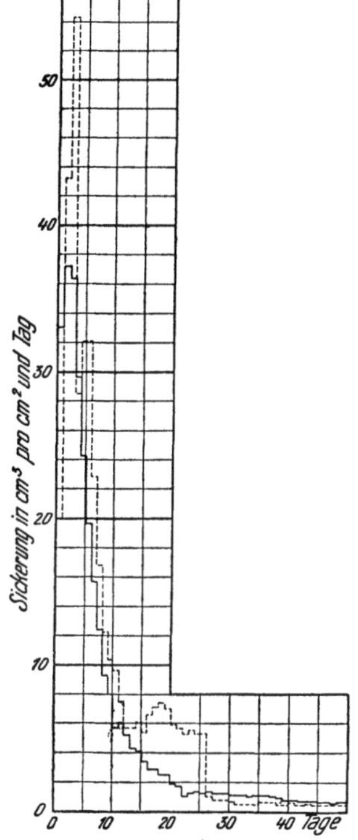

Abb. 160. Selbstdichtung von Beton (VERFASSER).

dgl. Von den im Handel vorkommenden Dichtungsmitteln seien genannt Ceresit, Biber, Awa, Heimalol, Prelit und Aquabar. Von den nichtwasserabweisenden wären zu erwähnen Traß, Ton, Schmierseife, Alaun, Wasserglas, Antaquid, Tricosal, Prolapin, Durit und Sikka. Bei der Anwendung eines Zusatzes zur Erhöhung der Wasserdichte muß bedacht werden, daß die

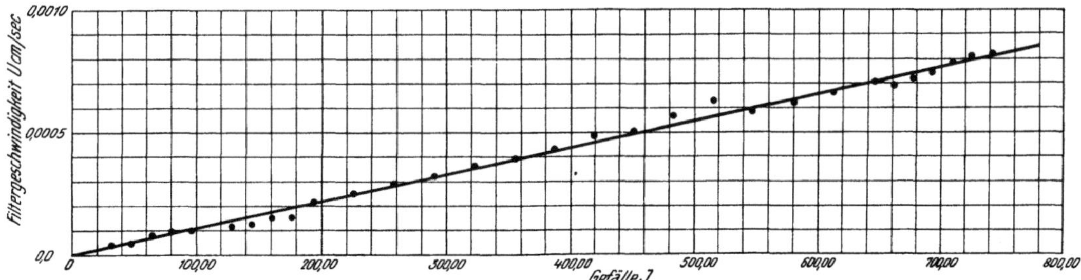

Abb. 161. Nachweis der Gültigkeit des Darcyschen Filtergesetzes für die Sickerung durch Beton (VERFASSER).

meisten Mittel die Festigkeit oft nicht unwesentlich herabsetzen. Bei der Verwendung von Mitteln, die unter Phantasienamen im Handel sind und deren chemische Beschaffenheit geheimgehalten wird, ist besondere Vorsicht am Platze, da eine Beurteilung der Einwirkung des Zusatzes auf den Beton ohne Versuche nicht möglich und Überraschungen nicht ausgeschlossen sind.

Das Auftragen eines Putzes fetterer Mischung dichtet zwar, doch soll dieser Putz sehr bald nach der Betonierung auf die sorgfältig gereinigte Oberfläche aufgetragen werden, weil er sich sonst nicht gut mit dem Beton verbindet; auch muß der Putz, weil fettere Mischungen in besonderem Maße zum Schwinden neigen, anfänglich gut feucht gehalten werden. Für das Auftragen des dichtenden Putzes eignet sich bei größeren Bauten ganz besonders das Torkretgerät, das nicht nur einen sehr fest haftenden, sondern auch einen sehr dichten Putz erzeugt. Statt des Putzes wird vielfach mit Besen oder Bürsten nur Zementmilch oder ein dünner Mörtel aus Zement und sehr feinem Sand am Beton verrieben, der oberflächlich die Poren schließt.

Getrockneter Beton kann schließlich auch durch besondere Anstriche gedichtet werden, von denen Goudron, Inertol, Beton-Murolineum, Lithurin, Krustit, Arbagit und Siderosthen genannt seien.

Auf Bauwerksteilen, die zeitweise durchnäßt und in diesem Zustande dem Frost ausgesetzt sind, hält sich der Putz nicht lange, weil er durch das in den Poren frierende Wasser abgesprengt wird; die Zerstörungen durch Frost können binnen weniger Jahre auf beträchtlichen Tiefen vordringen und den Bestand des Bauwerkes gefährden.

Isolierung des Betons. Durch Bestandteile des Bodens und des Wassers kann Beton zerstört werden; gegen derartige Angriffe ist besonders Beton während des Abbindens und während der ersten Erhärtungszeit empfindlich. Der Beton wird gegen solche Zerstörungen durch eine sorgfältige Isolierung mit Asphalt, Asphaltprodukten oder durch Verkleidung mit Klinkerziegeln geschützt, die in besonders schwierigen Fällen in Asphaltmörtel verlegt werden. Beispiele solcher Bauwerkisolierungen werden gelegentlich der Besprechung der verschiedenen Gründungen gegeben werden.

Schrifttum.

BRETTSCHNEIDER: Beschädigung von Bauwerken durch Grundwasser und Sickerwasser. Zentralbl. d. Bauverw. 1917. S. 104, 215, 252, 292, 354, 408. — *Deutscher Ausschuß für Eisenbeton:* Heft 23. Untersuchungen über die Längenänderung von Betonprismen beim Erhärten und infolge von Temperaturwechsel. Berlin 1913. W. Ernst & Sohn. — GRAF, O. und H. GOEBEL: Schutz der Bauwerke gegen chemische und physikalische Angriffe. Berlin 1930. W. Ernst & Sohn. — GRAF, O.: Volumenänderungen des Betons usw. Z. V. d. I. 1. Bd. (1912). S. 2069. — GRAF, O. und K. WALZ: Versuche und Erläuterungen zu den Richtlinien für die Prüfung von Beton auf Wasserdurchlässigkeit. Bautechn. 1937. S. 321. — GRÜNBERG, A. W.: Schütttrichter für das Versenken von Beton unter Wasser. Zentralbl. d. Bauverw. 1923. S. 310. — HABICHT, F. R.: Erfahrungen mit Gußbetonschüttungen unter Wasser. Beton u. Eisen. 1928. S. 60. — HELBING und BACH: Über Zerstörungen von Betonbauwerken durch Sickerwässer. Zentralbl. d. Bauverw. 1919. S. 250. — HUMMEL: Zum Verhalten des Tonerde-Zements gegenüber chemischen Angriffen. Bauing. 1924. S. 482. — KLEIN-LOGEL, A.: Einflüsse auf Beton. 3. Aufl. Berlin. W. Ernst & Sohn. — LUNDBERG und W. FELLENIUS: Beton in Säcken. Ber. 100 z. 12. Int. Schiff.-Kongr. 1912. S. 18. — MÖLLER, M.: Zur Verwendung von Beton und Eisenbeton im Meer. Beton u. Eisen. 1909. S. 366. — NAKONZ, W.: Unterwasserschüttbeton, Bautechn. 1930. S. 35. — SCHECK: Erleichterung für Schüttbetongründung. Deutsche Bauzg. 1916. S. 5. — SCHEEL-HASE: Über Maßnahmen gegen die angreifenden Eigenschaften des Frankfurter Grundwassers. Deutsche Bauzg. 1908. S. 153. — DERSELBE: Beitrag zur Frage der Betonzerstörung durch sulfathaltiges Grundwasser (Moorwasser). Zschft. d. V. D. J. 1913. S. 127. — SCHOKLITSCH, A.: Wasserdurchlässigkeit von Baumaterialien und Sand. Wasserwirtsch. 1926. S. 691. — SCHULTE, und HILLEBRAND: Der Bau von Schleppschleusen an der oberen Oder von Kosel bis zur Neißemündung (Trichterschüttung). Zschft. f. Bauw. 1914. S. 380. — TRIER, F.: Die Verwendung von Unterwassergußbeton in Schweden. Bautechn. 1930. S. 109. — TRIER, F. und TODE: Unterwassergußbeton nach dem Contractorverfahren beim Bau der Mole an der Mündung des Abstiegkanals bei Magdeburg-Rothensee in der Elbe. Bautechn. 1931. S. 176. — ZANDER: Erweiterung des Emder Hafens (Kohlensäure). Zentralbl. d. Bauverw. 1914. S. 434. — *Referat:* Unterwassergußbeton (Kontraktorverfahren). Runderlaß d. Reichsverkehrsministers vom 5. Juli 1938. Bautechn. 1938. S. 519.

C. Stahl

Stahl findet im Grundbau immer weitergehende Verwendung, nachdem man durch Untersuchung von Trägern, die durch Jahrzehnte gerammt waren, die Überzeugung erlangt hat, daß die Lebensdauer von Stahl im Untergrund der in Aussicht genommenen Nutzungsdauer des Bauwerkes angepaßt werden kann. Allerdings wird die Anwendung des Stahles nur befriedigen, wenn man dem Verhalten desselben im Wasser und im Untergrunde besonders Rechnung trägt. Es ist bekannt, daß Stahl aus der Luft Sauerstoff aufnimmt, daß er oxydiert oder rostet, und daß dieser Vorgang beschleunigt wird, wenn der Stahl feucht ist. Wenn das Wasser, das mit dem Stahl in Berührung kommt, durch gelöste chemische Stoffe verunreinigt ist, so wird der Stahl ebenso wie von manchen Bestandteilen des Untergrundes überdies noch mehr oder minder heftig angegriffen. Soll Stahl zur Anwendung gelangen, so muß also sowohl das Wasser (Tagwasser und Grundwasser) als auch der Boden untersucht und ein allfälliges angreifendes Verhalten gegenüber dem Stahl festgestellt werden. Stahl darf nur angewendet werden, wenn sich das Wasser und der Untergrund dem Stahl gegenüber neutral verhalten. Aus Sicherheitsgründen werden zu den statisch erforderlichen Wandstärken sogenannte Rostzuschläge gemacht. An Stellen, die dauernd zugänglich bleiben, können auch besondere Rostschutzanstriche angewendet werden. Wenn Stahl an Stellen verwendet wird, die später unzugänglich sind, kann er zum Rostschutz heiß geteert werden. Beobachtungen an geteerten stählernen Spundbohlen haben z. B. gelehrt, daß selbst dann, wenn scharfer Sand durchrammt wird, die Teerung fast unversehrt geblieben ist. Auch eine einmal gebildete Rostschicht bildet, wenn sie nicht mechanisch zerstört wird, im Boden einen Schutz, indem sie den Sauerstoff vom Eisen abhält und das weitere Rosten zumindest verlangsamt. Besonders wirksame derartige Rostschichten bilden sich an Stahl aus, der in Sand steckt, wo sich aus Rost und Sand feste Krusten bilden.

Die Lebensdauer von Stahlspundbohlen hängt von der Stahlart, von der Wandstärke der Bohlen, von der Beschaffenheit des Untergrundes und des Wassers und auch davon ab, ob Sauerstoff ungehinderten Zutritt hat. Larssen-Spundbohlen, die über das Wasser emporragen, haben bei normalen Verhältnissen etwa die folgende Lebensdauer:

Querschnitt	0 a	I a, I a neu,	II, II neu, III, III neu,	X, XI, XII	IV neu, V, VI, VII
Jahre	bis zu 50	70	100	130	170

Spundbohlen, die vollständig eingerammt sind, wie z. B. bei Staudammdichtungen oder Kolkschutzschürzen, haben wesentlich höhere Lebensdauern.

Eine bedeutende Erweiterung des Anwendungsbereiches hat der Stahl im Grundbau erfahren, seitdem man die Beobachtung gemacht hat, daß Zusätze zum Stahl die Rostbildung herabsetzen. So setzt ein Kupferzusatz von mindestens 0,2% die Rostgefährdung in vielen Fällen stark herab; er ist besonders wirksam bei Stahl, der der Atmosphäre ausgesetzt ist. In Flußwasser und in sauren Wässern ist die Schutzwirkung geringer als in der Atmosphäre, in Seewasser ist ein Kupferzusatz nahezu unwirksam. Hoher Phosphorgehalt neben 0,4% Kupfer, wie ihn der Resistastahl aufweist, erhöht die Lebensdauer von stählernen Spundbohlen in Fluß- und in Seewasser etwa auf das 1,2- bis 1,4fache derjenigen gewöhnlichen kupferhaltigen Stahles.

Die für Stahlspundbohlen verwendeten Stahlsorten haben die in der Zahlentafel 22 zusammengestellten Festigkeitseigenschaften.

Zahlentafel 22. Festigkeitseigenschaften von Stählen für Spundbohlen.

Stahlsorte	Mindest-festigkeit [kg/cm²]	Mindest-streck-grenze [kg/cm²]	Mindestdehnung %	Zulässige Beanspruchung in [kg/cm²]			
				Verwendung			
				dauernd	vorübergehend	dauernd	vorübergehend
				Überschlägige Berechnungen; Bodenverhältnisse unübersichtlich und nicht eingehend klargestellt. Kräfte und Kräfteangriff unsicher		Genaue Berechnungen; Bodenverhältnisse klargestellt. Kräfte und Kräfteangriff klar. In Zweifelsfällen ungünstigste Annahmen zugrunde zu legen.	
St 37/45	3700 bis 4500	2400	22	1200	1500	1400	1600
St 45/52	4500 bis 5200	2700	20	1350	1690	1590	1800
St 50/60	5000 bis 6000	3000	18	1500	1875	1760	2000
Sonderstähle (Resista, Klöckner)	5000 bis 6000	3600 bis 3800	20 bis 22	1800 bis 1900	2250 bis 2380	2100 bis 2230	2400 bis 2530
Sicherheitsgrad				2	1,6	1,7	1,5

Schrifttum.

KÖLLE: Rostgefahr und Lebensdauer eiserner Spundwände. Zentralbl. d. Bauverw. 1925. S. 545. — PETER, G.: Über die Lebensdauer einer Uferwand aus Spundwandeisen Larssen im tropischen Meerwasser. Bauing. 1930. S. 572. — PRÜSS: Erfahrungen mit eisernen Spundwänden im See- und Hafenbau. Zentralbl. d. Bauverw. 1920. S. 205. — UHLFELDEN, H.: Erfahrungen mit eisernen Spundwänden. Bauing. 1926. S. 9. — WENDIGGENSEN, P.: Stahlkonservierung durch Heißbitumenanstrich zum Schutz gegen aggressive Wässer. Bautechn. 1937. S. 584.

D. Besondere Baustoffe.

Bei Grundbauten werden auch noch eine Reihe besonderer Baustoffe angewendet, die in den einzelnen Abschnitten des Buches gelegentlich der Beschreibung der Bauwerke näher erörtert werden.

Dritter Teil.

Spundwände.

Spundwände sind wasserdichte Wände aus Holz, Stahlbeton oder Stahl, die fast ausnahmslos durch Rammung nebeneinanderstehender Spundbohlen in den Boden hergestellt werden. Sie dienen der Abhaltung von Tag- und Grundwasser von Baugruben während der Bauausführung, zur Verhinderung von Durchsickerungen von Grundwasser unter Bauwerken, die dem Aufstau von Wasser dienen, zur Sicherung von Bauwerken gegen Unterkolkung, zur Erhöhung der Standsicherheit von Bauwerken und als selbständige Bauwerke, vorwiegend als Ersatz für Stütz- und Ufermauern u. dgl.

A. Die Bauarten der Spundwände.

I. Hölzerne Pfahl- und Spundwände.

Hölzerne Spundwände werden sowohl als Hilfsbauten bei der Gründung von Bauwerken als auch als bleibende Bestandteile von Bauwerken verwendet; im letzteren Falle ist ihre Anwendung aber auf jene Fälle beschränkt, in denen sie ständig unter dem tiefstmöglichen Wasser- bzw. Grundwasserspiegel liegen. In Böden mit groben Geschieben oder mit Bauwerksresten sind sie nicht anwendbar. Je nach der Rammtiefe, der Beschaffenheit des Bodens und dem Zwecke der Spundwand werden die Spundbohlen verschieden bearbeitet (Abb. 162 und 163). Pfahl- und Bohlwände ohne Spundung sind minder wasserdicht und kommen hauptsächlich zur Sicherung von Bauwerken, wie z. B. Wehren gegen Unterkolkung, und für den Bau niedriger Fangdämme in Frage. Stülpwände (Abb. 162c) sind bei einseitigen Wassertiefen bis zu etwa 1 [m] zur Abhaltung des Wassers von Baugruben verwendbar. Die Gratspundung und die Halbspundung wird bei dünnen Spundbohlen bis zu etwa 10 [cm] Stärke für untergeordnete Zwecke angewendet, bei stärkeren Spundbohlen kommt die Quadrat- oder die Keilspundung zur Ausführung. Beim Rammen ist die Feder der Quadrat- und der Keilspundung durch die Reibung in der Nut gefährdet; um die Reibung herabzusetzen, läßt man in der in der Abb. 163e, f und g angedeuteten Weise zwischen Nut und Feder ein Spiel von etwa 4 bis 5 [mm].

Die Spundung ist früher mit Handwerkzeugen ausgeführt worden; bei größerem Verbrauch von Spundbohlen lohnt sich aber die Bearbeitung der Spundung auf Holzbearbeitungsmaschinen um so mehr, als die Bearbeitung genauer ist und die Kosten von der Art der Spundung unabhängig sind.

Die Wandstärke, die für hölzerne Spundbohlen gewählt wird, hängt von der Rammtiefe ab; bis zu Tiefen von 2 [m] genügt eine Dicke von 8 [cm] und für jeden Meter Mehrtiefe erfolgt ein Zuschlag von etwa 1 bis 2 [cm]. Die Breite der Spundbohlen beträgt etwa 25 bis 30 [cm].

Hölzerne Spundbohlen sind bis zu etwa 18 [m] Länge und bis zu 30 [cm] Dicke bei der Kaiserschleuse in Bremen gerammt worden.

Die Spundbohlen müssen für die Rammung besonders vorbereitet werden. Damit sie durch die Schläge des Rammbären nicht verletzt werden, erhalten sie am Kopf einen konischen etwa 6 bis 10 [cm] hohen und 2 [cm] starken Schlagring, der das Aufspalten und die Bartbildung verhindert; der Ring ragt ursprünglich etwas über das Ende der Bohle vor und wird erst durch die ersten Schläge des Rammbären voll auf die Bohle getrieben. Damit die Bohlen leichter in den Boden eindringen, erhalten sie unten eine Schneide, die bei leichtem Boden eine Höhe gleich der 2- bis 3fachen Bohlenstärke, bei schwerem Boden eine solche gleich der 1- bis 1,5fachen Bohlenstärke hat. Wenn die Bohlen in scharfem Kies oder Gerölle zu rammen sind, erhalten sie zur Schonung der Schneide einen Schuh aus etwa 3 [mm] starkem Stahlblech; und damit die Bohlen sich beim Rammen dicht an die schon gerammten legen, wird diese Schneide schräg hergestellt oder es wird die Bohle an der einen Seite unten abgeschrägt (vgl. Abb. 163i und k); der Erdwiderstand, der auf diese Fläche wirkt, preßt die Bohlen dann aneinander.

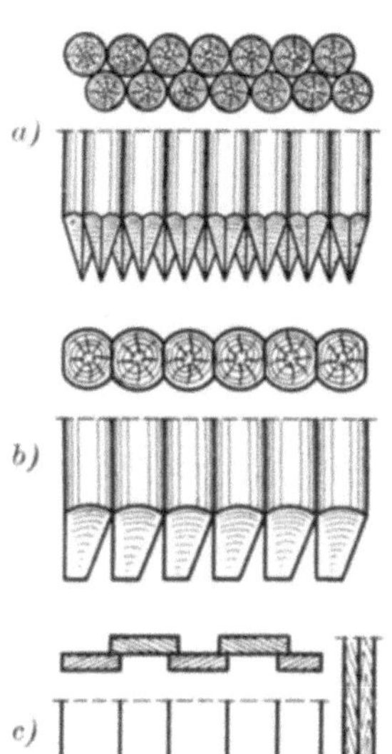

Abb. 162.   Hölzerne Pfahl- und Bohlwände. a) b) Pfahl- wände, c) Stülpwand, d) doppelte Bohlwand.

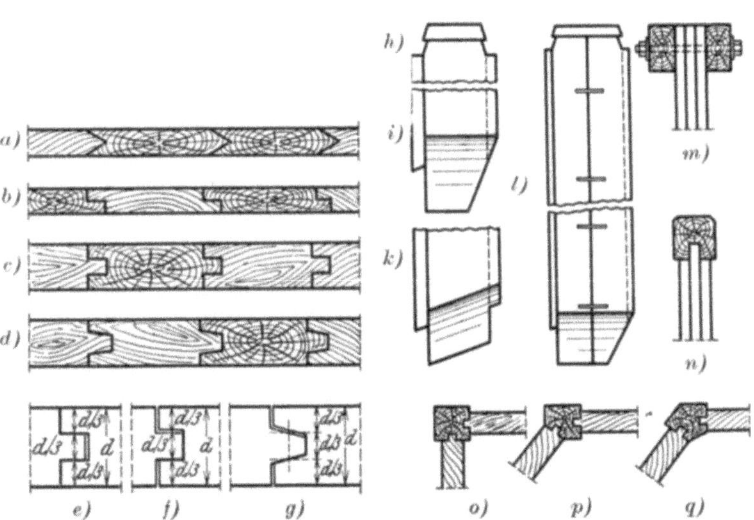

Abb. 163.   Hölzerne Spundwände. a) Gratspundung, b) Halbspundung, c) gerade Spundung, d) Keilspundung, e), f) Einzelheiten der geraden Spundung, g) Einzelheiten der Keilspundung, h) Kopf einer hölzernen Spundbohle, i), k) Schneiden hölzerner Spundbohlen, l) Doppelbohle, m) Zangen einer hölzernen Spundwand, n) Holm, o), p) q) Ausbildung von Ecken in einer hölzernen Spundwand mittels Eckpfählen.

Die Bohlen werden stets mit der weniger empfindlichen Nut voraus gerammt; die Feder wird unten schräg abgeschnitten (Abb. 163i und k), damit die so geschaffene Nase den Boden aus der Nut der schon gerammten Bohle ausräumt. Um die Rammen besser ausnützen zu können, hat man auch je zwei Bohlen nach dem Vorbild der Abb. 163 l zu einer Doppelbohle vereinigt.

Bei der Rammung von Stülpwänden und doppelten Wänden erhält die eine Bohlenreihe, die zuerst gerammt wird, eine symmetrische Schneide, die zweite Reihe erhält nur eine einseitige Schneide, damit der Erdwiderstand diese Bohle während des Rammens gegen die schon gerammte Reihe preßt und so einen möglichst dichten Schluß bewirkt.

Hölzerne Spundwände werden nach dem Rammen mit einem oder mehreren Zangenpaaren (12/18 bis 20/24 [cm]) verschraubt, von denen eines während des Rammens als Führung dient (vgl. S. 146). Statt mittels eines Zangenpaares am oberen Rand (Abb. 163m) hat man die hölzernen Spundwände bei Wasserbauten auch oft mit einem Holm (Abb. 163n) versteift. Die Zangenhölzer werden möglichst lang genommen, und die erforderlichen Stöße werden stets um mindestens 1 [m] versetzt.

Die Ecken von hölzernen Spundwänden werden durch Pfähle gebildet (Abb. 163o, p und q), die für den Anschluß der Spundbohlen genutet sind. Die letzte Spundbohle, die diesen Anschluß bewirkt, ist eine sogenannte Paßbohle, die nach genauem Maß eigens anzufertigen ist und daher teurer ist als die übrigen Bohlen.

Undichtigkeiten in hölzernen Spundwänden werden gedichtet, indem man bei frei im Wasser stehenden Wänden an der Wasserseite Kesselasche, Lohe, Sägespäne, Sand u. dgl. vor die Fuge bringt; das strömende Wasser nimmt diese Stoffe in die Klüfte mit und verlegt sie nach und nach. Von der Innenseite können Undichtigkeiten durch Verstopfen und Kalfatern, nötigenfalls unter Zuhilfenahme von Tauchern behoben werden.

Als Holz für Spundwände eignet sich besonders Kiefer- und Lärchenholz, das nicht ausgetrocknet verwendet wird. Vorbereitete Spundbohlen dürfen nicht trocken gelagert werden, da sie sonst nach dem Rammen quellen und die Spundwand verziehen.

Schrifttum.

LANG, F.: Neue Pfahlschuhform für Holzbohlen. Zentralbl. d. Bauverw. 1913. S. 707. — DERSELBE: Über die Brauchbarkeit der Pfahlschuhe. Zentralbl. d. Bauverw. 1904. S. 279. — *Referat:* Eisenbahnbrücke über die Weichsel bei Thorn. Zschft. f. Bauw. 1876. S. 44.

II. Stahlbetonspundwände.

Stahlbetonspundbohlen können im Gegensatze zu hölzernen Spundbohlen in beliebigen Abmessungen hergestellt werden, die nur durch die Rücksicht auf die Beförderung und auf die Rammbarkeit eingeschränkt werden. Die Breite bisher ausgeführter Stahlbetonspundbohlen hat selten 50 bis 60 [cm] überschritten und die ausgeführten Bohlendicken liegen zwischen 10 und 50 [cm]. Die Bohlen sind in der Regel den hölzernen nachgebildet. Um das Gewicht und auch die Reibung beim Rammen zu verringern, hat TH. MÖBUS an den Längsseiten fachartige Vertiefungen angeordnet. In Ausnahmefällen sind Stahlbetonspundbohlen auch mit T- oder mit I-Querschnitt ausgeführt worden, um das Widerstandsmoment zu erhöhen.

Die Spundung (Abb. 164) wird als Trapez oder trapezähnliche, mit stark abgerundeten Ecken, als halbkreisförmige oder als dreieckähnliche ausgeführt, wobei die Federn stets wesent-

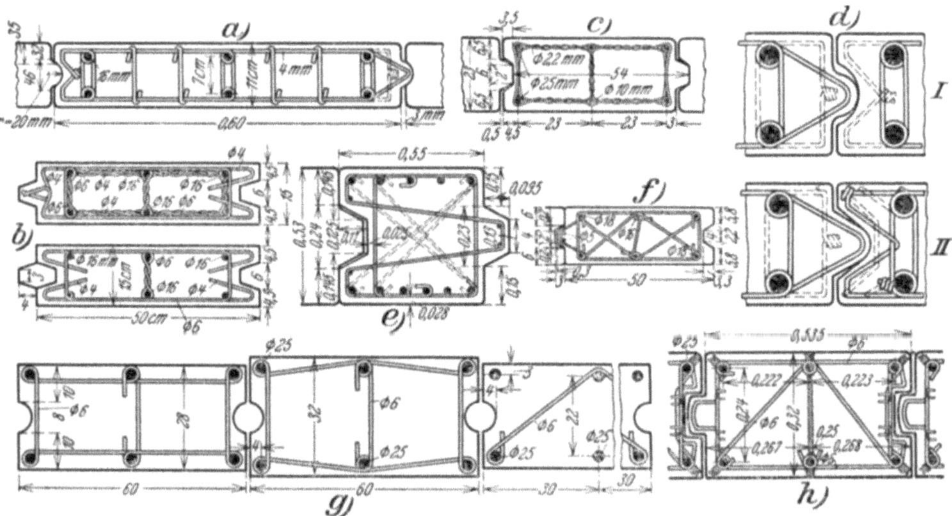

Abb. 164. Querschnitte, Bewehrung und Spundung von Stahlbeton-Spundbohlen. *a)* Hafen Ruhrort, *b)* Seeflugplatz Norderney, *c)* Spundbohle von Ph. Holzmann, *d)* Hafen Ruhrort, I gut bewährt, II nicht bewährt, *e)* Schleuse Ymuiden, *f)* Brücke über die Süderelbe, Hamburg, *g)* Hafen Ruhrort, *h)* Petroleumhafen Düsseldorf.

lich breiter als hoch gemacht werden. Die Stahlbetonbohlen werden, so wie die hölzernen, stets mit der Nut in die Richtung des Rammfortschrittes gestellt. Um die Reibung in der Nut herabzusetzen, ist vielfach die Feder nur im unteren Teil der Bohlen ausgeführt worden (Abb. 165); im übrigen Teil wurde statt der Feder eine Nut gemacht und es wurde schließlich der durch die zwei im oberen Teil aneinander stoßenden Nuten gebildete Hohlraum mit Beton ausgefüllt, um die Wand zu dichten. Die Stahlbetonspundbohlen werden gerammt oder gerammt und gespült. Bei Stahlbetonspundbohlen, die eingespült werden sollen, hat man auch statt der früher beschriebenen Spundung nur zwei halbkreisförmige Nuten angeordnet, in die zur Führung während der Rammung ein Stahlstab oder das Spülrohr eingelegt wurde. Nach beendeter Rammung sind die Nuten schließlich mit Beton aufgefüllt worden. Die beschriebenen Spundungen sind so, wie die bei den hölzernen Bohlen in Verwendung stehenden, für die Aufnahme von Zugkräften nicht geeignet; um sie auch für die Aufnahme von Zugkräften zu befähigen, hat man Schloßstähle einbetoniert (Abb. 166), wie sie bei Stahlspundbohlen verwendet werden oder man hat sogar einfach Stahlspundbohlen mit Stahlbeton ummantelt und auf diese Weise deren Widerstandsmoment erhöht. Die Bewehrung wird bei solchen Bauweisen in Löcher der Schloßstähle bzw. der Stahlbohlen eingelegt. Die Nut und Feder von Stahlbetonspundbohlen werden auch mit Längs-

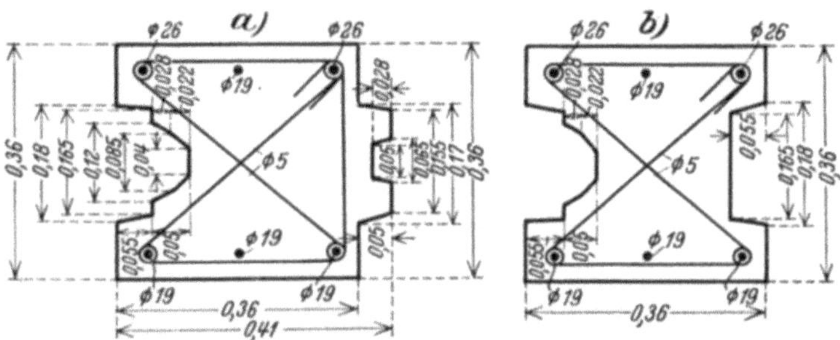

Abb. 165. Spundung und Bewehrung der Ufermauer in Borkum. a) Schnitt in der Höhenlage der Feder, b) Schnitt oberhalb der Feder (GRÜN & BILFINGER).

stählen bewehrt, die durch eigene Drahtbügel an der übrigen Bewehrung gut verankert werden.

Die Bewehrung der Stahlbetonspundbohlen (Abb. 164) besteht aus Längsstählen, die in die Ecken des Querschnittes und gleichmäßig verteilt längs der Seitenflächen gelegt werden; ihr Querschnitt wird dem größten Widerstandsmoment angepaßt, das beim Transport oder bei der gerammten Bohle erforderlich ist. Die Bügel aus Rundstahl oder Draht (Abb. 164) werden als Umfangs- und als Diagonalbügel ausgeführt und in der Nähe der Schneide und am Kopf, wo die Beanspruchungen während des Rammens besonders groß sind, näher aneinander gelegt.

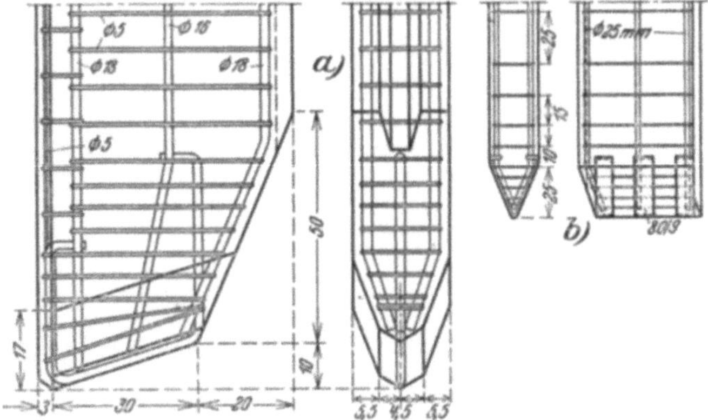

Abb. 167. Ausbildung der Schneide von Stahlbetonspundbohlen a) mit Rundstahlbewehrung, b) mit Flachstahlschneide (PH. HOLZMANN).

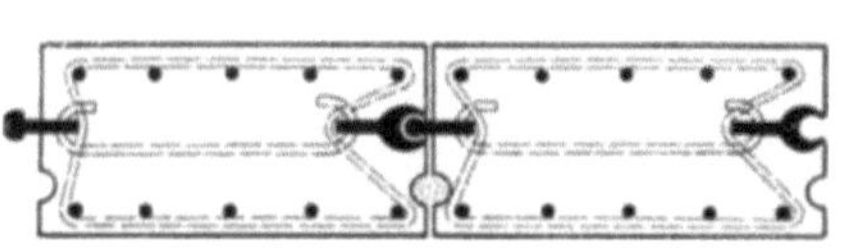

Abb. 166. Stahlbetonspundbohle mit Stahlschloß.

Am oberen Ende wird die Bohlenbreite etwas herabgesetzt und auf diese Weise ein in der Symmetrieachse liegender Kopf gebildet, dessen Abmessungen jenen der Rammbärschlagfläche angepaßt werden. Die Schneide wird mit Rundstahl bewehrt (Abb. 167) oder sie erhält einen

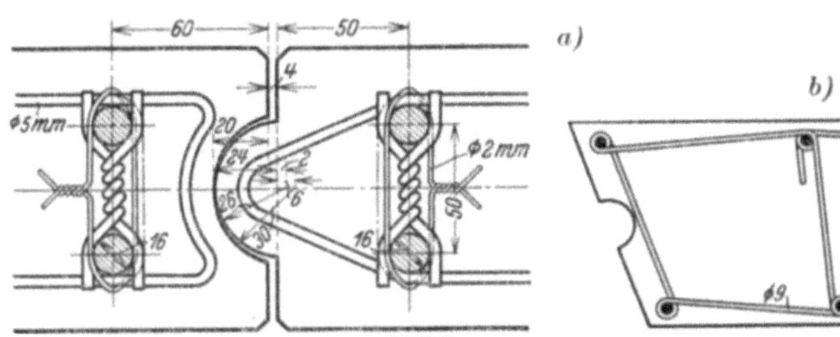

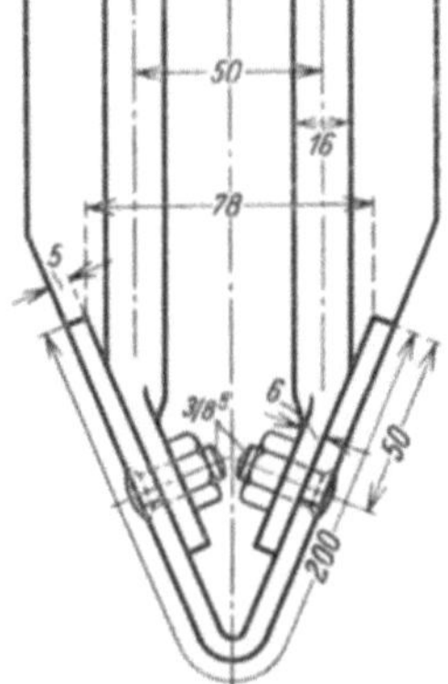

Abb. 168. Stahlbeton-Spundbohlen von Grün & Bilfinger. a) Ausbildung von Nut und Feder, b) Eckbohle, c) Bewehrung der Schneide.

eigenen stählernen Schuh (Abb. 168 c), in dem die Längsbewehrung eingebunden ist, ähnlich wie die Stahlbetonrammpfähle. Die Schneide wird, so wie man es bei den hölzernen Spundbohlen macht, schräg ausgeführt, damit der Erdwiderstand gegen die Schneide die Bohle während des Rammens gegen die schon gerammte preßt. Ecken werden mit eigenen Eckbohlen (Abb. 168 b) ausgeführt.

Wo das Widerstandsmoment rechteckiger Spundbohlen nicht hinreicht, können $\top$- und $\mathbb{I}$-förmige Querschnitte (vgl. Abb. 226 bis 227) mit symmetrischen Schneiden oder Spitzen angewendet werden.

Die Betonierung erfolgt, ähnlich wie jene der Stahlbetonrammpfähle, hochkantig liegend auf einer unnachgiebigen Unterlage. Jene Stellen, an denen bei der Beförderung zur Verwendungsstelle die Bohlen aufgelegt oder vom Hebezeug erfaßt werden dürfen, sollen besonders kenntlich gemacht werden, damit bei dieser Gelegenheit keine unvorhergesehenen Beanspruchungen der Bohlen vorkommen.

Schließlich sei erwähnt, daß von DAUDIN und BOUDET auch eine Ortbetonspundwand erdacht worden ist.

Schrifttum.

GRUSEWSKI: Herstellung einer Uferschälung aus Eisenbetonspundbohlen beim Bau des neuen Industrie- und Umschlaghafens der Stadt Spandau. Deutsche Bauzg. 1908. S. 91. — GUTACKER: Ummantelte Spundwandeisen. Beton u. Eisen. 1915. S. 153. — HEYNING, C. T. C.: Die neue Schleuse Ymuiden. Z. V. d. I. 1929. S. 749. — KITTEL: Der Bau der neuen Schiffsschleuse in Ymuiden. Bautechn. 1925. S. 57. — DERSELBE: Eisenbetonspundwände. Bautechn. 1925. S. 263, 315. — KLEINLOGEL, A.: Fertigkonstruktionen aus Eisenbeton. Beton u. Eisen. 1925. S. 154. — LOHMEYER, E.: Besondere Formen von Eisenbetonspundwänden. Bautechn. 1927. S. 269. — DERSELBE: Eisenbetonspundwand, Bauart Ravier. Bautechn. 1926. S. 620. — MÖBUS, TH.: Zentralbl. d. Bauverw. 1908. S. 56. — OTTMANN: Eisenbeton-Uferbefestigungen im Duisburg-Ruhrorter Hafen. Zentralbl. d. Bauverw. 1908. S. 466. — RECHTERN: Eisenbetonspundbohlen und ihre Verwendung bei den Kaibauten in Kiautschou. Zentralbl. d. Bauverw. 1900. S. 626. — SCHUBERT, J.: Eisenbetonpfahlgründungen im Wasserbau. Wasserwirtsch. 1926. S. 396. — WALTHER: Beobachtungen über die Grundwasserbewegung hinter einer dichten Uferwand im Tiedegebiet. Bautechn. 1932. S. 495. — *Referate:* Spundwände aus Eisenbeton. Öst. Wochenschft. f. d. öff. Baudienst. 1913. S. 247; Hohler Eisenbetonspundpfahl. Bautechn. 1925. S. 642; Betonspundwand, System Daudin und Boudet, zum Abdichten von Uferböschungen. Beton u. Eisen. 1926. S. 362 (Ortbetonwand); Dichtungsabschlüsse aus Betonwänden. Schweiz. Bauzg. 1927. S. 125 (Ortbetonwand); Besondere Formen von Eisenbetonspundbohlen (Bauart Ravier). Bautechn. 1927. S. 115, 269.

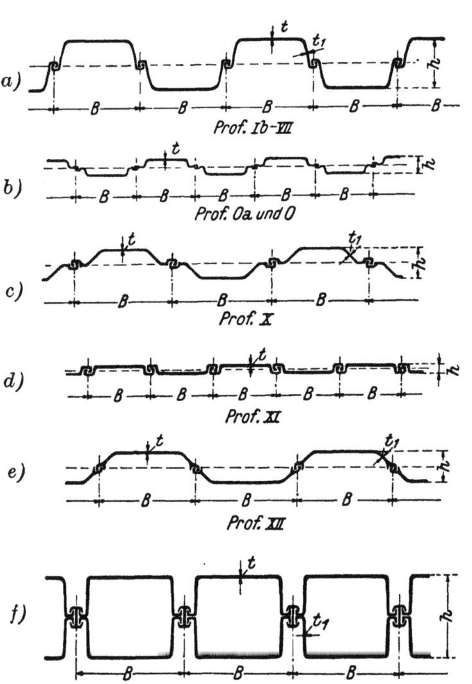

Abb. 169. Larssen-Spundbohlen (*a* bis *e*) und Union-Kastenbohlen (*f*).

III. Stählerne Spundwände.

Die Erkenntnis, daß in grobsteinigen Böden hölzerne und Stahlbetonspundbohlen nicht mit Sicherheit gerammt werden können und die Tatsache, daß hölzerne Spundbohlen, die zur Abhaltung von Wasser während eines Baues gerammt worden sind, nicht wieder verwendbar sind, hat dazu geführt, daß man schon vor langer Zeit Versuche mit stählernen Spundwänden angestellt hat. Die Verwendung von Gußeisen ist bald aufgegeben worden, weil es sich wegen seiner Sprödigkeit nicht in befriedigender Weise rammen ließ. Man griff bald zu Stahl und rammte Walzträger ($\mathbb{I}$- oder U-Träger); die günstigen Erfahrungen führten dann in weiterer Folge dazu, daß man eigene Spundbohlen walzte und diese Bohlen schließlich mit Schlössern ausstattete, so daß die einzelnen Spundbohlen von der schon gerammten Nachbarbohle nicht nur geführt, sondern auch gehalten werden.

Das Schloß einer stählernen Spundwand soll möglichst dicht, aber trotzdem Spiel haben und große Zugfestigkeit aufweisen. Das Spiel ist erforderlich, damit auch Spundwände im Bogen gerammt werden können und damit man eine beim Rammen aus der Richtung gekommene Wand wieder in die beabsichtigte Richtung zurückführen kann. Die große Zugfestigkeit im Schlosse verhindert die Spundbohlen am Losspringen von der schon gerammten Bohle beim Rammen und sichert einen wasserdichten Abschluß auch dann noch, wenn bei Bauunfällen die Spundwandaussteifung versagt und die Spundwand ausweicht.

Zahlentafel 23. Angaben über Larssen-Spundbohlen und Union-Kastenbohlen (Abb. 169).

Bohlenart	Bezeichnung	Querschnitts-abmessungen [mm]				Gewicht		Stahlquerschnitt je [m] Wand F [cm²]	Umfang je [m] Wand [cm]	Gesamtquerschnitt je [m] Wand*** [cm²]	Trägheitsmoment je [m] Wand I [cm⁴]	Widerstandsmoment je [m] Wand W [cm²]	Trägheitshalbmesser i [cm]	Zulässige Biegungsmomente in [tm]				Güteverhältnis $\frac{W}{G}$	Gebräuchliche Längen [m]
		B	h	t	t_1	g je [m] Bohle [kg/m]	G je [m²] Wand [kg/m²]							St 37/44	St 45/52	St 50/60	Resista-stahl		
Larssen-Bohlen	0a	350	80	4,5	4,5	16,5	47	60	230	—	511	130	2,92	1,56	—	—	—	2,76	3…6
	0	275	75	5,0	5,0	15,4	56	71	236	—	454	121	2,53	1,45	1,77	1,96	2,66	2,16	3…6
	Ib	355	100	6,5	6,5	27,0	76	97	235	—	1242	250	3,58	3,00	3,65	4,05	5,50	3,29	3…6
	Ia	400	130	7,0	6,5	32,8	82	104	250	—	2470	380	4,87	4,56	5,55	6,16	8,36	4,63	5…8
	Ia neu	400	220	7,5	6,3	35,6	89	113	260	—	.	600	.	.	.	.	.	6,75	.
	I	400	150	8,0	8,0	40,0	100	127	260	—	3696	500	5,53	6,00	7,30	8,10	11,00	5,00	5…8
	IIa	400	270	8,4	7,5	46,4	116	148	301	—	13100	970	9,47	11,64	14,16	15,71	21,34	8,36	8…16
	II	400	200	10,2	8,7	48,4	122	156	270	—	8486	850	7,38	10,19	12,40	13,75	18,68	6,97	8…16
	II neu	400	270	9,5	7,5	48,8	122	156	301	—	.	1100	.	.	.	.	.	9,02	.
	IIIa	400	290	11,0	8,7	56,4	141	180	309	—	20300	1400	10,56	16,80	20,44	22,68	30,80	9,93	8…16
	III	400	247	14,2	9,2	62,0	155	198	285	—	16831	1363	9,24	16,36	19,90	22,08	29,99	8,80	8…16
	III neu	400	290	13,0	8,5	62,0	155	198	309	—	.	1600	.	.	.	.	.	10,32	.
	IVa	400	360	13,0	10,0	68,8	172	219	330	—	36000	2000	12,79	24,00	29,20	32,40	44,00	11,63	12…20
	IV	400	310	15,2	11,0	74,0	185	236	310	—	31579	2037	11,50	24,44	29,74	33,00	44,81	11,02	12…20
	V	420	360	20,5	12,0	100,0	238	303	330	—	50993	3000	12,97	35,54	43,25	47,98	62,20	12,61	18…30
	VI	420	440	22,0	14,0	121,8	290	370	368	—	91740	4200	15,66	50,04	60,88	67,55	87,57	14,48	18…30
	VII	460	460	26,0	14,0	142,8	310	394	370	—	.	5000	.	.	.	.	.	16,12	.
	X	450	145	9,5	9,5	46,8	104	133	230	—	2576	356	4,41	.	.	.	.	3,42	8…16
	Xv	450	145	10,5	10,2	50,4	112	143	230	—	.	390	.	.	.	.	.	3,48	.
	XI	290	49	14,0	12,0	43,5	150	191	215	—	475	190	1,58	.	.	.	.	1,27	6…12
	XII	450	155	12,0	12,0	57,6	128	163	218	—	4789	640	5,40	.	.	.	.	5,00	8…16
Union-Kasten-bohlen	Ic	460	270	10,5	9,7	113,4*	290	370	266**	2350	35100	2600	9,8	31,20	37,96	42,14	57,20	8,96	15…30
	I	460	276	13,5	10,7	135,4*	338	430	267**	2420	44160	3200	10,1	38,40	46,72	51,84	70,40	9,48	15…30
	II	460	369	14,5	10,5	155,0*	380	485	312**	3170	90240	4890	13,6	58,68	71,39	79,22	107,58	12,85	15…30

* Je Meter Kasten, ohne Schloßstahl.

** Einschließlich des erforderlichen Schloßstahles. Schloßstahl 20 [kg/m].

*** Einschließlich des Hohlraumes der Kästen.

Die stählernen Spundbohlen werden mit dem Schloß in der Wandachse oder in der Zug-
bzw. Druckzone der Wand gewalzt. Große Vorbereitung haben die *Larssen-Spundbohlen* und die
Union-Kastenbohlen gefunden, die vom *Dortmund-Hoerder Hüttenverein* gewalzt werden. Die
Abb. 169 gibt eine Übersicht über die verschiedenen Querschnittsformen dieser Bohlen und
in der Zahlentafel 23 sind die wichtigsten Angaben über diese Bohlen zusammengestellt.

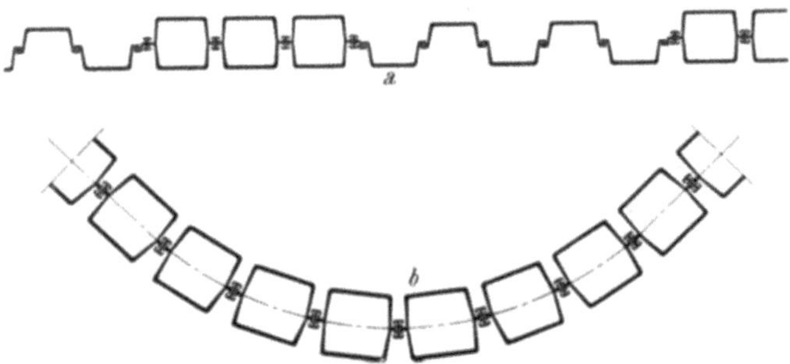

Abb. 170.   Beispiele für die Anwendung von Union-Kastenbohlen. *a)* die aufgelöste Wand, *b)* eine Kastenwand in Bogen; kleinstmöglicher Krümmungs-
halbmesser 1,50 [m].

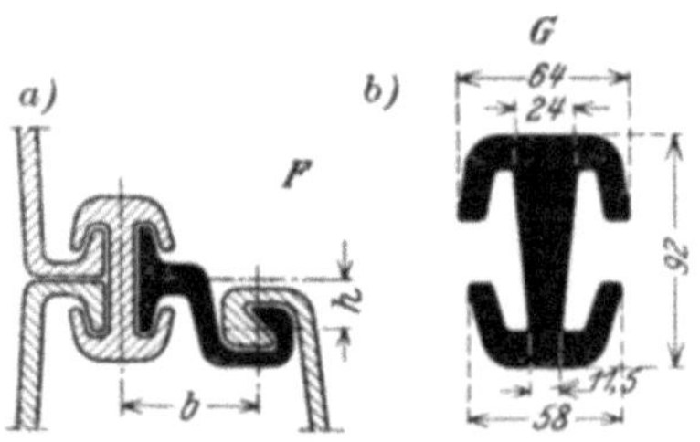

Abb. 171.   *a)* Anschlußstahl, *b)* Konischer
Schloßstahl.

Sowohl bei den Larssen-Spundbohlen als auch bei den Union-Kastenbohlen liegen die Schlösser
in der neutralen Achse der Wand, also an einer Stelle, an der die Wand die geringsten Biege-
beanspruchungen erleidet. Die Frage, ob das Widerstandsmoment in bezug auf die Wandachse genommen werden darf, hat die Fachwelt viel beschäftigt, weil ja in der Spundwand
eine gewisse Beweglichkeit im Schloß zu befürchten ist. Nun werden die Spundbohlen in der
Regel als sogenannte Doppelbohlen
gerammt, um die Rammen besser
ausnützen zu können. Diese Doppelbohlen werden schon im Werk zu-
sammengezogen und im Schloß mehrmals gekerbt, so daß sie im Schloß
unbeweglich werden. E. LOHMEYER
hat Versuche an Spundwänden aus
solchen Doppelbohlen angestellt. Bezeichnet W das Widerstandsmoment
von 1 [m] Wand, bezogen auf die
Wandachse, so war nach diesen
Versuchen das Widerstandsmoment
von 1 [m] unverholmter, aus Doppelbohlen gerammter, neuer Wand
gleich $^2/_3\,W$. Wenn ein Gurt aus zwei
⊏-Stählen unter Verwendung von
Paßstücken angewendet wird, der
mit jeder Bohle verschraubt ist, so
kann für das Widerstandsmoment
$^5/_6\,W$ gesetzt werden. Ähnlich wie
Holme und Gurten wirkt auch das
autogene Verschweißen der Schlösser
über dem Wasserspiegel. Die Reibung ist im Schlosse vielfach so hoch,
daß beim Rammen die Nachbarbohle

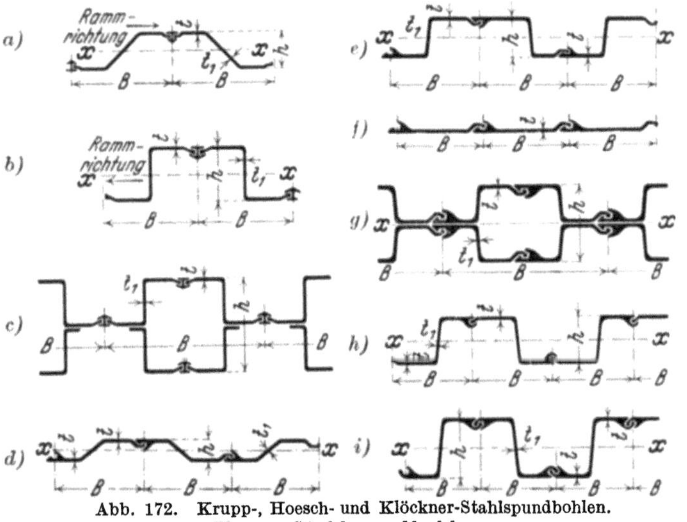

Abb. 172.   Krupp-, Hoesch- und Klöckner-Stahlspundbohlen.
Krupp-Stahlspundbohlen:
a) KS-Spundbohlen, *b)* K-Spundbohlen, *c)* KK-Krupp-Kastenbohlen.
Hoesch-Stahlspundbohlen:
d) und *e)* Regelspundbohlen o bis VH, *f)* Querschnitt X, *g)* Hoesch-Kasten-
bohlen o bis IV.
Klöckner-Stahlspundbohlen:
h) Wulst- und Klauenbohlen Ia bis IV, *i)* Doppelklauenbohlen 1 D bis 5 D.
(Nach Stahl im Hochbau, Springer-Verlag.)

mitgenommen wird. Bodenteilchen und Rost erhöhen diese Reibung sehr rasch im Schlosse, so
daß in der Praxis, wenn im Schloß gepreßte Doppelbohlen gerammt werden, mit dem vollen
Widerstandsmoment gerechnet wird. Nur in weichem, schmierigem Boden und dann, wenn die
Bohlen im Wasser stehen und überdies keine Gurten oder Holme angewendet werden, wird bei
einzeln gerammten Bohlen etwa $^2/_3\,W$, bei Doppelbohlen $^3/_4\,W$ in Rechnung gestellt.

Larssen-Spundbohlen und Union-Kastenquerschnitte können, wie es das Beispiel in der
Abb. 170 andeutet, abwechselnd in einer Spundwand gerammt werden; die Kastenquerschnitte

verstärken hierbei pfeilerartig die Spundwand. Den Anschluß der Larssen-Wand an die Kasten-Wand vermitteln eigene Anschlußstähle (Abb. 171 a) mit den Abmessungen $b = 75$ [mm] und $h = 12{,}5$ [mm], passend für Larssen-Bohlen II bis VII und XI und zu allen Kastenquer-

Zahlentafel 24. Angaben über Hoesch-Spundbohlen.

Bohlenart	Bezeichnung	Abmessungen				Gewicht		Stahlquerschnitt je [m] Wand	Umfang je [m] Wand	Widerstandsmoment je [m] Wand	Güteverhältnis
		B	h	t	t_1	je [m] Bohle g	je [m²] Wand G				$\dfrac{W}{G}$
		[mm]				[kg/m]	[kg/m²]	F [cm²]	U [cm]	W [cm³]	
Hoesch-Spundbohlen	0	350	100	6	6	25,9	74	94,3	252	338	4,55
	0a	400	100	9	9	38,0	95	121	223	358	3,75
	0a v	400	100	9,5	9,5	39,2	98	125	225	374	3,83
	I	400	150	8	8	40,0	100	127	254	700	6,74
	Ia	400	150	7	7	35,6	89	113	252	600	6,92
	Iv	400	150	12	12	51,2	128	163	236	685	4,97
	II	400	185	9,5	8,5	48,8	122	155	275	1100	8,47
	IIa	400	185	8,5	8	46,4	116	148	272	1000	8,21
	IIv	400	185	10	10	48,8	122	155	253	850	6,97
	III	400	230	12	9,5	62,0	155	197	291	1600	10,27
	IIIa	400	228	11	9	56,4	141	180	288	1400	10,26
	IIIv	400	230	12	10,5	62,0	155	197	270	1350	8,72
	IV	400	267	14	10,5	74,0	185	236	306	2200	12,00
	IVa	400	265	13	10	68,8	172	219	302	2000	11,83
	V	425	290	18	12	101,2	238	303	327	3000	12,74
	VI	425	330	22	14	123,2	290	369	342	4200	14,55
	VII	425	370	24	15	131,8	310	395	361	5000	16,12
	VIII	300	400	14	10	81,3	271	345	441	4520	16,68
	X alt	200	.	14	.	29,0	145	185	.	68	0,47
	X	300	.	14	.	43,5	145	185	.	65	0,45
Hoesch-Kastenbohlen	0	700	200	6	6	104	148	189	430	771	5,19
	I	800	300	8	8	160	200	255	460	1620	7,95
	II	800	370	8,5	8	186	232	296	500	2290	9,72
	III	800	456	11	9	226	282	360	540	3340	11,76
	IV	800	530	13	10	275	344	438	570	4980	14,18

Zahlentafel 25. Angaben über Klöckner-Spundbohlen.

Bohlenart	Bezeichnung	Abmessungen				Gewicht		Stahlquerschnitt je Bohle F	Widerstandsmoment		Güteverhältnis
		B	h	t	t_1	je [m] Bohle	je [m²] Wand G		je Bohle	je [m] Wand W	$\dfrac{W}{G}$
		[mm]				[kg/m]	[kg/m²]	[cm²]	[cm³]	[cm³]	
Wulst-Klauenbohlen	Ia	333,3	150	6,5	6	29,7	89	37,83	200	600	6,8
	IIa	400	200	8,5	8	46,4	116	59,11	400	1000	8,6
	II	400	200	9,5	8,5	48,8	122	62,20	440	1100	9,0
	IIIa	400	230	10	8	56,4	141	71,84	560	1400	9,9
	III	400	231	11	9	62,0	155	79,00	640	1600	10,3
	IVa	375	270	11,5	9	65,7	175	82,16	770	2050	11,7
	IV	375	270	12	9	66,9	178,3	85,20	787	2100	11,8
	X	400	100	9,5	9,5	40,8	102	52,00	154	385	3,8
	XII	400	130	12	12	51,2	128	65,22	240	600	4,7
Doppel-Klauenbohlen	1 D	400	130	8	8	40,0	100	50,93	231	580	5,8
	2 D	400	175	9	8	48,8	122	62,20	400	1000	8,2
	3 D	400	220	11	9,5	62,0	155	79,00	600	1500	9,7
	4 D	400	250	12	10,5	74,0	185	94,17	800	2000	10,8
	5 D	375	300	14	11	89,3	238	112,65	1125	3000	12,6

schnitten. Das Rammen von Kastenbohlen mit kleinen Krümmungshalbmessern ermöglichen konische Schloßstähle (Abb. 171b).

Bei den Stahlspundbohlen HOESCH, KRUPP und KLÖCKNER liegen die Schlösser in der Zug- bzw. Druckzone der Wand, so daß ein allfälliges Gleiten im Schloß belanglos ist; dafür sind die Schlösser aber mehr gefährdet. Die Abb. 172 gibt eine Übersicht über die Querschnittsformen dieser Spundbohlen und in den Zahlentafeln 24, 25, 26 und 27 sind Angaben über diese Bohlen zusammengestellt.

Spundwände mit außerordentlich hohem Widerstandsmoment können mit *Peiner-Spund-bohlen* gerammt werden (Abb. 174, 175 und Zahlentafel 27).

Zahlentafel 26.   Angaben über Krupp-Spundbohlen (Abb. 172a).

Bohlenart	Bezeichnung	Abmessungen B [mm]	h [mm]	t [mm]	t_1 [mm]	Gewicht je [m] Bohle [kg/m]	je [m²] Wand G [kg/m²]	Stahlquerschnitt je [m] Wand F [cm²]	Umfang je [m] Wand U [cm]	Widerstandsmoment je [m] Wand W [cm³]	Güteverhältnis $\frac{W}{G}$
Spundbohlen	KSI a	430	160	8,3	7,0	38,3	89	113	236	600	6,75
	KSI	430	160	8,8	8,0	43,0	100	127	236	635	6,35
	KSI b	430	160	9,5	9,5	45,6	106	135	236	665	6,27
	KS II	430	180	12,0	10,0	52,5	122	155	258	850	6,97
	K II a	400	200	8,0	7,2	46,4	116	148	295	1000	8,62
	K II	400	200	8,2	8,0	48,8	122	155	295	1100	9,02
	K III a	400	240	9,0	8,0	56,4	141	180	315	1400	9,93
	K III	400	240	10,0	9,0	62,0	155	198	315	1600	10,30
	K III b	400	200	12,0	10,0	62,0	155	198	295	1350	8,72
	K IV a	400	280	12,0	9,0	68,8	172	219	336	2000	11,62
	K IV	400	280	13,5	10,0	74,0	185	236	336	2200	11,90
	K V	360	320	17,0	11,5	85,7	238	303	368	3000	12,60
	K VI	360	320	23,5	13,0	104,4	290	369	364	3900	13,45
Kastenbohlen	KK II a	800	400	8,0	7,2	160	200	255	300	2400	12,00
	KK II	800	400	8,2	8,0	168	210	268	300	2600	12,37
	KK III a	800	480	9,0	8,0	192	240	306	320	3500	14,58
	KK III	800	480	10,0	9,0	212	265	338	320	3800	14,33
	KK III b	800	400	12,0	10,0	212	265	338	300	3200	12,08
	KK IV a	800	560	12,0	9,0	240	300	382	340	5000	16,67
	KK IV	800	560	13,5	10,0	260	325	414	340	5000	15,38

Zahlentafel 27.   Angaben über Peiner-Spundbohlen (Abb. 174).

Bezeichnung	Abmessungen B [mm]	b [mm]	h [mm]	t [mm]	t_1 [mm]	Gewicht je [m] Bohle ohne Schloß [kg/m]	je [m²] Wand G [kg/m²]	Umfang je [m] Wand U [cm]	Widerstandsmoment je [m] Wand W [cm³]	Güteverhältnis $\frac{W}{G}$
P Sp 30 l	335	320	300	8	11,0	83	324	222	4430	13,7
„ 30 s	337,5	320	300	9	13,0	95	389	230	5220	13,4
„ 35 l	397,5	380	350	9	12,5	109	366	224	5860	16,0
„ 35 s	397,5	380	350	12	15,5	134	428	224	6610	15,4
„ 40 l	397,5	380	400	10	13,5	121	395	224	7210	18,3
„ 40 s	397,5	380	400	12	15,5	138	440	224	7840	17,8
„ 50 l	397,5	380	500	11	14,5	139	440	224	9980	22,7
„ 50 s	397,5	380	500	12	16,5	154	479	224	10780	22,5
„ 60 l	397,5	380	600	12	14,5	152	472	224	12640	26,8
„ 60 s	397,5	380	600	12	16,5	163	503	224	13550	26,9
„ 80 s	400	380	800	16	21,0	232	680	224	23242	34,2

Zahlentafel 28.   Angaben zum Entwurf von Ecken in Larssen-Spundwänden.

Querschnitt der Larssen-Bohlen	Winkelstahl für genietete Bohlen	Maße zur Abb. 176			Kleinster Knickwinkel der Bohlen
		x	h	r	
	Maße in [mm]	[mm]			Grade
0 a	60 × 60 × 8	45	75	212	90
0	60 × 60 × 8	45	75	160	90
I b	70 × 70 × 9	35	100	257	90
I a	70 × 70 × 9	30	130	307	90
I	70 × 70 × 9	35	150	288	90
II a	70 × 70 × 9	45	270	267	120
II	80 × 80 × 10	40	200	275	120
III a	80 × 80 × 10	40	290	254	120
III	80 × 80 × 12	45	247	250	145
IV a	100 × 100 × 12	55	360	228	135
IV	100 × 100 × 12	40	310	250	145
V	110 × 110 × 14	45	344	260	160
VI	110 × 110 × 14	45	440	251	160
X	80 × 80 × 10	120	145	180	120
XI	80 × 80 × 10	28	49	194	145

Zahlentafel 29.   Angaben über Stahlspundbohlen der Inland Steel Company, Chicago, Ill. (Abb. 173).

Bezeichnung des Querschnittes (vgl. Abb. 173)	Gewicht je [m] Bohle	Gewicht je [m²] Wand G	Trägheitsmoment je Bohle	Widerstandsmoment je Bohle	Widerstandsmoment je [m] Wand W	Güteverhältnis $\dfrac{W}{G}$
	[kg/m]	[kg/m²]	[cm⁴]	[cm³]	[cm³]	
ID 16—32	63,49	156,16	3600,90	332,36	818,08	5,26
ID 16—25	49,60	122,00	2063,36	220,24	541,80	4,44
IA 15—34	63,24	165,92	794,56	137,98	362,28	2,18
IS 8—20	21,86	101,21	45,35	17,86	82,78	0,818

Wegen des Spieles im Schloß können nicht nur gerade Wände, sondern auch Bögen mit kleinen Halbmessern gerammt werden. Die Zahlentafel 30 gibt eine Übersicht über die kleinsten Halbmesser, mit denen Larssen-Bohlen gerammt werden können. Um noch kleinere Halbmesser ausführen zu können, werden geknickte Bohlen verwendet. Union-Kastenbohlen können bei Verwendung von konischen Schloßstählen (Abb. 171 b) sogar mit Halbmessern von 1,5 bis 2,0 [m] gerammt werden.

Zahlentafel 30. Kleinstmögliche Halbmesser in Spundwänden aus Larssen-Bohlen.

Querschnitt	Rammtiefe bis [m]	Kleinster Halbmesser [m]
0 a	4	8 bis 10
I a bis I	6	2,5 ,, 3,5
II bis III neu, X, Xv, XI ..	8	3,5 ,, 4,5
IV neu, V	10	4 ,, 5
,, ...	15	5 ,, 6
VI und VII..............	15	6 ,, 8

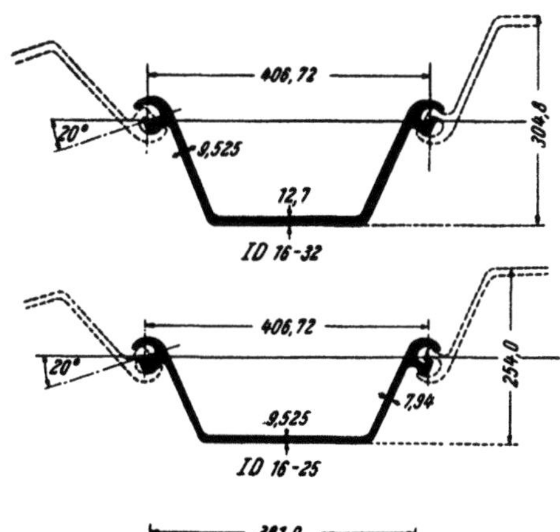

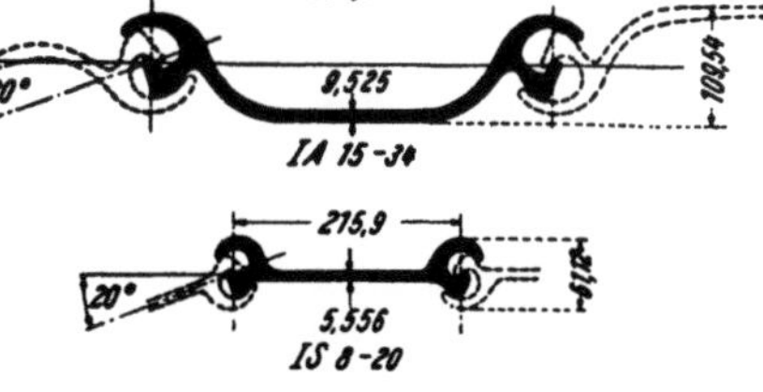

Abb. 173. Querschnitte von Stahlspundbohlen der Inland Steel Company in Chicago, Ill.

Ecken und Abzweige werden mit eigens gewalzten, mit gebogenen, mit genieteten oder mit geschweißten Bohlen ausgeführt. Die Abb. 176 bzw. 177 gibt einen Überblick über solche Eckbohlen und der Zahlentafel 28 können die für den Entwurf erforderlichen Maße entnommen werden. Beim Entwurf sollen womöglich halbe Bohlen verwendet werden. Wenn $i + x$ bzw. $e + x$ bzw. $g + x$ (s. Abb. 176) kleiner ist, als die halbe Querschnittshöhe h, dann schneiden sich bei Eckbohlen (Abb. 176g) bzw. Abzweigbohlen (Abb. 176o und p) mit dem Winkel $\alpha = 90^0$ die Nachbarbohlen; in diesem Falle

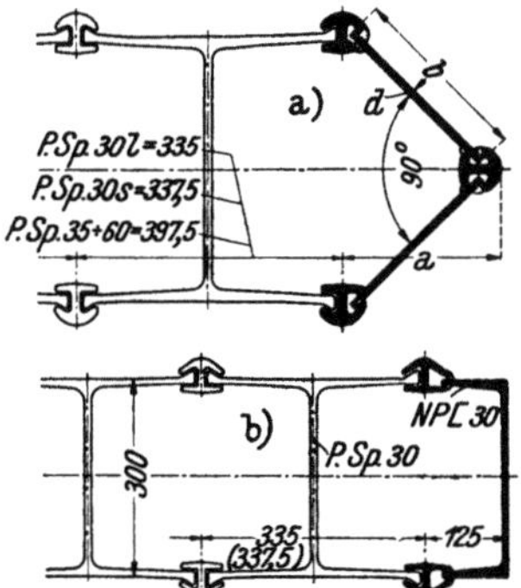

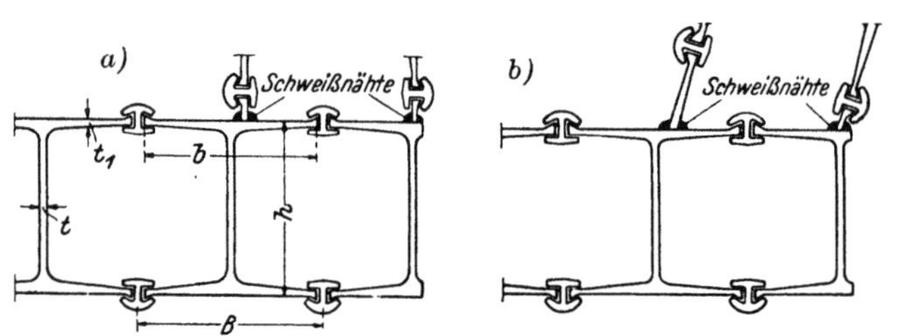

Abb. 174. Beispiel für Eckausbildungen mit Peiner-Spundbohlen.

Abb. 175. Pfeilerköpfe für Pfeiler aus Peiner-Spundbohlen.

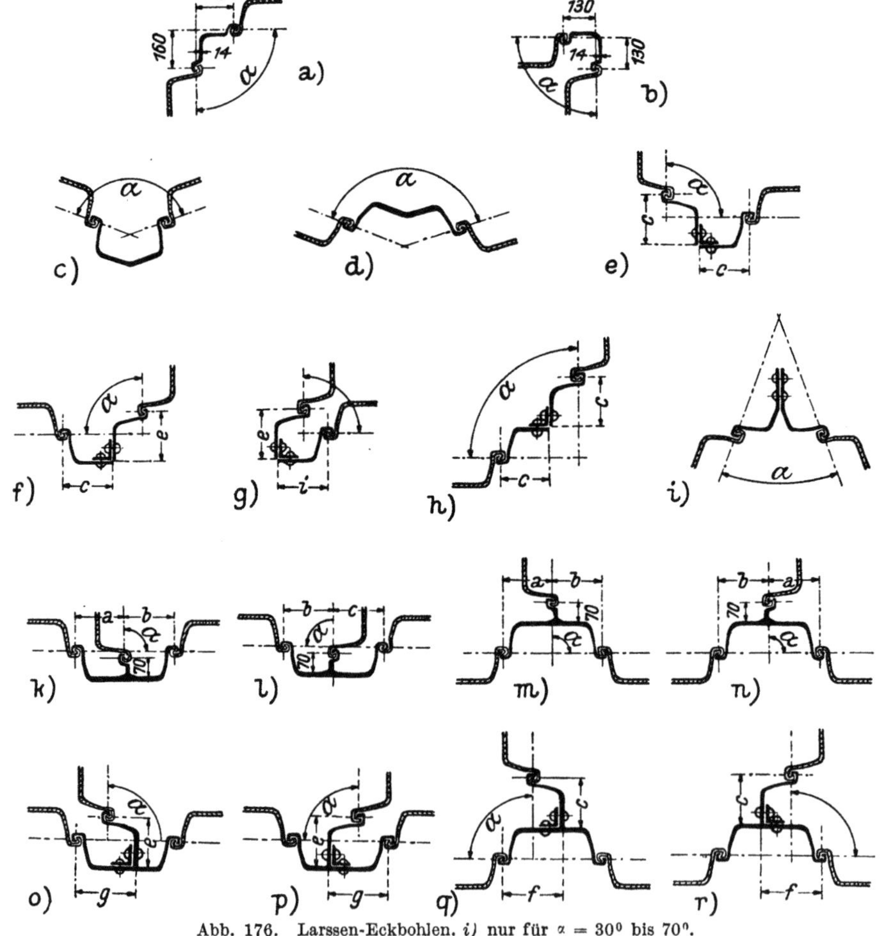

Abb. 176. Larssen-Eckbohlen. $i)$ nur für $\alpha = 30^0$ bis 70^0.

muß i, e bzw. g größer gewählt werden. Bei den Abzweigbohlen (Abb. 176o und p) wird nach Möglichkeit nur g vergrößert. Bei Ausführungen mit Querschnitt VI müssen die größtmöglichen Maße e und i, bzw. e und g, so wie Winkelstahl $160 \times 160 \times 15$ [mm] gewählt werden. Die Kleinst- bzw. Größtwerte der Maße c, i, e, f und g lassen sich aus der Breite r des Bohlenrückens ermitteln. Bei den geschweißten Abzweigbohlen sind die Maße a und b begrenzt durch die Breite des Bohlenrückens r und die Fußbreite der Anschlußleiste von 62 [mm]. Außerdem ist bei den Abzweigbohlen (Abb. 176o und p) das Maß a auch von der Höhe der anschließenden Bohlen abhängig.

Aus wirtschaftlichen Gründen sollen als Eckbohlen tunlich gewalzte (Abb. 176a und b) oder geknickte (Abb. 176c und d) und als Abzweigbohlen die geschweißten (Abb. 176k bis n) verwendet werden. Genietete Eck- und Abzweigbohlen sollen nur angewendet werden, wo es die Abmessungen des Bauwerkes unbedingt erfordern. Die Ausführungen nach den Abb. 176g, o, p, k und l sollen aus rammtechnischen Gründen vermieden werden.

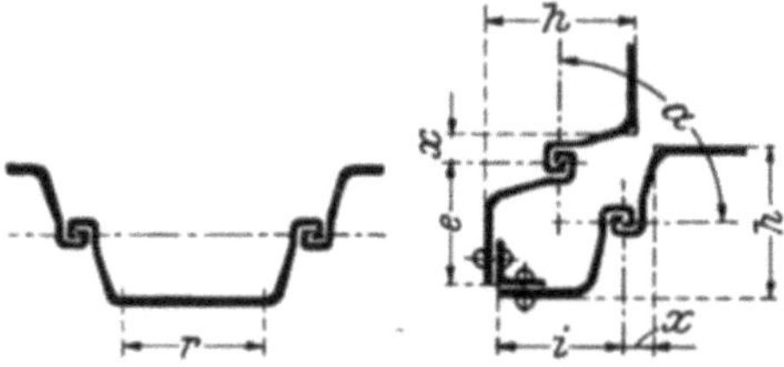

Abb. 177. Larssen-Eck- und Abzweigbohlen. Bemessung.

Gewalzte Eckbohlen nach Abb. 176a und b werden mit Winkeln von 70° bis 150° gewalzt. Bei genieteten Eckbohlen nach der Abb. 176e, f, g und h sind Winkel zwischen $\alpha = 70^\circ$ bis 170°, bei den Eckbohlen nach Abb. 176i, Winkel zwischen $\alpha = 30^\circ$ bis 70° möglich. Geschweißte Abzweigbohlen nach Abb. 176k, l, m und n werden nur

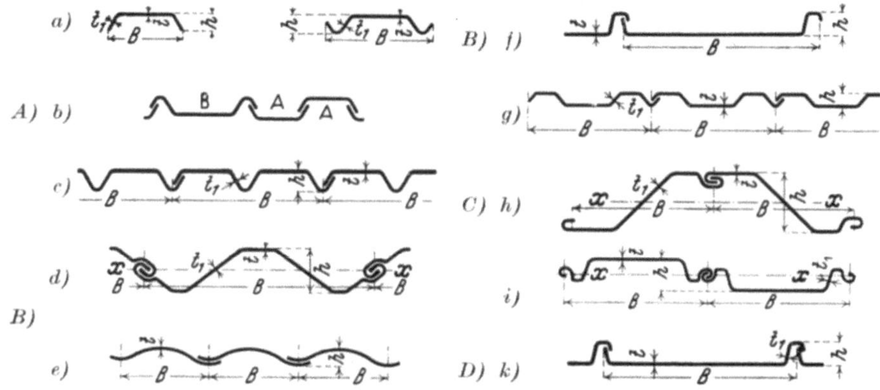

Abb. 178. Leichte Stahlspundbohlen, Kanaldielen und Stollendielen.
A) Dortmund-Hoerder Hüttenverein: *a)* Union-Stollendielen, *b)* Beispiel für die beliebige Zusammensetzung der Stollendielen A und B, *c)* Union-Kanal-Dielen.
B) Hoesch-Stahlwerke: *d)* leichte Spundbohlen HK; *e)* Hoesch-Kanaldielen D, *f)* Kanaldielen, Kölner Modell HKM.
C) Krupp A.-G.: *g)* Krupp-Kanaldielen KD, *h)* leichte Spundbohlen KL IX; *i)* leichte Spundbohlen KL VIa und KL VI.
D) Klöckner A.-G.: *k)* Klöckner-Kanaldielen.

für Winkel $\alpha = 90^\circ$ hergestellt. Als Abzweigstück wird ein eigener gewalzter Anschlußstahl verwendet, der zu den Larssen-Bohlen Ia bis VI, X und XI paßt. Bei genieteten Abzweigbohlen nach Abb. 176q und r werden nur Winkel $\alpha = 70^\circ$ bis 170° ausgeführt.

Für leichte Spundwände und Baugrubenaussteifungen werden besonders *leichte* stählerne *Spundbohlen, Kanaldielen* und *Stollendielen* gewalzt. Einen Überblick über die Querschnitte gibt die Abb. 178 und die wichtigsten Angaben über diese Querschnitte können der Zahlentafel 31 entnommen werden.

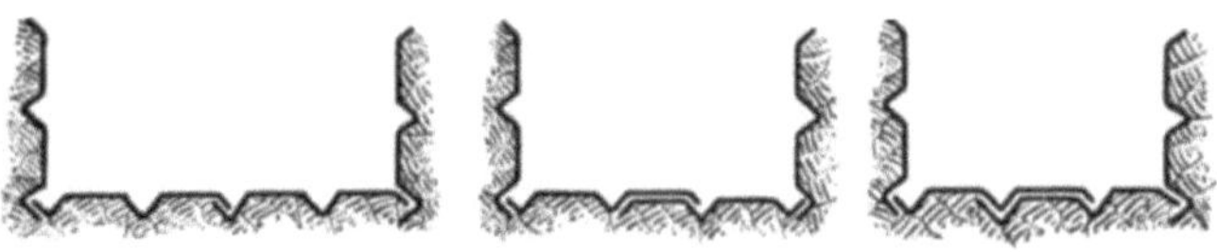

Abb. 179. Eckausbildungen mit Union-Kanaldielen.

Gegenüber den hölzernen Pfahlbrettern bieten die stählernen Dielen den Vorteil wesentlich leichterer Rammbarkeit, und sie können, wie die bisherige Erfahrung gelehrt hat, bis zu 20mal wiederverwendet werden, so daß sich ihre Anschaffung trotz des etwa 2,5fachen Preises der Holzdielen reichlich lohnt. Für besondere Fälle kann die Union-Kanaldiele auch mit größeren Wandstärken oder aus rostbeständigem Kupferstahl gewalzt werden. Beispiele für Eckausbildung gibt die Abb. 179.

Die Kanaldielen schließen Wasser und feinen Sand in der Regel hinreichend ab; ein nachträgliches Dichten mit Teerstrick ist nur selten erforderlich.

Zahlentafel 31. Angaben über leichte Stahlspundbohlen, Kanaldielen und Stollendielen.

Bohlenart	Bezeich-nung	Abmessungen				Gewicht		Stahl-querschnitt je [m] Wand F [cm²]	Umfang je [m] Wand U [cm]	Widerstandsmoment je [m] Wand W [cm³]	Güteverhältnis $\dfrac{W}{G}$	Normale Länge [m]
		B	h	t	t_1	je [m] Diele [kg/m]	je [m²] Wand G [kg/m²]					
		[mm]										
Union-Stollendielen	A	100	28	4,0	4,0	3,77	—	—	—	—	—	—
		100	28	5,0	5,0	4,71	—	—	—	—	—	—
	B	177	33	4,0	4,0	6,60	—	—	—	—	—	—
		177	33	5,0	5,0	8,25	—	—	—	—	—	—
Union-Kanaldielen	4 [mm]	245	35	4,0	4,0	10,8	44,1	55,9	—	27,2	0,64	2,25
	5 ,,	245	36	5,0	4,5	12,9	52,7	66,9	—	30,4	0,58	2,25
	6 ,,	245	37	6,0	5,0	15,0	61,2	78,0	—	34,7	0,57	2,25
Krupp-Kanaldielen	KD I a	300	35	4,0	4,0	12,0	40	51	260	42	1,05	—
	KD I	300	35	5,0	5,0	15,0	50	64	260	54	1,08	—
	KL IX	240	125	6,0	6,0	17,8	74	95	322	324	4,38	—
	KL VI a	285	57	4,6	4,6	14,0	49	62	275	84	1,71	—
	KL VI	285	57	5,0	5,0	15,7	55	68	275	91	1,65	—
Hoesch-Leichtspundbohlen	HK 1	400	80	4,5	4,5	19,6	49	62,4	252	90	1,83	—
	HK 2	400	81	5,0	5,0	22,0	55	70,1	254	104	1,85	—
	HK 3	400	82	5,5	5,5	24,8	62	79,0	256	114	1,82	—
Hoesch-Kanaldielen	D 1	250	39	4,0	—	9,0	36	45,9	210	35,2	0,97	—
	D 2	250	40	5,0	—	11,5	46	58,6	212	40,5	0,88	—
	D 3	250	41	6,0	—	13,8	55	70,7	214	45,1	0,82	—
Hoesch, Kölner Modell	HKM 1	220	30	4,5	4,5	9,24	42,0	53,5	238	26,8	0,64	—
	HKM 2	220	30	5,0	5,0	10,3	46,6	59,4	238	29,8	0,64	—
	HKM 3	220	31	5,5	5,5	11,4	51,8	66,0	240	32,0	0,62	—
	HKM 4	220	32	6,0	6,0	12,5	57,0	72,6	242	35,1	0,62	—
Klöckner-Kanaldielen	4 [mm]	214	30	4,0	4,0	8,26	38,6	49,2	247	13,1	0,34	2,50
	5 ,,	214	30	5,0	5,0	10,3	48,0	61,0	248	15,5	0,32	2,50

Stählerne Spundwände sind schon ohne besondere Dichtungsmaßnahmen in der Regel viel dichter als hölzerne. Die nachträgliche Dichtung erfolgt so, wie bei hölzernen Wänden durch Einstreuen von Sand, Asche u. dgl. an der Wasserseite und Kalfatern an der Innenseite.

Die stählernen Spundbohlen durchschlagen beim Rammen dicke Lagen von altem Holz, selbst dicke Baumstämme und auch Beton. Sie verdrängen oder zerstreuen kleinere Geschiebe; nur größere Geschiebe und Findlinge können bewirken, daß eine Bohle aus dem Schlosse springt (Abb. 180a). Wenn eine Bohle auf einem Findling oder auf Fels aufsteht und rücksichtslos gerammt wird, so kann es vorkommen, daß sie gestaucht wird (Abb. 180b) oder daß sie sich aufrollt (Abb. 181). Durch solche Unfälle entstehen undichte Stellen, die am besten durch Eintreiben von Holzkeilen von der Baugrube aus gedichtet werden. In weichen oder gebrächen Fels dringen die Stahlbohlen ein, an sehr festem Fels bleiben sie hängen und es kann, wie es die Abb. 182 erkennen läßt, bei hartem, geneigtem Fels leicht ein undichter Anschluß entstehen.

Beim Rammen in sehr grobsteinigem Boden werden die Enden der Bohlen manchmal zerschlagen (Abb. 183); diese Enden werden am besten autogen abgeschnitten.

Die längsten bisher in einem Stück verwendeten Larssen-Bohlen hatten eine Länge von 28 [m]; sie sind aber auch noch länger erzeugbar. Wenn an der Baustelle längere Bohlen als die dort lagernden rasch benötigt werden, so können Bohlenabschnitte angeschweißt werden. Beim Bau des Murwerkes in Bruck wurden Larssen-Bohlen ohne Anstand in grobem Geschiebe gerammt, die bis zu 6 Schweißstellen hatten.

Schrifttum.

AUBERT: Note sur l'emploi des palplanches metalliques. Ann. Ponts Chauss. 1926. S. 97. — BAERTZ: Eiserne Spundbohlen bei Herstellung der Kammerwände für die Schleusen Friedrichsfeld und Hünxe des Kanals Wesel—Datteln. Bautechn. 1929. S. 251. — BERNHARD: Belastung von Spundwänden aus Larssen-

Abb. 180. Beim Rammen zerstörte Larssen-Bohlen (Wayß & Freytag). *a* aus dem Schloß gesprungen, *b* gestaucht.

Abb. 181. Aufgerollte Larssen-Bohle (Wayß & Freytag).

Eisen. Zentralbl. d. Bauverw. 1913. S. 712. — CLAISE, M.: Eiserne Spundwände. Ann. Ponts Chauss. 1921. S. 161. — DORTMUND-HOERDER HÜTTENVEREIN: Larssen-Handbuch. Dortmund 1934. — DERSELBE: Stahlspundbohlen Larssen. Entwurf und Berechnung. 2. Aufl. Dortmund 1941. — EISEN- UND STAHL-WERK HOESCH: Spundwandeisen, Bauart Hoesch. 2. Aufl. 1930/31. — FRANZIUS, FR.: Spundwände aus Eisen. Zentralbl. d. Bauverw. 1909. S. 432. — FREUND, G.: Die Verwendung eiserner Spundwände. Zentralbl. d.

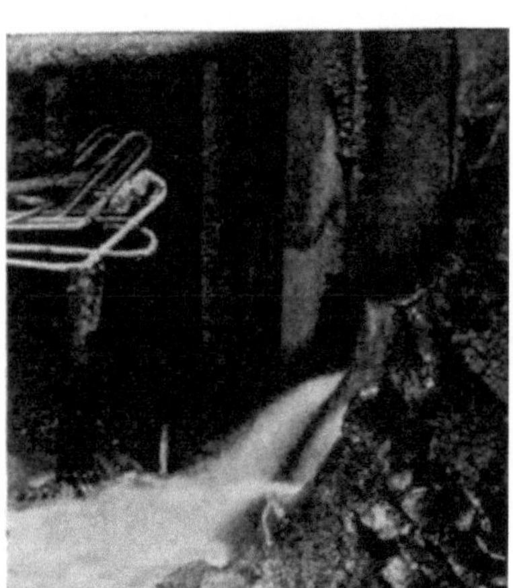

Abb. 182. Undichter Anschluß einer Larssen-Spundwand an harten Fels.

Abb. 183. Beim Rammen zerschlagene Kopfenden einer Larssen-Spundwand.

Bauverw. 1921. S. 231. — GUTACKER: Ummantelte Spundwandeisen. Beton u. Eisen. 1915. S. 153. — HAACK, W.: Vergleichende Untersuchungen über die statischen, konstruktiven und rammtechnischen Eigenschaften der verschiedenen deutschen Spundwandsysteme. Mitt. d. Forschungsinstitutes für Maschinenwesen im Baubetrieb. H. 10. Berlin 1937. V.D.J.-Verlag. — HEDDE, P.: Beitrag zur Berechnung eingespannter Spundwände. Bautechn. 1937. S. 659. — HENSEN, C.: Erfahrungen mit eisernen Spundwänden beim Bau der neuen Seeschleuse von Ymuiden. Zentralbl. d. Bauverw. 1926. H. 37. — KIRCHHOFER: Über die Verwendung von Spundwandeisen und -blechen bei der Kieler Kanalisation. Bautechn. 1932. S. 73. — KLÖCKNER-WERKE: Klöckner-Stahlspundbohlen. Osnabrück 1939. — KÖLLE: Rostgefahr und Lebensdauer eiserner

Spundwände. Zentralbl. d. Bauverw. 1925. S. 545. — DERSELBE: Eiserne Spundwände bei Schleusen. Bautechn. 1927. S. 132. — LOHMEYER, E.: Versuche über das Widerstandsmoment eiserner Spundbohlen, Bauart Larssen, mit zusammengepreßtem Schloß. Bautechn. 1927. S. 26, 49, 73. — DERSELBE: Die Spannungen in der Larssenwand. Bautechn. 1937. S. 699. — DERSELBE: Die Larssen-Spundwand mit wechselweise stehenden, im Schloß gepreßten Doppelbohlen. Bautechn. 1928. S. 282, 319. — LAMP: Die eiserne Spundwand Hoesch. Bautechn. 1930. S. 578. — LÜHRS: Die Union-Kanaldiele. Bautechn. 1929. S. 325. — MAUDRICH, R.: Erfahrungen mit eisernen Fangdämmen am Main beim Bau der Wehranlage Mainkur. Bautechn. 1926. S. 301, 330. — MEYER: Über das Einrammen von I-Trägern. Bautechn. 1925. S. 652. — PETER, G.: Über die Lebensdauer einer Uferwand aus Spundwandeisen Larssen im tropischen Meerwasser. Bauing. 1930. S. 572. — POPKEN: Verwendung von nietlosen Spundwandeisen, Bauart Larssen, beim Bau des Hunte—Ems-Kanals. Bautechn. 1928. S. 455, 499. — DERSELBE: Die Schleuse Oldenburg im erweiterten Hunte—Ems-Kanal. Bautechn. 1929. S. 137. — PRÜSS: Erfahrungen mit eisernen Spundwänden im See- und Hafenbau. Zentralbl. d. Bauverw. 1920. S. 205. — RÜTH, G.: Neue Spundwandeisen, Bauart Krupp. Bauing. 1930. S. 554. — SCHECK: Eiserne Spundwände in Deutschland. Zentralbl. d. Bauverw. 1913, S. 156. — DERSELBE: Eine neue Form für eiserne Spundwandeisen. Bautechn. 1925. S. 315. — SCHMIDT, R.: Tafeln zur Berechnung von Spundwänden. Bautechn. 1943. S. 90. — SCHONOPP, K. E.: Eiserne Spundwände. Bautechn. 1926. S. 73. — STECHER: Die Verwendung von Spundwandeisen Larssen im Hafenbau. Jahrb. Hafenbautechn. Ges. 1925. S. 194. — UHLFELDER, H.: Erfahrungen mit eisernen Spundwänden. Bauing. 1926. S. 9. — ZIMMERMANN: Eiserne Spundwände. Zentralbl. d. Bauverw. 1913. S. 333. — *Referate:* Reinigen von Spundwandschlössern. Zentralbl. d. Bauverw. 1920. S. 8; Die nietlose Spundwand, „Bauart Larssen", und ihre Verwendungsgebiete. Bauing. 1924. S. 640; Der doppelt wirkende Stoßhammer, Bauart McKiermann-Terry. Bautechn. 1927. S. 19.

B. Das Rammen und das Ziehen von Spundbohlen.

Für das Rammen der Spundbohlen können die gleichen Geräte verwendet werden, wie für das Rammen von Pfählen.

I. Hölzerne Spundbohlen.

Hölzerne Spundbohlen werden beim Rammen zwischen zwei Zangenhölzern geführt. Die Zangen sind früher vielfach mit vorerst gerammten, sogenannten Leit- oder Bundpfählen verschraubt worden, die in der Wandflucht standen und später einen Bestandteil der Spundwand bildeten. Der Anschluß der Spundwand an einen vorgeschlagenen Pfahl ist aber schwierig und

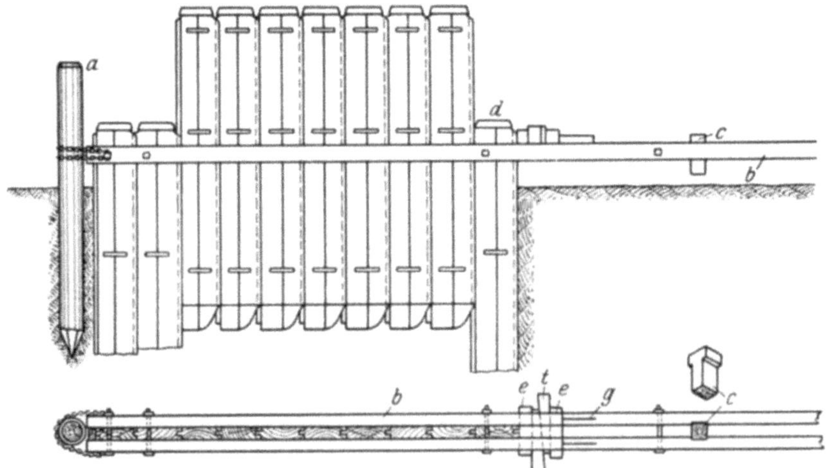

Abb. 184. Das fachweise Rammen einer hölzernen Spundwand. *a* Haftpfahl, *b* Zangen, *c* Distanzklötzchen, *d* vorgerammte Doppelbohle, *e* Holzbeilagen, *t* Hartholzkeile, *g* Stahlklammern.

kostspielig, so daß es empfehlenswerter ist, die Zangen vorerst an einigen, vor der Spundwandrammung geschlagenen Haftpfählen vorübergehend zu befestigen und nach Zwischenlage von Distanzklötzchen alle 1,5 bis 2,0 [m] miteinander zu verschrauben (Abb. 184).

Durch die Zangen geführt, werden dann die Bohlen gerammt. Wenn eine Anzahl von Spundbohlen bis auf die erforderliche Tiefe niedergebracht sind, werden die Zangen mit diesen endgültig verschraubt. Die hölzernen Spundbohlen sollen fachweise gerammt werden; hierzu werden vorerst die zu rammenden Bohlen für mehrere laufende Meter der Wand lotrecht zwischen die Zangen gestellt und bis auf etwa 2 [m] Tiefe vorgerammt. Während des Rammens werden die Bohlen durch Winden, Keile (vgl. Abb. 184) od. dgl. aneinander gepreßt und am seitlichen Ausweichen verhindert. Hierauf wird die letzte Spundbohle bis auf die endgültige Tiefe abgerammt und mit den Zangen verschraubt, und dann werden schließlich die übrigen, früher vorgerammten Spundbohlen auch auf die erforderliche Tiefe geschlagen.

Die hölzernen Spundbohlen werden vielfach, um die Rammen besser ausnützen zu können, paarweise gerammt, und hierbei alle etwa 1,50 [m] durch Klammern verbunden. Um den Kopf vor Bartbildung und Zersplittern zu bewahren, erhalten die Bohlen einen konischen Schlagring, der die Holzfasern zusammenpreßt und der nach dem Rammen abgenommen wird.

Das Ziehen hölzerner Spundbohlen, die nicht weiter benützt werden, ist nur zulässig, wenn der verbleibende Hohlraum in der Nähe befindliche Bauwerke in keiner Weise in ihrer Standfähigkeit bedrohen kann. Das Ziehen erfolgt mit Hebebäumen, Schraubenwinden oder Flaschenzügen.

II. Stahlbeton-Spundbohlen.

Die Stahlbeton-Spundbohlen werden ähnlich wie die hölzernen Spundbohlen während des Rammens zwischen kräftigen Zangen geführt. Der Kopf der Bohlen wird entweder durch eine Rammhaube vor Zerstörung durch die Schläge des Rammbären geschützt oder bei größeren Wandstärken besser mit mehrfachen Wendelbügeln ausgerüstet und die Bohle dann unmittelbar gerammt.

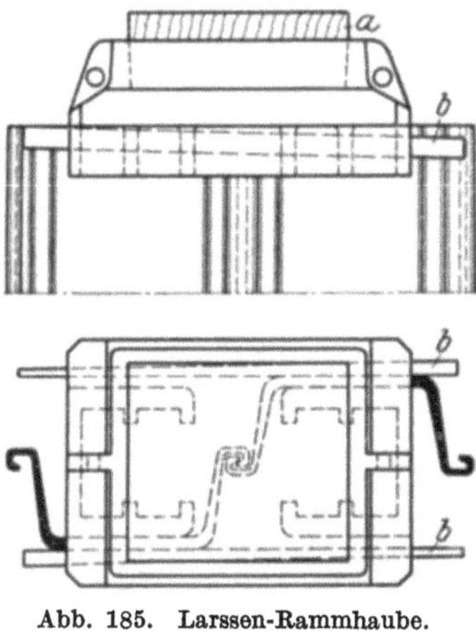

Abb. 185. Larssen-Rammhaube.
a Hartholzklotz, *b* Keil.

III. Stählerne Spundbohlen.

Die stählernen Spundbohlen werden ähnlich gerammt wie die hölzernen. Um den Kopf der Bohlen vor Zerstörung durch die Schläge des Rammbären zu bewahren, wird er durch eine Rammhaube (Abb. 185 und 186) geschützt, die bei den Larssen-Bohlen mittels zweier Keile befestigt wird; bei Eckbohlen wird zum Schutz eine 30 bis 40 [mm] starke Stahlplatte aufgelegt.

Das Rammen bei geschlossenen Spundwänden wird stets mit einer Eckbohle begonnen,

Abb. 186. Dampframmbär beim Rammen einer Hoesch-Spundwand (Eisen- und Stahlwerk Hoesch, Dortmund). *a* Dampframmbär, *b* Rammhaube, *c* Metallschlauch der Dampfleitung, *d* Winde für das Nachlassen des Rammbären, das Aufstellen und Einfädeln der Bohlen.

bei der besonders sorgfältig darauf zu sehen ist, daß sie lotrecht herabgeht. Alle Bohlen werden durch hölzerne oder stählerne Zangen und durch eine eigene Führung an der Ramme geführt, damit sie lotrecht stehen und damit der beabsichtigte Wandgrundriß genau eingehalten werden kann. Die lotrechte Stellung wird durch die Führungszange an der Ramme (Abb. 187) erreicht, die am Mäkler verschiebbar ist. Nötigenfalls kann die Bohlenstellung durch zwei Stahlseile, die in die Rammhaube eingehängt (Abb. 188) sind und über Kabelwinden laufen, verbessert werden. Am Boden oder im Boden werden hölzerne oder stählerne Zangen verlegt und an etwa 1 [m] langen Haftpfählen befestigt, die das Einhalten des Wandgrundrisses erleichtern sollen (Abb. 186 und 188).

Beim Einrammen stählerner Spundbohlen machen sich Schwierigkeiten bemerkbar, weil die Spundbohle, die gerammt wird, wegen der Reibung im Schloß die Neigung hat, sich in der Längenrichtung der Wand überzuneigen (Abb. 189) und die schon gerammte Nachbarbohle mitzunehmen. Überdies neigen alle Bohlen mit Wellenquerschnitt dazu, aus der Längsrichtung der Wand auszuweichen und eine Wellenlinie zu bilden; das ist darauf zurückzuführen, daß in den Wellentälern des Bohlenquerschnittes der Boden stärker zusammengepreßt wird als an den

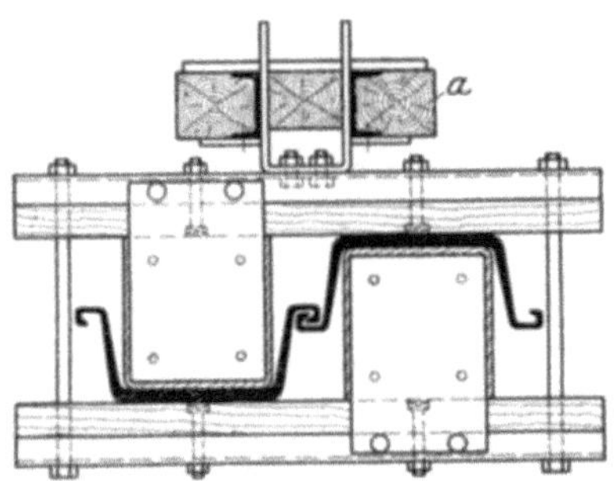

Abb. 187. Larssen-Rammführung. *a* Mäkler.

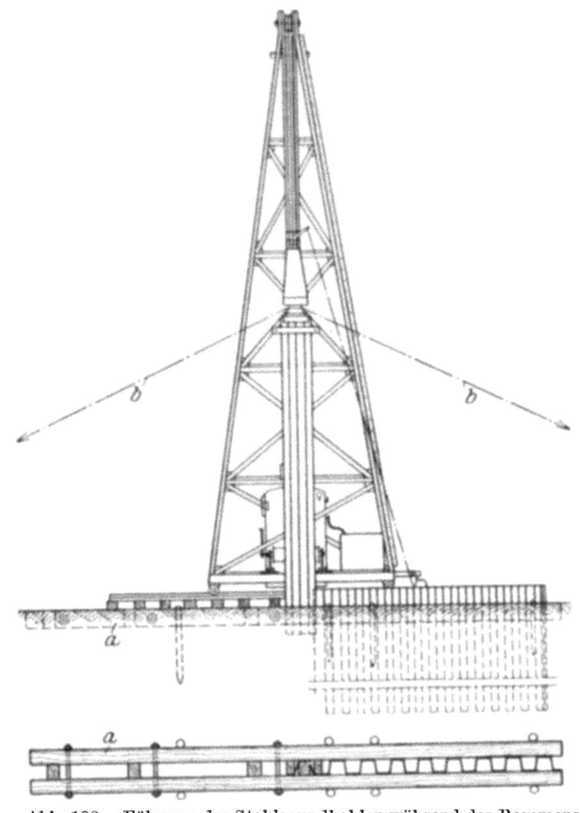

Abb. 188. Führung der Stahlspundbohlen während des Rammens (HOESCH). *a* Zangen aus Holz oder Stahl, *b* Stahlseile durch Kabelwinden gespannt.

Außenflächen. Diese Umstände machen eine besonders kräftige Führung der Bohlen während des Rammens durch Zangen nötig. Um das in der Abb. 189 deutlich sichtbare Überneigen der Bohlen zu verhindern, läßt man den Rammbären exzentrisch gegen die schon gerammte Wand auf die Doppelbohle schlagen. Zur Verhinderung des Schräggehens hat man Doppelbohlen auch unten schräg abgeschnitten, entgegengesetzt wie bei hölzernen Bohlen, damit der Erddruck die Bohle aufrichtet und man kann überdies durch Seilzug am Kopf der Bohle das Überhängen herabsetzen. Sind trotz aller dieser Vorsichtsmaßregeln die Bohlen übermäßig schräg gegangen, so wird eine sogenannte Keilbohle gerammt, die dann die Fortsetzung der Wand mit lotrechten Bohlen ermöglicht. Die Keilbohlen werden hergestellt, indem eine Spundbohle der Länge nach aufgeschnitten und dann durch Vernietung mit Blechstreifen mit einem Anzug von 2 bis 5⁰ wieder verbunden werden; da sich die Bohlenteile beim Schneiden vielfach infolge Walzspannungen verziehen und daher wieder gerichtet werden müssen, werden diese Keilbohlen am besten vom Werk mitgeliefert. Erfahrungsgemäß reichen 1 bis 2% der Bohlenzahl als Keilbohlen aus.

Um das Mitnehmen der schon gerammten Bohlen zu verhindern, das auf übermäßige Reibung im Schlosse und auf heftige Vibrationen beim Rammen zu schwacher Bohlen zurückzuführen ist, werden die Schlösser mit einem plastischen Gemisch von Bitumen mit Pech ausgegossen; diese Maßnahme macht die Spundwand auch in hohem Maße wasserdicht. Das Abschließen des unteren Endes des Schlosses mit einem Dorn (Abb. 190) während des Rammens schützt das Schloß vor dem Eindringen von Steinen und verhindert ein vorzeitiges Austreiben des Bitumens während der Rammung. Hoesch-Bohlen werden stets mit dem Wulst vorausgerammt, um ein Verstopfen der Nut zu vermeiden.

Ein weiteres Mittel, das Mitnehmen und Schräggehen der Bohlen zu verhüten, ist das fachweise Rammen, wie es bei den hölzernen Spundbohlen üblich ist (Abb. 191).

Für das Rammen der stählernen Spundbohlen eignen sich Freifallrammen, Dampframmen (Abb. 186) und vor allem schnellschlagende Rammhämmer (Abb. 191 auf S. 150 und Abb. 192), die auf die Bohlen aufgesteckt werden. Die außerordentlich große Schlagzahl der Rammhämmer bewirkt, daß die Bohlen in ununterbrochenem Flusse in den Boden eindringen und

Abb. 189. Rammen der Larssen-Spundwand zum Schutz einer Inselschüttung, von der aus ein Wehrpfeiler mittels Druckluftsenkkastens abgesenkt worden ist. *a* schiefgehende Spundbohle, *b* Arbeitsfugen.

daß hierbei kaum Erschütterungen des Bodens zu bemerken sind. Für den Rammhammer ist kein eigenes Rammgerüst erforderlich, es genügt bei kurzen Bohlen ein Dreibein mit einem Flaschenzug. In hartem Mergel mit Kieseinlagen konnten mit dem Demag-Union-Rammhammer R 20 9 [m] lange Larssen-Bohlen III in 35 bis 40 Minuten 7,5 bis 9 [m] tief gerammt werden.

In ganz leichtem Boden kann auch bei stählernen Spundbohlen das Rammen durch Einspülen unterstützt werden.

Stählerne Spundwände, die nur Hilfsmittel der Bauausführung waren, können nach Beendigung des Baues wieder gezogen werden, wenn die durch das Ziehen gebildeten Hohlräume im Boden und die dadurch bewirkte Auflockerung des Bodens die Standsicherheit des Bauwerkes nicht gefährdet. Wenn das Ziehen nicht zulässig ist, müssen die Bohlen abgeschnitten werden (vgl. S. 152). Durch gleichmäßigen Zug lassen sich die Bohlen in der Regel überhaupt nicht ziehen. Sehr gut bewährt hat sich für das Ziehen der Demag-Union-Pfahlzieher, der die Bohlen aus dem Boden herausschlägt. Er besteht, wie ein Blick in die Abb. 193 und 194 lehrt, aus einem Kolben, der mittels einer Zange mit der zu ziehenden Bohle verbunden ist. Der Zylinder ist beweglich und schlägt, durch Preßluft oder Dampf bewegt, von unten auf den Kolben. Der Pfahlzieher wird mittels eines Federgehänges an einem Flaschenzug von 20 000 [kg] Tragfähigkeit aufgehängt, der stets gespannt gehalten wird. Der Demag-Union-Pfahlzieher wiegt 1000 [kg], hat eine Länge von 2,95 [m] und einen

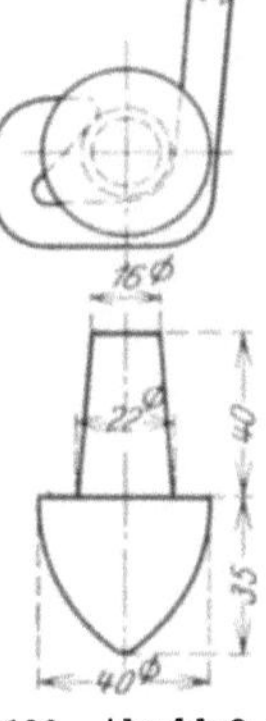

Abb. 190. Abschluß des Schlosses einer Larssen-Bohle mittels eines kurzen Dornes.

Durchmesser von 0,45 [m]. Er vollführt 150 bis 200 Schläge in der Minute. Zum Betrieb sind bei einer Pressung von 5 bis 6 [kg/cm²] in der Minute 4,5 bis 5,5 [m³] angesaugte Luft oder Dampf von 7 bis 8 [kg/cm²] erforderlich. Mit diesem Pfahlzieher wurden Larssen-Bohlen II, die vier Jahre hindurch 5 [m] tief in Schichten von Kies und blauem Ton gestanden waren, in einer Minute reiner Ziehzeit gezogen. Larssen-Bohlen III, die 10 [m] tief in festem Flinz gerammt waren, ließen sich in 8 bis 10 Minuten reiner Ziehzeit herausholen.

Der Pfahlzieher „Deutschland" arbeitet ähnlich wie der Demag-Union-Pfahlzieher, hat aber eine außenliegende Schlagfläche (Abb. 195). Statt eines Pfahlziehers kann auch ein Rammhammer Anwendung finden, wenn man ihn verkehrt, also von unten hinauf schlagen läßt.

Abb. 191. Rammen einer Lakawanna-Stahlspundwand mittels Mc Kiernan-Terry-Pfahlhämmern. *a* Pfahlhammer, *b* Kran auf Raupenband (Mc Kiernan-Terry Corp. New York).

Abb. 192. Rammen von Stahlbeton-Spundbohlen 25 × 61 [cm] mittels eines Mc Kiernan-Terry-Pfahlhammers. *a* Pfahlhammer, *b* Feder der Stahlbetonspundbohle.

Die Kanaldielen werden mit Vorschlaghämmern (8 bis 10 [kg]), mit Stampfhämmern (44 [kg], Abb. 196), mit Handzugrammen (100 bis 300 [kg]), mit Preßlufthämmern (32 [kg] und 1300 Schlägen in der Minute, Abb. 197) oder mit der Explosionsramme (90 [kg], Abb. 198) in den Boden getrieben. Zur Verhinderung von Schäden am Dielenkopf beim Rammen werden eigene Schlaghauben mit Hartholzfutter verwendet. Das Ziehen der Kanaldielen erfolgt mit Flaschenzügen, die in eigene, 40 [mm] weite Bohrungen an den Dielenköpfen eingehängt und die manchmal durch Schläge auf die Bohle unterstützt werden.

Dielen, gegen die, wie es im Kanalbau häufig vorkommt, betoniert wird, müssen gezogen werden, bevor der Beton erhärtet ist, oder es muß ein Haften durch Teeren der Dielen, durch Zwischenlage von Papier oder durch seitliche Schläge verhindert werden.

Schrifttum.

DORTMUNDER UNION: Spundwandeisen Larssen. Ausgabe 1930. — DIESELBE: Die Union-Kanaldiele. — EISEN- UND STAHLWERK HOESCH: Spundwandeisen, Bauart Hoesch. Ausgabe 1930/31. — LÜCKEMANN, H.: Der Grundbau. Berlin 1906. W. Ernst & Sohn. —

NATERMANN: Spundwandrammung durch altes Pfahlwerk. Zentralbl. d. Bauverw. 1930. S. 240. — SCHOKLITSCH, A.: Kostenberechnungen im Wasserbau und Grundbau. Wien 1937. Springer-Verlag.

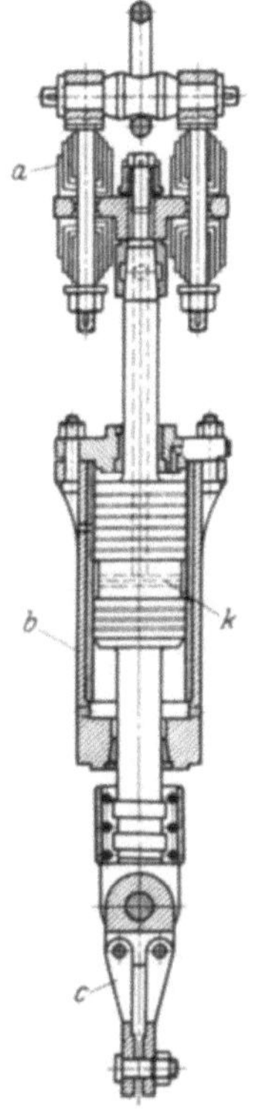

Abb. 193. Demag-Union-Pfahlzieher. *a* Federgehänge, *b* Schlagzylinder, *c* Zange, *k* feststehender Kolben.

Abb. 194. Demag-Union-Pfahlzieher am Gerüst einer Dampframme (Ver. Stahlwerke A.-G. Dortmunder Union). *a* Federgehänge, *b* Pfahlzieher, *c* Zange, *d* Mäkler, *e* Rammgerüst, *f* Gelenk für das Neigen des Gerüstes.

Abb. 195. Pfahlzieher „Deutschland" mit außenliegender Schlagfläche (Eisen- und Stahlwerk Hoesch, Dortmund). *a* Zange, *b* Schlagfläche, *c* Schlagzylinder, *e* Kolbenstange.

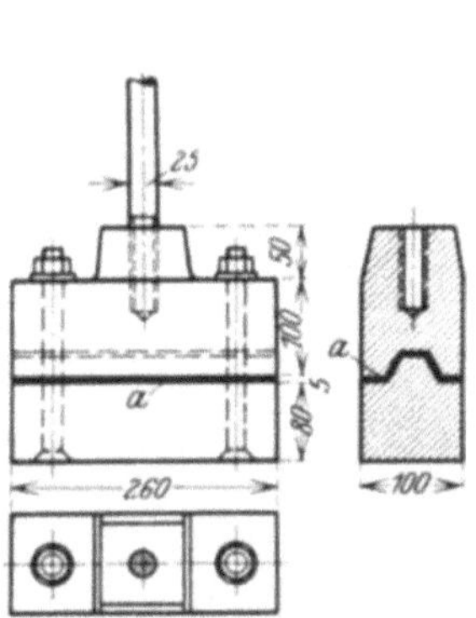

Abb. 196. Stampfer für das Rammen von Union-Kanaldielen. *a* Gummieinlage.

Abb. 197. Rammen von Union-Kanaldielen mittels eines Kleinpfahlhammers (Ver. Stahlwerke A.-G., Dortmunder Union).

Abb. 198. Rammen von Pfählen und Union-Kanaldielen mittels einer Demag-Explosions-Ramme (Ver. Stahlwerke A.-G., Dortmunder Union).

C. Das Kürzen von Spundwänden.

Spundwandbohlen, die als Bauhilfsmittel nur für vorübergehende Verwendung gerammt worden sind, werden mit ihren Enden meist so belassen, wie es sich beim Rammen ergibt; Spundwände, die als bleibende Bestandteile von Bauwerken oder als selbständige Bauwerke gerammt werden, müssen nach den besonderen Erfordernissen des Bauwerkes abgeschnitten werden.

I. Hölzerne Spundwände.

Hölzerne Spundwände werden über Wasser mit Sägen abgeschnitten. Um sie unter Wasser abzuschneiden, werden in der Höhe verstellbare Kreissägen an lotrechten Wellen verwendet, die auf einem über Wasser liegenden Gerüst langsam waagrecht verschoben werden. In manchen

Abb. 199. Abbohren einer hölzernen Spundwand unter Wasser durch einen Taucher mittels einer Preß-luft-Bohrmaschine. (Flottmann A.-G., Herne.)

Abb. 200. Taucher mit Unterwasser-Schneidbrenner (Ver. Stahlwerke A.-G., Dortmunder Union).

Fällen kann es zweckmäßig sein, die Bohlen unter Wasser mit Bohrmaschinen abzubohren, die mit Preßluft angetrieben und von einem Taucher bedient werden.

Der Durchmesser der Löcher wird mit annähernd 40 [mm] gewählt und die Löcher werden, wie es in der Abb. 199 deutlich zu erkennen ist, in zwei übereinanderliegenden Reihen versetzt angeordnet, so, daß alle Fasern wenigstens einmal unterbrochen werden. Schließlich wird der zu entfernende Teil der Spundwand umgebrochen.

II. Stahlbeton-Spundwände.

Um Stahlbeton-Spundbohlen zu kürzen, wird bis zur gewünschten Höhenlage der Beton abgeschlagen. Bei größeren Arbeiten empfiehlt sich die Anwendung von Preßlufthämmern. Die Bewehrung kann bei geringen Überlängen umgebogen und im Holm einbetoniert werden; bei zu großen Längen wird sie abgesägt oder bei größeren Arbeiten besser autogen abgeschnitten.

III. Stählerne Spundwände.

Stählerne Spundwände werden sowohl über als auch unter Wasser autogen abgeschnitten. Beim autogenen Schneiden wird der Stahl durch eine Wasserstoff-Sauerstoff-Flamme bis zum hellen Glühen erhitzt und hierauf Sauerstoff in feinem Strahl aufgeblasen; der glühende Stahl verbrennt dort, wo er von Sauerstoff getroffen wird, mit helleuchtender Flamme und erwärmt selbst den weiteren Bereich. Wenn der Sauerstoffstrahl langsam fortbewegt wird, so brennt er aus dem Stahl einen schmalen Streifen heraus, wobei geschmolzener Stahl aus dem Schnitt durch den Sauerstoffstrahl herausgeschleudert wird.

Dem *Dortmund-Hoerder Hüttenverein* ist es gelungen, einen Schneidbrenner zu entwickeln, der auch das Schneiden unter Wasser erlaubt. In der Abb. 200 ist ein Taucher mit einem solchen Unterwasser-Schneidbrenner beim Abbrennen eines Trägers dargestellt. Das Brenngas (Wasserstoff) und der Sauerstoff werden im Brenner so gemischt, daß die äußere Schicht der Flamme aus brenngasarmem oder aus reinem Sauerstoff besteht, wodurch ein ruhiges Brennen der Flamme unter Wasser erreicht wird. Ein eigener elektrischer Zündapparat ermöglicht dem Taucher das Zünden der Flamme unter Wasser.

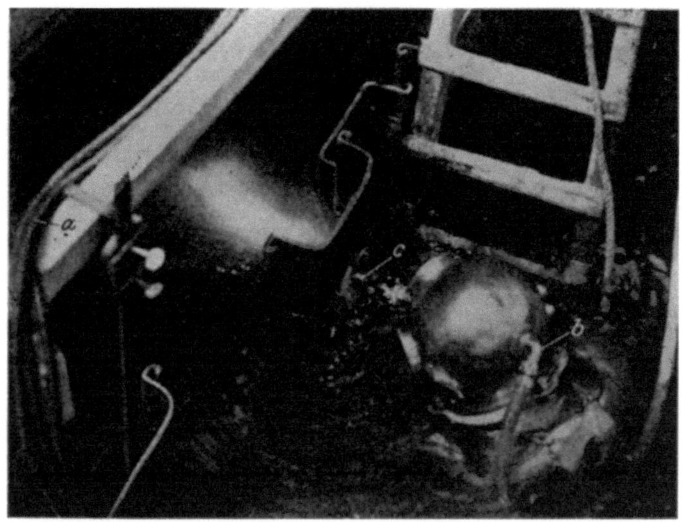

Abb. 201. Ein Taucher schneidet eine Larssen-Spundwand knapp unter dem Wasserspiegel ab (Ver. Stahlwerke A.-G., Dortmunder Union). *a* vier Gaszuführungsschläuche, *b* Luftzuführung für den Taucher, *c* Schneidbrenner.

Die Unterwasserschneidbrenner sind in Wassertiefen bis zu 40 [m] und für Stahlstärken bis 150 [mm] verwendbar.

Die Abb. 201 zeigt einen Taucher beim Abschneiden einer Larssen-Spundwand knapp unter der Wasserlinie. Die durchschnittliche Schnittleistung an einer 170 [m] langen Spundwand aus Larssen-Bohlen III betrug in klarem Wasser 0,9 bis 1,0 [m] Spundwand (1,45 [m] gestreckte Schnittlänge) in einer Taucherstunde, einschließlich aller Nebenarbeiten. In vollständig undurchsichtigem Wasser, wo der Taucher auf Tasten angewiesen ist, geht die Schnittleistung auf etwa 0,2 [m] in der Stunde zurück. Der Gasverbrauch für eine Spundbohle III betrug 2,5 [m³] Sauerstoff.

Schrifttum.

DORTMUNDER UNION: Spundwandeisen Larssen. Ausgabe 1930. — SCHOKLITSCH, A.: Kostenberechnungen im Wasserbau und Grundbau. Wien 1937. Springer-Verlag.

D. Die Untersuchung und Bemessung einer Spundwand.

Die Untersuchung und Bemessung einer Spundwand erfolgt in statischer Hinsicht und dann, wenn sie auch Grundwasser anzustauen hat, überdies noch in hydraulischer Hinsicht.

I. Die statische Untersuchung und Bemessung.

Die statische Untersuchung einer Spundwand erstreckt sich auf die Ermittlung der erforderlichen Rammtiefe und auf die Ermittlung der Beanspruchung der Spundwand durch den einseitig angreifenden Wasser- und Erddruck. Der anzuwendende Querschnitt hängt aber nicht nur von der Beanspruchung der fertigen Spundwand ab, es ist vielmehr möglich, daß die Rammbarkeit in dem betreffenden Boden (eingelagertes Holz, Findlinge, Bauwerkreste) stärkere Querschnitte erfordert, als die später von der Wand aufzunehmende Last. Sowohl die aus statischen Gründen erforderliche Rammtiefe als auch die Beanspruchung der Spundwand hängt weitgehend davon ab, ob die Spundwand frei steht oder abgesteift bzw. verankert ist.

a) Unverankerte Spundwände.

Bevor die vom Boden ausgeübten Kräfte wirksam werden, die der Untersuchung einer unverankerten Spundwand zugrunde gelegt werden, muß die Spundwand eine kleine Drehbewegung um einen Punkt im unteren Teil vollführen. Die Annahme einer dreieckförmigen Verteilung des Erddruckes ist daher berechtigt und es kann zur Untersuchung des Gleichgewichtes das von H. Krey angegebene Verfahren verwendet werden, das hinreichend genau Ergebnisse liefert.

Die Untersuchung sei vorerst am einfachsten Falle, nämlich einer frei stehenden unverankerten Spundwand erläutert, die durch eine Kraft P je Meter Wand in der Höhe H über dem Boden beansprucht wird. Die Wand wird sich dann im Boden um den Punkt D (Abb. 202) drehen. Im Punkte D wird der spezifische Erddruck durch die Drehung der Wand nicht verändert. Oberhalb von D am Wandteil BD (Abb. 202) wird durch die Bewegung der Wand links der spezifische Erdwiderstand $\lambda_p \gamma_e h$ wachgerufen, während rechts der spezifische Erddruck $\lambda_a \gamma_e h$ wirkt. Im unteren Wandteil DC wird durch die

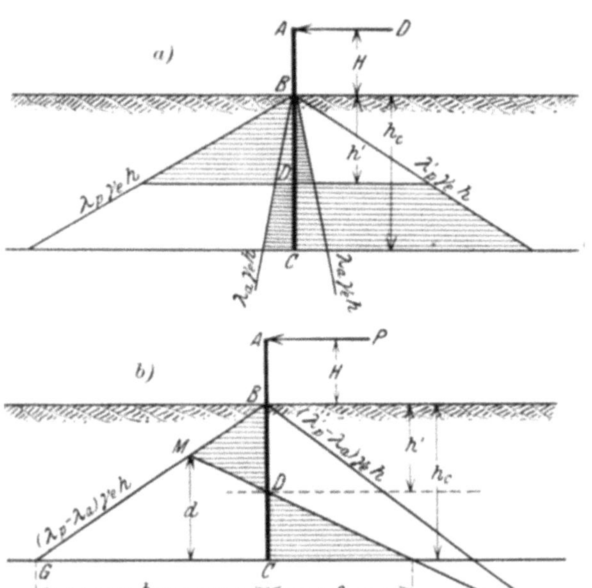

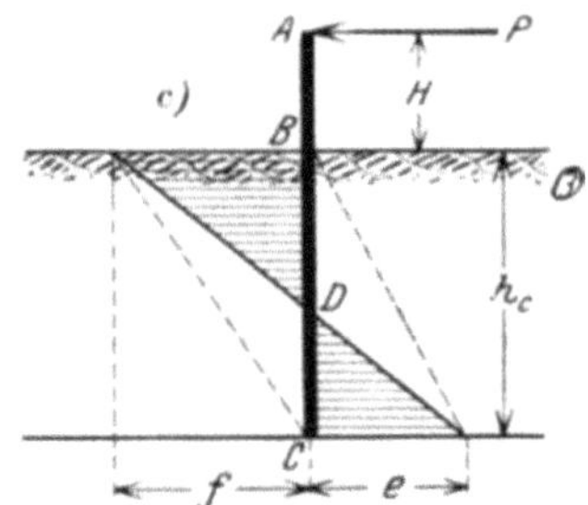

Abb. 202. Erddruck und Erdwiderstand an einer freistehenden unverankerten Spundwand. (Nach H. Krey.)

Bewegung der Wand rechts Erdwiderstand hervorgerufen, während links der Erddruck wirkt. Die in der Abb. 202 durch Schraffen kenntlich gemachten Drücke würden voll auftreten, wenn sich unter dem Einflusse der Kraft P der Wandteil BD nach links und der Wandteil DC nach rechts bewegen würde. Tatsächlich erfolgt aber eine Drehung der Wand um D; im Punkt D erfolgt überhaupt keine waagrechte Verschiebung der Wand, weswegen dort auch kein Erdwiderstand ausgelöst werden kann. Erst in einer gewissen Entfernung oberhalb und unterhalb des Punktes D erreichen die Verschiebungen der Wand infolge der Drehung D ein solches Maß, daß die durch sie bewirkte Pressung des Bodens gegen die Wand den Grenzwert des Erdwiderstandes erreicht. Tatsächlich werden die Flächen des Erdwiderstandes bei D durch irgendeine unbekannte Linie, statt der waagrechten durch D begrenzt sein, die näherungsweise durch die in der Abb. 202b eingetragene geneigte Gerade MDN ersetzt sei. Es müssen dann die waagrechten Kräfte im Gleichgewicht stehen, es muß also

$$P + \frac{b+e}{2}\, d - \frac{h_c}{2}\, b = 0 \tag{273}$$

sein und auch die Summe der Momente um C muß gleich Null, also

$$P\,(H + h_c) + \frac{(b+e)}{2} \cdot \frac{d^2}{3} - b\,\frac{h_c^2}{6} = 0 \tag{274}$$

sein. Aus den beiden Gleichungen (273) und (274) erhält man

$$e = \frac{(bh_c - 2P)^2}{bh_c^2 - 6P(H + h_c)} - b.								\tag{275}$$

Die Spundwand kann frei stehen, wenn

$$e < (\lambda_p' - \lambda_a)\,\gamma_e\,h_c								\tag{276}$$

ist. Mit e kann aus der Gleichung (273) d berechnet und schließlich die Erddruckverteilung gerechnet werden.

Der Erdwiderstand wird am Wandteil BD dem Reibungswinkel zwischen Boden und Wand entsprechend schräg nach oben, im Wandteil DC schräg nach unten wirken. H. Krey empfiehlt nun, den Erdwiderstand links der Wand zwar unter Rücksichtnahme auf den Reibungswinkel Zahlentafeln zu entnehmen, aber im oben gezeigten Verfahren dann waagrecht wirkend anzusehen, den Erdwiderstand im Wandteil DC aber für den Reibungswinkel Null den Zahlentafeln zu entnehmen.

Im Wandteil BD ergibt sich ein sehr hoher Erdwiderstand, so daß die Einflußlinie BG sehr flach verläuft und man ohne besonderen Fehler die Spundwand im Punkte B eingespannt ansehen kann. Es ergibt sich dann die in der Abb. 202c dargestellte Verteilung der Bodenpressungen gegen die Wand, und die Gleichgewichtsbedingungen lauten

$$P + \frac{e\,h_c}{2} - \frac{f\,h_c}{2} = 0							\tag{277}$$

und

$$\tag{278}$$

$$P(H + h_c) + e\,\frac{h^2_c}{6} - f\,\frac{h^2_c}{3} = 0,$$

aus denen f und e leicht berechnet werden können. Die spezifische Pressung e muß natürlich wieder der Bedingung (275) genügen, wenn die Spundwand frei stehen soll.

Ähnlich erfolgt die Ermittlung der erforderlichen Rammtiefe und der Bodenpressungen, wenn eine *unverankerte Spundwand durch Erddruck beansprucht* wird. Eine all-

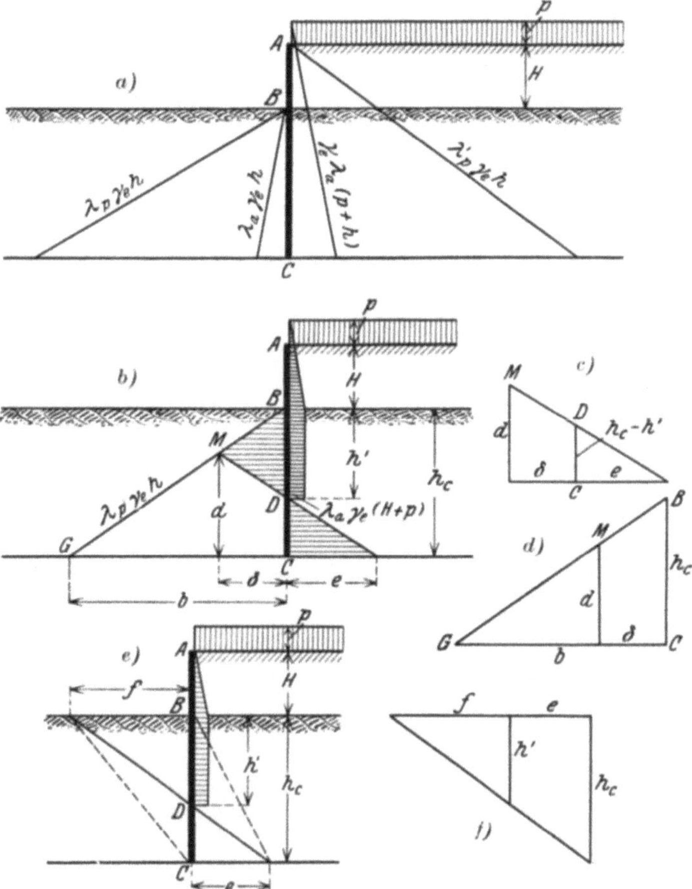

Abb. 203. Erddruck und Erdwiderstand an einer unverankerten, einseitig durch Erddruck beanspruchten Spundwand. (Nach H. Krey.)

fällige Auflast wird, wie es bei der Ermittlung des Erddruckes üblich ist, durch eine gleich schwere Bodenschichte von der Dicke p ersetzt. Der Gang des Verfahrens ist ähnlich dem früher gezeigten. Die Verteilung der Erddrücke und der Erdwiderstände ist in der Abb. 203 dargestellt; wieder müssen die waagrechten Kräfte und die Momente um C im Gleichgewicht stehen, es muß also

$$\lambda_a\,\gamma_e\,(H + p)\,\frac{H + p}{2} + \lambda_a\,\gamma_e\,(H + p)\,h' + \frac{b + e}{2}\,d - \frac{b\,h_c}{2} = 0							\tag{279}$$

und

$$\lambda_a\,\gamma_e\,\frac{(H + p)^2}{2}\left(h_c + \frac{H + p}{3}\right) + \lambda_a\,\gamma_e\,(H + p)\,h'\left(h_c - \frac{h'}{2}\right) + (b + e)\,\frac{d^2}{6} - b\,\frac{h_c^2}{6} = 0				\tag{280}$$

sein. Hierbei ist

$$b = \lambda_p\,\gamma_e\,h_c,								\tag{281}$$

ferner ergibt sich aus Abb. 203 c

$$(h_c - h') : d = e : (e + \delta) \tag{282}$$

oder

$$h' = h_c - \frac{e\,d}{e + \delta} \tag{283}$$

und aus Abb. 203 d

$$\delta : b = (h_c - d) : h_c \tag{284}$$

oder

$$\delta = \frac{b\,(h_c - d)}{d}. \tag{285}$$

Aus diesen Gleichungen kann e berechnet werden und es muß

$$e < \lambda_p' \, \gamma_e \, (h_c + H) - \lambda_a \, \gamma_e \, h_c \tag{286}$$

sein, wenn die Spundwand frei stehen soll.

Auch in diesem Falle kann in der Regel die Spundwand als eingespannt angesehen werden, so daß man mit hinreichender Sicherheit mit den einfacheren Gleichungen für das Gleichgewicht der waagrechten Kräfte (Abb. 203 f)

$$\lambda_a \, \gamma_e \, \frac{(H + p)^2}{2} + \lambda_a \, \gamma_e \, (H + p)\, h' + e\,\frac{h_c}{2} - f\,\frac{h_c}{2} = 0 \tag{287}$$

und für die Momente um C

$$\lambda_a \, \gamma_e \, \frac{(H + p)^2}{2} \left(h_c + \frac{H + p}{3}\right) + \lambda_a \, \gamma_e \, (H + p)\, h' \left(h_c - \frac{h'}{2}\right) + e\,\frac{h_c^2}{6} - f\,\frac{h_c^2}{3} = 0 \tag{288}$$

rechnen kann, wobei aus der Abb. 203 f

$$h_c : h' = (e + f) : f \tag{289}$$

oder

$$h' = h_c \, \frac{f}{f + e} \tag{290}$$

ist und e wieder der Ungleichung (286) entsprechen muß.

Niebuhr hat nachgewiesen, daß bei dreifacher Sicherheit, also für den Fall

$$e = \frac{1}{3} \, [\lambda_p' \, \gamma_e \, (h_c + H) - \lambda_a \, \gamma_e \, h_c]; \tag{291}$$

die in der Praxis weitverbreitete Regel, die Rammtiefe h_c gleich der freien Wandhöhe $(H + p)$ zu machen, gut zutrifft. Bei einer Rammtiefe

$$h_c = 0{,}82\,(p + H) \tag{292}$$

ist eben überhaupt erst Gleichgewicht möglich.

Schrifttum siehe S. 158.

b) Verankerte Spundwände.

Die Beanspruchung der Spundbohlen durch Erd- oder Wasserdruck kann wesentlich herabgesetzt werden, wenn die Wand ein oder mehrmals verankert oder abgesteift wird. Bei einer solchen Spundwand ist eine Einspannung im Boden nicht mehr nötig. Den waagrechten Komponenten des Erd- und des Wasserdruckes halten nunmehr die waagrechten Komponenten des Ankerzuges und jene des Erdwiderstandes vor der Spundwand das Gleichgewicht. Nur wenn die Wand sehr tief gerammt wird, wird ein Einspannungsmoment wirksam, das die Biegungsbeanspruchung der Wand herabsetzt.

Die Wand muß so tief gerammt werden, daß der für das Gleichgewicht der Wand erforderliche Erdwiderstand vor der Wand wirksam werden kann. Zur Auslösung des Erdwiderstandes ist eine geringfügige Bewegung der Wand erforderlich; die Bewegung wird, weil sich die Spundwand durchbiegt und hierbei um zwei Punkte oben und unten dreht, am unteren Ende der Spundwand nur gering sein, so daß erst von einer gewissen Höhe über dem Spundwandende an der volle spezifische Erdwiderstand auftreten kann.

Bei verankerten Spundwänden ist die Annahme einer dreieckförmigen Verteilung des Erddruckes nicht zutreffend. Die Erddruckverteilung dürfte etwa nach Abb. 204a verlaufen.

Wenn der Anker nachgibt, so dreht sich die Spundwand um einen Punkt in der Nähe des Fußes und die Erddruckverteilung nähert sich der dreieckförmigen, etwa so, wie es die Abb. 204b andeutet. Für die Feststellung der Erddruckverteilung nach Abb. 204a fehlen aber noch sichere Grundlagen. J. Ohde hat Vorschläge für die Untersuchung einer Spundwand unter Zugrundelegung einer Erddruckverteilung nach Abb. 204a gemacht, auf die verwiesen sei (siehe Schrifttum).

Um eine verankerte Spundwand zu untersuchen, sei nun, wie es H. Krey getan hat, die dreieckförmige Erddruckverteilung beibehalten. Die Spundwand selbst wird dann tatsächlich geringer beansprucht, als es die Untersuchung ergibt, während der Ankerzug größer ist, als ihm die Untersuchung liefert; der Anker muß daher stärker, das heißt sicherer bemessen werden.

Die tatsächlich auftretende, aber unbekannte Fläche des Erdwiderstandes vor der Spundwand ersetzt H. Krey durch die in der Abb. 205 durch Schraffen kenntlich gemachte Fläche.

Die Gleichgewichtsbedingung für die waagrecht wirkenden Kräfte lautet dann mit den Bezeichnungen der Abb. 205

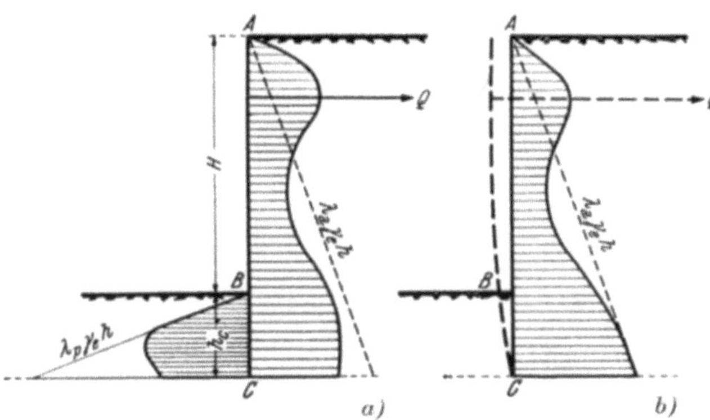

Abb. 204. Erddruckverteilung an einer verankerten Spundwand. (J. Ohde.)
a) Unnachgiebiger Anker, b) Nachgiebiger Anker.

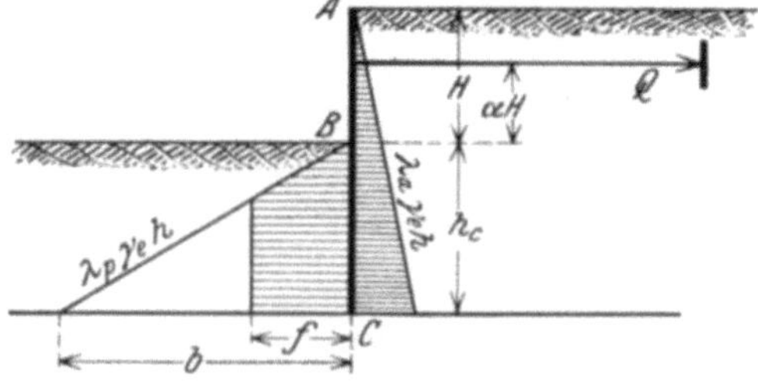

Abb. 205. Erddruck und Erdwiderstand an einer verankerten, einseitig durch Erddruck beanspruchten Spundwand geringer Rammtiefe. hc.

$$Q + f\,h_c - f^2\,\frac{h_c}{2\,b} - \lambda_a\,\gamma_e\,\frac{(H + h_c)^2}{2} = 0, \tag{293}$$

und wenn bei n-facher Sicherheit für

$$f = \frac{b}{n} = \frac{\lambda_p\,\gamma_e\,h_c}{n}. \tag{294}$$

gesetzt wird, so hat man weiter

$$Q + \gamma_e\,\lambda_p\,h_c^2\left(\frac{1}{n} - \frac{1}{2\,n^2}\right) - \frac{1}{2}\,\gamma_e\,\lambda_a\,(H + h_c)^2 = 0 \tag{295}$$

und erhält daraus den Ankerzug

$$Q = \gamma_e\,\lambda_p\,h_c^2\,\frac{1 - 2\,n}{2\,n^2} + \frac{1}{2}\,\gamma_e\,\lambda_a\,(H + h_c)^2. \tag{296}$$

Die Bedingung für Gleichgewicht gegen Drehung um den Punkt C lautet

$$Q\,(h_c + \alpha\,H) + \gamma_e\,\frac{f\,h_c^2}{2} - \gamma_e\,\frac{f^2\,h_c}{2\,b}\left(h_c - \frac{f\,h_c}{3\,b}\right) - \gamma_e\,\lambda_a\,\frac{(H + h_c)^3}{6} = 0 \tag{297}$$

oder

$$Q\,(h_c + \alpha\,H) + \gamma_e\,\lambda_p\,\frac{h_c^3}{2\,n} - \gamma_e\,\lambda_p\,h_c^3\,\frac{3\,n - 1}{6\,n^3} - \frac{\gamma_e\,\lambda_a}{6}\,(H + h_c)^3 = 0 \tag{298}$$

und weiter

$$Q\,(h_c + \alpha\,H) + \gamma_e\,\lambda_p\,h_c^3\,\frac{3\,n^2 - 3\,n + 1}{6\,n^3} - \gamma_e\,\frac{\lambda_a}{6}\,(H - h_c)^3 = 0. \tag{299}$$

Wenn weiter für Q der früher gefundene Ausdruck eingesetzt wird und für

$$\frac{\lambda_p}{\lambda_a} = \lambda \tag{300}$$

gesetzt wird, so erhält man schließlich

$$h_c{}^3 + c_1 H h_c{}^2 + c_2 H^2 h_c + c_3 H^3 = 0 \tag{301}$$

und es bedeutet

$$c_1 = \frac{3\,n\,[\alpha\,(1 - 2\,n)\,\lambda + n^2\,(\alpha + 1)]}{\lambda\,(1 - 3\,n^2) + 2\,n^3} \tag{302}$$

$$c_2 = \frac{6\,\alpha\,n^3}{\lambda\,(1 - 3\,n^2) + 2\,n^3} \tag{303}$$

und

$$c_3 = \frac{(3\,\alpha - 1)\,n^3}{\lambda\,(1 - 3\,n^2) + 2\,n^3} \tag{304}$$

Wenn endlich die Rammtiefe

$$h_c = \beta\,H \tag{305}$$

gesetzt wird, so nimmt die Gleichung (301) die Form

$$\beta^3 + c_1\,\beta^2 + c_2\,\beta + c_3 = 0 \tag{306}$$

an und gibt nun für einen geforderten Sicherheitsgrad n die erforderliche Rammtiefe. Für die Sicherheit n wird in der Regel 2 bis 3 gewählt.

Bei dem bisher gezeigten Verfahren wurde das elastische Verhalten der Spundwand und des Bodens nicht weiter berücksichtigt. NIEBUHR hat nun nachgewiesen, daß die hergeleiteten Formeln für die meist vorkommenden Abmessungen der Spundbohlen vollkommen ausreichen und sichere Ergebnisse liefern. Nur bei außerordentlich langen Spundbohlen, wie sie in Ausnahmefällen vorkommen, ist das elastische Verhalten zu beachten und nach einem von A. FREUND gezeigten Verfahren vorzugehen.

Der Ankerzug beträgt, wenn in Gleichung (296) die schon früher benützten Beziehungen (300) und (305) eingesetzt werden:

$$Q = \frac{\gamma_e}{2}\,\lambda_a H^2 \left[(1 + \beta)^2 + \lambda\,\beta^2 \left(\frac{1}{n^2} - \frac{2}{n} \right) \right]. \tag{307}$$

Die Zuganker bzw. Versteifungen der Spundwände sollen so angeordnet werden, daß der Baustoff der Spundbohlen möglichst gut ausgenützt wird. Für eine Anzahl von Spundwandanordnungen, wie sie in der Zahlentafel 32 zusammengestellt sind, hat O. LUETKENS unter Zugrundelegung dreieckförmiger Verteilung des Erddruckes die zweckmäßigste Austeilung der Anker, deren Beanspruchung und die größten in den Bohlen auftretenden Biegungsmomente berechnet. Bei stählernen Uferwänden, deren Hinterfüllung bis nahe an die Bodenoberfläche wassergesättigt ist, empfiehlt es sich, einen Anker nahe an den oberen Rand der Wand zu legen, um Verbiegungen derselben infolge des Frostes möglichst einzuschränken.

O. LUETKENS empfiehlt, den Punkt B bei verankerten Spundwänden um $^1/_{10}$ der freien Höhe, bei unverankerten Spundwänden um $^1/_4$ bis $^1/_3$ der freien Höhe unter die Sohle zu verlegen.

Schrifttum.

BLUM, H.: Einspannungsverhältnisse bei Bohlwerken. Berlin 1931. W. Ernst & Sohn. — EHLERS, H.: Beitrag zur statischen Berechnung von Spundwänden unter Berücksichtigung besonderer örtlicher Verhältnisse. Zschft. f. Arch. u. Ing.-Wes. 1910. S. 1. — FREUND, A.: Die Berechnung von Bohlwänden nach der Elastizitätstheorie. Zschft. f. Bauw. 1919. S. 481. — HEDDE, H.: Beitrag zur Berechnung eingespannter Spundwände. Bautechn. 1937. S. 659. — LOHMEYER, E.: Die Berechnung verankerter Bohlwände. Bautechn. 1930. H. 5. — LUETKENS, O.: Berechnung von Spundwänden. Bauing. 1930. H. 3, S. 25. — NIEBUHR: Die Berechnung von Spundwänden nach Krey. Bauing. 1929. S. 805. — DERSELBE: Beitrag zur Berechnung verankerter Bohlwände. Bauing. 1930. S. 743. — OHDE, J.: Zur Theorie des Erddruckes unter besonderer Berücksichtigung der Erddruckverteilung. Bautechn. 1938. H. 10/11, 13, 25, 27, 42, 53/54. — RANKE, F. E. H.: Beitrag zur Berechnung von Spundwänden. Bauing. 1928. H. 43. — DERSELBE: Die Berechnung verankerter Bohlwände. Bautechn. 1930. S. 60. — SCHMIDT, R.: Tafeln für die Berechnung von Spundwänden. Bautechn. 1943. S. 90. — SCHÜTTE, G. H.: Wirkungen von Formänderungen verankerter Bohlwände und des stützenden Bodens auf die Verteilung der äußeren und inneren Kräfte. Jahrb. d. Hafenbautechn. Ges. 1939/40. S. 55.

Zahlentafel 32. Auflagerdrücke und Beanspruchung eines 1 [m] breiten Streifens einer durch Erddruck mit dreieckförmiger Verteilung belasteten lotrechten Wand bei günstiger Austeilung der Anker (Aussteifungen). (Nach O. LUETKENS.)

Belastungs-fall Nr.	Feldeinteilung			Auflagerdruck je [m] Wand $(\beta\,\lambda_a\,\gamma e\,H^2)$ β				Größtes Biegungsmoment je [m] Wand $M_{mm} = \delta\,\lambda_a\,\gamma e\,H^3$ δ	Belastungsfall
	α_1	α_2	α_3	A	E	D	B		
1	—	—	—	—	—	—	0,5000	0,16667	
2	—	—	—	0,1667	—	—	0,3333	0,06415	
3	0,525	0,475	—	—	—	0,3175	0,1825	0,01786	
4	—	—	—	0,1000	—	—	0,4000	0,06667	
5	0,528	0,472	—	—	—	0,2825	0,2175	0,01753	
6	0,433	0,567	—	0,0277	—	0,3210	0,1513	0,01470	
7	0,294	0,359	0,347	—	0,1440	0,2471	0,1089	0,00696	
8	0,426	0,574	—	0,0338	—	0,2834	0,1828	0,01212	
9	0,293	0,375	0,332	—	0,1408	0,2272	0,1320	0,00316	

c) Die Bemessung der Anker.

Der Zug der Anker wird durch eine Ankerwand aufgenommen, die hinreichend weit hinter der Spundwand liegen muß. Wenn die Ankerwand dem Ankerzug nachgibt, so muß sie den Erdwiderstand des vor ihr liegenden Bodens überwinden und längs der Gleitflächen den vor ihr liegenden trapezförmigen Bodenkörper herausschieben. Der auf die Ankerwand wirkende Erdwiderstand kann aber nur dann voll wirksam werden,

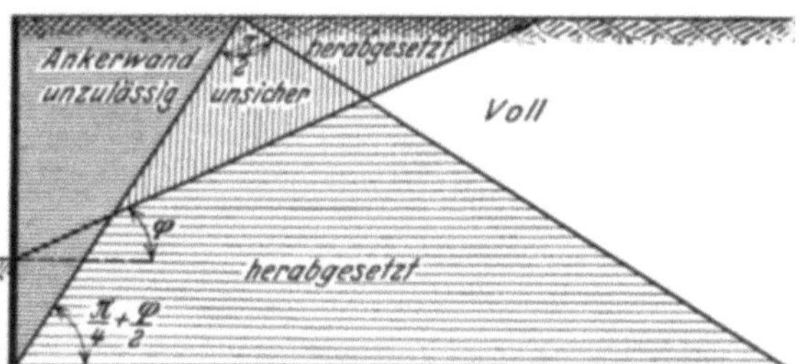

Abb. 206. Wirksamkeit von Ankerwänden und Platten nach E. LOHMEYER.

wenn der innerhalb der Gleitflächen des Erdwiderstandes liegende Boden bei einem Nachgeben der Spundwand nicht in Mitleidenschaft gezogen wird.

Ankerwände, die im Boden liegen, der bei einem Nachgeben der Spundwand selbst nicht nachgibt oder Ankerwände, die noch so nahe liegen, daß wenigstens ein Teil des Bodens vor ihnen, der zwischen den Gleitflächen des Erdwiderstandes (Abb. 206) liegt, nachgibt, sind je

Zahlentafel 33. Bemessung der Spundwandstühle „Larssen". (Nach O. LUETKENS.)

Verwendungsdauer der Spundwand	Larssen-Querschnitt	Zulässige Beanspruchung der Spundbohlen [kg cm²]	Belastungsfall 1	2	3	4	5	6	7	8	9
			1 [m] Spundwand vermag aufzunehmen $\gamma_e \lambda_a H^3$								
dauernd	I b	1200	18	47	168	45	171	204	431	248	487
		1475	22	57	206	55	210	251	530	304	599
		1640	25	64	230	61	234	279	589	338	666
	I a	1200	28	73	262	70	267	318	672	386	760
		1475	35	90	322	86	328	391	827	475	934
		1640	38	100	358	96	365	435	919	528	1038
	I	1200	36	94	336	90	342	408	862	495	974
		1475	44	115	413	111	421	502	1062	608	1197
		1640	49	128	459	123	468	558	1178	677	1331
	II	1200	61	159	570	153	581	693	1464	841	1654
		1475	75	195	701	188	714	852	1799	1033	2033
		1640	84	217	780	209	794	947	2001	1149	2260
	III	1200	98	255	916	245	933	1113	2350	1349	2655
		1475	121	313	1126	302	1147	1368	2889	1659	3264
		1640	134	348	1252	335	1275	1521	3212	1844	3629
	III a	1200	101	263	944	253	962	1147	2422	1391	2737
		1475	124	323	1160	311	1182	1410	2978	1710	3364
		1640	138	359	1290	346	1314	1567	3311	1901	3741
	IV	1200	147	381	1369	367	1394	1663	3512	2017	3968
		1475	180	468	1682	451	1714	2044	4317	2479	4878
		1640	200	521	1870	501	1906	2273	4800	2756	5423
	V	1200	213	551	1990	533	2028	2418	5107	2933	5770
		1475	262	681	2446	655	2492	2972	6277	3605	7092
		1640	291	757	2720	729	2771	3304	6979	4008	7886
	VI	1200	288	748	2688	720	2738	3265	6897	3960	7792
		1475	354	920	3303	885	3366	4014	8477	4868	9578
		1640	394	1023	3673	984	3742	4463	9425	5412	10649
	K I c	1200	187	487	1750	469	1783	2126	4490	2578	5073
		1475	230	599	2151	576	2191	2613	5518	3169	6235
		1640	256	666	2391	641	2436	2905	6136	3524	6933
	K I	1200	229	594	2133	571	2173	2591	5472	3143	6183
		1475	281	730	2621	702	2671	3185	6726	3863	7600
		1640	312	811	2915	781	2969	3541	7479	4295	8450
	K II	1200	346	898	3225	864	3286	3918	8276	4752	9351
		1475	425	1104	3964	1062	4039	4816	10172	5842	11494
		1640	472	1227	4408	1181	4491	5355	11310	6495	12779
vorübergehend	I b	1400	21	55	196	52	200	238	503	289	568
		1720	26	67	241	64	245	293	618	355	698
		1910	29	74	267	72	272	325	686	394	775
	I a	1400	33	85	306	82	311	371	784	450	886
		1720	40	105	376	101	383	456	964	553	1089
		1910	45	116	417	112	425	507	1070	615	1209
	I	1400	42	109	392	105	399	470	1000	578	1130
		1720	52	134	482	129	491	585	1236	710	1396
		1910	57	149	535	143	545	650	1372	788	1550
	II	1400	71	185	666	178	678	809	1708	981	1930
		1720	88	228	818	219	833	993	2098	1205	2371
		1910	97	253	908	243	925	1103	2330	1338	2632
	III	1400	114	297	1068	286	1089	1298	2741	1574	3098
		1720	141	365	1313	352	1337	1595	3368	1934	3806
		1910	156	406	1458	390	1485	1771	3740	2148	4226
	III a	1400	118	306	1101	295	1122	1338	2826	1623	3193
		1720	145	377	1353	362	1379	1644	3472	1994	3923
		1910	161	418	1503	403	1531	1826	3856	2214	4356
	IV	1400	171	445	1597	428	1627	1940	4097	2353	4630
		1720	210	546	1962	526	1999	2383	5034	2891	5688
		1910	233	607	2178	584	2219	2647	5590	3210	6316
	V	1400	249	646	2322	622	2366	2821	5958	3421	6732
		1720	306	794	2853	764	2906	3466	7320	4203	8271
		1910	339	882	3168	849	3227	3849	8128	4668	9184
	VI	1400	336	873	3135	840	3195	3810	8046	4620	9091
		1720	413	1073	3852	1032	3925	4680	9885	5677	11169
		1910	458	1191	4278	1146	4358	5197	10977	6303	12403
	K I c	1400	219	568	2041	547	2080	2480	5238	3008	5918
		1720	269	698	2508	672	2555	3047	6435	3695	7271
		1910	298	775	2785	746	2837	3383	7146	4103	8074
	K I	1400	267	693	2488	667	2535	3023	6384	3666	7214
		1720	328	851	3057	819	3114	3714	7844	4504	8862
		1910	364	945	3394	909	3458	4124	8710	5002	9841
	K II	1400	403	1048	3763	1008	3833	4571	9655	5545	10909
		1720	495	1287	4623	1238	4710	5616	11862	6812	13403
		1910	550	1429	5133	1375	5250	6237	13172	7564	14883

Zahlentafel 34. Bemessung der Spundwandeisen „Hoesch". (Nach O. LUETKENS.)

Verwendungsdauer der Spundwand	Hoesch-Profil	Zulässige Beanspruchung der Spundwand [kg/m²]	Belastungsfall								
			1	2	3	4	5	6	7	8	9
			1 [m] Spundwand vermag aufzunehmen $\gamma_e \lambda_a H^3$								
dauernd	I	1200	43	112	403	108	411	490	1035	594	1169
		1300	47	122	437	117	445	531	1121	644	1266
		1640	59	153	551	148	561	669	1414	812	1597
	Ia	1200	48	125	450	121	459	547	1155	663	1305
		1300	52	136	488	131	497	592	1251	719	1414
		1640	66	171	615	165	627	748	1579	907	1784
	II	1200	72	187	672	180	685	819	1724	990	1948
		1300	78	203	728	195	742	884	1868	1073	2110
		1640	98	256	918	246	936	1116	2356	1353	2662
	III	1200	101	262	941	252	958	1143	2414	1386	2727
		1300	109	284	1019	273	1038	1238	2615	1502	2955
		1640	138	358	1286	344	1310	1562	3299	1894	3725
	IV	1200	151	393	1411	378	1438	1714	3621	2079	4091
		1300	164	426	1529	410	1557	1857	3922	2253	4432
		1640	207	537	1928	517	1965	2343	4948	2842	5591
	V	1200	216	561	2016	540	2054	2449	5172	2970	5844
		1300	234	608	2184	585	2225	2653	5603	3218	6331
		1640	295	767	2755	738	2807	3347	7069	4059	7987
	K III	1200	209	543	1949	522	1985	2367	5000	2871	5649
		1300	226	588	2111	566	2151	2565	5417	3111	6120
		1640	285	741	2663	713	2713	3235	6833	3924	7721
	K IV	1200	301	781	2805	752	2858	3408	7198	4134	8133
		1300	326	846	3039	814	3096	3692	7798	4478	8811
		1640	411	1067	3834	1027	3906	4658	9838	5649	11115
	K VI	1200	302	783	2822	756	2875	3429	7241	4158	8182
		1300	328	851	3057	819	3115	3714	7845	4505	8864
		1640	413	1074	3857	1033	3929	4686	9897	5683	11182
vorübergehend	I	1400	50	131	470	126	479	571	1207	693	1364
		1520	55	142	511	137	520	620	1310	753	1481
		1910	69	179	642	172	654	780	1647	946	1860
	Ia	1400	56	146	525	141	535	638	1348	774	1523
		1520	61	159	570	153	581	693	1463	840	1653
		1910	77	199	717	192	730	871	1839	1056	2077
	II	1400	84	218	784	210	799	952	2012	1155	2273
		1520	91	237	851	228	867	1034	2184	1254	2468
		1910	115	298	1069	287	1069	1299	2744	1576	3101
	III	1400	118	306	1097	294	1118	1333	2816	1617	3182
		1520	128	332	1191	319	1214	1448	3058	1756	3455
		1910	160	417	1497	401	1526	1819	3842	2206	4341
	IV	1400	176	458	1646	441	1677	2000	4224	2426	4773
		1520	192	498	1787	479	1821	2171	4586	2634	5182
		1910	241	625	2246	602	2288	2729	5763	3309	6511
	V	1400	252	655	2352	630	2396	2857	6035	3465	6818
		1520	274	711	2553	684	2601	3102	6552	3762	7403
		1910	344	893	3208	860	3269	3898	8233	4726	9302
	K III	1400	244	633	2273	609	2316	2762	5833	3350	6591
		1520	264	687	2468	661	2515	2999	6333	3637	7156
		1910	332	863	3101	831	3160	3768	7958	4570	8992
	K IV	1400	351	911	3273	877	3334	3976	8398	4823	9489
		1520	381	989	3553	952	3620	4317	9118	5236	10302
		1910	478	1243	4465	1196	4549	5425	11457	6579	12945
	K VI	1400	353	917	3292	882	3354	4000	8448	4852	9546
		1520	383	995	3574	958	3642	4343	9172	5267	10364
		1910	481	1251	4492	1203	4576	5457	11526	6619	13023

nach der Lage unwirksam oder von geringerer Wirksamkeit. E. LOHMEYER hat das in der Abb. 206 dargestellte Schema gegeben, das rasch zu beurteilen erlaubt, ob eine Ankerwand voll wirksam sein kann. Anker, die in dem in der Abb. 206 mit „voll" bezeichneten Bodenbereich liegen, seien kurz als vollkommen bezeichnet; wenn der Anker im schraffierten Bodenbereich der Abb. 206 angeordnet wird, sei er kurz als unvollkommen gekennzeichnet.

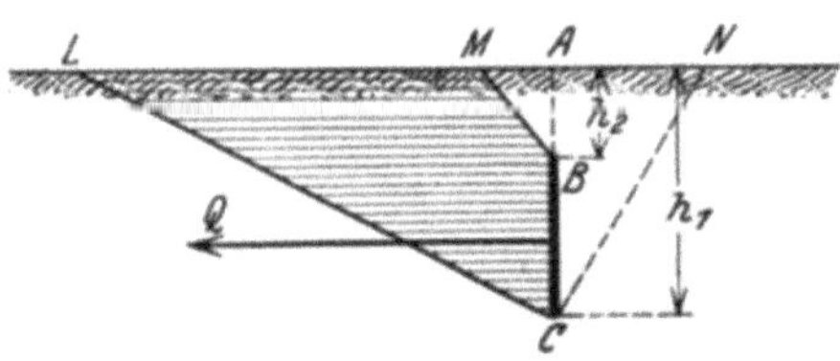

Abb. 207. Erddruck und Erdwiderstand an einer bis zur Bodenoberfläche reichenden Ankerwand.

Die Ankerwand kann nun verschieden ausgebildet werden, als durchlaufende Wand, die bis zur Bodenoberfläche reicht, als durchlaufende Wand, die nicht bis zur Bodenoberfläche reicht, oder aufgelöst in einzelne Ankerplatten.

Wenn eine vollkommene Ankerwand bis zur Bodenoberfläche reicht und wenn sie so weit hinter der Spundwand liegt, daß sich die Gleitlinie des Erddruckes hinter der Spundwand und jene des Erdwiderstandes vor der Ankerwand oberhalb der Bodenoberfläche schneiden, so kann der Erdwiderstand vor der Ankerwand voll wirksam werden. Wenn die Ankerwand lotrecht steht (Abb. 207), der Ankerzug Q waagrecht wirkt und die Bodenpressungen auch waagrecht angesetzt werden, so besteht dann bei n-facher Sicherheit die Gleichgewichtsbedingung

$$Q + \gamma_e \lambda_a \frac{t^2}{2} = \frac{1}{n} \gamma_e \lambda_p \frac{t^2}{2}, \tag{308}$$

und die erforderliche Höhe der Ankerwand beträgt

$$t = \sqrt{\frac{2Q}{\gamma_e \left(\frac{1}{n} \lambda_p - \lambda_a\right)}}, \tag{309}$$

wobei n einen Sicherheitswert bedeutet, der gleich 2 bis 3 gesetzt wird.

Wenn eine vollkommene Ankerwand nicht bis zur Bodenoberfläche reicht (Abb. 208), so ist der Erdwiderstand, wie H. KREY bemerkt, geringer; er wird zwischen

$$\frac{1}{2} \gamma_e \lambda_p h_1^2 \quad \text{und} \quad \gamma_e \lambda_p (h_1^2 - h_2^2) \tag{310}$$

liegen. Wenn nämlich die Ankerwand in Bewegung gerät, so schiebt sie den in der Abb. 208 schraffierten Bodenkörper auf der Gleitfläche LC aufwärts, gleichzeitig sinkt aber der Bodenkörper $MBCN$ längs der Gleitflächen MB und NC herab, wobei in der Fläche MB der abwärts-

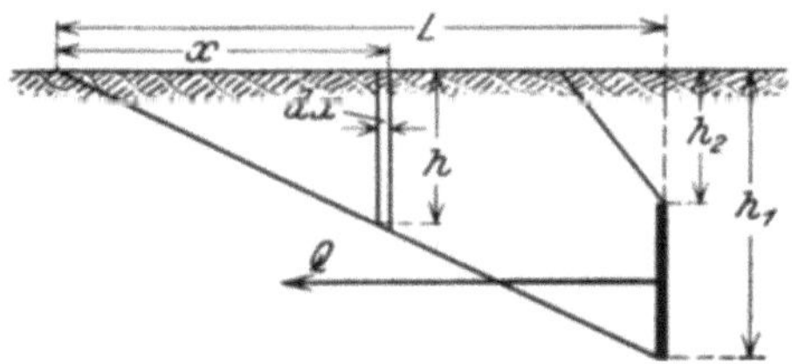

nicht bis zur Bodenoberfläche reichenden Ankerwand.

Abb. 209. Erddruck und Erdwiderstand an einer Ankerplatte nach H. KREY.

gleitende Bodenkörper der Verschiebung des schraffierten Körpers entgegenwirkt. Die Gleichgewichtsbedingung lautet dann angenähert, wenn mit $n = 2$ bis 3 wieder ein Sicherheitsbeiwert bezeichnet wird,

$$Q + \gamma_e \lambda_a \frac{h_1^2 - h_2^2}{2} = \frac{1}{n} \gamma_e \left(\lambda_p \frac{h_1^2}{2} - \lambda_a \frac{h_2^2}{2}\right), \tag{311}$$

und es beträgt die Ankerzugkraft, die die Wand äußerstenfalls aufzunehmen vermag,

$$Q = \gamma_e \left(\frac{1}{n} \lambda_p \frac{h_1^2}{2} - \lambda_a \frac{h_1^2}{2} + \frac{n-1}{n} \lambda_a \frac{h_2^2}{2}\right). \tag{312}$$

Das ist aber bei den üblichen Ausführungsformen nahezu derselbe Ankerzug, den eine bis zur Oberfläche reichende Wand aufnehmen würde.

Einzelne vollkommene Ankerplatten, also solche im Bodenbereiche, in dem der Erdwiderstand voll wirksam werden kann, können einen Ankerzug aufnehmen, der, wie H. Krey bemerkt, größer ist als jener, den ein gleich breiter Streifen einer Ankerwand aufnimmt, weil das Herausschieben des Erdkörpers durch eine nachgebende Ankerplatte hier noch durch die Reibung beiderseits des bewegten Erdkörpers behindert wird. Wie schon früher gezeigt worden ist, beträgt der Erdwiderstand allein des vor der Ankerplatte von der Breite b liegenden Bodens

$$\gamma_e \left(\lambda_p \frac{h_1^2}{2} - \lambda_a \frac{h_2^2}{2} \right) b . \tag{313}$$

Auf die Seitenflächen des vor der Ankerplatte von der Breite b liegenden Bodenkörpers (Abb. 209), der bei einem Nachgeben der Ankerplatte verschoben werden muß, bewirkt beiderseits der Erddruck, der beim Verschieben Reibung bewirkt, die nun auch überwunden werden muß. Der Erddruck auf einem Streifen dieser Fläche von der Breite dx und von der Höhe h beträgt

$$e = \gamma_e \lambda_a \frac{h^2}{2} d x , \tag{314}$$

wobei λ_a für $\delta = 0$ zu ermitteln ist.

Setzt man

$$h = \frac{h_1}{L} x , \tag{315}$$

so hat man

$$e = \gamma_e \lambda_a \frac{h_1^2}{2 L_1^2} x^2 d x \tag{316}$$

und der Erddruck auf eine ganze Seitenfläche beträgt

$$E_a = \gamma_e \lambda_a \frac{h_1^2}{2 L^2} \int_0^L x^2 d x = \frac{1}{6} \lambda_a \gamma_e h_1^2 L \tag{317}$$

und er ruft in beiden Seitenflächen die Reibung

$$R = \gamma_e \lambda_a \frac{h_1^2}{3} L \operatorname{tg} \varphi \tag{318}$$

hervor, wenn mit $\operatorname{tg} \varphi$ der Beiwert der inneren Reibung bezeichnet wird. Auf die Ankerplatte wirkt in der Richtung des Ankers der Ankerzug Q und der Erddruck auf die Rückseite der Ankerplatte, dagegen der Erdwiderstand und die früher erwähnte Reibung beiderseits des Bodenkeiles vor der Ankerplatte. Bei einem Sicherheitsbeiwert $n = 2$ bis 3 lautet dann die Gleichgewichtsbedingung angenähert

$$Q + \gamma_e \lambda_a \frac{h_1^2 - h_2^2}{2} b = \frac{\gamma_e}{n} \left(\lambda_p \frac{h_1^2}{2} b + \lambda_a \frac{h_1^2}{3} L \operatorname{tg} \varphi - \lambda_a \frac{h_2^2}{2} b \right) , \tag{319}$$

aus der der bei einer gegebenen Ankerplatte höchstzulässige Zug Q berechnet werden kann.

Wenn Ankerplatten nebeneinanderliegen, so gilt die Gleichung (319) natürlich nur so lange, als die Reibung an den beiden Seitenflächen des Bodenkeiles kleiner ist, als der Erdwiderstand, der auf den Zwischenraum von der Breite d zwischen den Ankerplatten entfällt, solange also

$$\gamma_e \lambda_a \frac{h_1^2}{2} L \operatorname{tg} \varphi \leqq \gamma_e \left(\lambda_p \frac{h_1^2}{2} - \lambda_a \frac{h_2^2}{2} \right) d \tag{320}$$

ist; andernfalls wären die nebeneinanderliegenden Ankerplatten als durchlaufende Ankerwand gleicher Höhe aufzufassen.

Die Anordnung von Ankerwänden in jenem Bereiche, in dem der Erdwiderstand voll wirksam wird, ist nicht immer möglich. In solchen Fällen können die Anker auch an Pfahlblöcke gelegt werden, die aus je einem Zug und einem Druckpfahl bestehen, deren Köpfe fest verbunden sind.

Für die Bemessung unvollkommener Verankerungen hat E. Kranz (siehe Schrifttum) Vorschläge gemacht.

Schrifttum.

Blum, H.: Einfluß der ungünstigen Laststellung bei Berechnung der Standsicherheit der Ankerplatten von Bohlwerken. Bautechn. 1929. S. 817. — Buchholz, W.: Erdwiderstand auf Ankerplatten. Jahrb. d. Hafenbautechn. Ges. 1930/31. Bd. 12. — Buchholz, W. und H. Petermann: Berechnungsverfahren für Ankerplatten und -wände. Bauing. 1935. H. 19/20. — FRANZIUS, G.: Die ungünstigste Belastung durch Platten verankerter Bohlwerke. Bautechn. 1929. S. 520. — HOMBERG: Graphische Untersuchung von Fangdämmen und Ankerwänden. Berlin 1938. W. Ernst & Sohn. — KRANZ, E.: Über die Verankerung von Spundwänden. Berlin 1940. W. Ernst & Sohn. — KREY, H.: Erddruck. Erdwiderstand. 5. Aufl. Bearb. v. J. Ehrenberg, Berlin 1936. W. Ernst & Sohn. — PETERMANN, H.: Bewegung und Kraft bei Ankerplatten. Bauing. 1933. H. 43/44.

II. Die hydraulische Bemessung einer Spundwand.

Wenn eine Spundwand eine Grundwasserströmung behindern soll, so muß auch noch eine hydraulische Bemessung durchgeführt werden, für die PH. FORCHHEIMER die Wege gewiesen hat: er berechnete, daß der Druckverlust h (Abb. 210) von der Flußsohle bis zur Ebene der Spundwand bei Durchflußöffnungen

$$f < \frac{a}{2} \qquad h = 1{,}466 \, \frac{q}{k} \log\left(2 \cot g \, \frac{\pi f}{4 a}\right) \tag{321}$$

$$f > \frac{a}{2} \qquad h = \frac{1}{1{,}466} \cdot \frac{q}{k} \cdot \frac{1}{\log\left[2 \cot g \, \dfrac{\left(1 - \dfrac{f}{a}\right)\pi}{4}\right]} \tag{322}$$

beträgt; hierbei bezeichnet k die Durchlässigkeit des Bodens und q den Durchfluß durch einen lotrechten Streifen von der Breite „Eins". Die beiden Gleichungen ergeben die nachstehende Zahlenreihe:

$\dfrac{f}{a} =$	0,1	0,2	0,3	0,4	0,5	0,6	0,7	0,8	0,9	1,0
$\alpha = \dfrac{kh}{q} =$	2,061	1,615	1,350	1,157	1,000	0,864	0,741	0,619	0,485	0

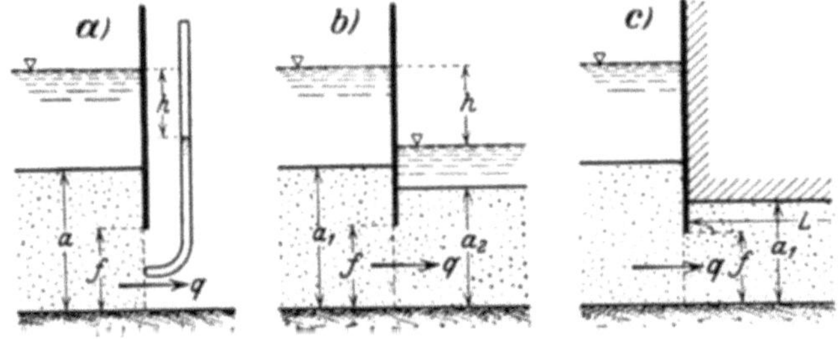

Abb. 210. Sickerung unter Bauwerken. a) Durchsickerung bis unter eine Spundwand; b) Sickerung unter einer Spundwand durch, c) Sickerung unter einem Bauwerk.

Die beiden Gleichungen gelten natürlich auch für den Fall, wenn das Grundwasser von der Ebene der Spundwand gegen die Flußsohle aufsteigt. Soll z. B. für den in der Abb. 210b dargestellten Fall die unter dem Breitenmeter der Spundwand durchsickernde Wassermenge q berechnet werden, so hat man für die Sickerung von der Flußsohle bis zur Ebene der Spundwand den Druckverlust

$$h_1 = \frac{a_1 \, q}{k} \tag{323}$$

und von dort weiter bis zur Sohle rechts von der Spundwand dem Druckverlust

$$h_2 = \frac{a_2 \, q}{k} \,. \tag{324}$$

Die Werte für a_1 und a_2 werden nach den Formeln (321) und (322) berechnet oder der angegebenen Zahlenreihe entnommen. Es ist nun weiter der Gesamtdruckverlust

$$h = h_1 + h_2 = \frac{q}{k} \, (a_1 + a_2) \tag{325}$$

oder die Sickerung

$$q = \frac{k \, h}{a_1 + a_2} \,. \tag{326}$$

Wenn rechts von der Spundwand statt der freien Flußsohle ein dichtes Bauwerk anschließt (Abb. 210c), so verursacht die plötzliche Querschnittszunahme (so wie eine plötzliche Querschnittsverringerung bei umgekehrter Strömungsrichtung) einen Druckhöhenverlust

$$h = \frac{2\,q}{\pi\,k}\,\ln\sin\frac{\pi\,f}{2\,a_1} = 1{,}466\,\frac{q}{k}\,\log\sin\frac{\pi\,f}{2\,a_1}\cdot \tag{327}$$

Das Strömen unter dem Bauwerke von der Länge L verursacht schließlich einen Druckverlust, der sich unmittelbar aus dem Darcyschen Filtergesetz (vgl. S. 9) ergibt, nämlich

$$h = \frac{q\,L}{k\,a_1}\cdot \tag{328}$$

Bei Spundwänden, die nach Abb. 210b angeordnet werden, muß stets auch noch untersucht werden, ob bei der geplanten Absenkung des Wasserspiegels, also bei dem geplanten h, nicht die Gefahr des hydraulischen Grundbruches besteht (vgl. S. 100).

Schrifttum.

BLIGH, W. G.: Sheet Piles as a Means of Decreasing Permeability of Porous Foundations. Engg. News Rec. 1911. S. 109. — FORCHHEIMER, PH.: Grundwasserbewegung nach isothermischen Kurvenscharen. Sitzungsber. Akad. Wiss. Wien, Math.-naturwiss. Kl. IIa, Bd. 126, H. 4. — DERSELBE: Hydraulik, 3. Aufl. Leipzig 1930. B. G. Teubner. — SCHOKLITSCH, A.: Graphische Hydraulik. Sammlung math.-phys. Lehrbücher. Bd. 22. Leipzig. B. G. Teubner.

E. Die Anwendung der Spundwände.

I. Spundwände als Hilfsmittel der Bauausführung.

Spundwände als Hilfsmittel der Bauausführung dienen vornehmlich der Abhaltung von Tag- und Grundwasser von der Baugrube und sie werden aber nebenbei auch zur Absteifung der Baugrubenwände mitbenützt. Für solche nur vorübergehend benutzte Spundwände werden Bohlen aus Holz oder aus Stahl verwendet. Nach Vollendung des Baues werden Spundwände, die nur ein Bauhilfsmittel waren, nach Möglichkeit wieder gezogen, sonst abgeschnitten. Hölzerne Spundbohlen können in der Regel nur einmal verwendet werden, während stählerne Spundbohlen vielfach eine oftmalige Wiederverwendung ermöglichen. Die Frage, ob an einer Baustelle hölzerne oder stählerne Spundwände vorteilhafter anzuwenden sind, läßt sich nicht allgemein beantworten; entscheidend ist die Untersuchung der Kostenfrage, bei der neben dem Baustoffpreis und der Wiederverwendungsmöglichkeit stählerner Bohlen insbesondere auch zu berücksichtigen ist, daß stählerne Bohlen leichter zu rammen sind als hölzerne; den Ausschlag gibt aber in der Regel, besonders bei grobsteinigem Untergrund und an Baustellen, an denen schon vorher Bauten bestanden haben, wo man also mit Bauwerksresten im Untergrund zu rechnen hat, die Frage der Rammbarkeit der Spundwand überhaupt. Während hölzerne Spundwände durch Bauwerksreste nicht durchzubringen sind, gelingt mit stählernen Spundbohlen das Durchrammen von Holz und selbst Beton in der Regel ohne besondere Schwierigkeiten. So sind z. B. in der Mur bei Bruck bis zu 60 [cm] dicke Betonplatten und 25 [cm] starke Lärchenroste mit Larssen-Spundbohlen II glatt durchschlagen worden. Anwendungsbeispiele für Spundwände als Hilfsmittel der Bauausführung folgen in den nächsten Abschnitten.

II. Spundwände als bleibende Bestandteile eines Bauwerkes.

Spundwände als bleibende Bestandteile eines Bauwerkes werden ausgeführt, um die Standsicherheit eines Bauwerkes zu erhöhen (vgl. S. 47); um die Tragfähigkeit des Bodens zu erhöhen, um die Durchsickerung von Grundwasser unter dem Bauwerke zu erschweren oder zu verhindern (vgl. S. 164), um ein Grundwerk vor Unterkolkung zu schützen oder um eine Schüttung zu stützen.
Solche Spundwände bleiben dauernd im Boden und müssen daher aus einem Baustoff hergestellt werden, der durch die Einwirkung des Wassers und der Bodenbestandteile nicht angegriffen bzw. vorzeitig zerstört wird. Holz, das bekanntlich dann, wenn es bald naß, bald trocken ist, rasch fault, darf grundsätzlich nur verwendet werden, wenn es ständig unter Wasser liegt und wenn es nicht durch Lebewesen im Wasser zerstört werden kann. Außer Holz wird in neuerer

Zeit ausgiebig auch Stahlbeton und Stahl für solche Spundwände benützt. Da die Lebensdauer einer Spundwand eine große Rolle spielt, darf Stahlbeton nur verwendet werden, wenn der Untergrund keine Bestandteile enthält, die Beton oder Stahl übermäßig angreifen; der Boden muß daher vor allem frei von Säuren sein.

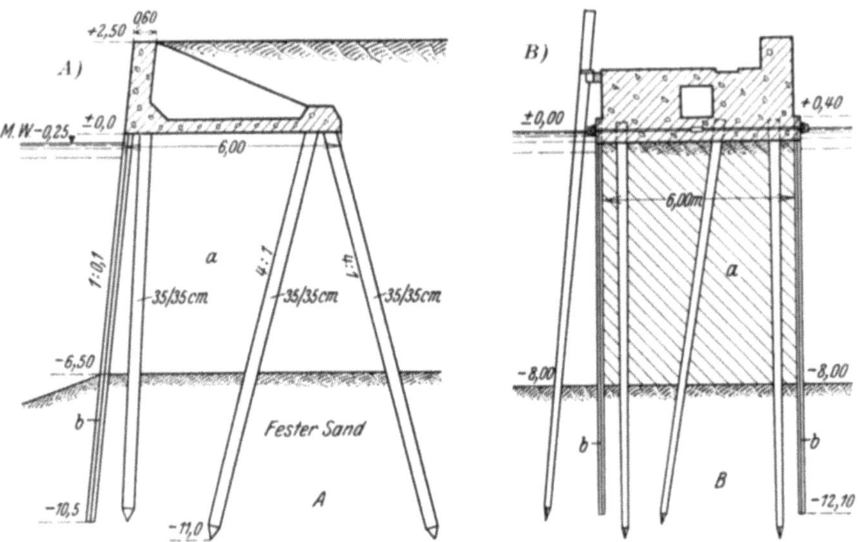

Abb. 211. Larssen-Spundwände im Hafenbau. *A)* Kaimauer in Flensberg, *B)* Mole Kiel-Holtenau.
(Ver. Stahlwerke A.-G., Dortmunder Union.) *a* Sandschüttung, *b* Larssen-Spundwand.

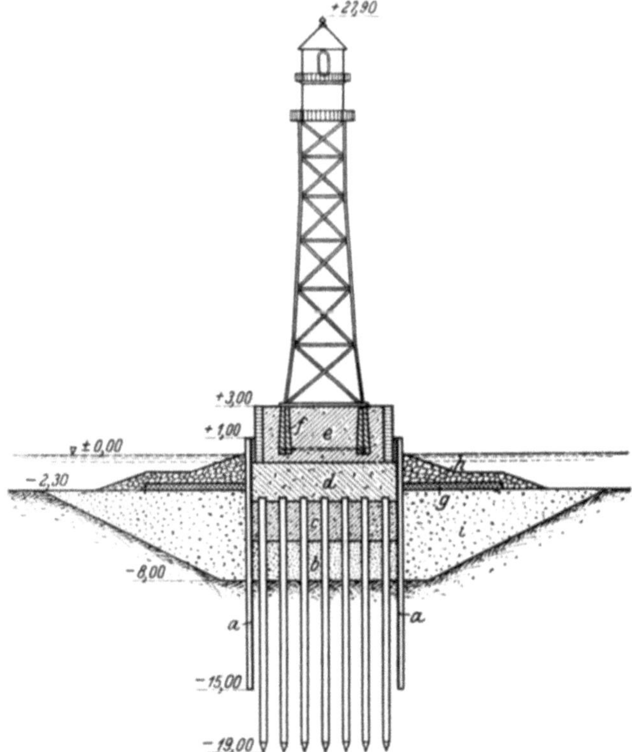

Abb. 212. Gründung des Papentorfeuers. (Ver. Stahlwerke A.-G.,
Dortmunder Union.) *a* Larssen-Spundwand, *b* Sandfüllung, *c* Schüttbeton, *e* Stampfbeton 1 : 3 : 5, *f* Gußbeton, *g* Sinkstücke, *h* Steinwurf,
i Baggerung, die später mit Sand aufgefüllt worden ist.

Stählerne Spundwände müssen manchmal an Betonbauwerke seitlich dicht angeschlossen werden. Dieser Anschluß wird am besten so ausgeführt, daß eine ganze oder eine halbe Bohle im Betonbauwerk einbetoniert und mit Mauerlaschen sorgfältig verankert wird, so daß eben noch das Schloß vorragt, in das dann die erste der zu rammenden Bohlen eingefädelt wird.

Als Beispiele für die Anwendung von Spundwänden als bleibende Bestandteile von Bauwerken sind in den Abb. 211 bis 214 einige derartige Bauwerke dargestellt. Überdies sei noch auf die Abb. 224 hingewiesen.

Schrifttum.

DORTMUNDER UNION: Molen aus Larssen-Eisen. Larssen-Spundwand 1930. H. 5. — LEWRENZ: Ein Brückenschutzwerk aus Eisenspundwänden. Brückenbau 1928. H. 4. — SCHAPER, G.: Die Brücke über den Kleinen Belt. Bautechn. 1929. S. 254. — SCHOKLITSCH, A.: Der Wasserbau. 2. Aufl. Wien 1950. Springer-Verlag. — WESTERMANN: Die Befeuerung der Seeschiffahrtsstraße Stettin—Swinemünde. Bautechn. 1929. S. 379. — WINKEL, R.: Die Wasserkraftnutzung im Gebiete der Freien Stadt Danzig. Bautechn. 1929. S. 474.

III. Spundwände als selbständige Bauwerke.

Spundwände als selbständige Bauwerke ersetzen vorwiegend Ufermauern. Als Baustoff für solche Spundwände kommt nur Stahlbeton und Stahl in Frage, weil Holz, das nicht ständig unter Wasser liegt, eine zu kurze Lebensdauer hat. Die Spundwände, die Ufermauern ersetzen, werden in der Regel mit einem Holm versteift (Abb. 215 und 216) und erhalten bei größeren Höhen überdies Gurte, die verankert werden. Die Holme werden vielfach als Unterlage für eine Kranbahnschiene verwendet, so daß die Spundwand dann auch noch lotrechte Lasten aufzunehmen hat. Die Anker sollen am Gurt ein Gelenk (Abb. 217) enthalten, damit die nachsackende Hinterfüllung keine Biegungsbeanspruchung an dieser Stelle hervorruft. In den Abb. 216 bis 235 sind eine Anzahl solcher Wände mit Einzelheiten dargestellt.

Wenn aus irgendwelchen Gründen keine Ankerplatten angeordnet werden können, so können an ihre Stelle Pfahlblöcke (Abb. 233) treten, die aber nur dann aus Holz hergestellt werden dürfen, wenn sie ständig unter Wasser liegen.

Die Abb. 234 und 235 stellen eine Buhne in Miami in Florida dar, die aus einer Larssen-Spundwand besteht, die durch einen Zangenholm versteift und mit Schrägpfählen abgestützt ist.

Die Abb. 236 bis 238 deuten an, wie Dalben aus stählernen Spundbohlen hergestellt werden, um die Lebensdauer gegenüber den hölzernen zu erhöhen.

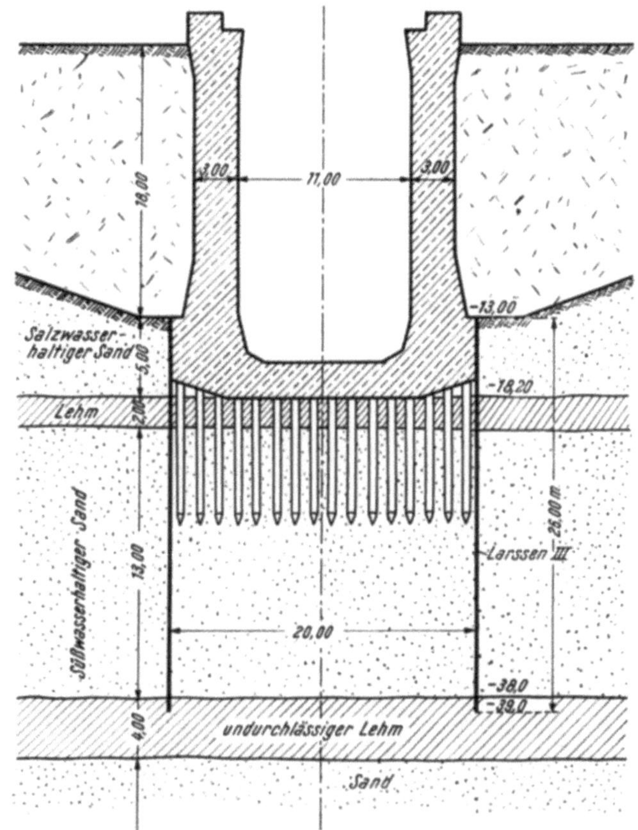

Abb. 213. Schnitt durch eine Schleusentorkammer (Ver. Stahlwerke A.-G., Dortmunder Union).

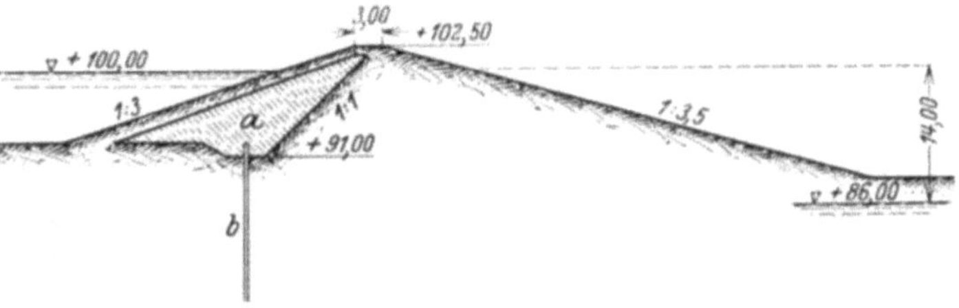

Abb. 214. Querschnitt durch den Staudamm Lappin—Danzig. Die Grundwassersickerung ist mittels einer bis zu 18 [m] langen Larssen-Spundwand unterbunden worden. (Ver. Stahlwerke A.-G., Dortmunder Union.) a Lehmdichtung, b Larssen-Spundwand.

Schrifttum.

BAERTZ: Eiserne Spundbohlen bei Herstellung der Kammerwände für die Schleusen Friedrichsfeld und Hünxe des Kanals Wesel-Dateln. Bautechn. 1929. S. 251, 279. — BLUM: Ausbildung von Bohlwerksverankerungen. Bautechn. 1936. S. 188. — DORTMUNDER UNION: Uferschutzbauten. Wellenbrecher und Buhnen aus Larssen-Eisen. Larssen-Spundwand. 1929. H. 2. — DORTMUND-HOERDER-HÜTTENVEREIN: Stahlspundbohlen Larssen. Dortmund 1934. — KIRCHHOFER: Über die Verwendung von Spundwandeisen und -blechen bei der Kieler Kanalisation. Bautechn. 1932. S. 73. — KITTEL, A.: Eisenbetonspundwände. Beton u. Eisen. 1925. S. 263. — KLEINLOGEL, A.: Fertigkonstruktionen aus Eisenbeton. Beton und Eisen. 1925. S. 154. — KLÖCKNER-WERKE: Klöckner Stahlspundbohlen. Osnabrück 1929. — MOELLER: Dalben aus flußstählernen Spundbohlen. Bautechn. 1929. S. 849. — NIEBUHR: Beitrag zur Berechnung von Ankeraugen. Bautechn. 1938. S. 76. — PEIN: Dückdalben als Anlegewerke für große Schiffe in die durch Bohrwürmer gefährdeten Hafenanlagen. Bautechn. 1929. S. 80. — POPKEN: Verwendung von nietlosen Spundwänden, Bauart Larssen, beim Ausbau des Hunte-Ems-Kanals. Bautechn. 1928. S. 455. — SCHAPER, G.: Die Brücke über den Kleinen Belt. Bautechn. 1929. S. 254. — SCHUBERT, J.: Eisenbetonpfahlgründungen im Wasserbau. Wasserwirtsch. 1926. S. 396 (Werksgrabenwand). — STECKER: Die Verwendung eiserner Spundwände, Form Larssen, im Hafenbau. Jahrb. Hafenbautechn. Ges. 1924. — TODSEN, L.: Leitwerke aus Larssen-Eisen. Larssen-Spundwand. 1929. 3. — DERSELBE: Umschlageeinrichtung in dem bremischen Hafen. Bautechn. 1929. S. 363.

Vierter Teil.

Die Baugrube.

A. Zweck, Form und Abmessungen der Baugrube.

Die Baugrube wird ausgehoben, um die unter der Bodenoberfläche liegenden Bauwerksteile herstellen zu können; solche Bauwerksteile sind das Grundwerk, das die Bauwerkslast auf den Boden zu übertragen hat und manchmal auch Bauwerksteile, die später für irgend welche Zwecke ausgenützt werden sollen. Der Umriß der Baugrube richtet sich im allgemeinen nach dem Umriß des Bauwerkes. Wenn die Baugrube mit Spundwänden oder Fangdämmen einzufassen oder wenn sie auf größere Tiefe auszuheben ist, werden einspringende Winkel im Umrisse des zu gründenden Bauwerkes vielfach außer acht gelassen und man wählt einen möglichst kurzen, aus geraden Strecken zusammengesetzten Baugrubenumriß. Mehrere, nahe beisammenliegende kleinere Bauwerke werden am besten in einer gemeinsamen Baugrube errichtet. Ausgedehnte Baugruben mit starkem Grundwasserandrang müssen wieder manchmal unterteilt werden, um die Wasserhaltung auf jene Teile beschränken zu können, wo sie eben gebraucht wird. Baugruben für Bauten in fließendem Wasser, wie z. B. für Stauwerke, können überhaupt nur für Teile des Bauwerkes gleichzeitig errichtet werden, weil sonst der Wasserabfluß im Flußbette behindert würde.

Die Tiefenlage der Baugrubensohle hängt von der Tiefenlage jener Bodenschichte ab, die die Bauwerkslast übernehmen soll, von der Art des Bauwerkes und von der Bauweise des Grundwerkes; sie kann ohne besondere Vorkehrungen (Wasserhaltung, Grundwassersenkung) nur bis an den natürlichen Grundwasserspiegel herabverlegt werden. Baugrubensohlen unter dem natür-

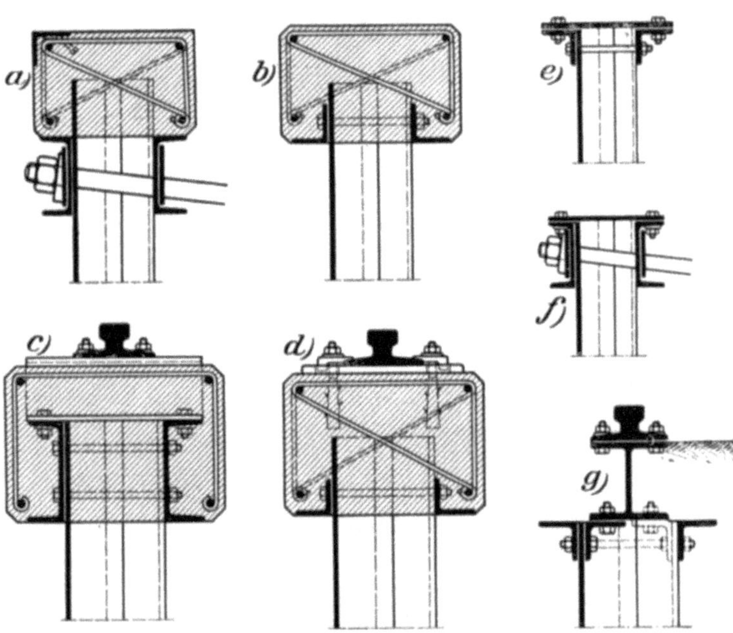

Abb. 215. Holme für Stahlspundwände. (Ver. Stahlwerke A.-G., Dortmunder Union.)

Abb. 216. Uferwand aus Larssen-Bohlen mit Stahlbetonholm im Hafen der Zeche Fürst Hardenberg. (Ver. Stahlwerke A.-G., Dortmunder Union.)

lichen Grundwasserspiegel sind bei festliegendem, besonders grobkörnigem Boden und geringen Tiefenlagen unter dem Grundwasserspiegel mit offener Wasserhaltung ausführbar, bei großen Tiefenlagen unter dem Grundwasserspiegel oder bei leicht beweglichem Boden (Feinsand)

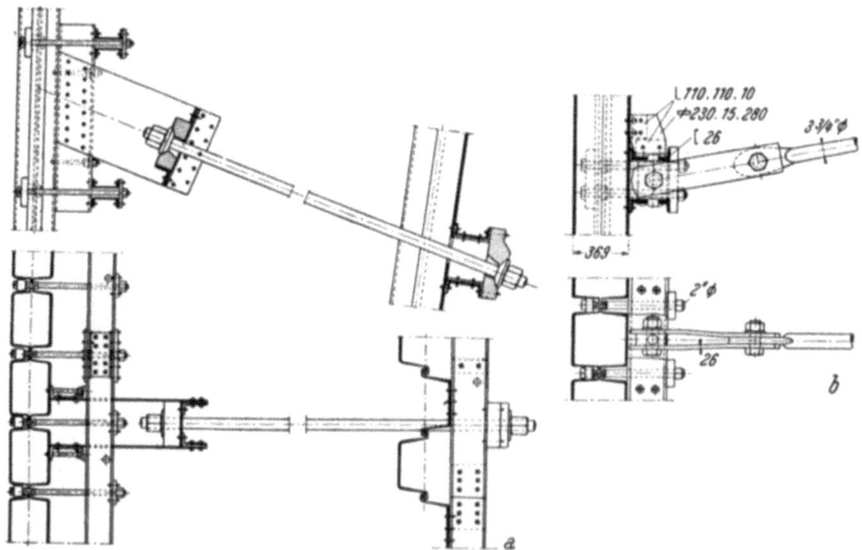

Abb. 217. Gelenke in einer Ankerzugstange und Verankerung einer Spundwand.

wird die Grundwassersenkung angewendet. Durch besondere Gründungsverfahren können schließlich Bauwerksteile auch bei Grundwasserandrang ohne Wasserhaltung noch unter die Baugrubensohle bis auf hinreichend tragfähigen Boden hinabgeführt werden.

Bei manchen einfachen Gründungen, wie sie vielfach bei Hochbauten vorkommen, wird die Baugrube auf den für das Grundwerk benötigten Raum beschränkt und der Aushub kann sogar oft mit lotrechten Wandungen ohne weitere Sicherung ausgehoben werden. Bei anderen Gründungen, wie z. B. bei den Brunnengründungen und den Druckluftsenkgründen, wird ein Teil der Baugrube meist bis zum Grundwasserspiegel mit geböschtem Umriß und etwas größer als es dem Grundwerksumriß entspricht ausgehoben, der weitere Aushub aber dann auf den Grundwerksumriß beschränkt.

Bei Gründungen, bei denen man mit großem Wasserandrang zu kämpfen hat, wo daher die Baugrube

Abb. 218. Werksgrabenwandungen aus Larssen-Stahlspundbohlen. (Ver. Stahlwerke A.-G., Dortmunder Union.)

mit Spundwänden oder Fangdämmen umgeben werden muß, wird der umschlossene Raum etwas größer bemessen, um die Aufstellung von Baumaschinen und die Lagerung von Baugeräten und Baustoffen zu ermöglichen. Wenn schließlich Rammungen bis an den Grundwerksumriß nötig

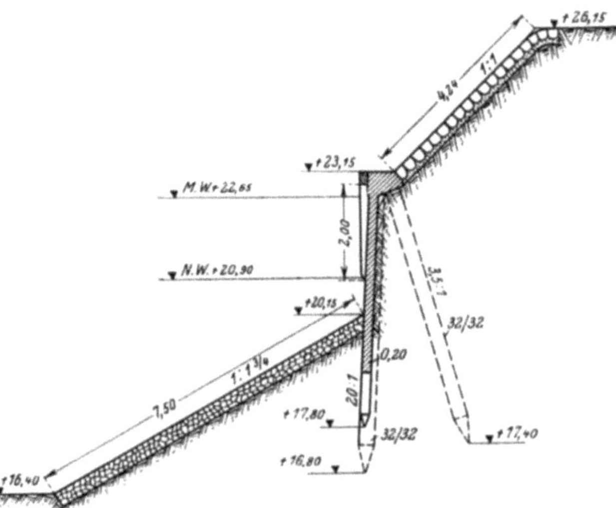

Abb. 219. Uferwand aus einer durch Pfahlblöcke gestützten Stahl-
beton-Spundwand im Hafen Ruhrort. (Nach Germans.)

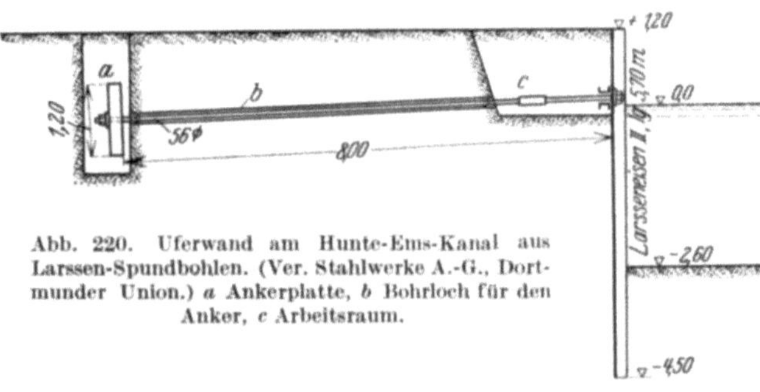

Abb. 220. Uferwand am Hunte-Ems-Kanal aus
Larssen-Spundbohlen. (Ver. Stahlwerke A.-G., Dort-
munder Union.) a Ankerplatte, b Bohrloch für den
Anker, c Arbeitsraum.

sind, so muß zwischen dem Grundwerksumrisse und der Baugrubenumfassung ein
freier Raum von wenigstens 1,5 [m] bestehen.

Die auszuhebenden Grundmauergräben
werden mit sogenannten Schnurgerüsten
(Abb. 240) abgesteckt, die so weit von
den Grundmauern weg errichtet werden,
daß eine Beschädigung bis zur Fertigstellung der Mauern nicht zu befürchten
ist. Von den gespannten Schnüren oder
Drähten (a) aus werden mit Senkeln (b)
die Grabenränder festgelegt und mit Brettern (c), die mit Steinen beschwert oder
an Haftpflöcke gehängt werden, ausgelegt.

Die Sohle von Grundmauergräben für
Hochbauten, bei denen nur lotrechte
Lasten auf den Boden übertragen werden,
werden stets waagrecht ausgehoben. In
geneigtem Gelände wird die Sohle treppen-
artig (Abb. 241 a) mit etwa 0,30 [m] hohen
Stufen zwischen den waagrecht liegenden
Grabensohlenstrecken hergestellt.

Bei Ingenieurbauwerken ist die Resultierende der durch das Grundwerk auf den
Boden zu übertragenden Lasten vielfach
nicht lotrecht; dann wird die Sohlfuge so
geneigt, daß sie von der Resultierenden
der Lasten unter einem Winkel getroffen
wird, der möglichst nahe einem rechten ist.
Um sowohl an Aushub als auch an Mauerwerk zu sparen, kann auch in diesem Falle
die Sohlfuge, etwa so, wie es die Abb.
241 b andeutet, abgetreppt werden.

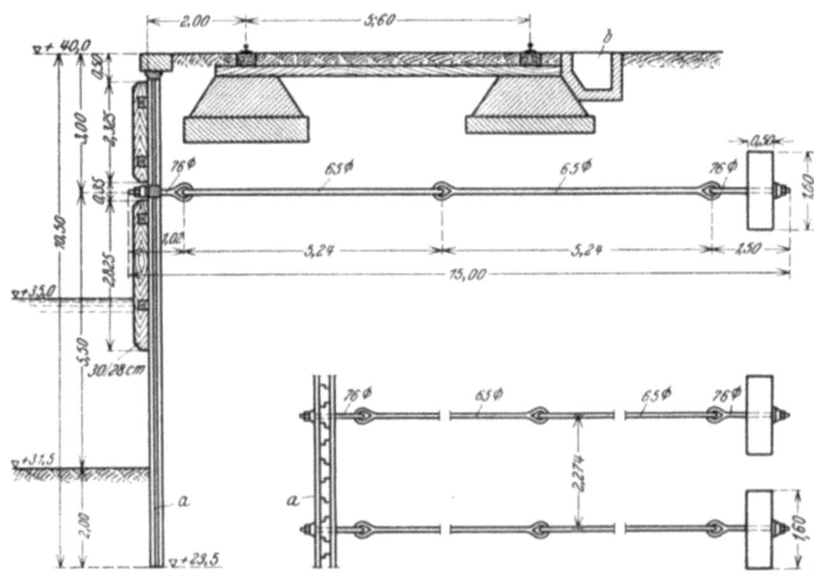

Abb. 221. Uferwand im Hafen Gelsenkirchen. (Ver. Stahlwerke A.-G., Dortmunder Union.)
a Larssen-Spundbohlen; Querschnitt III, b Kabelkanal.

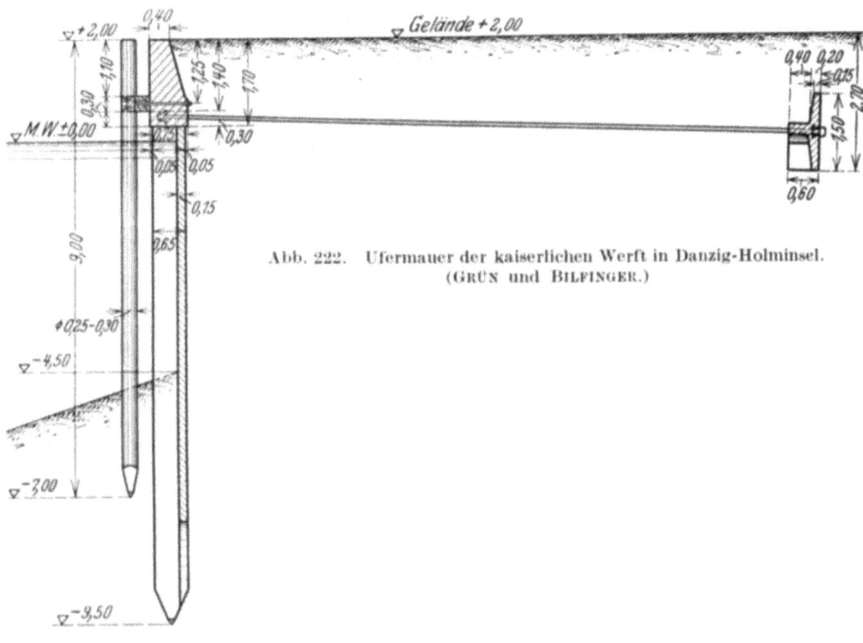

Abb. 222. Ufermauer der kaiserlichen Werft in Danzig-Holminsel.
(GRÜN und BILFINGER.)

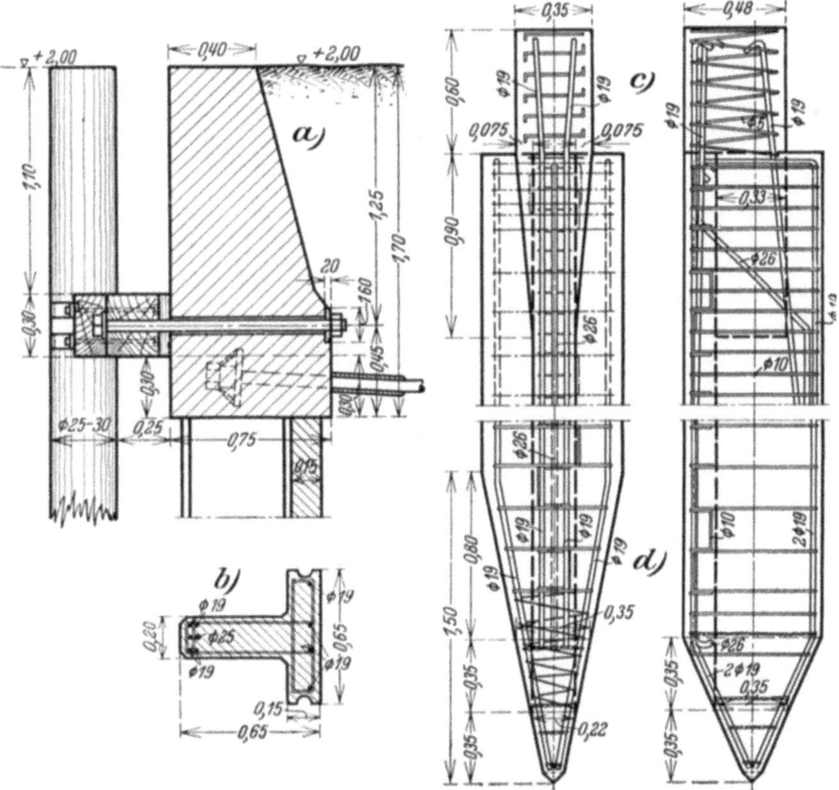

Abb. 223. Einzelheiten der Ufermauer in Danzig-Holminsel. *a)* Befestigung der Reibepfähle
und deren Verankerung, *b)* Querschnitt der Spundpfähle, *c)* Ausbildung der Spundpfahlköpfe,
d) Ausbildung der Spundpfahlspitze. (GRÜN und BILFINGER.)

Die Sohlfuge wird in die durch die Last- und Bodenverhältnisse bedingte Tiefenlage hinabverlegt, sie muß aber jedenfalls unter der Frostgrenze, in Mitteleuropa etwa 1,0 bis 1,20 [m] tief liegen, damit Bewegungen des Bauwerkes infolge von Rauminhaltsänderungen von frierendem und später wieder auftauendem Boden vermieden werden.

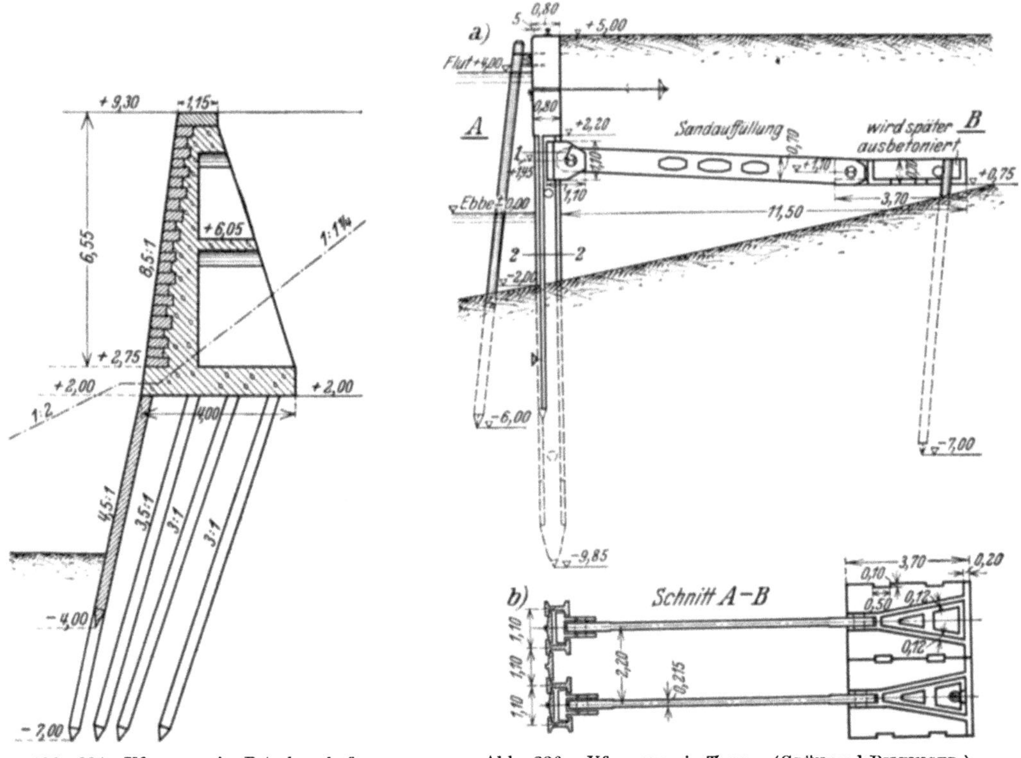

Abb. 224. Ufermauer im Petroleumhafen Düsseldorf. (GRÜN und BILFINGER.)

Abb. 226. Ufermauer in Tanga. (GRÜN und BILFINGER.)

Wenn der Baugrund hinreichend standfest ist, wird die Baugrube mit lotrechten Wandungen ausgehoben, die dann vielfach die Schalung bei der Betonierung des Grundwerkes ersparen können. Die Standsicherheit von Bodenwänden wird durch versickerndes Niederschlagswasser

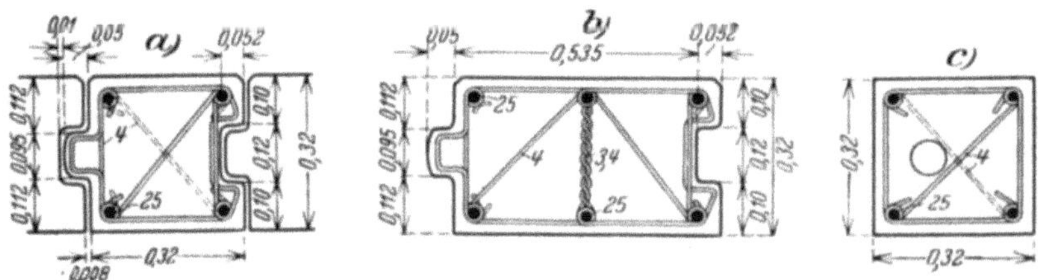

Abb. 225. Ufermauer im Petroleumhafen Düsseldorf. *a)* Spundpfahl, *b)* Spundbohle, *c)* Tragpfahl.

stark herabgesetzt, weswegen es zweckmäßig ist, dem Aushube die Grundwerksbetonierung möglichst rasch folgen zu lassen.

Wenn der Boden nicht standfest ist, so wird die Baugrube entweder geböscht ausgehoben oder es müssen die Baugrubenumrisse gepölzt werden. Unter allen Umständen ist eine Pölzung erforderlich, wenn durch Rutschung Arbeiter in der Baugrube verschüttet werden können; das ist in weiten Baugruben bei etwa 2,5 bis 3,0 [m] tiefen Wänden, in engen Baugruben, wie Gräben schon bei 1,00 bis 1,50 [m] Tiefe der Fall. Bei starken Erschütterungen des Bodens durch Verkehrslasten oder durch Baugeräte müssen die Baugrubenwände unter allen Umständen gepölzt werden.

Der obere Rand von Baugruben, die in standfestem Boden mit lotrechten Wänden ohne Aussteifung ausgehoben werden, wird stets durch ausgelegte Bretter gegen Vertreten gesichert.

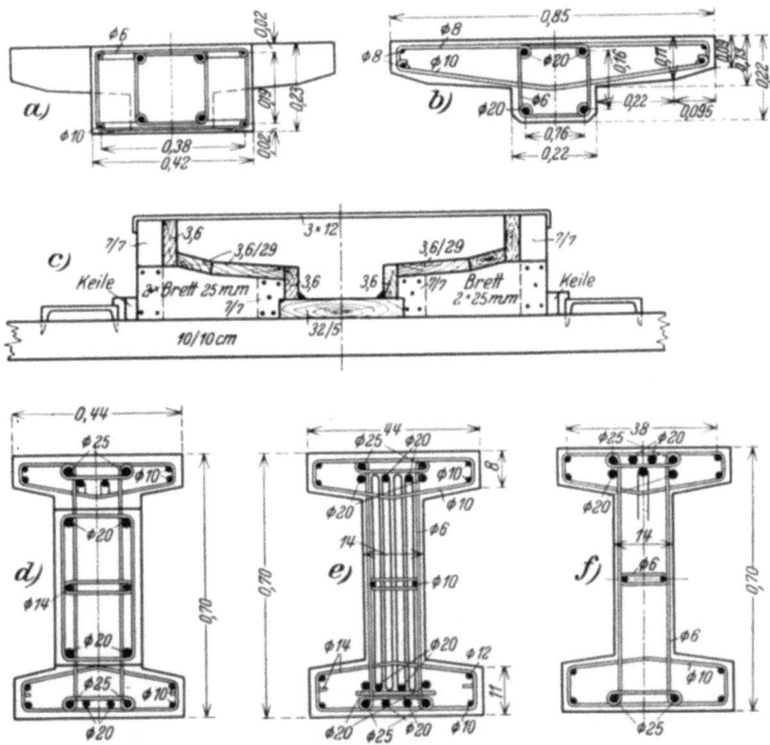

Abb. 227. Ufermauer in Tanga. Einzelheiten. *a)* Draufsicht, *b)* Schnitt 2—2, *c)* Schalung für die T-Bohle, *d)* Draufsicht auf die I-Bohle, *e)* Schnitt 1—1 durch die I-Bohle, *f)* Schnitt 2—2 durch die I-Bohle.

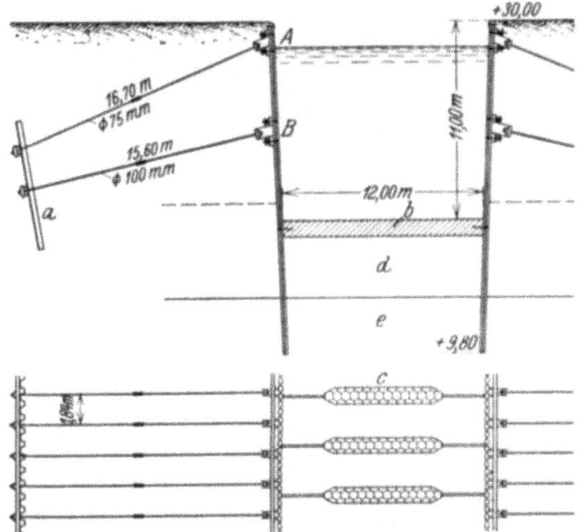

Abb. 228. Schleuse Hünxe im Kanal Wesel—Datteln. Länge 225 [m]. Querschnitt und Grundriß. (Ver. Stahlwerke A.-G., Dortmunder Union.) *a* Ankerwand aus 8 [m] langen Larssen-Bohlen; Querschnitt V, *b* Stahlbetonplatte, *c* Sickerschlitze, *d* Auffüllung, *e* fester Ton.

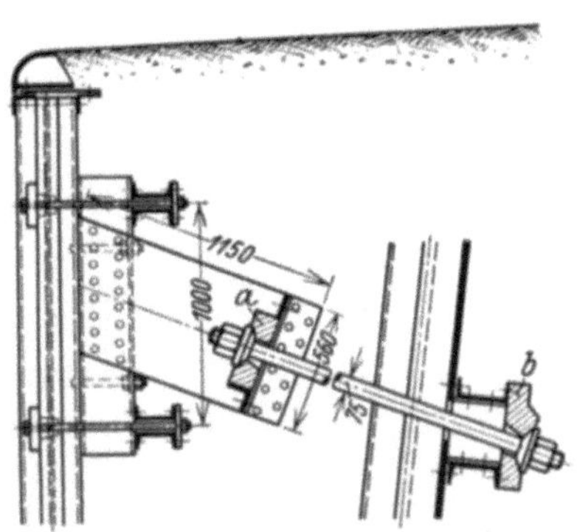

Abb. 229. Schleuse Hünxe. Holm, oberer Gurt (A) und Verankerung. Querschnitt. (Ver. Stahlwerke A.-G., Dortmunder Union.) *a, b* Stahlgußteile.

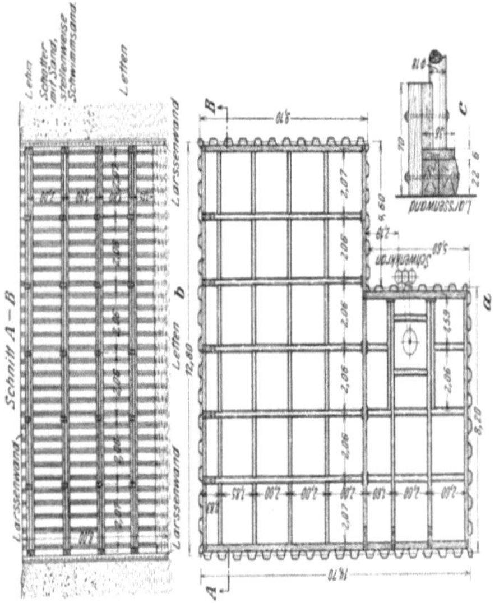

Abb. 230. Schleuse Hünxe. Oberer Gurt (links) und
Verankerung (rechts). Draufsicht. (Ver. Stahlwerke
A.-G., Dortmunder Union.) *a* Entwässerungslöcher.

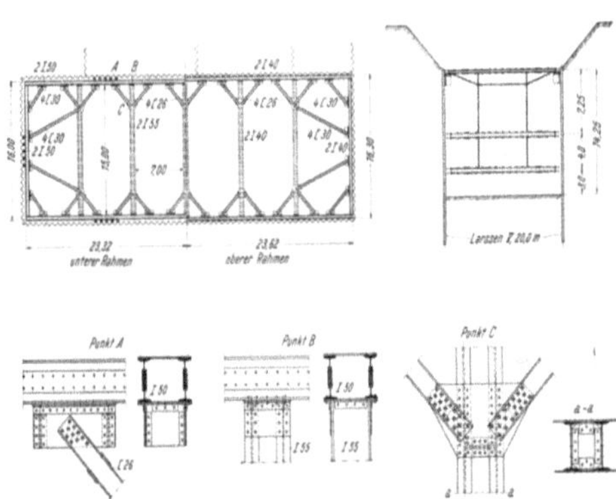

Abb. 231. Schleuse Hünxe. Rückansicht der Ankerwand. (Ver. Stahlwerke A.-G., Dortmunder Union.)

Abb. 232. Schleuse Hünxe. Rückansicht des oberen
Gurtes. (Ver. Stahlwerke A.-G., Dortmunder Union.)

Abb. 234. Buhne an der Küste von
Miami Beach, Florida. (Ver. Stahlwerke A.-G., Dortmunder Union.)

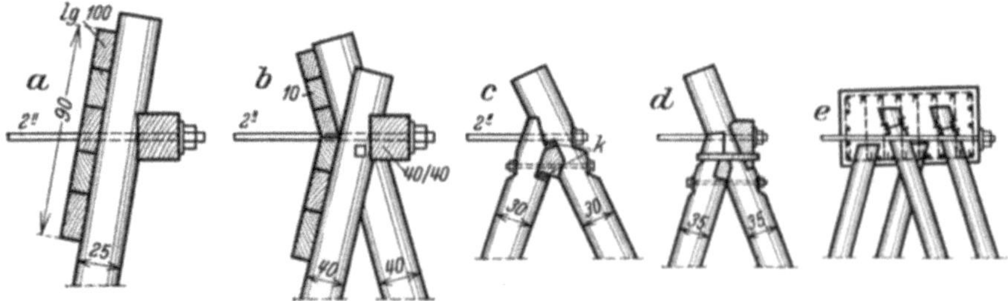

Abb. 233. Durch Pfähle und Pfahlböcke verstärkte Ankerplatten *(a, b)* und Pfahlböcke als Ersatz für
Ankerplatten *(c, d, e)*.

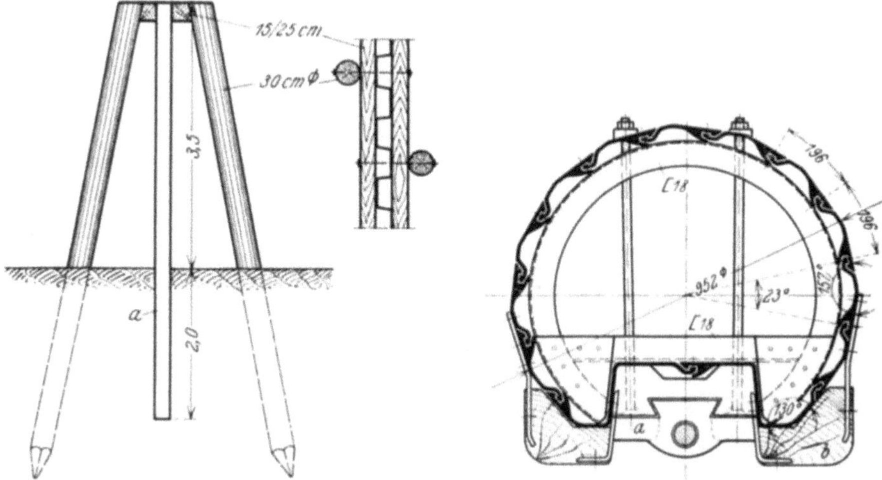

Abb. 235. Buhne an der Küste
von Miami Beach, Florida. (Ver.
Stahlwerke A.-G., Dortmunder
Union.) *a* Larssen-Bohlen, Querschnitt II.

Abb. 236. Dalbenquerschnitt aus Hoesch-
Spundbohlen, Querschnitt X. (Eisen- und
Stahlwerke Hoesch.)

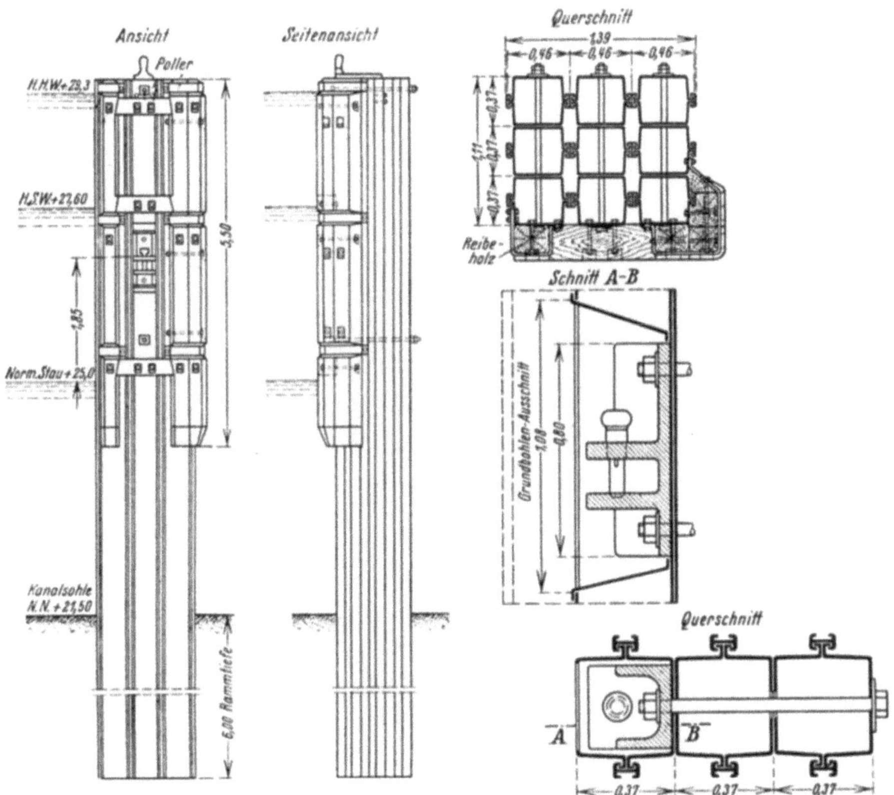

Abb. 237. Dalben aus gerammten Union-Kastenbohlen mit Einzelheiten. (Nach MOELLER.)

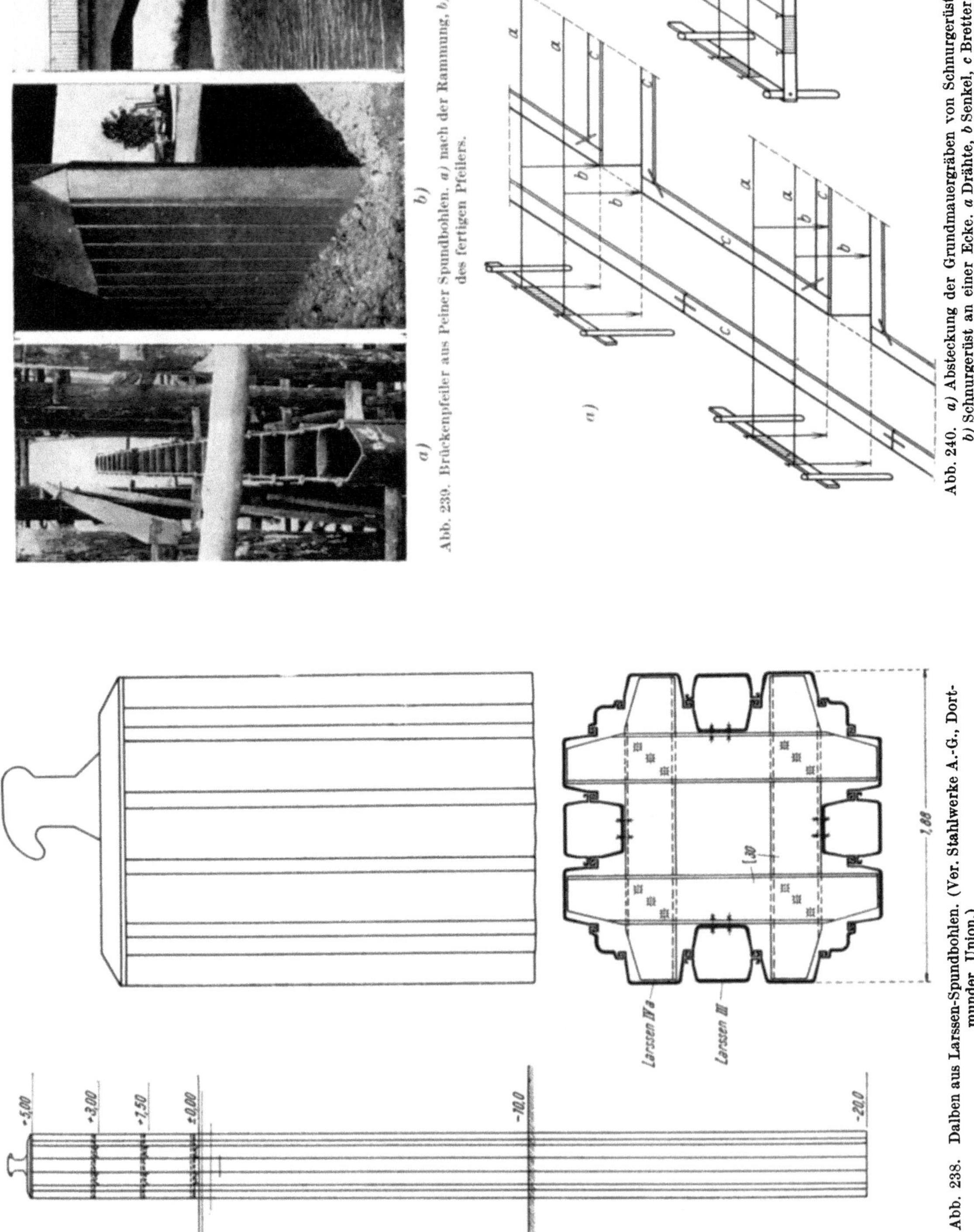

Abb. 238. Dalben aus Larssen-Spundbohlen. (Ver. Stahlwerke A.-G., Dortmunder Union.)

Abb. 239. Brückenpfeiler aus Peiner Spundbohlen. a) nach der Rammung, b) und c) Ansichten des fertigen Pfeilers.

Abb. 240. a) Absteckung der Grundmauergräben von Schnurgerüsten aus, b) Schnurgerüst an einer Ecke. a Drähte, b Senkel, c Bretter.

Die Frage, ob in nicht standfähigem Boden bzw. bei großen Aushubtiefen die Baugrube mit lotrechten, ausgesteiften Wandungen oder geböscht auszuheben ist, kann durch einen Vergleich der Kosten entschieden werden. Schmale Grundmaueraushübe wird man wohl in der Regel mit lotrechten, ausgesteiften Wänden ausheben, weil der Aushub des über den Böschungen liegenden Bodens größer ist als der eigentliche Grundmaueraushub. Bei sehr weiten Baugruben wieder wird man in der Regel mit Böschung ausheben, weil einerseits der Aushub des über den Böschungen liegenden Bodens gegenüber dem übrigen, unbedingt nötigen, an Einfluß auf die Aushubkosten zurücktritt und weil man andererseits auf diese Weise eine freie Baugrube erhält. Es können aber auch noch andere Umstände als die Kosten eine entscheidende Rolle spielen. Wenn der zur Verfügung stehende Raum sehr beschränkt ist, wie z. B. beim Aushub für das Grundwerk eines Hauses an einer Straße, so ist überhaupt nur Aushub mit lotrechter Wand möglich. Wenn andererseits aus bautechnischen Gründen eine Baugrube gefordert wird, die frei von Steifhölzern ist, so ist, von geringen Aushubtiefen abgesehen, meist nur eine geböschte Baugrube möglich.

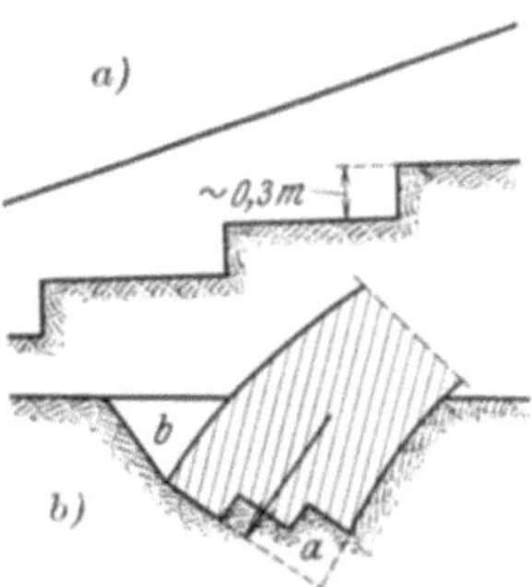

Abb. 241. Form der Sohlfuge. *a)* bei lotrechten Lasten, *b)* bei geneigtem Lastangriff.

Bei Baugruben mit geböschtem Aushub hängt die zu wählende Böschungsneigung von der Beschaffenheit des Bodens, von der Aushubtiefe und von der Dauer des Baues ab. Die sicherste Böschung ergebe jene mit dem natürlichen Böschungswinkel des betreffenden Bodens. Aus Sparsamkeitsgründen werden die Böschungen aber in der Regel wesentlich steiler genommen, je weniger tief die Baugrube ist und je kürzer sie offen bleiben muß. Sehr tiefe Baugrubenböschungen erhalten 0,5 bis 1,0 [m] breite Bermen, um sie leichter begehbar zu machen und um die Strecken, über die Regenwasser läuft, abzukürzen; die Bermen bewirken überdies eine Verringerung der mittleren Neigung der ganzen Böschung.

Abb. 242. Böschungsrutschung in einer Baugrube für die Nordschleuse in Bremerhaven. (Ver. Stahlwerke A.-G., Dortmunder Union.) *a* Gleitfläche, *b* abgeglittener Bodenkörper, *c* emporgeschobener Boden am Fuße der Böschung.

Bei sehr tiefen Baugruben, die lange offen bleiben müssen, wie z. B. solchen für Kammerschleusen, kann es schließlich auch noch erforderlich werden, die Standsicherheit der Böschung hinsichtlich Grundbruchs unter Zugrundelegung gekrümmter Gleitflächen (vgl. S. 89) zu untersuchen. Die Abb. 242 gibt den Anblick einer ausgedehnten Böschungsrutschung in einer Baugrube wieder und die Abb. 242a zeigt den Schnitt durch die Rutschung mit der wahrscheinlich aufgetretenen Gleitfläche.

Schrifttum.

BIERMANN, E.: Hausunterfahrungen beim Untergrundbahnbau in Berlin. Zentralbl. d. Bauverw. 1928. S. 645. — BURCHARDT, A.: Die natürliche Beleuchtung der Straße. Zentralbl. d. Bauverw. 1919. S. 38. — KARSTEN, A.: Tiefstrahler für Baustellenbeleuchtung. Baumaschine. 1930. S. 14. — KIEHNE, S.: Neubau einer Ufermauer auf der Werft Kiel der Deutsche Werke A.-G. Kiel. Bauing. 1928. S. 933. — MARX: Zur Beschränkung der Rutschungsgefahr bei Herstellung von Einschnitten durch Abflachen der Böschung. Bautechn. 1929. S. 343. — TIETZE, H.: Die Hoch- und Ausbauarbeiten beim Umbau der Berliner Staatsoper. Dt. Bauzg. 1928. S. 276.

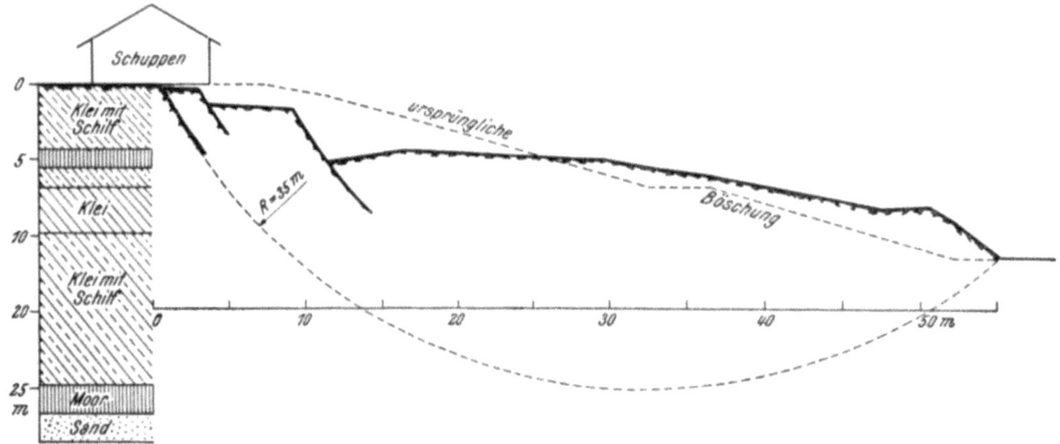

Abb. 242a. Böschungsrutschung in einer Baugrube für die Nordschleuse in Bremerhaven (vgl. Abb. 242).

B. Die Lösung des Bodens in der Baugrube.

Die Lösung des Bodens geschieht bei kleinen Baugruben mit Handwerkzeugen, weil sich das Heranschaffen von Maschinen nicht lohnen würde. Im Trockenen erfolgt das Lösen des Bodens mit Spaten und Kreuzhauen und der gelöste Boden wird durch Wurf auf die Fördergefäße verladen. Im Wasser müssen besondere *Handbaggergeräte* (Abb. 243) verwendet werden, weil mit den gewöhnlichen Spaten der Boden nicht aus dem Wasser gehoben werden könnte.

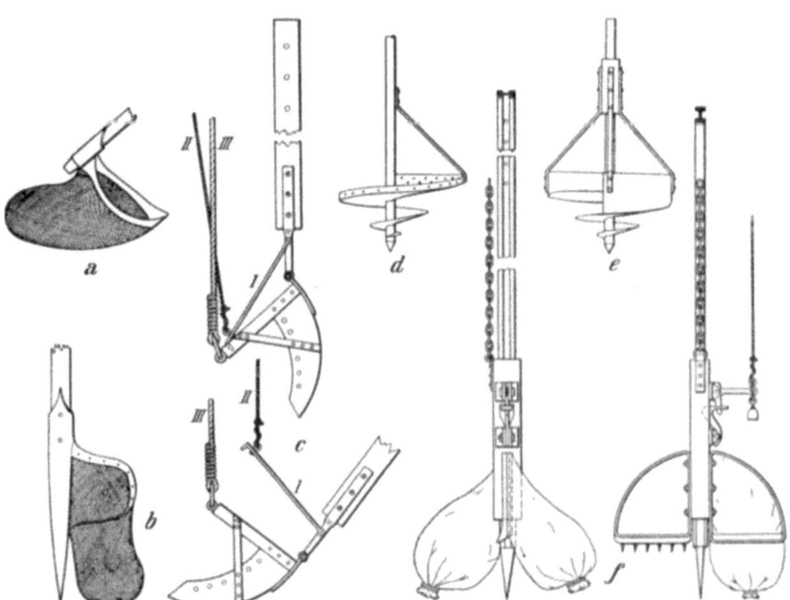

Abb. 243. Handbaggergeräte. *a* Sackbagger, *b* Sackbohrer, *c* Indische Baggerschaufel, *d* und *e* Schraubenbohrer, *f* Doppelsackbohrer. (Nach F. LÜCKEMANN.)

In mittleren und großen Baugruben werden für das Lösen des Aushubes besondere Geräte angewendet, von denen die wichtigsten kurz beschrieben seien.

Spatenhämmer (Abb. 244) werden angewendet, um sehr fest gelagerten Boden zu lösen; sie werden mit Preßluft angetrieben, die ein leichter, fahrbarer Luftverdichter liefert, der von einem Motor angetrieben wird. Sehr fest gelagerter grober Schotter, Beton und weicher oder gebrächer Fels können mit dem *Aufreißhammer* (Abb. 245 und 246) gelockert und zertrümmert werden. Beide Geräte ersetzen weitgehend die Spitz- und die Kreuzhaue und in manchen Fällen auch das Sprengen.

Für die Lösung von Boden in größeren Massen und auch für das Verladen von schon gelöstem Aushub finden *Bagger* Verwendung, die, je nach den örtlichen Verhältnissen, in verschiedenen Bauarten verwendet werden.

Löffelbagger (Abb. 247 und 248 a) graben den Boden durch Bewegung eines mit Zähnen ausgerüsteten Löffels an einer Bodenwand von unten nach oben ab.

Abb. 244. Anwendung des Spatenhammers. (Flottmann A.-G., Herne.)

Der Löffelbagger ist auf einem Wagen mit Raupenbändern (also ohne Schienen) fahrbar und am Wagen drehbar. Die Entleerung des Löffels geschieht durch Öffnen der Bodenklappe am Löffel über den Förderwagen.

Abb. 245. Aufreißhämmer (Flottmann A.-G., Herne.)

Der Löffelbagger führt unmittelbar über der von ihm freigebaggerten Sohle. Er erreicht in der Regel eine Fahrgeschwindigkeit von höchstens 1,5 [km/h]. Je nach dem zur Löffelentleerung erforderlichen Drehwinkel und der Bodenart kann der Bagger 2,5 bis 3,5 Hübe in der Minute ausführen. Die Bagger werden mit Löffelinhalten bis zu 9 [m³] ausgeführt. Der Antrieb geschieht mittels Dampfmaschine, Diesel- oder Elektromotor. ·

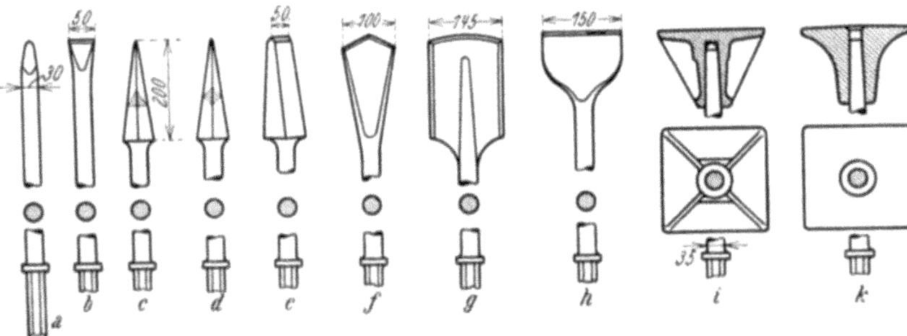

Abb. 246. Einsteckwerkzeuge zum Flottmann-Aufreißhammer CU 36. Für schwere Abbrucharbeiten an Mauerwerk, Beton und Gestein. *a* Pickeisen mit Spitze, *b* Pickeisen mit Schneide, *c* Keileisen, dreikantig, *d* Keileisen, vierkantig, *e* Keileisen mit Flachschneide, für Aufbrucharbeiten an Asphalt oder Betondecken und für den Abstich von Ton, Lehm und dergl., *f* Spaten mit spitzer Schneide, *g* Spaten mit balliger Schneide, *h* Spaten mit gerader Schneide. Für schwere Stampfarbeiten *i* und *k* Stampfschuhe.

Abb. 247. Löffelbagger.

Abb. 249. Tieflöffelbagger. (Orenstein & Koppel.)

Der *Tieflöffelbagger* (Abb. 249 und 248 b) arbeitet ähnlich wie der früher beschriebene Löffelbagger, er fährt aber nicht auf der Sohle der Baugrube, sondern am ursprünglichen Gelände am oberen Rande der Baugrubenböschung. Er ist besonders dort gut verwendbar, wo das Herausschaffen des gewöhnlichen Löffelbaggers aus der Baugrube, auf deren Sohle er sich herabgearbeitet hat, Schwierigkeiten bereiten würde und für den Aushub unter Wasser vom trockenen Rande der Baugrube her.

Greifbagger (Abb. 250 und 248e) können im Trockenen und im Wasser arbeiten. Die Greifer werden je nach der zu baggernden Bodenart verschieden ausgeführt (Abb. 251 und 252); sie hängen entweder am Ausleger eines Wagens auf Raupenband

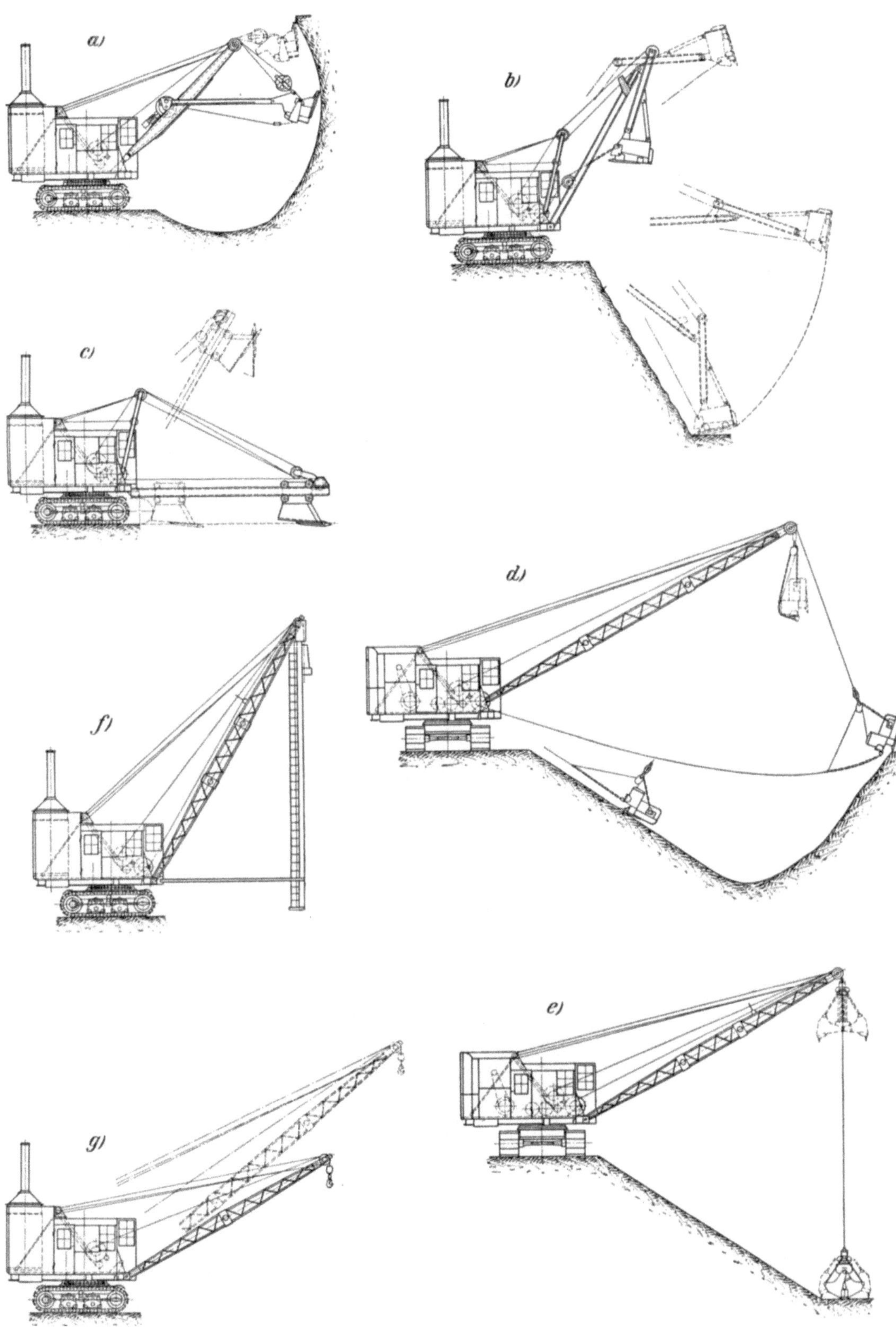

Abb. 248. Ein Universalbagger. *a)* als Löffelbagger, *b)* als Tieflöffelbagger, *c)* als Planierbagger, *d)* als Schlepp-schaufelbagger, *e)* als Greifbagger, *f)* als Auslegerramme, *g)* als Kran. (Orenstein & Koppel, Berlin.)

(Abb. 250) oder sie werden je nach den örtlichen Verhältnissen von einem festen Gerüst oder von einem Kabelkran aus betätigt. Greifbagger werden vorwiegend für den Aushub aus engen Baugruben und für den Aushub aus Wasser benützt.

Abb. 250.   Greifbagger auf Raupenband, in einen Füllkopf *(b)* entleerend. *a* Greifer geöffnet. (Menck & Hambrock, Altona.)

Der *Schleppschaufelbagger* (Eimerseilbagger) (Abb. 253 und 248d) dient für den Aushub im Trockenen oder im Wasser. Er besteht aus einem Schleppkübel, der am Ausleger hängend, über den Boden geschleppt wird und sich hierbei mit Boden füllt. Dieser Bagger eignet sich auch für den Aushub enger Gräben.

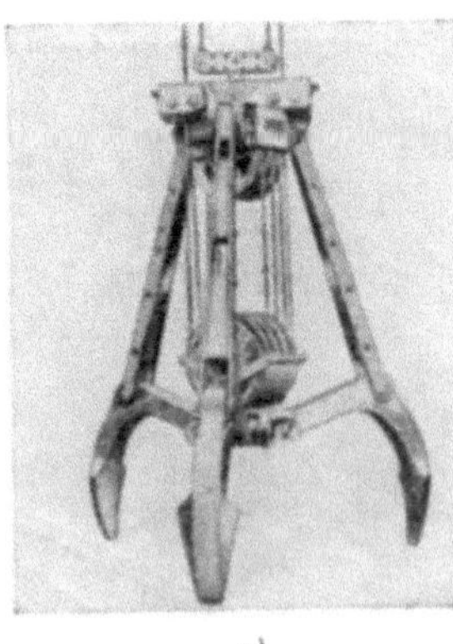

Abb. 251.   Verschiedene Ausführungsformen von Greifern. *a)* für feinkörnigen Boden, *b)* für Kies und Geschiebe, *c)* für Steine. (Menck & Hambrock, Altona.)

In der Abb. 248c ist schließlich auch noch die Arbeitsweise des Planierbaggers gezeigt, der zum Einebnen der Aushubgrenzen Verwendung findet.

Die bisher beschriebenen Bagger können alle auf ein und demselben Wagen auf Raupenbändern durch Auswechslung einiger Teile aufgebaut werden. Ein derartiges Gerät wird dann als *Universalbagger* (Abb. 247) bezeichnet. Er kann überdies noch leicht zu einem Kran oder

Zahlentafel 35. Angaben über einige Menck-Universal-Raupenbagger.

Baggergeräte	M_0	M_a	M_b	M_c	M_d	M_e
Grundbagger:						
Gewicht .... [t]	13,0	18,1	26,4	40,7	62,4	.
Fahrgeschwindigkeit........... [km/h]	1,14	1,06	1,0	0,9	0,83	0,78
	2,48	2,45	2,5	2,0		
Drehgeschwindigkeit ..... [Umdr./min]	7,0	6,3	4,8	4,2	4,5	3,9
Löffelhochbaggereinrichtung:						
Gewicht .... [t]	2,9	4,1	5,8	8,9	14,7	.
Löffelinhalt, normal .... [rm]	0,42	0,58	0,80	1,10	1,50	2,05
„ bei leichtem Boden ... [rm]	0,58	0,80	1,10	1,50	2,05	2,80
Größte Reißkraft am Löffel .... [t]	7,0	9,8	14,3	20,5	29,2	41,6
Flächendruck beim Fahren .... [kg/cm²]	0,76	0,77	0,85	0,89	1,08	1,27
Spezial-Löffelhochbaggereinrichtung:						
Gewicht .... [t]	3,5	5,0	7,4	11,0	16,7	.
Löffelinhalt, normal .... [rm]	0,63	0,87	1,2	1,65	2,25	3,1
„ bei leichtem Boden ... [rm]	0,73	1,00	1,4	1,90	2,60	3,6
Größte Reißkraft am Löffel .... [t]	9,0	12,4	18,2	26,0	37,0	52,0
Flächendruck beim Fahren .... [kg/cm²]	0,79	0,80	0,88	0,92	1,1	1,3
Löffeltiefbaggereinrichtung:						
Löffelinhalt .... [rm]	0,42	0,58	0,80	1,10	1,50	2,05
Gewicht .... [t]	2,2	3,3	4,4	6,4	9,5	.
Greifbaggereinrichtung:						
Gewicht .... [t]	1,8	2,5	3,6	4,9	7,3	.
Größter Greiferinhalt .... [rm]	0,3	0,42	0,60	0,85	1,20	1,78
Auslegerlänge.................... [m]	8,22	9,38	10,90	12,85	13,70	15,70
Schleppeimerbaggereinrichtung:						
Gewicht .... [t]	1,58	2,20	3,33	4,53	7,85	.
Größter Eimerinhalt .... [rm]	0,42	0,60	0,85	1,20	1,78	2,54
Auslegerlänge .... [m]	8,22	9,38	10,90	12,85	13,70	15,70
Größte Zugkraft bei kleiner Trommel [t]	5,25	7,30	10,75	15,40	22,00	31,20
„ „ „ großer „ [t]	3,72	5,17	7,60	11,00	15,50	22,00
Planierbaggereinrichtung:						
Gewicht .... [t]	2,1	3,0	4,2	6,2	8,7	12,5
Löffelinhalt .... [rm]	0,42	0,58	0,80	1,10	1,50	2,05
Größte Reichweite .... [m]	7,20	8,20	9,35	10,65	12,15	13,85
Löffelverschiebung .... [m]	3,94	4,50	5,13	5,85	6,67	7,60
Kraneinrichtung einschl. Ausleger:						
Gewicht .... [t]	0,9	1,23	1,85	2,50	3,80	4,90
Tragkraft je nach Ausladung .... [t]	1,5...4,1	2,2...5,8	3,2...8,4	4,3...11,5	6,5...17,3	9,3...25,0
Größte Ausladung .... [m]	8,76	10,00	11,50	13,50	14,82	16,94

zu einer Auslegerramme umgebaut werden. In der Zahlentafel 35 sind die wichtigsten Angaben über Universalgeräte von Menck & Hambrock in Altona zusammengestellt.

In sehr ausgedehnten Baugruben, wie sie etwa bei Kammerschleusen vorkommen, können auch *Eimerkettenbagger* (Abb. 254) verwendet werden. Die Eimer hängen an einer Kette, die über eine Eimerleiter läuft, deren Neigung verstellbar ist und die auch gebrochen werden kann, um Böschungen mit beliebigen Neigungsverhältnissen ausführen zu können. Der Bagger arbeitet entweder von der Baugrubensohle oder vom oberen Baugrubenrande aus und er eignet sich sowohl für den Aushub im Trockenen als auch aus dem Wasser; er bewegt sich auf eigenen Schienen, die entsprechend dem Fortschritte des Baugrubenaushubes verschoben werden müssen oder auf Raupenbändern. Für die Baggerung im Wasser fern vom Ufer ist der Eimerkettenbagger auf einem Schiff eingebaut.

Abb. 252. Greifer, einen großen Stein hebend. (Menck & Hambrock, Altona.)

Abb. 253. Schleppschaufelbagger. (Menck & Hambrock, Altona.)

Für die Baggerung von Schlamm und feinem Sand von der Sohle eines Gewässers werden schließlich sogenannte *Saugbagger* angewendet, die durch einen eigenen Saugkopf den Boden an der Sohle gemischt mit Wasser im Verhältnis 1 : 2 bis 1 : 6 mit Hilfe einer einfachen Kreisel-

Abb. 254. Baugrubenaushub mittels Eimerkettenbaggers *(a)* und eines Greifers *(b)*. c Böschungs-
rutsch. (Siemens-Bau-Union.)

pumpe absaugen und in Schuten oder auf Entfernungen bis zu 2000 [m] durch Rohrleitungen ans Land zu Auffüllungszwecken spülen. Der Saugkopf ist bei leicht gelagerten Bodenarten mit einer breiten Schneide ausgerüstet, an der Druckwasser austritt, bei schweren Bodenarten enthält er ein eigenes Rührschneidwerk zur Lösung des Bodens. Die größte bisher mit einem Saugbagger erzielte Stundenleistung beträgt 6000 [m³] Sand aus 21 [m] Tiefe.

Borlöcher für Sprengarbeiten werden mit *Druckluftborhämmern* (Abb. 255) ausgeführt, die mit Druckluft von etwa 5 [kg/cm²] angetrieben werden und je Minute 1400 bis 2400 Schläge vollführen.

C. Abbrucharbeiten an bestehenden Grundwerken.

An bestehenden Grundwerken sind gelegentlich von Umbauten, Verstärkungen, Auswechslungen u. dgl. vielfach Abbrucharbeiten zu leisten, bei denen Sprengmittel entweder gar nicht oder nur im geringen Umfange angewendet werden dürfen. Um solche Arbeiten rasch, bzw. manchmal überhaupt ausführen zu können, ist die Anwendung besonderer Verfahren und Geräte erforderlich.

Bei geringfügigem Umfange der Abtragungsarbeiten genügt vielfach die Anwendung von Meißeln und Keilen. Wenn Ziegelmauerwerk in größerem Umfange abzutragen ist, eignet sich zur Lösung des Gefüges der Druckluftpickhammer (Abb. 256). Für das Lösen von Beton in geringeren Dicken kann der Druckluftaufreißhammer (Abb. 245) verwendet werden, der schon auf S. 179 erwähnt worden ist.

Abb. 255. Flottmann-Bohrhammer.

Abb. 256. Druckluft-Pickhammer beim Abtragen von Mauerwerk. (Flottmann A.-G., Herne.)

Leichtere Stahlbetonbauteile können abgetragen werden, wenn der Beton zwischen der Bewehrung mit dem Aufreißhammer an einzelnen Stellen zertrümmert und die freigelegte Bewehrung mit dem Schneidbrenner durchschnitten werden. Schwere Beton-, Stahlbeton und Mauerwerkskörper können mit dem Pfahlhammer (Abb. 257) mühelos und gründlich zerlegt werden.

Wenn die Erschütterungen, die der rasch schlagende Hammer verursacht, nicht zulässig sind, so können besondere Sprengverfahren angewendet werden. Ein schon lange bekanntes Verfahren benützt die Tatsache, daß sich ungelöschter Kalk, wenn er mit Wasser in Berührung kommt, ausdehnt. Um mit Kalk zu sprengen, werden Bohrlöcher in Reihen hergestellt, die zur Hälfte mit ungelöschtem Kalk aufgefüllt werden, in den je ein Rohr eingeführt wird; der Rest des Bohrloches wird verdämmt und hierauf durch die Rohre Wasser in den Kalk gegossen. Der sich während der Wasseraufnahme ausdehnende Kalk sprengt schließlich den Mauerkörper.

Für Abtragungen größeren Maßstabes eignet sich die Sprengung mit der Sprengpumpe von TÜBBEN-LINNEMANN. Auch bei diesem Verfahren sind eine Reihe von Bohrlöchern erforderlich, die etwa mittels eines schweren Bohrhammers (Abb. 258) hergestellt werden können. Die Bohrlöcher erhalten Tiefen bis zu 0,70 [m] und Weiten von 75 bis 110 [mm]; die erforderlichen breiten

Abb. 257. Pfahlhämmer bei Abtragarbeiten. *a* Zertrümmern eines Betongrundwerkes, *b* Zertrümmern einer Stahlbetondecke. (McKirnau Terry Corp., New York.)

Bohrer werden hierbei auf eigenen Bohrstangen aufgesetzt. In die Löcher werden, wie es die Abb. 259 veranschaulicht, Sprengzylinder eingesetzt, die bis zu 13 Druckkolben enthalten; zwischen die Kolbenköpfe und das Mauerwerk wird dann noch zweckmäßig ein Stahlstreifen eingelegt und hierauf mit einer kleinen Handpumpe Wasser in die Zylinder gepumpt, bis die Kolben das Mauerwerk gesprengt haben. Die Pumpe ist, wie es in der Abb. 260 deutlich zu erkennen ist, auf einem Dreifuß aufgebaut und die Verbindung zwischen der Pumpe und dem Sprengzylinder besteht aus einem Kupferrohr. Ein kleiner Kübel enthält das für die Sprengung erforderliche Wasser.

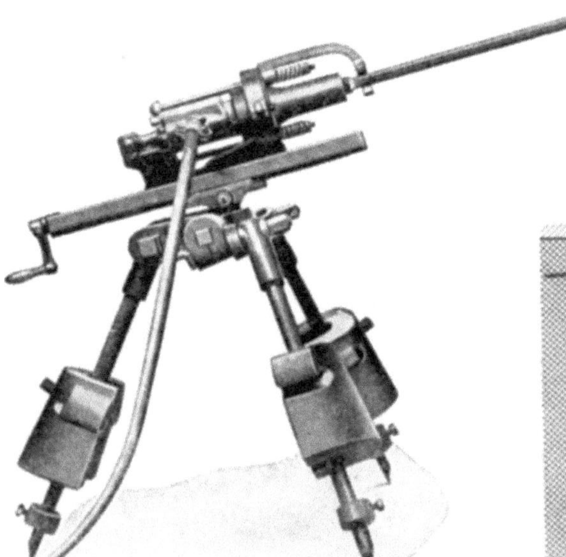

Abb. 258. Schwerer Flottmann-Bohrhammer AN 75.

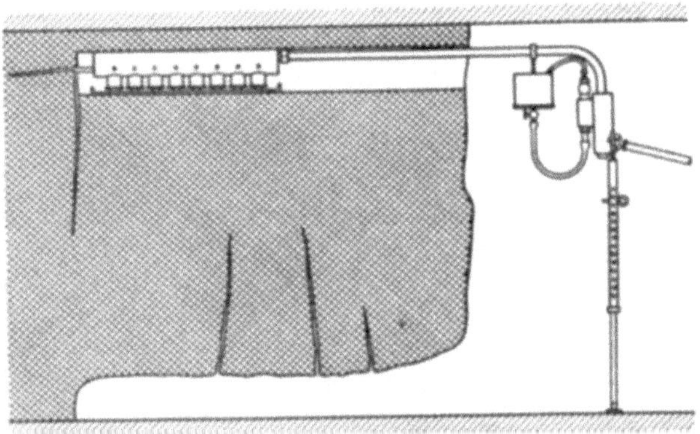

Abb. 259. Darstellung des Sprengverfahrens von TÜBBEN-LINNEMANN.

Abb. 260. Die Sprengpumpe von TÜBBEN-LINNEMANN. (Flottmann A.-G., Herne.)

Schrifttum.

BÖTTGER, J. W.: Sprengung von Maschinenfundamenten in geschlossenen Räumen. Bohrhammer. 1929. S. 231. — FLOTTMANN A.-G. — FLOTTMANN A.-G. u. HERNE: Werbeschriften. — DIESELBE: Sprengarbeiten ohne Sprengmittel mit Hilfe der hydraulischen Sprengpumpe. Bohrhammer. 1929. S. 167. — KUHNKE: Strompfeilerabbruch bei der Berliner Stadtbahn. Verk.-Woche. 1920. S. 368. — LOHMEYER, E.: Der Abbruch von Beton und Mauerwerk. Beton u. Eisen. 1920. S. 207. — SCHAROV, P.: Der Abbruch und die Zerstörung von Beton- und Eisenbetonbauten mittels Sprengstoffen. Beton u. Eisen. 1914. S. 57. — WOCHINGER: Der Abbruch von Eisen- und Eisenbetonbauten. Beton u. Eisen. 1914. S. 283.

D. Die Beförderung des Aushubes aus der Baugrube und die Zufuhr der Baustoffe.

Zur Beförderung des Aushubes aus kleinen Baugruben werden Schubkarren auf Karrbohlen verwendet. Wenn die Baugrube so beengt ist, daß ein Fahren mit Schubkarren nicht möglich ist, kann der Aushub durch Wurf befördert werden. Mit einem Wurf wird eine Höhe von 1,5 bis 2,0 [m] überwunden. In tieferen Baugruben werden Wurfbühnen (Abb. 261 und 262) ein-

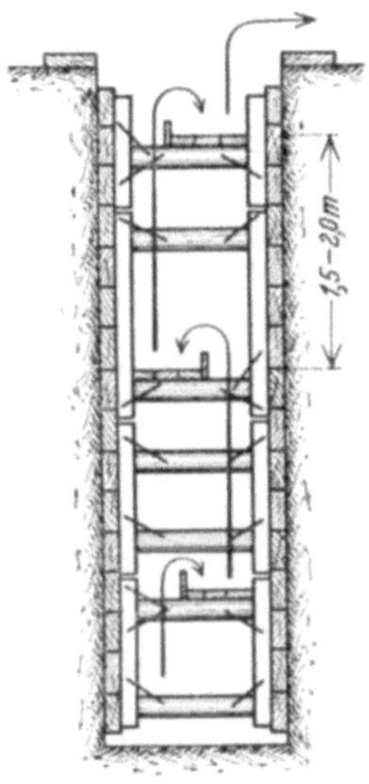

Abb. 261. Wurfbühnen
in einem engen Graben.

Abb. 262. Wurfbühne *(b)* in der Baugrube für ein
Brückenwiderlager, *a* Larssen-Spundwand.
(A. Sprotzer A.-G., Wien.)

gebaut, die gegeneinander versetzt an den beiden Baugrubenwänden in Höhenabständen von je etwa 2 [m] liegen.

In Baugruben größerer Ausdehnung werden zur Aushubbeförderung Muldenkipper benützt, die an geeigneter Stelle mittels eines Schrägaufzuges (Abb. 263) zum Baugrubenrand heraufgeführt werden. Wenn zur Anlage eines Schrägaufzuges nicht hinreichend Raum vorhanden ist, können auch Aufzüge Anwendung finden, die entweder die beladenen Muldenkipper auf Plattformen hochheben oder die mit Kübeln ausgerüstet sind, in die die Muldenkipper an der Baugrubensohle gekippt werden und die sich oben selbsttätig in ein Fahrzeug oder in einen Füllrumpf (Abb. 264) entleeren, aus dem erst die Beladung der Fahrzeuge vor sich geht.

Abb. 263. Schrägaufzug für die Beförderung des Aushubes.
(Siemens-Bau-Union.)

Solche Aufzüge werden je nach den örtlichen Verhältnissen als ortsfeste Anlage errichtet oder es werden fahrbare benützt.

Ähnlich wie Aufzüge werden fahrbare Bandförderer (Abb. 265 und Zahlentafel 46), bei denen ein umlaufendes endloses Gummiband, das von einem Elektromotor angetrieben ist, für die Beförderung des Aushubes und die Beladung der Fahrzeuge verwendet. Sie werden unmittelbar durch Wurf, durch Kippen oder mittels eines fahrbaren Becherwerkes beschickt. Bei kleineren Baugrubentiefen belädt der Bandförderer das Fahrzeug unmittelbar, bei größeren

Zahlentafel 36. Abmessungen und Gewichte der
Bamag-Bandförderer.

Förder-länge [m]	Förder-band-breite [mm]	Größte Förder-höhe [m]	Kleinste Förder-höhe [m]	Gewicht [kg]
8	400 oder	3,65	1,8	1100
10	500	4,50	1,8	1300
12		5,25	1,8	1500
15		6,40	1,8	1700

Abb. 264. Aufzug für die Beförderung des Aushubes beim Bau der Berliner U-Bahn.
(Siemens-Bau-Union.) *a* Aufzugkübel, *b* Füllrumpf.

Abb. 265. Einfache Bandförderer *(a)*. *b* Wurfbühnen. (Allgem. Transport-
Gesellschaft.)

Tiefen werden mehrere Bandförderer hintereinander angeordnet (Abb. 266), wobei auch
Wechsel in der Förderrichtung möglich sind.

Für die Abförderung des Aushubes aus
ausgedehnten langgestreckten Baugruben
und für die spätere Zufuhr der Baustoffe
eignen sich besonders *Kabelkrane*. Je nach
der Breite der Baugrube, die zu bestreichen
ist, werden Kabelkrane auf ortsfesten Türmen
(Abb. 267), schwenkbare Kabelkrane mit
einem ortsfesten und einem fahrbaren Turm
(Abb. 268 und 269), Kabelkrane auf zwei fahrbaren Türmen (Abb. 270) oder
wippbare Kabelkrane (Abb.
271) verwendet, bei denen
durch seitliches Neigen der
Maste eine Baugrube von
beschränkter Breite bedient
werden kann.

Schließlich können für die
Beförderung des Aushubes aus
der Baugrube Krane (Abb. 272)
und Greifbagger (Abb. 151)
auf S. 181 Anwendung finden.

Wenn der Fassungsraum
des zu beladenden Fahrzeuges
kleiner als das Fördergefäß
ist, so wird ein Füllrumpf
(Abb. 250 auf S. 182 und 264)
zwischengeschaltet; diese Maßnahme wird auch erforderlich,
wenn der Aushub und die
Abfuhr nicht genau gleichlau-
fend erfolgen können.

E. Die Sicherung der Baugrubenwandungen.

Lotrechte Baugrubenwände müssen
im nachgiebigen Boden immer gesichert werden; in standfähigem Boden
können sie bei engen Gruben bis zu
etwa 1,5 [m] Tiefe, bei weiten Gruben
bis zu etwa 3 [m] Tiefe ohne Aussteifung bleiben, wenn sie nicht lange offen
stehen und der Boden nicht durch Fuhr-
werksverkehr oder Rammen erschüttert
wird und wenn keinerlei Lasten am
Baugrubenrand abgelegt werden. Die
Stützung lotrechter Baugrubenwände
geschieht durch hölzerne oder stählerne
Wände, die eine besondere Aussteifung
erhalten oder die in den Boden gerammt
sind und frei stehen. Je nachdem, ob

die Verkleidungsbohlen waagrecht liegen oder annähernd lotrecht stehen, spricht man von einer waagrechten oder von einer lotrechten Aussteifung.

Jede Baugrubenaussteifung muß die Arbeiter unter allen Umständen schützen und sie soll die Baugrube möglichst wenig einengen bzw. den Verkehr und die Arbeiten auf der Baugrubensohle möglichst wenig behindern.

Abb. 266. Gekuppelte Bamag-Bandförderer *(a)*. *b* Greifbagger. (Torkret-Ges.)

Abb. 267. Stählerner, ortsfester Turm einer Kabelkran-Anlage. (A. Bleichert & Co.)

I. Hölzerne Baugrubenaussteifungen.

Bei den Baugrubenaussteifungen werden die Hölzer möglichst wenig bearbeitet und genagelt, um sie möglichst oft wiederverwenden zu können. Alle zur Aussteifung verwendeten Spreizen und sonstigen Hölzer müssen sorgfältig gegen ein Herabfallen gesichert werden; stets muß bedacht

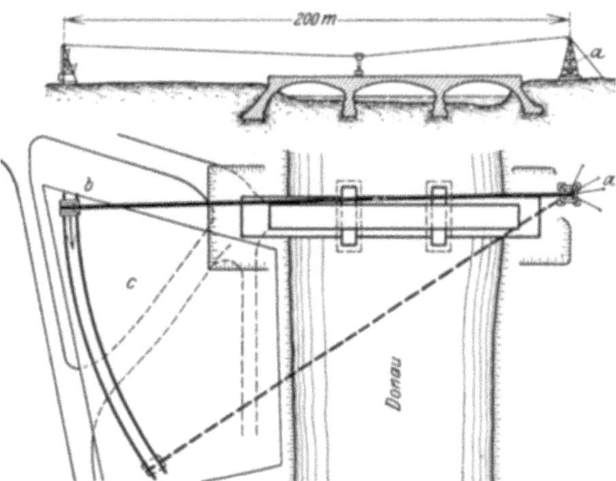

Abb. 268. Verschwenkbarer Kabelkran von Bleichert bei einem Brückenbau. (A. Bleichert & Co.) *a* fester Turm, *b* fahrbarer Turm, *c* Lagerplatz.

werden, daß anfänglich auch sehr fest liegende Hölzer infolge des Schwindens sowohl des Holzes
als auch des Bodens bei längerer Bestrahlung durch die Sonne sowie infolge von Ausspülung
des Bodens durch Niederschlagswässer, die längs der Baugrubenwände herablaufen und schließ-

Abb. 269.   Verschwenkbarer Kabelkran bei einem Brückenbau. Vgl. Abb. 268 (A. Bleichert & Co.). *a* ortsfester,
b fahrbarer Turm, *c* Lagerplatz.

Abb. 270.   Fahrbarer stählerner Turm eines Kabelkranes.
(Siemens-Bau-Union.)

Abb. 272.   Turmdrehkran. (Siemens-Bau-Union.)

lich auch infolge von Erschütterungen durch den Verkehr oder bei Rammarbeiten locker werden
können. Die Spreizen werden gegen ein Herabfallen gesichert und in der Regel so angeordnet,
daß sie durch nachtreibbare Holzkeile oder mittels Schrauben gespannt werden können.

a) Die waagrechte Zimmerung.

Die waagrechte Zimmerung ist wohlfeiler als die lotrechte und sie wird daher am häufigsten angewendet, um so mehr als ihre Ausführung auch weniger umständlich ist. Sie ist über dem Grundwasserspiegel anwendbar, wenn der Boden wenigstens so standfest ist, daß er an der Baugrubensohle in der Höhe einer Bohlenbreite frei steht.

Bei standfähigem Boden, aber tiefen Baugruben, wo also unter allen Umständen eine Sicherung erforderlich ist, brauchen die waagrechten Bohlen nicht dicht aneinandergelegt zu werden. Auf die Bohlen werden Brusthölzer, die Faser lotrecht, gelegt, die bei schmalen Baugruben (Abb. 273 A) durch Rundholzspreizen gegenseitig abgestützt werden. Die Spreizen werden gleich lang geschnitten und sie sollen streng zwischen den Brusthölzern sitzen, die Schalbohlen also gegen den Boden pressen. Wenn Spreizen gelegentlich wegen zu breiten Aushubes zu kurz sind, so werden zwischen sie und das Brustholz Keile getrieben. Bei oft wiederkehrenden Grabenaussteifungen ist es zweckmäßig, statt der hölzernen Spreizen sogenannte Kanalspreizen (Abb. 274) aus Stahl oder Stahl in Verbindung mit Holz zu verwenden, die eine Schraubenspindel erhalten, mittels der die Spreize verlängert und gegen die Brusthölzer gestemmt werden kann.

In breiten Baugruben wird bei standfähigen Böden die Sicherung der Wände nach dem Schema der Abb. 273 B ausgeführt. Die Absteifung geschieht in der Regel mit zwei oder drei Streben. Wie ein Blick in die Abb. 275 lehrt, muß eine solche Absteifung aber nicht unter allen Umständen die Baugrubenwand sichern. Je nach dem Reibungswinkel zwischen Boden und Wand und der Höhenlage der Angriffslinie des Erddruckes über der Baugrubensohle kann die Absteifung ihren Zweck erfüllen oder auch nicht. In der Abb. 275 sind je zwei gleiche Absteifungen untersucht, einmal mit großem Reibungswinkel zwischen Boden und Wand und das andere Mal mit kleinem. Es zeigt sich, daß bei kleinen Reibungswinkeln im Falle der Absteifung mit zwei Streben zur Aufrechterhaltung des Gleichgewichtes bei A eine Zugkraft erforderlich wäre, und im Falle der Absteifung mit drei Streben müßte die Strebe S_2 eine Zugkraft aufzunehmen vermögen. Beides ist bei der üblichen Ausführung der Aussteifungen in der Regel nicht möglich, weswegen in diesem Falle die Baugrubensicherung zusammenbrechen würde. Besondere Vorsicht ist bei der Aussteifung von Baugruben in bindigen Böden erforderlich, weil durch Niederschlagswasser nicht nur die Haftfestigkeit des Bodens, sondern auch die innere Reibung und die Reibung zwischen dem Boden und der Wand herabgesetzt wird. Eine Zugkraft bei A im Falle der Abb. 275a könnte nur von einem gerammten Träger aufgenommen werden, der die waagrechten Schalbohlen trägt.

Abb. 271. Wippbare Maste von Kabelkranen. (A. Bleichert & Co.)

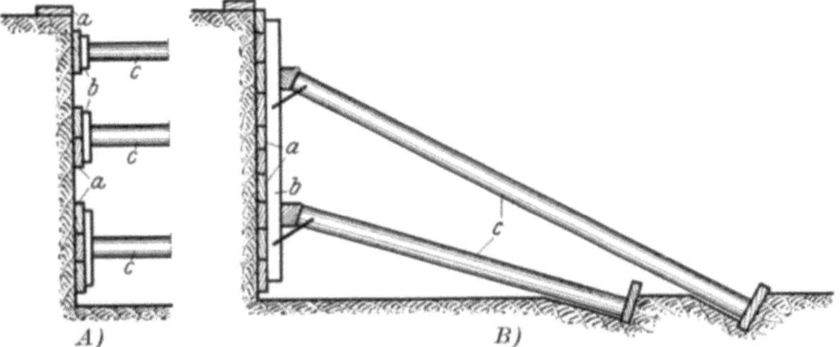

Abb. 273. Waagrechte Zimmerung. *A)* mit waagrechten Streben, *B)* mit schrägen Streben. *a* waagrechte Schalbohlen, 4 bis 6 cm stark, *b* Brusthölzer, 4 bis 6 cm stark, *c* Streben.

Bei tiefen Baugruben mit großem Erddruck werden die Baugrubenwände gegeneinander mit Streben abgesteift, die durch die ganze Baugrube laufen und die bei breiten Baugruben durch sogenannte Steher gestützt und durch senkrecht zu ihnen versetzte Spreizen am Ausknicken verhindert werden. In der Abb. 276 sind einige solche Aussteifungen dargestellt. Um

Abb. 274. Kanalspreizen.
(Siemens-Bau-Union.)

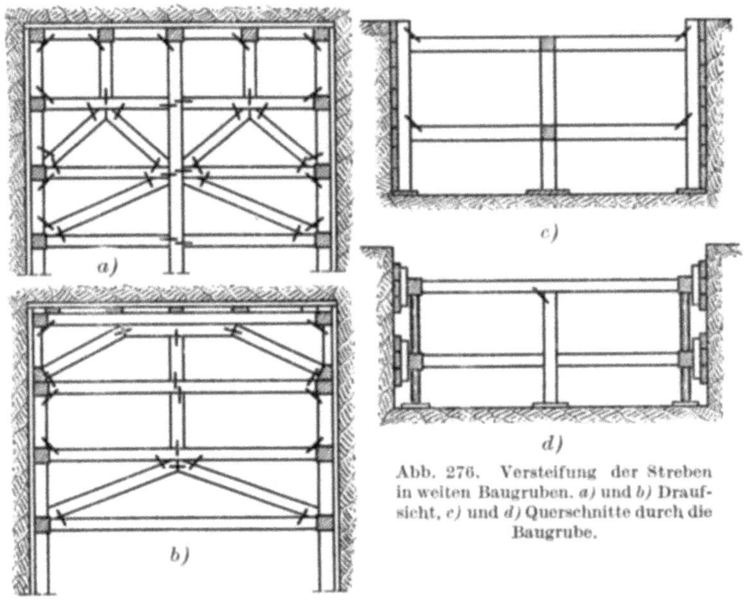

Abb. 276. Versteifung der Streben in weiten Baugruben. *a)* und *b)* Draufsicht, *c)* und *d)* Querschnitte durch die Baugrube.

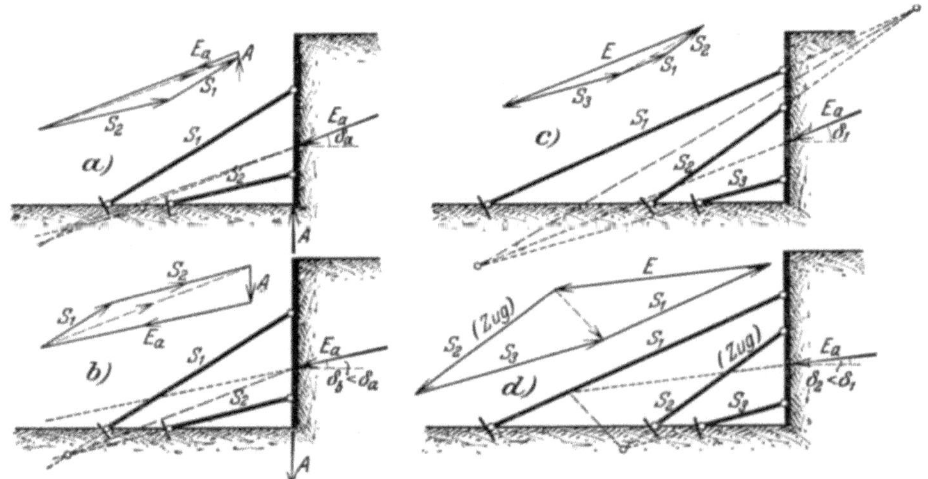

Abb. 275. Absteifung einer Baugrubenwand mit zwei und mit drei Streben. *a)* und *c)* bei großem Reibungswinkel zwischen Boden und Wand, die Absteifung erfüllt ihren Zweck; *b)* und *d)* bei kleinem Reibungswinkel zwischen Boden und Wand, die Absteifung genügt nicht; *b)* bei A wäre noch ein abwärts gerichteter Zug erforderlich; *d)* S_2 müßte eine Zugkraft aufnehmen können.

bei großen Erddrücken die Baugrube nicht mit den Streben derart zu verbauen, daß die Arbeiten behindert werden, werden stählerne Streben und Steher (Abb. 277) verwendet, die durch hölzerne Spreizen am seitlichen Ausknicken behindert sind. In weiten Baugruben kann manchmal an Steifholz gespart werden, wenn im mittleren Teil der Baugrube vorerst ein Bodenkern stehengelassen wird, gegen den die äußeren Baugrubenwände abgestützt werden, und der erst später, wenn die äußeren Wände des Bauwerkes aufgeführt sind und den Boden stützen, abgetragen wird.

Wenn die Baugrube nur wenig durch die Aussteifung verbaut werden darf, werden I-Träger NP 25 oder NP 30 lotrecht gerammt, zwischen deren Flanschen sie angeschraubt werden.

Wenn die Bohlen zwischen die Flanschen eingelegt werden, so werden sie um eine halbe Flanschenbreite kürzer geschnitten als die Weite zwischen den Stegen zweier nebeneinander stehenden Träger ausmacht. Durch Keile mit der Holzfaser senkrecht zu den Bohlen werden sie schließlich festgemacht, wie es die Abb. 278c und 279 andeuten. Wenn die Bohlen nicht auf kurze Stücke verschnitten werden sollen, so werden sie an die Flanschen der Träger, an der Baugrubenseite, angeschraubt, so wie es die Abb. 278a, b und 280 andeuten, oder sie werden mit Flacheisenhaken und Keilen angehängt (Abb. 278d). Unter die Schrauben, an Stelle von Beilagscheiben eingelegte kurze Abschnitte von U-Eisen ersparen auch ein Durchbohren der Bohlen (Abb. 278b).

In tiefen Baugruben wird eine Stützung der gerammten Träger erforderlich; um diese in schmalen Baugruben durch einfache Spreizen ausführen zu können, werden die Träger paarweise an einander gegenüberliegenden Stellen gerammt (Abb. 279 und 281). In weiten

Abb. 277. Aussteifung einer Baugrube mit stählernen Stehern (a) und stählernen Querstreben (b) für das Hochhaus Alexanderstraße 71 in Berlin und die Grundwasserabdichtung (d), c hölzerne Spreizen. (MALCHOW, Berlin.)

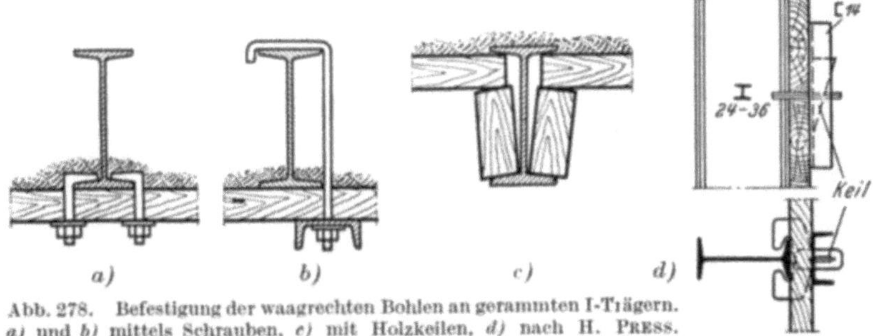

Abb. 278. Befestigung der waagrechten Bohlen an gerammten I-Trägern. a) und b) mittels Schrauben, c) mit Holzkeilen, d) nach H. PRESS.

Baugruben werden schräge Streben (Abb. 282) und bei hohen Drücken durch die ganze Baugrube durchlaufende waagrechte Streben angewendet (Abb. 283).

Das Rammen der I-Träger bereitet in großsteinigem Boden manchmal Schwierigkeiten, weil die Steine die Träger aus ihrer Richtung ablenken und weil die Träger sich manchmal verbiegen, ja sogar aufrollen, wenn sie auf Findlinge oder sonstige Hindernisse stoßen.

b) Die lotrechte Zimmerung.

Die lotrechte Zimmerung wird in stark rolligem Boden und bei Wasserandrang verwendet. Die Pfahlbretter werden bei dieser Zimmerung in dem Maße, als der Aushub fortschreitet, mit Vorschlaghämmern, leichten Rammen oder mit Preßlufthämmern (Abb. 284) in den Boden

Abb. 279. Absteifung einer Erdwand mit waagrechten Bohlen zwischen gerammten I-Trägern. (Siemens-Bau-Union.)

getrieben. Bei Baugruben geringer Tiefe, wo man mit einer Bohlenlänge auskommt, werden die Pfahlbretter lotrecht hinabgetrieben und gegen die Gurthölzer verkeilt (Abb. 285a). Die Pfahlbretter werden am Kopf mit Bandeisen gebunden (Abb. 285b), um ein Spalten zu ver-

Abb. 280. Waagrechte Baugrubenaussteifung mit gerammten I-Trägern (a). Baugrubenaushub mittels Greifbaggers (b). c Dampframme für das Rammen der I-Träger. (MENCK und HAMBROCK.)

Abb. 281. Aussteifung einer Baugrube mit waagrechten Bohlen an gerammten I-Trägern. (W. SICHARDT.)

Abb. 282. Baugrubenaussteifung mit waagrechten Bohlen zwischen gerammten I-Trägern, die durch Streben gestützt werden. (MALCHOW, Berlin.)

hindern; unten erhalten sie eine einseitige Schneide, damit sie vom Erdwiderstand aus der Baugrube hinausgetrieben werden; Bohlen mit symmetrischer Schneide würden gegen die Baugrube ausweichen, weil der Widerstand, den sie beim Rammen finden, in der Baugrube geringer ist als draußen.

Bei Baugruben größerer Tiefe werden etwa 1,5 [m] lange Pfahlbretter verwendet, die nach dem Schema der Abb. 285c in den Boden getrieben werden. Eine Ansicht einer solchen Zimmerung gibt die Abb. 286, in der auch die Wurfbühnen für die Förderung des Aushubes aus der schmalen Baugrube zu erkennen sind.

Bei tiefer liegendem Grundwasser und festerem Boden kann bis zum Grundwasserspiegel die waagrechte Zimmerung und erst von dort weiter die lotrechte angewendet werden, wie es die beiden Abb. 285d und 287 veranschaulichen. Auch Aushub mit Böschung bis zum Grundwasserspiegel und erst tiefer unten lotrechte Zimmerung wird ausgeführt (Abb. 288).

Ähnlich wie bei der waagrechten Zimmerung werden auch bei der lotrechten Zimmerung bei breiten Baugruben die kräftigen, gegen Ausknicken gesicherten Steifen über die ganze Baugrube geführt.

II. Stählerne Baugrubenaussteifungen.

Stählerne Baugrubenaussteifungen sind vereinzelt schon vor langer Zeit angewendet worden; große Verbreitung haben sie aber erst gefunden, seitdem stählerne Spundwandbohlen gewalzt werden. Bei stählernen Baugrubenaussteifungen werden lotrechte Spundwandbohlen verwendet, die vor dem Aushub in den Boden gerammt werden. Bei geringen Aushubtiefen werden die stählernen Spundwände freistehend verwendet, bei größeren Tiefen werden sie ähnlich wie die lotrechte Zimmerung, mit Gurten und Streben ausgesteift.

In den Abb. 289, 290 und 291 sind zwei Baugruben mit hölzernen Steifen dargestellt. Um die Baugrube von Aussteifungen freier halten zu können, werden Aussteifungen aus Stahl (Abb. 292 und 293) oder aus Stahlbeton (Abb. 294) angewendet.

Abb. 283. Baugrubenaussteifung und Grundwasserabsenkung beim Bau der Kantonalbank in Zürich. (Siemens-Bau-Union). *a* gerammte Träger, *b* waagrechte Streben, *c* stählerne Steher, *d* Druckrohr der Grundwasserabsenkung, *e* Betonmischer, *f* Pumpenhäuschen der Grundwasserabsenkung.

Abb. 284. Kleinpfahlhämmer beim Rammen von Pfahlbrettern. (McKirnan Terry Corp., New York.)

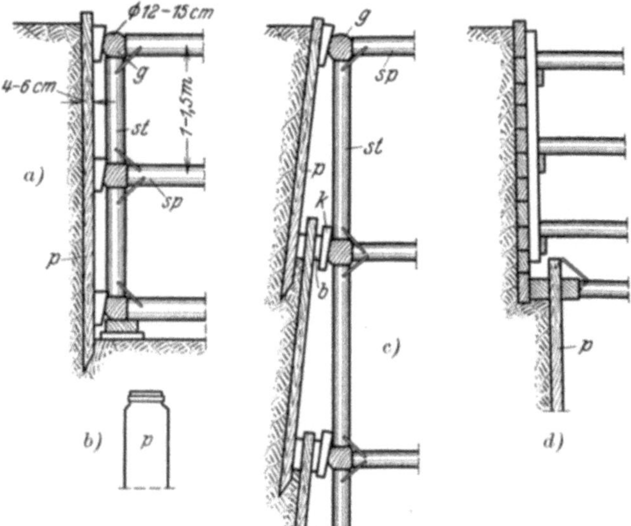

Abb. 285. Die lotrechte Zimmerung. *a)* Zimmerung bis zu Tiefen von etwa 4 [m]; *b)* Bandeisenring am Kopf des Pfahlbrettes; *c)* Zimmerung bei größeren Tiefen; *d)* Übergang von der waagrechten zur lotrechten Zimmerung; *g* Gurtholz, *st* Stempel oder Steher *sp* Sprenger oder Spreize, Strebe, *p* Pfahlbrett. *b* Pfandblatt, *k* Keil.

Abb. 286. Lotrechte Zimmerung im Schlitz für die Herdmauer am Krafthaus Pernegg an der Mur.

In sehr breiten Baugruben erfolgt die Abstützung der stählernen Spundwände durch schräge Streben aus Holz (Abb. 295) oder aus Stahl (Abb. 296 und 297).

Für leichte Baugrubenaussteifungen eignen sich die stählernen Kanaldielen (vgl. S 143), die als Ersatz für die hölzernen Pfahlbretter verwendet werden. Sie werden ähnlich wie die Pfahlbretter der lotrechten Zimmerung, entsprechend dem Fortschritte des Aushubes gerammt und lehnen sich gegen Gurte, die durch Spreizen abgesteift sind. Damit infolge der Erschütterungen beim Rammen die Gurten nicht herabfallen, werden sie sorgfältig durch Stempel gestützt oder an Rundstählen aufgehängt. (Abb. 298).

Schrifttum.

BAUMEISTER, L.: Gründungen, in erster Linie Brückenpfeilergründungen in druckhaftem Gelände. Bauing. 1922. S. 357. — BOUSSET, J.: Betrachtungen zum Einsturzunglück beim Bau der Nordsüd-S-Bahn in Berlin. Bautechn. 1937. S. 333, 391. — BRAUSEWETTER, K.: Die Bauunfälle der letzten Zeit. Beton u. Eisen. 1929. S. 15. — DISCHINGER, A.: Eisenbetonbogenbrücke über die Lahn zwischen Ober- und Niederlahnstein. Bautechn. 1929. S. 861. — DISCHINGER, FR.: Die Ursachen des Einsturzes der Baugrube der Berliner Nordsüd-S-Bahn in der Hermann-Göring-Straße. Bauing. 1937. S. 107. — DÖRR, H.: Erddruck auf die Wände ausgesteifter Baugruben. Bautechn. 1943. S. 54. — GASTEIGER: Der Neubau des Ravennatalüberganges bei km 224/7 der Höllentalbahn. Bautechn. 1928. S. 559. — HASSE, FR.: Wirtschaftliche Baugrubenaussteifungen. Bautechn. 1938. S. 670. — KERGER, R.: Zur Frage der Berechnung der Baugrubenaussteifungen. Bautechn. 1940. S. 562. — KNOB, K. u. H. HUBINGER: Neubau der Straßenbrücke über den Lech bei Augsburg-Hochzoll. Bautechn. 1929. S. 24. — KRESS: Bemerkenswerte Bauausführungen bei der Berliner und Hamburger Hochbahn. Bautechn. 1924. S. 408. — LEHMANN, H.: Die Baugrubenaussteifung einer Kanalschleuse. Bautechn. 1940. S. 389. — DERSELBE: Der Einfluß von Auflasten auf die Verteilung des Erdangriffes an Baugrubenwänden. Bautechn. 1943. S. 21. — MEEN: Über Erddruck und die Aussteifung von Baugruben und Tunnels. Proc. Am. Soc. Civ. Eng. 1907. S. 599, 1000, 1117. — MEYER, M.: Über das Einrammen von I-Trägern. Bautechn. 1925. S. 652. — NIEBUHR: Über die Messung der Kräfte in einer Baugrubenaussteifung. Bautechn. 1938. S. 11, 463. — PRESS, H.: Kabelunterführung bei Betriebsbahnhof Rummelsburg. Bautechn. 1930. S. 763. —

PRESS, H.: Steifendrücke und ihre Veränderungen mit dem Baufortschritt. Bautechn. 1938. S. 383. — DERSELBE: Einige Böschungsrutschungen und ihre Beseitigung. Bautechn. 1940. S. 243. — DERSELBE: Bauerfahrungen bei der Herstellung eines Klärbeckens. Bauing. 1937. S. 79. — SPILKER, A.: Mitteilung über die Messung der Kräfte in einer Baugrubenaussteifung. Bautechn. 1937. S. 16. — THALENHORST: Über das Aussteifen von Baugruben. Zschft. f. Arch. u. Ing.-Wes. 1914. S. 10. — VOIT, W.: Sicherung unterirdischer Einbauten anläßlich der Ausführung von Tiefbauanlagen in öffentlichen Straßen. Gesundh. Ing. 1928. S. 259.

Abb. 287. Übergang von der waagrechten Zimmerung zur lotrechten. (A. WAHL, Trier.)

F. Die Sicherung bestehender Bauwerke in der Nähe von Baugruben.

Wenn das zu errichtende Bauwerk unmittelbar an ein schon bestehendes angebaut werden soll, so muß vor Beginn des Aushubes die Gründungstiefe des bestehenden Bauwerkes ermittelt werden, und es muß bedacht werden, daß durch einen Bodenaushub in unmittelbarer Nachbarschaft eines bestehenden Grundwerkes die Tragfähigkeit des Bodens unter demselben, wenn auch vorübergehend, herabgesetzt wird, weil ja an solchen Stellen die Bodenüberlagerung über der Sohle, mit der man bei Gründung des bestehenden Bauwerkes gerechnet hat, abgeräumt wird. Die ursprünglich tiefe Gründung des bestehenden Bauwerkes erhält dadurch vorübergehend den Charakter einer Gründung unmittelbar auf der Bodenoberfläche, so daß die Gefahr des Grundbruches (vgl. S. 89) wesentlich gesteigert ist.

In Baugruben in der Nachbarschaft von bestehenden Grundwerken muß daher die

Abb. 288. Aussteifung der Baugrube für die Abwasserreinigung Dresden—Kaditz. (Dickerhoff & Widmann.) *a* Pfahlbretter, *b* Streben, *c* Gurthölzer.

Betonierung des Grundwerkes so rasch als nur möglich ausgeführt werden, um den Boden ehestens wieder zu belasten. Um ein seitliches Ausweichen des bestehenden Grundwerkes zu verhindern, hebt man zuerst Grundmauergräben aus, die senkrecht zum bestehenden Bauwerke verlaufen

Abb. 289.   Aussteifung einer kreisrunden Baugrube mit Hoesch-Spundbohlen. (Eisen- und Stahlwerke Hoesch.) *a* Schlußbohlen, *b* Kübel für die Förderung des Aushubes aus der Baugrube.

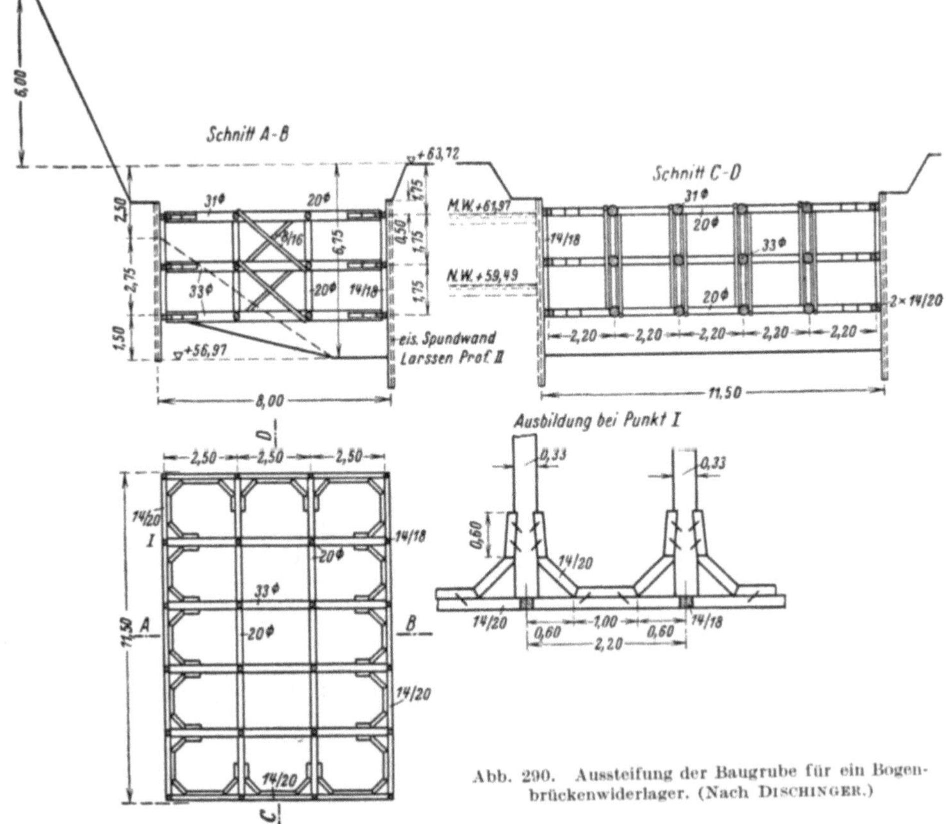

Abb. 290.   Aussteifung der Baugrube für ein Bogenbrückenwiderlager. (Nach DISCHINGER.)

und betoniert diese Grundwerke, die dann eine Absteifung des bestehenden Grundwerkes darstellen. Für die Grundmauer unmittelbar neben dem bestehenden Bauwerk werden nur etwa 2 [m] lange Grabenabschnitte ausgehoben und es wird sofort die Grundmauer darin hergestellt und erst dann der Aushub im nächsten Grabenabschnitt begonnen. Vor Beginn des Aushubes wird die bestehende Mauer kräftig abgestützt, um jedwede Bewegung zu verhindern.

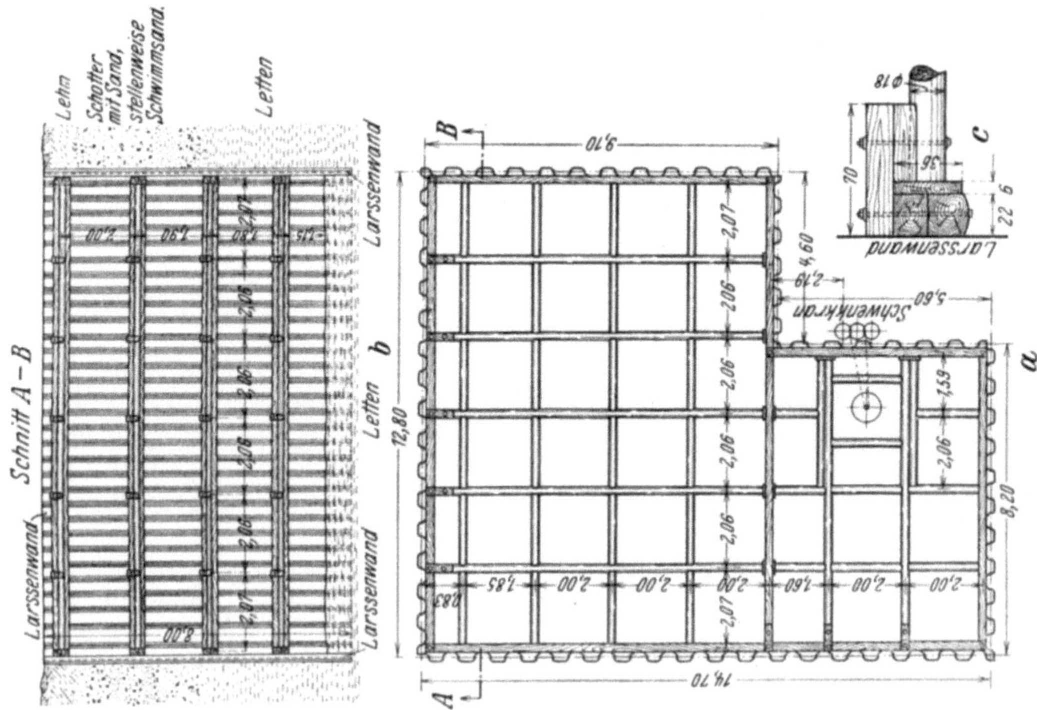

Abb. 291. Aussteifung einer Baugrube mit Stahl-Spundbohlen. (A. Habel.) *a* Grundriß; *b* Querschnitt; *c* Einzelheiten der Wandaussteifung.

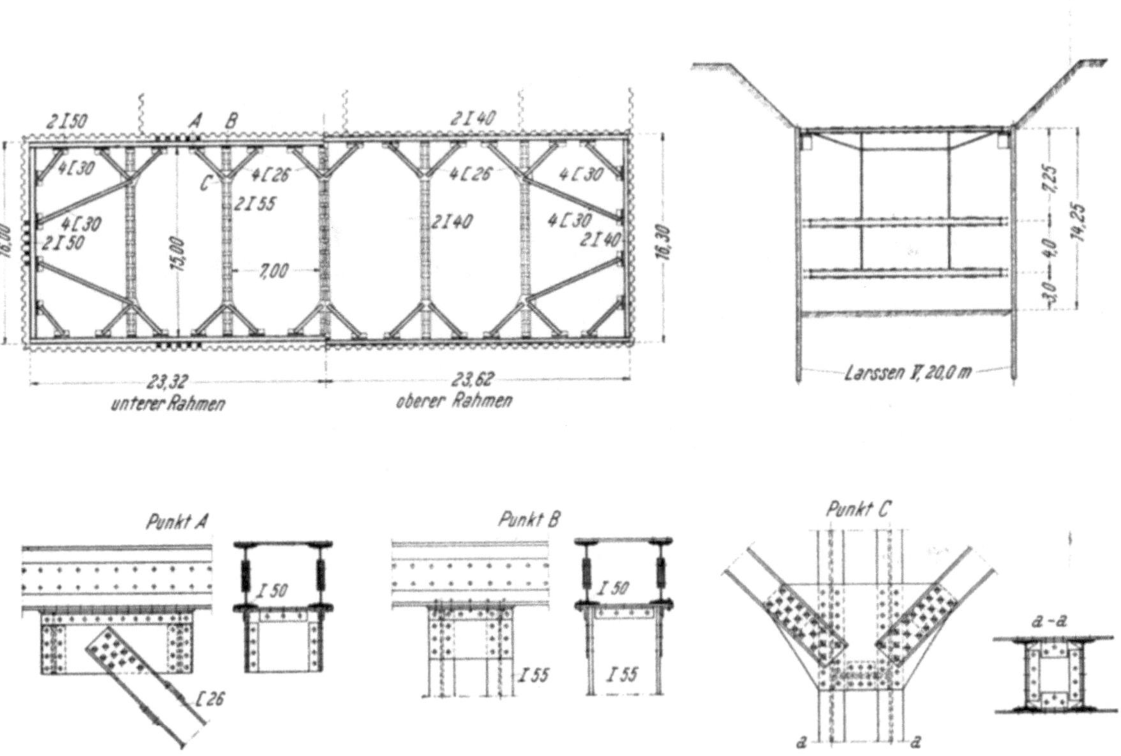

Abb. 292. Stählerne Baugrubenaussteifung. (Dortmund-Hoerder Hüttenverein A.-G.)

Ähnlich wird vorgegangen, wenn das Grundwerk des neuen Bauwerkes tiefer zu liegen kommt als jenes des alten. Dann muß, wenn beide Bauwerke unmittelbar aneinanderstoßen, das alte Bauwerk unterfangen werden. Man gräbt zu diesem Zwecke, nachdem das alte Bauwerk gehörig

Abb. 293. Stählerne Streben in einer Baugrube. (Ver. Stahlwerke A.-G., Dortmunder Union, A. Butzer.)

gepölzt worden ist, in größeren gegenseitigen Entfernungen etwa 1,5 bis 2,0 [m] breite Schächte unter der Mauer des alten Bauwerkes bis zur Sohlenlage des neuen aus und unterfängt die Mauer mit Pfeilern aus Beton oder Klinkerziegelmauerwerk.

Um Setzungen und in der Folge Rißbildungen im unterfangenen Bauwerk zu verhüten, ist es zweckmäßig, zwischen jeden Unterfangungspfeiler und die unterfangene Mauer je ein bis zwei hydraulische Hebeböcke einzuschalten und die Unterfangungspfeiler durch die Mauer mit Hilfe der Böcke soweit zu belasten, als er später durch das Bauwerk beansprucht wird. Der Pfeiler setzt sich dann und nun erst wird der Anschluß des Pfeilers an das Mauerwerk fertiggestellt. Dann werden die Hebeböcke aus den noch freigebliebenen Nischen

entfernt und schließlich auch diese geschlossen. Wenn diese Pfeiler erhärtet sind, werden andere hergestellt und auf diese Weise nach und nach die ganze alte Mauer unterfangen. Ein Beispiel für eine derartige Mauerunterfangung ist in den Abb. 299 und 300 dargestellt. Bei diesen

Abb. 294. Baugrubenaussteifung aus Stahlbeton. Baugrubentiefe 14 [m]. Baugrubenabmessung 12 × 33 [m]. Klöckner Spundbohlen 4 D, 17 [m] lang. (Klöckner A.-G.)

Arbeiten mußte die Brandmauer des bestehenden Hauses unterfangen werden; hierbei mußte das Grundwasser abgesenkt und dann in den in der Abb. 299 angedeuteten Schächten die Unterfangung ausgeführt werden. Die Abb. 300 zeigt die Unterfangung der Hausecke bei A in der Abb. 299.

Damit bei Betonierung die einzeln ausgeführten Unterfangungspfeiler schließlich Zusammenhang erhalten, werden Bewehrungen einbetoniert, die an den Pfeilerseiten hochgebogen sind und später beim Betonieren des Nachbarpfeilers herabgebogen werden. Auf diese Weise wird schließlich ein unter der ganzen Brandmauer durchlaufendes Bankett erzielt.

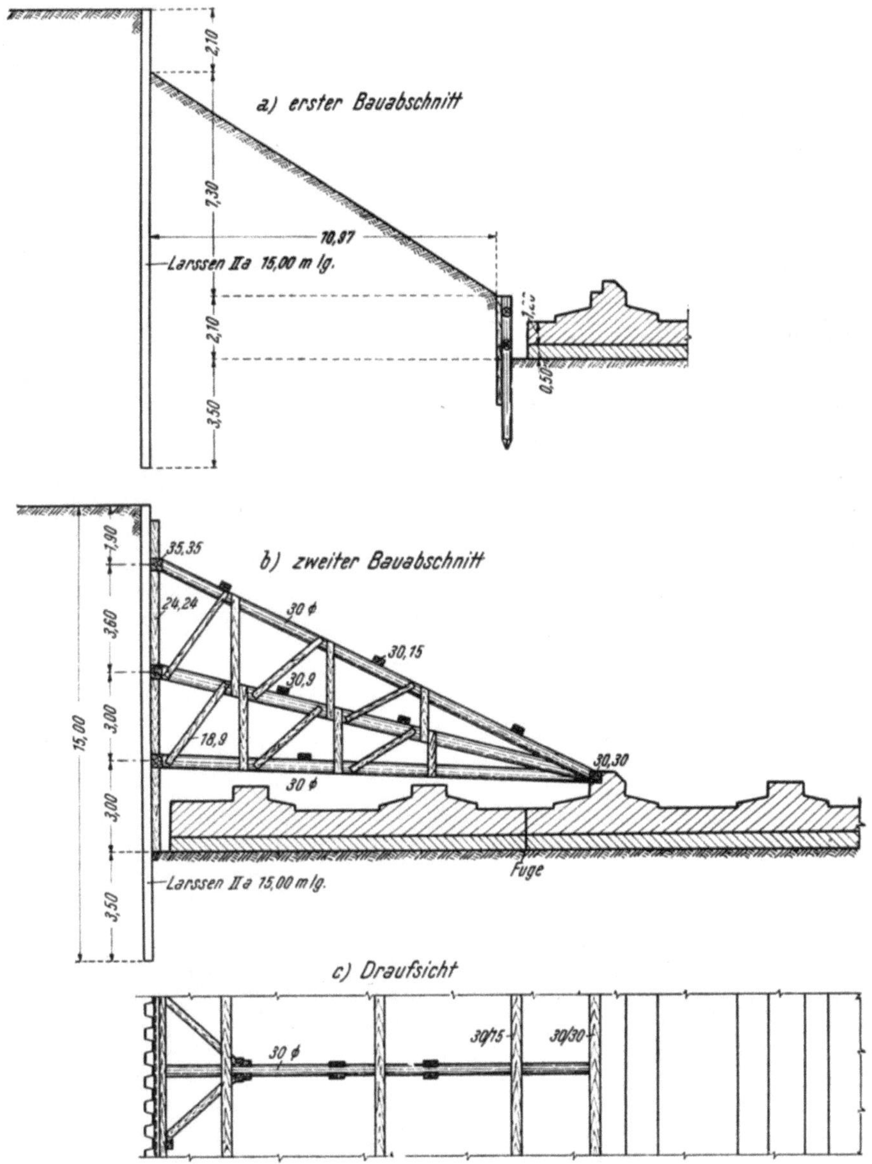

Abb. 295. Hölzerne Spundwandabsteifung. (Dortmund-Hoerder Hüttenverein A.-G.)

Die beiden Abb. 301 und 302 lassen deutlich den Arbeitsvorgang bei der Unterfangung eines neunstöckigen Gebäudes erkennen.

Wenn zwischen alten Häusern ein Haus abgetragen und durch ein neues ersetzt wird, so müssen schon im Zuge der Abtragungsarbeiten die Nachbarhäuser gepölzt werden, weil sich alte Häuser stets gegenseitig stützen. Vielfach ist es nötig, die beiden Nachbarhäuser über die ganze Baugrube hinweg gegenseitig abzusteifen und es ist in der Regel auch erforderlich, die Hausecken von der Straße aus zu stützen.

Auch wenn Baugruben, wie z. B. Kanalbaugruben, zwar nicht unmittelbar an den bestehenden Häusern verlaufen, so ist doch, besonders in engen Gassen, wenn die Baugrube unter die

Abb. 297. Ansicht der stählernen Spundwandabsteifung in Abb. 296. (Dortmund-Hoerder Hüttenverein A.-G.)

Abb. 298. Baugrubenaussteifung mittels Union-Kanaldielen. (Ver. Stahlwerke A.-G., Dortmunder Union.)

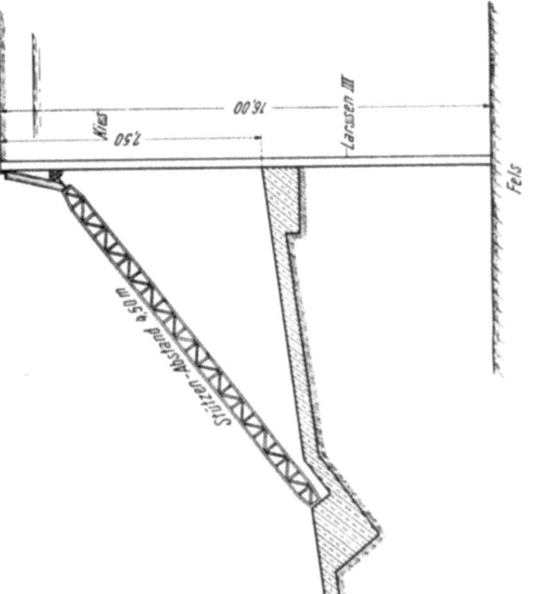

Abb. 296. Stählerne Spundwandabsteifung bei einem Kraftwerkbau. Larssen-Bohlen III. (Dortmund-Hoerder Hüttenverein A.-G.)

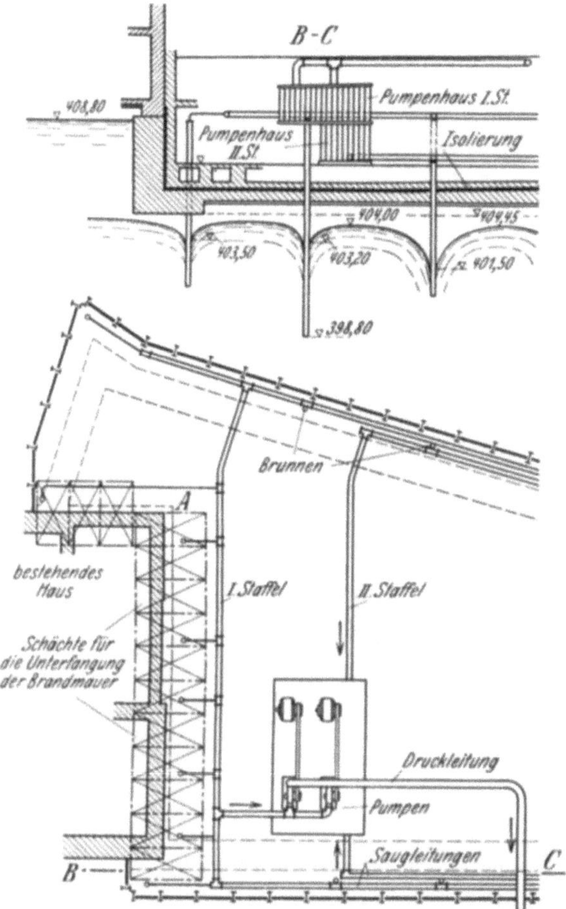

Abb. 299. Grundriß und Schnitt durch die Baugrube für den Bau der Züricher Kantonalbank. (Locher & Co.)

Abb. 300. Unterfangung der Gebäudeecke A (vergl. Abb. 299) bei der Ausschachtung der Baugrube für die Kantonalbank in Zürich. (Siemens-Bau-Union.) *a* altes Mauerwerk, *b* Unterfangung mittels Pfeilern am Klinkerziegelmauerwerk auf Betongrundwerk.

Abb. 301. Unterfangung eines neungeschossigen Gebäudes. (Siemens-Bau-Union.) *a* Beton-pfeiler, *b* Ausschachtung für einen Unterfangungspfeiler.

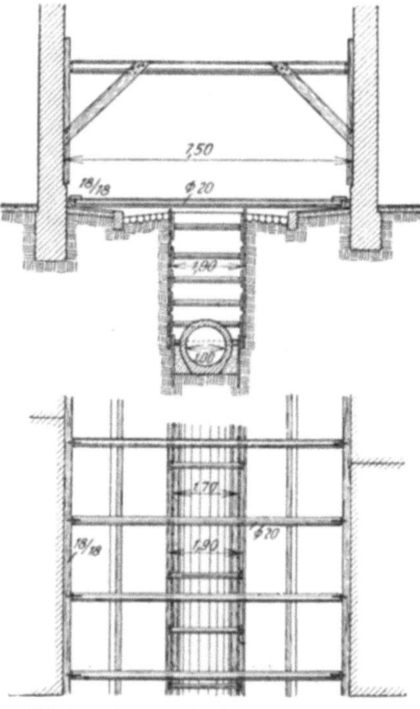

Abb. 303. Gegenseitige Absteifung der Häuser in engen Gassen während eines Kanalbaues. (TH. HEYD.)

Grundwerke der Häuser herabreicht, eine gegenseitige Absteifung der Häuser, etwa wie es die
Abb. 303 andeutet, erforderlich, um ein Ausweichen der Wände zu verhüten.

Abb. 302. Stampfen eines Betonpfeilers bei der
Unterfangung eines Hauses. (Siemens-Bau-Union.)

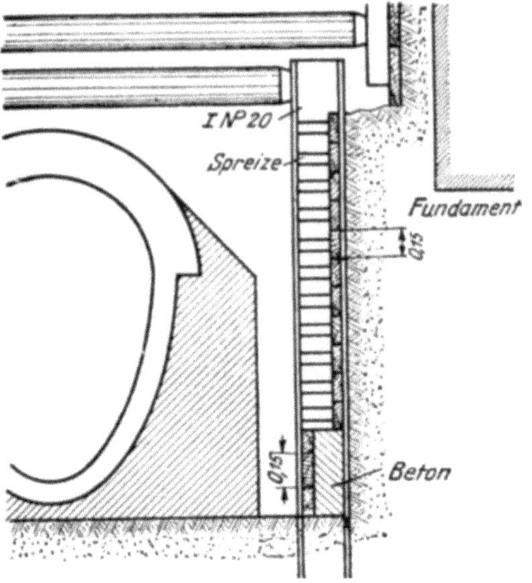

Abb. 304. Sicherung der Baugrubenwände mit Beton
in der Nähe eines Hausgrundwerkes. Die Betonierung
erfolgt von unten nach oben um je eine Bohlenbreite fortschreitend. (H. HAHN und F. LANGBEIN.)

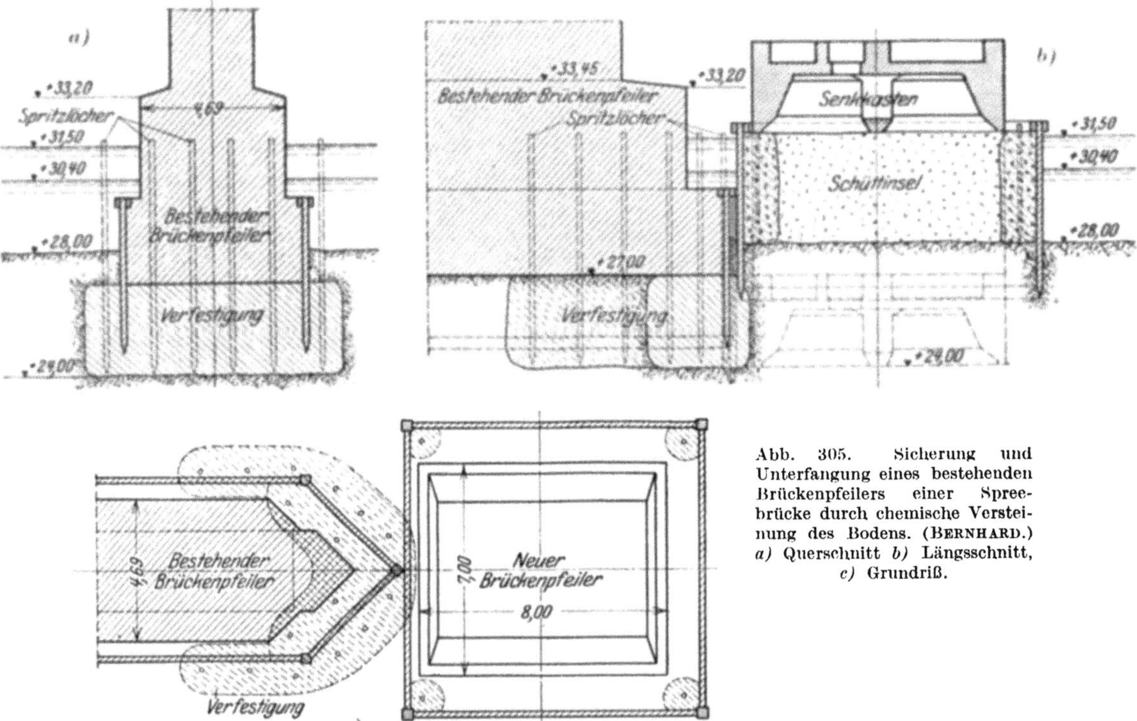

Abb. 305.   Sicherung und
Unterfangung eines bestehenden
Brückenpfeilers einer Spreebrücke durch chemische Versteinung des Bodens. (BERNHARD.)
a) Querschnitt b) Längsschnitt,
c) Grundriß.

In feinkörnigen Böden besteht überdies die Gefahr, daß Niederschlagswasser hinter den
Baugrubenwänden herabfließt und zwischen den Fugen Boden herausspült. Der dahinter liegende
Boden verliert dann seine Stütze, kann nachgeben und es können sich schließlich die Mauern
der Häuser bewegen. Um derartige Ausspülungen und deren Folgeerscheinungen zu verhüten,

wird die erste Bohle der Baugrubensicherung so hoch gelegt, daß sie etwa zur Hälfte über den Boden ragt und es wird gegen sie Lehm gestampft, der die Fuge zwischen der Bohlenwand und dem Boden dichtet; überdies wird für eine gute Ableitung der Niederschlagswässer vorgesorgt.

Gut bewährt haben sich bei Sandboden auch Zementeinpressungen durch die Bohlwand hindurch, die eine dünne Schicht des Bodens versteinen. Besonders vorsichtig ist man in Berlin beim Ausbau der Kanäle vorgegangen, wenn die Baugrube nahe neben einem Hause verlief. Wie man in der Abb. 304 erkennen kann, sind dort waagrechte Bohlen zwischen gerammten ͜I-Trägern zur Sicherung der Baugrube verwendet worden; nach Vollendung des Aushubes wurden, von unten beginnend, die Bohlen einzeln vorgesetzt und der dahinter liegende Raum sofort ausbetoniert.

Bei Ingenieurbauten werden zur Sicherung bestehender Bauwerke auch stählerne Spundwände zur Verhinderung des Ausweichens des Bodens gerammt und es kann auch der Boden durch Zementeinpressung oder chemisch versteint werden. In den Abb. 305 und 306 sind zwei Beispiele für die Sicherung des bestehenden Bauwerkes durch chemische Versteinung des Bodens zwischen diesem und der neuen Baugrube zu erkennen.

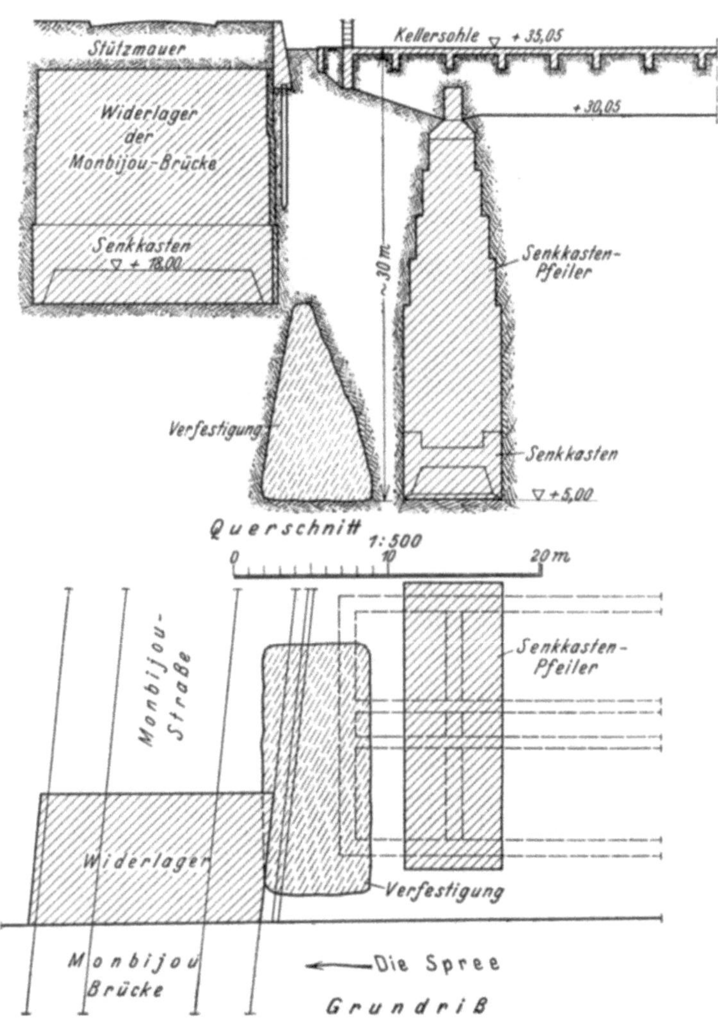

Abb. 306. Sicherung des Bodens durch chemische Versteinung im Bereiche des Widerlagers der Montbijou-Brücke über die Spree in Berlin gelegentlich der Gründung der Universitäts-Augenklinik auf Pfeilern, die mittels Druckluft-Senkkastens gegründet worden sind. (BERNHARD.)

Schrifttum.

BERNHARD, K.: Versteinung loser Bodenarten im Grundbau. Bauing. 1930. S. 202. — HAHN, H. u. F. LANGBEIN: 50 Jahre Berliner Stadtentwässerung. Berlin 1928. A. Metzner. — *Referate*: Unterfangen eines Gebäudes in der Nähe einer Baugrube. Eng. News Rec. 1909. H. 22. — Das Unterfangen schwerer Gebäude. Ztschft. öst. Ing.-V. 1897. S. 381. — Die Grundwasserabsenkung beim Neubau der Züricher Kantonalbank. Schweiz. Bauzg. 1929. S. 152.

G. Das Verfüllen von Baugruben.

Wenn die Herstellung des Grundwerkes vollendet ist, so sind vielfach Teile der Baugrube wieder zu füllen. Wenn längeranhaltendes Nachsacken des Füllbodens verhindert werden soll, so wird der Füllboden entweder eingeschlemmt oder er wird in Schichten von etwa 20 [cm] Stärke eingebracht und gestampft. Bei Arbeiten kleinen Umfanges werden Handstampfer verwendet, bei größeren Arbeiten werden besser Druckluftstampfer (Abb. 307) benützt.

Bei der Füllung von Baugruben, in denen der Füllboden eine Mauer einseitig belastet, ist Vorsicht beim Stampfen am Platze, weil bei weitgehender Verdichtung des Füllbodens der von ihm gegen die Mauer ausgeübte Druck über den Erddruck, mit dem gerechnet worden ist, hinaus bis zur Größe des Erdwiderstandes ansteigen kann.

H. Die Trockenhaltung der Baugrube.

Die Trockenhaltung der Baugrube umfaßt alle Maßnahmen, die darauf hinzielen, sowohl Tagwasser und Grundwasser von der Baugrube abzuhalten, als auch eingedrungenes Wasser abzuleiten.

Abb. 307. Preßluftstampfer. (Flottmann A.-G., Herne.)

I. Die Abhaltung von Tagwasser von der Baugrube.

a) Fanggräben.

Tagwasser kann von Baugruben in geneigtem Gelände, abseits von Gewässern, einfach durch Fanggräben abgehalten werden, die bergseits der Baugrube das zulaufende Niederschlagswasser abfangen und um die Baugrube herumleiten. Sie werden mit geböschten Wandungen ausgehoben und der Aushub wird talseitig in Form eines durchlaufenden Dammes gelagert. Das Gefälle wird so gewählt, daß die mittlere Geschwindigkeit etwa 1 [m/sec] nicht übersteigt und der Querschnitt wird dem Gebietsstreifen angepaßt, der gegen die Baugrube entwässert; der der Bemessung zugrunde zu legende Zufluß zum Graben wird hierbei nach den gleichen Gesichtspunkten festgelegt, nach denen der Zufluß zu Leitungen bei Ortsentwässerungen ermittelt wird (stärkster in Betracht zu ziehender Sturzregenabfluß 80 bis 100 [l/sec. ha]; Abflußbeiwerte: Wälder $\mu = 0,01$ bis $0,20$, Gärten und Wiesen $\mu = 0,05$ bis $0,25$, wobei die größeren Werte bei bindigem Boden und steiler Geländeneigung gelten).

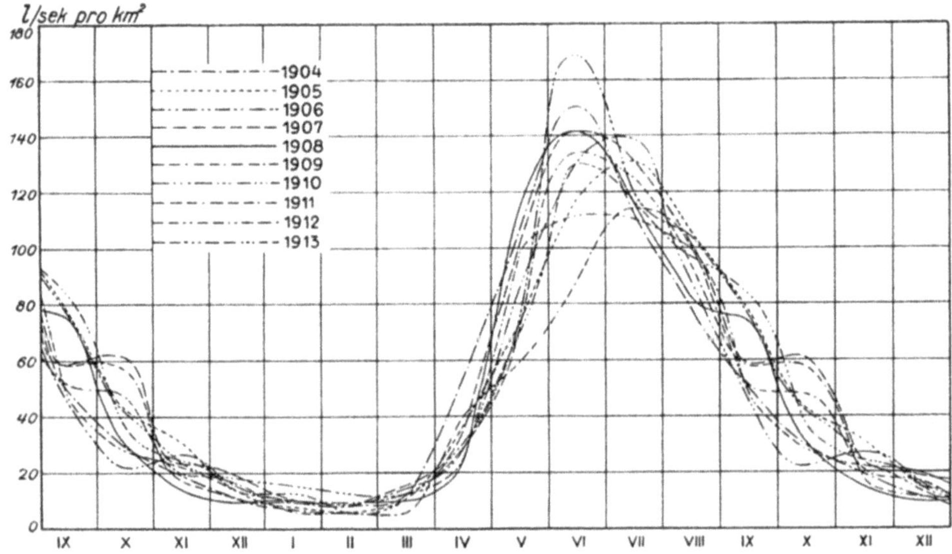

Abb. 308. Gang des spezifischen Abflusses in der Aare. (Nach Schw. Bauztg. 1922.)

b) Fangdämme.

1. Die allgemeine Anordnung der Fangdämme.

Fluß- oder Seewasser wird durch Fangdämme von den Baugruben abgehalten, deren Bauart der größten auftretenden Wassertiefe und der Beschaffenheit des Grundes angepaßt wird. Die Krone der Fangdämme wird 0,3 bis 0,5 [m] über jenen Wasserstand gelegt, bei dem der Fangdamm noch Schutz gewähren soll; dieser Wasserstand wird in jedem Falle besonders zu ermitteln sein und er wird im allgemeinen niedriger liegen als die alljährlich wiederkehrenden Hochlagen des Wasserspiegels. Würde ein Fangdamm so hoch geführt, daß er unter allen Umständen Schutz gewähren soll, so müßte seine Krone über die Höchstlage des Wasserspiegels gelegt werden, wodurch seine Ausführung sehr verteuert würde, während möglicherweise der Höchststand innerhalb der Benützungsdauer des Fangdammes gar nicht auftreten würde. Vielfach wird ein Fangdamm an oder in einem Flußlaufe ja überhaupt nicht ein ganzes Jahr hindurch erforderlich sein, so daß es möglich ist, den Bau so einzurichten, daß der Fangdamm nach der voraussehbaren Hochwasserzeit errichtet und vor Eintritt der nächsten schon wieder entfernt ist.

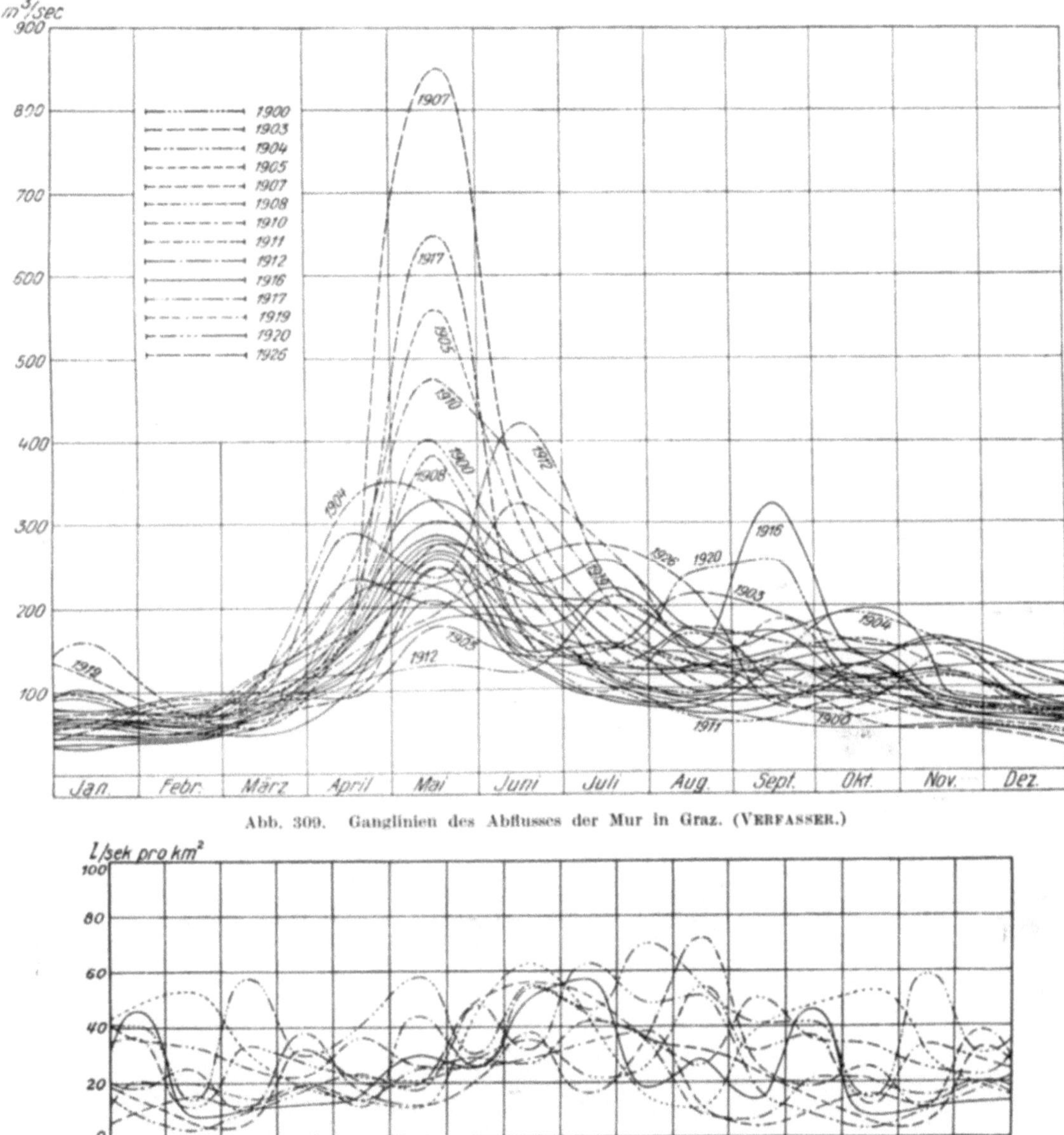

Abb. 309. Ganglinien des Abflusses der Mur in Graz. (VERFASSER.)

Abb. 310. Gang der spezifischen Abflüsse in der Thur. (Nach Schw. Bauztg. 1922.)

Hochwässer lassen sich an den Hochgebirgsflüssen ziemlich sicher voraussehen, weil sie dort von der Schneeschmelze abhängen, der Gang der Abflüsse daher dem Gange der Temperatur folgt, wie ein Blick in die Abb. 308 lehrt. In Mittelgebirgsflüssen sind für den Gang der Abflüsse neben der Temperatur auch noch in der frostfreien Zeit die Niederschläge maßgebend; es sind an solchen Flüssen das alljährlich auftretende Schneeschmelzehochwasser und im Herbst überdies geringere Hochwässer zu erwarten (Abb. 309). In Flachlandflüssen kann schließlich Hochwasser zu jeder Jahreszeit auftreten; der Gang der Abflüsse hängt dort von den Niederschlägen ab und läßt sich meist nicht voraussehen (Abb. 310).

Durch die Anlagen von Fangdämmen wird das Flußbett eingeengt und es werden die Durchflüsse angestaut. Zwischen den Fangdämmen fließt das Wasser dann mit größerem Gefälle und
gesteigerter Geschwindigkeit durch, wobei es die Sohle ausspült (vgl. Abb. 140 auf S. 112);
aus diesem Grunde läßt sich die Spiegellage flußauf der Fangdämme nicht sicher vorausberechnen.

Der Stau, den Fangdämme verursachen, kann herabgesetzt werden, wenn der Baugrubenumriß an der Oberstromseite so gewählt wird, daß am Beginne der eingeengten Flußstrecke eine

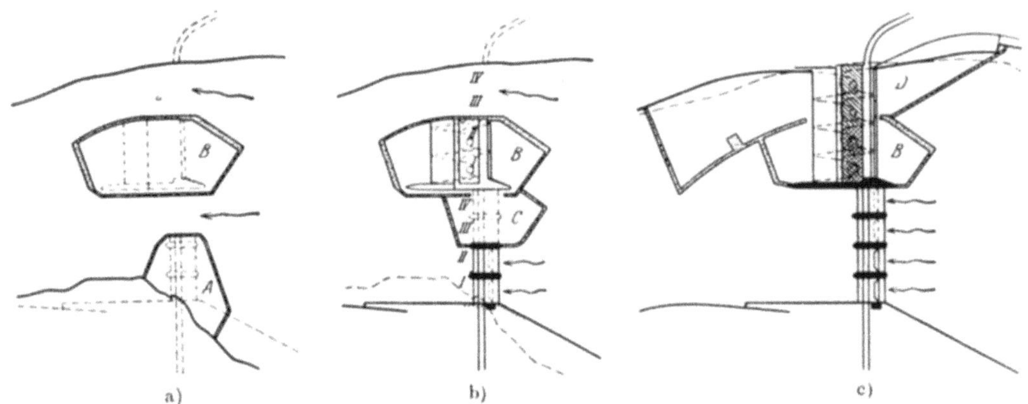

Abb. 311.   Fangdämme beim Bau der Wasserkraftanlage Ryburg-Schwörstadt am Rhein.
a) am 1. Jänner 1928; *b)* am 1. Jänner 1929; *c)* am 1. Jänner 1930. (Nach Schw. Bauztg.)

Abb. 312.   Die Fangdämme beim Bau des Kraftwerkes Ryburg-Schwörstadt am 30. Mai 1928. (Motor-Columbus, Baden.)

möglichst geringe Strahleinschnürung auftritt. Das wird durch eine Schrägstellung der Fangdämme, wie sie z. B. in der Abb. 311 zu erkennen ist, erreicht, weil dann die Ausflußöffnung
aus dem Stauraume den Charakter der „trompetenförmig verengten" annimmt.

Ein Bau, der quer durch einen Fluß reicht, wie z. B. ein Wehr, kann in der Regel nur in mehreren Abschnitten ausgeführt werden. Je nach der Flußbreite und der Benützungsdauer der Fangdämme werden ein oder zwei Baugruben durch Fangdämme im Flußbette abgegrenzt und darin
das Bauwerk bis zu den Hochwasserspiegellagen vollkommen fertiggestellt. Hierauf wird der
Fluß durch diese fertigen Bauwerksteile geleitet und es werden dann erst die früher freigebliebenen

Flußbetteile mit Fangdämmen gesperrt, unter deren Schutz die übrigen Teile des Bauwerkes errichtet werden.

Als Beispiel für die Anordnung der Baugruben und Fangdämme bei Wehrbauten in den verschiedenen Baustadien seien jene beim Bau des Kraftwerkes Ryburg-Schwörstadt am Rhein in den Abb. 311 bis 314 und jene des Isarwehres bei Oberföhring in der Abb. 315 dargestellt

Abb. 313.   Die Fangdämme beim Bau des Kraftwerkes Ryburg-Schwörstadt am 25. April 1929. (Motor-Columbus, Baden.)

Abb. 314.   Die Fangdämme beim Bau des Kraftwerkes Ryburg-Schwörstadt am 8. November 1929.
(Motor-Columbus, Baden.)

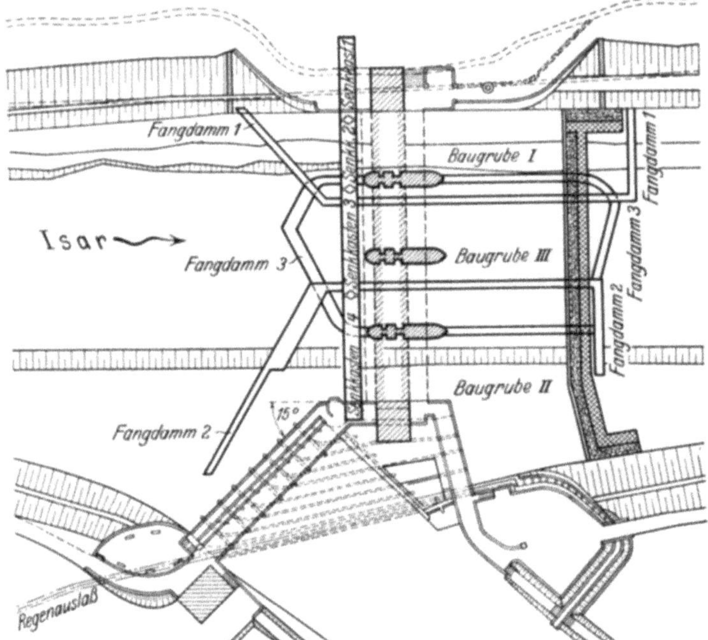

Abb. 315. Fangdämme beim Bau des Isarwehres Oberföhring.

und die Abb. 316 stellt graphisch das Bauprogramm dar, nach dem die Arbeiten in Ryburg-Schwörstadt ausgeführt worden sind.

Das durch das Flußbett oder Gerinne abfließende Wasser zwischen mehreren, durch Fangdämme umschlossenen Baugruben abzuleiten ist manchmal nicht erwünscht oder sogar nicht möglich. Besonders bei kleineren Gewässern kann es erforderlich werden, das ganze Flußbett durch die Fangdämme einer einzigen Baugrube abzusperren. Das Wasser muß dann entweder durch einen Umlaufstollen, der die Baugrube umgeht, abgeleitet werden oder es muß in einem eigenen Gerinne oder durch Rohre über die Baugrube geleitet werden. Beide Arten der Wasserableitung kommen hauptsächlich bei Talsperrenbauten vor.

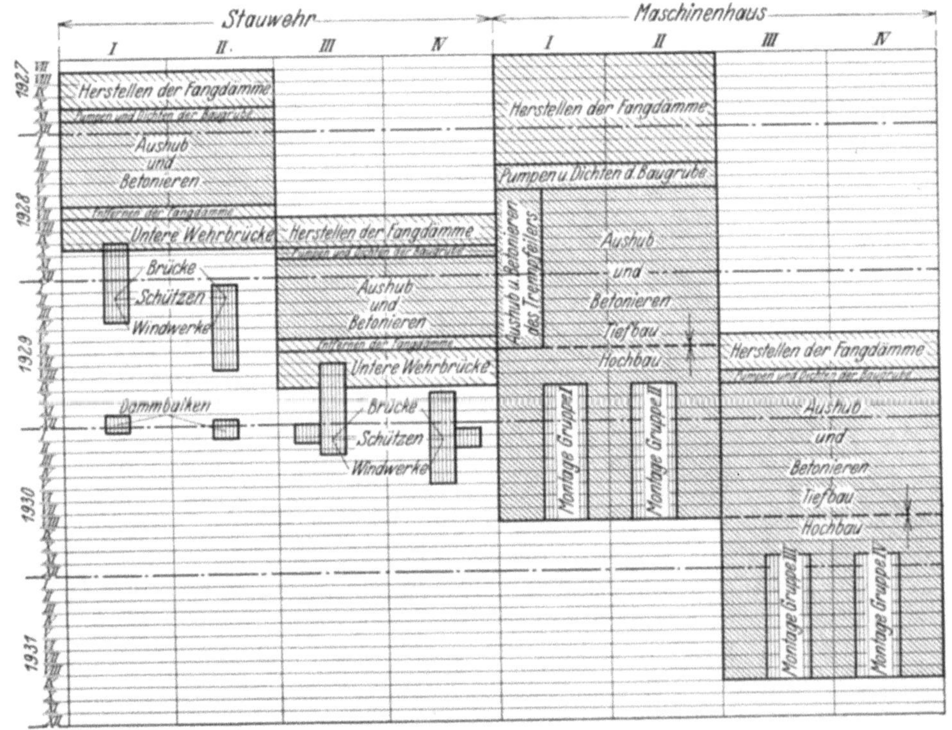

Abb. 316. Zeichnerisches Bauprogramm des Kraftwerkes Ryburg-Schwörstadt. (Nach Schw. Bauztg.)

Die Abb. 317 zeigt die Anlage des Umlaufstollens zur Ableitung des Löntschwassers beim Bau des Staudammes für das Löntschwerk und in der Abb. 318 ist als weiteres Beispiel das Ableitungsgerinne, durch das das Bachwasser über die Baugrube der Packsperre geleitet wurde, dargestellt. Das Holzgerinne ist dort durch eine Prügelverkleidung gegen Beschädigungen bei Sprengungen geschützt worden.

Beim Umbau der Stadtbahnbrücke über die Freiarche des Landwehrkanals an der Tiergarteninsel in Berlin mußte für die Brückenpfeiler auch eine einheitliche Baugrube mit Fangdämmen aus Larssen-Bohlen geschaffen werden, die nahezu den ganzen Freiarchenquerschnitt

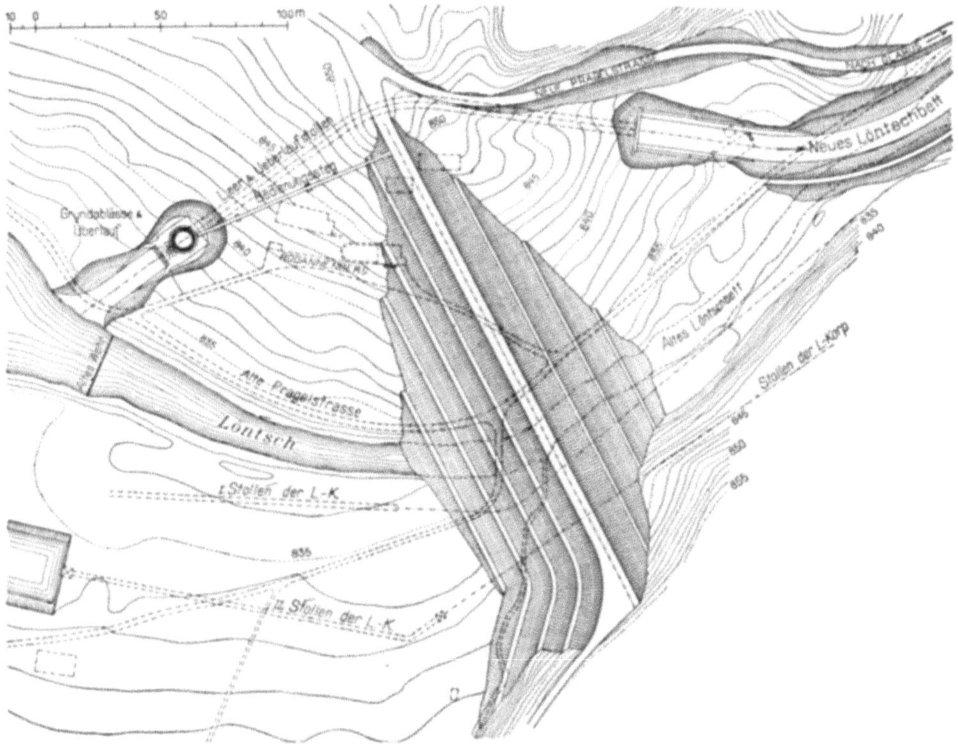

Abb. 317. Umlaufstollen zur Ableitung des Löntschwassers am Löntschstaudamm. (Nach A. Ludin.)

einnahm. Das Wasser wurde dort durch fünf Heberrohre (2mal ⌀ 1500 [mm] und 3mal ⌀ 800 [mm]) über die Baugrube geleitet. Die Anwendung mehrerer Rohre war notwendig, um einerseits keine zu großen Rohre zu bekommen und um sich andererseits besser an die Durchflüsse der Freiarche anpassen zu können. Die Rohre waren an eine Entlüftungssauganlage angeschlossen, um die Heber in Tätigkeit setzen zu können. Die Entlüftungspumpen mußten aber ständig in Tätigkeit bleiben, weil das Wasser kurz flußauf der Baugrube über eine Wehr fällt und daher viel Luft enthält, die sich in den Heberrohren abscheidet. In der Abb. 319 ist die Baugrube und die Heberanlage dieses Baues dargestellt.

Wie schon erwähnt worden ist, ist es nicht möglich, die Fangdämme so hoch zu führen, daß sie die Baugrube anläßlich aller Hochwässer vor Überflutung bewahren. Man nimmt sogar manchmal eine Überflutung in Kauf, wenn man findet, daß die Schäden, die sie verursacht, geringer sind als die Mehrkosten, die aufgewendet werden

Abb. 318. Überleitung des Packerbaches über die Baugrube der Packsperre in einem Holzgerinne, das durch einen Prügelmantel gegen Beschädigungen während Sprengungen gesichert ist.

müßten, um die Fangdämme so hoch hinaufzuführen, daß sie das betreffende Hochwasser abhalten können. Wenn Fangdämme überflutet werden, so verursacht das erste Wasser, das über die Krone der Dämme in die Baugrube abstürzt, besonders große Schäden. Man baut, um

die Schäden, die die Überflutung verursacht, zu verringern, in Fangdämmen, mit deren Überflutung gerechnet wird, Einrichtungen, wie Schützen (Abb. 320) oder Schieber, ein, durch die
beim Herannahen eines großen Hochwassers die Baugrube langsam aufgefüllt wird. Bau-

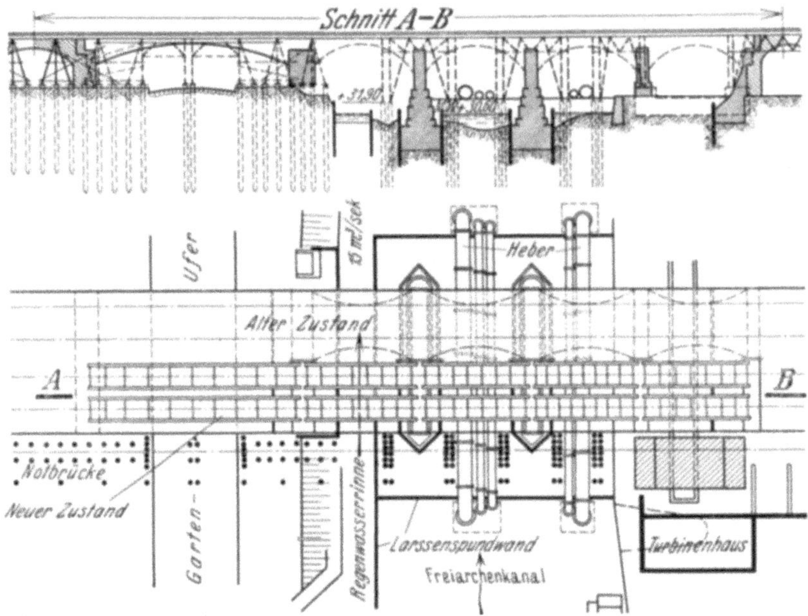

Abb. 319. Überleitung des Wassers der Landwehrkanal-Freiarche über die Baugrube
für Brückenpfeiler mittels fünf Hebern.

maschinen werden, soweit sie vom Hochwasser beschädigt werden können, tunlichst hoch-
wasserfrei aufgestellt oder, ebenso wie herumliegendes Holz, rechtzeitig entfernt. Die Kronen
von Kastenfangdämmen, die überronnen werden können, müssen oben mit einer dünnen Beton-

Abb. 320. Füllöffnungen (a) im Betonfangdamm beim Bau des Murwehres
in Mixnitz.

platte abgeschlossen oder abgepfla-
stert werden, damit der Füllboden
nicht ausgespült wird.

Aber auch an Flüssen mit niedrigen Wasserständen sind im Winter
noch Störungen möglich. Fangdämme,
die in das Flußbett vorgebaut sind,
können dort einen Eisstoß verursachen, der sich über die Baugrube
schieben und dort arge Verwüstungen
anrichten kann. Die Abb. 321 zeigt
die Eisreste, die nach einem Eisstoß
in der Baugrube für ein Wehr in
Hallein zurückgeblieben waren.

Die Fangdämme werden, wenn sie
eine Baugrube im Flußbett schützen
sollen, rings geschlossen. Baugruben
am Ufer werden nur an drei Seiten mit
Fangdämmen eingefaßt; die beiden
Flügel müssen sehr sorgfältig ins Ufer eingebunden werden und hierzu durch das am Ufer locker
liegende, mit Wurzeln durchsetzte Erdreich hindurch bis zum festen Boden geführt werden.
Der Sickerweg des Wassers darf um die Flügel herum nicht kürzer sein als unter den Fangdämmen.

Wenn Fangdämme in Wasser zu errichten sind, das sehr rasch strömt, so kann es erforderlich
werden, durch Hilfsfangdämme die Strömung vorerst abzulenken. Wie A. Ludin berichtet,
hat man beim Bau des Kraftwerkes Solbergfos in Schweden einen solchen Hilfsdamm aus Betonblöcken aufgeführt, die von einem Kabelkran aus verstürzt worden sind. Eine stählerne Spundwand
zur Abweisung der Strömung bei einem Wehrbau zeigt die Abb. 322.

2. Die Bauarten der Fangdämme.

Je nach der größten Wassertiefe und der Beschaffenheit des Bodens werden die Fangdämme in verschiedenen Bauarten ausgeführt; man unterscheidet Erdfangdämme, hölzerne, betonierte und stählerne Fangdämme und es werden vielfach auch Kombinationen dieser Bauarten angewendet.

α) **Erdfangdämme.** Erdfangdämme werden aus Bodenarten geschüttet, die ihre Beschaffenheit im Wasser möglichst wenig verändern; am besten eignen sich körnige Böden mit 30 bis 40% Beimengung von bindigem Boden.

Solche Dämme können, im Trockenen hergestellt, in beliebiger Höhe zur Abhaltung von ruhigem Wasser angewendet werden. Die Böschungsneigung wird je nach der Bodenart 1 : 1,5 bis 1 : 2 gewählt und die Kronenbreite wird etwa gleich der halben Höhe, aber nicht kleiner als

Abb. 321. Reste eines Eisstoßes, der in die Baugrube für ein Wehr in Hallein eingedrungen ist. (H. Rella, Wien.)

0,75 [m] und nicht größer als etwa 3 bis 4 [m] genommen. Der Dammkörper muß, um die Durchsickerungen herabzusetzen, möglichst dicht sein; er wird deswegen in Lagen geschüttet und dann gestampft oder gewalzt, wobei ähnlich vorzugehen ist wie bei der Herstellung von Staudämmen. Vor der Schüttung des Dammes muß der Erdboden von Pflanzen und fäulnisfähigen Stoffen, Mutterboden u. dgl. sorgfältig gereinigt werden.

Besonders gefährdet ist durch das Sickerwasser der luftseitige Böschungsfuß, an dem solches Wasser quellenähnlich austritt und Böschungsrutschungen und Ausspülungen verursacht. Derartigen Schäden kann durch die Anwendung der von F. Schaffernak empfohlenen Innenberme aus stark durchlässigem Boden, etwa grobem Schotter oder Steinpackung am luftseitigen Dammfuß, vorgebeugt werden.

Als Beispiel für einen Erdfangdamm sei in der Abb. 323 der Fangdamm beim Bau der Talsperre „Im Schräh" dargestellt, der das Wasser des Schrähbaches und der Aa aufstaut und in den Umlaufstollen leitet.

Wenn für die Dammschüttung nicht genug Boden verfügbar ist, der auf die entsprechend dichte Lagerung gebracht werden kann, so kann, ähnlich wie man es bei Staudämmen macht, entweder eine Dichtungsdecke aus bindigem Boden an der wasserseitigen Böschung, durch eine Schutzschicht von Schotter vor Frost und Austrocknung bewahrt, aufgebracht werden oder man ordnet eine Kerndichtung an; als solche kann auch eine Spundwand in der Dammitte gerammt werden. Die Abhaltung des Wassers leistet dann vornehmlich die Spundwand und der Damm hat im wesentlichen nur die Aufgabe, die Spundwand zu stützen und die Sickerungen durch undichte Stellen der Spundwand herabzusetzen.

In bewegtem Wasser eignen sich ungeschützte Erddämme nicht, weil durch strömendes Wasser der Damm abgespült wird; dann muß die wasserseitige Böschung durch Faschinenbelag, Steinwurf oder einen sonstigen Belag gesichert werden oder es kann, wie es beim Bau der

Packsperre (Abb. 324) der Teigitschwerke geschehen ist, die wasserseitige Böschung durch eine Pfahlwand ersetzt werden.

Wenn Erddämme überströmt werden, so können sie binnen weniger Minuten vollkommen zerstört sein, ein Umstand, der beim Entschluß zum Bau und bei der Bemessung der Höhe wohl zu beachten ist.

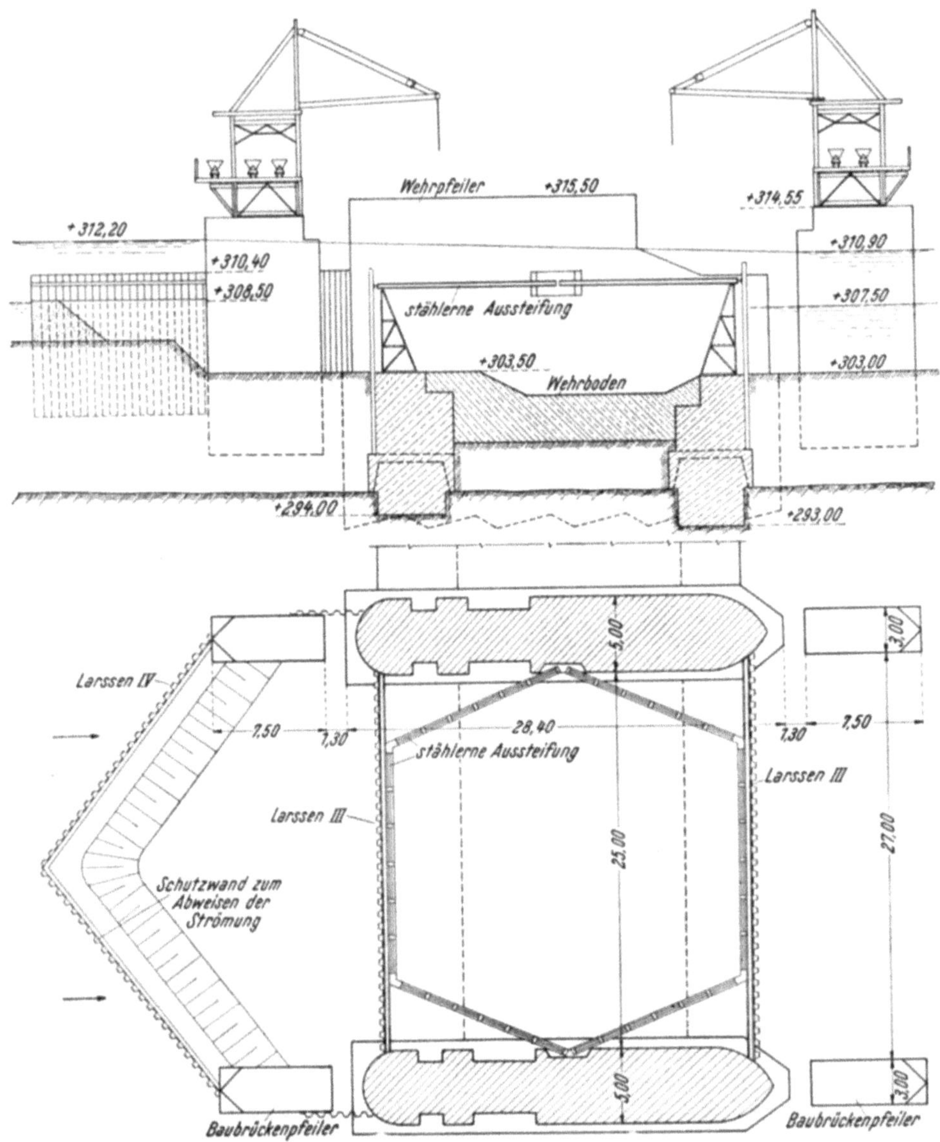

Abb. 322. Spundwandabsteifung und Stromabweiser beim Bau des Rheinkraftwerkes Albbruck-Dogern.

Schrifttum.

BIJLS, A.: Der Stand der Arbeiten für die Abschließung der Zuidersee. Genie civil, 1928. S. 6. — BRENN-ECKE-LOHMEYER: Der Grundbau. Bd. 1. 4. Aufl. Berlin 1927. W. Ernst & Sohn. — FRÖHLICH, O. K.: Bodenmechanische Gesichtspunkte für die Berechnung von Fangdämmen. Bautechn. 1940. S. 543.

β) Hölzerne Fangdämme. Hölzerne Fangdämme werden ausgeführt, wenn das erforderliche Holz zu niedrigen Preisen erhältlich ist.

Einfache hölzerne Fangdämme (Abb. 325) werden angewendet, wenn die Tiefe des abzuhaltenden Wassers etwa 1,5 [m] nicht wesentlich übersteigt und wenn Spundbohlen und Pfähle

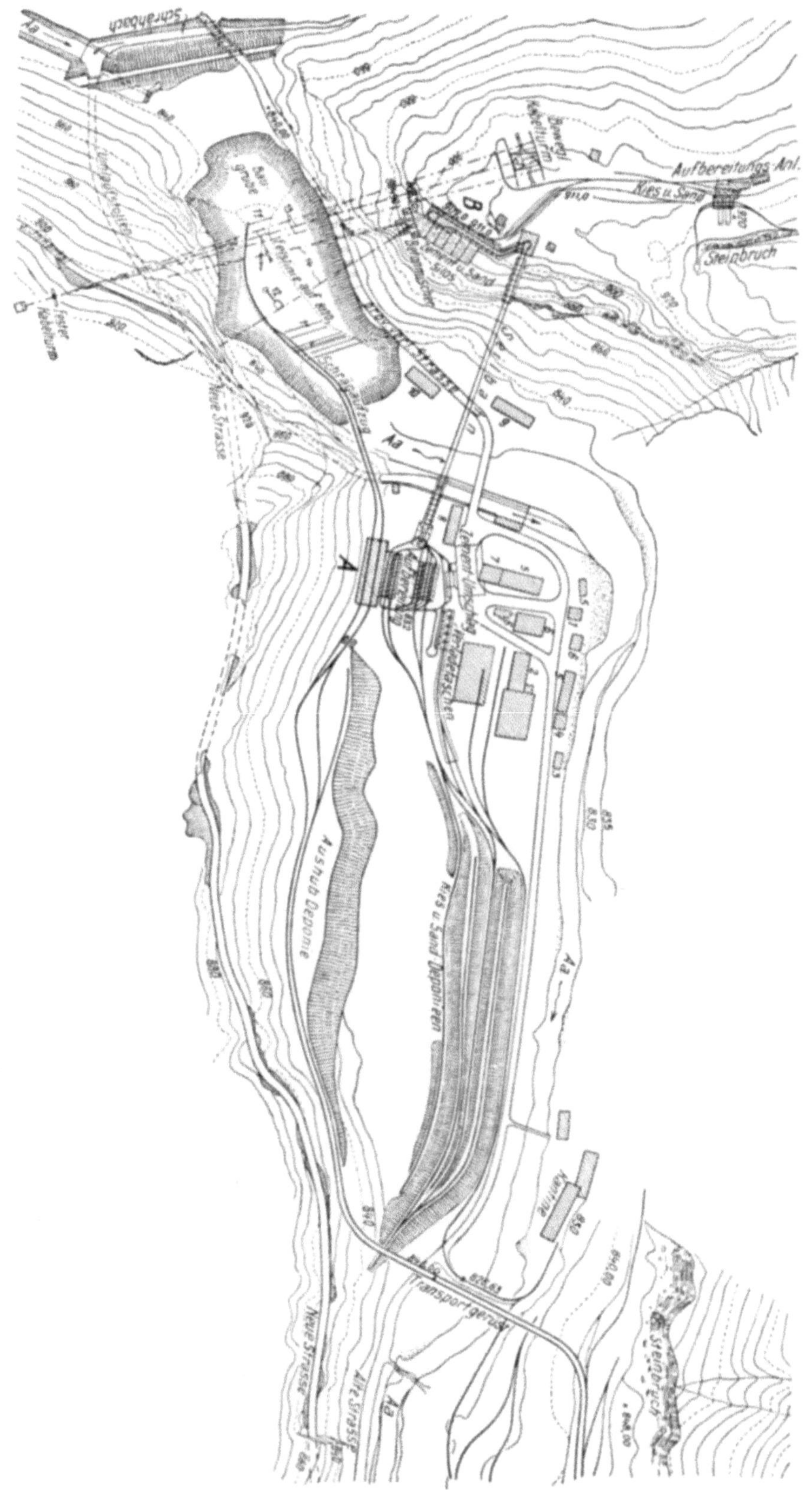

Abb. 323. Die Baugrube der Staumauer „Im Schräh" des Wäggitalwerkes mit dem Erddamm (links) zur Ableitung des Schrähbaches während des Baues durch einen Umlaufstollen.

Abb. 324. Fangdamm *(a)* beim Bau der Packsperre der Teigitschwerke. *(b)* Umlaufgerinne.

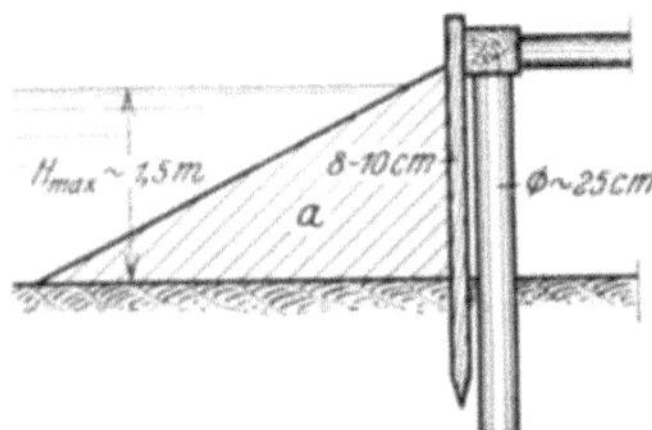

Abb. 325. Einfacher hölzerner
Fangdamm. *a* Anschüttung aus
Erde, Lehm und dergl.

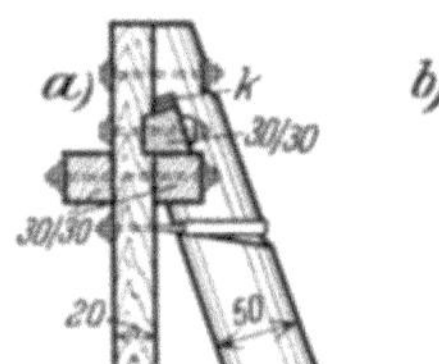 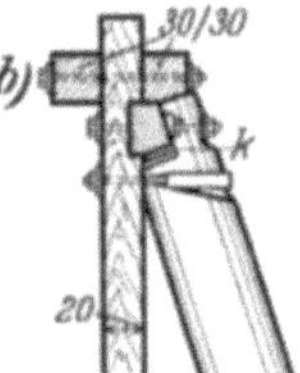 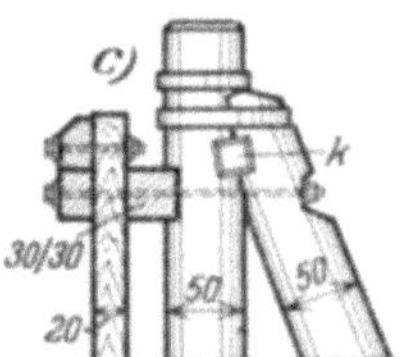 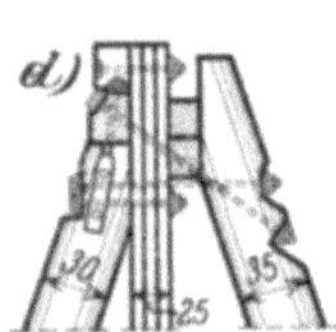

Abb. 326. Abstützung freistehender hölzerner Spundwände. *k* Hartholzkeil.

 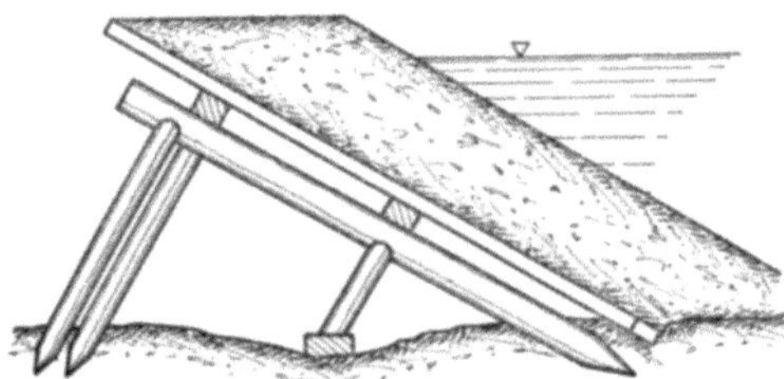

Abb. 327. Hölzerner Bockfangdamm.

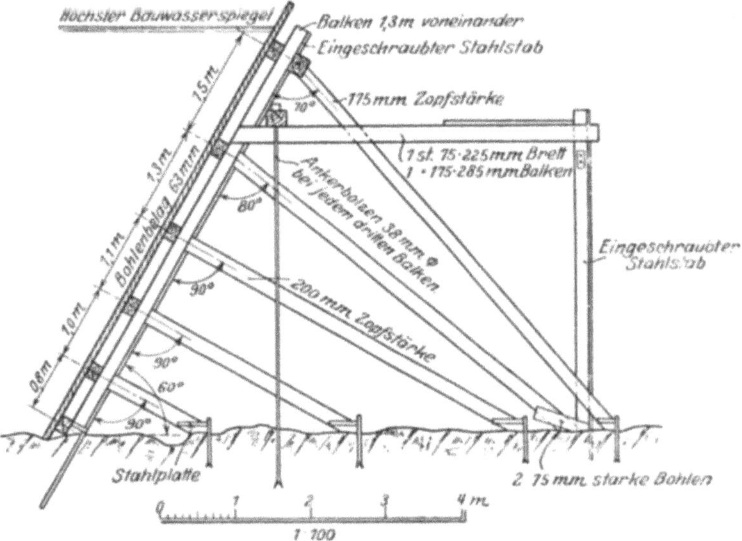

Abb. 328. Bockfangdamm beim Bau des Kraftwerkes Norrhorsen. (A. Ludin.)

gerammt werden können. Sie
bestehen, wie die Abb. 325 und
326 erkennen lassen, aus einer
Spundwand, die sich gegen einen
Holm lehnt, der durch Pfähle
oder Pfahlböcke gestützt wird,
oder deren Zangen durch Pfähle
oder Pfahlböcke gestützt sind.
Vor die Spundwand wird an der
Wasserseite Boden geschüttet,
um die Spundwand besser zu
dichten und den Sickerweg unter
der Spundwand zu verlängern.
Bei ganz einfachen Verhältnissen
kann die Spundwand durch eine
Stülpwand ersetzt werden. Der
Holm ruht alle 1,5 bis 2,0 [m]
auf einem Pfahl, der mindestens
ebenso tief gerammt wird, als er
aus dem Boden ragt. Bei sehr

schwerem Boden kann statt der Bohlwand und der Pfähle eine Pfahlwand
gerammt werden. Es ist zweckmäßig,
den Holm des Fangdammes in der
Baugrube zu stützen. Bei lebhafter
Strömung oder Wellenschlag muß die
Schüttung durch eine Spreutlage od.
dgl. geschützt werden.

Die einfachen Fangdämme sind
auch in der *Bockbauweise* ausgeführt
worden, wenn das Rammen der Bohlen und Pfähle Schwierigkeiten bereitet oder überhaupt nicht möglich
ist. In den Abb. 327 bis 331 sind
verschiedene Bauarten dargestellt.
Der Fangdamm, Bauart Schön, ist
insofern bemerkenswert, als er eine
oftmalige Wiederverwendung der
Böcke ermöglicht. Jeder Bock wird
in zwei Bohrlöchern mit dem Fels
verklemmt, indem je eine Spannschraube angezogen wird, die einen
Kegel in ein geschlitztes Gasrohr
zieht, dessen Wandteile gegen den
Fels gepreßt werden. Dieser Fang-

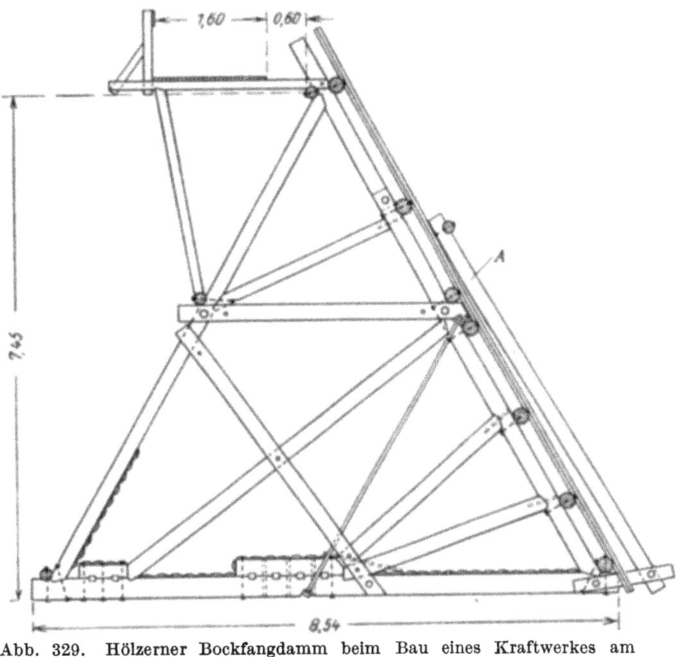

Abb. 329. Hölzerner Bockfangdamm beim Bau eines Kraftwerkes am Dnjepr. (Schaper.)

damm ist beim Bau des Kachletwerkes bei Wassertiefen bis zu 8 [m] verwendet worden und
soll sich gut bewährt haben.

Bei größeren Wassertiefen reicht der einfache hölzerne Fangdamm, wie er in der Abb. 325
gezeigt ist, nicht mehr aus, man führt dann den besser dichtenden *Kastenfangdamm* aus, der aus

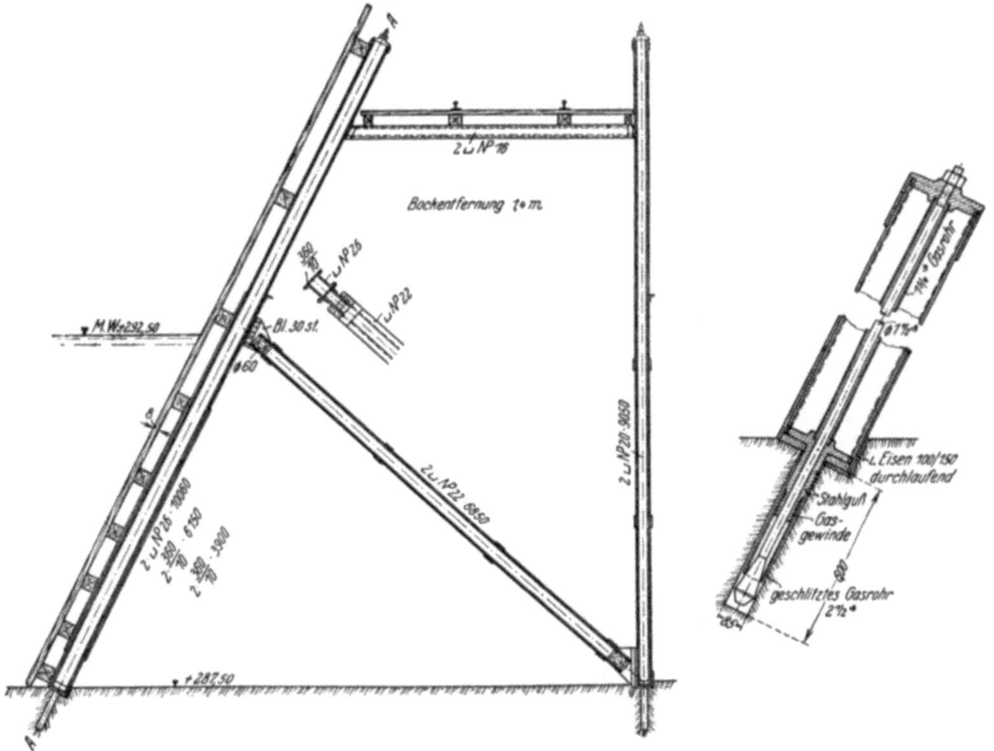

Abb. 330. Stählerner Bockfangdamm, Bauart Schön. *a)* Querschnitt, *b)* Einzelheiten der
Verankerung im Fels. (Nach Brennecke-Lohmeyer.)

zwei parallel liegenden Holzwänden besteht, zwischen denen der Raum mit Boden ausgefüllt wird. Als Füllboden eignet sich bei Füllung unter Wasser nur Sandboden mit Tonbeimengung; über dem Wasserspiegel kann ein Gemisch aus Sand und Lehm oder Tonboden in Lagen von etwa 20 [cm] sorgfältig eingestampft werden; vielfach wird aber auch lehmiger Sand allein verwendet. Aller Füllboden muß frei von Wurzeln, Pflanzenresten und gefrorenen Brocken sein. Bevor der Kastenfangdamm gefüllt wird, wird der Boden, auf den später die Füllung gelangt, sorgfältig von Schlamm und Pflanzenresten gesäubert.

Zwischen den Wänden, innerhalb des Füllkörpers liegende Anker oder Versteifungen sollen tunlichst vermieden werden, da der Füllboden stets nachsackt, wobei sich Hohlräume unter den Einbauten bilden, die von darüberliegendem Boden nicht aufgefüllt werden können und längs denen dann Durchquellungen auftreten, die nur sehr schwer zu dichten sind. Wenn unter der äußeren Wasserlinie Anker angebracht werden, so muß die Durchstoßstelle durch die äußere Wand ganz besonders sorgfältig abgedichtet werden.

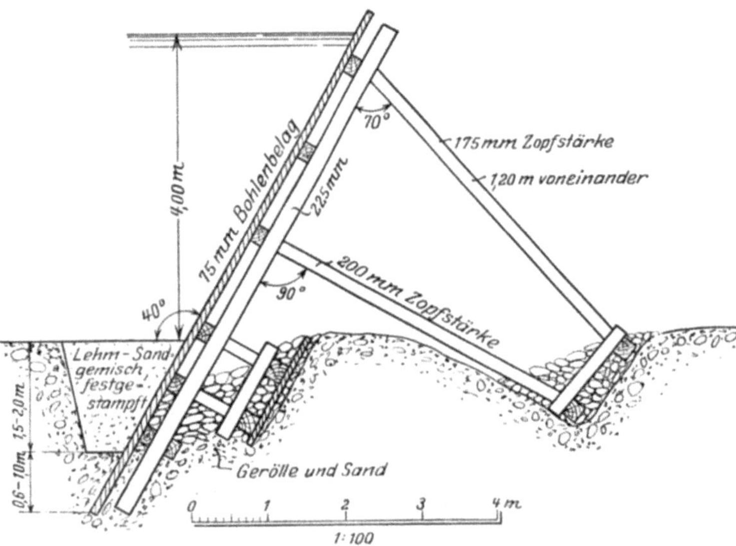

Abb. 331. Bockfangdamm beim Bau des Kraftwerkes Norrforsen. (A. Ludin.)

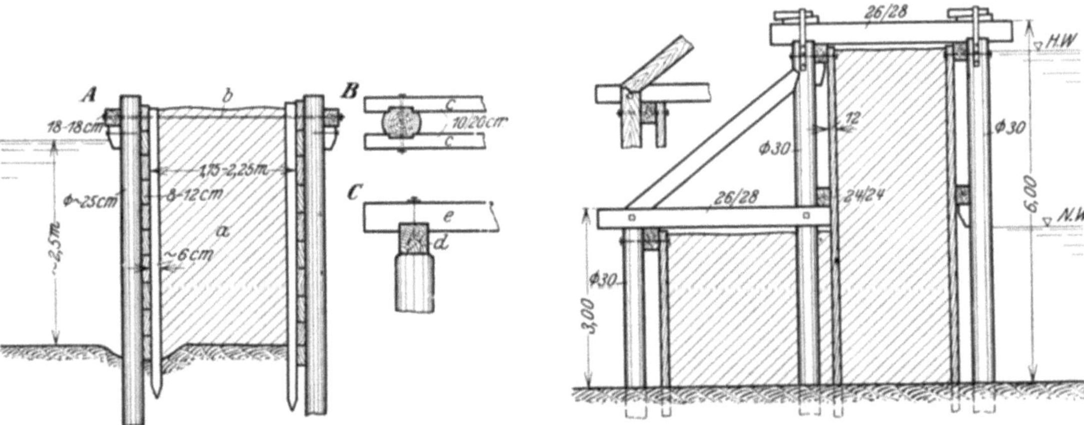

Abb. 332. Einfacher hölzerner Kastenfangdamm. A Querschnitt, B, C Verhängung der Wände. a Fangdammfüllung, b stählerner Zuganker, c hölzerne Zangen, d Langschwelle, e aufgekämmte Querschwelle.

Abb. 334. Doppelter hölzerner Kastenfangdamm.

Bei Wassertiefen bis zu etwa 2,5 [m] werden alle 1,0 bis 1,5 [m] Pfähle bis zur halben Länge gerammt und hierauf vorbereitete Tafeln aus waagrecht liegenden Bohlen mit unten hervorragenden, gespitzten Leisten versenkt, wobei die lotrechten Stöße der Bohlwände vor Pfähle gelegt und innen durch Bretter gedeckt werden. Der Boden wird vorher unter den Bohlentafeln etwas ausgebaggert und die Leisten werden beim Versenken durch Schläge in den Boden getrieben, wie man es leicht in der Abb. 332 erkennen kann. Je zwei gegenüberliegende Pfähle werden am Kopfe mit zusammengedrehten Stahldrähten, stählernen Zugankern, hölzernen Zangen oder aufgekämmten Querschwellen zusammengehängt.

Für die Breite der Kastenfangdämme hat man früher vielfach das willkürliche Maß: Breite gleich halbe Wassertiefe +1 [m] oder gleich einem Drittel der Wassertiefe +2 [m] eingehalten; gegenwärtig werden die Kastenfangdämme aber meist wesentlich schmäler gehalten.

Bei Wassertiefen über etwa 3 [m] werden statt der Bohlwände Spundwände (Abb. 333) angewendet, die wesentlich dichter halten. Hierbei wird die äußere Spundwand tiefer getrieben als die innere, damit schon unter dem Fangdamm die Sickerung und der Sohlwasserdruck verringert wird. Die innere Spundwand braucht nur so tief gerammt zu werden, als es die statischen Rücksichten erfordern; hydraulisch ist eine Spundwand, die einige Meter neben einer schon bestehenden ebenso tief wie diese gerammt wird, wertlos; sie kann nur als

Abb. 333. Einfacher Kastenfangdamm für die Gründung eines Brückenwiderlagers an der March bei Certorec. *a* Kastenfangdamm, *b* Zugramme, *c* Kreiselpumpe der Wasserhaltung.

Sicherheitsvorkehrung aufgefaßt werden, die die Sickerung unterbinden soll, wenn etwa bei der ersten Spundwand eine Undichtigkeit vorhanden wäre.

Bei Wassertiefen von über etwa 6 [m] sind vielfach drei Spundwände (Abb. 334) gerammt worden.

Auch die Kastenfangdämme sollen womöglich in der Baugrube durch waagrechte oder geneigte Streben (Abb. 335 und 336) abgesteift werden; die waagrechten Streben laufen durch die ganze Baugrube bis zum gegenüberliegenden Fangdamm durch und behindern das Arbeiten außerordentlich. Im Laufe des Baues müssen sie entfernt und durch Streben ersetzt werden, die sich gegen das schon ausgeführte Bauwerk stützen (Abb. 335b). Damit Bewegungen des Fangdammes, die seine Dichtheit beeinträchtigen können, möglichst ausgeschaltet werden, sollen alle Streben durch Keile nachzutreiben sein.

Die größte Wassertiefe, für die hölzerne Fangdämme bisher ausgeführt worden sind, beträgt etwa 12 [m]. A. Ludin berichtet über einen solchen Fangdamm, der als Zellenfangdamm beim Bau des Kraftwerkes Lilla Edet im Götaälv ausgeführt worden ist. Wie der Abb. 337 entnommen werden kann, wurde dieser Fangdamm auf Fels erbaut; nach dem sich dort weder Pfähle noch Spundbohlen rammen ließen, wurde die Holzkonstruktion

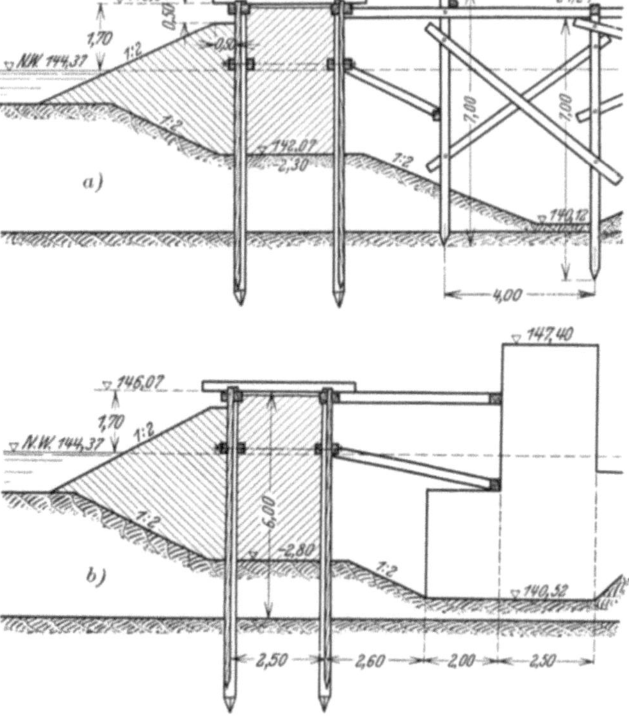

Abb. 335. Abstützung eines hölzernen Kastenfangdammes. *a)* während des Aushubes mit durchlaufenden Streben, *b)* später mit Streben gegen das Bauwerk.

auf den Fels aufgestellt und durch Taucher an Stahlankern, die mindestens 1 [m] tief im Fels einbetoniert waren, verankert. Die lotrechten Bohlentafeln wurden mit ihrem unteren Ende genau der Felsoberfläche angepaßt; Taucher nahmen hierzu abschnittsweise mit einem Gliederstab (Abb. 338), der an einem Lineal hing, die Felsoberfläche auf, indem sie den Gliederstab klemmten. Der Innenraum des Fangdammes wurde durch Querwände in eine Anzahl von Zellen zerlegt und unten auf 2 [m] Höhe ausbetoniert; darüber kam eine Füllung von Letten oder aus einem Gemisch von Sand und Lehm.

Ähnlich wie der eben beschriebene hölzerne Zellenfangdamm ist in Amerika vielfach und auch in Rußland der *Steinkistenfangdamm* ausgeführt worden. Er besteht, wie der Abb. 339 leicht entnommen werden kann, aus zwei parallel nebeneinanderliegenden Steinkisten, von denen die eine mit einer dichten Bohlenwand verschalt ist. Der Zwischenraum wird, ähnlich wie bei Kastenfangdämmen, mit geeignetem Füllboden abgedichtet. In der Abb. 340 ist eine Ansicht des Steinkistenfangdammes beim Bau des Kraftwerkes Dnjeprostroy wiedergegeben.

Nach Vollendung des Baues wird der Fangdamm entfernt. Pfähle, die in unmittelbarer Nähe des Grund-

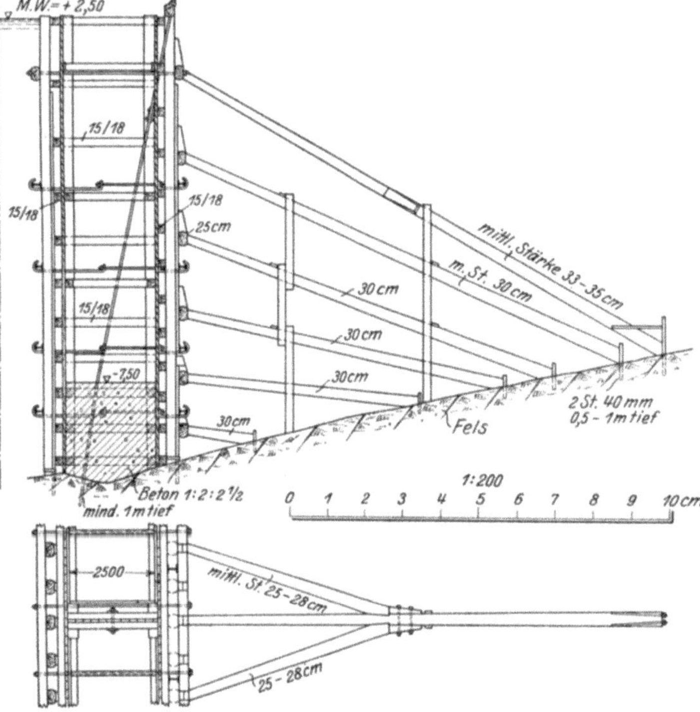

Abb. 336. Pfahlböcke zur Absteifung von Fangdämmen in nachgiebigem Boden. *k* Hartholzkeile.

Abb. 337. Fangdamm beim Bau des Kraftwerkes Lilla Edet. (A. LUDIN.)

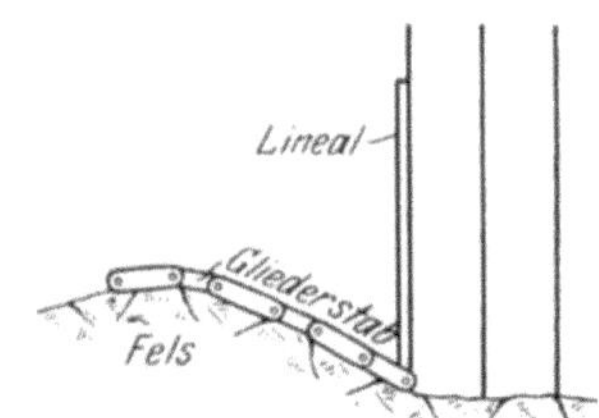

Abb. 338. Aufnahme der Felsoberfläche mittels eines Gliedermaßstabes. (A. LUDIN.)

werkes tief hinab gerammt sind, dürfen nicht herausgezogen werden, sondern müssen abgeschnitten werden, damit nicht der Boden unter dem Bauwerk aufgelockert wird.

Schrifttum.

BRENNECKE, L.: Der Grundbau. 3. Aufl. Berlin 1906. Verlag Deutsche Bauzeitung. (Mit Angabe älterer Literatur). — GROTH, W.: Die Erweiterung des Kaiser-Wilhelm-Kanals. Zentralbl. d. Bauverw. 1914. S. 373. — LUDIN, A.: Die nordischen Wasserkräfte. S. 706—711. Berlin 1930. Julius Springer. — LÜCKEMANN, H.: Der Grundbau. Berlin 1906. W. Ernst & Sohn. — SCHAPER, G.: Reiseeindrücke in Rußland. Bautechn. 1928. S. 751. — STECHER, B.: Versenkung eines hölzernen Kastenfangdammes beim Bau des Spreetunnels der Berliner Untergrundbahn. Zentralbl. d. Bauverw. 1914. S. 574.

γ) **Betonfangdämme.** Betonfangdämme sind früher vielfach bei Gründungen auf Unterwasserschüttbeton verwendet und dann meist so angeordnet worden, daß sie später einen tragenden Bestandteil des Bauwerkes bildeten, daß also der Beton nicht verloren war. Den Bauvorgang zeigt schematisch die Abb. 341. Zuerst wurde die Spundwand (1) gerammt, hierauf der Boden bis zur erforderlichen Tiefe gebaggert und dann mittels Unterwasserbetonierung die Platte (2) hergestellt. Solange dieser Beton noch weich war, wurden die inneren Schalwände (3) in ihn eingedrückt und hierauf der Fangdamm (4) wieder unter Wasser betoniert. Nach dem Erhärten wurde der Innenraum ausgepumpt und das weitere Bauwerk im Trockenen aufgebaut. Als Beispiel für ein solches Bauwerk sei der Pfeiler der Drehbrücke über den Oberhafen in Hamburg erwähnt (Abb. 342).

Die Platte (2) und die Fangdämme (4) müssen zusammen so schwer sein, daß ihr Gewicht den Auftrieb des Wassers überwiegt, daß also der Betontrog nicht aufschwimmen kann. Überdies muß die Platte (2) so bemessen sein, daß sie die vom Auftrieb herrührenden Biegungsbeanspruchungen aufzunehmen vermag.

Betonfangdämme, ähnlich den Kastenfangdämmen, werden ausgeführt, wenn der Fels so nahe unter der Bodenoberfläche liegt, daß Pfähle und Spundbohlen nicht gerammt werden können. Der Kasten wird dann mit Beton aufgefüllt und die Kastenwände bilden nur die Schalung für die Betonierung. Um diese Seitenwände aufstellen zu können, wird der lose Boden weggebaggert und hierauf für jede Wand eine Reihe von etwa 1 [m] tiefen Löchern im gegenseitigen Abstande von 1 bis 2 [m] in den Fels gebohrt, in die Träger gesteckt und verkeilt oder besser mit Beton vergossen werden. Die Träger der beiden Wände werden einander gegenüberliegend angeordnet. Zwischen die Flanschen der Träger werden die hölzernen Wände eingeschoben (Abb. 343); sie bestehen aus lotrecht aneinandergereihten Bohlen von 5 bis 6 [cm] Stärke, die mit waagrechten Zangen verschraubt sind, deren Enden so bearbeitet sind, daß sie zwischen die Flanschen der Träger passen. Je zwei gegenüberliegende Träger werden mit Stahldrähten verbunden, die durch Verdrillung angespannt werden. Im ruhigen Wasser zwischen den Wänden räumen Taucher sorgfältig allen losen Boden aus. Schließlich wird der Zwischenraum zwischen

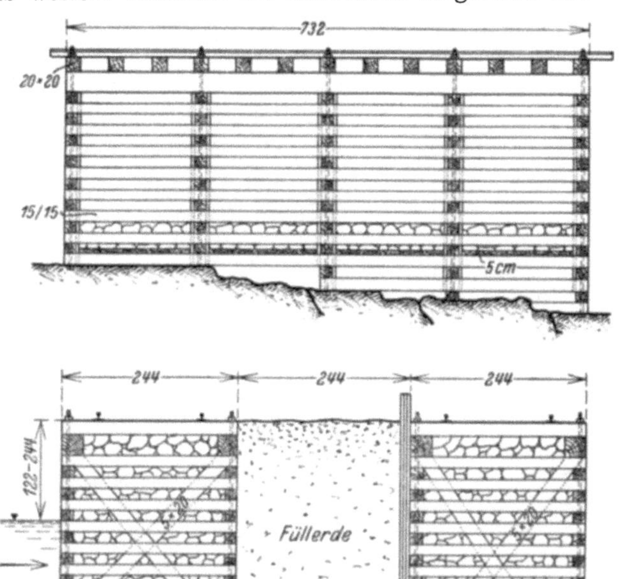

Abb. 339. Steinkistenfangdamm. (J. R. Freemann.)

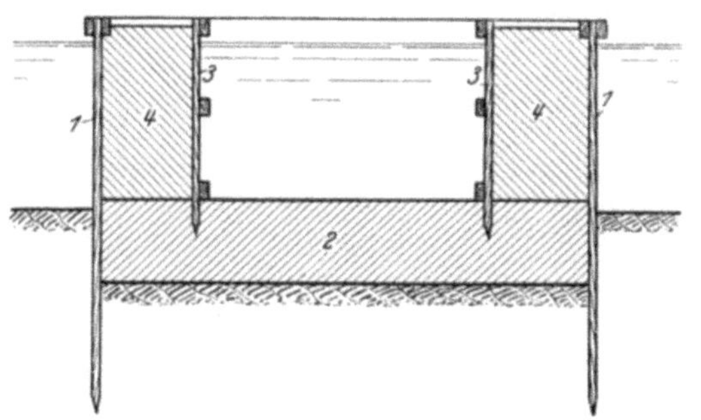

Abb. 341. Betonfangdamm.

Abb. 340. Steinkistenfangdamm beim Bau der Wasserkraftanlage Dnjeprostroy. (Siemens-Bau-Union.)

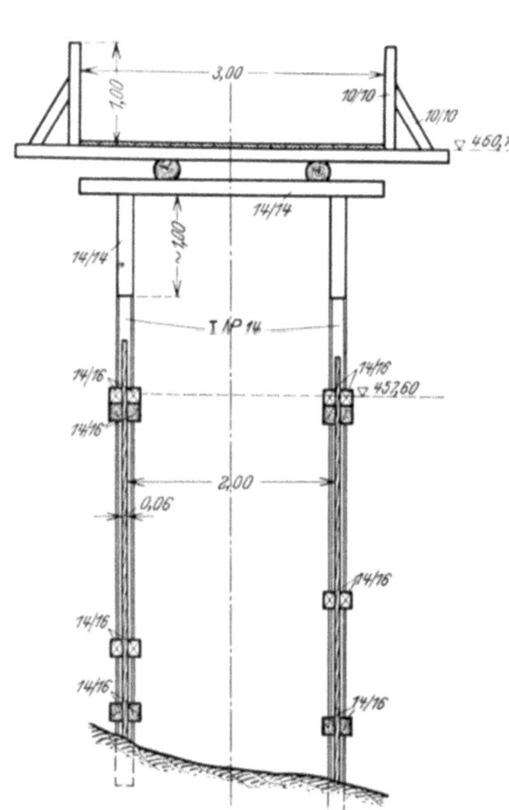

Abb. 342. Gründung eines Drehbrückenpfeilers der Brücke über den Oberhafen in Hamburg. (MERLING.) *Sp* Spundwand.

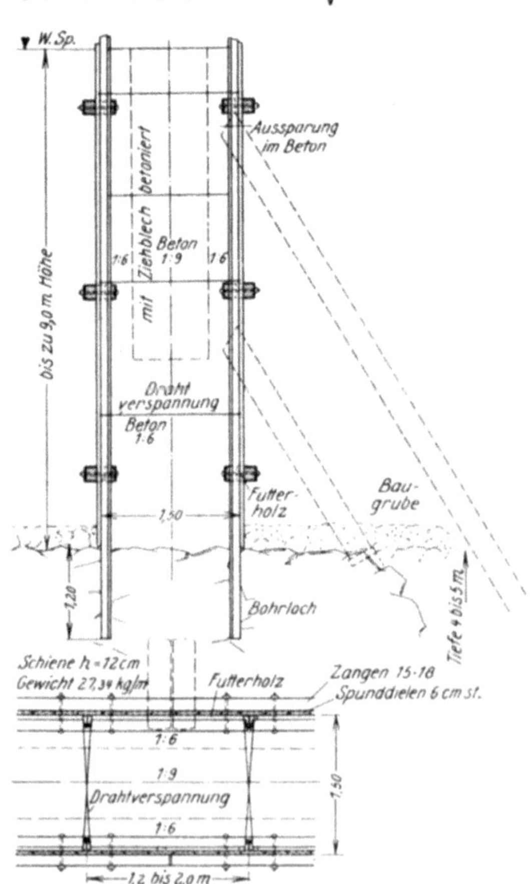

Abb. 343. Schalung für den Betonfangdamm beim Bau des Murkraftwerkes Pernegg.

Abb. 344. Betonfangdamm beim Bau des Kachletwerkes in der Donau bei Passau. (HETZEL.)

Abb. 345. Betonfangdamm beim Bau des Kachletwerkes in der Donau bei Passau.
(Grün & Bilfinger.) *a* Sandsäcke zum Schutze gegen das Überschlagen von Wellen.

Abb. 346. Herstellung des Betonfangdammes beim Bau des
Rheinkraftwerkes Ryburg-Schwörstadt. (Motor-Columbus.)

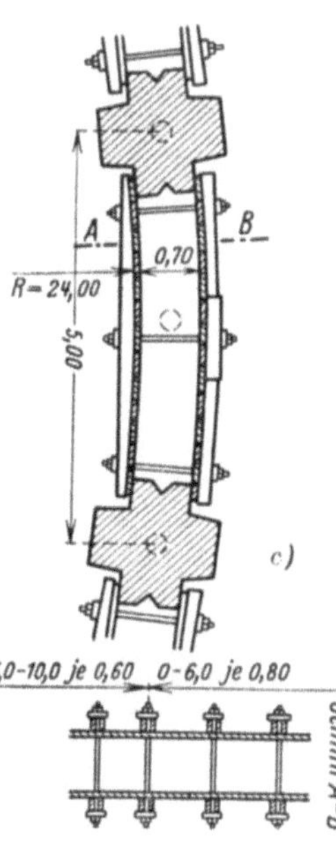

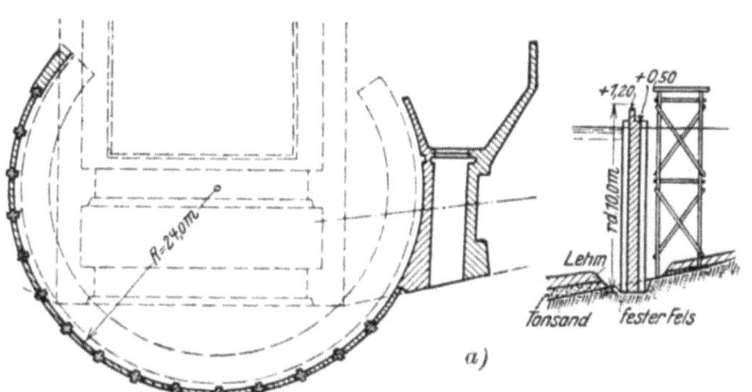

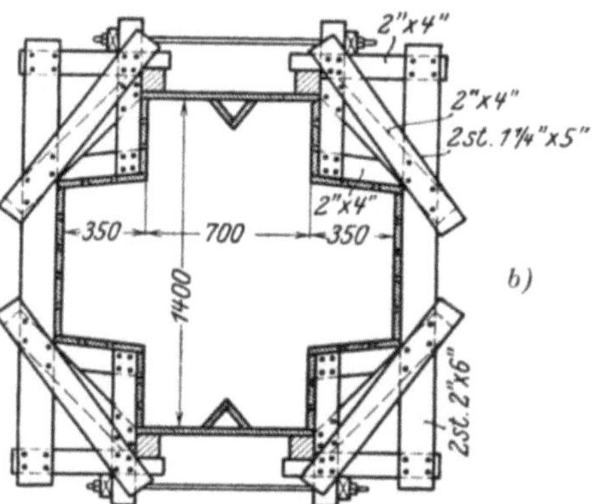

Abb. 347. *a)* Betonfangdamm beim Bau des Trockendocks in Stockholm. (Nach TRIER.) *b)* Schalung für einen Pfeiler, *c)* Schalung
der Wand zwischen den Pfeilern.

den Wänden unter Wasser ausbetoniert. Für den Unterwasserbeton wird eine Mischung 1 : 6 verwendet; über dem Wasserspiegel wird im Kern eine magere Mischung von etwa 1 : 9 genommen, so wie es in der Abb. 344 angedeutet ist.

Statt den Fangdamm mit Beton auszufüllen, kann er auch mit quarzhaltigem Sand gefüllt werden, der schließlich chemisch versteint wird.

Die Betonfangdämme werden durch Streben oder Pfeiler in der Baugrube abgesteift. Die Abb. 345 gibt eine Ansicht des Betonfangdammes vom Bau des Kachletwerkes bei Passau wieder, der durch aufgelegte Sandsäcke gegen das Überschlagen von Wellen gesichert ist. Die Abb. 346 zeigt schließlich die Arbeiten zur Herstellung des Betonfangdammes beim Bau des Kraftwerkes Ryburg-Schwörstadt am Rhein; es sind deutlich die aufgestellten Träger und im Vordergrund rechts die eingeschobenen Bohlen der Schalung zu erkennen.

In eigenartiger Bauweise ist ein Betonfangdamm beim Bau des Trockendocks in Stockholm ausgeführt worden. Der Fangdamm bildet dort, wie man der Abb. 347 entnehmen kann, im Grundriß einen Halbkreis, der sich einerseits an den freigelegten Granitfels, anderseits an ein bestehendes Bauwerk stützt. Der Fangdamm ist in eine Anzahl von Pfeilern mit dazwischenliegenden, nach einem Kreisbogen gekrümmten Platten aufgelöst. Die Pfeiler wurden in Schalungen (Abb. 347b) unter Wasser gegossen.

Abb. 348. Sprengung des Betonfangdammes im rechten Wehrfeld des Murkraftwerkes Mixnitz.

Wenn der Bau vollendet ist, müssen Betonfangdämme durch Sprengung beseitigt werden (Abb. 348). Die für die Sprengung erforderlichen Löcher werden im Beton schon während der Betonierung vorbereitet, um spätere Bohrkosten zu vermeiden.

Schrifttum.

BRANDT, H.: Der derzeitige Stand der Bauarbeiten beim Kraftwerk Ryburg-Schwörstadt. Bauing. 1929. S. 907. — HABICHT, R. F.: Erfahrungen mit Gußbetonschüttungen unter Wasser. Beton u. Eisen. 1928. S. 60. — HETZEL, K.: Die Stauschleusen und Kraftanlagen in Donau-Kachlet bei Passau. Bautechn. 1926. S. 427. — DERSELBE: Die Fangdämme beim Bau der Staustufe in Donau-Kachlet in Passau. Zentralbl. d. Bauvorw. 1927. S. 80. — KAYSER, H.: Wettbewerb für eine zweite feste Straßenbrücke über die Mosel in Koblenz. Beton u. Eisen. 1928. S. 257. — MERLING: Eisenbahn- und Straßenbrücken über den Oberhafen in Hamburg. Zschrft. f. Bauw. 1907. S. 43. — REINNHARDT: Zum Abbruch der alten Eisenbahnbrücke über den Rhein bei Duisburg-Hochfeld. Bautechn. 1929. S. 246. — TRIER, F.: Die Verwendung von Unterwassergußbeton in Schweden. Bautechn. 1930. S. 142. — Referate: Der Betonfangdamm des Trockendock-Neubaues in Stockholm. Bautechn. 1925. S. 781. — Vom Rheinkraftwerk Ryburg-Schwörstadt. Schweiz. Bauztg. 1928. S. 181. — Ausführung einer tiefgegründeten Ufermauer mittels Betonfangdammes. Schweiz. Bauztg. 1929. S. 137. — Fangdamm aus einem Eisenbetonblock von 4000 m³. Schweiz. Bauztg. Bd. 98 (1931). S. 165.

δ) **Stählerne Fangdämme.** Stählerne Fangdämme werden in Bauarten ausgeführt, die denen der hölzernen ähneln. Sie werden angewendet, wenn sich hölzerne Bohlen nicht rammen lassen, überdies aber auch in anderen Bodenarten, wenn man auf sehr große Tiefen in offener Baugrube hinabgehen will, ferner, wenn bei geringeren Tiefen auf eine Baugrube, frei von Steifhölzern, Wert gelegt wird. Stählerne Fangdämme sind überdies dichter als hölzerne und kommen, da die Spundbohlen in der Regel mehrmals wieder verwendet werden können und schließlich noch Schrotwert besitzen, vielfach auch billiger.

Am häufigsten werden *einfache stählerne Fangdämme* ausgeführt; sie bestehen nur aus einer Spundwand aus Stahlbohlen, die bei einfachster Ausführung sogar ohne Holm und ohne Steifen gelassen wird (Abb. 349). Bei größeren Baugrubentiefen oder verhältnismäßig geringen Rammtiefen, die z. B. durch geringe Tiefenlage des Felses oder durch andere Umstände bedingt sein können, werden die stählernen Fangdämme entweder mit waagrecht oder mit schrägliegenden Streben ausgesteift. Als Beispiel einer ganz einfachen derartigen Aussteifung, bei der nur der hölzerne Zangenholm gestützt worden ist, sei die Abb. 350 angeführt. Wenn die Aussteifung zu schwach bemessen wird, so kann ein solcher Fangdamm zwar, wie ein Blick in die Abb. 349 lehrt, eingedrückt werden, dank der Schlösser der Spundwandbohlen bleibt aber der dichte Zusammenhang der Wand gewahrt.

Einen einfachen stählernen Fangdamm, der selbst bei 9 [m] tiefem Wasser hinreichend dicht hielt, veranschaulichen die Abb. 351 bis 353. Dieser Fangdamm ist für die Gründung eines Pfeilers der Königinbrücke in Rotterdam auf Stahlbetonpfählen errichtet worden. Die 22 [m] langen Larssen-Spundbohlen waren 9,5 [m] tief in den Boden (Sand, Kies und Lehm) gerammt. Die Aussteifung bestand aus drei Rahmen mit Holzverstrebung, von denen die beiden unteren a und b (vgl. Abb. 351 und 353) am Land zusammengebaut, mittels Pontons an Ort und Stelle gebracht und dort

Abb. 349. Eingedrückte, aber dichtgebliebene Larssen-Spundwand. (Ver. Stahlwerke A.-G., Dortmunder Union.)

mittels zweier Kräne auf vorgerammte hölzerne Unterstützungspfähle versenkt worden sind. Der oberste Rahmen ist im Wasser zusammengebaut worden. Die drei Rahmen dienten während der Rammung zur Führung der Spundbohlen und die Ramme stand am obersten Rahmen. Nach dem

Abb. 350. Einfacher, stählerner Fangdamm bei der Gründung eines Widerlagers für die Kornhausbrücke über die Limmat bei Zürich. (Eisen- und Stahlwerke Hoesch.) a Kreiselpumpe für die Wasserhaltung.

Betonieren ist die Spundwand mittels Holzstempel gegen den Pfeiler gestützt, hierauf die stählerne Aussteifung ausgebaut und schließlich die Spundwand in der Höhe der Flußsohle unter Wasser abgeschnitten worden.

Während der Bauarbeiten ist das Wasser aus der Baugrube ausgepumpt worden; die Spundwand konnte mit Sägemehl, Torfmull und Kohlenasche, die außen herabgelassen worden ist, gedichtet werden. Bei dem Überdruck von 9 [m] Wassersäule bestand die Gefahr, daß die Lehmschichte im Untergrund hochgedrückt wird (hydraulischer Grundbruch); es wurden, um dies zu verhüten, 11 Rohrbrunnen in der Baugrube angeordnet, die nach der Absenkung artesisches Wasser lieferten. Innerhalb von 24 Stunden mußten aus dem Brunnen 6000 bis 10000 [m³] abgepumpt werden; dadurch wurde der Grundwasserspiegel unter der Baugrube abgesenkt und gleichzeitig der Druck auf die Lehmschicht herabgesetzt.

Abb. 352. Fangdamm aus Larssen-Spundbohlen und Union-Kastenquerschnitten für den Bau der Königinbrücke in Rotterdam. (Ver. Stahlwerke A.-G., Dortmunder Union.)

Abb. 352a. Aussteifung des Fangdammes aus Larssen-Spundbohlen *(a)* und Union-Kastenbohlen *(b)* beim Bau des Pfeilers der Königinbrücke in Rotterdam. (Ver. Stahlwerke A.-G., Dortmunder Union.)

Ein ähnlicher, einfacher stählerner Fangdamm mit hölzerner Aussteifung ist beim Bau eines Pfeilers für die dritte Neckarbrücke in Heidelberg angewendet worden. Die Abb. 353 und 354 zeigen die Aussteifung dieses Fangdammes.

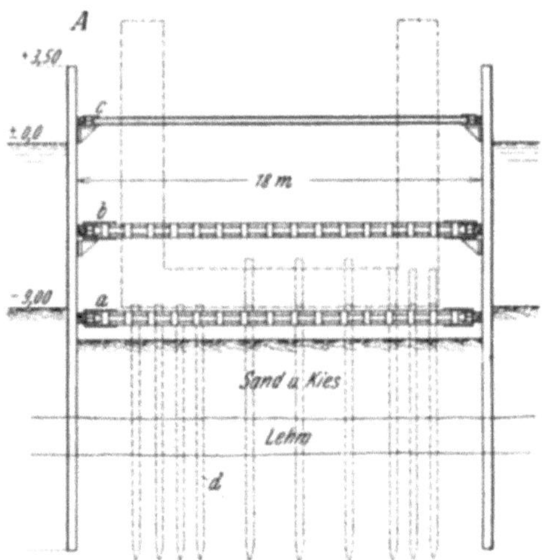

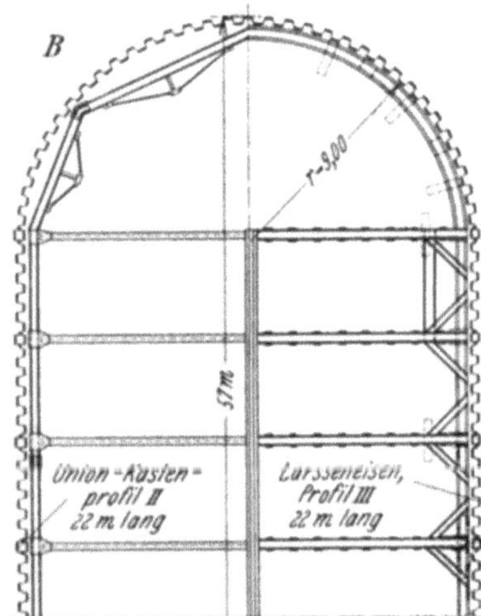

Abb. 351. Aussteifung des stählernen Fangdammes für die Gründung des Pfeilers der Königinbrücke in Rotterdam. A Querschnitt, B Grundriß der Baugrube. (Ver. Stahlwerke A.-G., Dortmunder Union.)

Bei stählernen Fangdämmen, die rings geschlossen sein sollen, macht das Schließen Schwierigkeiten, wenn der Zwischenraum zwischen den letzten Bohlen nicht gleich der Nutzbreite einer Bohle ist. Es muß dann eine Paßbohle verwendet werden. Bei geringeren Wassertiefen kann man sich auch so helfen, daß man die Spundwandenden um mehrere Bohlenbreiten übergreifen läßt und dazwischen ein bis zwei Holzpfähle zum Abschluß rammt. Am empfehlenswertesten ist es aber, zeitgerecht beim Rammen nachzu-

Abb. 353. Aussteifungsgerüst für den stählernen Fangdamm für Gründung eines Pfeilers der Königinbrücke in Rotterdam. (Ver. Stahlwerke A.-G., Dortmunder Union.) *a* unterer, *b* mittlerer Aussteifungsrahmen.

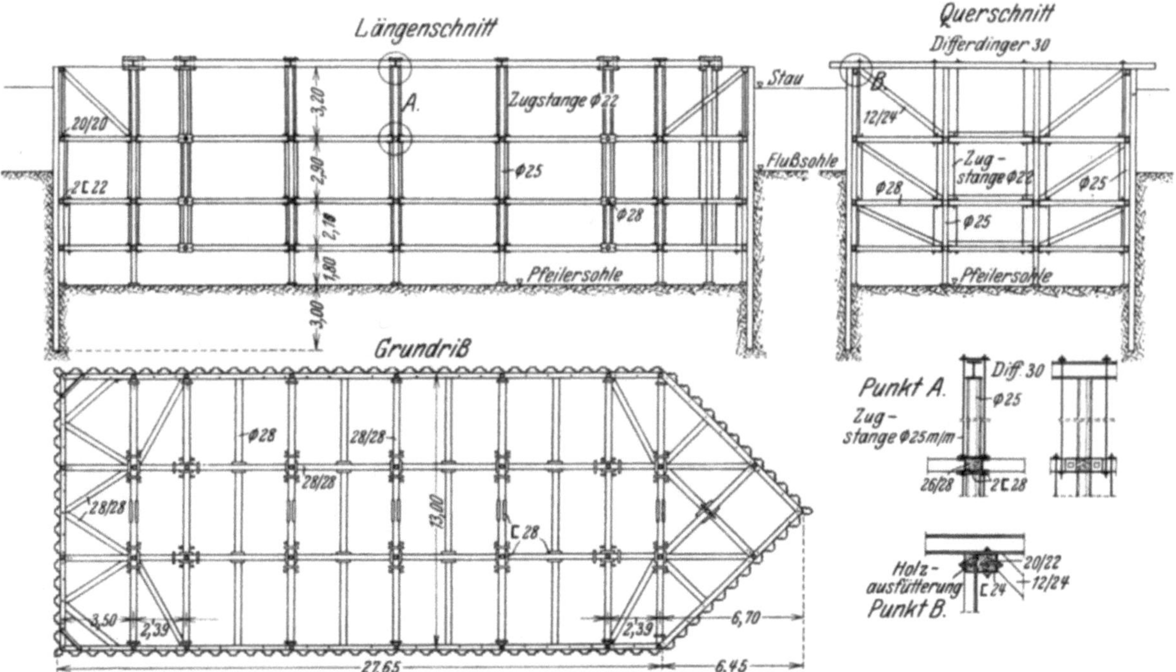

Abb. 354. Aussteifung des Fangdammes für einen Pfeiler der dritten Neckarbrücke in Heidelberg. (Wayß & Freytag).

messen und allenfalls in der Spundwand eine kleine Ausbuchtung einzuschalten, um schließlich mit einer normalen Bohle den Schluß bewirken zu können.

Auch *Kastenfangdämme* sind *aus Stahl* ausgeführt worden, indem man zwei Spundwände rammte und den Zwischenraum, ähnlich wie bei den hölzernen Kastenfangdämmen, auffüllte.

Diese Bauart ist aber nur sehr selten angewendet worden. Die Abb. 355 und 356 zeigen zwei solche stählerne Kastenfangdämme.

Wenn bei großen Wassertiefen als Fangdamm eine einfache stählerne Spundwand nicht hinreicht, kann auch zur Ausführung eines Zellenfangdammes geschritten werden. Ein solcher *Zellenfangdamm* besteht aus einer Aneinanderreihung von rechteckigen oder von kreisrunden Zellen oder von Flachzellen (Abb. 358).

Als Beispiel für einen Zellenfangdamm mit rechteckigen Zellen sei in der Abb. 359 jener dargestellt, der für die Gründung des 190 [m] hohen Pfeilers der Hudson-River-Brücke auf der New-Jersey-Seite diente. Der Pfeiler ist in zwei Türme aufgelöst, die über dem Wasser durch kräftige Riegel verbunden sind. Jeder Pfeiler ist in einer eigenen Baugrube erbaut worden, die, wie ein Blick in die Abb. 359 und 360 lehrt, teils

Abb. 355. Aussteifung des Fangdammes für einen Pfeiler der dritten Neckarbrücke in Heidelberg. (Wayß & Freytag.) *a* Aufhängung der Aussteifung auf Breitflanschträgern, *b* Betongießrinne.

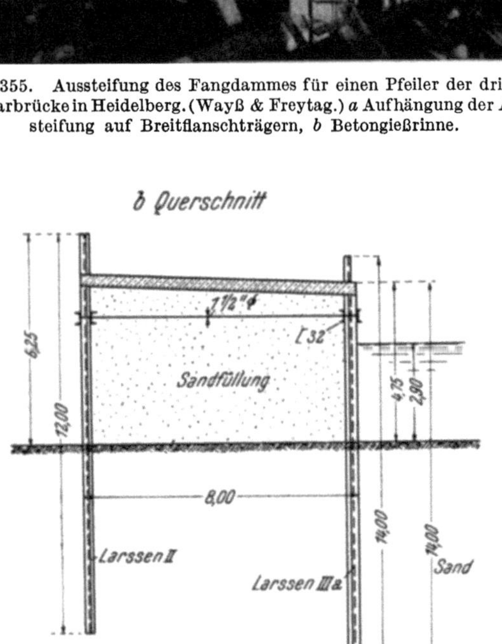

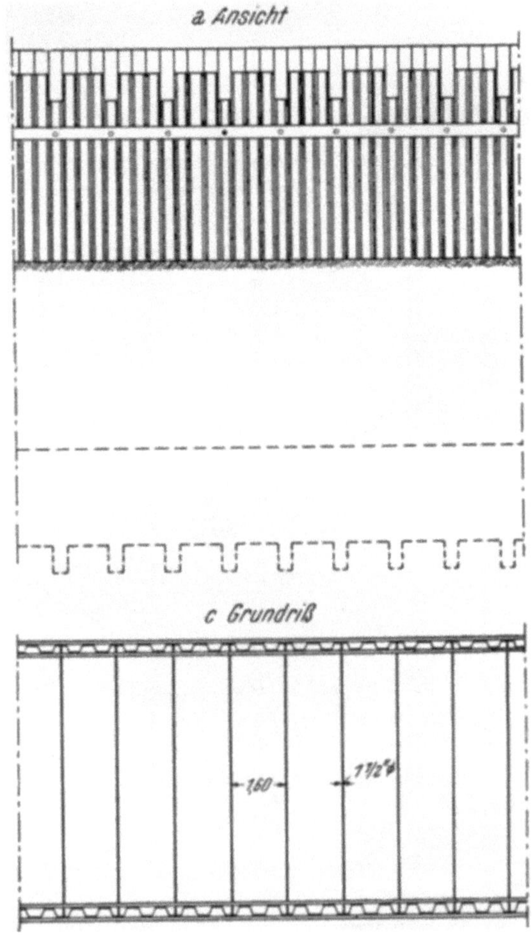

Abb. 356. Fangdamm für die Schleuse Dünkirchen. (Ver. Stahlwerke A.-G., Dortmunder Union.)

mit einfachen Larssen-Bohlen II, teils mit einem Zellenfangdamm aus Larssen-Bohlen II eingefaßt war. Der untere Teil der Zellen ist ausbetoniert, der übrige Teil mit Sand aufgefüllt worden.

Die bis zu 28 [m] langen Larssen-Bohlen stecken nur wenige Meter im Fels des Flußgrundes und stehen in bis zu 25 [m] tiefem Wasser; die Baugrubenumschließung mußte daher ausgesteift werden (Abb. 360). Der Fangdamm erforderte trotz der hohen Wasserdrücke keine Nachdichtung und nur geringfügige Wasserhaltung.

Für den Bau von Zellenfangdämmen mit kreisrunden Zellen oder mit Flachzellen eignen sich

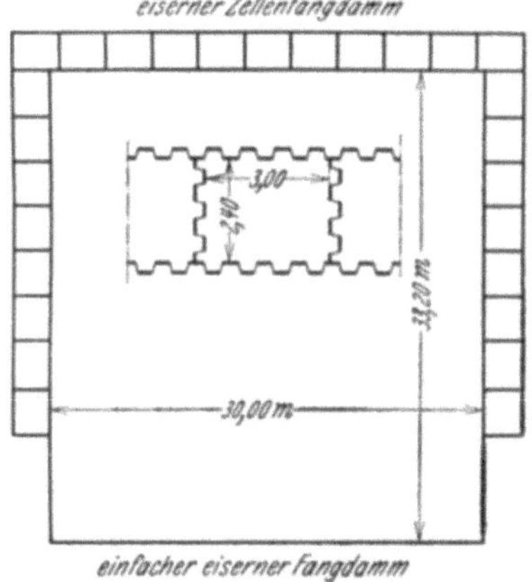

Abb. 357. Fangdamm beim Bau des Rheinkraftwerkes Albbruck-Dogern. (Ver. Stahlwerke A.-G., Dortmunder Union.)

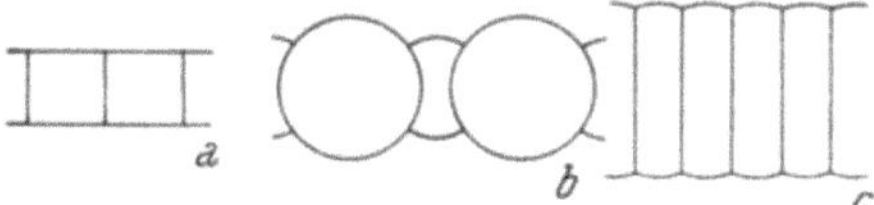

Abb. 358. Zellenfangdämme.

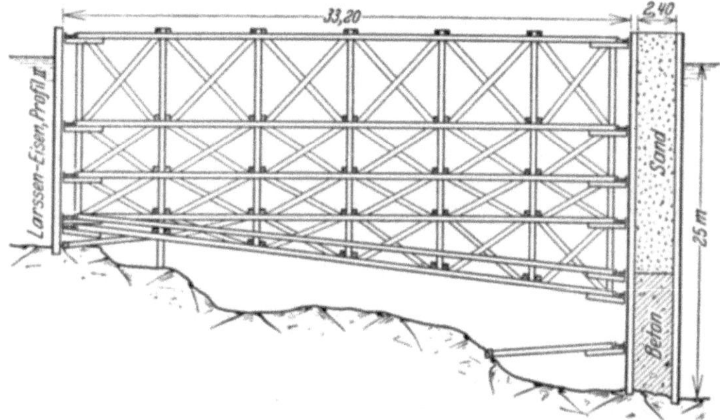

Abb. 359. Grundriß des Fangdammes beim Bau des New-Jersey-Pfeilers der Hudsonbrücke. (Ver. Stahlwerke A.-G., Dortmunder Union).

Abb. 360. Querschnitt durch die Baugrube des 190 [m] hohen Pfeilers der Hudsonbrücke in New York. Links einfache Larssen-Spundwand, rechts Zellenfangdamm aus Larssen-Spundbohlen. (Ver. Stahlwerke A.-G., Dortmunder Union.)

Abb. 360a. Ansicht des Zellenfangdammes aus Larssen-Spundbohlen für den Pfeiler der Hudsonbrücke in New York auf der New-Jersey-Seite. (Ver. Stahlwerke A.-G., Dortmunder Union.)

besonders gut Flachspundbohlen, etwa die in der Abb. 361 dargestellten Union-Flachbohlen Fl 23, deren Schlösser so ausgebildet sind, daß die Wände hohe Zugkräfte in der Wandrichtung aufzunehmen vermögen; zulässig sind bei diesen Bohlen aus St. 37/44 Zugkräfte bis zu 100 [t/m] bei einer Schloßzugfähigkeit von 200 [t/m]. Der Spielraum im Schloß

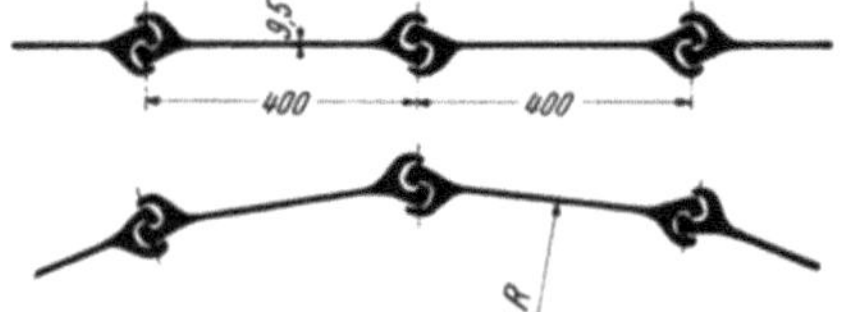

Abb. 361. Union-Flachbohlen.

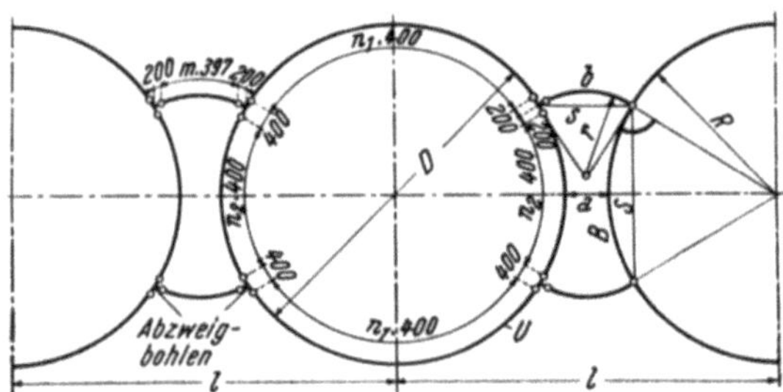

Abb. 363. Mögliche Abmessungen von Kreiszellenfangdämmen aus Flachbohlen Fl. 23.

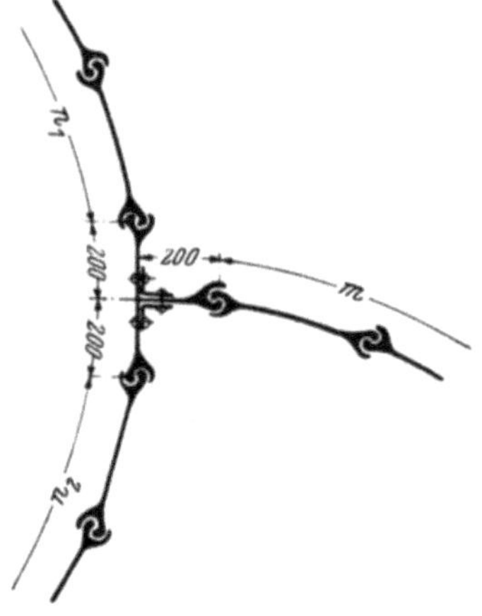

Abb. 362. Mögliche Abmessungen von Kreiszellenfangdämmen aus Flachbohlen Fl. 23.

erlaubt das Rammen mit Wandhalbmessern bis herab zu 2,5 [m].

Die möglichen Abmessungen eines Kreiszellenfangdammes aus Flachbohlen Fl 23 geben die Abb. 362 und 363 sowie die Zahlentafel 37. Die Zahlen n_1 und n_2 der Bohlen der Kreiszellen wird ungerade, jene der Zwickelwände gerade gewählt. Der Anschluß der Zwickelwand an die Wand der Kreiszelle erfolgt nach Abb. 362.

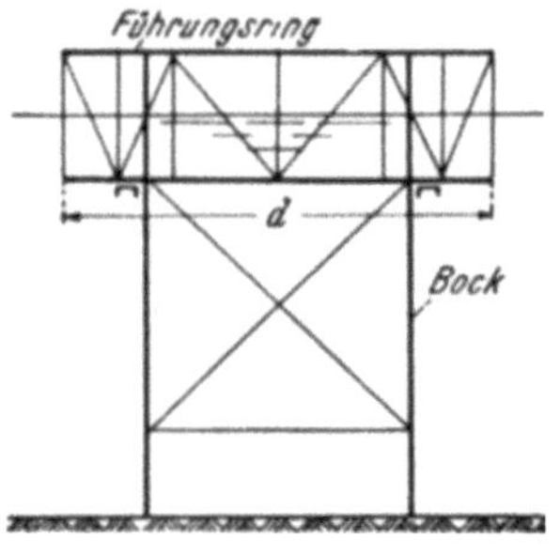

Abb. 364. Führungsring für das Rammen von Kreiszellenfangdämmen.

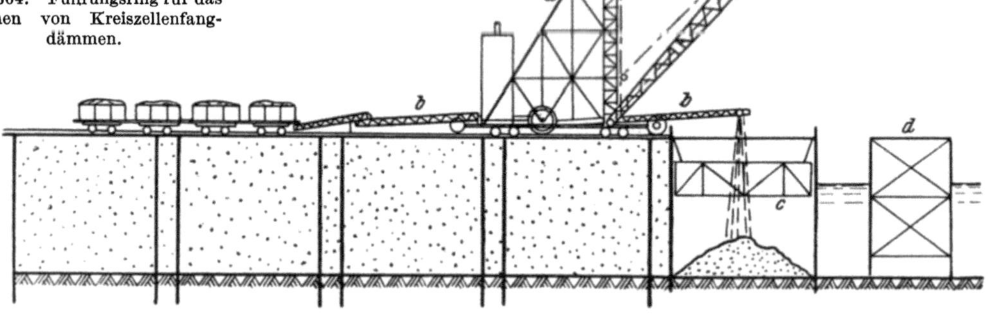

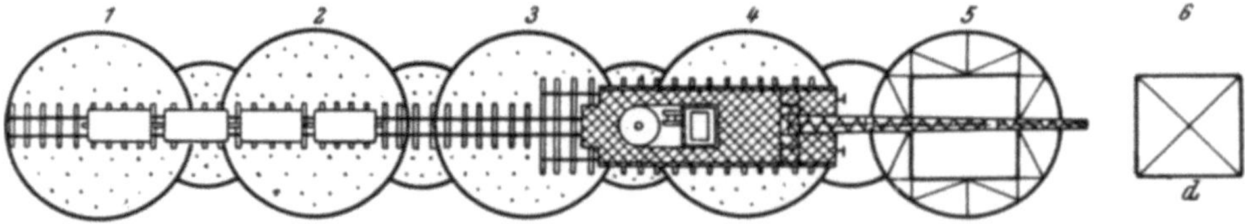

Abb. 365. Bauvorgang beim Bau von Kreiszellenfangdämmen. *a* Auslegerramme, *b* Bandförderer, *c* Führungsring, *d* Bock (vgl. Abb. 364).

Zahlentafel 37. Hauptabmessungen für Kreiszellenfangdämme aus Union-Flachspundbohlen Fl 23.
Schloßzugfestigkeit 200 [t/m] bei St. 37/44.

D	l	Bohlenstückzahlen				a	R	r	B	b	S	s
[mm]	[mm]	C	n_1	n_2	m	[mm]	[mm]	[mm]	[mm]	[mm]	[mm]	[mm]
5094	6106	40	9	9	6	1012	2547	1771	4000	2782	3601	2505
5602	6786	44	11	9	6	1184	2801	1948	4000	2782	3669	2552
6112	7436	48	13	9	6	1324	3056	2125	4000	2782	3721	2588
6620	8065	52	15	9	6	1445	3310	2302	4000	2782	3761	2616
7038	8565	56	17	9	6	1527	3519	2447	4000	2782	3788	2635
7640	8783	60	17	11	6	1143	3820	2214	4800	2782	4490	2603
8148	9400	64	19	11	6	1252	4074	2361	4800	2782	4527	2624
8658	10003	68	21	11	6	1345	4329	2509	4800	2782	4558	2642
9168	10596	72	23	11	6	1428	4584	2657	4800	2782	4584	2657
9676	10730	76	23	13	6	1054	4838	2404	5600	2782	5293	2629
10186	11329	80	25	13	6	1143	5093	2530	5600	2782	5322	2644
10696	11919	84	27	13	6	1223	5348	2657	5600	2782	5348	2657
11204	12502	88	29	13	6	1298	5602	2783	5600	2782	5370	2668
11714	12654	92	31	13	6	1364	5857	2910	5600	2782	5389	2677
12224	13242	96	31	15	6	1018	6112	2657	6400	2782	6112	2657
12732	13824	100	33	15	6	1092	6366	2767	6400	2782	6134	2667
13242	14258	104	31	19	8	1016	6621	2960	8000	3576	7522	3362
13750	14866	108	33	19	8	1116	6875	3073	8000	3576	7556	3377
14260	15466	112	35	19	8	1206	7130	3187	8000	3576	7587	3391
14770	16059	116	37	19	8	1289	7385	3301	8000	3576	7615	3404
15278	16647	120	39	19	8	1369	7639	3415	8000	3576	7639	3415
15788	16792	124	39	21	8	1004	7894	3208	8800	3576	8351	3394
16298	17383	128	41	21	8	1085	8149	3311	8800	3576	8379	3404
16806	17970	132	43	21	8	1164	8403	3415	8800	3576	8403	3415
17316	18552	136	45	21	8	1236	8658	3518	8800	3576	8426	3424
17826	19130	140	47	21	8	1304	8913	3622	8800	3576	8447	3432
18334	19703	144	49	21	8	1369	9167	3725	8800	3576	8466	3440
18844	19874	148	49	23	8	1030	9422	3510	9600	3576	9190	3423
19354	20452	152	51	23	8	1098	9677	3604	9600	3576	9211	3431
19862	21026	156	53	23	8	1164	9931	3699	9600	3576	9231	3438
20372	21597	160	55	23	8	1225	10186	3794	9600	3576	9249	3445

Beim Rammen werden die Bohlen durch Führungsringe auf Traggerüsten (Abb. 364) geführt. Es werden vorerst alle Bohlen aufgestellt und dann fachweise gerammt. Der äußere Durchmesser d des Führungsringes erhält die Größe

$$d = \frac{397 \cdot C}{\pi} - 120 \text{ [mm]}, \tag{329}$$

hiebei bedeutet C die Zahl der in der Kreiszelle verwendeten Spundbohlen. Wegen des Spieles im Schloß wird hier nur mit einer Bohlennutzbreite von 397 [mm] gerechnet, die sich erst unter der Einwirkung der Zellenfüllung auf 400 [mm] vergrößert.

Vor Beginn des Rammens werden alle behelfsmäßigen Befestigungen der Bohlen entfernt und gleichmäßig über den Umfang verteilt zwischen die Bohlen und den Führungsring Holzkeile eingetrieben, um die Spundwand zu spannen. Schließlich wird der Führungsring an den Bohlenköpfen aufgehängt, das Traggerüst des Ringes ausgebaut und das fachweise Rammen begonnen, nachdem einige Meter hoch die Zellenfüllung eingebracht ist.

Den Bauvorgang zeigt die Abb. 365. Nachdem zwei benachbarte Zellen aufgefüllt sind, können die Zwickelwände hergestellt werden. Nach dem Aufstellen der Zwickelbohlen wird der Zwickel etwa 6 [m] hoch aufgefüllt und dann erst fachweise gerammt.

Bei Flachzellen ist der Bauvorgang ähnlich wie bei Kreiszellenfangdämmen; Keile werden aber nur an den gekrümmten Wänden zwischen die Bohlen und die Führungsrahmen getrieben.

Die Abmessungen, die bei Flachzellenfangdämmen gewählt werden können, sind der Abb. 366
zu entnehmen und die Ausbildung der Ecken zeigt die Abb. 367. Die Baudurchführung läßt
die Abb. 368 erkennen. Die erste und die letzte Fang-
dammzelle werden in Kreisform ausgeführt.

Um den Auftrieb in der Zellenfüllung tunlichst
herabzusetzen, wird so, wie es die Abb. 369a andeutet,
eine Dränung in die Zellen eingebaut und eine Anzahl von Bohlen wird nach dem Vorbild der Abb. 369b

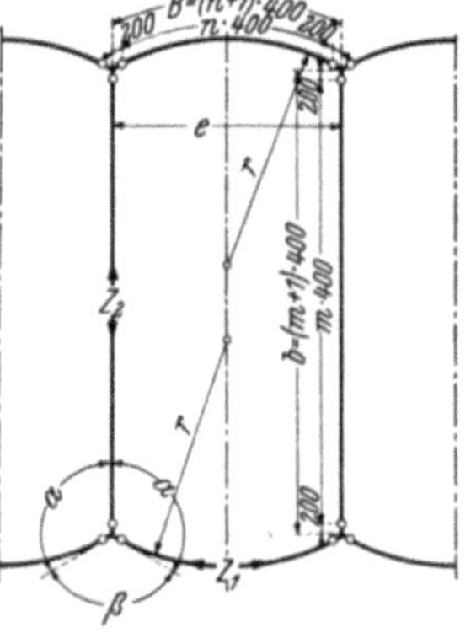

Abb. 366. Abmessungen von
Flachzellen-Fangdämmen.

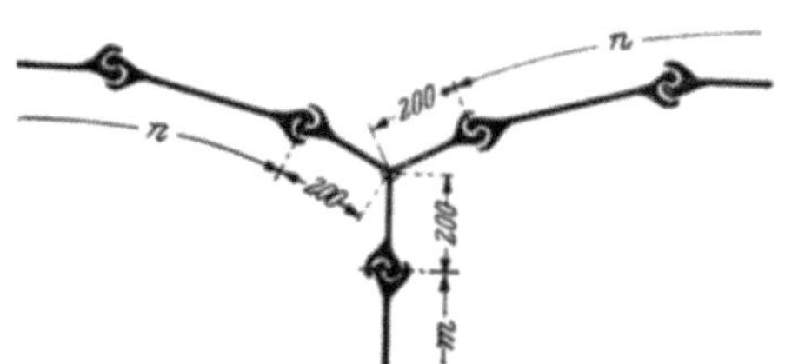

Abb. 367. Eckenausbildung bei
Flachzellenfangdämmen.

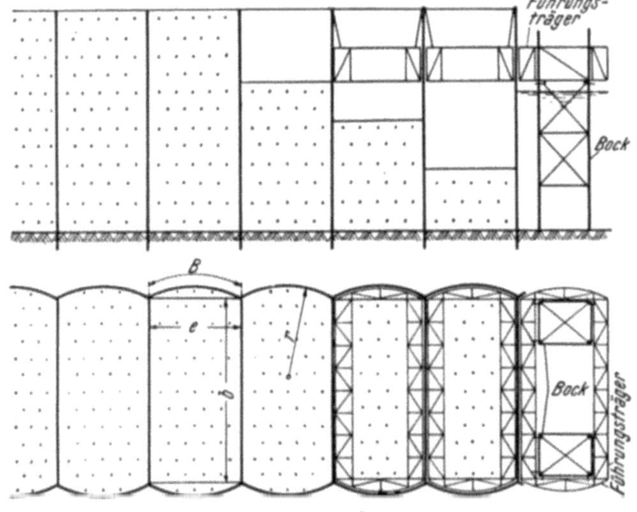

Abb. 368. Baudurchführung von Flachzellenfangdämmen.

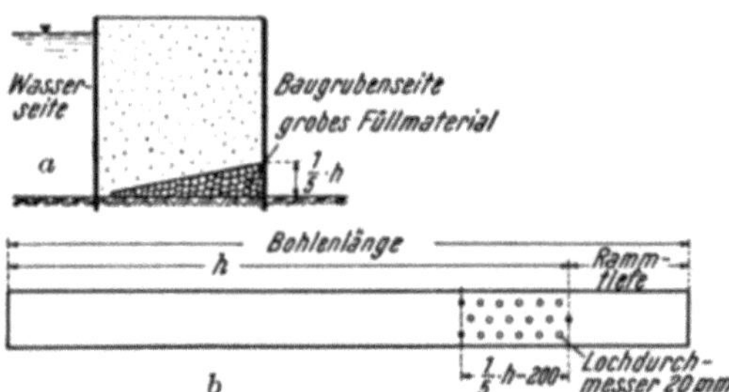

Abb. 369. Dränung der Zellen eines Zellenfangdammes.

gebohrt, um den Ablauf des Wassers
zu ermöglichen.

Nach der Fertigstellung des Bauwerkes wird der Zellenfangdamm wieder ausgebaut; hiezu wird zuerst die
Zellenfüllung nach dem Schema der
Abb. 370 ausgehoben und außen um
die Zellen angeschüttet und schließlich werden die Bohlen gezogen.

Die Abb. 371 zeigt endlich den
Anblick einer mittels eines Kreis-
zellenfangdammes   umschlossenen
Baugrube und die Abb. 372 erläutert

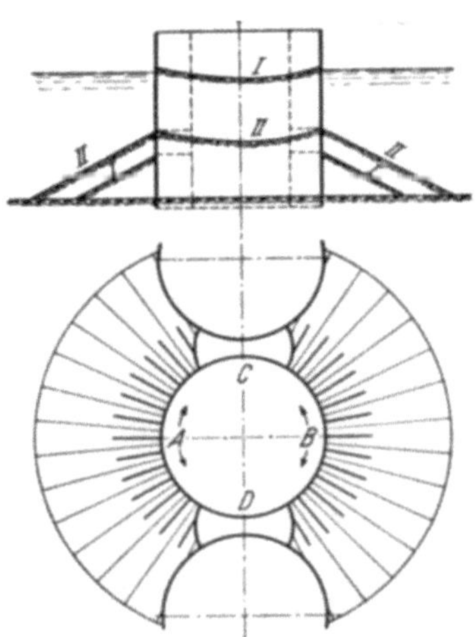

Abb. 370. Entleerung der Zellen beim
Abbau eines Zellenfangdammes.

die Anordnung von Kreiszellenfangdämmen beim Bau eines Stauwerkes am Rio Negro in
Argentinien.

Eine besondere Anwendung von Zellenfangdämmen ist von der Firma *J. Berger A.-G, Polensky
&Zöllner* und *Oberbaurat Bock* für den Bau der Pfeiler für die Brücke über den Kleinen Belt

vorgeschlagen worden. Wie die Abb. 373 deutlich erkennen läßt, waren dort kreisrunde Zellen aus Union-Kastenbohlen mit Innendurchmessern von 4,68 [m] geplant. Die Spundwandbohlen hätten in Längen von 24 und 17 [m] bezogen und an der Baustelle auf Längen von 41 [m] zusammengeschweißt werden sollen. Es war beabsichtigt, die Zellen zuerst zusammenzustellen und dann die Bohlen nacheinander 5,75 [m] tief in den Tonboden zu rammen. Nach dem Rammen war geplant, den Boden aus dem Inneren der einzelnen Kastenbohlen zu entfernen und das Wasser auszupumpen, um im Trockenen betonieren zu können. Alle Kastenbohlen wären zwecks Abdichtung vor dem Rammen an den Längsnähten verschweißt worden. Nach dem Erhärten der Bohlenfüllung hätten die Zellen ausgeräumt und ebenfalls im Trockenen ausbetoniert werden

Abb. 371. Kreiszellenfangdamm.

sollen. Den Abschluß der Zwischenräume zwischen den Zellen zeigt die Abb. 374; auch dieser Raum sollte ausbetoniert werden.

Nach dem Erhärten des Betons in den Zellen war die Aussteifung des Fangdammes in der Höhe des Wasserspiegels, nach Absenkung des Wassers in der Baugrube bis auf die halbe Tiefe

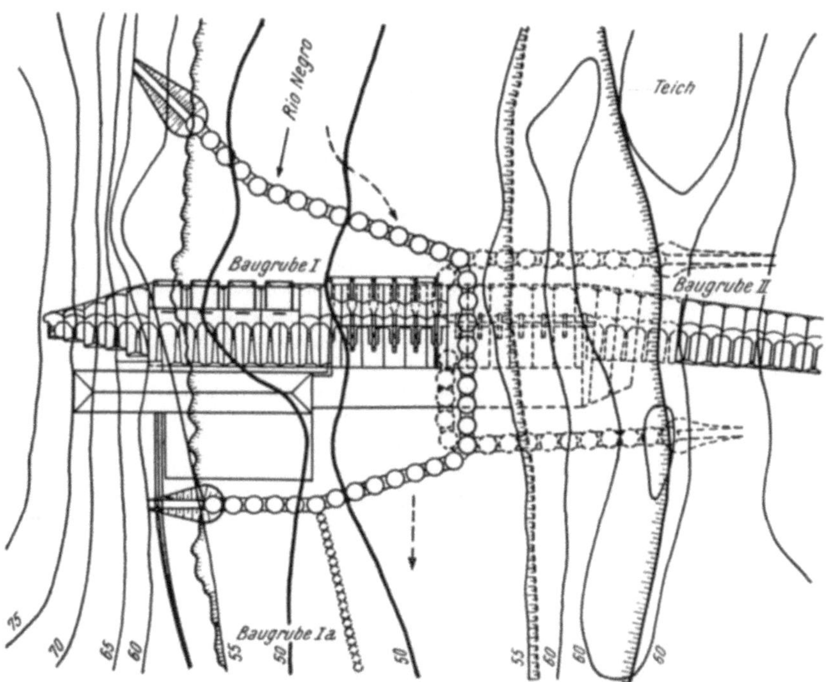

Abb. 372. Kreiszellenfangdämme beim Bau des Stauwerkes am Rio Negro.

eine zweite und in der trockenen Baugrube knapp über dem Meeresgrund die dritte Aussteifung geplant. Der ganze Zellenfangdamm hätte schließlich als Bestandteil des Pfeilers erhalten bleiben sollen.

Schrifttum.

BERNHARDT, R.: Die erste Hudsonbrücke bei New York. Z. V. d. I. 1929. S. 1505. — DELLINGHAUSEN: Landgewinnung für zwei Großkraftwerke mittels Fangdämmen aus Larssen-Eisen. Wasserwirtschaft 1930. S. 422. — DORTMUNDER UNION: Nieuwe Koninginnenbrug, Rotterdam. Larssen-Spundwand. 1929. S. 1. — DIE-

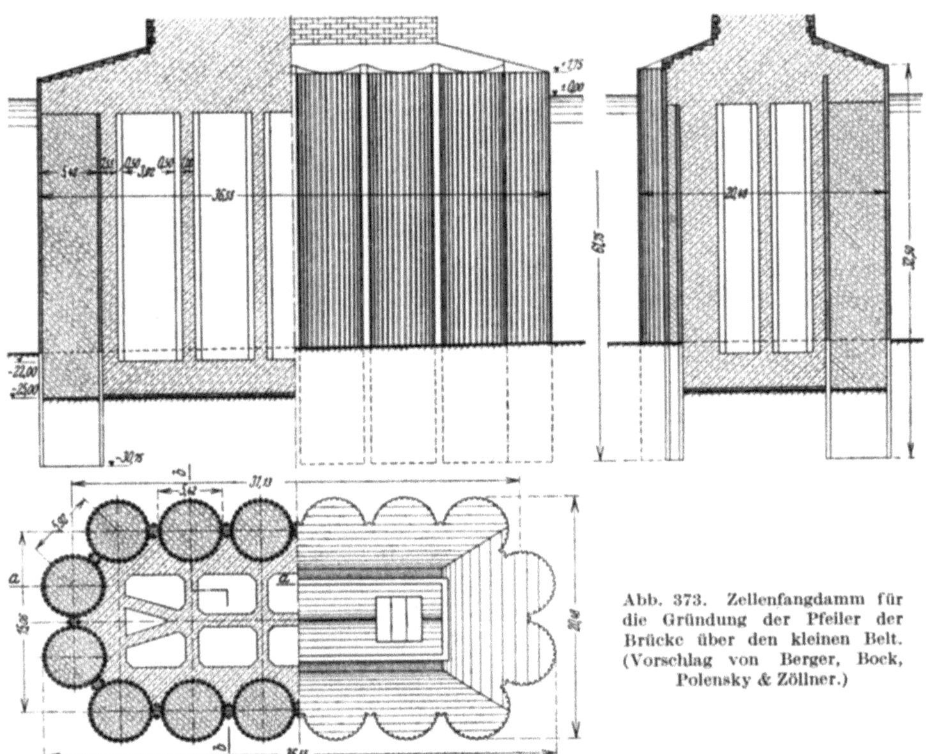

Abb. 373. Zellenfangdamm für die Gründung der Pfeiler der Brücke über den kleinen Belt. (Vorschlag von Berger, Bock, Polensky & Zöllner.)

SELBE: Spundwandeisen Larssen. Ausgabe 1930. — DORTMUND-HOERDER HÜTTENVEREIN: Union-Flachprofil Fl. 23. 1942. — FOWLER, H. W.: Circular Cell Cofferdam on Deadman Island Dam. Engg. News. Rec. Bd. 104 (1930). S. 66. — KAYSER, H.: Wettbewerb für eine zweite feste Straßenbrücke über die Mosel in Koblenz. Beton und Eisen. 1928. S. 217. — LOCHER, F. UND A. ROHN: Die neue Straßenbrücke über den Rhein bei Eglisa, Schweiz. Bauzg. Bd. 82 (1923). S. 3. — LUETKENS, O.: Die Bedeutung stählerner Spundwände für den Beton- und Eisenbetonbau. Bauing. 1930. S. 603. — MANDRICH, R.: Erfahrungen an eisernen Fangdämmen am Main beim Bau der Wehranlage Mainkur. Bautechn. 1926. S. 301. — SCHAPER, G.: Die Brücke über den Kleinen Belt. Bautechn. 1929. S. 254. — WESTPHAL: Neubau der Sachsenbrücke über das Elsterflutbecken in Leipzig. Bauing. 1930. S. 359. — Referate: Tiefe Fangdämme für die neue Hudsonbrücke. Bauing. 1929. S. 87. — Tiefe Gründung von Brückenpfeilern zwischen Fangdämmen. Engg. News Rec. 1929. S. 103. — Deadman Island Stauschwelle. Bautechn. 1930. S. 512. — Neue Bauart von Fangdämmen in Nordamerika. Zentralbl. d. Bauverw. 1920. S. 416. — Fangdämme aus Spundwandeisenzylindern für einen Wehrbau im Ohiofluß. Bauing. 1930. S. 368.

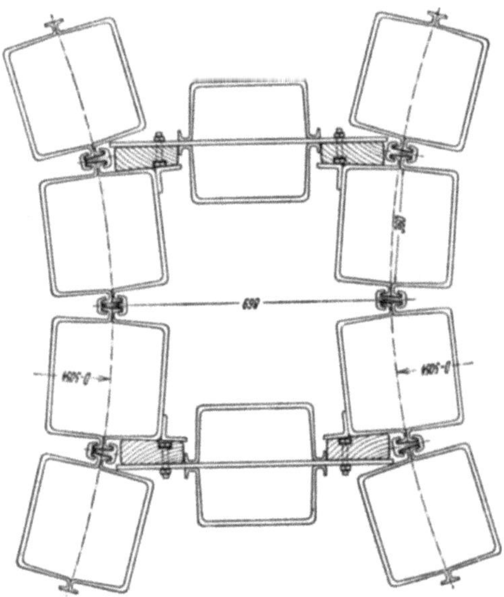

Abb. 374. Einzelheiten der Verbindung der Zellen des in der Abb. 373 dargestellten Zellenfangdammes.

ε) *Fangdämme in gemischter Bauweise.* Die Umfassung einer Baugrube ist dann, wenn die Beschaffenheit des Untergrundes längs des Umfanges der Baugrube stark wechselt, manchmal nicht durchwegs mit

Fangdämmen in der gleichen Bauweise möglich. Als Beispiel für einen Fangdamm in kombinierter Bauart sei der in der Abb. 375 dargestellte Fangdamm für den Bau eines Grundablasses an einem Wehr angeführt, wo der Fels vom Ufer aus steil gegen das Flußbett abfiel. Der Pfeiler

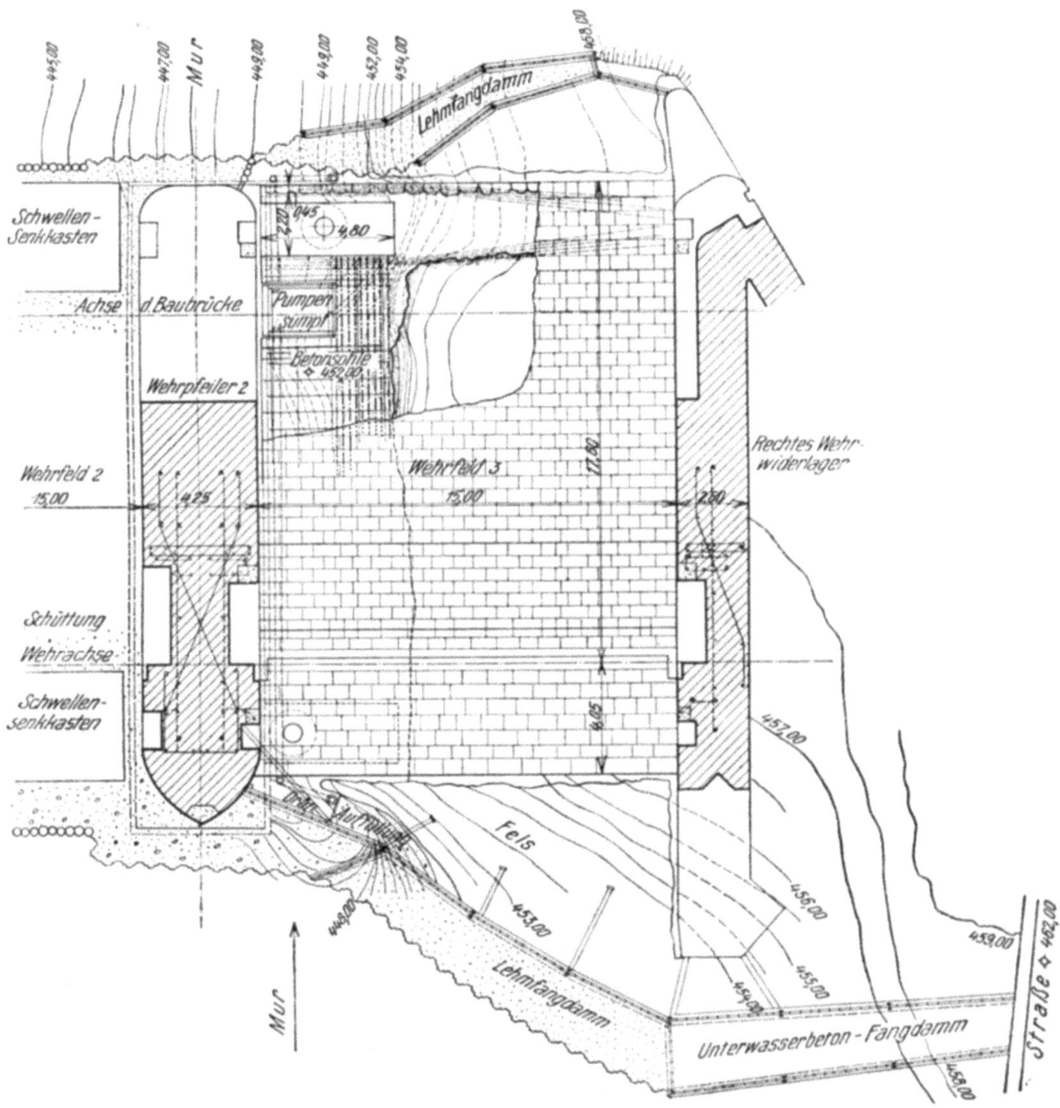

Abb. 375. Fangdamm in gemischter Bauweise beim Bau des ersten Grundablasses im Murwehr Pernegg. (Steweag.)

war dort von einer Inselschüttung aus mittels Druckluftsenkkästen gegründet worden. In der Abbildung sind auch die Anschlüsse der Fangdämme an die schon bestehenden Bauwerksteile zu erkennen.

II. Die Abhaltung von Grundwasser.

Die Abhaltung von Grundwasser von der Baugrube geschieht, je nach den örtlichen Verhältnissen, durch Spundwände, die den Zustrom von Grundwasser behindern und offene Wasserhaltung, durch die Grundwasserabsenkung, bei der das fließende Grundwasser noch außerhalb der Baugrube gefaßt und abgeleitet wird und durch Dichtung des Bodens innerhalb der Spundwände durch eine Unterwasserbetonschüttung oder durch Versteinung zwischen den Spundwänden oder durch Verdrängung des Grundwassers aus der Baugrube.

a) Die offene Wasserhaltung.

Überall dort, wo der Boden festgelagert ist und wo diese Lagerung durch eine durch den Baubetrieb eingeleitete Grundwasserbewegung zur Baugrube nicht gestört und überdies eine Spundwand gerammt werden kann,

Abb. 376. Spundwand aus Hoesch-Spundbohlen beim Bau des Grundwerkes für eine Gebläsemaschine. (Eisen- und Stahlwerke Hoesch.)

Abb. 377. Zuleitung des zugesickerten Grundwassers zum Pumpensumpf in einem offenen Graben beim Bau des Maschinenhauses des Murkraftwerkes Mixnitz.

Abb. 378. Ableitung des in die Baugrube zugesickerten Grundwassers zum Pumpensumpf mittels Dränrohren.

läßt sich durch die sogenannte offene Wasserhaltung das zusickernde Grundwasser bewältigen. Die Spundwand (Abb. 376) hat hierbei nur die Aufgabe, den Sickerweg des Grundwassers in die Baugrube zu verlängern und dadurch den Grundwasserzufluß zu verringern (vgl. S. 164). Jenes Grundwasser, das dennoch zuläuft, wird gegen einen Pumpensumpf abgeleitet und schließlich abgepumpt. Die Zuleitung des Wassers zum Pumpensumpf geschieht durch ein System von Gräben (Abb. 377), die gewöhnlich mit geböschten Wandungen ausgehoben werden; wenn der Baubetrieb ein längerwährendes Offenhalten der Gräben erfordert, so werden die Wandungen lotrecht hergestellt und mit gegenseitig abgesteiften Brettern ausgekleidet oder es werden Drän- (Abb. 378) oder Betonrohre (Abb. 379) verlegt und mit Schotter umpackt.

Der Pumpensumpf wird womöglich abseits des Grundwerksumrisses angelegt und seine Wandungen werden meist mit einer Spundwand (Abb. 380) gesichert. Der Wasserspiegel im Pumpensumpf wird so weit unter der Baugrubensohle gehalten, daß diese trocken bleibt. Der Pumpensumpf muß so weit gemacht werden, daß der Unterschied zwischen Zufluß und Förderung während der Ingangsetzung der Pumpe keine allzu große Spiegelschwankungen verursacht.

Als Pumpen werden je nach der zu fördernden Wassermenge Handpumpen oder durch Maschinen angetriebene Kreiselpumpen verwendet. Große Verbreitung haben für kleine Förderhöhen und geringe Fördermengen die sogenannten Baupumpen und die Diaphragmapumpen gefunden. Die Baupumpen sind Kolbenpumpen, die in der Regel zweistiefelig mit Lederklappenventilen ausgeführt und mit Doppelhebeln von 2 bis 4 Arbeitern betätigt werden. Der Wirkungsgrad ist gering.

Die Membran- oder Diaphragmapumpen (Abb. 381) sind als Einfach- und als Zwillingspumpen ausgeführt. Sie haben statt Kolben elastische Gummimembranen und sind mit Kugelventilen ausgerüstet. Die Pumpen saugen das Wasser bis auf 7 [m] Höhe an und schütten meist frei in Rinnen aus.

Bei größeren Förderhöhen und Fördermengen werden Kreiselpumpen angewendet, die meist elektrisch angetrieben werden. Der Antrieb erfolgt in der Regel mit Riemen, um durch Auswechslung der Riemenscheiben die Drehzahl der Pumpen leicht der jeweilig erforderlichen Förderhöhe anpassen zu können.

Beträgt bei einer gegebenen Pumpe bei der manometrischen Förderhöhe H (Spiegelhöhenunterschied zwischen Ober- und Unterwasser + Druckverlust in den Rohrleitungen, im Saugkorb und im Fußventil), die Drehzahl n und die Fördermenge Q, so muß bei Verwendung der Pumpe für eine andere Förderhöhe H_1 die Drehzahl nach der Beziehung

$$n_1 = n \sqrt{\frac{H_1}{H}} \qquad (330)$$

verändert werden. Die Fördermenge Q ändert sich wegen der Änderung der Drehzahl nach der Beziehung

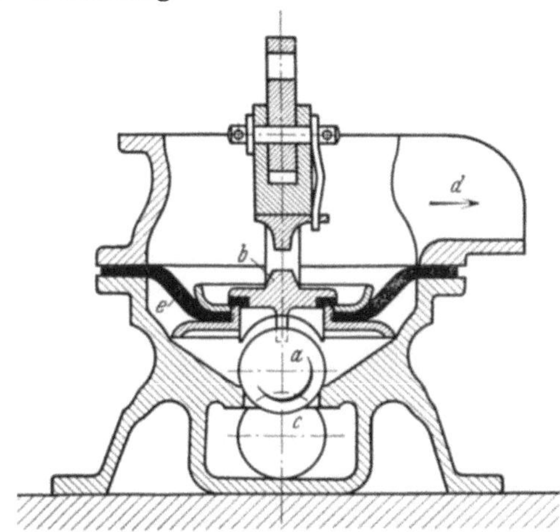

Abb. 381. Membran- oder Diaphragmapumpe. *a* Ventilkugel (Saugventil), *b* Druckventil, *c* Wasserzulauf, *d* Wasserablauf, *e* Gummimembran.

Abb. 379. Ableitung des zugesickerten Wassers gegen den Pumpensumpf durch Betonrohre.

$$Q_1 = \frac{n_1}{n}\,Q, \qquad (331)$$

und die für den Pumpenantrieb erforderliche Leistung ändert sich in

$$N_1 = \frac{\eta}{\eta_1}\,\frac{n_1{}^3}{n^3}\,N, \qquad (332)$$

wobei η und η_1, die Wirkungsgrade bei den beiden Drehzahlen darstellen, die beträchtlich verschieden sein können. Die Wirkungsgrade η guter Kreiselpumpen für jenes n, Q und H, für die sie gebaut sind, liegen zwischen 0,55 und 0,75. Nach H. Weihe soll die Umfangsgeschwindigkeit des Kreiselrades

$$u = 1,4\sqrt{2\,g\,H} = \sim 6,2\sqrt{H}\ \text{[m/sec]} \qquad (333)$$

Abb. 380. Pumpensumpf *(a)* in der Baugrube für ein Widerlager der Murbrücke bei Radkersburg. (A. Spritzer A.-G.) *b* Saugleitung, *c* Pumpe, *d* Druckleitung.

sein. Bei einem Halbmesser R des Kreiselrades und n Umläufen in der Minute gilt dann

$$\frac{n}{60} \cdot 2\,R\,\pi = 1,4\sqrt{2\,g\,H} \qquad (334)$$

oder

$$n = \sim 60\,\frac{\sqrt{H}}{R}. \qquad (335)$$

Kreiselpumpen, die mit einem Elektromotor gekuppelt sind, deren Drehzahl also nicht verändert werden kann, sind gegen eine Erhöhung der Förderhöhe über die der betreffenden Drehzahl entsprechenden hinaus sehr empfindlich und liefern in der Regel schon bei einer Überschreitung um 10% überhaupt kein Wasser mehr. Bei gleichbleibender Drehzahl ändert sich z. B. bei einer Turbopumpe von A. Vogel in Stockerau mit einer Anschlußweite von 150 [mm] bei Veränderung der Förderhöhe die Fördermenge, die Leistungsaufnahme und der Wirkungsgrad in folgender Weise:

Förderhöhe H	in Teilen des Normalwertes	0,4	0,6	0,8	0,9	1,0	1,04	1,08	darüber
Fördermenge Q	„ „ „ „	1,57	1,44	1,26	1,15	1,0	0,91	0,7 bis 0,4	0
Leistungsaufnahme N	„ „ „ „	1,31	1,25	1,14	1,08	1,0	0,96	0,8 „ 0,7	0,5
Wirkungsgrad	„ „ „ „	0,48	0,69	0,89	0,96	1,0	0,99	0,9 „ 0,6	0

Man erkennt auch in dieser Zusammenstellung leicht, daß bei Verringerung der Förderhöhe die Fördermenge und die Leistungsaufnahme größer werden.

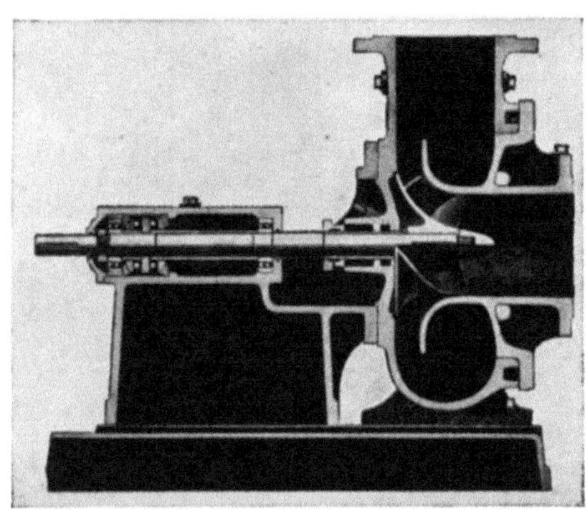

Abb. 382. Schraubenpumpe von Klein, Schanzlin & Becker.

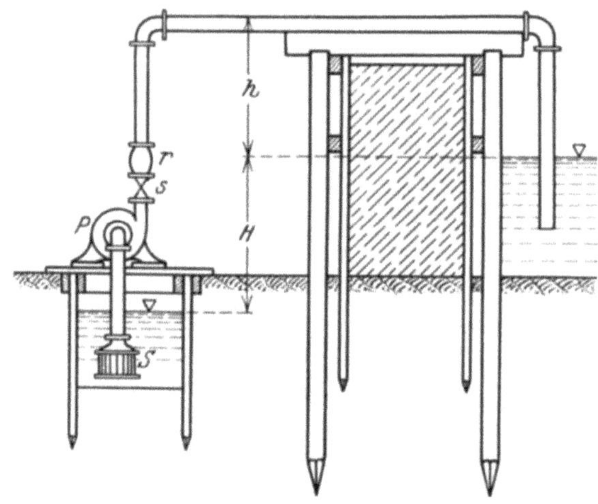

Abb. 383.   Offene Wasserhaltung mit Pumpe *(P)* und Heberleitung. *S* Saugkorb mit Fußventil, *s* Schieber, *r* Rückschlagklappe.

Kreiselpumpen für Bauzwecke sollen möglichst unempfindlich gegen Fremdkörper sein, die mit dem Wasser angesaugt werden. In besonderem Maße trägt dieser Forderung die Schraubenpumpe (Abb. 382) von Klein, Schanzlin & Becker in Frankental in der Pfalz Rechnung, die nur zwei oder drei Schaufeln besitzt, zwischen denen weite Kanäle liegen.

Kreiselpumpen saugen das Wasser bei Betriebseröffnung nicht an; die Saugleitung erhält deswegen am Ende ein Fußventil und, um das Eindringen von Holz und Steinen zu verhindern, einen Saugkorb. Vor der Inbetriebnahme wird die Pumpe und die Saugleitung durch einen eigenen Fülltrichter mit Wasser aufgefüllt. Die Fördermenge der Kreiselpumpen wird mittels eines Schiebers in der Druckleitung unmittelbar über der Pumpe eingestellt und dem Zulaufe angepaßt.

Abb. 384. Ableitung des Wassers von den Pumpen im offenen Gerinne.

Wenn das Wasser aus dem Pumpensumpf über einen Fangdamm in offenes Wasser gepumpt wird, so ist es zweckmäßig, das Druckrohr bis unter den Wasserspiegel hinter dem Fangdamm zu führen (Abb. 383), um jene

Förderhöhe h, die dem Höhenunterschied zwischen der Fangdammkrone und dem Außenwasserspiegel entspricht, durch Heberwirkung zu überwinden, weil auf diese Weise die Förderkosten oft nennenswert herabgesetzt werden können. In die Druckleitung wird über dem Regulierschieber eine Rückschlagklappe eingebaut, um zu verhindern, daß bei Instandsetzungsarbeiten oder bei einem Versagen des Fußventiles Wasser während des Pumpenstillstandes durch den Heber in die Baugrube zurückläuft.

Wenn der Vorfluter, in den die Pumpenförderung eingeleitet wird, entfernt liegt, so wird von der Druckleitung so bald als möglich in die Ableitung in einem offenen Gerinne übergegangen (Abb. 384).

Der Wasserandrang nimmt in der Regel mit der Größe der Baugrube zu. Die Pumpenanlage wird nun so reichlich bemessen, daß sie nicht nur die normale Förderung zu leisten, sondern auch außergewöhnliche Zuflüsse zu bewältigen vermag. Teils aus Sicherheitsgründen, teils um die Pumpen bei wechselnden Zuflüssen immer mit dem besten Wirkungsgrad arbeiten zu lassen, ist es zweckmäßig, statt weniger große Pumpen mehrere kleinere aufzustellen und immer auch noch überzählige Pumpen in Bereitschaft zu halten; die Reserve muß sich natürlich nicht nur auf die Pumpen, sondern auch auf den Antrieb erstrecken.

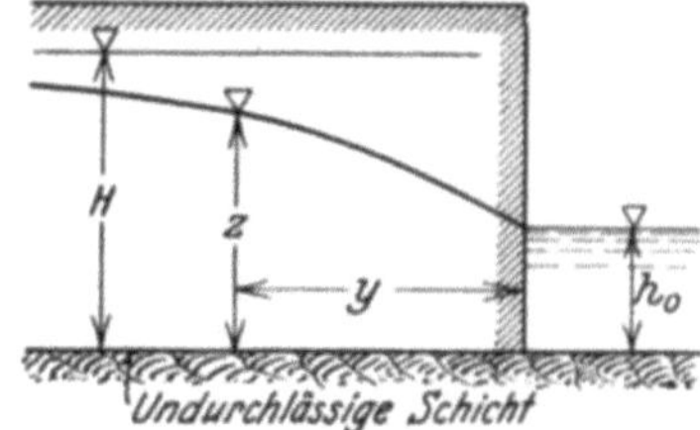

Abb. 385. Sickerung gegen eine offene Baugrube.

Um die Grundwassersickerung durch die Seitenwände einer Baugrube roh zu schätzen, denkt man sich in der Bewegungsrichtung des Grundwassers einen Streifen Boden von der Breite l herausgeschnitten. Die Sickerung durch diesen 1 [m] breiten Streifen beträgt dann mit den Beziehungen der Abb. 385, wenn k die Durchlässigkeit bedeutet:

$$q = F\,U = z \cdot 1 \cdot k \cdot J = k \cdot z\,\frac{dz}{dy}, \tag{336}$$

und es ist

$$\int_z^{h_0} z\,dz = \frac{q}{k}\int dy \tag{337}$$

oder

$$\frac{z^2}{2} - \frac{h_0^2}{2} = \frac{q}{k}\,y \tag{338}$$

und

$$q = \frac{y\,k}{2}\,(z^2 - h_0^2)\ \text{[m}^3/\text{sec} \cdot \text{m]}. \tag{339}$$

Bezeichnet H die ursprüngliche Grundwassertiefe und R die Reichweite, also die Entfernung, in der keine Senkung mehr wahrzunehmen ist, so kann für die durch die Breiteneinheit des Baugrubenumfanges zusickernde Wassermenge auch geschrieben werden

$$q = \frac{k\,R}{2}\,(H^2 - h_0^2)\ \text{[m}^3/\text{sec} \cdot \text{m]}. \tag{340}$$

Wenn die Sohle des Schlitzes nicht in der undurchlässigen Schicht liegt, so kann die Rechnung in der oben gezeigten Weise genügend genau durchgeführt werden, wenn die z und y einfach von einer etwas unter die Sohle der Baugrube gelegten Ebene aus gemessen werden.

Für die Sickerung Q in einem schmalen Schlitz im Boden von der Länge 1 stellte Ph. Forchheimer die Beziehung

$$z^2 - h^2 = \frac{Q}{\pi\,k}\ln\frac{x_1 + x_2 + \sqrt{(x_1 + x_2)^2 - l^2}}{4\,r} \tag{341}$$

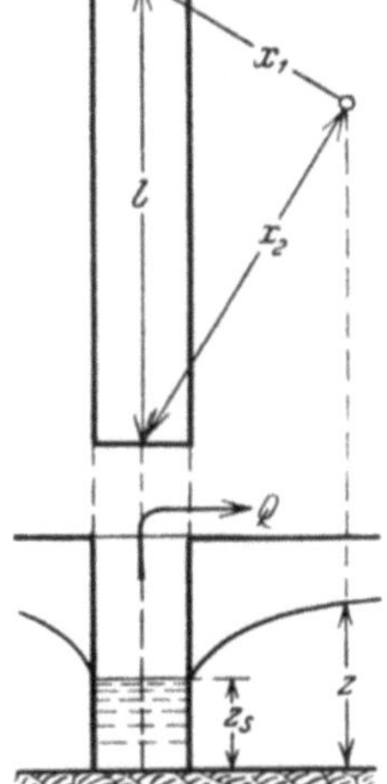

Abb. 386. Grundwasserspiegel um einen Schlitz im Boden.

auf, in der neben den aus der Abb. 386 zu entnehmenden Größen h die von der undurchlässigen Schicht aus zu messende Wassertiefe in einem Brunnen vom beliebigen Halbmesser r bei der Entnahme Q bedeutet. Wenn die Grundwassertiefe am Schlitzumfange mit z_s bezeichnet wird, so gilt dort

$$z_s^2 - h^2 = \frac{Q}{\pi\,k}\ln\frac{l}{4\,r}\,. \tag{342}$$

Wenn der Bau so weit fortgeschritten ist, daß eine Wasserhaltung nicht mehr erforderlich ist, wird der Pumpensumpf wieder verschüttet, wobei der Boden in dünnen Lagen eingebracht und sorgfältig gestampft wird. Wenn der Pumpensumpf in unmittelbarer Nachbarschaft des Grundwerkes liegt, so bietet das Stampfen der Schüttung keine hinreichende Sicherheit dafür, daß nicht Boden aus dem Bereiche unter dem Grundwerke gegen den Sumpf hin ausweichen kann. Es ist dann empfehlenswert, den Pumpensumpf mit Magerbeton aufzufüllen. Den Abschluß eines Pumpensumpfes nach Vollendung des Grundwerkes, der innerhalb des Bauwerksumrisses liegt, veranschaulicht die Abb. 387.

Die Drän- oder Betonrohrleitungen, die das Wasser während des Baues in den Pumpensumpf leiten, müssen, sobald die Wasserhaltung eingestellt werden kann, mit Beton ausgegossen und ausgepreßt werden, um nachgiebige Stellen unter dem Grundwerke zu vermeiden.

Wenn der Wasserandrang zur Baugrube ganz außerordentlich zunimmt, so daß bei feinkörnigem Untergrund eine Lockerung des Bodens durch das aufquellende Grundwasser zu befürchten ist (hydraulischer Grundbruch), so muß die offene Wasserhaltung sofort eingestellt werden. Die Trockenhaltung der Baugrube kann dann durch Grundwassersenkung erfolgen oder man muß zu einem anderen Gründungsverfahren greifen.

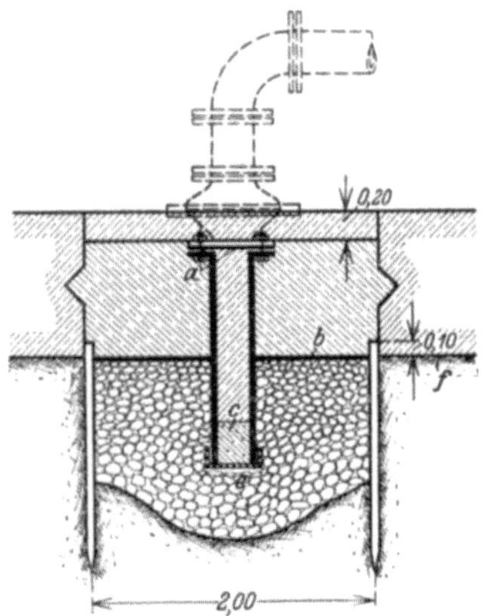

Abb. 387. Abschließen eines Pumpensumpfes innerhalb des Bauwerksumrisses. (Mittl. Isar. A.-G.). *a* Blindflansch. *b* Dachpappe, *c* Betonpfropfen, *e* Drahtsieb, *f* Baugrubensohle.

Schrifttum.

FORCHHEIMER, PH.: Die Höhenkurven des Grundwasserspiegels bei waagrechter Lage der undurchlässigen Schicht und beliebiger Tiefe. Zschft. f. Arch. u. Ing.-Wes. 1886. Sp. 553. — DERSELBE: Hydraulik, 3. Aufl. Leipzig: B. G. Teuber 1930. — SCHONOPP, K.: Gefährdete Baugruben. Bautechn. 1926. S. 308. — *Referat*: Vom Bau des Rheinkraftwerkes Kembs. Schweiz. Bauzg. Bd. 96 (1930). S. 177.

b) Die Grundwasserabsenkung.

Bei sehr feinkörnigem Boden und dann, wenn das Grundwerk in offener Baugrube tief unter den Grundwasserspiegel hinabgeführt werden soll, kann die Wasserhaltung in der Regel nur durch Grundwasserabsenkung erfolgen. Bei diesem Verfahren wird der Grundwasserspiegel bis auf etwa $\frac{1}{2}$ m unter die Baugrubensohle abgesenkt, indem das zulaufende Grundwasser aus Brunnen abgepumpt wird, noch bevor es in die Baugrube gelangt ist. Die Brunnen sind in der Regel außerhalb des Grundwerkumrisses längs des Baugrubenumfanges verteilt; sie können aber, wenn es außerhalb an Raum mangelt, auch innerhalb des Grundwerkumrisses angeordnet werden. Die Wasserförderung geschieht, je nach der Absenkungstiefe entweder mit Kreiselpumpen, die außerhalb der Brunnen stehen und das Wasser durch Saugrohre aus den Brunnen fördern oder durch Tiefbrunnenpumpen, die samt ihren Antriebsmotoren in den Brunnen hängen.

1. Die Berechnung der abzuleitenden Grundwassermenge.

Für die Beziehung zwischen der aus einem bis zur undurchlässigen Schicht reichenden Brunnen vom Halbmesser r in der Sekunde gepumpten Wassermenge Q, der ursprünglichen Grundwassertiefe H und der Wassertiefe h im Brunnen gilt, wie schon auf Seite 11 hergeleitet worden ist

$$H^2 - h^2 = \frac{Q}{\pi k} \ln \frac{R}{r} \tag{343}$$

hier bedeutet überdies k die Durchlässigkeit und R die Reichweite des Brunnens. Bei einem Boden von der Durchlässigkeit k [m/sec] ist nun, wie W. SICHARDT durch einige Versuche gezeigt hat, das größtmögliche Spiegelgefälle am Brunnenmantel

$$i_{\max} = \frac{1}{15\sqrt{k}}, \tag{344}$$

und es kann daher aus einem Brunnen vom Halbmesser r äußerstenfalls

$$Q_{max} = 2\,\pi\,r\,h'\,k\,\frac{1}{15\sqrt{k}} = \frac{2}{15}\,\pi\,r\,h'\,\sqrt{k}\ \ [\text{m}^3/\text{sec}] \tag{345}$$

gefördert werden.

Wenn diese Beziehung für Q_{max} in die obige Gl. 343 eingesetzt wird, so erhält man

$$\frac{H^2 - h'^2}{h'} = \frac{2}{15}\,\frac{r}{\sqrt{k}}\,\ln\frac{R}{r} \tag{346}$$

und daraus h', das die tiefste Lage des Wasserspiegels im Brunnen über der undurchlässigen Schicht angibt, in die der Grundwasserspiegel abgesenkt werden kann. J. Koženy hat nach den Regeln der Potentialtheorie als größtmögliche Absenkung des Grundwasserspiegels am Brunnenmantel die Hälfte der ursprünglichen Grundwassertiefe erhalten, also etwas mehr, als sich nach den Versuchen von W. Sichardt ergibt. R. Ehrenberger hat das Ergebnis von J. Koženy durch Versuche bestätigt.

Für die Gesamtwassertiefe z, die sich an irgend einer Stelle im Bereiche einer Gruppe von n Brunnen einstellt, die bis zur undurchlässigen Schicht reichen, hat Ph. Forchheimer die Beziehung

$$z^2 - h_0^2 = \frac{n\,q}{\pi\,k}\left(\frac{1}{n}\ln x_1 \cdot x_2 \cdot x_3 \ldots x_n - \ln r\right) \tag{347}$$

abgeleitet, in der q die Förderung aus einem Brunnen von Halbmesser r und die x die Entfernungen der Beobachtungsstelle von den Brunnen bedeuten. Für h_0 ist die Wassertiefe zu setzen, die sich in einem Brunnen vom Halbmesser r einstellen würde, wenn aus ihm die Wassermenge $Q = nq$ gefördert würde (ohne Rücksicht darauf, ob diese Tiefe mit Rücksicht auf die Versuche von W. Sichardt und W. Ehrenberger möglich ist oder nicht.

Die Formeln zur Berechnung der Grundwasserspiegellage bei Brunnengruppen gelten nur für waagrechte undurchlässige Schichten und Brunnen, die bis zu dieser Schicht herabreichen. Wenn die Brunnen nicht bis zur undurchlässigen Schicht hinabreichen, so wird zumeist so gerechnet, als würde die undurchlässige Schicht in der Ebene der Brunnenenden liegen, ohne daß aber die Zulässigkeit dieser Annahme bisher bewiesen wäre. Weitere Formeln zur Berechnung der Grundwasserabsenkung sowie durchgerechnete Beispiele für die Anwendung der Formeln finden sich in den folgenden Abhandlungen: Forchheimer, Ph.: Hydraulik. 3. Aufl. Leipzig: B. G. Teubner 1930. Kyrieleis-Sichardt: Grundwasserabsenkung bei Fundierungsarbeiten. 2. Aufl. Berlin: Julius Springer 1930. Sichardt, W.: Das Fassungsvermögen der Rohrbrunnen und seine Bedeutung für die Grundwasserabsenkung, insbesondere für größere Absenkungstiefen. Berlin: Julius Springer 1927. Schultze, J.: Die Grundwasserabsenkung in Theorie und Praxis. Berlin: Julius Springer 1927, und es sei überdies auch auf das reiche Schrifttumverzeichnis am Ende dieses Abschnittes verwiesen.

2. Die Grundwasserabsenkung mittels gewöhnlicher Kreiselpumpen oder Baupumpen.

Wenn das Grundwasser nur wenig abgesenkt zu werden braucht, so kann der sogenannte Sicherheitspumpensumpf von A. Staschen mit Vorteil benützt werden; er besteht, wie ein Blick in die Abb. 388 lehrt, aus zwei ineinander geschobenen Filterrohren, deren Zwischenraum mit Kies gefüllt ist. Längs des Sumpfes ist auf ganzer Länge ein Streifen ausgespart, der durch mehrere Blechschieber abgeschlossen ist. Dieser Sicherheitspumpensumpf, der eigentlich ein kurzer Rohrbrunnen ist, wird entweder in ein Bohrloch gesenkt oder er kann auch bei geeignetem Boden eingespült werden; das Spülrohr wird dann durch eine mit einer Federklappe versehene Öffnung im Boden geschoben. In der Abb. 389 ist die

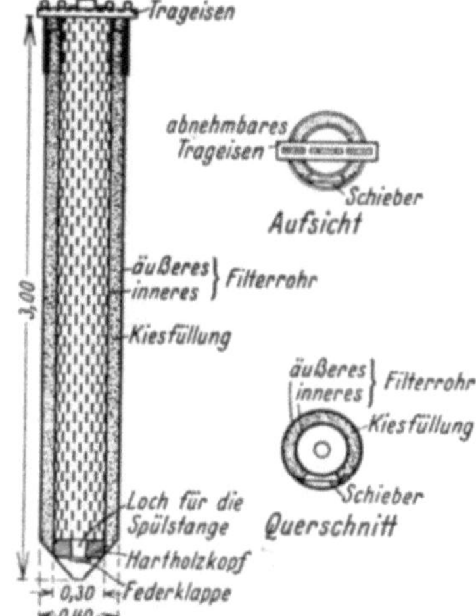

Abb. 388. Sicherheitspumpensumpf von A. Staschen.

Anordnung der Sümpfe in einer Kanalbaugrube gezeigt. In dem Maße, als die Ausschachtung fortschreitet, können die Blechschieber gezogen werden, so daß durch den freigegebenen Schlitz zulaufendes Oberflächenwasser oder solches aus Dränleitungen ohne Anstau in den Sumpf gelangen kann.

Auf größeren Tiefen erfolgt die Grundwasserabsenkung mittels Brunnen; als solche werden Röhrenbrunnen verwendet, deren Durchmesser in der Regel 200 bis 250 [mm] beträgt. Die Brunnen werden in Bohrlöcher gesenkt, deren Lichtweite etwa 50 bis 70 [mm] weiter ist als der Brunnenaußendurchmesser, hierauf werden die Futterrohre des Bohrloches gezogen.

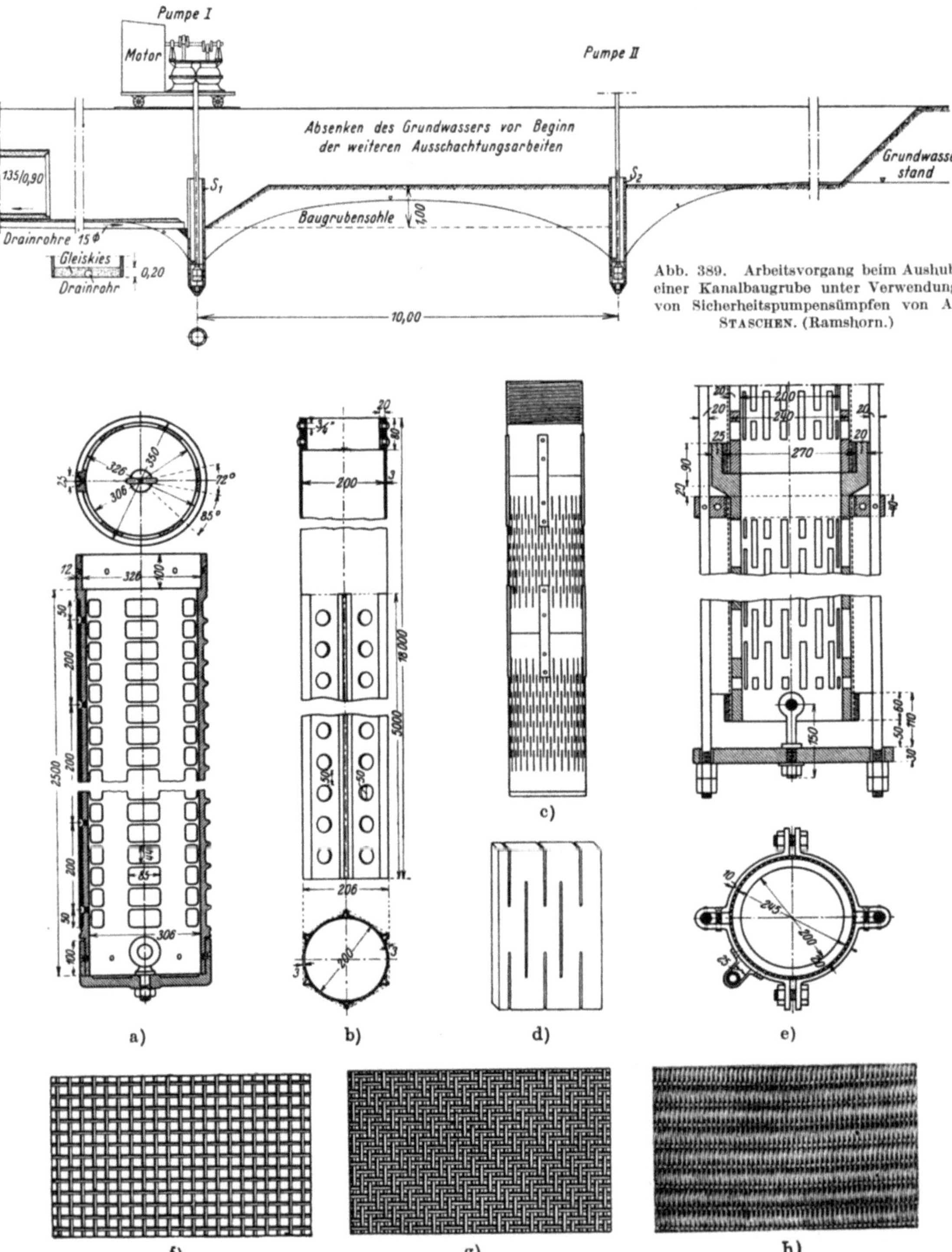

Abb. 389. Arbeitsvorgang beim Aushub einer Kanalbaugrube unter Verwendung von Sicherheitspumpensümpfen von A. STASCHEN. (Ramshorn.)

Abb. 390. Einzelheiten von Filterkörben. *a)* Gußeiserner Filterkorb von THIEM; *b)* Filterkorb aus Kupfer; *c)* Filterkorb aus Holz von REMKE; *d)* Schlitzung des Holzes eines hölzernen Filterkorbes; *e)* Filterkorb aus Steinzeug; *f)* quadratisches Gewebe, *g)* Köpergewebe; *h)* Tressengewebe.

Jeder Brunnen besteht aus dem Mantelrohr und dem Filterkorb, durch den das Wasser in den Brunnen gelangt.

Das Filterkorbgerüst kann aus Eisen, Holz, Steinzeug, Porzellan, Kupfer oder Rotguß bestehen; für die Auswahl ist die Beschaffenheit des Grundwassers maßgebend; einige Beispiele für Filterkorbgerüste sind in den Abb. 390 zusammengestellt. Um das Filterkorbgerüst wird zuerst grobes Drahtgitter und hierauf feines Filtergewebe aus Messing oder Siliziumbronze gewickelt, das das Eindringen von Sand in den Brunnen verhindern soll. Die Maschenweite des Gewebes wird so gewählt, daß etwa 40% der Körner des Gemisches durchgehen. Durch stoßweises Pumpen wird der nächste Bereich um den Brunnen entsandet; die gröberen Körner, die zurückbleiben, bilden eine Stützschichte, die die feinen Körner im weiteren Bereich um den Brunnen zurückhalten. Wenn der Boden außerordentlich feinkörnig ist, reichen die Filtergewebe für das Zurück-

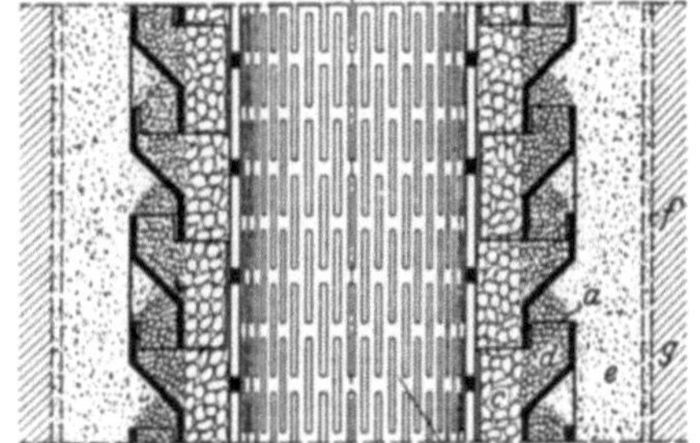

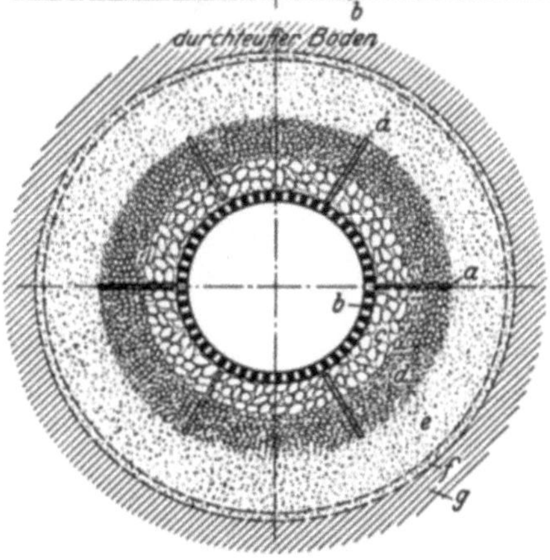

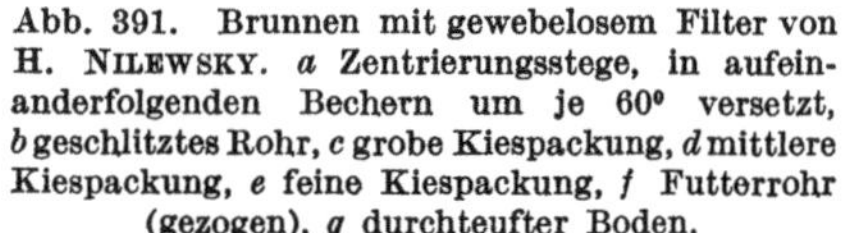

Abb. 391. Brunnen mit gewebelosem Filter von H. NILEWSKY. *a* Zentrierungsstege, in aufeinanderfolgenden Bechern um je 60° versetzt, *b* geschlitztes Rohr, *c* grobe Kiespackung, *d* mittlere Kiespackung, *e* feine Kiespackung, *f* Futterrohr (gezogen), *g* durchteufter Boden.

Abb. 392. Geweberloser Filterbrunnen. (H. NILEWSKY - N. NOÇON.)

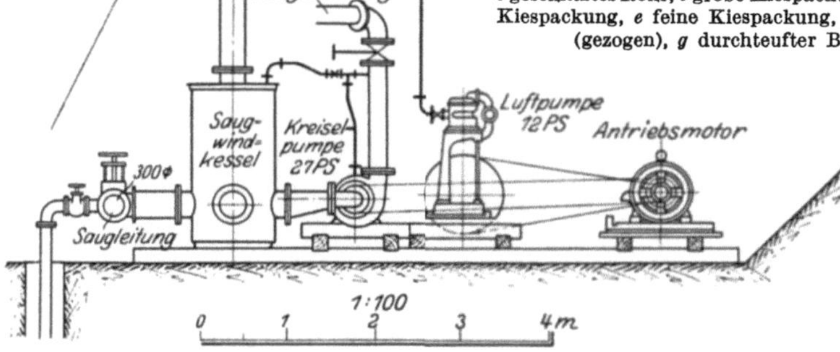

Abb. 393. Entlüftungseinrichtung für eine Grundwassersenkungsanlage. (G. HETZEL u. O. WUNDRAM.)

halten des Sandes nicht hin. Man hat dann zwischen den Brunnen und die Bohrlochwand eine verkehrte Filterschicht geschüttet, die die feinen Körner des Untergrundes stützt und am Eindringen in den Brunnen hindert. Billiger und daher empfehlenswerter ist die Anwendung der Taschenfilter (Abb. 391 und 392), in deren Taschen die Filterschicht schon über Tag gepackt wird und die dann wie ein anderer Brunnen ins Bohrloch versenkt werden.

Das Mantelrohr reicht durch die nicht wasserführenden Schichten bis zur Bodenoberfläche herauf. In das Mantelrohr kommt ein Einhängerohr, das sich mittels einer Schelle auf den oberen

Rand des Mantelrohres stützt; es wird dicht an die Saugleitung der Pumpe angeschlossen und soll, damit bei zu großer Wasserförderung durch die Pumpen keine Luft eindringen kann, 9 bis 10 [m] unter den ursprünglichen Grundwasserspiegel hinabreichen. Jeder Brunnen soll durch einen Schieber von der Saugleitung abtrennbar sein.

Die Saugleitung steigt gegen die Pumpe hin etwa mit $3\,^0/_{00}$ an, damit Luft und Gase, die sich dort ausscheiden, leicht vom Wasser gegen die Pumpe geführt werden.

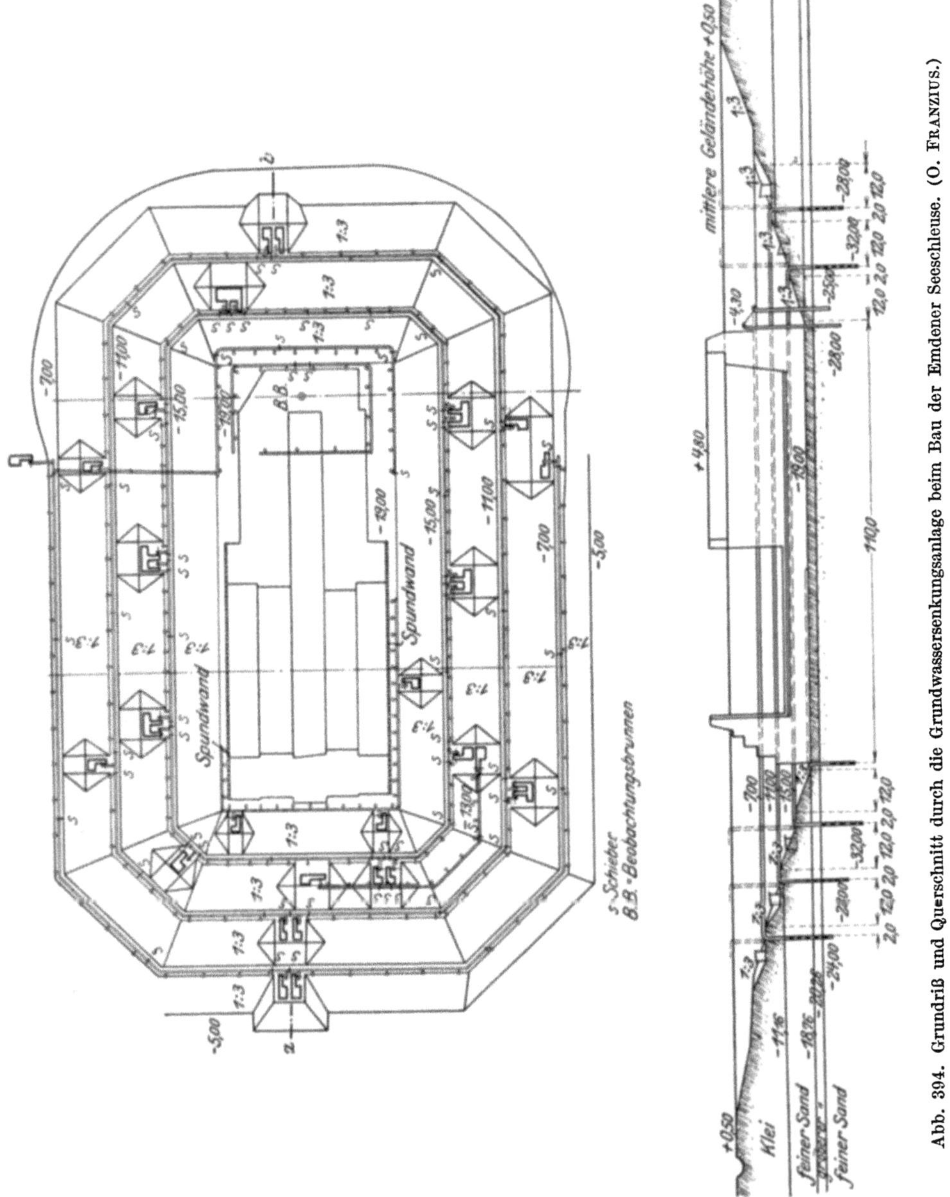

Abb. 394. Grundriß und Querschnitt durch die Grundwassersenkungsanlage beim Bau der Emdener Seeschleuse. (O. Franzius.)

Die Wasserförderung geschieht mit Kreiselpumpen (Wirkungsgrad etwa 55 bis 75%), die äußerstenfalls mit einer Saughöhe von etwa 7 bis 8 [m] bei einem normalen Luftdruck von 760 [mm Hg] arbeiten. Die Kreiselpumpen saugen nicht selbst an. Die Einhängerohre müssen deswegen entweder Fußventile erhalten, die ein Füllen der Saugleitung ermöglichen, oder es muß eine eigene Entlüftungseinrichtung (Abb. 393) für jede Pumpe geschaffen werden; die Luftsaugleitung muß wenigstens 10 [m] über den ursprünglichen Grundwasserspiegel hinaufreichen, damit kein Wasser in die Luftpumpe gerät und die ganze Einrichtung muß frostfrei eingebaut sein.

Zwischen den Brunnen steht der Wasserspiegel höher als im Brunnen, weswegen mit einer Brunnenreihe der Grundwasserspiegel in der Baugrube nur um einen Teil der Pumpensaug-

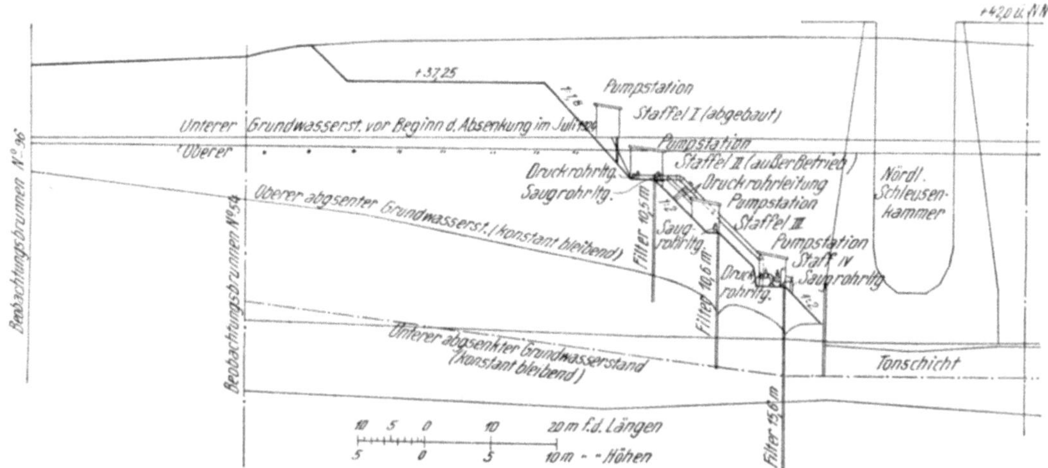

Abb. 395. Grundwassersenkungsanlage mit drei Staffeln bei der Gründung der Schachtschleuse Fürstenberg.

höhe, auf etwa 3,5 bis 5,5 [m] abgesenkt werden kann. Wenn größere Absenkungstiefen erforderlich sind, so können mehrere Brunnenstaffeln angeordnet werden, von denen jede weitere

Abb. 396. Grundwassersenkung beim Bau der Schleuse Södertälye (Schweden). Der Bagger schafft Raum für die Bohrung der dritten Staffel. (Siemens-Bau-Union.) *a* Saugrohr der ersten Staffel, *b* Saugrohr der zweiten Staffel, *c* Ableitung des Wassers in einem Holzgerinne, *d* Pumpen, *e* Bagger, *f* Bohrzeug für die Brunnen der dritten Staffel, *g* Grundwasserspiegel.

im Senkungsraum des vorhergehenden hergestellt wird. In den Abb. 394 bis 397 ist anschaulich die Anordnung der Brunnen bei mehrstaffeligen Anlagen zu erkennen und die folgende Zusammenstellung gibt über Einzelheiten der in der Abb. 394 dargestellten Anlage Aufschluß:

Angaben über die Grundwasserabsenkung für die Emdener Seeschleuse (nach W. KYRIELEIS).

Absenkung in drei Staffeln: 1. Staffel 59 Brunnen, 2. Staffel 59 Brunnen, 3. Staffel 76 Brunnen, zusammen 194 Brunnen.

Lotrechter Abstand der Staffel je 4,0 [m].

Waagrechter Abstand der Staffel: 1. bis 2. Staffel 9 [m], 2. bis 3. Staffel 5 [m].

Brunnendurchmesser 150 [mm] und 200 [mm], Filterlänge 10 [m].

Brunnenabstand 4 bis 8,5 [m].

Saugleitung: Muffenrohre 250 [mm]; hinter jedem 5. Brunnen ein Schieber. Gesamtabsenkung 19 [m].

Gesamtförderung 420 [l/sec]. 21 Pumpen: Anschlußweite 250 [mm].

Drehzahl $n = 1280$ bis 1340, Antrieb mit Gleichstrommotoren, 80 [PS], 400 [V], Drehzahl $n = 900$, Riemenantrieb.

Aus den Versuchen:

Durchlässigkeit $k = 0,000210$ [m/sec]. Reichweite $R = 240$ [m].

Grundwerksfläche 107×40 [m].

Nach Beendigung der Absenkungsarbeiten werden die Pumpen und die Rohrleitungen abgetragen und die Brunnen können in der Regel aus dem Boden gezogen werden. Der Wasser-

Abb. 397.	Grundwasserabsenkung mit fünf Staffeln auf 15 m. (Siemens-Bau-Union.)

spiegel steigt dann langsam wieder an und erreicht nach Verlauf einiger Zeit wieder seine ursprüngliche Höhenlage.

Um bei größeren Absenkungstiefen die Kosten, die mehrstaffelige Brunnenanlagen erfordern, herabzusetzen, hat man die „Staffelung in sich selbst" (vgl. Abb. 398 c und d) versucht. Man stellte, wie bei den später zu beschreibenden Anlagen mit Tiefbrunnenpumpen, nur eine Brunnenreihe her, die bis auf die größte, während der Absenkung erforderliche Tiefe hinabgeführt wurde, und begann mit gewöhnlichen Kreiselpumpen die Absenkung des Grundwasserspiegels. Innerhalb der ersten Mulde im Grundwasserspiegel wurde nun bis zum abgesenkten Grundwasserspiegel der Boden im Trockenen ausgehoben, eine neue Saugleitung verlegt und nun nacheinander die Brunnen gekürzt und an die neue Saugleitung angeschlossen (vgl. Abb. 398 b und c) und so weiter fortgeschritten. Dieses Verfahren ist durch jenes mit Verwendung von Tiefbrunnenpumpen vollständig verdrängt worden.

3. Die Grundwasserabsenkung bei Verwendung von Tauchpumpen.

Die Anordnung von mehreren Brunnenstaffeln ist kostspielig und erfordert viel Raum. Die Anwendung von Tauchpumpen, die samt ihrem Antriebsmotor in den Brunnen versenkt werden, ermöglicht es nun, auch bei großen Absenkungstiefen mit einer einzigen Brunnenreihe auszukommen. Die Rohrbrunnen werden bei diesen Anlagen sofort bis zur größten erforderlichen Tiefe abgebohrt und ähnlich wie bei den früher beschriebenen Anlagen mit einem Filterkorb ausgerüstet. Das Wasser läuft bei diesen Anlagen den Pumpen unmittelbar zu, so daß also kein

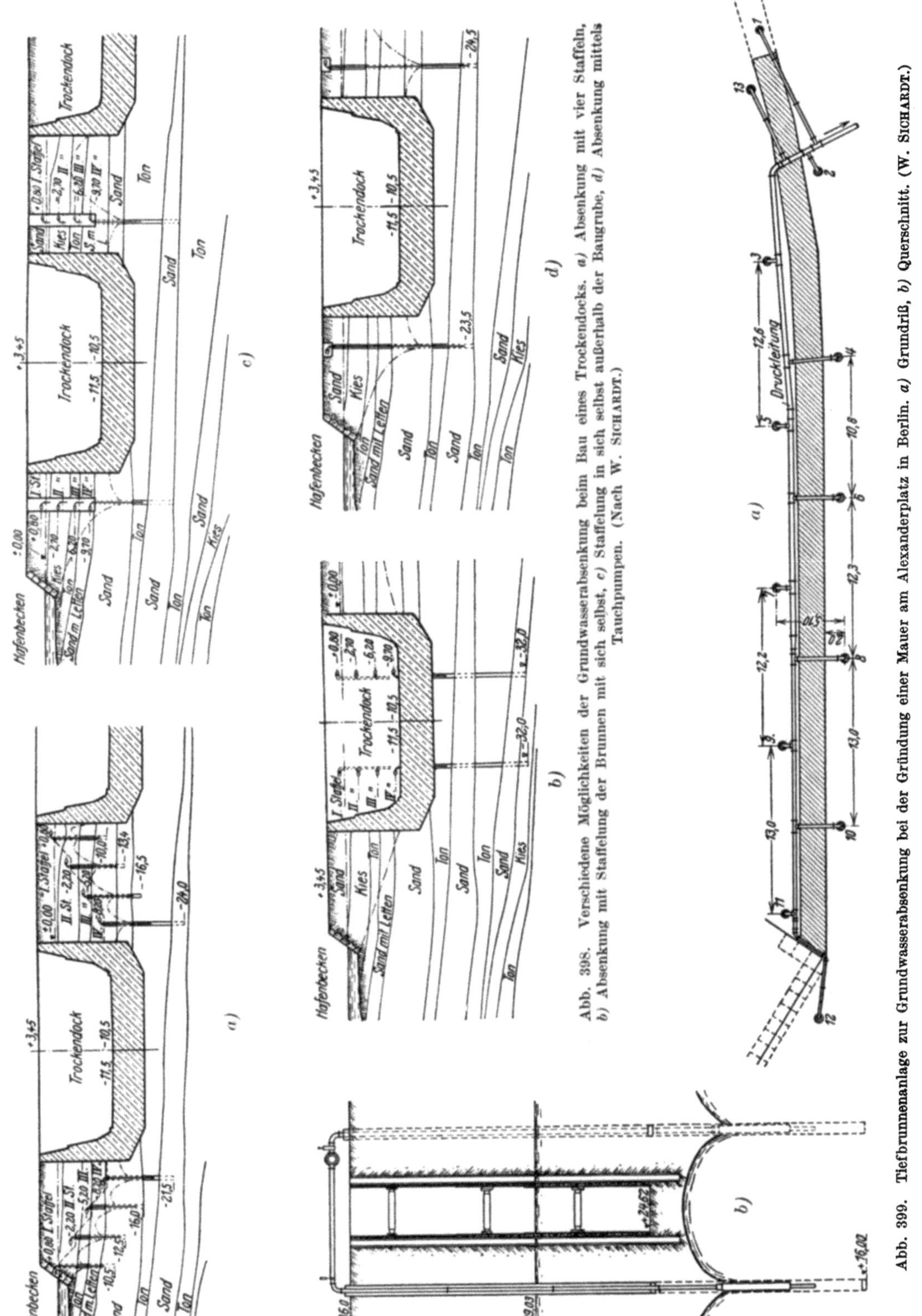

Abb. 398. Verschiedene Möglichkeiten der Grundwasserabsenkung beim Bau eines Trockendocks. a) Absenkung mit vier Staffeln, b) Absenkung mit Staffelung der Brunnen mit sich selbst, c) Staffelung in sich selbst außerhalb der Baugrube, d) Absenkung mittels Tauchpumpen. (Nach W. Sichardt.)

Abb. 399. Tiefbrunnenanlage zur Grundwasserabsenkung bei der Gründung einer Mauer am Alexanderplatz in Berlin. a) Grundriß, b) Querschnitt. (W. Sichardt.)

Saugrohr erforderlich ist und auch das Einhängerohr entfällt. Die Pumpen hängen am Druckrohr, durch das sie das Wasser fördern; diese Rohre sind entweder in Gruppen an eine gemeinsame Sammelleitung angeschlossen oder sie entwässern einzeln in eine offene Ablaufrinne.

Die allgemeine Anordnung einer Brunnenanlage mit Tauchpumpe kann den Abb. 398d und 400 entnommen werden. Wenn außerhalb des Grundwerksumrisses hinreichend Raum verfügbar

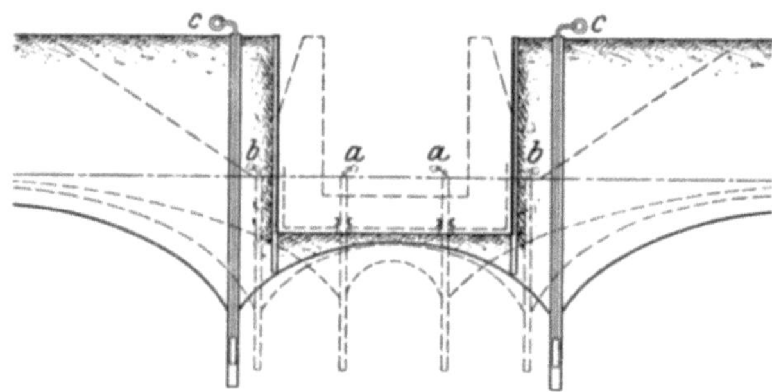

Abb. 400. Grundwasserabsenkung mittels Tauchpumpen bei beengtem Raum. (W. SICHARDT.) *a* Brunnen in der Baugrube bei beengtem Raum innerhalb des Bauwerksumrisses, *b* Brunnen außerhalb des Bauwerksumrisses, *c* Tiefbrunnen außerhalb des Bauwerksumrisses.

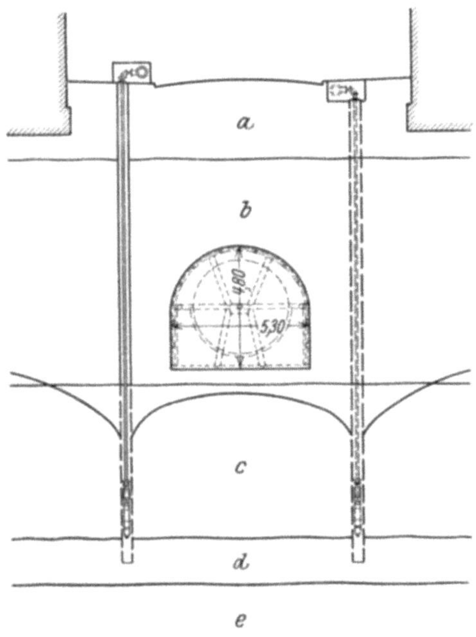

Abb. 401. Grundwasserabsenkung mittels Tauchpumpen beim Bau eines Stollens. (W. SICHARDT.) *a* Lehm, *b* grober Kies, *c* grober Kies mit Steinen, *d* Geröll, *e* grober Kies und Sand.

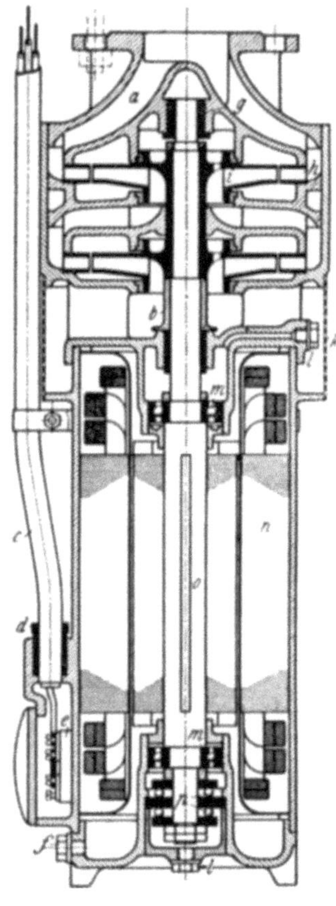

Abb. 402. UTA-Pumpe (Garvenswerke). *a* Druckstutzen, *b* Sandglocke, *c* Gummischlauchkabel, *d* Kabelstopfbuchse, *e* Klemmbrett, *f* Wasserschraube, *g* Endlager, *h* Leitrad, *i* Laufrad, *k* Sandfilter, *l* Fettschraube, *m* Querlager, *n* wasserdicht gekapselter Stator, *o* Rotor, *p* Wechsellager.

ist, so werden die Tiefbrunnen außerhalb angeordnet, sonst können sie auch innerhalb stehen, doch ist dann der Abschluß der Brunnen in der Grundwerkssohle nach Beendigung der Wasserhaltung mit eigenen Brunnentöpfen erforderlich. Tiefbrunnen können nicht nur zur Trockenhaltung von offenen Baugruben verwendet werden, sondern auch für die Ausführung von Stollen (Abb. 401) im Trockenen unter dem ursprünglichen Grundwasserspiegel dienen.

Für die Wasserförderung aus Tiefbrunnen werden eigene Tauchpumpensätze verwendet, die so geringe Außenabmessungen haben, daß sie selbst in den engen Bohrlöchern unterzubringen sind. Jeder Pumpensatz besteht aus der Turbopumpe und dem mit ihr unmittelbar verbundenen Elektromotor. Als Beispiel für eine Tauchpumpe stellt die Abb. 402 die UTA-Tauchpumpe der Garvenswerke dar. Zum Unterschied gegen früher hergestellte Pumpensätze hat hier der Motor gar keinen Schutz gegen eindringendes Wasser, der Motor ist vielmehr wassererfüllt und die Isolation aller Stromführenden Teile ist vollkommen wasserdicht ausgeführt. Die größten Außendurchmesser liegen bei den UTA-Pumpen zwischen 239 und 299 [mm], die Anschlußweite der Druckrohrleitung zwischen 40 und 125 [mm], die Fördermengen zwischen 0,83 und 33,3 [l/sec], und es können Förderhöhen bis zu 108 [m] erreicht werden.

Die Tauchpumpen haben sich als außerordentlich betriebssicher erwiesen. Selbst nach einjährigem, ununterbrochenem Betriebe waren solche Pumpensätze in so gutem Zustande, daß sie ohne Überholung weiter im Betrieb belassen werden konnten.

Schrifttum.

ARP: Die Erweiterung des Wesermünder Hafens. Wasserwirtsch. 1926. S. 33. — ARP UND DETTMERS: Die Grundwasserabsenkung beim Bau der Doppelschleuse in Wesermünde—Geestemünde. Zentralbl. d. Bauverw. 1926. S. 77. — BEGER, K.: Zur Vorausbestimmung der Grundwasserergiebigkeit für die Wasserversorgung von Danzig. Bautechn. 1923. S. 138. — BERNHARDT: Untertunnelung eines bewohnten Geschäftshauses in Brunsbüttelkoog. Dissertation. Braunschweig 1913. — DACHLER. R.: Einige Bemerkungen zur Grundwasserabsenkung mittels Brunnengruppen. Wasserkr. 1924. S. 384. — EMERSLEBEN: Wie fließt das Grundwasser? Bautechn. 1924. S. 73, 212, 343. — ENZMANN, M.: Die Grundwasserabsenkungsmethoden in ihrer Anwendung auf das Unterwasser. Dissertation. — FISCHER: Die Untersuchung der Anlagen zur Grundwasserabsenkung auf ihre Dichtigkeit. Zentralbl. d. Bauverw. 1915. S. 556. — FORCHHEIMER, PH.: Die Höhenkurven des Grundwasserspiegels bei waagrechter Lage der undurchlässigen Schicht und beliebiger Tiefe. Zschft. f. Arch. u. Ing.-Wes. 1886. Sp. 545. — DERSELBE: Hydraulik, 3. Aufl. Leipzig: B. G. Teubner 1930. (Mit reichen Angaben über Theorie der Grundwasserbewegung.) — GORTZKE, S.: Wasserhaltungsarbeiten für den Bau von Brückenwiderlagern und Schleusen. Bautechn. 1926. S. 345. — HEYUNG, C. T. C.: Die neue Seeschleuse Ymuiden. Z. V. d. I. 1929. S. 748. — HIMMER: Senkung des Grundwasserspiegels bei der Gründung von Bauwerken. Zentralbl. d. Bauverw. 1914. S. 128, 136. — KÖRNER, B.: Bodensetzungserscheinungen bei Grundwasserabsenkung. Bautechn. 1927. S. 614. — KYRIELEIS, W.: Grundwasserabsenkung bei Fundierungsarbeiten, 2. Aufl. Berlin: Julius Springer 1930. (Mit reichen weiteren Literaturangaben.) — LAWSKI: Der Södertälye Kanal. Jahrb. d. Hafenbautechn. Ges. 1924. — LEITHOLF, O.: Konstruktionen für den Umbau 1927/28 des Opernhauses Berlin, Unter den Linden. Bautechn. 1928. S. 806. — LOCHER & CO.: Die Grundwasserabsenkung beim Neubau der Züricher Kantonalbank, Schweiz. Bauzg. 1924. S. 152. — LUFT: Die Erweiterung des argentinischen Kriegshafens Puerto Militar. Jahrb. d. Hafenbautechn. Ges. 1919. — MEYER: Ein Plan zur Untertunnelung des Strelasundes bei Stralsund. Bautechn. 1928. S. 170. — MEYER-PETER: Über die Ursachen von Bodensenkungen bei Grundwassersenkungen und von Uferbrücken bei der Absenkung von Seespiegeln. Schweiz. Bauzg. 1925. S. 147. — MÖLLER: Die Grundwasserabsenkungsanlage für den Bau der Zwillingsschachtschleuse bei Fürstenberg a. d. Oder. Zentralbl. d. Bauverw. 1928. S. 139. — MÖLLER UND OHMANN: Die Grundwasserabsenkungsanlage für den Bau der Zwillingsschachtschleuse bei Fürstenberg a. d. Oder. Bautechn. 1928. S. 703. — PRINZ. E.: Die Trockenhaltung des Untergrundes mittels Grundwassersenkung. Zentralbl. d. Bauverw. 1906. S. 595, 607. — DERSELBE: Bau und Lebensdauer von Brunnenanlagen. Journ. f. Gasbel. u. Wasservers. 1908. S. 318. — RAMSHORN, A.: Neues Verfahren der Wasserhaltung, insbesondere bei Kanalisationsarbeiten. Bautechn. 1928. S. 639. — DERSELBE: Neue Abwasserpumpwerke der Emschergenossenschaft. Bautechn. 1930. S. 299. — ROGGE: Die neue Ostseeschleuse des Kaiser-Wilhelm-Kanals. Zentralbl. d. Bauverw. 1923. S. 187. — SCHAAF: Die Grundwasserhaltung und ihre Preisbemessung. Deutsche Bauzg. 1928. H. 57 (Beilage Bauwirtschaft und Baurecht). — SCHÄFER, H.: Die Gründung von Bauwerken mittels Grundwassersenkung. Wasserkr. 1920. S. 33. — SCHONOPP: Gefährdete Baugruben. Bautechn. 1926. S. 308. — SICHARDT, W.: Fortschritte des Grundwasserabsenkungsverfahrens. Bauing. 1923. S. 599. — DERSELBE: Über Tiefsenkung des Grundwasserspiegels. Bautechn. 1927. S. 683, 718, 730. — DERSELBE: Das Fassungsvermögen von Rohrbrunnen und seine Bedeutung für die Grundwasserabsenkung, insbesondere für größere Absenkungstiefen. Berlin: Julius Springer 1927. (Mit reichen weiteren Literaturangaben). — DERSELBE: Die Grundwasserabsenkung bei der Herstellung der Tiefbühne anläßlich des Um- und Erweiterungsbaues der Staatsoper zu Berlin, Unter den Linden. Bauing. 1928. S. 717. — DERSELBE: Die Ausführungen von Grundwasserabsenkungen mit Tiefbrunnenpumpen. Bautechn. 1929. S. 394. — DERSELBE: Tiefbrunnenpumpen für Grundwasserabsenkungszwecke. Bautechn. 1929. S. 405. — SICHARDT, W. UND WEBER: Rechnungen für die Grundwasserabsenkung beim Bau der Nordschleusenanlage in Bremerhaven. Bautechn. 1930. S. 451. — SIEMENS-BAU-UNION: Grundwasserabsenkung mittels Tiefbrunnenpumpen. Mit. Siemens-Bau-Union. 1928. H. 9. — STECKER, B.: Stauungen bei Grundwasserabsenkungen als Ursache von Quellbildung. Grund u. Gerüstbau. 1923. — THEIN: Grundwasserabsenkung beim Stadttheaterneubau in Hamburg. Hamburger Techn. Rundschau. 29. Okt. 1926. — THIELE: Die Herstellung von Anlagen zur Wassergewinnung. Journ. Gasbel. u. Wasservers. 1905. S. 368. — WEBER, H.: Grundwasserabsenkung beim Bau städtischer Leitungsnetze. Techn. Gemeindebl. 1928. S. 47. — WEGNER: Höhlenbildung in Sanden durch Grundwassersenkung. Zschft. f. prakt. Geologie. 1917. S. 26. — WITTE: Die Grundwasserabsenkung beim Bau der Schleuse Flaesheim des Schiffahrtskanals Wesel-Datteln. Zentralbl. d. Bauverw. 1929. S. 619. — ZIMMERMANN: Die Anwendung der Grundwasserabsenkung zu Neubauten und Wiederherstellungsarbeiten. Zschft. f. Bauw. 1907. S. 411. — *Referate*: Die Grundwassersenkung beim Neubau der neuen Schleuse in Södertälye in Schweden. Wasserkr. 1923. — Erweiterungsbauten der Linke-Lauchhammer A.-G. Eisenwerke Gröditz bei Riesa. Wasserkr. 1923. S. 105. — Das Grundwasserabsenkungsverfahren bei der Gründung des Krafthauses Gratwein. Öst. Wasserwirtsch. 1926. S. 327.

4. Die Auswahl der Absenkungsart.

Für die Auswahl der Absenkungsart ist innerhalb der Grenzen der Ausführbarkeit, die in örtlichen Verhältnissen bedingt sind, ein Vergleich der Absenkungskosten maßgebend. W. Sichardt hat sich mit der Frage der Auswahl eingehender befaßt und gefunden, daß bei einer Absenkungstiefe von über 8 bis 10 [m] die Absenkung mit Tauchpumpen auch in unbegrenztem Gelände jener mit gestaffelten Brunnenreihen überlegen wird.

In beengtem Raum kommt überhaupt nur die Absenkung des Grundwassers mit Tauchpumpen in Frage, wenn gewöhnliche Kreiselpumpen mit einstaffeliger Brunnenreihe nicht mehr hinreichen. In den Abb. 398 a, b und c sind Beispiele dargestellt, die deutlich die große Überlegenheit der Anlagen mit Tiefbrunnenpumpen vor anderen Anlagen vor Augen führen.

c) Die Abhaltung des Grundwassers durch Dichtung des Bodens.

Statt das gegen eine Baugrube zulaufende Grundwasser aus dem Boden abzupumpen, kann es auch am Durchtritt durch die Wandungen und durch die Sohle der Baugrube durch Dichtung des Bodens verhindert werden. Hierzu eignet sich das Gefrierverfahren, bei dem sowohl die Wandungen als auch die Sohle gedichtet werden und das Verfahren der Versteinung des Bodens durch Einspritzung von Zement oder nach dem Verfahren von Joosten.

1. Das Gefrierverfahren.

Beim Gefrierverfahren von H. Poetsch wird das in den Poren des Bodens enthaltene Wasser zum Gefrieren gebracht, so daß eine sogenannte Frostmauer entsteht, die nicht nur den Durchtritt von Wasser verhindert, sondern bei hinreichender Stärke auch eine Baugrubenaussteifung überflüssig macht. Es wird wegen seiner hohen Kosten nur in stark beweglichen, wassererfülltem Boden angewendet, wenn kein anderes Gründungsverfahren zum Ziele führt.

Um den Boden zum Gefrieren zu bringen, werden 0,5 bis 1,0 m vom Grundwerksumrisse in gegenseitigem Abstande von etwa 1 [m] Bohrlöcher hergestellt, in die Kühlrohre herabgelassen werden, worauf die Futterrohre der Bohrlöcher gezogen werden, so daß der Boden in unmittelbare Berührung mit dem Kühlrohr gerät. Das Einbauen der Kühlrohre kann in sehr leichtem Boden auch durch Einspülung, ähnlich wie bei Pfählen geschehen.

Die Kühlrohre (Abb. 403) bestehen aus je einem 15 bis 25 [cm] weiten, unten geschlossenen Rohr, in das ein 6 bis 10 [cm] weites, unten offenes Rohr hinabführt, das oben durch eine Stopfbüchsendichtung des weiten Rohres läuft. Durch das enge Rohr wird eine tief unter 0⁰ abgekühlte Lauge mit einer Geschwindigkeit von 0,5 bis 0,7 [m/sec] zugeleitet, die dann im weiten Rohr langsam mit einer Geschwindigkeit von 3 bis 5 [cm/sec] aufsteigt und den umliegenden Boden abkühlt und zum Gefrieren bringt. Es entsteht auf diese Weise eine Frostmauer, die Wasser und Schwimmsand von der Baugrube abhält. Die Frostmauer erhält meist auf der Außenseite eine Dicke von 0,5 [m], auf der Innenseite eine solche von 1 [m], vom Kühlrohr aus gemessen. Wenn die Baugrube größere Abmessungen hat und auch die Sohle verläßlich frieren muß, so ist die Anordnung von Kühlrohren, auch über der Sohle verteilt, erforderlich. Bei einer engeren Baugrube hat der Frostmantel etwa die in der Abb. 403 dargestellte Form.

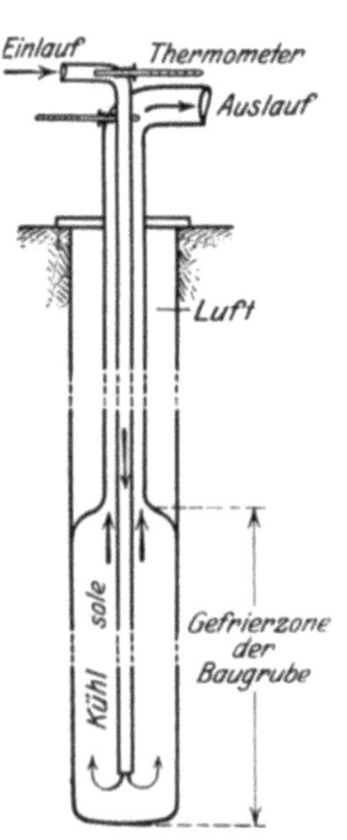

Abb. 403. Schematischer Schnitt durch ein Gefrierrohr. (Hetzel & Wundram.)

Als Kühlflüssigkeit, die die Kälte in den Rohren zu befördern hat, wird eine solche mit niedrigem Gefrierpunkt verwendet, wie z. B. eine Mischung von 85 Teilen Chlorkalziumlauge, 10 Teilen Chlormagnesiumlauge und 5 Teilen Methylalkohol mit einem Gefrierpunkt von —50⁰, Chlormagnesiumlauge von 28⁰ Baumé (Wichte $\gamma = 1204$ [kg/m³], spezifische Wärme, 8 [kcal/⁰.kg] mit einem Gefrierpunkt von —52⁰, ferner Alkohol oder denaturierter Spiritus.

Die Kühlsohle wird in einer eigenen Kühlanlage (Abb. 403) bis nahe an ihren Gefrierpunkt abgekühlt und dann durch eine Pumpe mit einem Überdruck von etwa 2 [kg/cm²] den Kühlrohren zugeleitet.

In der Kühlanlage wird, je nach der gewünschten Temperatur, Ammoniak oder Kohlensäure verflüssigt und abgekühlt; hierauf läßt man die verflüssigten Gase wieder verdampfen, wobei sie der Kühlsohle die Verdampfungswärme entziehen. Man erhält bei Verwendung von Ammoniak

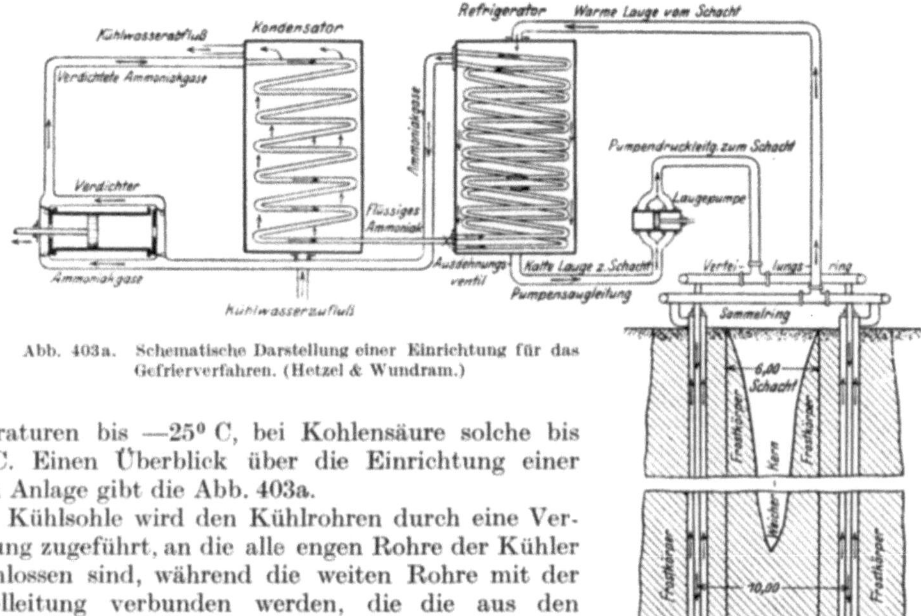

Abb. 403a. Schematische Darstellung einer Einrichtung für das Gefrierverfahren. (Hetzel & Wundram.)

Temperaturen bis —25⁰ C, bei Kohlensäure solche bis —50⁰ C. Einen Überblick über die Einrichtung einer solchen Anlage gibt die Abb. 403a.

Die Kühlsohle wird den Kühlrohren durch eine Verteilleitung zugeführt, an die alle engen Rohre der Kühler angeschlossen sind, während die weiten Rohre mit der Sammelleitung verbunden werden, die die aus den Kühlern aufsteigende warme Sohle wieder zur Kühlanlage zurückführt.

Um die Wärmemenge W [kcal] zu schätzen, die dem Boden entzogen werden muß, ist die Kenntnis der Bodentemperatur t_b, der Wichte $\gamma^`$ [kg/m³] des Sandkornminerals, dessen spezifische Wärme c_s [kcal/⁰. kg], sein Porenverhältnis p in Bruchteilen des Gesamtvolumens, der Rauminhalt V [m³] der Frostmauer und die mittlere Temperatur t des Frostkörpers erforderlich. Bedeutet weiter γ die Wichte des Wassers in [kg/m³], c_w die spezifische Wärme des Wassers [= 1 kcal/⁰. kg] und c_e die spezifische Wärme des Eises = 0.5 [kcal/⁰. kg], so müssen dem Boden entzogen werden:

zur Abkühlung des Sandes von t_b^0 auf t^0 . . . . $V\,(1-p)\,c_s\,(t_b-t)\,\gamma^`$ (kcal/m³)

zur Abkühlung des Porenwassers von t_b auf 0^0 . . . . $V\cdot p\,\gamma\,t_b\,c_w$

zur Umwandlung des Porenwassers von 0^0 in Eis . . . . $V\,p\,\gamma\,80$

zur Abkühlung des Eises von 0^0 auf t^0 . . . . $V\,p\,\gamma\,c_e\,(-t).$

Für t wird meist —8⁰ bis —10⁰ gesetzt und es beträgt die spezifische Wärme von Quarzsand 0,19 bis 0,21 [kcal/⁰.kg] und sein Porenverhältnis $p = 0,26$ bis 0,45.

Für unvermeidliche Verluste im Boden wird ein Zuschlag von 100% und für Strahlungsverluste in der Kühlanlage und in der Zuleitung ein solcher von 25% gemacht, so daß die Kühlanlage etwa

$$W = 2,25\ V\,[(1-p)\,c_s\,\gamma^{\prime}\,(t_b-t) + p\,\gamma\,(t_b + 80 - c_e\,t)]\ \text{[kcal/m³]} \qquad (348)$$

zu leisten hat.

Die Ausbildung der Frostmauer geht sehr langsam vor sich und erfordert in der Regel zwei bis drei Monate.

Die Bildung der Frostmauer wird durch strömendes Grundwasser sehr behindert, weil der Grundwasserstrom unausgesetzt warmes Wasser herbeiführt und schon abgekühltes ableitet und überdies auch eine schon gebildete Frostmauer fortgesetzt wärmt. Die Zeit, die für die Bildung der Frostmauer erforderlich ist, ist um so kürzer, je näher die Kühler aneinander stehen, weswegen die Entfernungen derselben nicht über 1 m gewählt werden sollen.

Über die Festigkeit, die nasser, gefrorener Boden bei verschiedenen Temperaturen erreicht, liegen nur spärliche Angaben vor. Wassererfüllter, dünnflüssiger Sand soll nach WUNDRAM und HETZEL bei —15⁰ C eine Druckfestigkeit von 14 [kg/cm²] haben, die bei —20⁰ bis auf 200 [kg/cm²] ansteigt. Nach ZAERINGER beträgt bei —15⁰ C die Festigkeit von gefrorenem, wassergesättigtem Sand 138 [kg/cm²], von sandigem Ton 90 [kg/cm²] und von ziemlich reinem Ton 72 [kg/cm²].

Das Betonieren in Baugruben, die mit Anwendung des Gefrierverfahrens ausgehoben worden sind, ist wegen der niedrigen Temperatur sehr schwierig und erfordert die Anwendung von Spezialzementen, die hohe Abbindewärme haben. E. TREPTOW empfiehlt, Mörtel und Beton mit Chlormagnesiumlauge anzumachen, um ein Frieren zu verhindern.

Schrifttum.

BRENNECKE, L.: Der Grundbau. 3. Aufl. 1906. (Mit Angaben über ältere Literatur.) — CALFAS: Traversée de la Seine par la ligne No. 4. Génie civil. Bd. 57 (1910). — ERLINGHAGEN: Die Entwicklung des Schachtabteufens nach dem Gefrierverfahren in den letzten 20 Jahren. Z. V. d. I. 1924. S. 383. — FISCHER: Studie über die industrielle Verwertung der Kälte. Ziv.-Ing. 1892. S. 327. — GÖTTSCHE: Die Kältemaschinen und ihre Anlagen. 6. Aufl. 1928. — HETZEL, G. UND O. WUNDRAM: Die Grundbautechnik und ihre maschinellen Hilfsmittel. Berlin: Julius Springer 1929. — JOOSTEN, H.: Die neueste Anwendung des Gefrierverfahrens auf der Zeche Auguste Viktoria in Westfalen. Essener Glückauf. 1904. S. 1541. — DERSELBE: Das Tiefkälteverfahren beim Schachtabteufen. Essener Glückauf. 1927. Nr. 9, 10. — KROPF: Abteufen von Schächten in Bergwerken mit Hilfe des Gefrierverfahrens auf durchgehende Tiefe bzw. mit Absatz. Bautechn. 1924. S. 521. — DERSELBE: Abteufen von Bergwerksschächten nach dem Gefrierverfahren in neuzeitlich verbesserten Ausführungen. Bautechn. 1925. S. 325. — LEITHOLF: Maschinentiefkeller im Hause Rudolf Herzog in Berlin. Deutsche Bauzg. 1908. S. 36. — MAUTNER: Neuere Eisenbetonkonstruktionen im Bergbau. Beton und Eisen. 1911. S. 281. — ROGGE: Schachtabteufung in wasserführendem Gebirge mittels des Gefrierverfahrems. Beton u. Eisen. 1906. S. 293. — DERSELBE: Das Gefrierverfahren. Zentralbl. d. Bauverw. 1915. H. 1. — SCHLEICH: Die Seineunterfahrung durch die Linie IV der Pariser Untergrundbahn. Schweiz. Bauzg. 1909. S. 325. — STEGMANNE, O.: Das Schachtabteufen im linksrheinischen Deckgebirge. Festschr. Aachener Bergmannstag. 1910. 3. Teil. S. 59. — DERSELBE: Leistungen und Kosten beim Schachtabteufen nach dem Gefrierverfahren. Essener Glückauf. 1912. S. 417. — TREPTOW, E.: Grundzüge der Bergbaukunde. I. Bergbaukunde. Leipzig: O. Klemm 1917. — WALBRECKER, W.: Versuche und Studien über das Gefrierverfahren. Essener Glückauf. 1910. S. 1681. — ZÄHRINGER: Das Gefrierverfahren und seine neueste Entwicklung. Int. Kongr. zu Düsseldorf. Ber. über Bergbau. S. 287. — ZANDER: Erweiterung des Emdener Hafens. Zentralbl. d. Bauverw. 1914. S. 415.

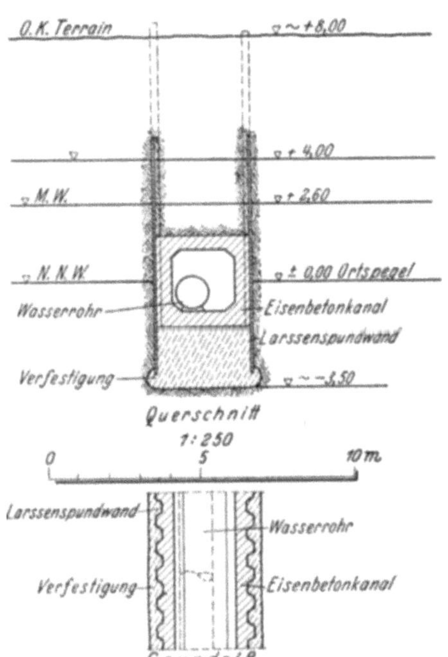

Abb. 404. Chemische Versteinung des Bodens zur Abdichtung der Sohle eines Hebergrabens. (Nach K. BERNHARDT.)

2. Die Abhaltung von Grundwasser durch Versteinung des Bodens.

Das Grundwasser kann von einer Baugrube in Sand oder Kies, die mit Spundwänden eingefaßt sind, ferngehalten werden, wenn die Poren des Bodens durch Einspritzen von Zementmilch bzw. Beton oder nach dem Verfahren von JOOSTEN aufgefüllt und die Körner im Boden gleichzeitig verkittet werden. Beide Verfahren werden im Abschnitte über chemische Bodenverfestigung näher beschrieben.

Wenn der Boden abgedichtet ist, erfolgt der Aushub bis zu der für die Errichtung des Grundwerkes erforderliche Tiefen und es wird gleichzeitig das innerhalb der Baugrube stehende Wasser abgepumpt. Die Platte versteinten Bodens wird durch den von unten wirkenden Druck des Grundwassers belastet und muß, damit Gleichgewicht besteht, durch ihr Gewicht dem Wasserdruck das Gleichgewicht halten. Als Beispiel für eine solche Baugrubenabdichtung sei die Abb. 404 erwähnt, die die Abdichtung der Sohle eines langen Heberrohrgrabens zeigt.

Für die Abdichtung reicht schon eine dünne Schichte hin; um an Versteinungskosten zu sparen, kann die Bodenabdichtung in größerer Tiefe erfolgen und man läßt dann als Beschwerung, wie es die Abb. 405 andeutet, über ihr eine Schicht unverfestigten Bodens liegen.

In großem Maßstabe ist dieses Verfahren beim Bau des Pumpenhauses für das Vorpump-
werk Berkhof der städtischen Wasserwerke in Hannover angewendet worden, wo in einer Baugrube von 220 [m²] Grundfläche eine 1,5 [m] starke Schichte 3,70 [m] unter dem Grundwasserspiegel chemisch versteint worden ist.

Schrifttum.

BARRY und JACOBORIES: Die Anwendung des Gefrier- und Zementierverfahrens beim Abteufen des
Kalischachtes Wendland. Essener Glückauf. 1913. S. 1885. — BERNHARDT, K.: Versteinung loser Bodenarten im Grundbau. Bauing. 1930. S. 202. — DIVIS, J.: Einiges über das Zementierverfahren beim Abteufen
und Ausbau von Schächten in wasserreichem Gebirge. Öst. Zschft. f. Berg- u. Hüttenwes. 1907. S. 27.—EBELING:
Neuere Erfahrungen mit dem Zementierverfahren auf Schacht II des fürstl. Plessischen Steinkohlenberg-
werkes Heinrichsglückgrube bei Nikolai. Essener Glückauf. 1911. S. 1245. — FISCHER, H.: Wasserdichter

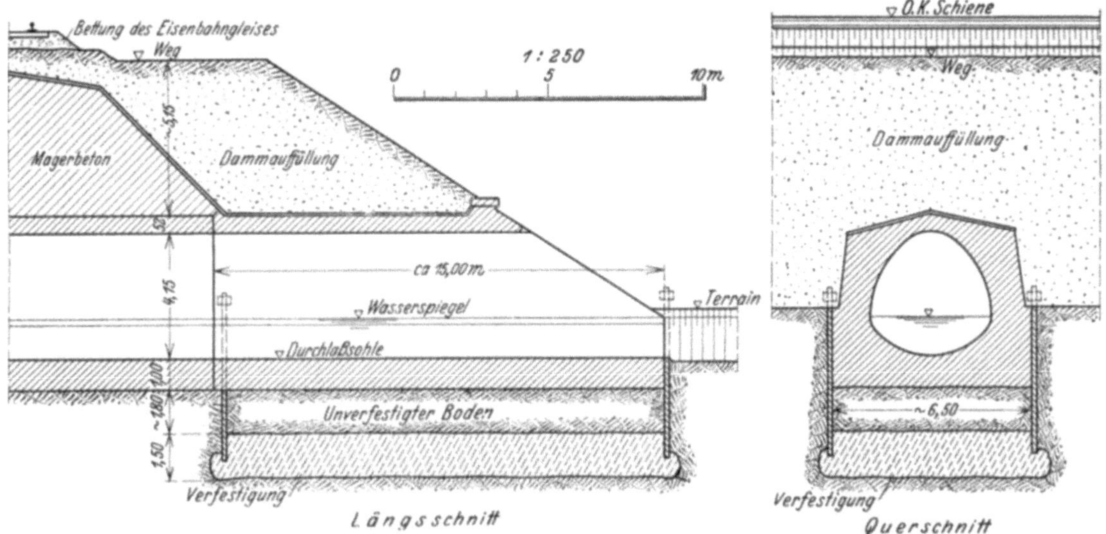

Abb. 405. Chemische Versteinung der Sohle einer Baugrube für einen Durchlaß. Die versteinte Schicht bleibt durch
eine unversteinte beschwert. (Nach K. BERNHARDT.)

Ausbau der Quellfassungen der drei Kolonnadenquellen in Bad Elster. Jahrb. f. Berg- u. Hüttenwesen Königr.
Sachsen. 1906. S. 135. — GEORGI, F. M.: Wasserdämmung und Betonausbau im König-Georg-Schacht des
Kgl. Steinkohlenwerkes Zanckeroda. Jahrb. f. Berg- u. Hüttenwesen. Königr. Sachsen. 1904. S. 97. —JOEDICKE,
GR.: Bitumenemulsionen zur Verdichtung durchlässiger Bodenarten. Bautechn. 1936. S. 242. — MORSBACH:
Das Abteufen der Westfalenschächte bei Ahlen. Essener Glückauf. 1911. S. 809. — SCHWEMMEN und SCHNEI-
DERS: Das Durchteufen fester Gebirgsschichten nach dem Versteinungsverfahren. Essener Glückauf. 1914.
S. 949. — WIEDE, A.: Die Wasserdämmung beim Abteufen des Pohlauer Schachtes der Gewerkschaft Morgen-
stern in Reinsdorf durch Versteinung der natürlichen Wasseradern. Jahrb. f. Berg- u. Hüttenwes. Königr.
Sachsen. 1901. S. 66.

3. Die Abhaltung von Grundwasser durch eine Schüttung
von Unterwasserbeton.

Von einer Baugrube, die durch Spundwände eingefaßt ist, hat man früher vielfach das Grundwasser durch eine Schüttung von Unterwasserbeton ferngehalten (vgl. S. 124, Abb. 158), ein
Verfahren, das gegenwärtig kaum noch in größerem Maßstab angewendet werden dürfte.

Das Verfahren bestand darin, daß man nach der Umschließung der Baugrube mit einer
Spundwand den Boden bis auf die erforderliche Tiefe ausbaggerte, hierauf unter Wasser die
Platte betonierte und schließlich das Wasser aus der Baugrube auspumpte. Die Betonplatte
mußte eine solche Dicke erhalten, daß sie dem von unten wirkenden Wasserdruck das Gleichgewicht halten konnte.

Zur Verstärkung der Spundwand baute man die Baugrubeneinfassung auch, wie es auf
S. 221 schon näher geschildert worden ist, zu einem Betonfangdamm um.

4. Die Abhaltung des Grundwassers durch Verdrängung.

Bei größeren Gründungstiefen kann schließlich das Grundwasser auch unter Zuhilfenahme von Druckluft verdrängt werden, ein Verfahren, das ausgedehnte Anwendung gefunden hat und das ausführlich im Abschnitte „Druckluftsenkgründungen" erläutert wird.

d) Quellen in der Baugrube.

Wenn in der Baugrube Quellen auftreten, so müssen diese sofort gefaßt werden, um eine unerwünschte Durchfeuchtung des Bodens unter dem Grundwerke zu verhüten. Die Ableitung des Quellergusses erfolgt in der Regel in den Pumpensumpf; manchmal wird auch über der Quelle nur ein Rohr lotrecht hochgeführt, in dem der Wasserspiegel aufsteigt. Die Frage, ob man nur ein Standrohr über der Quelle einbaut, besonders die, ob man nach Vollendung die Quelle überhaupt abdämmt, ist nicht allgemein zu beantworten. Jedenfalls wird durch jede Behinderung des Wasseraustrittes an der Quelle der Wasserdruck im Boden gesteigert. Das Quellwasser kann an anderer Stelle in die Grundwerkssohle austreten, kann dort Auftrieb bewirken und die Konsistenz des Bodens ungünstig verändern. Es wird daher im allgemeinen wohl zweckmäßiger sein, die Quelle dauernd laufen zu lassen. Wenn das zu gründende Bauwerk dem Aufstau von Wasser dient, so muß untersucht werden, ob diese Quelle nicht aus dem Stauraum in die Grundwerkssohle fließt und es muß dann die Quellader noch außerhalb des Bereiches des Grundwerkes abgeschnitten werden.

Fünfter Teil.

Die Vorbereitung des Bodens für die Gründung.

A. Die Entfernung ungeeigneten Bodens.

Wenn an der Baustelle für die unmittelbare Gründung ungeeignete Bodenschichten vorgefunden werden, so müssen diese entfernt werden, wenn das Bauwerk mittels eines Flachgründungsverfahrens gegründet werden soll. Solche ungeeignete Schichten sind, ohne Rücksicht auf die sonstigen Eigenschaften, alle Bodenschichten von der Bodenoberfläche bis zur Tiefe der Frostgrenze hinab, in denen sich im Winter beim Frieren und beim Auftauen Rauminhaltsänderungen abspielen, die Bewegungen des Grundwerkes verursachen könnten. Die Frostgrenze liegt in Mitteleuropa in etwa 1,0 [m] Tiefe, während der Frost in den nördlichen Gebieten Europas auf etwa 1,5 bis 2,0 [m] hinabreicht. In Nordsibirien liegt die Frostgrenze in großer Tiefe und man ist dort gezwungen, die Bauwerke auf ständig gefrorenen Boden zu gründen; um Bewegungen des Grundwerkes beim Auftauen und Frieren der Oberflächenschicht zu vermeiden, geht man dort aber mit der Gründungstiefe unter die Auftaugrenze hinunter.

Ungeeignet für jede Gründung sind ferner Böden, die zahlreiche Pflanzenreste enthalten, die faulen und dabei Rauminhaltsänderungen des Bodens bewirken können; von diesen Böden wären besonders hervorzuheben Mutterboden (Humus) und Moorböden, die überdies außerordentlich nachgiebig sind.

Bei geringer Mächtigkeit erfolgt die Entfernung ungeeigneter Schichten am besten durch Abtragung, wobei die darunter liegende Schichte freigelegt und für die Gründung eingeebnet wird.

Moorböden und weiche Schlammböden werden vielfach in solchen Mächtigkeiten angetroffen, daß im Hinblick auf die Kosten an einem Abtrag nicht gedacht werden kann. Wenn es sich dort um die Gründung von Bauwerken handelt, die gegen Setzungen unempfindlich sind, so kann der für die unmittelbare Gründung ungeeignete Boden verdrängt und durch einen geeigneteren ersetzt werden. Diese Verdrängung geschieht mittels Kiesschüttungen, die auf den ungeeigneten Boden aufgebracht werden, diesen belasten und zum seitlichen Ausweichen (Aufquellen) bringen (Abb. 406). Hier wird also durch die Kiesauflast mit voller Absicht die Grenzbelastung überschritten, so daß die Auflast versinkt und auf diese Weise die ungeeigneten Bodenschichten ersetzt.

Wenn das Ausweichen von Moorboden nicht in der gewünschten Weise vor sich geht, so kann der Vorgang dadurch beschleunigt werden, daß unter die Auflast durch gerammte Rohre Sprengstoffe etwa 0,6 bis 0,9 [m] tief in den Moorboden in gegenseitigen Entfernungen von etwa 1,2 [m] versenkt und dort zur Explosion gebracht werden. Die Verbrennungsgase verdrängen den weichen Boden und der Kies stürzt von oben in die geschaffenen Hohlräume, bevor sie sich wieder schließen können.

V. R. Burton hat für Anschüttungshöhen zwischen 0,9 und 1,5 [m] Höhe bei verschiedenen Mächtigkeiten der Moorschicht die in der Abb. 407 angegebenen Setzungen festgestellt, die für die Ermittlung des Kiesbedarfes für die Verdrängung des Moorbodens Anhaltspunkte geben.

Die Bodenverdrängung wird hauptsächlich für die Gründung von Straßen und Bahndämmen, von Molen und dergleichen Bauwerken angewendet, bei denen Setzungen auch nachträglich noch leicht durch Aufhöhungen ausgeglichen werden können.

Abb. 406. Bodenverdrängung durch eine Kiesschüttung bei der Schüttung der Hochwasserschutzdämme am Rheindurchstich Diepoldsau. *a* Kiesschüttung, *b* emporgequollener Moorboden.

Schrifttum.

Brosche: Über Dammschüttungen in Mooren. Zentralbl. d. Bauverw. 1913. S. 248. — Burton, V. R.: Fill Settlements in peat marshes. Procedings of the Sixth Annual Meeting of the Highway Research Board 1926. S. 93 bis 113. — Fuelscher: Der Bau des Kaiser-Wilhelm-Kanals. Zschft. f. Bauw. 1897. S. 117. — Hehl, R. A.: Eisenbahnen in den Tropen. Berlin 1902. — Heidorn: Neubau der Ufermauern an der Schiffsbrücke in Flensburg. Bautechn. 1936. S. 424. — Heimbach, M.: Flachgründungen auf Schlamm- und Moorboden und Rekonstruktionen mit Hilfe dieses Verfahrens. Beton u. Eisen. 1913. S. 343, 370, 386. — Paulsdorf: Moorboden. Zentralbl. d. Bauverw. 1904. S. 423. — Redlich, K. A., K. Terzaghi, R. Kampe: Ingenieurgeologie. S. 543 bis 552. Berlin: Julius Springer 1929. — Riedessel, P. W.: Plasting Settles Road fills in Minnesota. Engg. News Rec. Bd. 102 (1929). S. 788. — *Referate*: Anlage und Bauart freistehender Gebäude in Ostpreußen. Zentralbl. d.

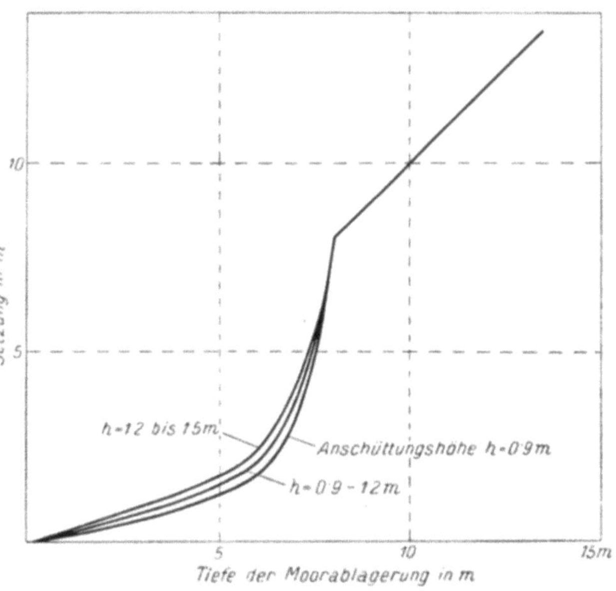

Abb. 407. Setzung von Schuttringen in Moorschichten verschiedener Stärke nach V. R. Barton.

Bauverw. 1909. S. 329. — Anwendung neuer Gründungsarten. Deutsche Bauzg. Bd. 20 (1905). S. 303. — Das Elektrizitätswerk Andelsbuch im Bregenzer Wald. Schweiz. Bauzg. Bd. 55 (1901). S. 1, 15, 33, 61, 78. — Dichtung und Tragbarmachung lockeren, aufgeschütteten Baugrundes. Zentralbl. d. Bauverw. 1899. S. 485. — Fischereihafen auf der Insel Urk im Zuidersee. Zentralbl. d. Bauverw. 1904. S. 161. — Setzen von Straßendämmen durch Sprengen in den Mooren von Minnesota. Zentralbl. d. Bauverw. 1929. S. 747.

B. Die Verdichtung und Verbesserung des Baugrundes vor der Gründung.

Baugrund, der für die Aufnahme der Bauwerkslast wegen zu loser Lagerung nicht geeignet ist, kann durch mechanische oder durch chemische Verfahren verfestigt werden, so daß er dann zur Aufnahme von Lasten geeignet wird.

I. Die mechanische Verdichtung des Bodens.

Die mechanische Bodenverfestigung eignet sich nur für die Verbesserung von Böden, auf denen wenig empfindliche, leichte Bauwerke oder solche zu gründen sind, bei denen größere und auch ungleichmäßige Setzungen wenig Rolle spielen. Die mechanische Bodenverfestigung kann eine dichtere Lagerung der Bodenteilchen durch Belastung des Baugrundes, durch Walzen, durch Erschüttern oder durch Trockenlegen bewirken. Diese Verfahren sind aber nur zulässig, wenn eine spätere Verschlechterung der Bodenverhältnisse ausgeschlossen bleibt.

Die mechanische Verbesserung des Baugrundes erstreckt sich nur auf eine dünne Schichte des Baugrundes, auf die das Bauwerk gesetzt wird. Diese oberflächliche Verbesserung reicht aber vielfach aus, weil ja die Pressung im Boden unter dem Grundwerk mit der Tiefe rasch abnimmt und es schon hinreicht, wenn nur in der obersten Bodenschicht, wo die Pressungen noch groß sind, die Lagerungsdichte so weit verbessert wird, daß dort die Setzungen gering bleiben.

Die zur Verbesserung anzuwendenden Verfahren hängen von der Bodenbeschaffenheit und von der Art des zu gründenden Bauwerkes ab.

a) Die Verdichtung des Bodens durch Belastung.

Lose, körnige Bodenschichten können durch Belastung dichter gelagert werden. Die aufgetragene Last soll die später aufzubringende Bauwerkslast übersteigen. Als Belastung werden Sand und Kiesschüttungen verwendet, die später wieder abgetragen werden. In der Regel versinkt ein Teil der aufgetragenen Last infolge der Verdichtung, manchmal auch infolge Verdrängung von Boden und kann nicht mehr abgetragen werden; dann wird das Bauwerk auf diese Sand- oder Kiesschichten gegründet. Als Beispiel für eine solche Baugrundverbesserung durch Belastung sei die in der Abb. 408 dargestellte Gründung einer Kaimauer erwähnt.

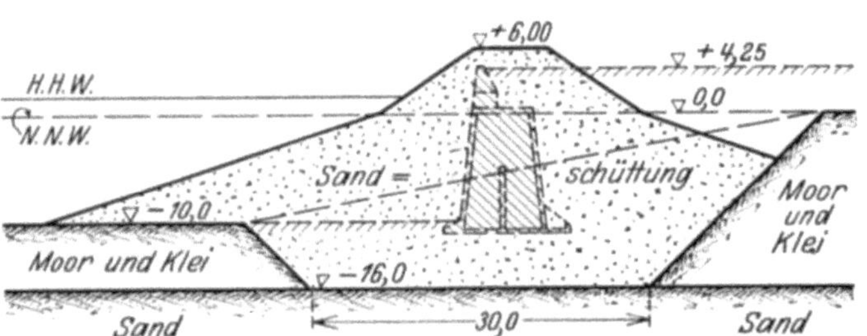

Abb. 408. Verbesserung des Baugrundes vor der Gründung durch Belastung mit einer Sandschüttung. (Nach D. BOOMSMA.)

Die Verdichtung durch Belastung bewirkt eine Verringerung des Porenraumes, die bei körnigen Böden mit der Auftragung der Belastung im wesentlichen beendet ist. Bei bindigem Boden muß während der Verdichtung Porenwasser ausgetrieben werden, was bekanntlich wegen der Feinheit der Poren lange Zeit erfordert, so daß dieses Verfahren bei bindigen Böden nur anwendbar ist, wenn hinreichend lange Zeit zur Verfügung steht. Moorböden sind besser durchlässig als bindige Böden, so daß auch durch kürzer andauernde Belastung eine hinreichende Verdichtung erzielt werden kann.

Schrifttum.

BOOMSMA, D.: Die Entwicklung des Kaimauerbaues in Rotterdam. Jahrb. d. Hafenbautechn. Ges. 1927. S. 127. — FELLENIUS, W.: Kaimauer Göteborg. Bericht 100 zum XII. Int. Schiff.-Kongr. 1912. S. 28. — MÖLLER, M.: Die neuen Kaibauten Gothenburgs. Deutsche Bauzg. Eisenbetonteil. 1917. S. 106.

Abb. 409. Verdichtung des Bodens durch Walzen. (Siemens-Bau-Union.)

b) Die Verdichtung des Bodens durch Walzen.

Zur Verdichtung des Bodens durch Walzen eignen sich vorwiegend körnige Böden, aber auch feuchte bindige, die nicht mit Wasser gesättigt sind. Wassergesättigte Böden können durch Walzen nicht verdichtet werden, weil das Austreiben des Wassers nur durch langanhaltenden Druck bewirkt werden kann. Die Abb. 409 zeigt eine Walze, wie sie zur Verdichtung des Bodens im Straßenbau verwendet wird. Beim Bau von Staudämmen werden sogenannte Schaffußwalzen verwendet, die die Bildung von glatten Flächen beim Walzen verhindern und eine gute Verbindung der aufeinanderfolgenden Bodenschichten bewirken. Die Tiefenwirkung der Walzen ist gering, weswegen die einzelnen zu verdichtenden Schichten möglichst nicht über 20 [cm] hoch sein sollen.

c) Die Verdichtung des Bodens durch Rammen und Rütteln.

Durch Rammen und Rütteln werden körnige Böden verdichtet. Während das Walzen nur eine geringe Tiefenwirkung hat, kann durch Erschütterung der Boden in einen größeren Tiefenbereich verdichtet werden. Für das Abrammen des Bodens werden angewendet die Delmag-Stampframme (100 und 200 [kg] schwer), der Delmag-Frosch (½, 1 und 2,5 [t] schwer) und behelfsmäßige Rammgeräte.

Abb. 410. Delmag-100 [kg]-Stampfer.
(Delmag, Eßlingen.)

Abb. 411. Delmag-Frosch (1 [t]) während des Sprunges.
(Delmag, Eßlingen.)

Eine *Delmag-Stampframme* zeigt die Abb. 410; die Ramme wird durch ein im Zylinderraum explodierendes Benzol-Luft-Gemisch etwa 0,5 [m] hoch geschleudert und vollführt in der Minute 30 bis 60 Sprünge. Sie eignet sich für das Stampfen von Hinterfüllungen, von Grabenverfüllungen und für das Verdichten von Schüttungen geringer Höhe.

Ähnlich wirkt der *Delmag-Frosch* (Abb. 411), der ebenfalls durch ein im Zylinder explodierendes Benzol-Luft-Gemisch in die Höhe geschleudert wird. Die Sprunghöhe beträgt bis zu 0,55 [m] und die Sprungzahl je Minute 50. Die Zylinderachse ist etwas geneigt, so, daß der Frosch bei jedem Sprung etwas verrückt.

Ergebnisse der Bodenverdichtung mittels des ½-[t]-Delmag-Frosches:

Raumgewicht des gewachsenen Bodens ....1,58 [t/rm]
    ,,   ,, lose geschütteten Bodens ....1,16 ,,
    ,,   einer frischen Schüttung ....1,43 ,,
    ,,   ,, 6 Wochen alten Schüttung ....1,44 ,,
    ,,   ,, frischen 70 cm hohen Schüttung, einmal überstampft ..1,59 ,,
           zweimal überstampft ....1,61 ,,
           dreimal   ,, ...1,65 ,,
    ,,   einer 6 Wochen liegenden Schicht, dreimal überstampft .....1,60 ,,

Als *behelfsmäßige Stampfer* werden Universalgeräte (Abb. 412) verwendet, die als Krane umgebaut sind. Als Stampfplatten dienen etwa 2000 [kg] schwere Eisenplatten, die aus mehreren Metern Höhe herabfallen und von der Winde des Kranes wieder hochgehoben werden.

Abb. 412. Verdichtung des Bodens durch Stampfen. Menck & Hambrock, Altona.)

Die *Bodenschwingungsrüttler* versetzen den Boden in Schwingungen, indem sie je Minute bis zu 1500 Schwingungsdrücke bis zu je 30000 [kg] hervorrufen und in einem Arbeitsgang Bodenschichten bis zu 3 [m] Dicke verdichten. Die Abb. 413 zeigt den großen Bodenschwingungsrüttler des Losenhausenwerkes in Düsseldorf-Grafenwerk.

Schrifttum.

RAMSPECK, A.: Bodenverfertigung durch Schwingungsrüttler. Bautechn. 1937. S. 219. — SCHOKLITSCH, A.: Kostenberechnungen im Wasserbau und Grundbau, Wien: Springer-Verlag 1937. — *Referat*: 2,5-t-Explosionsstampfer. Bautechn. 1939. S. 260.

d) Die Verdichtung des Bodens durch Einrammen von Schotter, Steinen oder Pfählen.

Wenn Schotter und hochkantig gestellte Steine auf den Boden aufgebracht und mit einfachen Stößeln, mit der Viermännerramme oder mit anderen Geräten in den Boden eingestampft werden, so kann der Boden oberflächlich verdichtet werden. Dieses Verfahren ist bei allen körnigen und bei den festen bindigen Böden anwendbar. Bei Schlamm- und Moorboden führt es nicht ans Ziel. Bei bindigen Böden wird rasch eine hohe Tragfähigkeit erreicht, die aber bald wieder, in dem Maße als das unter Spannung versetzte Porenwasser abläuft, nachläßt. Dieses Verfahren findet ausgedehnte Anwendung bei der Herstellung des Grundbaues von Straßen.

Um auf größere Tiefen den Boden verdichten zu können, hat man kurze Pfähle in den Boden gerammt, dann wieder gezogen und den entstandenen Hohlraum sofort mit Kies ausgestampft.

In sehr wirkungsvoller Art ist die Bodenverdichtung auch auf größere Tiefen hinab mittels des *Kompressolverfahrens* von DULAC bewirkt worden, das später genauer beschrieben wird. Dem Verfahren

Abb. 413. Der große Bodenschwingungsrüttler des Losenhausenwerkes.

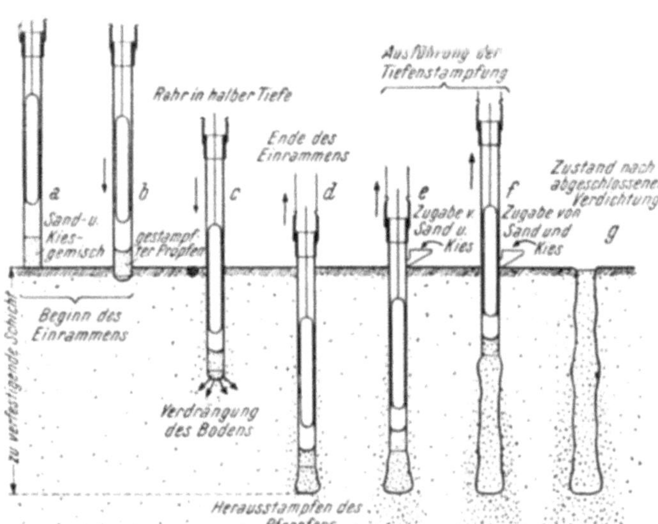

Abb. 414. Arbeitsvorgang bei der Bodenverdichtung nach dem Franki-Verfahren. (Nach R. HOFFMANN und H. MUHS.)

haftet der Mangel an, daß der Boden im weiten Umkreis stark erschüttert wird, und daß es daher in der Nachbarschaft bestehender Bauwerke nicht anwendbar ist.

Neuere Verfahren zur Verdichtung von Sandschichten auf beliebige Tiefen hinab sind das Franki-Verfahren und das Rütteldruckverfahren von KELLER. Beim *Franki-Verfahren* wird ein Stahlrohr von 50 [cm] Weite in den Boden gerammt. Wie es die Abb. 414 andeutet, wird das Rohr auf den Boden aufgesetzt und hierauf in das Rohr ein Pfropfen aus Sand, Kies und Split geschüttet. Der Rammbär bewegt sich im Rohr und schlägt auf den Pfropfen, der verdichtet wird und sich im Rohr so verspannt, daß er das Rohr mitzieht. Bei größeren Tiefen werden teleskopartig ineinandergeschobene Rohre verwendet. Wenn die vorgesehene Tiefe erreicht ist, wird das Rohr festgehalten und der Kiespfropfen durch weitere Rammschläge aus dem Rohr herausgeschlagen. Unter ständigem Nachfüllen von Sand, Kies und Split wird das Rohr gezogen und gleichzeitig, so, wie es die Abb. 414 erkennen läßt, der Sand, Kies und Split in den Untergrund gerammt. Die Verdichtung erfolgt während des Abrammens des Rohres infolge von Bodenverdrängung und dann weiter infolge von Verdrängung und in größeren Umkreis infolge der Erschütterungen durch die Rammschläge.

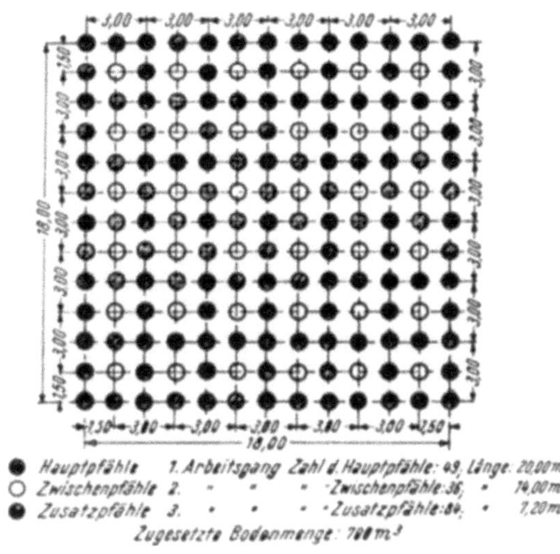

Abb. 415. Austeilung der Verdichtungskerne beim Franki-Verfahren. (Nach R. HOFFMANN und H. MUHS.)

Um nach dem Franki-Verfahren den Untergrund zu verdichten, werden nach dem Schema der Abb. 415 zuerst tief hinabreichende Hauptkerne gerammt, dann Zwischenkerne und schließlich Zusatzkerne.

Beim *Rütteldruckverfahren* von KELLER wird, wie es die Abb. 416 erkennen läßt, ein länglicher Rüttelkörper in den Boden eingespült, in dem am unteren Ende Wasser ausgepreßt wird, das den Boden aufwühlt. Im Rüttler befinden sich zwei mit Umwuchten versehene Elektromotoren an einer lotrechten Welle, die in Tätigkeit gesetzt werden, wenn das Gerät die vorgesehene größte Tiefe erreicht hat. Nun wird die Spülung am unteren Ende des Rüttlers abgestellt und man läßt das Spülwasser am oberen Ende desselben austreten. Den Rüttler, der eine kreisende Bewegung vollführt, beläßt man so lange an einer Stelle, bis der Stromverbrauch der Elektromotoren, der an einem Strommesser abgelesen wird, zu steigen beginnt. Dann hat das Gerät die höchste um den Rüttler erzielbare Verdichtung des Bodens bewirkt und es wird am Gestänge etwas angehoben. Der Rüttler bewirkt ein Nachsacken des Bodens; an der Boden-

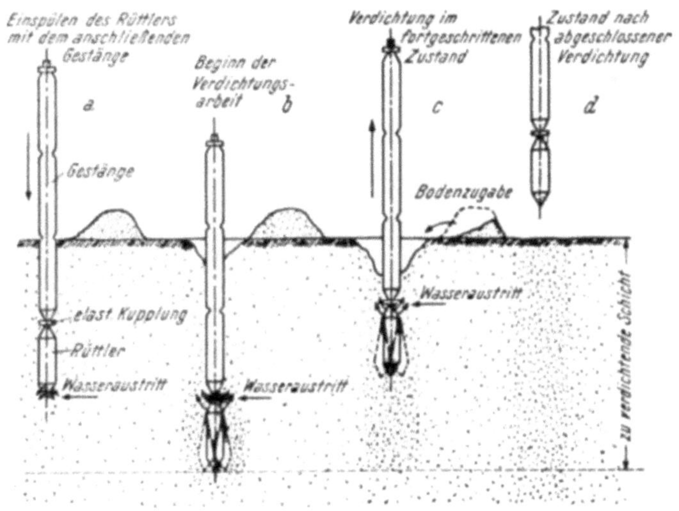

Abb. 416. Arbeitsvorgang bei der Bodenverdichtung nach dem Keller-Verfahren. (Nach R. HOFFMANN und H. MUHS.)

oberfläche bildet sich ein Trichter, in den Boden nachgefüllt wird, so, wie es die Abb. 416 andeutet.

Die Austeilung der Verdichtungskerne beim Rütteldruckverfahren zeigt die Abb. 417.

In Schlammböden kann Kies eingerührt werden, indem mit stählernen 1 bis 2 [m] langen Stangen, die in den Boden eingesteckt werden, der Schlamm aufgerührt wird. In den flüssig gewordenen Boden wird dann Schotter und Kies geworfen, der im Schlamm untersinkt und infolge der Verkittung und Ausfüllung der Poren durch den Schlamm eine feste, dichte Decke bildet, an deren unterer Begrenzung die Pressungen schon so weit herabgesetzt sind, daß sie selbst beim Schlamm zulässig sind.

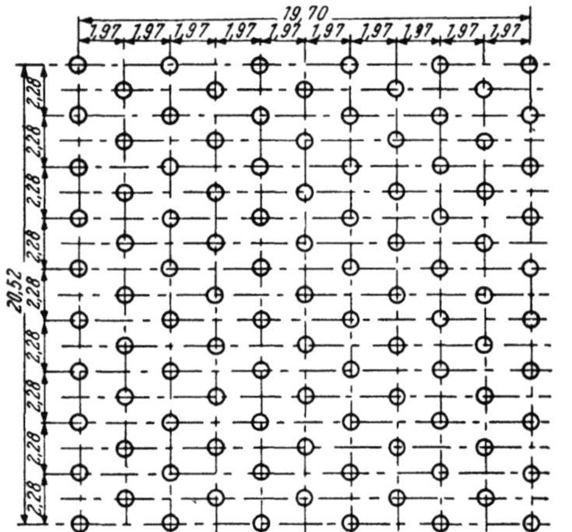

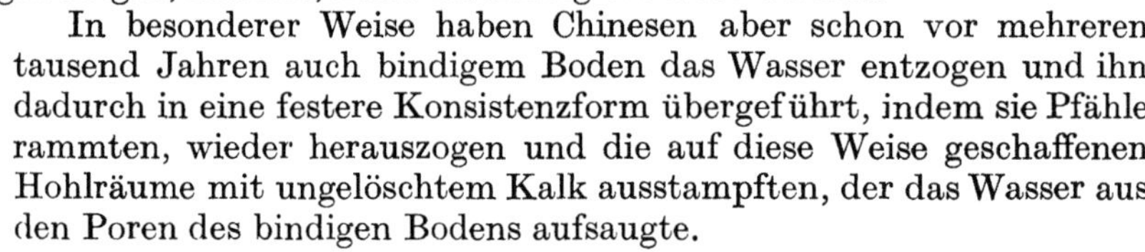

Abb. 417. Austeilung der Verdichtungskerne beim Rüttelverfahren von Keller. (Nach R. HOFFMANN und H. MUHS.)

Schrifttum.

ARENS: Die Bodenverdichtung bei der Gründung für die Kongreßhalle in Nürnberg. Bauindustrie. 1941. S. 1301. — HOFFMANN R. und H. MUHS: Die mechanische Verfestigung sandigen und kiesigen Baugrundes. Bautechn. 1944. S. 149. — SCHNEIDER: Das Rütteldruckverfahren und seine Anwendung in Erd- und Betonbauten. Beton u. Eisen. 1938. S. 1.

e) Die Verbesserung des Baugrundes durch Entwässerung.

Wenn die Ableitung von Grundwasser unter natürlichem Gefälle dauernd möglich ist, kann wassergesättigter Boden auch durch Entwässerung verbessert werden. Es kann auf diese Weise lose gelagerter, feinkörniger Sand auf eine dichtere Lagerung gebracht werden. Bei bindigen Böden verspricht diese Maßnahme wegen des nur sehr langsam und überdies nur in geringen Mengen auslaufenden Wassers keinen Erfolg. Nur wenn es sich um Einlagerungen von bindigem Boden in wassergesättigten Sand, besonders um solchen an Hängen, die zu Rutschungen neigen, handelt, kann ein Erfolg erwartet werden.

In besonderer Weise haben Chinesen aber schon vor mehreren tausend Jahren auch bindigem Boden das Wasser entzogen und ihn dadurch in eine festere Konsistenzform übergeführt, indem sie Pfähle rammten, wieder herauszogen und die auf diese Weise geschaffenen Hohlräume mit ungelöschtem Kalk ausstampften, der das Wasser aus den Poren des bindigen Bodens aufsaugte.

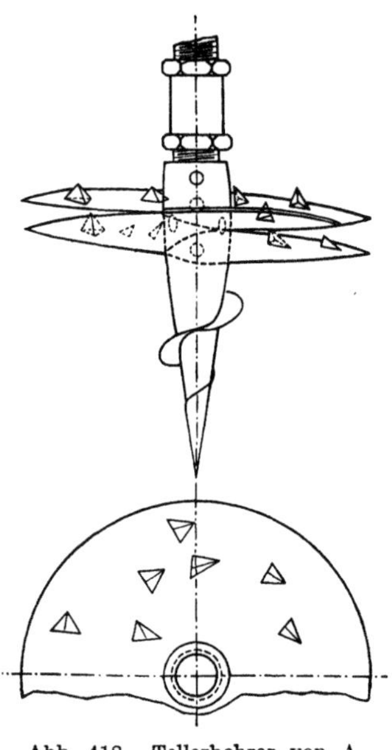

Abb. 418. Tellerbohrer von A. Wolfsholz für das Einpressen von Beton in Sandboden. (WUNDRAM und HETZEL.)

Schrifttum:

HUNKE, E.: Chinesische Gründungsverfahren. Bautechn. 1929. S. 14.

II. Die Verbesserung des Baugrundes durch chemische Verfahren.

In körnigem Boden kann die Beschaffenheit des Untergrundes auch verbessert werden, wenn die Poren aufgefüllt und die Körner verkittet werden, so daß Verringerungen des Porenvolumens durch aufgebrachte Lasten nicht mehr möglich sind. Solche Böden haben dann die Eigenschaften eines Gesteines und man nennt das Verfahren daher Versteinung des Bodens. Die Versteinung kann durch Einpressen von Zementmilch oder Beton in die Poren des Untergrundes oder durch Einpressen von Wasserglas und Chlormagnesiumlösungen in den Boden geschehen.

Das *Einpressen von Beton* wird schon seit langem zur Bodenverbesserung angewendet; das Verfahren ist in neuerer Zeit durch A. WOLFSHOLZ wesentlich verbessert worden. Die Versteinung durch Beton ist bei jedem körnigen Boden anwendbar.

Das Einpressen von Zementmilch bzw. Beton in den Boden geschieht durch seitlich angebohrte Rohre, die durch Rammen in den Boden gesenkt werden. Um den Beton weiter in den Boden zu verbreiten, hat man durch diese Rohre zuerst Preßwasser eingespritzt, das den Boden auflockerte und Feinteilchen ausspülte, und man hat auch versucht, durch andere Rohre, die zwischen den Einpreßrohren gerammt waren, während des Einpressens von Beton Grundwasser abzusaugen und auf diese Weise den Beton weiter in den Boden zu verbreiten. In Triebsand empfiehlt WOLFSHOLZ die Anwendung des in der Abb. 418 dargestellten Tellerbohrers. Beim Niederdrehen lockert er den Sand auf, wobei durch sein Gestänge Preßwasser zugeleitet wird; während des Hochdrehens wird dann Zementmilch durch das hohle Gestänge eingepreßt.

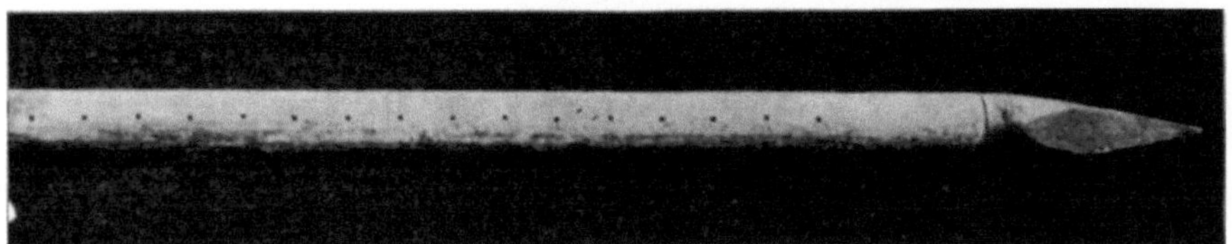

Abb. 419. Einpreßrohr für die chemische Versteinung des Bodens. (Siemens-Bau-Union.)

In Kies wird Beton im Mischungsverhältnis von etwa 1 : 4 eingepreßt, während in Triebsand nur reine Zementmilch eingespritzt wird.

Das Verfahren ist kostspielig, weil das Porenvolumen locker gelagerten Sandes etwa 40% beträgt und daher bedeutende Betonmengen zur Versteinung aufgehen, die oft anders besser anzuwenden sind. In Ausnahmefällen, besonders dann, wenn die Bewegungen von Sand im Bereiche von Baugruben unbedingt verhindert werden müssen, kann aber diese Versteinung gute Dienste leisten.

Wenn der körnige Boden mindestens 20% Quarz enthält, so kann er durch das chemische Verfahren der Tiefbau- und Kälteindustrie A.-G. vormals GEBHARDT & KÖNIG und von H. JOOSTEN in Nordhausen versteint werden, bei dem durch gerammte Einspritzrohre eine Wasserglaslösung und hierauf eine Chlormagnesiumlösung eingespritzt wird, die in den Poren des Bodens ein Kieselsäuregel bilden, das die Quarzkörner verkittet und die Poren ausfüllt, so daß eine sandsteinartige Masse entsteht.

Die Einspritzrohre (Abb. 419) bestehen aus 25 [mm] weiten Rohren aus hochwertigem Stahl und sind mit einer Rammspitze versehen und darüber in einer Höhe von 50 [cm] gelocht. Das Rohr wird vorerst mit der Spitze 50 [cm] in die zu versteinende Schichte mittels eines am Rohr gleitenden Rammbären gerammt (Abb. 420) hierauf wird Wasserglaslösung eingepreßt (Abb. 421), dann das Rohr 50 [cm] tiefer gerammt und wieder Wasserglaslösung eingepreßt und so fort, bis

Abb. 420. Rammen von Einspritzrohren zur chemischen Versteinung des Bodens. (K. BERNHARDT.)

die Spitze des Einspritzrohres die untere Begrenzung des herzustellenden Steinblocks erreicht hat. Hierauf beginnt das Einspritzen der Chlormagnesiumlösung unter stufenweisem Hochziehen des Rohres wieder um je 50 [cm].

Abb. 421. Pumpe zum Einpressen der Lösungen zur chemischen
Versteinung des Bodens. (Siemens-Bau-Union.)

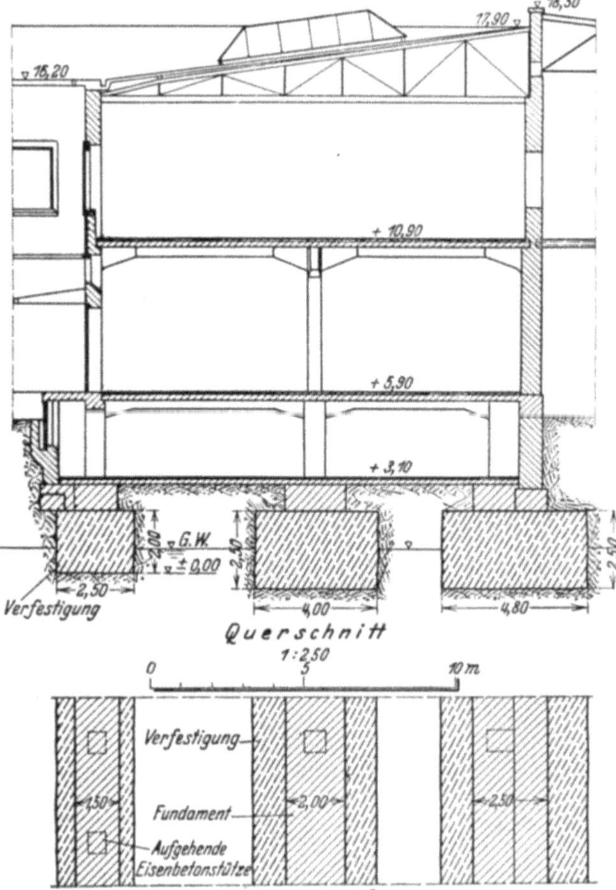

Abb. 422. Chemische Bodenversteinung unter Mauerbanketten.
(K. BERNHARDT.)

In der beschriebenen Weise kann der Boden sowohl über als auch unter dem Grundwasserspiegel versteint werden, weil die eingepreßten Lösungen das Grundwasser aus den Poren austreiben. Die Versteinung ist gegen Stoffe im Untergrund, die Beton schädigen, unempfindlich und die eingespritzten Lösungen schädigen Beton ihrerseits ebenfalls nicht.

Die Festigkeit der versteinten Bodenschicht hängt von der Beschaffenheit des Bodens ab; sie beträgt:

bei feinem Sand:
    Biegungsfestigkeit 20 [kg/cm²],
    Druckfestigkeit 10 bis 30 [kg/cm²];

bei Kies:
    Druckfestigkeit 40 bis 90 [kg/cm²].

Die Versteinung gelingt um so besser, je gröber die Körnung des Bodens ist; Beimengungen von Ton und anderen Verunreinigungen vermindern die Möglichkeit der Verfestigung, und diese hört praktisch überhaupt auf, wenn die früher erwähnten Beimengungen etwa 40% des Bodens ausmachen.

Frost schädigt die Versteinung nicht; es muß nur Vorsorge getroffen werden, daß die gelösten Chemikalien in den Vorratsgefäßen nicht frieren.

Das Einpressen der Lösungen in den Boden geschieht mittels Pumpen, die in der Abb. 421 dargestellt sind.

Mittels des beschriebenen Verfahrens können Sandmassen beliebiger Abmessungen versteint werden. In den beiden Abb. 422 und 423 sind zwei Beispiele für die Anwendung der Bodenversteinung dargestellt. Ein besonderer Vorteil des Verfahrens ist, daß es in manchen Fällen, wie z. B. in jenen der Abb. 422 tiefere Ausschachtungen mit Wasserhaltung erspart.

Wenn durch die chemische Versteinung nicht nur eine Verfestigung, sondern auch eine Abdichtung des Bodens bewirkt werden soll, so ist bei der Wahl des Spritzrohrabstandes besondere Vorsicht geboten. Je feinkörniger der Boden ist, um so dichter aneinander müssen die Spritzrohre angeordnet werden. Versuche am Staudamm Turawa an der Malopane haben z. B. gelehrt, daß bei 1 [m] Spritzrohrabstand Kies gut verfestigt worden ist, während in Sand nur einzeln verfestigte Säulen entstanden waren. Die Abb. 424 zeigt solche freigelegte Säulen.

Schrifttum.

BERNHARDT, K.: Versteinung loser Bauarten im Grundbau. Bauing. 1930. S. 202. — BIERMANN, E.: Versteinung loser Sande als Gründungsverfahren. Deutsche Bauzg. 1927. Konstruktion und Ausführung, S. 117. — KUHNKE, J.: Neues chemisches Verfahren zur Verfestigung des Baugrundes usw. Zentralbl. d. Bauverw. 1929. S. 137. — LANG, A.: Das neue Wasserwerk der Stadt Düsseldorf „am Staad". 1930. Gas u. Wasserfach. H. 2—4. — DERSELBE: Erstmalige praktische Großanwendung des chemischen Versteinungsverfahrens usw. Bauing. 1930. S. 412, 432. — MAST, A.: Die praktische Anwendung des chemischen Verfestigungsverfahrens von losen Bodenarten bei der Gründung eines Wohnhauses. Deutsche Bauzg. 1928. Konstruktion und Ausführung, S. 82. — DERSELBE: Die Entwicklung des Joostenschen Bodenverfestigungsverfahrens in zehnjähriger Praxis. Bautechn. 1938. S. 261. — SICHARDT, W.: Erfahrungen mit der chemischen Bodenverfestigung und Anwendungsmöglichkeiten des Verfahrens. Bautechn. 1930. S. 198. Chemische Versteinung des Baugrundes. Schweiz. Bauzeitung Bd. 93 (1929). S. 243.

Abb. 424. Versteinte Bodensäulen am Staudamm Turawa an der Malapane. (Nach F. TÖLKE.)

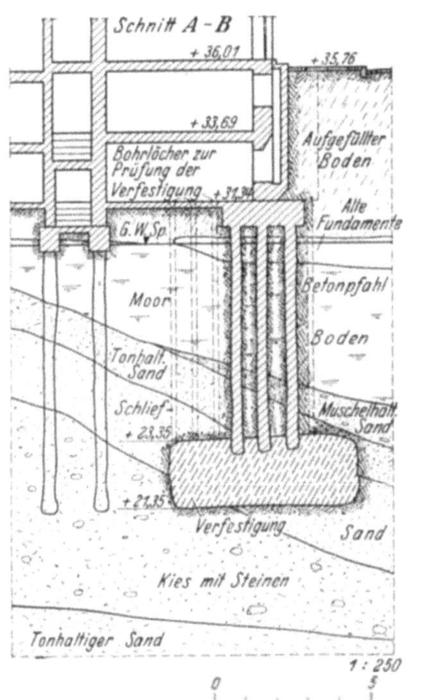

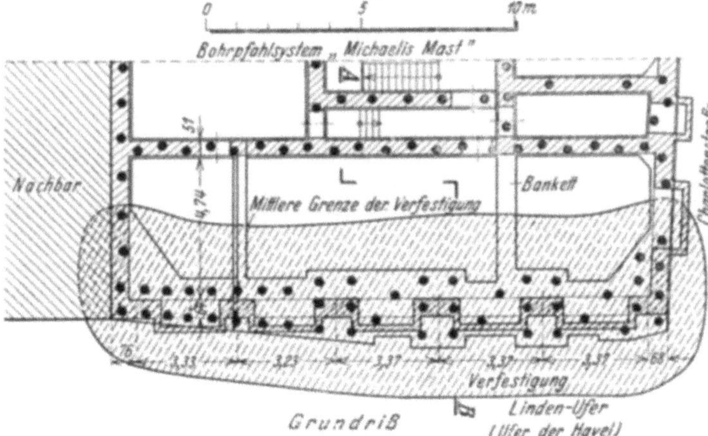

Abb. 423. Chemische Bodenversteinung zur Herabsetzung der erforderlichen Pfahllänge. (K. BERNHARDT.)

III. Die Verbesserung des Baugrundes durch elektrische Verfahren.

Eine Verfestigung von Ton kann nach L. CASAGRANDE durch Durchleitung von Gleichstrom bewirkt werden. Im Ton spielen sich hiebei recht verwickelte Vorgänge ab, die zu einer Ent-

wässerung und damit zu einer Verdichtung führen. Als Anode wird Aluminiumblech, als Kathode
Kupferblech verwendet. Das Verfahren befindet sich im Versuchsstadium; eine praktische
Anwendung ist noch nicht erfolgt.

Schrifttum.

BERNATZIK, W.: Elektrotechnische Bodenverfestigung. Schlußbericht des zweiten Kongresses der Internationalen Vereinigung für Brückenbau und Hochbau. Berlin 1938. W. Ernst & Sohn. — CASAGRANDE, L.: Die elektrische Bodenverfestigung. Bautechn. 1939. S. 228. — FREUNDLICH: Kapillarchemie. Leipzig 1930. — ENDELL und VOGELER: Der Kationen- und Wasserhaushalt keramischer Tone im rohen Zustand. Ber. d. Dtsch. Keramisches Ges. 1932. — DIESELBEN: Über die Natur der keramischen Tone. Ber. d. Dtsch. Keramischen Ges. 1933.

Sechster Teil.

Die Gründungen.

A. Zweck und Einteilung der Gründungen.

Das Grundwerk hat die Aufgabe, die Eigen- und die Nutzlast eines Bauwerkes auf den Boden
zu übertragen; es muß stets so ausgeführt werden, daß die Setzungen des ganzen Grundwerkes
gleichmäßig erfolgen, denn nur dann ist zu erwarten, daß im Gebäude keine Risse auftreten.
Auf den Absolutbetrag der Setzungen kommt es bei vielen Bauwerken weniger an.

Die Beschaffenheit des Untergrundes wechselt unter einem größeren Bauwerke vielfach so
weitgehend, daß es erforderlich wird, das Bauwerk in einzelne Teile aufzulösen, die auf verschiedene Weisen gegründet werden, angepaßt an die Beschaffenheit des Bauwerkes und an jene
der im Untergrund vorkommenden Bodenschichten. Ähnlich wie wechselnde Bodenbeschaffenheit, können auch ungleichmäßige Verteilungen der Bauwerkslasten, wechselnde Nutzlasten
oder eine stärkere Gliederung des Grundrisses ungleiche Setzungen hervorrufen und zu verschiedenen Gründungsweisen der einzelnen Teile des Bauwerkes zwingen.

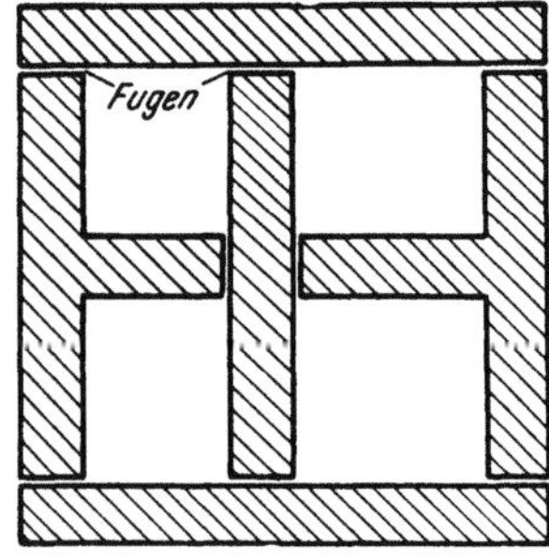

Abb. 425. Bewegungsfugen.

Um dort, wo auf verschiedenen Bodenschichten gegründete,
breite Bauwerksteile oder Bauwerksteile mit stark wechselnden
Nutzlasten aneinander grenzen, sind größere Unterschiede in den
Setzungen und Bewegungen der Bauwerke zu vermeiden, ist es erforderlich, an solchen Stellen Trennungsfugen anzuordnen, die durch
das ganze Bauwerk durchlaufen. Diese Fugen werden gleichzeitig
als Dehnungsfugen der Stahlbetonbauwerksteile ausgenutzt. Ein
Beispiel für die Anordnung der Bewegungsfugen in einem stark gegliederten Bauwerksgrundriß gibt die Abb. 425. Aus ästhetischen
Gründen werden diese Fugen an den Außenmauern meist durch
Regenfallrohre, im Innern der Gebäude in sonstiger, geeigneter Weise
verdeckt; ein Überdecken mit zusammenzuhängendem Putz soll vermieden werden.

Die Ausbildung der Trennungsfugen im Grundwerke bietet zumeist keine nennenswerten
Schwierigkeiten. Nur bei der Tiefgründung von Bauwerken, bei denen Räume unter den Grundwasserspiegel zu liegen kommen, erfordert die Ausbildung der Trennungsfuge besondere Sorgfalt, weil dort die Fuge nicht nur nachgiebig, sondern auch wasserdicht sein muß; Anhaltspunkte
für die wasserdichte Ausbildung solcher Grundwerksfugen werden im achten Teil des Buches
gegeben.

Je nach der Beschaffenheit des Bodens und jener des Bauwerkes werden verschiedene Bauweisen für das Grundstück und verschiedene Verfahren zu dessen Herstellung angewendet, die
nun erläutert seien; hierbei werden die Gründungen unterteilt in *Flachgründungen*, bei denen
die Last in der Nähe der Bodenoberfläche auf den Boden übertragen wird und in die *Tiefgründungen*, bei denen das Grundwerk die Last in größerer Tiefe überträgt, entweder um die größere
Tragfähigkeit tiefliegender Bodenschichten auszunützen oder um unter dem Boden liegende
Nutzräume zu schaffen.

B. Flachgründungen.

Flachgründungen werden ausgeführt, wenn der Boden in der Nähe der Oberfläche so beschaffen ist, daß die Bauwerkslast ohne Überschreitung der zulässigen Setzungen standsicher übertragen werden kann. Flachgründungen können sowohl im Trockenen als auch im Wasser ausgeführt werden.

I. Flachgründungen im Trockenen.

Bei Flachgründungen im Trockenen wird zu Herstellung des Grundwerkes der Boden nicht wesentlich unter die Frosttiefe ausgehoben. Die Ausführung des Grundwerkes erfolgt stets in offener Baugrube; die Wasserhaltung verursacht wegen der geringen Tiefenlage der Grundwerkssohle in der Regel keine Schwierigkeiten.

a) Die unmittelbare Gründung der Bauwerke.

Wenn ein Bauwerk auf Fels gegründet wird oder wenn der Boden so dicht gelagert ist, daß der zulässige Sohldruck gleich der zulässigen Beanspruchung der Baustoffe des Bauwerkes ist, so kann das Bauwerk unmittelbar auf den Boden in frostsicherer Tiefe aufgesetzt werden. Bei Hochbauten erhalten die Grundmauern eine Breite gleich der bauordnungsgemäßen Mauerstärke (Zahlentafel 38).

Zahlentafel 38. Mindestmauerdicken nach DIN 4106 in Steinlängen (25 [cm]), bei Gebäudetiefen bis 12,5 [m] und Geschoßhöhen bis 3,60 [m]. Verkehrslast der Geschoßdecken 275 [kg/m²].

Geschoß	Gebäude mit 3 Vollgeschossen				Gebäude mit 4 Vollgeschossen				Gebäude mit 5 Vollgeschossen			
	Umfassungswände	Mittelwand, deckentragend	Treppenhauswand[4]	Brandmauer, unbelastet	Umfassungswände	Mittelwand, deckentragend	Treppenhauswand[4]	Brandmauer, unbelastet	Umfassungswände	Mittelwand, deckentragend	Treppenhauswand[4]	Brandmauer, unbelastet
Dach	[1]) 1	1	[5]) ½	1	[1]) 1	1	[5]) ½	1	[1]) 1	1	[5]) ½	1
4. Obergeschoß	—	—	—	—	—	—	—	—	1½	1	1	1
3. Obergeschoß	—	—	—	—	1½	1	1	1	1½	1	1	1
2. Obergeschoß	1½	1	1	1	1½	1	1	1	1½	[2])[3]) 1½	1	[6]) 1
1. Obergeschoß	1½	1	1	1	1½	[2])[3]) 1½	1	[6]) 1	[2]) 2	[3]) 1½	1	1½
Erdgeschoß	1½	[2])[3]) 1½	1	[6]) 1	[2]) 2	[3]) 1½	1	1½	2	[2])[3]) 2	[3]) 1½	1½
Keller	[2]) 2	1½	1	1½	2	[2]) 2	1½	1½	[2]) 2½	2	[3]) 2	1½

[1]) Umfassungswände von 1 Stein Dicke reichen nur aus, wenn sie keine Wohnräume umschließen.

[2]) Bei Verwendung von Kalkzementmörtel nach DIN 1053 kann die Wand ½ Stein dünner ausgeführt werden; bei Mittelwänden mit Holzbalkendecken nur dann, wenn die Köpfe der beiderseitigen Balken unmittelbar nebeneinander liegen oder die Balken durchgehen.

[3]) In Treppenhäusern darf bei Verwendung von Kalkzementmörtel nach DIN 1053 die Wand nur dann um ½ Stein dünner ausgeführt werden, wenn die Dicke nicht schon auf Grund von [2]) verringert worden ist.

[4]) Wenn in 1 Stein dicken Treppenhauswänden freitragende Treppenstufen eingespannt werden, so muß die Standsicherheit nachgewiesen werden.

[5]) Wenn im Dachgeschoß eine Wohnung unmittelbar neben dem Treppenhaus angeordnet ist, so ist die Wanddicke 1 Stein stark zu wählen oder ein entsprechender Wärme- und Schallschutz vorzusehen.

[6]) Wenn die Brandmauer nicht durch feuerbeständige Bauteile ausgesteift ist, so muß sie 1½ Stein dick sein.

b) Die Verbreiterung des Grundwerkes.

Wenn bei unmittelbarer Gründung der mit Rücksicht auf die zulässigen Setzungen zuzulassende Sohldruck überschritten würde, so wird das Grundwerk gegenüber dem zu gründenden Bauwerk verbreitert, um den Sohldruck herabzusetzen.

1. Bankette für Mauern.

Die Verbreiterung des Grundwerkes von Mauern geschieht durch sogenannte Bankette aus Beton oder Stahlbeton. Ihre Ausladung wird so gewählt, daß der Sohldruck nirgends die als zulässig angesehene Bodenpressung übersteigt. Bei verschiedenen schweren Mauern eines Bauwerkes ist es vielfach üblich, die Ausladung der Bankette so zu bemessen, daß der Sohldruck unter allen Banketten gleich groß wird. Diese Bemessung der Bankette ist falsch (vgl. S. 77); es sei nochmals hervorgehoben, daß bei gleichen Sohlspannungen die Setzungen mit den Abmessungen der Lastfläche zunehmen, daß mithin der Sohldruck unter schmalen Mauern richtig größer zu wählen ist, als unter breiten, um gleiche Senkungen zu erhalten.

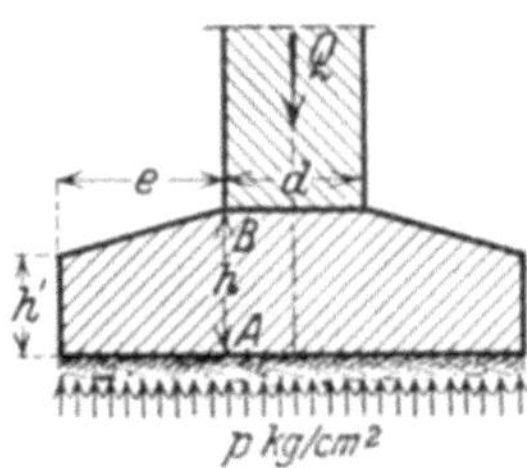

Abb. 426. Bankett zur Gründung einer Mauer.

Eine Grundwerksverbreiterung durch ein Bankett stellt die Abb. 426 dar. Die Sohlspannung wird gewöhnlich unter dem Bankett gleichmäßig verteilt angenommen; diese Annahme ist zwar nicht zutreffend, sie ist aber sicher, weil sie größere Beanspruchungen des Bauwerkes ergibt. Wenn die Mauer das Bankett mit Q belastet, so beträgt die gleichmäßig verteilte Sohlspannung unter Berücksichtigung des Bankettgewichtes (γ_b = Wichte des Betons),

$$p = \frac{Q + \gamma_b\left(h\,d + 2\,e\,\dfrac{h + h'}{2}\right)}{d + 2\,e} = \frac{Q + \gamma_b\,h\,(d + e) + \gamma_b\,e\,h'}{d + 2\,e} \tag{321]}$$

und das Moment in AB beträgt

$$M = \frac{p\,e^2}{2} = \frac{e^2}{2}\,\frac{Q + \gamma_b\,h\,(d + e) + \gamma_b\,e\,h'}{d + 2\,e}\,. \tag{322}$$

Die Ausladung e wird so gewählt, daß der Sohldruck p unter der noch zulässig erachteten Bodenpressung liegt.

Wenn nun das Bankett z. B. aus unbewehrtem Beton auszuführen ist, so beträgt das Widerstandsmoment in A—B für 1 [m] Mauerlänge

$$W = \frac{h^2}{6} \tag{323}$$

und es ist, wenn σ_z die zulässige Betonzugspannung bedeutet,

$$M = W\,\sigma_z = \frac{h^2}{6}\,\sigma_z \tag{324}$$

und es gilt weiter

$$\frac{h^2}{6}\,\sigma_z = \frac{e^2}{2}\,\frac{Q + \gamma_b\,h\,(d + e) + \gamma_b\,e\,h'}{d + 2\,e} \tag{325}$$

oder wenn $h' = \alpha h$ gesetzt wird

$$h^2 - h\,\frac{3\,\gamma_b\,[d + e\,(1 + \alpha)]^2}{\sigma_z\,(d + 2\,e)} = \frac{3\,e^2\,Q}{\sigma_z\,(d + 2\,e)} \tag{326}$$

Beträgt z. B. die Mauerlast Q für 1 [m] Länge 70 [t], die Mauerdicke $d = 0,9$ [m] und die zulässige Sohlspannung $p = 2$ [kg/cm²], so ist eine Ausladung $e = 1,30$ [m] erforderlich. Wenn die zulässige Betonzugspannung $\sigma_z = 3$ [kg/cm²] und die Wichte des Betons $\gamma_b = [2\ \text{t/m}^3]$ beträgt, so ist, wenn überdies $\alpha = 0,5$ gesetzt wird, unter der Mauer eine Banketthöhe von $h = 2,01$ [m] nötig.

Bei der Ausführung des Bankettes aus unbewehrtem Beton wird, wie man am obigen Beispiel erkennt, ein sehr großer Betonkörper erforderlich, der einerseits einen großen Baustoffaufwand, anderseits ein tiefes Herabführen des Grundwerkes bedingt, wenn die ebenerdigen Räume durch die Bankette nicht verbaut werden dürfen. Durch Bewehrung kann die erforderliche Banketthöhe sehr stark herabgesetzt werden. Die bewehrten Bankette müssen aber hinreichend steif sein, so daß keine nennenswerten Verbiegungen auftreten können. Die äußerstenfalls noch zulässige Ausladung ist bei einer gegebenen Banketthöhe h jene, bei der sich der Bankettrand infolge der Verbiegung eben vom Boden abhebt; eine solche Abhebung tritt bei einem unverjüngten Bankett ($\alpha = 1$), wie H. Hajashi gezeigt hat, bei einer Ausladung

$$e = 0,5\,\pi\,\sqrt[4]{\frac{4\,E\,J}{\beta}} \tag{327}$$

ein; hierin bedeutet J das Trägheitsmoment des Bankettes, bezogen auf eine Bankettlänge gleich der Längeneinheit (die Bewehrung kann vernachlässigt werden), E den Elastizitätsmodul des Betons, für den etwa 210000 [kg/cm²] zu setzen ist, und β die Bettungsziffer in [kg/cm³]. Bei der Bemessung der Bankette wird man aber, um eine gleichmäßigere, den Berechnungsgrundlagen besser entsprechende Verteilung des Sohldruckes zu erzielen, die Banketthöhe h stets so groß wählen, daß eine Abhebung des Bankettrandes ausgeschlossen bleibt. Für den Elastizitätsmodul des Betons ist bei der Bemessung des Bankettes der übliche Wert $E = 140000$ [kg/cm²] zu setzen.

An Besitzgrenzen und in unmittelbarer Nachbarschaft bestehender Bauwerke ist es in der Regel nicht möglich, Bankette auszuführen, die symmetrisch zur Lastresultierenden liegen. Die Sohlspannungen sind bei unsymmetrischen Banketten unter der Mauer wesentlich größer als unter dem ausladenden Teil und sie verdrehen sich daher, so wie es in der Abb. 427a angedeutet ist. Wenn die Mauer auf das Bankett nur aufgesetzt ist, so entsteht bei A eine klaffende Fuge und es kann bei B die Festigkeit des Mauerwerkes überschritten werden. Wenn die Mauer und das Bankett starr verbunden sind, so wird die Mauer durch ein Biegungsmoment beansprucht, das bei der Bemessung der Mauer berücksichtigt werden muß.

Wenn die Mauer biegungssteif ausgeführt wird, so muß dafür gesorgt werden, daß sich die Mauer nicht ein-

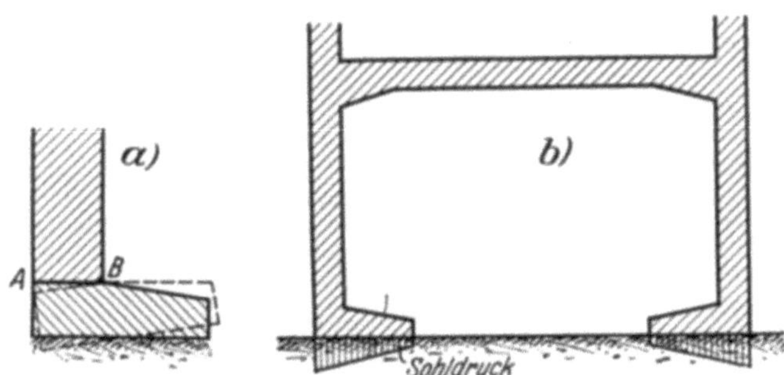

Abb. 427. Unsymmetrisches Mauerbankett (Stiefelgrundwerk).

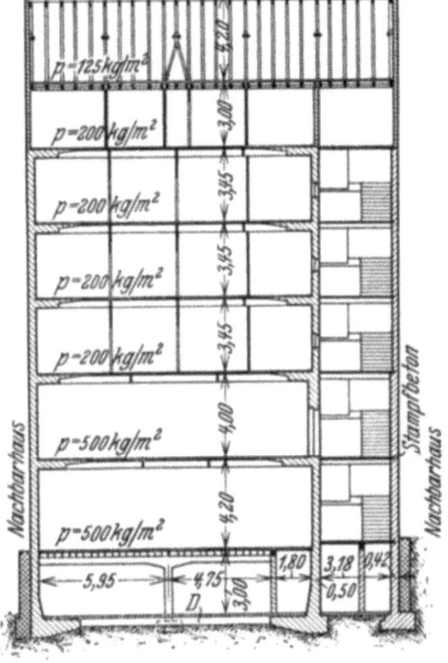

Abb. 428. Gründung eines Hauses auf unsymmetrischen Mauerbanketten. (Wayss & Freytag.)

fach schiefstellen kann. Die über dem Kellerraum liegende Decke muß dann zugfest mit den Mauern verbunden werden, und es muß weiter die Gründung des Bauwerkes so ausgeführt werden, daß das Grundwerk einer Parallelmauer einen entgegengesetzten Zug in der Decke hervorruft (vgl. Abb. 427b und 428).

Das Verdrehen kann behindert werden, wenn das unsymmetrische Bankett durch eine Anzahl von steifen Balken mit dem unter der nächsten parallel verlaufenden Mauer liegenden Bankett verbunden wird. Die zwischen den Balken liegenden Abschnitte des unsymmetrischen Bankettes werden dann auf Torsion beansprucht und müssen entsprechend bewehrt werden.

Schrifttum.

BRANDEIS, F.: Beitrag zur Berechnung von Fundamenten. Beton u. Eisen. 1929. S. 159. (Exzentrisch belastete Grundwerke.) — GEHLER: Die Beanspruchung in Betonfundamenten. Bauing. 1922. S. 421, 456. — GELLER, M.: Beiträge zur Berechnung von Fundamenten. Bauing. 1925. S. 19. — PRUDON: Berechnung von Fundamenten und Ermittlung der Kantenpressung. Genie civil. 1926. H. 5. — TROCHE, A.: Ein Beitrag zur Berechnung von Betonfundamenten. Beton u. Eisen. 1923.

2. Grundwerksverbreiterung durch Platten, als Säulen- und als Turmgrundwerke.

Platten als Säulen- und als Turmgrundwerke müssen möglichst steif ausgebildet werden, damit sich der Plattenrand nirgends vom Boden abhebt.

Platten als Säulen- und als Turmgrundwerke werden, wie es die Abb. 429 andeutet, ein-, zwei- und mehr- oder allseitig symmetrisch ausgeführt und im Symmetriezentrum belastet.

Kleinere Grundwerke unter Säulen werden in der Regel mit rechteckigem oder quadratischem Grundriß ausgeführt. Sie können, wenn der Grundwasserspiegel tief liegt, aus unbewehrtem

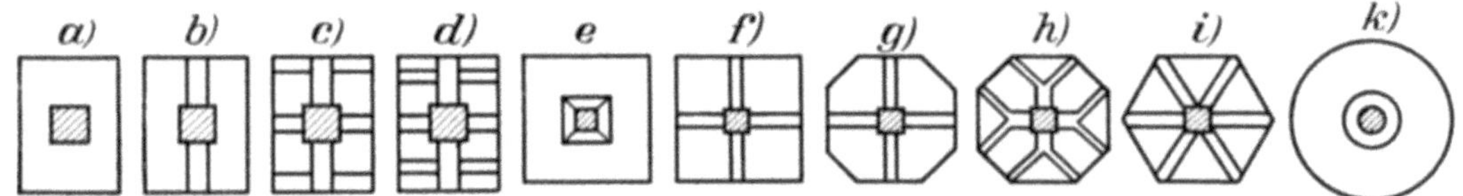

Abb. 429. Platten als Säulengrundwerk. a) bis d) einseitig symmetrisch, e) bis i) zwei- bis mehrseitig symmetrisch,
k) allseitig symmetrisch; a), e) und k) massive Platte.

Beton (Abb. 430) ausgeführt werden; um an Aushub und an Baustoffen zu sparen wird das Grundwerk aber in der Regel als bewehrte Platte ausgebildet. Die Bewehrung wird in solchen Platten am besten teils parallel zu den Seiten, teils parallel zu den Diagonalen gelegt, wobei

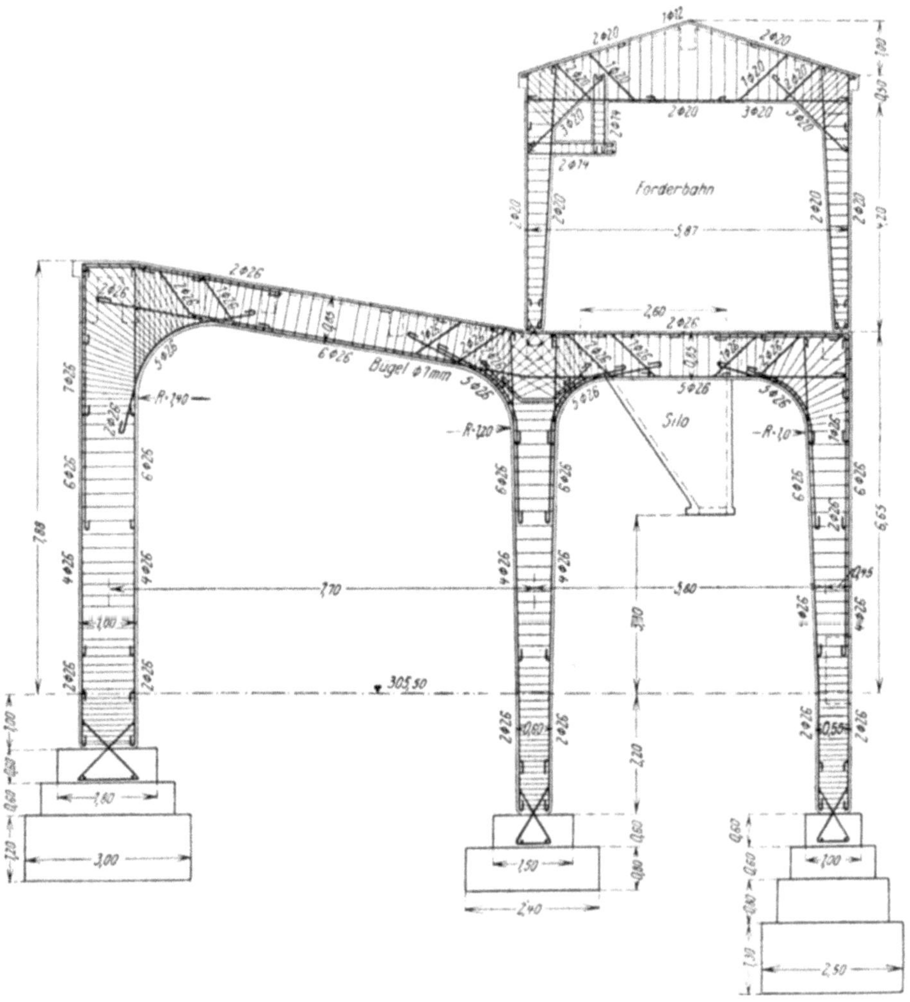

Abb. 430. Säulengrundwerke aus unbewehrtem Beton. (Nach KIRSCHENHOFER.)

die Last auf die beiden Bewehrungssysteme aufgeteilt wird. Um die erforderliche Bewehrung zu ermitteln, wird die Platte (Abb. 431) längs der beiden Diagonalen geschnitten gedacht. Man erhält auf diese Weise einmal vier Kragträger mit trapezförmigem Grundriß $a - b - c - d$, die im Säulenfuße eingespannt sind, die den einen Teil der Bauwerkslast tragen und deren

Einspannungsmoment für die Bewehrung parallel zu den Seiten maßgebend ist. Durch Verbreiterung des Säulenfußes kann dieses Moment wesentlich herabgesetzt werden. Die Diagonalbewehrung ergibt sich aus dem Angriffsmoment des anderen Teiles des Sohldruckes auf eine Plattenhälfte $a - b - e$ um eine Diagonale $a - e$.

Wenn die Grundwerksplatte nur parallel zu den Seiten bewehrt wird (Abb. 432 b), so denkt man sich in der Platte einen Balken $c - d - e - f$, in dem die Platte $a - b - c - d$ in der Linie $c - d$ eingespannt ist. Das Einspannungsmoment ergibt die Bewehrung senkrecht zu $c - d$, $c - f$ — $g - h$ wird als Kragträger angesehen, der im Säulenfuß eingespannt ist und der die Sohlspannungen aufzunehmen hat, die auf die Fläche $b - i - k - l$ entfallen.

Um weitausladende Grundwerksplatten einerseits möglichst steif zu machen und anderseits die Baustoffe sparsam anzuwenden, wird die Plattenhöhe gegen den Säulenfuß hin vergrößert oder es werden über der Platte Rippen angeordnet.

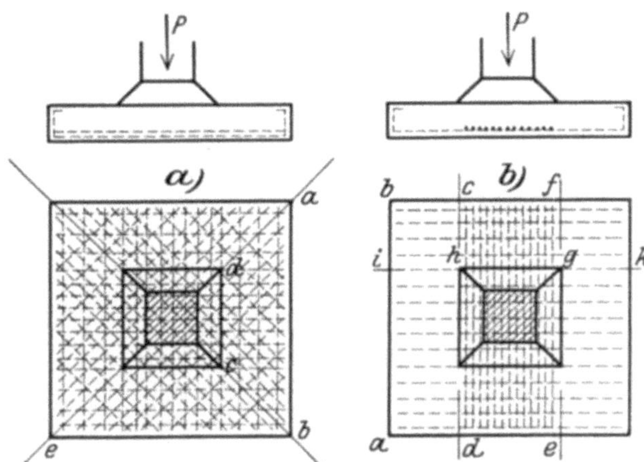

Abb. 431. Massive Platten als Säulengrundwerke. a) zweifache, b) einfache Bewehrung.

Ein einfaches Beispiel für eine solche Versteifung der Platte durch eine Rippe gibt die Abb. 431. Zur Berechnung der Bewehrung der Platte denkt man sich, ähnlich wie früher quer zur Rippe, einen 1 [m] breiten Plattenstreifen herausgeschnitten und faßt den Teil $a - b - c - d$ als Kragträger auf, der in der Rippe eingespannt und durch die Sohlspannungen belastet ist. Die Rippe $e - f - g - h$ wird dann auch als Kragträger angesehen, der in $g - h$ im Säulenfuß eingespannt und durch die Sohlspannungen auf die Fläche $i - k - l - m$ belastet ist. Als Rippenquerschnitt wird die Rippe und beiderseits ein angemessener Streifen der Platte angesehen.

Abb. 432. Baugrube für die Gründung der Säulenfüße des Wasserbehälters in Rio Claro. (Wayss & Freytag.)

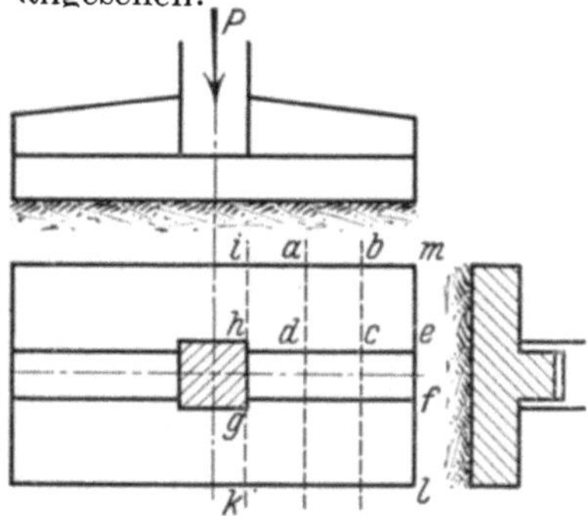

Abb. 433. Rechteckiges Säulengrundwerk mit einer Rippe (einseitig symmetrisch).

Weitere Beispiele für Grundwerksplatten für Säulen geben noch die Abb. 432 bis 435. Mittig belastete Kreisplatten (Abb. 436) werden von Biegungsmomenten M_r, die um tangentiale Achsen drehen, ferner von Biegungsmomenten M_t, die um radiale Achsen drehen und von Querkräften beansprucht. Unter der Voraussetzung gleichmäßig verteilter Sohlspannungen ermittelte H. CRAEMER mit den Bezeichnungen der Abb. 436 für

$$M_r = \frac{P}{4\pi}\left[-\frac{m+1}{m}\ln\beta - \frac{m-1}{2m} - \frac{m+1}{m}c_1 + \frac{3m+1}{4m}\beta^2 - \frac{m-1}{m}\frac{c_2}{\beta^2} \right] \qquad (328)$$

und für

$$M_t = \frac{P}{4\,\pi}\left[-\frac{m+1}{m}\ln\beta - \frac{m-1}{2\,m} - \frac{m+1}{m}\,c_1 + \frac{m+3}{4\,m}\,\beta^2 + \frac{m-1}{m}\,\frac{c_2}{\beta^2}\right] \tag{329}$$

hierin bedeuten

$$c_1 = \frac{\frac{1}{4}\,(m+3) + \alpha^2\,(m-1)\left(\ln\alpha - \frac{1}{2} - \frac{1}{4}\,\alpha^2\right)}{m+1+\alpha^2\,(m-1)} \tag{330}$$

$$c_2 = \frac{\frac{1}{4}\,(m+3) + (m+1)\left(\ln\alpha - \frac{1}{2} - \frac{1}{4}\,\alpha^2\right)}{m+1+\alpha^2\,(m-1)}\,\alpha^2 \tag{331}$$

und m die Poissonsche Zahl.

Die Querkraft in einem Ringschnitte beträgt endlich

$$Q = p\,r\,\frac{1-\beta^2}{2\,\beta} = \frac{P}{2\,r\,\pi}\cdot\frac{1-\beta^2}{\beta} \tag{332}$$

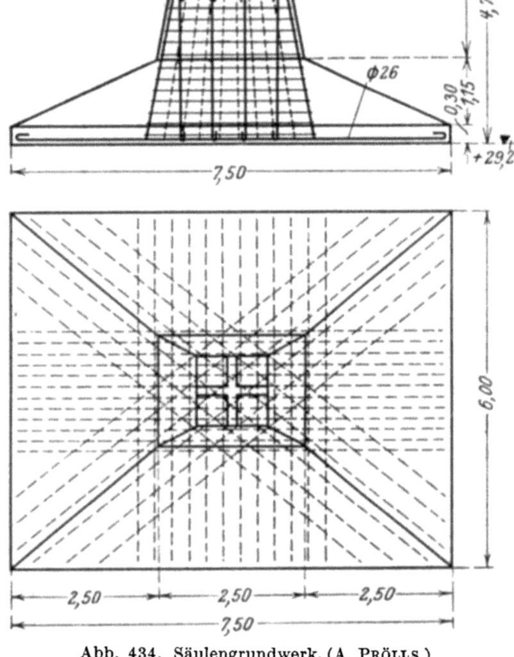

Abb. 434. Säulengrundwerk. (A. Prölls.)

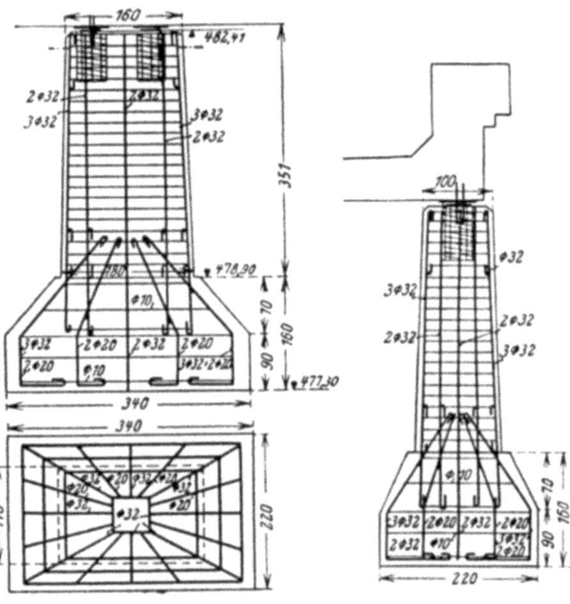

Abb. 435. Pfeilergrundwerk. (K. Schaechterle.)

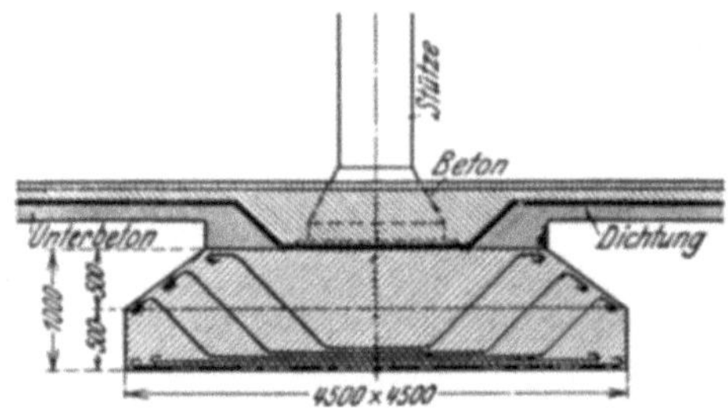

Abb. 436. Säulengrundwerk mit Grundwasserdichtung. (E. G. Friedrich.)

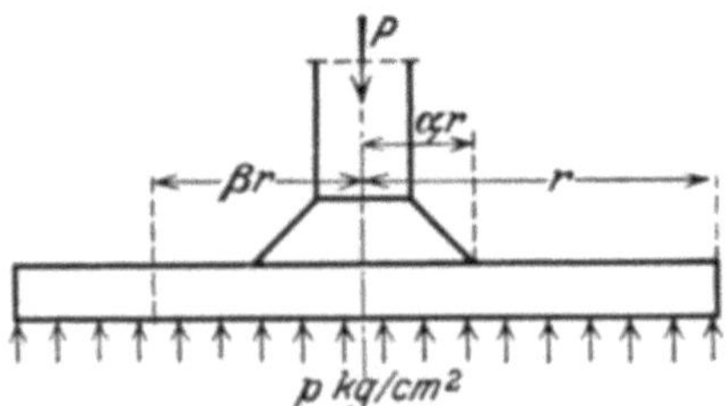

Abb. 437. Kreisplattengrundwerk.

Die angeführten Formeln gelten nur für Kreisplatten, die mit durchwegs gleicher Dicke ausgeführt sind. H. Craemer weist darauf hin, daß bei Kreisplatten mit nach der Mitte zunehmender Dicke die Beanspruchungen in der Nähe des Schaftes größer werden als bei Platten gleicher Stärke.

Für die Bewehrung und Ausführung von Kreisplattengrundwerken sind in den Abb. 438 bis 443 einige Beispiele zusammengestellt.

a)

b)

c)

Abb. 438. Plattengrundwerk eines Schornsteines. a) Verlegen der Bewehrung am Unterbeton, b) die fertige Bewehrung, c) Ansicht der Bewehrung in Plattenmitte. (Siemens-Bau-Union.)

Schrifttum.

ARNSTEIN, K.: Über Fundamentplatten für Einzellasten unter besonderer Berücksichtigung der Kreisplatte. Beton u. Eisen. 1913. S. 368. — DERSELBE: Handb. für Eisenbetonbau, Bd. 5. 3. Aufl. S. 132. —
BIEZENO-KOCH: Ingenieur. 1923. S. 25. — BLEICH, H.: Berechnung von Eisenbetonstreifenfundamenten

a)

b)

c)

Abb. 439. Plattengrundwerk eines Hochofens. a) und b) Ansichten der Bewehrung,
c) das fertige Grundwerk. (Siemens-Bau-Union.)

als elastisch gestützte Träger. Bautechn. 1937. S. 477. — BRANDEIS, F.: Beitrag zur Berechnung von Fundamenten. Beton u. Eisen. 1929. S. 159. — CRAEMER, H.: Kritik der Berechnung von Kreisplattenfundamenten.
Beton u. Eisen. 1925. S. 215, 268. — DERSELBE: Das Problem der kreisplattenartigen Stützenfundamente.
Beton u. Eisen. 1926. S. 148. — DERSELBE: Der Einfluß nach dem Rande abnehmender Stärke auf die Tragfähigkeit von Kreisplattenfundamenten. Beton u. Eisen. 1928. S. 271. — DERSELBE: Die Beanspruchung
von Kreisplatten mit nach dem Rande abnehmender Stärke bei Belastung durch Einzellasten und gleichmäßig verteiltem Gegendruck (Säulenfundamente). Beton u. Eisen. 1928. S. 328. — DERSELBE: Die Biegungs-

gleichung von Platten mit stetig veränderlicher Stärke. Beton u. Eisen. 1929. S. 12. — ENYEDI, B.: Das Bahnsteigdach in Arad. Beton u. Eisen. 1913. S. 273. — DERSELBE: Die Neubauten der Budaer Zementfabrik. Beton u. Eisen. 1928. S. 113. — FRIEDRICH, E. G.: Das neue Warenhaus Wertheim in Breslau. Der Stahlbau. 1930. S. 113. — FRUCHTHÄNDLER: Über exzentrische Fundamente. Beton u. Eisen. 1913. S. 122. — GEBAUER, Fr.: Die Mindestgröße von Pfeilergrundkörpern. Bautechn. 1940. S. 174. — HABICHT, Fr.: Der Wasserturm des Kreises Niederbarnim usw. Beton u. Eisen. 1927. S. 105. — HENKEL: Die Füße der Eisenbetonstützen. Beton u. Eisen. 1915. S. 283. — HOVEMANN: Über die statische Berechnung von Eisenbetonfundamentplatten. Beton u. Eisen. 1913. S. 275. — KIRSCHENHOFER, J.: Fabrik und Montagehallen usw. Beton u. Eisen. 1928. S. 268. — KLEINLOGEL, A.: Pilzdecke der Fa. Cornelius Heyl A. G. Worms. Beton u. Eisen. 1926. S. 238. — DERSELBE: Der Wasserturm der Heylschen Lederwerke usw. Beton u. Eisen. 1928. S. 297. — DERSELBE: Neuartige Fertigkonstruktion.

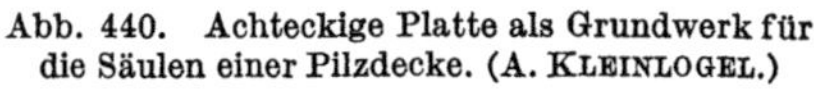

Abb. 440. Achteckige Platte als Grundwerk für die Säulen einer Pilzdecke. (A. KLEINLOGEL.)

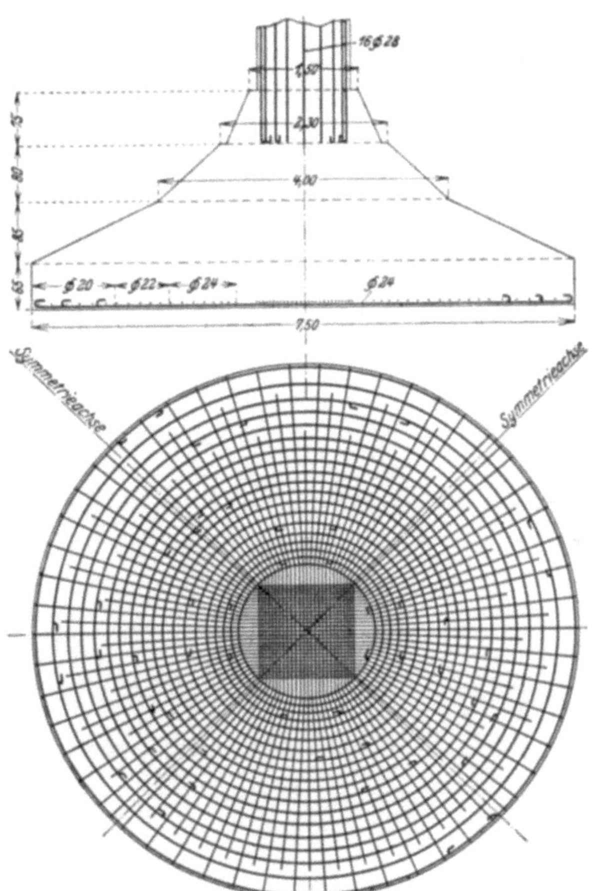

Abb. 441. Kreisplatte als Säulengrundwerk. (A. KLEINLOGEL.)

Beton u. Eisen. 1929. S. 96. — LEWE: Über Fundamentsplatten für Einzellasten unter besonderer Berücksichtigung der Kreisplatte. Beton u. Eisen. 1913. S. 189. — MAUTNER, V.: 200 m langer Eisenbetonviadukt über die Lissersperre bei Stein. Beton u. Eisen. 1913. S. 90. — MUY, O.: Neuere Eisenbetonkaminbauten in Bayern. Beton u. Eisen. 1926. S. 343. — PIETERS, A. J.: Hallenbau für die Eisenbahnwerkstätte in Sofia. Beton u. Eisen. 1914. S. 337. — PRÖLLS, A.: Der Bau der Zweigbahn Jungfernheide-Siemensstadt-Gartenfeld. Bauing. 1930. S. 12. — SANTO-RINI, P.: Das Fabriksgebäude Kronos in Eleusis bei Athen. Beton u. Eisen. 1925. S. 18. — DERSELBE: Pilzbehälter usw. Beton u. Eisen. 1927. S. 446. — SCHAECHTERLE, K.: Zwei Bahnbrüken in Eisenbeton über die Murg. Beton u. Eisen. 1926. S. 109. — SCHLEICHER, F.: Nochmals Kreisfundamente. Beton u. Eisen. 1925. S. 367. — DERSELBE: Kreisplatten auf elastischer Unterlage. Berlin: Julius Springer 1926. — SCHÜTTE, H.: Beitrag zur Berechnung von Grundwerkssockeln. Bautechn. 1932. S. 676. — SEELÄNDER, A.: Das Verwaltungs- und Magazinsgebäude der staatlichen Hauptkraftwagenwerkstätten in Bamberg. Beton u. Eisen. 1926. S. 236. — SICKINGER: Verfahren einer raschen und genauen Massenberechnung von Säulenfundamenten. Beton u. Eisen. 1913. S. 223. — TROCHE, A.: Ein Beitrag zur Berechnung von Betonfundamenten. Beton u. Eisen. 1923. S. 135. — WANSLEBEN, F.: Die

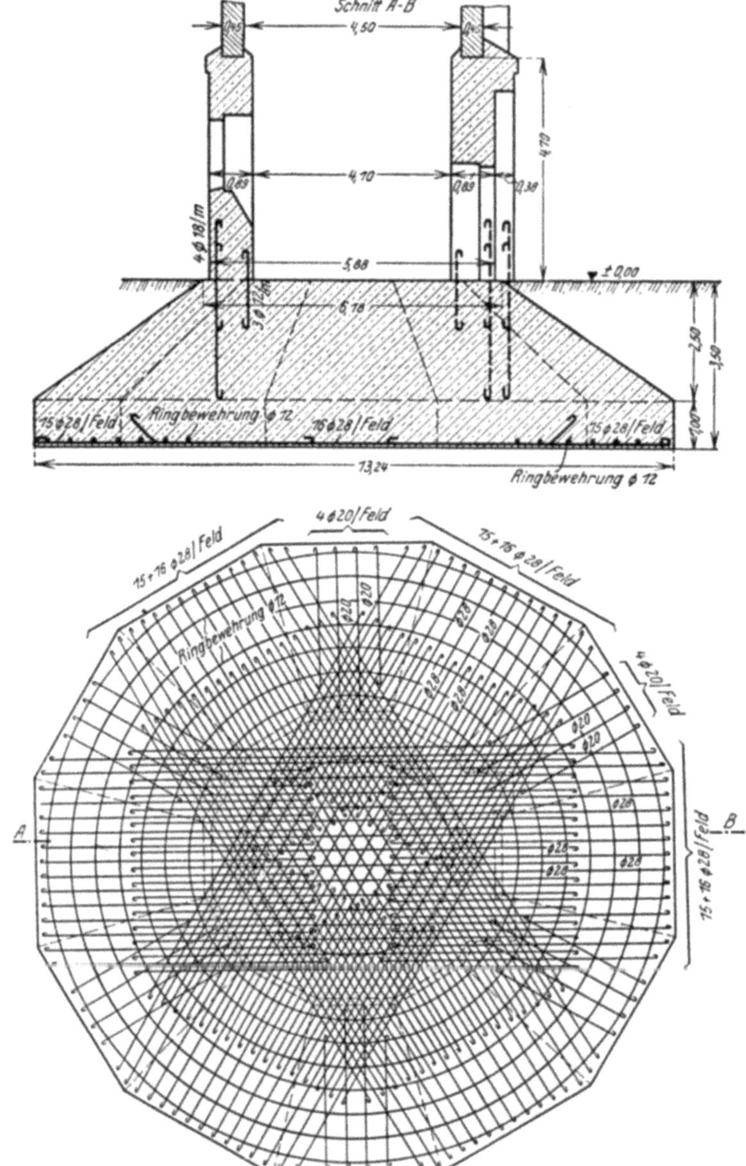

Abb. 442. Kreisplatte als Schornsteingrundwerk. (O. MUY.)

Bemessung von Säulenfüßen und Zugankern. Bauing. 1920. S. 589. — WELTSCH, W.: Das Chilehaus. Beton u. Eisen. 1925. S. 125. — *Referate*: Eisenbetonschornsteine. Beton u. Eisen. 1911. S. 32. — Bau eines Fabrikschornsteines auf einer Eisenbetonplatte. Beton u. Eisen. 1917. S. 52. — Ein interessanter Schornsteinbau. Byggmästaren. 1929. S. 122.

3. Langgestreckte Bankette unter Einzellasten.

Langgestreckte Bankette unter Einzellasten kommen bei der Gründung nahe beieinander stehender Säulenreihen und bei der Gründung von Kranbahnen drehbaren Luftschiffhallen, Lokomotivdrehscheiben u. dgl. vor.

Wenn ein langgestrecktes Bankett (Abb. 443) von einer Einzellast beansprucht wird, so beträgt, wie W. ZIMMERMANN gezeigt hat, die Durchbiegung

$$y = \frac{P}{2\,\beta\,b\,s}\, e^{-\varphi}\,(\cos\varphi + \sin\varphi) \qquad (333)$$

und die Sohlspannung (Abb. 444)

$$p = \frac{P}{2\,b\,s}\, e^{-\varphi}\,(\cos\varphi + \sin\varphi) = \frac{P}{2\,b\,s}\,\eta \qquad (334)$$

Das Bankett wird durch das Biegungsmoment

$$M = +\,\frac{P\,s}{4}\, e^{-\varphi}\,(\cos\varphi - \sin\varphi) = \frac{P\,s}{4}\,\eta' \qquad (335)$$

und durch die Querkraft

$$Q = -\,\frac{P}{2}\, e^{-\varphi}\,\cos\varphi = \frac{P}{2}\,\eta'' \qquad (336)$$

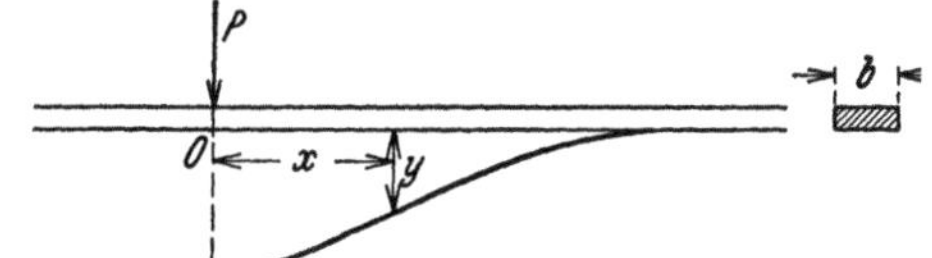

Abb. 443. Durchbiegung eines langgestreckten Bankettes unter einer Einzellast.

beansprucht und es bedeutet in diesen Gleichungen

$$\varphi = \frac{x}{s} \qquad (337)$$

und

$$s = \sqrt[4]{\frac{4\,E\,J}{\beta\,b}} \qquad (338)$$

und weiter

b die Breite der Bankettsohle, P die Last, J das Trägheitsmoment des Bankettquerschnittes (unter Vernachlässigung der Bewehrung)

β die Bettungsziffer und

E das Elastizitätsmaß des Betons für das bei Vernachlässigung der Bewehrung hier $= 210\,000$ [kg/cm²] zu setzen ist. (Bei der Bemessung der Bewehrung wird in der üblichen Weise vorgegangen, wobei aber $E = 140\,000$ [kg/cm²] zu setzen ist.)

Wenn die Last P beweglich also etwa der Rollendruck eines Kranes ist, so muß die Bewehrung unverändert durch das ganze Bankett durchlaufen und als Schubsicherungen kommen, wie E. MÖRSCH be-

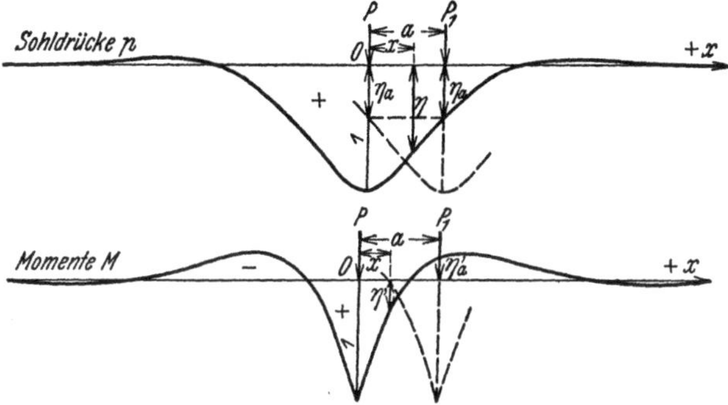

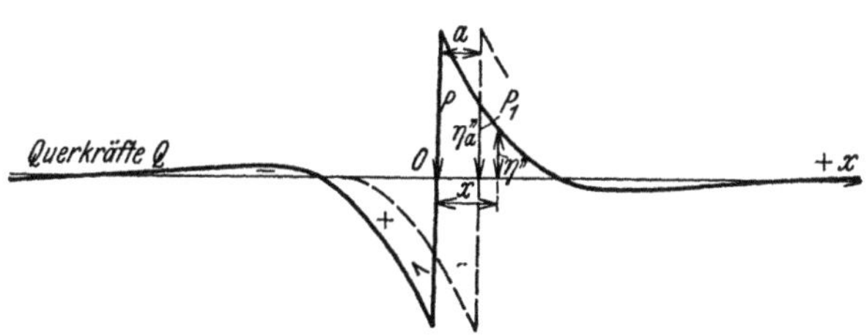

Abb. 444. Einflußlinien für die Sohldrucke, die Momente und die Querkräfte bei einem langgestreckten Bankett unter einer Einzellast. (W. ZIMMERMANN.)

merkt hat, nur mehrschnittige Bügel in Betracht, die die obere und die untere Bewehrung umfassen.

Wenn für verschiedene Abszissen x die Werte η, η' und η'' aufgetragen werden, so erhält man Einflußlinien (Abb. 444) für die Sohlspannung p, für die Momente M und für die Querkräfte Q und man kann nun, wenn mehrere Einzellasten auf das Bankett wirken oder darüber hinweg rollen, diese Größen in irgend einem Querschnitt leicht durch Überlagerung finden.

Schrifttum.

FREUND, A.: Theorie der gleichmäßig elastisch gestützten Körper. Beton u. Eisen. 1917. S. 144. — FRÖHLICH, O.: Berechnung von Fundamenten unter Berücksichtigung der Elastizität des Baugrundes. Beton u. Eisen. 1913. S. 318, 336. — HAYASHI, K.: Über Balken auf elastischer Unterlage. Eisenbau. 1914. S. 241. — DERSELBE: Theorie des Trägers auf elastischer Unterlage. Berlin: Julius Springer 1921. — MAUTNER, V.: Beitragung zur Berechnung von Flachgründungen. Brückenbau. 1918. S. 91. — MÖRSCH, E.: Eisenbetonbau. Bd. 2. Stuttgart: K. Wittwer 1924. — NEMÉNYI, P.: Theorie durchlaufender trägerloser Fundamentstreifen auf elastischer Bettung. Beton u. Eisen. 1928. S. 448. — PASTERNAK, P.: Die baustatische Theorie biegefester Balken und Platten auf elastischer Bettung. Beton u. Eisen. 1926. — SANDEN, K. und F. SCHLEICHER: Zur Theorie des Balkens auf elastischer Unterlage. Beton u. Eisen. 1926. S. 83. — SCHLEICHER, F.: Zur Theorie der Fundamente. Beton u. Eisen. 1927. S. 433. — SCHMIDTMANN, W.: Beitrag zur Ermittlung von Fundamentpressungen, Näherungsberechnung des durch Einzellasten beanspruchten Trägers auf stetiger, nachgiebiger Unterlage. Stuttgart: K. Wittwer 1920. — ZIMMERMANN, W.: Die Berechnung des Eisenbahnoberbaues. Berlin 1888.

4. Ringförmige Bankette unter Einzellasten.

Wenn die Grundwerke von Türmen, die in eine Anzahl von Tragsäulen aufgelöst sind, nahe aneinander heranreichen oder sich sogar überschneiden würden, werden sie vielfach zu einem regelmäßig-vieleckigen Bankettring zusammengefaßt; hiedurch wird nicht nur ein gleichmäßigeres Setzen des ganzen Bauwerkes erreicht, sondern es werden auch seitliche Verschiebungen der Säulenfüße vollkommen verhindert und dadurch nicht vorgesehene Beanspruchungen der Säulen vermieden.

Bei einem derartigen regelmäßig-vieleckigen Bankettring stehen die Säulen in den Vieleckecken. Wie nun R. Schwarz nachgewiesen hat, hängt die Beanspruchung des Bankettes sehr weitgehend von der Lage der Säulenaxen gegenüber der Bankettmittellinie ab. Wenn die Stellung der Säulen so gewählt wird, daß die positiven und die negativen Momentenflächen einander gleich werden, so kann eine wesentliche Baustoffersparnis erzielt werden. Diese Gleichheit der Momentenflächen kann durch ein Hereinrücken der Säulenaxen aus der Ringmittellinie gegen den Ringmittelpunkt hin erreicht werden.

Die Beanspruchung des Grundwerkes rührt vom Turmgewicht und vom Winddruck her. Unter der Annahme eines starren Grundwerksringes und geradliniger Verteilung der Sohlspannungsverteilung hat R. Schwarz für Bankettringe von quadratischem, sechseckigem und achteckigem Umriß die Berechnung der Beanspruchungen durchgeführt, auf die hingewiesen sei.

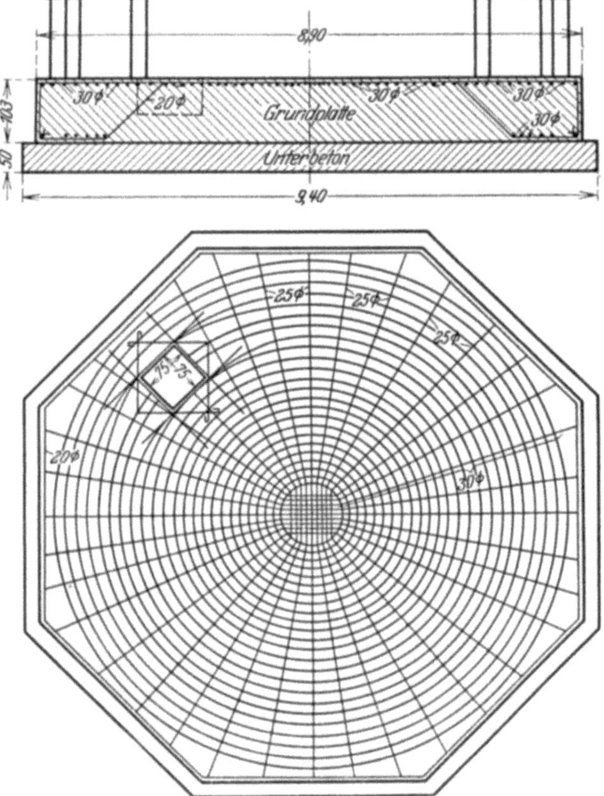

Abb. 445. Grundplatte eines Schlammsilos der Zementfabrik Neuwied, am Rande ringförmig belastet. (Siemens-Bau-Union.)

Schrifttum.

Schwarz, R.: Über die wirtschaftliche Ausbildung und die Berechnung polygonaler, ringförmiger Turmfundamente. Bauing. 1930, S. 362, 433.

c) Die Gründung auf durchlaufenden Platten und auf verkehrten Gewölben.

Bei sehr nachgiebigem Baugrund kann es vorkommen, daß die erforderliche Verbreiterung des Grundwerkes so weitgehend wird, daß die Grundwerke von parallelen Mauern oder benachbarten Säulen nahe aneinander reichen. Man führt dann statt

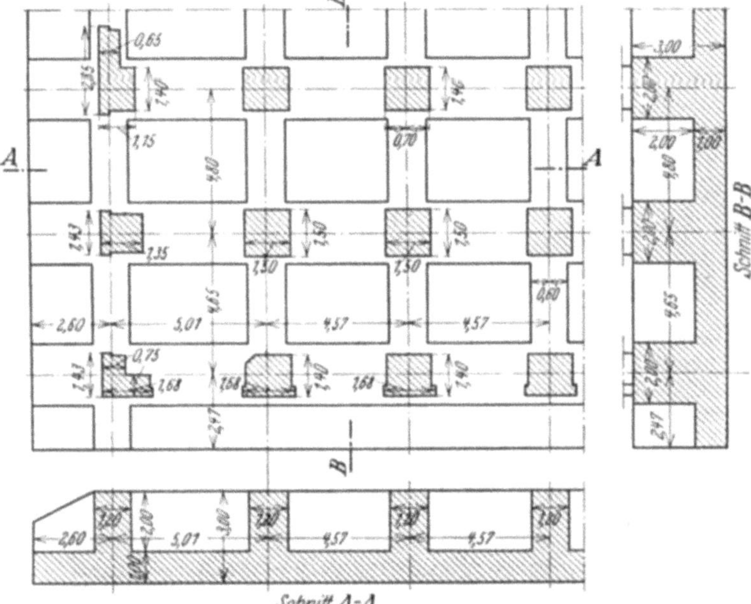

Abb. 447. Grundplatte des Reklamturmes Opel in Rüsselsheim. (Dyckerhoff & Widmann.)

Abb. 446. Bewehrung der Grundplatte des Reklamturmes Opel in Rüsselsheim. Plattendicke 1 [m], Rippenhöhe 2 [m]. Vgl. Abb. 447. (Dyckerhoff & Widmann.) *a* Rippen.

Abb. 448. Grundplatte eines Zollspeichers. (R. Eisenmenger.)

der Einzelgrundwerke besser Grundwerke aus, die unter dem ganzen Bauwerke zusammenhängend durchlaufen, weil dann eine gleichmäßigere Verteilung der Last und gleichmäßigere Setzungen erzielt werden. Ein solches durchlaufendes Grundwerk kann als durchlaufende Platte, als Pilzplatte oder mit verkehrten Gewölben ausgeführt werden.

1. Durchlaufende Platten.

Grundwerksplatten unter kleinen Bauwerken werden mit gleichmäßiger Dicke ausgeführt (Abb. 446). Wenn die Platten unter ganzen Gebäuden durchlaufen, erhalten sie überall dort, wo Mauern aufgesetzt werden, Rippen, die die Gebäudelast gleichmäßig längs der durch die Mauern gebildeten Netzlinien übertragen und die gleichzeitig die Platte versteifen. Durch diese Rippen wird die Platte in eine Anzahl von Feldern unterteilt, in denen die Teilplatten kreuzweise bewehrt werden. Die Felder können allenfalls durch ein System von sich schneidenden Rippen noch weiter unterteilt werden. Die Rippen werden in der Regel über der Platte angeordnet (Abb. 448 und 449); wenn ein ebener Fußboden über der Grundplatte gefordert wird, können die Felder zwischen den Rippen mit Kies aufgefüllt werden, auf den schließlich ein Betonestrich kommt. Weniger vorteilhaft

Abb. 449. Grundplatte mit obenliegenden Rippen für ein Warenhaus. (Nach E. Probst.)

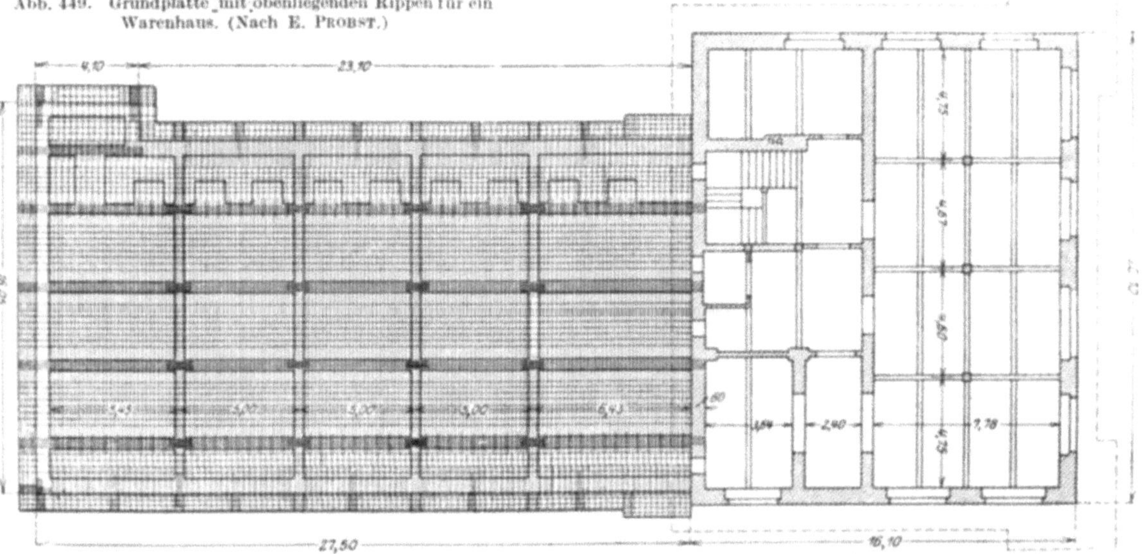

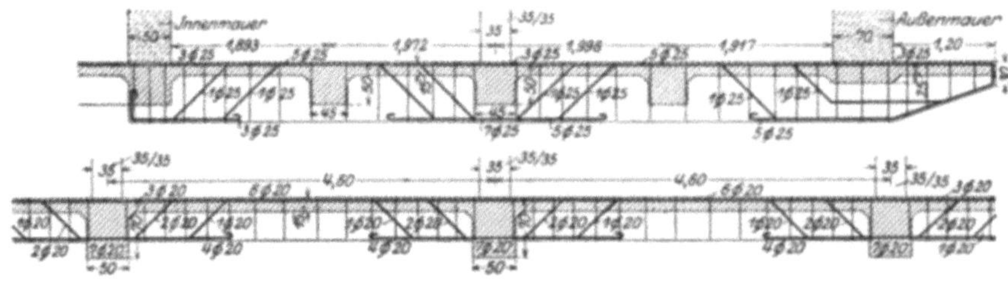

Abb. 450. Grundplatte mit untenliegenden Rippen für ein Geschäftshaus auf Schlammboden. (Nach E. Probst.)

ist es, die Rippen unter die Platte zu legen, doch wird diese Anordnung auch manchmal gewählt, um einen ebenen Fußboden zu erhalten und um das Bauwerk gegen Gleiten zu sichern (Abb. 450).

Wenn einzelne, auf die Platte zu gründende Bauwerksteile leichter sind als die übrigen, so können unter den betreffenden Mauern statt der Platten breite Mauerbankette ausgeführt werden, um ungleichmäßige Setzungen oder eine Schiefstellung des Gebäudes zu vermeiden. Bei Grundwasserandrang kann die auf Seite 270 beschriebene Ausbildung der Platte Anwendung finden.

Zur Bemessung der Grundplatten hat man entweder den Sohldruck gleichmäßig verteilt angenommen oder man hat die elastische Verformung der Platte berücksichtigt und den Sohldruck proportional den Durchbiegungen verteilt. Beide Annahmen treffen nach den auf Seite 52 geschilderten Versuchen von F. KÖGLER und A. SCHEIDIG nicht zu, doch fehlen bisher Anhaltspunkte für einen zutreffenderen Ersatz.

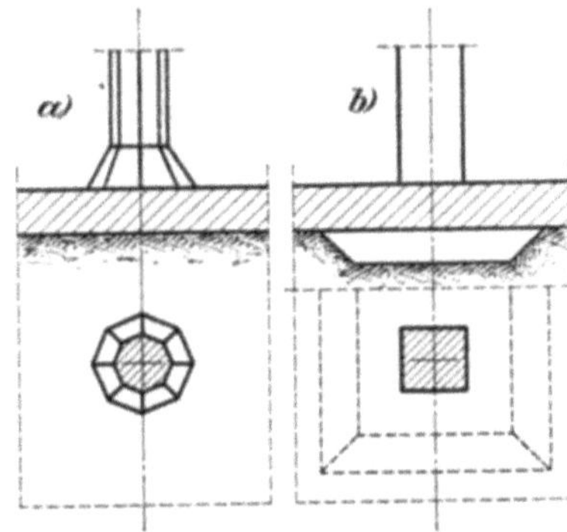

Abb. 451. Pilzgrundplatten, *a)* mit obenliegendem, *b)* mit untenliegendem Säulenfuß.

Schrifttum.

BROSCHMANN: Zur Berechnung der Grundplatten. Beton u. Eisen. 1916. S. 38. — EISENMENGER. R.: Zollspeicher aus Eisenbeton in Montevideo. Bauing. 1921. S. 644. — HEIMBACH, M.: Flachgründungen auf Schlamm und Moorboden und Rekonstruktionen mit Hilfe dieses Verfahrens. Beton u. Eisen. 1913. S. 343, 370, 386. — HÖVERMANN: Über die statische Berechnung von Eisenbetonfundamentplatten. Beton u. Eisen. 1913.

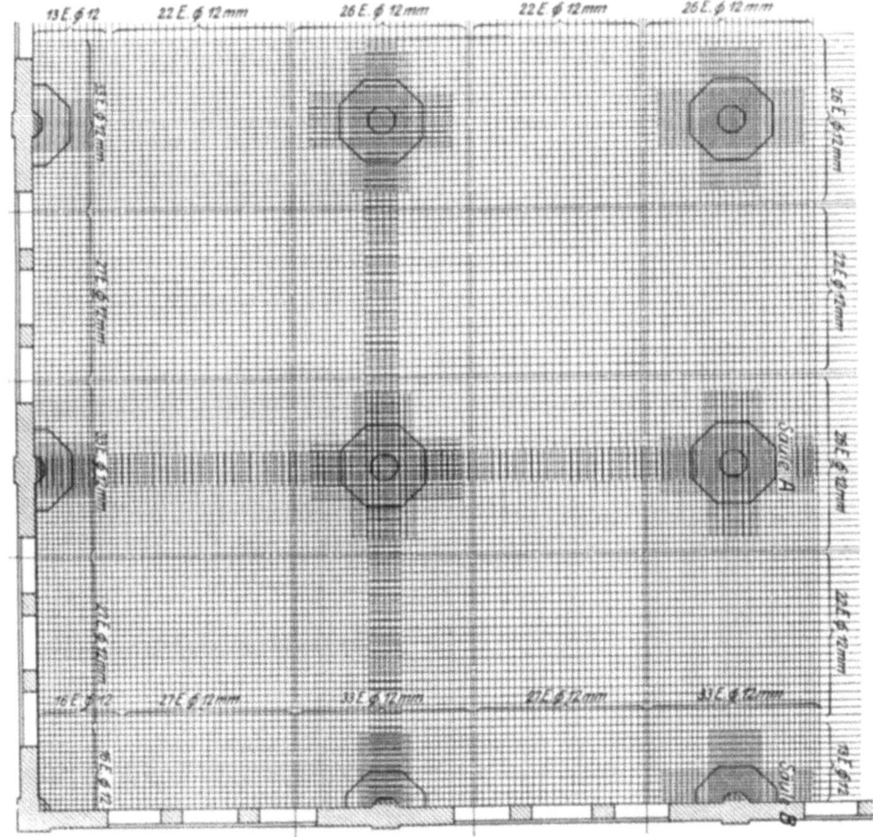

Abb. 452. Pilzgrundplatte. (Nach E. PROBST.)

S. 275. — KOHRT: Gründungsplatte eines Lagerhauses aus Eisenbeton. Deutsche Bauzg. 1916. S. 131. — MEISENHELDER: Verschiedene hervorragende, während des Krieges ausgeführte Eisenbetonbauten. Bauing. 1920. S. 610, 639. — MÜLLER, S.: Hohe Wohngebäude in Nordamerika. Deutsche Bauzg. 1905. S. 284. —

PROBST, E.: Vorlesungen über Eisenbeton, Bd. 2. Berlin: Julius Springer 1922. — SCHMIDTMANN: Boden-pressung unter Eisenbetongrundplatten. Zentralbl. d. Bauverw. 1916. S. 157.

2. Pilzgrundplatten.

Wenn die Gebäude- und die Nutzlast auf die Grundplatte durch Säulen übertragen werden, so kann die Grundplatte auch als Pilzplatte ausgebildet werden. Je nachdem, ob im Raume über der Grundplatte die Säulenfüße zulässig sind oder stören, wird, wie es die Abb. 451 veranschau-licht, der Säulenfuß über oder unter der Grundplatte angeordnet. Die Platte kann nach dem Zweiweg- oder nach dem Vierwegsystem bewehrt werden; E. PROBST hat aber gefunden, daß das Zweiwegsystem übersichtlicher ist und weniger Bewehrung erfordert.

Ein Beispiel für eine Pilzgrundplatte gibt die Abb. 452 wieder.

Schrifttum.

BORTSCH, R.: Fundierung eines achtgeschossigen Bankgebäudes in Preßburg mittels einer biegungsfesten Pilzplatte. HDI-Mitteilungen d. Hauptver. deutscher Ing. i. d. tschechosl. Rep. 1926, H. 3. — MIHAILICH, V.: Der Getreidespeicher im Freihafen von Budapest. Beton u. Eisen. 1929. S. 229. — PROBST, E.: Vorlesungen über Eisenbeton. Bd. 2. S. 176. Berlin: Julius Springer 1922.

3. Verkehrte Gewölbe.

Die Gründung auf verkehrten Gewölben stammt aus einer Zeit, in der man den Stahlbeton im Grundbau noch nicht anwandte. Um ein unter dem ganzen Bauwerke durchgehendes ge-schlossenes Grundwerk zu erzielen, mußte man verkehrte Gewölbe aus guten Ziegeln oder lagerhaften Steinen ausführen. Die Abb. 453 läßt die alte Bauweise solcher verkehrter Ge-wölbe erkennen. In neuerer Zeit werden verkehrte Gewölbe nur mehr selten ausgeführt.

Abb. 453. Gründung eines Bauwerkes auf verkehrten Gewölben aus Ziegeln.

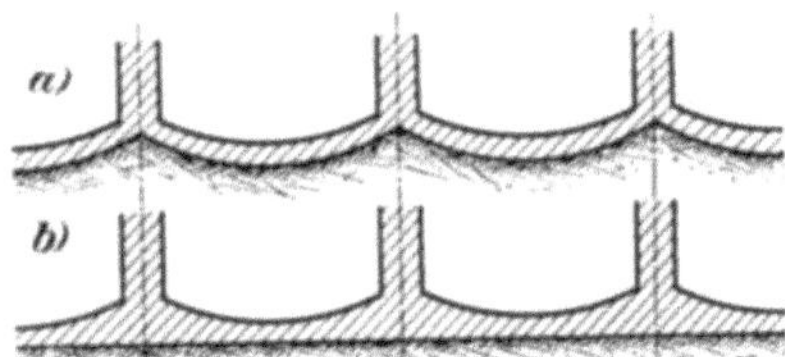

Abb. 454. Verkehrte Gewölbe, a) mit ge-wölbter, b) mit ebener Unterfläche.

Wenn in neuerer Zeit Gründungen auf verkehrten Gewölben ausgeführt worden sind, so sind sie aus Stahlbeton erfolgt, wobei die Unterfläche entweder ebenfalls aus einer Aufeinander-folge von Gewölben bestand (Abb. 454 und 456) oder eben war (Abb. 454 und 455).

Zur Aufnahme des Horizontalschubes der Gewölbe am Rande des Grundwerkes werden in den äußersten Gewölbereihen Zuganker eingebaut, deren Anordnung in der Abb. 455 deutlich zu erkennen ist.

Schrifttum.

ESCHER, G.: Neuere Wassertürme. Bauing. 1920. S. 379. — KERSTEN: Der Eisenbeton. Bd. 2. 7. Aufl. S. 141. — DERSELBE: Handb. f. Eisenbeton. Bd. 3. 2. Aufl. S. 59.

II. Flachgründungen im Wasser.

Flachgründungen im Wasser kommen vorwiegend bei Bauwerken an der Küste zur Anwen-dung, bei denen auch größere und ungleichmäßige Setzungen noch zulässig sind, wie z. B. bei Ufermauern, Molen, Wellenbrechern u. dgl. Bei den Flachgründungen im Wasser wird der Boden entweder durch Baggerung oder durch Schleppen waagrecht aufgehängter Träger nur eingeeb-net oder es wird eine Oberflächenschicht Bodens abgebaggert und durch eine Kies- oder Steinschüttung ersetzt. Auch künstliche Verbesserung des Baugrundes durch Belastung vor der Gründung wird angewendet (vgl. z. B. Abb. 408 auf S. 256). Die verschiedenen Flachgründungen im Wasser unterscheiden sich nun hauptsächlich durch die Art und Weise, wie das Bauwerk bis

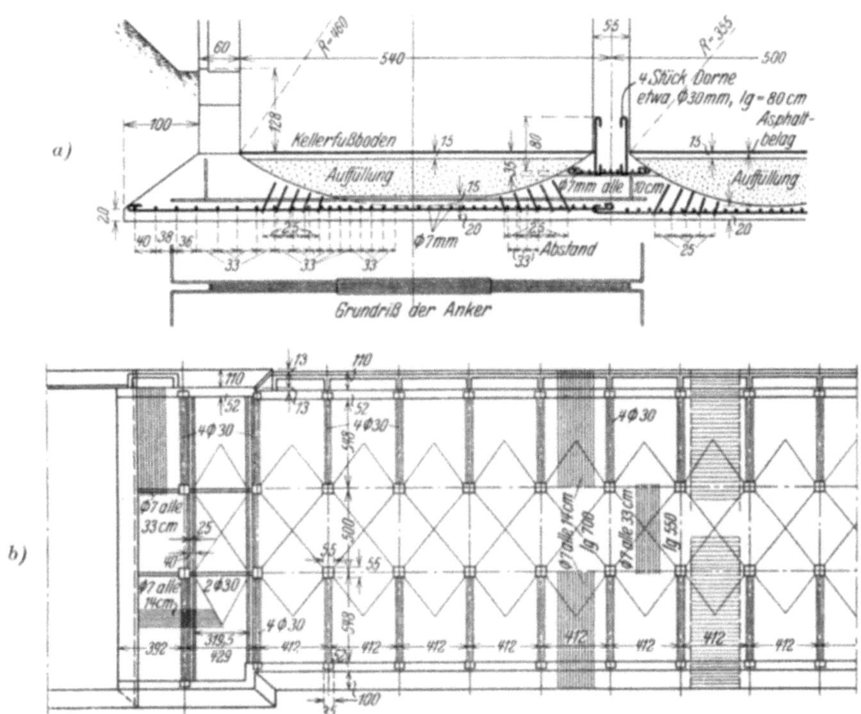

Abb. 455. Verkehrte Gewölbe zur Gründung der Fabrik von Günther & Wagner in Hannover.
(R. WOLLE, Leipzig.)

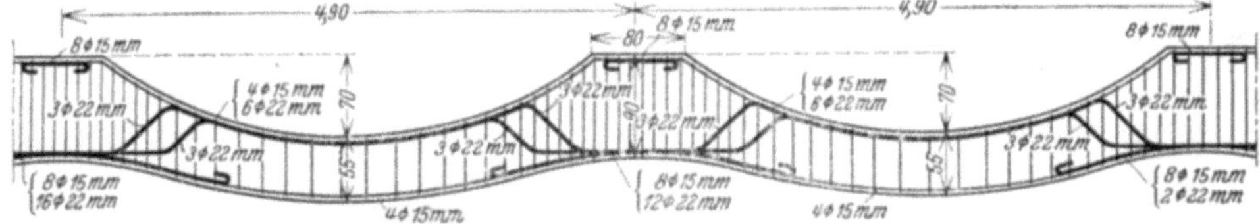

Abb. 456. Bewehrung verkehrter Gewölbe. (Nach FR. V. EMPERGER.)

über den Wasserspiegel hochgeführt wird; die wichtigsten unter diesen Bauweisen sind die Steinkistenbauweise, die Steinblockbauweise, die Unterwasserbetonierung, die Mantelgründung sowie die Gründung mit Schwimmkästen.

a) Steinkistenbauten.

Bauten von untergeordneter Bedeutung sind im Wasser manchmal mit Steinkisten gegründet oder aus Steinkisten überhaupt aufgebaut worden. Solche Bauten erleiden sehr starke Setzungen, weil zu jenen des Bodens noch die Verformung der Steinkisten hinzukommen.

Die Steinkisten bestehen aus blockhausartig zusammengebauten Kisten aus Rundhölzern, die entweder bündig oder mit Zwischenräumen aufeinander liegen. Diese Kisten werden schwimmend zur Verwendungsstelle geschafft, dort mit Bruchsteinen aufgefüllt und so zum Sinken gebracht. An der dem Wellengang ausgesetzten Seite kann die Füllung der Steinkiste auch mit Beton (vgl. Abb. 457) bewerkstelligt werden.

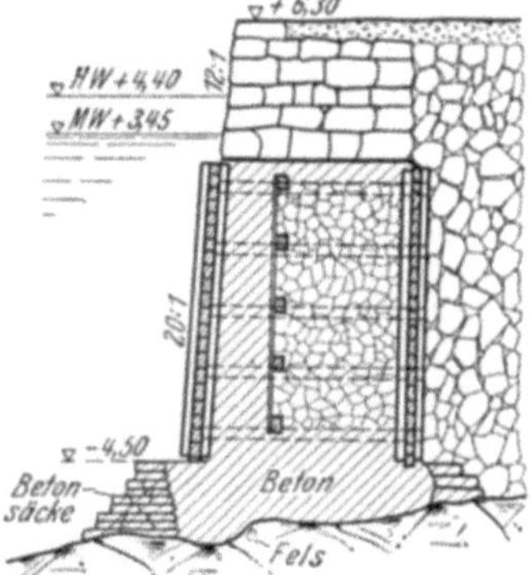

Abb. 457. Kaimauer auf Steinkiste.
(A. LUNDBERG und W. FELLENIUS.)

Für das Absetzen der Steinkisten wird der Boden eingeebnet und in der Regel durch eine Stein- oder Betonschüttung verbessert.

Schrifttum.

LUNDBERG, A. und W. FELLENIUS: Steinkistengründungen. Bericht 100 zum XII. Int. Schiff.-Kongr. 1912. — WESTERMANN: Unterbau von Leuchtfeuern in der offenen See. Bautechn. 1930. S. 69.

Abb. 458. Versetzen von Betonblöcken für ein Grundwerk mittels eines Schwimmkranes. (Siemens-Bau-Union.)

b) Blockbauten.

Die Blockbauweise wird im Seebau angewendet, um Kaimauern, Molen u. dgl. zu gründen und aufzubauen; hiebei werden möglichst schwere Blöcke aus natürlichem Stein oder aus Beton unter Wasser auf- oder aneinandergeschichtet. Betonblöcke werden am Ufer betoniert, in der Regel auf Schiffen zugeführt und mit einem Schwimmkran unter Beihilfe von Tauchern versetzt. Damit allenfalls verwendete Ketten unter dem versetzten Stein leicht herausgezogen werden können, ist es zweckmäßig, im Block Nuten für die Ketten auszusparen, wie sie in der Abb. 458 deutlich zu erkennen sind.

Vor dem Versetzen der Blöcke wird der Boden durch eine Steinschüttung in einer Vorbaggerung verbessert und der Steinwurf schließlich durch Betonblöcke beschwert, um ihn bei lebhaftem Wellengange gegen Unterspülungen zu sichern.

Einige Beispiele für Blockbauten geben die Abb. 459 A bis D.

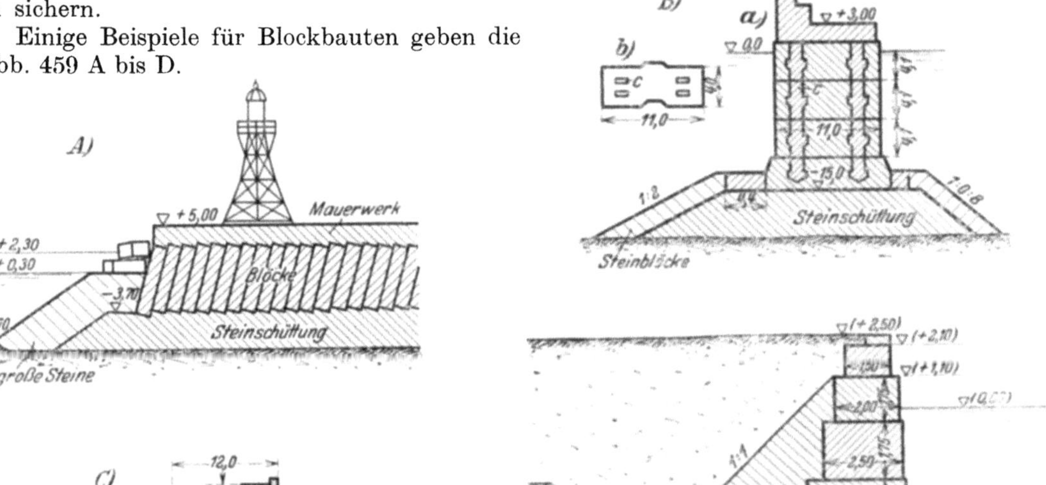

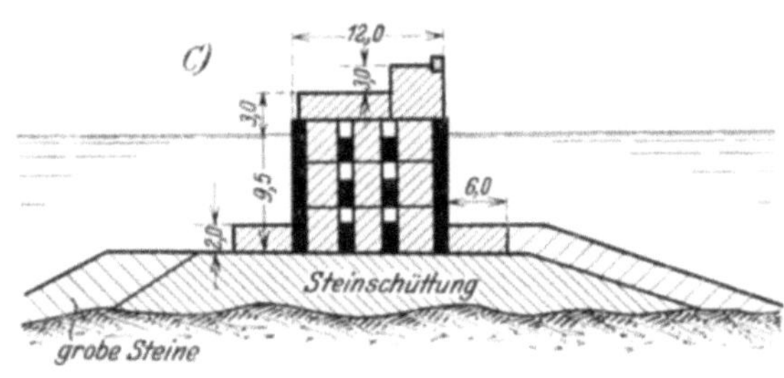

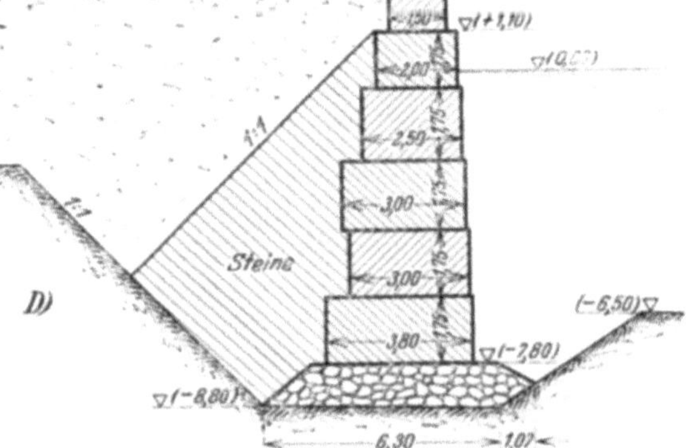

Abb. 459. In Blockbauweise aufgeführte Bauwerke. A) die Mole von Larasch; B) der Wellenbrecher von Algier; C) der Wellenbrecher von Valencia aus an Ort und Stelle ausgegossenen Hohlblöcken; D) Kaimauer aus vollen Blöcken.

Die einzelnen Blöcke müssen so schwer genommen werden, daß sie durch die Reibung gegen den Wellenschlag in ihrer Lage erhalten werden. Als Reibungsbeiwert kann bei betonierten Blöcken etwa $\mu = 0,7$ genommen werden.

Schrifttum.

BAVIER: Die bauliche Entwicklung des Hafens von Genua. Schweiz. Bauzg. Bd. 46 (1905). S. 97. — BÖCKE MANN: Der Hafen von Valencia. Bauing. 1928. S. 421. — DENICKE: Der Hafen von Haidarpascha gegenüber Konstantinopel. Zschft. f. Bauw. 1903. S. 475. — INGLESE: Blockbau. Bericht zum XII. Int. Schiff.-Kongr. 1912. — SAINFLOU: Abgetreppte, aus einzelnen Blöcken geschichtete Kaimauern. Ann. Ponts Chauss. 1930. S. 26. — *Referate*: Blockbau. Ann. Ponts Chauss. 8. Serie. Bd. 34 (1908). S. 36. — Molen mit senkrechten Seitenflächen. Bautechn. 1924. S. 80. — Die Erweiterung des Hafens von Valencia. Bautechn. 1930. S. 707. — Ein Schwimmkran von 450 t zum Bau der Wellenbrecher des Hafens von Algier. Bautechn. 1930. S. 83. — Über den Mustapha-Wellenbrecher im Hafen von Algier. Bautechn. 1936. S. 723. — Die Entwicklung der italienischen Hafenbauten. Bautechn. 1936. S. 602.

c) Gründungen auf Unterwasserbeton.

Die Gründung eines Bauwerkes auf Unterwasserschüttbeton wird gegenwärtig wohl nur mehr sehr selten zur Anwendung kommen. Die Betonplatte, auf die das zu gründende Bauwerk gesetzt wird, ist bei diesem Gründungsverfahren unter dem Schutze einer Spundwand unter Wasser geschüttet (vgl. S. 124), um eine Ausspülung des Zementes durch bewegtes Wasser zu verhindern. Für die Schüttung der Platte ist in der Regel der Raum gebaggert worden.

Nach dem Erhärten der Platte wird das Wasser über derselben innerhalb der Spundwand ausgepumpt, um das weitere Bauwerk im Trockenen aufbauen zu können. Die Platte erleidet dann einen Sohlwasserdruck und sie muß daher so schwer ausgeführt werden, daß ihr Gewicht dem Sohlwasserdruck das Gleichgewicht zu halten vermag. Auf die Platte kann, noch bevor das Wasser abgepumpt wird, ein Betonfangdamm, wie es schon auf S. 221 geschildert worden ist, aufgesetzt werden, wenn die Spundwand allein nicht hinreichend dicht oder widerstandsfähig ist. Das Gewicht des Fangdammes wird dann jenem der Platte zugerechnet, es muß aber nachgewiesen werden, daß die Platte die vom Sohlwasserdruck herrührenden Biegungsbeanspruchungen aufzunehmen vermag. Der Betonfangdamm bleibt als Bestandteil des Bauwerkes stehen.

Ein Beispiel für die Gründung eines Drehbrückenpfeilers auf Schüttbeton stellt die Abb. 342 auf S. 222 dar.

Betongrundwerke können unter Wasser auch mittels Unterwassergußbetons nach dem Contractorverfahren hergestellt werden.

Schrifttum.

BAUMGÄRTNER: Ergänzungen zum Aufsatz: Die neue Eisenbeton-Straßenbrücke über die Donau bei Leipheim. Bautechn. 1934. H. 55. — BETONKALENDER 1935. — DISCHINGER, A.: Anwendung des Contractorverfahrens beim Bau der Uferpfeiler für die neue Eisenbahnbrücke bei Rheinkassel. Bautechn. 1933. S. 414. — MAASKE und HAMPE: Der Oderdüker unter dem Mittellandkanal bei Braunschweig. Bautechn. 1935. S. 133. — MAASKE und JUNG: Betonierung nach dem Kontraktorverfahren beim Bau des Schuntedükers unter dem Mittellandkanal. Bautechn. 1933. S. 434. — MERLING: Eisenbahn- und Straßenbrücke über den Oberhafen in Hamburg. Zschft. f. Bauw. 1907. S. 43. — ROGGE und LOHMEYER: Kaimauerbauten am Marinekohlenhof zu Kiel-Wik. Bautechn. 1923. S. 367. — TRIER, F.: Die Verwendung von Unterwassergußbeton in Schweden. Bautechn. 1930. S. 109, 142. — DERSELBE: Bemerkungen über Unterwassergußbeton. Entgegnung zu den Ergänzungen von Dr. Baumgärtner. Bautechn. 1935. S. 123. — TRIER, F. und E. TODE: Unterwassergußbeton nach dem Contractor-Verfahren beim Bau der Mole an der Mündung des Abstiegkanals bei Magdeburg-Rottensee in die Elbe. Bautechn. 1931. S. 176. — *Referate*: Trockendock in Beckholmen. Bautechn. 1925. S. 781. 1929. S. 36. — Bericht über die Straßenbrücke über den Champlan-See zwischen den Staaten New York und Vermond. Bautechn. 1930. S. 228. — Unterwassergußbeton (Kontraktorverfahren). Runderlaß d. Reichsverkehrsministers v. 5. Juli 1938. Bautechn. 1938. S. 519.

d) Mantelgründungen.

Mantelgründungen sind vorwiegend bei Seebauten ausgeführt worden, kommen aber nur selten zur Anwendung; sie werden vorwiegend angewendet, wenn ein Bauwerk im Wasser auf Fels oder auf Boden zu gründen ist, in den Pfähle und Spundbohlen nicht gerammt werden können. Bei diesen Gründungsverfahren wird die Schalung für das unter Wasser liegende Grundwerk, der Mantel, aus Holz oder Stahl zusammengebaut, zur Baustelle befördert und dort auf den Grund gesetzt. Der untere Rand des Mantels wird entweder so geformt, daß er möglichst genau auf den Boden paßt oder er wird in besonderer Weise gegen den Boden abgedichtet.

In der Abb. 460 ist als Beispiel die Mantelgründung für die Stützen eines Taubenschießstandes an der Meeresküste dargestellt. Der Mantel war als

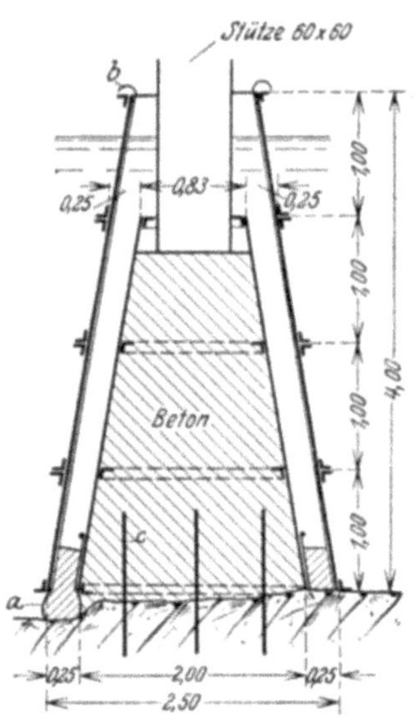

Abb. 460. Mantelgründung für die Säulenfüße eines Taubenschießstandes. (Wayss & Freytag.)

stählerner Doppelmantel ausgebildet, dessen innerer Teil nicht wiedergewonnen werden konnte. Diese Doppelmäntel hatten Höhen zwischen 2 und 4 [m], je nach den Wassertiefen. Sie sind von Gerüsten aus versenkt und mit stählernen Gabeln an Ort und Stelle erhalten worden. Um Strömungen im Innenraume des inneren Mantels, die den Beton geschädigt hätten, zu verhindern, ist zwischen die beiden Mäntel ein ringförmiges Segeltuch gelegt worden, das am inneren Mantel durch einen Rundstahlring, am äußeren Mantel durch Zugseile gehalten wurde. Nach Einbringen von Beton über dem Segeltuch sind die Zugseile so lange nachgelassen worden, bis das Segeltuch allseits am Boden auflag und der Betonring den Mantel abdichtete. Nun konnte der Säulenfuß mit Schüttbeton aufbetoniert werden. Der Säulenfuß wird durch mehrere, in Bohrlöchern im Fels stehende Anker gegen Verschiebungen gesichert. Nach Fertigstellung eines Fußes konnte der äußere Mantel zur Wiederverwendung gehoben werden.

Schrifttum.

GSCHWEND, L.: Von der Stazione Marittima in Triest. Schweiz. Bauzg. Bd. 97 (1931). S. 38. — SCHAPER, G.: Der Wettbewerb für Entwürfe zu einer Verbindung über dem Limfjord zwischen Aalborg und Nörresundby in Dänemark. Bauing. 1921. S. 461. — TRIER, F.: Die Verwendung von Unterwassergußbeton in Schweden. Bautechn. 1930. S. 109. — WAYSS & FREYTAG A.-G.: Taubenschießstand mit eigenartiger Gründung an der Meeresküste (Mar del Plata, Argentinien). Techn. Blätter der Wayss & Freytag A.-G. 1931. S. 13. — ZANDER: Der Bau der neuen Molenköpfe im Hafen von Stolpmünde. Zschft. f. Bauw. 1902. S. 537. — *Referat*: Seezeichen in Eisenbeton. Bautechn. 1927. S. 281.

e) Schwimmkästengründungen.

Schwimmkästen werden zur Gründung von Bauwerken in tiefem Wasser verwendet, wenn die Sohle nicht trockengelegt werden kann und wenn es auf größere und ungleichmäßige Setzungen nicht ankommt; sie bestehen aus großen, wasserdichten Kästen, die schwimmend an die Gründungsstelle gebracht, durch Beschwerung versenkt und schließlich vollständig ausbetoniert oder mit Steinen und Sand aufgefüllt werden.

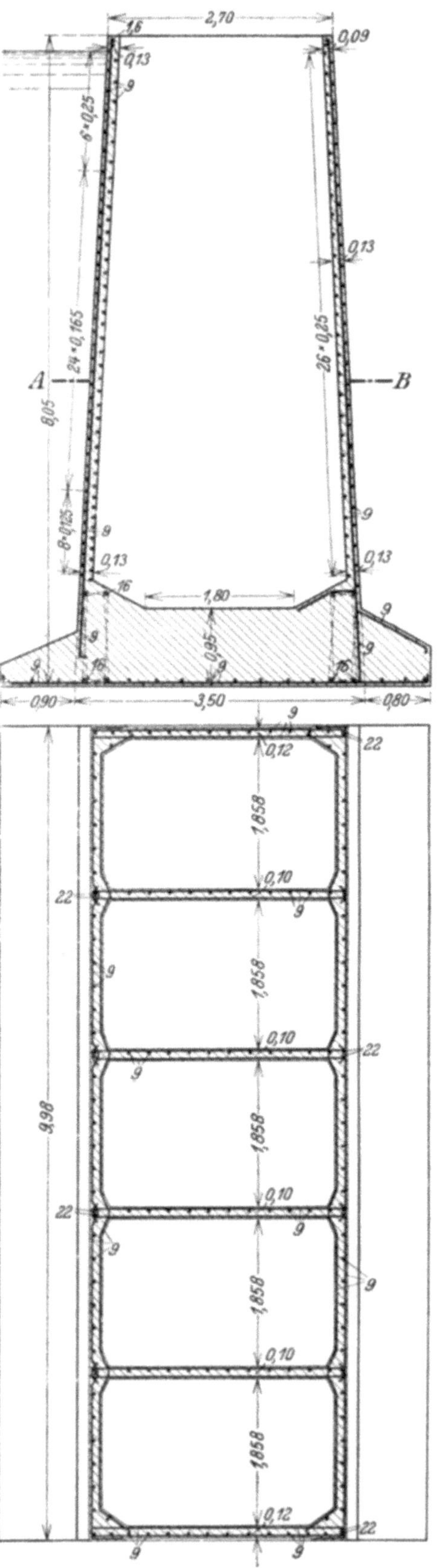

Abb. 461. Bewehrung eines Schwimmkastens für eine Kaimauer in Nörresundby. (W. FELLENIUS.)

Die Sohle muß vor der Versenkung der Kästen sorgfältig eingeebnet werden; das kann bei weicherem Boden durch Schleppen von waagrecht aufgehängten, schweren Trägern geschehen. Sehr empfehlenswert ist es, wenn gut tragfähiger Grund erst in größerer Tiefe liegt, zur Verbesserung des Baugrundes vor der Versenkung eine Steinbrocken-, Kies- oder Sandschüttung allenfalls in eine vorgebaggerte Wanne einzubringen, die leicht einzuebnen ist und die einerseits den schlechten Boden teils verdrängt, teils verdichtet und anderseits die Pressung im Boden herabsetzt, so daß die Setzungen geringer bleiben. Bei Boden sehr geringer Tragfähigkeit kann zur Herabsetzung der Setzungen eine Vorbelastung durch eine hohe Sandschüttung, die später wieder abgeräumt wird (vgl. S. 256) oder eine Pfahlgründung unter dem Schwimmkasten ausge-

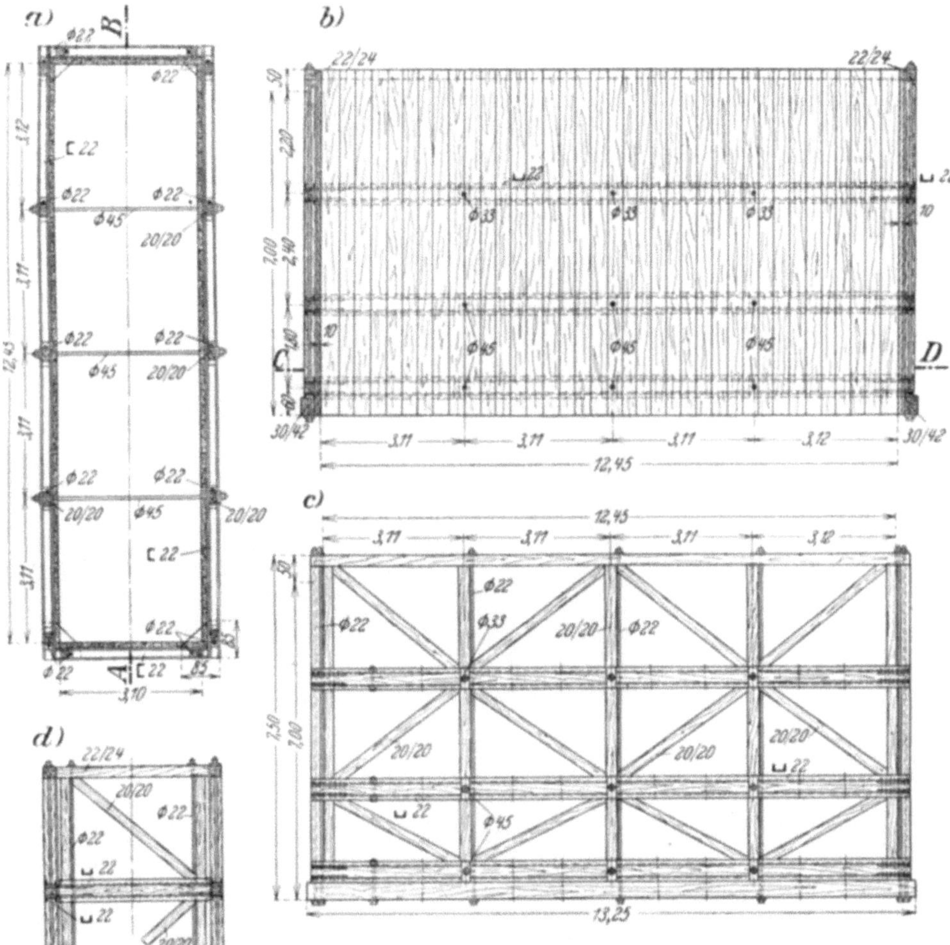

Abb. 462. Seitenwände eines hölzernen Schwimmkastens.

führt werden. Die Pfahlköpfe werden unter Wasser in gleicher Höhe abgeschnitten und der Schwimmkasten wird auf sie ohne Rost aufgesetzt. Die Zwischenräume zwischen den Pfählen werden am besten vorher durch einen Steinwurf aufgefüllt.

Bei Schwimmkästen großer Längenerstreckungen würden die ungleichmäßigen Setzungen zu unvorhersehbaren Beanspruchungen und in der Folge zu Rißbildungen führen und auch die Herstellung und Beförderung würde große Schwierigkeiten bereiten. Man unterteilt dann das Grundwerk in mehrere Schwimmkästen, die später verbunden werden und rechnet mit ungleichmäßigen Setzungen der einzelnen Kästen. Im Bauwerke, das auf die Schwimmkästen aufgesetzt wird, müssen dann selbstverständlich zwischen je zwei Schwimmkästen Bewegungsfugen angeordnet werden.

Die Schwimmkästen werden hauptsächlich im Seebau zur Gründung von Molen, Wellenbrechern, Kaimauern, Leuchttürmen u. dgl. angewendet, wo die Setzungen keine große Rolle spielen. Für Bauwerkspfeiler, Brückenpfeiler, Widerlager u. dgl. werden sie besser nicht verwendet.

1. Die Bemessung und Formung der Schwimmkästen.

Der Boden und die Seitenwände der Schwimmkästen müssen vollständig wasserdicht sein und sie müssen dem höchsten, während der Versenkung auftretenden Druck des außen stehenden Wassers widerstehen. Wenn ein Schwimmkasten in bewegter See versenkt werden muß, so muß auch den Beanspruchungen durch den Wellenschlag Rechnung getragen werden. Das Gewicht der Schwimmkästen wird so bemessen, daß sie sicher schwimmfähig sind und die Gewichtsverteilung erfolgt derart, daß das Metazentrum mindestens 0,3 [m] über dem Schwerpunkte liegt. Die Kastenhöhe wird so gewählt, daß während der Beförderung der Freibord etwa 0,3 [m] beträgt. Vor der Versenkung muß die Wand auf eine Höhe gebracht werden, die die größte Wassertiefe um 0,3 bis 0,5 [m] übertrifft.

Die Schwimmkästen erhielten in der Regel einen rechteckigen Grundriß. Um die Biegungsbeanspruchungen der Längswände herabzusetzen, werden solche Kästen durch mehrere Querwände unterteilt und ausgesteift. Die Bemessung der Wandstärken und der Bewehrung geschieht ähnlich wie bei Wasserbehältern. Das Beispiel in der Abb. 461 deutet die Anordnung der Bewehrung eines Eisenbetonschwimmkastens an.

Bei sehr nachgiebigem Boden läßt man die Bodenplatte beiderseits der Längswände oder bei freistehenden Schwimmkästen allseits vorkragen, um den Sohldruck herabzusetzen.

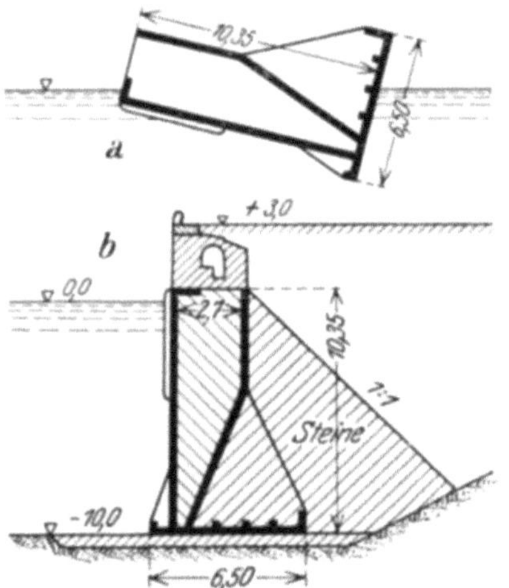

Abb. 463. Schwimmkasten für die Kaimauer im Hafen Talca huano. *a* während der Beförderung, *b* versenkt.

Abb. 464. Ein Schwimmkasten einer Ufermauer in Rotterdam im Dock während des Auftragens der Asphaltierung. (D. Boomsma.)

Die Ausbildung der Wände eines hölzernen Schwimmkastens deutet die Abb. 462 an. Der Tiefgang der Schwimmkästen während der Beförderung kann entweder dadurch herabgesetzt werden, daß die Kästen vorerst nicht in voller Höhe aufgebaut werden oder durch eine entsprechende Formung. In der Abb. 463 ist als Beispiel für eine besondere Formung ein Schwimmkasten dargestellt, der liegend befördert und an der Versenkungsstelle mittels eines Schwimmkranes aufgerichtet worden ist.

Bei Schwimmkästen für Kaimauern muß die Fuge zwischen den Kästen dicht sein, damit nicht die Hinterfüllung der Mauern ausgespült werden kann. Die Schwimmkästen erhalten dann am besten kräftige Nuten (Abb. 464) und Federn, die einerseits die Fugen dichten und anderseits den zu versenkenden Kasten gut führen.

2. Die Herstellung der Schwimmkästen.

Die Schwimmkästen werden entweder auf Hellingen, in einem Trockendock oder in einem Schwimmdock hergestellt und schwimmend zur Versenkungsstelle befördert. Sie werden, wie schon erwähnt worden ist, aus Holz, Stahl oder Stahlbeton ausgeführt. Gegenwärtig erfolgt die Herstellung vorwiegend aus Stahlbeton, wobei für den Beton ein Zement verwendet werden muß, der den Angriffen des betreffenden Wassers widersteht. Die Außenflächen von Stahlbetonschwimmkästen werden überdies noch im Trockenen mit einem Schutzanstrich von Goudron od. dgl. versehen (vgl. Abb. 464).

Die Herstellung der Schwimmkästen am Helling erfolgt, indem in der Regel auf die geneigten Gleitbalken der Helling ein keilförmig ausgebildeter Schlitten oder Wagen mit waagrechter Plattform errichtet wird, auf dem der Schwimmkasten aufgebaut wird. Die Gleitbalken müssen so weit ins Wasser reichen, daß der Schwimmkasten beim Stapellauf sich von der Plattform abhebt. Um an Gleitbahnlänge unter Wasser zu sparen, wird der Schwimmkasten zur Zeit der Flut von der Helling gelassen und es wird weiter, um den Tiefgang des Schwimmkastens beim Stapellauf zu verringern, wie schon erwähnt worden ist, nur der untere Teil an der Helling ausgeführt; der weitere Aufbau erfolgt dann am schwimmenden Kasten. Die Abb. 465 zeigt eine Anzahl von Stahlbetonschwimmkästen fertig betoniert an der Helling und die Abb. 466 gibt die Ansicht eines Stahlbetonschwimmkastens

Abb. 465. Stahlbetonschwimmkasten am Helling in Fiume. (Dyckerhoff & Widmann.)

Abb. 467. Hölzerner Schwimmkasten auf der Helling in Fiume. (Dyckerhoff & Widmann.)

Abb. 466. Ein Stahlbetonschwimmkasten einer Kaimauer in Nörresundby (vgl. Abb. 461), beim Ablauf von der Helling. (Christiani & Nielsen.)

wieder, der eben von der Helling abgelassen wird. In der Abb. 467 ist ein hölzerner Schwimmkasten dargestellt, der auf einer einfachen Helling zusammengebaut ist, bereit zum Ablassen.

Häufig sind die Schwimmkästen auch im Dock ausgeführt worden; hierzu eignen sich Trockendocks, Schwimmdocks und behelfsmäßig errichtete Baudocks. Auch im Dock wird, um die Tauchtiefe herabzusetzen, nur der untere Teil der Schwimmkästen ausgeführt und die Vollendung erfolgt schwimmend. Die Schwimmkästen werden aus Trockendocks und aus Baudocks bei Flut herausgeschleppt, um die größere Wassertiefe ausnützen zu können. Bei Baudocks ermöglicht diese Maßnahme die Anlage der Docksohle in geringerer Tiefenlage. Der Abschluß der Baudocks erfolgt gegen das offene Wasser mittels eines Dammes oder eines Tores. In der Abb. 464 auf S. 286 ist der untere Teil eines im Baudock im Heyschehafen betonierten Schwimmkastens aufgenommen, der eben den Isolieranstrich erhält. Das Dock hatte dort eine Länge von 215 [m], eine Breite von 33,50 [m] und diente zur gleichzeitigen Ausführung von acht Schwimmkästen von je 40 [m] Länge. Der weitere Aufbau auf den schwimmenden Kästen erfolgte durch eigene Gerüste, unter die sie geschleppt wurden.

Abb. 468. Helling in Fiume, auf hölzernen Schwimmkästen gegründet. (Dyckerhoff & Widmann.)

Bei stählernen und bei hölzernen Schwimmkästen bilden die Seitenwände nur die Schalung zur Ausbetonierung des Hohlraumes. Sie sind vielfach so zusammengebaut worden, daß sie nach der Betonierung vom Beton leicht losgelöst, zerlegt und wieder verwendet werden konnten.

3. Die Versenkung der Schwimmkästen.

Wenn der Schwimmkasten an die Versenkungsstelle gebracht ist, wird er ausgerichtet und in seiner Lage entweder durch einige Pfähle oder durch Vertauung an schweren Ankern gesichert. Die Versenkung geschieht entweder langsam durch gleichmäßige Auffüllung mit Magerbeton, Steinen oder Sand oder, wenn es erforderlich ist, rasch durch Füllung mit Wasser; aus dem abgesenkten Kasten wird das Wasser dann wieder zellenweise abgepumpt und durch die endgültige Füllung aus Beton, Steinen oder Sand ersetzt. Zur Verstärkung wird manchmal an der Wasserseite Beton, im übrigen Kasten Steine oder Sand eingefüllt.

Die Baustelle für die Gründung einer Hellinganlage auf hölzernen Schwimmkästen in Fiume zeigt die Abb. 468.

4. Ausgeführte Schwimmkastengründungen.

Schwimmkastengründungen werden, seitdem die Kästen aus Stahlbeton ausgeführt werden, in immer ausgedehnterem Maße bei Hafenbauten und Bauten an der Küste angewendet. Am häufigsten fanden Schwimmkästen wohl beim Bau von Kaimauern Anwendung. In der Abb. 469a,

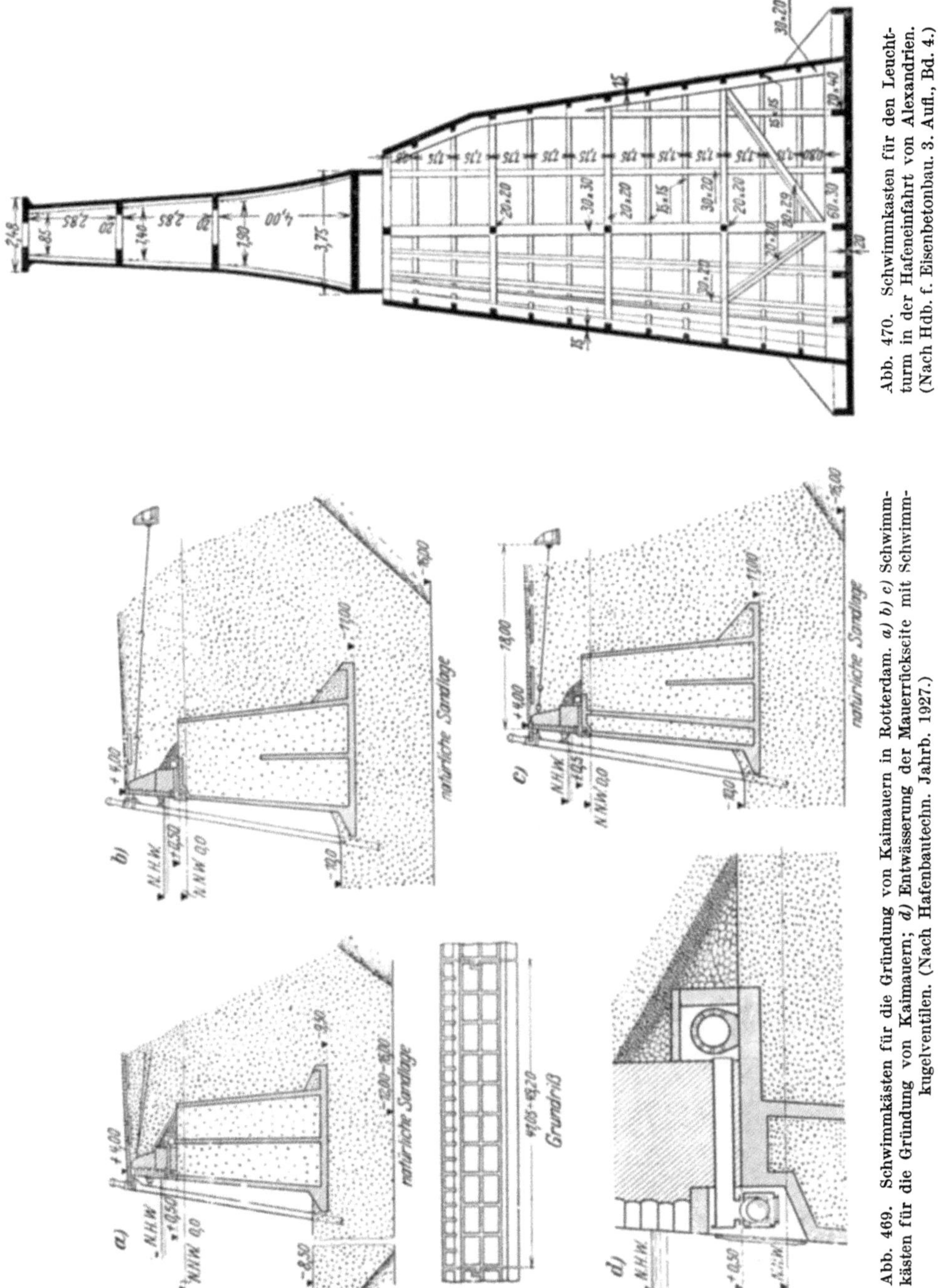

Abb. 470. Schwimmkasten für den Leuchtturm in der Hafeneinfahrt von Alexandrien. (Nach Hdb. f. Eisenbetonbau. 3. Aufl., Bd. 4.)

Abb. 469. Schwimmkästen für die Gründung von Kaimauern in Rotterdam. a) b) c) Schwimmkästen für die Gründung von Kaimauern; d) Entwässerung der Mauerrückseite mit Schwimmkugelventilen. (Nach Hafenbautechn. Jahrb. 1927.)

b und c sind drei Beispiele für Kaimauern aus Schwimmkästen zusammengestellt. Damit bei den rasch schwankenden Seewasserständen der Grundwasserspiegel hinter der Mauer rasch absinken kann, ist die Mauer gedränt und die Ausläufe sind mit Schwimmkugelventilen (Abb. 469d) ausgerüstet, die ein Rückfließen von Wasser in die Dräne bei höheren Seewasserständen verhindern.

Zur Abdichtung der Fugen zwischen den Kästen gegen Bodenausspülungen bei Seegang erhalten die Kästen an den Stirnwänden am besten, wie es schon erwähnt worden ist, Nuten und Federn (vgl. Abb. 464 und 286).

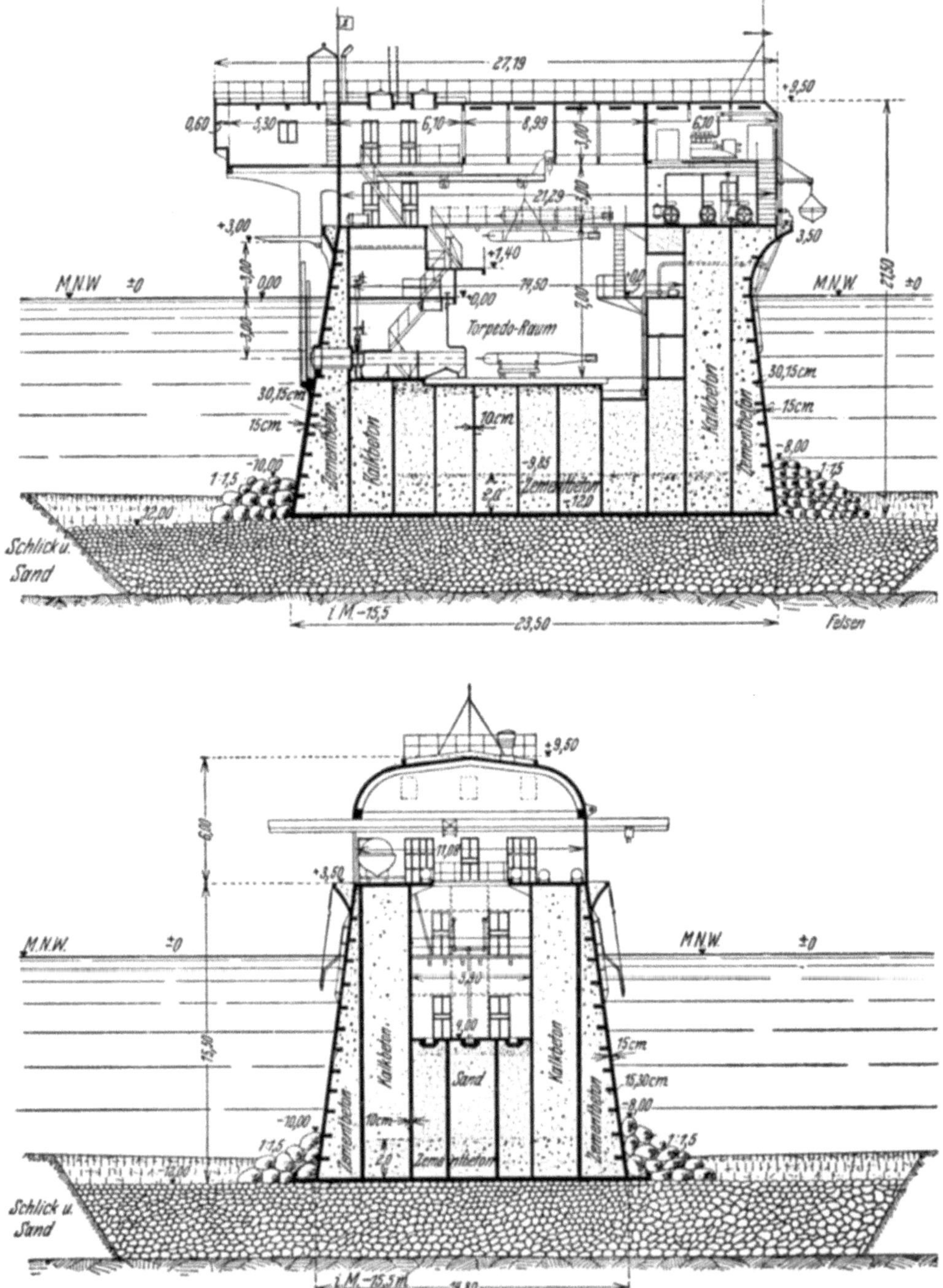

Abb. 471. Torpedoschießstand, als Schwimmkasten ausgeführt. (Nach Hdb. f. Eisenbetonbau, 3. Aufl., Bd. 4.)

Als weiteres Beispiel zeigt die Abb. 470 den Schwimmkasten für den Leuchtturm in der Hafeneinfahrt von Alexandrien. Wohl der größte jemals gebaute Schwimmkasten diente zur Gründung des in der Abb. 471 dargestellten Torpedoschießstandes, der bis zur Versenkungsstelle 35 [km] weit geschleppt worden ist.

Schrifttum.

BLUNCK: Der Ausbau des Hafens von Helsingborg. Jahrb. d. Hafenbautechn. Ges. 1924. S. 179. — BOOS-MA, D.: Die Entwicklung des Kaimauerbaues in Rotterdam. Jahrb. d. Hafenbautechn. Ges. 1927. S. 127. — BURG-DORFER: Die Erweiterung des Rotterdamer Hafens in den letzten Jahren. Ingenieur. 1921. — DERSELBE: Senkkastenkaimauer im Hafen von Kopenhagen. Zentralbl. d. Bauverw. 1920. S. 175; Beton u. Eisen. 1918. H. 4, 5. S. 37. — DEMETER, D.: Kaimauer in Budapest. Beton u. Eisen. 1921. S. 157. — ENGEL und ANKER: Die internationalen Wettbewerbe für den Bau des Freihafens in Barcelona. Bautechn. 1929. S. 629. — FRAN-ZIUS, O.: Der Grundbau. S. 202. Berlin: Julius Springer 1927. — GOLDBERG: Neuere Eisenbetonbauten in Hauptseehäfen und Mittel zu ihrer Sicherung. Handb. f. Eisenbetonbau. Bd. 4. Wasserbau. 3. Aufl. Berlin: W. Ernst & Sohn 1926. — HORN: Verbesserung des Hafens von Valparaiso. Beton u. Eisen. 1905. S. 215. — KERNER: Neubau der Petribrücke in Rostock. Zentralbl. d. Bauverw. 1919. S. 183. — KLOTZKY, A.: Der Ausbau des polnischen Hafens Gdingen. Bautechn. 1928. S. 523. — LANGE, H.: Hebung eine untergegangenen Eisenbetoncaissons. Beton u. Eisen. 1928. S. 135. — LUFT, W. und G. RUTH: Eisenbetonschwimmkörper und ihre Verwendung bei Hafenbauten usw. Bauing. 1920. S. 461. — MONBERG: Bericht 93 zum XII. Int. Schiff.-Kongr. — MÖRSCH, E.: Eisenbetonbau. Bd. 1. 1 Hälfte. 5. Aufl. S. 278. Stuttgart: K. Wittwer 1924. — PROBST, E.: Die Entwicklung des Beton- und Eisenbetonbaues in den Vereinigten Staaten. Bauing. 1926. S. 338. — RIBERA: Große Eisenbetonschwimmkästen zur Herstellung von Kaimauern. Beton u. Eisen. 1911. S. 65. — RINSTAD, J. A.: Der Hafen von Kopenhagen. Jahrb. d. Hafenbautechn. Ges. 1939/40. S. 48. — STECHER: Bau einer Eisenbeton-Senkkasten-Kaimauer im Hafen von Kobe (Japan). Bautechn. 1926. S. 650. — STROSS, W.: Errichtung eines Leuchtfeuerturmes in Eisenbeton am Eingang der großen Hafeneinfahrt von Alexandrien. Beton u. Eisen. 1913. S. 309. — WESTERMANN: Umbauten von Leuchtfeuern in der offenen See. Bautechn. 1930. S. 68. — YPERN: Mitteilungen über die Eisenbetondocks in Soerebaya. Ingenieur. 1925. S. 905. — *Referat:* Hafenbauten aus Eisenbeton. Beton u. Eisen. 1912. S. 3.

C. Schwebe- und Tiefgründungen.

I. Tiefgründungen in offener Baugrube.

Tiefgründungen in offener Baugrube werden ausgeführt, wenn der Zweck des zu errichtenden Bauwerkes ein tiefes Hinabverlegen des Grundwerkes unter die Bodenoberfläche

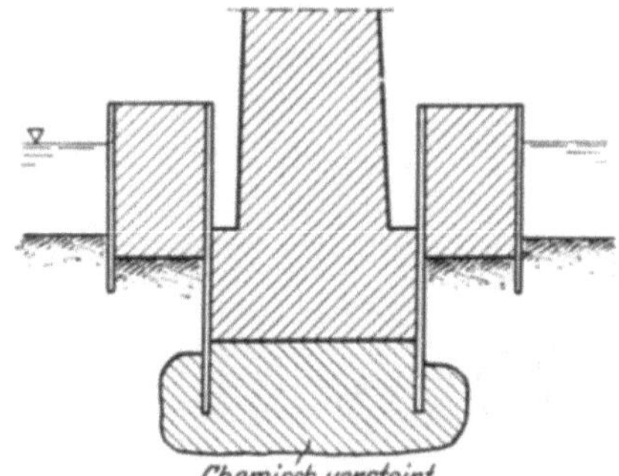

Abb. 473. Offene Gründung eines Brückenpfeilers mit chemischer Versteinung des Bodens zur Abdichtung der Baugrubensohle. (Nach W. SICHARDT.)

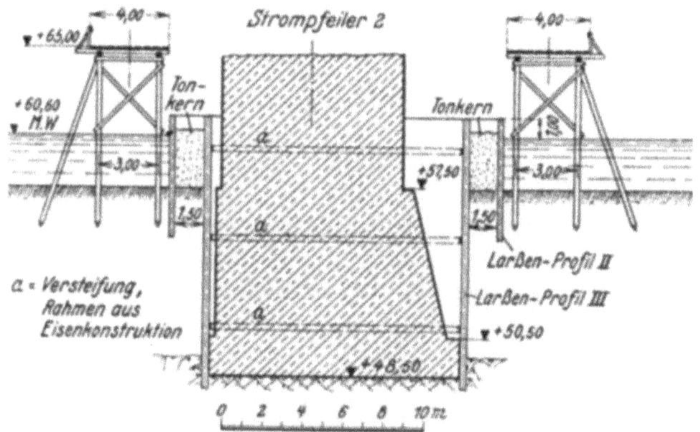

Abb. 472. Gründung eines Strompfeilers in offener Baugrube, unter dem Schutz von Fangdämmen. (Nach H. KAYSER.)

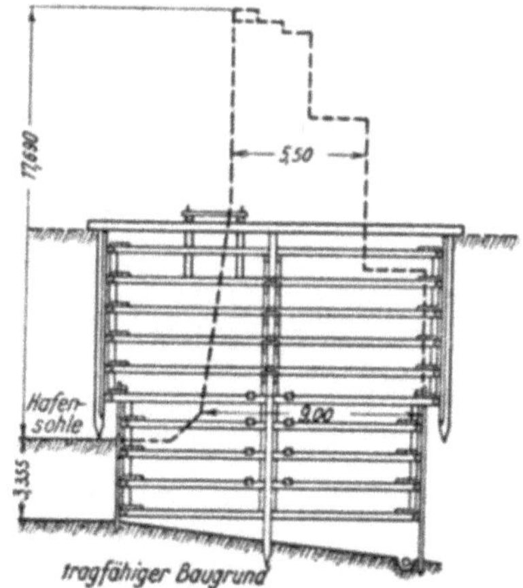

Abb. 474. Gründung einer Kaimauer in offener Baugrube. (Nach A. AGATZ.)

erfordert, um unter der Bodenoberfläche liegende Nutzräume zu schaffen oder wenn aus irgend einem Grunde das Grundwerk in seiner ganzen Ausdehnung erst in größeren Tiefen auf den Boden gesetzt werden darf.

Wenn eine hinreichend tragfähige Bodenschichte in erreichbarer Tiefe unter der Bodenoberfläche liegt, kann die Gründung in offener Baugrube mit geeigneter Wasserhaltung ausgeführt werden. Die Grundwerksabmessungen werden der zulässigen Belastung des Bodens angepaßt. Die Baugrube wird bei kleinen Grundwerksabmessungen mit lotrechten Wandungen ausgehoben und ausgesteift. Einige derartige Gründungen veranschaulichen die Abb. 472, 473 und 474.

Tiefgründungen in offener Baugrube werden auch ausgeführt, wenn Bauwerke zu gründen sind, bei denen tiefliegende Nutzräume zu schaffen sind, wie z. B. bei neuen Häusern im Kerngebiete der Großstädte, bei denen zur besseren Ausnutzung des hochwertigen Baugrundes mehrere Geschosse unter die Bodenoberfläche hinabverlegt werden, ferner bei Lagerhäusern, bei Bühnenkellern von Theatern, bei Pumpwerken, Schiffahrtsschleusen u. dgl.

Abb. 475. Ausführung einer Grundplatte unter verschieden schweren Bauwerksteilen bei Grundwasserandrang. (Nach R. BORTSCH.) *a* Grundplatte, *b* Unterbeton, *c* Bankett, *d* Hohlraum, *e* Grundwasserdichtung, *f* Stahlbetonplatte.

Bei solchen Bauwerken wird mit wenigen Ausnahmen die Grundwerkssohle tief unter den Grundwasserspiegel zu liegen kommen, so daß während des Aushubes der Baugrube und während der Herstellung des Grundwerkes mit starkem Grundwasserandrang gerechnet werden muß. Zur Trockenhaltung der Baugrube werden dann bei Gründungen am Lande die Baugruben, wenn es der Boden zuläßt, mit Spundwänden eingefaßt und das Wasser offen aus Pumpensümpfen abgepumpt; wenn offene Wasserhaltungen wegen der Gefährdung des Baugrundes nicht zulässig sind, wird das Grundwasser abgesenkt.

Bei den früher erwähnten Bauwerken wird nur die Gründung auf durchlaufenden Platten oder verkehrten Gewölben in Frage kommen können. Die Grundplatte und die Außenwandungen müssen, soweit sie unter dem Grundwasserspiegel liegen, aus möglichst dichtem Beton ausgeführt werden und, wenn die tiefliegenden Räume trocken bleiben müssen, noch überdies eine eigene Grundwasserabdichtung erhalten, deren Ausführung im achten Teil des Buches noch ausführlich geschildert wird.

Die Ausführung der unter dem Gebäude durchlaufenden Grundwerke ähnelt im übrigen durchaus jenen, die schon im Abschnitt B beschrieben worden sind.

Abb. 476. Platte als Silogrundwerk. (Siemens-Bau-Union.)

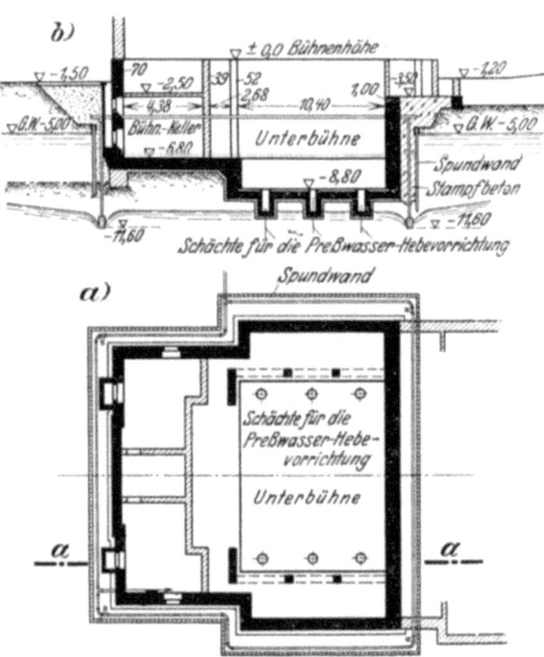

Abb. 477. Bühnenkeller des Schauspielhauses in Chemnitz. (Wayss & Freytag A.-G.)

Eine besondere Ausbildung der unter dem Bauwerke durchlaufenden Platte ist erforderlich, wenn die nebeneinander auf der Platte stehenden Bauwerksteile verschieden schwer sind, weil sonst ungleichförmige Setzungen und mithin Verbiegungen der Platte mit ihren Folgen oder eine Schiefstellung des Gebäudes zu befürchten wären. Man ordnet dann unter jenen Plattenteilen, die minder belastet sind, Hohlräume (Abb. 475) an, die mit verlorener Schalung ausgeführt werden, so daß die Platte nur mit den unter den Mauern liegenden Banketten am Boden aufliegt. Die Platte über den Hohlräumen zwischen den Stegen ist so zu bewehren, daß sie von oben die Nutzlast, von unten den Druck des Grundwassers aufzunehmen vermag. Die Breite der Bankette, mit denen die Platte am Boden aufliegt, wird so bemessen, daß die Senkung unter dem ganzen Grundwerke gleich zu erwarten ist, also je nach dem Verhalten des Bodens unter Lasten (vgl. S. 79), so daß die Sohlspannungen gleich oder größer als unter den übrigen vollaufliegenden Platte sind.

Einige Beispiele für die Ausführung von Bauwerken mit tiefliegendem Nutzraum sind in der Abb. 476 bis 481 dargestellt.

Schrifttum.

AGATZ, A.: Die Grundlagen der Entwurfsbearbeitung von Kaimauern auf hohem Pfahlrost. Bautechn. 1930. S. 188. — BORTSCH, R.: Fundierung eines achtgeschossigen Bankgebäudes in Preßburg mittels einer biegungsfesten Pilzplatte. HDI-Mitteilungen d. Hauptverb. deutscher Ingenieure in der CSR. 1926. H. 3. — CRAEMER, H.: Scheiben und Faltwerke als neue Konstruktionselemente im Eisenbetonbau. Beton u. Eisen. 1929. S. 269. — KAYSER, H.: Wettbewerb für eine zweite feste Straßenbrücke über die Mosel in Koblenz. Beton u. Eisen.

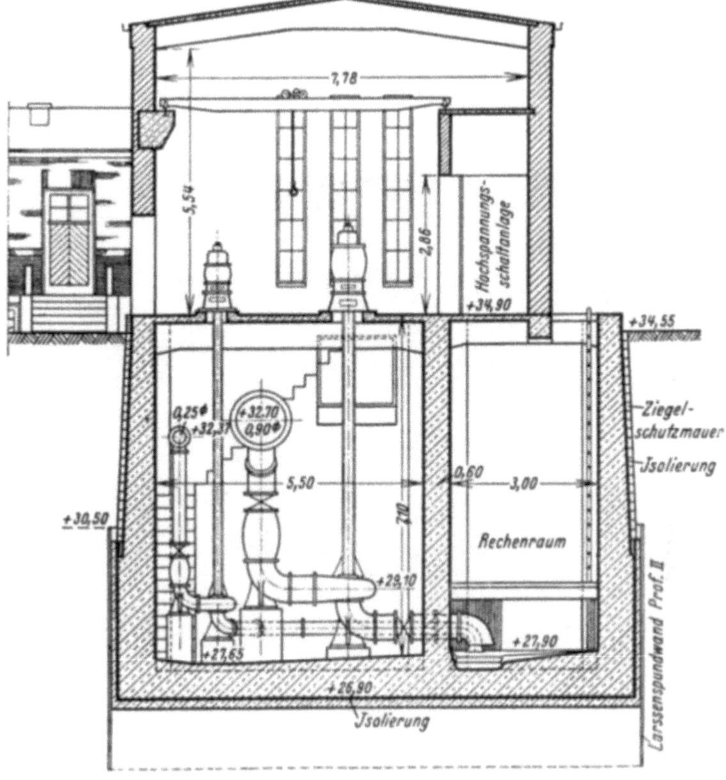
Abb. 478. Pumpwerk Sterkrade. (Nach A. RAMSHORN.)

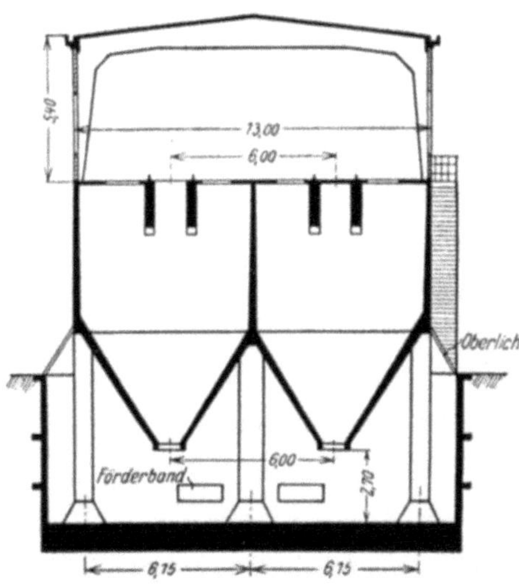
Abb. 479. Kohlenbunker. (Nach H. CRAEMER.)

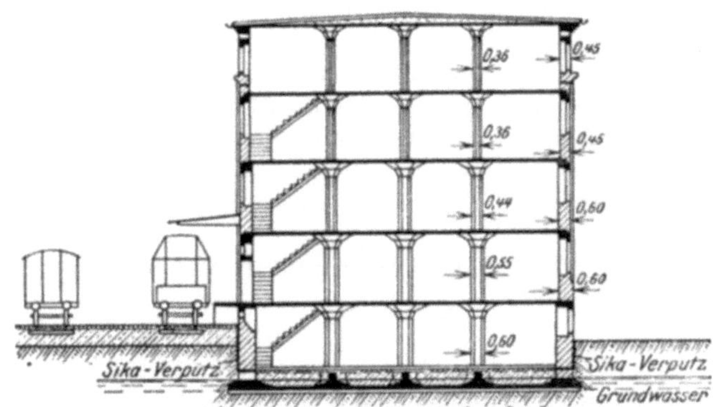
Abb. 480. Mehllager einer Dampfmühle. (Nach W. OBRIST.)

1928. S. 217. — RAMSHORN, A.: Neue Abwässerungswerke der Emschergenossenschaft. Bautechn. 1930. S. 330. — SICHARDT, W.: Erfahrungen mit der chemischen Bodenverfestigung und Anwendungsmöglichkeiten des Verfahrens. Bautechn. 1930. S. 181. — SIEMENS-BAUUNION: Werbeschriften. — WAYSS & FREYTAG A.-G.: Werbeschriften.

II. Die Gründung auf Pfählen.

In Boden, der für die unmittelbare Aufbringung des Grundwerkes nicht hinreichend dicht gelagert ist, kann das Grundwerk auf Pfähle gelagert werden, die die Last auf tiefliegende Bodenschichten übertragen. Wenn die Last vorwiegend durch die Pfahlspitze auf eine sehr dicht gelagerte Schicht übertragen wird, so werden solche Pfähle Festpfähle genannt; wenn hingegen die Last vorwiegend durch die Reibung am Pfahlmantel auf den Boden übertragen wird, so werden solche Pfähle als Schwebepfähle bezeichnet. Pfähle, die auf ihrer ganzen Länge im Boden stecken, werden auch als Grundpfähle bezeichnet, zum Unterschied von Langpfählen, die über den Boden emporragen; diese letzteren werden vorwiegend bei Pfahlgründungen im Wasser und bei Gerüsten verwendet. Die Pfähle sollen nur durch axial angreifende Lasten beansprucht werden; wenn die Resultierende der angreifenden Kräfte vom Lot abweicht, so werden die Pfähle zum Teil als Lotpfähle, zum Teil als Schrägpfähle gerammt. In besonderen Fällen können Pfähle

Abb. 481. Bewehrung der Heizkellersohle eines Tiefkellers. (H. MALCHOW.)
a Grundwasserabdichtung aus Asphaltpappe, *b* Feinbetonschutzschicht.

auch auf Zug beansprucht werden und heißen dann Zugpfähle zum Unterschied gegen Druckpfähle. Um zu verhindern, daß Zugpfähle aus dem Boden gezogen werden, erfahren sie manchmal eine besondere Ausbildung.

Die Pfähle werden aus Holz, Beton, Stahlbeton oder Stahl hergestellt.

Nach der Art des Einbringens in den Boden unterscheidet man Rammpfähle, Bohrpfähle, Schraubenpfähle und eingespülte Pfähle.

Der Ausführung einer Pfahlgründung muß eine Bodenerkundung durch Bohrungen vorausgehen, die die Grundlage für den Entwurf und besonders für die Bemessung der Pfahllängen liefert.

a) Die Pfahlarten und ihre Einbringung in den Boden.

1. Die Rammpfähle.

Die Rammpfähle können entweder durch Rammen fertiger Pfähle aus Holz, Stahlbeton oder Stahl oder durch Rammen eines Rammkernes in den Boden und nachträgliches Ausbetonieren des nach dem Ziehen des Rammkernes im Boden verbleibenden Hohlraumes ausgeführt werden. Die ersteren werden als Fertigpfähle bezeichnet, während die letzteren unter dem Sammelnamen Ortbetonrammpfähle zusammengefaßt werden.

a) Fertigpfähle.

α **Holzpfähle.** Holzpfähle werden vorübergehend als Hilfsmittel bei Bauausführungen, als sogenannte Gerüstpfähle und als bleibende Bestandteile von Grundwerken verwendet. Als bleibende Teile dürfen sie aber nur angewendet werden, wenn ihr Bestand dauernd gewährleistet ist, wenn sie also nach der unter den Ingenieuren weitverbreiteten Anschauung ständig unter Wasser liegen oder zumindest nie, auch nicht oberflächlich, austrocknen können und wenn sie überdies im Wasser, in dem Bohrwürmer vorkommen, gegen Zerstörung hinreichend gesichert werden. Es muß aber besonders betont werden, daß auch Fälle bekanntgeworden sind, in denen ständig unter Wasser gelegene Grundpfähle im Laufe der Zeit zerstört worden sind. Diese Zerstörungen scheinen aber nur bei höheren Wassertemperaturen vorzukommen. Bei der Beurteilung

der Bestandsicherheit der Pfähle darf nicht nur der augenblickliche Wasser- oder Grundwasserstand in Betracht gezogen werden, sondern es muß auch erhoben werden, ob nicht durch irgendwelche Maßnahmen im Bereiche um das Grundwerk, wie z. B. Flußregulierungen, Entwässerungen, Kanalbauten od. dgl., mit einem Absinken des Grundwasserspiegels später gerechnet werden muß. Die weitgehenden Zerstörungen, die an Holzpfählen auftreten, wenn der Grundwasserspiegel absinkt, erläutert anschaulich die Abb. 482. Die Holzpfähle waren in der ursprünglichen Höhenlage a—a des Grundwasserspiegels abgeschnitten worden; zur Zeit der Freilegung war der Grundwasserspiegel in die Lage b—b abgesunken und der über diese Lage emporragende Teil der Pfähle war so weit zerstört, daß er leicht mit den Händen zerdrückt werden konnte.

Abb. 482. Infolge Absinkens des Grundwasserspiegels aus der Lage *a* in die Lage *b* zerstörte Holzpfähle. (Reymond-Concrete Pile Comp., New York.)

Für die Holzpfähle wird am besten Kiefer-, Lärchen- oder Eichenholz verwendet, die alle große Lebensdauer im Wasser haben. Das Holz für Pfähle muß geraden Wuchs haben und fehlerfrei sein und es soll überdies möglichst wenig Äste haben. Hölzerne Druckpfähle werden stets mit dem Zopfende nach unten gerammt.

Die Pfahlstärken werden den Lasten angepaßt; wegen des Rammens werden Grundpfähle von 4 [m] Länge wenigstens 25 [cm] stark genommen und für jeden Meter Mehrlänge erfolgt ein Zuschlag von etwa 1,5 bis 2,5 [cm]. Langpfähle werden, um ein Ausknicken zu verhindern, stärker genommen.

Die Holzpfähle werden rund belassen; nur Pfähle für Pfahlwände werden manchmal, um einen dichten Anschluß der Pfähle zu gewährleisten, auf zwei Seiten bearbeitet. Die Spitze wird meist vierseitig, manchmal auch rund bearbeitet und erhält bei festgelagertem Boden eine Länge gleich dem Durchmesser, bei losem Boden gleich dem doppelten Durchmesser des Pfahles. Für Rammungen in scharfkantigen Kies oder in Geröll werden Pfahlspitzen mit stählernen Pfahlschuhen (Abb. 483)

Abb. 483. Pfahlschuh.

beschlagen, die auf den Pfahl warm aufgepaßt werden sollen und mit vier Laschen befestigt werden. Die Laschen sollen längliche Nagellöcher erhalten, an deren oberen Rande die Nägel eingeschlagen werden, um zu verhindern, daß beim Rammen, wenn sich der Schuh fest auf den Pfahl preßt, die Nägel verbogen oder abgeschert werden. Der Pfahlschuh muß sehr sorgfältig aufgepaßt werden, so daß seine Spitze genau in der Pfahlachse liegt; ein schlecht sitzender Pfahlschuh ist schlechter als gar keiner. Von der Notwendigkeit eines Pfahlschuhes überzeugt man sich am besten durch eine Proberammung.

Um beim Rammen ein Zersplittern des Pfahlkopfes und die Bildung des Schorfes oder Bartes unter den Schlägen des Rammbären am Pfahlkopf zu verhindern, wird auf den Pfahlkopf ein stählerner Ring aufgezogen, der bis zu 10 [cm] hoch und bis zu 5 [cm] dick ist und nach oben einen Anzug von 1 : 20 hat. Er wird so aufgepaßt, daß er etwa 2 [cm] über den Pfahlkopf vorragt und erst unter den ersten Schlägen des Rammbären mit der Schnittfläche in eine Ebene kommt. Das Holz innerhalb des Ringes wird dann zusammengepreßt und bekommt unter den Schlägen des Rammbären bei richtig aufgepaßtem Ring eine glatte, glänzende Oberfläche. Nach dem Rammen wird der Ring wieder abgenommen und weiter verwendet.

Hölzerne Pfähle sind mit Längen bis zu etwa 25 [m] Länge gerammt worden. Wenn einzelne der vorbereiteten Pfähle zu kurz sind, so können sie durch Aufpfropfen verlängert werden. Die Verbindungsstelle muß möglichst knicksicher ausgeführt sein. Damit sich die Hirnholzflächen beim Rammen nicht ineinander schieben können, werden Stahlblechscheiben eingelegt. Einige gebräuchliche Holzverbindungen, die beim Aufpropfen angewendet werden, veranschaulicht die Abb. 484. Die Verbindungsstelle aufgepfropfter Pfähle stellt die schwächste Stelle des Pfahles dar; die Verlängerung der Pfähle durch Aufpfropfung darf daher nur im Notfalle angewendet werden und nur dann, wenn der Stahl im Boden nicht angegriffen wird.

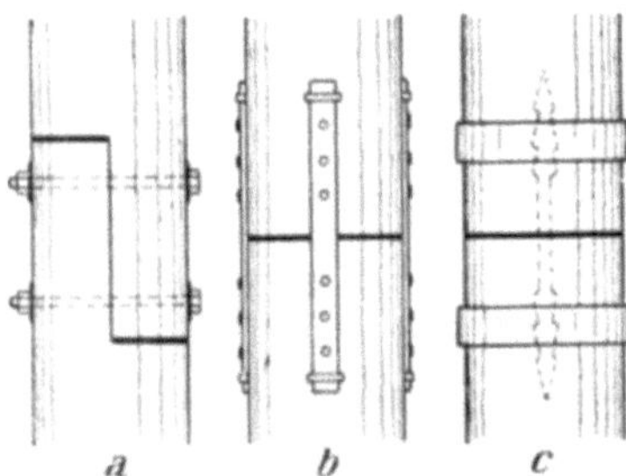

Abb. 484. Aufpfropfung von Holzpfählen.

Abb. 485. Überrammter Holzpfahl. (Ver. Stahlwerke A.-G., Dortmunder Union.)

Wenn Holzpfähle auf ein Hindernis stoßen, wie z. B. eine sehr fest gelagerte Schichte, Steine od. dgl., so kann durch übertriebenes Rammen die Pfahlspitze, die Pfropfstelle oder auch der ganze Pfahl zersplittert oder zerstört werden. Solche Pfahlschäden werden vielfach während des Rammens nicht wahrgenommen; sie können starke Pfahlsetzungen bei Festpfählen bewirken. In den Abb. 485 und 486 sind einige Beispiele von Zerstörungen an Holzpfählen infolge Überrammens zusammengestellt.

Schrifttum.

BERNHARD, K.: Die neue Straßenbrücke über die Spree in Fürstenwalde. Deutsche Bauzg. 1914. — EHRENBERG: Der Umbau der Warnowbrücke bei Niex an der Strecke Rostock—Laage. Bautechn. 1925. S. 541. — FABRICIUS, G. und H. SCHULTZE: Ein neuer Schuppenspeicher für Stuttgart im Seehafen Stettin. Z. V. d. I. 1929. S. 1453. — FABRICIUS, G.: Jahrb. d. Hafenbaut. 1928/29. S. 75. — *Referat*: Betonschale als Schutz der Pfähle gegen Bohrwürmer. Engg. News. Rec. Bd. 63. 1910. H. 1. — HACHE: Der Seekanal von Gent nach Terneuzen und der

Abb. 486. Überrammte Holzpfähle, *a* zerstörte Pfahlspitze, *b* an der Aufpfropfungsstelle zerstörte Pfähle. *c* verbogene Stahlbänder der Aufpfropfungsstellen. (Reymond-Concrete Pile Comp., Boston.)

Hafen von Gent. Deutsche Bauzg. 1914. S. 273, 289. — HAUG: Die Neckarbrücke Ziegelhausen—Schlierbach. Deutsche Bauzg. 1915. S. 60. — HORTON: Wirkung und Kosten einer Umbetonierung von Holzpfählen zum Schutze gegen Meerwasser. Engg. News Rec. 63 (1910). H. 8. — JANETZKI: Gründung eines Brückenpfeilers auf Braunkohlenuntergrund. Zentralbl. d. Bauverw. 1910. S. 241. — KNOLL und SCHÖFF: Der neue Königsberger Seehafen. Zentralbl. d. Bauverw. 1925. S. 153. — KRAKAU: Die Beton- und Eisenbetonbauten der neuen Emdener Hafenanlagen. Beton u. Eisen. 1914. S. 351, 383. — LEWERENZ: Die neue Pregelbrücke zu Königsberg. Bautechn. 1925. S. 329. — LUNDBERG, O. und W. FEL-LENIUS: Bericht 100 zum XII. Int. Schiff.-Kongr. 1912. — NEUFELDT: Pfahlgründungen mit Holzeisenbetonpfählen. Zentralbl. d. Bauverw. 1914. S. 470. — PAXMANN: Der neue Osthafen der Stadt Berlin. Zentralbl. d. Bauverw. 1914. S. 322. — SCHACHT: Der Umbau der St. Pauli-Landungsbrücken in Hamburg. Deutsche Bauzg. 1909. S. 14. — THOUVENOT: Notice sur les ports de Rotterdam et Amsterdam, leurs vois d'accès à la mer et le port d'Ymuiden. Ann. Ponts. Chauss. 1911. S. 523. — TRÖSCHEL: Pfahlgründungen mit Holzeisenbetonpfählen. Zentralbl. d. Bauverw. 1914. S. 599. — VOGELER: Die Erweiterung der Kaiserlichen Werft in Kiel. Zentralbl. d. Bauverw. 1909. S. 144. — WITTEVEN: Die Erweiterung des Hafens von Rotterdam im Zeitabschnitt 1907—1912. Zentralbl. d. Bauverw. 1914. S. 175. — *Referate:* Bau einer Kaimauer im Sund. Bauing. 1920. S. 234. — Betonschale als Schutz der Pfähle gegen Bohrwürmer. Engg. News Rec. Bd. 63 (1910). H. 1. — Hafenbauten in Bremen. Bauing. 1925. S. 153.

β) **Stahlbetonrammpfähle.** Stahlbetonrammpfähle haben ein viel größeres Anwendungsgebiet als die Holzpfähle, weil bei ihnen der Grundwasserstand gleichgültig ist, weil sie sich in Böden noch rammen lassen, in die Holzpfähle nicht mehr eingetrieben werden können und weil sie in jeder erforderlichen Abmessung ausgeführt werden können. Die längsten bisher gerammten Stahlbetonpfähle mit einer Länge von 34 [m], einem Querschnitt von 61 × 61 [cm] und einem Gewicht von 32 [t] sind bei einem Bau in Manila zur Verwendung gekommen.

Als Querschnittsformen sind bei Stahlbetonrammpfählen regelmäßige Vielecke mit 3 bis 8 Seiten und mit abgefaßten Kanten, gewöhnlich aber quadratische, angewendet worden. Die Bewehrung (Abb. 487) geschieht mit 12 bis 40 [mm] starken Rundstählen, die durch Bügel am Ausknicken behindert werden. Die Bügel (Abb. 488) werden aus 3 bis 10 [mm] starkem Draht als Außen-, Innen- und als Diagonalbügel ausgeführt, die entweder parallel angeordnet oder als Wendelumschnürung ausgeführt werden. Auch Streckmetall ist zur Umschnürung schon angewendet worden. E. ZÜBLIN führt die Bügel aus verdrillten Stahldrähten aus. Die Bügel werden in Entfernungen zwischen 3 und 30 [cm] längs des Pfahles verteilt. Am Kopfe und am Fuß werden sie, wie es die Abb. 488 m andeutet, dichter gelegt, weil dort die größten Beanspruchungen des Pfahles auftreten. Der Pfahlkopf kann durch Einlegen mehrerer Lagen von Spiralbügeln (Abb. 488e) besonders widerstandsfähig gemacht werden.

Abb. 487. Bewehrung eines Stahlbetonpfahles. (H. HOLZAPFEL).

Die Pfähle werden liegend betoniert; die Unterlage muß eben und unnachgiebig sein, weil sonst keine geraden Pfähle erhalten werden. Bei größerem Pfahlbedarf wird als Unterlage am besten am Boden eine Platte betoniert. Wenn zum Beton normaler Portlandzement verwendet wird, so können die Pfähle erst nach 4 bis 6 Wochen gerammt werden. Die Verwendung von hochwertigem Zement oder von Schmelzzement ermöglicht kürzere Erhärtungszeiten und es sind auch weniger Formen sowie eine kleinere Unterlagsplatte erforderlich, weil die Pfähle früher abgehoben und gestapelt werden können. Überdies sind solche Pfähle gegen angreifendes Grundwasser unempfindlich.

Die Bewehrung muß wenigstens 2 [cm], bei Vorkommen angreifenden Wassers noch stärker überdeckt sein.

Die Pfahlspitze wird am besten aus Gußstahl oder aus einer geschmiedeten oder geschweißten Stahlspitze gebildet. Die Längsbewehrung ist bei den meisten Pfählen mit der Spitze verklemmt oder verschweißt worden, um einen festen Zusammenhang zu sichern (Abb. 489). Die Bügel werden an der Spitze, wie nochmals betont sei, dichter aneinander gelegt.

Am Pfahlkopf wird die Längsbewehrung einige Zentimeter unter der Oberfläche umgebogen. Auch hier werden die Bügel dichter gelegt. Wenn nur Außenbügel angewendet werden, muß der Pfahlkopf vor Zerstörung durch die Schläge des Rammbären durch eine Rammhaube (Abb. 490) geschützt werden, die den Druck beim Schlag des Rammbären gleichmäßig über den Pfahlkopf verteilt. Wenn Innenbügel und besonders dann, wenn Spiralbügel im Pfahlkopf

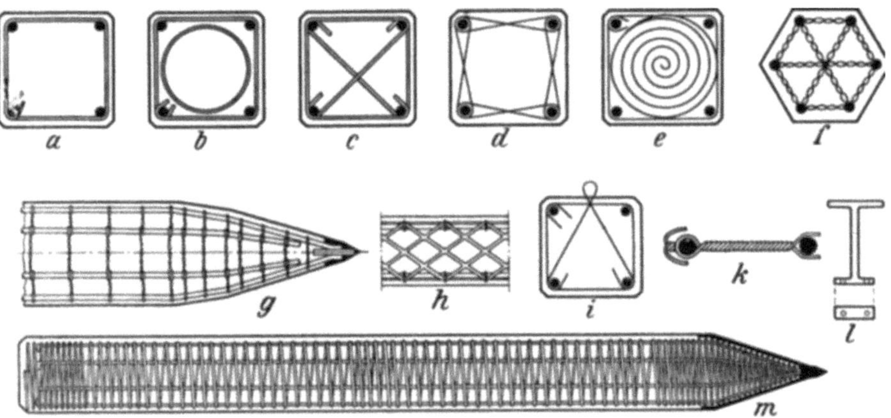

Abb. 488. Bügel der Stahlbeton-Rammpfähle. *a* Außenbügel, *b* Außen- und Innenbügel, *c* Außen- und Diagonalbügel, *d* Hennebique-Bügel, *e* Spiralbügel, *f* Züblin-Bügel, *g* Anordnung der Bügel als Parallelbügel, *h* Streckmetallumschnürung, *i* Bügel zum Anheben des Pfahles, *k* Herstellung des Züblinbügels, *l* Schlüssel zur Herstellung des Züblinbügels, *m* Wendelumschnürung nach Considère.

angeordnet werden, so kann auch ohne Rammhaube gerammt werden. Diese kostspieligere Ausführung des Pfahlkopfes lohnt sich, weil durch die elastische Rammhaube die Wirkung des Rammschlages sehr abgeschwächt wird.

In Kiesböden mit Körnern von höchstens 20 [mm] Durchmesser und in abgesetztem Schweb kann das Rammen anfänglich durch Spülung mit Druckwasser beschleunigt werden; während des Spülens liegt der Rammbär entweder am Pfahlkopf oder es werden leichte Schläge geführt. Das Spülrohr ist entweder in der Pfahlachse einbetoniert und geht in der Spitze in mehrere schräg nach oben gerichtete Düsen über oder es wird als Spüllanze frei neben dem Pfahl herab-

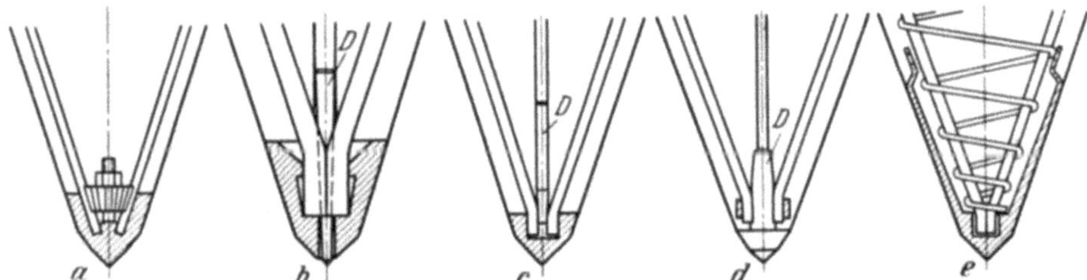

Abb. 489. Spitzen für Stahlbetonpfähle. *a* Verbindung der Bewehrung mit der Spitze mittels einer Klemmschraube, *b—d* Verklemmung der Bewehrung mit der Spitze mittels eines Dornes *D*, *e* Pfahlspitze von Considère.

geführt. Manchmal ist der Pfahlmantel mit Rillen versehen worden, um das Ablaufen des Spülwassers nach oben zu erleichtern. Wenn durch ein in der Pfahlachse angeordnetes Spülrohr nach vollendeter Rammung Beton eingepreßt wird so kann ein starker Klumpfuß erzeugt werden, der den Spitzenwiderstand stark erhöht. Bei Schwebepfählen soll nicht gespült werden, damit die Mantelreibung möglichst groß wird. In bindigen Böden bleibt das Spülen wirkungslos.

Die Bemessung der Bewehrung erfolgt für die dem Pfahl zugedachte Last. Lange, schwere Pfähle werden beim Stapeln und beim Aufstellen zum Rammen durch ihr Gewicht hoch beansprucht und es muß nachgewiesen werden, daß die Bewehrung auch für diese Beanspruchung des Pfahles hinreicht. Damit die Pfähle an den bei der Bemessung der Bewehrung angenommenen Stellen beim Stapeln und beim Aufstellen angehoben werden, müssen diese Stellen besonders bezeichnet werden; am empfehlenswertesten ist es, eigene Bügel zur Bezeichnung dieser Stellen (Abb. 488i) einzubetonieren.

Stahlbetonpfähle größerer Abmessungen werden so schwer, daß ihre Beförderung und das Rammen Schwierigkeiten bereitet; diesen Übelständen kann durch Hohlpfähle abgeholfen werden. Hohlpfähle werden in Deutschland auch nach dem *Schleuderverfahren* hergestellt, indem in die Außenschalung die Bewehrung und der Beton eingelegt wird und diese bis zu zehn Minuten lang rasch um ihre Längsachse gedreht wird. Man erhält auf diese Weise sehr feste und dichte *Schleuderbetonpfähle*, die auch in angreifendem Grundwasser verwendet werden können. Die Spitze solcher Pfähle wird mit einem Blechmantel bewehrt. Der gerammte Pfahl wird schließlich ausbetoniert.

Nach dem *Betonspritzverfahren* sind in Los Angeles bis zu 61 [cm] starke Hohlpfähle mit Wandstärken von 10 bis 11 [cm] und Längen bis zu 18 [m] ausgeführt worden, indem man

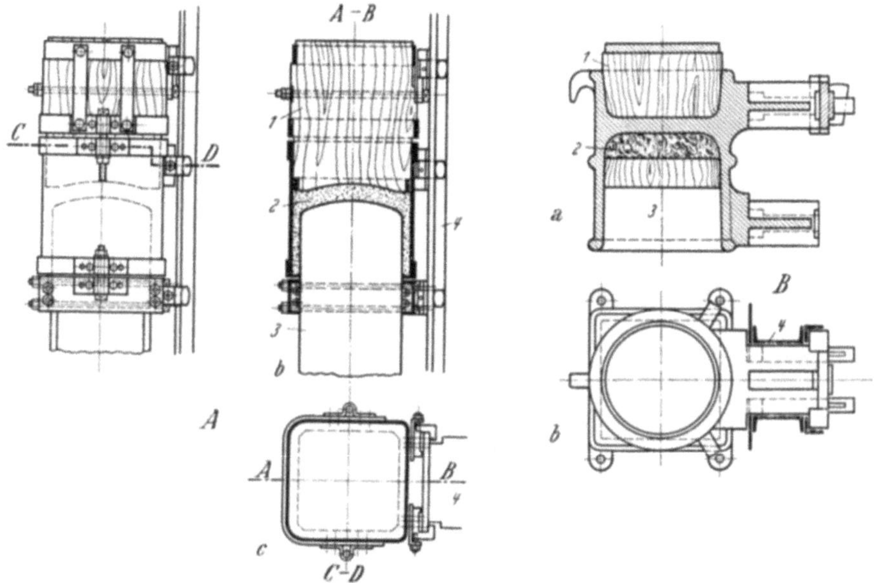

Abb. 490. Rammhauben für Stahlbetonpfähle. A Rammhaube von ZÜBLIN: a Ansicht, b Schnitt A—B, c Schnitt C—D, 1 Eichenholz, 2 Sägemehl, 3 Stahlbetonpfahl, 4 Mäkler. B Rammhaube von MÖRSCH: a Schnitt, b Draufsicht; 1 Eichenholz, 2 Holzwolle, 3 Stahlbetonpfahl, 4 Mäkler.

auf lotrechte, drehbare Innenschalungen den Beton aufspritzte. Die Innenschalung bestand aus mehreren Lagen übereinander geklebten Packpapieres, verstärkt durch eingelegte Drahtnetze, die schließlich mit Teer gestrichen waren. Sie wurde auf die vorbereiteten Stahlbetonspitzen 1 [m] weit aufgeschoben, und nachdem die Bewehrung über die Innenschalung geschoben war, wurde gespritzt. Die Pfähle konnten nach 2 Wochen gelagert und nach weiteren 4 Wochen verwendet werden.

Die Länge der Stahlbetonpfähle wird auf Grund des Ergebnisses der Bodenerkundung festgelegt. Wenn einzelne Pfähle tiefer zu rammen sind, so können sie unter Verwendung stehender Schalungen ausnahmsweise aufgepfropft werden.

Schrifttum.

Considère-Pfähle. AMIRAS, O.: Die Fundierung einer Bahnüberführung in Eppeghem. Beton u. Eisen. 1910. S. 341. — Gründung Kursaal Cannstatt. Deutsche Bauzg. 1907. S. 190. — Der Eisenbeton-Unterbau des großen Gasbehälters am Gaswerk Grasbrook in Hamburg. Deutsche Bauzg. Eisenbetonteil. 1909. S. 101. — Züblin-Pfähle. SCHÜRCH: Eisenbetonpfähle und ihre Anwendung für die Gründung im neuen Bahnhof Metz. Beton u. Eisen. 1906. S. 398. — VOSZ: Gründung des neuen Regierungsgebäudes in Düsseldorf auf Eisenbetonpfählen. Zentralbl. d. Bauverw. 1909. S. 482. — Andere Eisenbetonrammpfähle. GAUGUSCH: Umschnürung von Eisenbetonpfählen mit Streckmetall. Beton u. Eisen. 1909. S. 31. — HANST: Rheinspeicher für die Stadt Köln. Beton u. Eisen. 1911. S. 311. — HOLZAPFEL, H.: Wasserleitungsbrücke im Zuge der Kaiserin Augusta-Straße in Leipzig usw. Beton u. Eisen. 1911. S. 100. — LOOS, W.: Rammung von aufgepfropften Eisenbetonpfählen. Beton u. Eisen. 1928. S. 441. — REINKEN: Die Gründung der neuen Rheinspeicher am Agrippina-Ufer der Stadt Köln mit streckmetallumschnürten Eisenbetonpfählen. Deutsche Bauzg. Eisenbetonteil. 1910. S. 13. — *Referat*: Anwendung von umschnürtem Beton beim Bau der Schokoladenfabrik Menier in Noixel sur Marne bei Paris. Beton u. Eisen. 1906. S. 297. — Die Gründung auf Eisenbetonpfählen beim

Bau des Polizeidienstgebäudes in Charlottenburg. Zentralbl. d. Bauverw. 1907. S. 530. — Durchbohrte Vortreibspitze. Zentralbl. d. Bauverw. 1925. S. 458. — Eisenbetonpfähle von 33 [m] Länge zur Gründung von Pier VII. im Hafen von Manila. Bautechnik 1925. S. 461. — Nach dem Zementspritzverfahren hergestellte Eisenbetonpfähle. Deutsche Bauzg. 1921. S. 96 (gespritzte Holzpfähle).

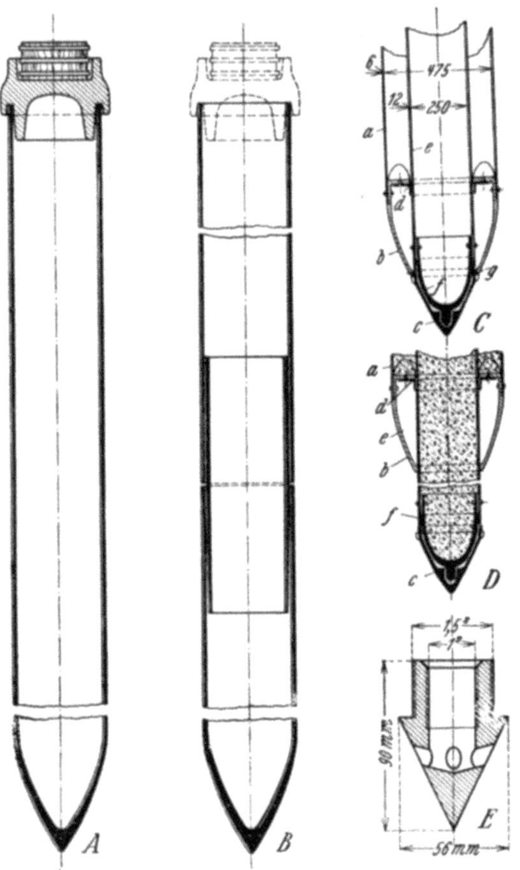

Abb. 491. Stählerne Rammpfähle. *A* Stählerner Rammpfahl der Mannesmann-Werke in Düsseldorf; *B* desgl. aufgepfropft; *C* und *D* Stählerner Rammpfahl mit Schutzmantel der MAN-Gustavsburg. *E* Spülspitze für stählerne Pfähle.

γ) **Stählerne Rammpfähle.** Stählerne Rammpfähle sind selten verwendet worden. Sie haben gegenüber Stahlbetonpfählen gleicher Abmessungen den Vorteil wesentlich geringeren Gewichtes und ihre Anwendung wird daher vorwiegend dort in Frage kommen, wo Stahlbetonpfähle nicht an Ort und Stelle hergestellt werden können und die Zuförderung der schweren Stahlbetonpfähle und der zu deren Rammen erforderlichen schweren Rammen Schwierigkeiten bereitet oder wo hölzerne bzw. Stahlbetonpfähle aus irgendwelchen Gründen (Bohrwürmer, angreifendes Wasser) nicht verwendet werden können.

Die stählernen Pfähle sind, wie ein Blick in die Abb. 491 lehrt, ursprünglich aus Rohren hergestellt worden. Von den Mannesmannwerken in Düsseldorf werden die stählernen Rammpfähle bis zu Durchmessern von 300 [mm] aus nahtlos gezogenen Rohren, darüber hinaus aus geschweißten Rohren in Längen bis 14 [m] hergestellt. Längere Pfähle werden aus zwei Teilen (Abb. 491 B) während des Rammens zusammengesetzt (aufgepfropft). Die Spitze dieser Pfähle wird geschmiedet. Zum Schutze des Pfahlkopfes wird eine leichte Rammhaube angewendet. Nach beendeter Rammung werden die Pfähle ausbetoniert.

Um die stählernen Rohrpfähle gegen angreifendes Wasser zu schützen, ist es empfehlenswert, rostträgen Stahl zu verwenden. Einen besonders wirksamen Schutz gegen Angriffe des Meerwassers erzielt die MAN-Gustavsburg durch einen eigenen stählernen Schutzmantelpfahl um den eigentlichen Tragpfahl (Abb. 491 C

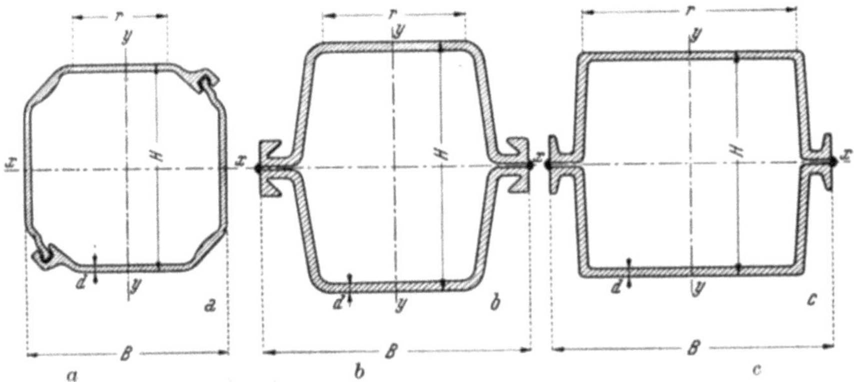

Abb. 492. Stahlpfähle des Dortmund-Hoerder-Hüttenvereins.

und D); dieser Pfahl ist beim Bau eines Landungssteges in Lome in Togo angewendet worden. Man rammte zuerst den aus den Teilen *a*, *b* und *c* bestehenden Schutzmantel; die Spitze bestand aus zwei Teilen, die durch leichte Messingschrauben verbunden waren. Nachdem der Schutzmantel durch das Wasser bis auf einige Meter, soweit der Tragpfahl zu schützen war, in den Boden gerammt war, wurde der aus den Teilen e und f bestehende Tragpfahl in den Schutzmantel eingeführt und gerammt.

In neuerer Zeit sind stählerne Rammpfähle aus Spundbohlen oder aus Kastenbohlen gebildet worden. Die Abb. 992a und b zeigen Querschnitte von Pfählen, die aus Larssen-Spundbohlen, die Abb. 492c solche, die aus Union-Kastenbohlen hergestellt sind. Die Bohlen werden am unteren Ende auf 500 [mm] innen und außen verschweißt und überdies nach Erfordernis außen auf der ganzen Länge oder strichweise. Die für den Entwurf erforderlichen Angaben können der Zahlentafel 39 entnommen werden. Die Stahlpfähle werden aus denselben Stahlsorten gewalzt, wie die Spundbohlen für Spundwände.

Zahlentafel 39.   Angaben über Stahlpfähle des Dortmund-Hoerder-Hüttenvereins.

| Querschnitt | Abmessungen in [mm] | | | | Außenumfang | Stahlquerschnitt | Gesamtquerschnitt | Gewicht je m Pfahl | Trägheitsmoment I_x | Widerstandsmoment W_x | Kleinster Trägheitshalbmesser in Minuten I_{min} | Trägheitsmoment I_y | Widerstandsmoment W_y |
	B	H	d	r	[cm]	[cm²]	[cm²]	[kg/m]	[cm⁴]	[cm³]	[cm]	[cm⁴]	[cm³]
Sonderquerschnitt Abb. 492a	330	330	9,5	165	120	122	1 060	96,0	19 060	1 150	12,5	19 060	1 150
Larssen-Spundbohlen Abb. 492b — Ia neu	434	260	7,5	225	120	91	870	71,2	7 850	600	9,3	18 600	860
IIa	436	314	8,4	250	138	118	1 100	92,8	15 200	970	11,4	26 350	1 210
III neu	436	336	13,0	250	142	158	1 180	124,0	25 520	1 520	12,7	32 000	1 470
IV neu	436	411	14,8	230	152	189	1 380	148,0	42 630	2 080	14,2	38 000	1 744
Union-Kastenquerschnitt, Abb. 492c	446	369	14,5	338	160	197	1 400	155,0	41 300	2 240	14,5	43 650	1 960

Stahlpfähle aus Klöckner-Spundbohlen zeigt die Abb. 493 und nähere Zahlenangaben enthält die Zahlentafel 40.

Schließlich können auch Walzträger als Pfähle gerammt werden; besonders die Peiner-Träger-Querschnitte eignen sich für eine derartige Anwendung. Die Träger können zur Erhöhung des Spitzenwiderstandes eine eigene geschweißte Spitze erhalten. In manchen Fällen werden Pfähle aus einer oder mehreren Peiner-Spundbohlen gute Dienste leisten.

Schrifttum.

AGATZ: Der Rammpfahl für Pfahlrostbauwerke. Bautechn. 1934. S. 56, 68. — BENRATH, H.: Erfahrungen mit stählernen Spundwänden und Pfählen beim Bau von Kaimauerverstärkungen im Hamburger Hafen. Werft, Reederei, Hafen. 1934. S. 290. — DORTMUND-HOERDER-HÜTTENVEREIN: Larssen-Handbuch. Dortmund. 1934. — DERSELBE: Stahlspundbohlen Larssen. Entwurf und Berechnung. Dortmund. 1941. — KLÖCKNER-WERKE A. G.: Klöckner-Stahlspundbohlen. Osnabrück. 1939. — PAULSEN, E.: Ramm- und Belastungsversuche mit verschiedenen Pfahlarten aus Eisen und Eisenbeton und mit eisernen Spundbohlen. Bautechn. 1934. S. 419, 443. — *Referat*: Die Landungsbrücke in Lome. Z. V. d. I. 1904. S. 1803.

b) Ortbetonrammpfähle.

Bei den Ortbetonrammpfählen wird nicht der Pfahl selbst gerammt, sondern es wird durch Vorrammen eines Rammkernes oder eines Holzpfahles ein Hohlraum im Boden geschaffen, der mit Beton aufgefüllt wird. Der Hohlraum im Boden kann, je nach der Bodenbeschaffenheit,

Zahlentafel 40.   Angaben über Klöckner-Kastenpfähle.

Pfahlform	Hergestellt aus den Querschnitten	Abmessungen in [mm]			Außenumfang [cm]	Stahlquerschnitt [cm²]	Gesamtquerschnitt [cm²]	Gewicht je m Pfahl [kg/m]	Widerstandsmoment [cm³]		Trägheitsmoment [cm⁴]		Trägheitshalbmesser [cm]	
		Breite B	Höhe H	Kleinste Wandst. d					W_x	W_y	I_x	I_y	i_x	i_y
1	2 × 2D	408	175	8	110	125	690	98	800	900	7 000	18 380	7,5	12,1
	2 × 3D	410	220	9,5	118	158	865	124	1 200	1 160	13 200	23 710	9,1	12,3
	2 × 4D	411	250	10,5	125	188	982	148	1 600	1 390	20 000	28 550	10,3	12,3
	2 × 5D	386	300	11	130	228	1 114	179	2 250	1 580	33 750	30 440	12,2	11,6
2	4 × 2D	463	350	8	149	160	1 435	125	1 810	1 470	31 660	33 940	14,1	14,6
	4 × 3D	475	440	9,5	166	212	1 810	166	2 910	2 000	63 910	47 480	17,4	15,0
	4 × 4D	484	500	10,5	176	252	2 063	198	3 840	2 370	96 050	57 430	19,5	15,1
	4 × 5D	464	600	11	195	311	2 332	244	5 530	2 720	165 770	62 910	23,1	14,2
3 Abb. 493b	4 × 2D + 2 × [20	836	550	8	308	313	3 030	250	3 770	4 860	105 290	222 090	18,3	26,6
	4 × 2D + 2 × [22	836	570	8	312	324	3 183	258	4 010	5 160	116 430	234 960	19,0	26,9
	4 × 2D + 2 × [24	836	590	8	316	333	3 335	265	4 270	5 440	128 320	247 120	19,6	27,2
	4 × 2D + 2 × [26	836	610	8	320	345	3 513	275	4 530	5 850	141 340	265 180	20,2	27,7
	4 × 2D + 2 × [28	836	630	8	324	355	3 773	283	4 810	6 120	155 330	277 100	20,9	27,9
	4 × 2D + 2 + [30	836	650	8	328	366	3 820	291	5 110	6 410	170 400	290 090	21,6	28,1
	4 × 3D + 2 × [24	838	680	9,5	336	401	2 700	318	5 810	6 000	200 760	275 440	22,4	26,2
	4 × 3D + 2 × [26	838	700	9,5	340	413	3 875	328	6 120	6 540	218 060	298 920	23,0	26,9
	4 × 3D + 2 × [28	838	720	9,5	344	423	4 027	336	6 450	6 790	236 860	310 500	23,7	27,1
	4 × 3D + 2 × [30	838	740	9,5	348	434	4 210	344	6 770	7 170	256 080	327 300	24,3	27,5
	4 × 4D + 2 × [28	841	780	10	366	483	4 248	385	7 990	7 440	317 100	341 730	25,6	26,6
	4 × 4D + 2 × [30	841	800	10	370	494	4 426	394	8 360	7 790	340 940	357 680	26,3	26,9
	4 × 4D + 2 × [32	841	820	10,5	374	528	4 576	421	8 780	8 760	367 720	400 120	26,4	27,5
	4 × 4D + 2 × [35	841	850	10,5	380	531	4 800	423	9 310	8 940	404 710	405 880	27,6	27,6
	4 × 5D + 2 × [30	796	900	10	376	573	4 498	455	10 800	7 860	497 600	338 050	29,3	24,3
	4 × 5D + 2 × [32	796	920	11	380	607	4 630	482	11 260	8 700	526 530	372 700	29,4	24,8
	4 × 5D + 2 × [35	796	950	11	386	610	4 838	484	11 880	8 850	753 770	377 360	30,7	24,9
	4 × 5D + 2 × [38	796	980	11	392	614	5 050	488	12 520	8 980	624 990	382 570	31,9	25,0

ohne Futterrohr bleiben oder er wird mit einem Rohr ausgefüttert, das bei manchen Pfählen wiedergewonnen wird, bei manchen aber auch im Boden verbleibt und daher verloren ist.

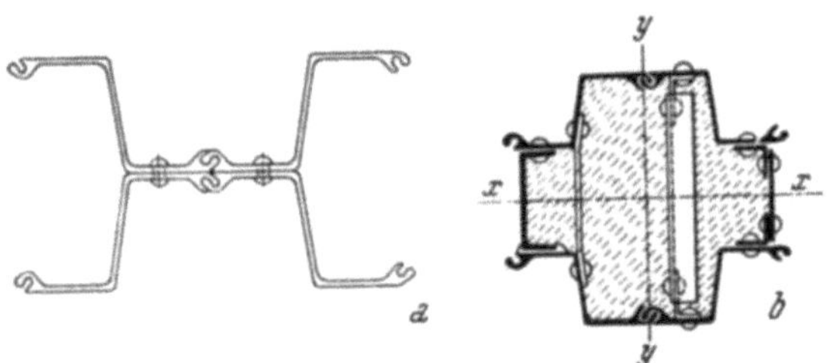

Abb. 493.   Klöckner-Kastenpfähle.

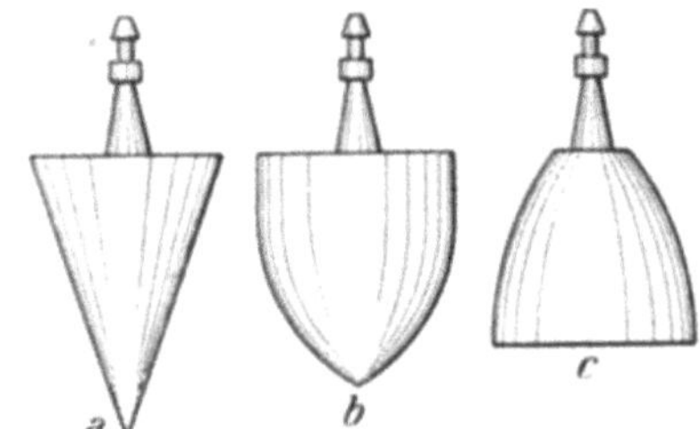

Abb. 494.   Die drei Formen der DULAC'schen Fallstößel.

α) **Ortbetonrammpfähle ohne Futterrohr (Erdlochpfähle).** Der *Kompressolpfahl* von DULAC wird hergestellt, indem man vom Gerüst einer Kunstramme aus etwa 15 [m] Höhe einen kegelförmigen, spitzen Fallstößel mit einem größten Durchmesser von 85 [cm] und einem Gewicht von etwa 2 [t] wiederholt auf den Boden herabfallen läßt. Der

Fallstößel a (Abb. 494) bohrt sich hierbei in den Boden ein, verdichtet ihn und schafft den Hohlraum. Eine Nachlaufkatze hängt sich selbsttätig in den Fallstößel ein und ermöglicht das Wiederaufziehen. Wenn der Hohlraum die erforderliche Tiefe erreicht hat, werden in etwa 50 [cm] hohen Schichten Beton und Steine eingeführt und mittels der Fallstößel b und c, die abwechselnd benützt werden, verdichtet und gleichzeitig seitlich in den Boden gepreßt. Es kann auf diese Weise ein außerordentlich rauher unregelmäßiger Pfahl hergestellt werden, dessen Betoninhalt bis zu fünfmal so groß ist als der ursprüngliche Hohlraum.

Das Verfahren eignet sich vorwiegend für körnigen Boden ohne Wasserandrang. Bei geringerem Wasserandrang wird während der Herstellung des Hohlraumes Lehm eingeworfen, der

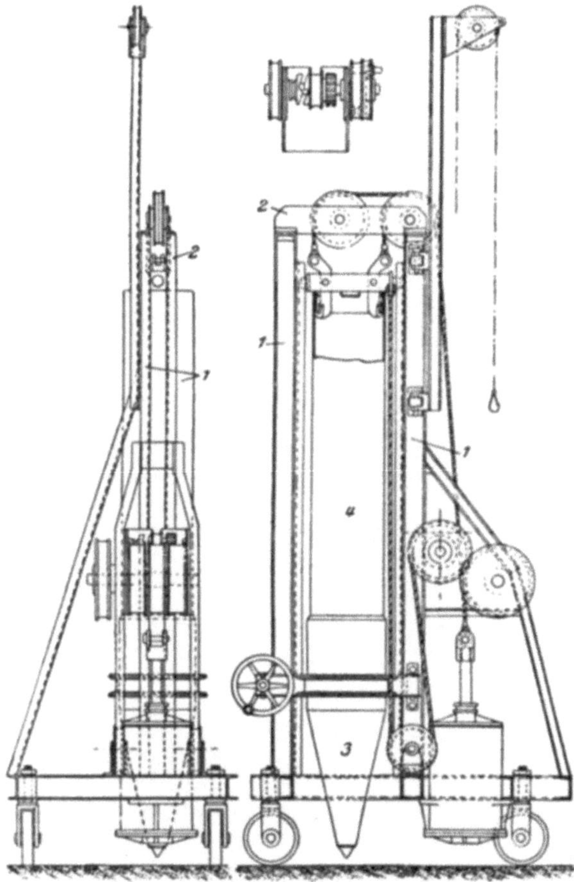

Abb. 495. Expreßpfahlmaschine von O. STERN. Vortreibrohr mit Treibkegel, 2200 [kg] schwer, Preßlufttrammbär, 1050 [kg] schwer. (Nach HETZEL und WUNDRAM.)

Abb. 496. Expreßpfahlmaschine von O. STERN.

vom Spitzstößel in die Lochwandung gepreßt wird und diese hinreichend dichtet. Bei bindigen, wassergesättigten Böden ist dieser Pfahl nicht zu empfehlen.

Probebelastung in Warschau: Pfahllänge 5,59 [m]. Füllboden, darunter Kies auf 0,75 [m] nassem Sand. Last 180,3 [t], Senkung 4,4 [mm], nach Entlastung 2,2 [mm], Mantelreibung 1,5 [t/m²].

Schrifttum.

COLBERG, O. und A. NOVAK: Handb. f. Eisenbetonbau. Bd. 3. Grund- und Mauerwerksbau. 3. Aufl. Berlin: W. Ernst & Sohn. 1922. — EMPERGER, E.: Probebelastung einer Compressol-Pylone. Beton u. Eisen. 1908. S. 49. — GESTESCHI: Die Brücke der „Wiedergeburt" über den Tiber in Rom. Beton u. Eisen. 1911. S. 316. — MAST: Anwendung neuer Gründungsverfahren. Deutsche Bauzg. 1905. S. 303. — NIEMANN: Über Gründung auf unmittelbar im Boden hergestellte Betonsäulen. Beton u. Eisen. 1910. S. 249. — STROSZ, W.: Bericht über die Wiederherstellung eines eingegangenen Brückenwiderlagers in Eisenbetonkonstruktion. Beton u. Eisen. 1908. S. 110. — DERSELBE: Eisenbetonbrücke mit Kompressolgründung über den Kanal Ferkha

in Alexandrien. Beton u. Eisen. 1911. S. 412. — *Referat*: Neuere Gründungsmethoden I. Gründung auf eingerammten und ausbetonierten Pfeilern. Beton u. Eisen. 1905. S. 12.

Die schweren Erschütterungen der ganzen Umgebung, die bei der Ausführung von Kompres-
solpfählen auftreten, werden bei den *Expreßpfählen* von O. STERN vermieden. Zu ihrer Herstel-
lung wird die in den Abb. 495 und 496 dargestellte Expreßpfahlmaschine verwendet, die aus einer fahrbaren Plattform besteht, von der aus der Vortreibkörper, der aus dem Treibkegel mit dem anschließenden Vortreibrohr besteht, herabgerammt wird. Der Vortreibkörper hängt auf einer Rollenbrücke (2) und ist in einem Führungsständer (5) geführt. Durch den Vortreibkörper führt ein 90 [mm] weites Rohr, das unten während des Rammens mit einer kleinen gußeisernen Spitze verschlossen ist, die verloren ist. Durch dieses

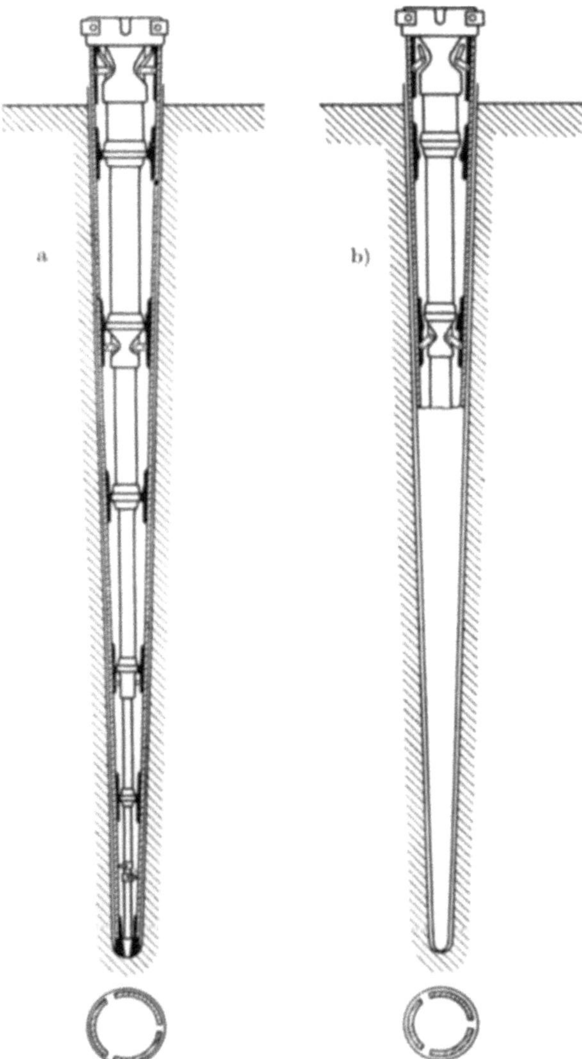

Abb. 497. Rammkern für einen Raymond-Pfahl. *a)* während des Rammens, *b)* während des Hochziehens des Kernes. (Nach O. FRANZIUS).

Abb. 498. Ausgegrabene Raymond-Pfähle.
(Raymond Pile Comp).

Rohr geführt, arbeitet im Innern des Vortreibkörpers ein 1000 [kg] schwerer Preßluftrammbär, der mit Hüben von 0,85 [m] unmittelbar auf den Treibkegel oder auch während des Ziehens des Pfahles aufwärts schlagen kann.

Wenn der Vortreibkörper hinreichend tief gerammt ist, wird durch das früher erwähnte Rohr Beton eingepreßt und gleichzeitig der Vortreibkörper angehoben. Durch den eingepreßten Beton werden die Schachtwandungen gesichert. Durch Absetzen des 2200 [kg] schweren Vortreibkörpers und Abwärtsrammen kann der Beton beliebig stark verdichtet und seitlich in den Boden gepreßt werden.

Schrifttum.

STERN, O.: Moderne Grundbautechnik. Bauing. 1927. S. 668. — HETZEL-WUNDRAM: Grundbautechnik und ihre maschinellen Grundlagen. Berlin: Springer-Verlag 1929.

Ebenfalls ohne Futterrohr werden *Konrad-Pfähle* in standfestem Boden hergestellt, indem ein hölzerner Rammkern gerammt, hierauf wieder gezogen und der Hohlraum schließlich ausbetoniert wird.

β) Ortbetonrammpfähle mit verlorenem Futterrohr. Die Ortbetonrammpfähle können auch durch Rammen eines Vorschlagpfahles hergestellt werden, auf den ein dünnwandiger Blechmantel aufgeschoben ist, der im Boden verbleibt und gleichsam die Schalung für das Ausbetonieren bildet. Auf diese Weise wird z. B. der *Raymond-Pfahl* hergestellt; der Blechmantel (die „Hose") besteht aus 0,6 bis 1 [mm] starkem Stahlblech und er wird von einem stählernen Kern (Abb. 497) beim Rammen mit in den Untergrund gezogen, der sich während des Rammens an den Blechmantel preßt, während er sich leicht vom Mantel loslöst, wenn er angehoben wird, so daß er dann die Hose nicht mitnimmt. Die Hose ist innen durch Stahldrahtwendel (Abb. 498), die in Nuten der Hose liegen, ausgesteift und besteht aus teleskopartig ineinander geschobenen Rohrschüssen von 2,5 [m] Länge. Sie ist unten offen, so daß Wasser eindringen und die Betonierung gefährden kann, weswegen sich der Raymond-Pfahl für Pfähle in Böden ohne Grundwasser eignet. Der Pfahl ist konisch und ist für die Verdichtung von körnigem Boden gut zu verwenden.

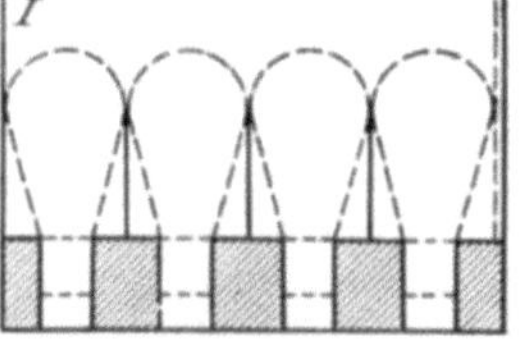

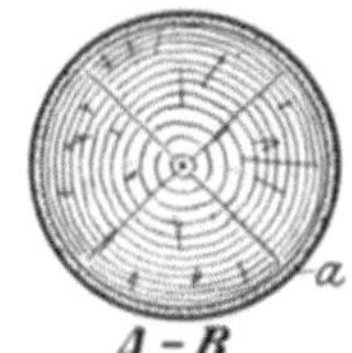

Schrifttum.

BUCHARTZ: Die Betonpfahlbauten für das neue Hospitalgebäude auf Ellis Island, New York. Beton u. Eisen. 1908. S. 257. — DERSELBE: Raymond-Pfahlgründung. Deutsche Bauzg. 1907. Eisenbetonbeilage. S.48.—DERSELBE: Raymond-Pfähle. Engg. News. Rec. 1913. S. 36.

Abb. 499. Aufziehen der Verrohrung auf den Rammkern für einen konischen Schachtpfahl.
(O. STERN.)

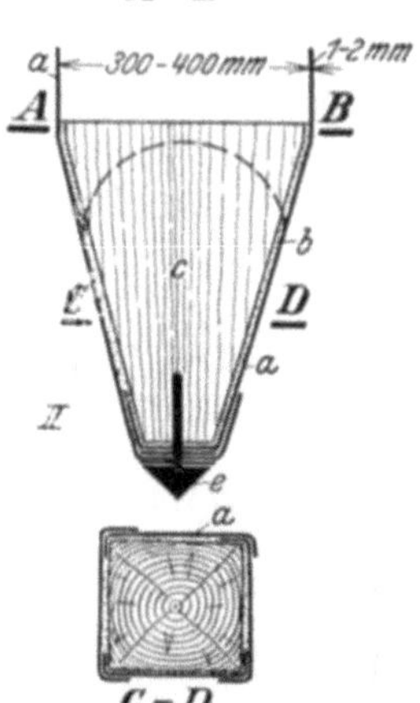

Abb. 500. Herstellung der Spitze des Mastpfahles aus Holz mit Blechbeschlag.
a Stahlblech, 1 bis 2 [mm], b Asphalt, c Holz, e Stahldorn.

Der konische Schachtpfahl von O. STERN ähnelt dem RAYMOND-Pfahl. Die Blechhose, hier Senkhülle genannt, wird aus 1 oder 2 [m] langen Teilstücken gebildet, die auf den sogenannten Bänderkern von *Stern-Zeißl* aufgeschoben und mit diesem gerammt werden. Die Pfähle können Längen bis zu 15 [m] erhalten. Während des Rammens ist der Bänderkern fest gegen die Senkhüllen gepreßt. Beim Herausziehen des Kerns lockert eine im Bänderkern angeordnete hydraulische Presse, der Repulsionsschuh, den inneren Kern von den äußeren Bändern, die sich nun von den Senkhüllen loslösen, so daß der ganze Bänderkern hochgezogen werden kann, ohne die Senkhüllen zu verschieben.

Die im Boden verbliebenen Senkhüllen werden ausbetoniert, wobei es auch möglich ist, eine Bewehrung einzubringen.

In der Abb. 499 werden die Vorbereitungen für das Rammen eines konischen Schachtpfahles getroffen.

Ebenfalls mit verlorenem Blechmantel wird der *Mastpfahl* ausgeführt. Der Blechmantel wird zylindrisch oder konisch aus 1 bis 2 [mm] starkem Blech gebogen und verschweißt. Die Spitze besteht aus Holz, über das, wie es die Abb. 500 erkennen läßt, der nach einer Schablone ausgeschnittene Blechmantel gebogen und genagelt wird. Ein nagelartiger Dorn bildet schließlich die Bewehrung der Spitze. Zum Rammen wird eine hölzerne Rammjungfer auf die Holzspitze gestellt, auf die der 1000 [kg] schwere Rammbär schlägt. Die Spitze zieht hierbei den Blechmantel in den Boden. Das Mantelrohr wird schließlich ausbetoniert, wobei auch eine Bewehrung des

Pfahles erfolgen kann. Der Pfahl ist wegen seiner Holzspitze als Festpfahl nur anwendbar,
wenn die Spitze ständig unter dem Grundwasserspiegel liegt; bei Schwebepfählen, bei denen
ja die Last vorwiegend durch die Mantelreibung auf den Boden übertragen wird, ist die Beschaffenheit der Spitze ohne Belang. In Berlin wird ein Mastpfahl mit 35 [t] belastet.

Um den Pfahl gegen angreifende Wässer besonders zu schützen, wird der Blechmantel nach
dem Rammen mit eigenen Rundbürsten innen mit einer heißen Goudron-Asphaltmischung
gestrichen und erst dann ausbetoniert.

Schrifttum.

COLBERG, O.: Gründung einer Kirche auf Betonpfählen, System „Mast". Deutsche Bauzg. 1912. Eisenbetonteil. S. 58. — GESZNER, O.: Großkraftwerk Rummelburg. Zement. 1926. H. 34. — HEIDECKE, E.:
Neu- und Umbauten im Kabelwerk der AEG. Z. V. d. I. 1929. S. 452. — IVANINI: Ein neues Betonpfahl-
gründungsverfahren. Beton u. Eisen. 1910. S. 1611. — KLOSE, G.: Gie Gründung des Kleistlyzeums in Berlin.
Bautechn. 1928. S. 407. — KRAUSE, FR.: Die städtische Nord-Süd-Bahn in Berlin. Zentralbl. d. Bauverw.
1923. H. 30, 34. — KRESZ: Bemerkenswerte Bauausführungen bei der Berliner und Hamburger Hochbahn.
Bautechn. 1924. S. 408. — KUHNKE: Inbetriebnahme der Berliner Vorortstrecke von Jungfernheide nach
Gartenfeld. Zentralbl. d. Bauverw. 1930. H. 3. — PRÖLLS, A.: Der Bau der Zweigbahn Jungfernheide—
Siemensstadt—Gartenfeld. Bauing. 1930. S. 1. — SALTZMANN: Schutz einer Betonpfahlgründung gegen den
schädlichen Einfluß des Grundwassers. Bautechn. 1923. S. 451. — STRUIF: Betonpfahlsystem Mast. Berlin:
Julius Springer 1913. — VOGEL: Schutz einer Betonpfahlgründung gegen den schädlichen Einfluß des Grundwassers. Bautechn. 1926. S. 841. — WAMSGANS: Die Gründung der städtischen Untergrundbahn in der süd-
lichen Friedrichstraße in Berlin. Deutsche Bauzg. 1922. H. 11. — WEDEMEYER: Konstruktion und Ausführung der Stadthalle in Magdeburg. Deutsche Bauzg. 1929. Konstruktion u. Ausführung. H. 12.

Der JANSSEN-*Pfahl* unterscheidet sich vom Mastpfahl nur dadurch, daß statt der hölzernen
Spitze eine solche aus Stahlbeton verwendet wird, wodurch die Verwendung des Pfahles auch
über dem Grundwasser einwandfrei möglich ist.

Schrifttum.

JANSSEN, Th.: Form zur Herstellung von Blechrohr-Betonpfählen. Beton u. Eisen. 1908. S. 379. —
DERSELBE: Die Gründung des Kühlhauses auf dem Schlachthof in Tilsit. Beton u. Eisen. 1910. S. 165.

Der in Wien bei Schwebegründungen häufig angewendete konische STERN-*Pfahl* wird mittels
eines hölzernen Rammkernes ausgeführt, dessen Spitze einen Blechmantel aus 1 [mm] starkem
Eisenblech in den Boden hinabzieht, der nach Ziehen des Rammkernes ausbetoniert wird und
in den auch eine Bewehrung eingebracht werden kann. Wenn kein Wasserandrang erfolgt,
so ist der Blechmantel unten offen, bei Wasserandrang erhält er eine Blechspitze, in die jene
des Rammkernes genau hineinpaßt.

Sohrifttum.

KAFKA: Die Theorie der Pfahlgründungen. Berlin: Julius Springer 1912. — STERN, O.: Das Problem
der Pfahlbelastung. Berlin: W. Ernst & Sohn 1908.

DAHREN-*Pfähle* sind ebenfalls Ortbetonpfähle mit verlorenem Futterrohr. Das Futterrohr
aus Stahl oder Stahlbeton mit kreisrundem oder quadratischem Querschnitt erhält eine besondere Pfahlspitze, auf die im Inneren ein Rammbär schlägt, während das Futterrohr von oben
gleichzeitig mittels eines Dauerdruckes bis zu 75 [t], den eine Schraubenwinde ausübt, nach-
gedrückt wird. Sowohl den Dauerdruck als auch das Rammen bewirkt eine Pfahlgründungs-
maschine, die nur einen freien Raum von 1,8 [m] Höhe beansprucht. Die Maschine kann auch
für Belastungsversuche verwendet werden. Das Futterrohr wird schließlich ausbetoniert. Pfahllängen bis zu 40 [m] Länge sind ausgeführt.

Schrifttum.

SALLER: Dahren-Pfähle. Deutsche Bauzg. 1934. S. 240. — SCHOKLITSCH, A.: Kostenberechnungen im
Wasserbau und Grundbau. Wien: Springer-Verlag 1937. S. 266.

Bei besonders tief hinabreichenden sehr dicken Pfählen, die im Wasser auszuführen sind,
ist es notwendig, das Futterrohr im Boden zu belassen. Als Futterrohr sind sowohl stählerne

als auch Stahlbetonrohre verwendet worden; zur Überwindung der Reibung beim Versenken des Futterrohres können Rammen verwendet werden. Als Beispiel für die wohl größte Ausführung solcher Pfähle mit verlorenem Rohr sei die Gründung der Pfeiler der Lidingöbrücke bei Stockholm durch die Bauunternehmung Grün & Bilfinger hervorgehoben, über die G. SCHAPER berichtet.

Das Wasser hatte dort eine Tiefe von 18 bis 20 [m]; darunter folgte feiner, weicher, blauer Lehm in einer Dicke von 15 bis 20 [m], eine mehrere Meter starke Geröllschicht und schließlich Fels. Die tragfähige Schichte liegt durchwegs in einer Tiefe, die Arbeiten mit Druckluft ausschließt. Ursprünglich hätten nach dem Vorschlage von CHRISTIANI & NIELSEN in Kopenhagen Pfahljoche mit 85 [cm] starken, oben und unten geschlossenen Pfählen ausgeführt werden sollen. Versuche erwiesen aber, daß dicke Pfähle wegen der großen Bodenverdrängung nicht gerammt werden konnten. Mit Wasserspülung konnten die Pfähle zwar herabgebracht werden, der feine, weiche Lehm wurde hierbei aber um den Pfahl herum so gelockert und ausgespült, daß die Einspannung der Pfähle im Boden ganz verlorenging.

Die Bauunternehmung Grün & Bilfinger in Mannheim führte später die Gründung der Pfeiler durch, verwendete aber statt der früher vorgesehenen geschlossenen Pfähle unten offene Hohlpfähle, die bis in die Geröllschichte herabgesenkt, ausgeräumt und schließlich ausbetoniert wurden. Die allgemeine Anordnung eines solchen Pfeilers deutet die Abb. 611 auf S. 358 an. Als Röhren verwendete man zuerst 85 [cm] weite stählerne mit einer Wandstärke von 15 [mm] und einem Gewicht von 12 [t], um die Bodenverdrängung möglichst herabzusetzen. Schon das erste Rohr versank ohne Nachhilfe im weichen Lehm bis zur Geröllschichte und wurde dann in diese noch durch einige Schläge mit einem Rammbären von 10 [t] Fallgewicht mit Fallhöhen von 0,5 bis 1,2 [m] hineingetrieben. Auf diese Weise wurden 12 Stahlrohre, die zuerst aus Deutschland angeliefert worden waren, versenkt. Die Vergewaltigung des Ruhrgebietes durch die Franzosen machte eine weitere Lieferung von stählernen Rohren unmöglich. Die Bauunternehmung Grün & Bilfinger entschloß sich daher, ermutigt durch die leichte Versenkbarkeit der Stahlrohre, für die weiteren Pfeiler Stahlbetonrohre mit den in der Abb. 501 ersichtlichen Abmessungen zu verwenden. Der Beton wurde mit 450 [kg] Zement auf 1 [m³] fertigen Betons gemischt und er mußte eine Würfelfestigkeit von 250 [kg/cm²] nach 28 Tagen haben. Die Stahlbetonrohre versanken teils ohne Nachhilfe, teils nach Beschwerung

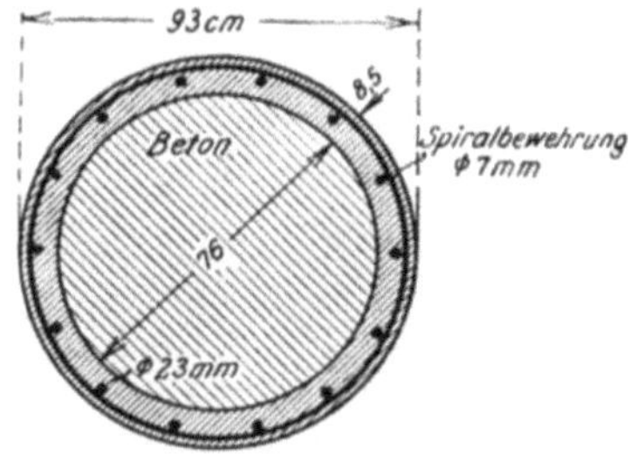

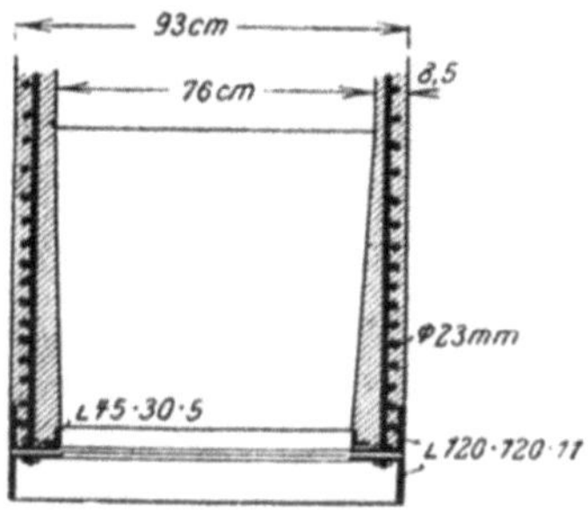

Abb. 501. Hohlpfahl aus Stahlbeton der Lidingöbrücke. (Nach G. SCHAPER.)

Abb. 502. Rammerhaube b eines Hohlpfahles c der Joche der Lidingöbrücke. a Rammbär. (Grün & Bilfinger.)

Abb. 503. Luftstrahlpumpe zum Ausräumen des Bodens aus den Hohlpfählen. (Grün & Bilfinger. a Luftstrahlpumpe, b Hohlpfahl)

mit dem Rammbären und wurden so wie die Stahlrohre nur in die Geröllschichte durch einige Rammschläge eingetrieben. Zum Schutze des Rohrkopfes ist eine Rammhaube angewendet worden, die in der Abb. 502 deutlich zu erkennen ist. Gerammt wurde so lange, bis das Rohr auf einen Schlag nur mehr 1 bis 2 [mm] zog.

Nach dem Rammen wurde der Boden aus dem Pfahlinnern mittels einer Luftstrahlpumpe (Abb. 503) herausgespült und der Pfeiler hierauf unter Wasser mittels eines Versenkkübels ausbetoniert. Die Betonierung der Hohlpfähle erfolgte in liegenden Schalungen (Abb. 504).

Abb. 504. Herstellung der Hohlpfähle für die Pfeiler der Lidingöbrücke.
(Grün & Bilfinger.)

Schrifttum.

SCHAPER, G. Bau der Lidingöbrücke bei Stockholm. Bautechn. 1924. S. 405, 479, 503, 660.

γ) **Ortbetonrammpfähle mit wiedergewonnenem Futterrohr.** Beim *Simplexpfahl von* SHUMAN wird durch Rammen eines Stahlrohres (Durchmesser 30 bis 60 [cm], Wandstärke 20 [mm], das unten eine Alligatormaul (Abb. 505) genannte Spitze trägt, ein Hohlraum geschaffen. Die Spitze ist während des Rammens geschlossen und erhält einen Außendurchmesser, der um etwa 50 [mm] größer ist als jener des Rohres, damit die Mantelreibung während des Rammens geringer wird. Wenn das Rohr auf die vorgesehene Tiefe gerammt ist, wird mittels eines besonderen Kübels (Abb. 506) Beton eingefüllt und mittels eines von der Ramme aus betätigten schweren Stampfers (Abb. 506) verdichtet, während gleichzeitig das Rohr angehoben wird. Das Alligatormaul öffnet sich dann und der Stampfer treibt den Beton seitwärts in den Boden, so daß ein rauher Pfahl mit großer Mantelreibung entsteht. Damit im Betonpfahl keine Nester aus eingedrungenem Boden entstehen, muß die Betonoberfläche während des Betonierens stets über dem Ende des Futterrohres liegen.

Wenn der Pfahl in das Grundwasser hinabreicht, so ist die Alligatormaulspitze nicht zu empfehlen, weil sie nicht wasserdicht ist, so daß im Rohr Wasser aufsteigt, wodurch das Ausbetonieren sehr beeinträchtigt wird. Man verwendet dann besser gußeiserne oder Stahlbetonspitzen, die auf das Rohr aufgesteckt werden und verloren sind, weil sie im Boden unter dem Beton bleiben. In den Beton kann auch eine Bewehrung eingelegt werden, so daß man einen Stahlbetonpfahl erhält.

Wenn die Pfähle als Langpfähle im Wasser ausgeführt werden sollen, so wird auf das Treibrohr ein dünnwandiges Mantelrohr aufgeschoben und mit ihm verklemmt, das bis in den Boden reicht. Dieses Rohr bildet die Schalung für den Pfahl im Wasser und ist daher verloren.

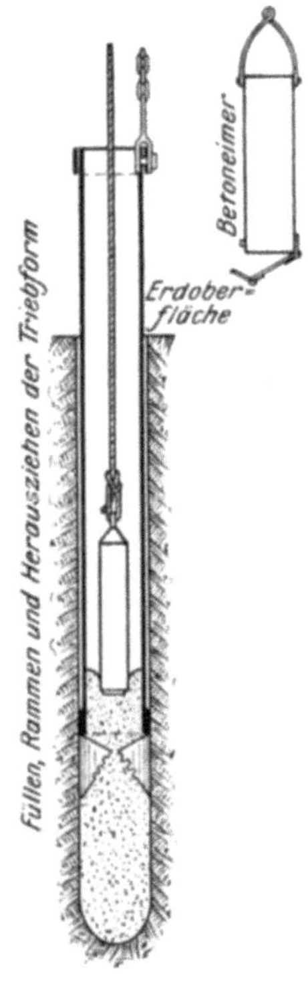

Abb. 505. Alligatormaul des Simplexpfahles.
(Brennecke — Lohmeyer.)

Abb. 506. Herstellung des Simplexpfahles.
(O. FRANZIUS.)

Schrifttum.

REINER: Die Simplex-Pfahlfundierung. Beton u. Eisen. 1907. S. 235. — SIEGFRIED: Die Gründung mit Simplexbetonpfählen. Deutsche Bauzg. 1907. S. 65. — *Referat*: Neue Gründungsmethoden II. Die Pfähle Simplex. Beton u. Eisen. 1905. S. 110. — *Referat*: Das neue Dienstgebäude des bayrischen Verkehrsministeriums in München. Zentralbl. d. Bauverw. 1913. S. 218.

Der FRANKI-*Pfahl* von E. FRANKIGNOUL wird mittels eines Vortreibrohres hergestellt, das aus mehreren teleskopartigen, ineinandergeschobenen, kürzeren Abschnitten besteht (Abb. 507); die Schläge des Rammbären erfolgen unmittelbar auf eine von oben eingeführte Stahlspitze (Abb. 507 A) im Innern des Vortreibrohres und die Spitze zieht die Vortreibrohre mit sich in die Tiefe. Der Rammbär ist an einer Rundstahlstange geführt, die in der Pfahlspitze sitzt und an der die Spitze nach vollendeter Rammung heraufgezogen wird.

Die Ausbetonierung erfolgt ähnlich wie beim Simplexpfahl; in dem Maße als sie fortschreitet, werden die Vortreibrohre wieder gezogen, jedoch stets so, daß der untere Rand unter der Betonoberfläche liegt. Auch bei diesem Pfahl ist eine Bewehrung möglich; der Bewehrungsstahl dient dann dem Stampfer als Führung (Abb. 507 E); in entsprechenden Zwischenräumen werden bei hochgezogenem Stampfer an der Bewehrung Bügel angeordnet und hinabgeschoben.

FRANKI-Pfähle sind mit Lasten bis zu 100 [t] belastet worden.

Der ZIMMERMANN-*Pfahl* wird ähnlich wie der FRANKI-Pfahl hergestellt. Er besitzt eine mehrteilige Spitze, die im Boden ohne Grundwasser vor dem Betonieren hochgezogen wird. Bei Grundwasserandrang bleibt der unterste Teil der Spitze im Boden, um während des Betonierens anfänglich den Wasserzutritt zu verhindern.

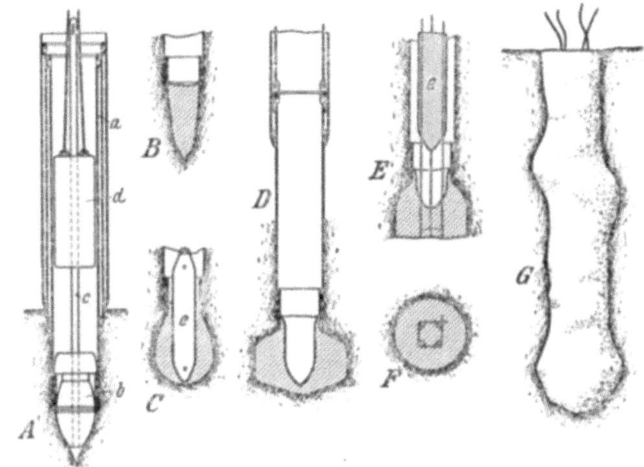

Abb. 507. Herstellung des FRANKI-Pfahles. *a* Futterrohr, *b* Pfahlspitze, *c* Führungsstange für den Rammbären, *d* Rammbär, *e* Stampfer.

Schrifttum.

NITZSCHE: Der neue Ortpfahl System Zimmermann. Deutsche Bauzg. 1917. S. 46.

Beim KONRAD-*Pfahl* besteht das Vortreibrohr aus mehreren Teilen, die auf einen hölzernen Rammkern aufgeschoben sind und beim Rammen von diesen in den Boden mitgenommen werden. Nachdem der Rammkern gezogen ist, wird der Hohlraum unter gleichzeitigem Ziehen der Rohre ausbetoniert. Das Ziehen des Rammkerns und der Rohre erfolgt mit einer fahrbaren Winde.

In festgelagertem Boden ohne Grundwasser kann der Pfahl auch, wie schon erwähnt worden ist, ohne die Rohre, also nur durch Rammen des Rammkernes, hergestellt werden.

Der KONRAD-Pfahl wird in Wien gewöhnlich mit 18 bis 25 [*t*] belastet.

Schrifttum über andere Pfähle: Betonpfähle mit Fußverbreiterung. Beton u. Eisen. 1910. S. 64.

c) Das Rammen der Pfähle.

Das Eintreiben der Rammpfähle geschieht mittels der später zu beschreibenden Rammgeräte. In feinkörnigem Boden wird das Eintreiben von Festpfählen durch Einspülen mit Preßwasser erleichtert. Über die Rammungen werden Rammregister geführt, in denen angeführt wird: die Nummer des Pfahles, der Zeitpunkt der Rammung, die Abmessungen des Pfahles, die Beschaffenheit der Ramme, die Rammtiefe und die Art des Eindringens (Zahl der Rammschläge, Senkung unter den letzten Rammschlägen). Diese Rammregister werden sorgfältig aufbewahrt. In einem Grundwerksgrundriß werden alle Pfähle eingezeichnet und mit derselben Nummer wie im Rammregister bezeichnet (vgl. Abb. 615). Um bei den leicht kürzbaren Holzpfählen sicher zu wissen, wie tief sie gerammt sind, ist es zweckmäßig, die Pfahlbezeichnung in der Nähe des Pfahlkopfes einzubrennen und nur gerammte Pfähle zu übernehmen, die noch das Brandzeichen tragen.

Die Rammen für das Eintreiben von Pfählen und Spundbohlen werden von Hand oder mittels Dampf- bzw. Preßluft oder durch Verbrennungsgase betätigt. Man unterscheidet Handrammen, Freifallrammen, Dampf- (Preßluft-) Rammen, Explosionsrammen und Pfahlhämmer.

α) **Handrammen.** Die Handramme dient zum Rammen leichter Pfähle, sie besteht aus einem runden oder achteckigen Hartholzklotz (Abb. 508), auf den mehrere Stahlringe warm aufgezogen sind, um ein Springen des Holzes zu verhindern. Manchmal wird die Handramme auch noch unten mit einer schweren Stahlplatte beschwert und verstärkt. Die Ramme wird an 4 oder 8 Handgriffen von 4 Männern etwa 50 bis 60 [cm] hochgehoben und hierauf auf den Pfahl herabgestoßen. Das Gesamtgewicht beträgt etwa 50 [kg], weil ein Mann dauernd nicht mehr als etwa 12,5 [kg] zu heben vermag. Der Rammbär ist gebohrt und wird zur Führung auf eine sogenannte Pilotennadel aus 25 [mm] starkem Rundstahl geschoben, die in einer Bohrung im Pfahl steckt. Die Handramme ist bei nicht sehr festgelagertem Boden bei kurzen Holzpfählen bis zu etwa 25 [cm] Durchmesser anwendbar. Sie findet meist Verwendung für das Rammen von leichten Gerüstpfählen u. dgl.

Die Wahl des Bärgewichtes erfolgt nach Erfahrungsregeln. Bei Holzpfählen wird gewöhnlich das Bärgewicht gleich dem doppelten Pfahlgewicht gewählt, während bei Stahlbetonpfählen das Bärgewicht gleich dem Pfahlgewicht genommen wird. Bei Stahlspundbohlen und bei Stahlpfählen soll das Bärgewicht gleich dem einfachen bis doppelten Pfahlgewicht sein. G. PETER gibt für die Wahl des günstigsten Bärgewichtes Q auf Grund der Erfahrung die Formel

Abb. 508. a Handramme, b Führungsnadel, c Pfahl.

$$Q = \frac{\frac{1}{2}g - 30 + l + 5t}{m} \quad [t]. \tag{339}$$

in der g das Gewicht von einem Meter der Doppelbohlen bzw. des Pfahles in [kg/m], l die Bohlenlänge in [m], t die Rammtiefe in [m] und m einen Beiwert bedeutet, der bei leicht zu durchrammendem Boden gleich 50, bei mittelschwerem Boden gleich 40 und bei schwer zu durchrammendem Boden gleich 30 gesetzt wird.

β) **Freifallrammen.** Bei den Freifallrammen ist der Rammbär auf einem Rammgerüst geführt; er wird an einem Seil hochgezogen und fällt, vom Rammgerüst geführt, frei auf den Pfahl herab.

Wenn der Rammbär durch Arbeiter hochgezogen wird, so nennt man die Ramme eine *Zugramme*. Die Hubhöhe beträgt bei Zugrammen 1,0 bis 1,2 [m], das Bärgewicht 250 bis 400 [kg]. Die Arbeiterzahl wird so bemessen, daß auf einen Mann nicht mehr als 15 [kg] vom Bärgewicht entfallen. Wenn der Rammbär nur auf einer Läuferrute geführt ist, so wird die Ramme Läuferramme (Abb. 509) genannt; läuft der Rammbär zwischen zwei Ruten, so heißt die Ramme eine *Scherenramme*.

Abb. 509. Läuferramme. a Läuferrute, b Rammbär, c Pfahl, d Zugseile mit Kurbeln.

Das Rammgerüst einer Scherenramme steht auf der Rammstube, die aus dem Schwellwerk (Abb. 510) besteht, das mit Bohlen überdeckt ist; für jeden Arbeiter werden etwa 0,75 [m²] gerechnet. Das Rammgerüst besteht aus den Ruten l und den Streben v und h (Abb. 510); es ist mit der Vorderschwelle der Rammstube gelenkig verbunden, so daß es durch Verlängerung oder Verkürzung der nach hinten angeordneten Streben h nach vorne oder nach hinten geneigt werden kann. Das Rammgerüst enthält oben eine Rolle für das Tau, das in die Kramme des Rammbären eingehängt ist. Am anderen Ende des Taues werden mittels eines Kranztaues (Abb. 511) die Zugseile der Arbeiter befestigt. Jedes Zugseil trägt am Ende einen Knebel, auf den so viel vom Zugseil aufgewickelt wird, bis er gerade in Augenhöhe hängt. In dem Maße, als der Pfahl in den Boden eindringt, werden die Zugseile durch Abwickeln vom Knebel verlängert und schließlich kann die Länge durch Versetzen des Kranztaues am Tau verändert werden. Der Rammeister (Schwanzmeister) arbeitet am „Schwanzende" des Taues und führt den Befehl.

Um die Pfähle zum Rammen aufstellen zu können, trägt das Rammgerüst oben noch den sogenannten Trietzkopf *t* mit 2 Rollen.

Der Rammbär besteht aus Gußeisen und läuft auf den Läuferruten (Abb. 511), deren Kanten zur Schonung und zur Verringerung der Reibung mit Winkelstahl beschlagen und gut geschmiert

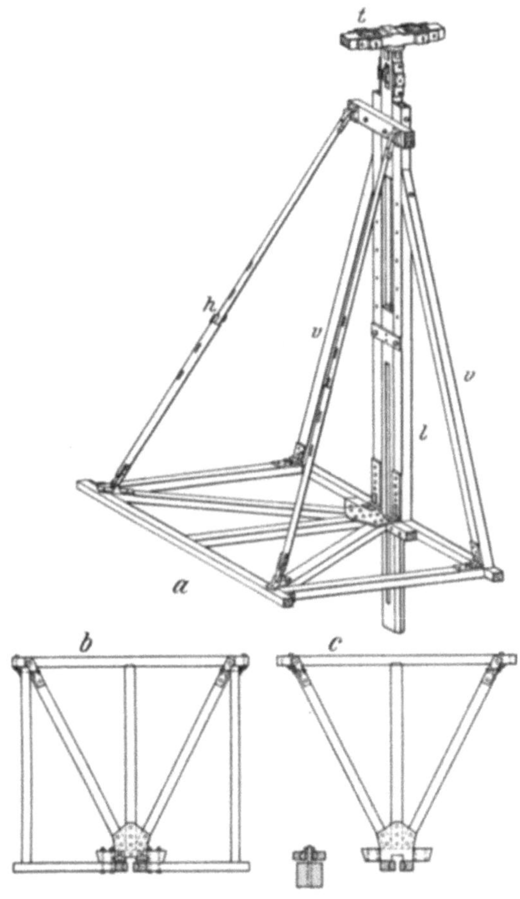

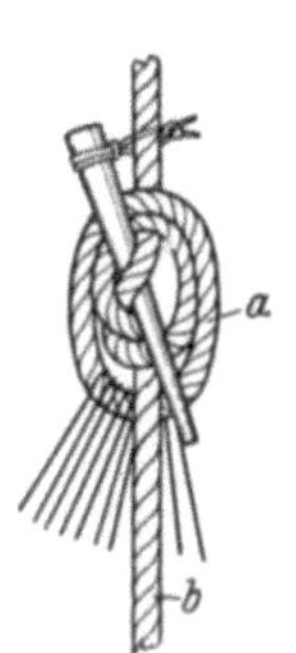

Abb. 511. Verbindung des Kranztaues *a* mit dem Schwanztau *b*. (Nach H. LÜCKEMANN.

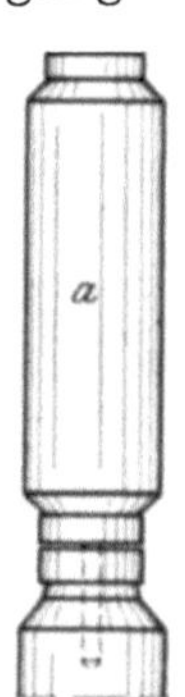

Abb. 512. Rammknecht *a*.

Abb. 510. *a* Scherenramme, *b* Schwellwerk, *c* Schwellwerk einer Winkelramme. (Nach H. LÜCKEMANN.) *v, h* verstellbare Streben, *l* Ruten, *t* Trietzkopf.

werden. Manche Rammen haben Scheren, die zwischen den Läuferruten unter die Rammstube herab verschiebbar sind, so daß auch unter die Höhenlage der Rammstube hinab gerammt werden kann. Wenn eine solche Verstellung der Läuferruten nicht oder nicht hinreichend tief hinab möglich ist, kann auf den Pfahl ein Rammknecht (Abb. 512) aufgesetzt und mit dessen Hilfe der Pfahl tiefer, auch unter den Wasserspiegel gerammt werden.

Zugrammen, deren Rammstube so geformt ist, daß die Läuferruten in einer Ecke stehen, werden

Abb. 513. Auslegerramme mit Freifallbär. (Menck & Hambrock.)

Winkelrammen genannt; sie eignen sich besonders für das Rammen von Pfählen in schlecht zugänglichen Ecken.

Das Rammen erfolgt durch gleichzeitiges Herabziehen der Knebel und darauffolgendes Nachlassen. Die Rammschläge (etwa 15 bis 50) zwischen zwei Pausen von etwa je zwei Minuten werden eine „Hitze" genannt. Wenn der Pfahl schwer zieht, so wird die Fallhöhe des Rammbären durch höheres Anheben vergrößert; die Knebel der Zugseile schlagen dabei auf den Boden

der Rammstube auf und man spricht dann, wegen des trommelnden Geräusches, das hierbei
entsteht, von einer „Trommelhitze".

Die Vorteile der Zugrammen bestehen in niedrigem Preis und in der leichten Beweglichkeit.
Sie werden für leichte Pfähle und für hölzerne Spundwände angewendet, wenn der Umfang der
Arbeit die Verwendung von Maschinen nicht lohnt und für das Rammen von Pfählen für die Ge-

Abb. 514. Kunstramme beim Rammen einer
hölzernen Spundwand (d). Siemens-Bau-
Union.) a Freifallbär, b Winde, c Saugleitung
der Grundwasserabsenkung.

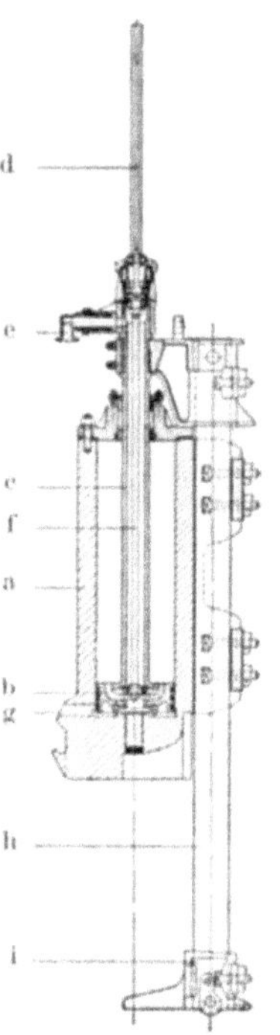

Abb. 516. Schnitt
durch den Dampf-
bären von Menck &
Hambrock. a Zylin-
der, b Kolben, c Kol-
benstange, e Frisch-
dampfzufuhr,
f Steuerkolbenstange,
g Auspuff, h Bär-
schiene,
i Bärschienenfuß.

Abb. 517. Dampframmbär von
Menck & Hambrock, geschnitten.
a Bärzylinder, b Bärkolben, c hohle,
feststehende Kolbenstange, d Steuerschiene, k Steuerhebel, e Dampfeinlaß, g Auspuff, h Bärschiene,
l Abzughebel für kurzen Hub.

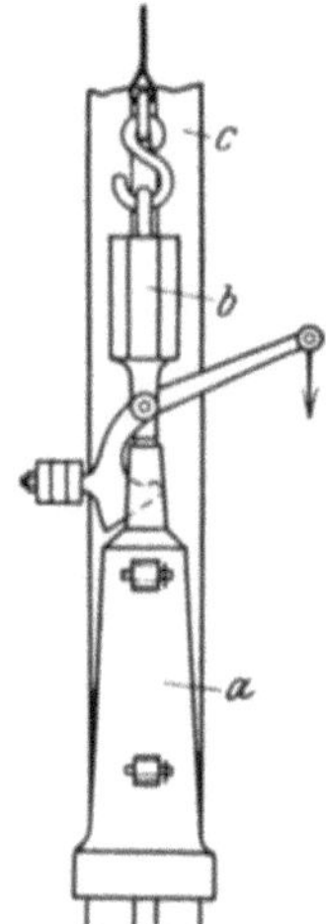

Abb. 515. Freifall-
bär (a) mit Nachlauf-
katze (b), c Läufer-
rute. (Nach
H. LÜCKEMANN.)

rüste schwerer Rammen.
Um raschere Ramm-
fortschritte zu erzielen, hat man schwerere Frei-
fallbären verwendet, zu deren Anheben Winden dienen, die von Maschinen
angetrieben sind. Solche Rammen werden dann *Kunstrammen* genannt. Die
Abb. 513 und 514 zeigen solche Kunstrammen. Die Abb. 513 stellt eine besondere Form, die Auslegeramme dar, bei der die Betätigung durch einen
Universalbagger auf Raupenband erfolgt, der unter Verwendung auswechsel-
barer Teile in die Auslegeramme umgestaltet ist.

Der Freifallbär kann entweder frei herabfallen oder man läßt ihn das Hubseil nachschleppen, nachdem die Seiltrommel vom Windwerk losgekuppelt ist.
Wenn der Bär frei herabfällt, so erhält das Hubseil eine sogenannte Nachlaufkatze (Abb. 515), die schwer genug ist, das Hubseil nachzuziehen. Die Katze
hängt sich selbsttätig in den Rammbären ein; die Auslösung des Bären erfolgt
durch Zug an einem Seil oder durch Anstoßen des Auslösehebels an einen ver-
stellbaren Anschlag.

Kunstrammen eignen sich nur für schwere Rammungen und sie arbeiten
sehr langsam; sie werden aus diesem Grunde schon selten verwendet.

γ) **Dampframmen.** Einen bedeutenden Fortschritt gegenüber den Kunstrammen brachte die Erfindung des unmittelbar wirkenden Dampfbären, um
dessen Entwicklung sich besonders die MENCK & HAMBROCK G. m. b. H. in

Altona verdient gemacht hat. Die Dampframmen bestehen aus dem Rammbären und dem Rammgerüst, in dem der Rammbär geführt ist.

Der Dampfbär besteht, wie die Abb. 516, 517 und 518 erkennen lassen, aus einem mit der Führung fest verbundenen Kolben und dem beweglichen Rammzylinder. Der Rammzylinder wird durch Dampf gehoben; wenn der Bär seine höchste Stellung erreicht hat, wird die weitere Dampfzufuhr gedrosselt. Durch Betätigung eines Hebels wird nun dem über dem Kolben befindlichen Dampf durch den Kolben der Weg in den Raum darunter und weiter durch die Auspufföffnung ins Freie geöffnet, wobei der Bär herabfällt.

Die Rammgerüste werden (Abb. 519) stets aus Stahl hergestellt; sie sind mittels Schrauben nach vorne

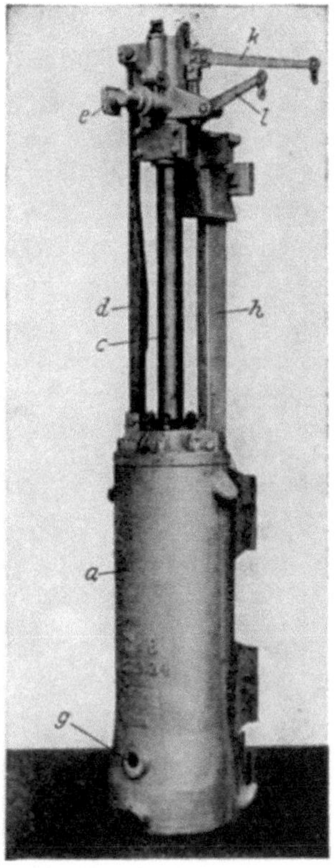

Abb. 518. Dampframmbär von Menck & Hambrock. *a* Bärzylinder, *c* Kolbenstange, *d* Steuerschiene, *e* Dampfeinlaß, *g* Auspuff, *h* Bärschiene, *k* Steuerhebel, *l* Abzug für kurzen Hub.

Abb. 519. Dampframme. (K. KÜBLER.) *a* Stahlbetonpfahl, *b* Rammhaube, *c* Dampfbär, *d* Rammgerüst, *e* Dampfkessel, *f* Dampfwinde, *g* Schrauben zur Neigung des Rammgerüstes, *h* Rolle für das Windenseil.

Abb. 520. Rammen von Schrägpfählen. (K. KÜBLER.)

und nach hinten neigbar, so daß Schrägpfähle (Abb. 520) rammbar sind. Die Läuferruten (Mäkler) sind nach unten verschiebbar, so daß auch unter die Rammbühne hinab gerammt werden kann. Mit Rücksicht auf das hohe Gewicht sind die Rammgerüste stets mit Rollen ausgerüstet, die auf Schienen ein leichtes Verschieben der Ramme erlauben. Am Rammgerüst befindet sich auch der Dampfkessel, der

Abb. 521. Aufstellen eines Stahlbetonpfahles mittels der Dampfwinde (Dyckerhoff & Widmann.) *a* Wagen für die Beförderung des Pfahles, *b* Rollschemel für die Pfahlspitze, *c* Spülpumpe.

Abb. 522. Rammen eines Hohlpfahles mit der Goliathramme. (Grün & Bilfinger.) *a* Rammbär, *b* Rammhaube, *c* Hohlpfahl, *d* gerammte Pfähle.

Abb. 523. Aufstellen eines Hohlpfahles mittels der Winde der Goliathramme. (Grün & Bilfinger.)

Abb. 524. Leichte Preßluftramme. (A. Spritzer A.-G.) *a* Preßluftbär, *b* Rammgerüst, *c* verstellbare Strebe, *d* Winde.

den für den Betrieb des Rammbären und einer Dampfwinde erforderlichen Dampf liefert. Wenn Pfähle eingespült werden, so ist neben der Winde auch die Spülwasserpumpe am Rammgerüst angeordnet. Die Winde dient zum Aufstellen der Pfähle (Abb. 521) und zum Hochziehen des Rammbären.

Für besonders schwere Rammarbeiten dienen die sogenannten Goliathrammen (Abb. 522 und 523) 40 [m] hoch, mit Dampframmbären von 6000 bis 10.000 [kg] Fallgewicht.

Wo Preßluft zur Verfügung steht, können die Dampfbären auch mit Preßluft betrieben werden. Die Abb. 524 zeigt zwei besonders leichte Rammgerüste mit solchen mit Preßluft betriebenen Rammbären. Im Winter können sich wegen der starken Eisbildung am Auspuff bei Betrieb mit Preßluft Schwierigkeiten einstellen.

δ) **Explosionsrammen.** Bei den *Explosionsrammen* wird der schlagende Zylinder durch ein explodierendes Benzol-Luft-Gemisch hochgeschleudert. Die Rammbären arbeiten in der Regel an einer Läuferrute geführt. Die *Deutsche Elektromaschinen- und Motorenbau A. G.* in Eßlingen erzeugt die Delmag-Explosionsrammen mit Bärgewichten von 65 bis 500 [kg]. Die leichten Rammen mit Bärgewichten von 65 bzw. 100 [kg] (Schlagzahl 30 bis 60 je Minute) können auch ohne Führung durch eine Läuferrute verwendet werden. Die Führung bewirkt, wie es deutlich in der Abb. 525 zu erkennen ist, die Kolbenstange, auf der eine Fußplatte angeordnet ist, die am Pfahlkopf liegt und auf die der Zylinder schlägt; die Kolbenstange steht in

Abb. 525. Die Delmag-100-[kg]-Pfahlramme beim Einrammen eines leichten Hohlpfahles. (Delmag, Eßlingen.)

Abb. 526. Delmag-Explosionsramme mit Stativgerüst beim Rammen von Holzpfählen. $\varnothing$ 20 [cm], 3 [m] lang.

Abb. 527. Die ½-[t]-Delmag-Explosionsramme mit Dreibein-Rammgerüst. (Delmag, Eßlingen.)

einer 20 [cm] tiefen Bohrung im Pfahl. Die 200-[kg]-und die 500-[kg]-Ramme (Schlagzahl 30 bis 45 je Minute) wird stets durch ein Rammgerüst geführt, wie es die beiden Abb. 526 und 527 erkennen lassen.

Zahlentafel 41.

Anwendungsbereich der Demag-Union-Rammhämmer.

Hammergröße	Gewicht [t]	Schlagzahl je Minute	Schlagarbeit je Schlag [kg·m]	Dampf [Atü]	Preßluft [Atü]	Mindestkesselheizfläche [m²]	Ansaugleistung des Kompressors bei 6 Atü [m³/min]
VR 15	2	215	320	8	6...7	10	8,5
R 20	2,4	230	730	8	6...7	18	16
VR 20	2,50	130	1350	8	6...7	12	10
VR 28	2,76	·	·	8	6...7	25	20

Anwendungsbereich:

Hammergröße	Union-Kastenbohlen Rammtiefe bis [m]	Union-Kastenbohlen Querschnitt	Betonpfähle Rammtiefe bis [m]	Betonpfähle Querschnitt bis [cm/cm]	Peiner-Träger Rammtiefe bis [m]	Peiner-Träger Querschnitt No.	Larssen-Doppelbohlen Rammtiefe bis [m]	Larssen-Doppelbohlen Querschnitt	Larssen-Doppelbohlen Rammtiefe bis [m]	Larssen-Doppelbohlen Querschnitt	Holzpfähle Rammtiefe bis [m]	Holzpfähle Durchmesser bis [cm]	Hölzerne Spundbohlen Rammtiefe bis [m]	Hölzerne Spundbohlen Querschnitt bis [cm/cm]
VR 15	·	·	·	·	6...9	20...30	8	IIIa, III	10	Ia, Ib, I, IIa, II	4...6	25...30	4...6	15/30
R 20	6	Ia	6	25/25	9...11	30...45	7	VI, V	10	IIIa, III, IVa	10	25...30	10	20/30
VR 20	10	I, II	6	30/30	15...18	45...55	15	VI	18	IV, V	9...12	40	9...12	20/30
VR 28	18...24	II	10	35/35	20...30	alle	·	·	alle vorkommenden	alle	18...24	50	·	·

Schrifttum.

SCHOKLITSCH, A.: Kostenberechnungen im Wasserbau und Grundbau. Wien: Springer-Verlag 1937. — *Referat*: Neue Bauformen von Explosionsrammen. Bautechn. 1937. S. 570.

ε) **Rammhämmer.** Einen bedeutenden Fortschritt brachte die Ausbildung der Rammhämmer mit sehr hoher Schlagzahl. Sie bestehen aus

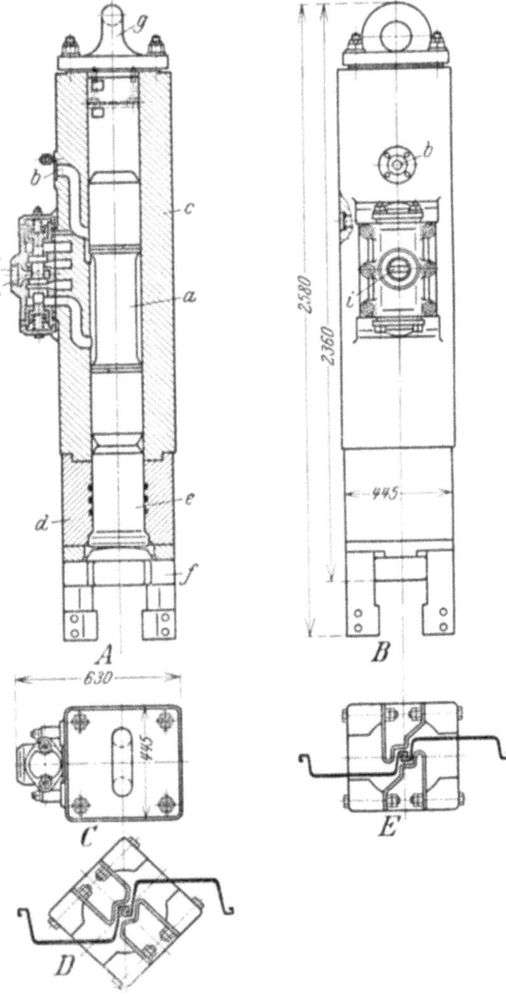

Abb. 528. Demag-Union-Rammhammer. *A* Längsschnitt, *B* Seitenansicht, *C* Draufsicht, *D, E* Ansicht von unten. *a* Schlagkolben, *b* Preßluft oder Dampfzuleitung, *c* Feststehender Zylinder, *d* Zwischenzylinder, *e* Zwischenkolben, *f* Rammblock, *g* Zylinderdeckel mit Öse, *h* Kolbenschieber, *i* Auspuff.

einem mit dem Pfahl fest zu verbindenden Zylinder (Abb. 528), in dem sich der schwere Schlagkolben, durch Dampf oder Preßluft angetrieben, rasch bewegt und bis zu 250

Schläge je Minute vollführt. Die Rammschläge folgen so rasch aufeinander, daß der Pfahl in ununterbrochenem Fluß in den Boden eindringt.

Die Rammhämmer können auch unter Wasser arbeiten (Abb. 529), wenn sie mit Preßluft betrieben werden; sie eignen sich also auch für das Rammen tief unter dem Wasserspiegel herab. Einige Angaben über die im Deutschen Reich erzeugten *Demag-Union-Rammhämmer* können der Zahlentafel 41 entnommen werden.

Die Abb. 529 zeigt verschiedene Anwendungen eines McKiernan-Terry-Pfahlhammers.

Die Pfahlhämmer erfordern kein Rammgerüst. Die Pfähle werden mittels eines Kranes aufgestellt und durch einige Halteseile in ihrer Stellung gesichert. Hierauf wird der Pfahlhammer

Abb. 529. Verschiedene Anwendungen eines McKiernan-Terry-Pfahlhammers. *a* Beim Rammen eines Holzpfahles, *b* beim Rammen eines Futterrohres, *c* beim Rammen unter Wasser. (McKiernan Terry Corp., New York.)

auf den Pfahlkopf aufgesetzt und angeklemmt; auf diese Weise können auch Schrägpfähle gerammt werden (Abb. 530).

Wenn der Pfahlhammer verkehrt verwendet wird, kann er auch als Pfahlzieher Anwendung finden (Abb. 531).

Die Abb. 532 und 533 zeigen weitere Anwendungen des Pfahlhammers, die die vielseitige Verwendbarkeit dieses Gerätes ohne weiteres erkennen lassen.

Schrifttum.

PETER, G.: Das Bärgewicht beim Rammen von Stahlspundwänden und Stahlrammpfählen. Bautechn. 1944. S. 148. — SCHOKLITSCH, A.: Kostenberechnungen im Wasserbau und Grundbau. Wien: Springer-Verlag 1937.

ζ) Das Einspülen von Pfählen. In feinkörnigem Boden, wie in Kies und Sand, sowie in sandigem Lehm kann das Rammen erleichtert bzw. beschleunigt werden, wenn an der Pfahlspitze Preßwasser in den Boden eingeleitet wird, das den Boden unter der Spitze auflockert. Man verwendet Wasser mit einem Druck von 3 bis 12 [kg/cm²] und rechnet für das Einspülen eines Pfahles einen Wasserverbrauch von

Abb. 530. Ein McKiernan-Terry-Pfahlrammer (*a*) beim Rammen von Schrägpfählen. (McKiernan Terry Corp., New York.)

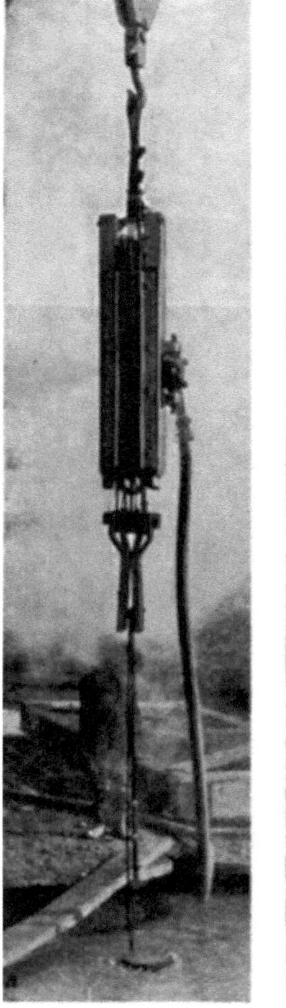

Abb. 531. McKiernan-Terry-Pfahlhammer verkehrt, als Pfahlzieher arbeitend. (McKiernan Terry Corp., New York.)

Abb. 532. Ansetzen eines McKiernan-Terry-Pfahlhammers zum Nachrammen von Stahlbetonpfählen, 62 × 62 [cm], 21,2 bis 29,0 [m] lang, in Sand und Lehm, mehrere Monate nach dem ersten Rammen. *a* Pfahlhammer, *b* behelfsmäßige Rammhaube, die das Rammen trotz der hervorstehenden Bewehrung ermöglicht.

15 bis 75 [l/sec]. Das Spülwasser wird bei Stahlbetonpfählen vielfach durch ein Rohr im Pfahlinnern der Spitze zugeleitet; bei anderen Pfählen werden unten offene Stahlrohre oder besondere Spüllanzen (Abb. 534) verwendet, die unter fortwährendem Bewegen neben dem Pfahl so in den Boden hinabgesenkt werden, so daß das Spülwasser stets unter der Pfahlspitze austritt. Nach vollendeter Einspülung wird das frei hinabgeführte Spülrohr wieder gezogen.

Bei besonders locker gelagertem Boden genügt für das Einbringen der Pfähle vielfach schon das Spülen allein. Bevor der Pfahl seine endgültige Tiefe erreicht hat, muß das Spülen beendet werden, damit wenigstens die Pfahlspitze in unaufgelockerten Boden zu

Abb. 533. Gründung der Pfeiler der Ambassador-Brücke. Von der Sohle der 18,3 [m] tiefen, 2,5 [m] weiten Brunnen werden je 7 Rohre, je 46 [cm] weit, auf 16,75 [m] Tiefe mittels McKiernan-Terry-Pfahlhämmern so lange gerammt, bis sie unter 100 Schlägen höchstens 2,54 [cm] eindrangen, hierauf ausgeräumt und ausbetoniert. *a* Pfahlhammer, *b* ausbetonierte Rohrpfähle.

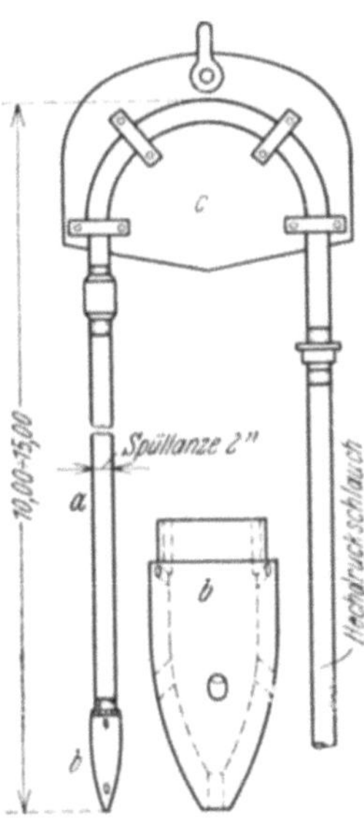

Abb. 534. Spüllanze. (Petzel & Behrens.) *a* Spülrohr, *b* Spülspitze, *c* Schlauchsattel.

stehen kommt. Bei Stahlbetonpfählen mit eingebautem Spülrohr kann schließlich durch dieses noch Beton eingepreßt und der Boden unter der Spitze versteint werden. Das Spülen ist bei schwebenden Pfählen nicht zulässig, weil es die Mantelreibung herabsetzt und keine Gewähr dafür besteht, daß sich der Boden später hinreichend fest gegen den Pfahlmantel legt.

Schrifttum.

BERNDT: Die Baumaschinen mit Dampfantrieb. Z. V. d. I. 1924, S. 702. — DORTMUNDER UNION: Spundwandeisen Larssen. Ausgabe 1930. — FISCHL, H.: Die Wirtschaftlichkeit des Druckluftantriebes für Kleinrammen. Zschft. d. öst. Ing.-V. 1925. S. 111. — FRANK: Preßluftwerkzeuge im Bauwesen. S. 220. — HETZEL, G. und O. WUNDRAM: Die Grundbautechnik und ihre maschinellen Hilfsmittel. Berlin: Julius Springer 1929. — MARNITZ, HR.: Hochdruck-Pfahlspülung. Bautechn. 1943. S. 324. — MCKIERNAN-TERRY: Pile Hammers. Catalog Nr. 40. New York, 15 Park Row. — SCHAPER, G.: Der Bau der Lidingöbrücke bei Stockholm. Bautechn. 1924. S. 405. — THUMB, R.: Fortschritte im Druckluftbetrieb von Baumaschinen. Bautechn. 1923. S. 276. — *Referate*: Eine neue Konstruktion von Betonpfahlrammen. Beton u. Eisen. 1916. S. 65. — Dampframmen für geschüttete Betonpfähle. Zentralbl. d. Bauverw. 1916. S. 603. — The Vibro Concreto-Piling System. Engg. 1926. S. 251.

2. Ortbetonbohrpfähle.

Die Ortbetonbohrpfähle werden in Bohrlöchern (Abb. 535) hergestellt, in die der Beton gestampft oder eingepreßt wird. Die auf die erstere Art ausgeführten Pfähle werden Stampfbetonbohrpfähle, die auf die letztere Art hergestellten Pfähle kurz Preßbetonpfähle genannt. Die

Abb. 535. Bohrung für die Herstellung von Ortbetonpfählen. (Ph. Holzmann A.-G.)

Abb. 536. Bohrung für die Herstellung von Ortbetonpfählen von einem Keller aus.
(A. Wolfsholz.)

Futterrohre der Bohrlöcher bleiben bei manchen Pfählen im Boden, bei den meisten werden sie aber während des Betonierens gezogen. Die Bohrpfähle haben gegenüber den Rammpfählen den großen Vorzug, daß bei ihrer Herstellung keine Erschütterungen vorkommen, die bestehende Bauwerke gefährden können. Wenn für die Futterrohre der Bohrlöcher kurze Abschnitte verwendet werden, so können diese Pfähle selbst von niedrigen Kellern aus (Abb. 536) und unter Brücken ausgeführt werden, weswegen sie sich auch ganz besonders zur Verstärkung bestehender Grundwerke eignen. Die Pfähle erhalten vielfach eine sehr rauhe Oberfläche mit vielen Ausbuchtungen, die eine große Mantelreibung gewährleisten; sie können mit oder ohne Bewehrung hergestellt werden. Nachdem bei der Bohrung kein Boden zu verdrängen ist, eignen sich diese Pfähle besonders für bindige, wassergesättigte Böden, in denen bei Pfahlrammungen ein großer Teil der Rammarbeit auf das Austreiben des Porenwassers aus dem Bereiche um den Pfahl aufgehen würde. Die Bohrpfähle können selbstverständlich auch in allen körnigen Böden angewendet werden, sie führen aber dort, weil sie ohne Erschütterungen hergestellt werden, zu keiner nennenswert dichteren Lagerung des Bodens. In angreifendem Grundwasser sind die Bohrpfähle bei Verwendung von Portlandzement nicht zu verwenden, weil der Beton schon während des Abbindens mit dem Wasser in Berührung kommt.

a) Stampfbetonbohrpfähle.

α) **Mit verlorenem Futterrohr.** Ein Ortbetonpfahl mit verlorenem Futterrohr, bei dem vor dem Betonieren mit einem eigenen Erweiterungsbohrer der Hohlraum für einen besonders verbreiteten Fuß geschaffen wird, ist der *Aba-Lorenz-Pfahl*, dessen Herstellungsweise aus der Abb. 537 hervorgeht. Der Pfahl wird als Festpfahl angewendet und der verbreiterte Fuß (8 000 [cm²]) wird in der tragfähigen Schicht ausgeführt. Während der Bohrung kann bei jedem Pfahle durch einen Belastungsversuch (Abb. 537 b) an der Sohle des Bohr-

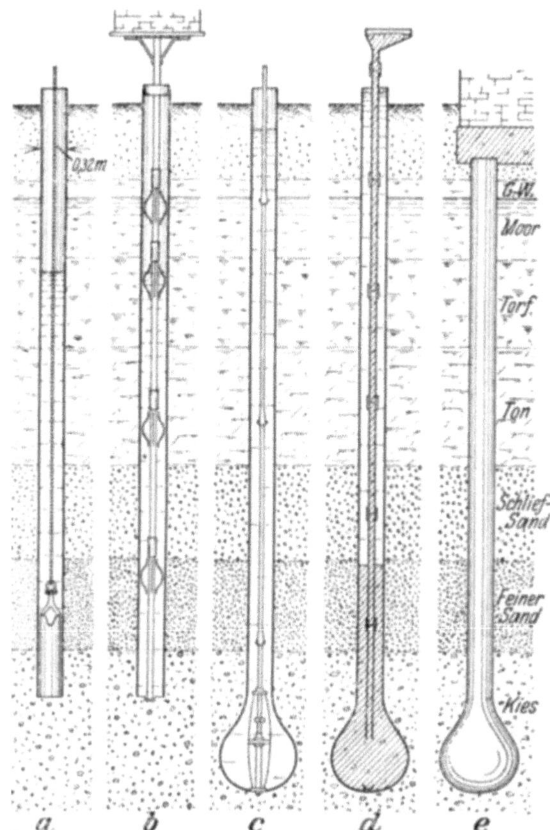

Abb. 537. Herstellung der Aba-Lorenz-Pfähle. *a* Bohrung. *b* Belastungsversuch, *c* Ausschneiden des Fußes, *d* Gießen des Pfahles, *e* der fertige Pfahl.

Abb. 538. Ausgegrabene Aba-Lorenz-Pfähle.

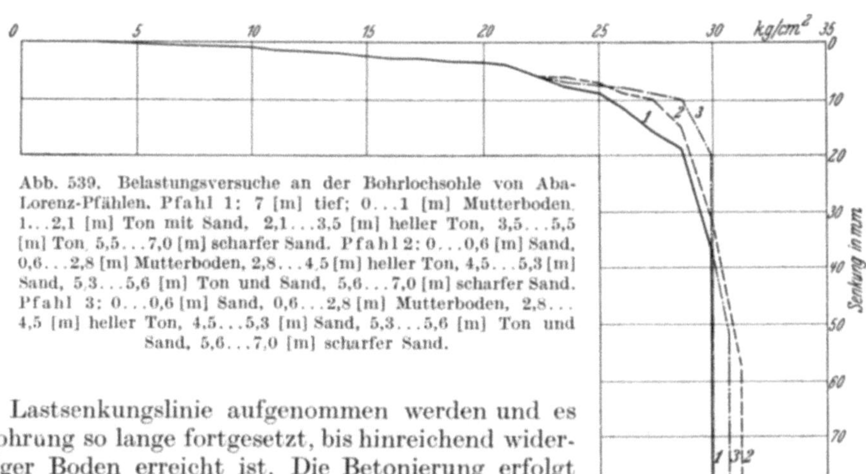

Abb. 539. Belastungsversuche an der Bohrlochsohle von Aba-Lorenz-Pfählen. Pfahl 1: 7 [m] tief; 0...1 [m] Mutterboden, 1...2,1 [m] Ton mit Sand, 2,1...3,5 [m] heller Ton, 3,5...5,5 [m] Ton 5,5...7,0 [m] scharfer Sand. Pfahl 2: 0...0,6 [m] Sand, 0,6...2,8 [m] Mutterboden, 2,8...4,5 [m] heller Ton, 4,5...5,3 [m] Sand, 5,3...5,6 [m] Ton und Sand, 5,6...7,0 [m] scharfer Sand. Pfahl 3: 0...0,6 [m] Sand, 0,6...2,8 [m] Mutterboden, 2,8... 4,5 [m] heller Ton, 4,5...5,3 [m] Sand, 5,3...5,6 [m] Ton und Sand, 5,6...7,0 [m] scharfer Sand.

loches die Lastsenkungslinie aufgenommen werden und es wird die Bohrung so lange fortgesetzt, bis hinreichend widerstandsfähiger Boden erreicht ist. Die Betonierung erfolgt entweder mittels einer Senkbüchse oder mittels Betongusses durch ein eigenes Rohr (Abb. 537 d). Die Abb. 538 zeigt zwei ausgegrabene Aba-Lorenz-Pfähle und die Abb. 539 gibt die Ergebnisse von Belastungsversuchen an der Bohrlochsohle wieder.

Die Aba-Lorenz-Pfähle werden mit 30 bis 50 [t] belastet und sind, wenn sie bewehrt sind, auch als Zugpfähle gut verwendbar.

β) **Mit wiedergewonnenem Futterrohr.** Der Straußpfahl (Abb. 540) von A. STRAUSS wird in Bohrlöchern von 30 bis 40 [cm] Weite durch Einstampfen von Beton hergestellt, während gleichzeitig das Futterrohr mit Winden gezogen, also wiedergewonnen wird. Der Beton wird mittels Büchsen mit Bodenklappe eingefüllt. Bei Wasserandrang wird entweder anfänglich unter Wasser betoniert oder es wird das Bohrloch ausgepumpt und dann rasch Beton eingebracht.

Belastungsversuch (Abb. 541): Die Belastungsgeschwindigkeit war mit Rücksicht auf den Lehm im Untergrund zu groß.

Abb. 540. Ausgegrabener Straußpfahl. (Dyckerhoff & Widmann.)

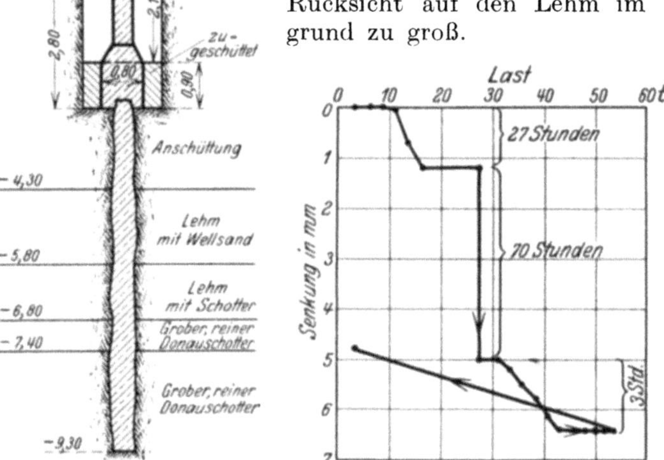

Abb. 541. Belastungsversuch an einem Straußpfahl in Heiligenstadt (Wien).

Schrifttum.

BIEMA: Über die Wiederherstellung der durch Sturmflut beschädigten Darßbahn. Zentralblatt der Bauverw. 1914. S. 613. — COLBERG, O.: Eine Probebelastung mit dem Betonpfahl-Gründungssystem „Strauß". Beton u. Eisen. 1909. S. 54. — GEHLER: Betonpfähle Patent „Strauß". Berlin: W. Ernst & Sohn 1913. — KERSTEN, O.: Strauß-Pfahlgründungen in der Schweiz. Schweiz. Bauzg. Bd. 59 (1912). S. 263. — MENTZEL: Bauanlagen für die Herstellung der elektrischen Zugförderung auf den Eisenbahn-

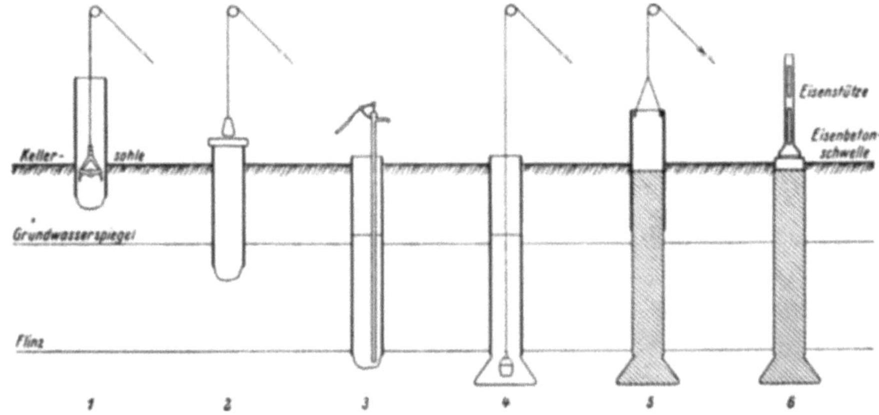

Abb. 542. Herstellung der Pfähle für die Gründung des Saalbaues im Deutschen Museum in München. (E. STECHER.)

linien Magdeburg—Bitterfeld—Leipzig—Halle. Zschft. f. Bauw. 1914. S. 543. — SPANGENBERG: Zwei monumentale Hallenbauten in Eisenbeton. Deutsche Bauzg. 1910. S. 219. — *Referate*: Neuere Gründungsmethoden VII. Betonpfähle System Strauß. Beton u. Eisen. 1906. S. 138. — Betonpfähle System Strauß. Beton u. Eisen. 1908. S. 90.

Besonders kräftige Stampfbetonpfähle mit wiedergewonnenem Futterrohr haben beim Bau eines Bibliotheks- und Saalbaues als Festpfähle Anwendung gefunden. Bei einem Durchmesser von 100 und 125 [cm] bilden diese Pfähle eigentlich schon den Übergang zur Gründung auf Senkbrunnen. Der Arbeitsvorgang bei der Herstellung dieser Pfähle ist in der Abb. 542 schematisch dargestellt. Die Bohrung erfolgte von fahrbaren Bohrtürmen aus; der Aushub des Bodens geschah je nach der Bodenart mittels Rohrbaggers, mittels Greifers oder mittels einer Kiespumpe und das 15 [mm] starke Futterrohr ist durch leichte Rammschläge nachgetrieben worden, bis es in einer Tiefe von 10 bis 12 [m] die feste Flinzschichte erreicht hatte, die das Rohr wasserdicht abschloß, so daß es ausgepumpt werden konnte. Hierauf stieg ein Arbeiter ein, der unter dem Rande des Futterrohres hinweg den erweiterten Fuß unter Verwendung eines Spatenhammers aushob. Die

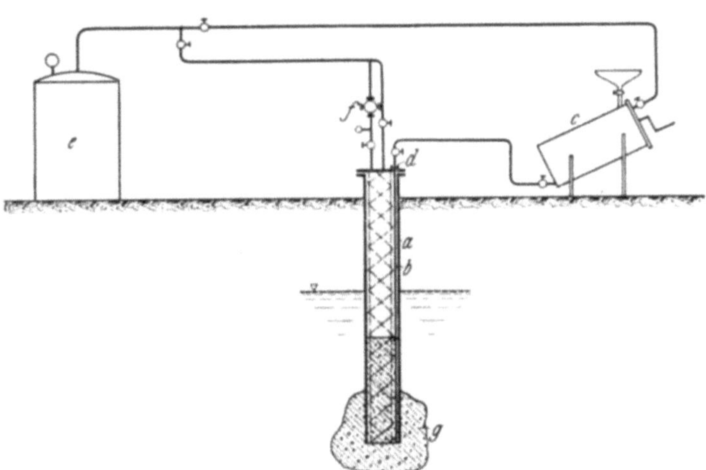

Abb. 543. Schema der Einrichtung für Herstellung der Preßbetonpfähle von A. WOLFSHOLZ. *a* Bohrrohr, *b* Einpreßrohr, *c* Einpreßkessel, *d* Stopfbüchse, *e* Preßluftkessel, *f* Druckminderventil, *g* Beton.

Betonierung erfolgte mit plastischem Beton bis auf 5 bis 6 [m] über dem Grundwasserspiegel, worauf das Futterrohr angehoben und die Betonierung fortgesetzt wurde.

Schrifttum. Bautechn. 1930. S. 198.

b) Preßbetonpfähle.

Die Preßbetonpfähle werden in Bohrlöchern durch Einpressen von Beton unter hohem Druck unter gleichzeitigem Hochdrücken des Futterrohres hergestellt; alle Verfahren ergeben rauhe Pfähle, die an Stellen loser Lagerung im Boden starke Ausbuchtungen aufweisen, die die Mantelreibung außerordentlich vergrößern; die eingepreßte Betonmenge beträgt meist ein Vielfaches des Bohrlochraumes.

Das Preßbetonverfahren ist von A. WOLFSHOLZ erdacht worden; bei seinem *Wolfsholz-Pfahl* verwendet er Preßluft für das Verdichten des Betons und das seitliche Anpressen desselben in den Boden. Die Geräte für sein Verfahren sind in den beiden Abb. 543 und 544 dargestellt. Nachdem das 25 bis 50 [cm] weite Bohrloch die vorgesehene Tiefe erreicht hat, wird es oben mittels eines Blindflansches verschlossen, an den zwei Preßluftleitungen angeschlossen sind und durch den durch eine Stopfbüchse *d* das Ein-

Abb. 544. Herstellung von Wolfsholz-Preßbetonpfählen beim Neubau der Technischen Hochschule in Graz. *a* Bohrloch mit Futterrohr, *c* Wolfsholz-Einpreßgerät.

preßrohr *b* geführt ist. Allenfalls im Futterrohr stehendes Grundwasser wird nun vorerst durch Einblasen von Luft verdrängt; hierauf wird, wieder unter Zuhilfenahme von Preßluft, Beton aus dem Einpreßgerät *c* (vgl. auch Abb. 119 auf S. 99) einige Meter hoch unten in das Bohrloch eingeführt und schließlich durch Zuleitung von Preßluft (bis 10 [kg/cm²]) der Druck so lange gesteigert, bis sich das Futterrohr etwas hebt. Unter dem hohen Druck preßt sich der Beton unter der Schneide des Futterrohres in den Boden und bildet, nachdem der beschriebene Vorgang mehrmals wiederholt worden ist, unregelmäßige Säulen, wie sie in den Abb. 545 und 546 deutlich zu erkennen sind. Die Pfähle können leicht bewehrt werden, indem vor dem Betonieren die Bewehrung in das Bohrloch gestellt wird und es können sowohl Lot- als auch Schrägpfähle sogar waagrecht liegende, ohne wei-

Abb. 545. Freigelegte Köpfe von Wolfsholz-Preßbetonpfählen. (A. WOLFSHOLZ.)

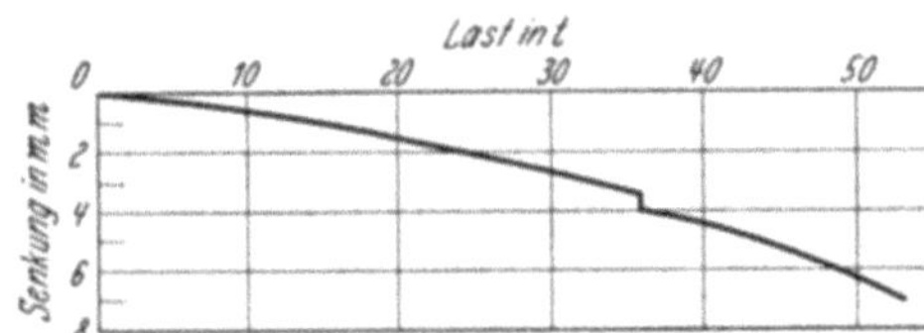

Abb. 546. Belastungsversuch an einem Wolfsholz-Preßbetonpfahl in Lehm beim Neubau der Technischen Hochschule in Graz.

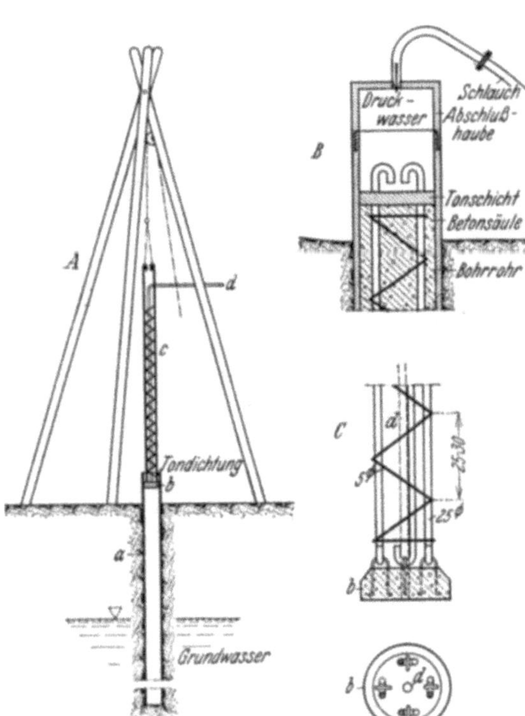

Abb. 547. Herstellung des Preßbetonpfahles Michaelis-Mast. a Bohrloch mit Futterrohr, b Fußplatte, c Bewehrung, d Preßwasserzuleitung.

teres ausgeführt werden. Der Betonaufwand ist 1,5- bis 3mal so groß als der Bohrlochraum.

In angreifendem Grundwasser setzt *Wolfsholz* in das Bohrloch einen schon erhärteten und außen isolierten Eisenbetonpfahl ein und preßt nur in den Zwischenraum zwischen dem Pfahl und dem Boden Beton ein. *Belastungsversuch*: Abb. 546.

Schrifttum.

SCHULTZE, J.: Der Wolfsholzsche Preßzementpfahl und seine Berechnung. Zentralbl. d. Bauverw. 1922. S. 382, 435. — DERSELBE: Verfahren zur Herstellung von Ortspfählen in moorsäurehaltigem Boden. Bautechn. 1925. S. 679. — WOLFSHOLZ, A.: Ausführungen von Gründungen mit Preßbetonpfählen. Beton u. Eisen. 1916. S. 9, 33. — DERSELBE: Fundamente für Großkraftmaschinen. Z. V. d. I. 1922. S. 773. — *Referate*: Neue Gründungsverfahren. Zentralbl. d. Bauverw. 1911. S. 82. — Verstärkung der Gründung eines Durchlasses durch Preßbetonpfähle. Zentralbl. d. Bauverw. 1915. S. 69. — Der Wolfsholzsche Preßzementpfahl und seine Berechnung. Zentralbl. d. Bauverw. 1923. S. 115.

Beim *Preßbetonpfahl Michaelis-Mast* wird das Grundwasser aus dem Bohrloch ähnlich wie aus einem Pumpenzylinder durch einen Kolben hochgedrückt, der als sogenannte Fußplatte unter der Bewehrung angeordnet ist. Das Förderrohr (*d*) (Abb. 547) für das Grundwasser ist in die Fußplatte eingeschraubt. Die Abdichtung zwischen der Fußplatte und dem 25 bis 30 [cm] weiten Futterrohr wird mit Ton bewerkstelligt. Wenn die Bewehrung (Abb. 547) mit der Fußplatte bis auf den Boden des Bohrloches herabgedrückt ist, wenn also alles Grundwasser herausgetrieben ist, wird das Futterrohr mit Beton aufgefüllt und das Förderrohr für das Grundwasser losgeschraubt und hochgezogen. Auf die Betonoberfläche kommt eine Tondichtung und schließlich

Abb. 548. Bewehrung eines Michaelis-Mast-Pfahles. (Beton- u. Tiefbau-Ges. Mast.)

wird das Futterrohr oben mit einer Druckhaube verschraubt (Abb. 547 B). Durch Einleitung von Preßwasser mit einem Anfangsdruck bis 35 [kg/cm²] wird der Beton verdichtet, seitlich in den Boden gepreßt und gleichzeitig das Futterrohr aus dem Boden getrieben.

Schrifttum.

BERNHARD, K.: Vom Bürohaus des allgemeinen Gewerkschaftsbundes in Berlin. Deutsche Bauzg. 1924. Konstruktion u. Bauausführung. S. 17, 49. — DERSELBE: Herstellung und Belastung von gepreßten Bohrpfählen. Zentralbl. d. Bauverw. 1922. S. 97.

Beim *Preßbetonpfahl von* Grün & Bilfinger wird auf das Futterrohr eine Luftschleuse aufgeschraubt (Abb. 549) und vorerst das Grundwasser mittels eingeleiteter Preßluft durch das Abflußrohr abgefördert. Hierauf läßt man durch Öffnen einer Klappe den in der Schleuse enthaltenen Beton in das Rohr herabfallen. Wenn die Klappe wieder geschlossen wird, ist das Futterrohr luftdicht abgeschlossen und es kann in die Schleuse von neuem Beton gefüllt werden. Die Klappe kann neuerlich geöffnet werden, nachdem durch Einleitung von Preßluft in die Schleuse der Druck beiderseits der Klappe auf das gleiche Maß gebracht ist. Auf diese Weise wird das ganze Futterrohr aufgefüllt und es wird schließlich die Luftschleuse wieder abgeschraubt. Das Futterrohr wird nun mit einem Blindflansch verschraubt, durch den Preßwasser auf den Beton geleitet wird, das den Beton verdichtet und das Futterrohr aus dem Boden hebt; gleichzeitig wird der Beton seitlich an den Boden angepreßt, so daß auch bei diesem Verfahren ein rauher Pfahl entsteht.

Der *Preßbetonpfahl von* FISCHER wird ähnlich ausgeführt wie jener von Grün & Bilfinger; statt Preßwasser wird für das Hochheben des Futterrohres Preßluft verwendet.

Schrifttum.

KAYSER: Die Gründung einer Kranbahn mit Preßbetonpfählen im städtischen Industriehafen zu Emmerich. Bautechn. 1925. S. 624.

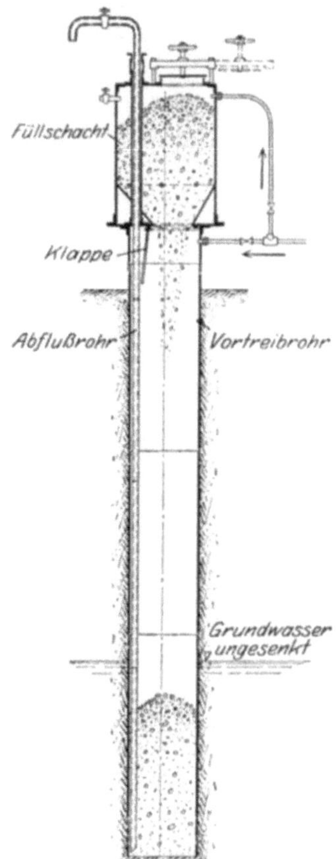

Abb. 549. Schleuse und Einrichtung zur Betonierung des Preßbetonpfahles von Grün & Bilfinger.
(G. HETZEL u. O. WUNDRAM.)

Beim *Preßbetonpfahl von* KELLER wird der Beton mittels einer Schnecke in den Boden gepreßt, die gleichzeitig das Futterrohr hebt. Das Futterrohr kann ohne Nachteil auch durch Einspülen versenkt werden, weil der Beton fest gegen den Boden gedrückt wird.

Wenn bei der Verstärkung eines bestehenden Grundwerkes der Raum so beschränkt ist, daß das Futterrohr nicht gerammt werden kann, so kann, wie die Abb. 550, eine Ausführung von W. Noçon, zeigt, das Futterrohr auch mittels einer hydraulischen Presse in den Boden versenkt werden.

Abb. 550. Ortbetonpfahl mit hydraulisch vorgetriebenem Futterrohr. (H. Nilevsky — W. Noçon.) *a* Futterrohr, *b* Hydraulische Presse.

Abb 551. Verbundpfahl aus Holz und Stahlbeton der Raymond Concrete Pile Comp., New York. *a* Holzpfahl, *b* Stahlbetonpfahl mit abgenommenem Mantel, *c* Rundstahl.

3. Verbundpfähle.

Holzpfähle sind, wie schon betont worden ist, nur anwendbar, wenn ihr Kopf ständig unter dem Grundwasserspiegel liegt. Um bei tiefliegendem Grundwasserspiegel einerseits das tiefe Hinabverlegen des Rostes zu ersparen und anderseits den Vorteil des niedrigen Preises der Holzpfähle doch ausnützen zu können, sind sogenannte Verbundpfähle ausgeführt worden, deren unterer, stets unter dem Grundwasser liegender Teil aus Holz besteht, während deren oberer Teil aus Beton bzw. Stahlbeton hergestellt worden ist. In der Abb. 550 sind die Verbindungsstellen dreier solcher öfter ausgeführter Verbundpfähle dargestellt. Bei allen Pfählen wird auf den entsprechend zugerichteten Pfahlkopf ein stählernes Mantelrohr aufgestellt und dann mit Hilfe einer Rammjungfer weiter bis zur endgültigen Tiefenlage gerammt. Beim *Raymond-Verbundpfahl* wird das Mantelrohr ausbetoniert und ist daher verloren. In der Abb. 551 ist die Verbindungsstelle eines solchen ausgegrabenen Raymond-Verbundpfahles nach Entfernung des Blechmantels freigelegt und gut sichtbar. Auch beim *Heimbach-Verbundpfahl* ist das Mantelrohr verloren; der feste Anschluß des Holzpfahles an das Mantelrohr wird bei diesem Pfahl durch einen Keilring mit Keilflügeln erzielt, der von der Rammjungfer unter den ersten Schlägen des Rammbären in das Holz eingetrieben wird. Beim *Simplex-Verbundpfahl* wird das

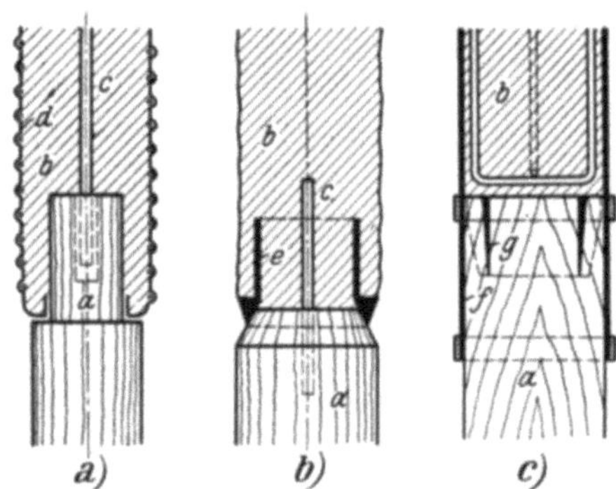

Abb. 552. Verbundpfähle. *a)* Raymond Concrete Pile Comp., New York, *b)* Simplex, *c)* Heimbach. *a* Dorn, *b* Beton, *c* Rundstahl, *d* Blechhose, *e* Ring, *f* Mantelrohr, *g* Keilring mit Flügeln.

Mantelrohr zurückgewonnen und nur der Ring, der am Holzpfahl sitzt und auf den sich das Vortreibrohr stützt, ist verloren.

Bei allen Verbundpfählen ist die Verbindungsstelle eine schwache Stelle, an der der Pfahl ausknicken kann; die Anwendung dieser Pfähle kann daher nur in Böden ohne nennenswerte Rammwiderstände in Frage kommen, in denen nicht die Gefahr besteht, daß der Pfahl aus seiner Richtung ausgelenkt wird.

Schrifttum.

HUMMEL: Verbundpfähle aus Holz und Beton. Bauing. 1925. S. 630. — NEUFELDT: Pfahlgründungen mit Holz-Eisenbetonpfählen. Zentralbl. d. Bauverw. 1914. S. 470. — SCHÖNHÖFER: Der Verbund-Holz-Eisenbetonpfahl, Bauart Heimbach. Deutsche Bauzg. 1913. S. 150. — TRÖSCHL: Pfahlgründungen mit Holz-Eisenbetonpfählen. Zentralbl. d. Bauverw. 1914. S. 599. — *Referat*: Auf Holzpfähle aufgepfropfte Eisenbetonpfähle. Deutsche Bauzg. 1904. S. 32.

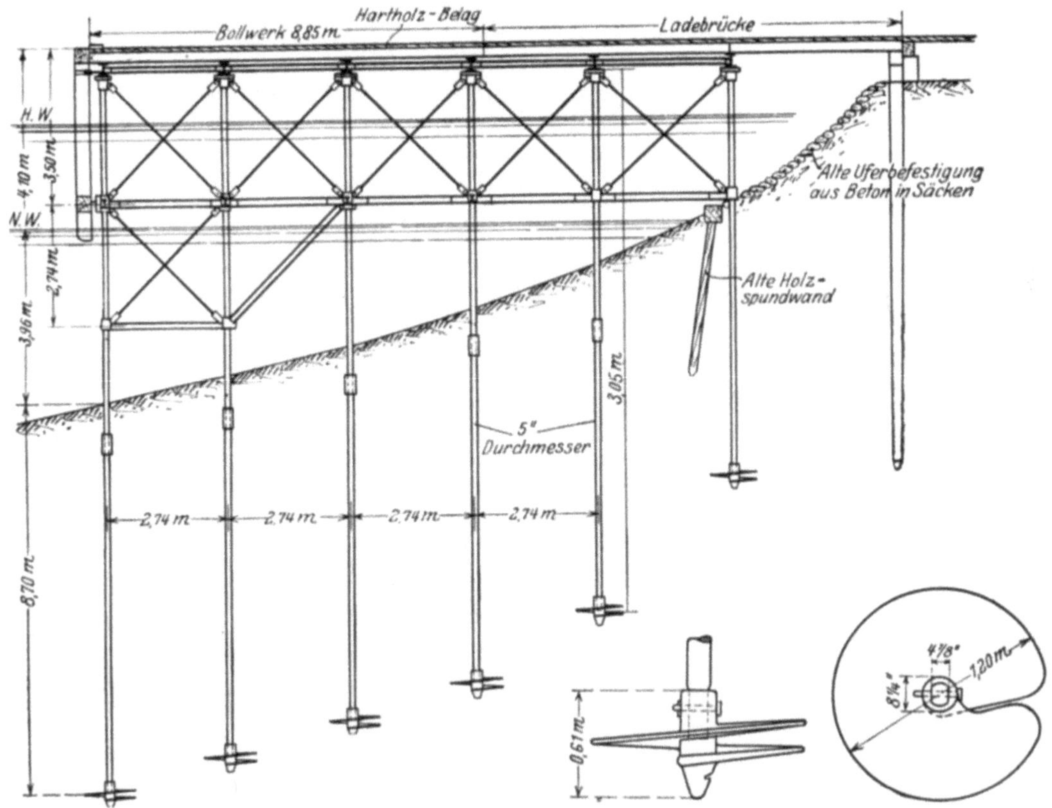

Abb. 553. Gründung einer Anlegebrücke auf Schraubenpfählen.

4. Schrauben- und Scheibenpfähle.

In lose gelagertem Boden ohne nennenswerte Hindernisse, wie Steine oder Holz, hat man in England und Amerika öfter, in Deutschland nur selten, Schrauben- und Scheibenpfähle verwendet. Als Baustoff für diese Pfähle hat sich nur Stahl bewährt.

Die Schraubenpfähle (Abb. 553) bestehen aus Stahlstäben oder häufiger Stahlrohren, die unten Schraubenschuhe tragen und durch Drehen in den Boden versenkt werden. Rohre können am Schraubenschuh außer der Außenschraube auch eine Innenschraube erhalten. Solche Pfähle sind mit vollem Querschnitt bis zu 0,21 [m] Durchmesser, mit Rohren bis zu 1,22 [m] lichter Weite und mit Schraubendurchmessern bis gegen 2 [m] ausgeführt worden.

In lose gelagertem feinkörnigem Boden hat man statt der Schraubenschuhe auch einfach Scheiben verwendet und die Scheibenpfähle dann mittels Spülung versenkt. Das Preßwasser ist durch ein eigenes Spülrohr im Innern des Pfahles unter den Scheibenschuh geleitet worden.

Schrifttum.

BRENNECKE, L.: Versuche über den Widerstand von Schraubenpfählen gegen Herausziehen. Zschft. f. Bauw. 1880. S. 449. — KERENDELL: Schraubenpfähle und ihre Berechnung. Bautechn. 1928. S. 116. — DERSELBE: Schwenkbrücke über den Suezkanal bei Kantara. Schweiz. Bauzg. Bd. 7. S. 240. — SCHOTT, H.: Die neue eiserne Mole von Puntarenas. Bauing. 1929. S. 881. — TILLMANN, ANDRESSEN und AGATZ: Die Entwicklung der Umschlageinrichtungen in den bremischen Häfen. Jahrb. d. Hafenbautechn. Ges. Bd. 9.

5. Zugpfähle.

In manchen Grundwerken werden Pfähle auf Zug beansprucht; dieser Zug wird bei den meisten Pfahlarten durch Mantelreibung auf den Boden übertragen. Um einen Pfahl für die Aufnahme möglichst hoher Zugkräfte geeignet zu machen, wird ihm eine möglichst rauhe Oberfläche gegeben. Bei hölzernen Zugpfählen haben sich die in der Abb. 554a dargestellten Stahlbetonringe gut bewährt. Versuche haben ergeben, daß solche Ringe den Zugwiderstand um 50% gegenüber dem glatten Pfahl erhöhen. Ähnlich (vgl. Abb. 554b) werden Stahlbetonrammpfähle ausgestaltet, um sie als Zugpfähle besser geeignet zu machen. In Stahlbetonpfählen muß die Bewehrung für die Aufnahme der vollen Zugkraft bemessen werden. Neben den besonders ausgerüsteten Rammpfählen eignen sich auch alle Ortpfähle ohne Mantelblech wegen ihrer rauhen Oberfläche und wegen der Knotenbildung für die Aufnahme von Zugkräften.

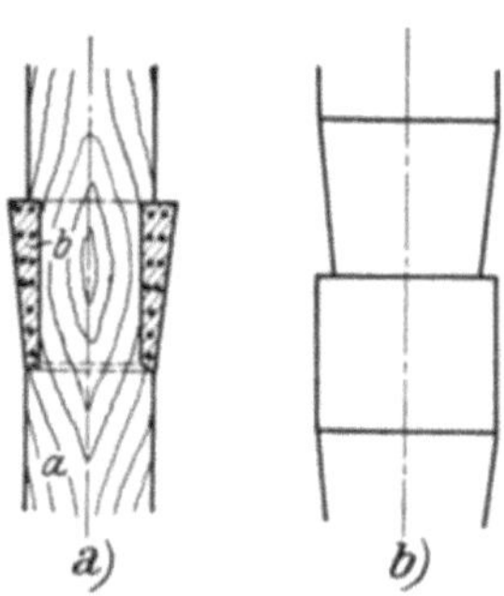

Abb. 554. Ausbildung von gerammten Zugpfählen. a) Hölzerner Zugpfahl von TH. MÖBUS. b) Stahlbeton-Zugpfahl. a Holzpfahl, b Stahlbetonmanschette.

In England und Amerika hat man vielfach Schraubenpfähle als Zugpfähle angewendet. Nach L. BRENNECKE kann ein Schraubenpfahl eine größte Zugkraft aufnehmen, die gleich dem Gewichte eines Erdkegelstumpfes ist, dessen untere Fläche gleich der Schraubenfläche ist und deren Erzeugende mit der Achse den halben natürlichen Böschungswinkel einschließt. BRENNECKE empfiehlt, von diesem äußersten Zugwiderstand nur $\frac{3}{4}$ auszunützen. Die Zugpfähle müssen so weit voneinander stehen, daß sich die oben erwähnten Erdkegelstümpfe nirgends überschneiden.

Zugversuche an 9 [m] langen glatten Holzpfählen von 40 [cm] Durchmesser haben axialen Zug bis 35 [t] ergeben, das entspricht einer Mantelreibung von 0,37 [kg/cm²], und Zugversuche an 15,5 [m] im Boden steckenden Stahlbetonpfählen, 36 × 36 [cm], haben in Holland bei 106 [t] Zug nachgegeben; die mittlere Mantelreibung betrug dort 0,477 [kg/cm²].

Konuspfähle sind für die Aufnahme von Zugkräften ungeeignet.

Schrifttum.

BRENNECKE, L.: Versuche über den Widerstand von Schraubenpfählen gegen Herausreißen. Zschft. f. Bauw. 1886. S. 451. — BUTZER: Druck- und Zugversuche an Eisenbetonpfählen für Hafenkaibauten. Bauing. 1924. S. 401. — MÖLLER, M.: Der Widerstand von Pfahlböcken. Bauing. 1923. S. 137. — MÖRSCH, E.: Verstärkung dreier Straßenbrücken im Zuge des Ems-Weser-Kanals bei Hannover. Deutsche Bauzg. Mitt. 1913. S. 43, 53. — DERSELBE: Der Eisenbetonbau. Bd. 2. 1. Hälfte. Stuttgart: K. Wittwer 1924. — *Referat*: Eisenbeton-Uferbefestigungen in den Duisburg-Ruhrorter Häfen. Zentralbl. d. Bauverw. 1908. S. 471.

c) Die Ausführung der Pfahlgründung.

Bei der Gründung eines Bauwerkes auf Pfählen werden die Pfahlköpfe mit einem Rost verbunden, auf den schließlich das Bauwerk gesetzt wird. Der Rost hat die Aufgabe, die Bauwerkslast auf die Pfähle zu verteilen, eine gleichmäßige Senkung aller Pfähle zu sichern und seitliche Verschiebungen einzelner Pfähle zu verhindern. Die Pfahlköpfe sind, je nach der Bauweise des Rostes, entweder mit demselben gelenkig verbunden oder in ihm eingespannt. Wenn der Rost im Boden liegt, so spricht man von einem tiefliegenden Rost, wenn er aber auf Langpfählen über oder nahe unter dem niedrigsten Wasserstande, also über dem Boden angeordnet ist, so nennt man den Rost einen hochliegenden.

Die Pfähle werden, wenn nur lotrechte Lasten auf das Grundwerk übertragen werden, als Lotpfähle ausgeführt; wenn schräge Lasten übertragen werden, so werden ein Teil oder alle Pfähle als Schrägpfähle hergestellt oder es werden Pfahlböcke angeordnet, so daß die Pfähle möglichst wenig auf Biegung beansprucht werden. Wenn die Schräglast ihre Richtung ändern kann, so müssen die Pfähle so gerammt werden, daß auch bei den äußersten Lagen der Schräglast die Pfähle ohne größere Biegungsbeanspruchungen bleiben.

1. Die Ermittlung der Pfahllasten unter Rosten.

Die Ermittlung der auf einen Pfahl eines Pfahlrostes entfallenden Last ist nur annähernd möglich und nur dann, wenn vereinfachende Annahmen bezüglich des Verhaltens des Rostes und der Pfähle zugelassen werden. Der Rost muß bei allen bekannten Verfahren als absolut starr angesehen werden und es muß weiter vorausgesetzt werden, daß die Pfahlköpfe unter der Last nur elastisch Setzungen erfahren, daß also bei allen Pfählen eines Rostes die Last und die Setzung in einem festen Verhältnis zueinander stehen. Jene Kraft, die den Pfahlkopf in irgendeine Richtung um die Längeneinheit zu verschieben vermag, sei im folgenden als relative Tragkraft des Pfahles in bezug auf diese Verschiebungsrichtung bezeichnet. Bei der Ermittlung der auf einen Pfahl entfallenden Last und der Verschiebung des Rostes unter der Last ist es zweckmäßig, die Pfahlroste, wie es Per Gullander getan hat, nach ihrer Stellung in bezug auf die angreifende Last und nach der Art ihrer Verbindung mit dem Rost in Gruppen zu scheiden, und zwar in

1. Pfahlroste mit untereinander und zur Lastresultierenden parallelen Pfählen, die gelenkig mit dem Rost verbunden sind;

2. Pfahlroste mit Pfählen, die parallel zu einer Symmetrieebene stehen, sonst aber beliebige Richtung haben und mit dem Rost gelenkig verbunden sind;

3. Pfahlroste mit der gleichen Anordnung der Pfähle wie zuvor, die aber im Rost eingespannt sind und

4. Pfahlroste, die bei beliebiger Stellung der Pfähle eine Symmetrieebene haben, in der die Lastresultierende verläuft.

a) Pfahlroste mit untereinander und zur Lastresultierenden parallelen Pfählen, die mit dem Rost gelenkig verbunden sind.

Der Pfahlrost sei unten durch eine Fläche $A\,B$ (Abb. 555) begrenzt, die senkrecht zur Lastresultierenden R steht. Die relative Tragkraft eines Pfahles hinsichtlich einer Verschiebung in der Längsrichtung des Pfahles sei k und der Angriffspunkt der Resultierenden aller relativen Tragkräfte k in der Rostebene $A\,B$ sei der Punkt O, der Nullpunkt der Pfahlgründung genannt und gleichzeitig der Ursprung eines rechtwinkeligen Koordinatenkreuzes x, y sei.

Als Trägheitsmomente der Pfahlgründung, bezogen auf diese vorläufig noch beliebig gerichteten x- und y-Achsen, werden

$$J_x = \Sigma\, y^2\, k \qquad (340)$$

und

$$J_y = \Sigma\, x^2\, k \qquad (341)$$

angesehen.

Den größten Wert J_I und den kleinsten J_{II} der Trägheitsmomente erhält man für jenes Achsenkreuz X, Y, für das das Zentrifugalmoment

$$J_{xy} = \Sigma\, k\, x\, y = 0 \qquad (342)$$

ist. Es gilt dann bekanntlich die Beziehung

$$J_x = J_I \cos^2 \omega + J_{II} \cdot \sin^2 \omega \qquad (343)$$

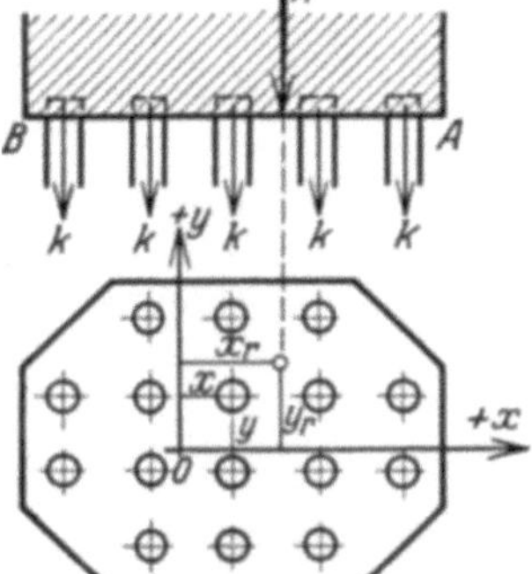

Abb. 555. Pfahlrost mit Pfählen parallel zur Lastresultierenden R und senkrecht zum Rost.

wenn ω den Winkel bedeutet, um den das Hauptachsenkreuz X—Y gegen das zuerst angenommene x—y verdreht ist; dieser Winkel ω wird aus der Beziehung

$$\operatorname{tg} 2\,\omega = \frac{I_{xy}}{I_x - I_y} \qquad (344)$$

berechnet.

Der Pfahlrost wird als starr vorausgesetzt; unter der Last erleidet er eine kleine Verschiebung, die als Drehung um den Winkel β um eine in der Pfahlrostebene A—B liegende Achse angesehen werden kann (Abb. 556). Diese Achse sei Nullinie des Pfahlrostes genannt; ihre Punkte erfahren keinerlei Verschiebungen. Bezeichnet z den Abstand eines Pfahles von der Nullinie, so erleidet dessen Kopf infolge der Verdrehung des Rostes eine Senkung $z \cdot \beta$ und er nimmt, weil ja ein festes Verhältnis zwischen Last und Senkung vorausgesetzt ist, die Last

$$S = k \cdot \beta \cdot z \tag{345}$$

auf, wobei k die relative Tragkraft hinsichtlich Verschiebungen in der Richtung der Pfahlachse bedeutet.

Wenn der Rost im Gleichgewicht liegt, muß die Lastresultierende

$$R = \Sigma S \tag{346}$$

sein und wenn x_r und y_r die Koordinaten des Angriffspunktes der Lastresultierenden R und x und y die Koordinaten der Pfahlköpfe bedeuten (vgl. Abb. 556), so gilt, wenn die Koordinaten x und y als Momentachsen angesehen werden,

$$R y_r = \Sigma S y \tag{347}$$

und

$$R x_r = \Sigma S x. \tag{348}$$

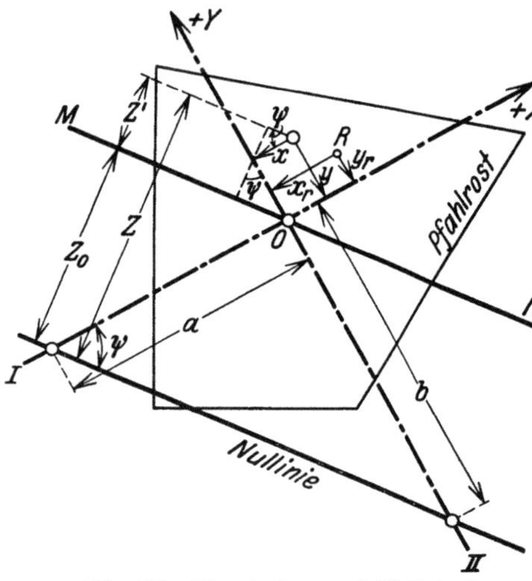

Abb. 556. Hauptachsen und Nullinie des Pfahlrostes.

Bezeichnet ψ den Winkel, den die Nullinie mit der x-Achse einschließt, so gilt mit den Bezeichnungen der Abb. 556

$$z' = x \sin \psi + \gamma \cos \psi \tag{349}$$

und

$$z = z_0 + x \sin \psi + \gamma \cos \psi \tag{350}$$

und weiter, wenn (350) in (345) eingesetzt wird,

$$S = k\,\beta\,(z_0 + x \sin \psi + \gamma \cos \psi) \tag{351}$$

Wenn dieser Ausdruck für die Pfahllast S in die früher aufgestellten Gleichgewichtsbedingungen (346) bis (348) eingesetzt wird, so erhält man

$$R = \Sigma S = z_0\,\beta\,\Sigma k + \beta \sin \psi\,\Sigma kx + {} \\ {} + \beta \cos \psi\,\Sigma ky, \tag{352}$$

$$R y_r = \Sigma S y = z_0\,\beta\,\Sigma ky + \beta \sin \psi\,\Sigma kyx + \beta \cos \psi\,\Sigma ky^2 \tag{353}$$

und

$$R x_r = \Sigma S x = z_0\,\beta\,\Sigma kx + \beta \sin \psi\,\Sigma kx^2 + \beta \cos \psi\,\Sigma kxy \tag{354}$$

Diese Gleichungen nehmen wesentlich einfachere Gestalt an, wenn statt des beliebigen Achsenkreuzes durch den Mittelpunkt die Hauptachsen X, Y der Pfahlgründung gelegt werden. Für dieses Hauptachsenkreuz ist

$$\Sigma kx = 0 \quad (355), \quad \Sigma ky = 0 \quad (356)$$

$$\Sigma ky^2 = J_I \quad (357), \quad \Sigma kx^2 = J_{II} \quad (358), \quad \Sigma kxy = J_{xy} = 0 \tag{359}$$

und es lauten daher die Gleichgewichtsbedingungen

$$R = \Sigma S = z_0\,\beta\,\Sigma k \tag{360}$$

$$R y_r = \Sigma S y = \beta \cos \psi\,J_I \tag{361}$$

$$R x_r = \Sigma S x = \beta \sin \psi\,J_{II} \tag{362}$$

und es folgt aus ihnen

$$z_0 = \frac{R}{\beta\,\Sigma k} \tag{363}$$

$$\cos \psi = \frac{R y_r}{\beta\,J_I} \tag{364}$$

und

$$\sin \psi = \frac{R x_r}{\beta\,J_{II}} \tag{365}$$

Die Gl. (351) lautet, wenn diese Werte eingesetzt werden:

$$S = k \left(\frac{R}{\Sigma k} + x\,\frac{R x_r}{J_{II}} + y\,\frac{R y_r}{J_I} \right) \tag{366}$$

Wenn die Pfahlgründung eine Symmetrieebene hat und wenn die Lastresultierende R in dieser liegt, so vereinfacht sich die Gl. (366) zu

$$S = \left(\frac{R}{\Sigma k} + \frac{Rxx_r}{J} \right) k \tag{367}$$

Wenn überdies alle n Pfähle die gleiche relative Tragkraft k haben, so beträgt das Trägheitsmoment $J = k \, \Sigma \, x^2$ und man hat dann

$$S = \frac{R}{n} + \frac{Rxx_r}{\Sigma x^2} \tag{368}$$

Sollte die Untersuchung ergeben, daß Pfähle auf Zug beansprucht werden, deren Verbindung mit dem Rost nicht zugsicher ist, so muß die Untersuchung wiederholt werden, wobei diese Pfähle unberücksichtigt bleiben. Wenn die Verbindung zugfest ist, so ist die Untersuchung nur dann zu wiederholen, wenn die relative Tragkraft für Zug von jener für Druck abweicht, was in der Regel zutrifft.

Bei einem Rost, dessen Pfähle alle gleich tragfähig sind, erfolgt die Verteilung am besten so, daß der Mittelpunkt der Pfahlgründung mit dem Angriffspunkt der Lastresultierenden zusammenfällt.

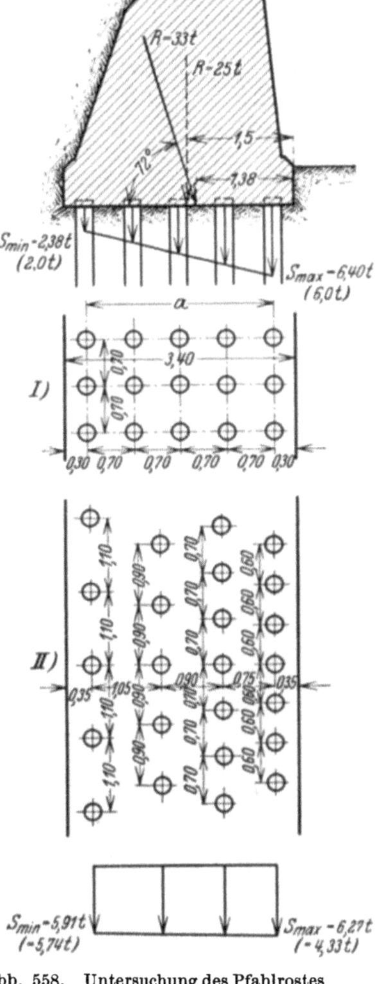

Anwendungsbeispiel.

1. Eine Mauer belastet einen Bankettpfahlrost in der auf Abb. 557 angedeuteten Weise mit 10 [t/m]; die Beanspruchung der Pfähle ist zu ermitteln, wobei vorausgesetzt ist, daß die relative Tragkraft k aller Pfähle gleich groß ist.

Der Untersuchung wird ein 0,6 [m] langer Mauerstreifen zugrunde gelegt. Die Lastresultierende beträgt dann $R = 0,6 \cdot 10 = 6$ [t], der Mittelpunkt O der Pfahlgründung liegt in der Achse des mittleren Pfahles; es ist daher $x_r = 0,2$ [m]. Die Anzahl der Pfähle ist $n = 3$, und es beträgt $\Sigma \, x^2 = 2 \cdot 0,6^2 = 0,72$ [m²]. Die Beanspruchung der äußeren Pfähle beträgt nach Gl. (368)

$$S_{\text{max}} = \frac{R}{n} + \frac{Rxx_r}{\Sigma x^2} = \frac{6}{3} + \frac{6 \cdot 0,2 \cdot 0,6}{0,72} = 3 \; [\text{t}]$$

und jene der inneren Reihe

$$S_{\text{min}} = \frac{R}{n} + \frac{Rxx_r}{\Sigma x^2} = \frac{6}{3} + \frac{6 \cdot 0,2 \cdot 0,6}{0,72} = 1 \; [\text{t}]$$

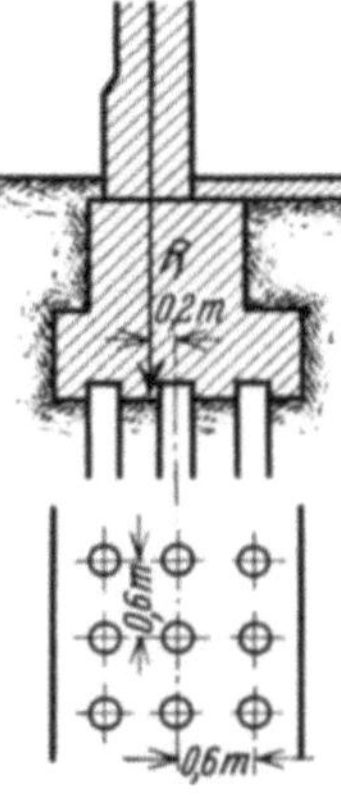

während die mittleren Pfähle mit $S = 2$ [t] belastet sind.

2. Die in der Abb. 558 dargestellte Mauer ist auf Pfählen zu gründen und es soll die Belastung der Pfähle sowohl vor als auch nach ausgeführter Hinterschüttung berechnet und von den beiden Pfahlanordnungen I und II die günstigere ermittelt werden. Die Belastung des Rostes beträgt ohne

Abb. 557. Untersuchung des Pfahlrostes unter einer Mauer.

Abb. 558. Untersuchung des Pfahlrostes unter einer Stützmauer.

Hinterfüllung $R = 25$ [t/m] lotrecht und mit Hinterfüllung 33 [t/m] unter einem Winkel von 72° gegen die waagrechte Rostebene. Alle Pfähle haben die gleiche relative Tragkraft k.

Pfahlanordnung I: Auf 1 [m] Mauerlänge entfallen $n = \dfrac{5}{0,7} = 7,14$ Pfähle. Bezogen auf 1 [m] Mauerlänge ist dann

$$\Sigma \, x^2 = \frac{1}{0,7} \cdot 2 \left[0,7^2 + (2 \cdot 0,7)^2 \right] = 7,0 \, [\text{m}^2]$$

Der Mittelpunkt O der Pfahlgründung liegt in der Mitte des Rostes; $x_r = 1,70 - 1,38 = 0,32$ [m] mit Hinterfüllung und 0,2 [m] ohne Hinterfüllung. Die größte und die kleinste Pfahllast beträgt bei hinterfüllter Mauer nach Gl. (368)

$$S_{\max} = \frac{33 \cdot \sin 72^0}{7,14} + \frac{33 \cdot \sin 72^0 \cdot 0,32 \cdot 1,4}{7,0} = 6,40\,[\mathrm{t}]$$

und

$$S_{\min} = \frac{33 \cdot \sin 72^0}{7,14} + \frac{33 \cdot \sin 72^0 \cdot 0,32 \cdot -1,4}{7,0} = 2,38\,[\mathrm{t}]$$

und bei nicht hinterfüllter Mauer

$$S_{\max} = \frac{25}{7,14} + \frac{25 \cdot 0,3 \cdot 1,4}{7,0} = 6,00\,[\mathrm{t}]$$

und

$$S_{\min} = \frac{25}{7,14} + \frac{25 \cdot 0,3 \cdot -1,4}{7,0} = 2,00\,[\mathrm{t}]$$

Pfahlanordnung II: Auf 1 [m] Mauerlänge entfallen bei dieser Pfahlanordnung

$$n = \frac{1}{0,6} + \frac{1}{0,7} + \frac{1}{0,9} + \frac{1}{1,1} = 5,12\ \text{Pfähle.}$$

Für die Lage des Mittelpunktes O bezogen auf die äußerste rechte Pfahlreihe gilt

$$5,12\,x_0 = \frac{0,75}{0,7} + \frac{1,65}{0,9} + \frac{2,7}{1,1}$$

oder

$$x_0 = 1,05\,[\mathrm{m}].$$

Man hat dann $\Sigma x^2 = 4,81\,[\mathrm{m}^2]$ und es beträgt weiter bei der hinterfüllten Mauer $x_r = 0,02\,[\mathrm{m}]$, vor der Hinterfüllung $x_r = -0,1\,[\mathrm{m}]$.

Die größte und die kleinste Pfahllast beträgt bei der hinterfüllten Mauer

(rechte äußerste Pfahlreihe)

$$S_{\max} = \frac{33 \sin 72^0}{5,12} + \frac{33 \cdot \sin 72^0 \cdot 0,02 \cdot 1,05}{4,81} = 6,27\,[\mathrm{t}]$$

(linke äußerste Pfahlreihe)

$$S_{\min} = \frac{33 \cdot \sin 72^0}{5,12} + \frac{33 \cdot \sin 72^0 \cdot 0,02 \cdot -1,65}{4,81} = 5,91\,[\mathrm{t}]$$

und bei der nicht hinterfüllten Mauer

(linke äußerste Pfahlreihe)

$$S_{\max} = \frac{25}{5,12} + \frac{25 \cdot -0,1 \cdot -1,65}{4,81} = 5,74\,[\mathrm{t}]$$

(rechte äußerste Pfahlreihe)

$$S_{\min} = \frac{25}{5,12} + \frac{25 \cdot -0,1 \cdot 1,05}{4,81} = 4,33\,[\mathrm{t}]$$

Bei der Pfahlanordnung II werden 28,3% der Pfähle der Anordnung I erspart und trotzdem ist die größte Pfahllast kleiner und die Lastverteilung besser als bei der Anordnung I.

Auf die Seitenbeanspruchung der Pfähle von $33 \cdot \cos 72^0 = 10,2\,[\mathrm{t}]$, die sich gleichmäßig auf die Pfähle verteilt, ist keine Rücksicht genommen. Wenn die Pfähle sie nicht aufzunehmen vermögen, wäre der ganze Pfahlrost in die Richtung der Lastresultierenden R zu neigen.

3. Der in der Abb. 559 dargestellte Schornstein wird auf einem Pfahlrost gegründet. Es soll entschieden werden, ob die Pfahlanordnung I oder II vorzuziehen ist. Das Gewicht des Schornsteins betrage 650 [t] und der Winddruck kann die Lastresultierende in der Rostunterfläche höchstens um 0,6 [m] aus der Schornsteinachse auslenken. Die Pfähle werden alle mit gleicher relativer Tragkraft k angenommen. Wegen der regelmäßig um den Mittelpunkt des Rostes angeordneten Pfähle ist dieser Punkt gleichzeitig der Mittelpunkt O der Pfahlgründung und es ist $x_r = 0,6\,[\mathrm{m}]$. Die Pfahlzahl betrage im Falle I $n = 100$, im Falle II $n = 102$.

Für die ganze Pfahlgründung beträgt im Falle I

$$\Sigma x^2 = 20\left[\left(\frac{0,75}{2}\right)^2 + \left(3 \cdot \frac{0,75}{2}\right)^2 + \left(5 \cdot \frac{0,75}{2}\right)^2 + \left(7 \cdot \frac{0,75}{2}\right)^2 + \left(9 \cdot \frac{0,75}{2}\right)^2\right] = 464\,[\mathrm{m}^2].$$

Nachdem die lotrechte Komponente der Lastresultierenden bei Wind 650 [t] ist, so betragen die Pfahllasten in den äußersten Pfählen

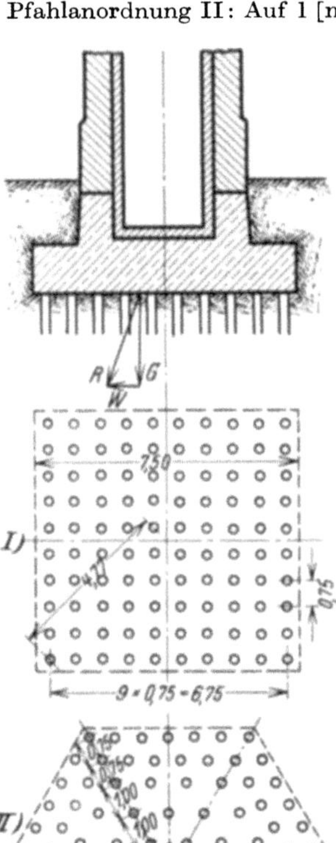

Abb. 559. Untersuchung des Pfahlrostes unter einem Schornstein.

$$S_{\max} = \frac{650}{100} + \frac{650 \cdot 0{,}6 \cdot 4{,}77}{464} = 10{,}5\,[\mathrm{t}]$$

und

$$S_{\min} = \frac{650}{100} + \frac{650 \cdot 0{,}6 \cdot -4{,}77}{464} = 2{,}5\,[\mathrm{t}].$$

Bei der Pfahlanordnung II beträgt $\Sigma\,x^2 = 575{,}65\,[\mathrm{m}^2]$ und die äußersten Pfahllasten haben die Größe

$$S_{\max} = \frac{650}{102} + \frac{650 \cdot 0{,}6 \cdot 4{,}5}{575{,}65} = 9{,}5\,[\mathrm{t}]$$

und

$$S_{\min} = \frac{650}{102} + \frac{650 \cdot 0{,}6 \cdot -4{,}5}{575{,}65} = 3{,}3\,[\mathrm{t}].$$

Die Pfahlanordnung II erweist sich daher als die günstigere.

b) Pfahlroste mit Pfählen, die parallel zu einer Symmetrieebene stehen, sonst aber beliebige Richtung haben und mit dem Rost gelenkig verbunden sind.

Damit die vorausgesetzte Symmetrie tatsächlich erfüllt ist, müssen je zwei symmetrisch gelegene Pfähle die gleiche relative Tragkraft besitzen und die Lastresultierende muß in der Symmetrieebene verlaufen.

Bei jedem solchen Pfahlrost gibt es in der Symmetrieebene einen Punkt O, der dadurch gekennzeichnet ist, daß jede durch ihn gehende und in der Symmetrie-

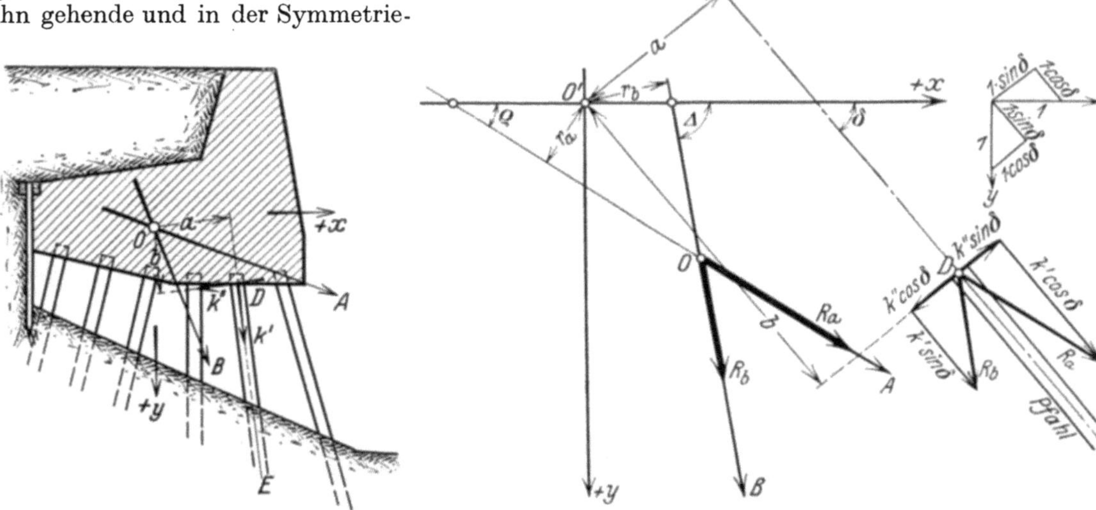

Abb. 560. Pfahlrost mit Pfählen parallel zu einer Symmetrieebene, mit dem Rost gelenkig verbunden.

Abb. 561. Ermittlung der relativen Tragkräfte R_a und R_b der Pfahlgründung.

ebene liegende Kraft nur eine Parallelverschiebung der Mauer bewirkt. Dieser Punkt O sei weiterhin kurz *Mittelpunkt* der *Pfahlgründung* genannt.

Beim Pfahlrost der Abb. 560 seien nun die beiden zueinander senkrecht stehenden x- und y-Richtungen beliebig angenommen. Damit der Pfahlrost nur eine Verschiebung in der angenommenen x-Richtung erfährt, muß auf ihn eine Kraft wirken, deren Angriffslinie OA sei; damit die Verschiebung nur in der y-Richtung erfolge, muß eine Kraft in OB angreifen. Wenn diese Verschiebungen in der x-Richtung oder jene in der y-Richtung gerade gleich der Längeneinheit sind, sei die betreffende Kraft als *relative Tragkraft der Pfahlgründung* bezeichnet und mit R_a bzw. mit R_b bezeichnet.

Zur Berechnung dieser relativen Tragkräfte R_a und R_b der Pfahlgründung (Abb. 561) sei nun vorerst ein rechtwinkliges Achsensystem $O'—x, y, z$ angenommen, dessen Ursprung O' eine beliebige Lage in der Symmetrieebene hat, die mit der x—y-Ebene zusammenfällt.

Wenn k' und k'' die relativen Tragkräfte eines Pfahles hinsichtlich einer Verschiebung in der Längsrichtung des Pfahles bzw. senkrecht dazu, parallel zur Symmetrieebene bedeuten, so wird bei einer Verschiebung des Pfahlkopfes D in der x-Richtung um die Längeneinheit der Pfahl in seinen Hauptrichtungen (Längs- und Querrichtung) mit $k'\cos\delta$ und mit $k''\sin\delta$ beansprucht, während er bei einer Verschiebung des Pfahlkopfes D um die Längeneinheit in der y-Richtung mit $k'\sin\delta$ und mit $k''\cos\delta$ belastet wird.

Mit den Bezeichnungen der Abb. 561 gilt dann

$$R_a\cos\varrho = R_{ax} = \Sigma k'\cos^2\delta + \Sigma k''\sin^2\delta \tag{369}$$

$$R_a\sin\varrho = R_{ay} = \Sigma k'\cos\delta\sin\delta - \Sigma k''\sin\delta\cos\delta \tag{370}$$

$$R_b\cos\varDelta = R_{bx} = \Sigma k'\sin\delta\cos\delta - \Sigma k''\cos\delta\sin\delta \tag{371}$$

$$R_b\sin\varDelta = R_{by} = \Sigma k'\sin^2\delta + \Sigma k''\cos^2\delta \tag{372}$$

und es folgt weiter

$$R_a = \sqrt{R^2_{ax} + R^2_{ay}} \tag{373}$$

und

$$R_b = \sqrt{R^2_{bx} + R^2_{by}} \tag{374}$$

Aus den obigen Gl. (369) bis (374) ergibt sich weiter für die Neigungswinkel ϱ und $\varDelta$ von R_a bzw. R_b gegen die x-Achse

$$\cos\varrho = \frac{R_{ax}}{R_a} \quad (375) \qquad\qquad \sin\varrho = \frac{R_{ay}}{R_a} \quad (376)$$

und

$$\cos\varDelta = \frac{R_{bx}}{R_b} \quad (377) \qquad\qquad \sin\varDelta = \frac{R_{by}}{R_b} \quad (378)$$

während sich die Abstände r_a und r_b der Angriffslinien OA bzw. OB von O aus den Momentgleichungen

$$-R_a\,r_a = +\Sigma k'\cos\delta\cdot a - \Sigma k''\sin\delta\cdot b \tag{379}$$

und

$$+R_b\,r_b = +\Sigma k'\sin\delta\cdot a + \Sigma k''\cos\delta\cdot b \tag{380}$$

mit den Größen

$$r_a = \frac{-\Sigma k'\,a\cos\delta + \Sigma k''\,b\sin\delta}{R_a} \tag{381}$$

und

$$r_b = \frac{\Sigma k'\,a\sin\delta + \Sigma k''\,b\cos\delta}{R_b} \tag{382}$$

ergeben.

Das Achsenkreuz kann so gewählt werden, daß die Angriffslinien OA und OB die Richtung dieser Achsen annehmen; diese Achsen werden die *Hauptachsen* der *Pfahlgründungen* genannt. Dann muß

$$R_a\sin\varrho = 0 \quad\text{und}\quad R_b\cos\varDelta = 0 \tag{383}$$

sein; das ist nur möglich, wenn

$$\Sigma k'\cos\delta\sin\delta - \Sigma k''\sin\delta\cos\delta = 0 \tag{384}$$

oder

$$\Sigma(k'-k'')\sin\delta\cos\delta = \Sigma(k'-k'')\sin 2\delta = 0 \tag{385}$$

ist.

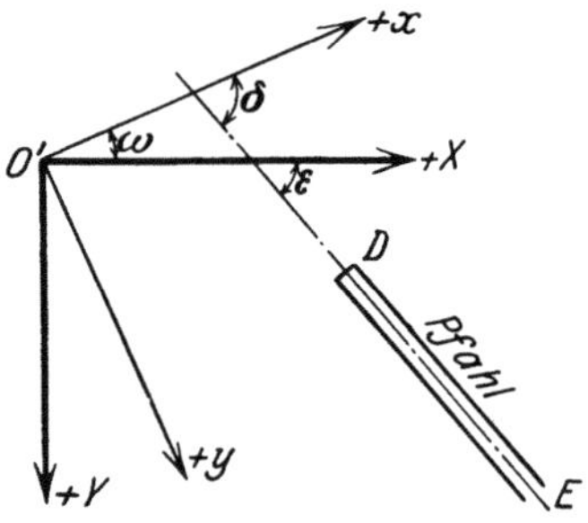

Wenn der Winkel zwischen der beliebig angenommenen x-Achse und der Haupt-X-Achse mit ω, der Winkel zwischen dem Pfahl und der beliebigen x-Achse, wie bisher mit δ und der Winkel zwischen dem Pfahl und der Haupt-X-Achse mit ε bezeichnet wird, so gilt (Abb. 562)

$$\varepsilon = \delta - \omega \tag{386}$$

Abb. 562. Ermittlung der Hauptachsen der Pfahlgründung.

und die Gl. (385) lautet nun, bezogen auf die Hauptachsen, weil für δ nun $\varepsilon = \delta - \omega$ zu setzen ist:

$$\Sigma(k'-k'')\sin(2\delta - 2\omega) =$$
$$= \Sigma(k'-k'')\sin 2\delta\cos 2\omega - \Sigma(k'-k'')\cos 2\delta\cdot\sin 2\omega = 0 \tag{387}$$

oder weil ω unabhängig vom betrachteten Pfahl ist

$$\cos 2\,\omega \; \Sigma\,(k' - k'')\,\sin 2\,\delta - \sin 2\,\omega\; \Sigma\,(k' - k'')\,\cos 2\,\delta = 0 \qquad (388)$$

und es folgt weiter

$$\operatorname{tg} 2\,\omega = + \frac{\Sigma\,(k' - k'')\,\sin 2\,\delta}{\Sigma\,(k' - k'')\,\cos 2\,\delta} \qquad (389)$$

Die relativen Tragkräfte R_a und R_b und der Mittelpunkt O der Pfahlgründung können auch einfach zeichnerisch ermittelt werden. In der Abb. 563 ist ein einfacher Pfahlrost mit drei Pfählen schematisch dargestellt. Wie schon auf S. 333 erwähnt worden ist, entsprechen einer Verschiebung eines Pfahlkopfes in der x-Richtung um $\Delta x = 1$ in den Hauptrichtungen des Pfahles die Kräfte $k'\cos\delta$ und $k''\sin\delta$, während einer Verschiebung $\Delta y = 1$ in der y-Richtung die Kräfte $k'\sin\delta$ und $k''\cos\delta$ entsprechen. Die Resultierenden dieser Kräfte seien bei einer Verschiebung in der x-Richtung mit A, bei einer Verschiebung in der y-Richtung mit B bezeichnet. Die Resultierende aller an den Pfahlköpfen wirkenden Kräfte A gibt R_a und die Resultierende aller B gibt R_b. Der Schnittpunkt von R_a und R_b ist der Mittelpunkt O der Pfahlgründung.

Um für einen Pfahl die Kräfte A und B zu ermitteln, zieht man eine Parallele zur y-Richtung, die die Pfahlachse schneidet. Vom Schnittpunkte nach oben wird die relative Tragkraft k', nach unten k'' aufgetragen und es werden, wie es in der Abb. 563 leicht zu erkennen ist, die beiden Kreise mit den Durchmessern k' bzw. k'' gezeichnet und deren Ähnlichkeitspunkt L ermittelt. Der weitere Gang des Verfahrens ergibt sich ohne weiteres aus der Abb. 563. Man erhält auf diese Weise die B nach Größe und Richtung, die A nach der Größe, aber um 90° verdreht. Die Kräfte A und B wirken an den Pfahlköpfen und ihre Resultierenden können leicht mittels Seilecken ermittelt werden.

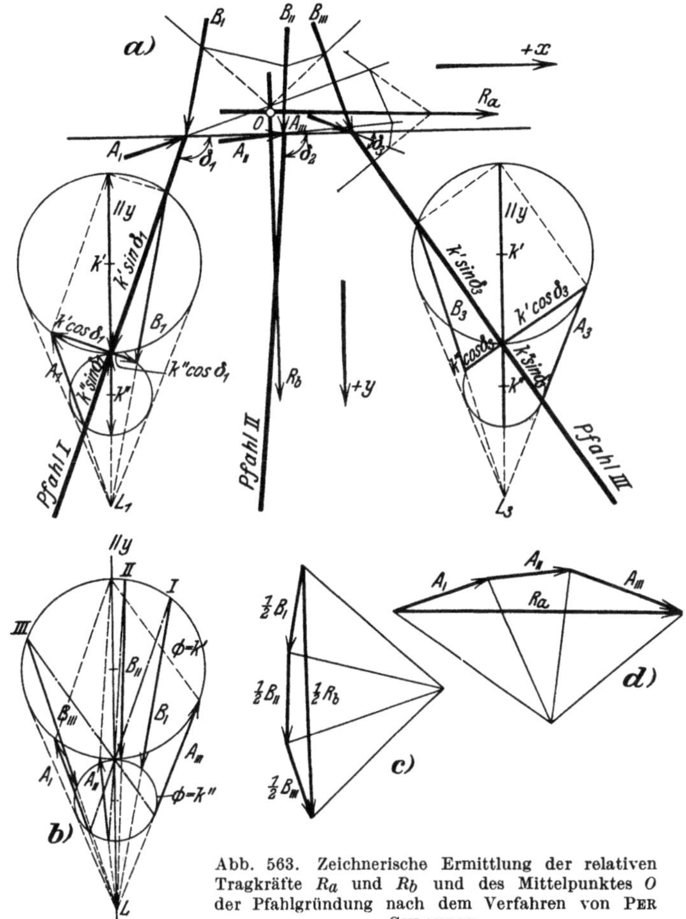

Abb. 563. Zeichnerische Ermittlung der relativen Tragkräfte R_a und R_b und des Mittelpunktes O der Pfahlgründung nach dem Verfahren von PER GULANDER.

Wenn die relativen Tragkräfte k' und k'' aller Pfähle gleich sind, so können die Kräfte A und B leicht in der in der Abb. 563b gezeigten, einfachen Weise ermittelt werden.

Unter der Einwirkung einer Lastresultierenden, die nicht durch den Mittelpunkt O der Pfahlgründung geht, wird sich der Pfahlrost verschieben und diese Verschiebung kann in eine Verdrehung um den Winkel β um O und in eine Parallelverschiebung p zerlegt werden. Die Verschiebung DD_1 des Pfahlkopfes D (Abb. 564) infolge der Drehung um den Winkel β um O allein kann zerlegt werden in die Komponenten $s_\beta = DD_2$ und $t_\beta = D_2 D_1$, die in den Hauptrichtungen des Pfahles liegen. Es ist nun

$$\overline{DD_1} = OD\,\beta. \qquad (390)$$

Die beiden Dreiecke $O\,K\,D$ und $D\,D_2\,D_1$ sind, wie man sich leicht überzeugen kann, ähnlich und es verhält sich daher

$$s_\beta : t_\beta : \overline{OD} \cdot \beta = a : b : \overline{OD} \tag{391}$$

woraus

$$s_\beta = a \cdot \beta \tag{392}$$

und

$$t_\beta = b\beta \tag{393}$$

folgt.

Die infolge der Drehung um O im Pfahl DE auftretenden Kräfte betragen in der Pfahlrichtung

$$S_\beta = s_\beta \, k' = k' a \beta \tag{394}$$

und senkrecht dazu

$$T_\beta = t_\beta \, k'' = k'' b\beta \tag{395}$$

Das Gleichgewicht erfordert, daß die Momentsumme um O

$$Rr = \Sigma S_\beta a + \Sigma T_\beta b = \beta \Sigma \left(k' a^2 + k'' b^2 \right) = \beta J \tag{396}$$

beträgt; es folgt daraus weiter

$$\beta = \frac{Rr}{J} \cdot \tag{397}$$

Der Ausdruck

$$J = \Sigma (k' a^2 + k'' b^2) \tag{398}$$

sei in Hinkunft kurz als *Trägheitsmoment der Pfahlgründung* um die Drehachse durch O bezeichnet.

Der Drehwinkel β und die Momente werden als positiv angesehen, wenn die Drehung im Sinne der Uhrzeigerbewegung erfolgt. R_1 und R_2 werden als positiv angesehen, wenn ihre Richtung mit jener von R_a bzw. R_b übereinstimmen.

Am Gleichgewichte des Pfahlrostes wird nichts geändert, wenn in O die beiden entgegengesetzten Kräfte R parallel zur Lastresultierenden angebracht werden. Die zur Lastresultierenden parallele und mit ihr gleichgerichtete Kraft R in O bewirkt nun nur eine Parallelverschiebung p des Pfahlrostes unter dem Winkel γ gegen die $+x$-Achse (Abb. 563b). Diese Parallelverschiebung p hat in der x-Richtung die Komponente $p \cdot \cos \gamma$ und in der y-Richtung jene $p \cdot \sin \gamma$; die relativen Tragkräfte R_a und R_b rufen hingegen in der x- bzw. in der y-Richtung die Parallelverschiebung 1 hervor. Wenn die Kraft R in die beiden Komponenten R_1 und R_2 mit denselben Angriffslinien OA und OB wie R_a und R_b zerlegt wird, so gelten die Beziehungen

$$p \cos \gamma : 1 = R_1 : R_a \tag{399}$$

und

$$p \sin \gamma : 1 = R_2 : R_b \tag{400}$$

und es folgt aus ihnen

$$p \cos \gamma = \frac{R_1}{R_a} \tag{401}$$

und

$$p \sin \gamma = \frac{R_2}{R_b} \tag{402}$$

Die Drehbewegung um den Winkel β um O und die Parallelverschiebung um p können zu einer resultierenden Verschiebung zusammengesetzt werden, die eine Drehbewegung um denselben Winkel β, aber um eine andere Achse C ist. Mit den Bezeichnungen der Abb. 564 ist dann

$$p = \overline{OC} \cdot \beta \tag{403}$$

und es betragen die Koordinaten des Punktes C

$$x_0 = -\,\overline{OC} \cdot \sin \gamma \quad \text{und} \quad y_0 = \overline{OC} \cdot \cos \gamma \tag{404}$$

und weiter, unter Verwendung der Beziehungen (397), (401), (402), (403) und (404)

$$x_0 = -\,\frac{R_2 J}{R_b R_r} \quad \text{und} \quad y_0 = \frac{R_1 J}{R_a R_r} \tag{405}$$

Wie aus der Abb. 564 ohne weiteres folgt, gilt für den Momentenpunkt G die Beziehung

$$Rr = R_1\,r_1 \tag{406}$$

und für den Punkt H

$$Rr = R_2\,r_2. \tag{407}$$

Unter Verwendung dieser Beziehungen lauten schließlich die Gleichungen für die Koordinaten des Punktes C

$$x_o = -\frac{J}{R_b\,r_2} \quad\text{und}\quad y_o = \frac{J}{R_a\,r_1}. \tag{408}$$

In diesen beiden Gleichungen sind R_a, R_b und J nur von der Bauweise des Pfahlrostes abhängig, werden also von der Lage der Lastresultierenden nicht beeinflußt, während r_1 und r_2 nur von der Lage der Lastresultierenden abhängen.

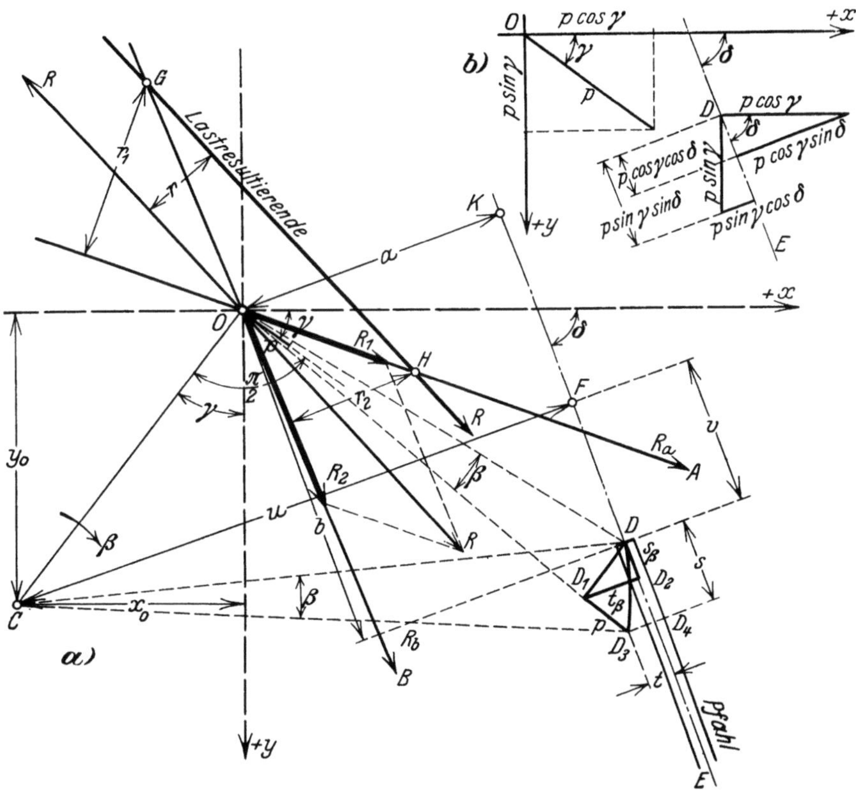

Abb. 564. Ermittlung der Verschiebung des Pfahlrostes durch die Lastresultierende R.

Die resultierende Bewegung des Pfahlkopfes D in die Lage D_3 (Abb. 564) kann in die beiden Komponenten s und t zerlegt werden. In der Abb. 564 sind nun die Dreiecke CFD und $D\,D_4\,D_3$ ähnlich und es verhält sich daher

$$s : t : \overline{DD_3} = u : v : \overline{CD} \tag{409}$$

und man erhält, weil

$$\overline{DD_3} = \overline{CD} \cdot \beta \tag{410}$$

ist,

$$s = u\,\beta \tag{411}$$

und

$$t = v\,\beta. \tag{412}$$

Die Hauptbeanspruchungen des Pfahles sind daher in der Längsrichtung

$$S = k's = k'u\,\beta = k'u\,\frac{Rr}{J} \tag{413}$$

und senkrecht zum Pfahl

$$T = k''t = k''v\beta = k''v\,\frac{Rr}{J}\,. \tag{414}$$

Die beiden Abstände u und v können vielfach leicht in der Zeichnung des Pfahlrostes abgemessen werden.

Wenn die Lastresultierende nahe beim Mittelpunkt O der Pfahlgründung verläuft, so ist die folgende Berechnung der Pfahlbeanspruchungen vorzuziehen, bei der von den Komponenten der Bewegung des Pfahlkopfes D ausgegangen wird. Wie früher erwähnt worden ist, besteht die Bewegung des Pfahlkopfes aus einer Drehung um den Winkel β um O und aus einer Parallelverschiebung p. Die Drehung allein bewirkt in der Pfahlrichtung eine Verschiebung

$$s_\beta = a\beta = \frac{aRr}{J} \tag{415}$$

und senkrecht dazu

$$t_3 = b\beta = \frac{bRr}{J} \tag{416}$$

und die Parallelverschiebung bewirkt eine Verschiebung in der Richtung der Pfahlachse um

$$s_p = p\cos\gamma\cos\delta + p\sin\gamma\sin\delta = \frac{R_1}{R_a}\cos\delta + \frac{R_2}{R_b}\sin\delta \tag{417}$$

und senkrecht dazu um

$$t_p = p\cos\gamma\sin\delta - p\sin\gamma\cos\delta = \frac{R_1}{R_a}\sin\delta - \frac{R_2}{R_b}\cos\delta\,. \tag{418}$$

Die Gesamtverschiebung des Pfahlkopfes in der Richtung der Pfahlachse beträgt demnach

$$s = s_\beta + s_p = \frac{aRr}{J} + \frac{R_1}{Ra}\cos\delta + \frac{R_2}{R_b}\sin\delta \tag{419}$$

und senkrecht dazu

$$t = t_\beta + t_p = \frac{bRr}{J} + \frac{R_1}{R_a}\sin\delta - \frac{R_2}{R_b}\cos\delta\,. \tag{420}$$

Die Pfahlbeanspruchungen sind den Verschiebungen proportional, es ist daher die Beanspruchung in der Richtung der Pfahlachse

$$S = k'\left(a\,\frac{Rr}{J} + \frac{R_1}{R_a}\cos\delta + \frac{R_2}{R_b}\sin\delta\right) \tag{421}$$

und senkrecht dazu

$$T = k''\left(b\,\frac{Rr}{J} + \frac{R_1}{R_a}\sin\delta - \frac{R_2}{R_b}\cos\delta\right) \tag{422}$$

S ist Druck, wenn der Klammerausdruck positiv ist und ein positives T vergrößert den Winkel δ.

Bei Pfahlgründungen wird angestrebt, die Beanspruchungen T der Pfähle senkrecht zu ihrer Längsrichtung möglichst klein, womöglich gleich Null zu machen. Wie aus der Gl. (414) hervorgeht, wird die Forderung $T = O$ erfüllt, wenn für jeden Pfahlkopf der Abstand v vom Drehpunkt C gleich O ist, wenn also die Linien, die in den Pfahlköpfen senkrecht zu den Pfahlachsen gezogen werden, alle durch den Drehpunkt C gehen.

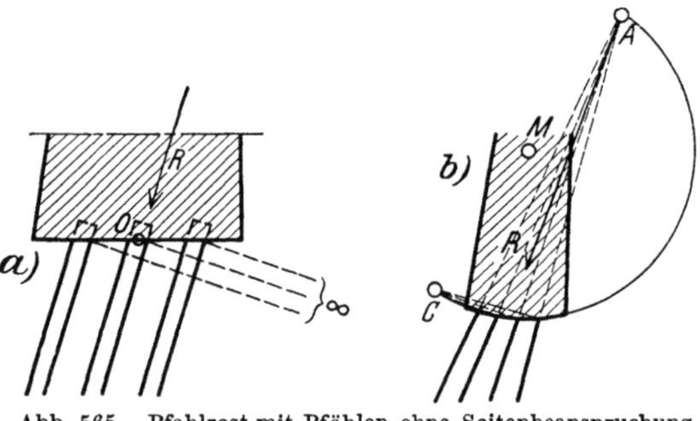
Abb. 565. Pfahlrost mit Pfählen ohne Seitenbeanspruchung.

Wenn alle Pfähle schräg zur Rostebene stehen und untereinander parallel sind, so liegt der Drehpunkt in unendlicher Ferne (Abb. 565a), wenn die Pfähle nur Längsbeanspruchung erleiden sollen. Die Neigung der Pfähle muß in diesem Falle mit jener der Lastresultierenden übereinstimmen und diese muß überdies durch den Mittelpunkt O der Pfahlgründung gehen.

Wenn die Pfähle nicht schräg, sondern senkrecht zur Rostebene stehen, so liegt die Drehachse in dieser Ebene und die Lastresultierende muß nun ebenfalls senkrecht zur Rostebene stehen, sie braucht aber nicht durch den Mittelpunkt der Pfahlgründung zu gehen.

Wenn die Pfähle so angeordnet sind, daß sie alle in einem Punkte A zusammenlaufen (Abb. 565b), so muß, wenn keine seitlichen Beanspruchungen T der Pfähle auftreten sollen, die Lastresultierende R ebenfalls durch diesen Punkt A gehen und außerdem müssen die in den Pfahlköpfen senkrecht gezogenen Linien alle durch denselben Punkt C gehen. Die Forderung wird erfüllt, wenn die Pfahlköpfe auf einer Zylinderfläche liegen, deren Achse durch den Mittelpunkt M von CA verläuft.

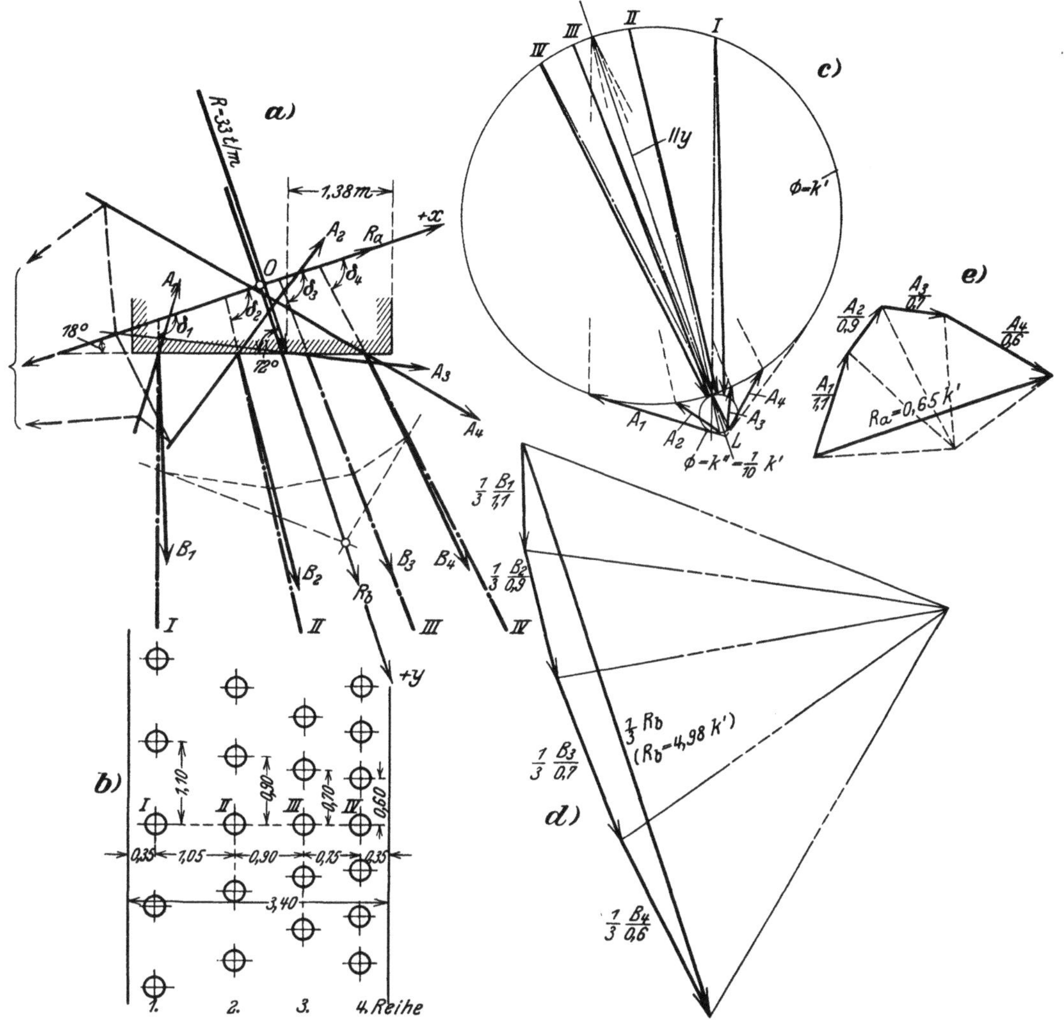

Abb. 566. Zeichnerische Ermittlung der relativen Tragkräfte R_a und R_b und des Mittelpunktes O der Pfahlgründung nach PER GULANDER.

Anwendungsbeispiel: Bei dem in der Abb. 566 dargestellten Pfahlrost soll die Neigung der Pfähle so gewählt werden, daß die Seitenbeanspruchungen derselben und die Verschiebung des Rostes möglichst klein sind und es soll die Beanspruchung der Pfähle ermittelt werden.

Diesem Beispiel liegt dieselbe Stützmauer zugrunde, wie im Beispiel 2 auf Seite 331; es ist dieselbe Pfahlausteilung wie in der dort beschriebenen Anordnung beibehalten, nur werden die Pfähle jetzt nicht mehr parallel gestellt, um die Seitenbeanspruchungen herabzusetzen. Die vorteilhafteste Anordnung der Pfähle ergibt sich, wenn die Richtungswinkel δ der Pfähle der Bedingungsgleichung (385) entsprechen, wenn also

$$\Sigma (k' - k'') \sin 2\delta = 0$$

ist, wobei die y-Achse parallel zur Lastresultierenden R gelegt wird und die x-Achse dazu senkrecht steht.

Für alle Pfähle werden gleiche relative Tragkräfte k' und k'' angenommen und es sei $k'' = \dfrac{1}{10} k'$.

Bei der vorgesehenen Austeilung der Pfähle entfallen in der 1., 2., 3. und 4. Reihe auf 1 [m] Mauerlänge $\frac{1}{1,1}, \frac{1}{0,9}, \frac{1}{0,7}$ bzw. $\frac{1}{0,6}$ Pfähle, so daß, weil überdies die relativen Tragkräfte aller Pfähle gleich sind, die früher erwähnte Bedingungsgleichung lautet

$$\frac{\sin 2\,\delta_1}{1,1} + \frac{\sin 2\,\delta_2}{0,9} + \frac{\sin \delta_3}{0,7} + \frac{\sin \delta_4}{0,6} = 0$$

Für δ_1 seien 108^0 angenommen, so daß der Pfahl I lotrecht steht. Nach einigen Versuchsrechnungen wird genommen $\delta_2 = 95^0$, $\delta_3 = 86^05$ und $\delta_4 = 80^040$; diese Winkel entsprechen dann hinreichend genau der Bedingungsgleichung.

Die Bestimmung des Mittelpunktes O der Pfahlgründung und der relativen Tragkräfte der Pfahlgründung R_a und R_b ist in der Abb. 566 zeichnerisch durchgeführt.

Zur Berechnung des Trägheitsmomentes J der Pfahlgründung werden die Hebelarme a und b der relativen Tragkräfte k' und k'' an den Pfahlköpfen, bezogen auf den Mittelpunkt O, in der Zeichnung gemessen und man erhält für 1 [m] Mauerlänge

$$J = \Sigma\,(k'\,a^2 + k''\,b^2) = 3,6\,k'\ [\text{m}^2]$$

Der Hebelarm der Lastresultierenden R, bezogen auf den Mittelpunkt, wird mit $x_r = 0,07$ [m] gemessen.

Der Drehpunkt C des Rostes fällt in die x-Achse, weil die Lastresultierende parallel zur y-Achse ist; sein Abstand vom Mittelpunkt beträgt

$$x_0 = -\frac{J}{R_b\,x_r} = -\frac{3,6\,k'}{4,98\,k'\,x_r} = -10,3\ [\text{m}].$$

Die Komponenten der Lastresultierenden R betragen nach der x-Richtung $R_1 = 0$ und nach der y-Richtung $R_2 = R$. Die Hauptbeanspruchungen der Pfähle betragen daher

$$S = k'\left(\frac{R\,r_a}{J} + \frac{R}{R_b}\,\sin\delta\right)$$

und

$$T = k''\left(\frac{R\,r_b}{J} + \frac{R}{R_a}\,\cos\delta\right)$$

und können nun leicht berechnet werden.

c) Pfahlroste mit Pfählen, die parallel zu einer Symmetrieebene stehen, sonst aber beliebige Richtungen haben und im Rost eingespannt sind.

Bei diesen Pfahlrosten (Abb. 567) wird vorausgesetzt, daß die Pfähle symmetrisch zu einer Symmetrieebene liegen, parallel zu dieser stehen und sowohl im Rost, als auch im Boden eingespannt sind und überdies auf einer gewissen Länge aus dem Boden vorragen. Als freie Länge der Pfähle wird der Abstand zwischen der unteren Rostebene AB und der Einspannstelle (KL) unter der Bodenoberfläche angesehen. Weiter wird vorausgesetzt, daß die Pfähle konstanten Querschnitt haben. Diese Pfähle werden am Kopf durch Kräfte S in der Richtung der Pfahlachse, durch Kräfte T senkrecht dazu und durch die Einspannungsmomente M beansprucht.

In der Abb. 568 stelle DE einen beiderseits eingespannten Pfahl vor. Der Pfahlkopf D bewege sich in der Richtung DF in die neue Lage D_1 infolge einer Parallelverschiebung des Rostes und es sei die Verschiebung DD_1 gleich der Längeneinheit. Das Trägheitsmoment des Pfahlquerschnittes, bezogen auf die Biegungsachse des Querschnittes sei J und das Elastizitätsmaß des Pfahlbaustoffes sei E.

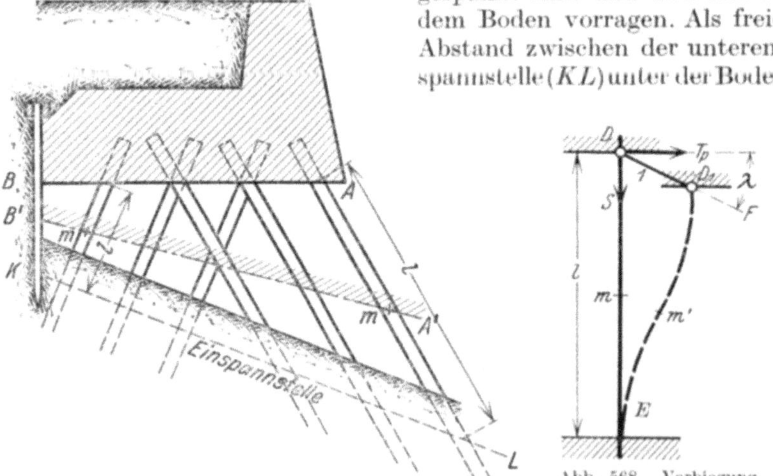

Abb. 567. Pfahlrost mit eingespannten Pfahlköpfen.

Abb. 568. Verbiegung eines beiderseits eingespannten Pfahles.

Die Durchbiegung senkrecht zur ursprünglichen Pfahlachse ist dann

$$1 \cdot \cos \lambda = \frac{T_p l^3}{3\,EJ} - \frac{M_p l^2}{2\,EJ} \qquad (423)$$

und, nachdem der Verdrehungswinkel bei D_1 gleich Null sein muß, muß also

$$\frac{T_p l^2}{2\,EJ} - \frac{M_p l}{EJ} = 0 \qquad (424)$$

sein. Es folgt aus (424)

$$M_p = \frac{T_p l}{2} \qquad (425)$$

und aus (423) und (424)

$$T_p = \frac{12\,EJ \cos \lambda}{l^3} \qquad (426)$$

$$k''' = \frac{12\,EJ}{l^3} \qquad (427)$$

stellt die relative Tragkraft des Pfahles, in der Richtung senkrecht zur Pfahlachse dar. Bei einem unten eingespannten mit dem Rost aber gelenkig verbundenen Pfahl würde schon eine Kraft

$$k'' = \frac{3\,EJ}{l^3} \qquad (428)$$

die Verschiebung 1 senkrecht zur Richtung der ursprünglichen Pfahlachse bewirken. Die relative Tragkraft k''' senkrecht zur Pfahlachse ist daher beim oben eingespannten Pfahl viermal so groß als jene k'' eines mit dem Rost nur gelenkig verbundenen Pfahles.

In der Mitte m der freien Länge des Pfahles ist das resultierende Biegungsmoment gleich Null. Da vorerst nur eine Parallelverschiebung vorausgesetzt ist, so kann man sich in diesem Punkte ein Gelenk denken, ohne an der Durchbiegung des Pfahles oder am Spannungszustand etwas zu ändern. Würde der Pfahlrost in der Verbindungslinie der Pfahlmitten m, also in der Linie AB gelenkig mit den Pfahlköpfen verbunden sein, so würden die Kräfte S und T allein dieselbe Verbiegung der unteren Pfahlhälften hervorrufen wie S, T und M bei Einspannung der Pfahlköpfe in der Rostlage $A—B$. Der Mittelpunkt O beider Pfahlgründungen hat dieselbe Lage und jede durch ihn gehende Kraft kann nur eine Parallelverschiebung des Rostes bewirken.

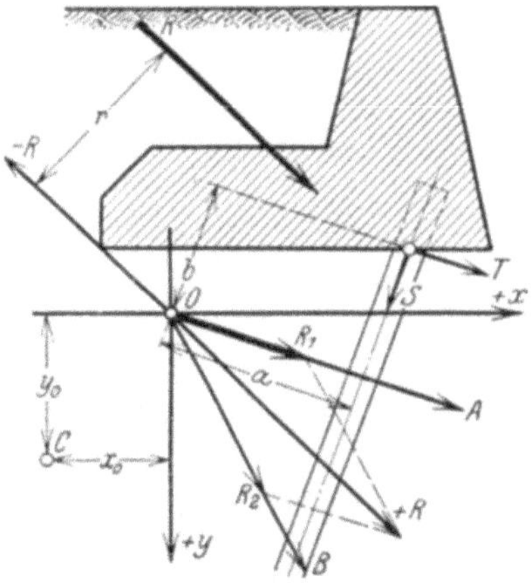

Unter der Einwirkung einer beliebigen Lastresultierenden R wird der Rost im allgemeinen eine Verschiebung erfahren, die als kleine Drehung um eine Achse C parallel zur Längsrichtung der Mauer angesehen werden kann. Die Lastresultierende denkt

Abb. 569. Drehpunkt O und Beanspruchung eines im Rost eingespannten Pfahles.

man sich wieder, wie beim früher besprochenen Fall b, durch Hinzufügen der Kräfte $+R$ und $-R$ in dem Mittelpunkt O parallel verschoben (Abb. 569) und die Kraft $+R$ in O in die Komponenten R_1 und R_2 mit den Angriffslinien in OA bzw. in OB zerlegt. In bezug auf den Mittelpunkt O gilt dann die Momentengleichung

$$Rr = \Sigma Sa + \Sigma Tb - \Sigma M \qquad (429)$$

Wie schon früher bei der Besprechung des zweiten Falles gezeigt worden ist, gilt mit den Bezeichnungen der Abb. 569 für die Beanspruchung des Pfahles in seiner Längsrichtung

$$S = k's = k'a\beta \qquad (430)$$

wobei β wieder den Drehungswinkel des Pfahlrostes bedeutet.

Die Verschiebung t des Pfahlkopfes senkrecht zur Pfahlachse hängt von der Kraft T und vom Einspannungsmoment M ab; es gilt hier

$$t = b\beta = \frac{T l^3}{3\,EJ} - \frac{M l^2}{2\,EJ} \qquad (431)$$

und der Verdrehungswinkel beträgt

$$\beta = \frac{Tl^2}{2EJ} - \frac{Ml}{EJ} \qquad (432)$$

so daß man

$$t = b\left(\frac{Tl^2}{2EJ} - \frac{Ml}{EJ}\right) \qquad (433)$$

und weiter aus (431) und (433)

$$T = k'''\beta\left(b - \frac{l}{2}\right) \qquad (434)$$

und

$$M = k'''\beta\, l\left(\frac{b}{2} - \frac{l}{3}\right) \qquad (435)$$

erhält.

Wenn die Ausdrücke für S, T und M in die Momentengleichung (429)·eingesetzt werden, so erhält man

$$Rr = \beta\left[\Sigma k'a^2 + \Sigma k'''b\left(b - \frac{1}{2}\right) - \Sigma k'''l\left(\frac{b}{2} - \frac{l}{3}\right)\right] =$$
$$= \beta\left[\Sigma k'a^2 + \Sigma k'''b^2 - \Sigma k'''bl + \frac{1}{3}\Sigma k'''l^2\right] \qquad (436)$$

oder, wenn der Ausdruck in der Klammer gleich K gesetzt wird,

$$Rr = \beta K \qquad (437)$$

und weiter

$$\beta = \frac{Rr}{K} \qquad (438)$$

In ähnlicher Weise wie beim Fall b (vgl. S. 333) ergibt sich für die Komponenten der Parallelverschiebungen in der x- bzw. in der y-Richtung

$$p\cos\gamma = \frac{R_1}{R_a} \qquad (439)$$

und

$$p\sin\gamma = \frac{R_2}{R_b} \qquad (440)$$

und es folgen die Koordinaten der Drehachse der resultierenden Bewegung

$$x_0 = -\frac{R_2 K}{R_b Rr} = -\frac{K}{R_b r_2} \qquad (441)$$

und

$$y_0 = \frac{R_1 K}{R_a Rr} = \frac{K}{R_a Rr_1} \qquad (442)$$

worin r_1 und r_2 dieselbe Bedeutung haben wie beim Fall b (vgl. S. 337) die Gl. (408).

Zur Berechnung der Beanspruchungen eines Pfahles wird der Weg des Pfahlkopfes am besten wieder in die Komponente infolge der Drehung des Rostes um den Winkel β um den Mittelpunkt O und in die Komponente p infolge der Parallelverschiebung des Rostes zerlegt. Beide werden, so wie es schon beim zuvor beschriebenen Pfahlrost geschehen ist, weiter in Komponenten zerlegt, die in die Richtung der Pfahlachse fallen und in solche, die dazu senkrecht gerichtet sind. Die resultierende Verschiebung in der Richtung der Pfahlachse ist dieselbe, wie bei dem zuvor behandelten Pfahlrost; sie beträgt

$$s = a\beta + p\cos\gamma\cos\delta + p\sin\gamma\sin\delta \qquad (443)$$

oder unter Rücksichtnahme auf die Gl. (438), (439) und (440)

$$s = \frac{Rra}{K} + \frac{R_1}{R_a}\cos\delta + \frac{R_2}{R_b}\sin\delta \qquad (444)$$

Die Beanspruchung des Pfahles in der Pfahlrichtung beträgt demnach

$$S = k'\left(\frac{Rra}{K} + \frac{R_1}{R_a}\cos\delta + \frac{R_2}{R_b}\sin\delta\right)\cdot \qquad (445)$$

Die Seitenbeanspruchung T_β und das Einspannungsmoment M_β infolge der Drehung allein des Rostes um den Winkel β um O sind schon früher berechnet worden. Sie betragen

$$T_\beta = k''' \left(b - \frac{l}{2}\right)\beta = k''' \frac{\left(b - \dfrac{l}{2}\right) Rr}{K} \tag{446}$$

und

$$M_\beta = k''' \left(\frac{b}{2} - \frac{l}{3}\right) l\,\beta = k''' \frac{\left(\dfrac{b}{2} - \dfrac{l}{3}\right) lRr}{K}. \tag{447}$$

Hierzu kommen nun noch die Seitenbeanspruchungen T_p und das Einspannungsmoment M_p infolge der Parallelverschiebungen allein.

Die Parallelverschiebung des Pfahlkopfes in der x-Richtung hat $p \cos \gamma$, jene in der y-Richtung $p \sin \gamma$ betragen; sie entsprechen einer Verschiebung des Pfahlkopfes senkrecht zur Pfahlachse um die Beträge

$$_xt_p = p \cos \gamma \sin \delta = \frac{R_1}{R_a} \sin \delta \tag{448}$$

und

$$_yt_p = p \sin \gamma \cos \delta = \frac{R_2}{R_b} \cos \delta. \tag{449}$$

Beide Verschiebungen kann man sich entstanden denken durch die Einwirkungen einer Seitenkraft T_p und eines Momentes M_p, so daß man schreiben kann

$$_xt_p = \frac{R_1}{R_a} \sin \delta = \frac{_xT_p\, l^3}{3\, JE} - \frac{_xM_p\, l^2}{2\, EJ} \tag{450}$$

$$_x\beta_p = \frac{_xT_p\, l^2}{2\, EJ} - \frac{_xM_p\, l}{EJ} \tag{451}$$

und

$$_yt_p = \frac{R_2}{R_b} \cos \delta = \frac{_yT_p\, l^3}{3\, EJ} - \frac{_yM_p\, l^2}{2\, EJ} \tag{452}$$

$$_y\beta_p = \frac{_yT_p\, l^2}{2\, EJ} - \frac{_yM_p\, l}{EJ} \tag{453}$$

Aus diesen Gleichungen folgt, wenn wieder $k''' = \dfrac{12\, EJ}{l^3}$ gesetzt wird,

$$_xT_p = k''' \frac{R_1}{R_a} \sin \delta \tag{454}$$

$$_yT_p = - k''' \frac{R_2}{R_b} \cos \delta \tag{455}$$

$$_xM_p = 0{,}5\, _xT_p\, l = 0{,}5\, k''' \frac{R_1}{R_a} l \sin \delta \tag{456}$$

$$_yM_p = 0{,}5\, _yT_p\, l = - 0{,}5\, k''' \frac{R_2}{R_b} l \cos \delta. \tag{457}$$

Schließlich ergibt sich für die Seitenbeanspruchung des Pfahles

$$T = T_\beta + {}_xT_p + {}_yT_p = k''' \left[\frac{\left(b - \dfrac{l}{2}\right) Rr}{K} + \frac{R_1}{R_a} \sin \delta - \frac{B_2}{R_b} \cos \delta \right] \tag{458}$$

und für das Einspannungsmoment

$$M = M_\beta + {}_xM_p + {}_yM_p = 0{,}5\, k''' \left[\frac{\left(b - \dfrac{2}{3} l\right) Rr}{K} + \frac{R_1}{R_a} \sin \delta - \frac{B_2}{R_b} \cos \delta \right]. \tag{459}$$

Eine positive Seitenbeanspruchung T vergrößert den Winkel δ und es wird das Einspannungsmoment positiv bezeichnet, wenn es der Pfahlverbiegung durch T entgegenwirkt. b wird positiv genommen, wenn der Pfahlkopf über der durch den Mittelpunkt O senkrecht zur Pfahlachse verlaufenden Ebene liegt.

Wenn der Rost oder das auf ihm ruhende Bauwerk zur Verringerung der Verschiebungen einen Anker erhält, wie es bei Ufermauern öfter vorkommt, so kann dieser Anker auch als Pfahl angesehen werden, bei dem aber, weil er keine Beanspruchungen senkrecht zu seiner Achse aufnehmen kann, $k'' = O$ zu setzen ist.

d) Pfahlroste, die bei beliebiger Stellung der Pfähle eine Symmetrieebene haben, in der die Lastresultierende liegt.

Bei einem solchen Pfahlrost müssen je zwei Pfähle beiderseits der Symmetrieebene unter demselben Winkel gegen diese Ebene geneigt sein. Jedes solche Pfahlpaar kann man sich dann durch einen in der Symmetrieebene liegenden Pfahl ersetzt denken, dessen Beanspruchungen ermittelt werden können; diese werden dann nach den beiden Pfahlrichtungen zerlegt.

Schrifttum.

COLBERG, O.: Bestimmungen der Einzelpfahllasten bei einseitiger Belastung von Gründungsplatten. Bauing. 1929. S. 25. — GULLANDER, P.: Theorie der Pfahlgründungen. Bautechn. 1928. S. 818. — HEDDE: Neuere Kaimauern. Jahrb. dt. Ges. Bauing.-Wes. 1925. — JACOBY, E.: Zur Berechnung von Pfahlrostgründungen. Österr. Wochenschr. öff. Baudienst. 1909, S. 201, 340; 1912, S. 317. — DERSELBE: Berechnung von Pfahlgründungen. Jahrb. dt. Ges. Bauing.-Wes. 1925. — NÖKKENTWED, CHR.: Berechnung von Pfahlrosten. Berlin: W. Ernst & Sohn 1928. — OSTENFELD: Berechnung von Pfahlgründungen. Beton u. Eisen. 1922. S. 21, 30. — OSTENFELD und E. JACOBY: Berechnung von Pfahlgründungen. Beton u. Eisen. 1922, S. 287; 1923, S. 178. — SCHULTZE, J.: Pfahlrostberechnungen. Zentralbl. d. Bauverw. 1926. S. 468. — WÜNSCH: Statische Berechnung der Pfahlsysteme. Stuttgart: K. Wittwer 1927.

2. Die Bauarten der Pfahlroste.

Die Pfahlroste werden als sogenannte tiefliegende auf Grundpfählen und als hochliegende auf Langpfählen (im Wasser) ausgeführt. Als Baustoff wird Holz, Beton oder Stahlbeton angewendet.

a) Der Holzrost.

Der Holzrost wird nur bei Holzpfählen angewendet; damit er haltbar ist, muß er so tief liegen, daß er nie, auch nicht vorübergehend oder oberflächlich, austrocknen kann. Die Pfähle müssen für einen Holzpfahlrost außerordentlich genau gerammt werden, weil sonst das Anbringen des Rostes an den Pfahlköpfen große Schwierigkeiten bereitet. Der Holzrost wird gegenwärtig

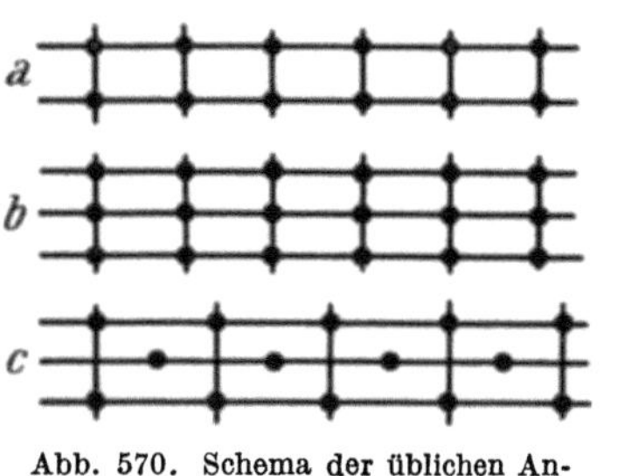

Abb. 570. Schema der üblichen Anordnung von Pfählen in zwei und in drei Reihen für tiefliegende hölzerne Pfahlroste.

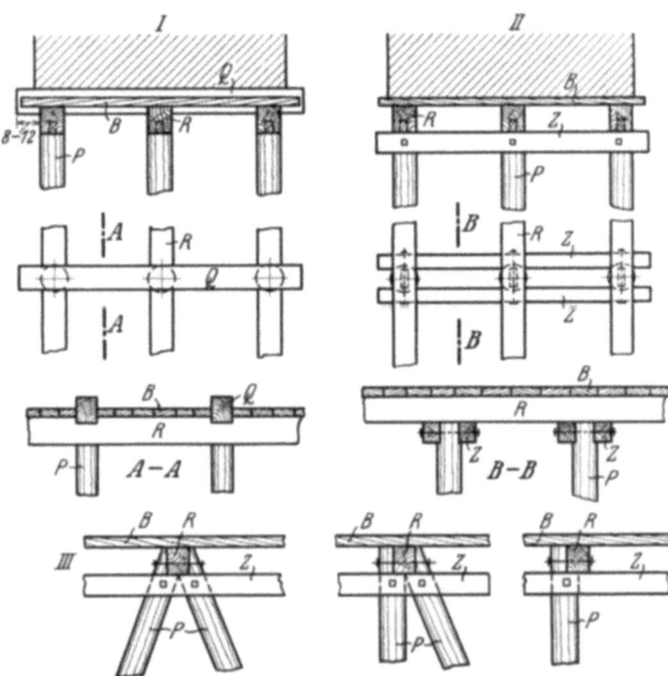

Abb. 571. Tiefliegende hölzerne Pfahlroste. *I* mit Querschwellen, *II* mit Zangen, *III* Holzverbindungen bei Lot- und bei Schrägpfählen.

nur mehr selten ausgeführt; er ist vom Beton- bzw. Stahlbetonrost verdrängt worden, der kein so genaues Rammen der Pfähle erfordert, in der Herstellung weniger umständlich ist und sich in jeder Hinsicht sehr gut bewährt hat.

Holzpfahlroste sind als tiefliegende auf Grundpfählen und als hochliegende auf Langpfählen im Wasser früher sehr oft ausgeführt worden.

α) **Der tiefliegende Holzrost.** Die Pfähle, die durch einen hölzernen Rost verbunden werden sollen, müssen genau nach einem Schema gerammt werden, weil sonst die Verbindung der Pfahlköpfe mit dem Rost unmöglich wird. In der Abb. 570 sind übliche Anordnungen der Pfähle in zwei und in drei Reihen für tiefliegende Pfahlroste für Mauern zusammengestellt. Die Pfähle werden in den Längsreihen in Abständen von 0,75 bis 1,5 [m] gerammt und die Reihen sind voneinander

Abb. 572. Tiefliegender Holzpfahlrost für eine Ufermauer.

Abb. 573. Tiefliegender Holzpfahlrost für ein Brückenwiderlager.

0,50 bis 1,25 [m] entfernt. Die Pfahlköpfe werden durch Langschwellen (Rostschwellen) (Abb. 574) verbunden, auf die Querschwellen aufgekämmt oder unter denen quer liegende

Abb. 574. Tiefliegender Holzpfahlrost für das östliche Widerlager der Brücke über den Hofekanal in Hamburg mit aufgekämmten Querschwellen. (H. Behm.) *a* Rostschwellen, *b* Querschwellen, *c* Spundwand.

Zangen angeordnet werden. Über die Rostschwellen wird ein 6 bis 10 [cm] starker Bohlenbelag gelegt, der das Mauerwerk trägt.

Die Stöße der Langschwellen werden immer auf einen Pfahlkopf verlegt und stets gegeneinander versetzt. Die Holzverbindungen werden durch Schrauben oder durch Holznägel gesichert; Holznägel sind vielfach bevorzugt worden, weil man vorzeitige Zerstörungen der Stahlteile befürchtet hat. In der Abb. 571 sind die Ausführung eines tiefliegenden Holzrostes und die dabei vorkommenden Holzverbindungen gezeigt und die Abb. 572 bis 574 geben die Ansichten solcher Roste vor dem Auflegen der Bohlen wieder.

β) **Der hochliegende Holzrost.** Der hochliegende Holzrost (Abb. 575) kommt für die Gründung von Ufermauern und Brückenpfeilern in tiefem Wasser in Frage. Er hat bei diesen Bauwerken auch Schräglasten aufzunehmen, die bewirken können, daß einzelne Pfähle auf Zug beansprucht werden; diese müssen dann eine zugsichere Verbindung mit dem Rost erhalten und als Zugpfähle ausgebildet werden. In den Abb. 575 und 576 sind als Beispiel einige Holzverbindungen zusammengestellt, die bei hochliegenden hölzernen Pfahlrosten häufig vorkommen.

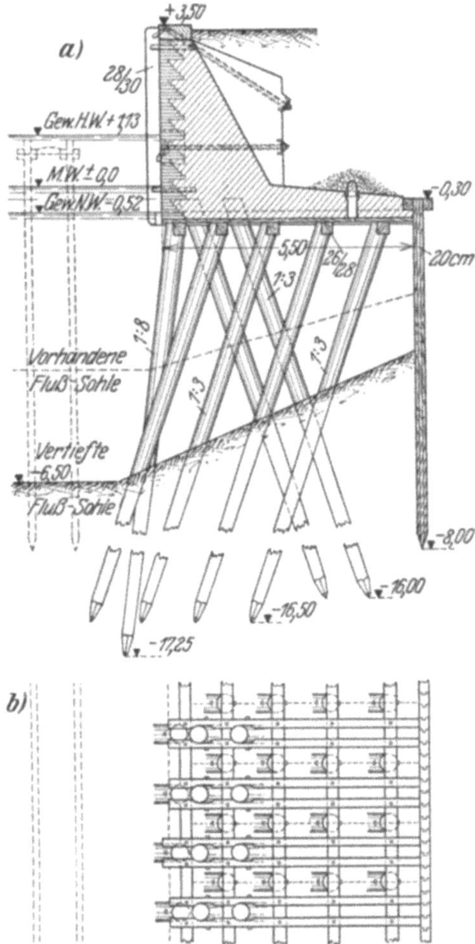

Abb. 575. Ufermauer auf hochliegendem Holzrost in Königsberg.

b) Der Betonrost.

Der Betonrost wird sowohl bei Holz als auch bei Beton- und Stahlbetonpfählen angewendet; er ist vielfach billiger als ein Holzrost, erfordert ein weniger genaues Rammen der Pfähle als der Holzrost und wird auch von billigeren Arbeitskräften ausgeführt.

Die Pfahlköpfe von Druckpfählen werden in den Betonrost etwa 30 [cm] tief eingebettet und die Rostdicke wird in der Regel mit mindestens 1 [m] bemessen. Wenn der Betonrost auf Holzpfählen liegt, so muß er so tief herabreichen, daß die Pfähle nie auch nur oberflächlich austrocknen können. Die Pfahlköpfe werden beim Betonrost vielfach mit Rundstählen, die um sie gelegt und in den Beton gebettet werden, miteinander verhängt, um ein Ausweichen der Pfähle und Rißbildungen im Rost zu verhindern. Holzpfähle werden manchmal auch durch Zangen an den Köpfen verbunden, die einbetoniert werden. Die Bewehrung von Stahlbetonpfählen wird am Kopf freigelegt und meist umgebogen, so daß Pfahl und Rost gut miteinander verankert sind. Hölzerne Zugpfähle werden am Kopf zur Verankerung besonders zugerichtet, wie es die Abb. 577 andeutet, und der Beton des Rostes wird um den Pfahlkopf wendelförmig bewehrt, um ein Reißen des Betonrostes durch den konischen Kopf des Zugpfahles zu verhindern; hölzerne Zugpfähle müssen, damit die Zugkräfte sicher übertragen werden, wesentlich tiefer im Betonrost eingebettet werden als die Druckpfähle.

In Betonrosten sind keine nennenswerten Zugspannungen zulässig; die Pfähle müssen deswegen gleichmäßig unter dem Rost verteilt werden und es sind große Entfernungen der Pfähle nicht zulässig.

Die Betonroste werden ähnlich wie die Holzroste sowohl als tiefliegende als auch als hochliegende angewendet. Die Betonierung soll

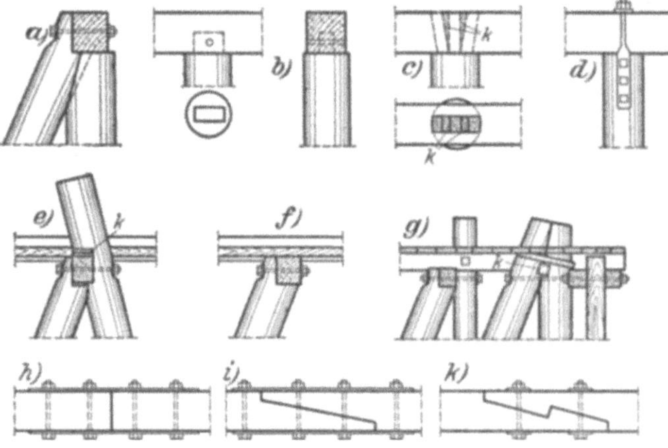

Abb. 576. Holzverbindungen an hochliegenden Pfahlrosten.
k) Hartholzkeile.

im Trockenen ausgeführt werden, sie kann aber in Ausnahmefällen auch unter Wasser erfolgen.

Beispiele für Betonroste geben die Abb. 579a und b, die recht anschaulich zeigen, wie groß bei tiefliegendem Grundwasserspiegel der Baustoffaufwand wird, wenn der

Abb. 578. Pfahlböcke zur Stützung einer Spundwand und zur Aufnahme von Schräglasten. (PH. HOLZMANN.)

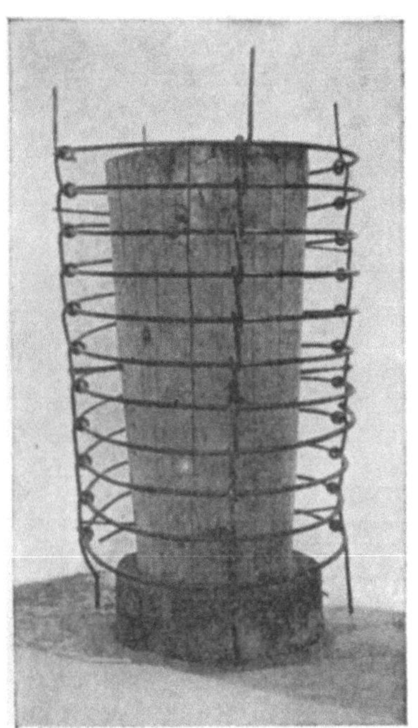

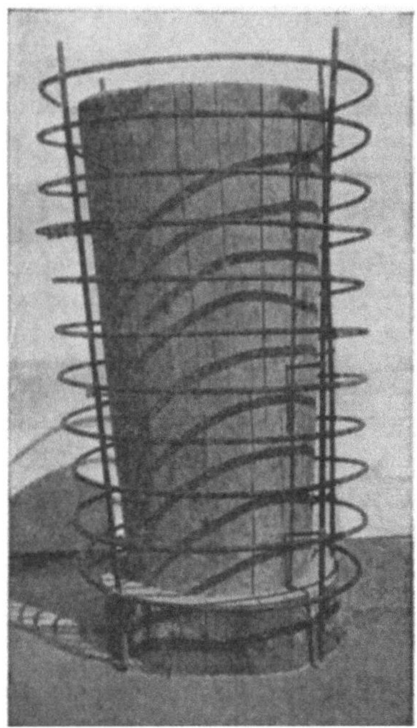

Abb. 577. Zugsichere Ausbildung der Köpfe hölzerner Zugpfähle für Betonroste (Nach BREINECKE-LOHMAYER.)

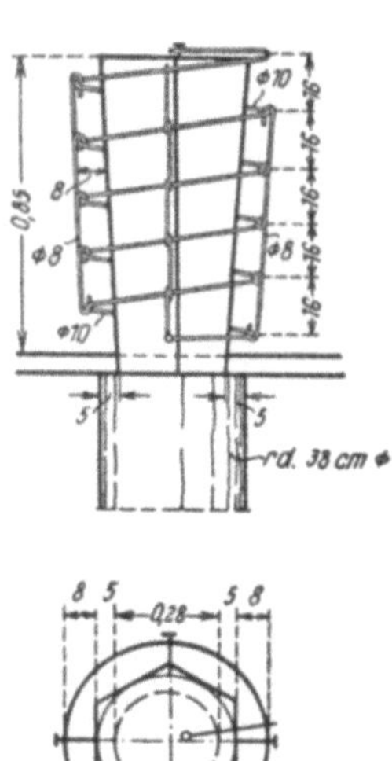

Betonrost auf Holzpfählen statt auf Betonpfählen ausgeführt wird.

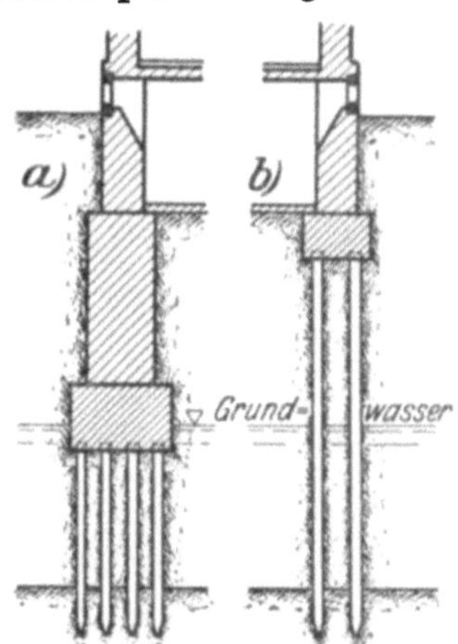

Abb. 579. Betonpfahlrost für die Gründung eines Hauses. a) Auf Holzpfählen, b) auf Stahlbetonpfählen.

Die Abb. 580 gibt den Blick unter ein ausgeführtes Dampfturbinengrundwerk wieder, das ursprünglich auf Betonrost mit Holzpfählen gegründet war, die nachträglich durch Stahlbeton-

Abb. 580. Blick unter ein Dampfturbinengrundwerk während der Unterfangung. (Raymond Concrete Pile Comp., New York.) *a* Stahlbetonsäulen zwischen den neuen Stahlbetonpfählen und dem alten Grundwerk, *b* alte, verfaulte Holzpfähle, *c* Kopflöcher von herausgeschnittenen Holzpfählen.

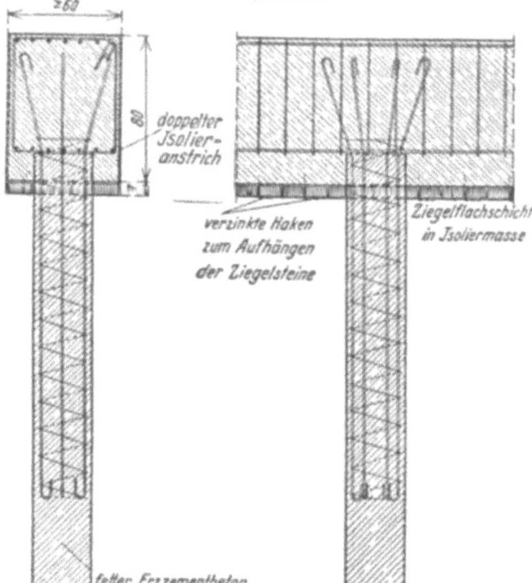

Abb. 582. Mastpfahl und Stahlbetonbankett mit Isolierung gegen angreifendes Grundwasser bei der Gründung des Kleist-Lyzeums in Berlin. (Nach G. KLOSE.)

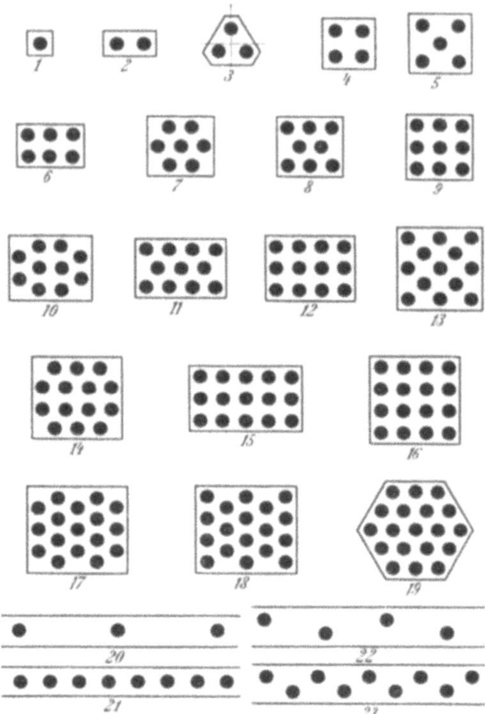

Abb. 581. Anordnung von Pfählen unter Säulen und Mauern.

pfähle ersetzt worden sind, weil der Grundwasserspiegel gefallen ist.

c) Stahlbetonroste.

Stahlbetonroste haben gegenüber den Betonrosten den Vorteil, daß sie leichter gehalten und für jede Beanspruchung leicht bemessen werden können; die Pfähle können auch in größeren Abständen angeordnet werden. Die Stahlbetonroste werden je nach den Erfordernissen des zu gründenden Bauwerkes als Bankette ausgebildet, die über den Pfahlreihen verlaufen, als Platten, die das Bauwerk tragen und die auf den Pfahlköpfen liegen, oder es kann auch ein Stahlbeton-Balkenrost, ähnlich dem Holzpfahlrost, ausgeführt werden. Die Stahlbetonroste werden auch als tiefliegende und als hochliegende ausgeführt.

α) **Tiefliegende Stahlbetonpfahlroste.** Der tiefliegende Stahlbetonpfahlrost wird als ein über den Pfahlköpfen liegender rechteckiger Balken oder als eine Platte ausgebildet, je nach dem Bauwerke, das zu gründen ist. Er wird vorwiegend bei Stahlbetonpfählen angewendet. So wie bei den Betonrosten wird die Bewehrung der Pfähle am Kopf freigelegt und sorgfältig im Rost verankert. Das Freilegen der Bewehrung geschieht bei größeren Gründungen am besten mit Preßlufthämmern. Die Bewehrung des Rostes wird ähnlich wie jene eines durchlaufenden Balkens ausgeführt und es wird vielfach überdies eine Bewehrung angeordnet, die die Pfahlköpfe umschlingt und miteinander verhängt. Die Pfähle werden möglichst symmetrisch zur Angriffslinie der Last

Abb. 583. Isolierung des Stahlbetonrostes in Abb. 582 durch eine Flachschicht Klinkerziegel. (Nach G. KLOSE.)

Abb. 584. Gerammte Schleuderbetonpfähle für eine Gebäudemauer. (Siemens-Bau-Union.)

bzw. deren lotrechten Komponente angeordnet. Beispiele für die übliche Anordnung der Pfähle unter Säulen und Mauern sind in der Abb. 581 zusammengestellt. Ein Beispiel für die Bewehrung eines Bankettes geben die Abb. 582 und 585, ein anderes für die Bewehrung des Rostes unter einer Säule stellt die Abb. 619 auf S. 360 dar.

Wenn die Pfähle gerammt sind, so wird der Boden zwischen ihnen eingeebnet und hierauf die Pfahlbewehrung freigelegt. Am Boden wird zuerst eine 6 bis 10 [cm] starke Magerbetonschicht aufgebracht (Abb. 585,) auf der die Bewehrung ausgelegt wird (Abb. 586). Wenn der Boden den Beton schädigen könnte oder wenn angreifendes Grundwasser bis über den Rost ansteigt, so wird statt der Magerbetonschicht eine Isolierschicht ausgeführt. In den Abb. 583 und 584 ist die Herstellung einer solchen Schutzschicht deutlich zu erkennen; man hat dort eine Flachschicht aus Klinkerziegeln ausgelegt und darüber eine Kaltasphaltschicht aufgebracht. Die Klinkerziegel sind durch verzinkte

Abb. 585. Die Bewehrung für den Bankettrost über den in der Abb. 584 dargestellten Pfählen wird geflochten. (Siemens-Bau-Union.)

Haken, die in die Fugen eingelegt sind, mit dem Beton des Bankettes verbunden (Abb. 583). Die Seitenflächen der Bankette haben einen zweimaligen Isolieranstrich erhalten.

Abb. 586. Ein freigelegter Pfahlrost über konischen Hüllenpfählen. (O. STERN.)

Abb. 587. Stahlbetonbankette auf Pfählen für ein Wohnhaus. (O. STERN.)

Abb. 588. Hochliegender Stahlbetonpfahlrost für eine Ufermauer in Argentinien. (Dyckerhoff & Widmann.)

Die Abb. 586 stellt ein nachträglich freigelegtes Bankett über konischen Hüllenpfählen dar und die Abb. 587 gibt einen Überblick über die Eisenbetonbankette für ein Wohnhaus.

β) **Hochliegende Stahlbetonroste.** Der hochliegende Stahlbetonpfahlrost wird entweder dem hölzernen Rost nachgebildet oder auch als eine bewehrte Betonplatte ausgeführt, in der die Pfahlköpfe stecken. In der Abb. 588 ist ein solcher, einem Holzrost ähnlicher hochliegender Stahlbeton-Balkenpfahlrost für eine Ufermauer in Argentinien dargestellt. Die Bewehrung der Pfähle wird auch hier sorgfältig in die Rostbalken eingebunden.

3. Beispiele ausgeführter Pfahlgründungen.

Ufermauern sind früher fast ausschließlich auf hochliegenden Pfahlrosten gegründet worden; hierbei sind die verschiedensten Bauweisen angewendet worden, über deren wichtigsten die Abb. 589 eine Überblick gibt. Der Holzrost, der anfänglich ausschließlich verwendet worden ist, ist im Laufe der Zeit immer mehr und mehr vom Beton- und Stahlbeton verdrängt worden. Die Mauern können als überbaute Böschungen (Abb. 589a) ausgeführt sein; um an Rostbreite zu sparen, hat man die Böschung steiler geneigt und mittels einer Packlage gesichert (Abb. 589b). Um die Roste noch weiter zu verkürzen, sind hinten liegende Spundwände und schließlich die vorne liegende Spundwand verwendet worden. Diese letztere Anordnung erfordert den schmalsten Rost, dafür aber die längste Spundwand. Zur Aufnahme der

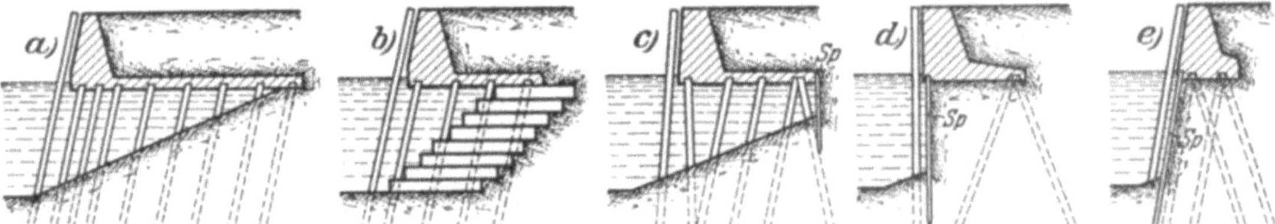

Abb. 589. Pfahlgründungen für Ufermauern. *a)* überbaute Böschung, *b)* mit Böschungsschutz durch Packwerk, *c)* mit Spundwand *Sp* hinten, *d)*, *e)* mit Spundwand *Sp* vorne.

Schräglasten hat man die verschiedensten Pfahlanordnungen versucht; stets soll vermieden werden, daß die Langpfähle auf Biegung beansprucht werden. Diese Forderung läßt sich am besten erfüllen, wenn entweder alle Pfähle in der Richtung der Lastresultierenden gerammt

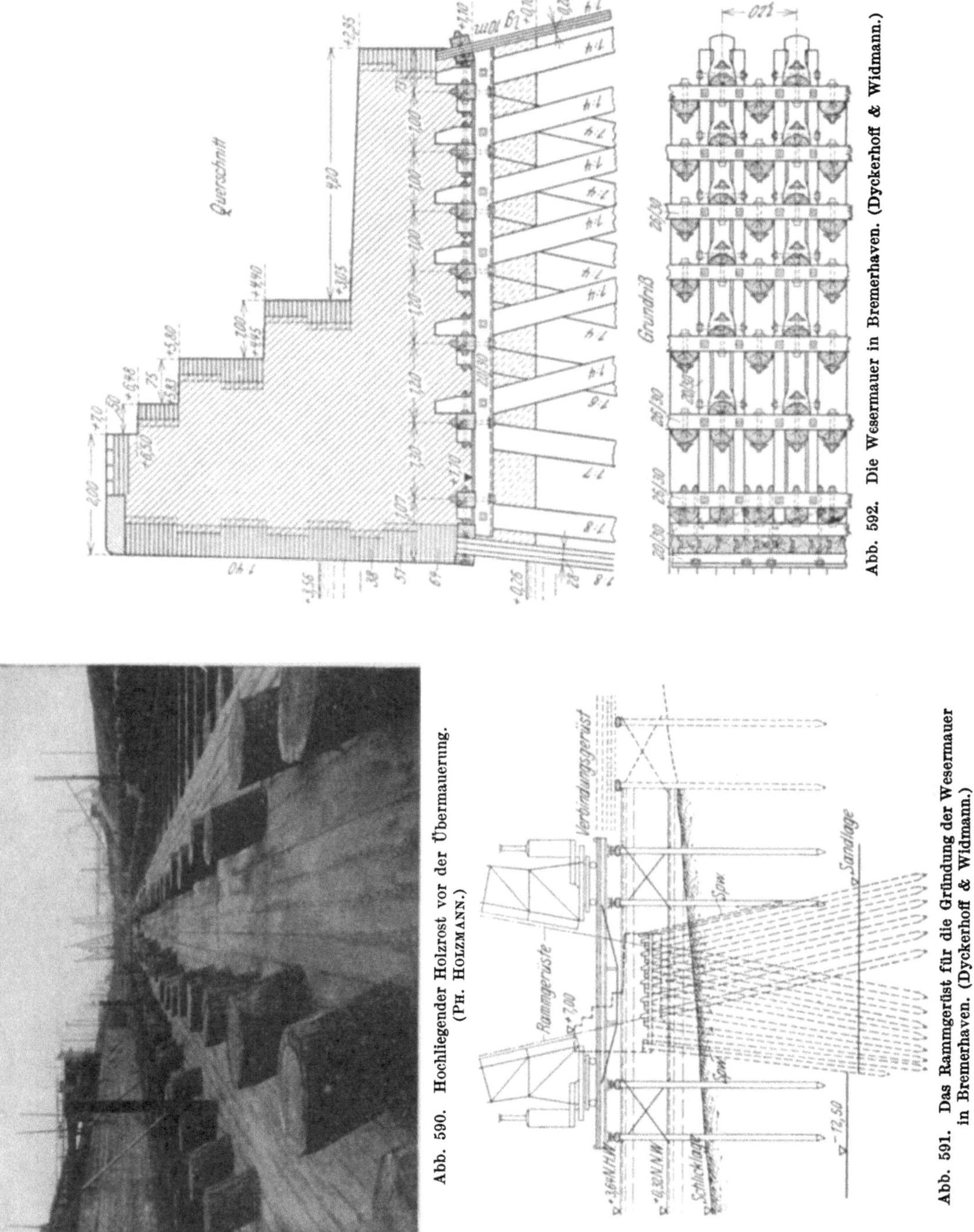

Abb. 592. Die Wesermauer in Bremerhaven. (Dyckerhoff & Widmann.)

Abb. 590. Hochliegender Holzrost vor der Übermauerung. (Ph. Holzmann.)

Abb. 591. Das Rammgerüst für die Gründung der Wesermauer in Bremerhaven. (Dyckerhoff & Widmann.)

werden oder wenn die Last zum Teil auf einfache Pfähle, zum Teil auf Pfahlblöcke übertragen wird. In den folgenden Abb. 590 bis 602 sind nun eine Anzahl von Ufermauern in verschiedenen Bauweisen als Beispiele zusammengestellt.

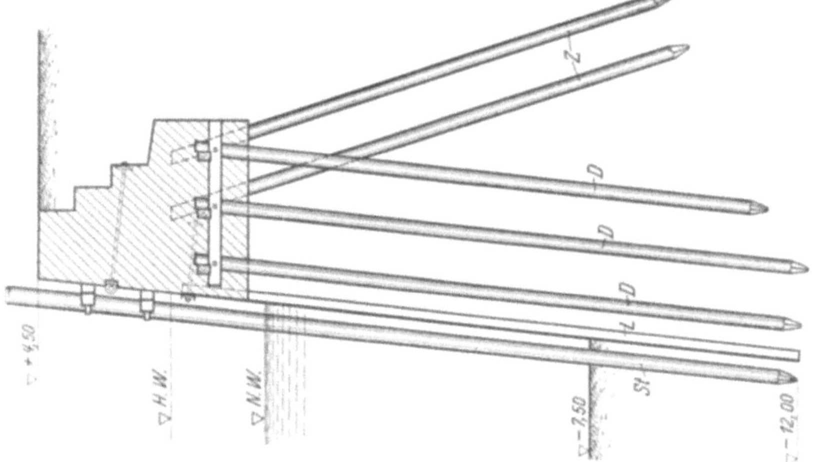

Abb. 596. Ufermauer auf schmalem hochliegendem Betonrost mit eingespannten Pfählen. (Ver. Stahlwerke A.-G., Dortmunder Union.) *L* Larssenspundwand, *D* Druckpfähle, *Z* Zugpfähle, *St* Streichpfähle.

Abb. 594. Die verzimmerten Pfahlköpfe der Wesermauer in Bremen. (Dyckerhoff & Widmann.)

Abb. 593. Ansicht des Rammgerüstes für die Gründung der Wesermauer in Bremen. (Dyckerhoff & Widmann.) (Vgl. Abb. 593.)

Abb. 595. Ein Spülbagger verfüllt den Raum zwischen den Pfahlköpfen der Wesermauer. (Dyckerhoff & Widmann.)

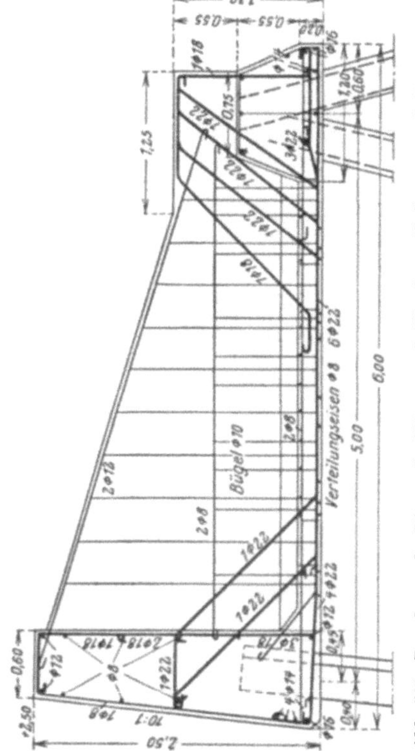

Abb. 598. Bewehrung der Rippen der Ufermauer in Flensburg. (O. Schulze u. B. Kressner.)

Abb. 599. Die Ufermauer in Flensburg vor der Hinterfüllung. (Wayss & Freytag.) (Vgl. Abb. 598.)

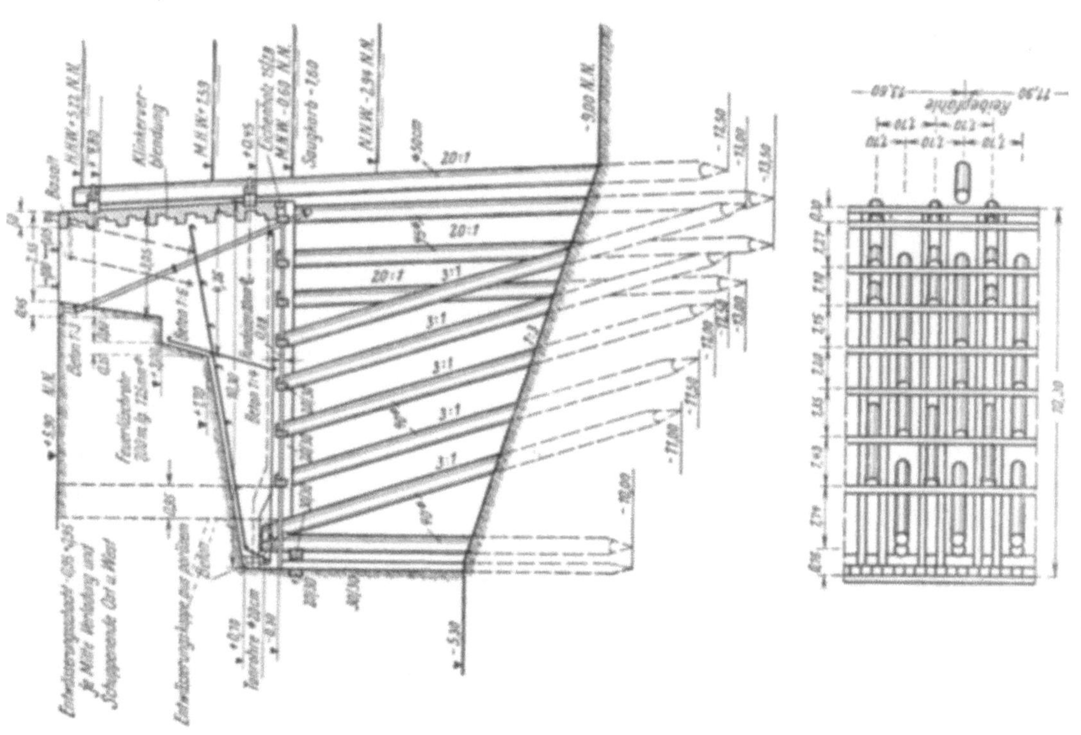

Abb. 597. Kaimauer am Reiherstieghafen in Hamburg. (Nach Petzel u. Behrends.)

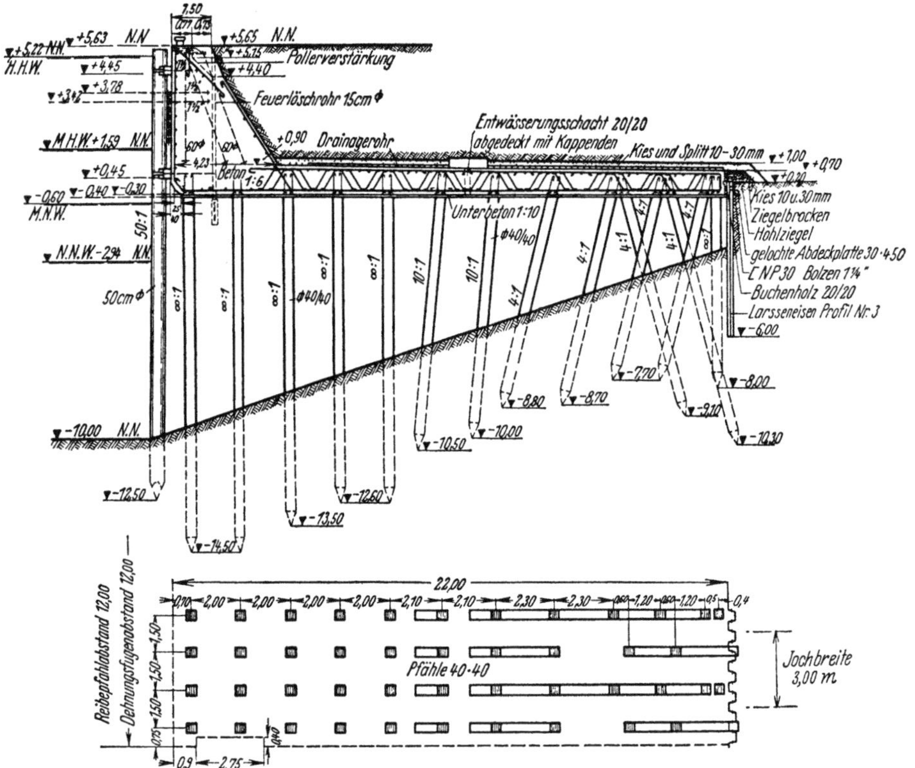

Abb. 600. Kaimauer am Rethehafen in Hamburg. (PETZEL u. PEHRENDS.)

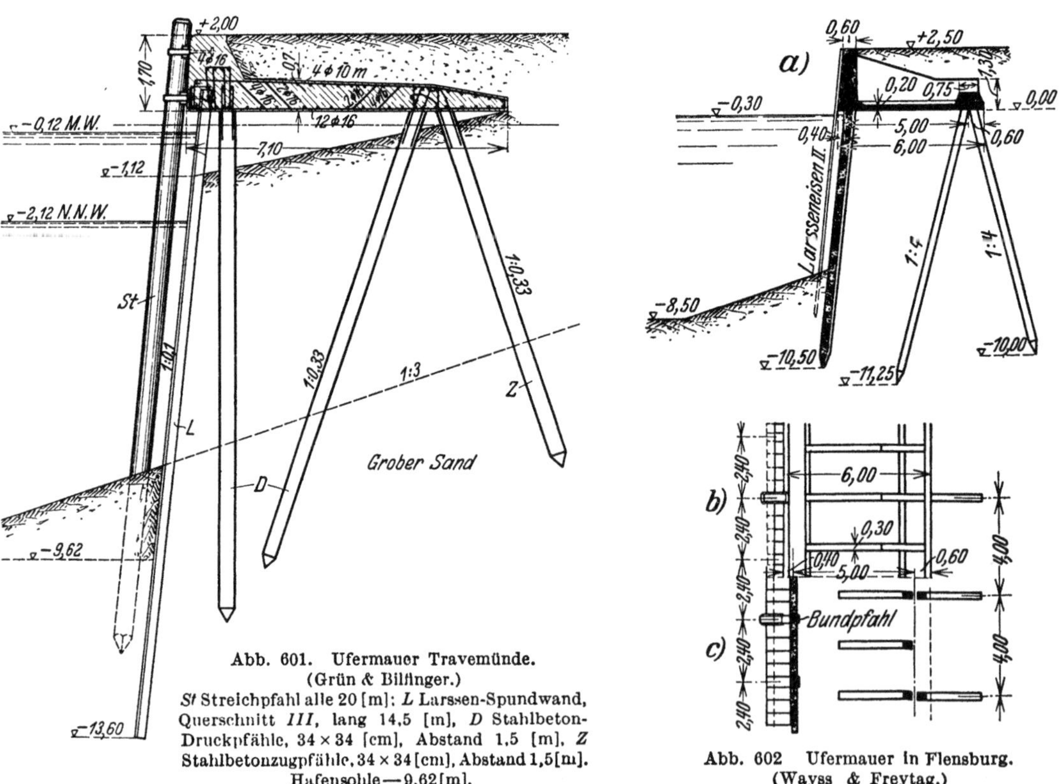

Abb. 601. Ufermauer Travemünde.
(Grün & Bilfinger.)
St Streichpfahl alle 20 [m]; *L* Larssen-Spundwand,
Querschnitt *III*, lang 14,5 [m], *D* Stahlbeton-
Druckpfähle, 34 × 34 [cm], Abstand 1,5 [m], *Z*
Stahlbetonzugpfähle, 34 × 34 [cm], Abstand 1,5 [m].
Hafensohle —9,62 [m].

Abb. 602 Ufermauer in Flensburg.
(Wayss & Freytag.)

Abb. 603. Blick unter den hochliegenden Pfahlrost der Ufermauer in Charleston.
(McKierau Terry Corp., New York.)

Weitere Beispiele für die Anwendung von Pfahlgründungen im Wasserbau zeigen die Abb. 603 und 605.

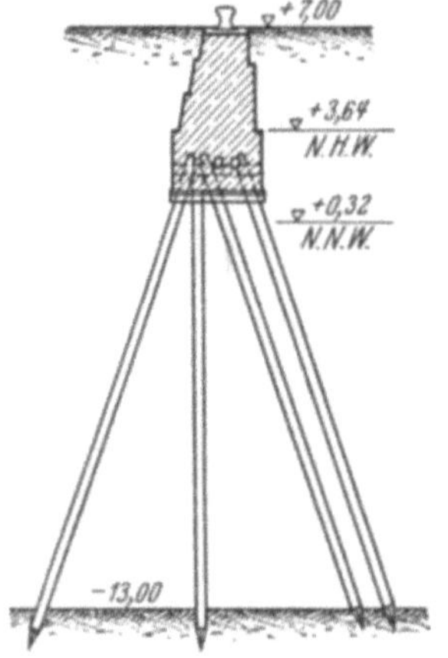

Abb. 604. Gründung der Poller hinter der Wesermauer in Bremerhaven auf Festpfählen.
(Dyckerhoff & Widmann.)

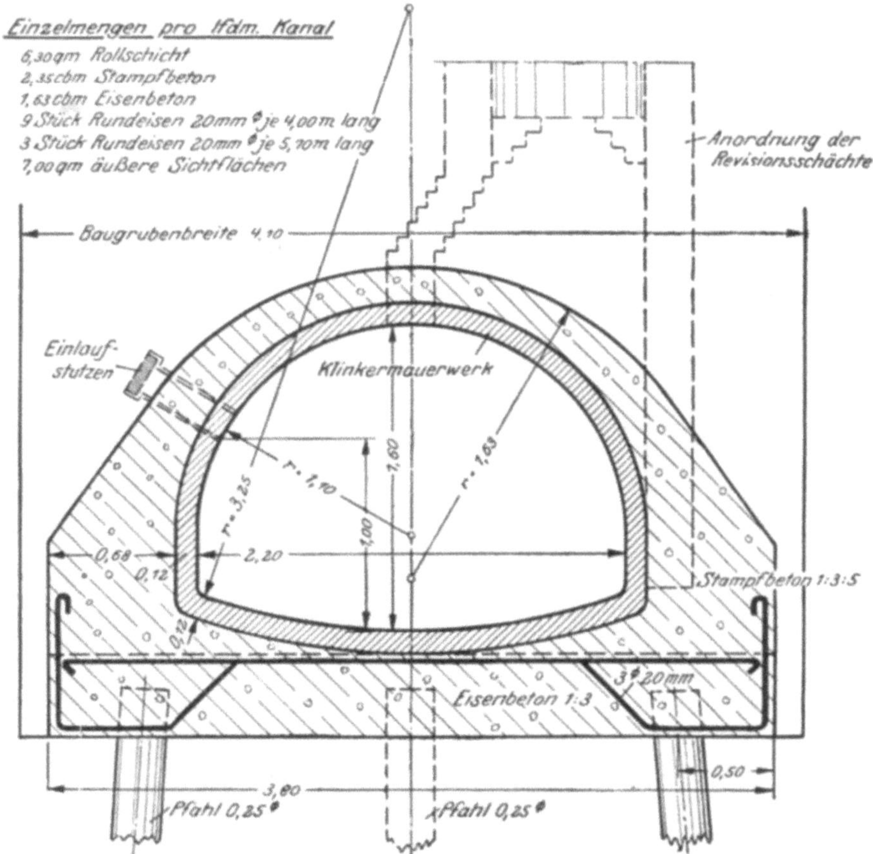

Abb. 605. Kanal auf Pfählen gegründet.

Im Brückenbau finden Pfähle Anwendung zur Gründung von Widerlagern und Strompfeilern, wenn die tragfähige Bodenschichte in größerer Tiefe liegt. Die Abb. 606 bis 613 zeigen

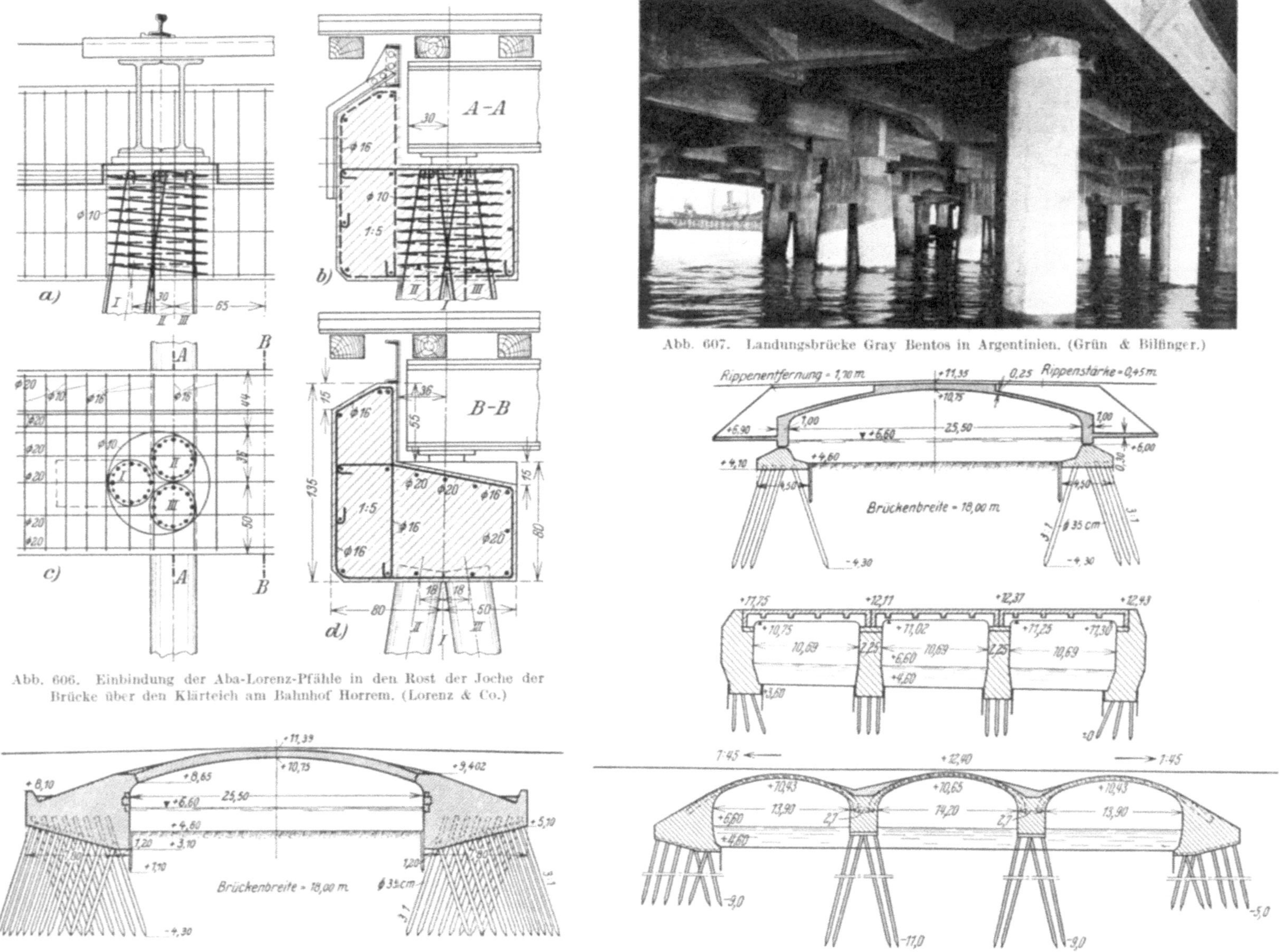

Abb. 606. Einbindung der Aba-Lorenz-Pfähle in den Rost der Joche der Brücke über den Klärteich am Bahnhof Horrem. (Lorenz & Co.)

Abb. 607. Landungsbrücke Gray Bentos in Argentinien. (Grün & Bilfinger.)

Abb. 608 Gründung von Brückenpfeilern und Widerlagern auf Pfählen. (G. Leo.)

einige Pfahlgründungen bei Brücken-
bauten. Die Pfähle werden bei diesen
Bauten sowohl mit tiefliegendem als
auch mit hochliegendem Rost verwendet; bei der letzteren Anordnung liegt
die Brücke unmittelbar am Rost auf.
Eine sehr bemerkenswerte derartige
Gründung ist von Grün & Bilfinger
gelegentlich des Baues der Lidingöbrücke
bei Stockholm ausgeführt worden. Die
Pfeiler bestanden dort aus je zehn 44 [m]
langen Stahlbetonpfählen (vgl. S. 307),
die, wie ein Blick in die Abb. 610 lehrt,
einen hochliegenden Rost tragen, auf

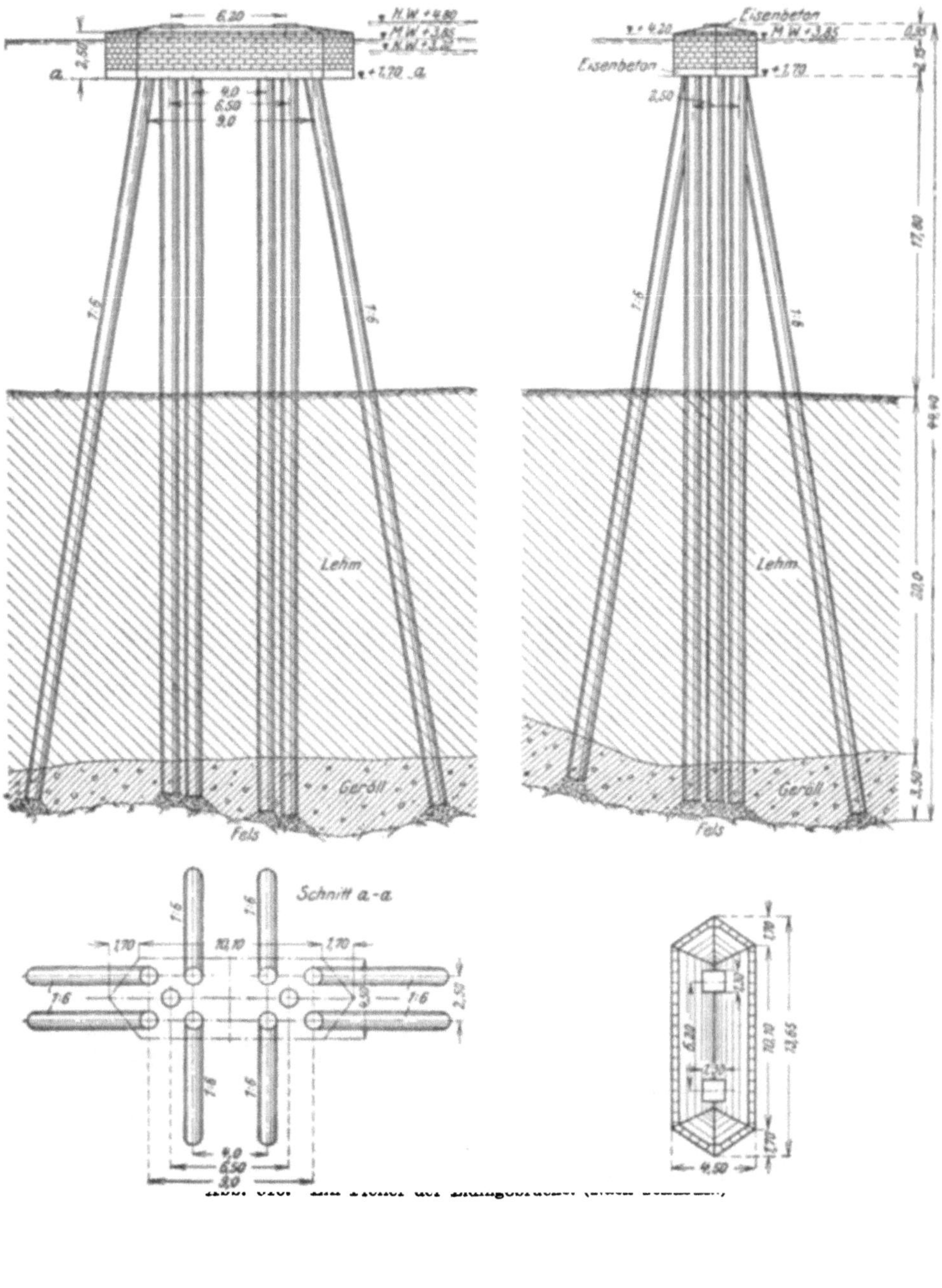

Abb. 609.   Verladebrücke in Duisburg. (Dyckerhoff & Widmann.)

Abb. 610.   Ein Pfeiler der Lidingöbrücke. (Grün & Bilfinger.)

dem unmittelbar die Brücke ruht. Für die Ausführung des Rostes ist ein Mantel aus Stahlbeton mit Quaderverkleidung (Abb. 611) am Land hergestellt und von einem schwimmenden Gerüst auf die Pfahlköpfe abgesetzt worden (Abb. 612), an denen früher durch Taucher

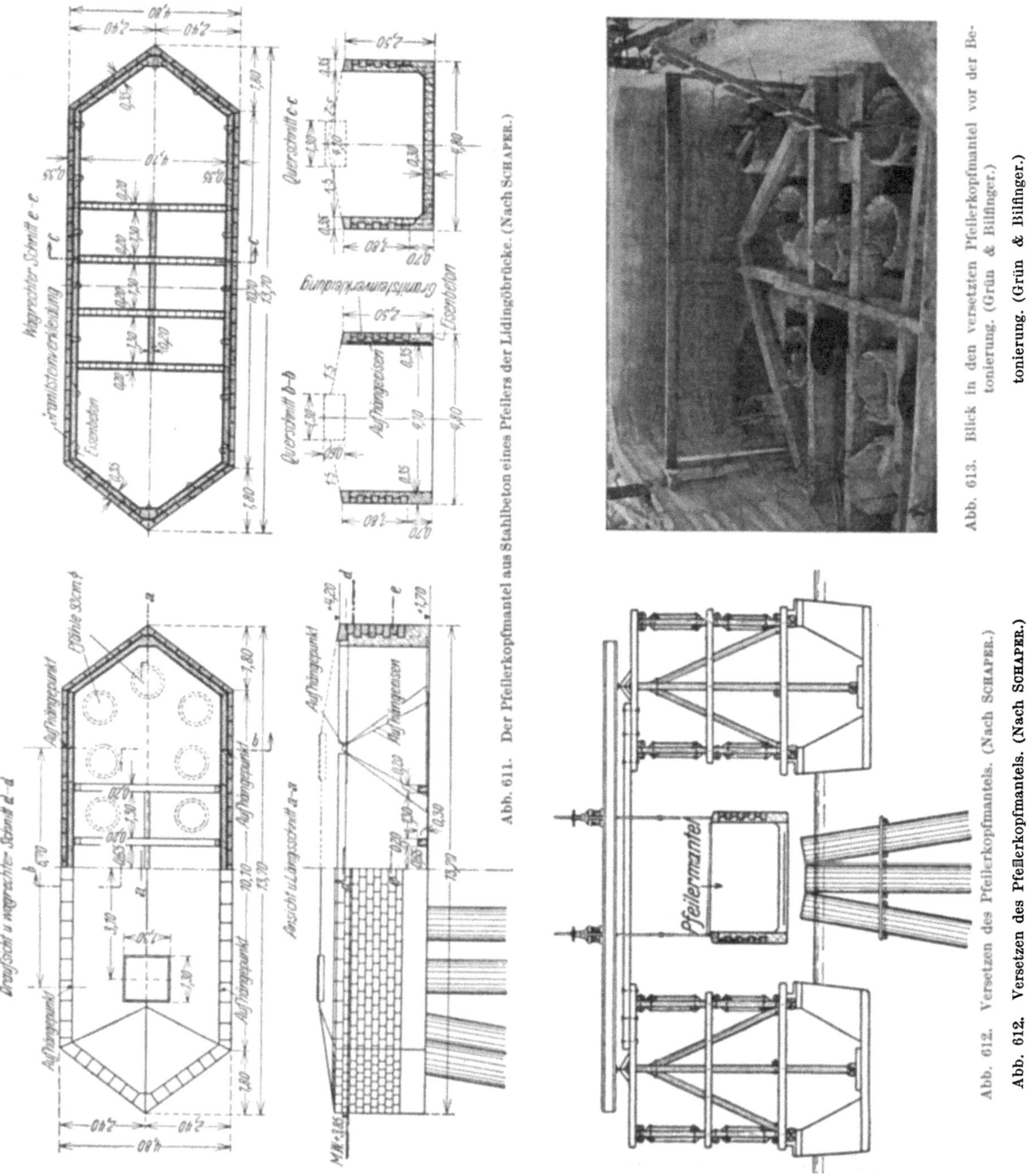

Abb. 611. Der Pfeilerkopfmantel aus Stahlbeton eines Pfeilers der Lidingöbrücke. (Nach Schaper.)

Abb. 612. Versetzen des Pfeilerkopfmantels. (Nach Schaper.)

Abb. 613. Blick in den versetzten Pfeilerkopfmantel vor der Betonierung. (Grün & Bilfinger.)

hölzerne Plattformen befestigt worden sind. Innerhalb des Mantels wurde dann mittels Unterwasserbetonierung vorerst eine 50 [cm] starke Betonschicht eingebracht, nach deren Erhärtung der Mantel leergepumpt (Abb. 613), die Bewehrung eingebracht und die Betonierung im Trockenen vollendet worden ist.

Sehr zahlreich sind die zur Gründung von Hochbauten ausgeführten Pfahlgründungen; wenn der tragfähige Boden sehr tief liegt, können Säulen und Mauern auf Pfahlroste gesetzt werden. Als Pfähle kommen je nach der Beschaffenheit des Untergrundes Festpfähle oder Schwebepfähle zur Anwendung. Einen Überblick über die Austeilung der Pfähle unter den Rosten geben die Abb. 581 auf S. 348 und Abb. 614. Die Pfähle werden, wie schon betont worden ist, mit Nummern bezeichnet (Abb. 615) und in den Rammprotokollen werden über

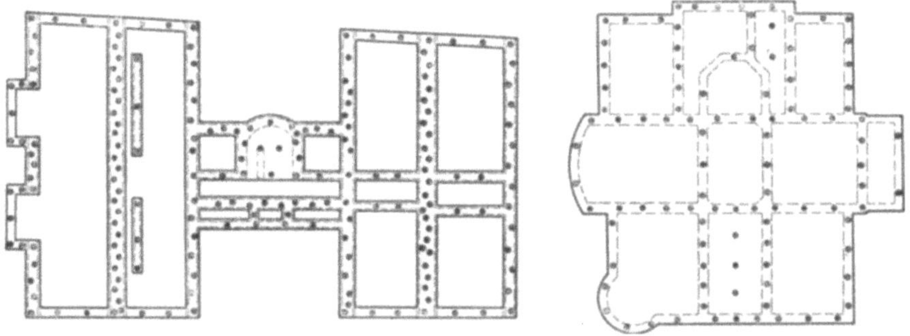

Abb. 614. Beispiele für die Austeilung der Pfähle unter Hochbauten. (A. PORR.)

alle Pfähle Aufzeichnungen gemacht, so daß man sich bei allfälligen späteren Umbauten ein Bild über die zulässige Steigerung der Last machen kann.

Die Ausbildung der Roste für Mauern und Säulen lassen die beiden Abb. 581 und 614 erkennen. Bei Holzpfählen muß der Rost, wie nochmals betont sei, unter dem tiefstmöglichen Grundwasserspiegel liegen.

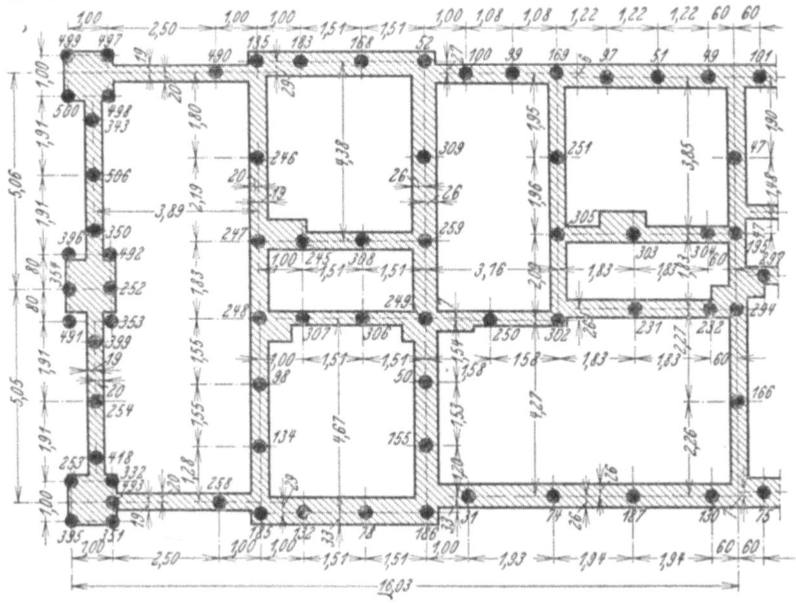

Abb. 615. Festlegung und Bezeichnung der Pfähle unter einem Hochbau. Dargestellt sind die Mauern über dem Rost. (Stern-Baugesellschaft.)

Wenn über den Rosten ein Nutzraum geschaffen wird, der unter den Grundwasserspiegel herabreicht, so muß durch eine durchlaufende Platte oder durch durchlaufende Gewölbereihen das Grundwasser abgehalten werden. Als Beispiel ist in den Abb. 617 bis 622 die Gründung eines Schuppenspeichers für Stückgut in Stettin gezeigt.

Zur Verdichtung des Bodens und zur Übertragung der Last in größerer Tiefe werden manchmal unter durchlaufenden Grundwerksplatten Pfähle gerammt. Die Abb. 623 gibt die Teilansicht einer solchen Gründung eines Maschinenhauses wieder, bei der 38.000 Holzpfähle gerammt worden sind. Daß aber solche Pfähle nicht immer den erwarteten Erfolg bringen, ist schon auf S. 66 auseinandergesetzt worden.

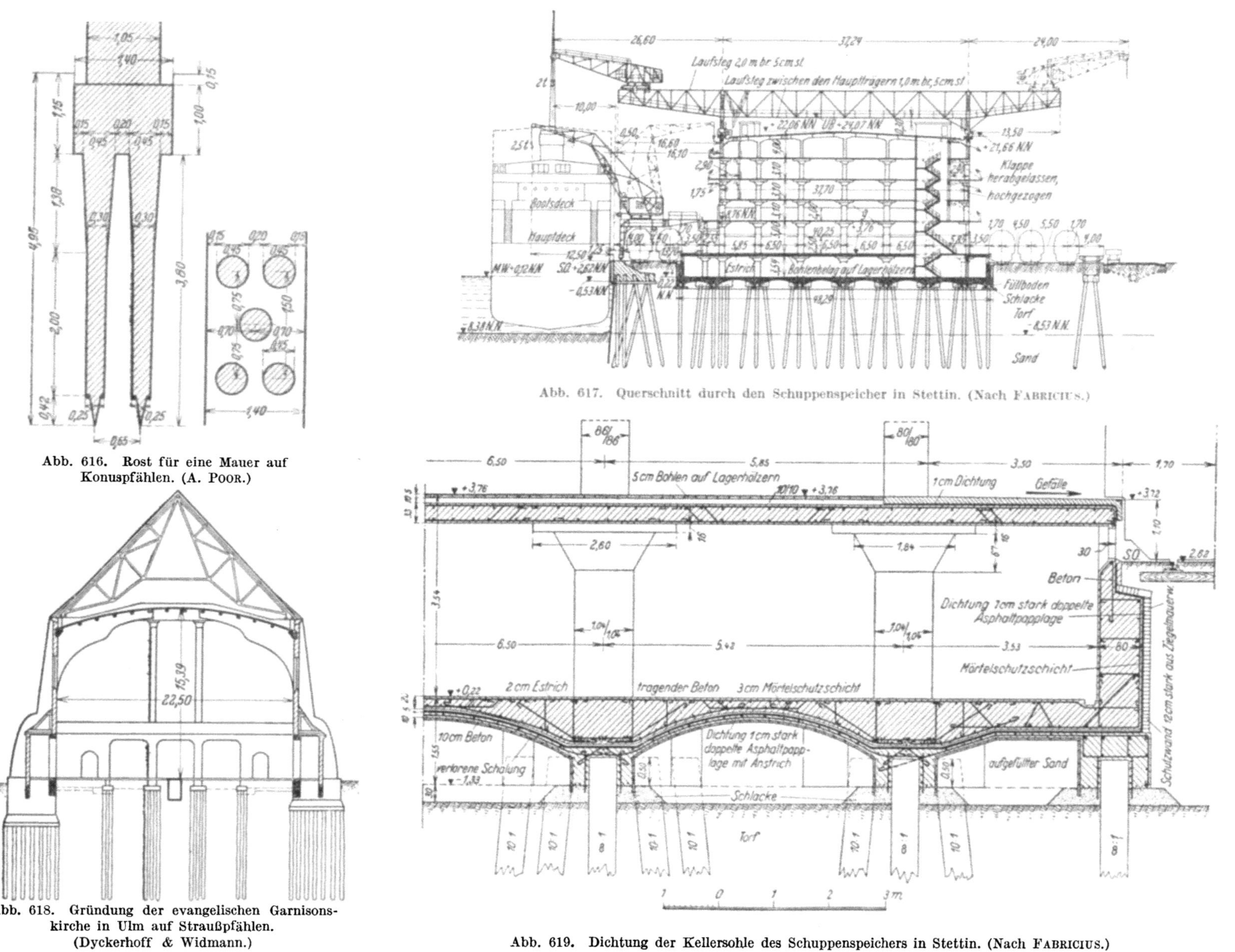

Abb. 616. Rost für eine Mauer auf Konuspfählen. (A. Poor.)

Abb. 618. Gründung der evangelischen Garnisonskirche in Ulm auf Straußpfählen. (Dyckerhoff & Widmann.)

Abb. 617. Querschnitt durch den Schuppenspeicher in Stettin. (Nach Fabricius.)

Abb. 619. Dichtung der Kellersohle des Schuppenspeichers in Stettin. (Nach Fabricius.)

Bei quarzhaltigem Sandboden kann, wie die Abb. 625 zeigt, durch chemische Versteinung des Sandes manchmal an Pfahllänge gespart werden.

In immer ausgedehnterem Maße werden Grundwerke für schwingende Lasten, wie Grundwerke von Gasmaschinen (Abb. 624), Dampfturbinen, Dampfhämmern u. dgl. auf Pfählen gegründet, um eine bessere Lastübertragung und eine Vermehrung der Masse des Grundwerkes zu erzielen.

Im Straßenbau und im Eisenbahnbau ergibt sich nur außerordentlich selten die Notwendigkeit, Pfahlgründungen anzuwenden. Eine interessante Gründung eines Straßenkörpers auf Moorboden ist in der Siemensstraße, Oberschöneweide—Berlin, auf Mastpfählen ausgeführt worden. Wie der Abb. 626 entnommen werden kann, hat man dort die Fahrbahn in zwei parallelen Streifen auf Pfählen gegründet und den Zwischenraum zwischen den beiden Streifen (über dem Kanal) mit Platten abgedeckt, so daß der Kanal jederzeit zugänglich gemacht werden kann. In der linken Platte sind Mannlöcher vorgesehen, durch die man zu den tieferliegenden Rohren gelangen kann.

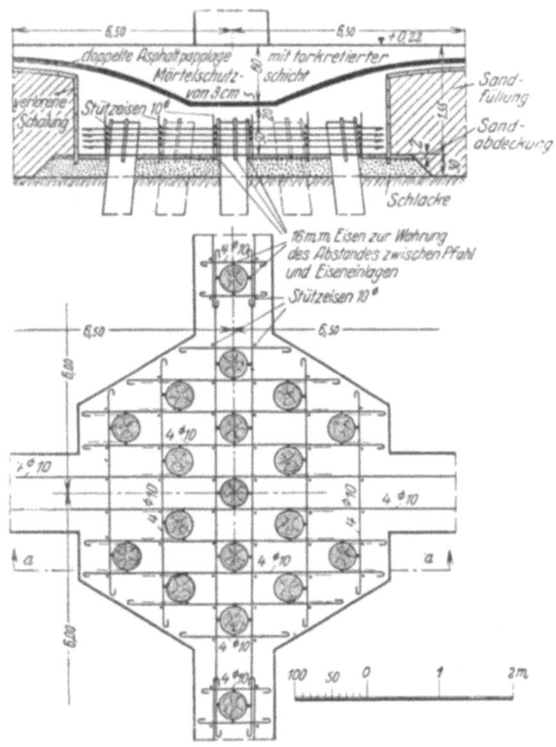

Abb. 620. Bewehrung des Pfahlrostes. (Nach FABRICIUS.)

Schrifttum.
Hochbau.

BURCHARTZ: Die Betonpfahlbauten für das neue Hospitalgebäude auf Ellis Island, New York. Beton u. Eisen. 1908. S. 257 (Raymond-Pfähle). — COLBERG, O.: Gründung einer Kirche auf Betonpfählen, System Mast. Deutsche Bauzg. 1912. S. 58. — HORN: Über das Einrammen von schweren, bewehrten Betonpfählen beim Bau der neuen Fischhalle in Ymuiden. Zentralbl. d. Bauverw. 1915. S. 489. — KLEINKOGEL, A.: Der neue Hauptbahnhof in Leipzig. Beton u. Eisen. 1912. S. 144. — KLOSE, G.: Die Gründung des Kleistlyzeums in Berlin. Bautechn. 1928. S. 406 (Mastpfähle). — MÖLLER: Die Ausführung des Empfangsgebäudes des Hauptbahnhofes in Hamburg, insbesondere die Gründungsarbeiten. Deutsche Bauzg. 1904. S. 69. — SCHEIDIG, A.: Speichergründung auf Rüttelfußpfählen. Bautechn. 1940. S. 277, 565. — SCHULTZE, H. und H. CAUTZ: Der neue Getreidespeicher im Stettiner Hafen. Jahrb. der Hafenbautechn. Ges. 1937. S. 248. — SCHÜRCH: Eisenbetonpfähle und ihre Anwendung für die Gründung im neuen Bahnhof Metz. Beton u. Eisen. 1906. S. 398 (Züblin-Pfähle). —

Abb. 621. Ansicht der Pfähle für die Gründung des Schuppenspeichers in Stettin. (FABRICIUS.)

SPANGENBERG: Zwei monumentale Hallenbauten in Eisenbeton. Schweiz. Bauzg. 1910. S. 274 (Strauß-Pfähle). — VOSS: Gründung des neuen Regierungsgebäudes in Düsseldorf auf Eisenbetonpfählen. Zentralbl. d. Bauverw. 1909. S. 482 (Züblin-Pfähle). — WAGNER, W.: Die Markthalle in Santiago del Estero (Argen-

tinien). Bautechn. 1940. S. 253. — *Referate*: Anwendung von umschnürtem Beton beim Bau der Schokolade-
fabrik Menier in Noixel sur Maine bei Paris. Beton u. Eisen. 1906. S. 297. — Gründung Kursaal Cannstatt.
Deutsche Bauzg. 1907. S. 190. — Gründung auf Eisenbetonpfählen beim Bau des Polizeidienstgebäudes in

Abb. 622. Ansicht der Bewehrung der Kellersohle im Schuppenspeicher in Stettin.
(FABRICIUS.)

Charlottenburg. Zentralbl. d. Bauverw. 1907. S. 530.—Pfahlgründungen für das Palacky-Monument in Prag. Beton u. Eisen. 1910. S. 132. — Das neue Dienstgebäude des bayrischen Verkehrsministeriums in München. Zentralbl. d. Bauverw. 1913. S. 218 (Simplexpfähle).

Wasserbau

HACHE: Pfahlgründungen an der Isar, an der Donau. Zement. 1927. S. 1082. — MARTIENSSEN, O.: Die Betonierung der Bauwerke für die Nordschleusenanlage in Bremerhaven. Bautechn. 1931. S. 153. — MÜLLER, G.: Die neue Entwässerungsanlage in Codigoro. Schweiz. Bauzeitung Bd. 74 (1919). S. 15, 47. — SCHROETER: Die Stütz- und Ufermauern am Südufer des Spandauer Schiffahrtskanales in Berlin. Bauing. 1924. S. 423. — SCHUBERT, J.: Eisenbetonpfahlgründungen im Wasser-

bau. Wasserwirtsch. 1926. S. 396. — STEPHENSON: Concrete pile foundation for the Eveansville Filters.
Engg. News Rec. Bd. 61 (1910). S. 218. — *Referat*: Uferbefestigungen in Eisenbeton. Bautechn. 1924. S. 248.
Hafenbauten-Ufermauern.

AGATZ, A.: Die Grundlagen der Entwurfsarbeiten von Kaimauern auf hohem Pfahlrost. Bautechn. 1930
S. 187. — DERSELBE: Der Kampf des Ingenieurs gegen Erde und Wasser im Grundbau. Berlin: Springer-

Abb. 623. Teilansicht der Gründung des Maschinenhauses der Western Electric Comp. n Kearney, New Jersey, auf
38.000 Holzpfählen. *a* Pfahlhämmer. (McKiernan Terry Corp.)

Verlag 1936. — AEREUT, H.: Die wirtschaftliche Bemessung von Eisenbetonufermauern auf Pfahlrest mit vorne
liegender Spundwand. Bautechn. 1940. S. 615. — BOOMSMA: Die Entwicklung des Kaimauerbaues in Rotterdam. Hafenbautechn. 1927. S. 127. — CHRISTIANI: Über Eisenbetonkaimauern der Rheinspeicher für die

Stadt Köln. Beton u. Eisen. 1911. S. 311. — HEDDE: Neuere Kaimauern. Jahrb. dt. Ges. Bauing. Wes. 1925. — KNOLL und SCHAFF: Der neue Königsberger Seehafen. Zentralbl. d. Bauverw. 1925. S. 153. — KRAKAU: Die Beton- und Eisenbetonbauten der neuen Emdener Hafenanlagen. Beton. u Eisen. 1914. S. 351, 383 (Holzpfähle, Holzrost, Eisenbetonrost). — MÜLLER, A.: Der Freihafen von Gothenburg. Zentralbl. d. Bauverw. 1926. S. 453 (Pfahlgründung mit Taucherglocke). — PASEMANN: Der neue Osthaven der Stadt Berlin. Zentralbl. d. Bauverw. 1914. S. 322 (Holzpfähle). — PIEL: Die Entwicklung der Hafenkaibauten in Holland. — REINKEN: Die Gründung der neuen Rheinspeicher am Agrippina-Ufer der Stadt Köln mit streckmetallumschnürten Eisenbetonpfählen. Deutsche Bauzg. 1910. S. 13. — SCHACHT: Der Umbau der St. Pauli-Landungsbrücken in Hamburg. Deutsche Bauzg. 1909. S. 14. — SCHULTZE: Der neue Speicher im Stettiner Freibezirk. Zement. 1929. S. 1185. — DERSELBE: Die Verlängerung des Erzkais im Reiherwerderhafen. Bautechn. 1930. S. 489. — SCHUMACK, J.: Die Lagerhallen für die Kalisalze im Hafen von Antwerpen. Beton und Eisen. 1929. S. 237. — TILLMANN, ANDRESSEN und AGATZ: Die Entwicklung der Umschlageinrichtungen in den bremischen Häfen. Jahrb. d. Hafenbautechn. Ges.1926. S.91.
— VOGELER: Die Erweiterung der Kaiserlichen Werft in Kiel. Zentralbl. d. Bauverw. 1909. S. 144. — WESTERMANN: Die Befeuerung der Schiffahrtsstraße Stettin - Swinemünde. Bautechn. 1929. S. 386. — WINDOLF: Arbeitsmethoden und Erfahrungen beim Bau der Fischereihafenerweiterung in Cuxhaven. Bautechn. 1925. S. 81. — *Referate*: Concrete

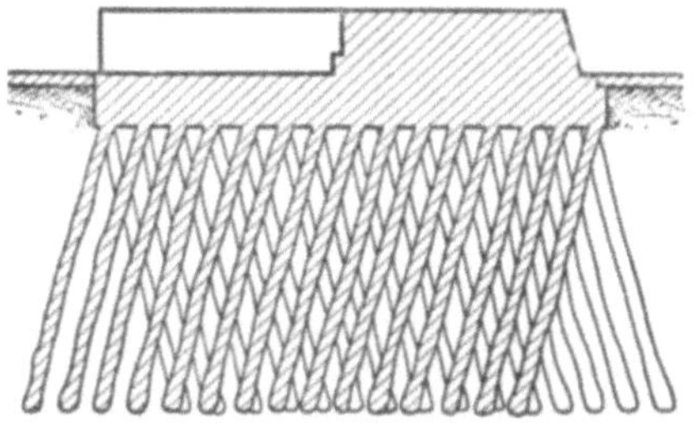

Abb. 624. Gründung eines Gasmaschinengrundwerkes auf Wolfsholz-Pfählen.

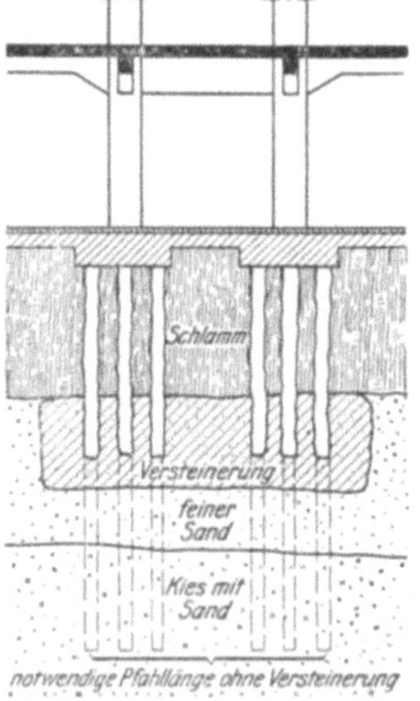

Abb. 625. Chemische Versteinung des Kiesbodens unter Pfählen. (Nach K. BERNHARDT.)

quay wall in a coral foundation. Engg. News. Rec. Bd. 66 (1912). S. 526. — Bau einer Kaimauer im Sund. Bauing. 1920. S. 234. — Eisenbetonpfähle von 33 m Länge zur Gründung von Pier III im Hafen von Manila. Bautechn. 1925. S. 461. — Die Bauarbeiten für den Jamaika-Bay-Boulevard in New York. Bautechn. 1925. S. 54. — Eisenbeton-Ufermauern im Hafen von Pesaro. Bautechn. 1925. S. 24. — Hafenbauten in Bremen. Bauing. 1926. S. 92.

Brückenbau.

ANDERSON: Eine Eisenbetonbogenbrücke in Kristianstad. Beton u. Eisen. 1916. S. 6. — BERMAN: Zwei Eisenbahnbrücken in Eisenbeton. Beton und Eisen. 1913. S. 361. BERNHARDT, K.: Die neue Straßenbrücke über die Spree in Fürstenwalde. Deutsche Bauzg. 1914. S. 106 (Holzpfähle mit Betonrost). — CUSTER: Kanalüberdeckung mit Markthalle und Straßenbrücke in Mühlhausen i. E. Schweiz. Bauzg. Bd. 52 (1908). S. 81. — EHRENBERG: Der Umbau der Warnowbrücke bei Niexe usw. Bautechn. 1925. S. 541. (Holzpfähle mit Betonrost). — GALL: Brücke über die Alz bei Wies-

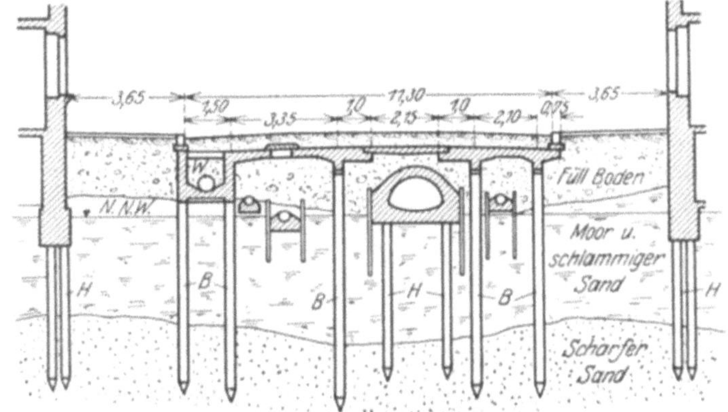

Abb. 626. Gründung der Siemensstraße in Oberschöneweide—Berlin auf Mastpfählen. (Nach O. COLBERG.) *H* Holzpfähle, *B* Betonpfähle, *W* Wasserleitungsrohre.

mühl. Beton u. Eisen. 1919. S. 152 (Bogenbrücke). — HAUG: Die Neckarbrücke Ziegelhausen—Schlierbach. Deutsche Bauzg. 1915. S. 60 (Holzpfähle mit Eisenbetonrost). — JANETZKI: Gründung eines Brückenpfeilers auf Braunkohlenuntergrund. Zentralbl. d. Bauverw. 1910. S. 241. — KAPFERER, W. und THIELE: Straßenbrücke über die Saale bei Könnern. Beton u. Eisen. 1929. S. 76. — KUBALL, H.: Neubau der Ernst-Mautius-Brücke über die Bille in Bergedorf. Beton u. Eisen. 1923. S. 168. — DERSELBE: Brücke über den Tidekanal zu Hamburg. Beton u. Eisen. 1925. S. 389. — LEO, G.: Neuere Hamburgische Straßenbrücken in Eisenbeton. Beton u. Eisen. 1928. S. 237. LEWERENZ: Die neue Pegelbrücke zu Königsberg Bautechn. 1925. S. 329. — MÖRSCH. E.: Verstärkung dreier Straßenbrücken im Zuge des Ems-Weser-Kanals bei Hannover. Deutsche Bauzg. 1913. S. 43. — SCHAPER: Bau der Lidingöbrücke bei Stockholm. Bautechn. 1924. S. 405. — DERSELBE: Der Wettbewerb für die Entwürfe zu einer Verbindung über den Limfyord zwischen Colberg und Norresundberg in Dänemark. Bauing. 1921. S. 380. — STEUDE: Gründung der Florabrücke des Mittellandkanals bei Neuhaldensleben auf Betonpfählen aus Tonerdezement. Zentralbl. d.

Bauverw. 1928. S. 728. — STROSS: Bericht über die Wiederherstellung eines Brückenwiderlagers in Eisenbetonkonstruktion. Beton u. Eisen. 1908. S. 110. — *Referate*: Zum Wettbewerb für eine Straßenbrücke über die Reuß bei Gisikon. Schweiz. Bauzg. Bd. 72 (1918). S. 98. — Eisenbetonpfahl und Pfahlgründung für eine Klappbrücke in Island. Beton u. Eisen. 1925. S. 123.

Eisenbahnbau.

AMIRAS: Die Fundierung einer Bahnunterführung in Eppeghen. Beton u. Eisen. 1910. S. 431. — VON BIEMA: Über die Wiederherstellung der durch die Sturmflut beschädigten Darßbahn. Zentralbl. d. Bauverw. 1914. S. 613 (Strauß-Pfähle). — KRESS: Bemerkenswerte Bauausführungen bei der Berliner und Hamburger Hochbahn. Bautechn. 1925. S. 408 (Mastpfähle). — MENZEL: Bauanlagen für die Herstellung der elektrischen Zugförderung an der Eisenbahnlinie Magdeburg—Halle. Zschft. f. Bauw. 1914, S. 543, 551 (Strauß-Pfähle). — RITTER, A.: Ringförmiger Lokomotivschuppen im Rangierbahnhof Blocklans bei Bremen. Beton u. Eisen. 1916. S. 25.

Freileitungsbau.

MÖLLER, Th.: Über Pfähle im Freileitungsbau. Bautechn. 1932. S. 725.

III. Senkgründungen.

Unter der Bezeichnung Senkgründungen werden alle Gründungsverfahren zusammengefaßt, bei denen das Grundwerk allein oder das ganze Bauwerk auf der Bodenoberfläche zusammengebaut und hierauf untergraben wird, so daß es unter dem Einflusse seines Gewichtes bis auf die beabsichtigte Tiefe in den Boden absinkt.

Die Senkgründungen werden unterteilt in die Senkbrunnengründungen, in die Senkkastengründungen und in die Druckluftsenkgründungen.

a) Senkbrunnengründungen.

Unter Senkbrunnen versteht man röhrenartige Bauwerke beliebigen Querschnittes, aus deren Innenraum Boden abgegraben wird, so daß sie, die Mantelreibung überwindend, unter dem Einflusse ihres Gewichtes in den Untergrund lotrecht oder geneigt versinken. Bei der Ausführung eines Senkbrunnens wird der Brunnenmantel über Tag ausgeführt und es wird die Pölzung für den Aushub erspart.

Die Senkbrunnen werden entweder als selbständige Bauwerke zur Gewinnung oder Sammlung von Wasser gebaut oder sie werden bei Gründungen angewendet, um ein Bauwerk auf einzelnen Pfeilern zu gründen, die durch ungeeignete Schichte hindurch bis auf dicht gelagerte hinabreichen.

Ein Brunnen besteht aus dem sogenannten Brunnenkranz und dem Brunnenmantel, der aus Mauerwerk, Beton, Stahlbeton und in Ausnahmefällen auch aus Eisen hergestellt wird. Die Grundrißform des Brunnens ist in der überwiegenden Mehrzahl der Fälle kreisrund, es können aber auch beliebige andere Grundrißformen angewendet werden.

1. Die Brunnenschneide.

Der Brunnenkranz (Brunnenschling, Brunnenschneide, Senkschneide) bildet die Unterlage für den Brunnenmantel. Er wird der Grundrißform des Brunnens angepaßt und hat die Aufgabe, während des Absenkens die am unteren Rande des Brunnens, z. B. beim Auftreffen auf irgend ein Hindernis, auftretenden besonderen Beanspruchungen aufzunehmen und auf diese Weise den unteren, besonders gefährdeten Teil des Brunnens zu verstärken und auszusteifen. Der Brunnenkranz wird aus Stahl, Stahlbeton oder Holz ausgeführt und stets durch eine Anzahl von Ankern mit dem Brunnenmantel verbunden. Die Bemessung des Brunnenkranzes geschieht nach Erfahrungsregeln, weil die nicht vorhersehbaren Beanspruchungen, die zahlenmäßig nicht erfaßbar sind, jene, die vom gleichmäßig verteilten Erdwiderstand gegen die Schrägflächen herrühren, weit überwiegen.

Stählerne Brunnenkränze erhalten Querschnitte, wie sie in der nebenstehenden Abb. 627 angedeutet sind. P. BRINKHAUS empfiehlt, die Breite b (Abb. 627 c) des Kranzes eines kreisrunden Brunnens bis zu Wandstärken von $w = 0,5$ [m] gleich diesen, darüber hinaus aber höchstens 0,8 [m] groß zu machen und das Mantelmauerwerk dann gegen den Kranz hin von innen zu verjüngen. Die Höhe des Kranzes wird meist annähernd gleich der Breite gemacht und man wählt die Blechstärke s in [mm] bei einem Innendurchmesser D_i in Metern gleich

$$s = 2\,D_i\,[\text{mm}], \tag{460}$$

jedoch nicht schwächer als 5 [mm] und nicht stärker als 10 [mm]. Die Winkel werden gleichschenkelig genommen und erhalten Schenkelbreiten gleich der zehnfachen verwendeten Blechstärke. Die Verbindungen werden entweder genietet, so, wie es die Abb. 627 andeutet oder besser geschweißt.

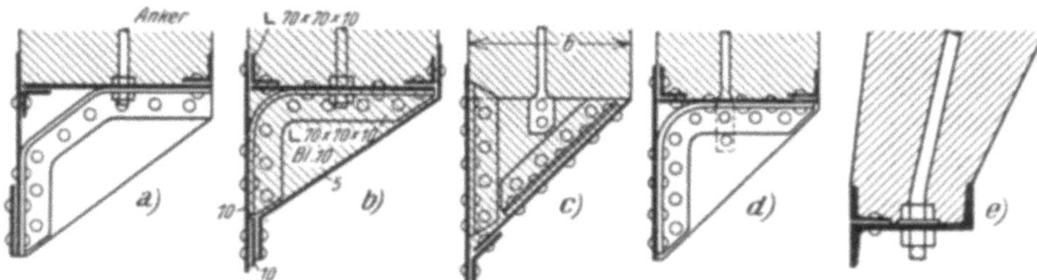

Abb. 627. Stählerne Brunnenschneiden.

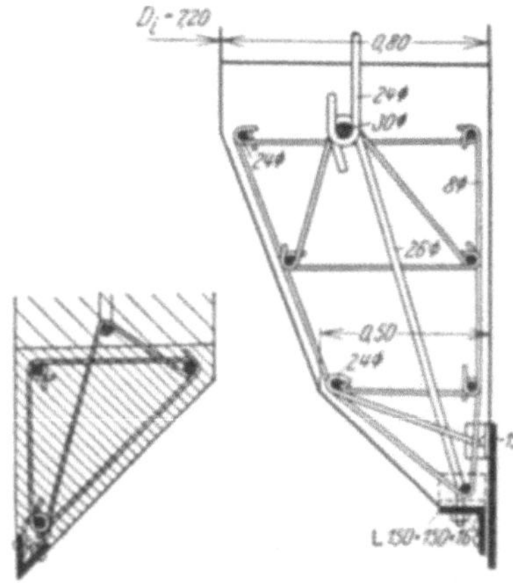

Abb. 628. Brunnenschneiden aus Stahlbeton

Die Brunnenschneide wird bei sehr weichem Boden (Abb. 627 a, d und e) stumpf mit einem Schneidewinkel von 90° und bei festem Boden (Abb. 627 b und c) scharf mit einem Schneidewinkel von etwa 45° ausgeführt. Bei spitzem Schneidewinkel wird die Schneide vor der Mauerung des Brunnenmantels ausbetoniert.

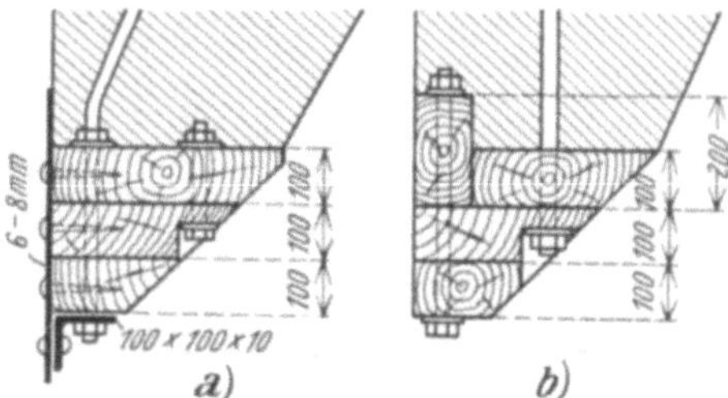

Abb. 629. Hölzerne Brunnenschneiden. a) für runde, b) für eckige Brunnen.

Die leichte Brunnenschneide, die in der Abb. 627 e dargestellt, ist, kann auch aus einem I-Eisen gebogen werden, dessen eine Flanschenhälfte schließlich autogen abgeschnitten wird.

Brunnenkränze aus Stahlbeton sind in der Abb. 628 dargestellt. Sie werden im Mischungsverhältnis 1 : 4 bis 1 : 5 hergestellt und erhalten eine Schneide aus Winkelstahl, die durch Laschen sicher in der Bewehrung verankert werden.

Brunnenkränze aus Holz (Abb. 629) können angewendet werden, wenn sie ständig unter Wasser liegen. Die Stöße der Bohlen im Kranz werden in den einzelnen Lagen gegeneinander versetzt angeordnet. Die Schneide selbst wird in der Regel mit Stahl bewehrt; die Bewehrung muß aber so angebracht werden, daß sie unter keinen Umständen vom hölzernen Kranz losgerissen werden kann, weil sie sonst ein Hindernis für die weitere Absenkung bilden würde.

2. Der Brunnenmantel.

Der Brunnenmantel wird über dem Brunnenkranz aufgebaut; er muß so

Abb. 630. Sammelbrunnen für das Wasserwerk Ahlbeck-Seebad während der Absenkung. a Anker. (H. NILEWSKY, W. NOÇON.)

bemessen werden, daß er alle Beanspruchungen während der Absenkung aufzunehmen vermag und er muß überdies so schwer sein, daß er infolge seines Gewichtes entgegen der Mantelreibung und einem allfälligen Auftrieb absinkt.

Der Mantel kreisrunder Brunnen kann mit Klinkerziegeln (Abb. 630) oder Betonformsteinen aufgemauert, aus Beton, aus Stahlbeton oder ausnahmsweise aus Eisen ausgeführt werden. Die Mauerung mit Klinkerziegeln oder mit Betonformsteinen bietet den Vorteil, daß das Aufmauern in dem Maße erfolgen kann, in dem die Absenkung fortschreitet, daß also während der Absenkung der obere Brunnenrand stets in annähernd derselben Höhe liegt und daß der Brunneninnenraum durch keine Schalung beengt wird, daß daher der Aushub unbehindert vor sich gehen kann. Beim Betonieren des Brunnenmantels müssen Ringe von etwa 1 bis 1,5 [m] Höhe aufbetoniert werden; während dieser Arbeit ist der Innenraum durch die Steifen der Schalung beengt und es muß das Absenken so lange ausgesetzt werden, bis der Mantel hinreichend erhärtet ist. Diese Umstände müssen bei der Entscheidung für die Art des Mauerwerkes wohl beachtet werden.

Für zu betonierende Brunnen werden in der Regel Schalungen hergestellt, die wiederholt zu verwenden sind. Ein Beispiel für eine solche Schalung gibt die Abb. 631.

Die innere Schalung besteht aus mehreren Teilen, die durch Keile in der richtigen Stellung gehalten werden, während die äußere Schalung aus schmalen lotrechten Schalbrettern besteht, die auf biegsame Bandstahlstreifen aufgeschraubt und durch Stahlbänder mit Spannschlössern zusammengehalten werden. Distanzhalter, die beim Fortschreiten der Betonierung wieder herausgenommen werden, sichern den Abstand der beiden Schalungen. Wenn der Brunnen für Wassergewinnungszwecke mit durchlässigem Mantel auszuführen ist, so werden durch die innere Schalung Holzkeile, wie sie in der Abb. 631 deutlich zu erkennen sind, geschoben und nach dem Abbinden des Betons wieder herausgezogen.

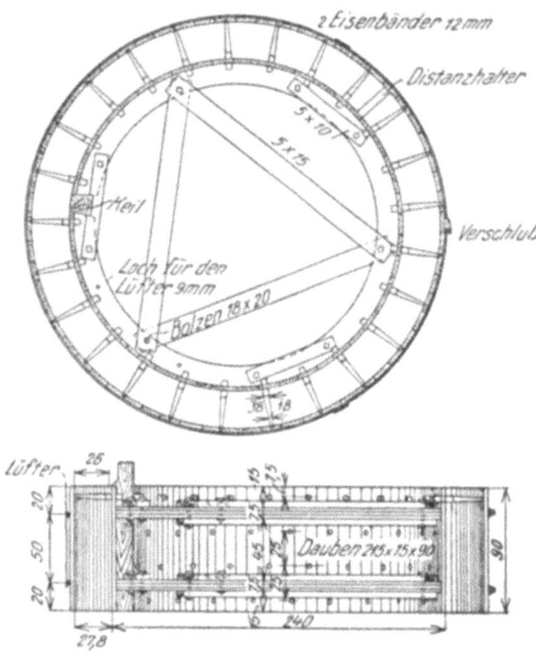

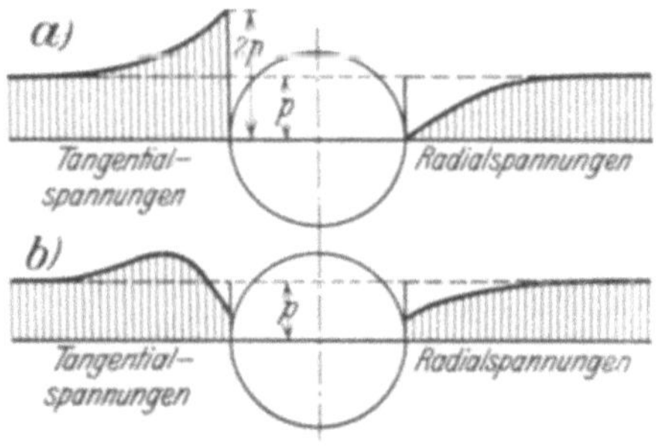

Abb. 631. Schalung für einen Betonbrunnen. (F. v. Emperger.)

Über die Beanspruchungen, die ein Brunnenmantel während des Absenkens erfährt, weiß man bisher nichts Sicheres. Wenn der Brunnen abgesenkt ist, so wird der Mantel durch den Erddruck und den dem Höhenunterschied der Wasserspiegel außen und innen entsprechenden Wasserdruck beansprucht. Während der Wasserdruck leicht zu ermitteln ist, werden für den Erddruck Annahmen gemacht, die zwar plausibel, aber nicht bestätigt sind. Meist läßt man den Erddruck auf den kreiszylindrischen Brunnenmantel bis zu Tiefen von 10 bis 14 [m] so wie jenen auf eine lotrechte Stützwand zunehmen und rechnet von dieser Tiefe mit einem konstanten Druck weiter, weil die Erfahrung gelehrt hat, daß in größeren Tiefen infolge der Bildung von um den Brunnen liegenden Tragringen der Erddruck nicht weiter zunimmt.

Abb. 632. Spannungsverteilung um ein kreisrundes Loch. a) bei Stoffen, die dem Hookeschen Gesetz gehorchen, b) in luftfreiem plastischem Ton. (Nach K. Terzaghi.)

Mit der Bildung der Tragkörper um eine kreisförmige Bohrung hat sich K. Terzaghi befaßt; er unterscheidet zwischen Körpern, die dem Hookeschen Gesetz gehorchen, vollkommen plastischen, bindigen und körnigen Böden. Die Spannungsverteilung um ein kreisrundes Loch in einem Stoffe, der dem Hookeschen Gesetz gehorcht, ist in der Abb. 632a dargestellt; die Radialspannungen sind am Lochrande bekanntlich gleich Null und die Tangentialspannungen steigen auf den doppelten Druck p an, der vor der Herstellung des Loches geherrscht hat. In einiger Entfernung vom Loch nähern sich sowohl die Radial- als auch die Tangentialspannungen wieder dem Drucke p.

In bindigen Böden herrscht im Bereiche um das Loch, nach TERZAGHIS Anschauung, die in der Abb. 632b dargestellte Spannungsverteilung. Der Radialdruck an der Lochwand ist nicht mehr gleich Null, wohl aber kleiner als der Druck p vor der Herstellung des Loches, weswegen der bindige Boden anschwillt und, wenn er nicht durch irgendwelche Maßnahmen verhindert wird, den Lochquerschnitt verkleinert. In wasserfreien Löchern wird der zur Aufrechterhaltung des Gleichgewichtes erforderliche Radialdruck von der Oberflächenspannung des Porenwassers ausgeübt, weswegen ein solches Loch ohne Aussteifung bestehen kann. Wenn das Loch von Wasser erfüllt ist, fällt die Oberflächenspannung in den Poren weg und das Loch muß einen Einbau erhalten.

Bei körnigem Boden (Sand) kann das Loch überhaupt nur mit einem Einbau bestehen. Die Spannungen dürften nach K. TERZAGHI in der Umgebung des Loches ähnlich, wie in der Abb. 632b, nur etwas steiler verlaufen.

Jedenfalls kann es als feststehend gelten, daß der Erddruck gegen den Mantel eines Brunnens kleiner ist als jener gegen eine ebene Wand in gleicher Tiefe.

Die Mindestwandstärke eines kreisrunden Brunnens, die aus statischen Gründen überhaupt möglich wäre, ergäbe sich, wenn man den Brunnen als dickwandiges Rohr unter dem gleichmäßig am Umfang verteilten Außendruck p auffaßt. Als Außendruck wird der Erd- und der Wasserdruck angesehen. Bezeichnet R_a den Außendurchmesser, R_b den Innendurchmesser, so gilt für ein dickwandiges Rohr

$$\frac{R_a}{R_1} = \sqrt{\frac{k_d}{k_d - 1{,}7\,p}} \tag{461}$$

wobei Längen in m und Spannungen in $[\text{t/m}^2]$ zu nehmen sind und für die zulässige Druckbeanspruchung des Brunnenmantels

bei Klinkermauerwerk in Zementmörtel .... $k_d = 200 - 500\ [\text{t/m}^2]$
bei Beton $1:5$ .... $k_d = 250 - 400$,,
bei Gußeisen .... $k_d = 3000$,,

zu setzen ist.

Diese Formel ergibt aber in der Regel so kleine Wandstärken, daß man sie mit Rücksicht auf die unvorhersehbaren Beanspruchungen nicht ausführen darf.

Gleichmäßig über dem Umfang verteilte Bodendrücke gegen den Brunnenmantel werden nur in vollkommen homogenem Boden zu erwarten sein. Tatsächlich werden die ungleich dichte Lagerung der Schichten, Einlagerungen von Holz, Steinen u. dgl. sowie der ungleichmäßig erfolgende Aushub in der Regel eine ungleichmäßige Verteilung der Bodendrücke gegen den Brunnenmantel bewirken. FÄRBER trägt der ungleichmäßigen Verteilung des Außendruckes Rechnung und macht die Annahme, daß die Bodendrücke radial gerichtet sind und sich längs des Umfanges nach der Beziehung

$$p_a = p_A\left[1 - (\omega - 1)\sin\alpha\right] = p_A\left(1 - \omega'\sin\alpha\right) \tag{462}$$

ändern mögen, wobei die Bedeutung der Zeichen der Abb. 633 entnommen werden kann und

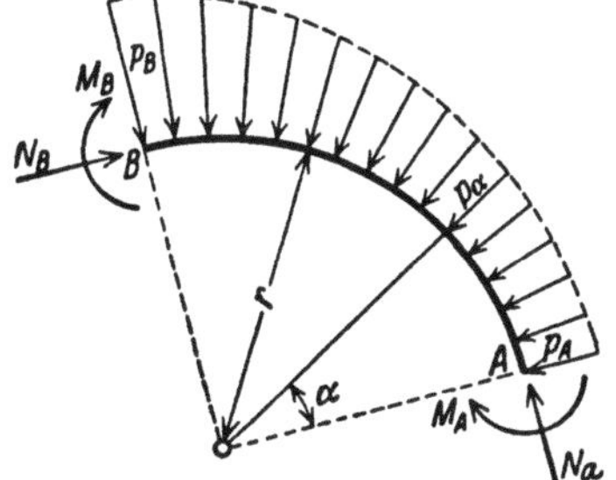

Abb. 633. Verteilung des Bodendruckes über den Brunnenmantel.

$$\frac{p_B}{p_A} = \omega \tag{463}$$

und überdies

$$\omega' = \omega - 1 = \frac{p_B}{p_A} - 1 \tag{464}$$

gesetzt ist.

Für die Beanspruchung des Brunnenmantels erhält er dann

$$N_A = p_A\,r\,(1 + 0{,}7854\,\omega'), \tag{465}$$

$$N_B = p_A\,r\,(1 + 0{,}50\,\omega'), \tag{466}$$

$$M_A = -\,0{,}1488\,p_A\,r^2\,\omega', \qquad (467)$$

$$M_B = 0{,}1366\,p_A\,r^2\,\omega'. \qquad (468)$$

In B entsteht innen Zug, in A innen Druck. Da man nicht weiß, an welcher Stelle des Mantels der größere Bodendruck auftreten wird, sind alle Stellen des Mantels so auszuführen, daß sie die angegebenen Beanspruchungen ohne Überschreitung der zulässigen Spannungen aufzunehmen vermögen; Brunnenmäntel aus Stahlbeton müssen daher stets eine doppelte Bewehrung erhalten.

Vielfach sind kreisrunde Brunnenmäntel nach Erfahrungsregeln bemessen worden. Die Wandstärke von Brunnen aus Klinkerziegelmauerwerk wird bei einem Innendurchmesser

von 1 bis 1,5   1,5 bis 3,5   3,5 bis 5,5   5,5 bis 7,0 [m]

1   1,5   2,0   2,5 Stein

stark gemacht. Die Wandstärke w von kreisrunden Brunnen vom Innendurchmesser D_i [cm] aus Stampfbeton empfiehlt P. Brinkhaus nach der Regel

$$w\,[\text{cm}] = \frac{D_i\,[\text{cm}]}{10} + (5 \ \text{bis} \ 12\,[\text{cm}]) \qquad (469)$$

und jene von Stahlbetonbrunnen nach der Regel

$$w\,[\text{cm}] = \frac{D_i\,[\text{cm}]}{12} + (5 \ \text{bis} \ 10\,[\text{cm}]) \qquad (470)$$

zu bemessen.

Kreisrunde Stahlbetonbrunnen sind entweder als zylindrische, dickwandige Röhren mit gleichmäßiger Wandstärke ausgeführt worden oder man hat sie als dünnwandige Zylinder ausgebildet, die durch waagrecht angeordnete Ringe versteift worden sind (vgl. Abb. 654). Der Abnahme des Erddruckes gegen den Brunnenmantel nach oben hin kann durch Verringerung der Bewehrung Rechnung getragen werden. Eine Verringerung der Wandstärke der Brunnen nach oben hin ist nicht zu empfehlen.

Brunnen nicht kreisförmigen Grundrisses ergeben sich, wenn ihre Form dem Bauwerksumrisse angepaßt werden muß. Wenn solche Brunnengrundrisse eine größere Längenerstreckung haben, so werden sie zweckmäßig durch Querwände abgesteift. Zur Bemessung der Wandstärke werden solche Brunnen in waagrechte Steifen zerlegt, die als Rahmen unter Außenlast anzusehen sind. Die Abb. 634 gibt ein Beispiel für die Bewehrung eines quadratischen Brunnens.

Der Brunnen kann unter Umständen in axialer Richtung beansprucht werden, wenn er

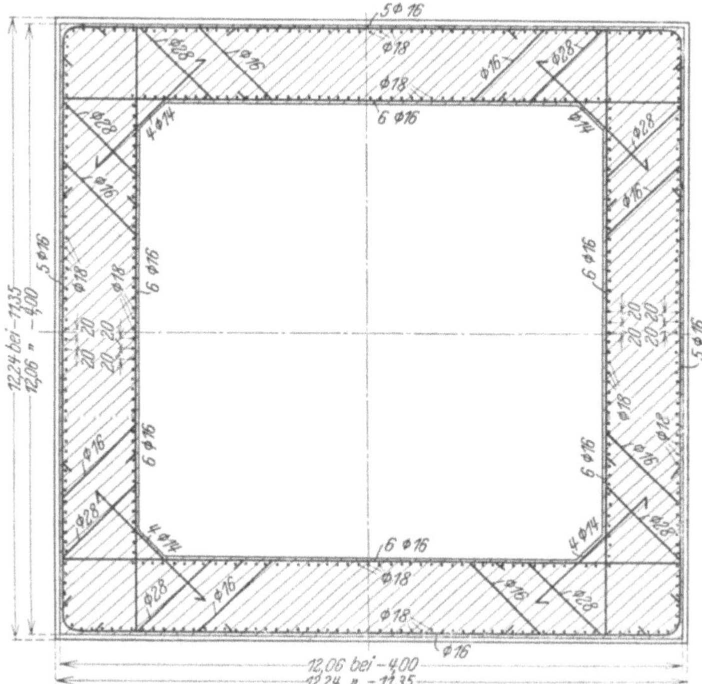

Abb. 654. Querschnitt durch einen quadratischen Brunnen.
(Dyckerhoff & Widmann.)

z. B. oben hängenbleibt und die Schneide weiter untergraben wird. Um in solchen Fällen ein Abreißen des Mantels oder ein Loslösen der Schneide vom Mantel zu verhindern, erhält der Mantel eine Längsbewehrung, die in der Schneide gut verankert wird. Nach einer Erfahrungsregel von P. Brinkhaus soll diese Längsbewehrung (Anker) gemauerter Brunnen mindestens einen Gesamtquerschnitt von

$$f\,[\text{cm}^2] = (7{,}5 \ \text{bis} \ 12{,}5)\,D_i\,[\text{m}] \qquad (471)$$

erhalten. Die Bewehrung wird in Abständen von 0,75 bis 1,0 [m] gleichmäßig über den Mantel verteilt und alle etwa 1,5 bis 2,0 [m] in stählernen oder Stahlbetondruckringen verankert. Die Anker werden bei gemauerten Brunnen aus Flachstahl oder aus Rundstahl, bei betonierten Brunnen stets aus Rundstahl hergestellt. Die Druckringe werden bei gemauerten Brunnen aus Flachstahl oder besser aus Rundstahl in Stahlbetonringen (Abb. 635c) ausgeführt; diese Stahlbetonringe läßt man bei Brunnen für Wassergewinnung zweckmäßig etwa 20 [cm] über die Brunneninnenwand vorkragen, so daß sie als Auflager für Gerüsthölzer dienen können.

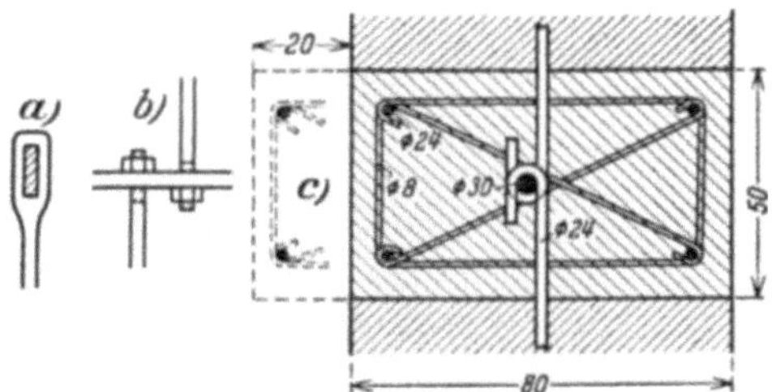

Abb. 635. Verbindung der Anker mit dem Druckring.

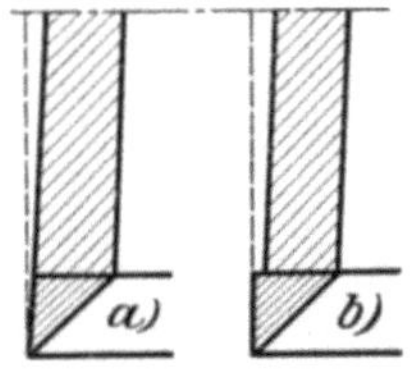

Abb. 636. Ausbildung der Brunnen zur Herabsetzung der Mantelreibung.

Um das Absenken der Brunnen, das durch die Reibung zwischen dem Brunnenmantel und dem Boden sehr behindert wird, zu erleichtern, wird der Brunnenmantel außen mit einem Glattputz von etwa 2 [cm] Stärke aus fettem Zementmörtel versehen (vgl. Abb. 630). Die Mantelreibung wird unter Benützung der in der Zahlentafel 42 zusammengestellten Reibungsbeiwerte ermittelt. Die Außenflächen von Brunnen für Gründungen erhalten überdies nach oben einen Anzug von etwa $^1/_{20}$ und man macht außerdem auch durch Verringerung des Außendurchmessers über dem Kranze einen kleinen Absatz (Abb. 636b), der eine noch weitergehende Loslösung des Brunnenmantels vom Boden bewirkt. Bei Brunnen für Wasser-

Zahlentafel 42. Reibungsbeiwerte.

	Reibungsbeiwert der Ruhe
Glattes Mauerwerk auf festgelagertem Schlamm....	0,10
Rauhes Mauerwerk auf festgelagertem Schlamm....	0,20
Glattes Mauerwerk auf nassem Ton...............	0,20
Rauhes Mauerwerk auf nassem Ton...............	0,30
Glattes Mauerwerk auf Sand und Kies...........	0,30
Rauhes Mauerwerk auf Sand und Kies...........	0,60
Stahlblech auf Sand und Kies....................	0,4...0,5

gewinnung ist der erwähnte Anzug und auch der Absatz über dem Kranze schädlich, weil beide Maßnahmen eine Zone lose gelagerten Bodens um den Brunnen schaffen, durch die mangelhaft oder gar nicht gefiltertes Tagwasser zur Brunnenscheide herabgelangen kann. Bei Wassergewinnungsbrunnen soll mindestens das untere Drittel zylindrisch ausgeführt werden und es muß, wenn der obere Teil verjüngt ist, um den Brunnen herum die Versickerung von Tagwasser durch eine möglichst tiefreichende Lehmabdichtung verhindert werden, die in einem ringförmigen Schlitz um den Brunnen eingestampft wird.

3. Der Aufbau des Brunnens und die Absenkung.

Brunnen werden vom festen Erdboden aus oder durch Wasser abgesenkt. Bei der Absenkung vom Boden aus wird eine Baugrube ausgehoben, auf deren Sohle der Brunnenkranz zusammengebaut wird, auf den dann das Mantelmauerwerk zu liegen kommt. Die Tiefenlage der Baugrubensohle wird am besten so gewählt, daß die Kosten der Tieferlegung der Brunnenscheide bei Aushub der offenen Baugrube ebenso hoch werden als bei Aushub im Innern des Brunnens; ein hochliegender Grundwasserspiegel kann aber bewirken, daß die Baugrubensohle nicht bis zu dieser im trockenen Boden wirtschaftlich günstigen Tiefenlage herabverlegt werden kann.

Wenn ein Brunnen durch Wasser abgesenkt werden soll, so kann er entweder an Ort und Stelle aufgemauert werden oder er wird bis zur erforderlichen Höhe am Ufer des Gewässers ausgeführt und schwimmend zur Verwendungsstelle befördert.

Die Herstellung des Brunnens am Orte der Versenkung geschieht bei geringen Wassertiefen am besten auf einer Inselschüttung, die unter dem Schutze einer Spund- oder Pfahlwand ausgeführt worden ist. Bei größeren Wassertiefen kann der Brunnen auf einem Gerüst aufgebaut und mittels Schraubenspindeln auf die Sohle herabgelassen werden. Solche Gerüste werden ähnlich ausgeführt wie jene zur Versenkung von Druckluftsenkkästen.

In sinnreicher Weise hat W. BREITENBACH im Csepeler Hafen in Budapest einen Brunnen von 2,40 [m] lichter Weite für die Entnahme von Feuerlöschwasser über 5,20 [m] tiefen Wasser betoniert und abgesenkt, indem er in einer auf einem Pfahlgerüst feststehenden Gleitschalung

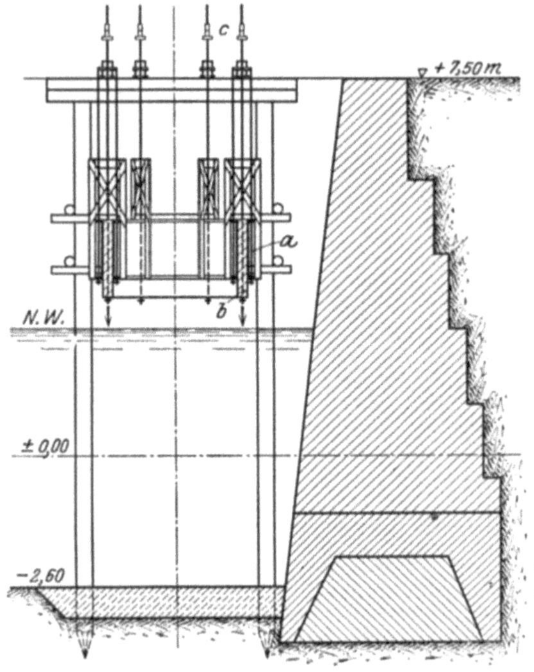

Abb. 637. Herstellung eines Senkbrunnens mittels Gleitschalung. (W. BREITENBACH.)

Abb. 638. Herstellung eines Brunnens mittels Gleitschalung. (Vgl. Abb. 637.) (Nach W. BREITENBACH.) a Gleitschalung, b Brunnen.

den Brunnenmantel betonierte. Der Brunnen war mittels Schraubenspindeln an den Ankerstählen aufgehängt und bewegte sich aus der Gleitschalung herunter, wenn die Spindeln nachgelassen wurden. In den Abb. 637 und 638 ist das Gerüst und die Anordnung der Gleitschalung dargestellt.

Wenn ein Brunnen am Ufer aufgemauert wird, so muß er zur Beförderung zur Versenkungsstelle schwimmfähig gemacht werden. Hierzu kann der Brunnen entweder unten durch ein verkehrtes Kuppelgewölbe aus Holzstöckeln abgeschlossen werden, das sich gegen den Brunnenkranz stützt oder er wird bei Ausführung aus dünnwandigem Stahlbeton oder aus Stahl doppelwandig (Abb. 639) ausgeführt.

Abb. 639. Schwimmfähiger Stahlbetonbrunnen mit hohler Wandung.

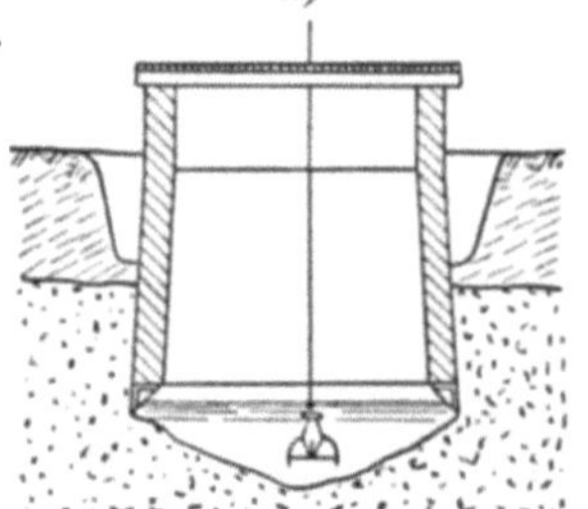

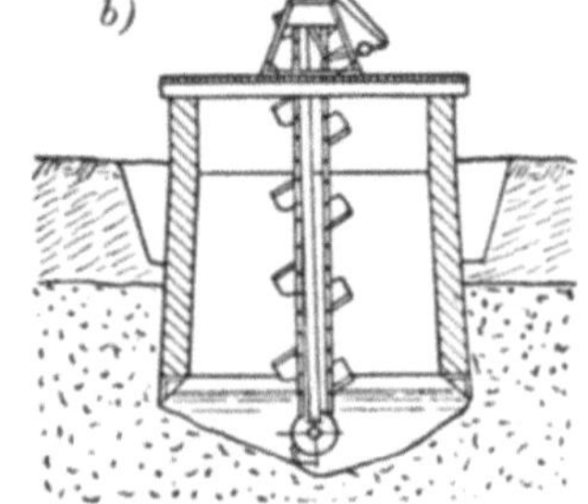

Abb. 640. Baggerung aus Senkbrunnen. a) mittels Greifbaggers. b) mittels Eimerleiterbaggers.

Wenn der Brunnen durch den Abschluß mit einem hölzernen Gewölbe schwimmfähig gemacht wird, so muß der Brunnenkranz für die Aufnahme des Horizontalschubes des Gewölbes durch Zuganker verstärkt werden, die nach Entfernung des Gewölbes wieder abgenommen werden.

An der Versenkungsstelle wird der Brunnen durch eingeleitetes Wasser beschwert und wenn er die Sohle nahezu erreicht hat, wird das Gewölbe von oben durchstoßen. Der Brunnen setzt sich dann auf die Sohle und die Holzstöckel des Gewölbes schwimmen auf. Der Raum zwischen den Wandungen doppelwandiger Brunnen wird an der Versenkungsstelle ausbetoniert, wobei der Brunnen langsam gegen die Sohle absinkt.

Die Versenkung der Brunnen in den Boden geschieht durch Abgraben des Bodens im Innern. Der Aushub erfolgt im Trockenen meist mit Handwerkzeugen, bei starkem Wasserandrang mit Wasserhaltung und Handaushub, ohne Wasserhaltung durch Baggerung. Die Wasserhaltung kann entweder als offene oder als Grundwasserabsenkung mit einem Rohrbrunnen im Innern des Brunnens ausgeführt werden. Als Bagger werden Greifbagger (Abb. 640a und b) oder Eimerkettenbagger mit pendelndem Eimerleiter auf einer drehbaren Plattform angewendet (Abb. 640b). Bei sehr feinkörnigem Sand- oder Schlammboden kann die Versenkung durch Spülung mit Druckwasser unterstützt werden, das aus Düsen im Brunnenkranz austritt.

Der Rauminhalt des aus dem Brunnen zu befördernden Aushubes macht vielfach wesentlich mehr aus, als den

a)   b)

Abb. 641. Brunnenbagger von BÜNGER. *a)* geschlossen, *b)* offen.

Außenabmessungen des Brunnens entspricht, weil Boden vom Raume außerhalb des Brunnens unter den Schneiden hindurch in den Brunnen gerät. Im Bereiche um den Brunnen treten dann in der Regel ausgiebige Nachsackungen der Bodenoberfläche auf. (vgl. S. 378).

Abb. 642. Herstellung der Emscherbrunnen in Herne-Nord als Senkbrunnen. Baggerung mittels Greifers. (Emschergenossenschaft Essen.)

Wenn ein Brunnen wegen zu großer Mantelreibung hängenbleibt, so muß er durch eine Auflast beschwert werden, bis er wieder weitersinkt. Da dünnwandige Brunnen fast immer einer solchen Nachhilfe bedürfen, die sehr kostspielig ist, so hat es, besonders bei Brunnen für Gründungszwecke, die später doch ausgefüllt werden, keinen Sinn, die Wandstärke zu sehr herabzusetzen.

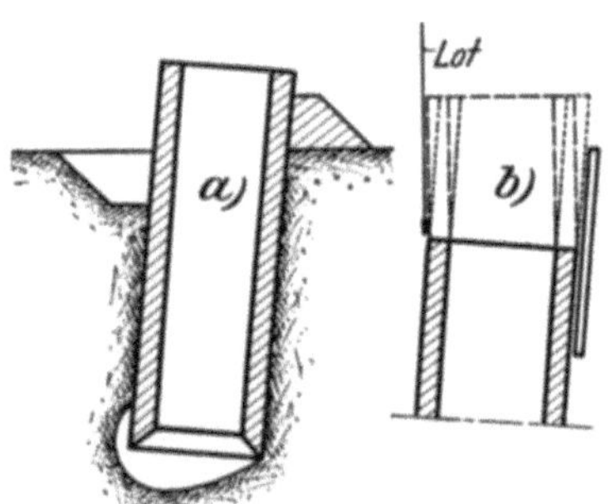

Abb. 643. *a)* Aufrichten eines schiefstehenden Brunnens, *b)* Aufmauern auf einen schiefstehenden Brunnen.

Hindernisse unter der Schneide werden, wenn sie unter Wasser liegen, entweder durch Taucher oder mit langen, über den Wasserspiegel emporragenden Meißeln beseitigt.

Beim Absenken zeigen die Brunnen vielfach die Neigung, aus dem Lot zu weichen; durch Abgraben, bzw. Anschütten an den entsprechenden Stellen (Abb. 643a) kann der Brunnen wieder aufgerichtet werden. Besonderes Augenmerk ist aber auf das Abweichen vom Lot beim Aufmauern zu widmen; es darf nicht mit dem Lot gearbeitet werden (Abb. 643b), sondern mit Lehren, die am Umfang befestigt werden, weil man sonst einen Brunnen mit gebrochenen Wandungen erhalten würde.

Wenn der Brunnen zur Gründung eines Bauwerkes die beabsichtigte Tiefe bzw. eine tragfähige Schicht erreicht hat, so wird er unten mit einer Schicht unter Wasser eingebrachten Betons (180 bis 200 [kg] Zement je [m³] fertigen Betons) abgeschlossen, ausgepumpt und mit Magerbeton aufgefüllt.

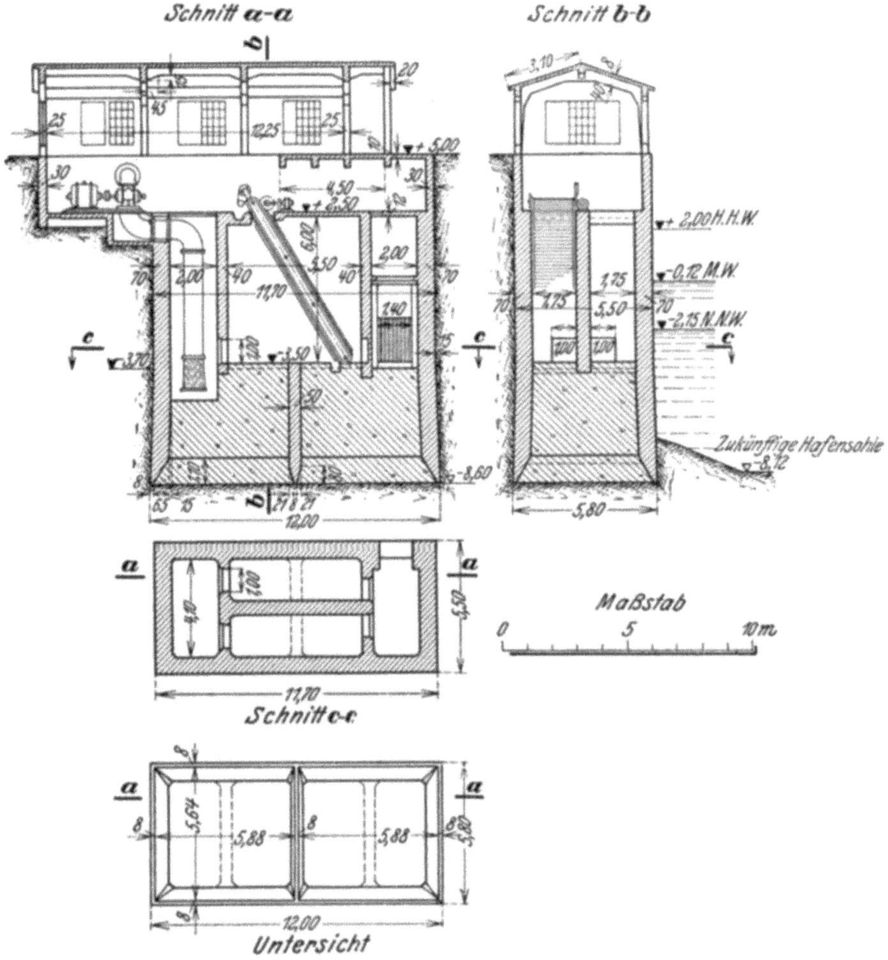

Abb. 644. Einlaufbauwerk und Pumpenhaus für die Überlandzentrale Lübeck auf Senkbrunnen gegründet. (Wayss & Freytag.)

Die Auffüllung mit Steinschlichtung oder Schotter allein ist zwar billiger, aber die Füllung setzt sich, was zu Ungelegenheiten führen kann.

4. Die Anwendung der Senkbrunnen.

a) Brunnen als Grundwerke.

Je nach der Art des zu gründenden Bauwerkes wird, wie schon erwähnt worden ist, entweder der Umriß des Brunnens dem Umrisse des zu gründenden Bauwerkes angepaßt oder es wird das Bauwerk auf einer Anzahl von Brunnen gegründet, die zweckmäßig innerhalb des Bauwerksumrisses verteilt sind, so daß das Bauwerk gleichsam auf einer Anzahl von Säulen im Boden steht.

Als Beispiel für die Gründung eines Bauwerkes mittels eines Senkbrunnens, der dem Bauwerksumriß angepaßt ist, sei jene des Pumpenhauses für eine Überlandzentrale in der Abb. 644 dargestellt. Dort ist das ganze Bauwerk als Brunnen mit rechteckigem Grundriß ausgebildet worden. Zur Verringerung der Biegungsmomente in den Längswänden ist diese durch Querwände ausgesteift worden. Nach vollendeter Absenkung ist die Sohle im Brunnen betoniert und der weitere Aufbau durchgeführt worden.

Ebenfalls mittels eines Senkbrunnens ist das in der Abb. 645 dargestellte Abwasserpumpwerk der Emschergenossenschaft gegründet worden. Die Sohle ist dort mit Wasserhaltung in der Brunnenmitte mittels eines Sicherheitspumpensumpfes im Trockenen betoniert worden.

In besonderer Weise ist die Gründung des Pumpenschachtes und der Rechenkammer bei einem Kanalpumpwerk mittels eines runden und eines rechteckigen Brunnens ausgeführt worden (Abb. 646). Die Lösung des Bodens erfolgte im runden Brunnen durch Arbeiter an der Sohle und der Aushub geschah mittels eines Derrickkranes, während der Grundwasserspiegel anfänglich mittels eines Filterbrunnens abgesenkt wurde. Als später das zusickernde Wasser nicht mehr bewältigt

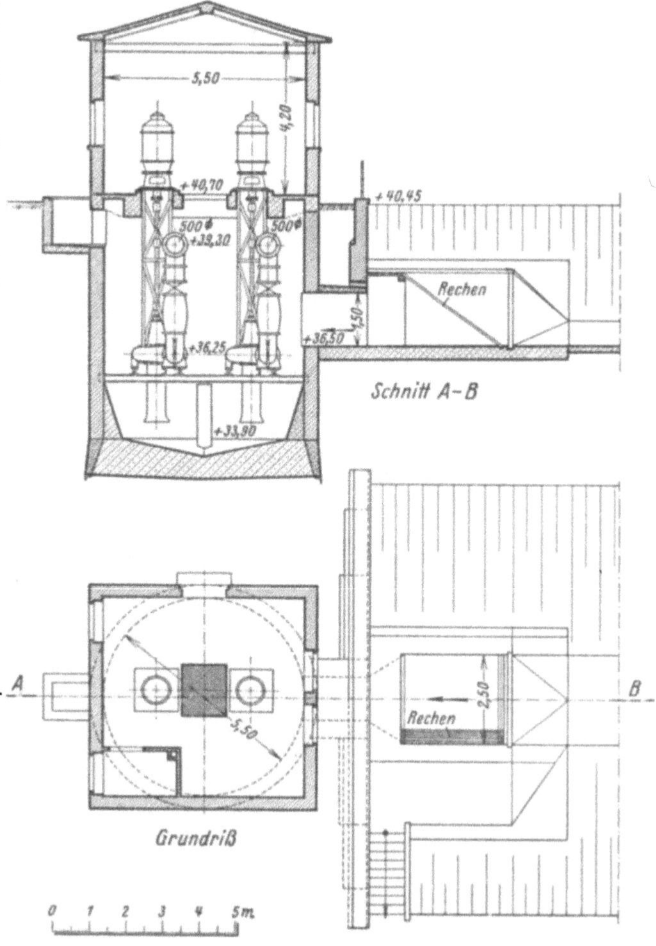

Abb. 645. Gründung eines Abwasserpumpwerkes der Emschergenossenschaft mittels Senkbrunnen. (Nach RAMSHORN.)

werden konnte, wurde eine im Bauwerke erforderliche Zwischendecke eingebaut, als Arbeitskammerdecke bewehrt und zur Druckluftsenkgründung übergegangen (vgl. S. 380). In der Abb. 647 sind verschiedene Stadien der Brunnenabsenkung und der Übergang zur Druckluftsenkgründung dargestellt und die Abb. 648 gibt einen Blick in die auf diese Weise gebildete Arbeitskammer wieder. Für den sicheren Anschluß des vorgesehenen Sohlengewölbes im Brunnen (Abb. 646) an den Mantel sind Bewehrungen im Mantel vorgesehen (Abb. 648), die später herabgebogen und ins Gewölbe einbetoniert werden. Zur Entlastung von den Beanspruchungen durch die Druckluft von unten kann die Arbeitskammerdecke bei einer solchen Gründungsweise eine Auflast von Sandsäcken od. dgl. für die Dauer der Druckluftsenkgründung erhalten.

Ausgedehnte Bauwerke, bei denen keine tiefer unter der Bodenoberfläche liegende Räume zu schaffen sind, werden auf eine Anzahl von Einzelbrunnen gegründet, die durch Gewölbe oder Balken miteinander verbunden sind. Als Beispiel sei die Gründung einer Ufermauer in den Abb. 649 bis 652 dargestellt. Die Ufermauer ist dort auf quadratischen Brunnen gegründet, die in lichten Abständen von 6,63 [m] angeordnet und durch flache Gewölbe verbunden sind. Die Hinterfüllung wird zwischen den Brunnen durch Spundwände gestützt. Die Abb. 652 gibt eine

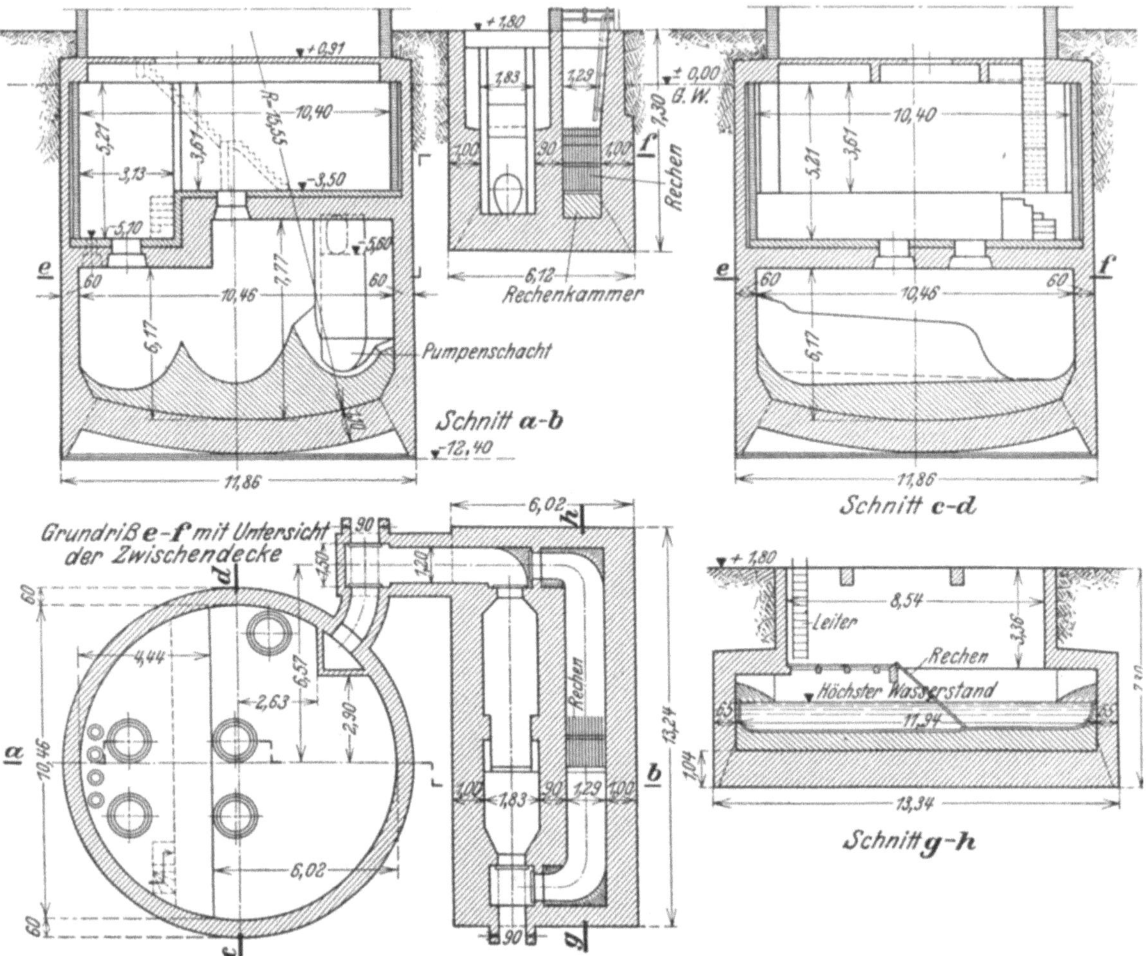

Abb. 646. Das Kanalpumpwerk Kämpe in Danzig. Absenkung des Pumpenschachtes und der Beckenkammer als Senkbrunnen. (Wayss & Freytag.)

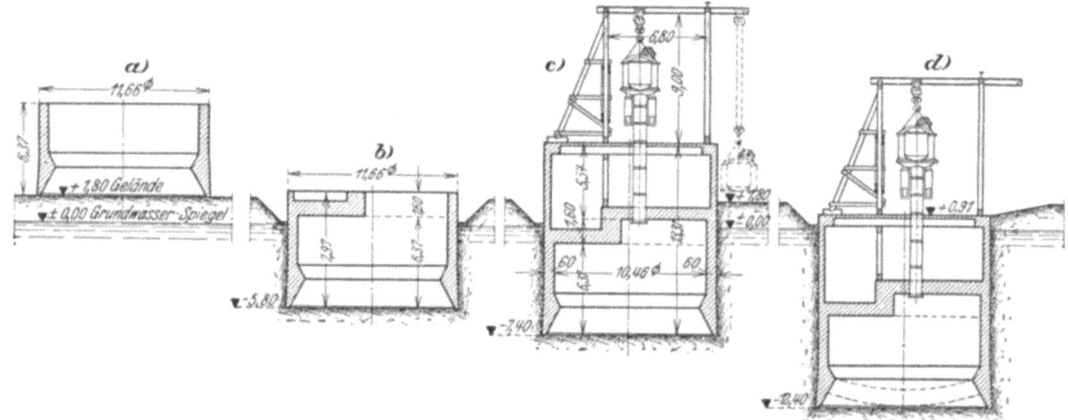

Abb. 647. Übergang von der Absenkung eines Brunnens zur Druckluftsenkgründung. a) der Brunnen vor der Absenkung, b) der Brunnen während der Absenkung, c) der für die Fortsetzung der Absenkung unter Zuhilfenahme von Druckluft vorbereitete Brunnen, d) der Brunnen während der Absenkung als Druckluftsenkkasten. (Wayss & Freytag.)

Ansicht der zur Absenkung vorbereiteten Brunnen. Der Aushub erfolgte mittels Greifbaggern, die auf Schienen standen, die einerseits am schon abgesenkten Nachbarbrunnen lagen, anderseits am abzusenkenden Brunnen mittels Schraubenspindeln aufgehängt waren. Diese Anordnung war erforderlich, weil sich während der Absenkung um die Brunnen herum Senkungstrichter mit Durchmessern bis zu 20 [m] gebildet haben, die eine andere hinreichend nahe Aufstellung des Greifbaggers unmöglich gemacht haben. Stahlbrunnenschneiden haben sich dort besser bewährt, als Stahlbetonschneiden. Die Aufbetonierung des Brunnenmantels ist in zwei Abschnitten von 4 [m] und 3 [m] ausgeführt worden.

Hochbauten werden auf Brunnen gegründet, indem man unter jede Ecke, jede Mauerabzweigung und in entsprechenden Entfernungen dazwischen Brunnen anordnet, die mit Stahlbetonbalken verbunden werden, die die Mauer tragen. In der Abb. 653 ist als Beispiel die Austeilung der Brunnen unter einem Teil eines großen Ausstellungsbauwerkes dargestellt.

Abb. 648. Druckluftsenkgründung des Pumpenschachtes und der Rechenkammer Danzig-Kämpe. (Wayss & Freytag.)

b) Brunnen für die Wassergewinnung.

Bei Wassergewinnungsanlagen werden Schachtbrunnen zur Wassergewinnung und zur Wasseransammlung als Senkbrunnen ausgeführt; die ersteren lassen das Wasser an der offenen Sohle oder durch Löcher im Mantel eintreten, die letzteren werden in der Regel mit dichtem Mantel und dichter Sohle ausgeführt. Als Beispiel für einen Wassergewinnungsbrunnen ist in der Abb. 654 der Brunnen einer Brauerei mit allen Einzelheiten dargestellt. Der Mantel ist bei diesen Brunnen aus dünnwandigen Stahlbeton mit Versteifungsringen ausgeführt.

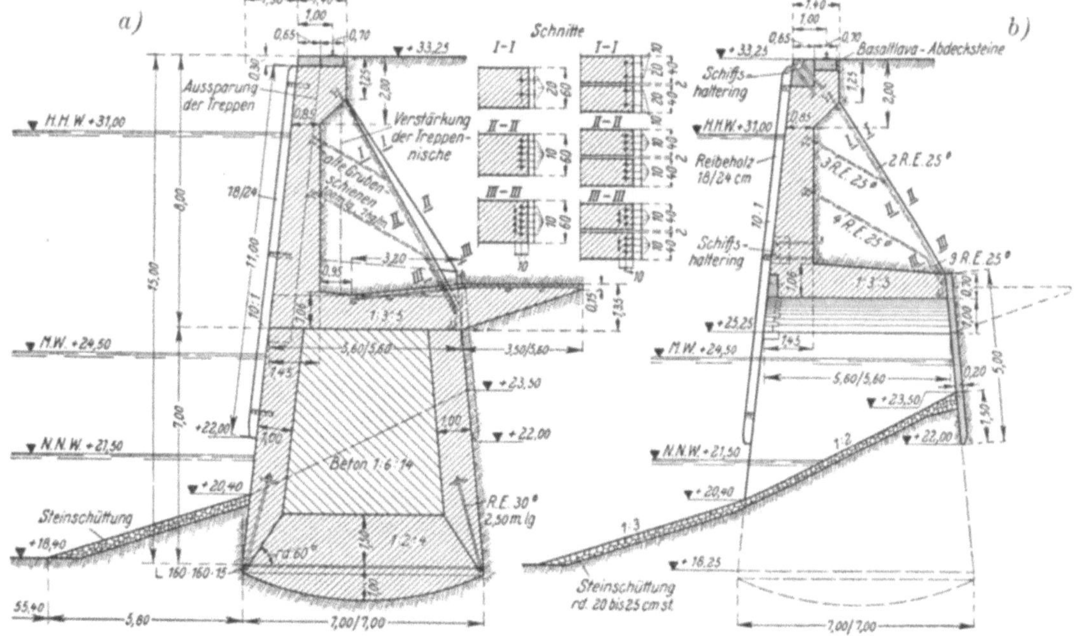

Abb. 649. Querschnitt durch die Ufermauer im Hafen Mannesmann. *a)* Querschnitt durch einen Brunnen, *b)* Querschnitt zwischen den Brunnen. (H. MENIERS.)

Schrifttum.

BERNHARD, K.: Messung des Reibungswiderstandes von Betonsenkbrunnen in Chicago. Beton u. Eisen. 1927. S. 206. — DERSELBE: Straßenbrücke mit Auslegerfachwerk, S. Francisco. Zentralbl. d. Bauverw. 1927. S. 361. — BLEIBINHAUS, K.: Anwendung des Eisenbetons im Brunnenbau. Beton u. Eisen. 1909. S. 317. —

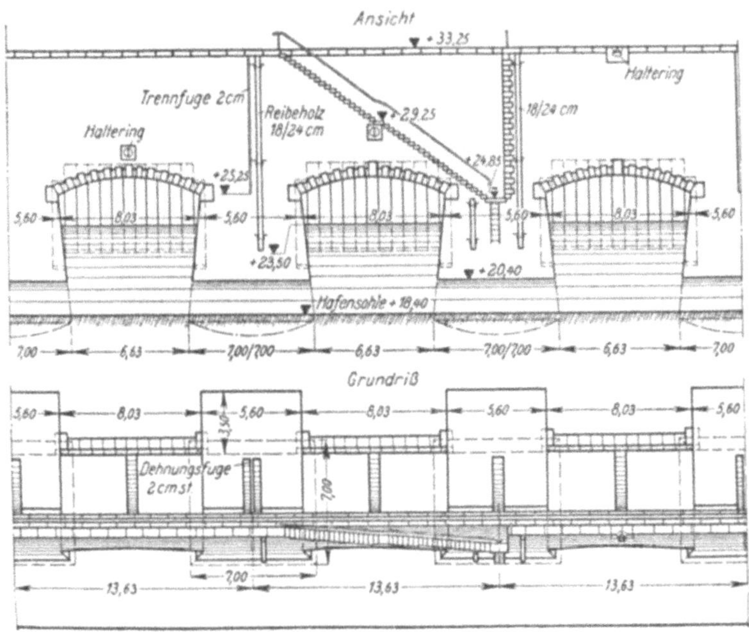

Abb. 650. Ansicht und Grundriß der Ufermauer im Hafen Mannesmann. (H. MENIERS.)

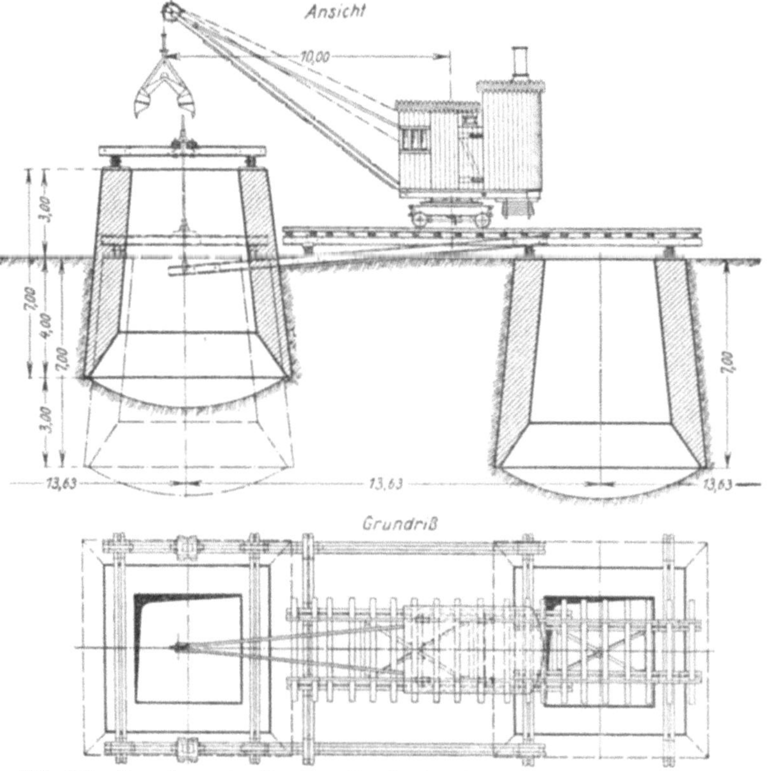

Abb. 651. Versenkung der Brunnen für die Gründung der Ufermauer im Hafen
von Mannesmann. (H. MENIERS.)

BOHNY, FR.: Die Eisenbahn- und Straßenbrücke über den Rio Dulce in Argentinien. Bautechn. 1929. S. 501. — DERSELBE: Der Holland-Tunnel in New York. Bautechn. 1928. S. 46. — BURCHHARDT: Die King-George-V.-Brücke in Glasgow. Beton u. Eisen. 1928. S. 18. — BUTZER, H.: Über die Anwendung von Druckluftgründung-

Abb. 652. Ansicht der zur Absenkung vorbereiteten Brunnen für die Ufermauer im Hafen Mannesmann. (H. MENIERS.)

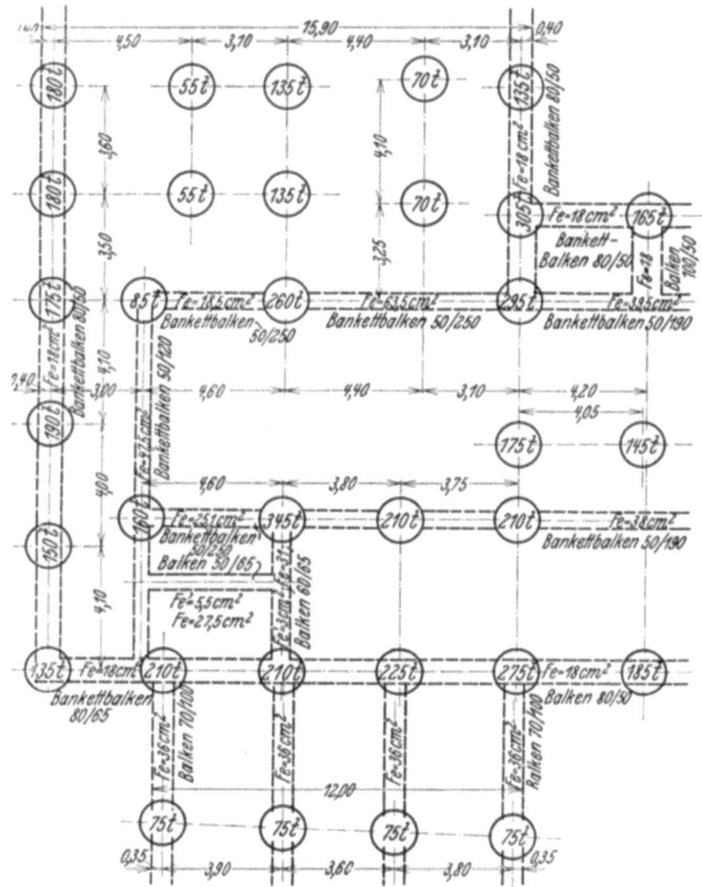

Abb. 653. Gründung des Deutschen Museums in München auf Senkbrunnen. (R. WOLLE.)

gen im Bergwerks- und Hüttenbetrieb. Bautechn. 1924. S. 531. — CHAMBERS: Glockenförmig erweiterte Brunnen für die Gründung eines Warenhauses. Engg. News Rec. 1914. S. 287. — CHARTON: Neubau eines Sammelbrunnens für das Wasserwerk zu Oldenburg i. O. Bautechn. 1929. S. 12. — DISCHINGER, A.: Be-

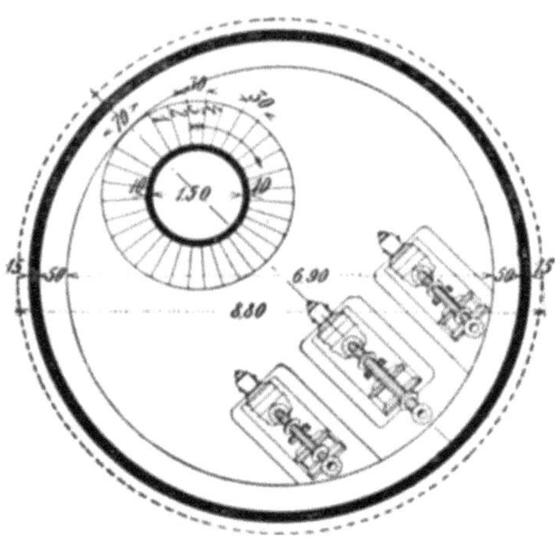

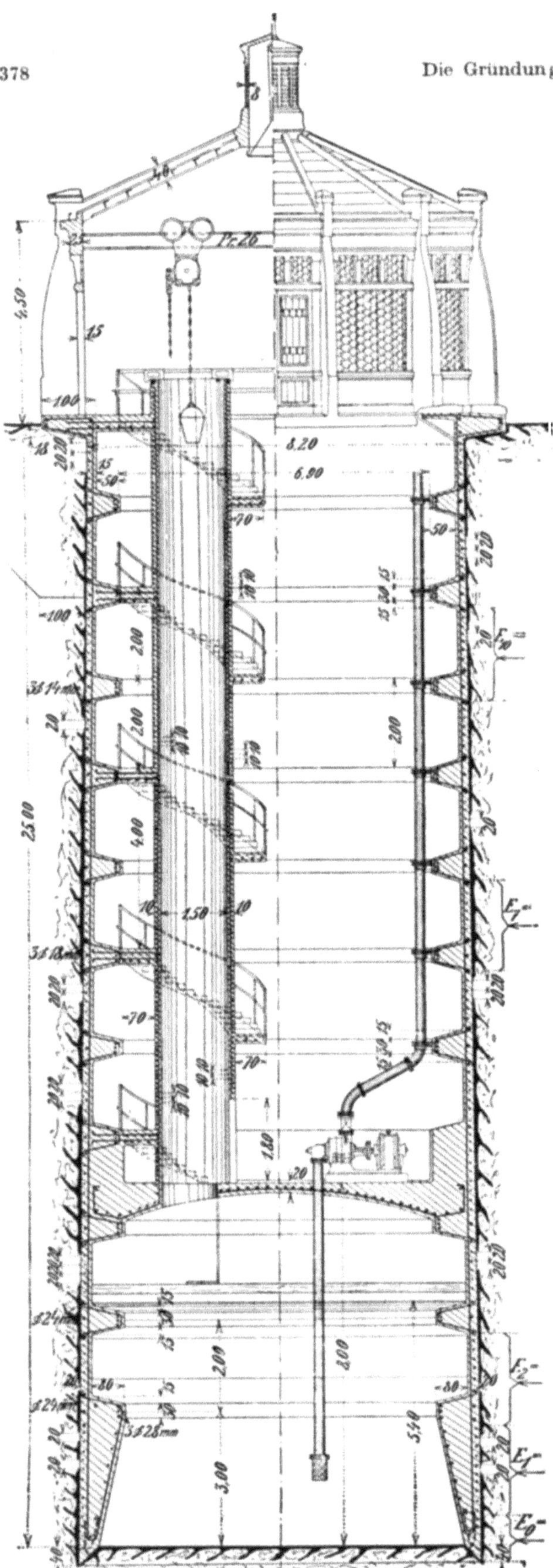

Abb. 654. Schachtbrunnen aus Stahlbeton der Brauerei Reininghaus in Graz. (Aus Hdb. für Eisenbetonbau, Bd. VII.)

merkenswerte Ausführungen in Eisenbeton. Beton und Eisen. 1914. S. 1. — EMPERGER: Bogenbrücken mit aufgehängter Fahrbahn. Beton u. Eisen. 1927. S. 361. — DERSELBE: Senkbrunnen auf gerammten Pfählen. Beton u. Eisen. 1927. S. 155. — FÄRBER: Die Bedeutung des Eisenbetons für den Schachtausbau. Essener Glückauf. 1909. H. 11. — GRIESEL, H.: Amerikanische Gründungsverfahren. Bauing. 1930. S. 94. — GRÜN und BILFINGER: Verfahren und Vorrichtung zum Gründen von Bauwerken durch Versenkbrunnen. (Schräges Versenken von Brunnen.) Patentbericht. Bautechn. 1928. S. 128. — HANDBUCH FÜR EISENBETONBAU: Wasserbau und verwandte Anwendungen. Bd. 4. 3. Aufl. Berlin: W. Ernst & Sohn 1926. — HEDDE: Neuere Kaimauern. Jahrb. dt. Ges. von Cuxhaven. Zentralbl. d. Bauverw. 1898. — DERSELBE: Der Ausbau des Hafens Duisburg-Ruhrort. Deutsche Bauzg. 1909. S. 342. — KÖNIG, GR.: Bau eines Sammelbrunnens für das neue Grundwasserwerk der Stadt Magdeburg. Baut. 1932. S. 635. — MAUTNER, K. W.: Neuere Eisenbetonkonstruktionen im Gebiete des Bergbaues. Arm. Beton. 1911. H. 4. u. 7. — OTTMANN: Der Wasserhafen in Rinteln und die Brunnengründung der Kaimauer. Zentralbl. der Bauverw. 1902. S. 9. — PRESS, H.: Bauerfahrungen bei der Herstellung eines Klärbeckens. Bauing. 1937. S. 79. — RAMSHORN: Neue Abwasserpumpwerke der Emschergenossenschaft. Bautechn. 1930. S. 332. — RATHSMANN, E.: Die maschinelle Einrichtung für die Brunnengründung der Studiengebäude des Deutschen Museums in München. Baumaschine. 1930. S. 10. — ROHLKE: Fundierung der Rüstringer Brücke bei Wilhelmshafen. Beton u. Eisen. 1910. S. 268. — SCHWEGLER: Eine tiefe Brunnengründung. Bauing. 1928. S. 543. — DERSELBE: Offene Senkbrunnengründung für die Pfeiler einer afrikanischen Eisenbahnbrücke. Engg. News Rec. 1927. — TERZAGHI, K.: Die Erddruckerscheinungen in örtlich beanspruchten Schüttungen und die Entstehung von Tragkörpern. Öst. Wochenschft. f. d. öff. Baudienst. 1919. S. 194. — WAYSS & FREYTAG: Einlaufbauwerk und Pumpenhaus für die Überlandzentrale

Lübeck. Techn. Blätter der Wayss & Freytag A.-G. 1925. S. 61. — DIESELBEN: Pumpschacht und Rechenkammer mit Druckluftgründung auf Kanalpumpwerk Kämpe, Danzig. Techn. Blätter der Wayss & Freytag A.-G. 1930. S. 63. — WHITE: Herstellung eines Wellenbrecherkopfes in Madras. Dock and Harbour Authority. 1926. — WIESMANN, E.: Über Gebirgsdruck. Schweiz. Bauzg. 1912. — *Referate*: Gründung mittels Senkbrunnen aus Eisenbeton. Beton u. Eisen. 1907. S. 221. — Brunnengründung eines Hauses in Zürich. Schweiz. Bauzg. Bd. 55 (1910). S. 277. — Druckluft und Brunnengründung beim Bau der Deleware-Brücke zwischen Philadelphia und Camden. Bautechn. 1925. S. 660. — Trockendock im Sunderland. Bauing. 1926. S. 990. — Messungen des Reibungswiderstandes von Betonsenkbrunnen. Schweiz. Bauzg. Bd. 90 (1927). S. 22. — Senkbrunnen aus gerammten Pfählen. Beton u. Eisen. 1927. S. 154. — Eine neue Eisenbetonbogenbrücke über den Mississippi. Beton u. Eisen. 1928. S. 134. — Offene Senkkasten aus Eisenbeton für Gründungen. Bauing. 1929. S. 484. — Brunnengründung für einen Eisenbetonkamin und eine Siloanlage. Beton u. Eisen. 1929. S. 127. — Einbau einer Hubbrücke ohne Störung. Bautechn. 1927. S. 489 (Doppelwandiger schwimmfähiger Brunnen).

b) Senkkastengründungen.

Eine Senkkastengründung, bei der ein Verfahren, ähnlich jenem bei Senkbrunnen, Anwendung gefunden hat, ist von M. SCHNYDER und O. GRABNER für die Verbauung des Krienbaches

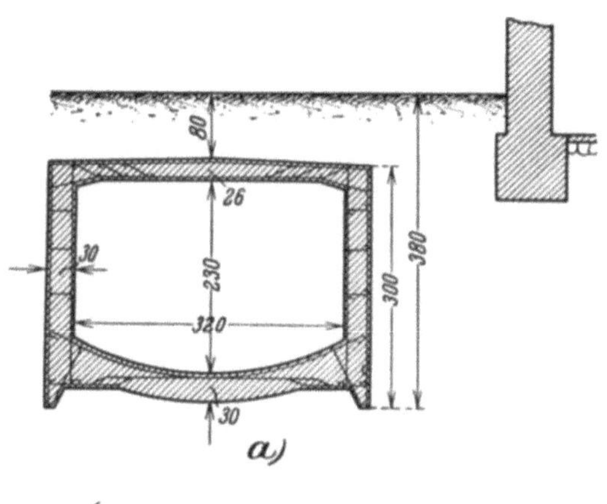

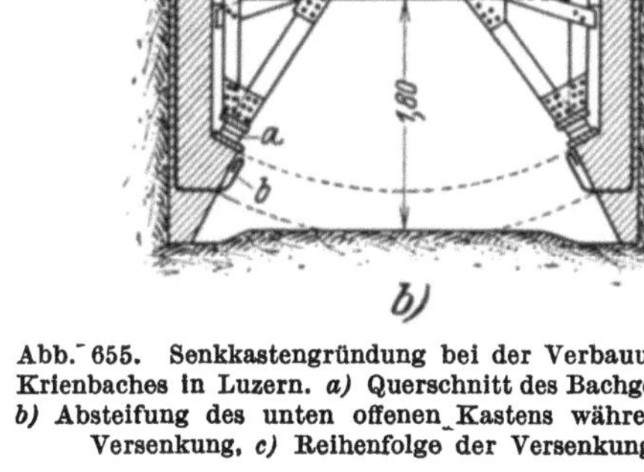

Abb. 655. Senkkastengründung bei der Verbauung des Krienbaches in Luzern. *a)* Querschnitt des Bachgerinnes, *b)* Absteifung des unten offenen Kastens während der Versenkung, *c)* Reihenfolge der Versenkung.

in Luzern erdacht worden. Der Bach sollte dort in unmittelbarer Nähe von Häusern gefaßt und eingedeckt werden, wobei die Bachsohle, wie ein Blick in die Abb. 655a lehrt, tief unter die Grundwerke der Häuser herab zu verlegen war.

Um die Häuser durch Bodensenkungen nicht zu gefährden und die Baugrubenaussteifung zu sparen, wurde, soweit es mit Rücksicht auf die Häuser zulässig war, eine offene Baugrube mit Böschungen ausgehoben. Hierauf wurden je 10 m lange, an zwei Seiten offene Kästen ohne Boden, wie es die Abb. 655c andeutet, hintereinander betoniert. Diese Kästen wurden schließlich so wie Senkbrunnen versenkt, indem man den Boden im Innern der Kästen zwischen den Schneiden aushob. Um das Wasser ableiten zu können, wurde die Absenkung mit dem untersten Kasten begonnen, und die übrigen wurden so abgesenkt, daß immer durch alle in Arbeit stehende Kästen hindurch eine talab fallende Rampe an der Sohle bestand, über die auch die Abfuhr des Aushubes erfolgte.

Die Kästen waren für die Aufnahme des Erddruckes während der Absenkung aus Ersparnisgründen nicht bewehrt und erhielten deshalb die in der Abb. 655b dargestellte Aussteifung, die den vollen Erddruck aufzunehmen hatte. Wenn ein Kasten seine endgültige Tiefenlage erreicht hatte, wurde sofort die Sohle betoniert, wobei aus dem Kasten ragende, während der Absenkung hochgebogene, besondere Verbindungsrundstähle (b) den Verband sicherten. Nach einigen Tagen konnte nach Lüftung der Keile (a) die Aussteifung entfernt und bei einem anderen Kasten verwendet werden.

Dieses Verfahren hat sich beim Bau gut bewährt. Es kann beim Bau von Kanälen und von seicht verlaufenden Stollen für Untergrundbahnen u. dgl. in Betracht gezogen werden.

c) Druckluftsenkgründungen.

Wenn wegen starken Wasserandrang oder sonstiger Hindernisse eine Tiefgründung in offener Baugrube nicht ausführbar ist, wenn ferner wegen der Hindernisse im Boden, wie Holz, Felstrümmer, Bauwerksreste, eine Pfahl- oder eine Brunnengründung unmöglich ist und wenn es schließlich auf eine sorgfältige Abräumung gebrächen Felses oder unveränderlicher Schichten unter dem Grundwerk ankommt, so wird zur Druckluftsenkgründung gegriffen. Bei diesem Gründungsverfahren wird ein unten offener, sonst luftdichter Kasten (Abb. 656), ähnlich einer Taucherglocke, geschaffen, auf den das zu gründende Bauwerk aufgemauert wird. In den Innenraum des Kastens, den sogenannten Arbeitsraum, wird Druckluft eingeleitet, die das Wasser hindert, in den Arbeitsraum zu dringen; der Aushub erfolgt aus der Arbeitskammer, die hierbei untergraben wird, so daß sie samt dem zu gründenden Bauwerk unter Überwindung der Mantelreibung und des Auftriebes der Druckluft in den Boden sinkt. Der Aushub erfolgt auf diese Weise im Trockenen und es ist bei diesem Verfahren möglich, den Baugrund genau zu besichtigen und die Sohlfuge sorgfältig für die Gründung vorzubereiten. Der Verkehr der Arbeiter und die Beförderung des Aushubes und der Baustoffe erfolgt durch eine Luftschleuse, die mittels eines Schachtrohres an die Arbeitskammer angeschlossen ist. Nach vollendetem Aushub wird die Arbeitskammer betoniert, so daß das zu gründende Bauwerk schließlich mit der vorgesehenen Fläche am Boden oder Fels ruht.

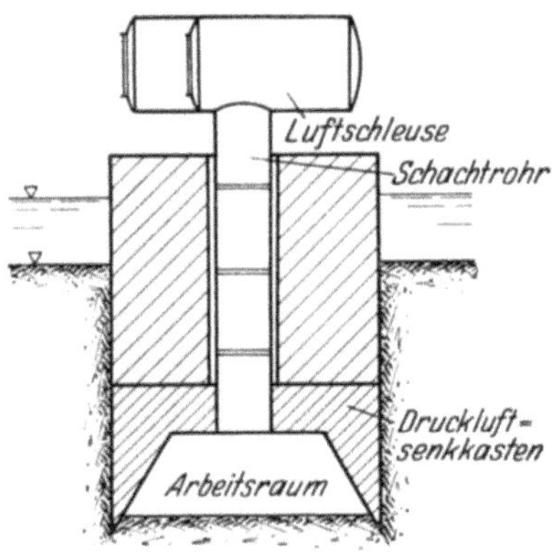

Abb. 656. Schema einer Gründung mittels Druckluftsenkkastens.

Die Druckluftsenkgründung ist bis zu einer Tiefe von etwa 35 [m] unter dem Wasserspiegel ausführbar; aber schon das Arbeiten in Tiefen über 15 [m] unter dem Wasserspiegel birgt Gefahren für die Gesundheit der Arbeiter und in Tiefen über etwa 35 [m] können nur wenige, besonders veranlagte Menschen für kurze Zeit verweilen. Einerseits wegen der Gefährdung der Gesundheit der Arbeiter, anderseits wegen der Kostspieligkeit wird eine Druckluftsenkgründung nur ausgeführt, wenn kein anderes, billigeres Gründungsverfahren anwendbar ist.

1. Die Bemessung der Druckluftsenkkästen.

Die Abmessungen der Druckluftsenkkästen oder kurz Druckkästen werden einerseits jenen des zu gründenden Bauwerkes, anderseits der zulässigen Belastung des Bodens angepaßt. Bei gut tragfähigem Boden werden kleinere Bauwerke, wie z. B. Pfeiler, auf Druckkästen gegründet, deren Abmessungen jenen des Pfeilergrundrisses gleichen; bei wenig tragfähigem Boden erfordert die Lastübertragung Abmessungen des Druckkastens, die weit über jene des zu gründenden Bauwerkes hinausgehen können, so daß mittels des Druckkastens gleichsam nur eine Platte im Untergrund hergestellt wird, auf die der Pfeiler zu stehen kommt (Abb. 661 auf S. 383). Größere Bauwerke werden auf mehrere Druckluftsenkkästen gegründet, die über dem Wasserspiegel in geeigneter Weise verbunden werden. Die Erfahrung hat gelehrt, daß es nicht empfehlenswert ist, die Druckkastenlänge wesentlich über etwa 50 [m] zu steigern, weil die unvorhersehbaren Beanspruchungen während der Absenkung, z. B. infolge von ungleichmäßigem Aushub zu groß werden und Verwindungen des Druckkastens bewirken können. Um an Baustoffen zu sparen, werden in breiten Druckkästen die gegenüberliegenden Wände durch mehrere Zuganker verbunden oder es wird der Druckkasten durch Querwände abgesteift. Die Höhe des Arbeitsraumes muß so bemessen werden, daß während des Aushubes auch bei eingesunkenen Schneiden die Arbeiter aufrecht stehen können; sie wird meist 2 bis 2,5 [m] hoch angenommen.

Zur Herabsetzung der Mantelreibung erhalten die Druckluftsenkkästen einen Anzug nach oben oder es wird das Bauwerk gegenüber dem Druckkastenumriß etwas zurückgesetzt.

Jeder Druckkasten besteht aus der Decke und den Konsolen; ihre Bemessung erfolgt für die ungünstigste Belastung, die während der Absenkung auftreten kann. In der Regel sind drei Belastungsfälle (Abb. 657) maßgebend, und zwar zwei zu Beginn der Gründung und der dritte dann, wenn der Druckkasten seine endgültige Tiefenlage nahezu vollständig erreicht hat.

Die Konsolen werden als Träger angesehen, die in den Deckenträgern einseitig eingespannt sind. Sie werden durch den auf ihre Schrägflächen wirkenden Erdwiderstand, ferner von innen durch den Luftdruck, von außen durch Erd- und Wasserdruck belastet und beanspruchen die Deckenträger an ihren Enden durch ihr Einspannungsmoment.

Die Deckenträger werden durch die Konsolen und überdies durch das über ihnen liegende Bauwerk in einer Art und Weise belastet, die von der Beschaffenheit dieses Bauwerkes abhängt. Kleine Bauwerke, wie z. B. Pfeiler, werden in der Regel schon während der Gründung mit vollem Querschnitte über dem Druckkasten aufgebaut. Als Baustoff kommt für derartige Bauwerke jetzt wohl nur mehr der Beton in Frage. Solange der Beton nicht hinreichend erhärtet ist, belastet er den Deckenträger gleichmäßig (Abb. 657a). Je nach dem Arbeitsvorgang ist als gleichmäßig verteilte Last das Gewicht einer 1 bis 2,0 [m] hohen, weichen Betonschicht in Rechnung zu stellen. Mit fortschreitender Erhärtung wird das Betonbauwerk selbsttragend und es ist üblich anzunehmen, daß später nur der in der Abb. 657b durch lotrechte Schraffen hervorgehobene, durch eine Parabel (mit den in der Abb. 657b angegebenen Abmessungen) begrenzte Betonkörper den Deckenträger unmittelbar belastet, während die übrige Mauerwerkslast unmittelbar auf die Konsolen übertragen wird; man nimmt also an, daß sich im Beton ein Entlastungsbogen bildet.

Die unmittelbare Beanspruchung des Deckenträgers durch das Mauerwerk kann bei Druckkästen größerer Abmessungen durch die Anordnung von Sparräumen über der Decke, die erst nach vollendeter Gründung ausbetoniert werden, wesentlich herabgesetzt werden.

Die Deckenträger werden als freiaufliegende Balken angesehen, die in den Schnittpunkten ihrer Schwerlinie mit jenen der Konsolen frei gelagert sind und an ihren Enden durch das Einspannungsmoment der Konsolen beansprucht sind.

Zu Beginn der Gründung wirkt, gleichgültig ob der Druckkasten durch Wasser oder vom Erdboden aus abgesenkt wird (Abb. 658), von außen kein Erddruck. Am Ende der Absenkung hat die Bauwerkslast ihren größten Betrag erreicht. Bei der Untersuchung der Konsolen und der Deckenträger wird in diesem Stadium einmal angenommen, daß infolge eines Unfalles die Druckluft entwichen ist und die Arbeitskammer noch nicht mit Wasser erfüllt ist, während von außen der Wasserdruck und der Erddruck voll wirksam sind und das Bauwerk keinen Auftrieb erfährt, das andere Mal wird angenommen, daß die Arbeitskammer angeblasen ist, daß aber von außen nur der Wasserdruck wirkt. Beide Belastungsfälle können vorkommen; der letztere Fall hat sich z. B. bei der Druckluftsenkgründung der Einlaufröhren des Achenseekraftwerkes ereignet, wo sich um den Druckkasten in der Bodenoberfläche eine tiefe Mulde gebildet hat, der zufolge der Erddruck wesentlich

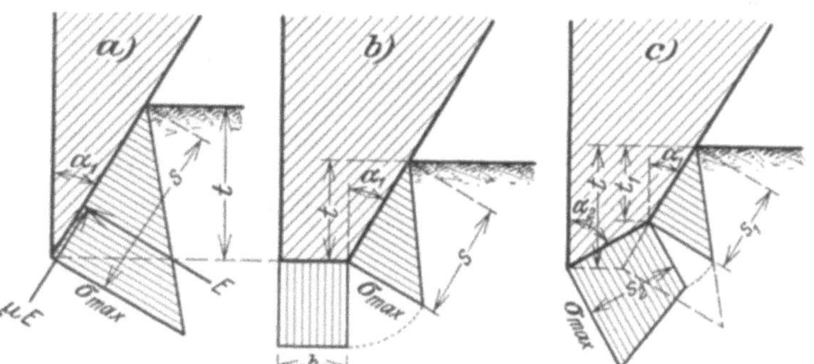
Abb. 658. Verteilung des Erdwiderstandes an der Schneide eines Druckluftsenkkastens.

unter das der Tiefenlage des Druckkastens entsprechende Maß gesunken ist.

Durch eine entsprechende Formung der Druckkastenschneide kann die Beanspruchung der Konsole und jene des Deckenträgers wesentlich herabgesetzt werden. Die in der Abb. 658a dargestellte Schneidenform, die hohe Biegungsmomente bewirkt, wird nur bei festgelagertem Boden ausgeführt; in weichen Bodenarten eignen sich besser die in den Abb. 658b und c angedeuteten Schneidenformen, die kleinere waagrechte Komponenten des Erdwiderstandes ergeben.

Um die Verteilung des Bodendruckes gegen die Konsolen und die waagrechte Komponente desselben, die für die Ermittlung des Einspannungsmomentes der Konsole erforderlich ist, ermitteln zu können, muß vorerst die Eindringungstiefe der Schneide in den Boden festgestellt werden. Solange die Schneide nicht hinreichend tief in den Boden gedrungen ist, weicht der Boden seitlich aus. Unter Zugrundelegung von gekrümmten Gleitflächen (Abb. 659) kann nun jene Eindringungstiefe t_g, bei der eben Gleichgewicht besteht, aufgesucht werden. Man nimmt hierzu willkürlich mehrere Eindringungstiefen t an und ermittelt (vgl. Abb. 659) ähnlich, wie es schon auf S. 89 geschildert worden ist, jenen Bodendruck E in der lotrechten Ebene FJ, der zur Aufrechterhaltung des Gleichgewichtes bei der betreffenden, angenommenen Eindringungstiefe t erforderlich wäre. Wenn die angenommenen Eindringungstiefen t als Abszissen und die erforderlichen Boden-

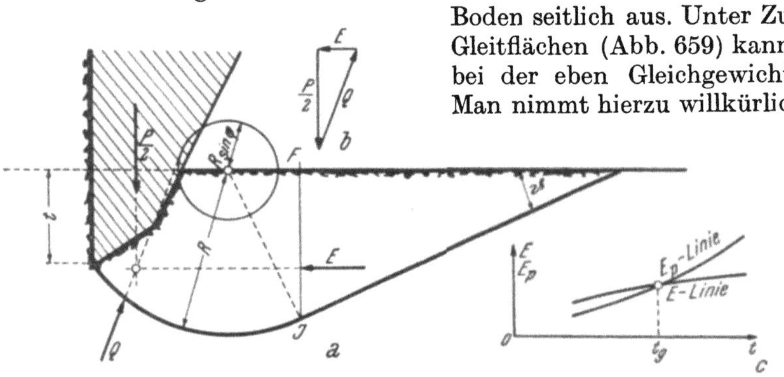

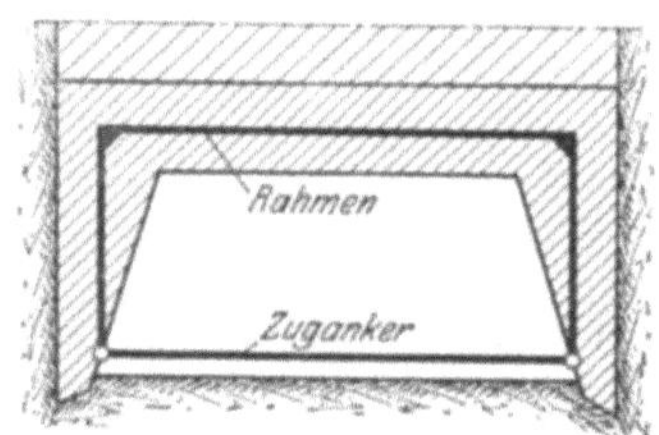

Abb. 659. Ermittlung der Eindringungstiefe t der Druckkastenschneide mittels gekrümmter Gleitflächen.

drucke E als Ordinaten und dazu überdies der in der Ebene FJ mögliche Erdwiderstand E_p aufgetragen werden, so ergibt der Schnittpunkt der E- und der E_p-Linie die gesuchte Eindringungstiefe t_g, bei der eben Gleichgewicht herrschen kann.

Die Verteilung des Erdwiderstandes über die Druckkastenschneide wird am zutreffendsten proportional mit der Tiefe zunehmend angenommen. Es ergibt sich dann die in der Abb. 658 eingetragene Verteilung und es ist bei der in der Abb. 658a dargestellten Schneide

$$\frac{P}{2} = E \sin \alpha_1 + \mu E \cos \alpha_1 \tag{472}$$

oder, weil

$$E = \sigma_{\max} \cdot \frac{s}{2} = \frac{1}{2} \sigma_{\max} \cdot \frac{t_g}{\cos \alpha_1} \tag{473}$$

ist, auch

$$\frac{P}{2} = \frac{1}{2} \sigma_{\max} t_g (\operatorname{tg} \alpha_1 + \mu) \tag{474}$$

oder

$$\sigma_{\max} = \frac{P}{t_g (\operatorname{tg} \alpha_1 + \mu)} \tag{475}$$

ähnlich erhält man für die Schneidenform in der Abb. 659b

$$\sigma_{\max} = \frac{P}{t_g [2\,b + t_g (\operatorname{tg} \alpha_1 + \mu)]} \tag{476}$$

und für die Schneidenform in der Abb. 658c

$$\sigma_{\max} = \frac{P}{(t_g - s_2 \cos \alpha_2)^2 (\operatorname{tg} \alpha_1 + \mu) + 2 s_2^2 (\operatorname{tg} \alpha_2 + \mu)} \tag{477}$$

wobei μ den Reibungswert zwischen der Konsole und dem Boden bedeutet, für den etwa 0,6 bis 0,7 gesetzt wird.

Eine weitere Entlastung der Konsolen und des Deckenträgers wird erzielt, wenn die Konsolen durch Zuganker (Abb. 660) miteinander verbunden werden. Der Deckenträger und die Konsolen werden im diesem Falle als gelenkig gelagerter Rahmen aufgefaßt. Die Beanspruchung des Zugankers ergibt sich aus der waagrechten Komponente des Erdwiderstandes an der Schneide und der Horizontalkraft des Rahmens am Auflagergelenk. Schließlich können die Deckenträger noch durch den Einbau von Querwänden (Abb. 661) im Arbeitsraum entlastet werden.

Die Druckluftsenkkästen haben in der Regel rechteckigen Grundriß. Die Konsolen werden nun überdies in der Längsrichtung steif bemessen, so daß der Druckkasten sowohl an beiden

Abb. 660. Druckluftsenkkasten mit Zuganker zwischen den Schneiden.

Stirnflächen aufliegen, auf seiner ganzen Länge aber freiliegen, als auch auf zwei Dritteln seiner Länge aufliegen und mit dem dritten Drittel freiliegen kann. Für diese Belastungsfälle kann die stählerne Schneide als mittragend, bei Stahlbetondruckkästen also als Bewehrung angesehen werden.

2. Die Bauarten der Druckluftsenkkästen.

Die Druckluftsenkkästen werden, wenn es sich um besonders schwere Beanspruchungen handelt und besonders dann, wenn ihrer Größe nach nicht vorher-

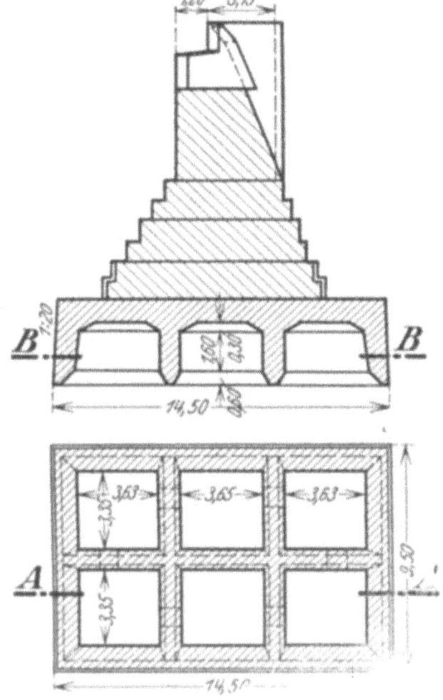

Abb. 661. Breiter Druckkasten durch Querwände unterteilt.

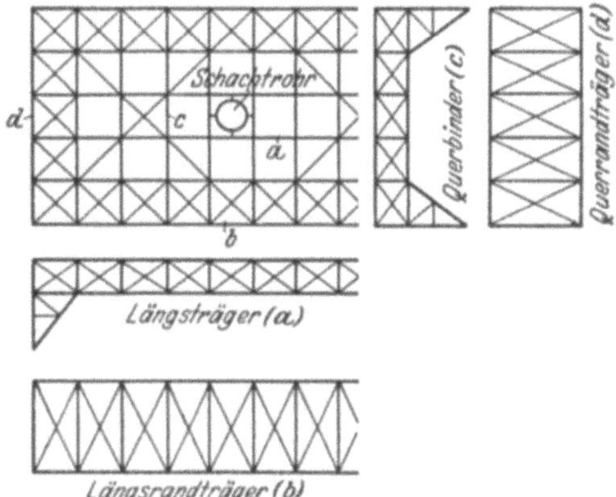

Abb. 662. Schema eines stählernen Druckkastens, Draufsicht und Schnitte.

sehbare Beanspruchungen zu erwarten sind, aus Stahl ausgeführt; sonst werden sie in der Regel aus Stahlbeton hergestellt und nur der Vollständigkeit halber sei erwähnt, daß man früher die Druckkästen in holzreichen Gegenden auch aus Holz gemacht hat. Die Druckluftsenkgründung erfolgt stets mit „verlorener Arbeitskammer", nachdem die Versuche, die kostspielige Stahlkonstruktion nach vollendeter Absenkung zur Wiederverwendung zu zerlegen und auszubauen, nicht befriedigt haben.

Abb. 663. Ein stählerner Druckkasten für die Kanalbrücke in Niederfinow. (Beuchelt & Co.)
a Stirnträger, b Längsträger, c Längswand, d Schneide, e Bewehrung für die Betonfüllung der Schneide.

A) Stählerne Druckluftsenkkästen.

Stählerne Druckluftsenkkästen werden aus einem System (Abb. 662) von Querbindern und Längsträgern gebildet, das alle Beanspruchungen aufzunehmen hat und die dichte Verkleidung trägt. Die Querbinder laufen an der Decke durch, während die Längsträger zwischen den Quer-

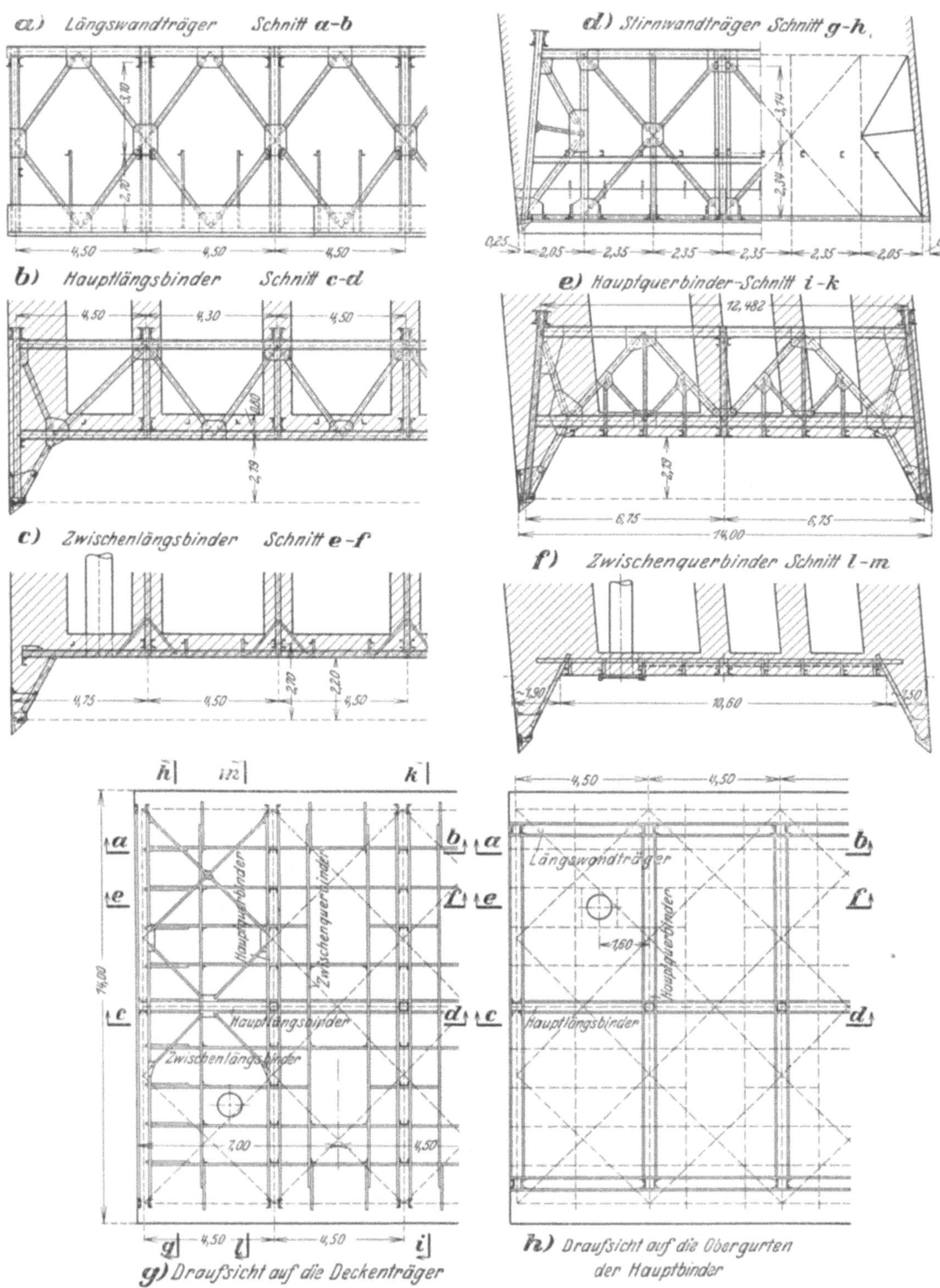

Abb. 664. Schräg abgesenkter Druckkasten für die Kanalbrücke in Niederfinow. (Beuchelt & Co.)

bindern angeordnet sind. Die Querbinder und ihre Konsolen werden meist so bemessen, daß sie allein die Bauwerkslast aufzunehmen vermögen, während die Längsträger vorwiegend der Versteifung der Arbeitskammer dienen, um Verwindungen und Durchbiegungen bei ungleich-

Abb. 665. Ansicht der Baustelle in Niederfinow. (Beuchelt & Co.)

mäßigem Aushub vorzubeugen. Zur Erhöhung der Versteifung werden die Seitenwände der Arbeitskammer auch noch als Träger ausgebildet und so bemessen, daß auch ein Teil der Arbeitskammer bei untergrabener Schneide frei auskragen oder freilegen kann. Besondere Lasten, wie z. B. jene der Schachtrohre, werden auch besonders abgefangen.

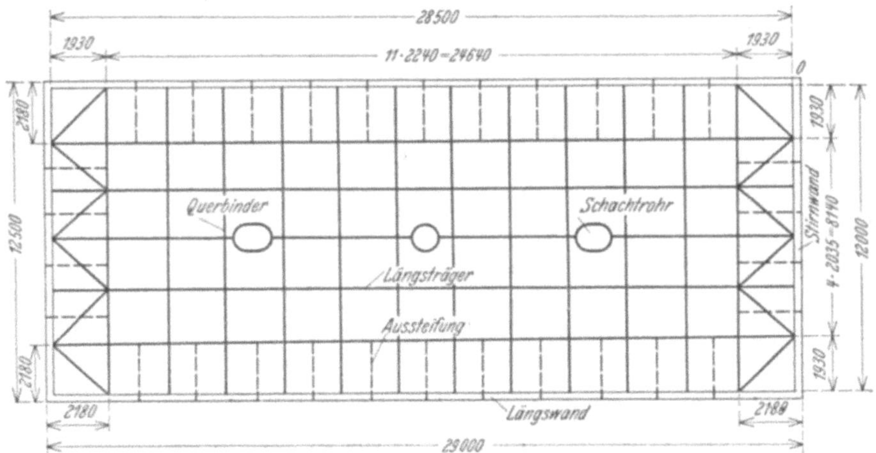

Abb. 666. Schema des Druckluftsenkkastens für einen Pfeiler der Donaubrücke bei Pancsova. (Dyckerhoff & Widmann und Ver. Stahlwerke A.-G., Dortmunder Union.)

Als Beispiel für die Durchbildung stählerner Druckluftsenkkästen ist in den Abb. 662 bis 665 der Druckluftsenkkasten für die Gründung eines Pfeilers einer Kanalbrücke und in den Abb. 666 bis 670 der Druckkasten für einen Strompfeiler der Donaubrücke bei Pancsova dargestellt.

Um einen außen glatten und überdies luftdichten Abschluß der Arbeitskammer zu erhalten, werden die Decke und die Konsolen entweder mit einer Blechhaut verkleidet und ausbetoniert oder nur betoniert. Mit der Blechhaut werden die Konsolen außen und die ganze Arbeitskammer verkleidet oder es wird nur außen Blech verwendet und man betoniert dann den Raum zwischen den Konsolen und zwischen den Deckenträgern aus oder man läßt auch die äußere Blechhaut weg und füllt nur das Fachwerk mit Beton aus. Die letztere Ausführungsweise, die eine Verbindung der Bauweise in Stahl und in Stahlbeton darstellt, ist bei größeren Abmessungen der Arbeitskammer die empfehlenswerteste.

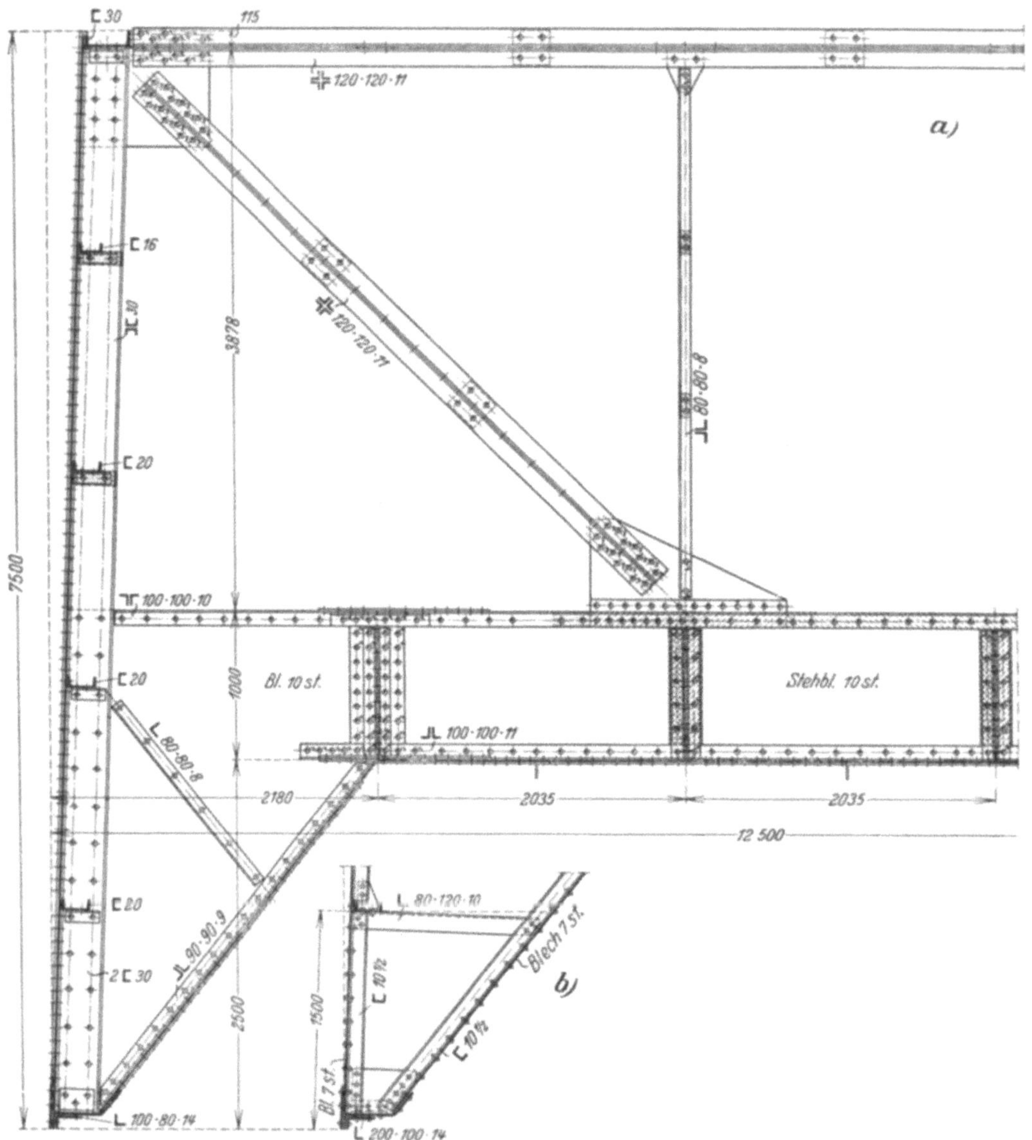

Abb. 667. *a)* Querschnitt durch einen stählernen Druckkasten für einen Pfeiler der Donaubrücke bei Pancsova. *b)* Schneide an einer Aussteifung. (Dyckerhoff & Widmann und Ver. Stahlwerke A.-G., Dortmunder Union.)

Die Blechverkleidung von stählernen Druckluftsenkkästen wird mindestens 5 [mm] stark gemacht. Die Nietung der Blechstöße erfolgt „dichtfest" und die Stöße und alle Nietköpfe werden zur Abdichtung sorgfältig verstemmt und gestrichen; Blechstöße können neben der Nietung überdies noch eine Kehlschweißung erhalten, um diese Stellen verläßlich dicht zu machen. Vor Beginn der Absenkung werden in Druckkästen mit Blechverkleidung die Konsolen und der Raum zwischen den Deckenträgern ausbetoniert. Ein Beispiel für einen Druckkasten mit Blechverkleidung geben die Abb. 667 bis 670.

Wenn die Verkleidung der Arbeitskammer nur betoniert wird, so wird zwischen das Fachwerk der Konsolen und der Deckenträger noch eine Rundstahlbewehrung (Abb. 663) gelegt, die einen sicheren Verband zwischen dem Fachwerk und dem Beton gewährleistet und Rißbildungen verhindert.

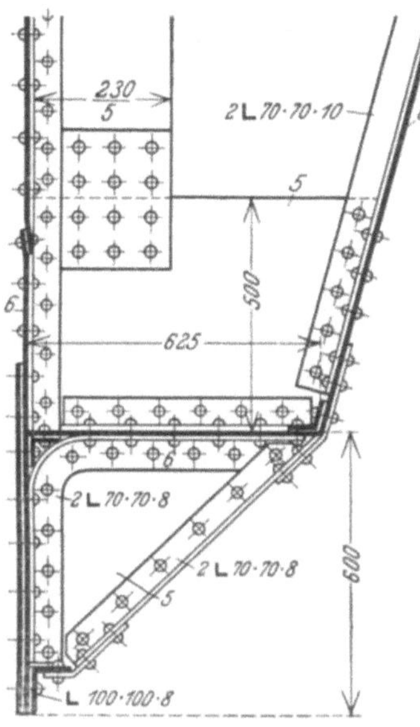

Abb. 668. Druckkastenschneide für weichen Boden.

Abb. 669. Ansicht des nach dem Zusammenbau von der Arbeitsbühne angehobenen und am Gerüst hängenden Druckkastens für einen Pfeiler der Donaubrücke bei Pancsova. (Dyckerhoff & Widmann.)

Eine besondere Querschnittsform erhielt der stählerne Druckluftsenkkasten beim Bau eines Pfeilers für die Donaubrücke bei Pancsova; dort ist die äußere Blechhaut über die Deckenträger hochgeführt worden, um den Druckkasten ohne Aufmauerung, also mit geringem Gewicht, durch tieferes Wasser mittels Schraubenspindeln auf die Flußsohle herablassen zu können.

Die Schneide wird, wenn der Druckkasten durch festgelagerten Boden abzusenken ist, mit einem spitzen Schneidenwinkel hergestellt; bei weichem Boden wird sie stumpf ausgeführt, so etwa, wie es die Abb. 668 andeutet.

Abb. 670. Blick in die Arbeitskammer des Druckkastens für die Pfeiler der Donaubrücke bei Pancsova. (Dyckerhoff & Widmann.)

Schrifttum.

BENDUHN: Neue Stettiner Straßenbrücken. Schweiz. Bauzg. 1906. S. 121. — BURGER, R.: Der Bau der neuen Rheinbrücke bei Ludwigshafen—Mannheim. Bautechn. 1932. S. 61. — ERNST: Die Reichsautobahnbrücke über den Main bei Frankfurt. Bautechn. 1937. S. 133. — HETZEL, G. und O. WUNDRAM: Die Grundbautechnik und ihre maschinellen Hilfsmittel. Berlin: Julius Springer 1929. — OESER, H.: Das Werrabauwerk bei Hann.-München. Bautechn. 1938. S. 292. — JOOSTEN, H.: Die Donaubrücke bei Belgrad. Bautechn. 1932. S. 545. — ROTH, E. A.: Die Pariser Untergrundbahn. Zschft. d. Öst. Ing. u. Arch.-Ver. 1926. S. 1. — SCHAPER: Zweigeleisige Eisenbahnbrücken über den Rhein unterhalb Duisburg-Ruhrort usw. Zentralbl. d. Bauverw. 1911, S. 268; 1912, S. 71, 243. — SCHLEICH: Die Seine-Unterfahrung durch die Linie IV der Pariser Untergrundbahn. Schweiz. Bauzg. 1909. S. 319. — *Referat*: Gründung einer Brücke über den Potomac. Bautechn. 1940. S. 427.

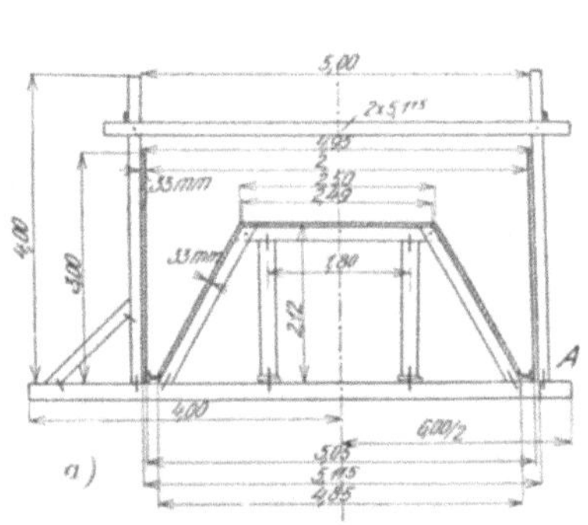

Abb. 671. Druckkasten für die Abdichtung eines Murwehres im Untergrund.

b) Druckluftsenkkästen aus Stahlbeton.

Die Druckluftkästen aus Stahlbeton werden bei kleineren Abmessungen massiv ausgeführt, bei größeren Abmessungen wird der Kasten, ähnlich wie es bei den stählernen geschieht, in ein System von Quer- und Längsbindern aufgelöst, zwischen denen Stahlbetonplatten liegen. Diese aufgelöste Bauart eignet sich auch besonders in Fällen, wo zur sparsameren Ausführung der Deckenträger Sparräume (vgl. S. 392) vorgesehen werden und dann, wenn es darauf ankommt, den Druckkasten besonders leicht zu machen, wie z. B. im Falle der Versenkung von

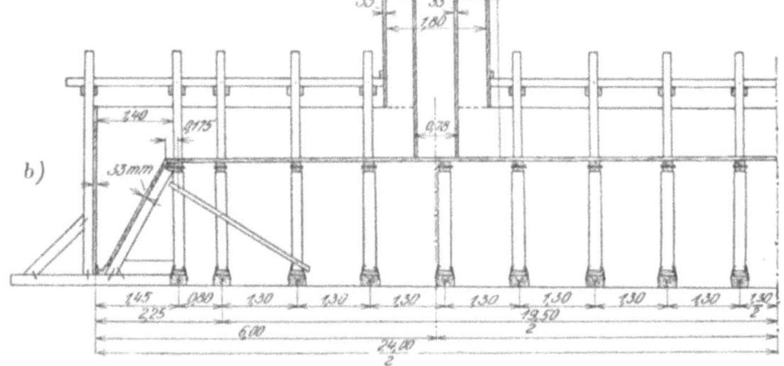

Abb. 673. Rüstung für die Schalung eines Stahlbeton-Druckkastens. (Dyckerhoff & Widmann.)

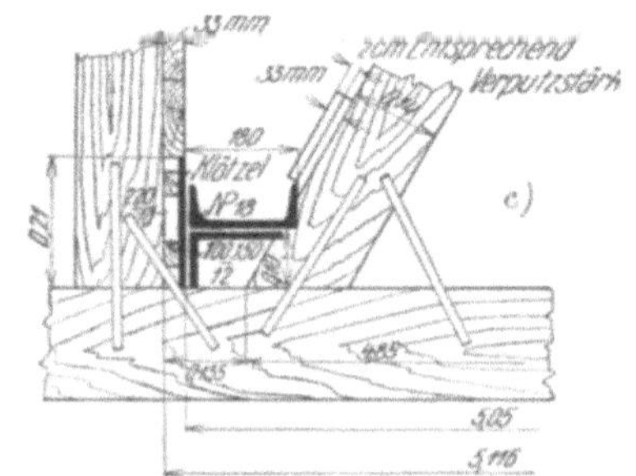

Abb. 672. Schalung für den Druckkasten in der Abb. 671. *a)* Querschnitt, *b)* Längsschnitt, *c)* Einzelheiten für die Schneide bei *A*.

einem Gerüst aus oder im Falle der schwimmenden Zuförderung des Druckkastens zur Versenkungsstelle.

Bei Druckkästen in massiver Bauweise ist die Bewehrung der Konsolen und des Deckenträgers gleichmäßig längs des Kastens verteilt. Als Beispiel ist in der Abb. 671 der Stahlbeton Druckluftsenkkästen für den Bau des Betonsporns

Abb. 674. Bewehrung eines Stahlbeton-Druckkastens. (Dyckerhoff & Widmann.)

zur Abdichtung eines Wehres dargestellt; die weitere Abb. 673 zeigt die Schalung für den Druckkasten und die Ausbildung der Schneide, mit der die Bewehrung verschraubt ist. Die

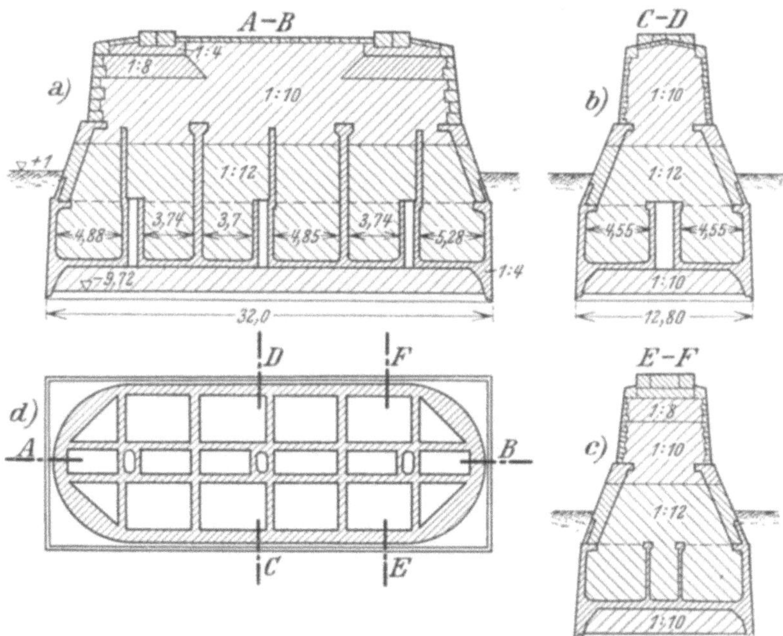

Abb. 675. Druckluftsenkkasten für einen Strompfeiler der Freihafen-Elbe-Brücke in Hamburg. Massive Konsolen, aufgelöste Decke. (SPERBER.)

Abb. 682 zeigt die Rüstung für die Schalung eines breiten Druckkastens und die Abb. 674 stellt eine Ansicht der Bewehrung eines Druckkastens über der Schneide dar.

Bei Druckkästen mit größeren Breiten und besonders dann, wenn es darauf ankommt, den Druckkasten leicht zu bauen, wird die aufgelöste Bauart gewählt, bei der die Decke aus einem

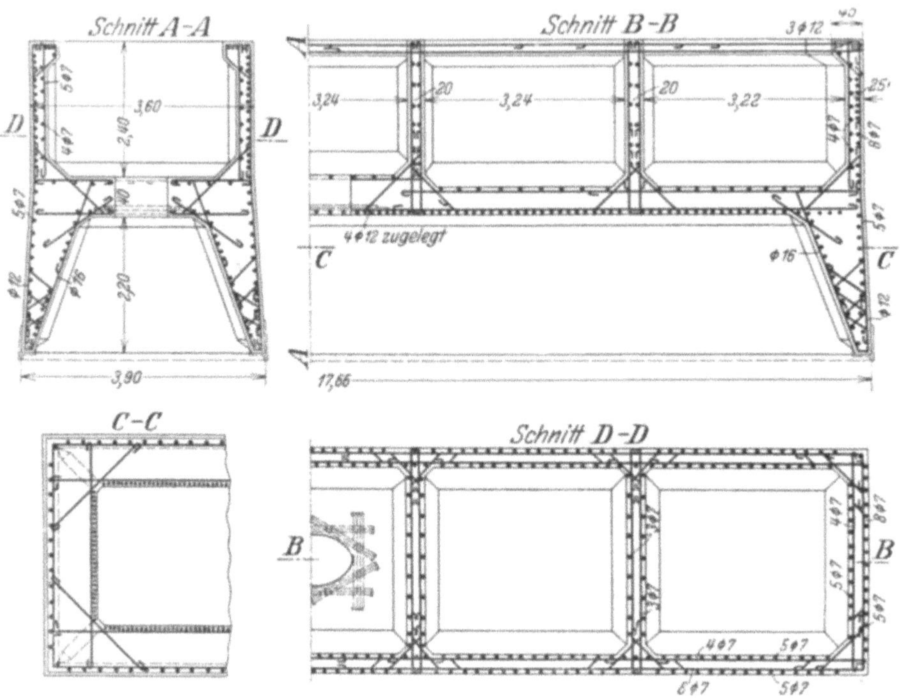

Abb. 676. Stahlbeton-Druckkasten mit Rippendecke und vollen Konsolen für den Pfeiler der Traunbrücke be Ebelsberg. (Wayss & Freytag.)

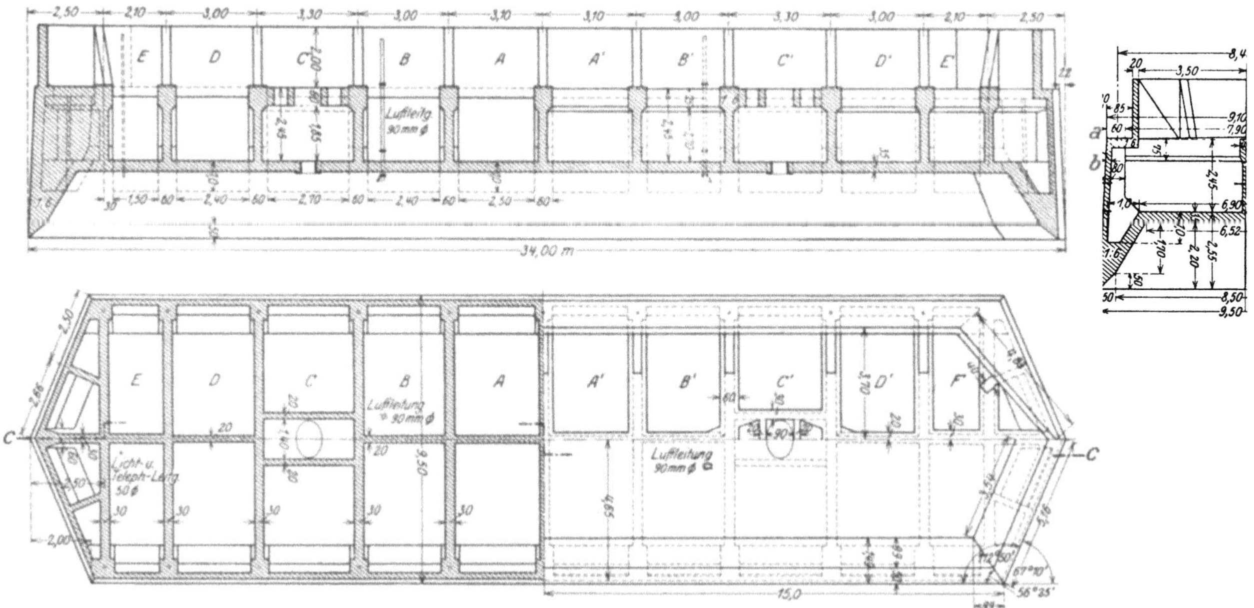

Abb. 677. Stahlbeton-Druckkasten in aufgelöster Bauart. (E. Probst.)

System von Rippen besteht, zwischen denen Platten liegen, die als allseits eingespannt anzusehen sind. Die Konsolen können entweder massiv (Abb. 671 und 676) sein oder auch in aufgelöster Bauart ausgebildet sein (Abb. 677 und 678).

Um die Beanspruchung der Konsolen und des Deckenträgers durch den Erdwiderstand gegen die Konsolen herabzusetzen, können, wie schon auf S. 382 erwähnt worden ist, Zuganker zwischen den Konsolen aus Stahlbeton oder aus Stahl angeordnet werden. Den Anschluß stählerner Zuganker an die Konsolen aus Stahlbeton zeigt die Abb. 680.

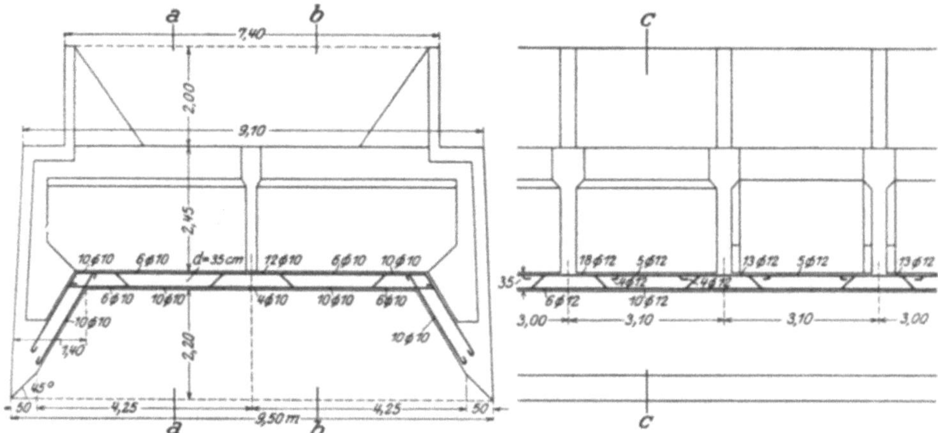

Abb. 678. Querschnitt durch den Druckkasten in Abb. 677.

Zur Herabsetzung der Beanspruchungen des Deckenträgers werden bei Druckkästen großer Abmessungen auch im Arbeitsraume Längs- und Querwände eingebaut, durch die der Arbeitsraum unterteilt und der Kasten ausgesteift wird. Diese Wände erhalten symmetrische Schneiden, die das Eindringen in den Boden bei der Absenkung erleichtern. Um einen Verkehr zwischen

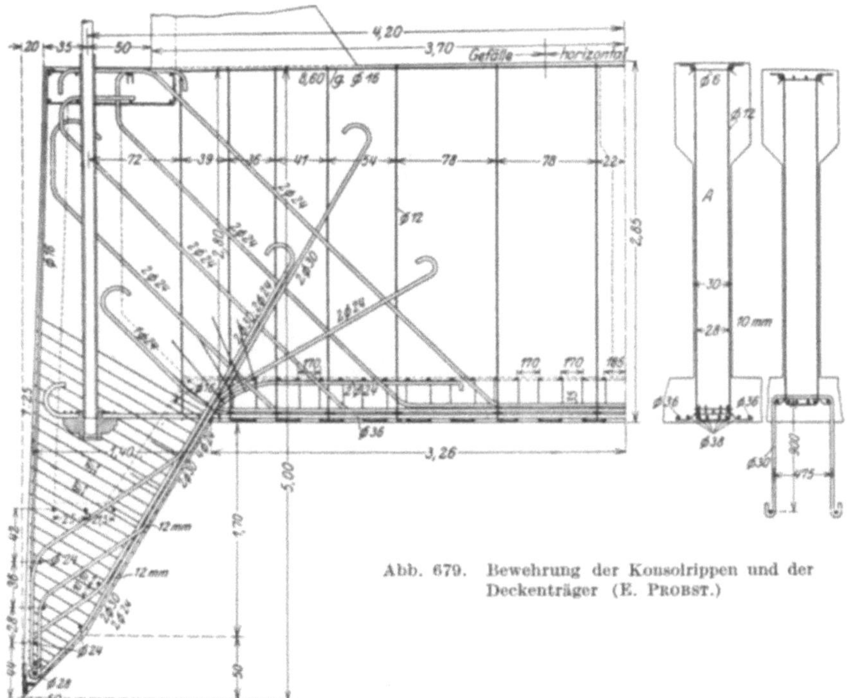

Abb. 679. Bewehrung der Konsolrippen und der Deckenträger (E. Probst.)

den Abteilungen des Arbeitsraumes zu ermöglichen, wird in jeder Wand eine Öffnung angeordnet. Ein Beispiel für einen durch eine Längswand unterteilten Druckkasten geben die Abb. 681 und 684 und die Abb. 682 und 683 zeigen die Rüstung für die Schalung und die Schalung für einen unterteilten Druckkasten. Die Abb. 684 gibt schließlich einen Blick in die Arbeitskammer eines solchen unterteilten Druckkastens während der Absenkung wieder.

Für den Anschluß der Schachtrohre an die Arbeitskammer wird ein eigener Rohrabschnitt verwendet, der mittels einer Anzahl von Schrauben mit der Bewehrung (Abb. 685) sicher verbunden wird und der nicht wiedergewonnen werden kann.

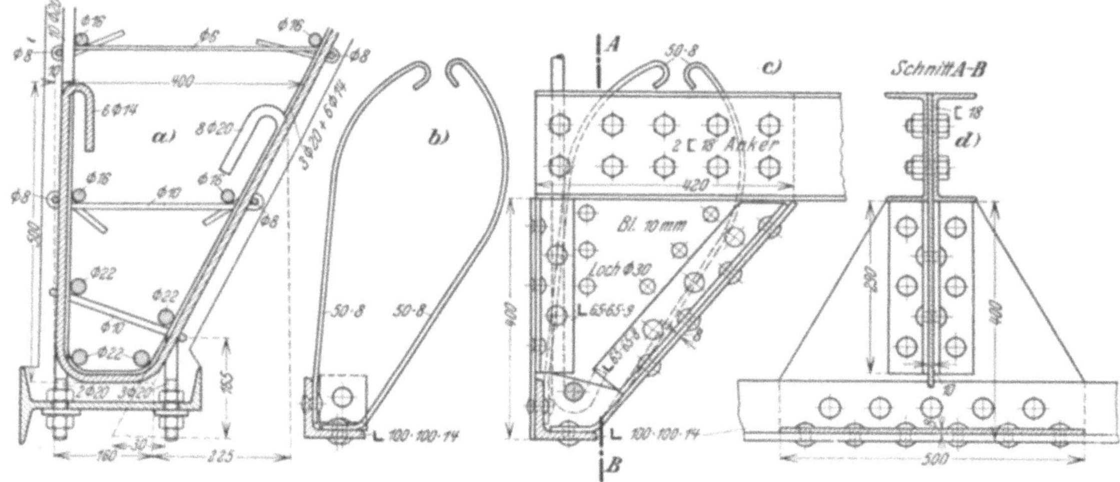

Abb. 680. *a)* und *b)* Schneiden von Stahlbeton-Druckluftsenkkästen, *c)* und *d)* Verbindung der Schneiden durch stählerne Zuganker. [*a)* Dyckerhoff & Widmann, *b)*, *c)*, *d)* Grün & Bilfinger.]

In angreifendem Grundwasser werden die Außenflächen des Druckkastens und des darüber aufgebauten Bauwerkes mit Klinkerziegeln in säurefestem Mörtel verkleidet und auch an der Sohle in der Arbeitskammer wird nach vollendeter Absenkung der Füllbeton durch eine Asphalt-

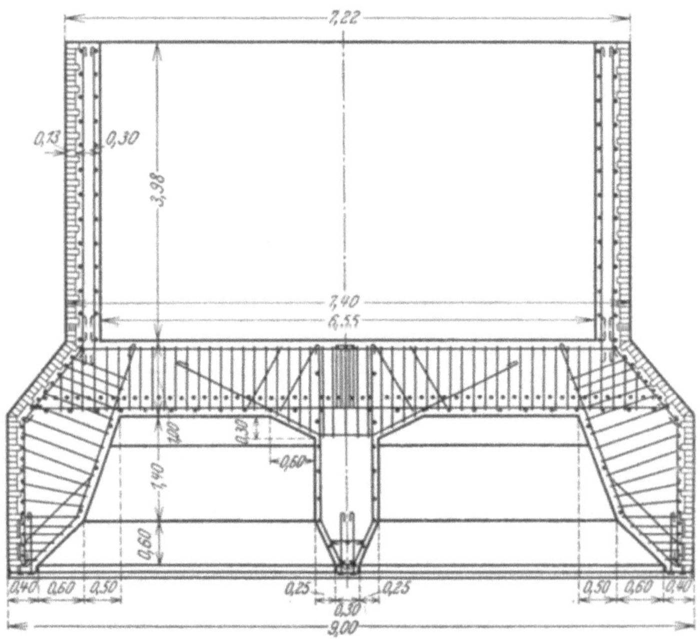

Abb. 681. Druckkasten mit Isolierung für die Spreebrücke am Bahnhof Jungfernheide. (Siemens-Bau-Union.)

schicht vom Grundwasser isoliert. In der Abb. 681 ist deutlich die Isolierung mit Klinkerziegeln zu erkennen (vgl. auch Abb. 686).

Die Schneide der Stahlbeton-Druckkästen wird aus Stahl ausgeführt und sowohl im Beton verankert als auch mit der Bewehrung verbunden. Beispiele für die Ausbildung solcher Schneiden gibt die Abb. 680.

Schrifttum.

DISCHINGER, FR.: Neuere Druckluftgründungen unter Verwendung von Eisenbetonschwimmkästen. Bauing. 1928. S. 893. — DYCKERHOFF und WIDMANN: Die Arbeiten für das Isarwehr in Oberföhring. Z. V. d.

Abb. 682. Rüstung für die Schalung eines durch Wände unterteilten Druckluftsenkkastens. (Siemens-Bau-Union.) *C* Druckkastenschneide.

Abb. 683. Innenschalung für einen Stahlbeton-Druckkasten mit Querwänden. (Siemens-Bau-Union.) *a* Querwände, *b* Verbindungstüren.

I. 1924. S. 716. — GUTZWILLER: Die neue Baseler Rheinbrücke. Schweiz. Bauzg. Bd. 47 (1906). S. 46. — HERBST: Über die Druckluftgründung mit Eisenbetonsenkkästen. Bautechn. 1925. S. 699. — HETZEL, G. und O. WUNDRAM: Die Grundbautechnik und ihre maschinellen Hilfsmittel. Berlin: Julius Springer 1929. —

HUNZICKER-HABICH: Die Wasserkraftanlage Augst-Wyhlen. Schweiz. Bauzg. Bd. 61 (1913), S. 183. — KAPSA: Eisenbetoncaisson der Elbebrücke in Obristvi. Beton u. Eisen. 1913. S. 425. — LAUPMANN: An-

Abb. 684. Innenraum eines Stahlbeton-Druckkastens mit Querwänden (*b*). (Siemens-Bau-Union.) *a* Verschlußdeckel für das Schachtrohr, *c* Verbindungstür in einer Querwand, *d* Kübel für die Förderung des Aushubes.

wendung von transportierbaren Eisenbetoncaissons beim Bau des festen Wehres für das Wolchow-Kraftwerk. Beton u. Eisen. 1928. S. 30. — LOCHER: Zum Bau der Walchebrücke in Zürich. Beton u. Eisen. 1913. S. 313. —

Abb. 685. Anschluß des Schachtrohres an die Decke der Arbeitskammer. (Siemens-Bau-Union.)

LUFT und RUTH: Eisenbetonschwimmkästen und ihre Verwendung bei Hafenbauten und Druckluftgründungen sowie im Schiffbau. Bauing. 1920. S. 461. — PROBST, E.: Vorlesungen über Eisenbeton. Bd. 2. Berlin:

Julius Springer 1922. — SCHULTZE, J.: Eisenbeton als Baustoff für Druckluftgründungen. Beton u. Eisen. 1920. S. 113. — *Referat*: Die Wasserkraftanlage Aue der Elektrizitätsgesellschaft Baden. Schweiz. Bauzg. Bd. 56 (1910). S. 97.

c) Hölzerne Druckluftsenkkästen.

Hölzerne Druckluftsenkkästen sind früher in holzreichen Gegenden vereinzelt angewendet worden. Gegenwärtig werden sie nicht mehr ausgeführt.

Schrifttum.

SCHULTZE, J.: Strompfeiler der Mainbrücke bei Kostheim. Zentralbl. d. Bauverw. 1888. S. 176. — DERSELBE: Die Verkehrs-

Abb. 686. Isolierung des Druckkastens durch Klinker-Ziegelmauerwerk gegen angreifendes Grundwasser. (Siemens-Bau-Union.)

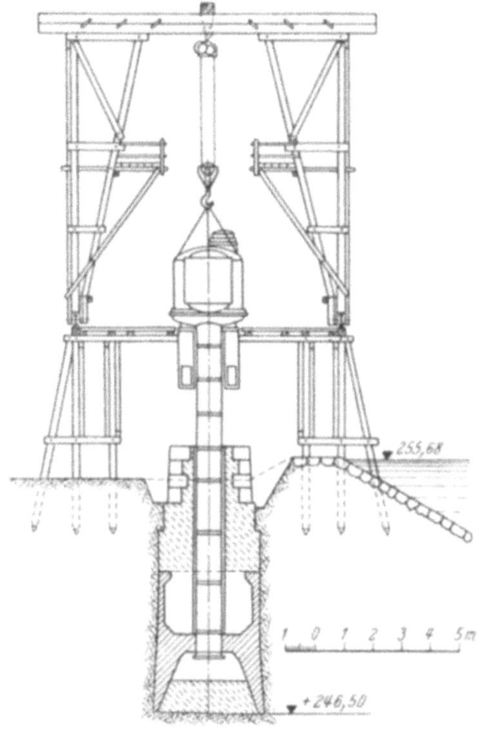

Abb. 687. Gerüst mit Portalkran für die Versenkung eines Druckkastens. (Wayss & Freytag.)

wege New Yorks. Schweiz. Bauzg. 1904. S. 172. — DERSELBE: Die neue Weichselbrücke bei Marienwerder. Zschft. f. Bauw. 1910. S. 70.

3. Die Herstellung der Druckkästen und ihre Versenkung.

Die Druckkästen werden entweder vom festen Boden aus (Abb. 687) oder durch Wasser abgesenkt. Wenn der Druckkasten durch fließendes oder stehendes Wasser abzusenken ist, kann bei kleineren Wassertiefen eine Insel, geschützt durch eine Pfahlwand oder eine stählerne Spundwand, geschüttet werden, so daß die Absenkung auch in diesem Falle wie vom festen Boden aus erfolgt; der Druckkasten wird dann am Ort der Versenkung zusammengebaut. Bei der Absenkung durch tieferes Wasser wird der Druckkasten entweder auf einem Gerüst hergestellt oder er wird am Ufer, im Trockenen, im Dock oder am Helling aufgebaut und schwimmend zur Versenkungsstelle gebracht. Das Versenkungsgerüst wird auf gerammten Pfählen errichtet oder es wird, wenn die Wassertiefe für das Rammen zu groß ist oder der Boden ungeeignet ist, ein schwimmendes Gerüst angewendet.

Als Beispiel für die Versenkung eines Druckkastens von einer künstlichen Insel aus ist in der Abb. 688 die Gründung eines Pfeilers des Murwehres in Pernegg gezeigt. Die Insel ist dort unter dem Schutze einer Larssen-Spundwand geschüttet. Die Bodenoberfläche innerhalb der Spundwand liegt tief unter dem Außenwasserspiegel; um zusickerndes Wasser abpumpen zu können, ist in der Inselschüttung ein kleiner Pumpsumpf eingebaut (Abb. 689a—b), aus dem eine Pumpe in einem an der Baubrücke hängenden Häuschen das Wasser abpumpt.

Den Zusammenbau des Druckkastens auf einem festen Gerüst erläutern die Abb. 689 und 690. Wenn der Druckkasten auf der Plattform am Gerüst zusammengebaut ist, wird er mittels

Schraubenspindeln oder Flaschenzügen am Gerüst aufgehängt, etwas angehoben und es wird hierauf die Plattform entfernt. Nachdem die Luftschleusen angeschlossen sind, beginnt die Aufmauerung des Bauwerkes, während der Kasten, in dem Maße als die Mauerung fortschreitet,

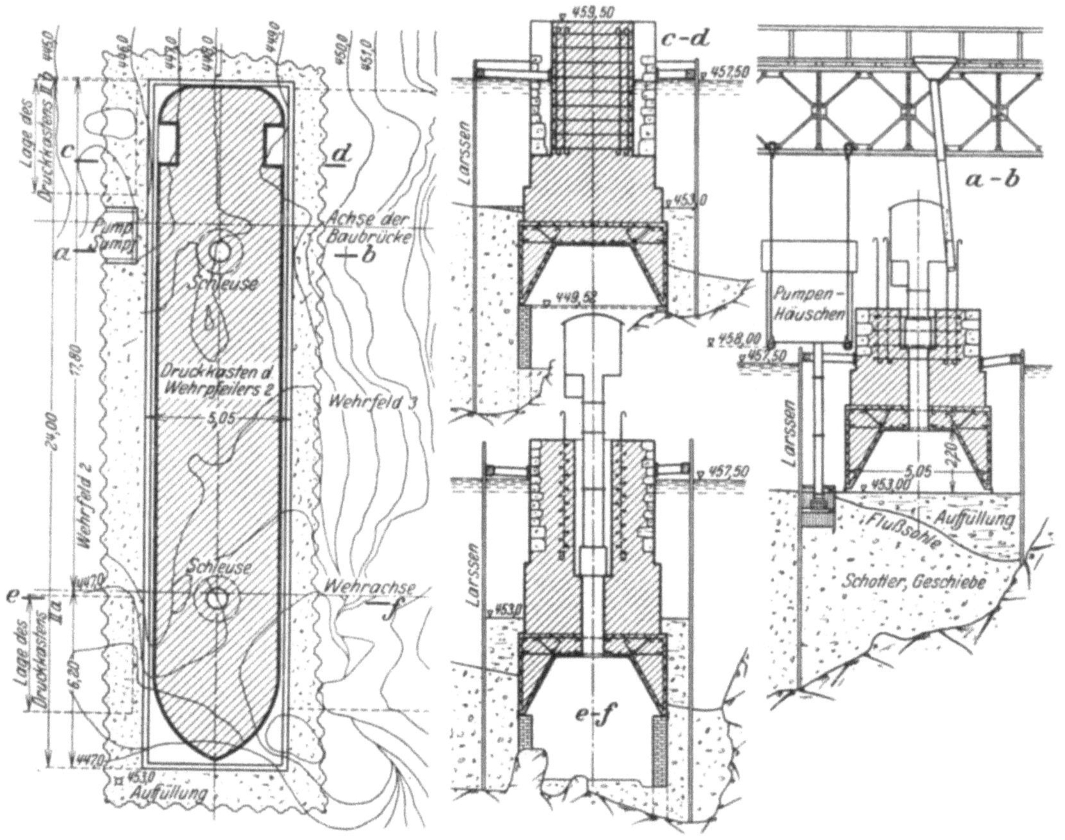

Abb. 688. Gründung eines Pfeilers des Schützenwehres Pernegg an der Mur. Unterfangung der Druckkastenschneiden. *a—b* Querschnitt vor der Versenkung, *c—d* und *e—f* Querschnitte nach der Absenkung, die Schneiden teilweise unterfangen. (Steweag.)

abgesenkt wird. Bei größeren Druckkästen werden, um das am Gerüst aufzuhängende Gewicht möglichst niedrig zu halten, nur die unbedingt schon jetzt erforderlichen Bauwerksteile aufgeführt, bzw. werden Sparräume frei gelassen, die erst später aufgefüllt werden.

Bei der Absenkung kann der Boden um den Druckkasten stark nachsacken. Bei der Druckluftsenkgründung des Entnahmerohres des Achenseewerkes ist, wie ein Blick in die Abb. 689b lehrt, der Boden so weit nachgesackt, daß die beiden inneren Pfahlreihen des Gerüstes frei hängten; sie mußten ausgebaut werden und es mußte das Gerüst durch ein Sprengwerk verstärkt werden. Der Bodenaushub war bei dieser

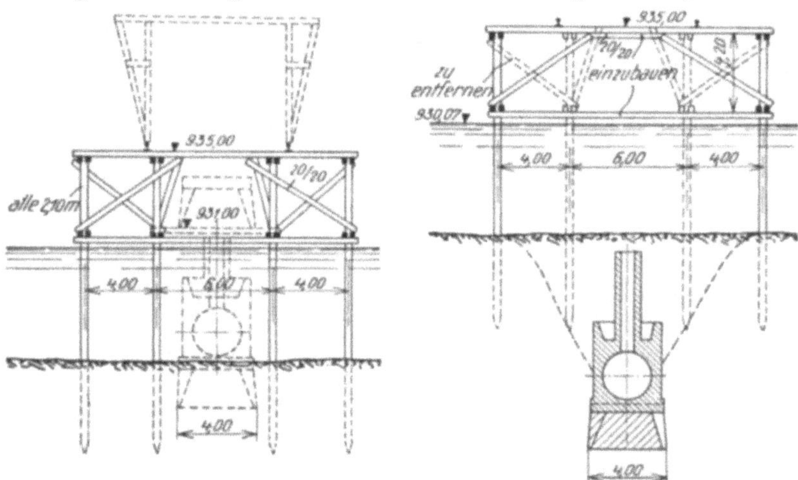

Abb. 689. Versenkung von Druckkästen für das Entnahmerohr des Achenseekraftwerkes von einem festen Gerüst aus. (Tiroler Wasserkraft A.-G.)

Gründung wesentlich größer als er zur Versenkung des Druckkastens allein erforderlich gewesen wäre.

Die Aufhängung geschieht am besten an den Enden der Deckenträger mittels Schraubenspindeln, die während des Absenkens nach Bedarf verlängert werden. G. HETZEL empfiehlt,

Abb. 690. Versenkung des stählernen Druckkastens für einen Pfeiler der Donaubrücke bei Pancsova. *a)* der Zusammenbau auf der Arbeitsbühne, *b)* der Druckkasten an Flaschenzügen hängend, *c)* der Druckkasten steht auf der Flußsohle. (Dyckerhoff & Widmann.)

jede Spindel für eine Last von mindestens 100 [t] zu bemessen, damit sie bei verschiedenen Druckkästen verwendbar sind. Die Spindelmuttern werden in Gleitlagern oder besser auf Kugeln gelagert (Abb. 691 b, c) und mit Ratschen (Abb. 691 d) betätigt, die zwischen zwei Anschlägen bewegt und gekuppelt werden, so daß alle Spindeln gleichmäßig versenkt werden. Während der Verlängerung der Spindeln wird der

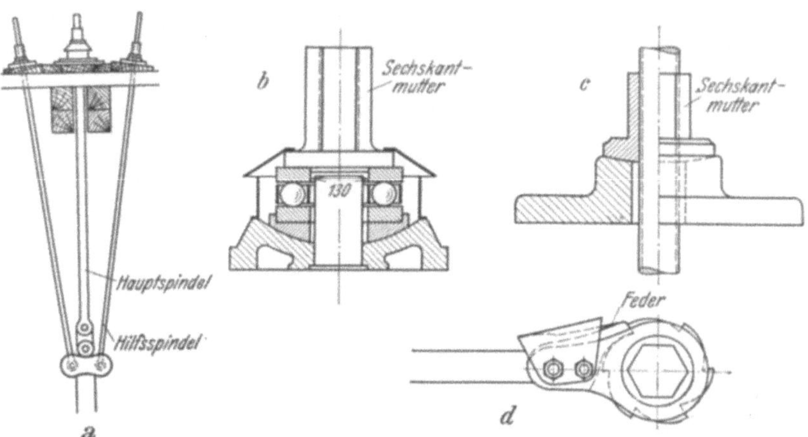

Abb. 691. Aufhängung eines Druckkastens auf Schraubenspindeln. *a)* Absenkspindel, *b)* Spindelmutter mit Kugellager, *c)* Spindelmutter mit Gleitlager, *d)* Ratsche zur Bedienung der Muttern. (G. HETZEL, O. FRANZIUS.)

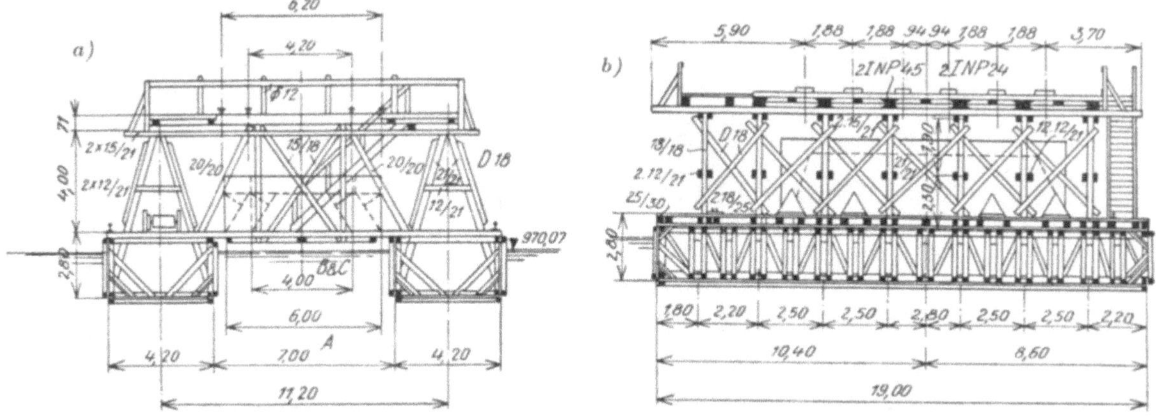

Abb. 692 a. Schwimmendes Gerüst zur Versenkung von Druckkästen. (Tiroler Wasserkraft A.-G.)

Druckkasten, wie es die Abb. 691 a andeutet, vorübergehend auf Hilfsspindeln aufgehängt.

Den Aufbau des Druckkastens auf einem schwimmenden Gerüst zeigt die Abb. 692 a. Der Arbeitsvorgang ist der gleiche wie bei der Versenkung vom festen Gerüst aus.

Wenn der Druckkasten durch hinreichend tiefes Wasser abzusenken ist, erfolgt der Zusammenbau des Druckkastens am besten an geeigneter Stelle am Ufer auf einer Helling (Abb. 694) oder in einem Dock und wird schwimmend zur Versenkungsstelle befördert (Abb. 692b). Der weitere Aufbau erfolgt zwischen Hilfsgerüsten (Abb. 693) an der Versenkungsstelle.

In dem Maße, als die Absenkung des Druckkastens vor sich geht, muß das Schachtrohr zwischen der Luftschleuse und der Arbeitskammer durch den Einbau neuer Rohre verlängert werden; hierbei muß jedesmal die Luftschleuse vom Schachtrohr abgehoben werden. Für diese Arbeiten wird über der Versenkungsstelle ein Portalkran (Abb. 687 und 695) oder bei Versenkung vom festen Boden aus und leichten

Abb. 692b. Schwimmende Beförderung eines Druckkastens für einen Pfeiler der Donaubrücke in Pancsova. (Dyckerhoff & Widmann.)

Abb. 693. Einschleppen eines Stahlbeton-Druckkastens in das Versenkgerüst. (Dyckerhoff & Widmann.)

Abb. 694. Stapellauf eines Stahlbeton-Druckkastens. (Dyckerhoff & Widmann.)

Abb. 695. Portalkran für das Anheben der Schleusen. (Beuchelt & Co.)

Schleusen auch nur ein Dreibein (Abb. 696) vorgesehen.

Der Aushub in der Arbeitskammer wird durch die Schachtrohre herausbefördert. In Druckkästen kleiner Abmessungen wird der Aushub zu den Kübeln unter den Schachtrohren geworfen oder mit Schubkarren zugeführt. In Druckkästen größerer Abmessungen werden an der Decke der Arbeitskammer Hängeschienen angeordnet, auf denen die gefüllten Kübel zu den Schachtrohren gefahren werden oder es werden seitlich verschiebbare Bandförderer an der Decke aufgehängt (Abb. 697), die den Aushub zu den Schachtrohren befördern.

Der Fortschritt des Absenkens hängt vorwiegend von der Leistungsfähigkeit der Schleusen beim Ausschleusen des Aushubes ab; Absenkungsfortschritte von mehr als 50 [cm] im Tag sind selten erreicht worden.

Damit der Druckkasten am Absinken nicht durch die Mantelreibung behindert wird, erhält er, so wie das über ihm aufgebaute Bauwerk einen Anzug, manchmal wird auch über der Arbeitskammer ein Absatz angeordnet. Wenn trotzdem der Druckkasten infolge zu großer Mantelreibung hängenbleibt, so kann nach Ausschleusung aller Arbeiter ein Absinken durch rasches Ablassen der Druckluft aus dem Arbeitsraume bewirkt werden. Das Wasser kann dann durch den Boden nicht rasch genug zuströmen, so daß durch diese Maßnahme vorübergehend der Auftrieb ausgeschaltet wird.

Der Aushub wird so lange fortgesetzt, bis die vorgesehene tragfähige Schicht erreicht ist. Wenn die Gründung auf Fels vorgesehen ist, so wird von der Felsoberfläche alles gebräche Gestein entfernt. Es wird aber nur selten vorkommen, daß die Felsoberfläche waagrecht liegt, um nun in solchen Fällen bei hinreichend luftdichtem Boden Sprengungen in der Arbeitskammer zu vermeiden, wird, sobald die Schneide des Druckkastens an irgend einer Stelle am Fels aufsitzt, der restliche Teil der Schneide unterfangen. Während dieser Arbeiten wird die Spannung der Druckluft erhöht, so daß das Wasser bis in größere Tiefe unter der Schneide ausgetrieben wird; hierbei ist die

Abb. 696. Dreibein für das Anheben leichter Schleusen. (Stewag.)

Zufuhr von reichlicher Druckluft erforderlich. Die Unterfangung erfolgt längs der Schneide verteilt nach und nach 1 bis 2 [m] breiten Abschnitten mit Mauerwerk aus Klinkerziegeln oder Betonformsteinen, bis endlich die ganze Schneide untermauert ist (vgl. Abb. 688).

Abb. 697. Bauförderer im Arbeitsraum eines Druckkastens. (Flothmann A.-G.)

Abb. 698. Aushub unter der Druckkastenschneide beim Wehrbau Kembs. (Siemens-Bau-Union.) *a* Druckkastenschneide, *b* Tonschichte, *c* Fels.

Dieses Mauerwerk wird schließlich mit einem fetten Zementputz gedichtet. Statt der Unterfangung mittels Mauerwerkspfeilern kann auch eine Pölzung mit Holz oder Trägerabschnitten (Abb. 698) ausgeführt werden, wenn der durchteufte Boden hinreichend luftundurchlässig ist.

Besondere Gefahren entstehen beim Absenken des Druckkastens, wenn in Felsschichten Hohlräume angeschnitten werden, durch die die Luft entweichen kann. Wenn gelegentlich von Bohrungen solche Hohlräume gefunden werden, so ist es zweckmäßig, sie noch vor der Absenkung des Druckkastens durch Einpressen von Magerbeton zu schließen.

Wenn der Aushub vollendet und die Felsoberfläche bis auf die gesunden Schichten abgeräumt ist, wird der Arbeitsraum ausbetoniert. In angreifendem Grundwasser wird, auf einer dünnen Schichte von Unterlagsbeton die Asphaltisolierung aufgebracht und erst auf dieser der Arbeitsraum ausbetoniert. Sobald die Auffüllung bis ans untere Ende des Schachtrohres vorgeschritten ist, werden die Luftschleusen und die Schachtrohre abgenommen. Die Schachtrohrabschnitte sind, um das Abbauen zu erleichtern, mit Innenflanschen verbunden. Bei Druckkästen, die keine nennenswerten Lasten überragen, hat man aus Ersparungsrücksichten auch nur einen Teil der Arbeitskammern ausbetoniert, den Rest mit Boden ausgestampft.

Während der Absenkung wird das am Druckkasten zu gründende Bauwerk aufgebaut. Bei Pfeilern erhält das Mauerwerk vielfach eine Verkleidung aus Quadern, Betonformsteinen oder Klinkern, deren Aufmauerung stets dem Betonieren des übrigen Pfeilers voraneilt, so daß diese Verkleidung die Schalung entbehrlich macht. Bei der Aufmauerung dieser Verkleidung ist nun besondere Aufmerksamkeit dem Absenkungsvorgang zu widmen. Durch ungleichmäßigen Aushub kann es vorkommen, daß sich der Pfeiler neigt; in solchen Fällen ist das Ausrichten des Verkleidungsmauerwerkes mit dem Senkel nicht zulässig, weil nach dem späteren Aufrichten des Pfeilers diese Schichten der Verkleidung geneigt wären und der Pfeiler einen unschönen Anblick bieten würde.

4. Die Gründung auf schräg abgesenkten Druckluftkästen.

Damit in Grundwerken, die neben lotrechten auch größere waagrechte Kräfte aufzunehmen haben, die Stützlinie im Kern verläuft, sind bei lotrecht abgesenkten Druckkästen oft sehr namhafte Kastenabmessungen erforderlich, durch die die Gründungskosten stark erhöht werden. Um nun diesen Übelstand zu begegnen, senkt C. PH. HANSEN den Druckkasten in solchen Fällen annähernd unter dem Neigungswinkel der Stützlinie ab und erreicht dadurch neben

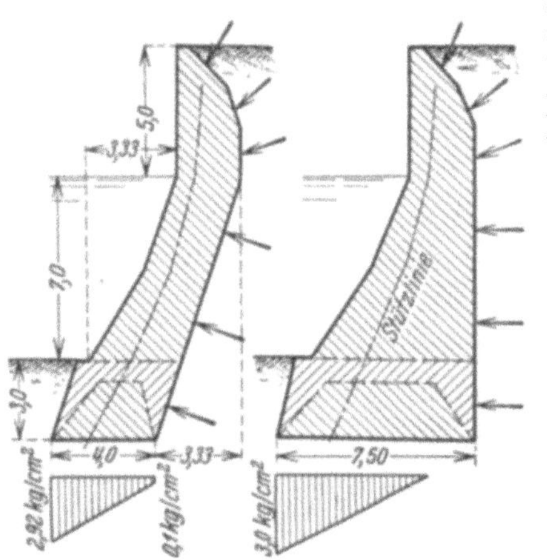

Abb. 699. Gegenüberstellung von Ufermauergründungen mit schräg und mit lotrecht abgesenktem Druckkasten. (Nach E. PAPROTH.)

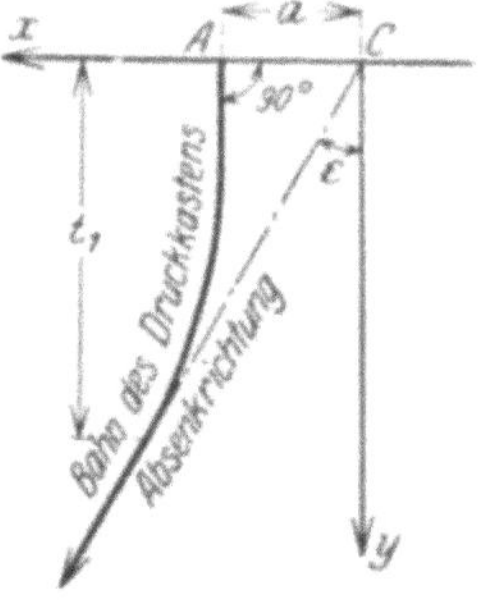

Abb. 700. Bahn des schräg abgesenkten Druckkastens und Ermittlung des Vorsetzmaßes a.

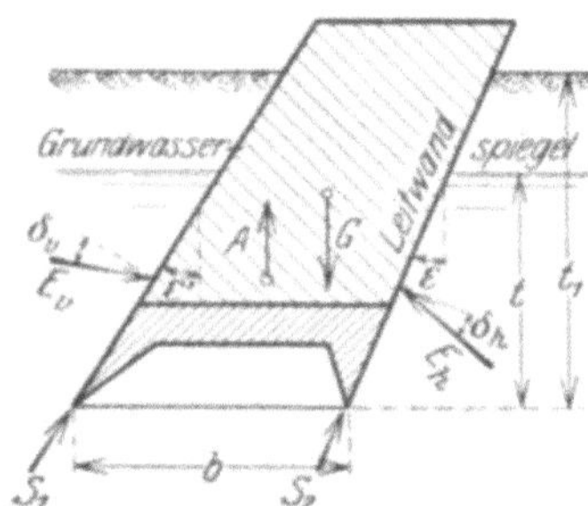

Abb. 701. Führung des schräg abgesenkten Druckkastens durch die Leitwand. A Auftrieb, G Gewicht.

namhaften Baustoff- und Arbeitsersparnissen überdies, daß auch bei nicht vorhergesehenem Tieferlegen der Sohlfläche die Stützlinie dennoch im Kerne verbleibt. In der Abb. 699 ist eine Gegenüberstellung der Gründung einer Ufermauer, einmal mit schräg abgesenktem, das andere Mal mit lotrecht abgesenktem Druckkasten dargestellt, die klar die Vorteile der schrägen Absenkung bei größeren waagrechten Drücken erkennen läßt.

Die schräge Absenkung eines Druckkastens erfordert, daß die untere Wandflucht des Druckkastens und des darüberliegenden Grundwerkes als Führungs- und Lagerfläche glatt ausgeführt wird und eine Neigung erhält, die jener der Absenkung gleich ist. Diese untere Wand wird deswegen als Leitwand bezeichnet.

Die Absenkung erfolgt so, wie jene der anderen Druckkästen, vom festen Boden, von Inselschüttungen oder von Gerüsten aus, je nachdem es die örtlichen Verhältnisse erfordern.

Der Druckkasten bewegt sich, sobald er auf dem Boden aufsitzt, anfänglich nicht in schräger Richtung, sondern vorerst lotrecht und erst in dem Maße, als der Erdwiderstand gegen die Leitwand anwächst, weichen die Schneiden aus der lotrechten Richtung ab und ihr Weg nähert sich allmählich der vorhergesehenen Bahnlinie, etwa so, wie es in der Abb. 700 angedeutet ist.

Das Grundwerk sei nun so tief abgesenkt, daß es der Boden weiter unter dem vorgesehenen Winkel ε schräg nach abwärts leite. In diesem Stadium (Abb. 701) stehen die zur Leitwand senkrecht stehenden Komponenten aller angreifenden Kräfte im Gleichgewicht und man kann nach E. PAPROTH die Tiefe t_1, in der der Erdwiderstand gegen die Leitwand eben zur richtigen Führung ausreicht, berechnen. In dieser Tiefe muß

$$E_h \cos \delta_h = G \sin \varepsilon - A \sin \varepsilon + E_v \cos (\delta_v + \varepsilon - \varepsilon') \tag{478}$$

sein. Für den Auftrieb wird

$$A = \gamma \, bt \tag{479}$$

gesetzt und für die Erddrücke gilt, wenn λ_l und λ_v die Ziffer des Erddruckes für die Leitwand bzw. für die Vorderwand sind,

$$E_v = \frac{\gamma_e \, \lambda_v}{2} \, t_I{}^2 \tag{480}$$

bzw.

$$E_h = \frac{\gamma_e \, \lambda_h}{2} \, t_I{}^2 \tag{481}$$

so daß man dann

$$\frac{\gamma_e \, \lambda_h}{2} \, t_I{}^2 \cos \delta_h = G \sin \varepsilon - \gamma \, b \, t \sin \varepsilon + \frac{\gamma_e \, \lambda_v}{2} \, t_I{}^2 \cdot \cos (\delta_v + \varepsilon - \varepsilon') \tag{482}$$

oder

$$\frac{t_I{}^2 \cdot \gamma_e}{2} \Big[\lambda_h \cos \delta_h - \lambda_v \cos (\delta_v + \varepsilon - \varepsilon') \Big] = \sin \varepsilon \, (G - \gamma \, b \, t) \tag{483}$$

hat. Wird weiter

$$\frac{2 \sin \varepsilon}{\gamma_e \big[\lambda_h \cos \delta_h - \lambda_v \cos (\delta_v + \varepsilon = \varepsilon') \big]} = \alpha \tag{484}$$

gesetzt, so folgt schließlich

$$t_I = \sqrt{\alpha \, (G - \gamma \, bt)}. \tag{485}$$

Für λ_h ist der entsprechende Beiwert für Erdwiderstand zu setzen; der Beiwert λ_v kann zwischen 0 und jenem für Erddruck liegen. Die Winkel δ_h und δ_v werden so wie die Beiwerte λ Erddrucktabellen entnommen.

Nun ist noch das Vorsetzmaß a (Abb. 702) zu berechnen, um das der Druckkasten vor die Absenklinie gesetzt werden muß, damit er schließlich in die geforderte Lage zu stehen kommt. Die Bahn des Druckkastens beginnt in der Bodenoberfläche lotrecht und erreicht in der Tiefe t_1 die Neigung

$$\frac{dx}{dy} = \operatorname{tg} \varepsilon. \tag{486}$$

E. Paproth nimmt nun an, daß der Neigungswinkel ε der Bahn proportional der Zunahme des Erdwiderstandes von 0 in der Bodenoberfläche bis auf $t_g \, \varepsilon$ in der Tiefe t_1 sei, daß also

$$\frac{dx}{dy} = \frac{\operatorname{tg} \varepsilon}{\frac{\gamma_e}{2} \lambda_p \, t_I{}^2} \cdot \frac{\gamma_e}{2} \lambda_p \, y^2 = \operatorname{tg} \varepsilon \, \frac{y^2}{t_I{}^2} \tag{487}$$

oder

$$\frac{t_I{}^2}{\operatorname{tg} \varepsilon} \, dx = y^2 \, dy \tag{488}$$

und weiter

$$\frac{t_I{}^2}{\operatorname{tg} \varepsilon} \, x - \frac{y^3}{3} \, \text{const} = C \tag{489}$$

ist. In der Tiefe $y = t_1$ ist $x = t_1 \cdot t_g \, \varepsilon$ und es ergibt sich für die Konstante

$$c = \frac{2 \, t_I{}^3}{3} \tag{490}$$

und für die Gleichung der Bahn

$$y^3 = \frac{3 \, t_I{}^2}{\operatorname{tg} \varepsilon} \, x - 2 \, t_I{}^3. \tag{491}$$

In der Bodenoberfläche (vgl. Abb. 702), also mit $y = 0$, ergibt sich schließlich das Vorsetzmaß

$$a = x_o = \frac{2}{3} \, t_I \operatorname{tg} \varepsilon. \tag{492}$$

Je größer der Neigungswinkel ε der Leitwand gewählt wird, um so mehr wird der Boden unter der Leitwand belastet und um so größer wird die Reibung; es muß bei größeren Neigungs-

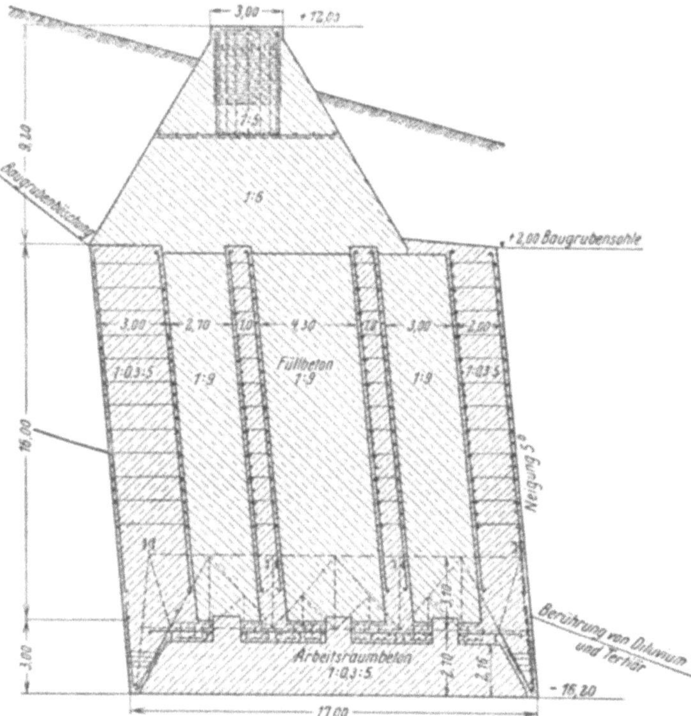

Abb. 702. Der Ostpfeiler der Kanalbrücke in Niederfinow.
(Nach PLARRE und DETTIG.)

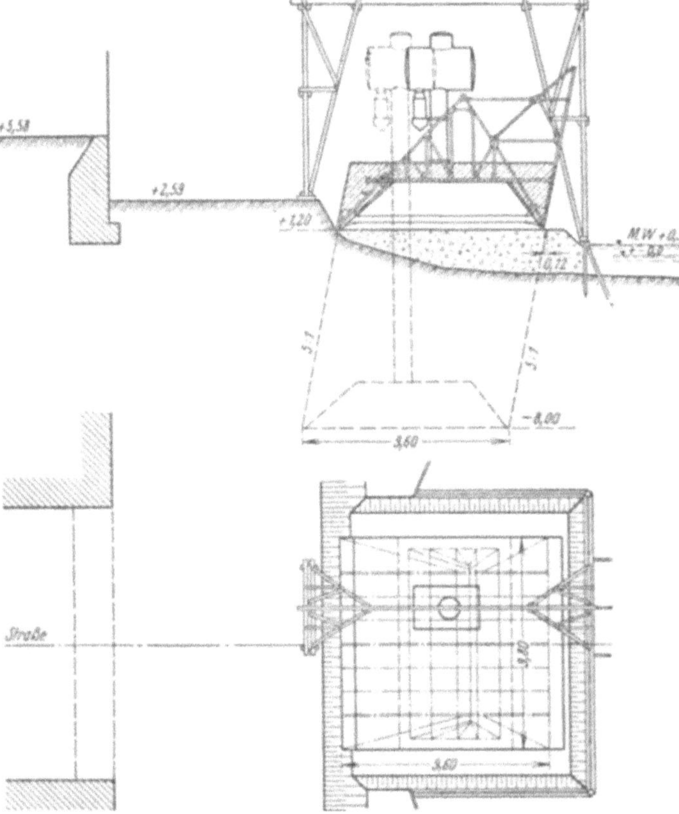

Abb. 703. Gründung eines Widerlagers der Brücke in Schwedt an der Oder
mittels schräg abgesenkter Druckkästen. (Nach KAUMANNS.)

winkeln daher stets nachgewiesen werden, daß der Druckkasten überhaupt bis auf die vorhergesehene Tiefe absinkt.

Während bei der Bemessung der Arbeitskammerwandung lotrecht abgesenkter Druckluftsenkkästen der von außen wirkende Erddruck in der Regel vernachlässigt wird, muß er, wie E. PAPROTH besonders betont, bei schräg abzusenkenden Druckkästen stets berücksichtigt werden.

Schließlich mögen die Abb. 699 bis 707 einige Beispiele für die Anwendung und Ausführung von schräg abgesenkten Druckkästen geben.

Schrifttum.

FISCHMANN: Der Neubau der „Hohen Brücke" über den Elbingfluß in Elbing. Bautechn. 1929. S. 675. — KAUMANNS: Neubau der Straßenbrücke über den Großschiffahrtsweg Berlin—Stettin bei Schwedt a. d. Oder. Bautechn. 1928. S. 419. — PAPROTH, E.: Die schräge Druckluftabsenkung in Theorie und Praxis. Bautechn. 1929. S. 566. — DERSELBE: Das Beeinflussen der Absenkrichtung von Druckluftsenkkästen. Bautechn. 1940. Seite 441.

5. Arbeiten in feststehenden Arbeitskammern.

Ähnlich wie in den Druckluftsenkkästen kann auch in oder von feststehenden Arbeitskammern aus die Herstellung von Grundwerksteilen unter dem Wasserspiegel erfolgen. In der Abb. 708a und b sind zwei Beispiele für die erfolgreiche Anwendung dieses Verfahrens dargestellt.

Die Abb. 708a zeigt die Arbeitsweise bei der Ausführung des Grundwerkes eines Tauchwandpfeilers an einem Wehr. Dort ist die Einlaufschwelle bis zum Wasserspiegel herauf durch Unterwasserbetonschüttung zwischen zwei Schalwänden, ähnlich wie ein Betonfangdamm, hergestellt worden. Um die Pfeiler der Tauchwand sicher auf gesundem Fels gründen zu können, sind, wie es in der Abb. 708b deutlich zu erkennen ist, an den betreffenden Stellen Holzkästen, mit Betonformsteinen (b) als Ballast beschwert, versenkt worden, die die Schalung für einen Hohlraum bildeten, in dem später unter dem Schutze von Druckluft der Pfeiler im Trockenen ausgeführt werden konnte. Dieser Hohlraum wurde später mit einer schweren Stahlbetonplatte abgedeckt, durch die das Schachtrohr der Schleuse führte (Abb. 708c). Die Trockenlegung der auf diese Weise gebildeten Arbeits-

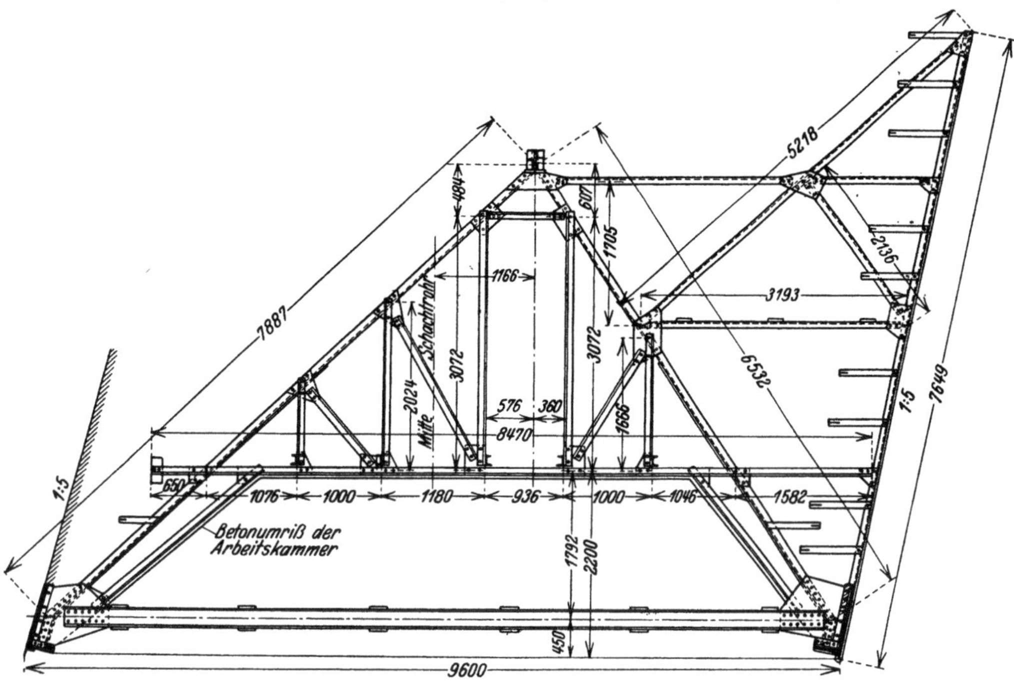

Abb. 704. Hauptbinder des stählernen Druckkastens für ein Widerlager der Brücke in Schwedt an der Oder. (Beuchelt & Co.)

kammern bereitete wegen der großen Luftdurchlässigkeit des Schüttbetons große Schwierigkeiten. Im Wasser arbeitend, mußte nach und nach, in dem Maße, als der Wasserspiegel sank, die Wandung der Arbeitskammern durch Bestreichen mit Zementmilch und Belegen mit Papier von einem waghalsigen Arbeiter gedichtet werden. Nachdem die Dichtung gelungen war, verursachten die Arbeiten keine weiteren Schwierigkeiten.

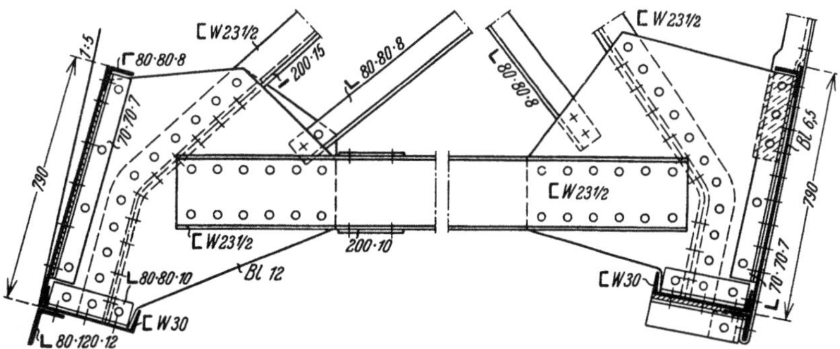

Abb. 705. Einzelheiten der Schneide und der Zuganker des Druckkastens in der Abb. 704. (Beuchelt & Co.)

In der Abb. 708a sind weitere Arbeiten von feststehenden Arbeitskammern aus dargestellt, die bei der Gründung der Herdmauern einer Wehröffnung durchgeführt worden sind. Der Fels fiel dort steil ab, so daß sich die Gründung mittels Druckluftsenkkästen nicht lohnte. Wie es die Abb. 708a deutlich veranschaulicht, sind dort in fester Verbindung mit dem Wehrboden an der Ober- und an der Unterwasserseite je eine Arbeitskammer eingebaut worden, von denen aus unter allmählicher Erhöhung der Luftpressung eine Unterfangung der Arbeitskammern mittels Mauern aus Betonformsteinen ausgeführt worden ist. Der Raum zwischen diesen Mauern unter der Arbeitskammer ist schließlich mit Beton aufgefüllt worden.

Abb. 706. Ansicht des stählernen Druckkastens für die Widerlager der Brücke in Schwedt an der Oder in der Werkstätte. (Beuchelt & Co.)

6. Vorschriften und Einrichtungen zum Schutze der in Preßluft Arbeitenden.

Sowohl der Aufenthalt in Druckluft gleichbleibender Spannung als auch rasch vor sich gehende Spannungsänderungen verursachen vielfach Beschwerden und gefährden die Gesundheit der Arbeiter. Ganz besonders schädlich sind rasch vor sich gehende Spannungsermäßigungen, weil das Blut beim Aufenthalt in Druckluft Stickstoff aufnimmt, der bei rascher Druckab-

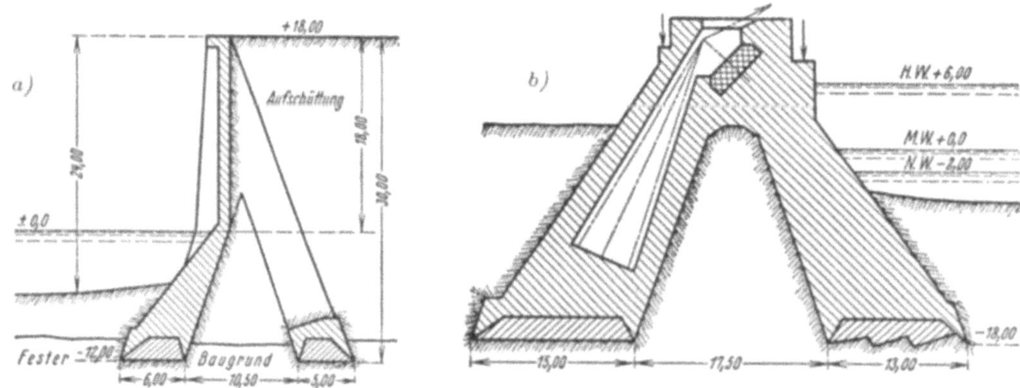

Abb. 707. Anwendung von schräg abgesenkten Druckkästen zur Gründung: *a*) einer Ufermauer, *b*) eines Verankerungsbockes für eine Hängebrücke. (Nach PAPROTH.)

nahme in Form von Bläschen abgeschieden werden kann; wenn ein solches Bläschen ins Herz gerät, kann es den sofortigen Tod herbeiführen.

Die Gefahren, denen Arbeiter in Druckluft ausgesetzt sind, machen es erforderlich, daß besondere Vorsichtsmaßregeln zum Schutze der Arbeiter getroffen werden und daß bei den Anlagen für Arbeiten in Druckluft für die Sicherheit der Arbeiter ganz besonders vorgesorgt wird. Im Deutschen Reiche besteht die Verordnung vom 6. Juli 1920, Reichsgesetzblatt Nr. 147,

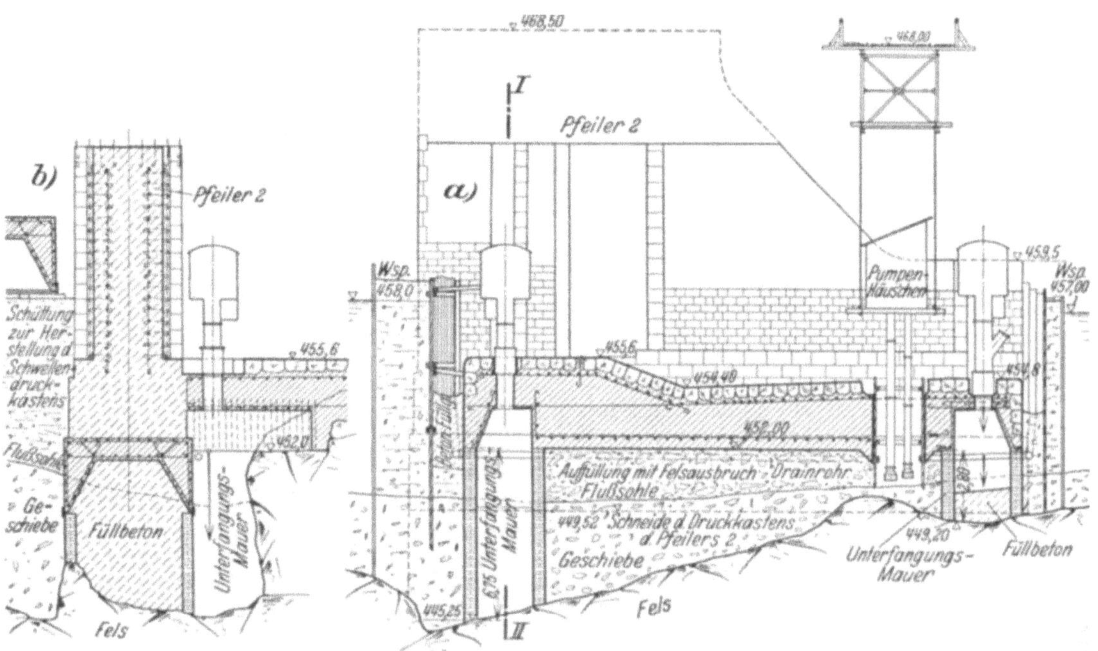

Abb. 708a. Betonierung von Herdmauern beim Murwehr Pernegg von feststehenden Druckluftarbeitskammern aus. (Steweag.)

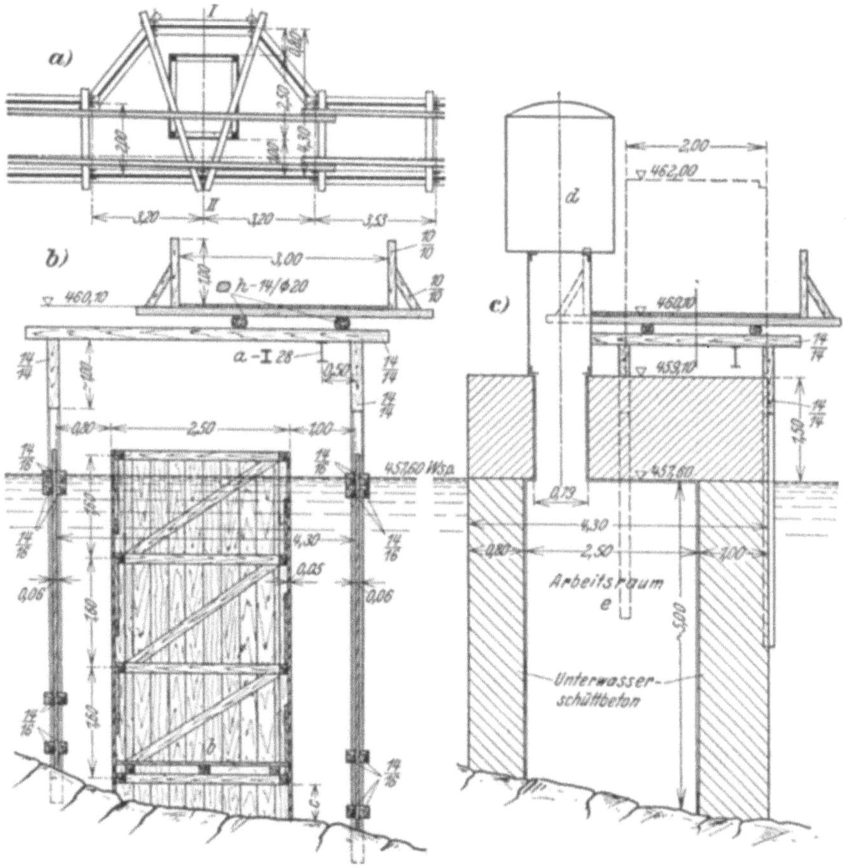

Abb. 708b. Betonierung des Grundwerkes eines Tauchwandpfeilers beim Murkraftwerk in Pernegg.
a) Grundriß, b) Schnitt I—II vor der Betonierung, c) nach der Betonierung. (Steweag.)

die Bestimmungen zum Schutze der in Preßluft beschäftigten Arbeiter enthält, die in weitgehender Weise für die Sicherheit der Arbeiter vorsorgen und strenge Bestimmungen für alle Vorkehrungen an Preßluftanlagen enthalten, die streng einzuhalten sind, weswegen die Verordnung im Wortlaut folgen möge:

Verordnung zum Schutze der Preßluftarbeiter vom 28. Juni 1920.

Auf Grund des § 120e der Gewerbeverordnung werden mit Zustimmung des Reichsrats folgende Vorschriften zum Schutze der Preßluftarbeiter erlassen.

Unter „Preßluftarbeiten" im Sinne der nachstehenden Vorschriften werden solche Arbeiten verstanden, bei denen eine oder mehrere Personen in Räumen oder Behältern — z. B. Senkkästen, Schächten, Tunnels, Taucherglocken — beschäftigt werden, in denen ein Luftdruck herrscht, der den äußeren Luftdruck um mindestens 0,1 [kg] auf jedes Quadratzentimeter (0,1 [kg/cm²]) übersteigt. Zu den Preßluftarbeiten im Sinne der nachstehenden Vorschriften gehören nicht Arbeiten in Taucherglocken, die keine Schleusen besitzen.

Unter „Arbeitsräumen" sind die Räume — Senkkästen, Schächte, Tunnels, Taucherglocken usw. — verstanden, in denen Arbeiter unter erhöhtem Luftdruck beschäftigt werden.

A. Anzeige.

§ 1. Wer Preßluftarbeiten ausführen will, hat dies vorher dem zuständigen Gewerbeaufsichtsbeamten anzuzeigen, sofern nicht die Landeszentralbehörde allgemein oder für einzelne Fälle eine andere Stelle dafür bestimmt. In der Anzeige sind die Arbeitsstelle, die ungefähre Zahl der Arbeiter, die voraussichtliche Dauer der Arbeit, der höchste zur Anwendung gelangende Luftdruck und der Name des Betriebsleiters anzugeben. Der Anzeige sind Zeichnungen und Beschreibungen der Arbeitsräume nebst einer Berechnung darüber beizufügen, daß die Wandungen den Vorschriften des § 3 genügen. Bei jeder wesentlichen Änderung der Einrichtungen sowie beim Wechsel der Arbeitsstelle ist eine neue Anzeige zu erstatten.

B. Betriebsleitung.

§ 2. Die Preßluftarbeiten dürfen nur unter Leitung und Aufsicht eines vom Übernehmer gestellten zuverlässigen, der deutschen Sprache mächtigen Betriebsführers begonnen und weitergeführt werden. Dieser muß dem zuständigen Aufsichtsbeamten (§ 1) nachweisen, daß er die für seine Stellung erforderlichen Kenntnisse besitzt.

Er ist im Sinne des § 151, Abs. 1, Satz 1 der Gewerbeordnung an erster Stelle dafür verantwortlich, daß die nachstehenden Vorschriften durchgeführt werden. Für den Fall einer Behinderung ist ein Vertreter zu bestellen, den der zuständige Aufsichtsbeamte (§ 1) als befähigt und zuverlässig anerkannt hat.

C. Betriebseinrichtungen.

§ 3. Die Wandungen der Arbeitsräume müssen ausreichend wasserdicht und so fest sein, daß sie weder durch den äußeren noch durch den inneren Druck eingedrückt oder verschoben werden können. Die Arbeitsräume der Senkkästen, Schächte und Taucherglocken müssen so hoch sein, daß die darin befindlichen Arbeiter aufrecht stehen können, solange noch nicht mit dem Ausfüllen begonnen ist.

Die Arbeitsräume müssen rein gehalten werden. Gegenstände oder Abfälle, die einen unangenehmen oder lästigen Geruch verbreiten, sind schleunigst herauszuschaffen.

§ 4. Für jeden Arbeitsraum, in dem die Arbeiter unter erhöhtem Druck arbeiten, müssen mindestens je eine Betriebs- und Hilfsluftdruckpumpe mit besonderen, voneinander gänzlich unabhängigen Antriebsvorrichtungen vorhanden sein. Sind nur zwei Pumpen vorhanden, so muß jede groß genug sein, um den erforderlichen Arbeitsdruck zu erzeugen und dauernd zu erhalten. Sind mehr als zwei Pumpen vorhanden, so müssen zwei Drittel der beliebig ausgewählten Pumpen nach Größe und Anzahl genügen, um den erforderlichen Arbeitsdruck zu erzeugen und dauernd zu erhalten. Die Größe der Pumpen ist ferner so zu bemessen, daß für jede in den Arbeitsräumen tätige Person bei einem Überdruck bis zu 0,5 [kg/cm²] stündlich mindestens 20 [m³] und bei höherem Überdruck stündlich mindestens 30 [m³] Frischluft zusammengepreßt und in den Arbeitsraum befördert werden. Die Antriebsvorrichtungen müssen in allen Fällen so eingerichtet sein, daß jede unabhängig von der anderen auf jede einzelne Pumpe wirken kann.

Bei Senkkästen und Schächten, bei denen der Überdruck 1,3 [kg/cm²] nicht übersteigt, und bei Taucherglocken kann davon abgesehen werden, Hilfsluftdruckpumpen aufzustellen, wenn

1. die Betriebsluftdruckpumpen für jede in dem Arbeitsraume tätige Person mindestens 35 [m³] Frischluft stündlich zusammenpressen und in den Arbeitsraum befördern können, und wenn
2. die Schleusen so groß sind, daß die gesamte Preßluftmannschaft mit einem Male ausgeschleust werden kann.

Die nicht in Betrieb befindlichen Luftdruckpumpen und Antriebsvorrichtungen müssen stets betriebsbereit gehalten werden, so daß jede von ihnen sofort in Tätigkeit gesetzt werden kann, wenn eine andere versagt. Von solchen Teilen, die erfahrungsgemäß leicht unbrauchbar werden, sind Ersatzstücke bereit zu halten.

Die Luftdruckpumpen müssen mit dem Arbeitsraume durch mindestens zwei getrennte Leitungen verbunden und derart an eine Ringleitung geschaltet werden, daß bei einem Bruche der Ringleitung oder einer

Hauptdruckleitung an beliebiger Stelle oder beim Versagen einer Luftdruckpumpe die beschädigten Teile durch entsprechend angeordnete Absperrvorrichtungen ausgeschaltet werden können, ohne daß die ausreichende Luftzufuhr nach den Arbeitsräumen gefährdet wird.

Wenn der höchste zur Anwendung gelangende Überdruck über 0,5 [kg/cm²] hinausgeht, so müssen Druckleitungen, Windkessel, Schachtrohre und Schleusen vor der Inbetriebnahme durch einen Dampfkesselrevisor mit Wasserdruck auf den einundeinhalbfachen Betriebsdruck, mindestens aber auf 3 [kg/cm²] geprüft werden. Diese Vorschrift findet keine Anwendung auf Schleusen, die nicht aus Eisen hergestellt sind. Der Unternehmer hat den zuständigen Aufsichtsbeamten (§ 1) nachzuweisen, daß die Prüfung ausgeführt worden ist.

§ 5. Die Frischluft muß zu den Luftpumpen durch besondere Leitungen geführt werden, deren Öffnungen in der freien Luft enden und so liegen, daß nur reine Luft hineingelangen kann. Zum Schmieren der Luftpumpen sind möglichst geruchlose Schmiermittel zu benutzen. Die angesaugte Luft ist durch Filter, die gepreßte Luft, ehe sie zu dem Arbeitsraume und den Schleusen gelangt, durch Ölabscheider zu reinigen. Sie muß nötigenfalls durch Oberflächenkühlung abgekühlt werden, so daß sie möglichst nicht unter 10⁰ und nicht über 20⁰ C warm ist, wenn sie in den Arbeitsraum kommt. Die Luft in dem Arbeitsraume selbst soll möglichst nicht unter 10⁰ und nicht über 25⁰ C warm sein. Im Arbeitsraume ist ein Thermometer anzubringen. Die Ölabscheider sind nach Bedarf, mindestens aber jede Woche einmal, gründlich zu reinigen.

§ 6. In jede Hauptdruckleitung ist ein Windkessel einzuschalten. Änderungen des Luftdruckes in den Arbeitsräumen sollen möglichst gleichmäßig erfolgen; plötzliche Schwankungen sind zu vermeiden. Wenn es aus technischen Gründen notwendig wird, den Druck in einem Arbeitsraume, in dem sich Personen befinden, schnell zu ermäßigen, so darf dies ohne weiteres höchstens bis auf die Hälfte geschehen. Bei einer weiteren Ermäßigung sind die Schleusungszeiten (§ 36, Abs. 2, 3) einzuhalten.

Der zuständige Aufsichtsbeamte (§ 1) kann das Herausdrücken von Schlamm und Erde mittels Luftdruckes (Syphonieren) gestatten. Dabei darf der Druck bis höchstens auf die Hälfte sinken.

§ 7. Jede Druckleitung ist mit einem Druckmesser, einer Absperrvorrichtung und einem Sicherheitsventil versehen, das imstande sein muß, mindestens die halbe Menge der Luft, die von den Pumpen gefördert wird, abzublasen. Zwischen Pumpe und Sicherheitsventil darf keine Absperrvorrichtung angebracht werden. Die zu den Arbeitsräumen führenden Luftleitungen müssen an ihrem Ende in der Arbeitskammer ein Rückschlagventil haben.

§ 8. Von jedem Arbeitsraume muß eine zuverlässige Fernsprechvorrichtung nach der Schleuse und nach dem Maschinenraume führen. Der zuständige Aufsichtsbeamte (§ 1) kann an Stelle der Fernsprechvorrichtung eine andere zuverlässige Signalvorrichtung zulassen, sofern die Belegschaft nicht mehr als zehn Arbeiter in jeder Schicht beträgt.

§ 9. In jedem Arbeitsraume ist an einer gut sichtbaren Stelle ein zuverlässiger Druckmesser anzubringen und dauernd betriebsfähig zu erhalten. Weitere Druckmesser sind außen so anzubringen, daß die Personen, welche die Schleusen und die Luftpumpen beaufsichtigen, jederzeit den Druck, der im Arbeitsraume herrscht, erkennen können. Jeder dieser Druckmesser ist durch eine besondere selbständige Leitung mit dem Arbeitsraume zu verbinden.

§ 10. Für die Beförderung der Personen und Materialien müssen, wenn der Überdruck 1,3 [kg/cm²] übersteigt, getrennte Schleusen mit besonderen Steigschächten vorhanden sein. An Stelle von zwei getrennten Schächten kann mit Zustimmung des zuständigen Aufsichtsbeamten (§ 1) ein Steigschacht mit zwei getrennten Abteilungen benutzt werden, sofern dadurch der Personenverkehr nicht erschwert oder verhindert wird. Weitere Ausnahmen kann der zuständige Aufsichtsbeamte (§ 1) zulassen, wenn die Arbeitsräume so klein oder so gestaltet sind, daß zwei Steigschächte oder ein Steigschacht mit getrennten Abteilungen oder zwei Schleusen nicht angebracht werden können, oder wenn die besonderen Verhältnisse eine Abweichung von den Vorschriften notwendig machen; jedoch ist unter allen Umständen dafür zu sorgen, daß die Arbeiter im Notfall schnell ins Freie gelangen können.

§ 11. Schächte, die zum Einsteigen und Aussteigen von Personen dienen, sind so einzurichten, daß sie ohne Gefahr benutzt werden können. Wenn der höchste Überdruck mehr als 0,5 [kg/cm²] beträgt, ist einer der zum Personenverkehr dienenden Steigschächte mit einem Notaufzug und mit einer Einrichtung zu versehen, die es gestattet, Verletzte oder Kranke sicher und ohne Schaden in die Schleuse zu befördern.

§ 12. Jeder Arbeitsraum muß mit mindestens einer besonderen absperrbaren Einrichtung zum Ablassen der Luft versehen werden. Beim Arbeiten in undurchlässigem Boden ist die verbrauchte Luft durch diese Einrichtung abzulassen und gleichzeitig eine genügende Menge frischer Luft zuzuführen. Dasselbe muß geschehen, wenn die Ausfüllung der Arbeitskammern begonnen hat. Die Austrittsstelle der verbrauchten Luft und die Eintrittsstelle der frischen Preßluft müssen möglichst weit auseinander liegen.

§ 13. Die Personenschleusen müssen mindestens 1,85 [m] hoch sein und für jede gleichzeitig auszuschleusende Person mindestens 0,75 [m³] Luftraum besitzen. Der zuständige Aufsichtsbeamte (§ 1) kann bei Tunnelbauten Ausnahmen von der vorgeschriebenen Höhe der Personenschleusen zulassen. Bei einem Überdrucke von mehr als 1,3 [kg/cm²] ist die Personenschleuse mit Sitzgelegenheiten zu versehen. Die Zugangs- und Verbindungstüren der Personen- und Materialschleusen müssen so angebracht sein, daß sie durch den Luftdruck auf ihren Sitz gepreßt werden. Sind die Schleuseneingänge nur durch Leitern oder Treppen zu erreichen, so sind vor den Eingangsöffnungen Bühnen mit Geländern anzubringen.

§ 14. Die Türen der Materialschleusen müssen sich nach innen öffnen, so daß sie durch den Luftdruck auf ihren Sitz gepreßt werden; ausgenommen sind die sogenannten Materialhosen, bei denen die untere Tür von außen sich anlegen darf, unter der Voraussetzung, daß sie nicht plötzlich geöffnet werden kann und auch während des Öffnens gegen den Luft- und Materialdruck wieder zurückgeschlossen werden kann.

Bei allen Materialhosen sind die beiden Klappen derart zwangsläufig zu verbinden, daß eine Klappe nur geöffnet werden kann, wenn die andere geschlossen ist. Es ist auf das strengste verboten, die Materialhosen zu benutzen, wenn in der zwangsläufigen Verbindung eine Störung eintritt.

§ 15. In die Personenschleusen darf beim Ein- und Ausschleusen nur Preßluft aus den Druckpumpen und Preßluftleitungen, nicht aus den Arbeitskammern eingelassen werden.

In jeder Schleuse müssen geeignete Ventile oder Hähne zum Ein- und Auslassen der Preßluft, ein Druckmesser, eine Uhr und, wenn der höchste Überdruck in dem Preßraume über 1,3 [kg/cm²] hinausgeht, vor der Personenschleuse außerdem eine Vorrichtung zum selbsttätigen Aufzeichnen der Schleusungszeiten und des Druckes vorhanden sein und stets gebraucht werden.

Eine zweite Vorrichtung zum selbsttätigen Aufzeichnen der Schleusungszeiten und des Druckes ist bereit zu halten und sofort in Benutzung zu nehmen, wenn die andere versagt. Beide Vorrichtungen müssen vor Beginn der Preßluftarbeiten untersucht werden und sich als brauchbar erweisen. Die Aufzeichnungen sind dem Arzte (§ 27) auf Verlangen vorzulegen.

§ 16. Die Luftleitungen sind so zu legen, daß sie die Benutzung der Schleusen nicht erschweren. Die Öffnungen zum Einlassen der Preßluft sind so anzubringen, daß die in der Schleuse befindlichen Personen nicht unmittelbar von dem Luftstrahl getroffen werden.

§ 17. Die Schleusen sind gegen Sonnenstrahlen zu schützen, elektrisch zu beleuchten und nötigenfalls zu kühlen. In jeder Personenschleuse sind so viel trockene wollene Decken vorrätig zu halten, wie Personen gleichzeitig ausgeschleust werden dürfen.

Die Schleusen sind mit dem Maschinenhaus oder dem Baubüro durch Fernsprecher zu verbinden. Der zuständige Aufsichtsbeamte (§ 1) kann in geeigneten Fällen eine andere zuverlässige Signalvorrichtung zulassen.

§ 18. Die Arbeitsräume, die Steigschächte und die Zugänge zu den Schleusen sind ausreichend elektrisch zu beleuchten. Jeder Aufseher in dem Arbeitsraume und jeder Schleusenwärter muß eine elektrische Taschenlampe oder ein Licht und Streichhölzer bei sich führen.

§ 19. Der Boden der Personenschleuse ist mit einem beweglichen Lattenroste zu bedecken und nach Bedarf zu reinigen. Die Sitze und Rücklehnen sind so weit zu verkleiden, daß die sie benutzenden Personen nicht mit den eisernen Außenwänden unmittelbar in Berührung kommen.

§ 20. Wenn Räume, die unter Preßluft stehen, hölzerne Wandungen besitzen oder wenn sich darin brennbare Stoffe befinden, so sind in ihnen geeignete Feuerlöschmittel bereit zu halten.

D. Krankenkammer.

§ 21. Wenn der Überdruck in den Arbeitsräumen zeitweilig 2 [kg/cm²] oder an mehr als 14 Tagen 1,3 [kg/cm²] erreicht, muß an der Arbeitsstätte eine Krankenkammer vorhanden sein, die es gestattet, erkrankte Arbeiter gleichzeitig mit dem Arzte oder der nach § 29 zur ersten Hilfeleistung bei Preßlufterkrankungen bestellten Persönlichkeiten unter den höchsten Druck zu bringen, der in den Arbeitsräumen zur Anwendung kommt. Sofern nach den vorstehenden Vorschriften keine besondere Krankenkammer erforderlich ist, muß eine geeignete Schleuse zur Behandlung der erkrankten Arbeiter zur Verfügung stehen.

Die Krankenkammer soll möglichst in unmittelbarer Verbindung mit dem ärztlichen Untersuchungsraume (Krankenzimmer, § 26) und dem Arbeiteraufenthaltsraume stehen.

§ 22. Die Krankenkammer muß einschließlich der Schleuse mindestens 3 ½ [m] lang sein, 2 [m] Durchmesser haben und genügend Raum für zwei Ruhebetten besitzen. Sie muß mit einer Schleuse von mindestens 90 [cm] Länge, einer Vorrichtung zum Durchschleusen von Arzneimitteln u. dgl. und mit einigen Fenstern, die mit festem Glas verschlossen sind, versehen sein. Sie muß ferner durch besondere Leitungen mit den Luftdruckpumpen verbunden werden. Die Türen müssen so eingerichtet und groß sein, daß Schwerkranke bequem in die Schleuse hineingebracht werden können. Die Krankenkammer muß durch Fernsprecher mit dem Büro verbunden werden. Sie muß ferner zu heizen und gut elektrisch zu beleuchten sein. Im übrigen ist sie einzurichten, wie es in § 15, Abs. 2 und 3, §§ 16 und 17 für die Schleusen vorgeschrieben ist. In der Krankenkammer oder, wenn eine solche nicht vorhanden zu sein braucht, an einer anderen geeigneten Stelle sind Vorrichtungen zum Einatmen von Sauerstoff und gepreßter Sauerstoff in Stahlzylindern vorrätig zu halten.

E. Aufenthalts-, Umkleide-, Speiseräume usw.

§ 23. In der Nähe der Personenschleuse sind ein geschlossener, heizbarer, angemessen eingerichteter Wasch-, Aufenthalts- und Umkleide- und davon getrennt ein Speiseraum herzustellen. Der Wasch-, Aufenthalts- und Umkleideraum sowie der Speiseraum müssen mindestens 2,2 [m] hoch sein, und wenigstens 6 [m³] Luftraum für jeden Mann der Arbeitsschicht enthalten. In dem Speiseraume müssen Tische und Bänke, Vorrichtungen zum Anwärmen der Speisen, in dem Wasch-, Umkleide- und Aufenthaltsraume Vorrichtungen zum Aufbewahren der Kleider sowie zweckentsprechende Wascheinrichtungen in ausreichendem Maße vorhanden sein. Ferner sind in dem Aufenthaltsraume einige Liegebänke mit wollenen Decken aufzustellen. Zum Trocknen feuchter Arbeitskleider ist in einem besonderen, abgetrennten Raume eine Trockenvorrichtung anzubringen.

Wenn der Überdruck nicht höher als 1,3 [kg/cm²] und die Zahl der Preßluftarbeiter gering ist, kann der zuständige Aufsichtsbeamte (§ 1) zulassen, daß die Aufenthalts-, Umkleide-, Trocken- und Waschräume mit dem Speiseraum vereinigt werden.

§ 24. Der Arbeitgeber hat dafür zu sorgen, daß die Wasch-, Aufenthalts-, Umkleide- und Speiseräume sauber gehalten und nach jeder Pause oder jedem Schichtwechsel gereinigt werden. Die Aufrechterhaltung der Ordnung und Sauberkeit ist besonders zuverlässigen Leuten zu übertragen.

§ 25. In der Nähe des Aufenthaltsraumes ist ein angemessen eingerichteter Abort herzustellen, der dauernd sauber und in Ordnung zu halten ist.

§ 26. Wenn der höchste zur Anwendung gelangende Überdruck 0,5 [kg/cm²] übersteigt, so ist zur ersten Aufnahme von Erkrankten oder Verunglückten sowie zur Vornahme der ärztlichen Untersuchungen ein besonderer Raum herzustellen oder abzuteilen und entsprechend einzurichten.

F. Ärztliche Überwachung.

§ 27. Der Arbeitgeber hat den Gesundheitszustand aller Personen, welche in seinem Auftrag in Räumen zu tun haben, in denen ein Überdruck von mehr als 0,5 [kg/cm²] herrscht, dauernd durch einen von der höheren Verwaltungsbehörde dazu ermächtigten, approbierten Arzt überwachen zu lassen. Die Ermächtigung ist erst dann zu erteilen, nachdem sich der Arzt zur Befolgung der anliegenden Dienstanweisung verpflichtet hat. Der Arzt muß mindestens einmal monatlich sich selbst in die Arbeitsräume einschleusen lassen.

Wenn der Überdruck in den Arbeitsräumen mehr als 1,3 [kg/cm²] beträgt, muß der Arzt möglichst in der Nähe der Betriebsstelle wohnen und seine Wohnung mit dieser durch Fernsprecher verbunden werden. Er muß jederzeit zu erreichen sein; falls er verhindert sein sollte, muß ein von der höheren Verwaltungsbehörde ermächtigter Vertreter zur Stelle sein.

Beträgt der Überdruck, unter dem gearbeitet wird, mehr als 2,5 [kg/cm²], so muß dauernd ein Arzt auf der Arbeitsstelle anwesend sein.

Die Namen des Arztes und seiner Stellvertreter sind dem zuständigen Aufsichtsbeamten (§ 1) mitzuteilen. Name, Wohnung und Fernsprechnummer des Arztes sind im Baubüro, in den Schleusen und an der Arbeitsstelle in deutlicher Schrift anzuschlagen.

Wenn der Unternehmer einen mit der Überwachung der Arbeiter beauftragten Arzt kündigen will, so hat er dies der höheren Verwaltungsbehörde anzuzeigen und dabei die Gründe dafür anzugeben.

Solange eine ärztliche Überwachung nach Maßgabe der Absätze 1 bis 3 nicht stattfindet, dürfen Preßluftarbeiten bei dem dort bezeichneten Überdrucke nicht ausgeführt werden.

§ 28. Der Arzt (§ 27) hat mindestens einmal wöchentlich auf der Arbeitsstelle und mindestens einmal monatlich in den Arbeitsräumen selbst sich davon zu überzeugen, daß die in den §§ 3, 5, 9, 10, 11, 17, 22, 23, 24, 25, 37, 38, 40, 49 bezeichneten Einrichtungen und Vorschriften zum Schutze der Arbeiter gegen Preßlufterkrankungen in ordnungsmäßigem Zustande sind und richtig gehandhabt werden. Er hat die Überwachung des Gesundheitszustandes zu regeln, die Hilfskräfte (§ 29) anzuweisen und die Aufzeichnungen über die Schleusungszeiten (§ 15, Abs. 2, 3) zu prüfen, zu unterschreiben und zu sammeln.

§ 29. Während jeder Schicht muß wenigstens eine geeignete Persönlichkeit, welche über die erste Hilfeleistung bei Preßlufterkrankungen eingehend unterrichtet ist, ständig auf der Arbeitsstelle oder in ihrer unmittelbaren Nähe anwesend sein. Sie hat den Gesundheits- und Krankendienst nach Anweisung des Arztes zu versehen und kann auch, soweit es ihr Dienst gestattet, mit der Aufsicht in den Unterkunftsräumen beauftragt oder mit anderen geeigneten Arbeiten beschäftigt werden.

§ 30. Zur Arbeit in Preßluft dürfen nur solche männliche Arbeiter zugelassen werden, welche eine Bescheinigung des Arztes (§ 27) darüber bringen, daß sie nach ihrem Gesundheitszustande für die Beschäftigung in Preßluft geeignet sind. Der Arzt hat insbesondere solche Personen für untauglich zu erklären, an denen er eines der nachstehenden aufgeführten Gebrechen nachweisen kann oder die ihm eines solchen Gebrechens verdächtig erscheinen.

1. Allgemeine Körperschwäche (z. B. durch mangelhafte Ernährung, nach schwerer Erkrankung, infolge ernster Erkrankung der Verdauungsorgane).
2. Fettleibigkeit.
3. Gebrechen, die die körperliche Beweglichkeit erheblich beeinträchtigen (z. B. starke Verkürzung oder Verstümmelung der Gliedmaßen).
4. Gebrechen oder Erkrankungen, die die Atmung (z. B. stärkerer Buckel, Unwegsamkeit der Nase, Einengung der oberen Luftwege durch Geschwülste, Kropf, Veränderung der Stimmbänder).
5. Ernste Erkrankung der Atmungsorgane (z. B. akuter oder chronischer Bronchialkatarrh, Lungenschwindsucht).
6. Erkrankung des Herzens oder der Blutgefäße (z. B. Herzfehler, Herzmuskelentartung, Arteriosklerose).
7. Akute Mittelohrentzündung und andere Ohrenerkrankungen, die durch Überdruck ungünstig beeinflußt werden.
8. Eingeweidebruch oder starke Bruchanlage.
9. Blasen- und Nierenleiden.
10. Leicht übertragbare Krankheiten, insbesondere Geschlechtskrankheiten.
11. Nervosität und sonstige funktionelle oder organische Nervenkrankheiten.
12. Trunksucht.

Arbeiter unter 20 Jahren oder über 50 Jahre dürfen in Preßluft überhaupt nicht beschäftigt werden, Arbeiter über 40 Jahre mit Ausnahme der Vorarbeiter nur bei einem Überdrucke von weniger als 1,3 [kg/cm²].

Zeitweilig auszuschließen sind Arbeiter, die an Nasenkatarrh, Affektionen der Ohren oder Erkrankungen der Verdauungsorgane leiden.

Betrunkene oder solche, die vorher Alkohol zu sich genommen haben, sind unter allen Umständen von der Arbeit in Preßluft auszuschließen.

§ 31. Arbeiter, die an Preßlufterkrankungen leichteren oder schwereren Grades gelitten haben, dürfen zur Beschäftigung in Preßluft erst wieder zugelassen werden, nachdem sie von dem Arzt (§ 27) eingehend untersucht und für tauglich zur Arbeit in Preßluft erklärt worden sind.

§ 32. Die ärztlichen Bescheinigungen (§ 30) sind zu sammeln und auf Verlangen dem zuständigen Aufsichtsbeamten (§ 1) und Medizinalbeamten vorzulegen.

Sie gelten höchstens 12 Monate, wenn jedoch der Überdruck innerhalb eines Zeitraumes von 90 Tagen an mehr als 14 Tagen 2 [kg/cm²] oder an mehr als 30 Tagen 1,3 [kg/cm²] übersteigt, höchstens einen Monat.

Nach Ablauf der Gültigkeit der Bescheinigung darf ein Arbeiter nur weiterbeschäftigt werden, nachdem er wieder untersucht worden ist.

Arbeiter, die drei Tage oder länger von der Arbeit fortgeblieben sind, müssen, wenn der Überdruck mehr als 1,3 [kg/cm²] beträgt, wieder untersucht werden.

§ 33. Der Arbeitgeber ist verpflichtet, ein Buch über den Bestand, Wechsel und Gesundheitszustand der Arbeiter zu führen oder führen zu lassen. Er ist dafür verantwortlich, daß die Eintragungen, soweit sie nicht durch den im § 27 bezeichneten Arzt gemacht werden, richtig und vollständig sind.

Dieses Buch muß enthalten:

1. den Namen dessen, welcher das Buch führt,
2. den Namen des mit der Überwachung des Gesundheitszustandes der Arbeiter beauftragten Arztes,
3. Vor- und Zunamen, Alter, Wohnort, Tag des Ein- und Austrittes jedes Arbeiters sowie der Art seiner Beschäftigung,
4. das Ergebnis der Untersuchungen (§§ 30, 31, 32),
5. den Tag und die Art jeder Erkrankung eines Arbeiters nebst einer Angabe, ob die Erkrankung nach Ansicht des Arztes mit Preßluft zusammenhängt oder nicht,
6. den Tag der Genesung,
7. die Tage und Ergebnisse der im § 28 vorgeschriebenen Besichtigungen und Untersuchungen.

Statt eines Buches können — mit Zustimmung des Aufsichtsbeamten (§ 1) — auch Karten benutzt werden, wenn sie alle erforderlichen Angaben enthalten und für ihre Vollständigkeit Gewähr gegeben ist.

Das Buch oder die Kartensammlung sind auf Verlangen des zuständigen Aufsichtsbeamten (§ 1) und Medizinalbeamten vorzulegen.

G. Arbeitszeit.

§ 34. Die Arbeitsschicht einschließlich der Pausen der in Preßluft beschäftigten Personen darf,
- a) wenn der Überdruck nicht mehr als 2 [kg/cm²] beträgt, 8 Stunden,
- b) wenn er mehr als 2 [kg/cm²], aber nicht mehr als 2,5 [kg/cm²] beträgt, 6 Stunden,
- c) wenn er mehr als 2,5 [kg/cm²], aber nicht mehr als 3 [kg/cm²] beträgt, $4^4/_5$ Stunden,
- d) wenn er mehr als 3 [kg/cm²], aber nicht mehr als 3,5 [kg/cm²] beträgt, 4 Stunden,
- e) wenn er mehr als 3,5 [kg/cm²] beträgt, 2 Stunden täglich nicht überschreiten.

In die achtstündige Arbeitsschicht wird die Zeit des Ein- und Ausschleusens eingerechnet; in die kürzeren Arbeitsschichten (b bis e) wird die Zeit des Ein- und Ausschleusens nicht eingerechnet. Neueingestellte Arbeiter dürfen in allen Fällen am ersten Tag nur die Hälfte dieser Zeit in Preßluft beschäftigt werden. Wenn sich dabei keine Beschwerden zeigen, können sie vom nächsten Tage ab, zwei Drittel der vollen Zeit und vom vierten Tage ab die volle zulässige Zeit beschäftigt werden.

Den Arbeitern sind, falls die Schicht länger als 4 Stunden dauert, innerhalb der Arbeitszeit Pausen von zusammen einer halben Stunde zu gewähren.

Zwischen je zwei Arbeitsschichten muß eine arbeitsfreie Zeit von mindestens 12 Stunden liegen.

H. Ein-, Ausschleusen.

§ 35. Bei der Aufnahme ist jeder Arbeiter über die Vorgänge beim Ein- und Ausschleusen sowie über sein Verhalten genau zu belehren und auf die Gefahr aufmerksam zu machen, der er sich aussetzt, wenn er die Vorschriften nicht befolgt. Jedem neu eintretenden Arbeiter ist das nachstehende Merkblatt auszuhändigen.

§ 36. Beim Einschleusen von Personen ist der Druck allmählich und so langsam zu steigern, daß keiner der einzuschleusenden Personen dadurch Beschwerden verursacht werden, der Schleusenwärter hat sich darüber durch Nachfragen zu vergewissern. Beim Einschleusen von Personen, die dem Schleusenwärter nicht bekannt sind oder die zum ersten Male eingeschleust werden, ist der Druck in jeder Minute um höchstens 0,1 [kg/cm²] zu steigern.

Das Ausschleusen muß stets sehr langsam und vorsichtig erfolgen, dabei sind mindestens die in der nachstehenden Tabelle angegebenen Zeiten einzuhalten.

1 Minute	bei einem Überdruck von	0,1 [kg/cm²]	32 Minuten	bei einem Überdruck von	1,6 [kg/cm²]
2 Minuten	„ „ „ „	0,2 „	34 „ „ „ „ „		1,7 „
3 „ „ „ „		0,3 „	36 „ „ „ „ „		1,8 „
4 „ „ „ „		0,4 „	39 „ „ „ „ „		1,9 „
5 „ „ „ „		0,5 „	42 „ „ „ „ „		2,0 „
6 „ „ „ „		0,6 „	45 „ „ „ „ „		2,1 „
7 „ „ „ „		0,7 „	48 „ „ „ „ „		2,2 „
8 „ „ „ „		0,8 „	51 „ „ „ „ „		2,3 „
9 „ „ „ „		0,9 „	55 „ „ „ „ „		2,4 „
10 „ „ „ „		1,0 „	60 „ „ „ „ „		2,5 „
11 „ „ „ „		1,1 „	65 „ „ „ „ „		2,6 „
12 „ „ „ „		1,2 „	71 „ „ „ „ „		2,7 „
13 „ „ „ „		1,3 „	77 „ „ „ „ „		2,8 „
22 „ „ „ „		1,4 „	83 „ „ „ „ „		2,9 „
30 „ „ „ „		1,5 „	90 „ „ „ „ „		3,0 „

Beim Ausschleusen ist der Überdruck zunächst in je einer Minute um 0,15 [kg/cm²] zu ermäßigen, bis er auf die Hälfte gesunken ist, und sodann in dem Reste der Zeit allmählich gleichmäßig bis auf den äußeren Luftdruck herabzusetzen.

Während des Ausschleusens ist durch Öffnen der Preßluftleitung für Nachströmen frischer Luft zu sorgen.

I. Schleusenwärter.

§ 37. Werden gleichzeitig mehr als vier Personen geschleust oder beträgt der Überdruck im Arbeitsraume mehr als 1,3 [kg/cm²], so muß für jede Personenschleuse ein besonderer, verantwortlicher und erfahrener Schleusenwärter vorhanden sein, der seinen Stand in der Schleuse selbst hat. Der Schleusenwärter darf seinen Posten nicht verlassen, ehe er abgelöst wird oder sämtliche Personen die Arbeitsräume verlassen haben. Dem Schleusenwärter sind durch eine schriftliche Dienstanweisung nach dem anliegenden Muster genaue Vorschriften über seine Tätigkeit zu geben. Eine Abschrift oder ein Abdruck dieser Dienstanweisung ist in jeder Schleuse gut sichtbar auszuhängen.

§ 38. Solange Personen in dem Arbeitsraume sich befinden, ist die Verbindung mit der Schleuse offenzuhalten, sofern nicht gerade ein- oder ausgeschleust wird.

§ 39. Das Ein- und Ausschleusen von Arbeitern darf bei einem Überdrucke von mehr als 1,3 [kg/cm²] oder, wenn mehr als vier Personen gleichzeitig geschleust werden, nur von den Schleusenwärtern vorgenommen werden. Das Öffnen und Schließen der Luftdruckhähne durch andere Personen ist untersagt. Der Schleusenwärter ist dafür verantwortlich, daß die für das Ein- und Ausschleusen geltenden Vorschriften und Zeiten genau innegehalten werden. Er darf außer im Falle der Gefahr davon nur abweichen, wenn der verantwortliche Betriebsleiter dies schriftlich anordnet und Personen nicht mit ein- und ausgeschleust werden.

§ 40 Wieviel Personen in den einzelnen Schleusen gleichzeitig durchgeschleust werden dürfen, ist durch Anschlag bekanntzugeben. Der Schleusenwärter ist dafür verantwortlich, daß diese Zahl nicht überschritten wird.

§ 41. Personen, die zum ersten Male ein- und ausgeschleust werden, hat der Schleusenwärter über ihr Verhalten zu belehren.

Bei Personen, die ihm unbekannt sind, hat er sich zu erkundigen, ob sie schon einmal in Preßluft gewesen sind.

§ 42. Wenn sich während des Einschleusens bei einer Person Ohrenschmerzen, Stirnschmerzen oder sonstiges Unwohlsein einstellen, hat der Schleusenwärter sofort die Luftzufuhr abzustellen. Vermindert sich nach einigen Minuten das Unwohlsein nicht, so hat er wieder auszuschleusen und den Erkrankten in Begleitung zu der in der ersten Hilfeleistung ausgebildeten Hilfskraft (§ 29) zu schicken. In diesem Falle brauchen die Vorschriften über Schleusenzeiten nicht eingehalten zu werden.

Leute, die in der Preßluft erkrankt sind, hat der Schleusenwärter nur mit den notwendigen Begleitern besonders vorsichtig auszuschleusen.

§ 43. Jede Erkrankung infolge von Preßluft ist sofort dem Arzte (§ 27) zu melden. Zeigt ein Arbeiter beim Ausschleusen Krankheitserscheinungen, so sind die Hähne der Luftablaßleitung sofort zu schließen. Bessert sich nach einigen Sekunden das Befinden nicht, so ist der Druck in der Schleuse wieder zu erhöhen. Der Erkrankte ist dann möglichst allein auszuschleusen unter entsprechender Verlängerung der im § 36 vorgesehenen Zeiträume.

§ 44. Jede Beschädigung an der Schleuse und ihren Einrichtungen (Türen, Hähnen, Druckmessern, Uhr, Fernsprecher usw.) hat der Schleusenwärter sofort dem Betriebsleiter zu melden.

§ 45. Die Namen aller von Erscheinungen der Preßlufterkrankung befallenen Personen hat der Schleusenwärter sobald als möglich dem Betriebsleiter zu melden. Dieser hat sie in ein Krankenbuch (§ 33) eintragen zu lassen.

§ 46. Sofern bei unvorhergesehenen Ereignissen die vorgeschriebenen Ausschleusungszeiten nicht innegehalten werden konnten, ist möglichst bald der Arzt zu benachrichtigen. Die ausgeschleusten Arbeiter sind in der Krankenkammer nochmals dem in dem Arbeitsraume herrschenden Drucke auszusetzen und danach vorschriftsmäßig auszuschleusen. Ist die Krankenkammer nicht betriebsfähig, so ist Sauerstoffatmung vorzunehmen.

§ 47. Erkrankt der Schleusenwärter, so hat er dies dem nächsten Vorgesetzten sofort anzuzeigen, der für einen Vertreter zu sorgen hat.

§ 48. Ist nach vorstehenden Vorschriften die Zuziehung eines besonderen Schleusenwärters nicht erforderlich, so haben sich die mit dem Ein- und Ausschleusen beauftragten Personen mit der Dienstanweisung für den Schleusenwärter vollständig vertraut zu machen und stets danach zu verfahren. Dasselbe gilt für das Ein- und Ausschleusen von Personen bei den Materialschleusen, soweit die Vorschriften und Dienstanweisungen sinngemäß darauf angewendet werden können.

K. Allgemeine Bestimmungen.

§ 49. Das Rauchen innerhalb der Arbeitsräume und Schleusen ist untersagt. Alkoholische Getränke dürfen weder dorthin noch in die Umkleideräume mitgebracht noch dort feilgeboten werden.

Der Genuß von alkoholischen Getränken während der Arbeitszeit ist verboten.

Der Arbeitgeber hat die Durchführung dieser Vorschriften zu überwachen.

§ 50. Der Arbeitgeber hat den Arbeitern unentgeltlich heißen Kaffee oder Tee in ordnungsmäßiger Beschaffenheit und genügender Menge zur Verfügung zu stellen.

§ 51. Mit der Ausführung von Preßluftarbeiten darf erst begonnen werden, nachdem der Unternehmer oder der Betriebsführer dem zuständigen Aufsichtsbeamten (§ 1) schriftlich angezeigt hat, daß die getroffenen Einrichtungen den vorstehenden Vorschriften entsprechen.

§ 52. Unberührt durch die vorstehenden Vorschriften bleibt die Befugnis der zuständigen Behörden, im Wege der Verfügung für einzelne Anlagen gemäß §§ 120 und 120f der Gewerbeordnung weitergehende Anordnungen zum Schutze des Lebens und der Gesundheit der Arbeiter zu treffen.

§ 53. Die höheren Verwaltungsbehörden können auf Antrag nach Anhörung des zuständigen Aufsichtsbeamten (§ 1) Ausnahmen von einzelnen Vorschriften zulassen.

Der Bescheid ist schriftlich zu erteilen. Eine Abschrift ist an einer den Arbeitern leicht zugänglichen Stelle auszuhängen.

Die höheren Verwaltungsbehörden haben Abschrift des von ihnen erteilten Ausnahmebewilligungen bis zum 1. Februar jedes Jahres durch die Landeszentralbehörden dem Reichsarbeitsministerium vorzulegen.

§ 54. In dem Aufenthaltsraume und in dem Speiseraume muß eine Abschrift oder ein Abdruck dieser Bekanntmachung an einer in die Augen fallenden Stelle aushängen.

§ 55. Die vorstehenden Vorschriften treten am 1. Oktober 1920 in Kraft.

Schrifttum.

BLATTNER, H.: Caisson-Krankheiten bei Druckluftgründungen. Schweiz. Bauzg. Bd. 96 (1930). S. 91. — BORNSTEIN: Versuche über die Prophylaxe der Preßluftkrankheit. Berl. klin. Wochenschr. 1910. Nr. 27. — HELLER, R., V. MEYER und H. v. SCHROTTER: Luftdruckkrankheiten. Wien: A. Hölder 1900. — DERSELBE: Die Caisson-Krankheit. Zürich: Leemann & Co. 1912. — SAHRANEZ, K.: Förderleistung bei Druckluftsenkgründungen, Bautechn. 1937. S. 50. — SIEMONSEN, F.: Lichtverhältnisse bei Druckluftsenkgründungen. Bautechn. 1943. S. 25. — STAEHLIN, R.: Luftdruckerkrankungen. Handb. f. innere Medizin. Bd. 4. Berlin: Julius Springer 1912. DERSELBE: Bestimmungen zum Schutze der in Preßluft beschäftigten Arbeiter. Bautechn. 1924. S. 298. — WEHE, H. C.: Der Einfluß der Druckluft auf die Arbeitsleistung. Bautechn. 1939. S. 416.

7. Der Luftbedarf und die Beschaffung der Preßluft.

Die Druckluft für die Druckluftsenkkästen wird in eigenen Anlagen erzeugt, deren wichtigste Einrichtungen durch die „Bestimmungen" (vgl. S. 406) festgelegt sind. Zur Luftverdichtung müssen zwei vollständig voneinander unabhängige Maschinensätze oder Maschinengruppen aufgestellt werden, von denen jede allein, je nach der Zahl der Maschinensätze, die erforderliche Druckluft vollständig oder teilweise zu liefern imstande ist. Der Antrieb dieser beiden Gruppen muß von zwei ebenfalls voneinander gänzlich unabhängigen Energiequellen erfolgen, so daß die Druckluftversorgung unter allen Umständen sichergestellt ist.

Die Luftverdichteranlage wird so bemessen, daß die Arbeitskammer auch bei der größten Absenkungstiefe dauernd trockengehalten und der Kohlensäuregehalt der Luft in der Arbeitskammer sicher unter dem höchstzulässigen Maße von $1\%_0$ gehalten werden kann. Die höhere der diesen Bedingungen genügenden Luftzufuhren ist für die Bemessung der Luftverdichteranlage maßgebend.

Der Luftbedarf für die erstmalige Trockenlegung der Arbeitskammer und jener für den Betrieb der Schleuse kann unberücksichtigt bleiben. Bei der erstmaligen Trockenlegung der Arbeitskammer wird bei durchlässigen Böden das Wasser in den Boden gepreßt; bei undurchlässigen Böden wird das Wasser aus der Arbeitskammer durch eine eigene Steigrohrleitung hochgedrückt oder ausgepumpt.

Zur Trockenhaltung der Arbeitskammer muß fortgesetzt Preßluft in die Arbeitskammer eingeleitet werden, weil durch Leckstellen und undichte, poröse Wandungsstellen ständig Luft verlorengeht. Überdies läßt man vielfach Luft unter der Schneide der Arbeitskammer entweichen, um das Wasser unter die Höhenlage der Schneide zu verdrängen. L. BRENNECKE hat für die Berechnung der stündlich zuzuleitenden Luftmenge von atmosphärischer Spannung die Formel

$$Q = \left(\alpha F + \beta U\right)\left(1 + \frac{H}{B}\right) [\text{m}^3/\text{h}] \tag{493}$$

angegeben, in der

F die Druckkastengrundrißfläche in [m²],
U die Schneidenlänge in [m],
H die Tiefenlage der Schneide unter dem Wasserspiegel plus dem Druckverlust in der Zuleitung in [m],
B den Barometerdruck in Metern Wassersäule (1 [mm Hg] = 0,0136 [m WS]) und
α- und β-Beiwerte sind.

Der Beiwert α hängt von der Beschaffenheit der Wandungen und Decke der Arbeitskammer ab; nach Beobachtungen von L. BRENNECKE und R. SAFRANEZ ist zu setzen:

bei stählernen, dichtgenieteten Arbeitskammern.......................... $\alpha = 0,67$
bei Stahlbetonarbeitskammern, innen mit Torkretputz .... $\alpha = 0,35$
bei Stahlbetonarbeitskammern aus dichtem Beton ohne Innenputz .... $\alpha = 0,5$ bis 0,6
bei Stahlbetonkästen aus gewöhnlichem Beton ohne Innenputz .... $\alpha = 0,67$

Durch Schweißung der Blechnähte bei stählernen Arbeitskammern und besondere Dichtung der Wandungen von Stahlbetonarbeitskammern kann der Beiwert α wesentlich herabgesetzt werden. Für den Beiwert β ist nach L. BRENNECKE je nach der Durchlässigkeit des zu durchteufenden Bodens $\beta = 1$ bis 3 zu setzen. In Lehm- und Tonboden kann $\beta = 0$ genommen werden.

Luftverluste im Schachtrohr und in der Schleuse können bei sachgemäßer Abdichtung vernachlässigt werden.

Bezeichnet A die Anzahl der im Arbeitsraume gleichzeitig tätigen Personen, so müssen nach der deutschen Preßluftverordnung bei Überdrücken bis zu 0,5 [kg/cm²]

$$V = 20\,A \ [\text{m}^3/\text{h}] \text{ angesaugte Luft,}$$

bei höheren Überdrücken $V = 30\,A$ [m³/h] angesaugte Luft zugeleitet werden.

Bei der Auswahl der Größe der Pumpen muß nun aber noch auf die Verluste in der Luftzuleitung Bedacht genommen werden. Man macht daher zur erforderlichen Atmungsluft einen Sicherheitszuschlag von etwa 30%, für die Trockenhaltung einen solchen von 50 bis 100%.

Der Höchstdruck, auf den die Pumpen die Luft jeweils pressen, wird um etwa 30% größer angenommen als der Wasserdruck an der Schneide der Arbeitskammer, damit alle Druckverluste, die die Luft auf ihrem Wege erleidet, sicher gedeckt sind.

Die Größe der Luftverdichter wird in handelsüblicher Weise durch die in der Minute anzusaugende Luftmenge und durch die Spannung der Preßluft angegeben. Für die überschlägige Ermittlung der Leistung der Antriebsmaschine für die Luftverdichter kann angenommen werden, daß für je 1 [m³] minutlich angesaugte Luft

bei einem Überdruck von 2   3   4 [kg/cm²]
eine Maschinenleistung von 4   5   6 [PS]

erforderlich ist.

Als Beispiel für die Einrichtung einer Anlage zur Erzeugung von Preßluft ist in der Abb. 709 der Grundriß der Maschinenanlage dargestellt, die beim Bau des Fußgängertunnels unter der Spree in Berlin-Friedrichshagen (vgl. Abb. 710 bis 739) die Preßluft geliefert hat und die Abb. 710 gibt die Ansicht eines mit einem Drehstrommotor gekuppelten Luftverdichters wieder.

Die Zuleitung der Preßluft geschieht von der Verdichteranlage bis nahe an den Druckkasten durch stählerne Rohre, die gesichert zu verlegen sind. Vom Ende des Rohres zum Druckkasten erfolgt die Verbindung mittels Druckschläuchen. Am Schachtrohr, unmittelbar hinter dem Schlauchanschluß wird ein Rückschlagventil eingebaut, das ein Rückströmen von Luft aus dem Arbeitsraume verhindert, wenn der Druckschlauch beschädigt wird.

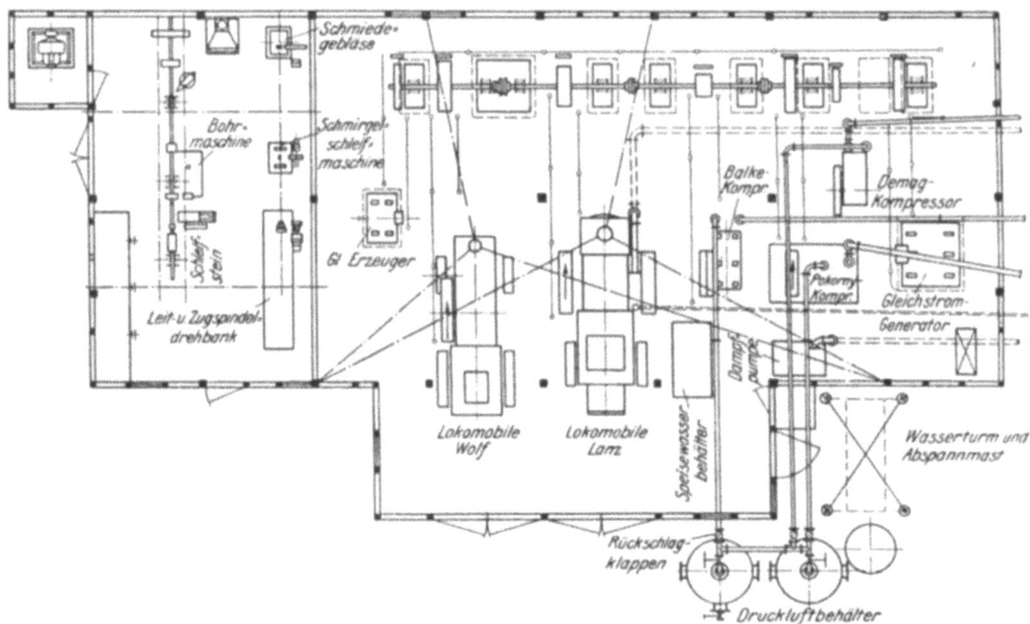

Abb. 709. Grundriß der Maschinenanlage bei der Druckluftgründung des Fußgeherdükers unter der Spree in Berlin. (Nach La Baume.)

8. Die Schleusen.

Das Ein- und Aussteigen von Personen, die Abfuhr des Aushubes und die Zufuhr von Beton erfolgt bei der Druckluftsenkgründung durch Schleusen, die so beschaffen sind, daß durch diesen Verkehr die Spannung der Luft im Arbeitsraum unverändert bleibt. Bei großen Druckkästen werden für den Verkehr von Personen und für die Materialbewegung getrennte Schleusen, und zwar Personenschleusen und Materialschleusen, angewendet, während bei kleinen Druckkästen sogenannte Gemeinschaftsschleusen benützt werden, durch die sich der gesamte Verkehr abspielt. Für die Behandlung von Personen, die an einer Preßluftkrankheit leiden, werden schließlich eigene Krankenschleusen bereit gehalten.

Die Schleusen bestehen aus Blechzylindern, die entweder stehend oder liegend in der Regel am oberen Ende der Schachtrohre angeordnet werden. Schleusen aus liegenden Blechzylindern (Abb. 711) haben meist einen

Abb. 710. Luftverdichteranlage. (Siemens-Bau-Union.)

Durchmesser von etwa 2 [m]. Die Türen werden an den Stirnseiten angeordnet und dürfen nur nach innen aufgehen, so daß sie vom Überdruck in der Schleuse auf ihren Sitz gepreßt werden und erst aufgehen, wenn der Luftdruck beiderseits gleich groß ist. Bei geringen Überdrücken werden die Türen durch den Luftdruck allein nicht hinreichend dicht auf ihren Sitz aufgepreßt, weswegen die Türen stets nach dem Schließen noch mit einem Schraubenbügel angezogen werden. Die Dichtung der Türen erfolgt durch Gummiwulsteinlagen.

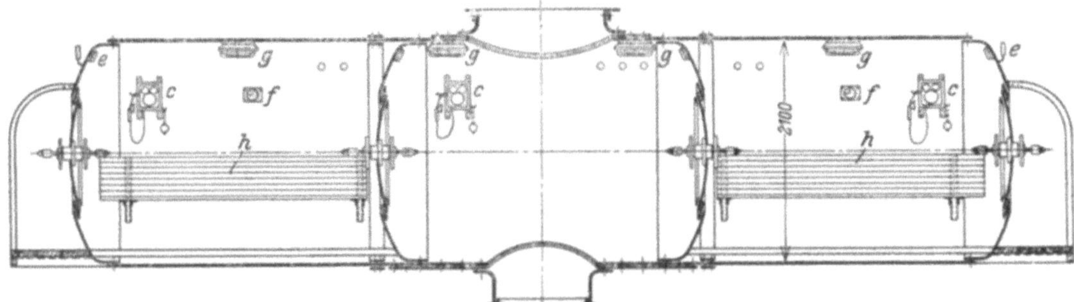

Abb. 711. Personenschleuse. (Maschinenfabrik Wiesbaden.) *c* Fernsprecher, *e* Druckmesser, *f* Uhr, *g* elektrische Lampe, *h* hölzerne Bank.

Personenschleusen (Abb. 711 und 712) werden nur verwendet, wenn große Belegschaften gleichzeitig durchzuschleusen sind. Ihre Größe wird so gewählt, daß auf jede der gleichzeitig durchzuschleusenden Personen 0,75 [m³] Luftraum entfällt. Personenschleusen, die für tiefer unter dem Wasserspiegel reichende Gründungen verwendet werden, müssen mit Rücksicht darauf, daß der Aufenthalt in der Schleuse bis zu 90 Minuten dauern kann, mit Sitzgelegenheiten

Abb. 712. Schleusen beim Bau eines Pfeilers der Donaubrücke bei Pancsova. (Dyckerhoff & Widmann.) *a* Personenschleuse, *b* Schleusen für Aushub und Beton, *c* Förderhosen für die Ausschleusung von Aushub, *d* Anschluß für die Betonschleuse.

versehen und vor der unmittelbaren Bestrahlung durch die Sonne geschützt sein. Solche Schleusen haben eine Türe an der Stirnseite und einen Abschlußdeckel gegen das Schachtrohr hin. Zur Ausschleusung steigt die Belegschaft bei geschlossener Türe an der Stirnseite durch das Schachtrohr in die Schleuse, hierauf wird der Schachtdeckel geschlossen und der Schleusenwärter läßt unter genauer Einhaltung der in der „Verordnung" festgesetzten Zeit die Preßluft aus der

Schleuse ab. Wenn die Spannung der Luft in der Schleuse gleich dem atmosphärischen Luft-
drucke ist, kann die Türe geöffnet werden und die Belegschaft ins Freie gelangen. Die Einschleu-

Abb. 713. Gemeinschaftsschleuse, am Kran
hängend. (Wayss & Freytag.) *a* Einstieg,
b Förderhosen.

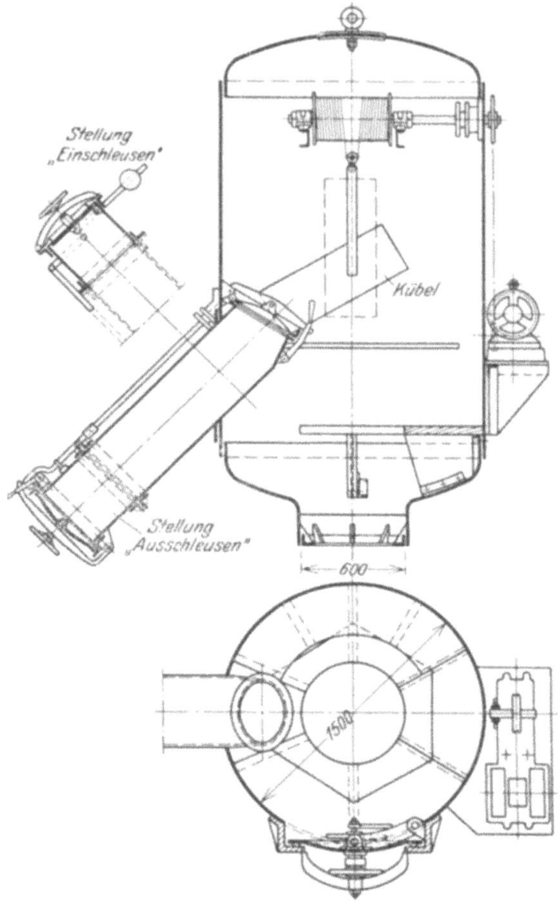

Abb. 714. Materialschleuse. (Maschinenfabrik Wiesbaden.)

Abb. 715. Gemeinschaftsschleuse. (Siemens-Bau-Union.)
a Einstieg, *b* Förderhose, *c* Antrieb des Windwerkes,
d Druckluftschlauch, *f* Schachtrohr.

sung erfolgt bei geschlossenem Schachtdeckel, der
nach allmählicher Erhöhung der Spannung der
Luft in der Schleuse erst geöffnet werden kann,
wenn die im Arbeitsraume herrschende Spannung
erreicht ist.

Um überflüssigen Luftverbrauch beim Durchschleusen von Einzelpersonen, wie z. B. Aufsichtsbeamten, zu vermeiden, wird bei großen Personenschleusen eine kleine Vorkammer angeordnet.
Während der Durchschleusung durch die Vorkammer herrscht in der Hauptschleuse derselbe
Druck wie im Arbeitsraume.

Die Luft für die Spannungserhöhung in der
Schleuse wird einer eigenen Zuleitung entnommen;
eine Luftentnahme aus dem Arbeitsraume ist unzulässig. Während länger dauernder Ausschleusung
muß die Luft durch Zuleitung von Frischluft verbessert werden.

Die übrige Einrichtung der Schleusen wird
durch die „Verordnung" bestimmt (vgl. S. 407).

Materialschleusen (Abb. 712 und 714) dienen
der Abfuhr des Aushubes und der Zufuhr von

Beton. Für die Abfuhr des Aushubes sind bei großen Schleusen mehrere Förderhosen angeordnet. Jede Förderhose stellt wieder eine kleine Schleuse dar, die innen mit einem Deckel, außen womöglich mit zwei hintereinander liegenden Deckeln abgeschlossen ist, von denen der innere nach außen, der äußere nach innen aufgeht. Die Hosendeckel sind gegenseitig verriegelt, so daß es unmöglich ist, den Deckel in der Schleuse und die beiden äußeren Deckel gleichzeitig zu öffnen. Für die Zufuhr von Beton nach beendetem Aushube dient die Betonschleuse (Abb. 716).

Bei kleinen Materialschleusen ist die Hose verstellbar (Abb. 714), so daß sie auch für das Einschleusen von Beton verwendet werden kann.

Die Materialbewegung zur und von der Schleuse erfolgt mittels schmaler, hoher Kübel, die durch eine meist elektrisch angetriebene Förderwinde auf und ab bewegt werden. Ein Be-

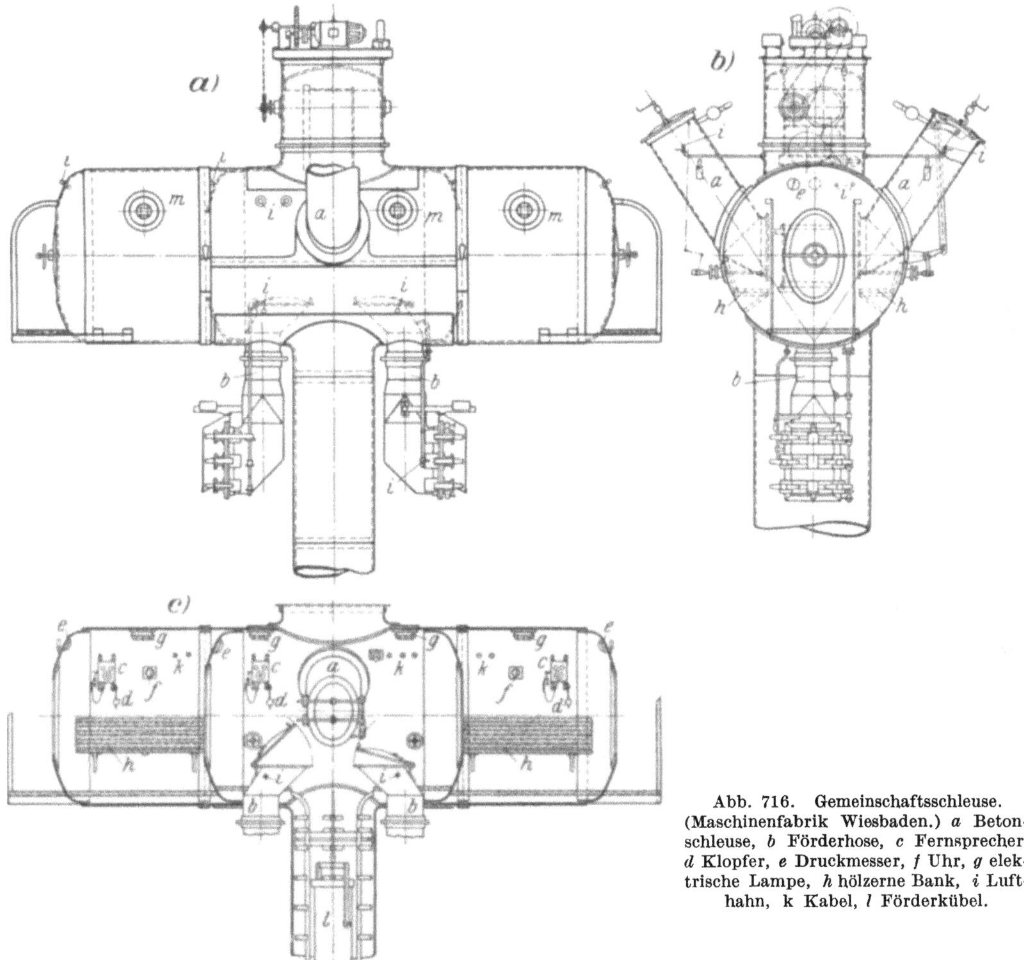

Abb. 716. Gemeinschaftsschleuse. (Maschinenfabrik Wiesbaden.) *a* Betonschleuse, *b* Förderhose, *c* Fernsprecher, *d* Klopfer, *e* Druckmesser, *f* Uhr, *g* elektrische Lampe, *h* hölzerne Bank, *i* Lufthahn, k Kabel, *l* Förderkübel.

dienungsmann in der Schleuse besorgt das Füllen bzw. Entleeren der Kübel und das Öffnen bzw. Schließen der Schachtdeckel. Für den Ein- und Ausstieg dieses Mannes dient eine Vorkammer, die an die Materialschleuse angebaut ist.

Bei sehr großen Druckkästen werden für die Aushubabfuhr und später für die Betonzufuhr auch gesonderte Schleusen verwendet. Für die Abfuhr von sehr feinkörnigem Boden aus dem Arbeitsraume, wie Sand oder Schlamm, kann schließlich auch ein bis zur Sohle im Arbeitsraume herabreichendes Rohr verwendet werden, durch das der Aushub mittels Preßluft hochgefördert wird (Siphonieren); hierbei darf der Druck aber niemals unter die Hälfte des sonst herrschenden fallen (vgl. S. 407).

Gemeinschaftsschleusen (Abb. 713, 715 und 716) finden bei kleinen Druckkästen Anwendung, bei denen entweder mehrere Schleusen nicht untergebracht werden können oder bei denen sich die Anwendung von mehreren Schleusen nicht lohnt. Es sind das Personenschleusen, in denen an geeigneten Stellen Förderhosen für die Abfuhr des Aushubes und eine Betonschleuse angeordnet sind.

Krankenschleusen (Abb. 717) sind aus liegenden Blechzylindern gebildet und enthalten zwei Betten für die Aufnahme von Personen, die an einer Preßluftkrankheit leiden. Zur Ein-

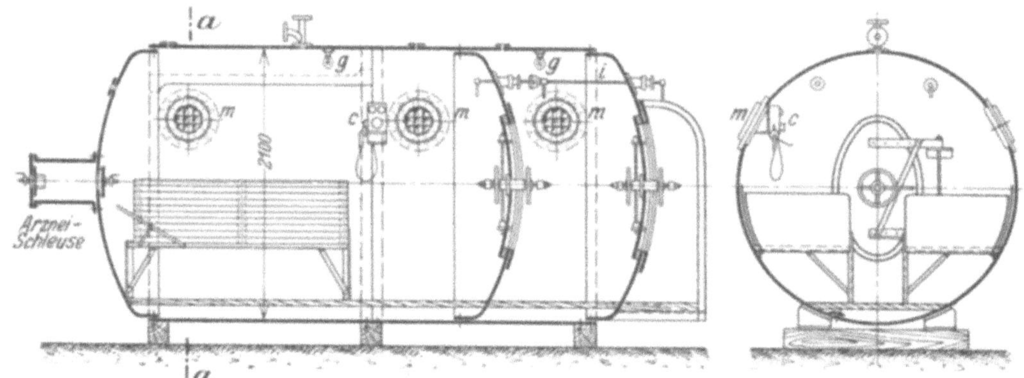

Abb. 717. Krankenschleuse. (Maschinenfabrik Wiesbaden.) c Fernsprecher, g elektrische Lampe, i Lufthahn, m Fenster.

schleusung des Arztes oder der Bedienung dient eine Vorkammer und Arzneien, Speisen u. dgl. werden durch eine eigene kleine Schleuse, die ähnlich jenen für die Betonzufuhr gebaut ist, in den Krankenraum geschafft. Während alle anderen Schleusen gegenwärtig in der Regel

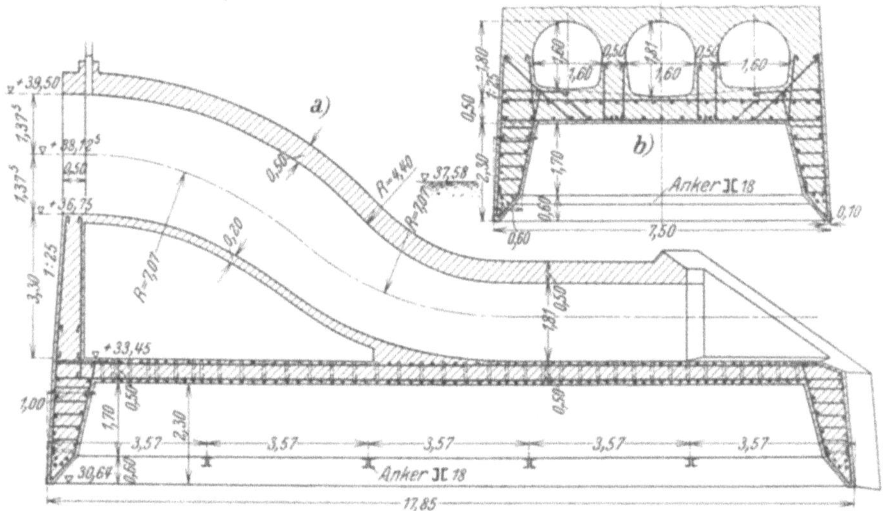

Abb. 718. Gründung des Mündungsbauwerkes eines Regenauslasses in Köln. (Grün & Bilfinger.)

nur elektrische Beleuchtung erhalten, wird die Krankenschleuse auch durch mehrere runde Fenster aus dickwandigem Glas erhellt.

9. Beispiele für Gründungen von Bauwerken mittels Druckluftsenkkästen.

Die außerordentlich mannigfaltige Anwendbarkeit der Druckluftsenkkästen auf allen Gebieten des Ingenieurbauwesens möge nun noch einige Beispiele vor Augen führen (Abb. 718 bis 739).

Sehr bemerkenswerte Vorschläge für neuartige Anwendungen von Druckluftsenkkästen zur Gründung großer Brückenpfeiler brachte die internationale Ausschreibung der Arbeiten für die Brücke über den Kleinen Belt, über die G. Schaper berichtet hat und von denen einige als Beispiele gezeigt seien. Dort handelte es sich um die Gründung von Brückenpfeilern mit außerordentlich großen Abmessungen der Sohlfuge in etwa

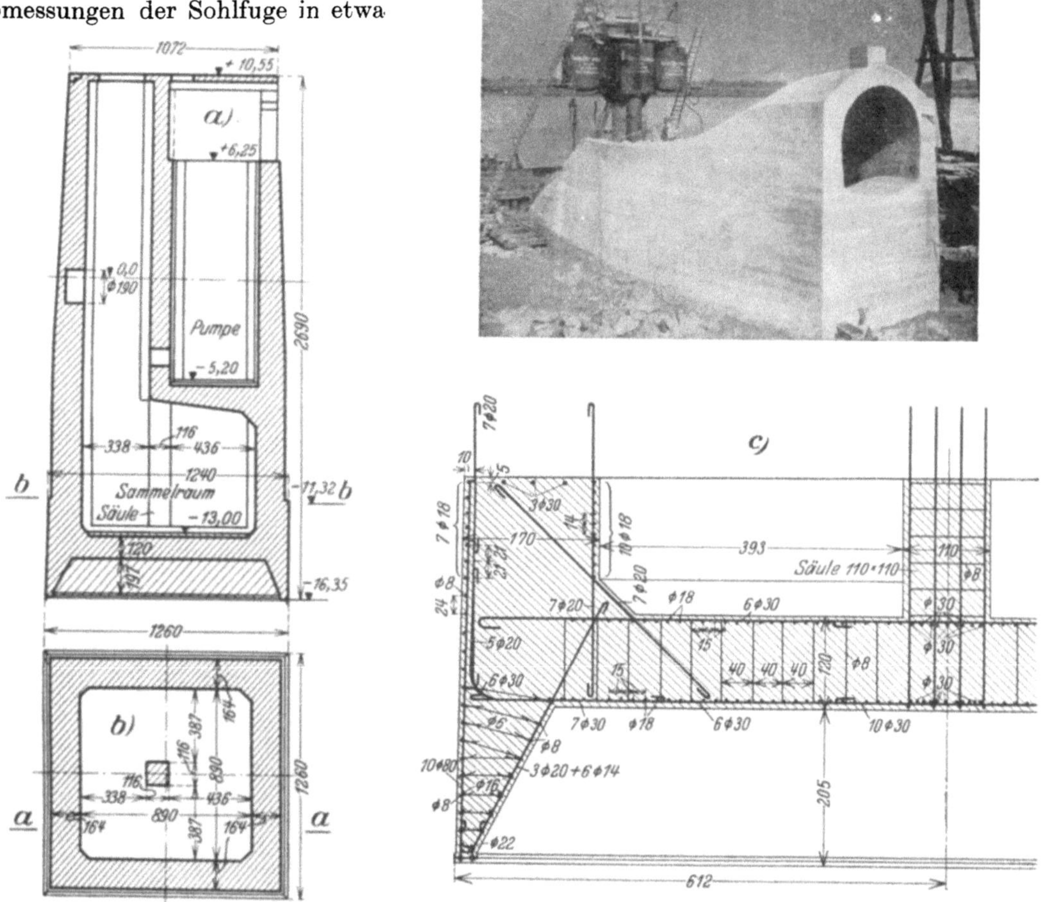

Abb. 720. Druckkasten zur Gründung des Sammelbrunnens „Am Staad". (Dyckerhoff & Widmann.)

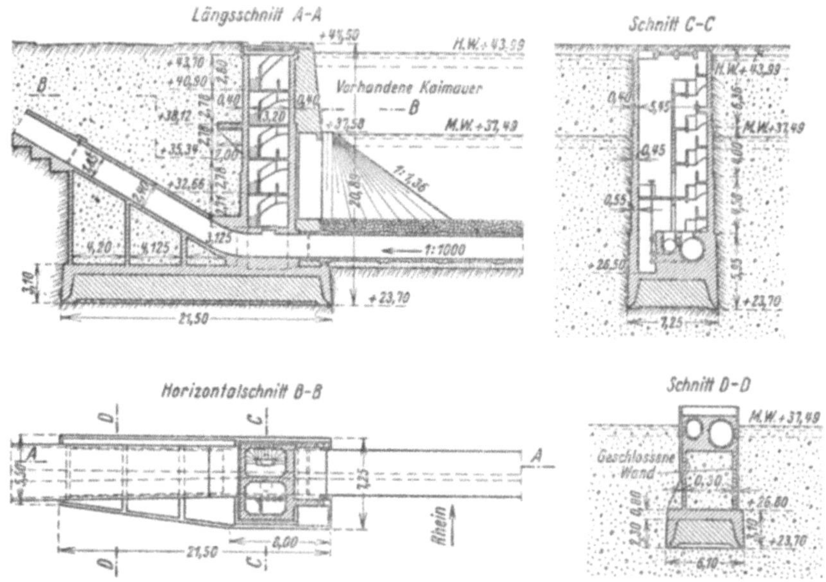

Abb. 721. Gründung eines Schenkels des Schmutzwasserdükers in Köln. (Grün & Bilfinger.)

30 [m] tiefem Wasser, aber in nur geringer Tiefe unter der Bodenoberfläche. Der Boden bestand aus feinem, wasserdichtem Ton.

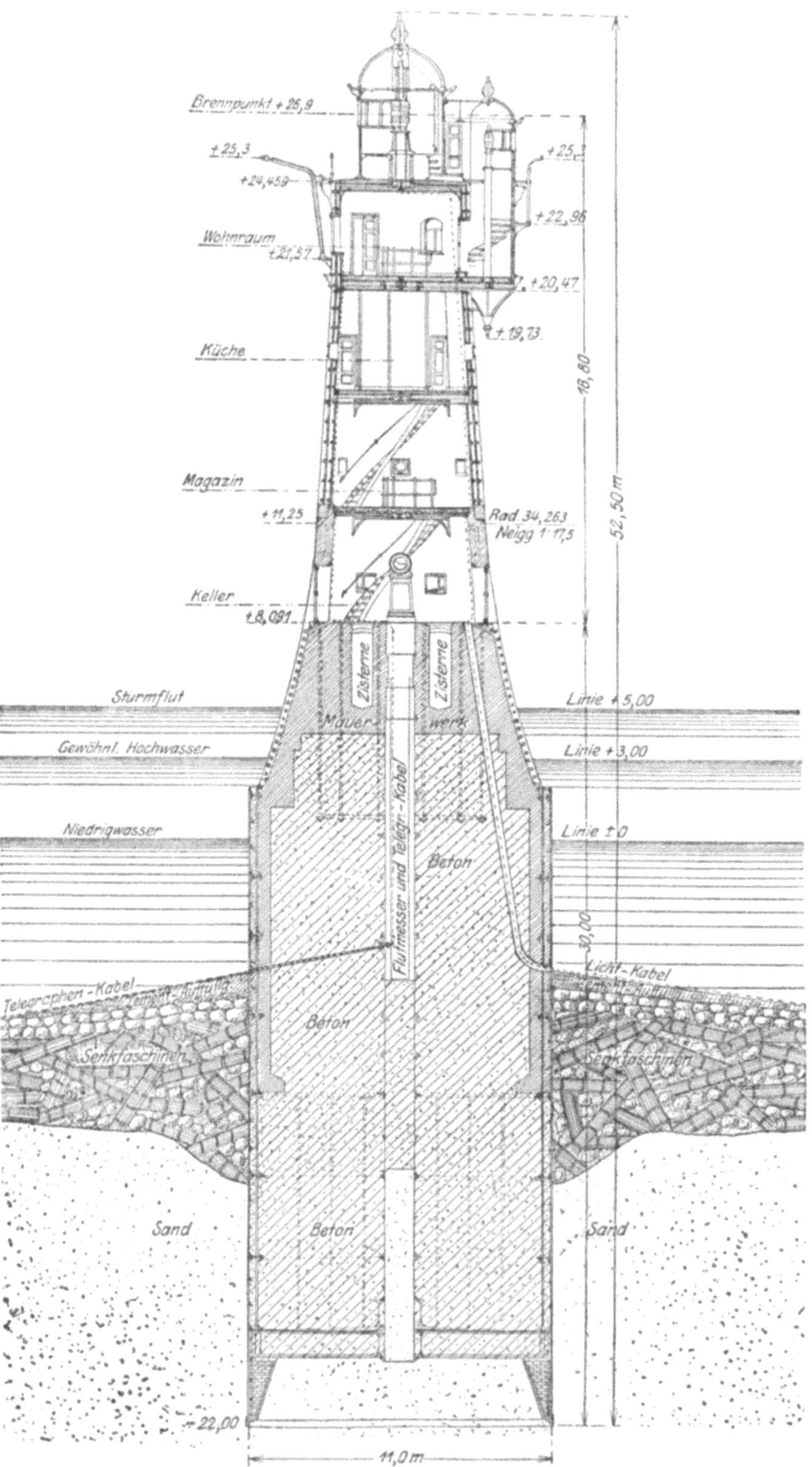

Abb. 722. Der Rote-Sand-Leuchtturm, mittels Druckkastens gegründet. (Nach FABRICIUS.)

Die Firmen Dyckerhoff & Widmann in Bibrich und Aug. Kyser Petersen in Kopenhagen schlugen die Gründung mittels des in der Abb. 723 dargestellten Druckluftkastens vor, der mit vier Materialschleusen, zwei Personenschleusen und zwei Krankenschleusen hätte ausgestattet

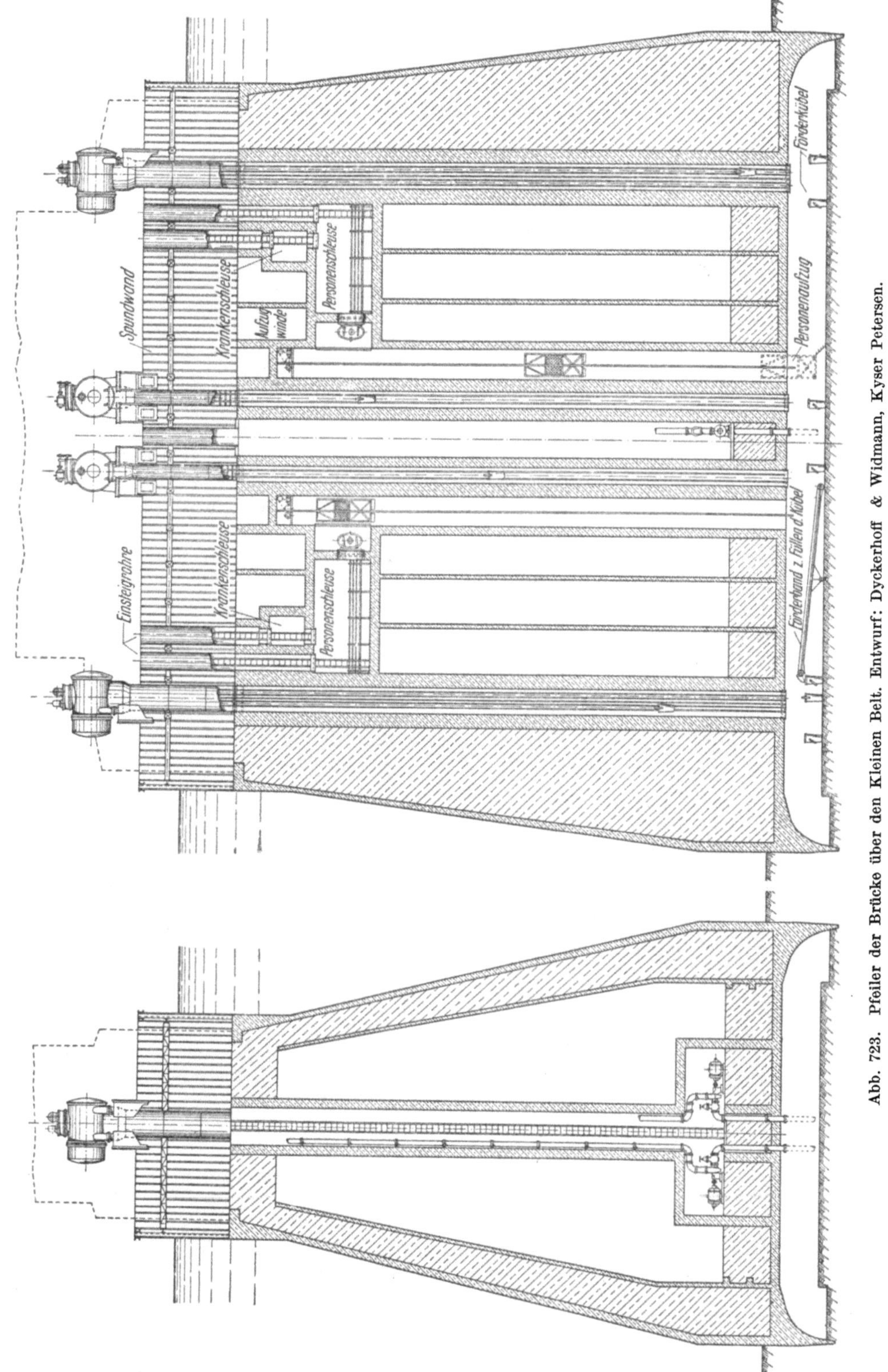

Abb. 723. Pfeiler der Brücke über den Kleinen Belt. Entwurf: Dyckerhoff & Widmann, Kyser Petersen.

werden sollen. Mit Rücksicht auf die Wasserdichte des Tones hofften die Verfasser mit einer Luftspannung von 2,5 [kg/cm²] gegenüber 3,5 [kg/cm²], die der größten Tiefenlage unter dem Wasserspiegel entsprochen hätte, das Auslangen zu finden.

Die Siemens - Bau - Union und Beuchelt & Co. schlugen die Gründung mit dem in der Abb. 724 wiedergegebenen Druckkasten vor, der aus einem inneren Arbeitsraume und einem diesen ringförmig umgebenden gedacht war. Der Pfeiler, der als Eisenbetonhohlkörper auszuführen gewesen wäre, hätte schwimmend an die Versenkungsstelle gebracht und nach Ausbetonierung der Zellen am Umfang auf eine ausgebaggerte und eingeebnete Fläche abgesetzt werden sollen. Der Bodenaushub war aus der ringförmigen Arbeitskammer gedacht; der mittlere Tonkern hätte stehenbleiben sollen. Nur wenn die

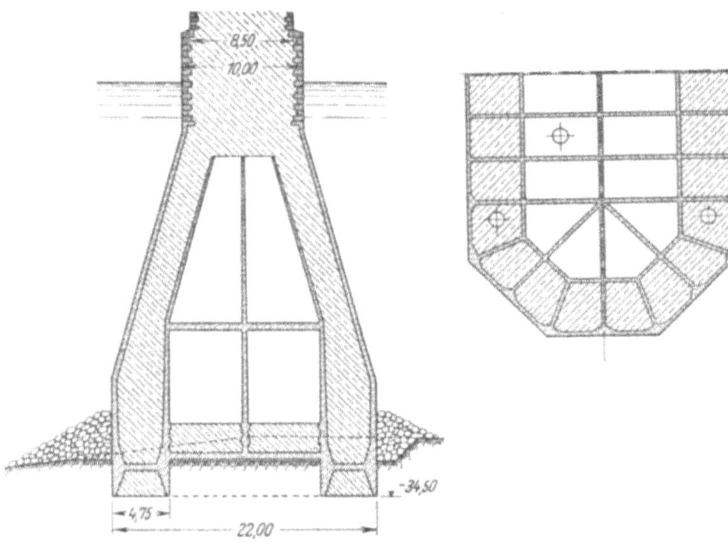

Abb. 724. Pfeiler der Brücke über den Kleinen Belt. Entwurf: Siemens-Bau-Union und Beuchelt & Co.

Untersuchung dieses Tonkernes zu geringe Tragfähigkeit ergeben hätte, wäre auch im mittleren Teil Boden ausgehoben worden und der Pfeiler in größere Tiefe gegründet worden. Auch bei diesem Entwurf ist angenommen worden, daß die Arbeiten bei vermindertem Überdruck möglich sein werden.

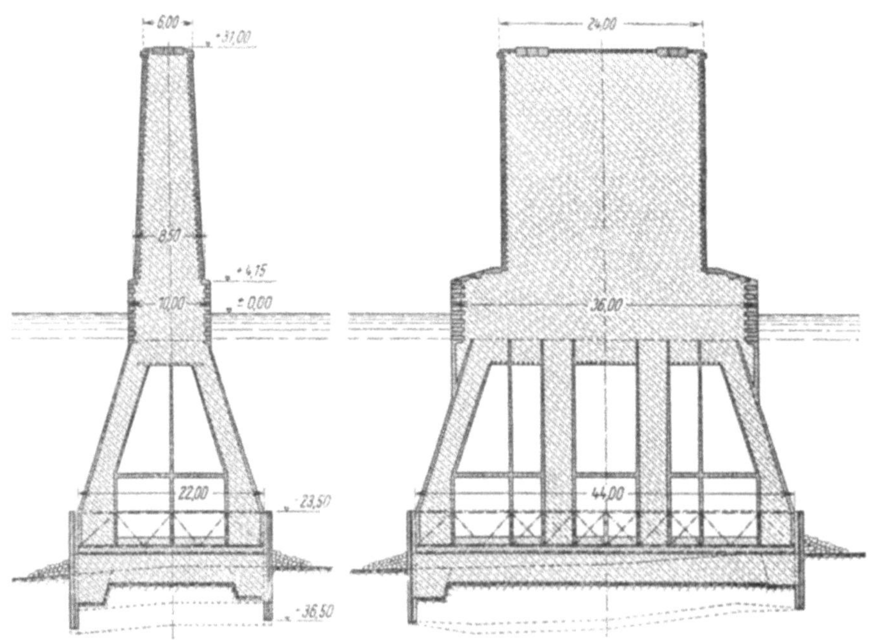

Abb. 725. Pfeiler der Brücke über den Kleinen Belt. Ausgeführter Entwurf: Grün & Bilfinger, Krupp A.-G., L. Eilers. Monberg & Thorsen.

Der Verband der Firmen Monberg & Thorsen in Kopenhagen, Grün & Bilfinger in Mannheim, Fr. Krupp A.-G. in Rheinhausen und L. Eilers in Hannover hat die in der Abb. 725 dargestellte Gründung vorgeschlagen, die auch ausgeführt worden ist. Sie führten die Arbeitskammern aus Stahl aus, die Seitenwandungen bestanden aus einem Kranz von je 1 [m] weiten und 13 [m] langen Stahlzylindern und der Pfeiler war vorerst als schwimmfähiger Hohlkörper ausgeführt (Abb. 730). Die Stahlzylinder waren untereinander durch Vermittlung von U- und

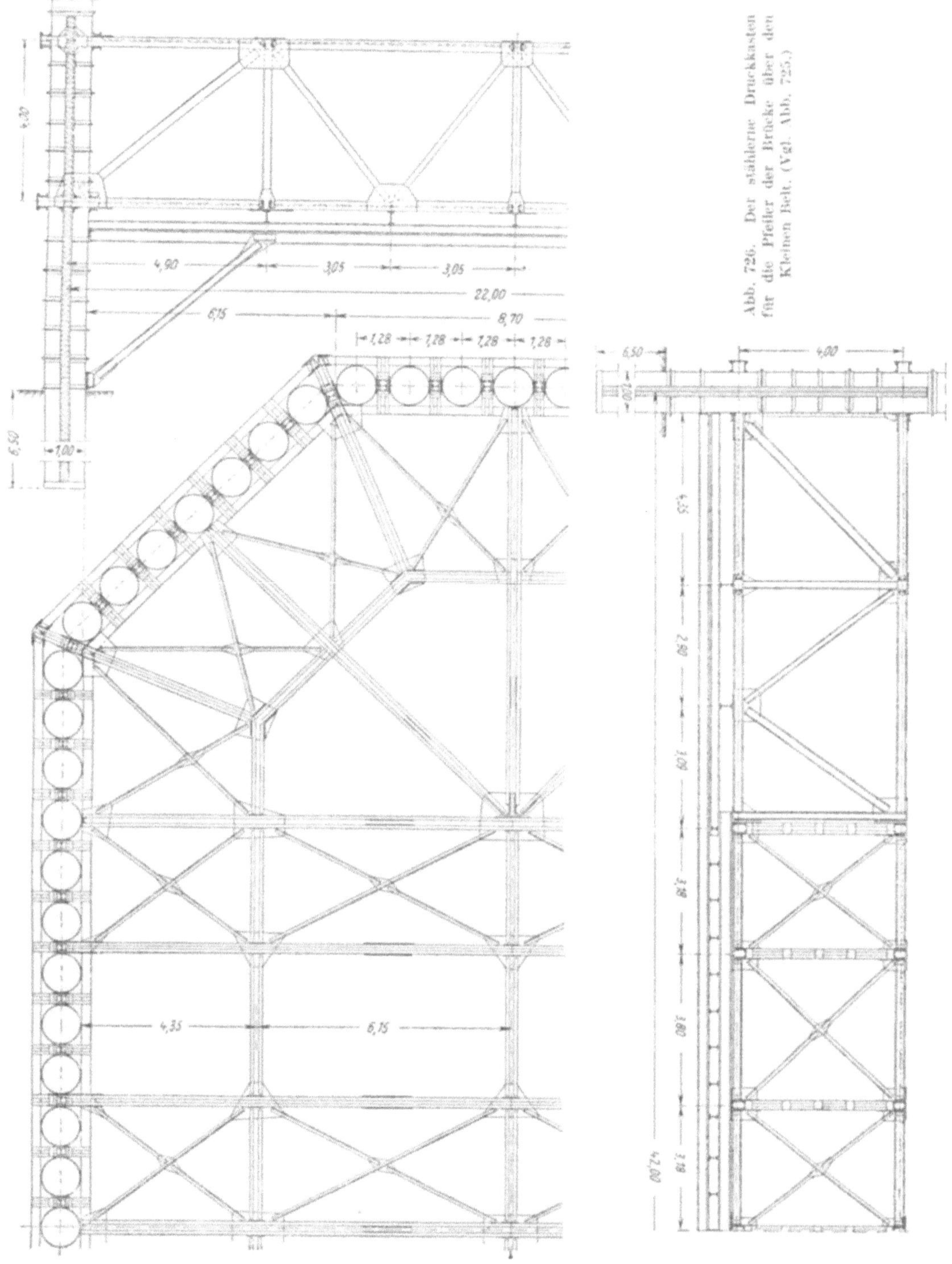

I-Stählen wasserdicht verbunden (Abb. 727) und der Kranz war oben durch ein Fachwerk versteift. Für die Dauer der Pfeilerbetonierung wurden die Zylinder durch aufgeschraubte Holzzwischenlagen verlängert und die Fugen kalfatert, so daß die Pfeilerbetonierung im Trockenen erfolgen konnte.

Die Pfeiler sind in der Nähe des Ufers auf einem Pfahlgerüst an Schraubenspindeln hängend aufgebaut und schwimmend zu den Versenkungsstellen befördert worden (Abb. 730). Die Länge der Stahlzylinder ist genau der gepeilten Bodenoberfläche angepaßt worden.

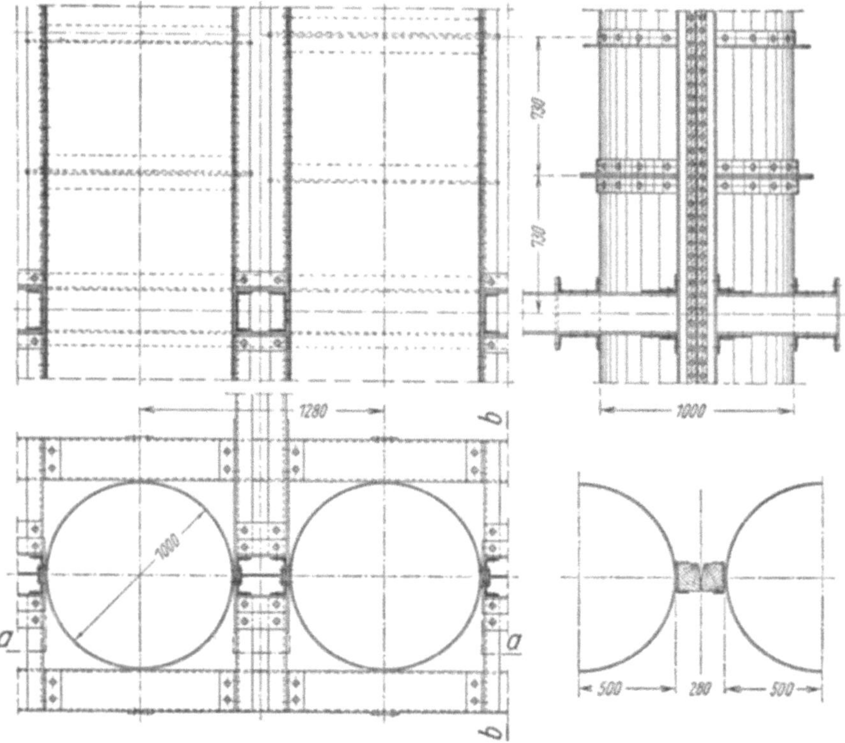

Abb. 727. Einzelheiten des Druckkastens in Abb. 725.

Die Absenkung in den Boden geschah durch Ausräumen des Bodens aus den Zylindern mittels Greifern und Luftstrahlpumpen. Wenn die Zylinder 6,5 [m] im Boden staken, wurden sie bis zur Höhe der Decke der Arbeitskammer ausbetoniert. Im Einklang mit Vorversuchen im kleinen Maßstab dichtete der Tonboden die Arbeitskammern vollständig ab, so daß nach dem Erhärten des Betons in den Zylindern der Arbeitsraum ausgepumpt und ohne Zuhilfenahme von Druckluft bis zur vorgesehenen Tiefe ausgeräumt und ausbetoniert werden konnte.

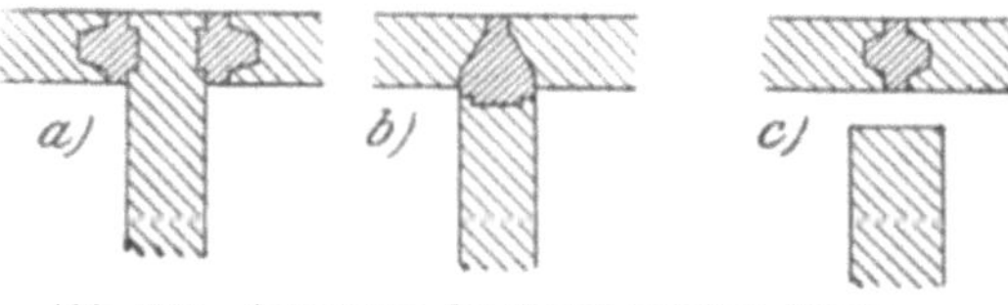

Abb. 728. Anordnung der Fugen zwischen Herdmauerabschnitten an Wehren.

Sicherheitshalber war vorgesorgt, daß diese Arbeiten unter dem Schutze von Druckluft hätten ausgeführt werden können, wenn der Tonboden nicht hinreichend dicht gewesen wäre. Nach

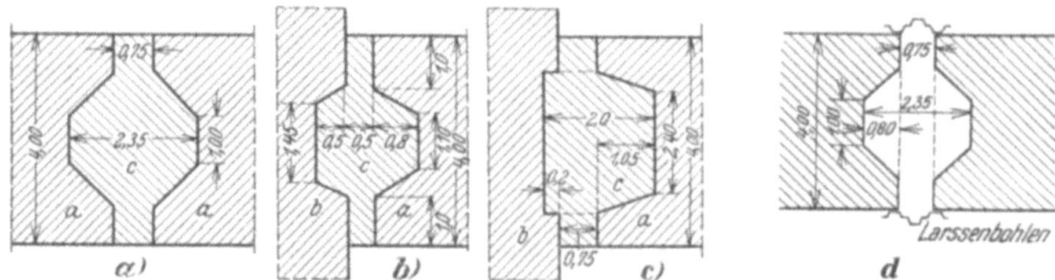

Ab. 729. Abmessungen ausgeführter Fugen. *a*) Betonschürze, *b*) Pfeiler. *c*) Fugenauffüllung.

vollendeter Gründung wären die Hilfszylinder wieder durch Taucher abgenommen worden. Die tatsächliche Ausführung erfolgte ähnlich, aber in Stahlbeton.

Besondere Schwierigkeiten sind zu überwinden, wenn ein Bauwerk, das wasserdicht sein muß, in mehrere Teile aufgelöst, mittels Druckluftsenkkästen gegründet werden muß. Solche Fälle treten bei der Gründung von Stauwerken auf, wo mit Druckluftsenkkästen gegründete Herdmauern untereinander und mit den Pfeilern abgedichtet werden müssen, ferner bei der Gründung von Unterwassertunnels, Dükern, Entnahmerohren u. dgl., wo die mittels Druckluftsenkkästen gegründeten Rohrabschnitte dicht aneinander zu schließen sind.

In der Abb. 728 sind einige Fugenanordnungen zusammengestellt, die bei der Abdichtung von Stauwerken mittels Herdmauern angewendet werden. Um ein klagloses Absenken der Druckluftsenkkästen zu gewährleisten, muß zwischen zwei nebeneinander abzusenkenden ein freier Zwischenraum von

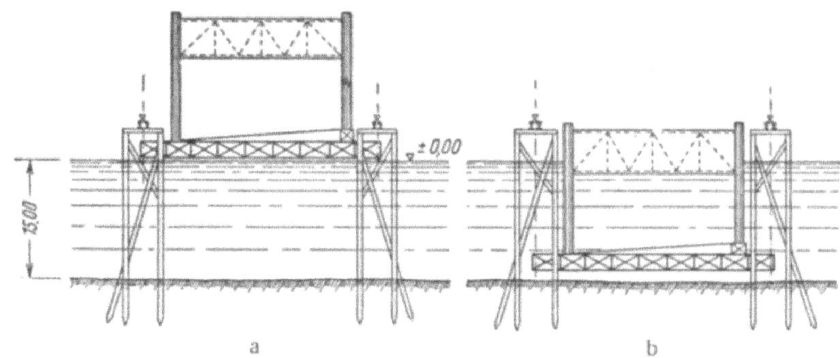

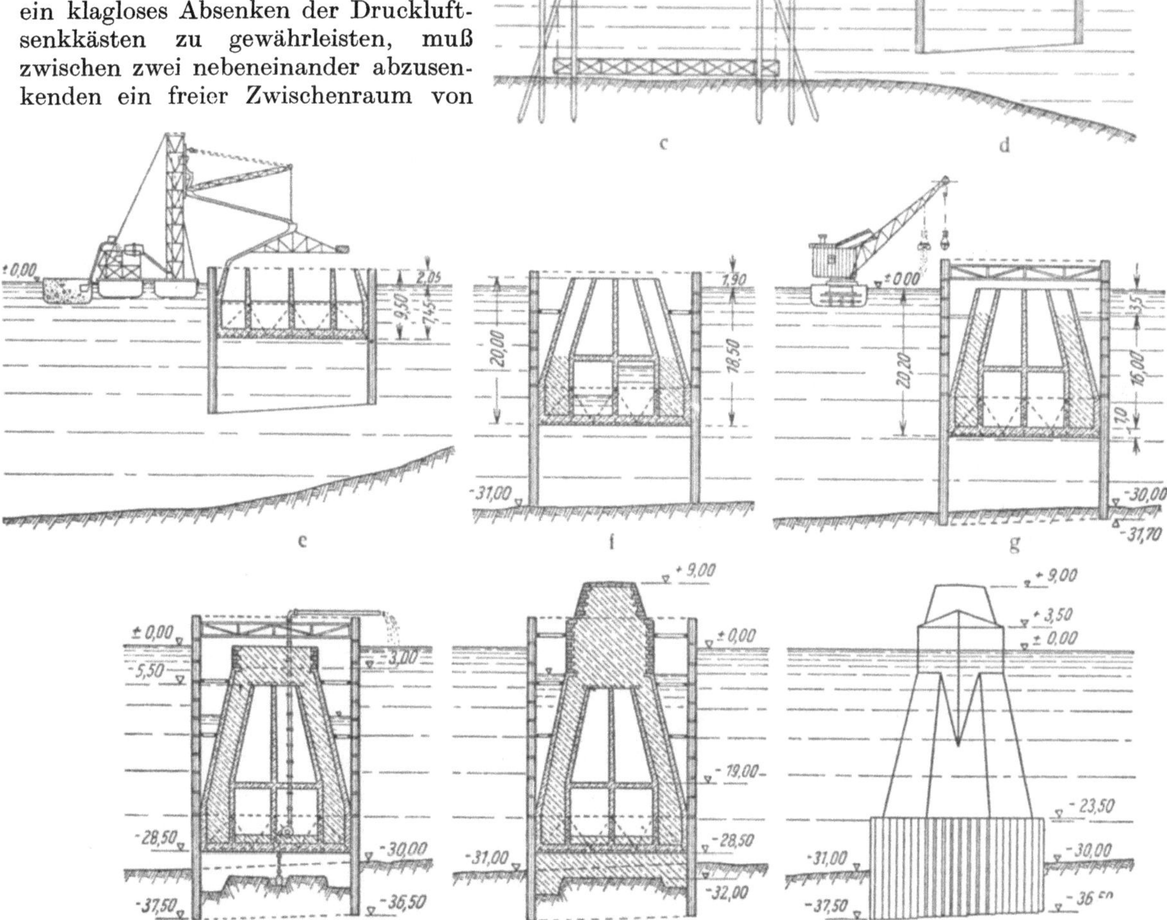

Abb. 730. Arbeitsvorgang bei der Ausführung der Pfeiler der Brücke über den Kleinen Belt.

mindestens ½ [m] belassen werden, der nachträglich ausbetoniert wird. Diese Fugen werden schon während des Absenkens des zweiten Druckkastens unter der Schneide der Stirnwand

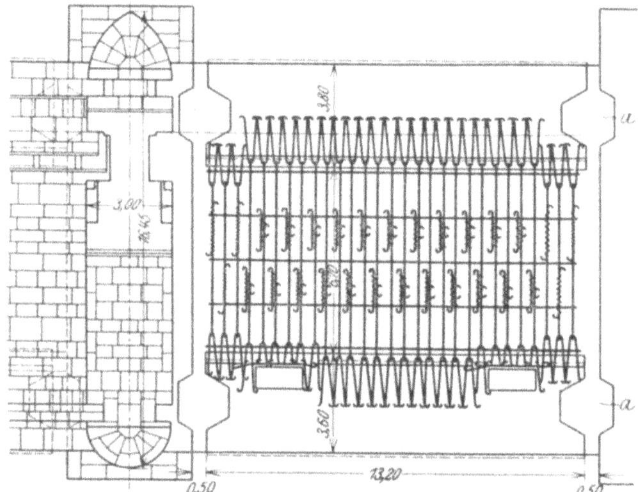

Abb. 731. Fugen (a) zwischen den Betonschützen und den Pfeilern
beim Wehr in Olten-Gösgen. (Nach Schweiz. Bauzg.)

hinweg möglichst ausgeräumt, wobei einige stählerne Spundwandbohlen (Abb. 729d), die beiderseits gerammt werden. den Boden am Nachbrechen hindern. Das gänzliche Ausräumen und das Auffüllen mit Beton erfordert nun in der Regel, daß die Fuge so geräumig ist, daß sie betreten werden kann. Am verläßlichsten gelingt das vollständige Ausräumen und Ausbetonieren von einer Taucherglocke aus. Man führt, um diese Arbeiten zu ermöglichen, die Fuge in der in den Abb. 728 und 729 ersichtlichen Weise mit Erweiterungen aus, in denen die Taucherglocke Platz findet.

Entnahmerohre von Wasserkraftanlagen, Unterwassertunnelabschnitte

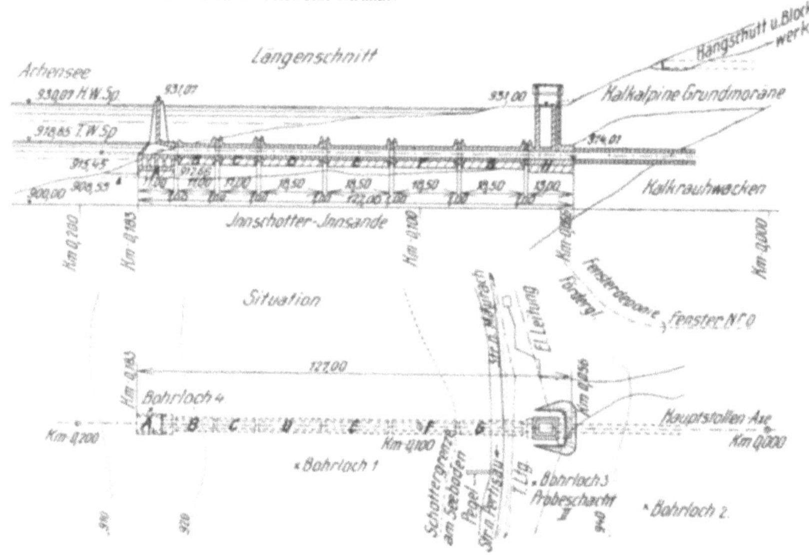

Abb. 732. Entnahmebauwerk des Achenseekraftwerkes. (Tiroler Wasserkraftwerke A.-G.)

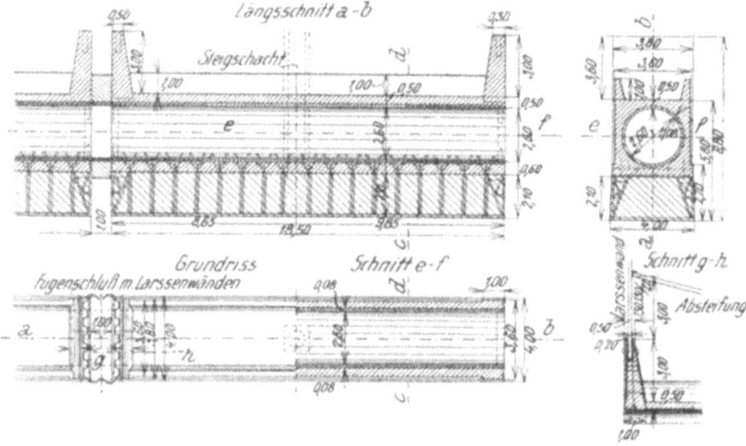

Abb. 733. Einzelheiten eines Abschnittes des Entnahmerohres.
(Tiroler Wasserkraftwerke A.-G.)

u. dgl., die mittels Druckluftsenkkästen gegründet sind, müssen schließlich unter Wasser wasserdicht verbunden werden. Eine auf Druckkästen gegründete Entnahmeleitung für eine Wasserkraftanlage stellt z. B. die Abb. 732 dar. Die einzelnen Rohrabschnitte, die dort auf Druckkästen gelagert waren, erhielten an ihren Enden einen vorübergehenden Abschluß aus Beton und einen Aufbau (Abb. 733), in dessen Schlitz Larssen-Bohlen gesteckt waren. Zwischen je zwei Druckkästen

blieb ein 1 [m] weiter freier Raum. Nachdem zwei aufeinanderfolgende Druckkästen ihre endgültige Tiefenlage erreicht
hatten, wurden beiderseits des freien
Raumes zum Abschluß einige Larssen-
Bohlen gerammt, hierauf von einer
Taucherglocke aus der Boden zwischen
den Druckkästen ausgeräumt, und schließlich der Raum ausbetoniert. Nun wurden
die Larssen-Bohlen wieder gezogen und
der die Rohrenden abschließende Beton,
sowie der Beton zwischen den Druckkästen
ausgestemmt, so daß schließlich die Rohre
dicht aneinandergeschlossen und offen
waren. Mit dem letzten Druckkasten im
See ist auch der Einlaufrechen und der
Turm für einen Einlaufschützen mit versenkt worden. Mit dem ersten Druckkasten (Abb. 734) sind zwei hintereinander-
liegende Schützen mit ihrem Bedienungs-
turm versenkt worden und gleichzeitig
auch ein stählerner Schild, der für die
Herstellung des Anschlusses des Entnahmerohres an den Entnahmestollen
unter Zuhilfenahme von Druckluft ge-
dient hat.

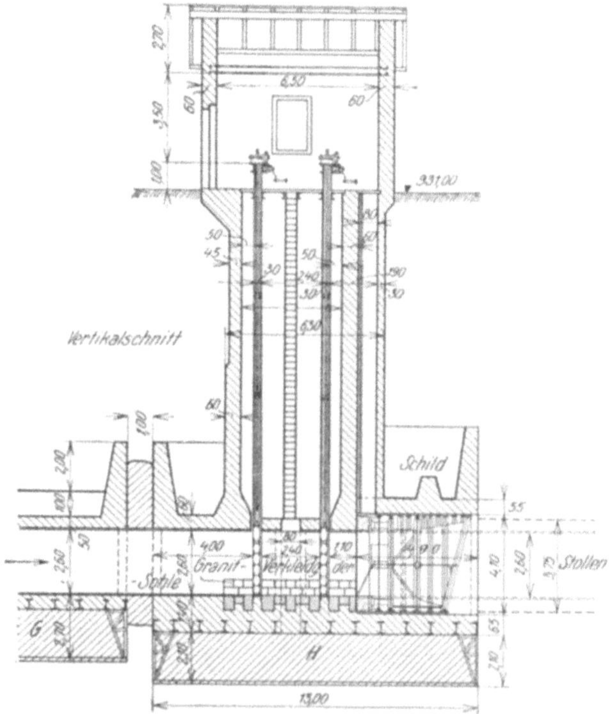

Abb. 734. Der Schieberschacht der Entnahmeanlage des Achenseekraftwerkes. (Tiroler Wasserkraftwerke A.-G.)

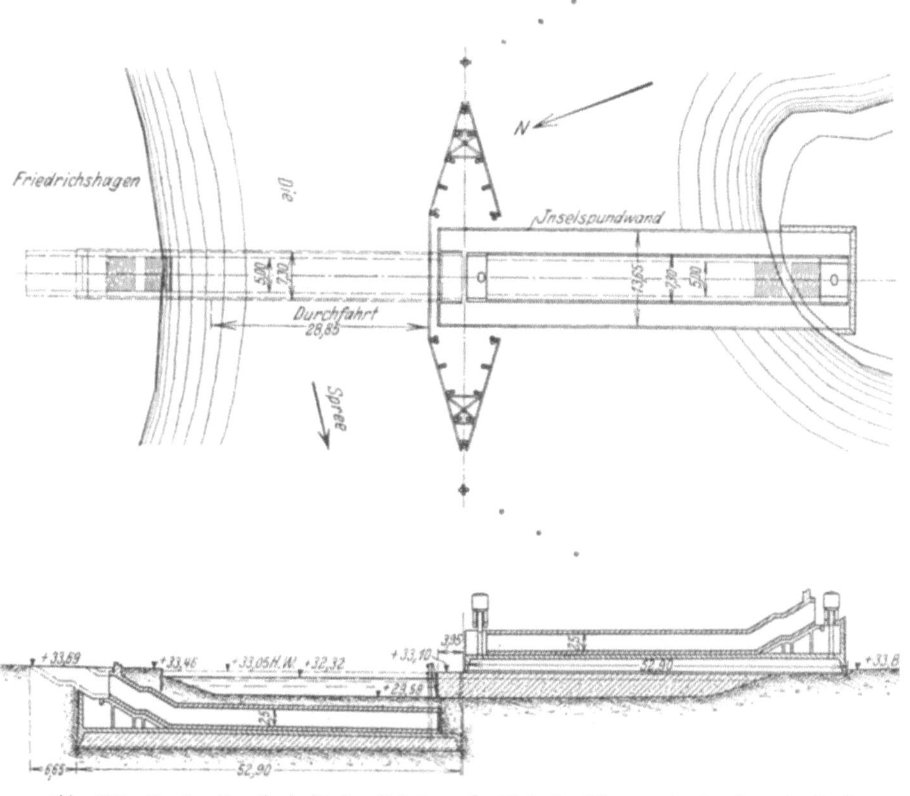

Abb. 735. Zweiter Bauabschnitt der Gründung des Fußgeherdükers unter der Spree in Berlin.
(Nach La Baume.)

Ein anderes, sinnreicheres Verfahren zur Verbindung der beiden Abschnitte eines unter der Sohle der Spree mittels Druckluftsenkgründung ausgeführten Fußgängerdükers zeigen die Abb. 735 bis 739. Die Gründung erfolgte in zwei Abschnitten von Inselschüttungen aus, wobei

Abb. 736. Eine Hälfte des Fußgeherdükers, bereit zum Absenken. (Grün & Bilfinger.)

die Schiffahrt nicht behindert werden durfte. In der Abb. 735 ist das Baustadium dargestellt, bei dem die eine Dükerhälfte schon abgesenkt, die zweite auf der Inselschüttung zur Absenkung bereitsteht. Die Betonierung erfolgte von einer schwimmenden Gußbetonanlage (Abb. 737)

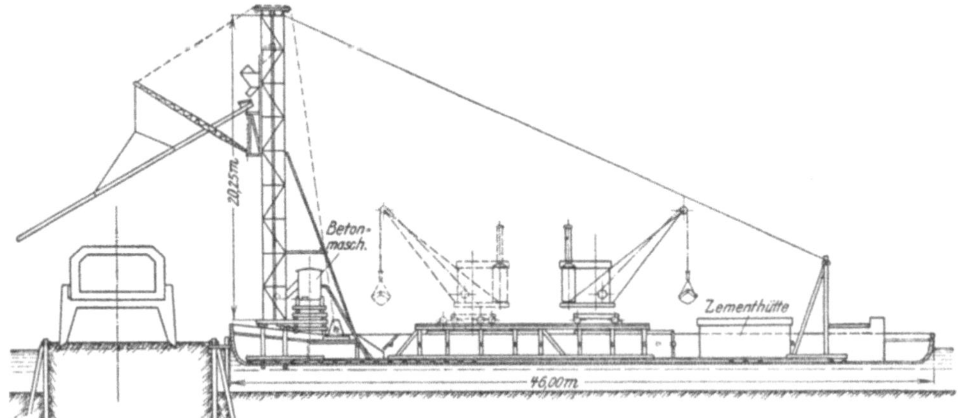

Abb. 737. Schwimmende Gußbetonanlage bei der Herstellung des Fußgeherdükers unter der Spree in Berlin.
(Nach LA BAUME.)

aus. Der Druckkasten und der auf ihm liegende Düker hatten den in der Abb. 738 ersichtlichen Querschnitt; wegen der geringen Sohldrücke ist nur ein Teil des Arbeitsraumes beiderseits der Längsschneiden ausbetoniert worden.

Die Verbindung der beiden Dükerrohrabschnitte, die vorübergehend während der Versenkung abgeschlossen waren, ist mit Rücksicht auf die geringe Tiefenlage unter dem Wasserspiegel in offener Baugrube ausgeführt worden. Die beiden aneinanderstoßenden Enden der Dükerhälften hatten eine besondere Ausbildung erhalten, die aus der Abb. 739 leicht entnommen werden kann. Die beiden Druckkästen standen, nachdem beide abgesenkt waren, in einem Abstande von 60 [cm] voneinander. Kurze Bohlenabschnitte, die unter den Schneiden der Stirnwände der Arbeitskammern schräg in den Boden getrieben worden sind, schlossen den verbliebenen Schlitz nach unten ab. An der Verbindungsstelle waren die Konsolen der Druckkästen als Wangenmauern bis in die Höhe der Dükerdecke emporgeführt (Abb. 739b)

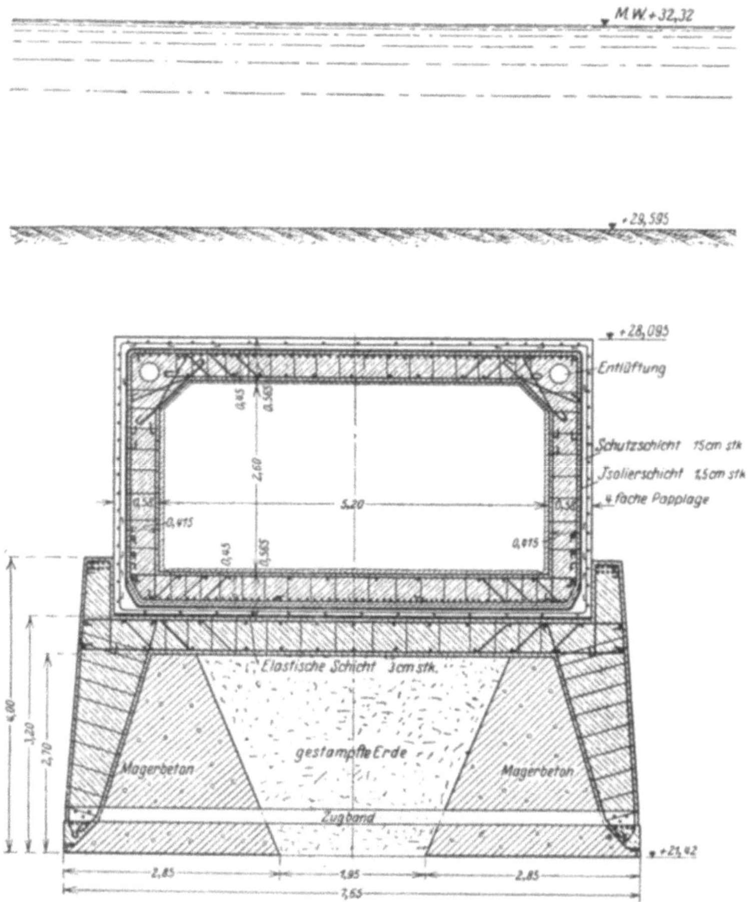

Abb. 738. Querschnitt des Fußgeherdükers. (Nach La Baume.)

so daß nur der ebenfalls 60 [cm] weite Schlitz zwischen den Wangenmauern zu schließen und auf die Wangenmauern und auf die Enden der Dükerdecke eine Holzumschließung dicht aufzusetzen war, um die Baugrube trockenlegen zu können.

Einzelheiten des Anschlusses der Holzwand an die Wangenmauern gibt die Abb. 739b, des Anschlusses der Holzwand an die Dükerdecke die Abb. 739g, während die Abdichtung des Schlitzes zwischen den beiden Wangenmauern die Abb. 739c bis e veranschaulicht. Der Schlitz zwischen den beiden Stirnwänden der Druckkästen ist mit Unterwasserschüttbeton ausgefüllt worden. Durch die Baugrubenumschließung zusickerndes Wasser ist in den in den Abb. 739a und b sichtbaren Pumpensumpf geleitet worden.

Schrifttum.

AFFELTRANGER: Über Eisenbetoncaissons und deren Versetzgerüste beim Wehrbau Eglisau. Schweiz. Wasserwirtsch. 1925. S. 221. — LA BAUME: Der Bau des Fußgängertunnels unter der Spree in Berlin-Friedrichshagen. Bautechn. 1928. S. 4, 42. — DISCHINGER: Neuere Druckluftgründungen unter Verwendung von Eisenbeton-Schwimmcaissons. Bauing. 1928. S. 893. — DYCKERHOFF & WIDMANN: Straßenbrücke über den Rio Norguera Ribargorzana bei Alfarras. Beton u. Eisen. 1927. S. 362. — ERNST: Die Reichsautobahnbrücke über den Main bei Frankfurt. Bautechn. 1937. S. 133. — GRÜN & BILFINGER: Straßenbrücke über die Mosel zwischen Cochem und Cond. Beton u. Eisen. 1928. S. 7. — HEIM: Moselbrücke Treis. Beton u. Eisen. 1930. S. 25. — HEINICKE, M.: Vom Bau der Pancevobrücke über die Donau bei Belgrad. Bautechn. 1930. S. 354. — JUSSEL, M.: Eine bemerkenswerte Gründung beim Bau der Stichbahn Jungfernheide-Gartenfeld zu Berlin. Bautechn. 1930. S. 74. — KADO: Die Erneuerung der Ostbahnbrücken über die Oder und Warthe bei Küstrin. Bautechn. 1927. S. 583.

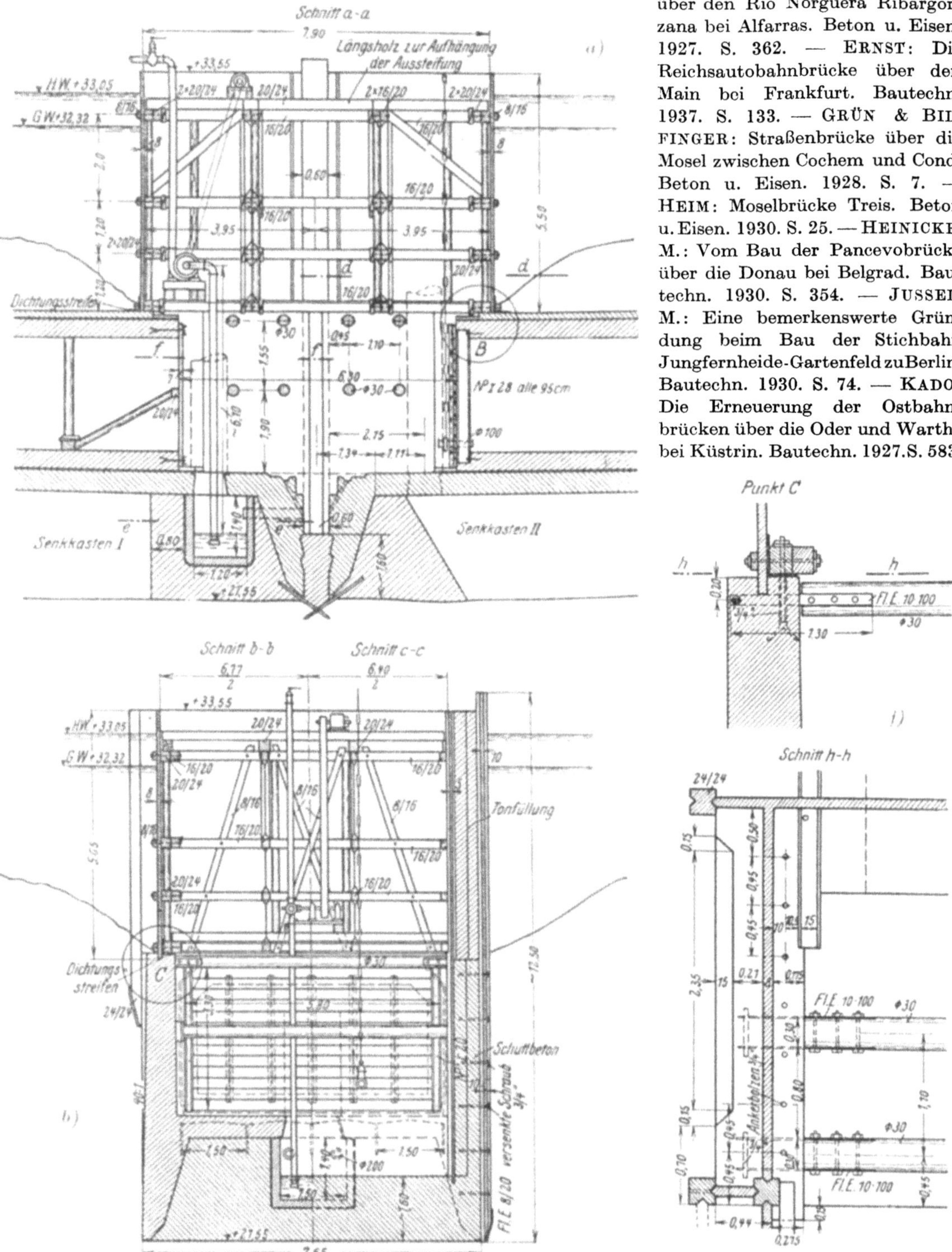

Abb. 739a. Wasserdichte Verbindung der beiden Dükerhälften. Schnitte und Einzelheiten. (Nach La BAUME.)

— KAPSA, L.: Eisenbetoncaisson der Elbebrücke in Obristoi. Beton u. Eisen. 1913. S. 425. — KAPSCH, G.: Wettbewerb für eine zweite Straßenbrücke über die Mosel in Koblenz. Beton u. Eisen. 1928. S. 221. — KOEHLER, G.: Der Bau der neuen Eisenbahnbrücke über West- und Ostoder bei Stettin. Bautechn. 1929.

S. 375. — LACROIX, E.: Le Dont Butin sur le Rhône à Genève. Schweiz. Bauzg. Bd. 90. S. 282. — LAUP-
MANN, P.: Anwendung von transportierbaren Eisenbetoncaissons beim Bau des festen Wehres für das
Wolchow-Kraftwerk. Beton u. Eisen. 1925. S. 29. — LEWERENZ: Die neue Pregelbrücke zu Königsberg.
Bautechn. 1925. S. 335. — LOCHER, F. und G. à Rohn: Die neue Straßenbrücke über den Rhein in Eglisau.
Schweiz. Bauzg. Bd. 82 (1923). S. 3.
— LORENZ-MAYER: Das Schiffshebe-
werk bei Niederfinow. Bauing. 1930.
S. 242. — LUFT, W. und G. RUTH:
Eisenbetonschwimmkörper und ihre
Verwendung usw. Bauing. 1920.
S. 463, 466. — MÖLLER, M.: Die
Eisenbahnbrücke über die Oker bei
Braunschweig. Beton u. Eisen. 1926.
S. 122. — OESER, H.: Das Werra-
bauwerk bei Hann. Münden. Bau-
techn. 1938. S. 292. — SCHAPER, G.:
Wettbewerb für Entwürfe zu einer
Eisenbahnbrücke usw. Bauing. 1920.
S. 179. — DERSELBE: Der Wett-
bewerb für Entwürfe zu einer Ver-
bindung über den Limfjord zwischen

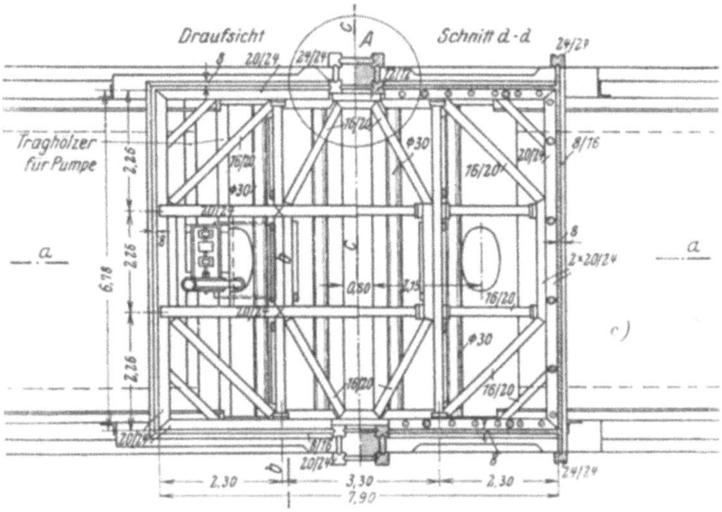

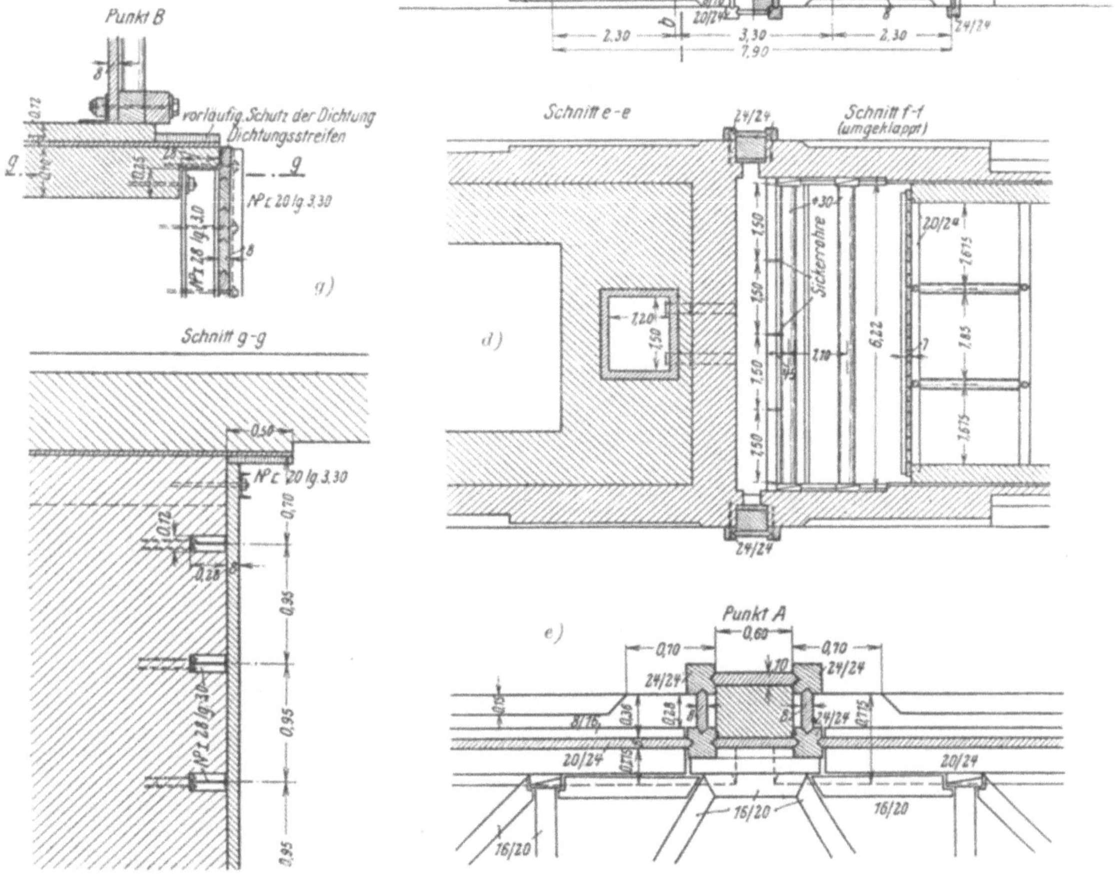

Abb. 739b. Wasserdichte Verbindung der beiden Dükerhälften. Schnitte und Einzelheiten. (Nach LA BAUME.)

Aalborg und Norresundby in Dänemark. Bauing. 1921. S. 385, 493. — DERSELBE: Die Brücke über den Kleinen
Belt. Bautechn. 1929. S. 124, 195, 253. — SCHENKELBERG: Vom Bau der Pfeiler für die neue Rheinbrücke
Düsseldorf-Neuß. Zement. 1928. S. 588. — SCHLODTMANN: Neubau der Eisenbahnbrücke über die Enns
bei Weener. Bautechn. 1925. S. 297. — SICHARDT, W.: Erfahrungen mit der chemischen Bodenfestigung
und Anwendungsmöglichkeiten des Verfahrens. Bautechn. 1930. S. 181. — SPERBER: Die dritte Elbbrücke
bei Hamburg. Bautechn. 1924. S. 289. — STUDER, H.: Das Kraftwerk Amsteg. Schweiz. Bauzg. Bd. 86 (1925).

S. 243. — WEDLER: Die neue Straßenbrücke über die Schlei bei Kappeln. Bautechn. 1929. S. 152. — WEID-MANN: Die Rheinbrücke Ludwigshafen-Mannheim. Bautechn. 1930. S. 626. — WERKEN, O.: Der Bau eines Schmutzwasser-Doppeldükers unter dem Rhein bei Köln. Bautechn. 1930. S. 137, 263, 285. — WESTER-MANN: Befeuerung der Seeschiffahrtsstraße Stettin-Swinemünde. Bautechn. 1929. S. 379. — ZWACH: Die Erneuerung der Eisenbahnbrücke über die Elbe bei Hämerten. Bautechn. 1926. S. 98. — *Referate*: Druck-luftgründung mit Eisenbetonsenkkästen für die San-Telmo-Brücke in Sevilla. Bautechn. 1927. S. 113. — Vom Bau der Pancevobrücke über die Donau bei Belgrad. Bautechn. 1929. S. 74. — Vom Bau des Schiffshebewerkes Niederfinow. Z. V. d. I. 1929. S. 149.

10. Arbeiten mit der Taucherglocke.

Arbeiten unter der Taucherglocke kommen nur selten vor; man hat die Taucherglocke früher manchmal benützt, um unter dem Wasserspiegel verläßlich betonieren zu können, statt Unterwasserbeton zu schütten. Weitere Anwendungen haben Taucherglocken bei Ausbesserungs-

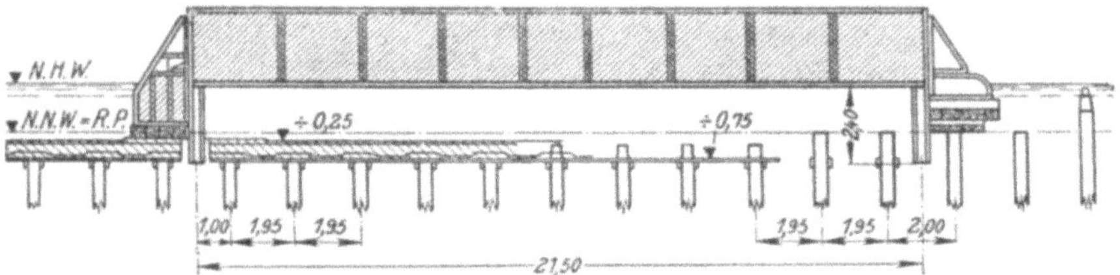

Abb. 740. Taucherglocke zur Herstellung eines Stahlbetonrostes auf Holzpfählen unter dem Niederwasserspiegel. (Nach BOOMSMA.)

arbeiten gefunden. In neuerer Zeit sind Taucherglocken angewendet worden, um die Verzimme-rung des hochliegenden Holzpfahlrostes unter dem Niederwasserspiegel auszuführen und um den Fugenschluß zwischen Herdmauerabschnitten an Wehren, die mit Druckluftsenkkästen gegründet worden sind, zu bewerkstelligen.

Die Taucherglocke hat eine Form, ähnlich jener der bei der Druckluftsenkgründung ver-wendeten Arbeitskammer; durch Luftschleusen und Schachtrohre erfolgt der Ein- und Ausstieg

Abb. 741. Blick in die in der Abb. 740 dargestellten Taucherglocke. (BOOMSMA.)

der Arbeiter und die Zufuhr der Baustoffe. Für die Arbeiten in Taucherglocken gelten dieselben Vorschriften wie für jene in Druckkästen (vgl. S. 406). Die Taucherglocken können an einem festen oder schwimmenden Gerüst hängen oder in ruhigem Wasser auch frei schwimmen; das Gewicht der Taucherglocken wird durch den Wasserballast nach Erfordernis geregelt. Während der Arbeit hängt die Taucherglocke entweder am Gerüst oder sie wird mittels Winden im Arbeits-raum gegen den Boden oder das in Arbeit stehende Bauwerk abgestützt.

In der Abb. 740 ist die Herstellung eines Stahlbetonrostes auf Holzpfählen unter dem Niederwasserspiegel in der Taucherglocke dargestellt. Die Taucherglocke wird bei Hochwasser schwimmend über die Pfähle gebracht und hierauf mit Wasserballast versenkt, wobei sich die außenliegenden Konsolen einerseits auf den fertigen Rost, anderseits auf die Pfähle aufsetzen. Die Abb. 741 gibt einen Blick in den Arbeitsraum der Taucherglocke während der Verlegung der Bewehrung für den Rost.

Die Verwendung einer Taucherglocke für den Fugenschluß in der Herdmauer beim Bau des Wehres in Olten-Gösgen zeigt die Abb. 742. Zwischen je zwei mit Druckkästen gegründeten Herdmauerabschnitten wurde eine Fuge gelassen, deren Abmessungen die Abb. 729 gibt. Der Bodenaushub und die Betonierung erfolgte von der in der Abb. 742 dargestellten Taucherglocke aus, die an einem Kran hängend abgesenkt wurde.

Die Abb. 743a, b und c zeigt schließlich die Anwendung einer Taucherglocke beim Bau des Schmutzwasserdükers durch den Rhein in Köln beim Versetzen der Sockel und beim Dichten der Rohrstöße.

Schrifttum.

BERENDT und O. FRANZIUS: Der Unfall und die Wiederherstellung von Dock V auf der Kais. Werft in

Abb. 742. Fugenschluß-Taucherglocke beim Bau des Wehres Olten-Gösgen. (Schweiz. Bauzg.)

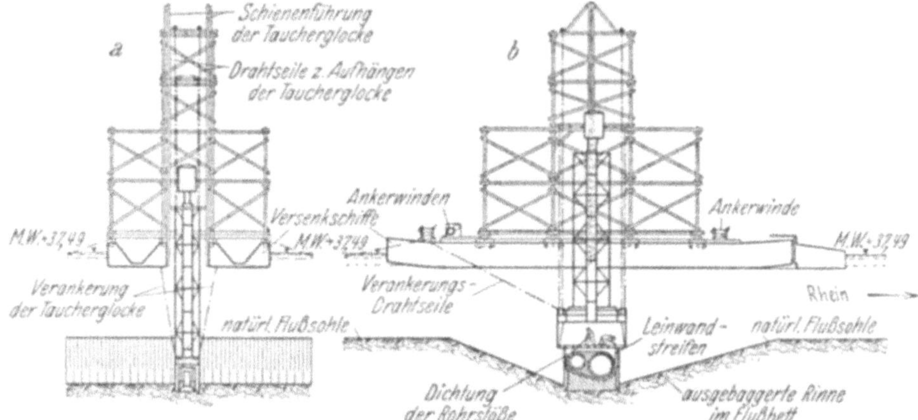

Abb. 743a, b. Schmutzwasserdüker Köln. Dichten der Rohrstöße von einer Taucherglocke aus. (Grün & Bilfinger.)

Kiel. Z. R. W. 1912. S. 613. — BOOSMANN: Die Entwicklung des Kaimauerbaues in Rotterdam. Jahrb. d. Hafenbautechn. Ges. 1927. S. 132. — FRANZIUS, G. und MÖNCH: Der Bau des neuen Trockendockes auf der

Kais. Werft in Kiel. Zschft. f. Bauw. 1903. S. 291. — MALLAT: La nouvelle entrée et les traveaux de transformation du port de Saint Nazaire. Ann. Ponts Chauss. Bd. 33 (1908). S. 13. — MERKL: Maschinen zur Trockenlegung der Baustelle. Z. V. d. I. 1922. S. 746. — MÜLLER: Der Freihafen von Gothenburg. Zentralbl. d. Bauverw. 1926. S. 463. — SCHOKLITSCH, A.: Der Wasserbau. Bd. 2. S. 704. Wien: Julius Springer 1930. — THELE: Das Hamburgische Baggereiwesen. Jahrb. d. Schiffbautechn. Ges. 1914. — WERKEN, O.: Der Bau eines Schmutzwasser-Doppeldükers unter dem Rhein bei Köln. Bautechn. 1930. H. 10, 17, 19. — ZSCHOKKE: Die Hafenanlagen an der See. Schweiz. Bauzg. Bd. 68 (1916). S. 91.

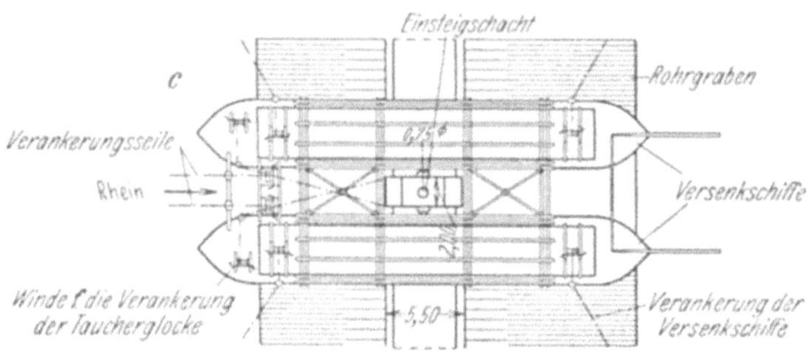

Abb. 743 c.

Abb. 744. Taucher. (Siemens-Bau-Union.)
a Helm, *b* Brustblei, *c* Unterwasserschneidbrenner, *d* Luftschlauch.

11. Taucherarbeiten.

Bei zahlreichen Gründungsarbeiten im Wasser ist die Hilfe von Tauchern erforderlich.

Das gewöhnliche Tauchergerät (Abb. 744) besteht aus dem Taucheranzug, der aus starken, gummierten Baumwollstoffen hergestellt ist, einem kupfernen Helm mit Glasfenstern, den Gewichten aus Blei von etwa 37 [kg] (zwei Sohlplatten von je 10 [kg], einem Brustblei von 10 [kg] und einem Rückenblei von 7 [kg]) und der Luftversorgungsanlage, die von einer Luftpumpe Druckluft durch einen Schlauch zugeleitet erhält. Die Pressung der Luft wird dem Wasserdruck in der jeweiligen Tauchtiefe angepaßt. Der Taucher verständigt sich über die Wasseroberfläche durch einen Fernsprecher oder durch Signale, die er durch Ziehen an der Rettungsleine gibt.

Bei Arbeiten in größeren Tiefen ist die Beleuchtung des Arbeitsfeldes mit einer elektrischen Taucherlampe erforderlich.

Derartige Tauchergeräte reichen für Tiefe bis etwa 35 bis 40 [m] hin. Das Ablassen und das Aufsteigen des Tauchers geschieht mit höchstens 2 [m] in der Minute, um den Taucher nicht, ähnlich wie bei Arbeiten im Druckkasten, zu schädigen. Bei raschen Strömungen muß das Arbeitsfeld besonders geschützt werden.

Bei Tauchtiefen über etwa 35 [m] werden Tieftauchgeräte verwendet.

Siebenter Teil.

Besondere Gründungen.

A. Grundwerke
für stoßweise oder schwingende Belastungen.

Grundwerke, die die Drücke bewegter Lasten auf den Boden zu übertragen haben, erleiden je nach der Bewegungsweise der Last stoßweise oder schwingende Beanspruchungen, die jene, die der gleich großen ruhenden Last entsprechen, weit übertreffen können und die bei der Bemessung des Grundwerkes unbedingt berücksichtigt werden müssen. Solche dynamische

Beanspruchungen des Grundwerkes treten z. B. bei Förder- und Aufzugstürmen auf, wenn die Last plötzlich stillgesetzt wird und an Maschinengrundwerken infolge von hin und hergehenden Massen oder von rotierenden Massen, deren Schwerpunkt außerhalb der Drehachse liegt. Während die Fördertürme nur einen einmaligen Stoßimpuls empfangen, erleiden Maschinengrundwerke immer wiederkehrende Impulse im Takte der bewegten Maschinen, die das Grundwerk zu Schwingungen anregen, deren Anschläge um so größer werden, je näher die Frequenz der Impulse der Eigenschwingungsfrequenz des Grundwerkes liegt. Wenn beide Frequenzen übereinstimmen, so besteht Resonanz und die Schwingungen des Grundwerkes werden so lange angefacht, bis das Grundwerk in Brüche geht. Bei der Berücksichtigung der statischen und der dynamischen Beanspruchung des Grundwerkes durch die bewegten Lasten kommt es daher noch besonders darauf an, nachzuweisen, daß die Eigenschwingungsfrequenz des Grundwerkes nicht in Resonanz mit der Frequenz der Kraftimpulse der umlaufenden Maschinenteile, also mit der Drehzahl der Maschine steht; überdies wird man trachten, die Eigenfrequenz des Grundwerkes möglichst verschieden von der Drehzahl der Maschine zu machen, weil dadurch die dynamische Beanspruchung herabgesetzt wird. Die Eigenfrequenz des Grundwerkes soll womöglich weit über der Maschinendrehzahl liegen; liegt sie darunter, so besteht beim Anlaufen der Maschine kurze Zeit Resonanz, wenn die zunehmende Drehzahl der Maschine gerade die Eigenfrequenzzahl des Grundwerkes durchläuft.

Ein Grundwerk, das in Schwingungen geraten ist, belastet den Boden mit einer Last, deren Größe um einen Mittelwert schwankt und bewirkt ein förmliches Zusammenrütteln der Bodenteilchen, das, wie K. WEIDERT hervorhebt, besonders bei Böden im Grundwasser zu außerordentlich starken Setzungen führt. Er erwähnt z. B., daß sich im Berliner Elektrizitätswerk Moabit, das auf gutem Berliner Sand steht, ein Dampfturbinengrundwerk einseitig senkte und daß die Senkung nach kurzer Betriebsdauer 32 [cm] ausgemacht hat.

Bezüglich des Entwurfes von Grundwerken für stoßweise und schwingende Belastung sei auf das ausführliche Werk von E. RAUSCH: Maschinenfundamente verwiesen.

Schrifttum.

DÖRING, K.: Wind und Wärme bei der Berechnung hoher Schornsteine aus Eisenbeton. Berlin: Julius Springer. — DERSELBE: Beitrag zur Elastizität und Schwingungsdauer bei Eisenbetonschornsteinen. Beton u. Eisen. 1928. S. 352. — EHLERS, D.: Die Berechnung von Dampfturbinenfundamenten. Festschr. d. Ways & Freytag A.-G. — DERSELBE: Ein vereinfachtes Verfahren zur Berechnung der Schwingungen von Turbinenfundamenten. Beton u. Eisen. 1929. S. 409. — GEIGER, J.: V. d. I. Nachr. 1922. S. 667. — DERSELBE: Über den Nutzen einer künstlichen Dämpfung bei Schwingungsmeßgeräten. Werft Reederei Hafen. 1928. S. 171. — DERSELBE: Berechnung der Schwingungserscheinungen der Turbodynamos. Z. V. d. I. 1922. S. 667; 1923, S. 287. — GERB: Die Fernübertragung von Bodenerschütterungen bei Maschinen mit hin und her gehenden Massen. Z. V. d. I. 1920. S. 759. — GÜLDNER, H.: Verbrennungskraftmaschinen. Berlin: Julius Springer. HARTZ, H.: Gründung von Schmiedehämmern. Bautechn. 1937. S. 309. — HERBST: Erschütterungsfreier Unterbau ortsfester Maschinen. Zentralbl. d. Bauverw. 1930. H. 8. — HORT: Technische Schwingungslehre. Berlin: Julius Springer 1922. — KASARNOVSKY, S.: Schwingungen von Schornsteinen. Beton u. Eisen. 1929. S. 55. — KAYSER, H.: Über Fundamentschwingungen. Z. V. d. I. 1929. S. 1305. — KAYSER, H. und TROCHE: Theoretische Betrachtungen und ausgeführte Versuche über Fundamentschwingungen. Beton u. Eisen. 1930. S. 15. — KÖGLER, E.: Stoßweise wirkende Kräfte und die Standsicherheit von Bauwerken. Bauing. 1926. S. 766. — LEHR, E.: Schwingungen von Schornsteinen. Beton u. Eisen. 1928. S. 301. — MONOBE, N.: Z. ang. Math. Mech. 1921. S. 444. — MÖRSCH, F.: Der Eisenbetonbau. Bd. 2. 1. Hälfte. Stuttgart: H. Wittwer 1926. — MÜLLER, P.: Schwingungen von Fundamenten rotierender Maschinen. Bauing. 1928, S. 449; 1929, 228. — DERSELBE: Schwingungen von Schornsteinfundamenten. Beton u. Eisen. 1928. S. 400. — PAVLUCK, N.: Hammerfundamente. Beton u. Eisen. 1930. S. 249. — PRAGER: Die Eigenschwingungen von Rahmenfundamenten. Z. techn. Phys. 1928. S. 223. — RAUSCH, E.: Dampfturbinenfundamente. Bauing. 1924. S. 772. — DERSELBE: Maschinenfundamente. Bauing. 1926. S. 859. — DERSELBE: Berechnung von Dampfturbinenfundamenten. Beton u. Eisen. 1928. S. 396. — DERSELBE: Hammerfundamente. Beton u. Eisen. 1928. S. 321. — DERSELBE: Hammerfundamente. Bauing. 1936. S. 342. — DERSELBE: Berechnung von Maschinenfundamenten als elastisch gestützte schwingende Scheiben. Bauing. 1930. S. 226. — DERSELBE: Maschinenfundamente. 3 Teile. VDJ-Verlag Berlin 1942. — SPILKER, A.: Horizontale Eigenschwingungen von Turbinenfundamenten bei Berücksichtigung der gegenseitigen Beeinflussung der Querrahmen. Bauing. 1930. S. 705. — THEIN: Seismometrische Untersuchungstechnik im Dienste der Baupolizei. Z. f. Sprengwesen 1929. H. 11, 12. — WEIDERT, E.: Über Senkungen von Maschinenfundamenten trotz guten Baugrundes. Z. V. d. I. 1928. S. 1, 2, 3. — ZELLER, W.: Erschütterungsmessung mit Seismographen. Straßenbau. 1930. S. 312. — *Referate*: Schwingungen von Schornsteinen. Beton u. Eisen. 1928. S. 400. — Fundamente für große Turbodynamos. Z. V. d. I. 1929. S. 34.

B. Die Gründung von Bauwerken in Erdbebengebieten.

Gelegentlich von Erdbeben erfahren die Bauwerke Stöße, die in eine lotrechte und in eine waagrechte Komponente zerlegt werden können. Die lotrechten Komponenten verursachen in der Regel nur geringen Schaden, während die waagrechten Komponenten vielfach die Gebäude in äußerst schädliche Schwingungen versetzen und seitliche Verschiebungen hervorrufen, die schließlich zum Zusammenbruch der betroffenen Bauwerke führen. Als Beispiel für die Zerstörungen, die ein Erdbeben selbst an einem Stahlbetonwerke verursachen kann, diene die Abb. 745.

C. Davison hat gefunden, daß im 19. Jahrhundert die Erde von 364 katastrophalen Erdbeben heimgesucht worden ist und daß in diesem Jahrhundert jährlich durchschnittlich 14.500 Menschen durch Erdbeben ums Leben gekommen sind. Auf Italien entfallen im Durchschnitt jährlich 4222, auf Japan 3892 gelegentlich von Erdbeben tödlich verunglückte Personen. Diese ungeheuren Menschenopfer und die großen Sachschäden haben zu eigenen Bauweisen in den häufig von Erdbeben betroffenen Gebieten geführt, bei denen den bei Erdbeben auftretenden Stößen bzw. Beschleunigungen Rechnung getragen wird. Diese Bauweisen können in zwei Gruppen geschieden werden. Bei der älteren Bauweise wird den Erdbebenstößen dadurch Rechnung getragen, daß man im Einklange mit der Erfahrung bei der Bemessung die Gebäudelasten um 0,1 bis 0,5 vermehrt und daß man am Gebäude eine Seitenkraft annimmt, die 0,1 bis 0,5 des Gebäudegewichtes beträgt. Das Ausmaß dieser Zusatzkräfte wird je nach der Wichtigkeit des Bauwerkes und der Heftigkeit und Häufigkeit von der Baubehörde festgesetzt.

Abb. 745. Erdbebenzerstörungen in einem Haus (Kempu Soko) in Yokohama. (Nach Briske.)

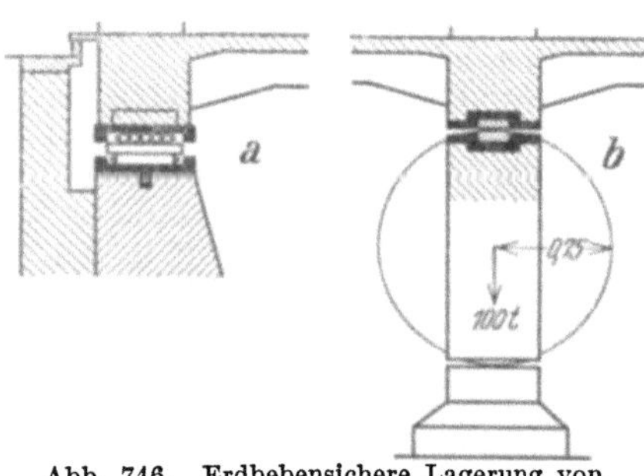

Abb. 746. Erdbebensichere Lagerung von Bauwerken nach Viscardini. *a* Randlager mit Rollen, *b* Mittellager als Kugel.

In der neueren von M. Viscardini vorgeschlagenen Bauweise wird das Bauwerk von seinem Grundwerke vollständig getrennt und die Fuge wird so ausgebildet, daß die Reibung dortselbst möglichst gering bleibt, so daß also schon bei geringen waagrechten Stößen eine Verschiebung des Grundwerkes gegenüber dem Bauwerke auftreten kann, während das Bauwerk selbst in Ruhe bleibt. Nachdem die Rollreibung wesentlich geringer ist als die Gleitreibung, vermeidet Viscardini Gleitflächen und lagert das Gebäude auf seinem Grundwerke unter Zwischenlage von großen Kugeln, die eine allseitige Beweglichkeit gewährleisten. Das Bauwerk wird, ähnlich wie ein auf Säulen stehendes, nur an einer Anzahl von Punkten gelagert. In der Abb. 746 ist eine Randstütze und eine Mittelstütze nach Viscardini dargestellt. Die Randlager bestehen aus zwei sich rechtwinkelig kreuzenden Lagen von Rollen, die allseitige Bewegungen bis zu 20 [cm] ermöglichen. Die Mittelstützen sind als Pendelstützen ausgebildet, die mit je einer Kugelfläche auf einer ebenen Lagerfläche ruhen.

Schrifttum.

Briske, R.: Das Erdbebenunglück in Japan vom Standpunkte des Bauingenieurs. Bauing. 1924. S. 327. — Derselbe: Zerstörung von Hochbauten durch Erdbeben. Beton u. Eisen. 1925. S. 348. — Derselbe: Die Erdbebensicherheit von Bauwerken. Berlin: W. Ernst & Sohn 1927. — Dewell: Erdbebensichere Bauten. Engg. News Rec. 1928. H. 17, 18. — Flemming: Bauen in Ländern mit Erdbeben- und Tornadogefahr. Engg.

1926. S. 95. — HUMMEL: Widerstandsfähigkeit von Bauwerken gegenüber Erdbeben. Bauing. 1924. S. 356. — KITTEL: Das Erdbeben vom September 1923 und der Wiederaufbau von Yokohama. Bautechn. 1925. S. 189.— VISCARDINI, M.: Erdbebensichere Gründungen. Beton u. Eisen. 1925. S. 99.

C. Gründungen in Rutschgebieten.

Gründungen in Rutschgebieten sollen womöglich überhaupt vermieden werden. Durch Bauwerke läßt sich ein zu Rutschungen neigender Hang in der Regel überhaupt nicht in Ruhe erhalten. Wenn eine Gründung in einem solchen Gebiete nicht umgangen werden kann, ist es zweckmäßig, vor allem nach der Ursache der Rutschgefahr zu forschen. In der Regel verursacht Grundwasser die Beweglichkeit der Bodenschichten und es kann dann der Hang durch Entwässerung beruhigt werden. Die Entwässerung wird in den meisten Fällen durch Stollen zu bewerkstelligen sein, die längs der durchlässigen Schichte, auf der die zu Rutschungen neigende liegt, vor-

Abb. 747. Verstärkung eines Säulengrundwerkes. (Siemens-Bau-Union.)

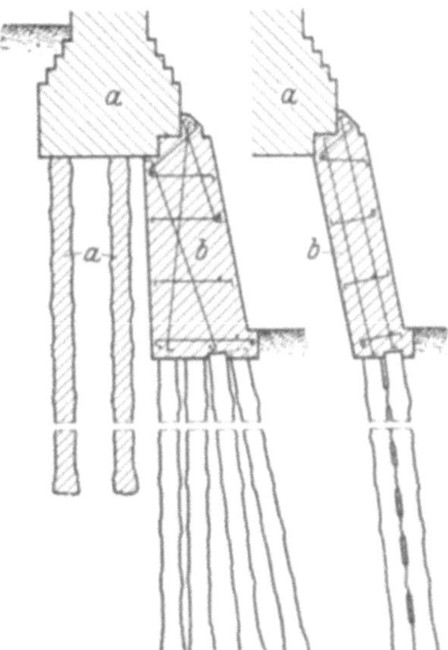

Abb. 748. Verstärkung des Grundwerkes eines Hauses mit Strauß-Pfahlen wegen Tieferlegung der Straße. (Dyckerhoff & Widmann.)
a Bestehendes Grundwerk, b Verstärkung.

getrieben werden. Die Stollen werden mit Stein ausgepackt und erhalten an der Sohle eine Sickerdohle, durch die das Wasser abläuft.

Überdies wird der oberirdische Zufluß von Niederschlagswasser gegen das zu Rutschungen neigende Gebiet durch Fanggräben abgeschnitten. Auch an einem beruhigten Hang wird es in der Regel erforderlich sein, das Grundwerk bis auf die Unterlage der beruhigten Schichten hinabzuführen.

Schrifttum.

ZELLER: Bahnbau im Rutschgebiet. Bautechn. 1924. S. 599.

D. Die Verstärkung von Grundwerken.

Die Verstärkung von Grundwerken ist manchmal nötig, wenn es sich im Laufe der Zeit zeigt, daß das ausgeführte Grundwerk unrichtig bemessen oder ausgeführt worden war oder wenn nachträglich Änderungen am Bauwerke oder am Boden im Bereiche des Grundwerkes vorgenommen werden. Die Verstärkungsarbeiten hängen weitgehend von den örtlichen Verhältnissen ab, und es seien daher nur an einigen Beispielen derartige Arbeiten vorgeführt.

Die Abb. 747 zeigt die Verstärkung eines Säulengrundwerkes. In das ursprüngliche Grundwerk sind dort waagrechte Rillen gestemmt worden, um einen besseren Verband zwischen dem alten und dem neuen Beton zu erzielen. In der Abbildung ist die Bewehrung der Verstärkung zu sehen, die an je zwei gegenüberliegende Seiten durch Rundstahl verbunden ist, die durch Bohrlöcher durch das alte Grundwerk hindurchgeführt sind.

Eine Verstärkung des Grundwerkes eines Hauses, die durch eine Tieferlegung der Straße bedingt worden ist, stellt die Abb. 748 dar.

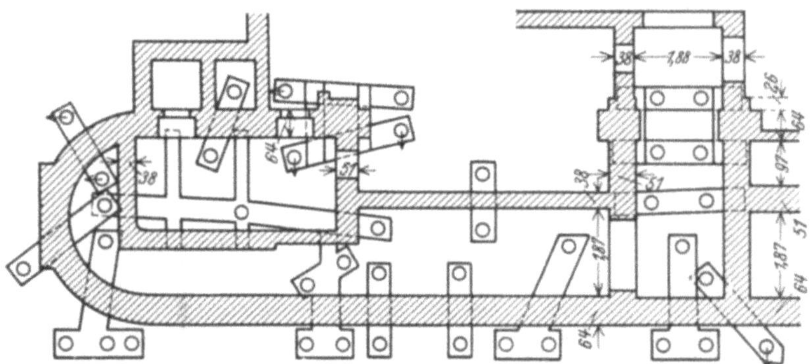

Abb. 749. Unterfangung eines Teiles des Postgebäudes in Berlin-Schöneberg mit Aba-Lorenz-Pfählen gelegentlich eines Stockwerksaufbaues. (Allgem. Baugesellschaft Lorenz & Co.)

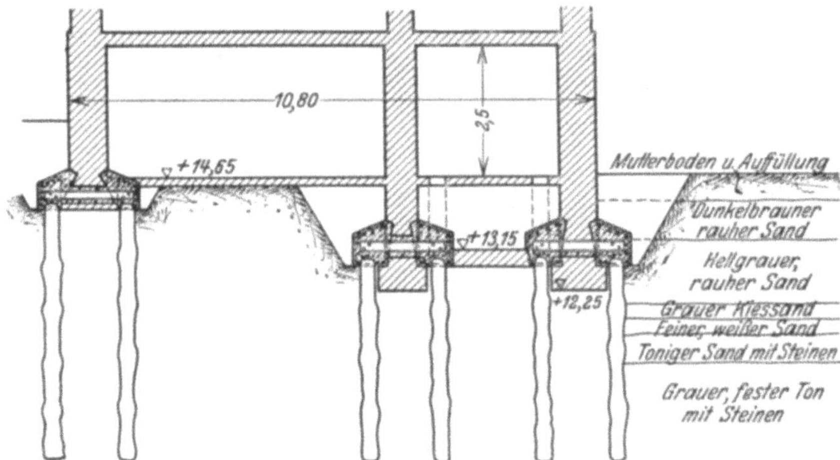

Abb. 750. Unterfangung der Volksschule in Hamburg-Eimsbüttel. (Dyckerhoff & Widmann.)

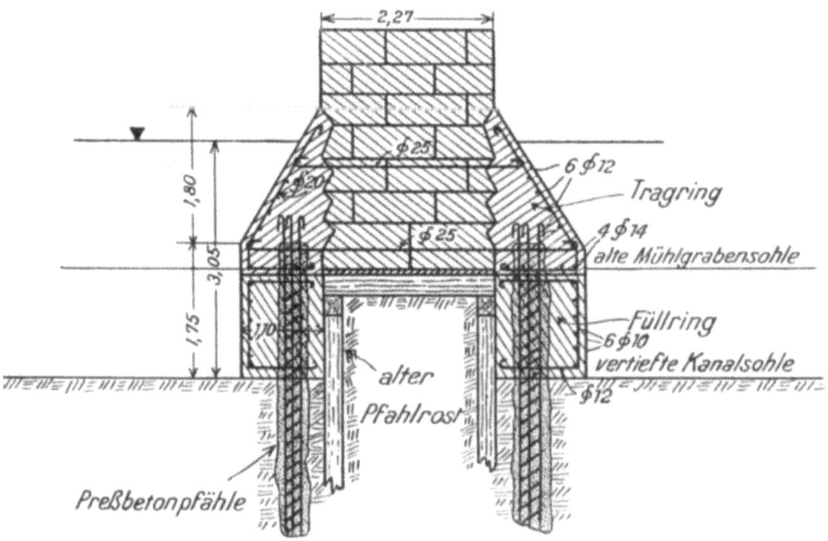

Abb. 751. Verstärkung und Unterfangung eines Brückenpfeilers mit Wolfsholz-Preßbetonpfählen. (Nach THIELE.)

Eine weitere Grundwerksverstärkung an einem Hause mit Aba-Lorenz-Pfählen zeigt die Abb. 749, und eine Hausunterfangung mit Strauß-Pfählen stellt die Abb. 750 dar.

In den Abb. 751 und 752 ist die nachträgliche Verstärkung eines Brückenpfeilers mit Wolfsholz-Preßbetonpfählen dargestellt, die erforderlich war, weil die Sohle des Werksgrabens tiefergelegt worden ist. Ähnlich wie bei der in der Abb. 750 gezeigten Verstärkung ist auch hier die Bewehrung der Verstärkung beiderseits des Pfeilers durch Anker, die durch die Bohrlöcher geschoben sind, verbunden.

Durch einen mittels des Torkretgerätes hergestellten Stahlbetonmantel sind die Pfeiler in der Abb. 753 verstärkt worden.

Die Abb. 754 zeigt die Verstärkung der bestehenden Kaimauern am Süderballastplatz in Memel durch eine verankerte Larssen-Wand, die wegen der Tieferlegung der Hafensohle ausgeführt werden mußte.

Grundwerke auf körnigem Boden können vielfach in einfacher Weise durch Versteinung des Bodens verstärkt werden. Diese Arbeiten können durch Einpressen von Beton oder dann, wenn der Boden vorwiegend aus Quarzkörnern besteht, durch Versteinung nach

Abb. 752. Verstärkung und Unterfangung des Brückenpfeilers in Abb. 751. (A. WOLFSHOLZ.)

dem chemischen Verfahren ausgeführt werden. In der Abb. 422 auf S. 362 ist als Beispiel die infolge nachträglicher Erhöhung der Lasten erforderlich gewordene Verstärkung des bestehenden Grundwerkes aus Stahlbetonbanketten beim Postgebäude am Hauptbahnhof in Königsberg i. Pr. durch Versteinung des Bodens dargestellt. Die Arbeiten erfolgen vom Keller aus, der nur eine Höhe von 2 bis 2,5 [m] hatte; innerhalb von sechs Wochen sind dort 1000 [m³] Boden versteint worden.

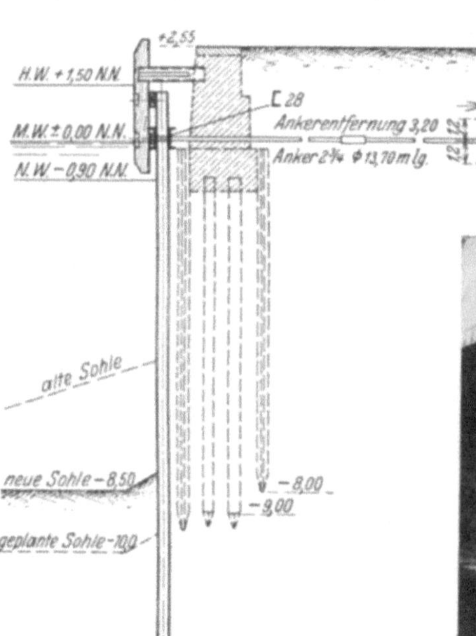

Abb. 754. Verstärkung einer Ufermauer in Memel durch eine Larssen-Spundwand. (Ver. Stahlwerke A.-G., Dortmunder Union.)

Abb. 753. Verstärkung von Brückenpfeilern durch Ummantelung mit Torkretbeton. (Torkret-Ges., Berlin.)

Während der Durchführung von Verstärkungen und Unterfangungen müssen die Bauwerke gegen Bewegungen durch Verstrebungen gesichert werden. Die Abb. 755 zeigt einige Beispiele für die Einbindung der Streben in eine Mauer. Die Strebenfüße bestehen aus einem Balkenrost, der die Last mit großer Fläche auf den Boden überträgt. Wenn jedwede Bewegung verhindert werden soll, ist es zweckmäßig, wenn zwischen die Strebe und den Strebenfuß hydraulische Böcke eingeschaltet werden, wie es die Abb. 755h andeutet. Die Keile werden dann erst eingetrieben, wenn mittels der hydraulischen Böcke der Strebenfuß annähernd so weit vorbelastet ist, als er während der Bauarbeiten später belastet wird. Der Strebenfuß senkt sich dann während der Bauarbeiten nicht mehr.

Auch bei den Verstärkungsarbeiten ist es zweckmäßig, Pfähle u. dgl. mittels hydraulischer Böcke vorzubelasten und erst wenn sie sich gesenkt haben, die endgültige Verbindung mit dem Bauwerke herzustellen.

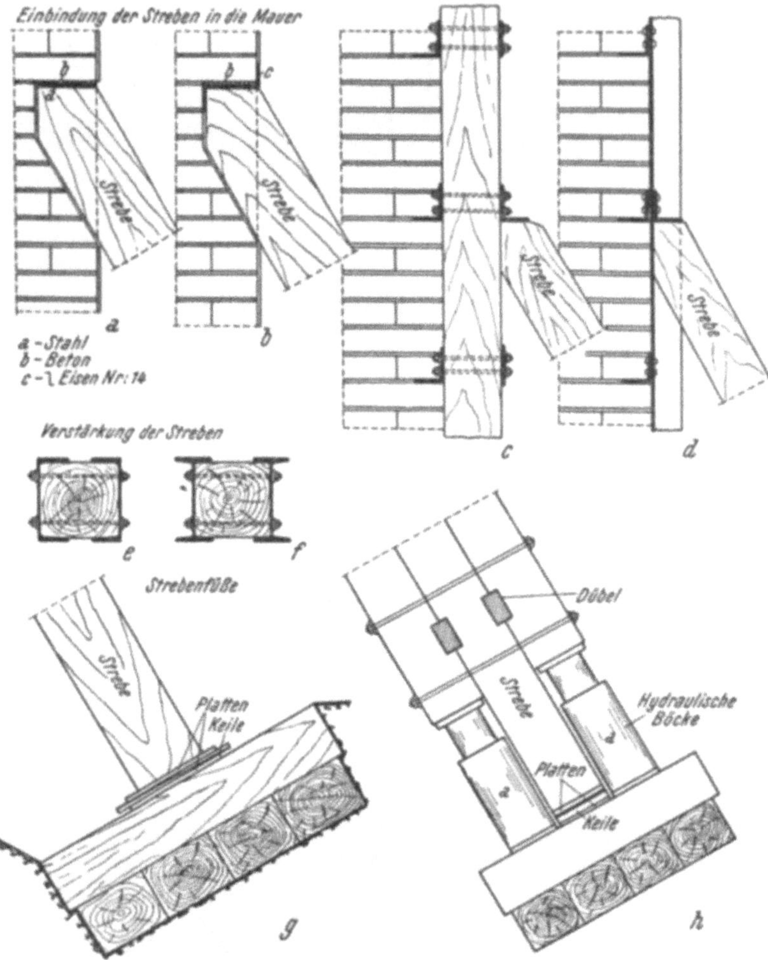

Abb. 755. Einbindung von Streben in eine Mauer und Ausbildung des Strebenfußes.

Schrifttum.

BAREK: Bau eines Getreidespeichers und Richten eines schiefstehenden, unmittelbar benachbarten Getreidepflegeturmes. Bautechn. 1930. S. 89. — BERNHARD: Deutsche Ingenieurarbeit am Straßburger Münster. Bauing. 1926. S. 360. — DAUCHY: Die Pfeilergründung des Turmes des Straßburger Münsters. Génie civil. 1925. S. 433. — DÖRR, H.: Unterfangung des Turmes der katholischen Kirche St. Stephan in Karlsruhe. Bautechn. 1940. S. 93. — KOLL: Verstärkung der Gründung eines Durchlasses durch Preßbetonpfähle. Zentralbl. d. Bauverw. 1915. S. 68. — LEISSLER, K. und W. KEIL: Umbau der Straßenbrücke über den Rhein bei Mainz. Bautechn. 1932. S. 607. — MÖRSCH, E.: Verstärkung dreier Straßenbrücken im Zuge des Ems-Weser-Kanals bei Hannover. Deutsche Bauzg. 1913. S. 43. — DERSELBE: Der Eisenbetonbau. Bd. 2. 1. Hälfte. 5. Aufl. S. 357. Stuttgart 1924. — ROLOFF, P.: Entwurf und Oberbauleitung im Dienste der Sicherheit des Baustellenbetriebes. Bautechn. 1940. S. 582. — SCHINKEL und GRUBE: Sicherung von Pfeilerbauwerken in den Duisburger-Ruhrort Häfen. Bautechn. 1937. S. 101. — SCHÖNHÖFER, R.: Die Berechnung der nachträglichen Grundmauerwerksverbreiterungen, Bauweise Heimbach. Beton u. Eisen. 1915. S. 245. — THIELE: Veränderungen der Gründung eines Eisenbahnbrückenpfeilers infolge Tieferlegung der Sohle des durchgeführten Mühlgrabens unter Aufrechterhaltung des Eisenbahnbetriebes. Bauing. 1926. S. 681. — TITZE, E.: Anwendung von Pfahlböcken zur Abstützung bestehender Bauwerke. Bautechn. 1940. S. 676. — VICARI, M.: Unterfangen von Brückenpfeilern. Bautechn. 1926. S. 213. — ZANDER: Ersatz von beschädigten Pfählen eines Pfahlrostes. Zentralbl. d. Bauverw. 1915. S. 66. — *Referate*: Wiederherstellungsarbeiten am Kölner Dom und am Ulmer Münster. Der Bohrhammer. 1927. S. 130. — Die Verstärkung der Fundamente der Alexanderkirche in Zweibrücken i. d. Pfalz. Deutsche Bauzg. 1905. S. 78. — Wiederherstellungsarbeiten und Neugründungen unter Wasser mit Hilfe von Zement-Einpressungen (Versteinung). Deutsche Bauzg. 1905. S. 483. — Wiederaufrichtung und Unterfangung eines gekippten und versackten Getreidesilos in Eisenbeton. Deutsche Bauzg. 1916. S. 53.

E. Die Gründung von Bauwerken in Bergbau-Senkgebieten.

Wenn in einem Zechengebiet ein Flöz abgebaut wird, so stellen sich oberhalb des abgebauten Flözes Bodenbewegungen ein, die ohne besondere Vorkehrungen Bauwerke gefährden können. Der Schutz der über dem Flöz stehenden Gebäude kann nun entweder durch bergmännische Vorkehrungen oder durch bauliche Sicherheitsmaßnahmen bewerkstelligt werden. Von den bergmännischen Vorkehrungen seien hier nur erwähnt das Stehenlassen von Sicherheitspfeilern, die das Hangende gegen das Liegende abstützen, der Versatz der Hohlräume im Abbaufeld durch Ausschlichtung oder in vollkommener Weise durch Einspülung (sog. Spülversatz) und besondere Abbauweisen. Durch alle diese Vorkehrungen kann aber das Hangende nicht unverrückbar in seiner ursprünglichen Lage erhalten werden und es stellen sich stets im Laufe der Zeit bis an die Bodenoberfläche heraufreichende Bodenbewegungen über dem Abbaufelde ein, wobei sich Mulden, sog. Pingen, in der Bodenoberfläche bilden, an deren Rändern manchmal auch Bodenerhebungen auftreten.

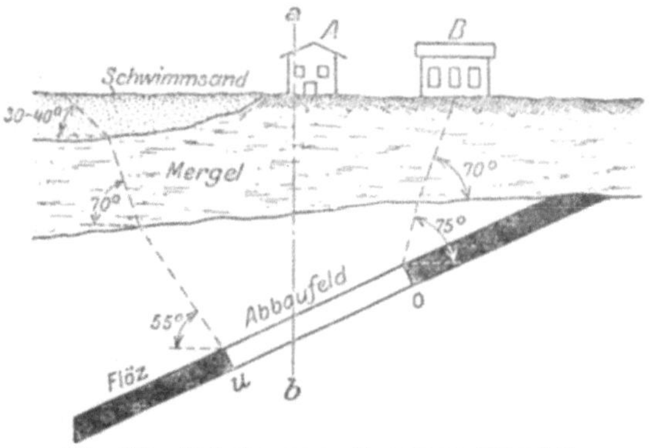

Die Größe und Art der Bodenbewegungen hängt von der Gesteinsart über dem Abbaufelde, von der Größe, der Mächtigkeit, der Neigung und der Tiefenlage des abgebauten Flözes ab. Die Decken von Hohlräumen in festem Gestein stürzen ruckartig mit heftigen Erschütterungen ein, während im milden Gebirge die Senkungen ruhig und gleichmäßig erfolgen. Ein schnell fortschreitender Abbau, der abschnittsweise vorgenommen wird, ergibt viele kleine Senkungsstufen, die sich über ein weites Gebiet verteilen, während der Abbau der Gesamtmächtigkeit in wenigen Abschnitten nur langsam fortschreitet und starke Senkungen auf kleinen Flächen ergibt. Der Versatz des Abbaufeldes vermindert die Senkung der Bodenoberfläche. Abbau von steil geneigten Flözen ergibt stärkere, aber auf ein kleineres Gebiet begrenzte Senkungen als jener von flachen.

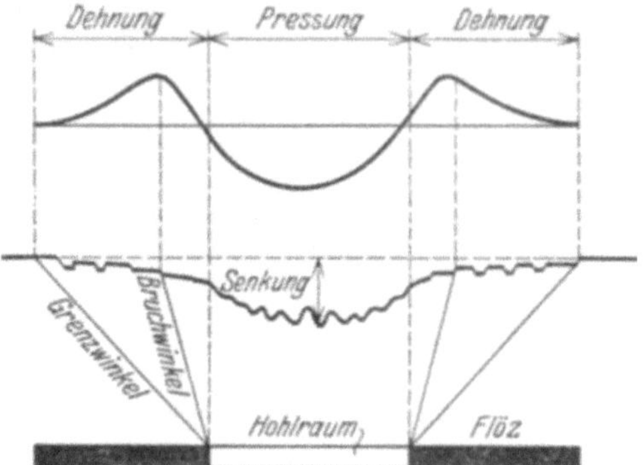

Abb. 756. Bodenbewegung über einem Abbaufeld. (Nach K. LEHMANN.)

Die Senkungen gehen derart vor sich, daß von den Rändern des Abbaufeldes ausgehend Bruchflächen entstehen, deren Neigung dem natürlichen Böschungswinkel des Gebirges nahe kommt, aber außer von der Gesteinsbeschaffung auch noch von der Tiefenlage der Ränder des Abbaufeldes abhängt. Bei festem Deckgebirge wurden am oberen Rande des Abbaufeldes Bruchwinkel von 70 bis 75°, am unteren solche von etwa 55° festgestellt. Der Senkungskörper (Abb. 758) erhält auf diese Weise eine Form, ähnlich einem Pyramidenstumpf. Je tiefer das Abbaufeld liegt, um so größer ist der Rauminhalt des Senkungskörpers, desto größer auch das Senkungsgebiet, desto kleiner bleiben aber die Senkungen. Die Oberflächenform im Senkungsgebiete hängt von der Beschaffenheit des Gebirges, von der Abbauart, von der Neigung und von der Mächtigkeit des Flözes und von der Abbautiefe ab und kann entweder einer Mulde oder einem Trichter ähnliche oder scharf abgegrenzte, steile Bruchränder haben. Die Senkungen sind am Rande des Senkungsgebietes kleiner, aber

Abb. 757. Bodenbewegung über einem Abbaufeld. (Nach K. LEHMANN.)

ungleichmäßiger als in der Mitte. Neben den lotrechten Bodenbewegungen treten im
Senkungsgebiete auch waagrechte Verschiebungen auf, weil die Bodenoberfläche am Rande
des Senkungsgebietes Dehnungen, in der Mitte Stauchungen erfährt, ähnlich wie ein
beiderseits eingespannter Balken unter gleich-
mäßig verteilter Last. In schematischer Darstellung zeigt die Abb. 757 nach K. Lehmann
die über dem Abbaufelde zu erwartenden
Bodenbewegungen, und die Abb. 758 und 759
lassen die Schäden erkennen, die an nicht
besonders gegründeten Bauwerken auftreten.
Die im Bergbausenkungsgebiete beobachteten
waagrechten und lotrechten Bodenbewegungen
sind manchmal sehr bedeutend. So hat z. B.
Rothkegel waagrechte Verschiebungen an
Dreieckspunkten von 3 [m] und Längenänderungen von Festlinien bis zu 8% der ursprünglichen Länge beobachtet. In Essen
haben sich Baufluchten bis zu 70 [cm] verschoben. Im Zwickauer Revier sind waagrechte
Verschiebungen bis zu 8 [m] festgestellt worden. Außerordentlich starke Senkungen infolge des Bergbaubetriebes hat z. B., wie die
Abb. 760 veranschaulicht, die Kaimauer im
Hafen Rheinpreußen erlitten.

Abb. 758. Bauwerksschäden infolge von Zerrungen im
Boden am Rande einer Pinge. (Nach K. Lehmann.)

Die Bodensenkungen können 50 bis 60%
der Höhe der Hohlräume erreichen, die der
Bergbau geschaffen hat; in Abbaufeldern mit
Versatz bleiben die Senkungen aber, wie
schon erwähnt worden ist, wesentlich geringer.

Für den Bestand eines Bauwerkes in
Senkungsgebieten bilden nun sowohl die lotrechten als auch die waagrechten Bewegungen
eine Gefahr und es muß daher das Grundwerk in besonderer Weise bemessen werden, damit
die schädlichen Folgen der Bodenbewegungen auf ein Mindestmaß beschränkt bleiben.

Abb. 759. Bauwerksschäden infolge von Pressungen in einer Pinge.
(Nach K. Lehmann.)

Der Einfluß der lot-
rechten Bewegungen ist
verschieden, je nachdem
sich das Bauwerk am Ran-
de oder in der Mitte des
Senkungsgebietes befindet.
Wenn es am Rande liegt,
so tritt die ungünstige Beanspruchung des Grund-
werkes auf, wenn ein Teil
des Bauwerkes auf festem
Boden, ein Teil auf nach-
gebenden liegt. Wenn an-
genommen wird, daß vor
Beginn der Bodenbewe-
gungen die Sohlspannung p
gleichmäßig verteilt war,
so wird nach erfolgter Senkung die Sohlspannungs-
verteilung eine dreieckähn-

liche und es kragt ein Teil des Bauwerkes frei aus, so daß das Grundwerk durch Querkräfte
und Biegungsmomente beansprucht wird und daher entsprechend auszugestalten ist. Einige
Regeln für eine solche zweckmäßige Ausgestaltung hat K. W. Mautner gegeben. Es betrage
das Gewicht eines 1 [m] langen und 6 [m] breiten symmetrischen Bauwerksabschnittes pb,
wobei p die gleichmäßig verteilte Sohlspannung vor der Senkung bedeutet. Nach der Senkung

wird sich ein Sohldruck einstellen, der (stark vereinfacht) nach einem Dreiecke derart verteilt ist, daß dessen Resultierende in die Angriffslinie des Gewichtes fällt, solange Gleichgewicht

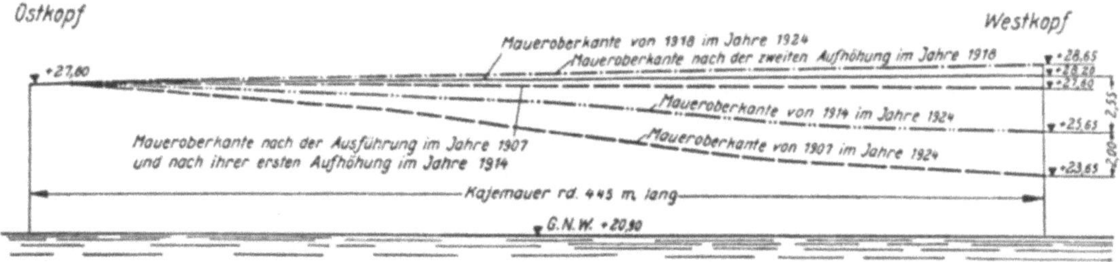

Abb. 760. Senkungen der Kaimauer im Hafen Rheinpreußen infolge des Bergbaubetriebes. (Nach H. MEINERS.)

besteht. Der größte Sohldruck p_{max}, der sich einstellen kann, ist etwas kleiner als die Grenzbelastung. Mit den Bezeichnungen der Abb. 761 erfordert das Gleichgewicht, daß

$$p\,b = \frac{1}{2}\,p_{max}\cdot 3\left(\frac{b}{2}-\lambda\right) \qquad (494)$$

ist; es folgt aus dieser Bedingung

$$p_{max} = \frac{4\,b\,p}{3\,(b-2\,\lambda)} \qquad (495)$$

oder eine Auskragung von

$$\lambda = b\left(\frac{1}{2}-\frac{2}{3}\,\frac{p}{p_{max}}\right) \qquad (496)$$

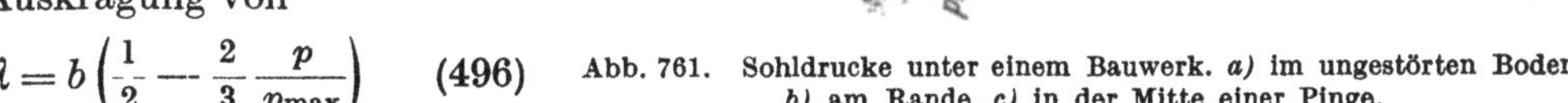

Abb. 761. Sohldrucke unter einem Bauwerk. a) im ungestörten Boden, b) am Rande, c) in der Mitte einer Pinge.

Nachdem erfahrungsgemäß meist

$$p = \left(\frac{1}{4}\ \text{bis}\ \frac{1}{6}\right) p_{max} \qquad (497)$$

genommen wird, so ergibt sich in der Regel eine zu berücksichtigende Auskragung von

$$\lambda = (0,33\ \text{bis}\ 0,39)\,b. \qquad (498)$$

Je kleiner beim Entwurf des Grundwerkes der Sohldruck p im Verhältnis zum größtmöglichen p_{max} genommen wird, eine desto größere Auskragung λ ist bei Bemessung des Grundwerkes zugrunde zu legen und je fester der Baugrund ist, desto größer ist die Schadensgefahr. Es wäre daher unrichtig, den Sohldruck p klein zu wählen, um den schädlichen Folgen der Bodensenkungen zu begegnen. Um übermäßig große Auskragungen herabzusetzen, kommt als wirksamstes Mittel die Verringerung der Gebäudebreite b in Frage.

Als Beispiel sei die von K. W. MAUTNER ausgeführte Gründung eines Wasserbehälters angeführt. Bei dem in der Abb. 762 dargestellten Behälter erfolgte eine Teilung und die Gründung wurde auf einem verkleinerten Grundwerke aus Ban-

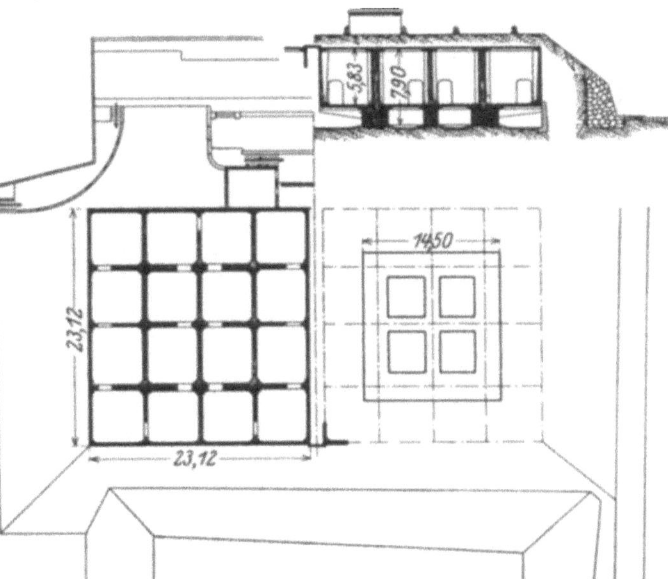

Abb. 762. Ein Wasserbehälter in Essen, bergschadensicher gegründet. (K. W. MAUTNER.)

ketten ausgeführt, wobei die über den Banketten verlaufenden Längs- und Querwände mittragend ausgebildet worden sind. Die gleichmäßig verteilte Sohlspannung beträgt 4 [kg/cm²] und die Grenzlast wurde gelegentlich von Belastungsversuchen mit 15 [kg/cm²] ermittelt.

Zur Bemessung des Grundwerkes sind die drei Belastungsfälle „Auskragen parallel zu einer Behälterseite", „Auskragen parallel zu einer Diagonalen des Behälters" und „Freiaufliegen" untersucht worden. Schon während der vier Monate währenden Baufrist haben sich ungleichmäßige Senkungen im Bereiche des Grundwerkes zwischen 11 und 81 [mm] eingestellt.

Im inneren Bereiche des Senkungsgebietes kann es vorkommen, daß infolge des Absinkens des Bodens der mittlere Teil des Gebäudes frei zu liegen kommt (Abb. 761c).

Das Gleichgewicht erfordert dann, daß

$$p\,b = (b - \lambda)\,p_{\max} \tag{499}$$

ist und es folgt ein Freiliegen über der Länge

$$\lambda = b\left(1 - \frac{p}{p_{\max}}\right) = (0{,}75 \ \text{bis} \ 0{,}83)\,b, \tag{500}$$

wenn $p\left(\dfrac{1}{4}\ \text{bis}\ \dfrac{1}{6}\right)p_{\max}$ genommen wird.

Neben diesen durch die lotrechten Bodenbewegungen hervorgerufenen Beanspruchungen treten nun auch noch solche auf, die durch die waagrechten Bodenbewegungen bewirkt werden;

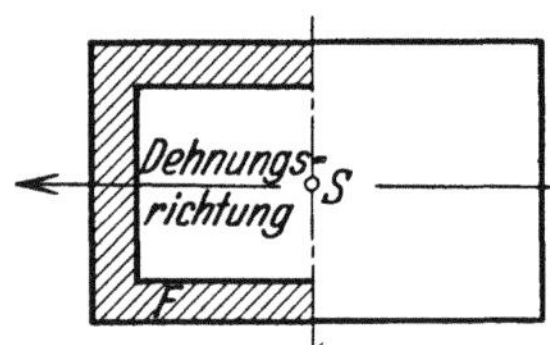

Abb. 763. Waagrecht beanspruchtes Grundwerk.

diese sind von der Größe der Verschiebungen unabhängig. Sie rufen im Grundwerke teils Längskräfte, teils Biegungsmomente hervor. Die von den waagrechten Bodenbewegungen hervorgerufenen Beanspruchungen sind im wesentlichen auf die Reibung zurückzuführen, die bei Bodenverschiebungen in der Sohlfläche auftritt; je nach der Gründungstiefe kann überdies das Grundwerk bei waagrechten Bodenbewegungen auch noch durch den Erdwiderstand beansprucht werden. Die größte Reibungskraft, die in der Fläche F der Sohlfuge auftreten kann, hat die Größe (Abb. 763)

$$Z = \mu\,p\,F, \tag{501}$$

wobei μ den Reibungsbeiwert (vgl. S. 384) und p die Einheitslast bedeuten.

Sowohl durch die Reibung wie durch allenfalls wirksamen Erdwiderstand werden die Grundwerksbankette auf Zug bzw. Druck und Biegung beansprucht. Bei Gründung auf durchlaufenden Platten spielen die Biegungsbeanspruchungen in der Plattenebene keine Rolle. Bei Gründung auf Banketten ist es wegen der auftretenden waagrechten Biegungsmomente zweckmäßig, möglichst viele Knotenpunkte im Bankettnetz zu schaffen. Die größten axialen Beanspruchungen werden erhalten, wenn die Bankettachse in der Richtung der Dehnungsachse liegt. Die axiale

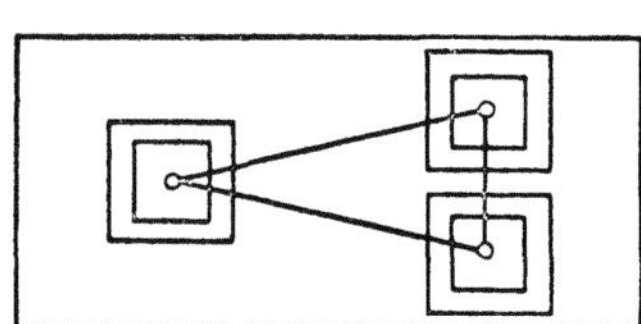

Beanspruchung ist dann gleich dem größten Reibungszug bzw. Druck des Gebäudeteiles bis zu der durch den Schwerpunkt der Grundwerksfläche verlaufenden, und senkrecht zur Dehnungsrichtung stehenden Achse (Abb. 763), vermehrt um die Knotenlasten, die von Grundwerksteilen herrühren, die die Dehnungsrichtung kreuzen.

Die Bankette werden exzentrisch auf Zug bzw. Druck und Biegung beansprucht. Die Bankettbreite muß so bemessen werden, daß sie nicht nur zur Übertragung der lotrechten Lasten hinreicht, sondern auch noch die zur Aufnahme der waagrechten Lasten erforderliche Konstruktionshöhe ergibt. K. W. MAUTNER empfiehlt, die Bewehrung ohne Berücksichtigung des Betons bis zur Proportionalitätsgrenze zu beanspruchen. Bei Berücksichtigung des Betons kann für Axialzug allein Beton bis höchstens $\sigma_t = 15$ [kg/cm^2], mit Berücksichtigung der Biegungsmomente bis $\sigma_b = 80$ [kg/cm^2] und der Stahl bis $\sigma_e = \sigma_{prop}$ beansprucht werden.

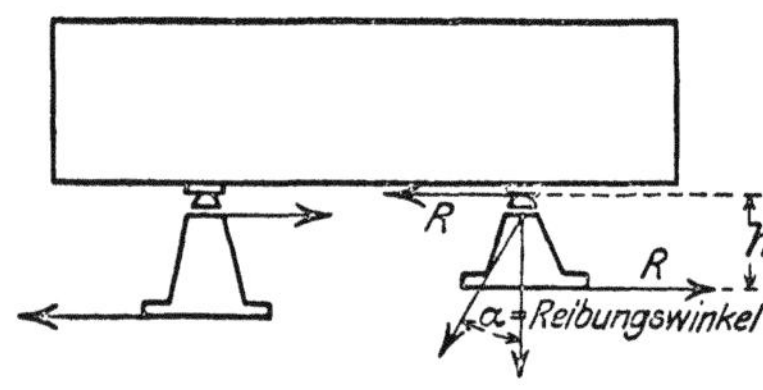

Abb. 764. Lagerung des Schwimmbeckens in Gladbeck in drei Punkten. (K. W. MAUTNER.)

Den Schäden der Bodenbewegungen an manchen kleineren Bauwerken in Bergbau und Senkungsgebieten kann durch eine Lagerung in drei Punkten begegnet werden. Bei der Bemessung des Grundwerkes und des ganzen Bauwerkes muß aber nicht nur den lotrechten, sondern auch den waagrechten Verschiebungen Rechnung getragen werden. Als Beispiel für eine solche Gründung sei jene eines Schwimmbeckens erwähnt, die schematisch die Abb. 764 wiedergibt.

Größere Bauwerke werden je nach den Eigenschaften des Bodens auf Banketten oder durchlaufenden Platten gegründet, die für die Aufnahme der früher erörterten, von den Bodenbewegungen herrührenden Beanspruchungen bemessen werden. Die Decken sollen in Stahlbeton, durchwegs gleichstark ausgeführt werden und durch alle Mauern durchlaufen, um ein möglichst steifes Bauwerk zu erhalten.

Bauwerke großer Ausdehnung werden nach dem Vorschlage von K. W. Mautner am besten in eine Anzahl steifer Baublöcke aufgelöst, von denen sich jeder ohne besonderen Schaden bewegen kann. Die Verbindung der Baublöcke untereinander geschieht in der in der Abb. 765 und 766 angedeuteten Weise nachgiebig, derart, daß die

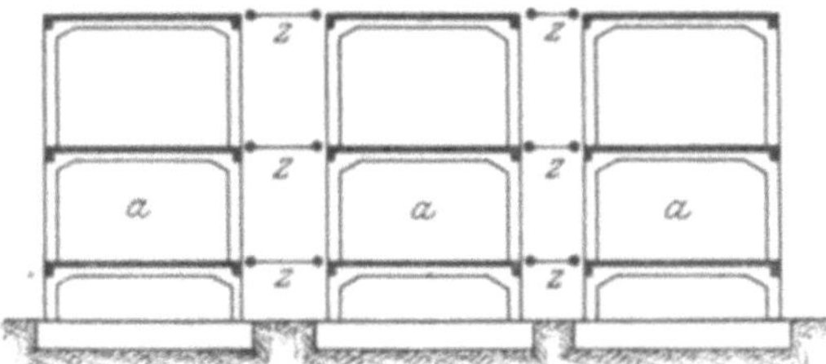

Abb. 765. Unterteilung eines Bauwerkes im Bergbau-Senkungsgebiet. (K. W. Mautner.)

Baublöcke a sich lotrecht ohne weiteres verschieben können, während waagrechte Verschiebungen durch die Anker z auf mehrere Gebäudeblocks verteilt werden. Damit die Anker nicht reißen, werden sie in den Baublöcken mit elastischen hölzernen Zwischenlagen eingehängt. Der Ankerzug wird vom Holz m übertragen, so daß sich die Hölzer n bei hoher Ankerspannung in die Hölzer m einpressen und dadurch die Anker z entlasten. Durch Beobachtung der Einpressungen der verschiedenen Hölzer an den Verankerungen kann rechtzeitig auf die Bewegungen geschlossen werden, die das Gebäude mitmacht, und es können dann allenfalls Unterfangungen ausgeführt werden. Die Zuganker z sind so bemessen, daß sie nachgeben, bevor die Streckgrenze der Grundwerksbewehrung erreicht ist; Decken zwischen zwei Gebäudeblöcken werden nur auf die Randbalken aufgelegt und Querwände werden mit glatten Stoßfugen gegen die Gebäudeblöcke ausgeführt. Der Zwischenraum zwischen zwei Gebäudeblöcken wird mit $^1/_{25}$ bis $^1/_{30}$ der Blockbreite bemessen.

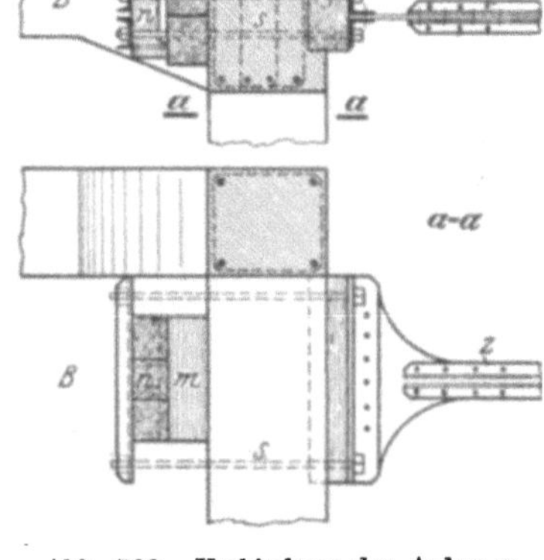

Abb. 766. Verbindung der Anker z mit dem Bauwerk B nach dem Vorschlag von Mautner. S Schraubenbolzen, m, n Hartholz.

Die Bauwerke in Bergbaugebieten werden am besten so bemessen, daß auch bei geringen Neigungen (bis etwa 5^0) nirgends die zulässigen Beanspruchungen der Baustoffe überschritten werden. Wenn stärkere Neigungen zu erwarten sind, so kann schon bei der Bauausführung dafür vorgesorgt werden, daß das Bauwerk nachträglich wieder aufgerichtet werden kann. Es wird dann das Bauwerk von seinem Grundwerk durch eine durchlaufende waagrechte Fuge getrennt und es

werden in dieser Fuge, entsprechend verteilte Nischen angeordnet, in die im Bedarfsfalle hydraulische Hebeböcke gestellt werden können, mit denen die Stellung des Bauwerkes verbessert werden kann. Die nach der Hebung des Bauwerkes kläffen den Fugen werden in bestimmten Entfernungen mit Stahlkeilen ausgeschlichtet und der Rest der Fugen schließlich ausbetoniert. Ein Beispiel für eine solche Einrichtung bietet die Abb. 768.

Wenn das Abbaufeld in geringer Tiefe unter der Bodenfläche liegt, so können wichtige Bauwerke schließlich, um Bewegung überhaupt auszuschalten, auf einzelnen Pfeilern gegründet werden, die durch die bewegliche Zone hindurch bis zu der darunter liegenden Schicht hinabreichen. Auf diese Weise sind z. B. gewisse Strecken der Pariser Untergrundbahn über unterirdischen Steinbrüchen gegründet worden (Abb. 767).

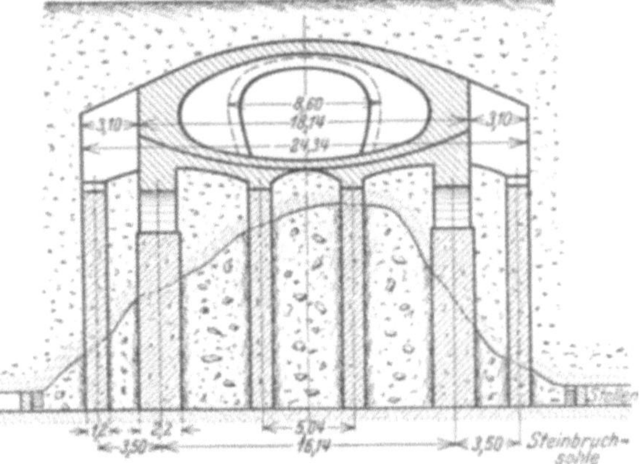

Abb. 767. Gründung der Tunnels der Pariser Untergrundbahn im Steinbruchgebiete auf Pfeilern. (E. A. Roth.)

Schrifttum.

APFELBECK, H.: Bewegungen der Oberfläche infolge des Bergbaubetriebes und ihr Einfluß auf obertägige Bauwerke. In: Redlich und Terzaghi: Ingenieurgeologie. S. 446. Berlin: Julius Springer 1929. — BAHSE: Die Drahtseilbahn Erdmannsdorf—Augustusberg. Deutsche Bauzg. 1916. S. 37. — BARCK: Bau eines Getreide-

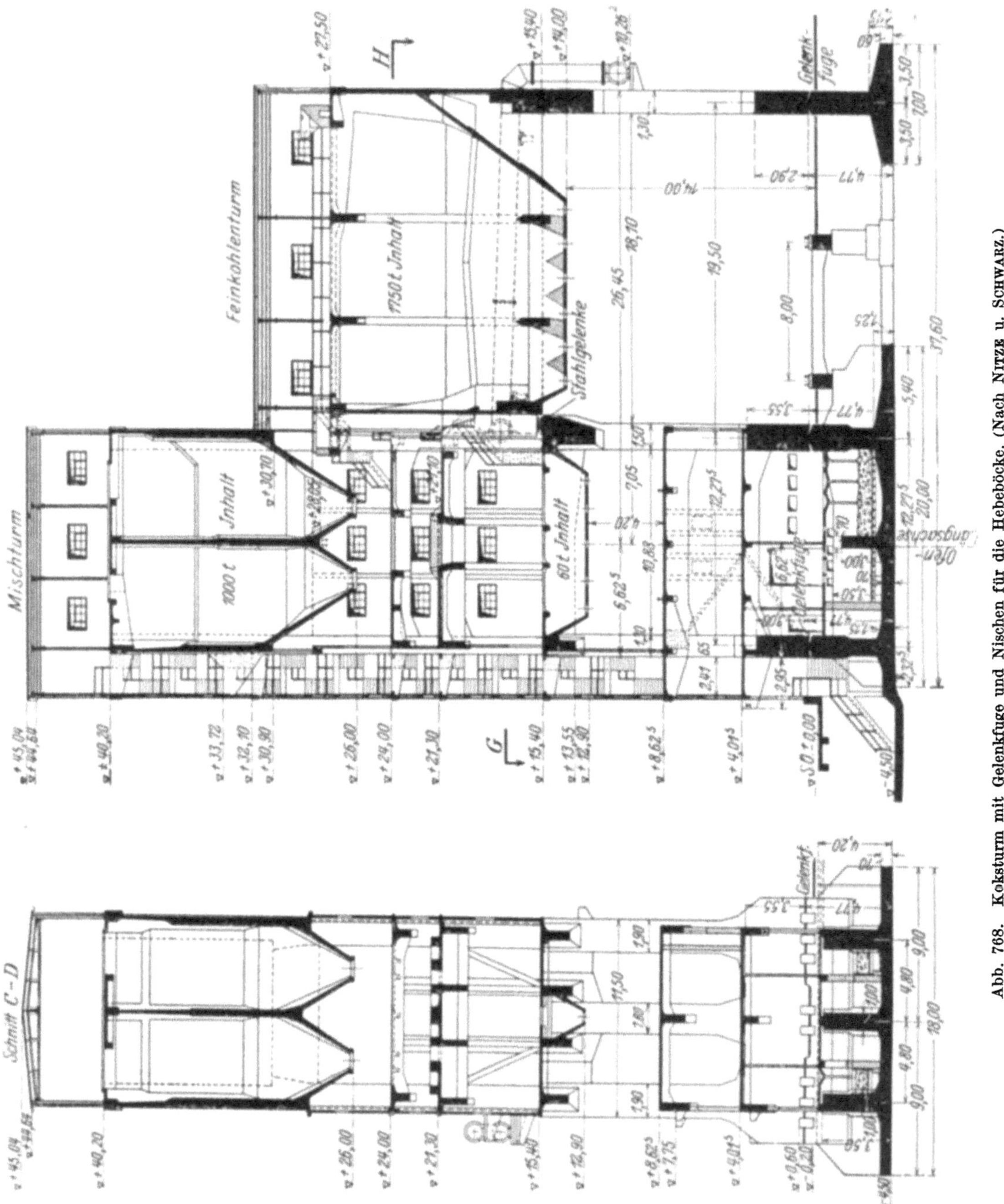

Abb. 768. Koksturm mit Gelenkfuge und Nischen für die Hebeböcke. (Nach NITZE u. SCHWARZ.)

speichers und Richten eines schiefstehenden, unmittelbar benachbarten Getreidepflegeturmes. Bautechn. 1940. S. 89. — BAUMEISTER: Gründungen, in erster Linie Gründungen von Pfeilern in druckhaftem Gelände. Bauing. 1922. S. 357. — BLAU: Mittel gegen die Einwirkung des Bergbaues auf die Erdoberfläche. Zentralbl. d. Bauverw. 1905. S. 621. — CARP: Über Bergschäden im Ruhrgebiet und ihre Vermeidung. Bautechn. 1937. S. 213, 244. — CREMER: Erdbeben und Bergbau: Glückauf. 1895. S. 367. — DISCHINGER: Bemerkenswerte Ausführungen in Eisenbeton. Beton u. Eisen. 1914. S. 1. — ECKARDT: Der Einfluß des Bergbaues auf die Tagesoberfläche. Glückauf. 1914. S. 449. — ELWITZ, E.: Sicherung eines Kirchenneubaues gegen Bergschäden. Beton u. Eisen. 1921. S. 1. — GIESE: Neubau einer 28klassigen Gemeindeschule für die Stadt Essen-Rohr. Beton u. Eisen. 1910. S. 117. — GOLDREICH, A. H.: Die Theorie der Bodensenkungen in Kohlengebieten. Berlin: Julius Springer 1912. — HARTKOPF: Bergschäden an Straßenbahngleisen. Zentralbl. d. Bauverw. 1917. S. 485. — DERSELBE: Handb. f. Eisenbetonbau. Bd. 3. — HEISE-HERBST: Bergbaukunde. Bd. 1. S. 173. — HERMANN: Zum Bau des Rhein-Herne-Kanals. Zentralbl. d. Bauverw. 1912. S. 243. — KIEHNE, S.: Zur Frage der Gebäudesicherungen im Bergbau-Senkungsgebiet. Bauing. 1922. S. 42. — KÖNDGEN: Seitliche Verschiebungen infolge von Bergbau im Stadtgebiet Essen. Zschft. f. Vermessungswes. 1903. S. 233. — KOLBE: Die Translokation der Deckgebirge durch Kohlenabbau. Essen 1903. — KORTEN: Der Einfluß des Bergbaues auf Straßenbahngleise und seine Bekämpfung. Glückauf. 1909. S. 865. 1442. — KÜHN, G.: Der Spannungszustand der Erdoberfläche bei Bodensenkungen. Zentralbl. d. Bauverw. 1921. S. 393. — LEHMANN: Bewegungsvorgänge bei der Bildung von Pingen und Trögen. Glückauf. 1919. H. 48. — LERCHE, K.: Grubensichere Gründungen von Wasserbehältern. Beton u. Eisen. 1925. S. 89. — LUETKENS, O.: Die Bergschädensicherung. Berlin: Springer-Verlag 1941. — MAUTNER, K. W.: Beitrag zur Frage der Gebäudesicherung im Bergbau-Senkungsgebiete. Bauing. 1920. S. 144. — DERSELBE: Die Sicherungen von Bauwerken in Bergbau-Senkungsgebieten unter besonderer Berücksichtigung der Eisenbetonbauweise. Deutsche Bauzg. Mitt. 1922. S. 41. — DERSELBE: Die neuen bergschadensicheren Wasserbehälter der Stadt Essen. Bauing. 1927. S. 619. — MÖHRLE, TH.: Fundierung eines Förderturmes bei Nachfallterrain. Beton u. Eisen. 1910. S. 32. — MÜLLER, P.: Eisenbetonarbeiten in der Volksbade- und Schwimmanstalt Gladbeck i. W. Deutsche Bauzg. 1913. S. 25. — NAST: Gebäudeverankerung gegen Bergschäden. Beton u. Eisen. 1907. S. 113. — NITZE und SCHWARZ: Bemerkenswerte Ausführung eines Eisenbetonkohlenturmes von 2800 t Gesamtinhalt mit bergschadensicherer Gründung. Bauing. 1930. S. 616. — NOLDEN: Der Einfluß des Bergbaues auf Straßenbahngleise und seine Bekämpfung. Glückauf. 1909. S. 865, 1442. — OBERBERGAMT DORTMUND: Über die Einwirkung des unter Mergelüberdeckung geführten Steinkohlenbergbaues auf die Erdoberfläche im Oberbergamtsbezirk Dortmund. Z. Berg-, Hütten-, Sal.-Wes. 1897. S. 372. — ROTHKEGEL, S.: Über Verschiebungen von trigonometrischen und polygonometrischen Punkten im Ruhrkohlengebiet. Zschft. f. Vermessungswes. Bd. 32 (1903). S. 217. — PROMPETER, W. H.: Die Expansionskraft im Gestein als Hauptursache der Bewegung des den Bergbau umgebenden Gebirges. Essen 1899. — UNGER: Schutz der Bauwerke an den Schiffahrtskanälen gegen Bodensenkungen in Bergbaugebieten. Zentralbl. d. Bauverw. 1913. S. 14. — DERSELBE: Ausführungen vom Rhein-Herne-Kanal. Zentralbl. d. Bauverw. 1914. S. 308. — VOLK: Einzelheiten der Schleusen des Rhein-Herne-Kanals. Zentralbl. d. Bauverw. 1913. S. 307, 320. — WAYSS & FREYTAG A.-G.: Bemerkenswerte Kokereibauten. Beton u. Eisen. 1929. S. 241. — *Referate*: Ein gegen Bodenbewegungen gesichertes Gebäude. Beton u. Eisen. 1928. S. 422; Engg. News Rec. 1928. S. 100. — Der Bahnhof von Lens. Schweiz. Bauzg. Bd. 94 (1929). S. 218. — Die bergschadensichere Gründung eines Gebäudes. Bautechn. 1940. S. 449.

Achter Teil.

Die Abdichtung der Bauwerke gegen Bodenfeuchte und Grundwasser.

Weder Beton noch ein anderer Baustoff für Mauern kann ohne besondere Vorkehrungen wasserdicht hergestellt werden. Wenn eine Seite einer Mauer mit Wasser in Verbindung steht, während die andere trocken erscheint, so besagt das nur, daß von der trockenscheinenden Mauerseite mehr Wasser verdunsten kann, als durch die Mauer zusickert.

A. Der Schutz der Bauwerke gegen Bodenfeuchte.

Wenn Mauern mit feuchtem Boden in Berührung stehen, so wird Feuchte aus dem Boden durch die Kapillaren des Mauerwerkes bis auf mehrere Meter über dem Boden hochgesaugt. Diese in der Mauer aufsteigende Bodenfeuchte bewirkt, daß die dahinterliegenden Räume ungesund und weder zu Wohn- noch für viele andere Zwecke verwendbar sind. Überdies ist Holz, das mit solchen Mauern in Berührung steht, gefährdet und an den Maueraußenseiten wird infolge der Ausdehnung des Wassers in den Poren beim Frieren der Putz abgesprengt.

Um das Aufsteigen der Feuchte in der Mauer zu verhindern, werden die Kapillaren durch eine wasserundurchlässige Isolierschicht abgeschnitten, die so elastisch bleibt, daß sie geringen

Bewegungen der Mauer zu folgen vermag. Die Isolierung wird unter der Höhenlage des Keller-fußbodens in die Mauer eingelegt. Wenn von dieser Isolierschicht aufwärts die Mauer außen wieder mit feuchtem Boden in Berührung steht, so muß auch der unter dem Boden liegende Teil der Außenmauerfläche wasserdicht isoliert werden.

Als waagrechte Isolierung, die in der Mauer liegt, eignet sich Rohpappe oder Jute, die mit Asphalt getränkt ist oder eine 1 bis 3 [cm] starke Schicht von Gußasphalt. An Stoßstellen sollen sich die eingelegten Streifen wenigstens 10 [cm] weit überdecken. Wenn es auf eine besonders sorgfältige Isolierung ankommt, so wird Bleiblech von etwa 2 [mm] Stärke eingelegt, das beider-seits durch asphaltgetränkte Jute vor mechanischen und chemischen Beschädigungen geschützt wird oder geriffeltes Aluminiumblech, das beiderseits durch Asphalt isoliert ist. Die lotrechten Wandflächen werden durch heißaufgetragenen Asphaltanstrich und aufgeklebte aspaltierte Jute isoliert.

Um auch den Zutritt von Feuchte aus dem Boden zur Mauer möglichst zu unterbinden, ist es überdies bei tiefliegenden Kellern zweckmäßig, zwischen Boden und Mauer eine Kies-schicht zu schütten, die durch eine Dränleitung in den Kanal entwässert.

a)   b)

Abb. 769. Trockenlegung einer Kirche. *a)* Ausführung der Schlitze für die Isolierung mittels Preßluftkammern, *b)* die Fuge für die Isolierung von innen gesehen. (Arido-Abdichtungs-G. m. b. H.)

Zur nachträglichen Isolierung von Mauern eines alten Bauwerkes gegen aufsteigende Feuchte werden bei Ziegelmauern mit einer sog. Mauersäge oder mittels eines Preßluftbohrhammers in etwa 1,20 [m] langen Abschnitten (Abb. 769) durch die Mauer reichende Schlitze hergestellt, in die Isolierungen so eingeschoben werden, daß sie sich 10 bis 20 [cm] weit an den Stoßstellen überdecken; der Rest des Schlitzes wird mit Beton ausgespritzt, um Rißbildungen im Mauer-werk zu verhüten.

B. Die Grundwasserabdichtung der Bauwerke.

Wenn der Grundwasserspiegel bei einem Bauwerke auch nur zeitweise über die Kellersohle ansteigt, muß eine eigene Grundwasserabdichtung hergestellt werden. Diese Dichtung kann ausgeführt werden als Außenhautdichtung, als Innenhautdichtung oder als porenfüllende Dichtung im Mauerwerk selbst.

I. Die Außenhautdichtung.

Die Außenhautdichtung stellt die zweckmäßigste Dichtung dar; sie besteht aus einer dünnen wasserdichten Haut, die zwischen der ins Grundwasser tauchenden Außenfläche des Bauwerkes und einer äußeren Mauerwerkschutzschicht eingespannt wird. Als Dichtungshaut steht Asphalt, Bleiblech, Aluminiumblech und Stahlblech in Verwendung.

Am häufigsten wird die Dichtungshaut aus Asphalt ausgeführt. Der äußere Schutzmantel wird aus einer mindestens 10 bis 15 [cm] starken Schicht aus Beton oder Klinkerziegeln gebildet, auf den heiß Asphalt aufgetragen wird; der Asphaltaufstrich besteht am besten aus einem Gemisch von gleichen Teilen Natur- und Kunstasphalt. Auf diesen ersten Anstrich werden nun, wieder stets mit Asphalt blasenfrei verkittet, 2 bis 5 Lagen Asphaltpappe oder Asphaltjute aufgelegt. Die Asphaltpappe besteht aus Rohpappe, einem filzartigen Gefüge aus tierischen und pflanzlichen Fasern, die warm mit Asphalt getränkt ist; die Asphaltpappe als solche ist nicht wasserdicht; erst im Verein mit den Anstrichen ergibt sich eine dichte Haut. Die Asphaltpappen-lagen werden etwa 10 [cm] breit überlappt und so verlegt, daß die Stöße in verschiedenen Lagen versetzt sind. Die letzte Lage er-hält wieder einen Asphaltan-strich. An der Sohle wird über der Asphalthaut schließlich noch eine Feinbetonschutzschicht auf-getragen, über der dann zuerst die Grundplatte und dann die Mauern des Bauwerkes betoniert werden. In der Abb. 770 ist die Herstellung einer Asphalthaut deutlich zu sehen.

Wenn die Dichtungshaut fertiggestellt ist, wird zuerst die Sohlplatte des Bauwerkes beto-niert und hierauf erst die Wände ausgeführt. Der Beton der Wand

Abb. 770. Grundwasserabdichtung durch mehrfache Asphaltpappelagen, mit heißem Asphalt verklebt. (A. MALCHOW.) *a* äußere Schutzmauer, *b* dreifache Lage von Asphaltpappe, *c* Kübel mit heißem Asphaltkitt.

wird hierbei fest gegen die Wandisolierung gestampft, so, daß die Isolierung gut eingespannt ist. In der Abb. 772 ist die Sohle schon betoniert; für den Anschluß der Wände ragen Be-wehrungen aus der Sohle empor. Die ganze Anordnung dieser Außenhautdichtung ist in der Abb. 771 dargestellt. Während der Herstellung der Dichtungshaut muß selbstverständlich die Baugrube vollkommen trocken gehalten werden. In der Abb. 772 sind deutlich die Röhren-brunnen der Grundwasserabsenkungsanlage und die Saugleitungen zu erkennen.

Abb. 772. Grundwasserabsenkung und Grundwasserabdichtung beim Bau des Umformerwerkes Mitte in Leipzig. (Siemens-Bau-Union.) *a* Rohrbrunnen, *b* Langleitung, *c* Brunnentopf.

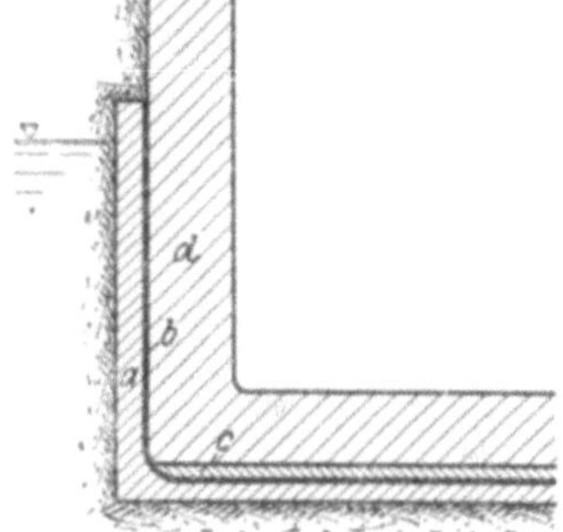

Abb. 771. Außenhautdichtung. *a* äußerer Schutzmantel, 10 bis 15 [cm] stark, *b* Asphalthaut, *c* Feinbetonschutzschicht, 5 [cm] stark, *d* Tragbeton.

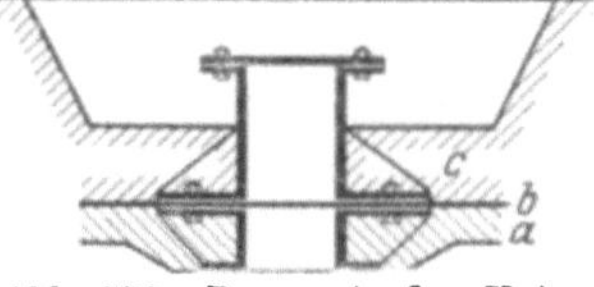

Abb. 773. Brunnentopf. *a* Unter-beton, *b* Dichtung, *c* Tragbeton.

Die Stellen, an denen die Brunnen die Kellersohle durchdringen, müssen, nachdem der Brunnenbetrieb eingestellt ist, rasch und sorgfältig dicht verschlossen werden. Man ordnet zu diesem Zweck sogenannte Brunnentöpfe (Abb. 773 und 774) an, in denen das Mantelrohr des Rohrbrunnens durch den Unterlagsbeton herausragt. Der Brunnentopf wird mittels eines Blind-flansches verschlossen, über dem schließlich die Aussparung ausbetoniert wird. Im Notfalle kann der Abschluß auch ohne Brunnentopf erfolgen; es wird dann das Brunnenrohr in ent-sprechender Höhe abgeschnitten und mittels eines Hartholzpfropfens rasch verschlossen und darüber schließlich die Aussparung, durch einige Bewehrungsstähle mit der übrigen Platte wohl verbunden, ausbetoniert.

Je nach dem Wasserdruck, dem die Dichtung zu widerstehen hat, werden verschieden viele Lagen von Asphaltpappe angewendet. J. SCHULTZE empfiehlt die in der Zahlentafel 43 zusammengestellten Asphaltpapplagen und Anstriche zu wählen.

Zahlentafel 43. Ausbildung der Asphaltdichtung bei verschiedenen Wasserdrücken. (Nach J. SCHULTZE.)

Wasserdruck in [m] Wassersäule		Zahl der Aspahlt-pappelagen	Zahl der Asphaltanstriche
auf die Wand	auf die Sohle		
—	0,0—0,3	2	4
0,0—4,0	0,3—4,0	3	4
4,0—8,0	4,0—8,0	3	6
über 8,0	über 8,0	4	8

Statt Asphaltpappe oder Asphaltfilter in mehreren Lagen, mit heißem Asphalt verklebt, werden auch geriffelte Aluminiumbleche in heißem Asphalt eingebettet verwendet.

Wenn es auf eine besonders sorgfältige Grundwasserabdichtung ankommt, so wird die Haut aus Bleiblech ausgeführt. Die Bleihaut wird beiderseits zum Schutz auf Asphaltpappe gebettet. An den Stoßstellen muß die Metallhaut verschweißt werden. Die Ausführung einer solchen Dichtung mit Blei ist in der Abb. 775 in allen Ausführungsstadien zu sehen. Der Schutz der Bleihaut mit Asphaltpappe muß sehr sorgfältig ausgeführt werden, weil Beton Blei zerstört und weil Blei auch elektro-

Abb. 774. Brunnen mit Brunnentopf. (Arido-Abdichtungs-G. m. b. H.) *a* Unterbeton, *b* Asphaltpappe, *c* Feinbetonschutzschicht, *d* Brunnentopf, *e* Brunnen.

Abb. 775. Grundwasserabdichtung mit verschweißten Bleiblechen in Asphaltbettung. (Arido-Abdichtungs-G. m. b. H.) *a* Asphaltpappe, *b* Bleiblech, *c* Schweißen der Blechstöße, *d* Asphaltanstrich am Bleiblech, *e* innere Schutzschicht aus Asphaltpappe.

Abb. 776. Grundwasserabdichtung durch eine verschweißte Stahlblechhaut im Grundwerk für einen Elektroofen in Spandau. (Siemens-Bau-Union.) *a* angeschweißte Rohrstutzen für das Vergießen der Unterseite der Blechhaut.

lytischen Angriffen gegenüber nicht widerstandsfähig ist. Die Bleidichtungshaut wird wegen des hohen Preises nur selten angewendet.

Statt einer Bleihaut ist auch eine Haut aus 2 bis 4 [mm] starkem Stahlblech (Abb. 776) verwendet worden, die an den Stoßstellen der einzelnen Blechtafeln autogen verschweißt ist. Die Stahlhaut wird zum Schutz gegen Rost in Beton gebettet; sie wird hierbei vorerst auf den äußeren Schutzmantel fertig verschweißt, hierauf werden eine Anzahl Löcher, besonders an aufwärts gewölbten Stellen, der beim Schweißen verzogenen Haut gebrannt und etwa 30 [cm] lange Rohrstutzen, die in der Abb. 776 deutlich zu erkennen sind, autogen angeschweißt. Dann wird die Sohlplatte betoniert und nach deren Erhärten durch 1 bis 1,5 [m] hohe Rohre, die auf die Rohrstutzen aufgeschraubt sind, Beton in die Fuge unter der Blechhaut eingegossen. Schließlich werden die Rohrstutzen mit Kappen verschraubt und ebenfalls einbetoniert.

Über der Außenhautdichtung muß an der Sohle eine Platte liegen, die den Wasserdruck auf die Dichtungshaut aufzunehmen vermag und dementsprechend zu bewehren ist. Bei Gründungen auf durchlaufenden Platten nimmt die Grundplatte diesen Wasserdruck auf. Wenn der Boden so tragfähig ist, daß zur Gründung des Bauwerkes eine Grundwerksverbreiterung hinreicht, so muß für die Aufnahme des Wasserdruckes eine eigene Platte angeordnet werden.

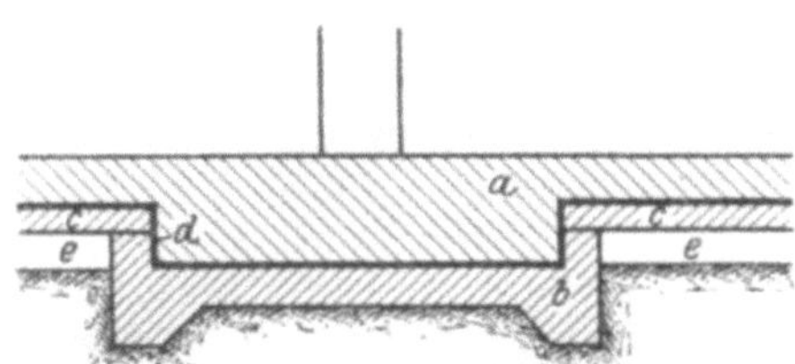

Abb. 777. Ausführung der Grundwasserabdichtung bei dichtgelagertem Boden. (R. BORTSCH.) *a* Pilzplatte, *b* Unterlagsbeton, *c* Stahlbetonplatte, *e* Hohlraum.

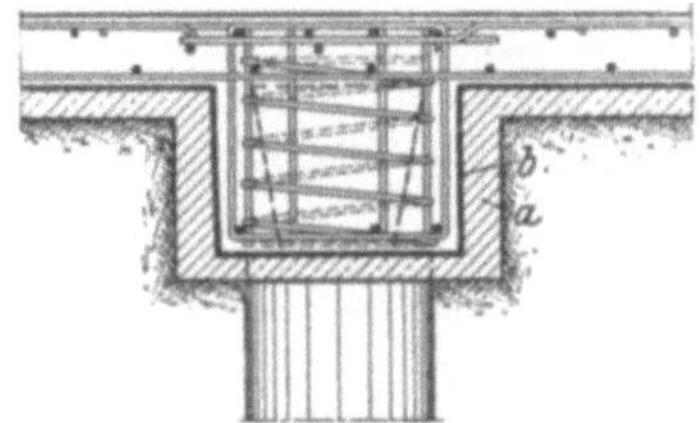

Abb. 778. Verankerung von hölzernen Zugpfählen in Kellersohlplatten. (Nach A. A. BOON.) *a* Unterbeton, *b* Dichtung.

Um an Bewehrung zu sparen, wendete R. BORTSCH bei einer Gründung mittels Pilzplatte die in der Abb. 777 dargestellte Anordnung an. Die Säule ist dort mit verbreitertem Fuß in einem Bett aus Magerbeton gegründet. Die Pilzdecke ist nur für die Aufnahme lotrechter Nutzlasten und des Wasserdruckes bewehrt. Die unter der Pilzplatte angeordnete, am Magerbetonbett frei aufliegende Stahlbetonplatte trägt und schützt die Asphaltdichtungshaut. Zwischen dem Boden und dieser Schutzplatte bleibt ein Hohlraum frei, um zu verhindern, daß die Pilzdecke bei einer Senkung des Säulengrundwerkes von unten durch Sohldruck belastet wird. Im Hohlraum bleibt die Schalung für die Schutzplatte zurück.

Für die Aufnahme des Grundwasserdruckes sind außer Platten auch Rippenplatten und verkehrte Gewölbe, besonders Kreuzgewölbe, angewendet worden. Um bei einer Anwendung von Platten an Baustoff und Bewehrung zu sparen, hat man auch über die Sohle verteilt, Pfähle gerammt und diese als Zugpfähle (Abb. 778) mit der Platte verbunden.

Bei großen Abmessungen des abzudichtenden Raumes kann es erforderlich werden, sowohl im Unterbeton als auch im Tragbeton der Sohle Dehnungsfugen anzuordnen, die aber wasserdicht auszugestalten sind. Beispiele solcher Dehnungsfugen geben die Abb. 779 a und b. Bei der in der Abb. 779 a dargestellten Dichtung ist die Fuge mit dichtenden Kupferblechen überbrückt, von denen das eine unter der Asphalthaut liegt, das andere darüber; die obere

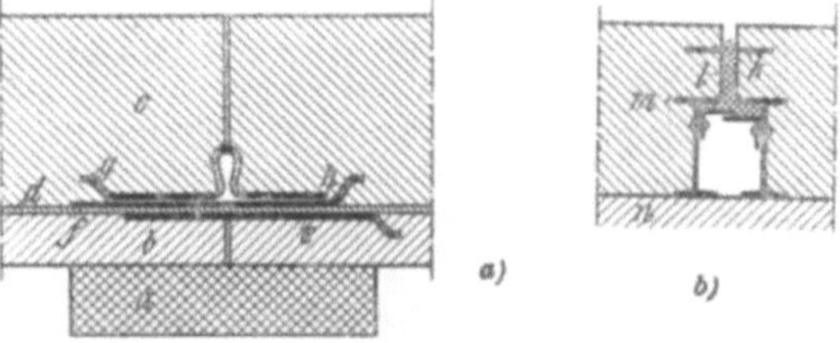

Abb. 779. Wasserdichte Grundwerksfugen. *a*) nach O. COLBERG, *b*) amerikanische Ausführung. (Nach A. KLEINLOGEL.) *a* bewehrte Unterlagsplatte, *b* Unterbeton. *c* Tragbeton, *d* Dichtung, *e* Kupfernes Unterlagblech *f* und *g* Kupferbleche; bei *h* verlötet, *k* Kupferblech, *l* Asphalt, *m* Tragbeton, *n* Unterbeton.

Kupferdichtung besteht aus einem gefalteten und einem flachen Blechstreifen, die an einer Seite verlötet sind.

Wenn in abgedichteten Kellern Heizkessel oder Kühlanlagen aufgestellt werden, so ist noch ein eigener Wärmeschutz erforderlich. Im Bereiche der Heizkessel werden der Boden und die Wände mit einer Wärmeisolierungsschicht verkleidet, um zu verhindern, daß die Temperatur an der Asphaltdichtung über den Schmelzpunkt des Asphalts ansteigt. In die Wärmeisolierungsschicht können Luftkanäle zur Kühlung eingebaut werden und es kann überdies ein Asphaltkitt mit hohem Schmelzpunkt für die Dichtung verwendet werden. Wenn im Keller eine Kühlanlage eingebaut ist, muß wieder durch Wärmeisolierung dafür gesorgt werden, daß an der Maueraußenfläche die Temperatur nicht auf 0° herabgeht, weil das frierende Grundwasser den äußeren Schutzmantel der Dichtung beschädigen könnte.

II. Die Innenhautdichtung.

Die Innenhautdichtung wird hauptsächlich in Frage kommen, wenn nachträglich unter den Grundwasserspiegel reichende Räume abgedichtet werden sollen. Sie eignet sich überhaupt nur bei geringeren Wasserdrücken, weil es schwierig ist, bei größeren Drücken einen solchen Verband zwischen der Dichtung und dem Bauwerk herzustellen, daß die erstere den vollen Druck des Grundwassers, besonders an den Mauern aufzunehmen vermag. Die Innenhautdichtung wird entweder mittels eines wasserdichten Putzes auf den Mauerinnenflächen oder mittels einer Stahlbetonschale durchgeführt, mit der die Innenflächen der Räume bis über den höchstmöglichen Grundwasserspiegel ausgekleidet werden.

Wasserdichter Putz wird mit Zementmörtel in Stärken von nicht weniger als 2,5 [cm] ausgeführt, dem am besten Sikka zugesetzt wird. Außerdem werden als Zusatz noch verwendet Wasserglas, Bitumen, Fluate, Öle, Seife, Alaun und eine große Zahl von Zusätzen, die unter Phantasienamen im Handel sind und deren chemische Zusammensetzung nicht bekannt ist.

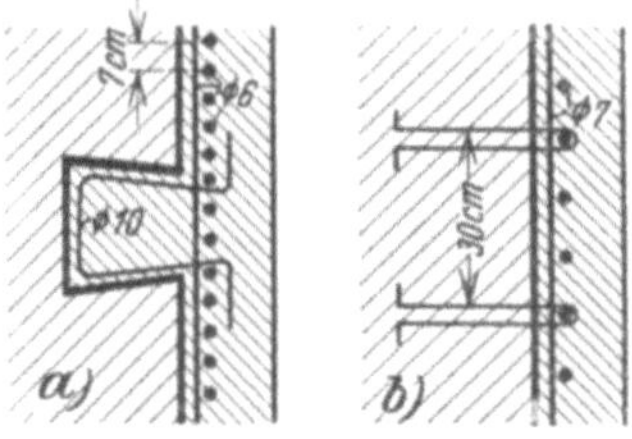

Abb. 780. Verankerung der Stahlbeton-Innenhaut an der bestehenden Wand. *a*) nach A. A. Boon, mit schwalbenschwanzförmigen Leisten, *b*) mit Bügeln, alle 30 [cm] neben- und übereinander.

Ein besonders sicheres Haften dieses Putzes wird erreicht, wenn der Mörtel mittels Torkretgerätes aufgetragen wird. Statt Zementmörtel hat man auch Asphalt heiß aufgetragen und mit Reibebrettern verstrichen. Solche dichte Mauerputze können ihre Aufgabe natürlich nur so lange erfüllen, als der Wasserdruck die Haftfestigkeit nicht übersteigt.

Stahlbetonverkleidungen im Innern der Räume werden etwa 10 [cm] stark gemacht und sie müssen mit den Wänden so verbunden werden, daß sie den vollen Grundwasserdruck aufzunehmen vermögen; das wird z. B. nach dem Vorschlag von A. A. Boon durch schwalbenschwanzförmige Aufhängebalken erreicht, die in die tragende Mauer gebettet werden, wie es die Abb. 782a andeutet. In der Nibelungenschule in Worms ist die Stahlbetonwandverkleidung mit einer Anzahl von Bügeln (Abb. 780b) in der Tragwand verankert worden. Die Kellersohlendichtung muß hier so bewehrt werden, daß sie den vollen Grundwasserdruck aufnehmen kann. Um einen besonders dichten Beton für die Dichtungsschale zu erhalten, wird der Beton mit Vorteil mittels Torkretgerätes auf die Bewehrung aufgetragen und schließlich glattgestrichen.

III. Die porenfüllende Grundwasserabdichtung.

Nachdem Beton nicht ohne weiteres wasserdicht ist, hat man auch verschiedene Versuche unternommen, die Poren des Betons, durch die das Wasser sickern könnte, durch eigene Mittel aufzufüllen. Erhöhter Zementzusatz eignet sich zu diesem Zweck nicht, weil auf diese Weise zwar dichter Beton erhalten wird, die fetten Mischungen aber stark schwinden und daher die Gefahr besteht, daß durch die Schwindrisse Wasser eindringt. Am häufigsten ist dem Beton Traß zugesetzt worden, der nicht nur die Poren füllt, sondern sich auch gleichzeitig mit dem beim Abbinden frei werdenden wasserlöslichen Kalziumhydroxyd zu wasserunlöslichem Kalziumsilikat verbindet und so eine Schädigung des Betons durch Auslaugung verhütet.

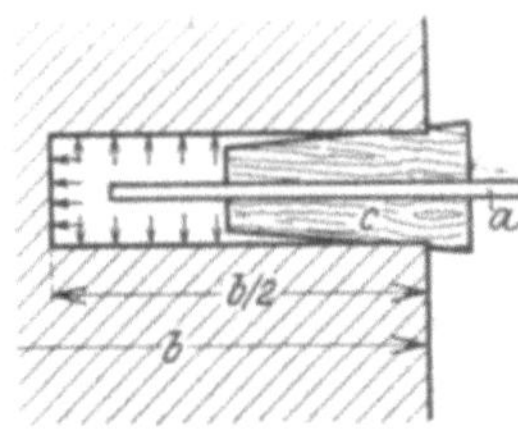

Abb. 781. Abdichtung des Einpreßrohres *a* gegen das Rohrloch mittels eines Holzpfropfens.

Außer Traß werden auch noch die schon auf S. 126 erwähnten Zusätze verwendet; nachdem es sich hier um Zusätze zu Beton handelt, aus dem tragende Mauern ausgeführt werden, ist besonders bei den unter Phantasienamen in den Handel gebrachten Zusätzen Vorsicht geboten, weil die Möglichkeit besteht, daß sie zwar dichten, gleichzeitig aber die Festigkeit unzulässig herabsetzen.

Bestehende Mauern, die nur an einzelnen Stellen Grundwasser durchlassen, können durch Einspritzung von Beton oder nach dem chemischen Verfahren abgedichtet werden. Bei letzterem Verfahren von Yoosten werden durch Bohrlöcher, die bis in die halbe Mauer reichen, die Lösungen von Wasserglas und Chlormagnesiumlösung nacheinander (vgl. S. 262) in die Mauer eingepreßt. K. Bernhardt empfiehlt für die Abdichtung nach dem chemischen Verfahren, die deswegen besonders geeignet ist, weil die Lösung bis in die feinsten Poren eindringen, die in der Abb. 781 dargestellte Abdichtung des Einpreßrohres gegen das Mauerwerk mittels eines Holzpfropfens. Die ganze Einrichtung für die chemische Abdichtung ist in der Abb. 782 zu sehen.

Schrifttum.

BERGWALD, F.: Grundwasserdichtungen, Isolierungen gegen aufsteigende Feuchtigkeit. Berlin: R. Oldenburg 1916. — BOON, A. A.: Wasserdichte Kelleranlagen in Holland. Beton u. Eisen. 1922. S. 255. — BREITUNG: Das unterirdische Umformwerk Leipzig. Beton u. Eisen. 1927. S. 281. — CARP: Der Bau der Emscherfluß-Kläranlage bei Essen-Karnap. Bautechn. 1932. S. 255. — COLBERG, O. und A. NOVAK: Handb. f. Eisenbetonbauten. Bd. 3, 3. Aufl. Grundbau-Mauerwerksbau. Berlin: W. Ernst & Sohn 1922. — DÜRR, H.: Die Gründung des Berliner Shellhauses. Bautechn. 1932. S. 197. — HAEFNER, R.: Fugendichtung im Ingenieurbau mit Blechen aus Aluminium. Bautechn. 1940. S. 591. — KLIPPEL, H.: Gefahren an wasserdruckhaltenden Dichtungen. Bautechn. 1940. S. 110. — MORTELL, P.: Über Grundwasserdichtungen. Bautechn. 1925. S. 233. — MÖRSCH, E.: Der Eisenbetonbau. Bd. 2, 1. Hälfte. Stuttgart: K. Wittwer 1926. — REICHENBERGER, HR.: Mängel bei der Ausführung von Grundwasserabdichtungen. Bautechn. 1940. — SCHONOPP, K. E.: Abdichtung von Bauwerken. Bautechn. 1928. S. 76.

Abb. 782. Mauerabdichtung durch Versteinung.
(Siemens-Bau-Union.)

— SCHULTZE, J. und W. SICHARDT: Grundwasserabdichtung. 3. Aufl. Berlin: W. Ernst & Sohn 1931. — SIEMENS-BAU-UNION: Wasserdichte Bauwerke. Berlin-Siemensstadt 1929. — WAYSS & FREYTAG A.-G.: Gründungsarbeiten für das ehemalige königliche Schauspielhaus in Chemnitz. Techn. Blätter der Wayss & Freytag A.-G. 1927. S. 115.

Sachverzeichnis.

Handbuch des Wasserbaues. Von Dipl.-Ing., Dr. techn., Dr. Ing. h. c. **Armin Schoklitsch,** Professor der Universidad Nacional de Tucuman, Argentinien. In zwei Bänden. Z w e i t e, neubearbeitete Auflage. 1. Band: Mit Textabbildung 1—722 und Zahlentafel 1—87. Seite I—X und 1—478. 4⁰. 1950. 2. Band: Mit Textabbildung 723—2049 und Zahlentafel 88—113. Seite I—VIII und 479—1072. 4⁰. 1952.

Die beiden Bände werden nur gemeinsam abgegeben.

Preis für das Gesamtwerk in Ganzleinen S 777.—, DM 155.40, $ 37.—, sfr. 159.—

Einführung in Wasserbau und Grundbau. Von Dr. Ing. **Traugott Schiffmann,** Wels. Mit 533 Textabbildungen. X, 445 Seiten. Lex.-8⁰. 1950.

Ganzleinen S 242.—, DM 48.—, $ 11.50, sfr. 49.50

Grundriß der Flußmorphologie und des Flußbaues. Von Prof. Dr. **Friedrich Schaffernak,** Graz. Mit 129 Textabbildungen. VII, 115 Seiten. 1950.

Steif geheftet S 73.50, DM 14.70, $ 3.50, sfr. 15.—

Grundriß der Wildbach- und Lawinenverbauung. Von Dr. h. c. Ing. **Georg Strele,** Innsbruck. Z w e i t e, vermehrte Auflage. Mit 203 Textabbildungen. IX, 340 Seiten. 1950.

S 155.—, DM 30.—, $ 7.40, sfr. 32.—, Halbleinen S 168.—, DM 32.50, $ 8.—, sfr. 34.50

Flußkraftwerke und Stromwerke. Dr. Ing. **Anton Grzywienski,** o. Professor an der Technischen Hochschule Wien. Mit 20 Abbildungen. 24 Seiten. 1948.

S 20.—, DM 6.30, $ 1.50, sfr. 6.50

Das Donauwerk Ybbs-Persenbeug. Die Entwicklung des Projektes. Von Dr. Ing. **Anton Grzywienski,** o. Professor an der Technischen Hochschule Wien. Mit 27 Abbildungen. 58 Seiten. 1949.

S 36.—, DM 12.60, $ 3.—, sfr. 13.—

Österreichische Wasserwirtschaft. Zeitschrift für alle wissenschaftlichen, technischen, rechtlichen und wirtschaftlichen Fragen des gesamten Wasserwesens.
Organ der Österreichischen Wasserwirtschaftsverwaltung, der Bundesversuchsanstalt für Wasserbau, der Bundesanstalt für Wasserbiologie und Abwasserforschung, des Bundesversuchsinstitutes für Kulturtechnik und Technische Bodenkunde und des Österreichischen Wasserwirtschaftsverbandes.
Im Auftrage des Bundesministeriums für Land- und Forstwirtschaft, des Bundesministeriums für Handel und Wiederaufbau und des Österreichischen Wasserwirtschaftsverbandes herausgegeben von **B. Ramsauer, J. Wolf, O. Vas** und **E. Hartig.** Schriftleiter: **J. Kar,** Wien. Jährlich erscheinen 12 Hefte. (1952: 4. Jahrgang.)

Halbjährlich S 64.—, DM 16.80, $ 4.—, sfr. 17.20

Ingenieurgeologie. Ein Handbuch für Studium und Praxis. Von **Ludwig Bendel,** Dipl. Bauingenieur, Dr. der Naturwissenschaften (Geologie), Privat-Dozent der Ecole Polytechnique de l'Université de Lausanne, Luzern.
Erste Hälfte: Z w e i t e Auflage. (Berichtigter Neudruck der ersten Auflage 1944.) Mit 586 Textabbildungen. XXVIII, 832 Seiten. Lex.-8⁰. 1949.

Halbleinen S 481.—, DM 96.—, $ 22.90, sfr. 99.60

Zweite Hälfte: Mit 620 Textabbildungen. XIX, 832 Seiten. Lex.-8⁰. 1948.

Halbleinen S 496.—, DM 99.—, $ 23.60, sfr. 101.50

Der Frost im Baugrund. Von Dr. sc. techn. **Robert Ruckli**, Dipl.-Ing. Privatdozent an der Eidg. Techn. Hochschule Zürich, Inspektor des Eidgen. Oberbauinspektorates Bern. Mit 112 Textabbildungen. XV, 279 Seiten. Lex.-8⁰. 1950.

Steif geheftet S 189.—, DM 37.80, $ 9.—, sfr. 39.—

Tunnelbaugeologie. Die geologischen Grundlagen des Stollen- und Tunnelbaues. Von Ing. Dr. phil. **Josef Stini**, vormals Professor an der Universität in Graz. Mit 192 Textabbildungen. XI, 366 Seiten. 1950.

Halbleinen S 150.—, DM 36.90, $ 8.80, sfr. 38.20

Stollen- und Tunnelbau. Eine Einführung in die Praxis des modernen Felshohlbaues. Von Dipl.-Ing. Dr. techn. **Walter Zanoskar**, Salzburg. Mit 74 Textabbildungen. X, 231 Seiten. 1950.

Halbleinen S 122.—, DM 24.—, $ 5.80, sfr. 25.—

Schriftenreihe des Österreichischen Wasserwirtschaftsverbandes.

Heft 17: **Gewässerkundliche Grundlagen der Anlagen und Projekte der Vorarlberger Illwerke Aktiengesellschaft, Bregenz.** Von Dipl.-Ing. Dr. techn. **A. Kieser**, Bregenz. Mit 21 Textabbildungen. III, 36 Seiten. 1949.

Steif geheftet S 7.20, DM 2.—, $ —.60, sfr. 2.60

Heft 18: **Über Düsen, Wasserstrahlpumpen und Heber.** Von Dipl.-Ing. **A. Steinwender**, Betriebsvorstand der Wiener Wasserwerke. Mit 33 Textabbildungen. III, 47 Seiten. 1950.

Steif geheftet S 14.40, DM 3.50, $ —.85, sfr. 3.60

Heft 19: **Der heutige Stand der Massenbetontechnik.** Von Dipl.-Ing. Dr. **J. Fritsch**, Wien. Mit 15 Textabbildungen. 37 Seiten. 1950.

Steif geheftet S 12.—, DM 2.40, $ —.60, sfr. 2.50

Heft 20: **Vom älteren Flußbau in Österreich.** Von Dipl.-Ing. **F. Baumann**, Wien. Mit 10 Textabbildungen. IV, 44 Seiten. 1951.

Steif geheftet S 14.40, DM 2.90, $ —.70, sfr. 3.—

Heft 21: **Die „Kernring-Auskleidung" im Druckstollen „Kops-Vallüla" der Vorarlberger Illwerke Aktiengesellschaft.** Von Dipl.-Ing. Dr. techn. **A. Kieser**, behördl. aut. Zivilingenieur für Bauwesen Bregenz. Mit 12 Textabbildungen. III, 31 Seiten. 1951.

Steif geheftet S 10.—, DM 2.—, $ —.50, sfr. 2.20

Heft 22: **Probleme der Kraftwasserwirtschaft in Mitteleuropa.** Von Dipl.-Ing. Dr. **O. Vas**, Wien. Mit 27 Textabbildungen. III, 60 Seiten. 1952.

Steif geheftet S 16.—, DM 3.20, $ —.75, sfr. 3.25

Heft 23: **Das Großspeicherwerk Glockner-Kaprun.** Entwurf und Bauausführung 1938—1945. Von Prof. Dr. **H. Grengg**, Graz. Mit 10 Textabbildungen. Etwa 60 Seiten. 1952.

Erscheint Ende 1952.

Heft 24: **Amerikanischer Talsperrenbau.** Von Dipl.-Ing. Dr. **J. Fritsch**, Wien. Mit 22 Textabbildungen. III, 51 Seiten. 1952.

Steif geheftet S 14.—, DM 2.80, $ —.70, sfr. 3.—

MIX
Papier aus verantwortungsvollen Quellen
Paper from responsible sources
FSC® C105338

If you have any concerns about our products,
you can contact us on
ProductSafety@springernature.com

In case Publisher is established outside the EU,
the EU authorized representative is:
Springer Nature Customer Service Center GmbH
Europaplatz 3, 69115 Heidelberg, Germany

Printed by Libri Plureos GmbH
in Hamburg, Germany